大飞机出版工程

总主编　顾诵芬

现代飞机
飞行动力学与控制

（第3版）

Flight Dynamics and Control of Modern Aircrafts

(Third Edition)

刘世前 编著

内容提要

本书以现代飞机飞行动力学与飞行控制为核心内容，从飞行性能、飞机运动动力学、飞行稳定性、飞行控制系统的设计理论及现代飞行控制技术等角度，深入讲解现代飞机飞行动力学与控制中的基本概念、基本理论和设计方法及应用。每章列举了相关的实例及部分相关源码，附录为飞行力学与控制常用的一些工具和典型飞机气动数据，供读者方便时查阅。

本书可作为飞行力学，导航、制导与控制专业高年级本科生及低年级研究生教材，也可作为从事飞行控制等工程技术人员参考。

图书在版编目(CIP)数据

现代飞机飞行动力学与控制/刘世前编著．—3版．—上海：上海交通大学出版社，2024.1

ISBN 978-7-313-29721-1

Ⅰ.①现… Ⅱ.①刘… Ⅲ.①飞行动力学—研究 Ⅳ.①V212

中国国家版本馆CIP数据核字(2023)第244666号

现代飞机飞行动力学与控制(第3版)

XIANDAI FEIJI FEIXING DONGLIXUE YU KONGZHI (DI-SAN BAN)

编　　著：刘世前

出版发行：上海交通大学出版社

地　　址：上海市番禺路951号

邮政编码：200030

电　　话：021-64071208

印　　制：上海万卷印刷股份有限公司

经　　销：全国新华书店

开　　本：710mm×1000mm　1/16

印　　张：33.25

字　　数：665千字

版　　次：2014年12月第1版　2018年7月第2版　2024年1月第3版

印　　次：2024年1月第5次印刷

书　　号：ISBN 978-7-313-29721-1

电子书号：ISBN 978-7-89424-491-8

定　　价：108.00元

版权所有　侵权必究

告读者：如发现本书有印装质量问题请与印刷厂质量科联系

联系电话：021-56928178

大飞机出版工程

丛书编委会

总主编

顾诵芬（中国航空工业集团公司科技委原副主任、中国科学院和中国工程院院士）

副总主编

贺东风（中国商用飞机有限责任公司董事长）

林忠钦（上海交通大学原校长、中国工程院院士）

编委会（按姓氏笔画排序）

王礼恒（中国航天科技集团公司科技委主任、中国工程院院士）

王宗光（上海交通大学原党委书记、教授）

任　和（中国商飞上海飞机客户服务公司原副总工程师、教授）

刘　洪（上海交通大学航空航天学院教授）

李　明（中国航空工业集团沈阳飞机设计研究所研究员、中国工程院院士）

吴光辉（中国商用飞机有限责任公司首席科学家、C919 飞机总设计师、中国工程院院士）

汪　海（上海市航空材料与结构检测中心主任、研究员）

张卫红（西北工业大学副校长、中国科学院院士）

张新国（中国航空工业集团原副总经理、研究员）

陈迎春（中国商用飞机有限责任公司 CR929 飞机总设计师、研究员）

陈宗基（北京航空航天大学自动化科学与电气工程学院教授）

陈　勇（中国商用飞机有限责任公司工程总师、ARJ21 飞机总设计师、研究员）

陈懋章（北京航空航天大学能源与动力工程学院教授、中国工程院院士）

金德琨（中国航空工业集团公司原科技委委员、研究员）

赵越让（中国商用飞机有限责任公司原总经理、研究员）

姜丽萍（中国商用飞机有限责任公司制造总师、研究员）

曹春晓（中国航空工业集团北京航空材料研究院研究员、中国工程院院士）

敬忠良（上海交通大学航空航天学院教授）

傅　山（上海交通大学电子信息与电气工程学院研究员）

总　　序

国务院在2007年2月底批准了大型飞机研制重大科技专项正式立项,得到全国上下各方面的关注。“大型飞机”工程项目作为创新型国家的标志工程重新燃起我们国家和人民共同承载着“航空报国梦”的巨大热情。对于所有从事航空事业的工作者,这是历史赋予的使命和挑战。

1903年12月17日,美国莱特兄弟制作的世界第一架有动力、可操纵、比重大于空气的载人飞行器试飞成功,标志着人类飞行的梦想变成了现实。飞机作为20世纪最重大的科技成果之一,是人类科技创新能力与工业化生产形式相结合的产物,也是现代科学技术的集大成者。军事和民生对飞机的需求促进了飞机迅速而不间断的发展和应用,体现了当代科学技术的最新成果;而航空领域的持续探索和不断创新,为诸多学科的发展和相关技术的突破提供了强劲动力。航空工业已经成为知识密集、技术密集、高附加值、低消耗的产业。

从大型飞机工程项目开始论证到确定为《国家中长期科学和技术发展规划纲要》的十六个重大专项之一,直至立项通过,不仅使全国上下重视我国自主航空事业,而且使我们的人民、政府理解了我国航空事业半个多世纪发展的艰辛和成绩。大型飞机重大专项正式立项和启动使我们的民用航空进入新纪元。经过50多年的风雨历程,当今中国的航空工业已经步入了科学、理性的发展轨道。大型客机项目产业链长、辐射面宽、对国家综合实力带动性强,在国民经济发展和科学技术进步中发挥着重要作用,我国的航空工业迎来了新的发展机遇。

大型飞机的研制承载着中国几代航空人的梦想,在2016年造出与波音公司

B737和空客公司A320改进型一样先进的“国产大飞机”已经成为每个航空人心中奋斗的目标。然而，大型飞机覆盖了机械、电子、材料、冶金、仪器仪表、化工等几乎所有工业门类，集成数学、空气动力学、材料学、人机工程学、自动控制学等多种学科，是一个复杂的科技创新系统。为了迎接新形势下理论、技术和工程等方面的严峻挑战，迫切需要引入、借鉴国外的优秀出版物和数据资料，总结、巩固我们的经验和成果，编著一套以“大飞机”为主题的丛书，借以推动服务“大飞机”作为推动服务整个航空科学的切入点，同时对于促进我国航空事业的发展和加快航空紧缺人才的培养，具有十分重要的现实意义和深远的历史意义。

2008年5月，中国商用飞机有限公司成立之初，上海交通大学出版社就开始酝酿“大飞机出版工程”，这是一项非常适合“大飞机”研制工作时宜的事业。新中国第一位飞机设计宗师——徐舜寿同志在领导我们研制中国第一架喷气式歼击教练机——歼教1时，亲自撰写了《飞机性能及算法》，及时编译了第一部《英汉航空工程名词字典》，翻译出版了《飞机构造学》《飞机强度学》，从理论上保证了我们的飞机研制工作。我本人作为航空事业发展50多年的见证人，欣然接受上海交通大学出版社的邀请担任该丛书的主编，希望为我国的“大飞机”研制发展出一份力。出版社同时也邀请了王礼恒院士、金德琨研究员、吴光辉总设计师、陈迎春副总设计师等航空领域专家撰写专著、精选书目，承担翻译、审校等工作，以确保这套“大飞机”丛书具有高品质和重大的社会价值，为我国的大飞机研制以及学科发展提供参考和智力支持。

编著这套丛书，一是总结整理50多年来航空科学技术的重要成果及宝贵经验；二是优化航空专业技术教材体系，为飞机设计技术人员的培养提供一套系统、全面的教科书，满足人才培养对教材的迫切需求；三是为大飞机研制提供有力的技术保障；四是将许多专家、教授、学者广博的学识见解和丰富的实践经验总结继承下来，旨在从系统性、完整性和实用性角度出发，把丰富的实践经验进一步理论化、科学化，形成具有我国特色的“大飞机”理论与实践相结合的知识体系。

“大飞机出版工程”丛书主要涵盖了总体气动、航空发动机、结构强度、航电、制造等专业方向，知识领域覆盖我国国产大飞机的关键技术。图书类别分为译著、专著、教材、工具书等几个模块；其内容既包括领域内专家们最先进的理论方法和技术成果，也包括来自飞机设计第一线的理论和实践成果。如：2009 年出版的荷兰原福克飞机公司总师撰写的 *Aerodynamic Design of Transport Aircraft*(《运输类飞机的空气动力设计》)；由美国堪萨斯大学 2008 年出版的 *Aircraft Propulsion*(《飞机推进》)等国外最新科技的结晶；国内《民用飞机总体设计》等总体阐述之作和《涡量动力学》《民用飞机气动设计》等专业细分的著作；也有《民机设计 1000 问》《英汉航空缩略语词典》等工具类图书。

该套图书得到国家出版基金资助，体现了国家对“大型飞机”项目以及“大飞机出版工程”这套丛书的高度重视。这套丛书承担着记载与弘扬科技成就、积累和传播科技知识的使命，凝结了国内外航空领域专业人士的智慧和成果，具有较强的系统性、完整性、实用性和技术前瞻性，既可作为实际工作指导用书，亦可作为相关专业人员的学习参考用书。期望这套丛书能够有益于航空领域里人才的培养，有益于航空工业的发展，有益于大飞机的成功研制。同时，希望能为大飞机工程吸引更多的读者来关心航空、支持航空和热爱航空，并投身于中国航空事业做出一点贡献。

顾诵芬

2009 年 12 月 15 日

第三版前言

该书自2014年首次出版后，得到了国内外很多同行的反馈，在此表示感谢！在航空飞行器发展的100多年中，飞行力学与控制始终是其中非常重要的研究内容。而近年来，这一方向也是航空航天领域最热门的话题。无论低动态的平流层飞艇，还是高动态的高超声速飞行器，无论微型、小型自主无人机，还是大型弹性客机和运输机，以及太阳能、氢、锂电等新能源飞机的不断涌现，这些都给飞行力学与控制带来新的机遇和挑战。

2019年受国家留学基金委资助，我前往英国Cranfield大学访问，访问期间，我与毕业于剑桥大学的James F. Whidborne教授进行了长期交流。给我的几点启示是：①按学科培养需要建立课程群，一个课程群有近20门课程，由专业背景相似的老师轮流上课，培养学生系统的专业知识。②注重理论与实践结合，学生在课堂学习的理论，很快就能在实验课上体验，作者有幸参加了“Flight Experimental methods”课程（由Alastair Cook主讲），课程内容讲完后，接下来就是到飞机上做飞行实验，体验各种飞行模式，既惊险又有趣，乐在其中。③在从事科研项目的同时，也要注重培养学生的科学兴趣，激发学生对学术无止境地追求的热情。学生愿意通过实验测试，来享受科研乐趣。其中，动力学与仿真、控制小组创始人M. V. Cook教授，其开设的“Flying Qualities and Flight Control”课程（Mudassir Lone等主讲）及专著*Flight Dynamics Principles*，给我留下了深刻印象。④注重团队协作，Group design project (GDP)是一个典型例子，这是由多个学生组成的团队项目。针对一个共同任务，如翼身融合混合布局飞行器设计，通过分工协作，共同完成，最后，邀请工业界人士参加，共同答辩。由于设计的题目通常是热门、具有挑战意义的主题，因此，无论学术界、还是工业界，都非常感兴趣，所以答辩现场经常爆满，简直就像国内的一场音乐会一样热闹。

2020年以来的新型冠状病毒的蔓延，给全人类带来一场空前灾难，为了应对疫情，国内外很多大学采用网上授课，这给授课老师提出更高要求。而开发一套适合网课的教材，满足师生需求，是一个迫切需要解决的问题。在此背景下，我对第二版进行了部分章节修改，增加了二维码（内容是辅助材料，由杨从杰博士协助完成），进一步提高学生学习兴趣。

本书得到了国家自然科学基金（No. 52272400，No. 10577012）、工信部民机专项资金，及上海交通大学教材出版基金等多项基金支持，在此表示衷心感谢！也要感谢上海交通大学飞行器控制实验室的桑元俊博士后、吕为志博士、张前博士、杨从杰博士、梁青祥龙、王旭东、周光锐、马欣健、程慧慧、秦天成、谢新宏、马珍杰、戴阮径舟、陈韩等同学的大力协助。最后，感谢我的爱人金宏滨女士和儿子金航，给了我莫大的鼓舞和支持。

刘世前

2023年8月

前　　言

本书以现代飞机飞行动力学与飞行控制为核心内容，从飞行性能、飞机运动动力学、飞行稳定性、飞行控制系统的设计理论及现代飞行控制技术等角度，深入解读了现代飞机飞行动力学中的基本概念，剖析了飞行动力学中的各种现象，并建立了飞行动力学与飞行控制之间的相互关系，运用古典和现代控制理论，进行飞行控制律设计，对重要知识点，运用实例分析，加深读者对飞行动力学与飞行控制的理解与运用，而且对飞行动力学与现代飞行控制技术的研究现状及未来趋势做了简要介绍。全书共分10章：第1～6章为现代飞机飞行动力学内容，包括质点动力学、姿态动力学、基本飞行性能、操纵性和稳定性等性能；第7～8章为飞机飞行控制设计方法内容，包括飞行品质设计要求，古典飞行控制理论及现代飞行控制理论；第9～10章为自动飞行控制系统分析与设计，包括纵向运动自动飞行控制系统设计和横侧向运动自动飞行控制系统设计，是1～8章内容的综合应用。本书内容涵盖了现代飞机飞行动力学与飞行控制的主要知识点，涉及对象包括大型民机、军用飞机、小型运输机及无人机等，并加入了一些近期发展的内容。各章列举了相关的事例及部分相关源码，附录为飞行力学与控制常用的一些工具和典型飞机气动数据，供读者方便时查阅。

本书的编著结合了作者在上海交通大学从事多年“飞行器控制”的教学实践和科研成果，并参考与引用了国内外飞行器动力学与飞行控制等相关专著与学术论文，在此向相关作者表示感谢。同时，本书得到了国家工信部民机专项，国家自然基金（No. 10577012）等项目的资助，也得到了上海交通大学航空航天学院唐长红院士、敬忠良教授、胡士强教授、李元祥教授、余文胜教授及飞行器控制实验室研究生的帮助，包括王素晓、柴树梁、范跃杰、郑凌霄、衣建臣、龚思杰、戚举鹏、吕聪、蒋雨航、斯夏依等人，在此一并感谢。作者还要感谢美国 Iowa 州立大学的陆平教授，南京理工大学的郭治教授，清华大学的朱纪洪教授，中航工业自动飞行控制研究所的张汝麟研究员和王永研究员等一直关心和支持我们工作的人，特别要感谢我的家人，我的爱人金宏滨女士和儿子小马，给了我巨大的鼓励和支持。

本书可供从事飞机、航空发动机、燃气轮机和热能动力工程等专业的设计、试验、生产、维护和管理的工程技术人员参考，也可供高等院校航空航天类专业师生教学参考。由于时间匆忙及编者水平所限，书中存在的错误和疏漏，敬请读者批评指正。

读者若有任何意见和建议，请给编者发送电子邮件至：liushiqian@sjtu.edu.cn。

编　者

2014年6月

主要符号表

符号	定义	单位
$L_g - O_g x_g y_g z_g$	地面(静)坐标系	
$L_b - O_b x_b y_b z_b$	机体(动)坐标系	
$L_a - O_a x_a y_a z_a$	气流(风轴)坐标系	
$L_s - O_s x_s y_s z_s$	稳定坐标系	
$L_k - O_k x_k y_k z_k$	航迹坐标系	
$V(V_a, V_t), V_0$	空速,配平速度	m/s
$V_g(V_k), V_w$	地速,风速	m/s
V_{bs}, V_z, V_{ld}	表速,垂直上升速度和离地速度	m/s
V_{tmax}, V_{Rmax}	久航速度,远航速度	m/s
a	声速	m/s
Ma	马赫数	
ρ	空气密度	kg/m^3
ν	气体压缩性系数	
μ	相对密度	
$\bar{q}=\frac{1}{2}\rho V^2$	动压	
S, S_w	机翼参考面积,机翼面积	m^2
b	机翼展长	m
c	机翼弦长	m
$\bar{c}, c_A, C_{Aw}$	机翼平均气动弦长	m
λ	展弦比 $\lambda=b/c$	m
σ	机翼剖面厚度	m
η	机翼最大弯度	m
Λ	后掠角	°
Γ	上反角	°
m	飞机质量	kg

g	重力加速度	m/s^2
G	飞机重力	N
x_{cg}，$h(h_{cg})$	飞机重心到平均几何弦前缘点距离与相对距离	m
x_{ac}，h_{nw}	机翼气动焦点到平均几何弦前缘点距离与相对距离	m
S_t	平尾面积	m^2
V_H	尾容	
$S_m=(x_{ac}-x_{cg})/\bar{c}$ $=\bar{x}_{ac}-\bar{x}_{cg}$	纵向静稳定度	
θ	俯仰角	°，rad
ψ	偏航角	°，rad
ϕ	滚转角	°，rad
γ	航迹倾角	°，rad
χ	航迹方位角	°，rad
$\mu(\phi_a)$	航迹滚转角	°，rad
α	迎角(攻角)	°，rad
β	侧滑角	°，rad
ε	下洗角	°，rad
p，q，r	滚转,俯仰及偏航角速度	rad/s
$\bar{p}$，$\bar{q}$，$\bar{r}$	无因次滚转,俯仰及偏航角速度	
u，v，w	V 在机体坐标系下分量	m/s
ΣF	飞机受到的总合力	N
ΣM	飞机受到的总合力矩	N·m
F_x，F_y，F_z	力 F 在动坐标系上的分量	N
L，D，Y，T	升力,阻力,侧力,推力	N
C_L，C_D，C_Y，C_T	升力系数,阻力系数,侧力系数,推力系数	
$C_{L\alpha}(a)$	升力线斜率	
C_{L0}	迎角为零时的升力系数	
C_{D0}	零升阻力系数	
C_{Di}	升致阻力系数	
$C_{D\alpha}=\dfrac{\partial C_D}{\partial \alpha}$	阻力系数对迎角的偏导数	
$C_{Lu}=V\dfrac{\partial C_L}{\partial V}$	升力系数对速度的偏导数	
$C_{Du}=V\left(\dfrac{\partial C_D}{\partial V}\right)$	阻力系数对速度的偏导数	

$C_{mu}=V\left(\frac{\partial C_m}{\partial V}\right)$	俯仰力矩系数对速度的偏导数	
$(C_L)_0$，$(C_D)_0$，$(C_m)_0$	基准运动下升力系数、阻力系数及俯仰力矩系数	
$C_{y\beta}$	侧力导数	
$C_{y\delta_r}$	方向舵侧力导数	
C_{yp}	滚转角速度侧力导数	
C_{yr}	偏航角速度侧力导数	
C_l，C_m，C_n	滚转，俯仰，偏航力矩系数	
δ_e，δ_a，δ_r	升降舵，副翼，方向舵转角	
F_e，F_a，F_r	驾驶杆的推拉杆力、压杆杆力、脚蹬力	
d_e，d_a，d_r	驾驶杆的推拉位移，左右压杆位移及脚蹬位移	
δ_p	油门杆操纵量	
i_t	平尾偏转角	°，rad
k_q，k	平尾速度阻滞系数	
C_{m0}，$C_{m0,w}$	飞机、机翼零升力矩系数	
C_{mw}	机翼力矩系数	
C_{mt}，$C_{m,wb}$	平尾力矩系数及翼身力矩系数	
$C_{m\alpha}$	纵向静稳定导数	
$C_{m\delta_e}$	升降舵操纵导数	
$C_{l\beta}$	横向静稳定导数	
$C_{n\beta}$	航向静稳定导数	
$C_{l\delta_a}$	滚转操纵导数	
$C_{l\delta_r}$	方向舵操纵交叉导数	
C_{lp}	滚转阻尼导数	
C_{lr}	交叉动导数	
$C_{n\delta_a}$	副翼操纵交叉导数	
$C_{n\delta_r}$	航向操纵导数	
C_{np}	交叉动导数	
C_{nr}	航向阻尼导数	
$C_{Y\beta}$	侧力导数	
$C_{Y\delta_r}$	方向舵侧力导数	
C_{Yp}	滚转角速度侧力导数	
C_{Yr}	偏航角速度侧力导数	
C_{he}	铰链力矩系数	

T, ΔT	发动机推力,剩余推力	N
T_{ky}, T_{px}	可用推力,平飞所需推力	N
q_{km}	公里耗油量	kg/km
q_{Nh}	发动机耗油率	kg/N/h
q_{h}	小时耗油量	kg/h
x_{T}, y_{T}, z_{T}	发动机推力作用点在机体坐标系的位置	m
φ_{T}	发动机纵向安装偏角	°
I_x, I_y, I_z, I_{xy}, I_{zy}, I_{xz}	飞机转动惯量和惯性积	kg·m^2
Δ	特征多项式	
λ	特征根	
ζ_{sp}, ζ_{ph},	短周期、长周期运动阻尼比	
ω_{nsp}, ω_{nph}	短周期、长周期运动固有频率	rad/s
T_{sp}, T_{ph}	短周期、长周期运动周期	s
τ_{R}	滚转衰减模态时间常数	s
τ_{S}	螺旋模态时间常数	s
$\omega_{nDR}(\omega_{nD})$	荷兰滚模态固有频率	rad/s
$\zeta_{DR}(\zeta_{D})$	荷兰滚模态阻尼比	
n_z, n_y	法向过载,侧向过载	
s	拉氏变换算子	

目　录

第1章　绪　　论

1.1　飞行动力学起源

飞行动力学是研究飞行器在外力和外力矩作用下运动规律的科学。早在飞机出现以前,很多学者就开始探讨物体的飞行规律。公元前300年亚里士都德(Aristotle)认为地球是宇宙中心,其他天体绕地球以圆形轨道运转。近代,欧洲在天文观测等现代技术发展基础上,逐步发展了成形的天体力学和近现代力学体系,包括哥白尼(Copernicus)的日心说,1609年开普勒(Kepler)行星运动第一、第二定律及1619年发表的第三定律,1666年牛顿(Newton)提出三大力学定律以及1687年的万有引力定律,成为动力学研究的基础。在这些动力学理论基础上,后来逐步发展出一些动力学分析方法,如牛顿-欧拉法、拉格朗日法、四元素法等目前常用的分析方法。

1.2　飞行力学与控制的关系

传统的飞机设计,往往从设计任务开始,然后考虑气动总体、结构和推进设计,而随着飞机飞行性能要求不断提高和现代控制技术的不断发展,现代飞机的设计更加重视飞行动力学与控制系统的设计。

飞机飞行范围不断扩大和飞行器种类不断增多,促进了飞行动力学的迅速发展。飞机的飞行动力学通常分为:飞机飞行性能、飞机的稳定性和操纵性等几部分。对于一架飞机来说,上述性能不是一成不变的,设计人员可以运用飞行控制系统,可以改善飞机的固有的运动特性及操纵特性(或飞行品质),提高飞机的自动飞行能力。因此,飞机的飞行控制与飞行动力学有着密不可分的关系。

飞行动力学研究飞机在飞行中所受的力以及它对这些力的响应特性;飞机的飞行性能,指可控质点的运动;而其稳定性与操纵性,指飞机在质点系的动态性能。

飞行控制研究包括:增强飞机的稳定性、操纵性和机动性,优化飞行品质;提高飞机角运动和航迹运动的控制精度,提高其安全性和自动化程度;还有飞机的刚体运动和弹性模态稳定;以及飞行控制的理论方法及实现途径等内容。

对于飞机来说，无论飞行动力学，还是飞行控制，都需要空气动力学来支撑，因为空气动力学不仅给飞行性能计算提供了外形参数，而且给飞行控制提供了操纵控制面，因此三者之间有着相互耦合的关系。

空气动力学研究空气运动以及空气与物体相对运动时的相互作用，其解决两类问题：①寻找满足给定性能要求的飞机外形和气动措施；②预测飞机的气动特性，为飞机性能计算、结构和控制系统设计提供依据。

空气动力学、飞行动力学、飞行控制三者的相互关系，可以总结为空气动力学为飞行力学和飞行控制提供初始分析和设计的基础，而飞行性能分析和飞行控制设计为空气动力优化设计提供支持。三者关系密切、相互渗透，通过迭代优化，完成飞机构形的确定。

1.3 飞行力学与飞行控制的发展历史

1.3.1 航空飞行器的发展

飞行力学的研究往往从大气飞行力学开始，最初对飞行的定义是指通过空气进行的运动，如鸟飞过的轨迹，但这种定义并不准确，如石头或箭的飞行，后来修改为通过流体介质或真空的运动定义为飞行。最早飞行的思想来源于2000多年前中国的风筝，飞机是根据风筝原理制成的空中飞行器。公元前400年古希腊哲学家阿契塔(Archytas)提出“飞鸽”人，据说可以飞行200 m。公元180—234年，诸葛亮发明了孔明灯(见图1-1)，用来威吓敌军。1496年意大利人莱昂纳多·达·芬奇设计了螺旋飞行器(见图1-2)，该飞行器具有现代空气动力学思想。

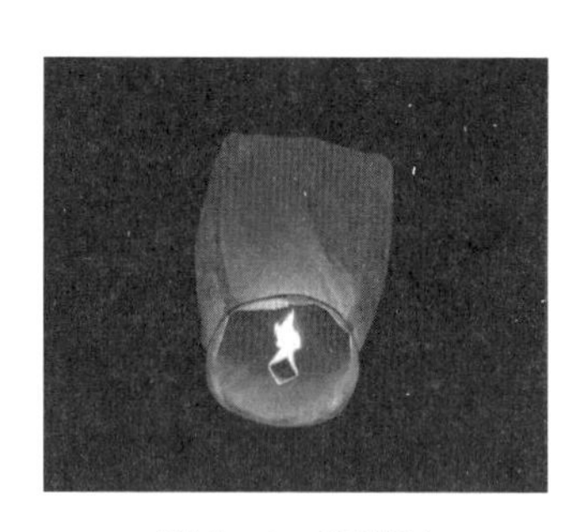

图1-1 孔明灯

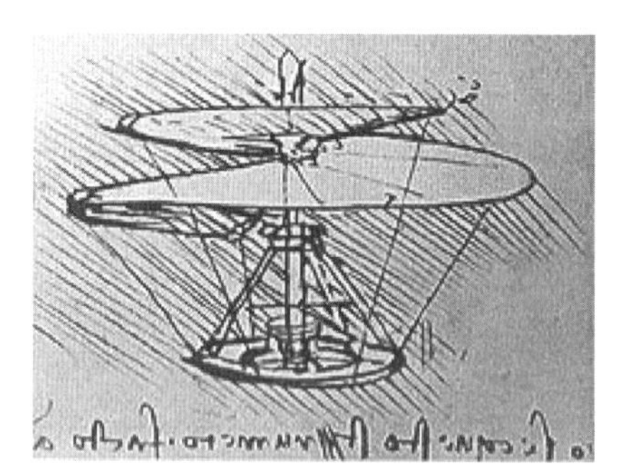

图1-2 达·芬奇螺旋飞行器

现代飞行器主要分为轻于空气的飞行器和重于空气的飞行器两类，前一类主要是飞艇(见图1-3)和气球，后一类主要是飞机。18世纪欧洲兴起了一股气球热，而飞艇是一种可驾驶的气球，1852年法国Henri Giffard驾驶蒸汽动力飞艇飞行了15 mi(1 mi=1.60934 km)。后来飞艇在一战、二战中发挥了重要作用。

1716年Emanuel Swedenborg最早提出重于空气的飞行方案“Sketch of a machine for flying in the air”。18世纪Sir George Cayley首次研究飞行原理(见图

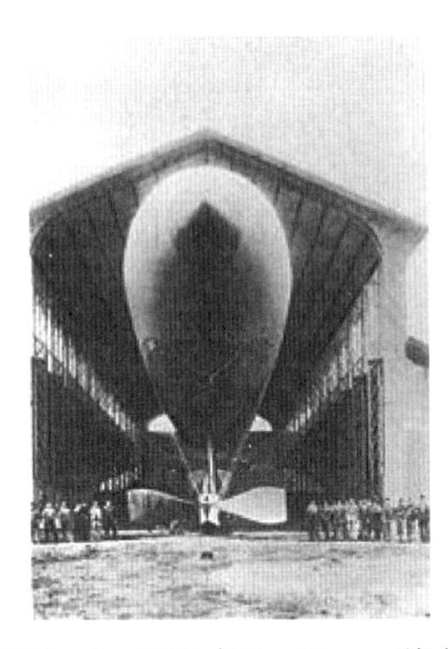

图1-3　1884年La France首个完全可控飞艇

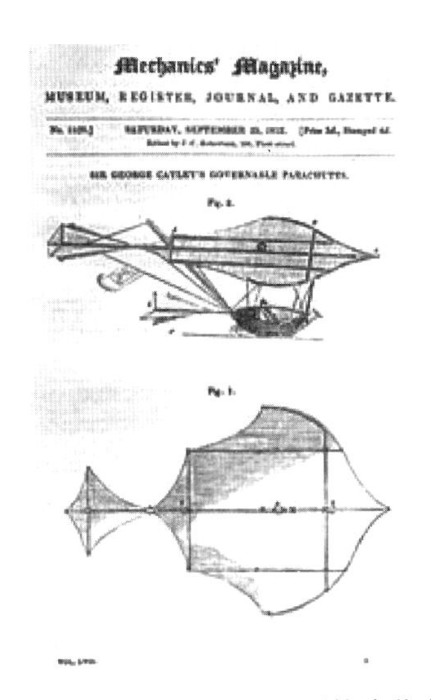

Mechanics' Magazine,

MUSEUM, REGISTER, JOURNAL, AND GAZETTE.

SIR GEORGE CAYLEY'S GOVERNABLE PARACHUTES.

图1-4　George Cayley可控降落伞

1-4),1799年他提出了滑翔机计划并在5年后飞行试验,其后50多年他一直致力于空气动力学的基础研究,并提出升力、阻力概念。

1856年法国人Jean-Marie Le Bris用马拉的方法对他设计的Albatros Ⅱ滑翔机进行飞行试验(见图1-5),飞行高度100 m,距离200 m。1871年英国建立了风洞以测量飞机的升阻比对飞机飞行的影响。

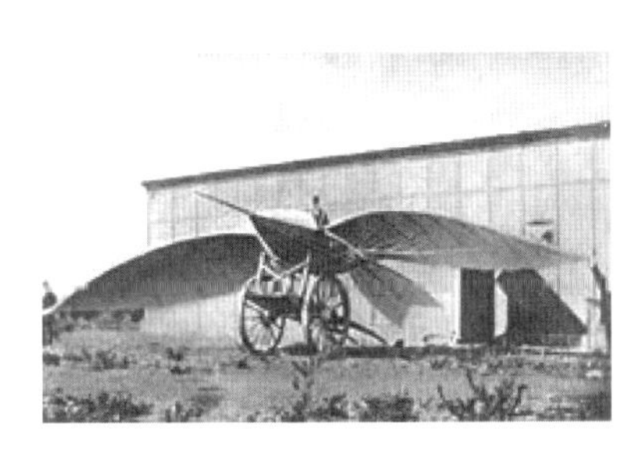

图1-5　Jean-Marie Le Bris的Albatros Ⅱ飞行器,1868年

图1-6　Edward Mines的Biplane

滑翔机虽然解决了飞行问题,但如何操控它是一个难题。19世纪80年代出现滑翔机飞行热。澳大利亚人Lawrence Hargrave发明了风筝帆模型,并进行了大量飞行试验,1889年Hargrave利用它设计螺旋航空发动机,进行压缩空气飞行。同样,Edward设计了Biplane飞机,其特点是无垂尾、无侧向稳定,如图1-6所示。

图 1-7 莱特兄弟“飞行者一号”飞机

1900 年莱特(Wright)兄弟发现他们设计的滑翔机升力只有他们设想的一半,1900—1902 年莱特兄弟利用风洞测量了 200 多个翼型试验,纠正了以前的设计错误,提高了升阻比,并在飞机上安装了三轴控制装置,取得了 100 多次成功,如图 1-7 所示,该机特点是首次带动力持续飞行,飞机可控,从而促进了飞行动力学与飞行控制技术的发展。

1903 年 12 月 17 日莱特兄弟成功飞行“飞行者一号”飞机后,飞行动力学开始得到了实践和验证,从而在一战、二战中,使飞机技术得到了快速推广。1911 年 9 月到 1912 年 10 月,意大利首先运用飞机进行侦察、轰炸土耳其军队。一战中飞机特点是机身瘦长,如德国 Fokker DV-Ⅱ,如图 1-8 所示。二战中飞机被大规模地运用于空战,飞机也由原来的木制转为铝合金制造,例如 1939 年德国研制成功 Me-262 喷气飞机,如图 1-9 所示,飞机动力得到了很大发展,从而大大提高了飞机的航程和速度。

图 1-8 德国 Fokker DV-Ⅱ

(来源:美国国家航空航天博物馆)

图 1-9 世界上第一架喷气式战斗机 Me-262

飞机的发展促进了制导导弹技术的发展。1926 年 3 月美国人 Goddard 首次发射了液态燃料的火箭。在二战期间,德国在冯·布朗(von Braun)带领下成功研制了 V-1 小型巡航弹,1942 年 10 月又成功发射了液态火箭推进的 V-2 远程弹道导弹,如图 1-10 所示。

图 1-10 V-2 导弹与冯·布朗

然而，二战后由于燃油短缺和有经验飞行员缺失及工业衰退，使德国航空业开始衰败。后来冯·布朗被聘请到美国，并着手研制土星五号(Saturn Ⅴ)火箭，1969年利用该火箭运载Apollo Ⅱ号，首次实现了将人类送上月球，如图1-11所示。

图1-11 Saturn Ⅴ火箭与Apollo Ⅱ号飞船(NASA)

苏联在德国V-2火箭基础上也开展了制导技术研究。在科罗廖夫(Korolev)率领下研制了R系列运载火箭，并于1957年10月利用R-7运载火箭将人类第一颗人造卫星—Sputnik送入太空，如图1-12所示。

图1-12 Sputnik Ⅰ卫星与科罗廖夫(1907—1966)

20世纪40年代涡轮喷气发动机和喷气式飞机的诞生，为声障突破奠定了基础。由于声障等技术的突破，出现了第一代超声速战机Convair F-106 Delta Dart与McDonnell-Douglas F-4E Phantom Ⅱ第二代战机，如图1-13所示，航空事业开始进入超声速时代。

二战后，飞机的结构、外形、发动机和仪表辅助设备有了很大发展。飞机的飞行速度、高度和航程等性能大大提高。20世纪50年代出现了2倍声速的F-104、F-4、米格-21高速歼击机，同时出现了波音B707、DC-8、Tu-104等大型喷气客机。

60年代不仅出现了三倍声速的歼击机，而且出现了变后掠机翼飞机F-14和垂直起降飞机GR-7A，如图1-14所示。

(a)

(b)

图 1-13 第一代超声速战机

(a) Convair F-106 Delta Dart (b) McDonnell-Douglas F-4E Phantom Ⅱ

(图片来源:U.S. Air Force)

(a)

(b)

图 1-14 F-14 雄猫变后掠机翼(a)和英国 GR-7A 鹞式垂直起降战机(b)

(图片来源:维基百科)

20 世纪 70 年代后期,计算机技术的发展促进了数字电传与飞行控制技术的发展,利用这些技术美国研制了第三代 F-16C、F-16D 战机,如图 1-15 所示。

图 1-15 F-16 第三代战机(1970 年代)

第三代战机特点是：翼身融合，边条布局，具有放宽静稳定性能；武器为近距、超视距空空导弹；作战方式有格斗、超视距空战；具有模拟式和数字式电传控制系统，并有控制增稳系统和自动驾驶功能。

20 世纪 80 年代，民用飞机也得到了快速发展，民用飞机主要特点有：①飞行控制采用数字式电传及机械备份；②飞机可靠性高：故障率低于 10^{-9} 次/小时；③飞机操纵面多；④使用主动控制技术，包括飞行包线保护；放宽静安定；阵风减缓；乘坐品质控制等。

典型代表有空客的 A320 飞机，于 1988 年首飞，为首次采用电传飞行控制技术的大型民机；波音的 B777 飞机，于 1994 年首飞，采用了 3×3 冗余技术，大大提高系统的可靠性。如图 1－16 所示。

(a)　　(b)

图 1－16　第一代带电传的民用飞机

(a) A320，1988　(b) B777，1994

随着现代航空技术的不断发展，具有超隐身、超声速巡航、超机动飞行，超视距作战 4S 标志的先进战机不断出现，如美国的 F－22、俄罗斯的 T－50 及中国的歼－20 等，如图 1－17 所示。第四代战机特点为隐身、气动一体化设计布局；武器为先进格斗导弹，超远程空空导弹并实现精确制导；采用火力、飞控、推力一体化综合控制和先进主动控制技术等。

(a)　　(b)　　(c)

图 1－17　第四代战机

(a) F－22　(b) T－50　(c) J－20

2005年以后民用飞机也出现了新机型，如空客A380于2005年1月18日首飞，为载客量大的远洋飞行飞机，而波音B787于2009年12月15日首飞，该机最大特点是广泛采用采用复合材料作为机身与机翼材料，降低油耗和巡航高度，保证飞机良好的经济性，如图1-18所示。

(a)

(b)

图1-18　第二代带电传民用飞机

(a) A380，2005　(b) B787，2009

由此可见，现代飞机发展趋势是：①高超声速，跨大气层飞行；②集成化，智能化方向发展；③高安全、高可靠；④舒适且节能环保。

对于高超声速飞行器，目前，以美国的无人飞行器为代表，如X-51A乘波者，具有7倍马赫数以上的飞行能力；而针对集成化、智能化，如美国RQ-170哨兵无人机，具有无人侦察与攻击能力，如图1-19所示。

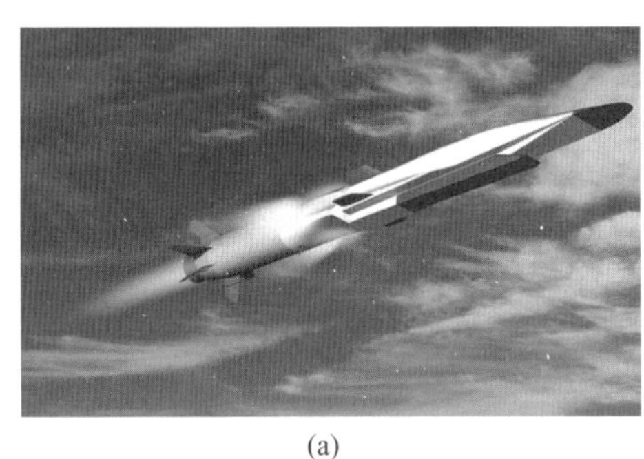

(a)

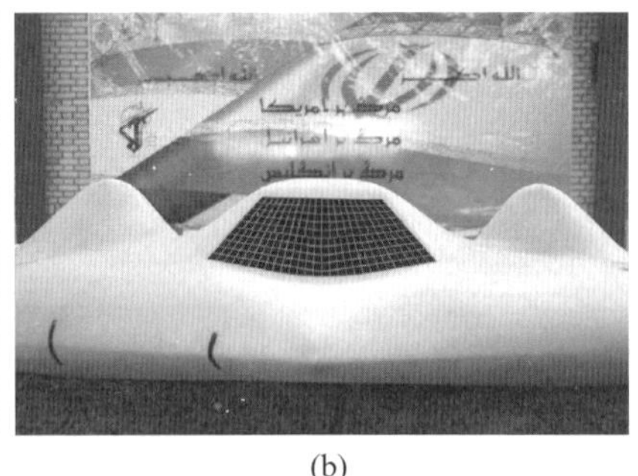

(b)

图1-19　飞机发展趋势

(a) X-51A乘波者　(b) RQ-170哨兵无人机

1.3.2　飞行控制的发展

飞行控制的发展离不开控制理论的发展，同时也伴随着飞机的发展。100多年来，控制理论与技术主要历史事件如表1-1所示。

表 1-1 控制理论与控制技术主要历史事件

年份	事件
1769 年	Watt 发明蒸汽机和调节器，社会从此进入工业革命时代
1800 年	Eli Whitney 提出火枪中可替换部件生产概念，批量生产出现
1868 年	Maxwell 推导出蒸汽机调节控制器的数学模型
1913 年	Henry Ford 机械装配汽车产品
1927 年	Black 考虑负反馈放大器，Bode 分析反馈放大器
1932 年	Nyquist 开发了系统稳定的分析方法
1941 年	第一台带主动控制的防飞机的火炮诞生
1952 年	MIT 开发数字控制技术用于机器工具轴向控制
1954 年	George Devol 开发口音传送器，被认为第一台工业机器人设计
1957 年	Sputnik 发射太空，引领时代发展微型计算机和自动控制理论
1960 年	在 Devol 设计基础上首台通用机械手出现，并用于拉模制造
1970 年	状态变量模型和最优控制得到发展
1980 年	鲁棒控制被广泛研究
1983 年	个人计算机出现使设计工具带到工程师桌面上
1990 年	出口企业注重自动化
1994 年	反馈控制广泛应用于汽车，制造系统要求系统可靠，具有鲁棒性
1997 年	首台自主悬停机器人旅行者号 Sojourner 降落火星表面，开始深空探测
1998—2003 年	微纳米技术得到发展，智能微型机器人和功能纳米机器人被发明
2004 年至今	生命科学与智能控制技术相结合时代

与控制技术发展相对应，飞行控制发展大体可划分为 6 个阶段：

1）飞行控制的黎明时期（早期—1901 年）

早期飞机功能简单，由人工操纵即可完成飞行。1873 年，法国雷纳德（C. C. Renard）发明无人多翼滑翔机，采用方向稳定器来控制航向。1891 年，海若姆·马克西姆设计并制造的飞机，装备了改善纵向稳定性的控制系统，提出了自动飞行控制最初设想。但是，早期的飞机基本没有固有稳定性，靠飞行员的能力来保证飞机的稳定，例如，Otto 发明的 Lilienthal 滑翔机，如图 1-20 所示，只能通过升降舵、方向舵滑翔飞机。

1900 年莱特兄弟的滑翔机（见图 1-7），采用垂尾侧向稳定，升降舵安装在机翼前面，实现三轴人工控制。

2）古典时期（1901—1930 年）

20 世纪初，空气动力学、飞行力学及自动控制理论知识尚未完善，未能采用自动飞行控制。对飞机的控制采用人力操纵，工程师采用代数法来保证最小的三轴静稳定。此后，飞机的稳定性靠外形布局及重心定位来保证。

1914 年，美国的爱莫尔·斯派雷（Eimer Sperry）研制成功第一台可以保持飞机稳定平飞的电动陀螺稳定装置，该装置利用陀螺的稳定性和进动性，建立一个测量基准，用来测量飞机的姿态，并和 Curtiss C-2 飞机的控制装置连在一起，而一旦飞机偏离指定的状态，这个机构就通过飞机的控制装置操纵飞机的舵面偏转，使飞机

(a)

(b)

图 1-20 Otto 发明的 Lilienthal 滑翔机

(a) Lilienthal 滑翔机 (b) Otto，1894

恢复到原来的状态，从而利用陀螺仪控制飞机飞行，并完成首次人工控制飞行。同期，出现了由三轴陀螺与磁罗盘组成的自动驾驶仪，完成三轴稳定。

一战后第一代设计师不仅在飞机设计上取得巨大成功，而且理论上也有很多突破，主要成果有：

(1) 1911 年 Bryan 编写了关于飞机稳定性和操纵性的经典论著，研究了小扰动线性化方法，发现了纵横分离，进行了稳定性公式推导。

(2) Bairstow，Melvill Jhons 在英国国家物理实验室测试了稳定导数，并计算了实际使用中的飞机运动导数。1910—1930 年研究者还计算出飞机稳定性对扰动的响应及控制输入的响应，并进行了全比例飞行测试。

(3) 1924 年 Gates Garner 认为控制可根据特定的控制规律变化，1926 年 Garner 分析飞机在反馈控制下的航向运动。

3) 第三阶段(1930—1956 年)

1947 年成功突破声障后，由于飞机的飞行包线(飞行速度和高度的变化范围)扩大，飞行任务复杂化，使得驾驶员长途飞行容易疲劳，希望用自动控制系统代替驾驶员控制飞行。另一方面随着飞机性能的提高(如飞行包线的扩大)，飞机的自然特性开始下降(如动态阻尼特性的恶化和静态稳定性的降低)，从而提出了安装自动控制系统来改善飞机性能的要求。于是借助于自动控制技术改善飞机稳定性的飞行自动控制装置(如增稳系统)相继问世。

20 世纪 30 年代出现了可以控制和保持飞机高度、速度和航迹的自动驾驶仪。第二次世界大战促使自动驾驶仪等设备得到进一步发展，由过去气动-液压到全电动，由三个陀螺分别控制三个通道到改用一个或两个陀螺操纵飞机，并可作机动、爬高及自动保持高度等运动。二次大战期间，美国和苏联相继研制出功能较完善的电气式自动驾驶仪 C-1 和其仿制品 AП-5；德国也在二战后期研制成功飞航式导弹

V-1和弹道式导弹V-2，更进一步促进了飞行自动控制装置的研制和发展。1947美国空军全天候飞机C-54，使用Sperry A-12自动驾驶仪，并配有进场耦合器及Bendix自动油门控制，经由IBM计算机完成程序控制，最终完成了全自动跨洋飞行。50年代后，自动驾驶装置和导航系统、仪表着陆系统相连，从而实现了长距离自动飞行和自动着陆。

同一时期，汽轮机在航空推进上的运用，促进了飞机跨声速飞行，当飞行高度和航路改变时，飞行员可以轻松操控飞机，在1943年美国国家航空咨询通告委员会(National Advisory Committee for Aeronautics, NACA)根据飞行操纵特性编制了飞机飞行品质(flying qualities)，两年后NACA制定了军用飞行品质规范。

第三阶段飞行控制特征有：①人力操纵(机械操纵)得到长足发展，满足飞机尺寸增大和性能提高要求，主要在控制面增多，助力器得到应用；②初步使用了人感系统、增稳系统、阻尼器、全液压功率控制。

相应理论基础有稳定性控制理论，包括：Nyquist稳定、Bode图、Nichols，Phillips Harris分析法、Evan的根轨迹法等经典分析方法。

4) 第四阶段(1956—1981年)

汽轮发动机的使用不仅使飞机包线不断扩大，而且促进飞行控制技术的发展。为了满足飞行品质，传统采用飞机几何外形和重心位置约束保证飞机稳定的做法得到改善，通过引入控制反馈实现增稳，如俯仰、偏航阻尼器的使用，提高系统飞行品质，并通过偏转舵面及补偿器等方法实施增稳。二战后，由于伺服理论(theory of servomechanisms)与电子计算机技术的进步，大大促进飞行控制技术的发展，也促进了增稳系统的在飞机上实现，如波音公司的B47与Northrop公司B-49都成功使用了增稳系统。在增稳系统的基础上，20世纪60年代出现了随控布局，促进了电传操纵飞行控制系统的发展。电传操纵系统与主动控制技术的发展，大大改进了传统飞机机械操纵模式，使飞机操纵从开环模式进入闭环模式。

5) 第五阶段(1981—2010年)

第五阶段是飞行控制技术的应用逐渐从军用飞机转到民用飞机，如空客A319、A320等在80年代相继采用了电传操纵飞行控制技术。另一方面，欧洲与美国逐渐开展现代飞行控制理论在飞行控制系统中运用，如采用现代控制理论，进行多模态、强鲁棒性的非线性飞行控制律设计，尤其是动态逆自适应控制在军机大迎角、超机动、非线性飞行控制系统上得到了推广应用。

这阶段飞行控制系统的特征有：系统体系结构改进，由集中式变为分布式、总线式系统；抗电磁干扰的电传、光传系统的使用；系统综合性能提升，实现集成管理。软件上采用开发验证技术，提高软件可靠性，实现代码自动生成与自动验证。

6) 第六阶段(2010—2020年)

在未来发展的第六阶段，飞机将逐步走向无人化、智能化。图1-21所示为美国研制的 X-47B 无人作战飞机，智能变形体飞机。第六阶段智能化无人机时代特征是：①智能控制，具有结构重构，自修复功能，一体化智能控制能力；②气动/结构/推进/控制融为一体，飞机成为一个智能体，根据飞行条件和平台状态的结构随控布局，系统资源重组，保证飞机性能等。

(a)

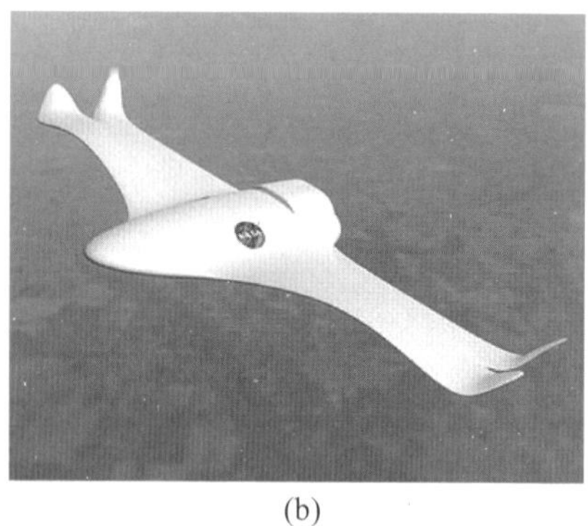

(b)

图 1-21 未来无人机

(a) X-47B (b) 智能变形体

1.4 飞行控制基本概念

为了熟悉飞行控制，首先介绍几个基本概念。

1) 导航、制导与控制

制导：确定飞行器完成任务所需的指令，包括：航向，加减速，推力的方向及大小，飞行轨迹。

另外，一些著名学者给出定义如下：惯性导航之父 Chaeles Stark Draper 认为，"Guidance depends upon fundamental principles and involves devices that are similar for vehicle moving on land, on water, under water, in air, beyond the atmosphere within the gravitational field of earth and in space outside this field." 1953 年 MIT 的 Draper 团队成功开发了 Space Inertial Reference Equipment (SPIRE)首台惯导系统，如图 1-22 所示。Shneydor 教授认为，"Guidance : the process for guiding the path of an object towards a given point, which in general may be moving"。挪威科技大学 Thor I Fossen 教授认为，"Guidance: systems for automatically guiding the path of a marine craft, usually without direct or continuous human control."

控制：产生所需要的力和力矩，实现制导系统指令。Fossen 教授认为"Control is the action of determining the necessary control forces and moments to be provided by the craft in order to satisfy a certain control objective."

导航：获取测量数据以确定飞行器当前位置、姿态等信息。Navigation 是 Latin 语"ship"，与 agere ，"to drive"组合 ，Draper 将导航定义为"Systems for

(a)　(b)

图 1 - 22　MIT Draper 研制的 SPIRE 惯导系统

(a) SPIRE　(b) Chaeles Stark Draper

determination of the craft's position/attitude, velocity and acceleration "。Fossen 教授认为"Navigation is the science of directing a craft by determining its position, course, and flight distance"。与导航相关的是一些导航传感器,如图 1 - 23 所示,为 LN - 200 惯性测量单元,用于测量飞机的姿态速率,另外一种常用的是卫星导航设备,如美国的 GPS、中国的北斗、俄罗斯的 Glonass,用于测量飞行器的位置和速度。

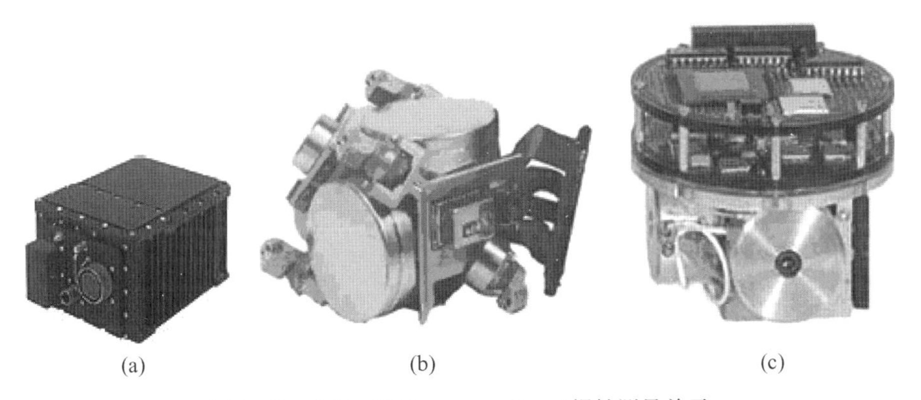

(a)　(b)　(c)

图 1 - 23　LN - 200(courtesy litton)惯性测量单元

导航、制导与控制三者之间的关系如图 1 - 24 所示,制导表示"要去哪?",经过大脑思考后选择"怎么飞?",即确定飞行控制系统的姿态、位置指令输入,飞行控制系统经控制律解算,得到飞机的舵面偏转角度,相当于人的胳膊或腿执行动作,使飞机或人的状态发生相应的改变,这时导航系统检测飞机当前的位置和姿态信息,相当于人的五官感受当前的运动状态,并将信息以反馈形式给制导与飞行控制系统,形成闭环控制。

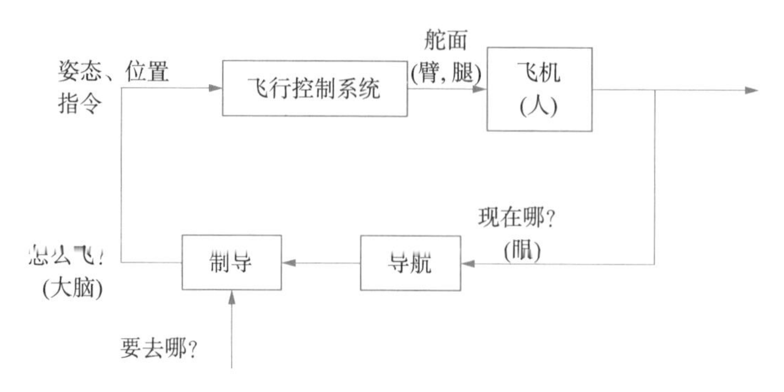

图 1-24　导航、制导与控制关系

对于实际飞行控制系统来说，三者关系如图 1-25 所示。

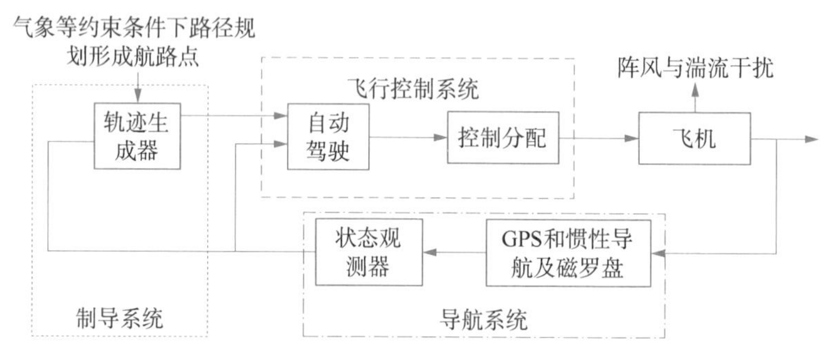

图 1-25　导航、制导与控制回路

2）飞行控制与飞行控制系统

飞行控制，指通过某种手段，使用一定的设备，从而实现对飞行器的飞行运动和模态变化所进行的控制。飞行控制的研究对象包括：

(1) 从物理对象角度，即飞行器，可分为：大气层以内：飞机、导弹；大气层以外：卫星、飞船、航天飞机、火箭等。

(2) 从模型控制角度，分为：线性系统，包括小扰动运动方程；非线性系统，如动态逆、神经网络控制系统；不确定系统，如鲁棒控制系统；智能系统，如无人自主飞行控制系统。

(3) 从功能角度，分为：姿态控制，位置、速度控制，轨道控制等。

飞行控制的基本任务，主要表现在：

(1) 改善飞行品质，包括：固有运动特性、操纵特性、扰动特性。

(2) 协助航迹控制。

(3) 全自动航迹控制，包括：自主飞行。

(4) 监控与任务规划，包括：自主观测、作战、侦察。

飞行控制系统(flight control system，FCS)，是一种飞机系统，包括驾驶员或其他信号源进行下述一项或多项控制所应用的飞机所有分系统和部件，这些控制项有：飞机航迹、姿态、空速、气动外形、飞行品质和结构模态等的控制。简而言之，实现飞行器飞行控制所使用的设备（由装置、机构组成并建立的开环或闭环信息传递链），称之为飞行控制系统。

飞行控制系统通常包括三种：人工飞行控制（操纵）系统，自动飞行控制系统，以及高升力装置辅操纵系统。具体为

（1）人工飞行控制系统。

由驾驶员通过对驾驶杆和脚蹬的操纵实现控制任务的飞控系统，称为人工飞行控制系统。人工飞行控制（操纵）系统（manual FCS）：直接传递驾驶员的人工操纵指令的增强指令，从而实施飞行控制功能的系统，包括电、机械、液压和气动部件。

（2）自动飞行控制系统。

不依赖于驾驶员操纵驾驶杆和脚蹬指令而自动完成控制任务的飞控系统，称为自动飞行控制系统。自动飞行控制系统，包括产生和传递自动控制指令的电气、机械和液压部件。通过自动、半自动的航迹控制，协助飞行员或自动控制飞机对扰动的响应。这类系统包括自动驾驶仪、自动油门杆、结构模态控制等。

（3）高升力装置操纵系统。

高升力装置（high-lift devices），是改变机翼升力和阻力的一套装置，其主要目的是飞机着陆时减速，飞机起飞时增加升力。增升装置减速时可以使飞行速度减小20%～50%，甚至更多，增升时可以使升力提高1.5～2倍。常用增升方法有：①提高机翼段曲率；②提高机翼面积；③利用边界层控制改善绕机翼的气流；④利用喷气装置及各种组合。典型高升力装置形式如图1-26所示。

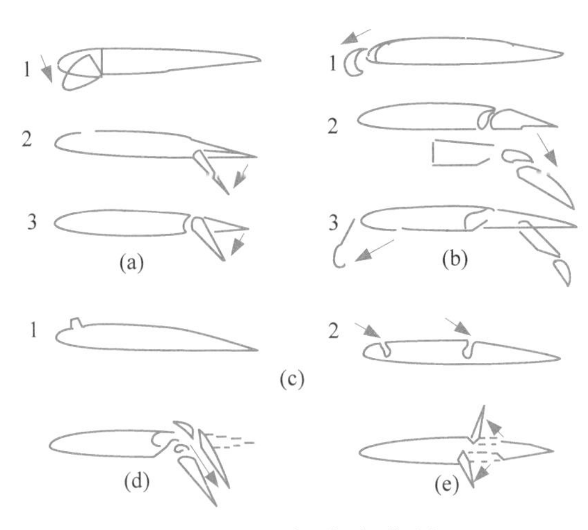

图1-26　高升力装置

(a) 提高机翼段曲率（1—前缘襟翼，2—后缘襟翼，3—平面襟翼）　(b) 提高机翼面积及机翼段曲率（1—前缘缝翼 leading-edge slat，2—双槽襟翼，3—带三角槽襟翼的 Kruger 缝翼）　(c) 边界层控制（1—涡流发生器，2—边界层吸引力）　(d) 喷气装置（喷气襟翼）　(e) 扰流板（控制用，不作为增升装置用）

1.5 飞行控制的应用及未来发展趋势

飞行控制系统一直是飞行器设计的重要内容之一，其性能直接影响飞行器的性能。早在 1912 年，美国的 Eimer Sperry 和他的儿子 Lawrence Sperry 就研制成功第一台自动驾驶仪(电动陀螺稳定装置)，用来保持飞机平飞时的俯仰角和滚转角稳定，如图 1-27 所示。早期的飞机的自动控制就是采用自动驾驶仪稳定飞机的角运动，形成简单姿态稳定系统。

(a)

(b)

(c)

图 1-27　Sperry 及其陀螺稳定仪

(a) Elmer Ambrose Sperry (1860—1930)　(b) Sr. Lawrence Burst Sperry (1892—1923)　(c) Sperry 研制的陀螺稳定器(船舶)

二战期间，美国制造了功能完善的 C-1 自动驾驶仪，可实现对飞机的三轴姿态稳定。二战后期，德国研制了无人驾驶的飞行器——导弹，在这种全自动飞行的飞行器上，自动驾驶仪与机上其他装置相配合控制飞行的航迹(如定高，自动下滑等)。二战后，1947 年 9 月美国 C-54 飞机完成了跨大西洋不着陆的自动飞行，从起飞到着陆实现了全过程的自动化，即产生了航迹导航自动控制系统。20 世纪 50 年代以前，自动驾驶仪主要用于轰炸机和运输机的平飞，50 年代开始发展阻尼器、增稳系统。我国在 1966 年研制成功第一台自动驾驶仪——621 自动驾驶仪。

20 世纪 50、60 年代以后，随着飞机飞行速度增加、飞行包线扩大，飞机本身特性变坏，发展了阻尼器、增稳和控制增稳系统，使飞机从能飞到改善飞行性能和品质阶段，形成了自动飞行控制系统(automatic flight control system, AFCS)，典型产品如美国的 PB-20D 飞行自动控制系统。同期，由于科学技术的发展和客观上的需要，对飞机的性能提出了越来越高的要求，只考虑气动布局、机体结构设计和发动机三方面协调配合，已无法解决固有矛盾，很难设计出预期的飞行器。于是，60 年代后期到 70 年代，随控布局飞行器(control configured vehicle, CCV)设计的概念得以提出，即在设计之初就考虑了控制系统，以达到气动布局、机体结构、发动机以及控制系统四方面的协调。例如飞机自身可设计成静不稳定的，其稳定性可由飞行自动控制系统来保证。从此，飞行自动控制系统便成了飞机的一个密不可分的组成部分。

20世纪70年代中期，由于计算机的应用使自动驾驶仪和飞机的指引系统组成一个综合系统，使飞机的各种传感器数据、指引与控制系统综合在飞行管理系统中，从而实现了更高程度的自动化。20世纪70年代末期，计算机和控制技术的迅速发展，使自动驾驶仪的功能迅速扩展。在现代化的大中型民航客机上，自动飞行控制系统通常包括自动驾驶仪、飞行指引系统、自动油门系统、偏航阻尼系统、安定面自动配平等。

70年代控制增稳技术进一步发展，并出现了数字式飞行控制系统和电传操纵系统，便于和机上其他系统相交联，形成主动式飞行控制系统。电传操纵系统与机械控制系统相比，关系如图1-28所示，可见，电传操纵控制使系统由开环控制变为闭环控制。

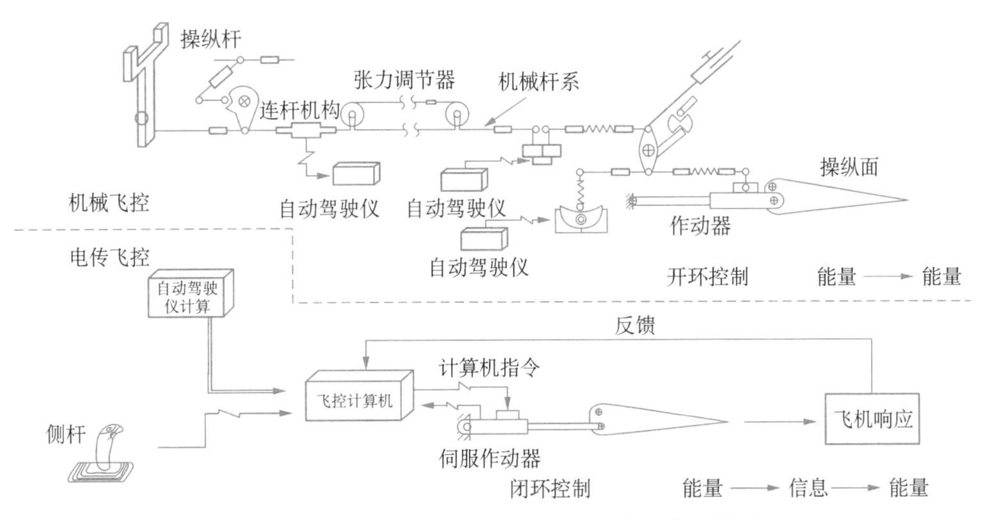

图1-28 电传飞行控制系统与机械控制系统比较图

70年代电传与主动控制技术在F-16A/B等飞机上进行了验证与开发。80年代以后，飞行控制系统开始朝着航空综合化系统方向发展。它把飞行系统、火力系统、导航系统、显示系统等耦合成综合飞行，使得这些系统能更好地协同工作，从而更好地完成飞行任务。此阶段飞行管理系统也得到了长足的发展。民用飞机的电传飞行控制技术也得到了验证，并于1986年空客A-320上得到推广应用。90年代以后逐步形成综合航空电子系统。B737飞机机载设备布置及安装位置见图1-29。

(a)

(b)

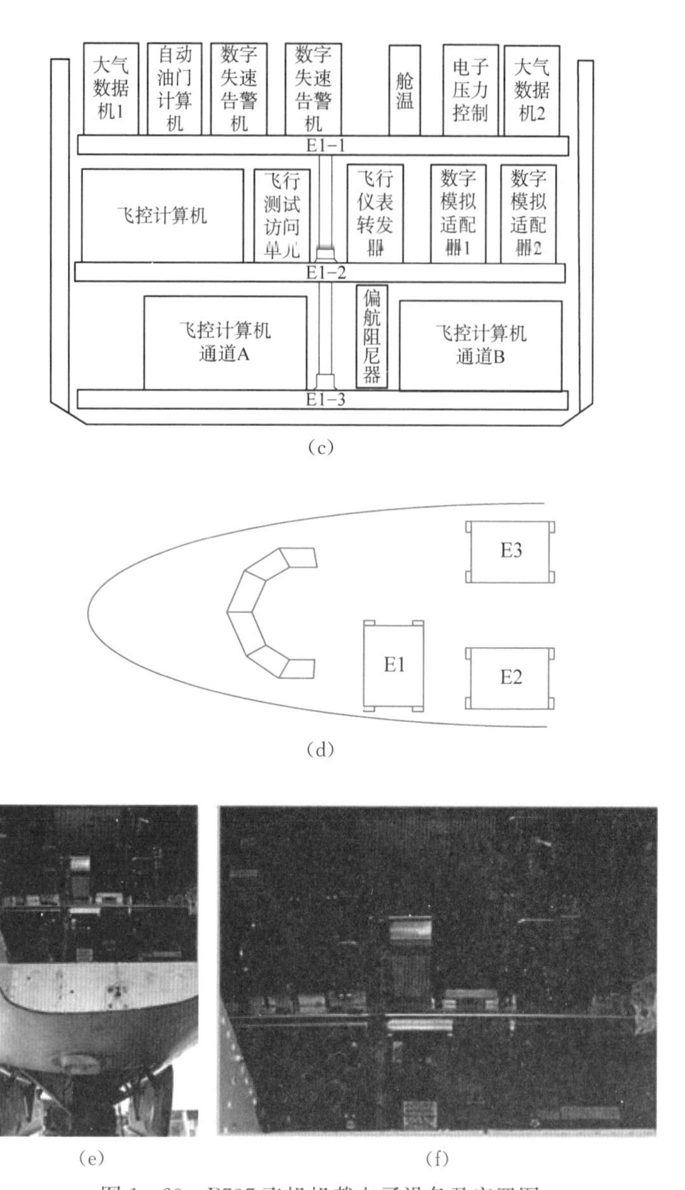

(c)

(d)

(e)　　(f)

图 1-29　B737 飞机机载电子设备及安置图

(a) 飞行控制计算机　(b) 机载设备安装位置　(c) 机载设备安放架　(d) 机载设备安置图　(e) 机载设备安置图　(f) 机载设备放置图

对于飞行控制系统,控制律设计是重要内容,控制律可以提高飞机的操纵性和乘坐品质,使其具有满意的操纵性能,控制律能够有效地利用多个控制执行装置(包括气动面和推力矢量)使飞行性能达到最佳水平,因此飞行控制律是必不可少的。

在工程应用中,多数飞行控制系统的控制律主要是利用经典的单回路频域或根轨迹方法设计，即利用频域或根轨迹方法，每次一个个回路分别进行设计。这种经典单回路设计方法能坚持被使用的原因可能有如下几点：①经典的设计方法本质上是凭借对飞机控制系统的大量直观和经验而进行的，而广大的工程设计人员对这种方法不仅熟悉，而且有较为丰富的设计经验；②经典的设计方法，使设计者能清楚地看到系统的动态和性能是如何被修正的；③现行的飞行品质和性能评价准则，基本上依经典理论和概念提出。经典的方法确已获得了成功的应用，并为工业界所接受。

此外，目前采用线性化处理、多模态控制律以及调参处理技术等，也能较好地解决飞机本身的非线性以及参数变化等问题。在理论设计后，采用广泛的空中飞行模拟实验进行参数调整，最终能得到性能完善的飞行控制系统。然而，随着飞机大迎角、超机动飞行，其表现出强耦合、非线性特征，这种传统增益预置的方法越来越受到挑战。美国 YF－22 及瑞典 JAS－39 飞机试飞失事的经验表明，这种设计方法并不总能获得成功，而且对于新的飞机性能要求，采用经典方法设计也是困难的，主要表现在：①控制系统的多输入多输出，经典方法难于处理和协调；②现代飞机要求的大机动飞行，飞机特性的非线性难于按常规方法进行线性化处理；③飞行控制系统变得越来越复杂，使设计也变得复杂、困难，进度缓慢。

针对现代飞机运动的复杂性和期望性能的特殊性，现代飞行控制系统多采用多路耦合的控制规律。在过去的近 30 年中，现代多变量控制律的综合与分析技术已获得极大发展。多变量控制理论的潜在优势在于，处理多变量多回路问题时可以采用系统的、综合的方法。如特征结构配置、线性二次型最优控制、鲁棒 H_∞ 控制与 μ 综合，动态逆自适应控制，这些控制技术都是基于多变量反馈控制理论，便于处理复杂系统的参数调节。鉴于人们对飞机飞行性能的不断追求和经典控制理论的局限性，人们开始开展现代控制方法在飞机飞行控制系统中的应用研究。到目前为止，大部分现代控制方法只在验证机上进行研究，然而，这些验证机上所取得的成果已经向人们展示了现代控制方法在提升飞机性能方面的魅力，随着人们对飞机性能要求的提高和控制理论的发展，现代控制方法将在飞行控制系统的设计中取得更广泛的应用。

1.6 飞行动力学与控制基本内容

1）飞行器控制基本内容

飞行器控制以自动控制原理、飞行动力学为基础的一门提高课程；是从事飞行器设计、飞行动力学及飞行控制工作的基础之一。飞行器控制课程涉及的主要内容如图 1－30 所示。

主要包括：飞行动力学基础（第 2 章），飞机的飞行性能（第 3 章），飞行动力学性能（第 4～6 章），飞行控制设计理论（第 7～8 章），自动飞行控制系统设计（第 9～10 章）。各部分内容相对独立，可以根据读者需要，进行阅读和学习。

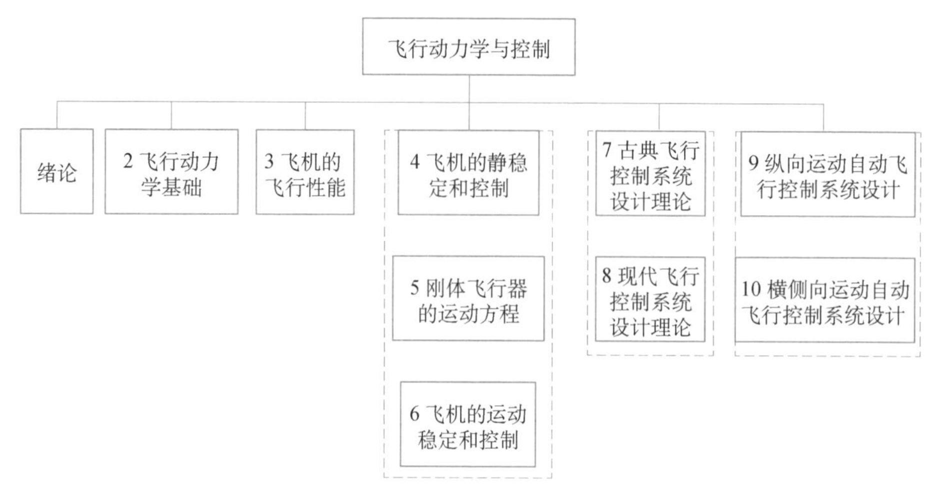

图 1-30　飞行动力学与控制内容结构

2）飞行控制研究的主要工具

（1）数值模拟。常用开发软件有：Matlab 软件包，用于控制律设计；C++语言工具，用于飞行控制系统开发；ADA、汇编语言工具等用于系统状态监控与硬件底层驱动。

（2）飞行模拟器，包括三轴转台、座舱模拟器等，如图 1-31，1-32 所示，用于地面模拟飞行验证。

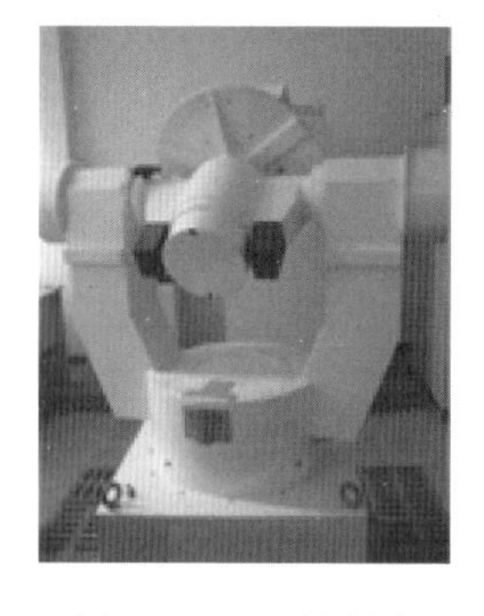

图 1-31　三轴转台

图 1-32　通用飞行模拟器

（图片来源：克兰菲尔德）

（3）原理样机飞行试验，如铁鸟实验台，进行地面模拟综合实验。

练习题

1.1　简述空气动力学、飞行动力学与飞行控制的关系。

1.2　简述飞行控制的发展过程，从飞控发展史中能得到什么启示？

1.3　说明飞行控制系统组成与飞行控制的基本任务。

1.4　解释导航、制导与控制的含义及其关联性。

1.5　比较并解释电传操纵系统与机械操纵系统的异同。

参考文献

[1] History of aviation, Wikipedia, the free encyclopedia [EB/OL]. http://en.wikipedia.org/wiki/History_of_aviation.

[2] Bryan G H. Stability in aviation: an introduction to dynamical stability as applied to the motions of aeroplanes[M]. London: Macmillan and Company, 1911.

[3] Shneydor N A. Missile guidance and pursuit: kinematics, dynamics and control [M]. Chichester: Horwood publishing Ltd., 1998.

[4] The Gale Group, Inc. High-Lift Devices. (n.d.) The Great Soviet Encyclopedia, 3rd Edition [EB/OL]. https://encyclopedia2.thefreedictionary.com/High-Lift+Devices.

[5] 郭锁凤,申功璋,吴成富. 先进飞行控制系统[M]. 北京:国防工业出版社,2003:1-98.

第 2 章　飞行动力学基础

飞行动力学是研究飞行控制的基础，飞行控制系统的被控对象是飞行器，需要了解飞机运动特性；同时，飞行控制系统需要建立控制系统和飞行器的数学模型。因此，需要介绍飞行动力学。飞行动力学是研究飞行器运动规律的科学，属于应用力学范畴。本章介绍飞机飞行涉及的基本气动力计算，飞机运动的基本特点。

2.1　空气动力学基本知识

空气动力学是研究物体相对空气运动时，空气的运动规律及其作用力的科学。在相对运动中，空气作用在物体上的力称为气动力，表示作用在物体外表面上分布力的合力。

对于飞机来说，空气动力是一种主要外力。按其对飞机飞行的不同作用，分为升力、阻力等。气动力产生原理主要是空气与物体发生 Magnus 效应，如图 2－1 所示，当流体经过静止的圆柱体时，会上下分流，且上下流体速度相等。而当圆柱体顺时针转动时，圆柱体上下表面流速会使上表面流速增大，且下表面压力大于上表面。对于飞机来说，借用 Magnus 效应原理，根据机翼剖面非对称性，故形成上下表面压差（$p_2 > p_1$），从而形成升力 L，如图 2－2 所示。

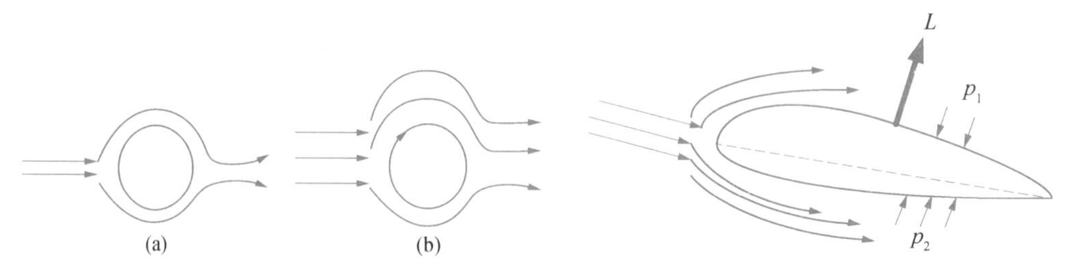

图 2－1　Magnus 效应图　　　　图 2－2　机翼升力产生示意图

气动力的大小主要取决于飞机的几何形状，飞机的飞行姿态，相对于空气的相对速度（空速）及空气的物理属性。无论空气静止、飞机运动，还是飞机静止、空气运动，只要飞机相对于空气的相对运动相同，作用在飞机上的空气动力完全相同，即其运动具有相对性。

2.1.1 基本概念

气体和液体统称为流体。流体的共同特征是不能保持一定形状，具有流动性。气体和液体的差异是气体容易压缩，而液体不容易压缩，当气体的压缩性可以忽略时，气体动力可作为一般不可压缩流体来研究。

流体按流动方式分为定常流动与非定常流动。定常流动表示流场中各点的速度、加速度以及状态参数等不随时间变化而变化，非定常流动则反之。流场指流体所占据的空间，用来描述流动参数和状态参数的分布情况和随时间的变化情况。流场数学描述为把流场中的流动速度、加速度及流体状态参数，表示成几何位置和时间的函数。其中流体状态参数一般为流体的温度、密度、压强等。

流体按物理属性，可获得不同简化模型。包括：①连续介质模型；②理想流体模型；③不可压缩模型；④绝热流体等。由于空气由无数分子组成，分子间不断随机运动，记分子两次连续碰撞所走过的平均路程为分子平均自由行程 λ。在标准大气条件下 $\lambda = 6.0 \times 10^{-6}$ cm。然而相对于飞机等飞行器尺寸来说，分子平均自由行程微不足道，因此，研究飞机与空气相对运动和相互作用力时，可忽略空气的微观结构，只考虑其宏观特性，即把空气看成连续无间隙的流体，称为连续介质模型。当飞机相对空气运动时，除紧贴机体表面一薄层外，可认为空气是无黏运动，这种不考虑流体黏性的模型称为理想模型，即其黏度为零。这种模型在研究飞机表面压力分布及升力时比较符合实际，但在分析飞机阻力时必须考虑空气的黏性。不可压缩模型指不考虑气体压缩性的流体模型，流体的密度为常数，一般飞机以低速 ($Ma \leqslant 0.3$) 飞行时，引起空气密度变化不大，可将空气视为不可压缩模型，但对于高速飞行飞行器，须将空气作为可压缩流体来处理。绝热流体指不考虑流体的热传导效应的模型，对于低速流体一般忽略流体的热传导特性。

小黑板

普朗特在流体力学方面，提出了重要的边界层理论，奠定了现代流体力学的基础。他的学生冯·卡门开创了数学和基础科学在航空航天领域的应用研究，被誉为“航空航天时代的科学奇才”，发现了“卡门涡”这一重要的流体力学现象，并培养了一批优秀人才，包括中国著名科学家钱伟长、钱学森、郭永怀等。他在空气动力学领域做出了开拓性研究，揭示了可压缩边界层的温度变化机理，并最早在跨声速流动问题中引入上下临界马赫数概念。他和他的学生钱学森在美国从事空气动力学、固体力学和火箭、导弹等领域研究，并提出了“卡门-钱”方程。

冯·卡门(右一)与钱学森(右二)

2.1.2 空气的基本特性和国际标准大气

2.1.2.1 空气基本特性

对于空气来说，状态参数有空气密度、空气温度、空气压强。其密度为流体中某点 A，过 A 点作一微体积 ΔV，若 ΔV 中流体所具有的质量为 Δm，则其密度可表示为

$$\rho = \lim_{\Delta V \to 0} \frac{\Delta m}{\Delta V} \tag{2-1}$$

对于标准大气条件下，空气的密度 $\rho = 1.225\,\text{kg/m}^3$。空气密度 ρ 随 A 点的位置(x, y, z)及时间 t 而变化，即

$$\rho = \rho(x, y, z, t) \tag{2-2}$$

空气温度表示气体分子平均动能的大小，其平均动能与气体的热力学温度成正比。热力学温度 T(K)与通常的摄氏温度 t(℃)之间的关系为

$$T = 273.15 + t \tag{2-3}$$

根据气体分子的运动理论，空气的状态参数温度、密度、压强之间的关系为

$$p = \rho g R T \tag{2-4a}$$

或

$$\frac{p}{p_0} = \frac{\rho}{\rho_0} \cdot \frac{T}{T_0} \tag{2-4b}$$

式中，空气常数 $R = p_0/\rho_0 g T_0 = 1.01 \times 10^5/(1.225 \times 9.81 \times 288.16) = 29.2602\,\text{J/(N} \cdot \text{K)}$，海平面 $t_0 = 15℃$，$T_0 = 288\,\text{K}$。

大气指围绕地球的空气总称。飞行器在大气层内飞行时，其所处的环境为大气飞行环境。由于重力场作用，沿铅垂线方向上的大气特性变化明显。以大气中温度随高度的分布为依据，可将大气层划分为对流层、平流层、中间大气层、高温层及外层大气。

对流层为最靠近地面的一层，位于赤道高度 16～18 km 以下区域，在高纬度和中纬度上约 8～12 km 以下，该区域密度最大，约占空气总质量 3/4，气流上下流动，且大气温度随高度增加而降低。

平流层指对流层以上至 32 km 高度区域，约占空气总质量 1/4，该区域空气只有水平流动，没有雷雨现象。平流层中大气温度随高度变化较小，常年平均值为 −56.5℃，也称为同温层。

中间大气层为地面高度 32～80 km 区域，该层大气温度先随高度增加而上升，然后又下降，空气质量稀薄，约占空气总质量 1/3000。

高温层为 80～400 km 高度范围大气构成，大气温度随高度增加迅速上升，到

400 km 高温度达 1500 K 以上，主要原因是大气受太阳辐射缘故，当高度大于 150 km 以上，由于空气过于稀薄，因此听不到声音。

外层大气为 400～1500 km 高的大气层，是大气的最外层，质量约占空气总质量 $1/10^{11}$。

2.1.2.2　国际标准大气

对于航空飞行器来说，一般在对流层中飞行，少部分在平流层飞行。由于同一高度上大气温度、密度、压强等参数会随地理经纬度不同而改变，即使在同一纬度也有昼夜与四季的变化，这些变化造成对飞机的飞行性能影响。为了便于性能计算，国际航空组织针对各大气层，取中纬度地点的平均值作为标准，制定了国际标准大气，其内容包括：

(1) 空气为完全气体，状态参数满足式(2-4)。

(2) 大气相对湿度为零。

(3) 海平面为起点，其大气温度 $T_0=288.16\,\text{K}(15℃)$，气压为一个标准大气压，$p_0=1.01\times10^5\,\text{Pa}$，空气密度 $\rho=1.225\,\text{kg/m}^3$。

(4) 对流层 ($0\leqslant H<11\,\text{km}$)，温度随高度上升而下降，

$$T_H=T_0-\alpha H \tag{2-5}$$

式中，$\alpha=0.0065℃/\text{m}$。

(5) 平流层，当 $11\leqslant H\leqslant 20\,\text{km}$，温度保持不变，$T=216.65\,\text{K}$；当 $20\leqslant H\leqslant 22\,\text{km}$，每上升 1 km，温度上升 1℃，

$$T_H=216.65+0.001\times(H-20000) \tag{2-6}$$

大气压力随高度变化关系描述如下。

如图 2-3 所示，由大气垂直力平衡，有压差关系：

$$p-p-\mathrm{d}p-\rho g\,\mathrm{d}H=0 \tag{2-7}$$

$$\mathrm{d}p=-\rho g\,\mathrm{d}H \tag{2-8}$$

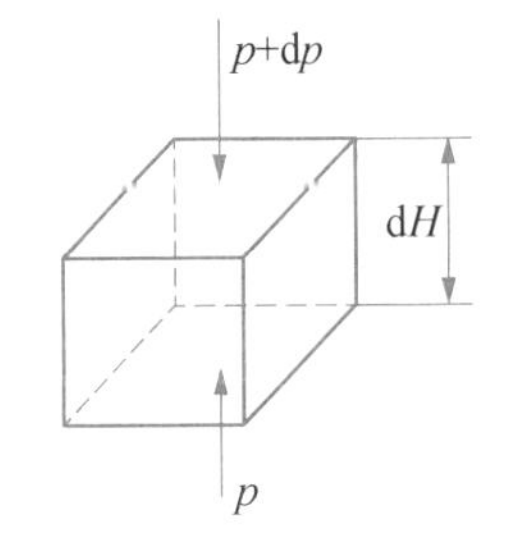

图 2-3　单位体积大气

式(2-4a)代入到式(2-8)，可得

$$-\frac{\mathrm{d}p}{p}=\frac{1}{R}\cdot\frac{\mathrm{d}H}{T} \tag{2-9}$$

式(2-5)代入式(2-9)有

$$-\frac{\mathrm{d}p}{p}=\frac{1}{R}\cdot\frac{\mathrm{d}H}{T_0-\alpha H} \tag{2-10}$$

式(2-10)两边积分

$$-\int_{p_0}^{p}\frac{\mathrm{d}p}{p}=\frac{1}{R}\int_0^H\frac{\mathrm{d}H}{T_0-\alpha H} \tag{2-11}$$

得

$$\ln\frac{p}{p_0}=\frac{1}{\alpha R}\cdot\ln\frac{T_0-\alpha H}{T_0} \tag{2-12}$$

而 $\alpha=\dfrac{T_0-T}{H}$，则有

$$\frac{p}{p_0}=\left(\frac{T}{T_0}\right)^{\frac{1}{\alpha R}} \tag{2-13}$$

例 2-1 已知飞机在 8000 m 高空，试计算其大气数据参数。

解： 海平面气压 $p_0=101\,325\ \mathrm{N/m^2}$，密度为 $\rho_0=1.2250\ \mathrm{kg/m^3}$，温度为 $T_0=288.16\ \mathrm{K}$，温度随高度下降率 $\alpha=0.0065\ \mathrm{K/m}$，则在高度为 8000 m 处，有 $T_H=288.16-0.0065\times 8000=236.16\ \mathrm{K}$，气压比

$$\begin{aligned}\frac{p}{p_0}&=\left(\frac{T}{T_0}\right)^{1/(\alpha R)}\\&=\frac{p}{101\,325}=\left(\frac{236.16}{288.16}\right)^{1/(0.0065\times 29.2602)}\\&=0.3512\end{aligned}$$

8000 m 高空气压为

$$p=0.3512p_0=0.3512\times 101\,325=35\,585\ \mathrm{N/m^2}$$

大气密度为

$$\rho=\left(\frac{p}{RgT}\right)=\frac{35\,585}{29.2602\times 9.81\times 236.16}=0.52495\ \mathrm{kg/m^3}$$

大气密度比为

$$\sigma=\left(\frac{\rho}{\rho_0}\right)=\frac{0.52495}{1.2250}=0.4285$$

国际标准大气可用插值法获得。扫描左侧二维码获取 Matlab 代码。

2.1.3 低速空气动力学基本方程

低速空气指气流流动速度小于 0.3 倍声速的气流，此时气体压缩性可不考虑。对于连续介质空气，可以把组成空气的微团作为研究对象，运用刚体运动方法，探讨其温度、压强及密度等物理参数的变化规律，这种分析方法称为 Lagrange 法。如果考察的不是空气微团，而是把气流看作空间中各点，其在不同瞬间的流动是不同的，因此该空间点速度可表示为

$$V = V(x,\ y,\ z,\ t) \tag{2-14}$$

根据式(2－14)可以确定整个流体的运动，这种描述方法称为 Euler 法。对于定常流来说，其速度分布与时间无关，故有

$$V = V(x,\ y,\ z) \tag{2-15}$$

流体流动时，通常满足质量守恒定律，考察图 2－4 流管，假设截面Ⅰ处流管截面积为 A_1，速度为 V_1，截面Ⅱ处流管截面积为 A_2，速度为 V_2，若流体流动是定常的，各截面参数不随时间变化，则根据质量守恒定律，可得流体连续性方程

$$m = \rho V_1 A_1 = \rho V_2 A_2 \tag{2-16}$$

即

$$V_1 A_1 = V_2 A_2 = VA \tag{2-17}$$

式(2－17)表明对于一维定常不可压缩流体，流管截面流速与其截面积成反比，截面积越大，流速反而越低。

对于低速流体，由于流体温度不变，内能不改变，流体的总能量表征为动能和势能之和，对于气体势能主要是压力产生的势能。动能和势能之和统称为机械能。如图 2－4 所示，流管中低速气流的能量方程满足机械能守恒定律。单位时间内截面Ⅰ气体质量 m 产生的动能为 $\frac{1}{2}mV_1^2$，截面Ⅱ产生的动能为 $\frac{1}{2}mV_2^2$，压力产生的势能为单位时间内压力在气体经过的路程中所做的功，因此，截面Ⅰ上压力势能为 $p_1V_1A_1$，截面Ⅱ上压力势能为 $p_2V_2A_2$，根据能量守恒，有

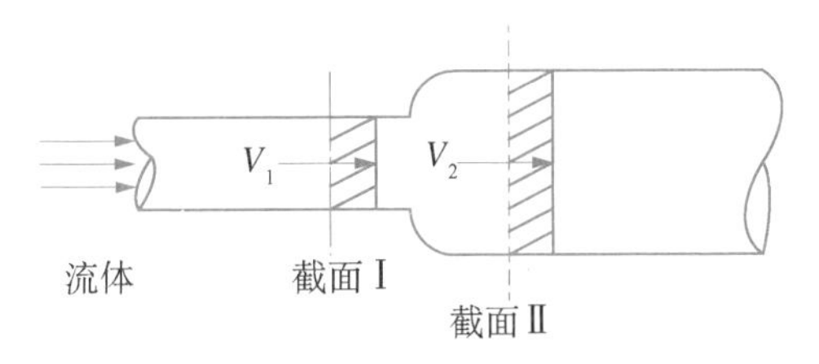

图 2－4　流管中流体质量守恒

$$p_1V_1A_1 + \frac{1}{2}mV_1^2 = p_2V_2A_2 + \frac{1}{2}mV_2^2 \tag{2-18}$$

代入式(2－16)，可得

$$p_1 + \frac{1}{2}\rho V_1^2 = p_2 + \frac{1}{2}\rho V_2^2 \tag{2-19}$$

或改写为**伯努利方程**

$$p + \frac{1}{2}\rho V^2 = p_0 \tag{2-20}$$

式中，p 为气体静压，$\frac{1}{2}\rho V^2 = \bar{q}$ 为动压。

小黑板

伯努利家族是瑞士的显赫家族，除了在概率和空气动力学方面卓有建树的丹尼尔·伯努利(Daniel Bernoulli)外，伯努利家族中的其他成员在科学史上也赫赫有名，3代人中产生了8位科学家，他们在数学、科学、技术、工程，乃至法律、管理、文学、艺术等方面享有声望。伯努利家族的主要成员包括雅各布·伯努利(Jakob Bernoulli)，约翰·伯努利(Johann Bernoulli，或Jean Bernoulli)等人，在数学、物理学、天文学等领域都有重要的贡献。

丹尼尔·伯努利
(1700—1782)

伯努利方程是针对无黏性、不可压、一维流管流体，满足此条件的流体，才满足式(2-20)关系。连续性定理与伯努利定理是空气动力学中两个基本定律，反映了流管截面积、气体流速和压强之间的关系。从两个基本定律可知，低速定常流动气体，流过的截面积越大，速度越小，压强越大，这也是机翼产生升力的原因。

2.1.4 高速空气动力学的基本概念

随着气体流动速度提高，气流特性也发生很大变化，当空气作高速流动时，会产生低速空气所不具有的物理现象，如激波、微弱扰动等，产生这些不同现象的根源是高速气流具有可压缩性。

2.1.4.1 声速与微弱扰动

飞机在空气中飞行，使得周围空气的压强、密度、速度等气流参数发生变化，即产生了空气扰动。所谓扰动，指流场中任意一点的流动参数相对于原来状态的变化。空气作为一种弹性介质，一旦某处受到扰动，该处扰动便以一定方式向四处传播，类似于人的耳朵听到锣鼓的声音。锣鼓的振动对空气来说是一种外界扰动，这种振动对空气的气流参数影响比较微弱，称为微弱扰动。这种扰动在空气中传播会产生声音，声音在空气中传播需要一定的时间，即有一定的传播速度，这种速度为声速。声速指微弱扰动的传播速度。

物理学中声速 a 与气体的密度及压强有关，满足

$$a=\sqrt{\frac{\mathrm{d}p}{\mathrm{d}\rho}} \tag{2-21}$$

利用气体热力学关系 $p=C\rho^k$ 有

$$a=\sqrt{k\frac{p}{\rho}} \tag{2-22}$$

而根据式(2-4)，有

$$a = \sqrt{kRgT} \tag{2-23}$$

式(2-23)表明声速取决于气体的种类和当地温度。对于空气来说，$k = 1.4$，$Rg = 287\,\mathrm{m^2/(s^2 \cdot K)}$，可得声速 $a = 20\sqrt{T}$，在海平面高度，标准大气条件下，$T_0 = 288.15\,\mathrm{K}$，$a_0 = 340.26\,\mathrm{m/s}$。

为了方便描述，常把气流的速度 V 与当地声速之比，称为马赫数，以 Ma 表示。

$$Ma = V/a \tag{2-24}$$

根据式(2-20)，考察一维流的空气水平流动，其 Euler 方程为

$$\mathrm{d}p = -\rho V \mathrm{d}V \tag{2-25}$$

即

$$-\frac{1}{\rho} = \frac{V\mathrm{d}V}{\mathrm{d}p} \tag{2-26}$$

利用式(2-21)，则有

$$\frac{\mathrm{d}\rho}{\rho} = -\frac{V\mathrm{d}V \cdot \mathrm{d}\rho}{\mathrm{d}p} = -\frac{V\mathrm{d}V}{a^2} \tag{2-27}$$

又

$$-\frac{V^2}{a^2}\frac{\mathrm{d}V}{V} = -Ma^2\frac{\mathrm{d}V}{V} \tag{2-28}$$

则有

$$\frac{\mathrm{d}\rho}{\rho} = -Ma^2\frac{\mathrm{d}V}{V} \tag{2-29}$$

而气体压缩性系数为

$$\nu = \frac{\mathrm{d}\rho/\rho}{\mathrm{d}p} \tag{2-30}$$

ν 正比于 $\mathrm{d}\rho/\rho$，因此，速度相对变化量一定时，密度相对变化量取决于马赫数的大小，即气体压缩性大小取决于马赫数的大小。如果流速 V 比声速小很多，即 Ma 数较小，如 $Ma < 0.3$，则 $\mathrm{d}\rho/\rho$ 趋于零，此时可将气体视为不可压缩流体(密度视为常数)；反之，Ma 数较大时，必须考虑密度变化，即考虑气体压缩性的影响。所以气体流动时的压缩性取决于 Ma 的大小。

2.1.4.2　微波扰动的传播

微波扰动传播根据扰动源相对声速的大小，通常分为四种传播方式，如图 2-5 所示。

1) 扰动源 $V = 0$ 时微弱扰动的传播

微弱扰动在静止空气里传播情况如图 2-5(a)所示，A 点产生的扰动以声速向四周传开。在第 t 秒瞬间，波达到半径为 at 的同心球面。只要时间足够长，空间任

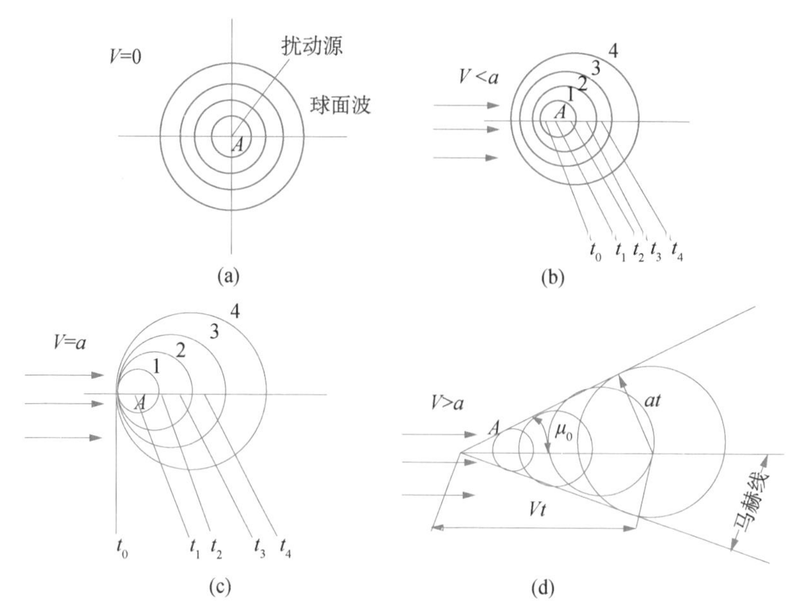

图 2-5 微弱扰动的波动传播方式

(a) 扰动源 $V=0$ 时微弱扰动的传播 (b) 扰动源 $V<a$ 时微弱扰动的传播
(c) 扰动源 $V=a$ 时微弱扰动的传播 (d) 扰动源 $V>a$ 时微弱扰动的传播

意点均会受扰动源的影响,即扰动影响区是全部流场。

2) 扰动源 $V<a$ 时微弱扰动的传播

扰动源以亚声速传播情况如图 2-5(b)所示。根据相对性原理,扰动源以速度 V 在静止空气里运动,相当于扰动源静止而气流以速度 V 流动一样。于是从 A 点产生的扰动,一方面以声速 a 向四周传播,同时又被空气以流速 V 顺流带走。在第 t 秒瞬间,波达到半径为 at 的球面位置,波面各点顺流下移了 Vt 的距离。由于 $Vt<at$,扰动仍可影响全部流场。

3) 扰动源 $V=a$ 时微弱扰动的传播

扰动源以声速传播相当于气流以声速流过静止源的情况,如图 2-5(c)所示,波面一方面向四周扩大,一方面下移,但是逆气流方向这边的波面始终彼此相切,即当气流速度等于声速时,弱扰动的波面无法逆流向前传播,只能影响它后面的气流。

4) 扰动源 $V>a$ 时微弱扰动的传播

扰动源以超声速传播,则自 A 点产生的弱扰动,其传播情况如图 2-5(d)所示,波面一方面扩大,一方面顺流而下,弱扰动所能影响的区域,限于图 2-5(d)中两条切线所夹的圆锥内。该圆锥为由系列相邻弱扰动波组成,称为扰动锥,扰动锥以外的气流不受扰动,圆锥表面为受扰动与不受扰动的分界面,称分界线为马赫线。

总之,在亚声速气流中,弱扰动能向四周传播;在超声速气流中,弱扰动不能逆气流向前传播,只能在扰动锥内传播,这是两者的区别。

当飞机以超声速飞行时,扰动不能传播到飞机前面去,因此,随着飞机突然到来,飞机前面的空气遭遇不断强烈压缩,其压力、密度和温度突然升高,相对于飞机,来流速度突然降低,这个压力、密度、温度和流速从无变化到突然发生变化的分界面,称为激波,即气流各参数的不连续的分界面。定义临界马赫数:翼面上最大速度处的流速等于当地声速时对应的飞行马赫数,表示为 $Ma_{lj}=V_{\infty}/a_{\infty}$,一般 $Ma_{lj}<1$。

流速、压力和流管面积的变化规律如图2-6所示。当流管扩张时,如图2-6(a)所示,对于亚声速流($Ma<1$),流速减小,压力增大;对于超声速流($Ma>1$),流速增大、压力减小;当流管收缩时,如图2-6(b)所示,对于亚声速流,流速增大,压力减小;对于超声速流,流速减小、压力增大。

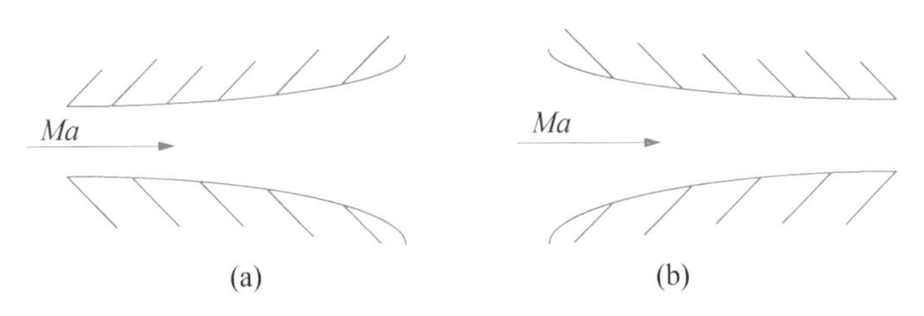

图2-6　流速、压力和流管面积的变化规律

2.2　飞机几何形状和参数

2.2.1　飞机的布局与尺寸

飞机的布局是根据飞机的用途,进而从空气动力学角度确定其技术指标来设计的。超声速歼击机一般采用中等后掠角($\Lambda=50°$左右)、小展弦比($\lambda=2\sim4$)的薄机翼(相对厚度<5%),包括:常规布局、鸭式布局及三角翼布局,如图2-7(a)所示,F-16歼击机鸭式布局。中远程轰炸机载荷大,且要有一定的超声速突防能力,外形如图2-7(b)所示,为了提高轰炸机隐身能力,美国Northrop公司设计了飞翼非常规布局的B2轰炸机,如图2-7(d)所示。亚声速运输机和客机一般采用大展弦比($\lambda=8\sim10$)、小后掠角($\Lambda=35°$左右),超临界翼型,以获取较大巡航速度下的较高的升阻比,如图2-7(c)为空客A380客机。为了提高飞机的气动性能,美国还研制了X-29前掠翼非常规布局飞机,如图2-7(e)所示,然而前掠翼布局更容易发生机翼颤振。

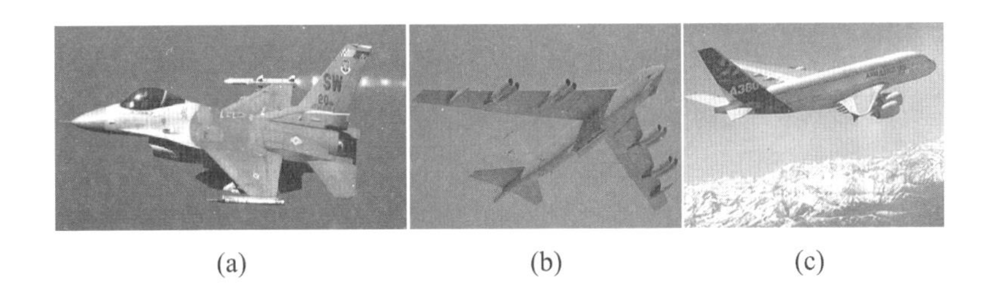

(a)　(b)　(c)

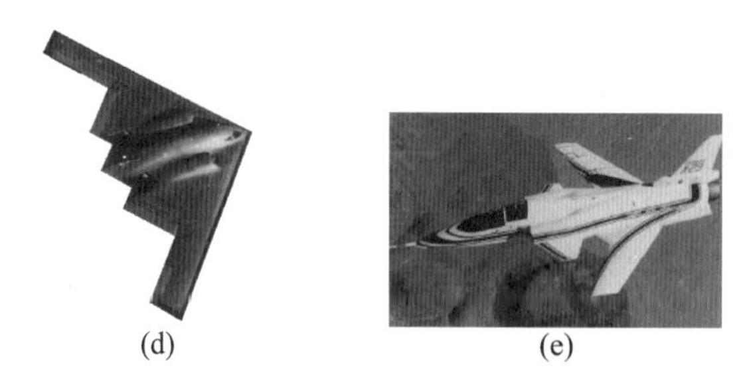

图 2-7 飞机的典型布局

(a) F-16 歼击机 (b) 远程轰炸机 (c) 空客 A380 客机
(d) Northrop B2 'Spirit'战略轰炸机(飞翼布局) (e) X-29 前掠翼飞机

飞机的外形尺寸主要包括:长度、高度、翼展、轮距等,如图 2-8 所示。

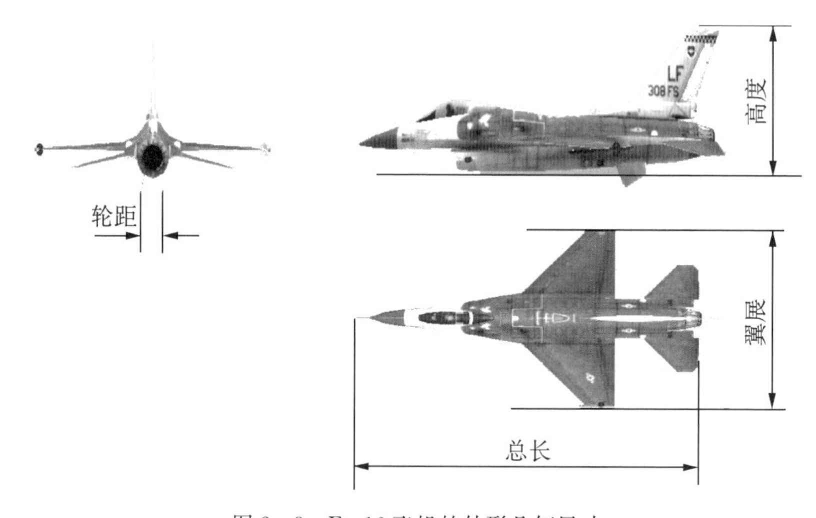

图 2-8 F-16 飞机的外形几何尺寸

2.2.2 机翼的几何形状和参数

作为飞机升力的主要部件,机翼的几何特征对飞机性能影响很大,其几何特性包括剖面形状和平面形状两部分。

2.2.2.1 机翼的剖面几何参数

机翼的剖面是指与对称轴平行的机翼剖面,如图 2-9 所示。机翼的翼形根据飞行速度可分为低速翼形、亚声速翼形及超声速翼形。亚声速翼形与超声速翼形主要差别是前者圆头、具有一定弯度的厚翼,如图 2-10(a),(b)所示;后者是尖头、上下对称的薄翼,如图 2-10(c),(d)所示。

翼形几何参数包括:翼弦 c,翼剖面厚度 σ,上下表面的弯度 η,如图 2-11 所示。机翼前缘 A 到后缘 B 的连线为翼弦。通过后缘点 B 与升力为零时前方气流速度矢量平行的直线为气动弦。在对称翼型中零升线与气动弦线重合,而具有正弯度翼型

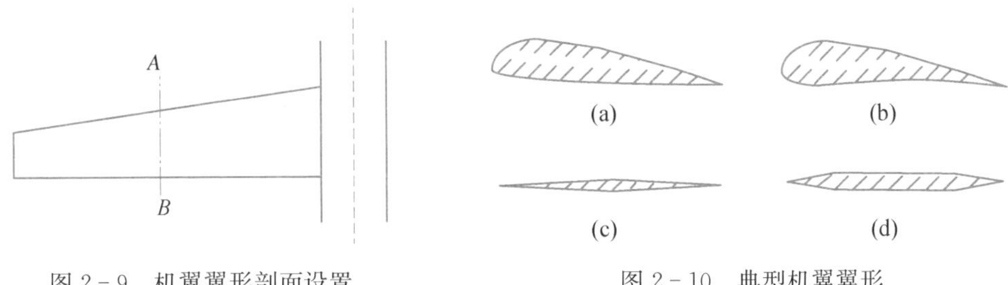

图 2-9　机翼翼形剖面设置

图 2-10　典型机翼翼形

零升线在气动弦上方。翼弦长度为弦长 c，由于其沿翼展变化，如图 2-12(a)所示，取其平均为平均气动弦长：

$$\bar{c}=\frac{1}{S_{\mathrm{w}}}\int_{-b/2}^{b/2}c^{2}(y)\mathrm{d}y \tag{2-31}$$

平均气动弦长是飞机的纵向特征长度，在俯仰力矩定义中用到，在确定飞机的重心和焦心位置也是相对于平均气动弦长的位置来表示。

翼剖面厚度：垂直于翼弦，介于上下表面之间的各段长度，代表翼剖面沿弦线的厚度分布，其中最大的为翼剖面厚度，如图 2-11 所示，用 σ 表示。相对厚度定义为

$$\bar{\sigma}=\frac{\sigma}{c}\times 100\% \tag{2-32}$$

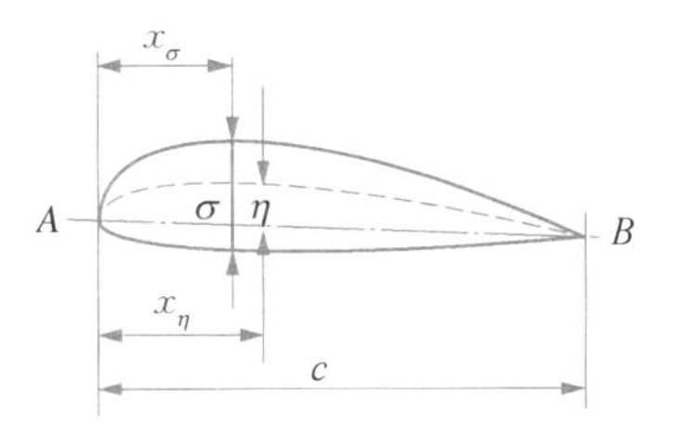

图 2-11　翼形剖面几何参数

一般飞机的相对厚度为 2%～14%，低速翼型飞机 $\bar{\sigma}$ 较大，超声速翼型飞机 $\bar{\sigma}$ 较小。

上下表面的曲线与弯度：从前缘经上表面到后缘的一段曲线称上翼表面曲线，经下表面到后缘的一段曲线称下翼表面曲线。垂直于弦线的各直线与上下表面的交点之间的线段中点连线称为翼型的中弧线，中弧线离翼弦的最大高度称为弯度，用 η 表示，如图 2-11 所示，它表征了翼型的非对称度。相对弯度定义为

$$\bar{\eta}=\frac{\eta}{c}\times 100\% \tag{2-33}$$

超声速飞机翼型大多是对称的，相对于翼弦对称，即 $\bar{\eta}=0$，亚声速飞机表面曲线不对称，相对复杂。

2.2.2.2　机翼的平面几何参数

常用机翼平面形状有平直翼、后掠翼、三角翼。非常规的有前掠翼、飞翼等。为描述方便，建立机翼平面坐标系，如图 2-12(a)所示，原点为翼根弦前缘，Ox 平行于机身轴线，Oy 垂直于飞机对称面向右。如图 2-12(a)所示，机翼相关参数为：

翼展 b，左右翼梢之间垂直于飞机对称面的直线距离，包含机身部分，如

图 2-12(b)。

机翼总面积 S_w，机翼在结构坐标系的 Oxy 平面上的投影面积(机翼参考面积 $S=0.5S_w$，半个机翼面积)。

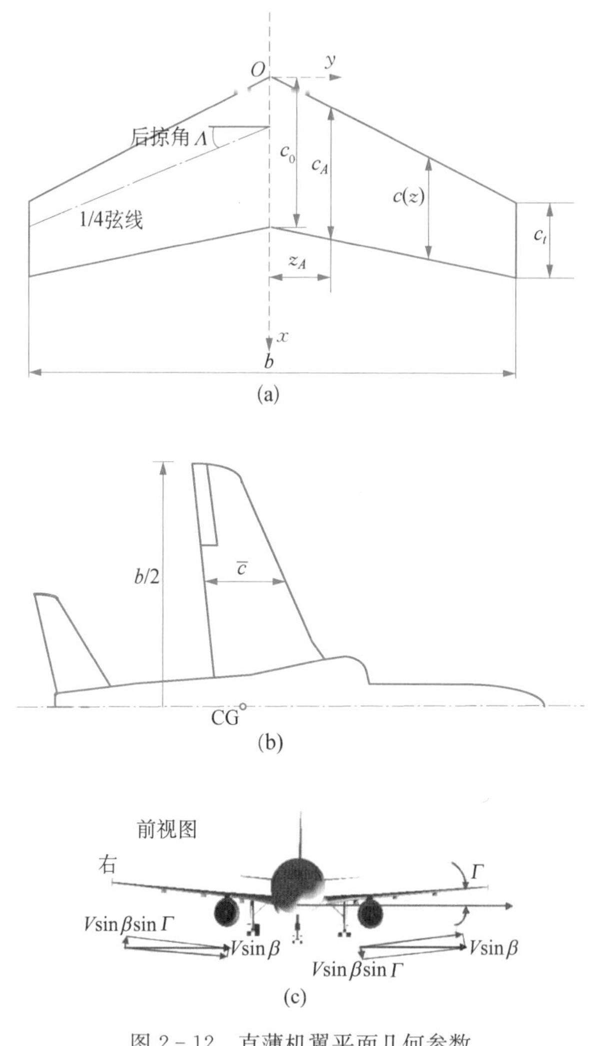

图 2-12　直薄机翼平面几何参数

(a) 直薄机翼平面几何参数　(b) 翼展与平均气动弦长　(c) 机翼上反角

展弦比为翼展与平均弦长的比，用 $\lambda=b/\bar{c}$ 表示，其中 $\bar{c}$ 为机翼平均弦长。

翼梢比为翼根弦长 c_0 与翼尖弦长 c_t 的比，用 $\eta_w = c_0/c_t$ 表示，一般 $1<\eta_w<\infty$，亚声速飞机根梢比为 $1\sim3$，超声速飞机根梢比为 $10\sim\infty$。

后掠角为距离机翼前缘 1/4 弦长点的连线在 Oxy 平面上的投影与 Oy 轴之间的夹角，用 Λ 表示，一般高速飞机 $\Lambda=35°\sim60°$。

上反角(或下反角) 为一侧机翼翼弦平面与 Oxy 平面的夹角，用 Γ 表示，如图

2-12(b) 所示，上反为 $\Gamma > 0$，下反为 $\Gamma < 0$。

飞机气动中心为飞机的气动力不随迎角改变的点。

对于任意机翼平面几何参数，如图 2-13 所示，这里不再详述。

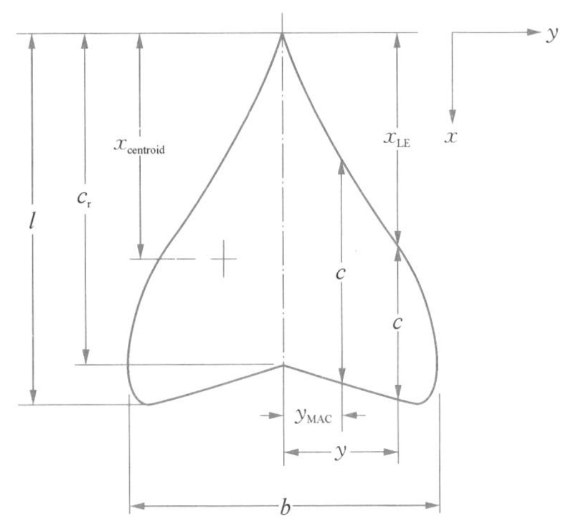

图 2-13　任意机翼平面几何

c_r—翼根弦长；l—机翼前后缘最远点距离；$b/(2l)$—机翼细长比

2.3　飞机运动分析

2.3.1　飞机运动的自由度

飞机视为刚体，飞机在空间的运动有 6 个自由度：质心 3 个移动自由度、绕质心的 3 个转动自由度。质心运动为速度的增减运动，上下升降，左右侧移；3 个转动自由度为俯仰运动，滚转运动，偏航运动。飞机有对称面，假定几何外形、内部质量分布对称，则飞机六自由度运动可以分解为两组互不相关的运动微分方程来描述：纵向运动，横侧向运动，因为每组内部气动力交联比较强，而两组之间的气动力交联比较弱，详细描述见第 5 章。

2.3.2　操纵机构

飞机操纵面是满足飞行操纵需求，实现飞机姿态运动的重要组件。对于传统飞机来说，一般包括主操纵控制面和辅操纵控制面，其中主操纵控制面为升降舵提供俯仰控制，副翼提供滚转控制，方向舵提供偏航控制；辅操纵控制面为高升力装置提供起飞着陆增加升力与阻力，刹车装置提供减速，配平尾翼提供力矩平衡功能。如图 2-14 所示，为空客 A320 操纵面，图中标注有下划虚线部分为主操纵控制面，标注无下划虚线部分为辅操纵控制面。

对于飞机来说，主操纵控制能力是飞机安全的关键，这是需要加强的部分，一旦主操纵控制面失效，飞机将失去操纵而失稳，甚至失控。为此，负责主操纵控制的作

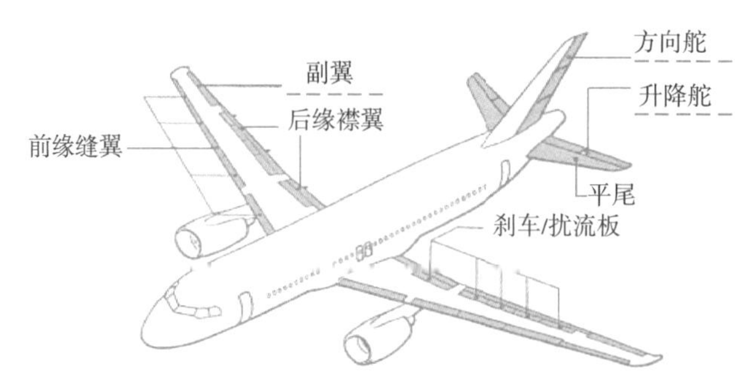

图 2-14 空客 A320 操纵面

动系统往往采用高冗余、高可靠性装置，以提高一个或多个作动器故障时，飞行控制系统有能力逼近正常操纵性能。如图 2-15 所示，B747 主操纵面采用多冗余操纵面，包括内、外副翼与升降舵，上、下方向舵。

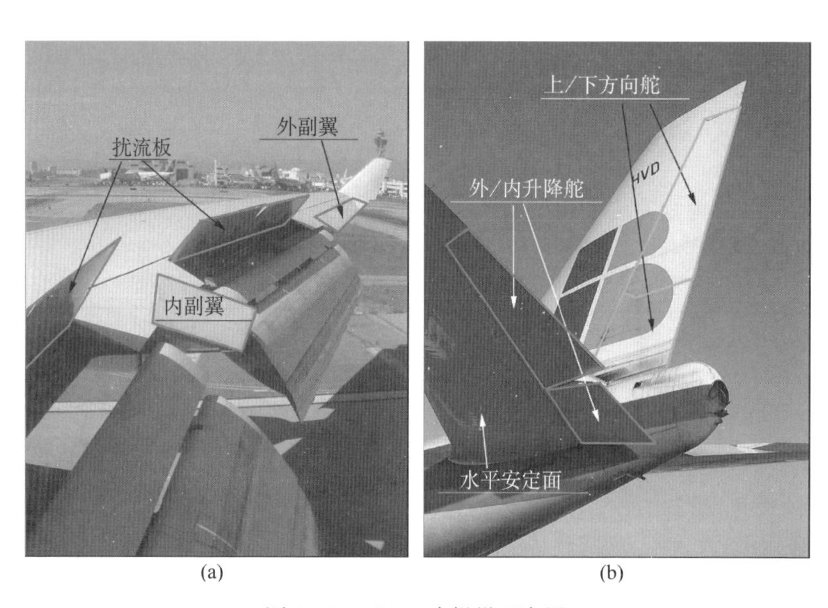

图 2-15 B747 多操纵面布局

(a) 右侧机翼操纵面 (b) 水平与垂直安定面

对于辅作动系统故障，一般会限制飞机飞行能力，如无襟翼着陆，降低最大迎角，因此，飞机故障后不必保证全权限操纵。

现代飞机还有一些特殊配置，包括：

(1) Δ 翼的升降副翼(elevons)，如 X-47B、B2 等用来实现无平尾的俯仰与滚转控制。

(2) 襟副翼(flaperons)，或后缘襟-副翼，沿翼展扩展。

(3) 平尾副翼(tailerons)，或安定面-副翼，独立控制。

(4) 变后掠翼(swing wings),允许后掠角变化。

(5) 鸭翼,提供附加的俯仰控制与稳定能力。

操纵面的符号规定如下,副翼 δ_a:舵效为滚转力矩 L,下偏为正, 产生 L 为负;升降舵 δ_e:舵效为俯仰力矩 M,下偏为正, 产生 M 为负;方向舵 δ_r:舵效为偏航力矩 N,左偏为正,产生 N 为负。力矩及角速度方向定义:纵向:俯仰力矩 M,角速度 q,抬头为正,操纵舵面为升降舵(平尾),舵面方向为后缘下偏为正。横向:滚转力矩 L,角速度 p,右滚为正,操纵舵面为副翼 δ_a,舵面方向为右副翼下偏为正。航向:偏航力矩 N,角速度 r,右偏航为正,操纵舵面为方向舵 δ_r,舵面方向为左偏为正。

飞机主操纵方式分为人工与自动飞行控制两种。两者区别在于是否包含驾驶员杆力(或杆位移)信号。两种操纵方式是并联的,一般不能同时使用。舵回路是自动飞行控制系统的重要组成部分,用于保证控制系统的精度、足够的带宽,实现控制器与舵机运动物理量之间的匹配。舵机运动受控制器或驾驶杆操纵指令控制,使舵面偏转,实现飞机角运动或轨迹运动的稳定和控制。

舵机一般分为电动舵机、液压舵机、电液混合舵机等,舵机通过操纵机构带动舵面负载,实现飞机姿态运动。带动负载中,要克服舵面负载铰链力矩,即

$$M_{he} = \bar{q} C_{he} S_e \bar{c}_e \tag{2-34}$$

式中,C_{he}为铰链力矩系数,S_e 为升降舵面积,$\bar{c}_e$ 为升降舵几何平均弦长。

当平尾迎角及舵偏不大时,有

$$C_{he} = \frac{\partial C_{he}}{\partial \alpha_t}\alpha_t + \frac{\partial C_{he}}{\partial \delta_e}\delta_e \tag{2-35}$$

$$M_{he} = M_{he}^{\delta_e}\delta_e \tag{2-36}$$

式中,$M_{he}^{\delta_e}$为单位舵偏角产生的铰链力矩。

下面对电动舵机的舵回路进行分析,在舵机模型基础上,引入角位置反馈,以探索减小铰链力矩方法,假设舵机模型为 $G_M(s) = k_M/s$,舵机放大器增益为 k_A,传动装置的传动比为 $-1/i$,反馈装置的传递函数为 $G_s(s)$,则舵回路的方块图如图 2-16 所示。

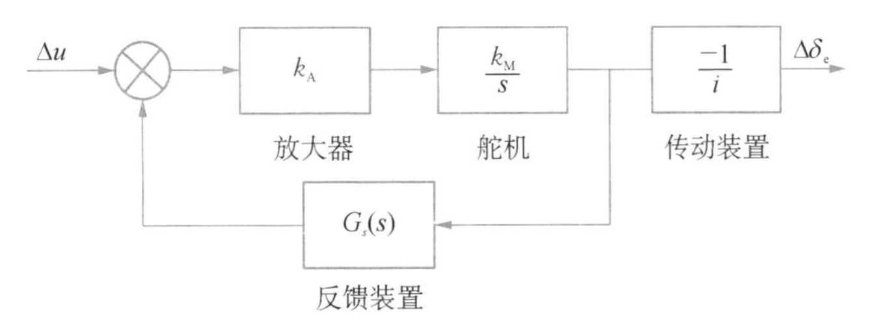

图 2-16　舵回路的方块图

一般舵回路反馈形式有:位置反馈、速度反馈和均衡反馈 3 种。

(1) 位置反馈。

当采用位置反馈时,$G_s(s)=k$,则根据图 2-16,舵回路的传递函数为

$$G_\delta(s)=\frac{\Delta\delta_e(s)}{\Delta u(s)}=\frac{k_A k_M/s}{1+(k_A k_M/s)\cdot k}\cdot\frac{-1}{i}=\frac{-1/ki}{\frac{1}{k_A k_M k}s+1} \tag{2-37}$$

令 $k_\delta=1/ki$,为角位置式反馈舵回路静态增益,$T_\delta=\frac{1}{k_A k_M k}$,称为角位置式反馈舵回路时间常数,即有

$$G_\delta(s)=\frac{\Delta\delta_e(s)}{\Delta u(s)}=\frac{-k_\delta}{1+T_\delta s} \tag{2-38}$$

从式(2-38)可以看出,角位置式反馈舵回路由一个类似于一阶惯性环节和比例环节组成,其静态增益和时间常数与反馈系数 k 成反比。且常值激励输入下稳态舵偏输出为

$$\Delta\delta_e(s)=-k_\delta\Delta u(s) \tag{2-39}$$

(2) 速度反馈。

当采用速度反馈时,$G_s(s)=k\cdot s$,则根据图 2-16,舵回路的传递函数为

$$G_\delta(s)=\frac{\Delta\delta_e(s)}{\Delta u(s)}=\frac{k_A k_M/s}{1+(k_A k_M/s)\cdot ks}\cdot\frac{-1}{i}=\frac{-k_A k_M/i}{k_A k_M k+1}\cdot\frac{1}{s} \tag{2-40}$$

令 $k_\delta=(k_A k_M/i)/(k_A k_M k+1)$,为角速度反馈舵回路静态增益,即有

$$G_\delta(s)=\frac{\Delta\delta_e(s)}{\Delta u(s)}=\frac{-k_\delta}{s} \tag{2-41}$$

从式(2-41)可以看出,角速度式反馈舵回路由一个积分环节和比例环节组成,其静态增益和时间常数与反馈系数 k 成反比。且常值激励输入下稳态舵偏角速度输出

$$\Delta\dot{\delta}_e(s)=-k_\delta\Delta u(s) \tag{2-42}$$

(3) 均衡反馈。

当采用均衡反馈时,

$$G_s(s)=kT_e s/(T_e s+1) \tag{2-43}$$

式中,k 为反馈系数,T_e 为均衡反馈时间常数。

根据图 2-16,舵回路的传递函数为

$$G_\delta(s)=\frac{\Delta\delta_e(s)}{\Delta u(s)}=\frac{k_A k_M/s}{1+(k_A k_M/s)\cdot(kT_e s/(T_e s+1))}\cdot\frac{-1}{i}$$
$$=-\frac{\dfrac{k_A k_M(T_e s+1)}{1+k_A k_M k\mathrm{T}_e}}{is\left(\dfrac{T_e}{1+k_A k_M kT_e}s+1\right)} \tag{2-44}$$

一般情况下 T_e 较大，$\frac{T_e}{1+k_A k_M kT_e}$ 较小，有 $k_A k_M kT_e\gg 1$，则

$$G_\delta(s)=\frac{\Delta\delta_e(s)}{\Delta u(s)}=\frac{-1}{iT_e k}\cdot\frac{T_e s+1}{s}=-\left(\frac{1}{ik}+\frac{1}{iT_e ks}\right) \tag{2-45}$$

从式(2-45)可以看出，均衡反馈舵回路由一个积分环节和比例环节组成，在输入信号频率低于 $1/T_e$，积分环节起作用；输入信号频率大于 $1/T_e$，比例环节起作用，其意义在第 9 章介绍。

2.3.3 飞机运动空气动力计算

飞机受到气动力可以表示为

$$F_{\mathrm{Aero}}\overset{\mathrm{def}}{=\!=\!=}\rho^\alpha V^\beta l^\gamma \mu^\delta a^\varepsilon \tag{2-46}$$

式中，l 为长度，μ 为黏度，a 为声速，ρ 为大气密度，α, β, γ, δ, ε 为相应指数常数。

当不考虑大气黏度和压缩性时，$\delta=\varepsilon=0$, $\alpha=1$, $\beta=\gamma=2$，用参考面积 S 代替机身尺寸长度 l，则有

$$F_{\mathrm{Aero}}=\frac{1}{2}\rho V^2 SC_{\mathrm{Aero}} \tag{2-47}$$

其中气动导数为

$$C_{\mathrm{Aero}}=C_{\mathrm{Aero}}(\alpha,\ Ma,\ Re) \tag{2-48}$$

具体有升力、阻力分别为

$$L=\frac{1}{2}\rho V^2 SC_L=\bar{q}SC_L \tag{2-49}$$

$$D=\frac{1}{2}\rho V^2 SC_D=\bar{q}SC_D \tag{2-50}$$

式中，升力系数 C_L，阻力系数 C_D，这些参数将在后续章节中介绍，S 为机翼参考面积。

机体坐标系飞机受到的总气动力，包括轴向力、侧向力、法向力，为

$$\begin{aligned}X&=\bar{q}SC_x\\Y&=\bar{q}SC_y\\Z&=\bar{q}SC_z\end{aligned} \tag{2-51}$$

机体坐标系气动力矩，包括滚转力矩、俯仰力矩、偏航力矩，即

$$
\begin{aligned}
L &= \bar{q}SbC_l \\
M &= \bar{q}S\bar{c}C_m \\
N &= \bar{q}SbC_n
\end{aligned}
\tag{2-52}
$$

图 2-17　Jetfire 木制飞机模型

式中，C_x，C_y，C_z 为气动力系数，滚转力矩系数 C_l，俯仰力矩系数 C_m，偏航力矩系数 C_n，这些参数将在后续章节中介绍。影响这些气动力系数的因素有空气密度、飞机尺寸参数、黏度、声速等，这里不做详细介绍。

例 2-2　考虑 Jetfire 木制飞机模型，其参数如下：机翼参考面积为 0.017 m^2，展弦比 AR 为 0.86，飞机质量 0.003 kg，Oswald 效率因子 e=0.9，零升阻力系数C_{D0}=0.02。飞行高度为 2 m，速度为 3.55 m/s，试计算飞机的气动力。

扫描左侧二维码可获取 Matlab 代码。

计算结果：$L = 0.0289\,\text{N}$，$D = 0.0052\,\text{N}$。

练习题

2.1　简述 Magnus 效应基本原理。

2.2　试推导低速不可压流场的连续方程和伯努利方程。

2.3　简述微波扰动的典型传播形式。

2.4　动压、静压如何确定，受哪些因素影响？

2.5　飞机的姿态运动如何实现控制？

2.6　全机升力、俯仰力矩由飞机上的哪些部件产生？

2.7　简述机翼的几何参数与气动特性之间的关系？

2.8　舵回路反馈有几种形式，有什么不同？

参 考 文 献

[1] Hull D G. Fundamentals of airplane flight mechanics[M]. Berlin: Springer, 2007.

[2] Federal Aviation Administration. Pilot's handbook of aeronautical knowledge [M]. New York: Skyhorse Publishing Inc., 2009.

[3] David K S. Modern flight dynamics [M]. Greenwich: Mac Hill Publication, 2012

[4] Schmidt D K. Modern flight dynamics [M]. New York: McGraw-Hill, 2012.

[5] 张明廉. 飞行控制系统[M]. 北京：航空工业出版社. 1994.

第3章　飞机的飞行性能

本章介绍飞机的基本飞行性能，包括定直平飞性能、定直上升性能和定直下滑性能，续航性能，起飞着陆性能，机动性能等，并详细介绍动力学中常用的坐标变换。

研究飞机飞行性能时，常将飞机作为一可控质心运动处理。可控指飞机的飞行轨迹是可以人为改变的，而轨迹的变化则取决于作用在飞机上的外力。为此本章首先介绍作用在飞机上的外力，建立飞机质心运动方程，然后按不同飞行状态，讨论飞机的定常直线飞行性能、续航与起降性能和机动飞行性能。

飞机的定常直线飞行性能包括平飞性能、上升性能和下降性能。把飞机的质量集中到质心，认为在各种飞行情况下，只要满足力的平衡关系，且绕飞机质心的力矩平衡总可以通过操纵面适当偏转得以解决，同时由操纵引起的附加气动力很小，不致影响原有力的平衡关系。通过对飞机平飞，上升和下降过程进行受力分析，建立飞机的质心运动方程，从而对飞机的平飞、上升和下滑性能进行分析。

飞机的续航性能是指飞机持续航行的性能，主要介绍飞机的航程和航时，涉及飞机能飞多远和能飞多久的问题。飞机的续航性能直接关系到飞机营运的经济性和安全性。因此，飞机的续航性能是评价飞机性能好坏的主要指标之一。

飞机的飞行总是以起飞开始、着陆结束，飞机起飞性能主要包括起飞距离、起飞时间、离地速度，着陆时有着陆距离、着陆时间和接地速度，其中飞机滑跑距离和离地速度、接地速度尤为重要，影响飞机的起降安全。

飞机在空中的运动参数往往会随时间而变化，是非定常运动。飞机的机动飞行性能是指飞机改变飞行状态(速度、高度及飞行方向)的能力。飞行状态可以改变的范围越大以及改变飞行状态所需的时间越短，飞机的机动性能就越好。飞机的机动性一般可分为：速度机动性、高度机动性和方向机动性；从运动航迹的特点角度看又分为垂直平面内、水平平面内和空间机动飞行。下面做详细介绍。

3.1　飞行过程中受力分析及角度定义

在建立飞机运动方程之前，为了确定相对位置、速度、加速度和外力矢量的分量，需要引入坐标轴系。常用坐标轴系均采用右手直角坐标系。

3.1.1 飞机常用的坐标系

常用坐标系包括:机体坐标轴系、地面坐标轴系(若不考虑地球半径的影响,可近似为惯性坐标系)、气流坐标轴系、稳定坐标轴系、航迹坐标轴系。以下分别介绍各个坐标系。

1) 机体坐标系

机体坐标系 $Ox_by_bz_b$:固联于飞机并随飞机运动的一种动坐标系。该坐标系最常用,常简化为 $Oxyz$。机体坐标系的原点 O 位于飞机质心;Ox_b 轴在飞机对称平面内,平行于机身轴线或机翼的平均气动弦线,指向前;Oz_b 轴亦在对称平面内,垂直于 Ox_b 轴,指向下;Oy_b 轴垂直于对称平面,指向右,如图 3-1 所示。

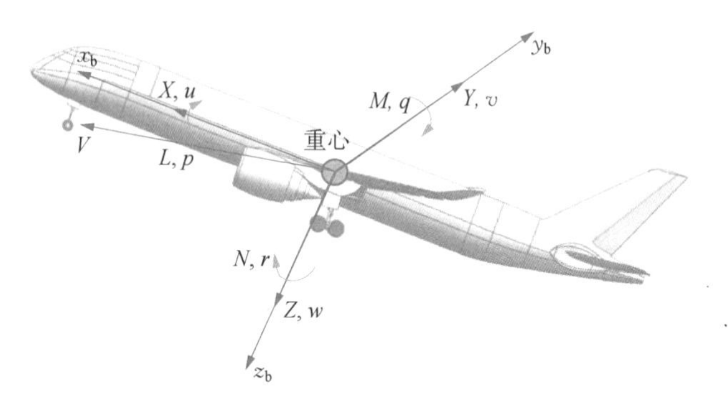

图 3-1 机体坐标系

飞机纵向、横向、航向运动的定义如下:纵向运动——飞机的低头、抬头运动(俯仰),横向运动——飞机绕 Ox_b 轴的转动(滚转),航向运动——飞机绕 Oz_b 轴的转动(偏航)。气动力矩的 3 个分量(滚转力矩 L,俯仰力矩 M,偏航力矩 N)是相对机体坐标系的 3 根轴(滚转轴,俯仰轴,偏航轴)定义的。

2) 地面坐标系

地面坐标系 $Ox_gy_gz_g$:平行于地球表面,其原点可选为地面上任意一固定点,按北—东—下方向,且符合右手原则,即坐标轴的 Ox_g 轴指向水平面正北方,Oy_g 轴指向水平面正东方,Oz_g 垂直于 Ox_gy_g 平面指向下方。如图 3-2 所示。

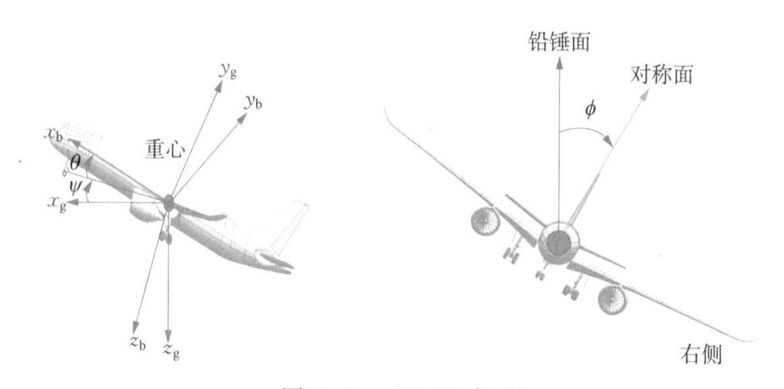

图 3-2 地面坐标系

飞机的姿态角是由机体坐标系和地面坐标系之间的关系确定的，即欧拉角。俯仰角 θ 为机体轴 Ox_b 与地平面 Ox_gy_g 平面的夹角，$\phi=0$ 时，$\dot{\theta}$与 Oy_b 轴方向一致，俯仰角，抬头为正；偏航角 ψ 为机体轴 Ox_b 在地平面 Ox_gy_g 平面的投影与 Ox_g 轴的夹角，$\dot{\psi}$与 Oz_b 轴方向一致，垂直于地平面，右偏航为正；滚转角 ϕ 为 Oz_b 轴与包含 Ox_b 轴的垂直平面的夹角，$\dot{\phi}$与 Ox_b 轴方向一致，右滚转为正。

3）气流坐标系

气流坐标系 $Ox_ay_az_a$：又称速度坐标系，其原点为飞行器的质心，Ox_a 轴为飞行器相对于空气的速度 V_a 的方向，Ox_a 轴始终指向飞机的空速方向（无风的时候，该方向即为航迹坐标系的 Ox_k 轴方向），Oz_a 在飞行器的对称平面内，且垂直于 Ox_a 轴，Oy_a 轴垂直于 Ox_az_a 平面，其指向符合右手原则，如图 3－3 所示。

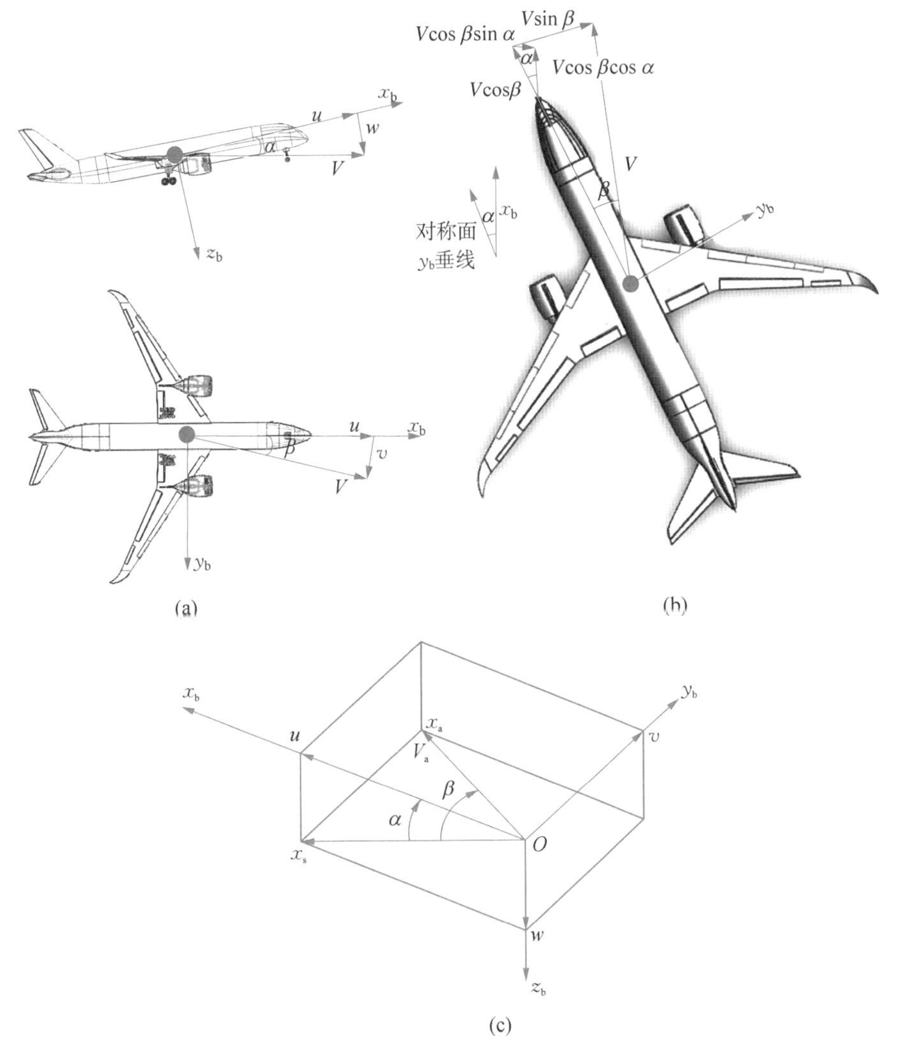

图 3－3　机体坐标系中速度、气流角

气流角是由飞行速度矢量与机体坐标系之间的关系确定的，迎角 α（也称攻角）为飞机速度矢量 V 在飞机对称面的投影与 Ox_b 轴的夹角，以速度投影在 Ox_b 轴下为正。侧滑角 β 为飞机速度矢量与飞机对称面的夹角。

4）稳定坐标系

稳定坐标系 $Ox_sy_sz_s$：稳定坐标系的原点为飞机重心，坐标轴的 Ox_s 轴为速度在飞机对称面内的投影（即 Ox_b 轴下旋 α 角），Oz_s 轴为飞机对称平面内垂直于 Ox_s 轴向下，Oy_s 轴垂直于对称面向右（同 Oy_b），如图 3－4(a)所示。

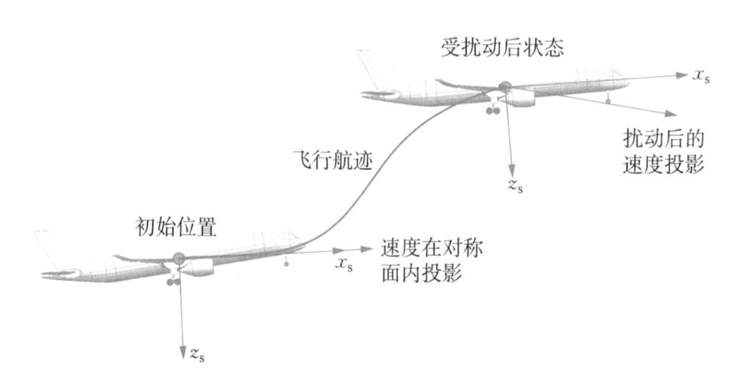

图 3－4(a)　稳定坐标系

从图 3－4(a)可以看出，稳定坐标系在飞机受扰动后，坐标轴不随飞行速度的变化而改变，它仍固联于按飞机受扰动前确定的方向，所以它依然属于体轴系。气动力的三个分量（升力 L，阻力 D，侧力 Y）是在气流坐标系中定义的。当侧滑角 $\beta=0$ 时，飞机的升力、阻力方向分别与 Oz_s 轴、Ox_s 轴反向。

5）航迹坐标系

航迹坐标系 $Ox_ky_kz_k$：航迹坐标系的原点为飞行器质心，坐标轴的 Ox_k 轴指向飞行器的地速方向，Oz_k 轴在 Ox_k 轴所在的铅垂面内垂直指向下方，Oy_k 轴垂直于 Ox_kz_k 平面指向右方，其指向符合右手原则，如图 3－4(b)所示。

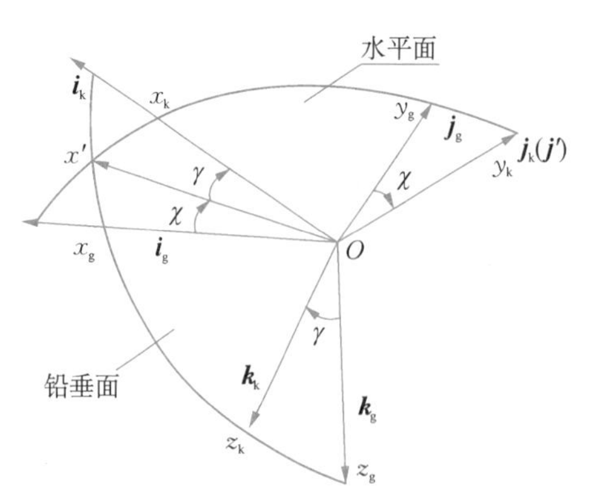

图 3－4(b)　航迹坐标系中的航迹角

航迹角定义：航迹倾角 γ：又称爬升角，为航迹轴 Ox_k 轴与水平面 Ox_gy_g 之间的夹角，定义向上偏转为正。航迹偏角 χ：又称航向角或方位角，即航迹轴 Ox_g 轴和水平面 Ox_gy_g 之间的投影与 Ox_g 轴之间的夹角，定义向右偏转为正。绕速度轴的滚转角 μ：飞行器的对称面与速度 V 所在的铅垂面之间的夹角，定义向右滚转为正。

坐标系的定义及坐标系之间的转换是建立运动学、动力学模型的基础，坐标变换原理如下，地轴系到体轴系的坐标系变换：

$\boldsymbol{i}_g$ 绕 Ox_g 轴旋转 ϕ 角：

$$\boldsymbol{L}_1(\phi)=\begin{bmatrix}1 & 0 & 0\\ 0 & \cos\phi & \sin\phi\\ 0 & -\sin\phi & \cos\phi\end{bmatrix} \tag{3-1}$$

绕 Oy_g 轴旋转 θ 角：

$$\boldsymbol{L}_2(\theta)=\begin{bmatrix}\cos\theta & 0 & -\sin\theta\\ 0 & 1 & 0\\ \sin\theta & 0 & \cos\theta\end{bmatrix} \tag{3-2}$$

绕 Oz_g 轴旋转 ψ 角：

$$\boldsymbol{L}_3(\psi)=\begin{bmatrix}\cos\psi & \sin\psi & 0\\ -\sin\psi & \cos\psi & 0\\ 0 & 0 & 1\end{bmatrix} \tag{3-3}$$

得到地轴到体轴的坐标系变换关系为

$$\boldsymbol{L}_1(\phi)\boldsymbol{L}_2(\theta)\boldsymbol{L}_3(\psi)=\begin{bmatrix}\cos\theta\cos\psi & \cos\theta\sin\psi & -\sin\theta\\ -\cos\phi\sin\psi+\sin\phi\sin\theta\cos\psi & \cos\phi\cos\psi+\sin\phi\sin\theta\sin\psi & \sin\phi\cos\theta\\ \sin\phi\sin\psi+\cos\phi\sin\theta\cos\psi & -\sin\phi\cos\psi+\cos\phi\sin\theta\sin\psi & \cos\phi\cos\theta\end{bmatrix} \tag{3-4}$$

同样，地面坐标系到航迹坐标系可以通过绕 Oz_g 轴转过 χ，再绕 Oy_k 轴转过 γ 角得到。图 3－4(b)给出了这两个坐标系之间的转换图，其转换矩阵为

$$\boldsymbol{L}_{kg}=\boldsymbol{L}_y(\gamma)\boldsymbol{L}_z(\chi)=\begin{bmatrix}\cos\gamma\cos\chi & \cos\gamma\sin\chi & -\sin\gamma\\ -\sin\chi & \cos\chi & 0\\ \sin\gamma\cos\chi & \sin\gamma\sin\chi & \cos\gamma\end{bmatrix} \tag{3-5}$$

6）ECEF 坐标系

固连地心坐标系(earth-centered-earth-fixed，ECEF)如图 3－5 所示，原点地心，x 水平面东向，z 垂直 x 指向天，y 垂直 xOz，指向北。

定义：

$$\text{纬度 } \phi=\arctan\left(\frac{z_{\mathrm{ECEF}}}{\sqrt{x_{\mathrm{ECEF}}^2+y_{\mathrm{ECEF}}^2}}\right),\text{经度 } \lambda=\arctan\left(\frac{y_{\mathrm{ECEF}}}{x_{\mathrm{ECEF}}}\right) \tag{3-6}$$

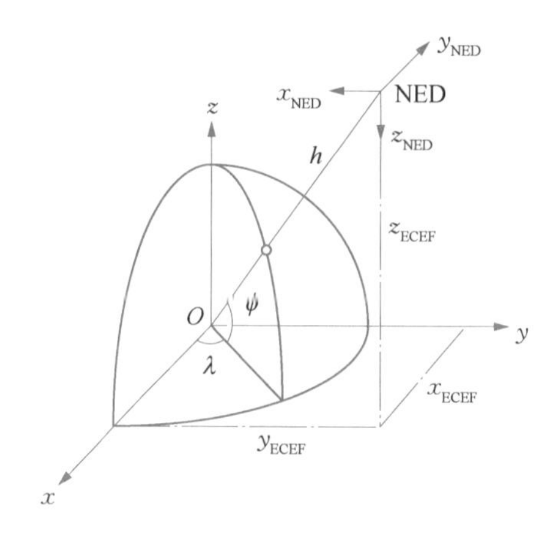

图 3-5 固连地心坐标系与东北地坐标系

机体坐标系加速度与当地东北地(north-east-down，NED)坐标系关系：

$$a_b = R_{b,\,NED} \cdot R_{NED,\,ECEF} \cdot \dot{V}_{ECEF} - R_{b,\,NED} \cdot \vec{g}_{NED} \tag{3-7}$$

式中，$R_{NED,\,ECEF}$为加速度从 ECEF 坐标系转换到当地 NED 坐标系，$R_{b,\,NED}$为当地 NED 坐标系转换到机体坐标系。

惯性单元测量的加速度从 ECEF 到 NED 坐标系转换，

$$\begin{bmatrix} \dot{u}_{GPS} \\ \dot{v}_{GPS} \\ \dot{w}_{GPS} \end{bmatrix}_{NED} = \begin{bmatrix} -\sin\phi\cos\lambda & -\sin\phi\sin\lambda & \cos\phi \\ -\sin\lambda & \cos\lambda & 0 \\ -\cos\phi\cos\lambda & -\cos\phi\sin\lambda & -\sin\phi \end{bmatrix} \begin{bmatrix} \dot{u}_{GPS} \\ \dot{v}_{GPS} \\ \dot{w}_{GPS} \end{bmatrix}_{ECEF} \tag{3-8}$$

即

$$\dot{u}_N = -\dot{u}_{ECEF}\sin\phi\cos\lambda - \dot{v}_{ECEF}\sin\phi\sin\lambda + \dot{w}_{ECEF}\cos\phi \tag{3-9}$$

$$\dot{v}_E = -\dot{u}_{ECEF}\sin\lambda + \dot{v}_{ECEF}\cos\lambda \tag{3-10}$$

$$\dot{w}_D = -\dot{u}_{ECEF}\cos\phi\cos\lambda - \dot{v}_{ECEF}\cos\phi\sin\lambda - \dot{w}_{ECEF}\sin\phi \tag{3-11}$$

3.1.2 飞行角度分析

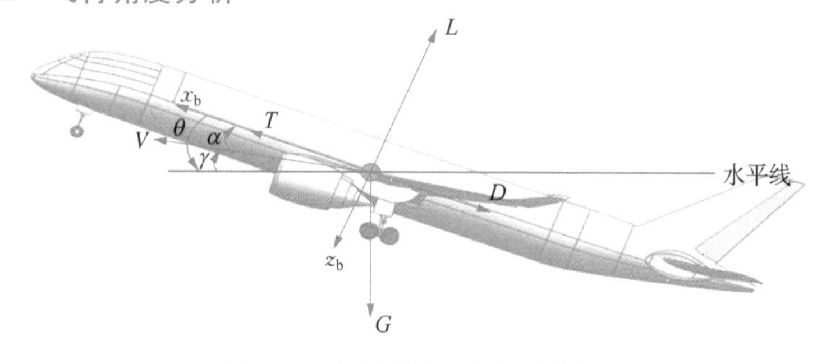

图 3-6 飞机受力及角度示意图

由图 3-6 可知，飞机的角度有迎角 α、发动机安装角 φ_T、俯仰角 θ、航迹倾角 γ，满足 $\theta=\alpha+\gamma$。对于发动机安装角，通常发动机轴线与机身轴线有 3°夹角，发动机尾喷口轴线相对于发动机轴有 5°夹角。

3.1.3　飞机受力分析

3.1.3.1　重力 G

由飞机受力分析图 3-6 可知，飞机受力有重力 G、升力 L、阻力 D、推力 T。重力 $G=mg$，m 为飞机的质量，g 为重力加速度，重力方向为铅垂向下，其中飞机质量随燃油消耗，外挂投放等变化；性能计算过程中，飞机质量通常取常值。重力加速度与地理位置、飞行高度相关，但变化很小，通常取 9.81。

3.1.3.2　升力

升力 $L=C_L\bar{q}S$，升力方向为飞机对称面内垂直于飞行速度方向，其中 C_L 为升力系数，取决于飞机的气动布局（翼型、机翼平面形状、襟翼偏角、平尾偏角等）及飞行状态（高度、马赫数、迎角等），在小迎角范围内，有

$$C_L=C_{L\alpha}(\alpha-\alpha_0)+C_{Li}i_t \tag{3-12}$$

式中，C_{Li}为平尾偏转引起的升力系数变化，i_t 为平尾偏转，通常 $C_{Li}i_t$ 这一项的值比较小，可以忽略。α_0为零升力迎角，$C_{L\alpha}$称为升力线斜率。

马赫数 Ma 对升力曲线的影响如图 3-7 所示。

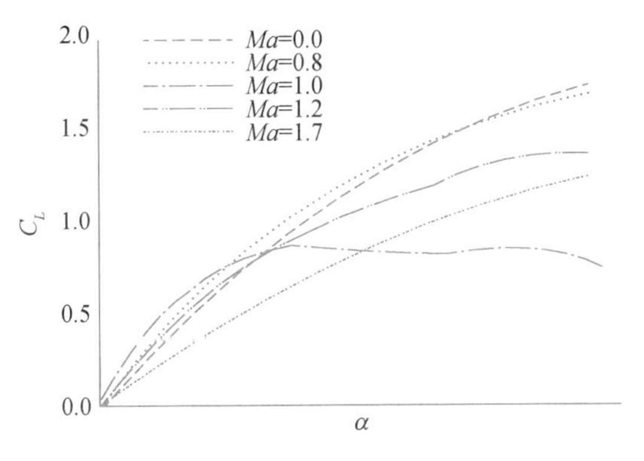

图 3-7　升力曲线变化图

迎角对飞机性能的影响很大，与迎角相关的两个基本现象为失速和尾旋，描述如下：

失速，指翼型气动迎角增加到一定程度（达到临界值）时，由于气流分离的作用，升力急剧下降，出现掉翼尖或机头下俯等现象。失速的主要原因一般是大攻角下，上翼面的附面层分离而导致的上下翼面压差降低。对于三角翼，主要原因是三角翼前缘涡破裂。

尾旋，指飞机的迎角达到或超过临界迎角后，发生的一种连续的自动旋转运动。

在尾旋发生过程中，伴随着滚转和偏航飞机机头向下，沿着一条小半径的螺旋线航迹一面旋转、一面急剧下降。其运动的特点是迎角大，螺旋半径小，旋转角速度高，下沉速度大，原因是失速。

3.1.3.3　阻力

阻力按照产生的原因，分为摩擦阻力、压差阻力、诱导阻力、干扰阻力、零升阻力、升致波阻。阻力按照与升力是否相关可分为升致阻力(诱导阻力、升致波阻)、零升波阻(摩擦阻力、压差阻力、干扰阻力)。

摩擦阻力：当气流流过飞机表面时，由于空气具有黏性，空气微团与飞机表面发生摩擦，阻滞了气流的流动，由此而产生的阻力称为摩擦阻力。

压差阻力：飞机在气流中飞行，由于前面压强增大，后面压强减小，前后形成了巨大的压强差，产生了巨大的阻力称为压差阻力。

诱导阻力：飞机飞行时，由于下洗角的存在，升力产生与飞机前进方向相反的水平分力阻止飞机前进，这种阻力称为诱导阻力。

干扰阻力：飞机各部分之间由于气流相互干扰而产生的一种额外阻力。

阻力特性：阻力系数和升力系数的关系曲线称为升阻极曲线，这条曲线通常可以写成抛物线的形式，即

$$C_D = C_{D0} + C_{Di} = C_{D0} + AC_L^2 \tag{3-13}$$

式中，C_D 为阻力系数，C_{D0} 为零升阻力系数，C_{Di} 为升致阻力系数，A 为诱导阻力因子。

例如，某型飞机升阻极曲线如图 3-8 所示。

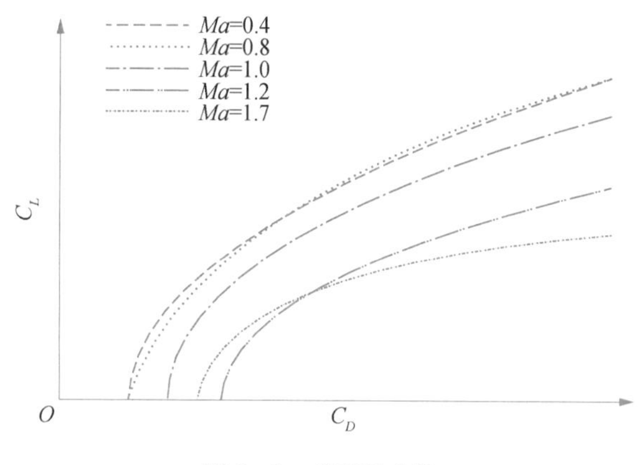

图 3-8　升阻极曲线

由图 3-8 可知，低速时极曲线变化不大。升阻比定义为

$$K = \frac{L}{D} = \frac{C_L}{C_D} \tag{3-14}$$

即升阻比是同一迎角下升力系数与阻力系数之比。其中，升阻比有一个最大值，叫

最大升阻比 K_{max}。即由

$$\frac{1}{K}=\frac{C_D}{C_L}=\frac{C_{D0}}{C_L}+AC_L \tag{3-15}$$

则

$$\frac{\mathrm{d}}{\mathrm{d}C_L}\left(\frac{C_D}{C_L}\right)=-\frac{C_{D0}}{C_L^2}+A=0 \tag{3-16}$$

得有利升力系数

$$C_{Lyl}=\sqrt{\frac{C_{D0}}{A}} \tag{3-17}$$

最大升阻比为

$$K_{max}=\frac{C_{D0}}{C_{Lyl}}=\frac{1}{2\sqrt{AC_{D0}}} \tag{3-18}$$

其中最大升阻比 K_{max} 对应的升力系数称为有利升力系数 C_{Lyl}。

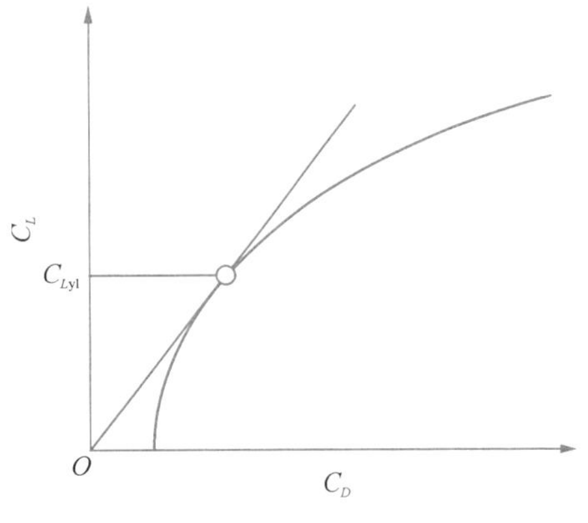

图 3-9　最大升阻比

升阻比大，说明在取得同一升力的情况下，阻力比较小。升阻比越大，飞机的空气动力性能越好，对飞行越有利。

3.1.3.4　推力

飞机的推力由发动机通过推进系统提供，常用发动机有三种类型，涡轮喷气发动机(turbo jet engine)、涡扇发动机(turbo fan engine)和涡推发动机(turbo prop engine)。涡扇发动机推力大，主要用于民用飞机和大型运输机；涡轮喷气发动机推力中等，主要用于高速飞行的歼击机、战斗机；涡推发动机推力小，主要用于小型私人飞机，如图 3-10 所示。

涡轮喷气发动机改变了气流传送方式，减小了空中飞行成本，提高了飞行安全，涡轮喷气发动机可以提供高速甚至超声速飞行能力，与活塞发动机相比，具有更高的推重比，使得飞行航程增加，飞机载重加大。其结构如图 3-10(a)所示，包括五部分：进气道，压缩机，燃烧器，涡轮和喷管。为了增加推力，在涡轮后部增加后燃烧器，喷出气流温度越高，燃烧越好，对推力作用越大，然而涡轮叶片有温度限制，应防止叶片融化，目前一般采用涡轮叶片冷却装置改善其性能。

涡桨发动机是在涡喷发动机之后不久发明的，这种发动机具有双推力装置：螺旋桨和尾部喷气，大的齿轮箱使得涡轮带动螺旋桨高速旋转，产生螺旋桨推力。随着螺旋桨速度上升，当桨尖接近超声速时，会出现气流分离，桨叶会振动，降低了发动机入流，因此这类发动机被限制在低速飞行。涡桨发动机结构如图 3-10(b)所示，包括：螺旋桨，进气道，压缩机，燃烧器，涡轮和喷管。由于少部分气流进入发动机燃烧，与涡轮喷气发动机相比，涡桨发动机花费少量油耗，产生大量推力。涡桨发动机比较适合低速飞行，推力小的飞机。

涡扇发动机是在克服涡推发动机高速飞行限制条件下设计的，它是涡轮喷气发动机和涡推发动机的综合，具有大的、内置螺旋桨（导流扇）装置，使得两组气流进入发动机，主气流流动与涡轮喷气发动机气体流动相似，辅气流经过外喷口与主气流混合，产生推力，如图 3-10(c)所示。涡扇发动机的涡扇没有螺旋桨大，因此桨叶上升速度低于涡推发动机，涡扇周围的导流装置或冷却系统，使得其气动性能更好，高速时很少有气流分离，也很少发生桨叶振动。涡扇发动机速度可达 0.9 马赫数，但

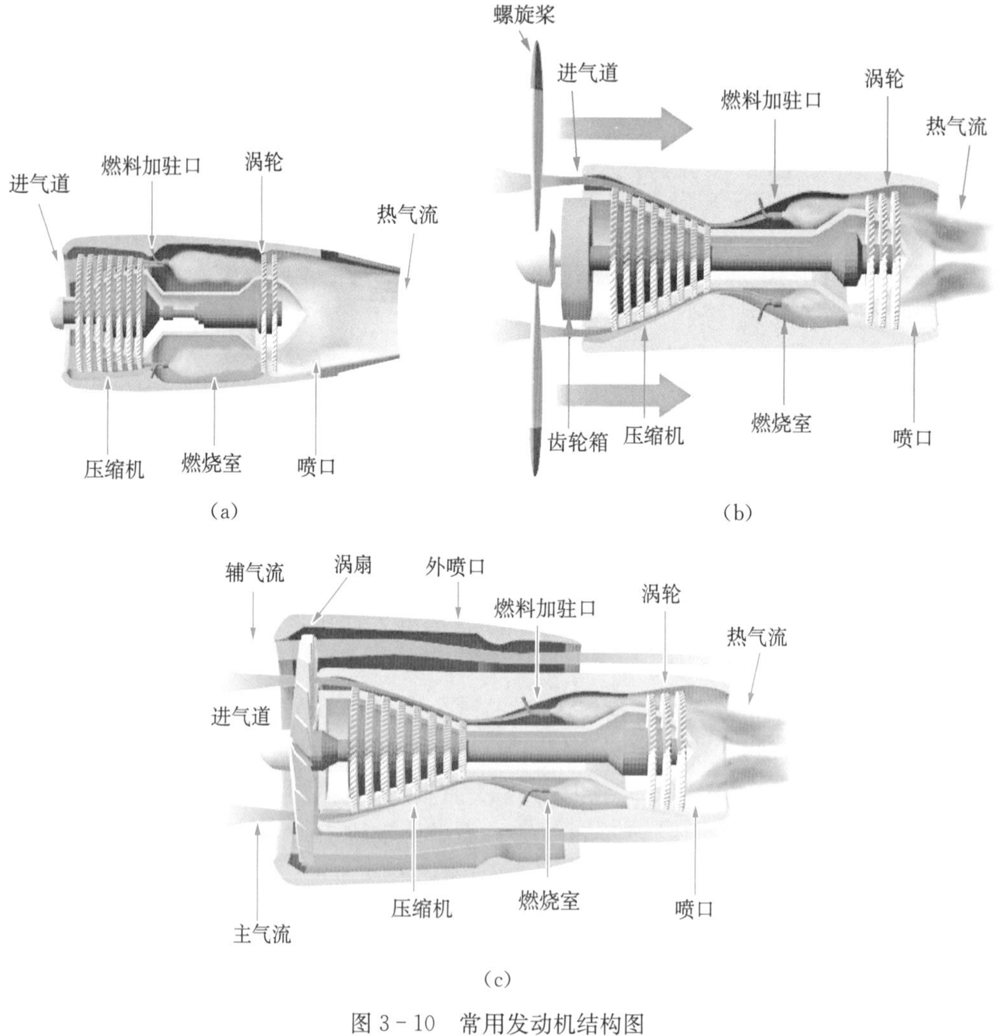

图 3-10 常用发动机结构图

(a) 涡轮喷气发动机 (b) 涡桨发动机 (c) 涡扇发动机

风扇比螺旋桨小得多，可以比涡推发动机吸入更多气流。与涡推发动机类似，涡扇发动机油耗少，因此被广泛用于高速、亚声速商用飞机。

其他类发动机如超燃冲压喷气发动机（supersonic combustion ramjets），主要用于高超声速飞行器，如 X-43、X-51 乘波者。对于低于 *Ma* 1.0 的吸气发动机，需要一个压缩机增压，当飞行速度高于 *Ma* 1.0 时，需要压缩机提供的气压随速度增大而减小，*Ma*＝3.5～4.0 时就不需要压缩机了，此时冲压喷气发动机是最有效的，它不需要太多部件，如涡轮和压缩机，却能忍受更高的温度，其结构图如图 3-11 所示，包括进气道、燃烧器和喷管。超燃冲压喷气发动机受很多条件限制，如低于超声速不能正常工作，需要另一台发动机使飞行器增速到超声速；另一个限制是燃烧器中燃料和混合气的点燃约束。为使燃烧器点燃，冲压进气道需减慢气流从超声速到亚声速，当 *Ma* 接近 6.0 时进入燃烧器的气流太热而不能燃烧，原因是进气道超声速降低到亚声速时产生气流摩擦，因此，*Ma* 6.0 速度发动机不足以产生足够推力来保持其性能，这暗示冲压喷气发动机有速度限制（*Ma* 6.0），于是提出了超燃冲压喷气发动机，代替燃烧室内慢的亚声速气流，超燃发动机在超声速点火，防止进气道摩擦，燃料必须注入气流才能点火，然而直到今天燃料也不能快速点火，因此超燃发动机燃料注入系统开发目前尚处于初级阶段。

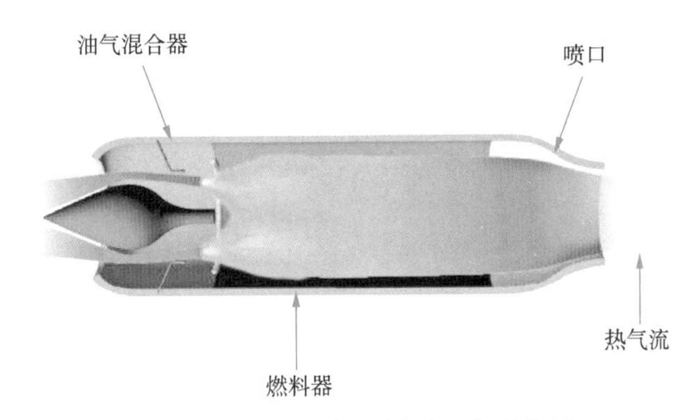

图 3-11　超燃冲压喷气发动机结构图

发动机的推力可用来克服飞机的阻力。发动机的工作状态可分为加力、最大、额定（97%n_{max}）、巡航（90%）、慢车（30%）、怠速（空转）。

发动机的推力与速度、高度有关。

1）推力和速度的关系

某飞机在 11 km 高空的全加力推力随 *Ma* 数变化曲线如图 3-12 所示，可见推力随 *Ma* 增加而增大。

2）推力和高度的关系

不同高度下，大气温度、密度不同，因而推力不同，如图 3-13 所示。

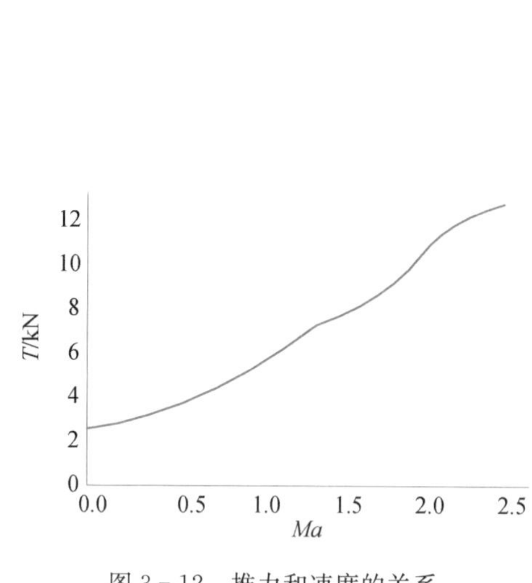

图 3-12　推力和速度的关系

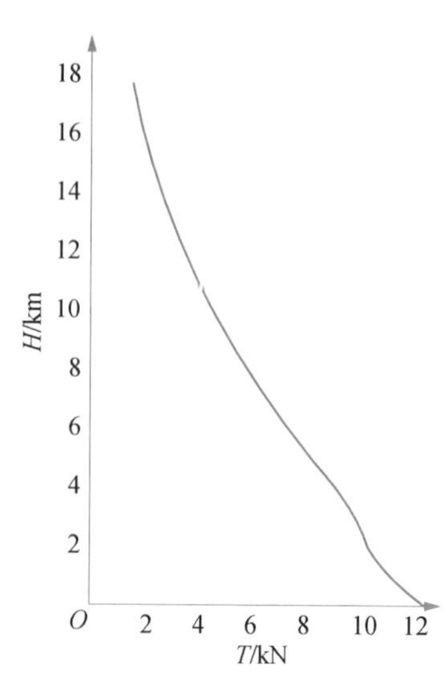

图 3-13　推力和高度的关系

当 $H>11\,\text{km}$ 时，由于同温层温度不变，推力与密度关系如下：

$$\frac{T}{T_{11}}=\frac{\rho}{\rho_{11}} \tag{3-19}$$

式中，T_{11}，ρ_{11} 为 $H=11\,\text{km}$ 处的推力和密度。

发动机安装在飞机上会带来推力损失，因此可用推力为

$$T_{\text{ky}}=\eta T \tag{3-20}$$

式中，η 为推力效率。

通常最大状态或加力状态的推力对性能计算比较重要，所以可用推力一般指发动机安装在飞机上之后，其最大推力或全加力推力。不同高度下，可用推力随 Ma 数变化的曲线称为可用推力曲线。

例 3-1　某飞机 $m=8150.0\,\text{kg}$，$S=23.0\,\text{m}^2$，$H=11000.0\,\text{m}$，飞机极曲线如图 3-14 所示，飞行速度 $Ma=\{0.5, 0.6, 0.7, 0.8, 0.9, 1.0, 1.1, 1.2, 1.3, 1.4, 1.5, 1.6, 1.7, 1.8, 1.9, 2.0\}$，其对应零生阻力系数为 $C_{D0}=\{0.013478, 0.013493, 0.013507, 0.013524, 0.014611, 0.025896, 0.034436, 0.034441, 0.031589, 0.030538, 0.029696, 0.029255, 0.028396, 0.027771, 0.027273, 0.026845\}$，对应诱导阻力因子 $A=\{0.206530, 0.206289, 0.206047, 0.205806, 0.205560, 0.209018, 0.223322, 0.244748, 0.267197, 0.290234, 0.313367, 0.336425, 0.359560, 0.382798, 0.406161, 0.429703\}$，试确定飞机所需推力与速度的关系。

解：根据式(3-13)，有

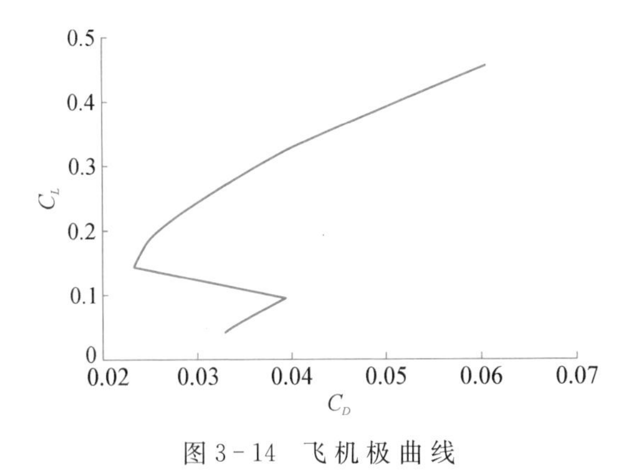

图 3 - 14　飞机极曲线

$$C_D = C_{D0} + AC_L^2$$

式中，$C_L = \dfrac{G}{\bar{q}S} = \dfrac{2G}{\rho V^2 S}$，$V = Ma \cdot a$，密度 ρ 与当地声速 a 根据飞行高度确定，而所需推力 $T = G/K$，K 根据升阻极曲线确定，如图 3 - 14 所示。最后结果如图 3 - 15 所示。

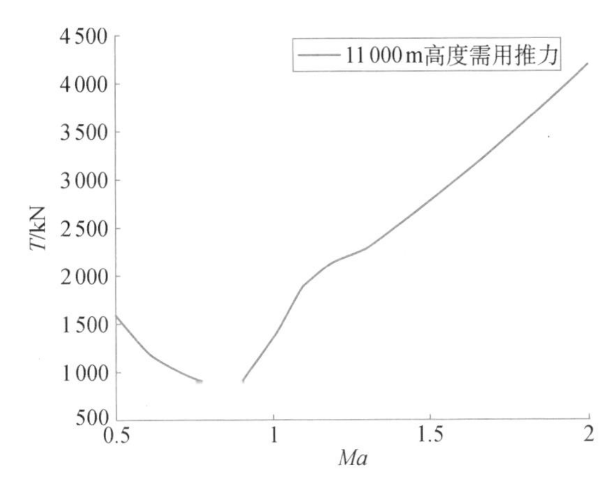

图 3 - 15　11 km 高度所需推力与速度的关系

定义发动机耗油率 q_{Nh}，为发动机产生每牛顿推力在每小时内消耗的燃油质量。小时耗油率 q_h，为飞机每小时耗油的燃油质量。耗油率与高度 H、转速 n 及推力 T 关系曲线如图 3 - 16 所示，其中巡航转速约为额定转速的 90%。

由图 3 - 16 可知，耗油率与飞行高度、飞行速度、发动机转速有关。

发动机转速特性曲线如图 3 - 17 所示。典型发动机特性如表 3 - 1 所示。

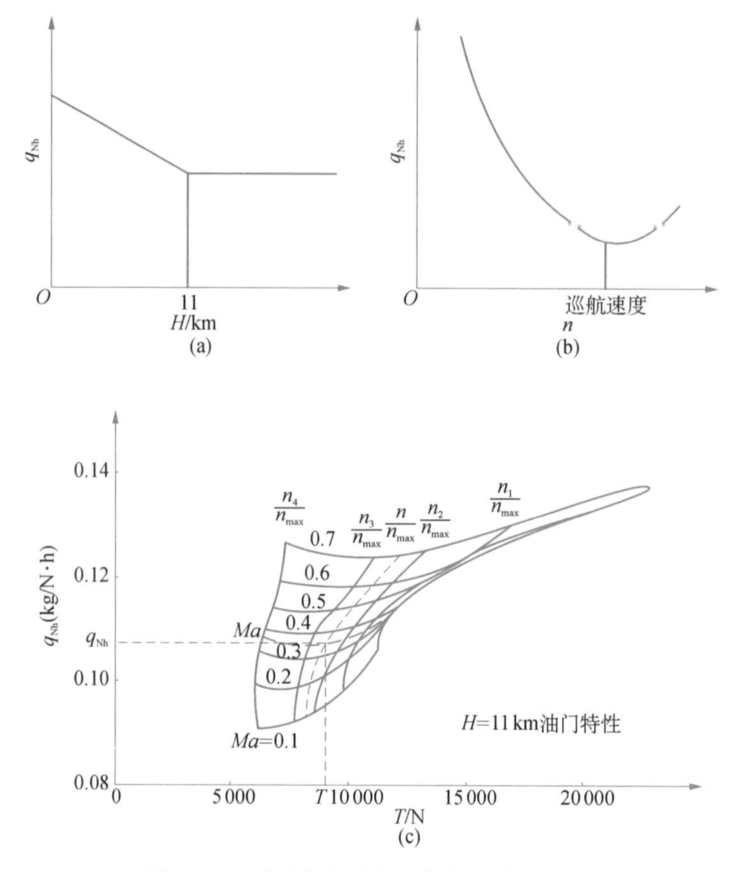

图 3-16 发动机耗油率和高度、速度的关系

(a) 耗油率和高度的关系 (b) 耗油率和速度的关系 (c) 耗油率和高度、速度及推力关系

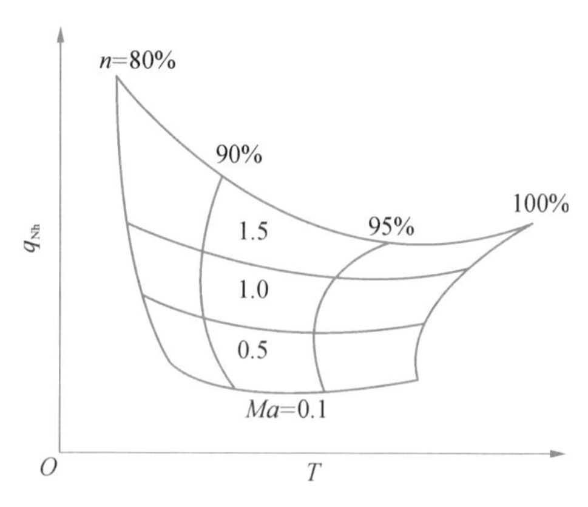

图 3-17 发动机耗油率和发动机速度的关系

表 3-1　典型发动机特性

发动机型号	起飞推力/kN	巡航耗油率 /[kg/(kg·h)]	推重比	代表机型
F100-PW229 普惠	129.4	0.647	7.70	F-16C/D F-15E
F119-PW200 普惠	155.7	0.610	10.00	F-22
AL-31F 留里卡	122.58	0.779	8.17	Su-27
WS-9"秦岭"罗罗	91.26	0.679	5.05	FBC-1
WP13-AII 贵航	62.45	0.880	5.28	J-8II

3.2　定常直线飞行性能

在研究飞行器性能和轨迹特性时，通常假设飞机在铅垂平面内做定常直线飞行，即指飞行器不倾斜、无侧滑，飞行器对称平面与质心运动轨迹所在的铅垂平面相重合的飞行。此时飞行速度矢量和作用于质心上的外力均位于对称平面内，故这种飞行又称对称飞行。由于飞机运动参数具有时变性，然而这种时变一般是缓变的，或准定常的，准定常条件是运动参数缓变。在准定常的条件下，可以建立飞行器等速直线飞行的动力学方程。

等速直线飞行的受力分析如图 3-18 所示。

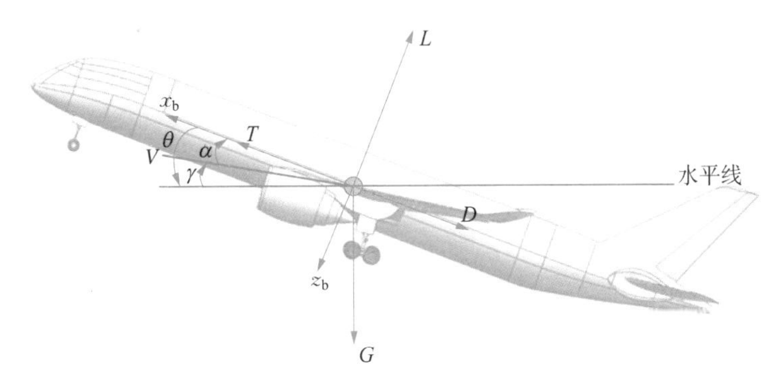

图 3-18　飞机等速直线飞行的受力分析

根据牛顿定律有力平衡方程：

$$\begin{cases} F_x = T\cos\alpha - D - G\sin\gamma = ma_x = 0 \\ F_z = L + T\sin\alpha - G\cos\gamma = ma_z = 0 \end{cases} \tag{3-21}$$

即

$$\begin{cases} T\cos\alpha = D + mg\sin\gamma \\ L + T\sin\alpha = mg\cos\gamma \end{cases} \tag{3-22}$$

当迎角较小时，$\alpha \approx 0$，则 $\sin\alpha \approx 0$，$\cos\alpha \approx 1$，方程可简化为

$$\begin{cases} T = D + mg\sin\gamma \\ L = mg\cos\gamma \approx mg \end{cases} \tag{3-23}$$

3.2.1 定直平飞性能

飞机定常直线平飞运动中最常见的一种运动是等速水平直线飞行，由于运动中飞机运动参数均不随时间变化，故又称定常平飞运动。这种运动占据了民用飞机飞行的大部分时间，研究它具有重要意义。飞机平飞性能的好坏通常用飞机最大平飞速度、最小平飞速度、可用平飞的速度范围来评价。

定直平飞的受力分析如图 3-19 所示，

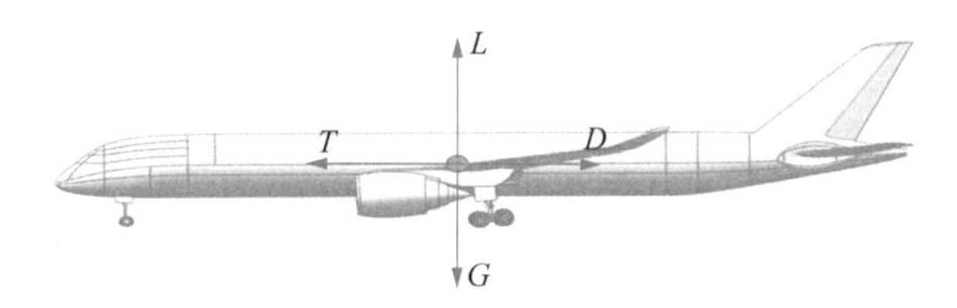

图 3-19 飞机定直平飞的受力分析

一般情况下迎角 α 足够小，方程可简化为式(3-23)，由于是直飞，无加速飞行，所以

$$\gamma = 0 \tag{3-24}$$

则定直平飞的动力学方程为

$$\begin{cases} T = D \\ L = mg \end{cases} \tag{3-25}$$

可见，定值平飞时，发动机的推力等于阻力，升力等于重力，飞机处于平衡状态。满足式(3-25)的飞机推力，称为定常平飞需用推力。飞机在不同高度、不同速度做定直平飞时，需要不同的平飞需用推力。

由式(3-25)可知，平飞需用推力实际上等于飞机作等速直线平飞时的迎面阻力，即

$$\begin{cases} T_{\mathrm{px}} = D = C_D\,\bar{q}S \\ C_L\,\bar{q}S = mg \end{cases} \tag{3-26}$$

因此，平飞需用推力为

$$T_{\mathrm{px}} = \frac{mg}{K} \tag{3-27}$$

式中，K 为升阻比。

在已知飞机质量和极曲线，给定飞行状态(H, Ma)时，可按如下步骤计算所需推力：(1)由法向力方程 $C_L\,\bar{q}S = mg$ 求解 C_L，而 C_L 满足

$$C_L = \frac{2mg}{\rho a^2 S Ma^2} = C\frac{1}{Ma^2} \tag{3-28}$$

式中，$C = \frac{2mg}{\rho a^2 S}$。

(2) 由极曲线求解 C_D 和升阻比 K。

(3) 通过升阻比 K 及式(3-27)求解 T_{px}。

例3-2　计算某超声速飞机在 $H=8000\,\text{m}$ 高度飞行时平飞需用推力。其原始数据：$H=8000\,\text{m}$，$\rho=0.5252\,\text{kg/m}^3$，$a=308.0\,\text{m/s}$，$S=23\,\text{m}^2$，$m=6612\,\text{kg}$，计算得：$C=\frac{2mg}{\rho a^2 S}=0.113$。参考例3-1推力求解过程，列表 Ma(给定)、V($V=Ma\cdot a$，km/h)、Ma^2、C_L(C/Ma^2)、C_D(查极曲线，见图3-14)、K(C_L/C_D)、T_{px}(mg/K，N)，结果如表3-2所示。

表3-2　推力求解过程参数

Ma	V	Ma^2	C_L	C_D	K	T_{px}
0.5	554	0.25	0.452	0.0604	7.478	3669
0.8	887	0.64	0.177	0.0245	7.239	8953
1.1	1220	1.21	0.093	0.0396	2.349	27606
1.4	1552	1.96	0.044	0.0348	1.657	39128

(1) 平飞需用推力曲线的组成：

由关系式

$$C_{Di} = AC_L^2,\ C_L = mg\Big/\left(\frac{1}{2}\rho V^2 S\right) \tag{3-29}$$

可得

$$T_{px} = D_0 + D_i = D_{D0}\left(\frac{1}{2}\rho V^2 S\right) + C_{Di}\left(\frac{1}{2}\rho V^2 S\right) = C_{D0}Ma^2\left(\frac{1}{2}\rho a^2 S\right) + \frac{A}{Ma^2}\left(\frac{2m^2 g^2}{\rho a^2 S}\right) \tag{3-30}$$

其中不同高度，声速与空气密度数据如表3-3所示。

表3-3　不同高度声速与空气密度

H/km	ρ/(kg/m^3)	a/(m/s)	H/km	ρ/(kg/m^3)	a/(m/s)
0	1.225	340.3	15	0.194	295.1
5	0.736	320.5	20	0.088	295.1
10	0.413	299.5			

于是可以得到有零升阻力与升致阻力随 Ma 变化的曲线，如图3-20所示。

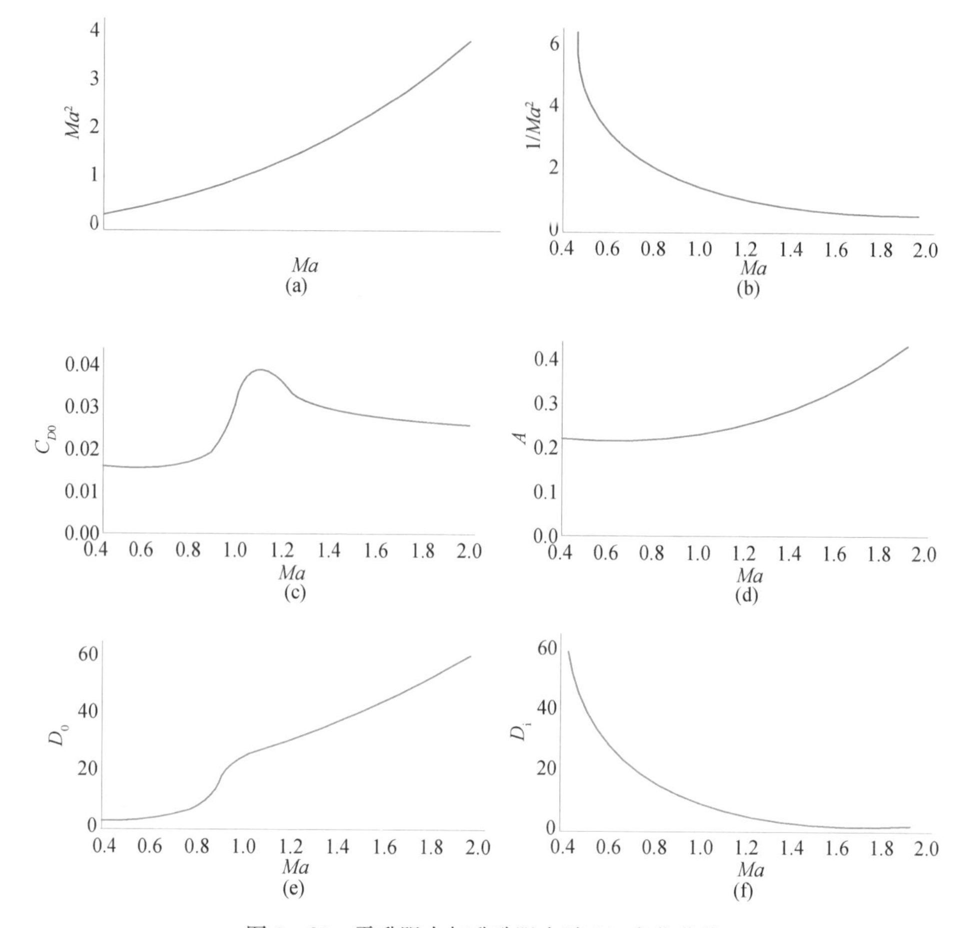

图 3-20　零升阻力与升致阻力随 *Ma* 变化曲线

由图 3-20 可以看出，平飞需用推力除直接与飞行 *Ma* 有关外，还与高度、零升阻力系数 C_{D0} 和升致阻力因子 A 有关。所以，在不同的飞行速度范围和不同的高度范围内，平飞需用推力曲线随飞行速度和高度的变化也不尽相同。

(2) 平飞需用推力与飞行速度的关系：

根据图 3-20 知，当飞机低速飞行时，以升致阻力为主；当飞机高速飞行时，以零升阻力为主；低速时，阻力随着 *Ma* 数增加而降低；跨声速区，阻力随着 *Ma* 数增加而急剧增加；高速(超声速)时，阻力随着 *Ma* 数增加而增加。

(3) 平飞需用推力与飞行高度的关系：

当飞机处在低速区，阻力以升致阻力为主，这时，由于升致阻力随高度增加而增大，因此，平飞需用推力随高度增加而增大，如图 3-21(a)所示。当飞机处在高速区时情况则相反。在低空区，由于空气密度大，则速度的影响更大些。

由基本飞行性能知，切向力方程为 $T=D+mg\sin\gamma$。只有满足 $T>D$，飞机才能够保证定直平飞，而根据 $T=D$，$L=mg$ 可得满足定直平飞的动力学方程。

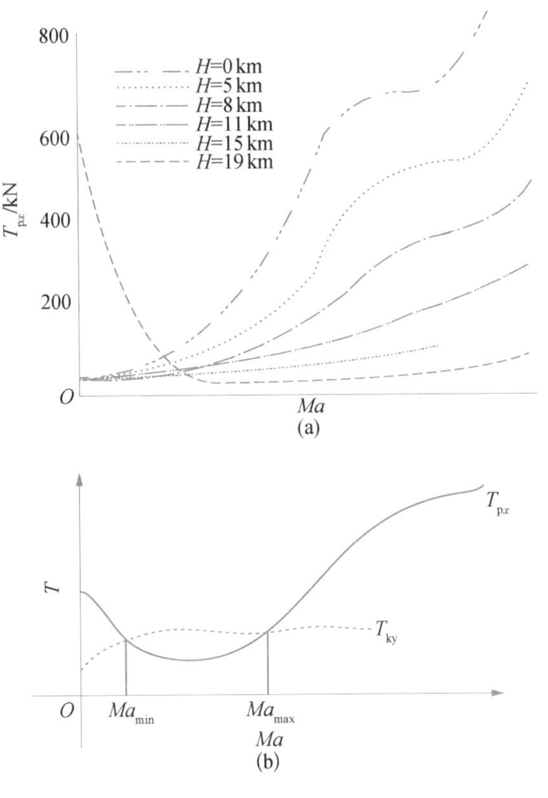

图 3-21　推力曲线特性

(a) 平飞需用推力随高度变化　(b) 切向力方程(推力)限制的 *Ma* 范围

依据推力曲线图 3-21(b)所示，采用图解分析法可以得到一些基本的飞行性能。由推力曲线左交点可以确定最小平飞 *Ma* 数，这是由切向力方程所确定的。切向力方程(推力)限制的最大和最小飞行速度(*Ma*)数。

常见的飞机最大 *Ma* 数如表 3-4 所示。

表 3-4　常见的飞机最大 *Ma* 数

飞机型号	最大 *Ma* 数	飞机型号	最大 *Ma* 数
F-15	2.5	F-16	1.95
F-4	2.0	F-86	0.86
Mig-29	2.3	Mig-25	2.8
Mig-21/J-7	2.1	Mig-15	0.86

定直平飞还需要满足法向力方程：$L=G$。由法向力方程，可得

$$V=\sqrt{\frac{2mg}{C_L\rho S}} \tag{3-31}$$

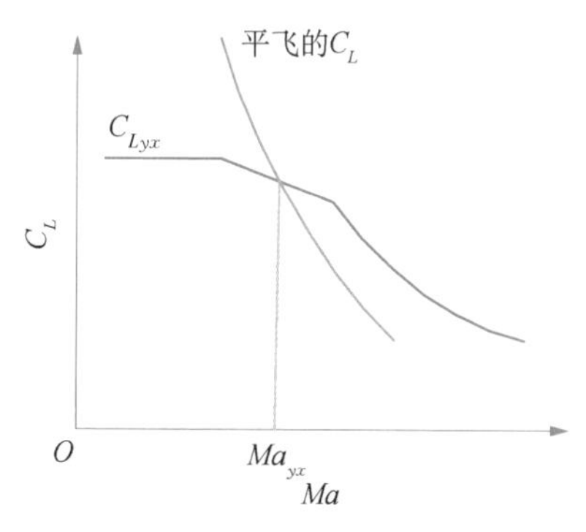

图 3-22 升力系数随速度变化

由于$C_L = C_{L\alpha}(\alpha - \alpha_0)$，即$C_L$受迎角限制，$C_L$存在一个最大值$C_{Lyx}$，如图 3-22 所示，所以由式(3-31)可知，对应V存在最小值V_{yx}，可得

$$V_{yx} = \sqrt{\frac{2mg}{C_{Lyx}\rho S}} \tag{3-32}$$

由切向力方程和法向力方程两个方程所确定的最小飞行速度中，较大者是飞机所能达到的最小飞行速度。实际计算中，C_{Lyx}是V的函数，因此需要采用图解法或数值解法对其求解。

飞机飞行中不仅受速度限制，而且受飞行高度限制，即飞行包线，它是飞机安全飞行区域，如图 3-23 所示，其边界包括：性能边界代表推力限制，气动边界代表升力限制，结构强度边界代表动压限制和气动加热边界代表马赫数限制。

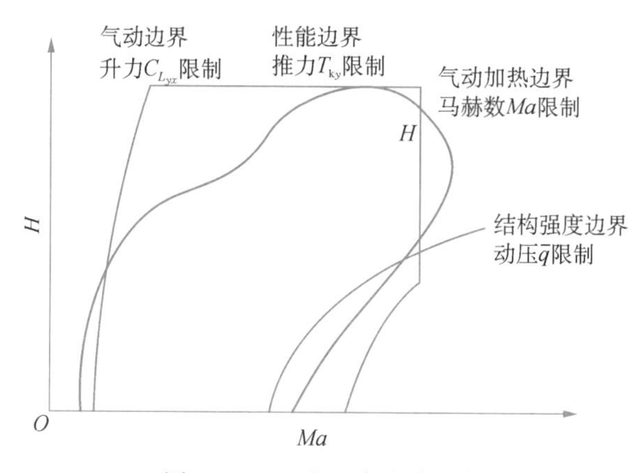

图 3-23 飞机飞行包线限制

例 3-3 T-38 飞机的飞行包线如图 3-24 所示。

(a)

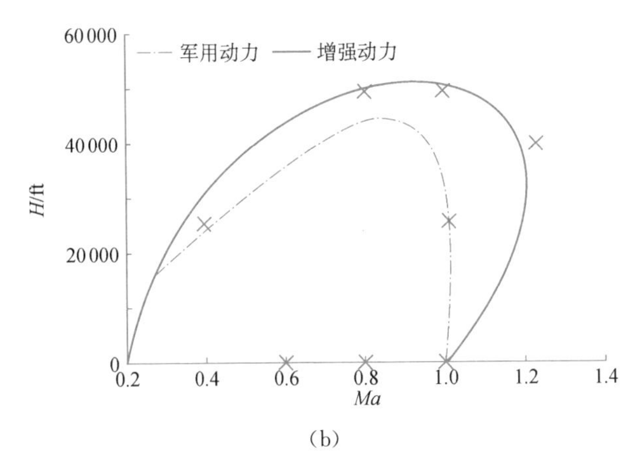

(b)

图 3-24　T-38 飞机及飞行包线

相应飞行参数如表 3-5 所示。

表 3-5　T-38 飞机飞行参数关系

参数	参考飞行条件(全部平飞)							
	1	2	3	4	5	6	7	8
高度 h/ft	0	0	0	25000	25000	50000	50000	40000
马赫数 Ma	0.6	0.8	1.0	0.4	1.0	0.8	1.0	1.25
速度 V/fps①	670	893	1117	406	1016	774	969	1210
动压 $\bar{q}$/psf②	535	950	1482	88	550	109	170	424

飞机的速度限制可表示为最大允许表速 V_{bs}(由动压通过空速管测量得到),根据 $\bar{q}=\frac{1}{2}\rho V^2$,$\bar{q}=\frac{1}{2}\rho_0 V_{bs}^2$,有

$$V_{bs}=V\sqrt{\frac{\rho}{\rho_0}} \tag{3-33}$$

表速 V_{bs} 通常以 km/h 为单位。

常见飞机的最大允许表速 V_{bs} 如表 3-6 所示。

表 3-6　常见飞机的最大允许表速 V_{bs}

飞机机型	最大允许表速 V_{bs}/(km/h)	飞机机型	最大允许表速 V_{bs}/(km/h)
Mig-15	1080	Mig-21/J-7	1200
Mig-25	1200	Mig-29	1400
F-86	1130	F-4	1390
F-16	1380	F-15	1480

① fps = ft/s = 3.048×10^{-1} m/s。
② psf = lbf/ft^2 = 4.78803×10 Pa。

3.2.2 定直上升性能

定直上升飞机受力图如图 3-25 所示。

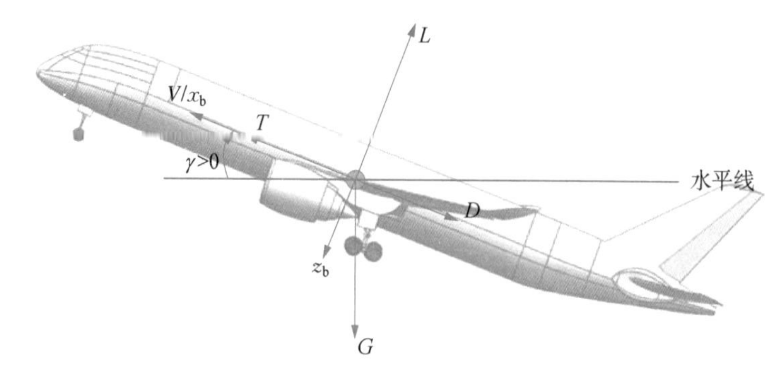

图 3-25 定直上升受力分析

根据图 3-25,可得定直上升的动力学方程:

$$T = D + mg\sin\gamma,\quad L = mg\cos\gamma \tag{3-34}$$

$$\Delta T = T_{ky} - T_{px} = mg\sin\gamma \tag{3-35}$$

式中,T_{ky}为可用推力,ΔT 为剩余推力,剩余推力曲线如图 3-26 所示。

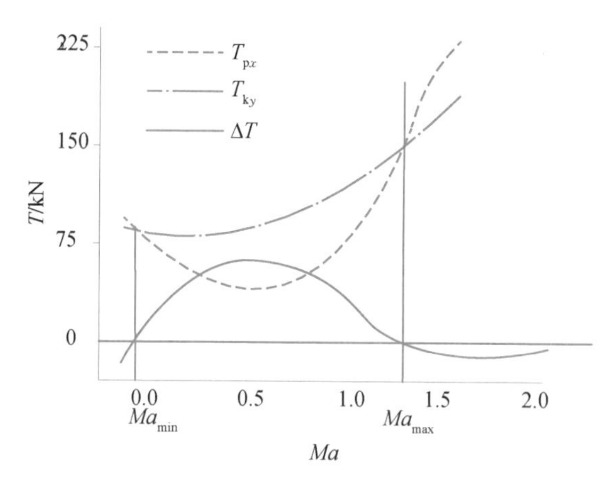

图 3-26 定直上升受力分析

下面对飞机定直上升运动性能进行分析。

1) 定直上升的倾斜角 γ

由式(3-34)~式(3-35)得

$$\sin\gamma = \frac{\Delta T}{G},\ \gamma = \arcsin\frac{\Delta T}{G},\ \gamma_{max} = \arcsin\frac{\Delta T_{max}}{G} \tag{3-36}$$

式中，γ_{max}称为最大航迹角，γ_{max}对应的飞行速度称为最陡上升速度 $V_\gamma(Ma_\gamma)$，其与剩余推力的关系如图 3-27 所示。

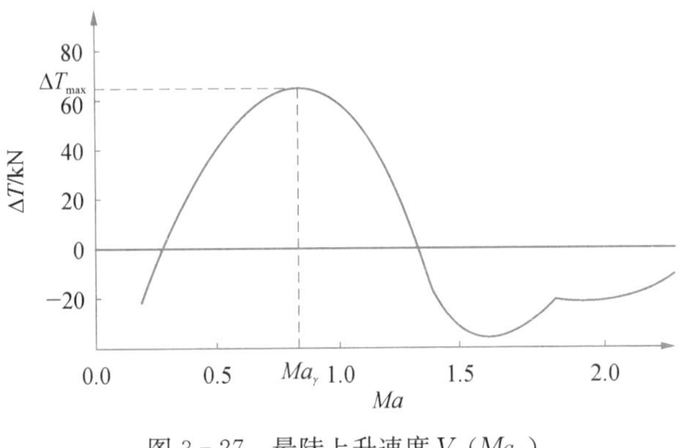

图 3-27　最陡上升速度 $V_\gamma(Ma_\gamma)$

2）定常上升率 V_z

上升率是指飞机以特定的重量和给定发动机工作状态进行定常上升时，在单位时间内上升的高度，也称上升垂直速度，表示为

$$V_z = \frac{\mathrm{d}H}{\mathrm{d}t} = V\sin\gamma = \frac{\Delta TV}{G} \tag{3-37}$$

最大上升率 $V_{zmax} = \dfrac{(\Delta TV)_{max}}{G}$，相应的飞行速度称快升速度 $V_{ks}(Ma_{ks})$。通常情况下，快升速度要稍大于最陡上升速度即：$V_{ks} > V_\gamma$，其中

$$\Delta T = T_{ky} - T_{px} = mg\sin\gamma \tag{3-38}$$

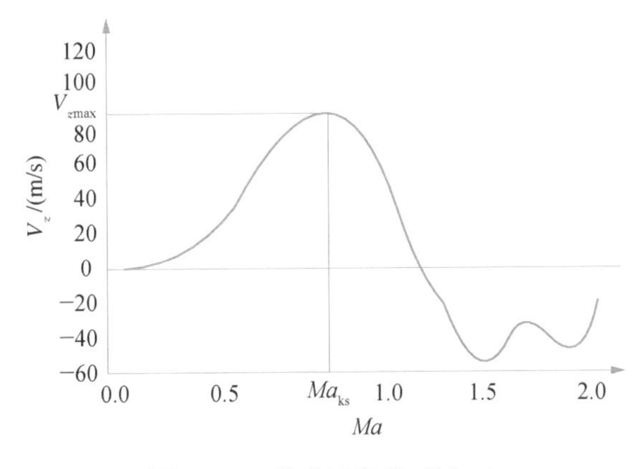

图 3-28　快升速度 $V_{ks}(Ma_{ks})$

常见飞机的 V_{zmax} 如表 3-7 所示。

表 3-7 常见飞机的 V_{zmax}（单位：m/s）

飞机型号	最大上升率 V_{zmax}	飞机型号	最大上升率 V_{zmax}
Mig-15	42	Mig-21/J-7	140
Mig-25	200	Mig-29	310
F-86	47	F-4	152
F-16	305	F-15	300

例 3-4 考虑例 3-1 飞机，其最大上升率曲线如图 3-29 所示，飞机在 [0, 1, 3, 5, 8, 10, 11, 13.5]×1000 m 高度，飞行速度 Ma = {0.5, 0.6, 0.7, 0.8, 0.9, 1.0, 1.1}，其对应可用推力

$$T_{ky\_max}=\begin{bmatrix} 3.1595 & 3.2652 & 3.3858 & 3.5073 & 3.6507 & 3.7713 & 3.8956; \\ 2.8952 & 2.9864 & 3.0974 & 3.2184 & 3.3497 & 3.4930 & 3.6268; \\ 2.3781 & 2.4786 & 2.5804 & 2.7050 & 2.8463 & 3.0275 & 3.2375; \\ 1.9582 & 2.0206 & 2.1168 & 2.2374 & 2.3672 & 2.5310 & 2.7315; \\ 1.4069 & 1.4376 & 1.4891 & 1.5753 & 1.7220 & 1.8560 & 2.0466; \\ 1.0496 & 1.0818 & 1.1367 & 1.2122 & 1.3176 & 1.4487 & 1.6191; \\ 0.9085 & 0.9394 & 0.9873 & 1.0714 & 1.1485 & 1.2692 & 1.4003; \\ 0.5996 & 0.6302 & 0.6710 & 0.7229 & 0.7993 & 0.8664 & 0.9616 \end{bmatrix}\times$$

10^3 kgf；试计算其上升性能。

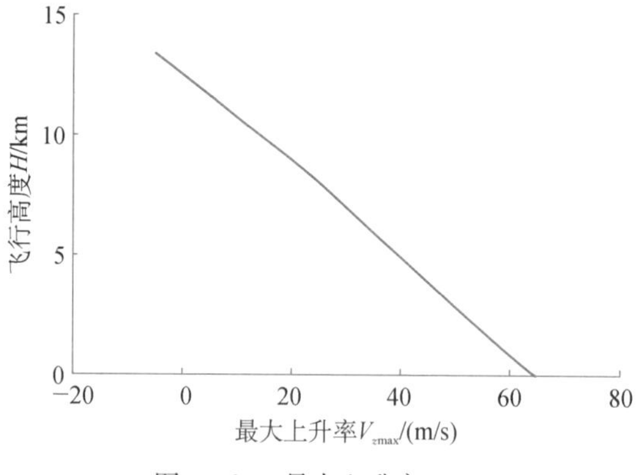

图 3-29 最大上升率 V_{zmax}

解：利用关系 $\Delta T = T_{ky} - T_{pr} = mg\sin\gamma$，取最大值得：陡升 Ma 数为 0.900；陡升速度为 27.7295(m/s)；最大上升角为 5.2196(°)；利用关系 $V_{zmax}=\dfrac{(\Delta TV)_{max}}{G}$，取最大值得快升 Ma 数为 0.900；快升速度为 277.295(m/s)；最大上升率为25.2266(m/s)。剩余推力随 Ma 变化曲线如图 3-30 所示。扫描右侧二维码，获取 Matlab 代码。

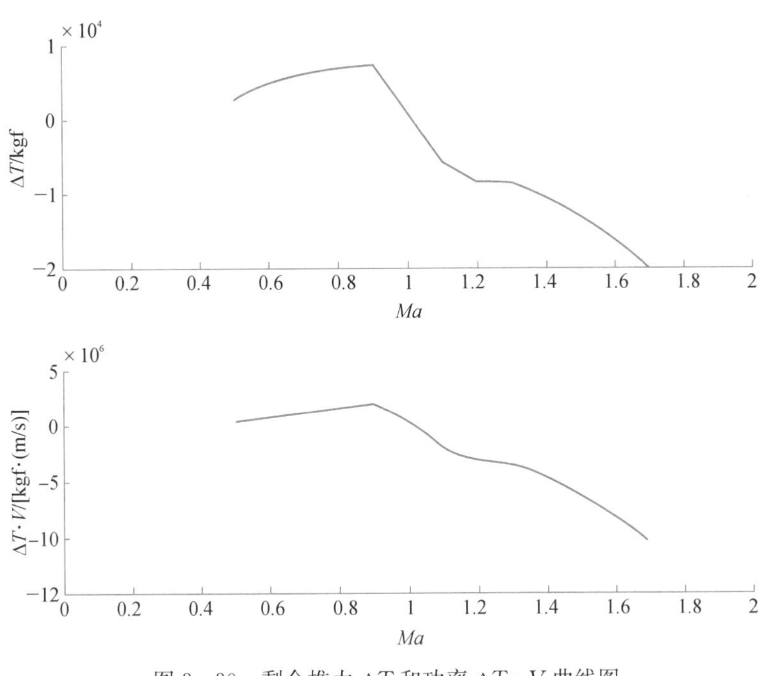

图3-30　剩余推力 ΔT 和功率 $\Delta T \cdot V$ 曲线图

3）静升限

理论静升限是指飞机作定直平飞所能达到的最大高度，以 $H_{max.l}$ 表示。考虑到发动机需要推力储备，实用静升限是指飞机以特定的重量和给定发动机工作状态作等速直线平飞时，还具有最大上升速率为 V_{zmax} 的飞行高度，以 $H_{max.s}$ 表示。

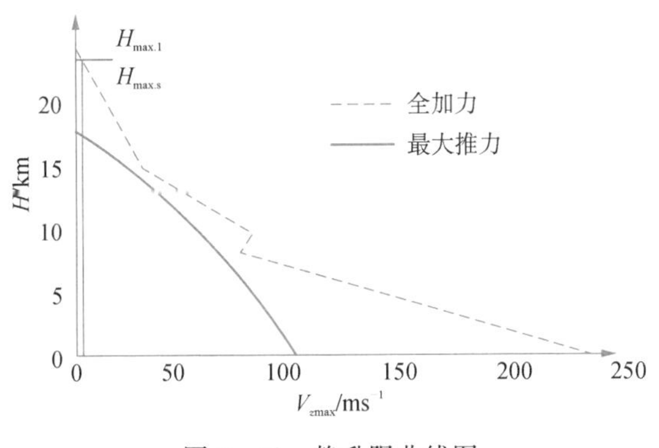

图3-31　静升限曲线图

对于高机动飞机实用静升限取 $V_{zmax}=5\,m/s$ 的飞行高度；对于其他飞机实用静升限取 $V_{zmax}=0.5\,m/s$ 的飞行高度。

4）最短上升时间

如果飞机上升过程中，按最大上升率的快升速度上升到预定高度的时间最短。从海平面上升到预定高度的最短上升时间可由运动学方程式得出：

$$t_{\min} = \int \mathrm{d}t = \int_0^H \frac{\mathrm{d}H}{V_{z\max}} \tag{3-39}$$

利用数值积分/图解积分可得出最短上升时间近似为各区段上升时间之和，即

$$t_{\min} = \int_0^H \frac{\mathrm{d}H}{V_{z\max}} = \sum \frac{\Delta H}{V_{z\max}} \tag{3-40}$$

最短上升时间的图解积分法如图 3-32 所示。

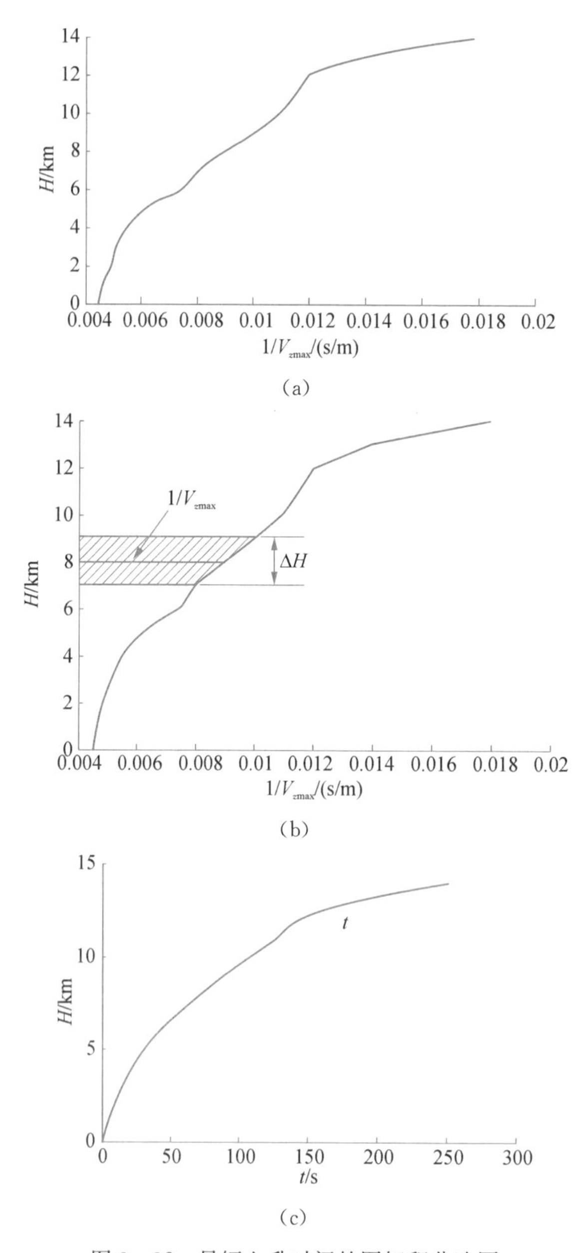

图 3-32 最短上升时间的图解积分法图

式(3－39)的精确积分应为图 3－32(a)曲线下面的面积，而式(3－40)则是用各区段的梯形面积来代替，故为近似值，如图 3－32(b)所示。但在工程计算时，只要取有限个区段进行计算就可得到满意结果。最后可画出上升时间 t 随 H 的变化曲线，如图 3－32(c)所示。

5) 上升到一定高度所经过的水平距离 R_x

飞机从海平面以最大上升率上升至预定高度所经过的水平距离，如图 3－33 所示。

由运动方程可得

$$V_x = V\cos\gamma \tag{3-41}$$

则

$$R_x = \int_0^t V_x(\tau)\mathrm{d}\tau = \int_0^H V_x(H)\frac{\mathrm{d}H}{V_z} = \int_0^H \cot\gamma \mathrm{d}H \tag{3-42}$$

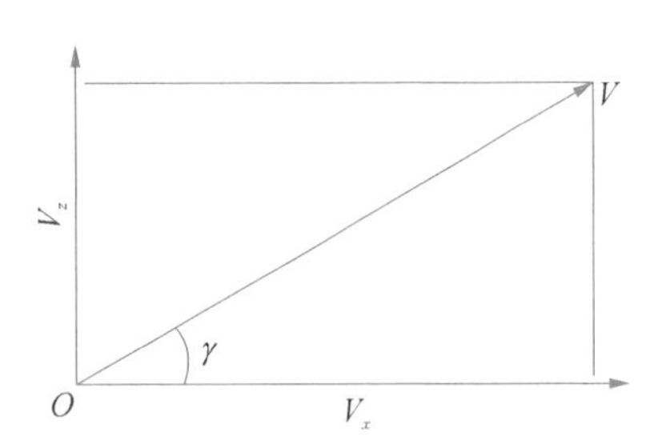

图 3－33　定直上升速度分解

3.2.3　定直下滑性能

飞机的飞行轨迹向下倾斜，但倾斜度不大的接近直线的飞行称为下滑。下滑时通常减小油门，若推力为零则称为滑翔。

这里假设飞机的定常下滑是等速直线运动，下滑角不变，此时发动机处于慢车状态，发动机推力接近于零。根据定直下滑力平衡图 3－34，可得飞机运动力平衡方程为

$$L = G\cos\gamma,\quad D = -G\sin\gamma \tag{3-43}$$

得

$$\gamma = -\arctan\frac{1}{K} \tag{3-44}$$

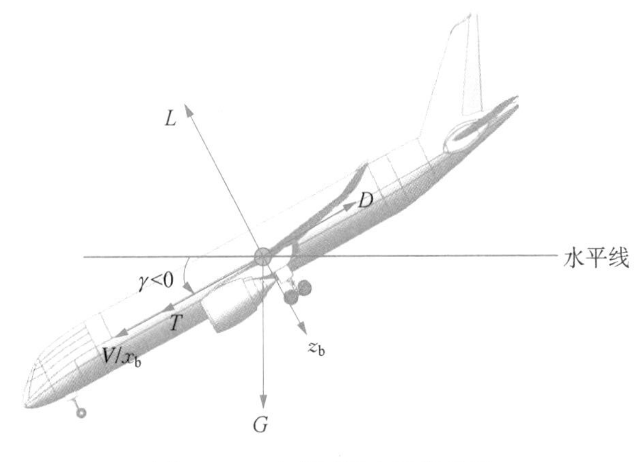

图 3－34　定直下滑力平衡关系

因此，由航迹倾角得出，滑翔机通常采用大升阻比 K 的布局，以及小后掠角、大展弦比，以利于飞行。

3.3 飞机的续航与起降性能

飞机的续航性能包括航程和航时两个方面。它涉及飞机能够飞得多远、多久的问题。对于军用飞机而言，航程远表示飞机活动范围大，远程作战能力强，可以直接威胁敌人的深远后方；航时久表示飞机留空活动时间长，既便于空中机动，又能减少出动架次。因此续航性能是飞机重要战术技术性能，也是评价飞机性能好坏的主要指标之一。对于民用机而言，航程和航时则影响运输的经济效益，更具有重要意义。

3.3.1 航程和航时的基本关系式

航程 R 是飞机在平静大气中沿预定方向耗尽其可用燃油量所飞过的水平距离。航时 t 是指飞机耗尽其可用燃油量所能持续飞行的时间。飞机沿预定航线飞行，一般包括上升、巡航和下滑三个阶段，如图 3-35 所示。因此航程和航时应是三段航程和航时之和。上升段和下滑段航程、航时，通常只占总航程和总航时的 10%左右，且计算方法在飞机上升性能中已介绍过，因此这里仅介绍巡航段的续航性能。续航路线如图 3-35 所示，

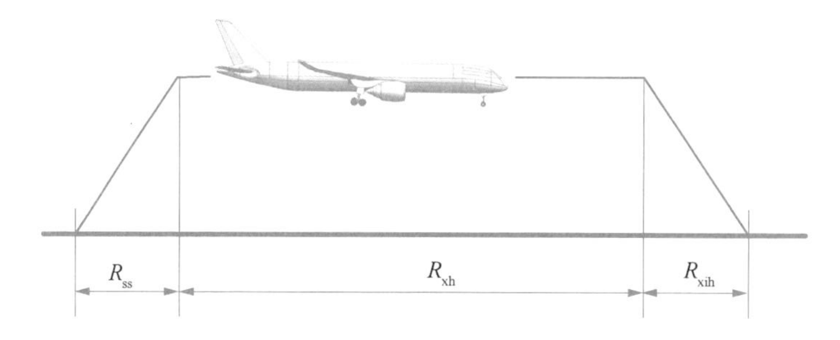

图 3-35 续航路线图

其中总航程为

$$R = R_{ss} + R_{xh} + R_{xih} \tag{3-45}$$

式中，R_{ss} 为上升段航程，R_{xh} 为巡航段航程，R_{xih} 为下滑段航程。

决定续航性能的因素是燃油，包括飞机所携带的燃油量和消耗燃油的速度。计算航程和航时，首先应确定可用燃油量 m_{ky}，总燃油量为 m_z，不可用的燃油有：用于地面试车和滑行的 m_1，用于着陆前的小航线飞行的 m_2，油箱中无法排空的 m_3，安全裕量的 m_4，这些燃油量均以质量表示，按 kg 计。

可用燃油量计算公式为

$$m_{ky} = m_z - (m_1 + m_2 + m_3 + m_4) \tag{3-46}$$

巡航段可用燃油量为 $m_{ky,\,xh} = m_{ky} - (m_{ss} + m_{xih})$。

其次，确定燃油耗油量。下面引出两个耗油量的概念。

1）小时耗油量

小时耗油量(kg/h)＝小时耗油率(kg/N・h)× 单台发动机推力(N) × 发动机数量，即

$$q_{\mathrm{h}} = q_{\mathrm{Nh}} \cdot T_i \cdot i \tag{3-47}$$

因此，$q_{\mathrm{h}} = q_{\mathrm{Nh}} \cdot T$，其中 T 为发动机总推力(N)，T_i 为单台发动机推力，i 为发动机数量。

2）公里耗油量

$$q_{\mathrm{km}} = \frac{q_{\mathrm{h}}}{V} = \frac{q_{\mathrm{Nh}} \cdot T}{V} \tag{3-48}$$

式中，q_{km}为公里耗油量(kg/km)，q_{Nh}为发动机耗油率(kg/N・h)，V 为飞行速度(km/h)。

3.3.2 航程与航时计算

忽略质量变化，续航性能的动力学方程为

$$L = mg,\ D = T \tag{3-49}$$

而 $T_{\mathrm{ky}} = T_{\mathrm{px}}$，$L/D = K$，则有

$$T_{\mathrm{ky}} = \eta T,\quad T_{\mathrm{px}} = \frac{mg}{K} \tag{3-50}$$

故有

$$q_{\mathrm{h}} = q_{\mathrm{Nh}} \cdot T = \frac{q_{\mathrm{Nh}} T_{\mathrm{ky}}}{\eta} = \frac{q_{\mathrm{Nh}} mg}{\eta K} \tag{3-51}$$

$$q_{\mathrm{km}} = \frac{q_{\mathrm{h}}}{V} = \frac{q_{\mathrm{Nh}} mg}{\eta K V} \tag{3-52}$$

根据 $q_{\mathrm{h}} = -\frac{\mathrm{d}m}{\mathrm{d}t}$，有

$$\mathrm{d}t = -\frac{\mathrm{d}m}{q_{\mathrm{h}}} = \frac{\eta K}{q_{\mathrm{Nh}} g}\frac{\mathrm{d}m}{m} \tag{3-53}$$

可知巡航段航时为

$$t_{\mathrm{xh}} = -\int_{m_0}^{m_1} \frac{\mathrm{d}m}{q_{\mathrm{h}}} = \int_{m_1}^{m_0} \frac{\eta K}{q_{\mathrm{Nh}} g}\frac{\mathrm{d}m}{m} \tag{3-54}$$

相应航程为

$$R_{\mathrm{xh}} = -\int_{m_0}^{m_1} \frac{\mathrm{d}m}{q_{\mathrm{km}}} = \int_{m_1}^{m_0} \frac{\eta K V}{q_{\mathrm{Nh}} g}\frac{\mathrm{d}m}{m} \tag{3-55}$$

式中，m_0 为巡航段起始质量；m_1 为巡航结束的质量。

例 3-5 考虑例 3-1 飞机，考察最有利飞行 $Ma=0.9$ 飞行条件，在高度为 $H=\{0,1,3,5,8,10,11\}$km，对应最大小时耗油量 $q_{h\_max}=\{4.8058,4.4469,3.7097,3.0245,2.1790,1.6739,1.4514,0.9877\}\times10^3$(kg/h)，上升速度 $V_z=\{64.9072,59.5824,50.1006,40.3454,25.2266,13.755,8.4080\}$(m/s)；巡航小时耗油量为 $0.9\cdot q_{h\_max}$，空中可用燃油 $m_{ky}=1900$kg，如果上升段与下滑段耗时，前进距离相同，则上升到巡航高度时间为 $t_h=H/V_z$，不同高度续航时间 $t=(1900.0-t_h q_h/0.5)/q_h$；航程为 $V_{yl}t$，V_{yl} 为最有利飞行速度。结果如图 3-36 所示。扫描右侧二维码获取 Matlab 代码。

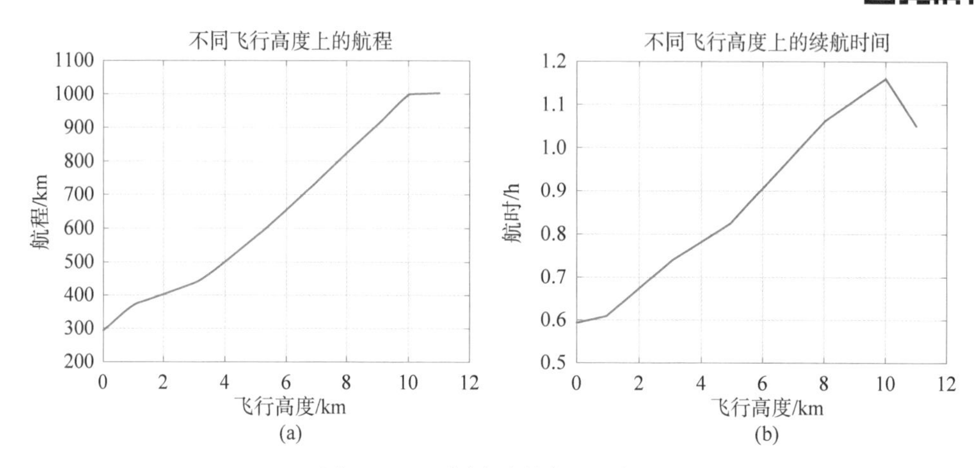

图 3-36 不同高度的航程和航时

1）最佳续航状态初步分析

由式(3-54)知

$$t_{xh}=\int_{m_1}^{m_0}\frac{\eta K}{q_{Nh}g}\frac{dm}{m} \tag{3-56}$$

若不考虑 η，q_{Nh}随 m，V 的变化，则有 K_{max}(有利速度飞行)对应的最大航程

$$R_{xh}=-\int_{m_0}^{m_1}\frac{dm}{q_{km}}=\int_{m_1}^{m_0}\frac{\eta KV}{q_{Nh}g}\frac{dm}{m}=\int_{m_1}^{m_0}\frac{\eta KaMa}{q_{Nh}T_{px}}dm \tag{3-57}$$

式中，R_{xh}最大值对应 T_{px}/Ma 最小值，表示远航状态飞行。

2）久航速度与远航速度

飞机在等高度上的最久航时和最大航程分别为

$$t_{max}=\int\frac{dm_{ky}}{(q_h)_{min}} \tag{3-58}$$

$$R_{max}=\int\frac{dm}{(q_{km})_{min}} \tag{3-59}$$

对应的速度为某高度的久航速度 $V_{tmax}(Ma_{jh})$ 和远航速度 $V_{Rmax}(Ma_{yh})$。

考察高度对航程的影响，由式(3-57)知

$$R_{xh}=\int_{m_1}^{m_0}\frac{\eta KV}{q_{Nh}g}\frac{dm}{m}=\frac{\eta KaMa}{q_{Nh}g}\cdot\ln\frac{m_0}{m_1} \tag{3-60}$$

可见，飞行高度增加，T_{ky} 下降，需增加发动机转速来保持飞机久航速度平飞，由发动机转速特性[见图 3-16(b)]知，转速小于额定转速时，转速增加，耗油率 q_{Nh} 减小，这对降低小时耗油量 q_h，公里耗油量 q_{km} 有利，从而增大航时和航程。

同样，根据发动机高度特性[见图 3-16(a)]可知，当高度 $H \leqslant 11$ km 时，高度增加，耗油率 q_{Nh} 减小，有利航时和航程，但随着高度进一步增加，久航速度、远航速度增大，发动机耗油率 q_{Nh} 增大，对航时和航程不利。

根据上述分析，最大航时出现在亚声速实用升限附近，速度接近 $Ma_{yl}(Ma_{jh})$，发动机转速接近额定转速。最大航程出现在亚声速实用升限附近，速度在高亚声速，接近临界马赫数 Ma_{lj}，发动机转速接近额定转速。

3) 航程与航时计算问题的分类

给定高度和速度的航程和航时，比如运输机、轰炸机，作战高度、速度由任务决定；给定高度下的最大航程和航时，比如侦察机，在给定高度以远航速度进行侦察飞行；给定速度下的续航性能，通常战斗机护航要求与轰炸机保持同一速度最佳续航性能(求飞机的最大航程、最久航时)。

计算给定高度与速度下的续航性能，根据式(3-60)，可知续航性能计算步骤为：①将飞行质量划分区间，每个区间内取平均质量；②根据 H 查 a，ρ 计算 Ma；③由法向力方程确定 C_L；④根据升阻极曲线确定 C_D；⑤计算平飞需用推力 $T_{px}=mg/K$；⑥查 η 计算发动机推力 T；⑦根据 H，Ma，T 查发动机特性求 q_{Nh}；⑧求解积分量与 Ma 的关系曲线；⑨依据 $\frac{\eta KV}{q_{Nh}mg}\sim m$ 曲线，图解积分求解航程；⑩根据速度求解航时。

例 3-6　某喷气飞机在 $H=11$ km 上空以 $V=903$ km/h 做等速飞行，巡航开始时飞行质量 $m_0=7500$ kg，$m_{ky,xh}=1500$ kg，机翼面积 $S=23\,m^2$，试求飞机巡航段航程和航时。

解：采用数值积分法，先将飞行质量分为两个区间，即 7500～6750 kg，6750～6000 kg，每个区间取平均质量为

$$m_{1pj}=(7500+6750)/2=7125\,kg,\quad m_{2pj}=(6000+6750)/2=6375\,kg \tag{3-61}$$

查标准大气表得

$$\rho=0.3639\,kg/m^3,\ a=295.1\,m/s,\text{得}\quad Ma=\frac{V}{3.6a}=\frac{903}{3.6\times295.1}=0.85$$

查有关的特性曲线，得到推进有效系数 $\eta=0.90$。航程、航时详细计算过程如表 3-8 所示。

表 3-8 航程航时计算

步骤号	1	2	3	4	5	6	7	8	9
参数	m	C_L	C_D	K	T_{px}	T	q_{Nh}	$\frac{\eta KV}{q_{Nh}mg}$	$\frac{\eta KV}{q_{Nh}mg}\cdot(m_i - m_{i+1})$
单位	kg				N	N	kg/N·h		km
表达式	$(m_i + m_{i+1})/2$	$2mg/\rho V^2 S$		C_L/C_D	mg/K	T_{px}/η			
计算	选定	$0.373\times 10^{-4}\times m$	查极曲线图 3-14		$9.81m/K$	$mg/(0.9K)$	查图 3-16(c)		数值积分
区间1	7125	0.266	0.0331	8.03	8701	9672	0.111	0.839	629
区间2	6375	0.237	0.030	7.92	7896	8774	0.110	0.938	704

最后，得到航程、航时为

$$R_{xh} = \sum_{i=1}^{2} \frac{\eta KV}{q_{Nh}mg}(m_i - m_{i+1}) = 629 + 704 = 1333\,\text{km}$$

$$t_{xh} = \frac{R_{xh}}{V} = 1333/903 = 1.476\,\text{h}$$

考察同温层续航性能，其特点如下：

$H_{max} > 11\,\text{km}$，则最佳续航性能出现在同温层（平均 216.65 K），

$$q_{Nh} = q_{Nh,\,h11},\ \eta = \eta_{11},\ T_{ky} = \frac{\rho}{\rho_{11}} T_{ky,\,11} \tag{3-62}$$

飞机等速平飞有

$$L = mg,\ D = T_{ky} \tag{3-63}$$

则

$$T_{ky} = \frac{\rho}{\rho_{11}} T_{ky,\,11} = C_D\left[\frac{1}{2}\rho(a\cdot Ma)^2 S\right] \tag{3-64}$$

$$L = G = C_L\left[\frac{1}{2}\rho(a\cdot Ma)^2 S\right] \tag{3-65}$$

其中声速满足式(2-22)，有 $a^2 = kp/\rho$，k 为绝热指数，对于空气 $k = 1.4$。

当给定马赫数 Ma 和发动机转速 n，则发动机状态确定（与高度、质量无关）；给定 Ma 数，则 C_D，C_L 确定（给定 Ma 和转速 n，则 ρ 只与 m 相关，见式(3-66)）；如果

飞机在某一高度配平，那么，随着燃油的消耗，飞机质量降低，飞机高度会自动升高。

$$C_D = \frac{T_{11}\eta_{11}}{0.7\rho_{11}SMa^2},\ \rho = \frac{2mg}{C_L a_{11}^2 SMa^2} \tag{3-66}$$

最佳续航性能：飞机在给定飞行状态飞行，其续航航程如式(3-60)所示，当飞行高度 $H > 11\text{km}$ 时，则航程为

$$R_{\text{xh}} = \frac{\eta KV}{q_{\text{Nh}}g}\ln\frac{m_0}{m_1} = \frac{\eta_{11}KV}{q_{\text{Nh},11}g}a_{11}\ln\frac{m_0}{m_1} \tag{3-67}$$

最大航程的确定，则根据以下关系，

$$\left(\frac{\eta_{11}KV}{q_{\text{Nh},11}g}\right)_{\max} \stackrel{\text{def}}{=\!=} f(n,\ Ma) \tag{3-68}$$

3.3.3 上升与下降段的续航性能分析

1）上升段续航性能

一般考虑总的航程与航时，不要求航程最大，要求一定的飞行速度，以尽量减少上升时间；当 $V = V_{\text{ks}}$，上升率最大则上升时间最短，上升段消耗燃油少。$V > V_{\text{ks}}$，可能使总航程增加，γ 减小，航程增大，故需稍大速度使 $V_z \to V_{z\max}$。

上升段耗油量为

$$m_{\text{ss}} = \int_0^t q_{\text{h}}(\tau)\text{d}\tau \tag{3-69}$$

即

$$m_{\text{ss}} = q_{\text{h,pj}}t_{\text{ss}} \tag{3-70}$$

式中，$q_{\text{h,pj}}$ 为平均小时耗油量。

2）下降段续航性能

飞机下滑时，
$$\gamma = \arctan\frac{\Delta T}{G} = -\arcsin\frac{T_{\text{px}}}{G},\ (T_{ky} \approx 0) \tag{3-71}$$

$$V_z = \frac{\Delta TV}{G} = -\frac{T_{\text{px}}V}{G} \tag{3-72}$$

下滑时推力为零，则有

$$L = G\cos\gamma,\quad D = -G\sin\gamma \tag{3-73}$$

$$\gamma = \arctan\frac{1}{K},\ L_{\text{xih}} = HK,\ t_{\text{xih}} = \frac{R_{\text{xih}}}{V_{\text{xih}}},\ m_{\text{xih}} = q_{\text{h}}t_{\text{xih}} \tag{3-74}$$

3）最大活动半径

根据出航、返航距离相等条件，由式(3-67)知

$$R_{\mathrm{xh}}=\frac{\eta_{11}KV}{q_{\mathrm{Nh},\,11}g}a_{11}\ln\frac{m_0}{m_x}=\frac{\eta_{11}KV}{q_{\mathrm{Nh},\,11}g}a_{11}\ln\frac{m_x-(m_{kz}+m_{tz})}{m_1} \tag{3-75}$$

即有

$$\frac{m_0}{m_x}=\frac{m_x-(m_{kz}+m_{tz})}{m_1} \tag{3-76}$$

得

$$m_x=\frac{(m_{kz}+m_{tz})}{2}+\sqrt{\left(\frac{m_{kz}+m_{tz}}{2}\right)^2+m_0m_1} \tag{3-77}$$

飞行最大半径为

$$R=\left(\frac{\eta_{11}KV}{q_{\mathrm{Nh},\,11}g}\right)_{\max}a_{11}\ln\frac{m_0}{m_x}=\frac{1}{2}(R_{\mathrm{xh}})_{\max} \tag{3-78}$$

式中，m_0 为巡航开始质量，m_1 为返航终了下滑前最后质量，m_x 为未知质量，m_{kz}为空战时耗油量，m_{tz}为投掷载荷。

3.3.4 风对续航性能的影响

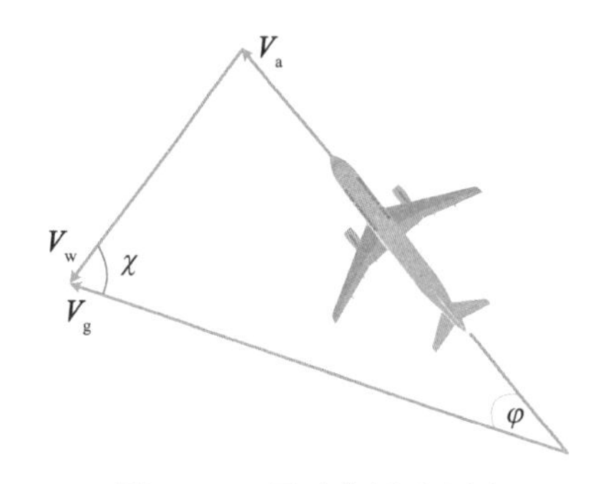

图 3-37 风速作用示意图

如图 3-37 所示，空速与风速及地速之间的关系如下：

$$\boldsymbol{V}_{\mathrm{g}}=\boldsymbol{V}_{\mathrm{a}}+\boldsymbol{V}_{\mathrm{w}} \tag{3-79}$$

式中，$\boldsymbol{V}_{\mathrm{g}}$ 为地速，$\boldsymbol{V}_{\mathrm{a}}$ 为空速，$\boldsymbol{V}_{\mathrm{w}}$ 为风速。

根据关系

$$q_{\mathrm{km\cdot w}}=q_{\mathrm{h}}/\boldsymbol{V} \tag{3-80}$$

$$t_{\mathrm{xh}}=-\int_{m_0}^{m_1}\frac{\mathrm{d}m}{q_{\mathrm{h}}} \tag{3-81}$$

可见航时与风无关，又由

$$R_{\mathrm{xh}}=-\int_{m_0}^{m_1}\frac{V\mathrm{d}m}{q_{\mathrm{km\cdot w}}}=\int_{m_1}^{m_0}\left(1\pm\frac{V_{\mathrm{w}}}{V_{\mathrm{a}}}\right)\frac{V_{\mathrm{a}}\mathrm{d}m}{q_{\mathrm{km\cdot w}}} \tag{3-82}$$

可见顺风时航程增加；逆风时航程减少。

而飞机活动半径

$$\begin{aligned}R&=\frac{1}{A}\left(1-\frac{V_{\mathrm{w}}}{V_{\mathrm{a}}}\right)\ln\frac{m_0}{m_x}=\frac{1}{A}\left(1-\frac{V_{\mathrm{w}}}{V_{\mathrm{a}}}\right)\ln\frac{m_0}{m_0^{0.5\left(1-\frac{V_{\mathrm{w}}}{V_{\mathrm{a}}}\right)}\cdot m_1^{0.5\left(1+\frac{V_{\mathrm{w}}}{V_{\mathrm{a}}}\right)}}\\&=\frac{0.5}{A}\left(1-\frac{V_{\mathrm{w}}^2}{V_{\mathrm{a}}^2}\right)\ln\frac{m_0}{m_1}=\left(1-\frac{V_{\mathrm{w}}^2}{V_{\mathrm{a}}^2}\right)R_{\mathrm{w=0}}\end{aligned} \tag{3-83}$$

式中，常数 A 为无风时飞机公里耗油量与飞行质量之比，$A=q_{\mathrm{km}}/m$。

可见飞机活动半径与风向无关，无论顺风或逆风条件，都小于无风活动半径。

3.3.5 超声速飞机续航性能的特点

对于后掠翼超声速飞机，当飞行超过某高度后，出现两个远航速度，原因是零升阻力系数 C_{D0} 随 Ma 变化引起的。

根据式(3-52)有

$$q_{km}=\frac{q_h}{V}=\frac{q_h}{Ma\cdot a}=\frac{q_{Nh}T_{px}}{\eta KVMa\cdot a} \tag{3-84}$$

可知公里耗油量 q_{km} 与 T_{px}/Ma 成比例，当不考虑 q_{Nh} 和推力有效系数随 Ma 变化时，公里耗油量 q_{km} 随 Ma 变化曲线可由推力 T_{px} 随 Ma 变化曲线得出，如图3-38所示。图中 q_{km} 出现两个最小值，分别对应跨声速、超声速远航速度。

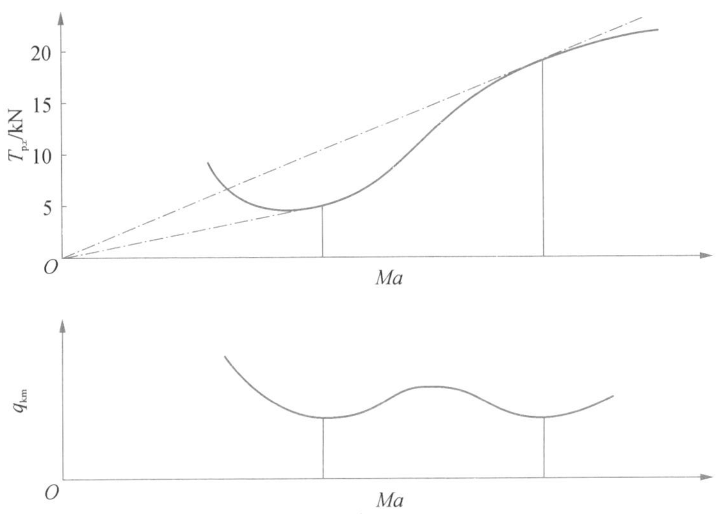

图3-38 公里耗油量 q_{km} 与推力 T_{px} 和速度 Ma 的关系

将不同高度下对应跨声速、超声速远航速度飞行时的 q_{km} 绘制成曲线，如图3-39，可见高度较低时(跨声速、超声速远航速度交点以下)，超声速远航速度对应的 q_{km} 大于跨声速远航速度对应的 q_{km}；高度较高时，情况相反。

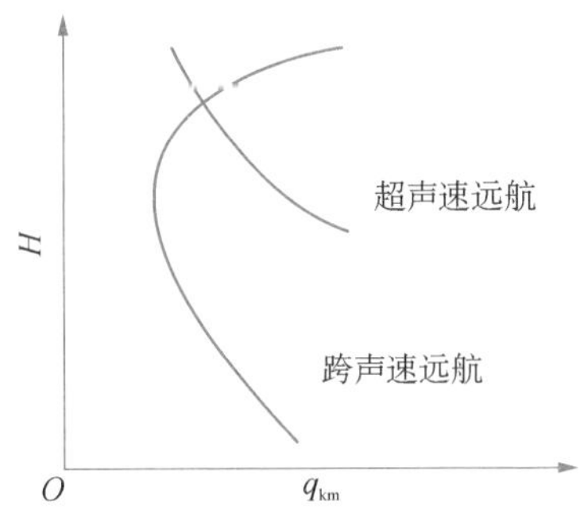

图3-39 公里耗油量 q_{km} 与高度 H 的关系

加大航程与航时的途径，根据下式：

$$t_{xh}=-\int_{m_0}^{m_1}\frac{dm}{q_h}=\int_{m_1}^{m_0}\frac{\eta K}{q_{Nh}g}\frac{dm}{m} \tag{3-85a}$$

$$R_{xh}=-\int_{m_0}^{m_1}\frac{dm}{q_{km}}=\int_{m_1}^{m_0}\frac{\eta KV}{q_{Nh}g}\frac{dm}{m} \tag{3-85b}$$

可见加大航程与航时的途径取决于 K, V, H, m, q_{Nh}，即增加升阻比，合理选择飞行状态，使用副油箱，空中加油，发动机等措施实现。

3.3.6 起飞和着陆性能

飞机的起飞、着陆是飞行中的重要环节，对于起飞、着陆，一般指标有：起飞距离、起飞时间、离地速度，着陆距离、着陆时间、接地速度等。这个阶段存在的问题有：低速飞行，构型不同，地效，高速飞机的低速性能差，因此分析该阶段飞行性能尤为重要，下面详细介绍其性能。

3.3.6.1 起飞阶段性能分析

飞机起飞着陆与起落架有关，飞机起落架形式有前3点起落架、后3点起落架、自行车式起落架，不同飞机选择合适的起落架形式。飞机起飞指飞机从静止开始加速离开地面并在空中上升至安全高度的过程。飞机起飞过程如图3-40所示。

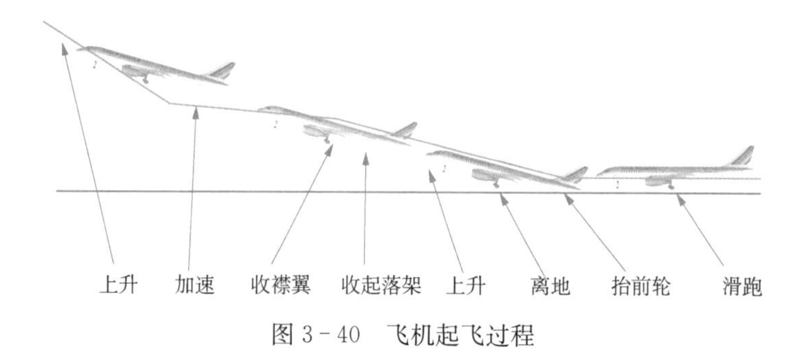

图3-40 飞机起飞过程

飞机起飞阶段如图30-41所示，分为三点滑跑、两点滑跑、拉起过渡及空中直线加速到安全高度四个阶段，即R_{I}，R_{II}，R_{III}，R_{IV}四个阶段。

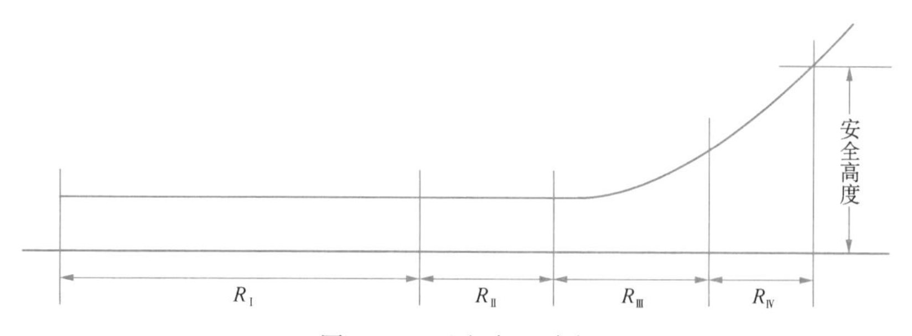

图3-41 飞机起飞阶段

R_{I}—地面3点滑跑距离；R_{II}—抬前轮后2点滑跑距离；
R_{III}—拉起后空中过渡段距离；R_{IV}—空中直线加速到安全高度的水平距离

飞机起飞操纵过程如表3-9所示。

表3-9 飞机起飞操纵过程

动作描述	加速	抬前轮	增大α角	直线上升
操纵方式	松刹车，加油门	拉杆	拉杆	保持α角
飞机状态	三轮着地	二轮着地	离地	离地
结束条件	0.6～0.8倍离地速度	离开地面	达到给定α角	达到安全高度

(1) 地面滑跑阶段(包括 R_{I}，R_{II})，飞机受力分析如图 3－42 所示。

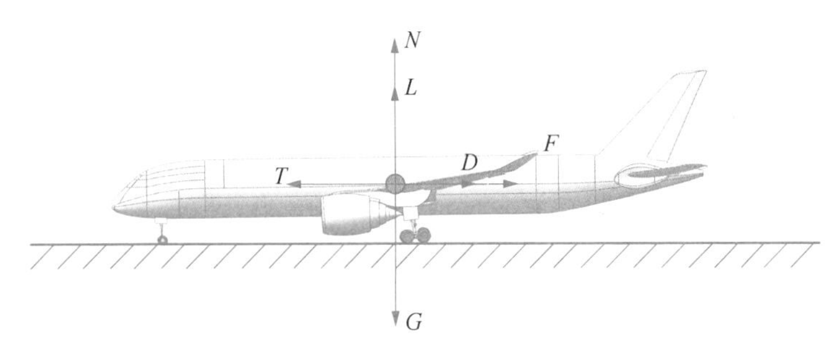

图 3－42　飞机地面受力分析图

图中，L 为升力，D 为阻力，T 为推力，G 为重力，N 为地面支撑力，F 为地面摩擦力。

则有力平衡方程为

$$\begin{cases} m\dfrac{\mathrm{d}V}{\mathrm{d}t} = T - D - F \\ N + L = G \end{cases} \tag{3-86}$$

$$F = fN = f(G - L) \tag{3-87}$$

式中，f 为地面摩擦系数。

由式(3－86)和式(3－87)知

$$\mathrm{d}t = \frac{1}{g} \cdot \frac{G\mathrm{d}V}{T - D - f(G - L)} \tag{3-88}$$

又 $D = \dfrac{1}{2}C_D \rho V^2 S$，$L = \dfrac{1}{2}C_L \rho V^2 S$，则有滑跑时间

$$t_1 = \frac{1}{g} \cdot \int_0^{V_{\mathrm{ld}}} \frac{\mathrm{d}V}{\dfrac{T}{G} - f - \dfrac{\rho S}{2G}(C_D - fC_L)V^2} \tag{3-89}$$

式中，V_{ld} 为离地速度。

滑跑距离

$$\mathrm{d}R = V\mathrm{d}t = \frac{1}{g} \cdot \frac{VG\mathrm{d}V}{T - D - f(G - L)} \tag{3-90}$$

得

$$R_1 = \frac{1}{2g} \cdot \int_0^{V_{\mathrm{ld}}^2} \frac{\mathrm{d}V^2}{\dfrac{T}{G} - f - \dfrac{\rho S}{2G}(C_D - fC_L)V^2} \tag{3-91}$$

常采用数值积分法和图解积分法求解滑跑距离。

滑跑时间的简化分析，取推力平均值

$$T_{pj} = \frac{1}{2}(T_{V=0} + T_{V=V_{ld}}) \tag{3-92}$$

式(3-91)中，令

$$a_1 = \frac{T}{G} - f \tag{3-93}$$

$$b_1 = \frac{\rho S}{2G}(C_D - fC_L) \tag{3-94}$$

则由式(3-89)可得

$$\begin{aligned} t_1 &= \frac{1}{g} \cdot \int_0^{V_{ld}} \frac{dV}{\frac{T_{pj}}{G} - f - \frac{\rho S}{2G}(C_D - fC_L)V^2} \\ &= \frac{1}{g} \cdot \int_0^{V_{ld}} \frac{dV}{a_1 - b_1 V^2} = \frac{1}{2g} \cdot \int_0^{V_{ld}} \left(\frac{1}{a_1 + \sqrt{a_1 b_1}V} + \frac{1}{a_1 - \sqrt{a_1 b_1}V}\right) dV \\ &= \frac{1}{2g}\left[\frac{1}{\sqrt{a_1 b_1}} \ln\left(\frac{a_1 + \sqrt{a_1 b_1}V_{ld}}{a_1 - \sqrt{a_1 b_1}V_{ld}}\right)\right] \end{aligned} \tag{3-95}$$

滑跑时间、距离的简化结果为

$$R_1 = Vt_1 = \frac{1}{2g} \cdot \left(-\frac{1}{b_1} \ln \frac{a_1 - b_1 V_{ld}^2}{a_1}\right) \tag{3-96}$$

$$t_1 = \frac{1}{2g} \cdot \left[\frac{1}{\sqrt{a_1 b_1}} \ln \frac{a_1 + \sqrt{a_1 b_1}V_{ld}}{a_1 - \sqrt{a_1 b_1}V_{ld}}\right] \tag{3-97}$$

对于离地速度 V_{lb}，在离地瞬间有 $L = G$，则

$$V_{ld} = \sqrt{\frac{2G}{\rho S C_{Lld}}} \tag{3-98}$$

例 3-7　某飞机起飞时，$m = 7\,800\,\text{kg}$，$S = 23\,\text{m}^2$，$\rho = 1.225\,\text{kg/m}^3$，$G_{Lld} = 0.782$。试求该飞机的离地速度？

解：根据式(3-98)，有V_{ld}=83.3 m/s=300 km/h。

(2) 飞机加速上升段(包括 R_{III}，R_{IV})动力学模型为

$$\begin{cases} m\dfrac{dV}{dt} = T - D - G\sin\gamma \\ V\dfrac{d\gamma}{dt} = L - G\cos\gamma \end{cases} \tag{3-99}$$

根据上升段 γ 不大，有 $\frac{d\gamma}{dt}=0$，$\cos\gamma\approx 1$，则

$$\begin{cases}\frac{G}{g}\frac{dV}{dt}=T-D-G\sin\gamma \\ L=G\end{cases} \tag{3-100}$$

上升时间与上升距离为

$$t_2=\frac{1}{g}\int_{V_{ld}}^{V_H}\frac{dV}{\frac{T}{D}-\frac{D}{G}-\sin\gamma} \tag{3-101}$$

$$R_2=\frac{1}{2g}\int_{V_{ld}^2}^{V_H^2}\frac{dV^2}{\frac{T}{D}-\frac{D}{G}-\sin\gamma} \tag{3-102}$$

式中，V_H 为飞机上升到安全高度的飞行速度。

根据能量法，上升段能量守恒，即

$$\begin{aligned}\frac{GV_H^2}{2g}+GH&=\frac{GV_{ld}^2}{2g}+\int_0^{R_2}(T-D)dl \\ &=\frac{GV_{ld}^2}{2g}+(T-D)_{pj}R_2\end{aligned} \tag{3-103}$$

$$R_2=\frac{G}{(T-D)_{pj}}\left(\frac{V_H^2-V_{ld}^2}{2g}+H\right) \tag{3-104}$$

（3）分析影响起飞性能的因素，根据

$$t_1=\int_0^{V_{ld}}\frac{dV}{\frac{T}{G}-f-\frac{\rho S}{2G}(C_D-fC_L)V^2} \tag{3-105}$$

$$V_{ld}=\sqrt{\frac{2G}{\rho SC_{Lld}}} \tag{3-106}$$

可知，改进起飞性能的方法，可采用高推重比发动机，降低翼载、采用增升装置等措施。常见飞机起飞翼载（单位：kg/m^2），如表 3-10 所示。

表 3-10　常见飞机起飞翼载

Mig-15	234	Mig-21	318
Mig-29	389	F-86	275
F-4	403	F-16	375

使用条件对起飞性能的影响，包括大气条件：机场高度每增加 1000 m，则起飞距

离增加 20%；气温的影响，绝对气温增加 30K，对于推重比为 0.6～0.9 飞机，其滑跑距离增加 30%；风的影响，顺风增加起飞距离，逆风降低起飞距离；机场状况影响，如跑道摩擦系数、跑道坡度等因素。

考虑发动机故障，定义决策速度为驾驶员使用应急刹车能使飞机停止在跑道范围内，该速度的最大值为决策速度，也是临界发动机失效的速度，或继续起飞所需距离曲线与中断起飞所需距离曲线交点所对应的速度，如图 3-43 所示，图中 R_1 为起飞滑跑距离，R_d 为包括安全地带在内的跑道长度。

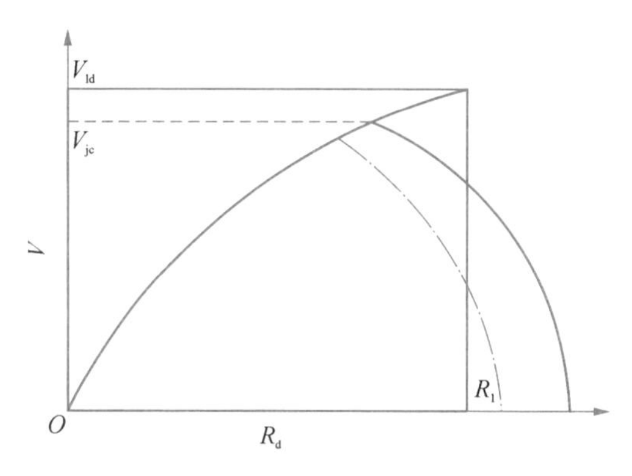

图 3-43 决策速度示意图

决策速度 V_{jc} 判据：当 $V > V_{jc}$，则驾驶员弹射；当 $V < V_{jc}$，则飞机中断起飞。多发飞机中断起飞的安全速度：驾驶员通过操纵克服非对称推力产生的偏航力矩，而使飞机恢复沿跑道方向滑行的最小速度。平衡场地长度，用来表征飞机带故障起飞性能好坏，其指继续起飞所需距离，等于中断起飞所需距离的场地长度，该长度越小，则故障起飞性能越好。

3.3.6.2 着陆阶段性能分析

飞机着陆过程为从安全高度处下滑并过渡到地面滑跑，直至完全停止的整个运动过程，如图 3-44 所示，包括：匀速下滑、拉平、平飞减速、接地、飘落、两轮滑地、三轮滑地、停止等过程。

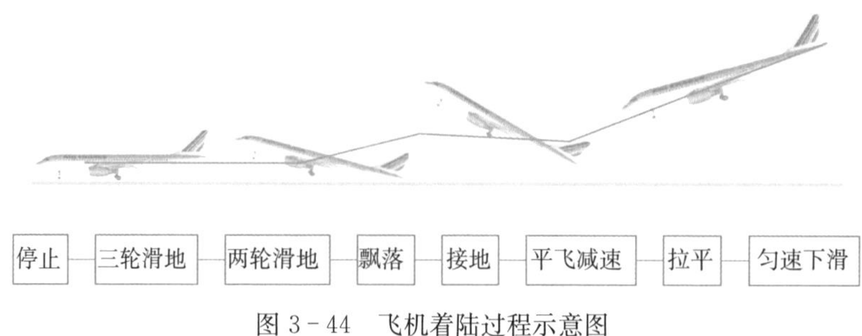

图 3-44 飞机着陆过程示意图

飞机着陆前的飞行，需要调整的参数：速度、高度、姿态（俯仰/滚转）、迎角、下降速度、航向/航线。着陆分五个阶段：下滑，拉平，平飞减速，飘落和减速滑跑，如图 3-45 所示。

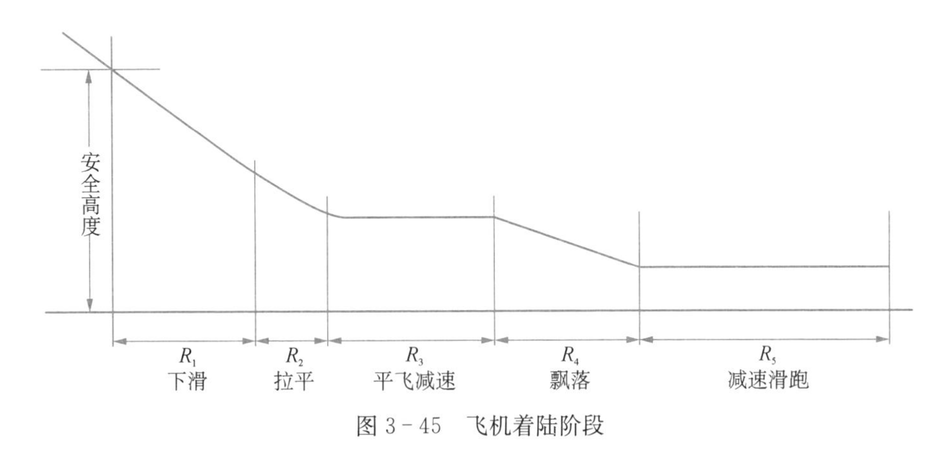

图 3-45　飞机着陆阶段

(1) 下滑段距离及时间的计算。

由

$$T_{ky} \approx 0,\ \gamma = -\arctan \frac{D}{L} = -\arctan \frac{1}{K} \tag{3-107}$$

则

$$R_1' = H\cot\gamma = 15K,\ R_1 + R_2 = R_1' \tag{3-108}$$

式中，H 为下滑安全高度，一般为 15 m。

由

$$L = G\cos\gamma \tag{3-109}$$

则

$$V_{xh} = \sqrt{\frac{2G\cos\gamma}{\rho S C_{Lxh}}} \tag{3-110}$$

式中，$C_{Lxh} = (0.6 \sim 0.7) C_{L\max}$。

例 3-8　某飞机：$m = 5\,600\ \text{kg}$，$K = 5.66$，$\rho = 1.225\ \text{kg/m}^3$，$S = 23\ \text{m}^2$，$C_{Lxh} = 0.435$。计算下滑距离和时间。

解：将已知条件代入式(3-108)，式(3-110)可得 $R_1 = 15 \times K = 85\ \text{m}$，$\tan\gamma = -1/K = -1/5.66$，则 $\cos\gamma = 0.9848$，$V_{xh} = \sqrt{\dfrac{2 \times 5\,600 \times 9.81 \times 0.9848}{1.225 \times 23 \times 0.435}}$，$t_1 = \dfrac{R_1}{V_{xh}} = \dfrac{85}{93.9} = 0.9\ \text{s}$。

（2）平飞减速段的距离和时间。

根据 $K=K_{\max}$，拉平速度 $V_{lp}\approx V_{xh}$，飘落速度 $V_{ps}\approx V_{jd}$，V_{jd} 为接地速度，又有力平衡

$$\begin{cases} m\dfrac{dV}{dt}=-D \\ L=G \end{cases} \tag{3-111}$$

则

$$\frac{1}{g}\frac{dV}{dt}=-\frac{1}{K} \tag{3-112}$$

又

$$t_3=-\frac{1}{g}\int_{V_{lp}}^{V_{ps}}K\mathrm{d}V,\quad R_3=-\frac{1}{2g}\int_{V_{lp}^2}^{V_{ps}^2}K\mathrm{d}V^2 \tag{3-113}$$

式中，V_{ps} 为飘落段开始速度，V_{lp} 为拉平速度。为计算方便，取近似 $K\approx K_{\max}$，$V_{lp}\approx V_{xh}$，$V_{ps}\approx V_{jd}$，即

$$t_3=\frac{K_{\max}}{g}(V_{xh}-V_{jd}),\ R_3=\frac{K_{\max}}{2g}(V_{xh}^2-V_{jd}^2) \tag{3-114}$$

接地速度

$$V_{jd}=k_1\sqrt{\frac{2G}{\rho SC_{Ljd}}} \tag{3-115}$$

式中，$C_{Ljd}=\min\{C_{Ldd},C_{Lhw}\}$，$C_{Ldd}$，$C_{Lhw}$ 分别为抖动升力系数和护尾升力系数。速度修正系数 $k_1<1$。

与起飞过程相比，G 不同，则 $C_{Ljd}\neq C_{Lld}$；同时构型不同，因为存在 k_1 速度修正系数。

（3）着陆空中段的能量法计算。

根据

$$T\approx 0,\text{平均阻力 } D_{pj}=\frac{D_H+D_{jd}}{2} \tag{3-116}$$

式中，D_H，D_{jd} 分别为空中、接地阻力。

则有

$$\frac{1}{2}\frac{G}{g}V_H^2+GH_a=\frac{1}{2}\frac{G}{g}V_{jd}^2+D_{pj}R_{kj} \tag{3-117}$$

式中，V_H 为安全高度处的速度或进场速度，H_a 为安全高度。

可得

$$R_{kj} = K_{pj}\left(\frac{V_H^2 - V_{jd}^2}{2g} + H_a\right),\ t_{kj} = \frac{R_{kj}}{V_{pj}} \tag{3-118}$$

式中,R_{kj}为飞机从安全高度经下滑拉平和平飞减速直到接地点的总水平距离,t_{kj}为对应时间。

(4) 地面段的滑跑时间与距离。

通常假设在刹车前滑跑时间为 3 s,有该阶段的水平距离为

$$R_{zh} = 3V_{jd},\ R_5 = R_{zh} + R_{jh} \tag{3-119}$$

式中,R_{jh}为减速滑跑距离。

根据减速时动力学

$$m\frac{\mathrm{d}V}{\mathrm{d}t} = -(D+F) \tag{3-120}$$

有地面减速滑跑时间

$$t_{jh} = \frac{G}{g}\int_0^{V_{jd}} \frac{\mathrm{d}V}{D+F} \tag{3-121}$$

减速滑跑距离

$$R_{jh} = \frac{G}{2g}\int_0^{V_{jd}^2} \frac{\mathrm{d}V^2}{D+F} \tag{3-122}$$

式中,F 为地面摩擦力。

当飞机做等减速运动,则

$$t_{jh} = \frac{V_{jd}}{a_{pj}} \tag{3-123}$$

式中,a_{pj}为平均减速度。

相应减速滑跑距离为

$$R_{jh} = \frac{V_{jd}^2}{2a_{pj}} \tag{3-124}$$

(5) 平均减速度的计算。

接地瞬间有力平衡

$$L = G,\ F = 0,\ D + F = D = \frac{G}{K_{jd}} \tag{3-125}$$

则平均减速度为

$$a_{pj} = \frac{(D+F)_{pj}}{m} = \frac{g}{2}\left(\frac{1}{K_{jd}} + f\right) \tag{3-126}$$

减速滑跑段距离为

$$R_5 = \frac{V_{\mathrm{jd}}^2}{g\left(\frac{1}{K_{\mathrm{jd}}} + f\right)} \tag{3-127}$$

滑跑终点动力学为

$$L = 0,\ D = 0,\ D + F = F = fG \tag{3-128}$$

（6）着陆性能的影响因素。

着陆影响因素有：发动机的反推力装置；结构参数中的翼载 G/S；气动参数中的升力系数(如利用襟翼改变升力系数)；使用减速板或减速伞；另外使用条件也有影响，如大气条件，从海拔以上每增高 1000 m，滑跑距离增加 12%；而温度对发动机的影响一般可以忽略不计；对于逆风环境，可以改善着陆性能；当跑道条件为上坡也对减速有利，等等。

3.4 飞机的机动飞行性能

3.4.1 机动的定义

飞机的机动性是指飞机在一定时间内改变飞行速度、飞行高度和飞行方向的能力，相应地称为速度机动性、高度机动性和方向机动性。

飞机的运动方向的定义如图 3-46 所示。

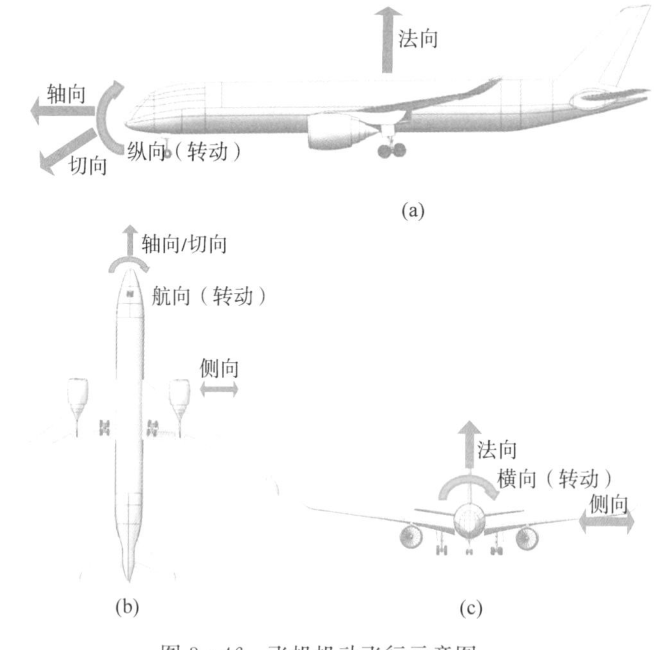

图 3-46 飞机机动飞行示意图

3.4.2　机动类型

常规机动有：平飞加减速、盘旋、斜筋斗、半筋斗、半滚倒转、战斗转弯（上升转弯）等几种。非常规机动有：过失速机动、眼镜蛇、尾冲、赫伯斯特机动、过失速筋斗等。

3.4.3　机动性能

平飞加减速性能，反映了飞机改变速度大小的能力。现代飞机的最大速度不断提高，平飞速度范围日益扩大，加减速幅度也随之增大，因此对飞机的速度机动性能也提出了更高的要求。

飞机水平直线飞行时，衡量平飞加减速的指标，常用从一平飞速度加速到另一个平飞速度所需的时间来表示。对于亚声速飞机，常用 $0.7V_{max}$ 加速到 $0.97V_{max}$ 的时间作为加速性指标；而亚声速飞机从 V_{max} 减速到 $0.7V_{max}$ 的时间作为减速性指标。对于超声速飞机，采用从 V_{ks} 到 $0.95V_{max}$ 之间的加减速时间，作为加减速性能指标。

平飞加减速性能：

平飞加减速动力学模型为

$$\begin{cases} L = mg \\ m\dfrac{\mathrm{d}V}{\mathrm{d}t} = T - D = \Delta T \end{cases} \tag{3-129}$$

则加减速时间为

$$t = \int_{V_1}^{V_2} \frac{m}{T - D}\mathrm{d}V \tag{3-130}$$

常采用数值积分法、图解积分法获得 t。飞机加减速性能与飞机的基本参数之间的关系，可写成如下形式：

$$\frac{\mathrm{d}V}{\mathrm{d}t} = \frac{T - D}{m} = g\left(\frac{T}{G} - \frac{D}{L}\right) = g\left(\frac{T}{G} - \frac{1}{K}\right) \tag{3-131}$$

式中，T/G 为推重比。

可见，飞机加速能力由推重比和升阻比决定。且有

$$\sin\gamma = \frac{\Delta T}{G} = \frac{T}{G} - \frac{1}{K} \tag{3-132}$$

常见飞机推重比，如表 3-11 所示。

表 3-11　常见飞机推重比

Mig-15	0.53	F-4	0.81
Mig-21/J-7	0.77	F-15	1.19
Mig-29	1.1	F-16A	1.03
Su-27	1.4/空战 1.14/起飞	F-22	1.41/空战 1.17/起飞

注意:飞机推重比≠发动机推重比。

3.4.4 水平平面内的机动性能

飞机在水平平面内的机动性能着重反映飞机的方向机动性。最常见的机动动作是盘旋,即飞机在水平平面连续转弯不小于360°的机动飞行。当转弯小于360°时,常称为“转弯”。

盘旋可分为定常盘旋和非定常盘旋。前者其运动参数如飞行速度、迎角、倾斜角以及盘旋半径等都不随时间而改变,是一种匀速圆周运动;后者其运动参数中有一个或数个随时间而改变。盘旋时飞机可以带侧滑或不带侧滑。无侧滑的定常盘旋称为正常盘旋。

由于正常盘旋具有一定代表性,常作为典型的水平机动动作,用盘旋一周所需时间和盘旋半径作为评价指标。为此下面着重讨论正常盘旋,然后再讨论非定常最优盘旋。

3.4.4.1 正常盘旋

正常盘旋时,飞机是在水平面内做匀速圆周运动,故$\gamma=0$,且将法向惯性力形式改写为mV^2/R,R为正常盘旋半径。于是盘旋过程受力分析如图3-47所示。

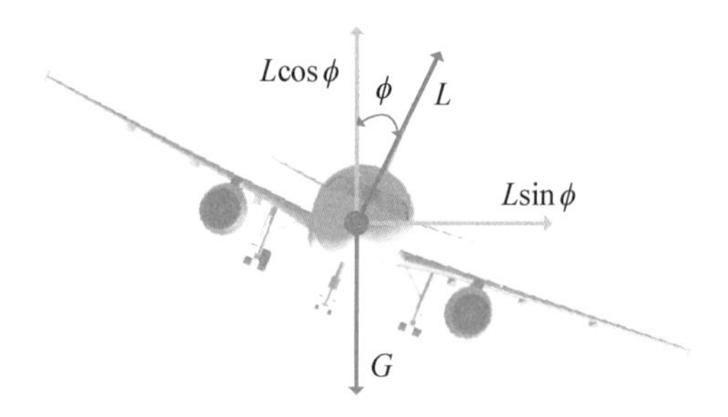

图3-47 飞机盘旋受力分析图

根据图3-47有水平方向动力学

$$m\frac{V^2}{R}=L\sin\phi \tag{3-133}$$

铅垂方向力平衡

$$\begin{gathered}T=D\\L\cos\phi=G\end{gathered} \tag{3-134}$$

则有法向过载

$$n_z=\frac{L}{G}=\frac{1}{\cos\phi},\ \cos\phi<1,\ n_z>1 \tag{3-135}$$

由式(3-135)可求得正常盘旋时间和盘旋半径。具体求解过程如下,根据盘旋动力学(3-133)及

$$L\cos\phi = G,\ n_z = \frac{1}{\cos\phi} \tag{3-136}$$

则盘旋时间为

$$t_p = \frac{2\pi R}{V} = \frac{2\pi V}{g\sqrt{n_z^2 - 1}} \tag{3-137}$$

又

$$m\frac{V^2}{R} = L\sin\phi \tag{3-138}$$

则盘旋半径为

$$R = \frac{V^2}{gn_z\sin\phi} = \frac{V^2}{g\sqrt{n_z^2 - 1}} \tag{3-139}$$

盘旋的限制条件：

(1) 人的生理条件及飞机结构强度的限制，即过载限制：

$$n_{z\max} = \frac{L}{G} = C_{L,\ yx\max}\frac{\rho V^2 S}{2G} \tag{3-140}$$

式中，$C_{L,\ yx\max}$ 为最大允许升力系数，由失速升力系数与平尾最大偏角升力系数所限制的数值而定。法向过载限制：运输机 $n_{z\max}$ 为 $2.5 \sim 3.5$，歼击机极限过载 $n_{z\max}$ 为 $4 \sim 5(20 \sim 30\,\text{s})$，客机过载 $n_z < 2$。

(2) 迎角及平尾偏角的限制。

(3) 满油门可用推力的限制。

根据

$$L = n_z G,\quad C_L = \frac{n_z G}{\frac{1}{2}\rho V^2 S} \tag{3-141}$$

$$\begin{aligned} D &= C_{D0}\frac{1}{2}\rho V^2 S + AC_L^2\frac{1}{2}\rho V^2 S \\ &= D_{0\text{pf}} + n_z^2 D_{i\text{pf}} \end{aligned} \tag{3-142}$$

式中，$D_{0\text{pf}}$，$D_{i\text{pf}}$分别为平飞零升阻力和升致阻力。

则有满油门条件下

$$T_{\text{ky}\cdot\text{m}} = D,\quad n_z = \sqrt{\frac{T_{\text{ky}\cdot\text{m}} - D_{0\text{pf}}}{D_{i\text{pf}}}} \tag{3-143}$$

当以上三个条件达到时，称为极限盘旋状态。

例 3-9　考虑例 3-1 飞机，飞机在 8 000 m 高度飞行，飞行速度 $Ma = \{0.5,$

0.55，0.6，0.65，0.7，0.75，0.8，0.85，0.9，0.95，1.0，1.05，1.1，1.15，1.2，1.25，1.3，1.35，1.4，1.45，1.5，1.55，1.6，1.65，1.7，1.75，1.8，1.85，1.9，1.95，2.0}，其对应发动机全加力状态可用推力 T_{ky}_full = {NaN，NaN，NaN，NaN，NaN，NaN，NaN，3.0297，3.3224，3.6839，4.0782，4.5652，5.0908，5.5829，5.9408，6.1409，NaN，NaN，NaN，NaN}；C_{D_0} = {0.013478，0.013493，0.013507，0.013524，0.014611，0.025896，0.034436，0.034441，0.031589，0.030538，0.029696，0.029255，0.028396，0.027771，0.027273，0.026845}，诱导阻力因子 A = {0.206530，0.206289，0.206047，0.205806，0.205560，0.209018，0.223322，0.244748，0.267197，0.290234，0.313367，0.336425，0.359560，0.382798，0.406161，0.429703}，升力线斜率 $C_{L\alpha}$ = {2.7822，2.7625，2.7743，2.8498，3.0482，3.1253，2.8854，2.6484，2.4950，2.3830，2.2464，2.1554，2.0437，1.9736，1.9029，1.8116}(1/rad)；计算飞机盘旋半径、盘旋时间和过载随 Ma 变化曲线。

解：由于推力和速度不在同一方向，参考图 3-18，根据纵向力平衡条件，有 $T_{ky}\cos\alpha = C_D\,0.5\rho V^2 S$，$C_D = C_{D_0} + AC_L^2$，确定迎角 α，然后根据式(3-135)，式(3-137)和式(3-139)有

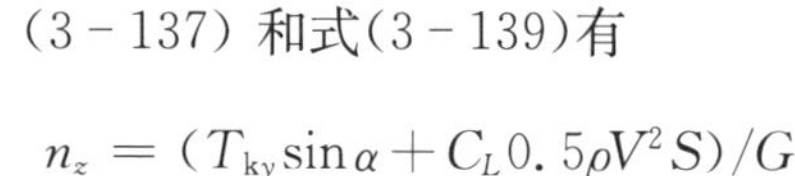

$$n_z = (T_{ky}\sin\alpha + C_L 0.5\rho V^2 S)/G$$
$$\phi = \arccos(1/n_z)$$
$$R = mV^2/[(T_{ky}\sin\alpha + C_L 0.5\rho V^2 S)\sin\phi]$$
$$t_p = 2\pi mV/[(T_{ky}\sin\alpha + C_L 0.5\rho V^2 S)\sin\phi]$$

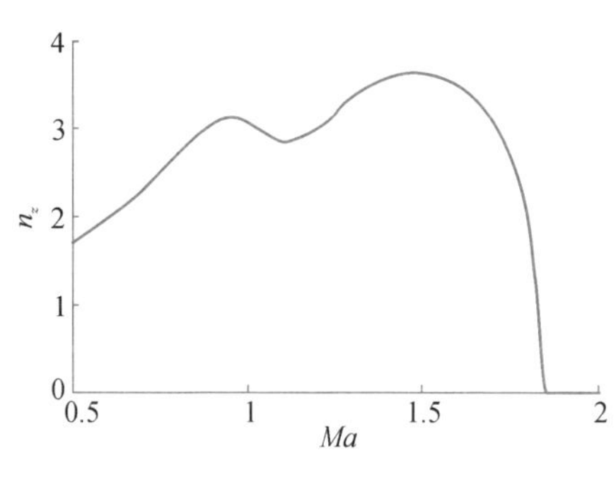

图 3-48　飞机盘旋过载随 Ma 变化曲线

代入仿真条件，可得飞机盘旋过载随 Ma 变化曲线，盘旋周期随 Ma 变化曲线，盘旋半径随 Ma 变化曲线，如图 3-48～图 3-50 所示。

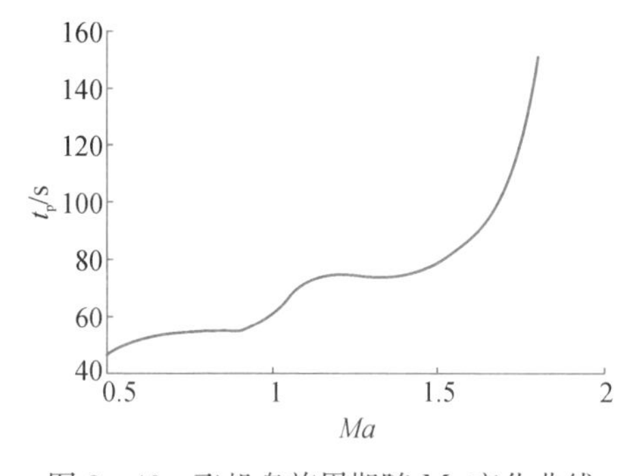

图 3-49　飞机盘旋周期随 Ma 变化曲线

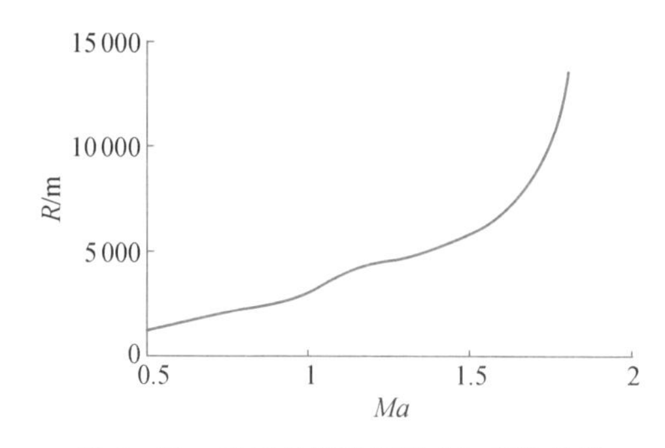

图 3-50　飞机盘旋半径随 Ma 变化曲线

3.4.4.2　最优盘旋

最优盘旋是飞机获取最快的盘旋(转弯)角速度和最小盘旋(转弯)半径。在给定发动机推力、翼载和飞机阻力特性的条件下，来确定飞机转弯速度和转弯半径的

最佳值。由于受过载和升力系数的限制，因此确定最佳值是一个比较复杂的非线性优化问题。这里将采用简单解析方法来估算飞机的最优盘旋（转弯）性能。水平面正常盘旋的典型形式有：最大转弯速率盘旋，急剧转弯或最小盘旋半径转弯，最大可能过载下的盘旋。

下面进行水平面最优盘旋性能分析，定义变量

$$K_T = \frac{TK_{\max}}{G},\ u = \frac{V}{V_{yl}} \tag{3-144}$$

式中，有利速度 $V_{yl} = \sqrt{\frac{2G}{\rho S}}\sqrt[4]{\frac{A}{C_{D0}}}$，$K_{\max}$ 为最大升阻比。

由式(3-139)及 $V=\omega R$，有盘旋半径与转弯角速度为

$$R = \frac{u^2 V_{yl}^2}{g\sqrt{u^2(2K_T - u^2) - 1}} \tag{3-145}$$

$$\dot{\phi} = \omega = \frac{g\sqrt{u^2(2K_T - u^2) - 1}}{uV_{yl}} \tag{3-146}$$

则有最大持续转弯速率 $\omega_{\max}$，通过 $\frac{\partial \omega}{\partial u}=0$ 求得；最急剧持续转弯 $R_{\min}$，通过 $\frac{\partial R}{\partial u}=0$ 求得；最大可能转弯过载 $n_{z\max}$，由式 $n_z = \sqrt{2K_T u^2 - u^4}$，通过 $\frac{\partial n_z}{\partial u}=0$ 求得。最大持续转弯速率($n_{z\max}$，$C_{L\max}$)，通过位能转化为转弯速率求得。

非定常盘旋是以大速度进入盘旋，以小速度退出盘旋，该盘旋转弯时间短。

3.4.5 飞机机动飞行性能综合分析

定义 SEP(specific excess power)：单位重量剩余功率（比剩余功率）。

$$SEP = \frac{(T-D)V}{G} = \frac{\Delta TV}{G} \tag{3-147}$$

$$SEP = \frac{\mathrm{d}H}{\mathrm{d}t} + \frac{\mathrm{d}}{\mathrm{d}t}\left(\frac{V^2}{2g}\right) \tag{3-148}$$

SEP 对应给定过载 n_z 的上升率，即 $SEP = V_z^*$，另外飞机加速度可表示为

$$\frac{\mathrm{d}V}{\mathrm{d}t} = \frac{\Delta T}{m} = \frac{\Delta TV}{G}\cdot\frac{g}{V} = SEP\cdot\frac{g}{V} \tag{3-149}$$

因此，SEP 反映了飞机能量变化的能力，即特定(V, H, n_z)条件下飞机改变机械能的快慢，也就是速度、高度综合机动性，与 n_z 一起可全面反映飞机机动性。

综合机动性能参数，由空战机动能力指标组成，包括平飞比剩余功率、正常盘旋过载、最大允许过载。描述为

$$B = \frac{a}{b}SEP_{pf} + cn_z + dn_{z\max} \tag{3-150}$$

式中，a，b，c，d 为加权系数，例如某飞机 $a=8$，$b=400\,\mathrm{m/s}$，$c=1$，$d=1/2$。

式(3-150)中 $n_{z\max}$ 可用过载极曲线描述，表示为

$$n_x = a[(n_{z,s}-n_z^*)^2-(n_z-n_z^*)^2] \tag{3-151}$$

$$\dot{V}_{\max} = gn_{x\max} \tag{3-152}$$

式中，n_z^* 为 n_x 最大的法向过载，$n_{z,s}$ 为 $n_x=0$ 的法向过载，$a=n_{x1}/[(n_{z,s}-1)(n_{z,s}+1-2n_z^*)]$。

最大的法向过载可以用过载极曲线表示，如图 3-51 所示。

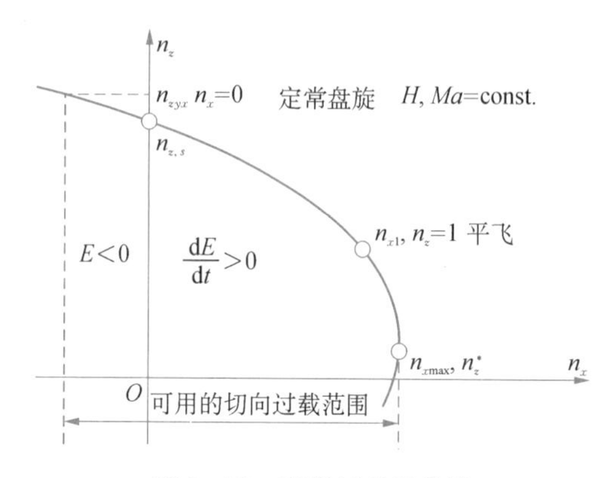

图 3-51　飞机过载极曲线

图中 E 表示飞机在高度 H，飞行速度为 V 时的单位重量所具有的能量，即 $E=\int SEP\,\mathrm{d}t = H+V^2/2g$。

超声速飞机的机动性能特点：①加速性能受限于涡喷及涡扇发动机惯性；②高空飞行时，减速能力变差；③盘旋性能随速度提高变差。

因为盘旋半径为

$$R=\frac{V^2}{g\sqrt{n_z^2-1}} \tag{3-153}$$

而最大过载为

$$n_{z\max}=\left(\frac{L}{G}\right)_{\max}\approx\frac{\frac{1}{2}\rho V_{\max}^2 SC_{L\max}}{\frac{1}{2}\rho V_{\min}^2 SC_{L\max}}=\left(\frac{V_{\max}}{V_{\min}}\right)^2 \tag{3-154}$$

可见速度增大 R 变大，$n_{z\max}$ 变大。

最小平飞速度 $V_{\min}$ 随高度增加而加大，而可用推力随高度增加而下降，所需推力随 K 减小而增加，使最大平飞速度 $V_{\max}$ 降低。

提高机动性的方法如下。加速性能有:增大推重比、增大升阻比;减速性能有:减速板、反推力装置;跃升性能有:发动机推力;改善推力有:发动机;迎角、平尾偏角:气动布局;改善过载有:改进机体结构、倾斜座椅、抗荷服等措施。

练习题

3.1 推导地面坐标系和机体坐标系之间的转换关系?

3.2 飞机最大允许升力系数主要受哪些因素限制?

3.3 某飞机质量为5000kg,升阻比$K=5.6$,当发动机可用推力为20000N时,飞机能否平飞?若不能平飞,飞机将以多大的航迹倾角作定常直线上升或下降运动?

3.4 某飞机以速度$V=780$ km/h平飞,此时阻力为7800N,发动机单位耗油率为0.12kg/(N·h),试求飞机的千米耗油量和小时耗油量。

3.5 影响着陆滑跑距离和着陆距离的主要因素有哪些?

3.6 飞机以180km/h的真空速转弯,半径为700km,如果真空速增大到360km/h且保持转弯坡度不变,转弯半径将为多少?

3.7 简述飞机的机体坐标系、气流坐标系及稳定坐标系的关系,并推导如何从机体坐标系变换到气流坐标系。

3.8 假设某飞机推力T,阻力D平行于速度矢量,升力L垂直于速度矢量,飞机的运动方程为

$$
\begin{aligned}
\dot{V} &= \frac{1}{m}(T-D-mg\sin\gamma) = \frac{1}{m}\left(T-C_D\,\frac{1}{2}\rho V^2 S-mg\sin\gamma\right)\\
\dot{\gamma} &= \frac{1}{mV}(L-mg\cos\gamma) = \frac{1}{m}\left(C_L\,\frac{1}{2}\rho V^2 S-mg\cos\gamma\right)\\
\dot{h} &= V\sin\gamma\\
\dot{r} &= V\cos\gamma
\end{aligned}
\tag{3.155}
$$

式中:m为飞机质量,g为重力加速度,ρ为空气密度,S为机翼参考面积,V为空速(飞机相对气流速度),γ为飞机垂直航迹角,h为飞行高度,r为水平距离。试计算:

(1) 当推重比(T/G)为0.4,升阻比(C_L/C_D)为18,空速100m/s飞行条件下的稳态爬升率。

(2) 飞机在距离机场20km,高度为2000m的上空巡航,当飞机发动机失效,飞机的升阻比为18,飞机能否滑翔到机场?

参 考 文 献

[1] 范立钦.飞行动力学—飞行性能[M].西安:西北工业大学出版社,1995.

[2] Anderson J D. Aircraft performance and design[M]. Greenwich: Mac Hill Publication, 1999.

第 4 章　飞机的静稳定和控制

本章以飞机为对象，分析与纵向运动、横侧向运动相关的静稳定及其影响因素，并分析飞机在定直飞行、曲线飞行条件下的力和力矩特性及其平衡，最后考察操纵时的铰链力矩特性。

4.1　纵向定直飞行飞机力平衡和力矩平衡

飞机的基本飞行性能是指飞机最基本的一些定常运动的性能。本章首先介绍飞机在对称(准)定常直线运动条件下飞行的性能。其中定常直线运动是指运动参数不随时间而改变的运动。严格地讲，定常直线运动是不存在的。随着燃油消耗，飞机重量将不断减小，从而飞机的速度、迎角会随之变化。但当飞机的运动参数随时间的变化十分缓慢时，可以认为一段时间内运动参数不变，称之为“准定常”运动。飞机的平飞性能、上升性能，有时称其为基本飞行性能，就是在这个假设下确定的。

对于现代高速飞机，由于在爬升过程中速度变化较大，此时的上升性能需用非定常运动来确定。飞机起落性能，无论是在地面滑跑，还是在爬升或下滑过程中，飞行速度变化较大，其性能均按非定常运动来确定。

根据第 3 章分析，定常直线飞行时，作用在飞行器上的外力和力矩应处于平衡状态，即有

$$\begin{cases} T\cos(\alpha+\varphi_{\mathrm{T}})-D-mg\sin\gamma=0 \\ T\sin(\alpha+\varphi_{\mathrm{T}})+L-mg\cos\gamma=0 \\ M=0 \end{cases} \tag{4-1}$$

式中，φ_{T} 为发动机安装角。

对于定直水平飞行，航迹倾角 $\gamma=0$。再考虑到迎角不是太大，并略去一些次要因素后，上述平衡方程用无因次系数表示，可简化为

$$\begin{cases} C_T=C_D \\ C_L=C_W \\ C_m=0 \end{cases} \tag{4-2}$$

式中，重力系数 $C_W = mg/\bar{q}S$。

可见，对于给定高度，实现不同速度下对称定直平飞时，需操纵舵面以达到平衡所需的姿态角；同时操纵油门使发动机提供的可用推力平衡该状态下的需用推力（即全机阻力）。

4.1.1　运动形式及其性能指标

按不同的飞行状态，飞机的飞行性能包括平飞性能、上升性能、续航性能和起落性能。这里对定常平飞、定常上升和定常下滑三种运动形式及其性能指标进行讨论。

1）定常平飞

定常平飞时，$\mathrm{d}V/\mathrm{d}t = 0$，$\mathrm{d}\gamma/\mathrm{d}t = 0$，$\gamma = 0$。其相应的运动方程为

$$\begin{cases} T\cos(\alpha + \varphi_\mathrm{T}) = D \\ T\sin(\alpha + \varphi_\mathrm{T}) + L = mg = G \end{cases} \tag{4-3}$$

假设推力矢量沿着机体轴 Ox_b 方向，一般情况下迎角足够小，上述方程可简化为

$$T = D,\ L = G \tag{4-4}$$

衡量定常直线飞行飞机的性能参数主要是最大平飞速度和最小平飞速度。$V_{\max}$ 为最大平飞速度，是衡量一架飞机飞行速度大小的指标，是飞机性能的主要指标之一，它在推力和阻力平衡时产生：$V_{\max} = \sqrt{\dfrac{2T_{\max}}{\rho S C_D}}$。$V_{\min}$ 为最小平飞速度，是指飞机在某一高度上能作定直平飞的最小速度。它在重力和升力平衡时产生：$V_{\min} = \sqrt{\dfrac{2mg}{\rho S C_{L\max}}}$。

2）飞机定常上升、下滑

定常上升时，$\mathrm{d}V/\mathrm{d}t = 0$，$\mathrm{d}\gamma/\mathrm{d}t = 0\ (\gamma > 0)$，运动方程(4-1)可简化为

$$\begin{cases} T = D + G\sin\gamma \\ L = G\cos\gamma \end{cases} \tag{4-5}$$

显然，定直上升飞行时的升力比定直平飞时所需升力小，因而定直上升时的阻力 D 也小于定直平飞需用推力 T_px。考虑到定直上升时 γ 角不很大，为实现定直上升，式(4-5)可改写成

$$\begin{cases} T_\mathrm{ky} = T_\mathrm{px} + G\sin\gamma \\ L = G \end{cases} \tag{4-6}$$

定直上升性能通常用上升角 γ、上升率 V_z、升限 $H_{\max}$、上升时间 t_c 和上升水平距离 R_c 来评价。最大上升角：$\gamma_{\max} = \arcsin\dfrac{\Delta T_{\max}}{G}$；最大上升率：$V_{z\max} = \dfrac{(\Delta TV)_{\max}}{G}$；最小

上升时间：$t_{c,\min}=\int_0^H \frac{dH}{V_{z\max}}$；上升水平距离：$R_c=\int_0^H \cot\gamma dH$。

定常下滑时 $\gamma<0$，是指飞机的飞行轨迹向下倾斜，但倾斜度不大的接近直线的飞行。定直下滑性能通常用最小下滑角和下滑速度来评价。最小下滑角 $\gamma_{xh,\min}=\arctan(1/K_{\max})$，$K_{\max}$ 为最大升阻比。下滑速度 $V_{xh}=\sqrt{\frac{2G}{C_R\rho S}}$，式中 $C_R=\sqrt{C_L^2+C_D^2}$，为空气动力系数。

4.1.2 飞机的俯仰平衡

飞机的俯仰平衡是指作用于飞机的各俯仰力矩之和为零，在迎角不变情况下，$\sum M_y=0$。

1）俯仰力矩

产生俯仰力矩的主要因素有：①机翼产生的俯仰力矩。这取决于飞机的重心位置、迎角和机翼构型；②水平尾翼产生的俯仰力矩；③拉力（或推力）产生的俯仰力矩。

飞机的俯仰力矩系数

$$C_m=\frac{M}{\frac{1}{2}\rho V^2 S\bar{c}} \tag{4-7}$$

一般近似为

$$C_{m,\mathrm{wb}}=C_{m0,\mathrm{wb}}+\left(\frac{\partial C_m}{\partial C_L}\right)_{\mathrm{wb}}\cdot C_L \tag{4-8}$$

式中，$C_{m0,\mathrm{wb}}$ 为无尾零升力矩系数；若翼型为正弯度翼型 $C_{m0,\mathrm{wb}}<0$，如图 4-1 所示。

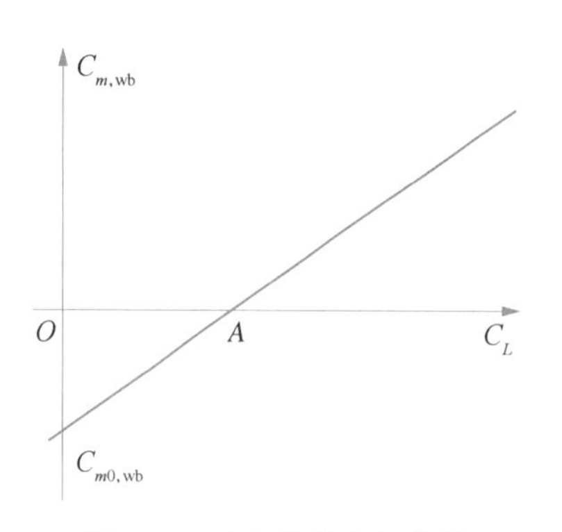

图 4-1 飞机俯仰力矩曲线

通过无平尾飞机实验结果表明，在没有平尾的情况下，飞机俯仰力矩曲线如图 4-1 所示，俯仰力矩曲线斜率 $\frac{\partial C_m}{\partial C_L}$ 为正，是静不稳定的。其中 A 为力矩平衡点。

全机俯仰力矩，对应于每个平尾偏角，俯仰力矩曲线为

$$C_m=(C_{m0})_{i_t=C}+\left(\frac{\partial C_m}{\partial C_L}\right)_{i_t=C}\cdot C_L \tag{4-9}$$

式中，C 为常数，i_t 为平尾安装角（偏角），升降舵偏角 δ_e，如图 4-2 所示，平尾和升降舵下偏为正。

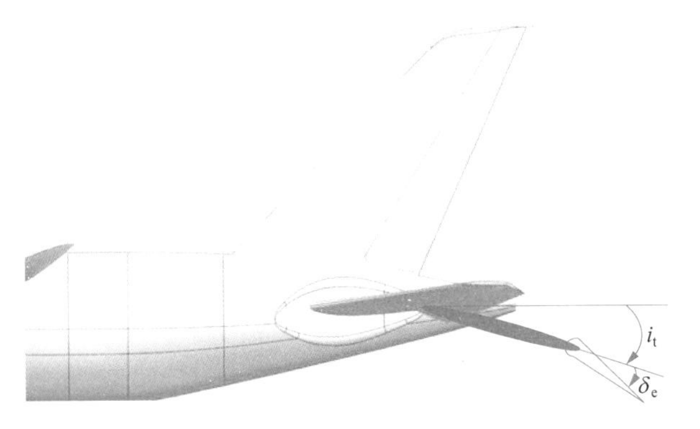

图4-2　平尾安装角与升降舵偏角

由此绘出全机俯仰力矩曲线如图4-3所示，图中，C_{m0}为零升力矩系数。

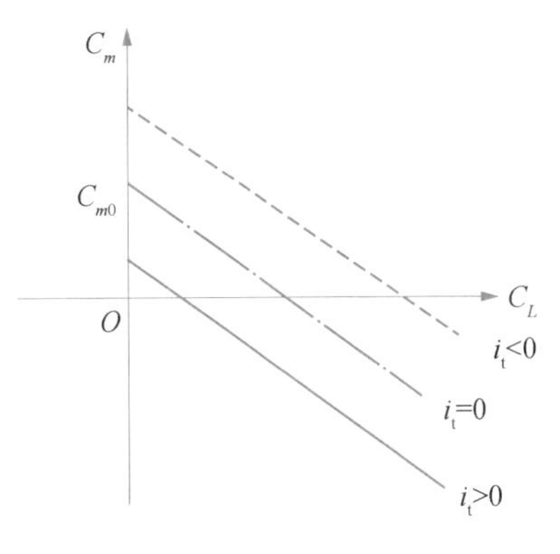

图4-3　飞机俯仰力矩

可以看出，有平尾俯仰力矩曲线斜率$\partial C_m/\partial C_L$为负，是静稳定的。对于正弯度翼型（见图2-11），无尾飞机$C_{m0}<0$，而有平尾飞机改变了零升力矩系数，使$C_{m0}>0$，图4-3表明通过平尾使飞机能够在不同迎角下实现俯仰力矩平衡。俯仰力矩分为两部分，一部分与C_L无关，一部分与C_L相关，故机翼上可以找到一点，绕该点俯仰力矩不随C_L（或迎角）改变而改变，该点称之为焦点或气动中心。

2）力矩曲线与静稳定性的关系

纵向静不稳定状态，如图4-4(a)所示，若飞行器受外界瞬时扰动，迎角突然增加$\Delta\alpha$，由$\Delta C_m>0$产生的力矩$\Delta M>0$，运动趋势将使飞行器纵向力矩系数随迎角变化的曲线更加偏离其原来的平衡迎角，此时，称飞行器在原平衡飞行状态是纵向静不稳定的。

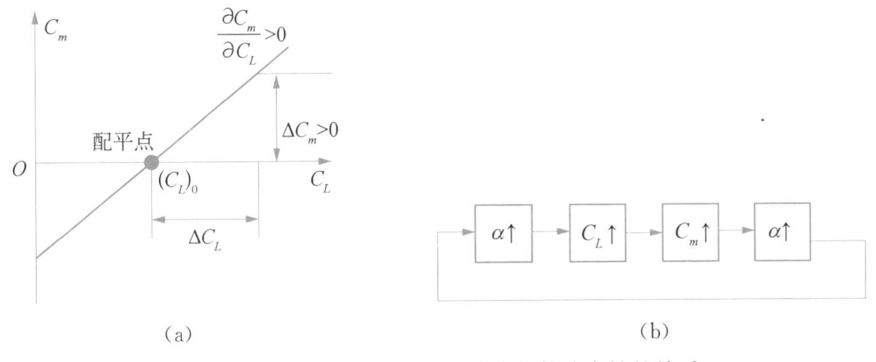

图4-4　纵向静不稳定力矩曲线与静稳定性的关系

纵向静稳定状态，如图 4-5(a)所示，若飞行器受外界瞬时扰动，迎角突然增加 $\Delta\alpha$，则由 $\Delta C_m < 0$，飞行器将产生负的力矩增量，$\Delta M < 0$；在该力矩作用下，飞行器低头，具有恢复到原来平衡状态迎角的趋势。这时通常称飞行器在原来平衡飞行状态下是纵向静稳定的。

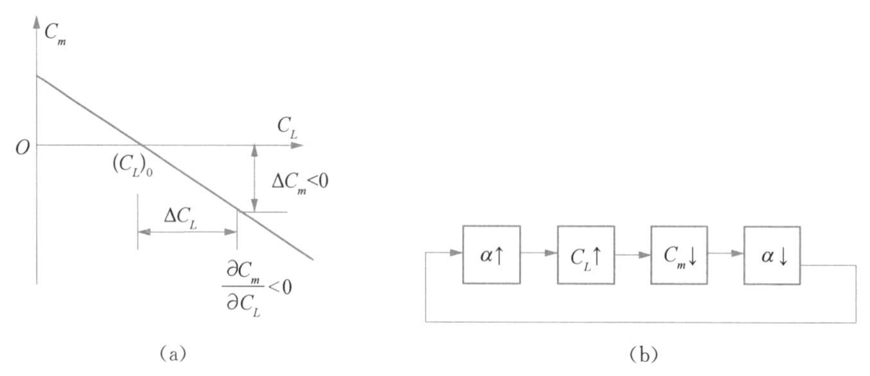

图 4-5 纵向静稳定力矩曲线与静稳定性的关系

从上述分析可知，飞行器是否具有纵向静稳定，与力矩系数曲线在平衡点处的斜率有关，故可用力矩系数导数 $C_{m\alpha}$ 作为飞行器纵向静稳定性判据。考虑到在给定 Ma 下，导数可表示为由 $C_{mC_L} = \frac{\partial C_m}{\partial C_L}$，$C_{m\alpha} = \frac{\partial C_m}{\partial \alpha} = \frac{\partial C_m}{\partial C_L} \cdot \frac{\partial C_L}{\partial \alpha}$，在线性变化范围内 $C_{L\alpha} = \frac{\partial C_L}{\partial \alpha}$ 总是大于零，因此，飞行器的纵向静稳定性又可用导数 $\partial C_m / \partial C_L$ 表示，由此，有

$$\frac{\partial C_m}{\partial \alpha} < 0,\ \frac{\partial C_m}{\partial C_L} < 0, \qquad \text{静稳定} \tag{4-10}$$

$$\frac{\partial C_m}{\partial \alpha} > 0,\ \frac{\partial C_m}{\partial C_L} > 0, \qquad \text{静不稳定} \tag{4-11}$$

$$\frac{\partial C_m}{\partial \alpha} = 0,\ \frac{\partial C_m}{\partial C_L} = 0, \qquad \text{中立静稳定} \tag{4-12}$$

3) 机翼绕对称面重心处的俯仰力矩

机翼的力矩特性和几何关系如图 4-6 所示，图中，$C_{\mathrm{Aw}} = \bar{c}$ 为平均气动弦长，$h = \frac{x_{\mathrm{cg}}}{\bar{c}}$ 为机翼前缘到重心沿弦长的相对距离，$h_{\mathrm{nw}} = \frac{x_{\mathrm{ac}}}{\bar{c}}$ 为机翼前缘到气动中心的相对距离，z 为从弦长线 $\bar{c}$ 到重心的相对垂直距离，$M_{0\mathrm{w}}$ 为由于升力、阻力产生的气动中心俯仰力矩。

根据图 4-6 可知绕对称面重心处的俯仰力矩可表示如下：

$$M_{\mathrm{cg,\,w}} = M_{0\mathrm{w}} + (L_{\mathrm{w}}\cos\alpha_{\mathrm{w}} + D_{\mathrm{w}}\sin\alpha_{\mathrm{w}})(h - h_{\mathrm{nw}})C_{\mathrm{Aw}} + (L_{\mathrm{w}}\sin\alpha_{\mathrm{w}} - D_{\mathrm{w}}\cos\alpha_{\mathrm{w}})z\,C_{\mathrm{Aw}} \tag{4-13}$$

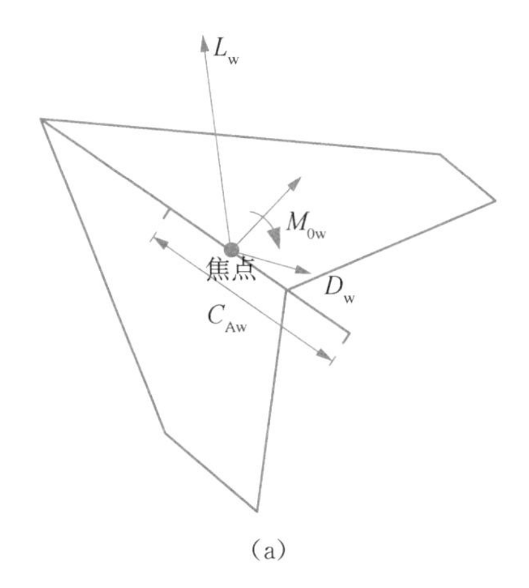

(a)

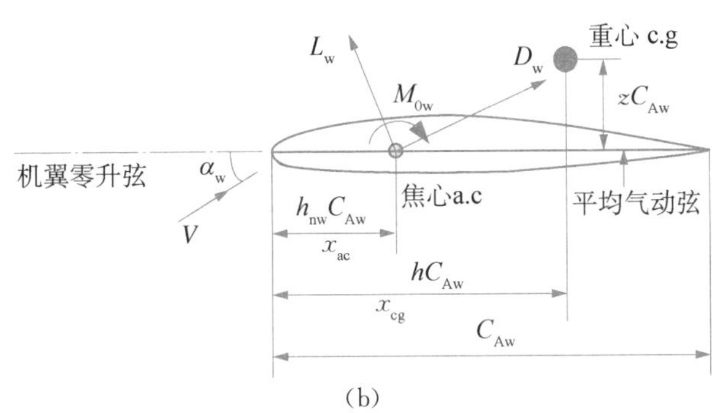

(b)

图 4-6　机翼几何关系

其中不考虑机翼安装角 i_w。

当机翼迎角 α_w 较小时，有 $\cos\alpha_w \approx 1$，　$\sin\alpha_w \approx \alpha_w \approx 0$，将上式无因次化(除以 $\bar{q}SC_{Aw}$) 并简化得

$$C_{m,\ cg,\ w} = C_{m0,\ w} + C_{Lw}(h - h_{nw}) - C_{Dw}z \tag{4-14}$$

式中，$C_{Lw} = C_{L0,\ w} + C_{L\alpha,\ w} \cdot \alpha_w$，$C_{Dw} = C_{D0,\ w} + AC_{Lw}^2$，阻力因子 $A = \dfrac{1}{\pi e\lambda}$，$e$ 为 Oswald 效率因子，λ 为展弦比。

一般飞机 $C_{Lw} \gg C_{Dw}$，z 很小，则

$$C_{m,\ cg,\ w} = C_{m0,w} + (h - h_{nw})C_{Lw} \tag{4-15}$$

对于机翼、机身而言，

$$C_{m,\ cg,\ wb} = C_{m0,\ wb} + \left(\frac{\partial C_m}{C_L}\right)_{wb} \cdot C_L \tag{4-16}$$

式中，

$$C_{mC_L} = \left(\frac{\partial C_m}{C_L}\right)_{wb} = h - h_{nw} \tag{4-17}$$

当飞机静稳定时，则 $\left(\dfrac{\partial C_m}{C_L}\right)_{wb} < 0$，故 $h - h_{nw} < 0$。

机翼及翼身组合体的力矩特性如图 4-7 和图 4-8 所示。

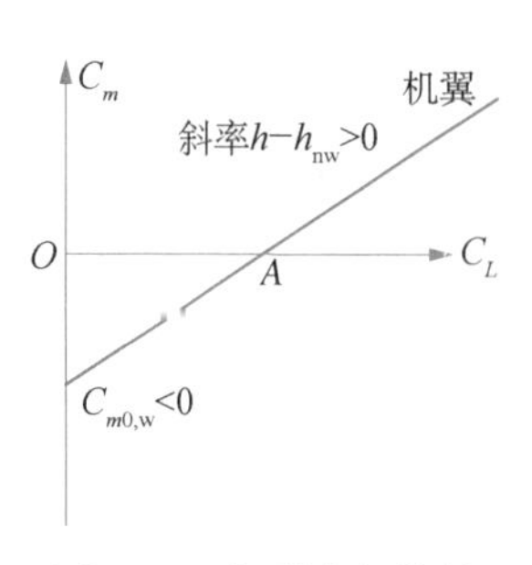

图 4-7 机翼力矩特性

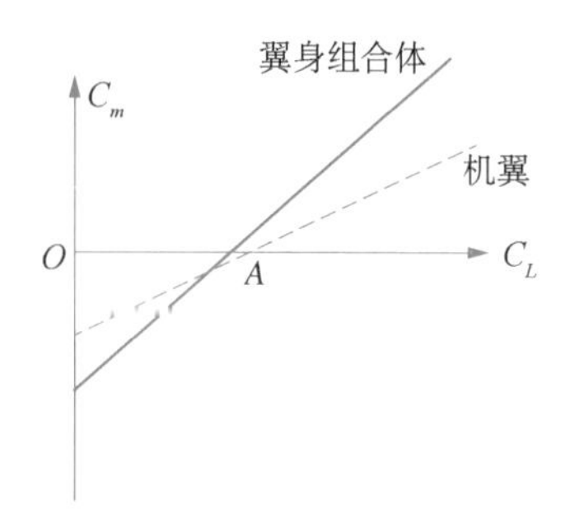

图 4-8 翼身组合体的力矩特性

例 4-1 考察翼身组合体，气动中心位于重心前 $0.03\,\bar{c}$，如图 4-6 所示，重心处俯仰力矩系数为 0.005，升力系数为 0.5。

(1) 计算气动中心处力矩系数；

(2) 飞机被安装在风洞中，气流为速度为 100 m/s 的标准海平面气流，机翼参考面积和平均气动弦长分别为 $1.5\,\mathrm{m}^2$ 和 0.45 m，用风洞测量力和力矩天平测量升力为零时重心处俯仰力矩为 −12.4 N·m；然后飞机模型进行俯仰运动到另一迎角处，其升力和重心处俯仰力矩分别为 3675 N 和 20.67 N·m，试计算气动中心处俯仰力矩系数和气动中心位置。

解：(1) 根据式(4-15)，有重心处俯仰力矩系数 $C_{m,\,cg,\,w}=C_{m,\,ac,\,w}+(h-h_{nw})C_{Lw}$，故

$$C_{m,\,ac,\,w}=C_{m,\,cg,\,w}-(h-h_{nw})C_{Lw}$$

有

$$C_{m,\,ac,\,w}=0.005-0.03\times0.5=-0.01$$

(2) 在气流作用下，飞机的动压为

$$\bar{q}=\frac{1}{2}\rho V^2=\frac{1}{2}\times1.225\times100^2=6125\,\mathrm{N/m^2}$$

则有重心处俯仰力矩系数为

$$C_{m,\,cg,\,w}=\frac{M_{cg,\,w}}{\bar{q}S\,\bar{c}}=\frac{-12.4}{6125\times1.5\times0.45}=-0.003$$

此时升力为零，故

$$C_{m,\,cg,\,w}=C_{m,\,ac,\,w}=C_{m0,\,w}=-0.003$$

当飞机俯仰到另一迎角处时，有升力系数 $C_{Lw}=\dfrac{L}{\bar{q}S}=\dfrac{3675}{6125\times1.5}=0.4$，重心

处俯仰力矩系数为 $C_{m,\,cg,\,w} = C_{m0,\,w} + (h - h_{nw})C_{Lw}$，有

$$h - h_{nw} = \frac{C_{m,\,cg,\,w} - C_{m0,\,w}}{C_{Lw}} = \frac{0.005 - (-0.003)}{0.4} = 0.02$$

因此，气动中心在重心前 $0.02\,\bar{c}$ 处。

4) 平尾

如图 4－9 所示，平尾和机翼的差别主要有：

(1) 速度阻滞。

平尾区的流体平均流速的大小，由于气流流过前面的其他飞行器部件时有能量损耗，受到阻滞作用。若以 k_q 表示速度系数，则平尾处速度可表示为 $V_t^2 = k_q V^2$，$k_q = 0.85 \sim 1$，简写为 k。

(2) 下洗。

平均流速方向受到翼身组合体涡系的诱导作用的影响，正升力情况下，速度方向下偏，用下洗角 ε 来表示，

$$\varepsilon = \varepsilon_0 + \frac{\partial \varepsilon}{\partial \alpha} \cdot \frac{\partial \alpha}{\partial C_L} C_L \tag{4-18}$$

式中，ε_0 为 $C_L = 0$ 时的下洗角。一般由机身和机翼的扭转引起的气流偏斜而产生。

(3) 偏转。

平尾有一安装角 i_t（按规定平尾翼弦相对机翼翼弦延长线或机身轴线向下偏转时，$i_t > 0$；反之，$i_t < 0$）。

(4) 安装位置（升降舵偏转产生零升迎角变化）。

平尾攻角

$$\alpha_t = \alpha_w + i_t - \varepsilon + \eta_e \delta_e \tag{4-19}$$

式中，η_e 为升降舵效率，表示升降舵偏 1°时，相当于平尾迎角的增量。

平尾升力可表示如下：

$$L_t = C_{Lt} \frac{1}{2} \rho V_t^2 S_t = \left(\frac{\partial C_L}{\partial \alpha}\right)_t \alpha_t \frac{1}{2} \rho V_t^2 S_t \tag{4-20}$$

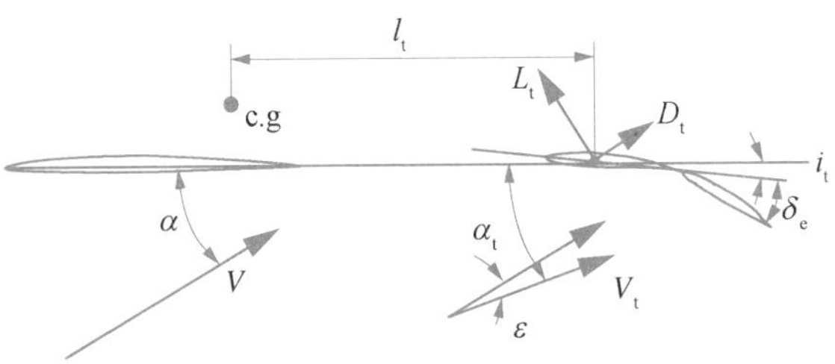

图 4－9　平尾气动力图

式中，$\alpha_{\mathrm{w}}=\alpha_0+\dfrac{\partial\alpha}{\partial C_L}C_L$，$\alpha_0$ 为机翼的零升迎角，对于正弯度翼型，$\alpha_0<0$。

将式(4-18)和式(4-19)代入(4-20)，则有

$$L_{\mathrm{t}}=\left(\frac{\partial C_L}{\partial\alpha}\right)_{\mathrm{t}}\left[(\alpha_0+i_{\mathrm{t}}-\varepsilon_0+\eta_{\mathrm{e}}\delta_{\mathrm{e}})+\frac{\partial\alpha}{\partial C_L}\left(1-\frac{\partial\varepsilon}{\partial\alpha}\right)C_L\right]k\ \frac{1}{2}\rho V^2S_{\mathrm{t}} \tag{4-21}$$

若不考虑平尾阻力对重心的力矩，并忽略平尾零升力矩系数，则可得平尾力矩为

$$M_{\mathrm{t}}=-L_{\mathrm{t}}\cdot l_{\mathrm{t}} \tag{4-22}$$

式中，l_{t} 为重心到平尾焦点距离，如图 4-9 所示。

无因次化，则式(4-22)改成力矩系数形式：

$$C_{m\mathrm{t}}=\frac{M_{\mathrm{t}}}{\dfrac{1}{2}\rho V^2SC_{\mathrm{Aw}}} \tag{4-23}$$

将式(4-21)和式(4-22)代入式(4-23)，则有

$$\begin{aligned}C_{m\mathrm{t}}&=-\left(\frac{\partial C_L}{\partial\alpha}\right)_{\mathrm{t}}\left[(\alpha_0+i_{\mathrm{t}}-\varepsilon_0+\eta_{\mathrm{e}}\delta_{\mathrm{e}})+\frac{\partial\alpha}{\partial C_L}\left(1-\frac{\partial\varepsilon}{\partial\alpha}\right)C_L\right]kl_{\mathrm{t}}\frac{S_{\mathrm{t}}}{SC_{\mathrm{Aw}}}\\&=-\left(\frac{\partial C_L}{\partial\alpha}\right)_{\mathrm{t}}\left[(\alpha_0+i_{\mathrm{t}}-\varepsilon_0+\eta_{\mathrm{e}}\delta_{\mathrm{e}})+\frac{\partial\alpha}{\partial C_L}\left(1-\frac{\partial\varepsilon}{\partial\alpha}\right)C_L\right]kV_{\mathrm{H}}\\&=-kV_{\mathrm{H}}C_{L\alpha,\mathrm{t}}(\alpha_0+i_{\mathrm{t}}-\varepsilon_0+\eta_{\mathrm{e}}\delta_{\mathrm{e}})-kV_{\mathrm{H}}C_{L\alpha,\mathrm{t}}\left(1-\frac{\partial\varepsilon}{\partial\alpha}\right)\alpha_{\mathrm{wb}}\\&\overset{\mathrm{def}}{=\!=}C_{m0,\mathrm{t}}+a_{\mathrm{t}}\alpha_{\mathrm{wb}}\end{aligned} \tag{4-24}$$

式中，$C_{L\alpha,\mathrm{t}}=\left(\dfrac{C_L}{\partial\alpha}\right)_{\mathrm{t}}$，飞机升力 $C_L=a_{\mathrm{wb}}\alpha_{\mathrm{wb}}$，$a_{\mathrm{wb}}$ 为飞机升力线斜率。

V_{H} 定义为尾容，即平尾的容积比：

$$V_{\mathrm{H}}=\frac{S_{\mathrm{t}}l_{\mathrm{t}}}{SC_{\mathrm{Aw}}} \tag{4-25}$$

则全机俯仰力矩系数为

$$C_m=C_{m,\mathrm{wb}}+C_{m\mathrm{t}} \tag{4-26}$$

或

$$C_m=C_{m0}+(h-h_{\mathrm{n}})C_L \tag{4-27}$$

其中全机焦点离对称面内机翼前缘的相对距离 h_{n} 为

$$h_{\mathrm{n}}=h_{n\mathrm{w}}+kV_{\mathrm{H}}\frac{\partial\alpha}{\partial C_L}\left(\frac{\partial C_L}{\partial\alpha}\right)_{\mathrm{t}}\left(1-\frac{\partial\varepsilon}{\partial\alpha}\right) \tag{4-28}$$

$$C_{m0}=C_{m,\mathrm{ac}}=C_{m0,\mathrm{wb}}-kV_{\mathrm{H}}\left(\frac{\partial C_L}{\partial\alpha}\right)_{\mathrm{t}}(\alpha_0+i_{\mathrm{t}}-\varepsilon_0+\eta_{\mathrm{e}}\delta_{\mathrm{e}}) \tag{4-29}$$

考察平尾对全机力矩的影响，根据

$$C_{m0}=C_{m0,\ \mathrm{wb}}-kV_{\mathrm{H}}\left(\frac{\partial C_L}{\partial\alpha}\right)_{\mathrm{t}}(\alpha_0+i_{\mathrm{t}}-\varepsilon_0+\eta_{\mathrm{e}}\delta_{\mathrm{e}})\tag{4-30}$$

其中 $\left(\frac{\partial C_L}{\partial\alpha}\right)_{\mathrm{t}}$ 为正，α_0 为负，$i_{\mathrm{t}}=0$，ε_0 为正，假设升降舵不偏转（$\delta_{\mathrm{e}}=0$），则 C_{m0} 增大；而式(4-28)中 $V_{\mathrm{H}}\frac{\partial\alpha}{\partial C_L}\left(\frac{\partial C_L}{\partial\alpha}\right)_{\mathrm{t}}$ 为正，$1-\frac{\partial\varepsilon}{\partial\alpha}$ 为正，故焦点后移，$C_{mC_L}=\partial C_m/\partial C_L=h-h_{\mathrm{n}}$ 变小。

全机俯仰力矩曲线如图 4-10 所示。

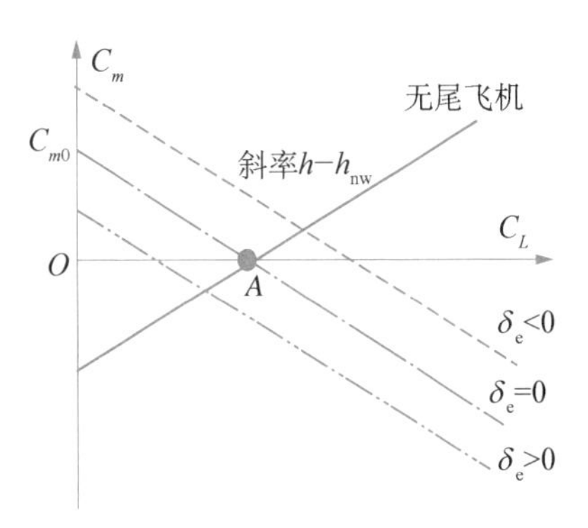

图 4-10　全机俯仰力矩曲线

可见，平尾作用有：改变飞机的零升力力矩系数的大小；通过偏转平尾（或升降舵），使飞机在不同迎角下取得俯仰力矩平衡；平尾可以改变俯仰力矩曲线的斜率，即通过使飞机的焦点后移，使飞机具有纵向静稳定性。

例 4-2　考察例 4-1 飞机，假设飞机平尾（无升降舵）面积为 0.4 m²，机翼参考面积和平均气动弦长分别为 1.5 m² 和 0.45 m，飞机重心到平尾气动中心距离为 1.0 m，如图 4-9 所示，平尾安装角 $i_{\mathrm{t}}=-2°$，平尾升力线斜率 $\left(\frac{\partial C_L}{\partial\alpha}\right)_{\mathrm{t}}=0.12/°$，下洗角 $\varepsilon_0=0$，$\frac{\partial\varepsilon}{\partial\alpha}=0.42$，飞机此时绝对迎角为 5°，升力为 4143 N。(1)试计算重心处俯仰力矩；(2)判定飞机试飞纵向静稳定性。

解：(1) 根据例 4-1 计算，飞机动压 $\bar{q}=6125\ \mathrm{N/m^2}$，$C_{m,\ \mathrm{ac},\ \mathrm{w}}=-0.003$，$\frac{x_{\mathrm{cg}}}{\bar{c}}-\frac{x_{\mathrm{ac},\ \mathrm{w}}}{\bar{c}}=h-h_{\mathrm{nw}}=0.02$，若速度阻滞系数 $k=1$，则有

$$C_{L\mathrm{w}}=\frac{L}{qS}=\frac{4143}{6125\times1.5}=0.45,\ C_{L\alpha,\ \mathrm{w}}=\frac{\partial C_{L\mathrm{w}}}{\partial\alpha}=\frac{0.45}{5}=0.09，且\ C_{L\alpha,\ \mathrm{wb}}\approx C_{L\alpha,\ \mathrm{w}}$$

$$V_{\mathrm{H}}=\frac{S_{\mathrm{t}}l_{\mathrm{t}}}{SC_{\mathrm{Aw}}}=\frac{0.4\times1.0}{1.5\times0.45}=0.593$$

根据式(4-15)，飞机重心处总的俯仰力矩系数为

$$\begin{aligned}C_{m,\ \mathrm{cg}}&=C_{m0,\ \mathrm{wb}}+C_{L\alpha,\ \mathrm{wb}}\cdot\alpha_{\mathrm{wb}}\left(h-h_{\mathrm{nw}}-kV_{\mathrm{H}}\frac{\partial\alpha}{\partial C_L}\left(\frac{\partial C_L}{\partial\alpha}\right)_{\mathrm{t}}\left(1-\frac{\partial\varepsilon}{\partial\alpha}\right)\right)+V_{\mathrm{H}}\left(\frac{\partial C_L}{\partial\alpha}\right)_{\mathrm{t}}(\varepsilon_0-i_{\mathrm{t}})\\&=-0.003+0.09\times5\times\left[0.02-1\times0.593\times\frac{0.12}{0.09}(1-0.42)\right]+\\&\quad 0.593\times0.12\times2\\&=-0.058\end{aligned}$$

飞机重心处俯仰力矩为

$$M_{cg}=\bar{q}S\bar{c}C_{m,\ cg}=6125\times1.5\times0.45\times(-0.058)=-240\,\mathrm{N/m}$$

（2）根据

$$\frac{\partial C_{m,\ cg}}{\partial\alpha_{wb}}=C_{L\alpha,\ wb}\left(h-h_{nw}-kV_H\frac{\partial\alpha}{\partial C_L}\left(\frac{\partial C_L}{\partial\alpha}\right)_t\left(1-\frac{\partial\varepsilon}{\partial\alpha}\right)\right)$$
$$=0.09\times\left[0.02-0.593\times\frac{0.12}{0.09}(1-0.42)\right]=-0.039$$

可知力矩线斜率为负；
而

$$C_{m0}=C_{m0,\ wb}+kV_H\left(\frac{\partial C_L}{\partial\alpha}\right)_t(\varepsilon_0-i_t)$$
$$=-0.003+1\times0.593\times0.12\times2.0=0.139$$

知零升俯仰力矩系数为正；又

$$C_{m,\ cg}=C_{m0}+\frac{\partial C_{m,\ cg}}{\partial\alpha_{wb}}\alpha_e=0.139-0.039\alpha_e$$

可得平衡迎角为 $\alpha_e=3.56°$。由于力矩线斜率为−0.039，故系统是稳定的。

例 4－3　某正弯度翼型、单发动机飞机，其翼身俯仰力矩系数 $C_{m,\ wb}=-0.05-0.0035\alpha_{wb}$，几何参数为 $S=178\ \mathrm{ft}^2$，$\bar{c}=C_{Aw}=5.0\ \mathrm{ft}$，$\partial\varepsilon/\partial\alpha=0.35$，$\varepsilon_0=1.3°$，$l_t=14.75\mathrm{ft}$，$C_{L\alpha,\ t}=(\partial C_L/\partial\alpha)_t=0.073(1/°)$，期望俯仰力矩系数为 $C_{m,\ wbt}=0.15-0.025\alpha_{wb}$，如图 4－11 所示，试确定平尾偏角。

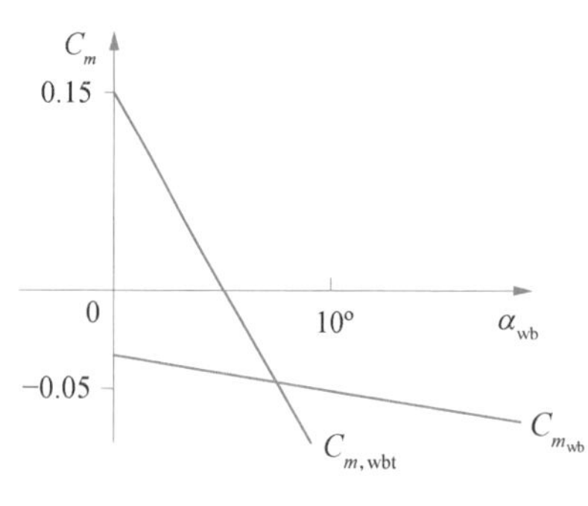

图 4－11　俯仰力矩曲线

解： 根据 $C_{m,\ wb}=-0.05-0.0035\alpha_{wb}$，$C_{m0,\ wb}=-0.05<0$，因此，正的迎角时不能配平。对于全机，俯仰力矩系数关系有

$$C_{m,\ wbt}=C_{m,\ wb}+C_{mt}=C_{m0,\ wb}+C_{m0,\ t}+(a_{wb}+a_t)\alpha_{wb}\tag{4-31}$$

于是有

$$0.15=-0.05+C_{m0,\ t}，则\ C_{m0,\ t}=0.2$$

又有期望力矩线斜率 $a_d=-0.025=-0.0035+a_t$，则期望平尾升力线斜率为

$$a_{d,\ t}=\left(\frac{\partial C_L}{\partial\alpha}\right)_{d,\ t}=-0.0215(1/°)$$

又由式(4－24)可知，平尾作用下，$k=1$ 时升力线斜率为

$$a_{\mathrm{d,t}} = -V_{\mathrm{H}} C_{L\alpha,\mathrm{t}} \left(1 - \frac{\partial \varepsilon}{\partial \alpha}\right) = -0.0215，则\ V_{\mathrm{H}} = 0.453$$

根据尾容 $V_{\mathrm{H}} = \dfrac{l_{\mathrm{t}} S_{\mathrm{t}}}{S C_{\mathrm{Aw}}}$，有平尾面积 $S_{\mathrm{t}} = 27.3\,\mathrm{ft}^2$，而 $\delta_{\mathrm{e}} = 0$，由式(4-24)可知，

$$C_{m0,\mathrm{t}} = -k V_{\mathrm{H}} C_{L\alpha,\mathrm{t}} (-\varepsilon_0 + i_{\mathrm{t}}) = 0.2$$

代入 $k = 1$，$\varepsilon_0 = 1.3^\circ$，$V_{\mathrm{H}} = 0.453$，$C_{L\alpha,\mathrm{t}} = 0.073$，得 $i_{\mathrm{t}} = -4.748^\circ$。

5）飞机静稳定性能

如图4-12所示，重心在焦点之后，力矩曲线斜率为正，纵向静不稳定，$h - h_{\mathrm{n}} > 0$，如图4-12(b)所示；重心在焦点之前，力矩曲线斜率为负，纵向静稳定，$h - h_{\mathrm{n}} < 0$，如图4-12(a)，(d)所示；重心与焦点重合，中立稳定，因此该点也叫作中性点(neutral point，NP)，$h - h_{\mathrm{n}} = 0$，如图4-12(c)所示。

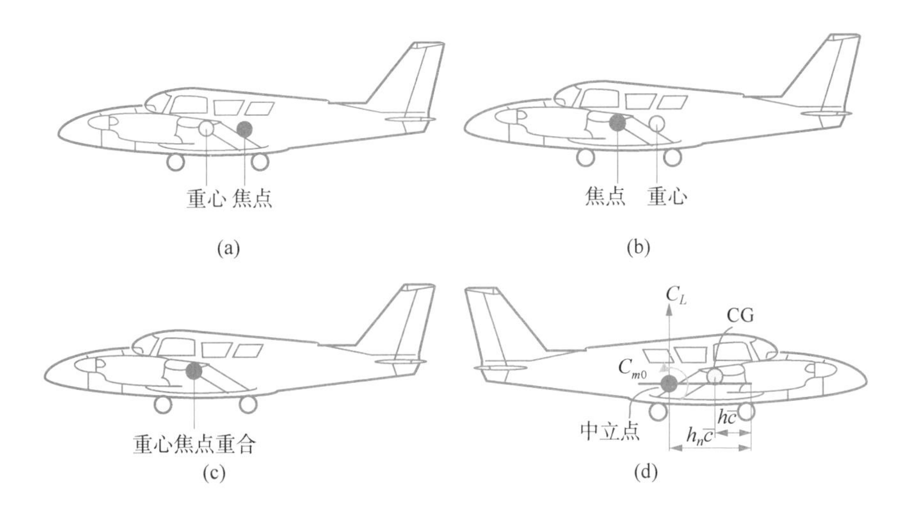

图4-12　飞机静稳定与静稳定裕度

对于固定杆中性点，考察机翼-机身-平尾构型，有

$$C_{m,\mathrm{cg}} = C_{m0} - C_{m\alpha} \alpha_{\mathrm{w}} \tag{4-32}$$

而

$$\begin{aligned} C_{m0} &= C_{m0,\mathrm{w}} + C_{m0,\mathrm{f}} + C_{m0,\mathrm{t}} \\ &= C_{m0,\mathrm{w}} + C_{m0,\mathrm{f}} + k V_{\mathrm{H}} \left(\frac{\partial C_L}{\partial \alpha}\right)_{\mathrm{t}} (\varepsilon_0 - i_{\mathrm{t}}) \end{aligned} \tag{4-33}$$

式中，$C_{m0,\mathrm{w}}$，$C_{m0,\mathrm{f}}$，$C_{m0,\mathrm{t}}$ 分别为机翼、机身、平尾零升力矩系数，

$$C_{m\alpha} = C_{L\alpha,\mathrm{wb}} (h - h_{\mathrm{nw}}) + C_{m\alpha,\mathrm{f}} - V_{\mathrm{H}} C_{L\alpha,\mathrm{t}} \left(1 - \frac{\partial \varepsilon}{\partial \alpha}\right) \tag{4-34}$$

式中，$C_{m\alpha,\ \mathrm{f}}$为机身升致力矩系数。

在中性点(NP)处有 $C_{m\alpha}=0$，则

$$h_{\mathrm{NP}}=h_{\mathrm{nw}}-\frac{C_{m\alpha,\ \mathrm{f}}}{C_{L\alpha,\ \mathrm{wb}}}+\frac{V_{\mathrm{H}}C_{L\alpha,\ \mathrm{t}}}{C_{L\alpha,\ \mathrm{wb}}}\left(1-\frac{\partial\varepsilon}{\partial\alpha}\right) \tag{4-35}$$

配平时有

$$C_{m,\ \mathrm{cg}}=C_{m}\mid_{C_L=0}+\frac{\mathrm{d}C_m}{\mathrm{d}C_L}C_L=0 \tag{4-36}$$

则

$$C_{L,\ \mathrm{trim}}=-\frac{C_{m}\mid_{C_L=0}}{\mathrm{d}C_m/\mathrm{d}C_L} \tag{4-37}$$

而 $\frac{\mathrm{d}C_m}{\mathrm{d}C_L}=h-h_{\mathrm{nw}}$，称为握杆(舵面锁定)静稳定裕度。

例 4-4 考察例 4-1 飞机，当 $h=h_{\mathrm{cg}}=0.26$ 时，计算中性点和静稳定裕度。

解： 由例 4-2 知 $h_{\mathrm{cg}}-h_{\mathrm{nw}}=0.02$，则 $h_{\mathrm{nw}}=h_{\mathrm{cg}}-0.02=0.26-0.02=0.24$，不考虑机身俯仰力矩系数，由根据式(4-35)有

$$h_{\mathrm{NP}}=h_{\mathrm{nw}}+\frac{V_{\mathrm{H}}C_{L\alpha,\ \mathrm{t}}}{C_{L\alpha,\ \mathrm{wb}}}\left(1-\frac{\partial\varepsilon}{\partial\alpha}\right)$$

即

$$h_{\mathrm{NP}}=0.24+0.593\times\frac{0.12}{0.09}(1-0.42)=0.70$$

故静稳定裕度为 $h_{\mathrm{NP}}-h_{\mathrm{cg}}=0.7-0.26=0.44$。

平尾也有副作用，根据关系

$$L_{\mathrm{t}}=C_{L\mathrm{t}}\cdot\left(\frac{1}{2}\rho V_{\mathrm{t}}^{2}S_{\mathrm{t}}\right)=\left(\frac{\partial C_L}{\partial\alpha}\right)_{\mathrm{t}}\alpha_{\mathrm{t}}\frac{1}{2}\rho V_{\mathrm{t}}^{2}S_{\mathrm{t}} \tag{4-38}$$

其中，$\alpha_{\mathrm{t}}=\alpha+i_{\mathrm{t}}-\varepsilon+\eta_{\mathrm{e}}\delta_{\mathrm{e}}<0$。

可知，正常情况下，为保证静稳定性，平尾需要产生负升力。

纵向定常直线飞行中，为了保持俯仰力矩平衡，升降舵(或平尾)的偏角与飞行速度、迎角或升力系数的关系曲线称为平衡曲线。而升降舵操纵效能为单位升降舵偏转所引起的俯仰力矩系数增量。当考虑升降舵作用后，由式(4-24)则有

$$C_{m\mathrm{t}}=-\left(\frac{\partial C_L}{\partial\alpha}\right)_{\mathrm{t}}\left[(\alpha_0+i_{\mathrm{t}}-\varepsilon_0+\eta_{\mathrm{e}}\delta_{\mathrm{e}})+\frac{\partial\alpha}{\partial C_L}\left(1-\frac{\partial\varepsilon}{\partial\alpha}\right)C_L\right]kV_{\mathrm{H}} \tag{4-39}$$

式(4-39)代入(4-26)，并结合式(4-27)，于是得到全机力矩特性为

$$C_m = C_{m0,\ \mathrm{wb}} - kV_{\mathrm{H}}\left(\frac{\partial C_L}{\partial \alpha}\right)_{\mathrm{t}}(\alpha_0 + i_{\mathrm{t}} - \varepsilon_0 + \eta_{\mathrm{e}}\delta_{\mathrm{e}}) + \left[h - h_{\mathrm{nwb}} - kV_{\mathrm{H}}\frac{\partial \alpha}{\partial C_L}\left(\frac{\partial C_L}{\partial \alpha}\right)_{\mathrm{t}}\left(1 - \frac{\partial \varepsilon}{\partial \alpha}\right)\right]C_L \tag{4-40}$$

故

$$C_{m\delta_{\mathrm{e}}} = \frac{\partial C_m}{\partial \delta_{\mathrm{e}}} = -kV_{\mathrm{H}}\left(\frac{\partial C_L}{\partial \alpha}\right)_{\mathrm{t}}\eta_{\mathrm{e}} \tag{4-41}$$

且式(4 - 40)可改写为

$$C_m = (C_{m0})_{\delta_{\mathrm{e}}=0} + \frac{\partial C_m}{\partial C_L}C_L + \frac{\partial C_m}{\partial \delta_{\mathrm{e}}}\delta_{\mathrm{e}} \tag{4-42}$$

式中，

$$(C_{m0})_{\delta_{\mathrm{e}}=0} = C_{m0,\ \mathrm{wb}} - kV_{\mathrm{H}}a_{\mathrm{t}}(\alpha_0 + i_{\mathrm{t}} - \varepsilon_0) \tag{4-43}$$

$$a_{\mathrm{t}} = \left(\frac{\partial C_L}{\partial \alpha}\right)_{\mathrm{t}}$$

当俯仰力矩平衡，由式(4 - 42)可知

$$(C_{m0})_{\delta_{\mathrm{e}}=0} + \frac{\partial C_m}{\partial C_L}C_L + \frac{\partial C_m}{\partial \delta_{\mathrm{e}}}\delta_{\mathrm{e}} = 0 \tag{4-44}$$

得升降舵偏角与升力系数之间的关系为

$$\delta_{\mathrm{e}} = -\frac{1}{C_{m\delta_{\mathrm{e}}}}[(C_{m0})_{\delta_{\mathrm{e}}=0} + C_{mC_L}C_L] \tag{4-45}$$

从而可得飞机的平衡曲线 $\delta_{\mathrm{e}} = f(C_L)$。对于给定飞行高度，其平衡曲线大致有三类，即斜率 $C_{mC_L} > 0$，如图 4 - 13(a) 所示；斜率 $C_{mC_L} < 0$，如图 4 - 14(a) 所示，及斜率 $C_{mC_L} = 0$，即中性点位置(重心与焦心重合)，下面详细分析。

若平衡曲线 $\delta_{\mathrm{e}} = f(C_L)$ 关系如图 4 - 13 所示。根据纵向定直飞行时外力平衡条件，当飞机爬升角不大时，有 $G = L = C_L\bar{q}S$，则

$$C_L = \frac{G}{\bar{q}S} = \frac{2G}{\rho SV^2} \tag{4-46}$$

于是当斜率 $C_{mC_L} > 0$，如图 4 - 13(a) 所示，从 a 点到 b 点配平飞行，相应 C_L(或迎角)增大，为了平衡俯仰力矩，飞机要在加大迎角条件下飞行，要求驾驶员先向后拉杆($\Delta\delta_{\mathrm{e}}$ 减小)，加大迎角，然后向前推杆，使之超过初始位置以平衡 a，b 之间的力矩增量，$\Delta\delta_{\mathrm{e}}$ 增大，如图 4 - 13(b) 所示，不符合操纵习惯。一般驾驶杆和升降舵之间的传递关系为当驾驶杆后移时，升降舵上偏；驾驶杆前推时，升降舵下偏。

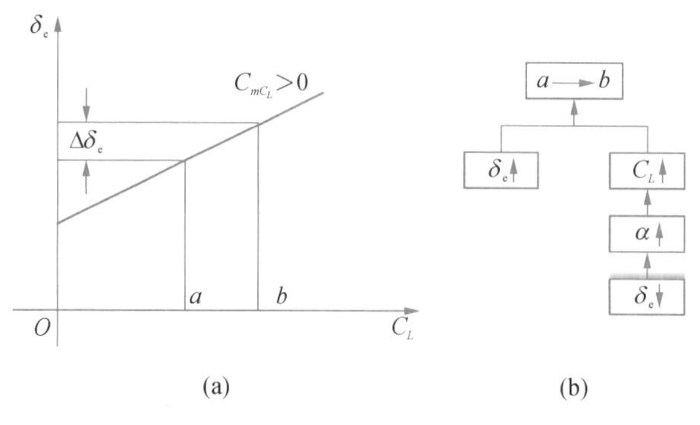

图 4-13 平衡曲线关系

当斜率 $C_{mC_L}<0$，平衡曲线 $\delta_e=f(C_L)$ 如图 4-14(a) 所示，从 a 点到 b 点，相应 C_L（或迎角）增大，要求驾驶员向后拉杆，$\Delta\delta_e$ 减小，如图 4-14(b) 所示，根据平衡曲线，为了平衡俯仰力矩，要求增加一个上偏角度，即 $\Delta\delta_e$ 减小。根据式(4-46)可知，速度 V 下降，由式(4-47)知 $\Delta\delta_e$ 减小。可见，对于静稳定的飞机，符合操纵习惯。

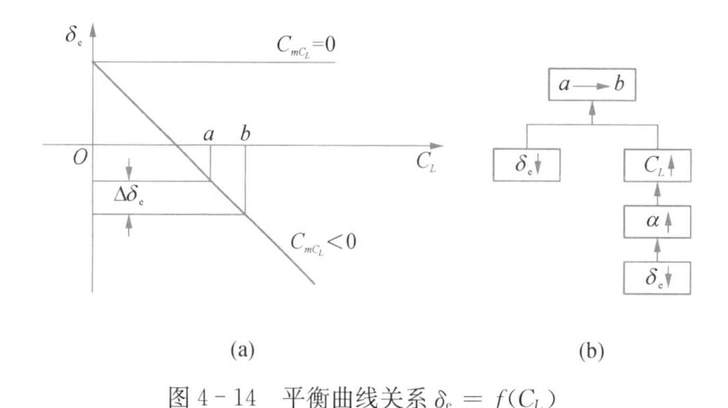

图 4-14 平衡曲线关系 $\delta_e=f(C_L)$

将式(4-46)代入式(4-45)得

$$\delta_e=-\frac{1}{C_{m\delta_e}}\left[(C_{m0})_{\delta_e=0}+C_{mC_L}C_L\right]=-\frac{1}{C_{m\delta_e}}\left[(C_{m0})_{\delta_e=0}+C_{mC_L}\frac{2G}{\rho SV^2}\right] \tag{4-47}$$

式中，$C_{m\delta_e}<0$。

即为升降舵偏角与速度的关系，描述平衡曲线 $\delta_e=f(V)$，如图 4-15 所示。当斜率 $C_{mC_L}>0$，如图 4-15(a) 所示，从 a 点到 b 点配平飞行，飞行速度 V 下降，根据式(4-46)可知，相当加大迎角，要求驾驶员向后拉杆，使 δ_e 减小；而根据平衡曲线图 4-15(a) 所示，要求增加升降舵偏，δ_e 增大，即要求驾驶员先向后拉杆以增大迎角，然后再向前推杆以克服从 a 点到 b 点俯仰力矩的变化，实现俯仰力矩平衡，这不符合操纵习惯。

当斜率 $C_{mC_L} < 0$，如图 4-15(b) 所示，从 a 点到 b 点配平飞行，飞行速度 V 下降，根据式(4-46)可知，相当加大迎角，为保持力矩平衡，要求驾驶员向后拉杆，以增加升降舵上偏角，δ_e 减小，因此，静稳定的飞机符合操纵习惯。

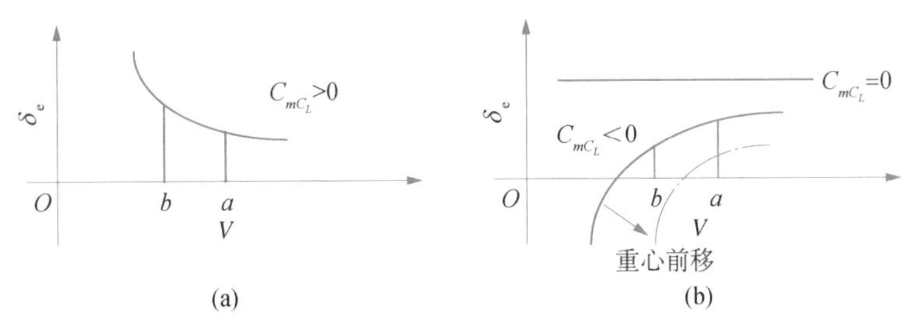

图 4-15　平衡曲线 $\delta_e = f(V)$

由上述分析可知，重心必须在飞机的焦点之前，这样可以保证：①飞机具有纵向静稳定性；②飞机符合驾驶员操纵习惯。

6）空气压缩性对力矩平衡的影响

考虑气体压缩性对气动参数的影响，如图 4-16 所示，描述了不同 Ma 下焦点位置 h_n、零升俯仰力矩系数 C_{m0} 及升降舵俯仰力矩系数 $C_{m\delta_e}$ 随 Ma 变化情况。

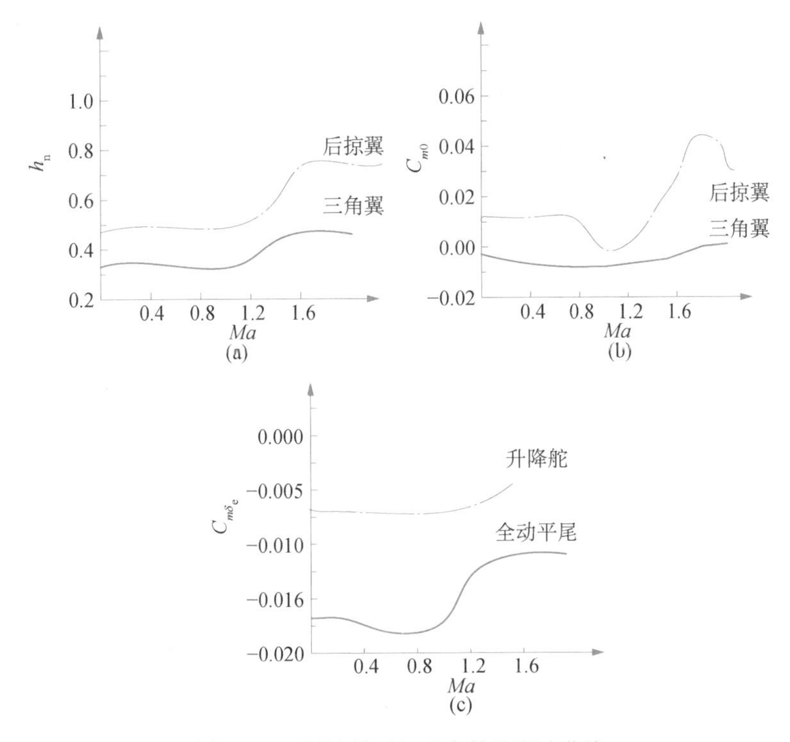

图 4-16　压缩性对气动参数的影响曲线

对于纵向定常直线运动,不同马赫数飞行,都必须满足以下力的平衡条件,

$$C_L\left(\frac{1}{2}\rho V^2 S\right)=C_L\ \frac{1}{2}\rho a_{\mathrm{H}}^2 Ma^2 S=G \tag{4-48}$$

$$C_L Ma^2 = \mathrm{Const} \tag{4-49}$$

$$C_m=(C_{m0})_{\delta_e=0}+C_{mC_L}C_L+C_{m\delta_e}\delta_e \tag{4-50}$$

式中,a_{H} 为高度为 H 下的当地声速。

不同 Ma 数时,$C_{m0,\ \mathrm{wb}}$, h_{nw}, $\partial\varepsilon/\partial\alpha$ 等发生很大变化,因而空气压缩对力矩系数 C_m 有影响,如图 4-17 所示 ,从点 a 至 b:当不考虑空气压缩性,力矩曲线如图 4-17 中 c 点;当考虑空气压缩性,其力矩曲线如图 4-17 中 d 点。

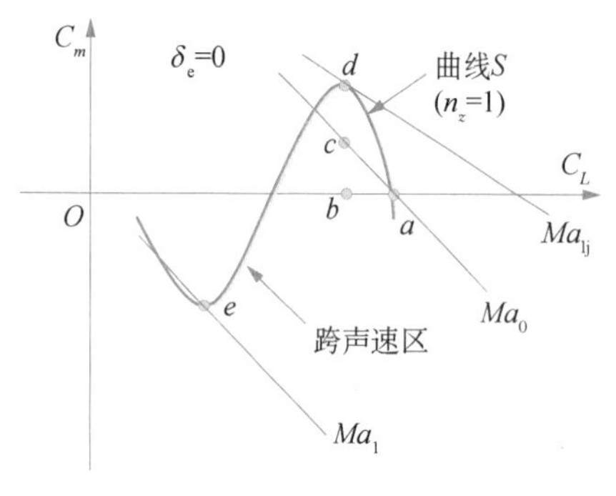

图 4-17 空气压缩对力矩系数的影响

可见,力矩曲线的差别为:不考虑压缩性影响,力矩系数的增量为

$$\Delta C_m=(C_{mC_L})_{Ma_0}\cdot\Delta C_L \tag{4-51}$$

考虑压缩性影响后,力矩系数的增量为

$$\Delta C_m=(C_{mC_L})_{Ma_0}\cdot\Delta C_L+\frac{\Delta C_m}{\Delta Ma}\cdot\frac{\Delta Ma}{\Delta C_L}\cdot\Delta C_L \tag{4-52}$$

得到考虑压缩性影响时力矩曲线的斜率:

$$\frac{\mathrm{d}C_m}{\mathrm{d}C_L}=(C_{mC_L})_{Ma_0}+\frac{\partial C_m}{\partial Ma}\cdot\frac{\mathrm{d}Ma}{\mathrm{d}C_L} \tag{4-53}$$

称为定载静稳定导数,由于它是在 $L\approx G$(法向过载系数为 1)条件下获得。

由 $C_L Ma^2=\mathrm{Const}$, 则

$$\frac{\mathrm{d}Ma}{\mathrm{d}C_L}=-\frac{Ma}{2C_L} \tag{4-54}$$

即

$$\begin{aligned}\frac{\mathrm{d}C_m}{\mathrm{d}C_L}&=(C_{mC_L})_{Ma_0}+\frac{\partial C_m}{\partial Ma}\cdot\frac{\mathrm{d}Ma}{\mathrm{d}C_L}\\&=(C_{mC_L})_{Ma_0}-\frac{\partial C_m}{\partial Ma}\cdot\frac{Ma}{2C_L}\end{aligned} \tag{4-55}$$

式中,$C_{mC_L}=\dfrac{\partial C_m}{\partial C_L}$ 为(定速) 静稳态性导数,表明它是在 Ma 数不变情况下获得的。

可见,力矩曲线变化而引起的平衡曲线变化,其趋势可由平衡曲线斜率和静稳

定导数的正负值之间的关系看出。不考虑 Ma 变化时，平衡曲线与(定速)静稳态性之间关系为：当斜率 $C_{mC_L} < 0$ 时，$\delta_e \to V$ 曲线斜率为正，如图 4-18 的虚线；当考虑 Ma 数变化时，$\delta_e \to V$，曲线斜率与定载静稳态性有关。如图 4-17 所示，当 $Ma > Ma_{lj}$(临界马赫数)时，出现 $dC_m/dC_L > 0$，反映在图 4-18 的 Ⅰ 点处平衡曲线出现转折。而 Ma 增加到 Ma_2 时，如图 4-17 所示，由于力矩曲线斜率重新变为负。故在图 4-18 Ⅱ 点处又出现转折。相应考虑压缩性影响时力矩曲线的斜率为

$$\frac{dC_m}{dC_L} = (C_{mC_L})_{Ma_0} - \frac{\partial C_m}{\partial Ma} \cdot \frac{Ma}{2C_L} \tag{4-56}$$

压缩性对平衡曲线的影响如图 4-18 所示。

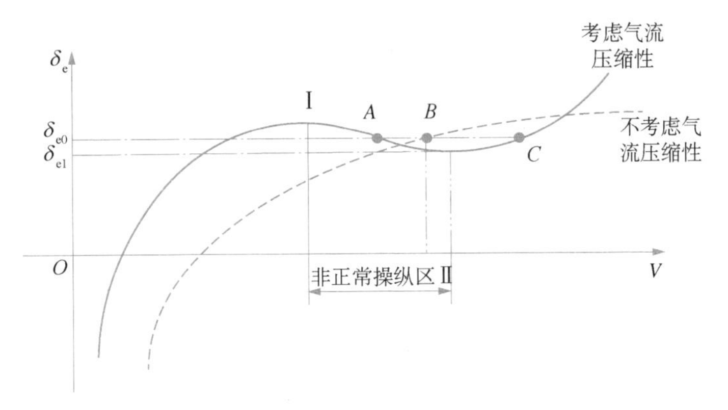

图 4-18　压缩性对平衡曲线的影响

当考虑压缩性的影响，即在实现不同速度下飞行器定直平飞时，速度的改变会引起气动力矩系数变化。此时从飞行器定载纵向力矩曲线图 4-18 上可见，在跨声速区出现急剧的变化，由此可知，升降舵平衡曲线在跨声速区出现相应的勺形。原因：跨声速区气动参数的变化，主要是焦点后移。其危害导致自动俯冲，操纵反常。假设飞机从 A 点加速到 B 点，B 点为了平衡力矩，升降舵只需下偏 δ_{e_1}，而此时舵的实际位置为 δ_{e_0}，多余的下偏量形成使飞机低头的力矩，一旦过大下偏，会导致飞机进入自动俯冲。解决方法采用马赫数数配平装置，实现 Ma 数配平，配平曲线如图 4-19 所示。

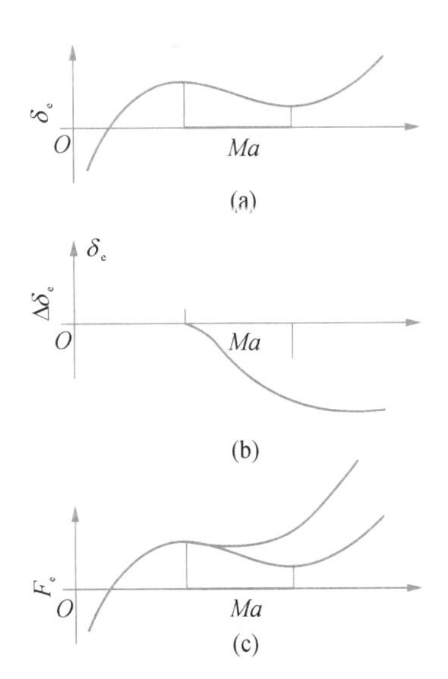

图 4-19　马赫数数配平曲线

7）着陆时的力矩平衡

着陆时气动效应布局特点是：改变了机翼沿展向的升力分布；引起襟翼所在区域局部机翼剖面弯

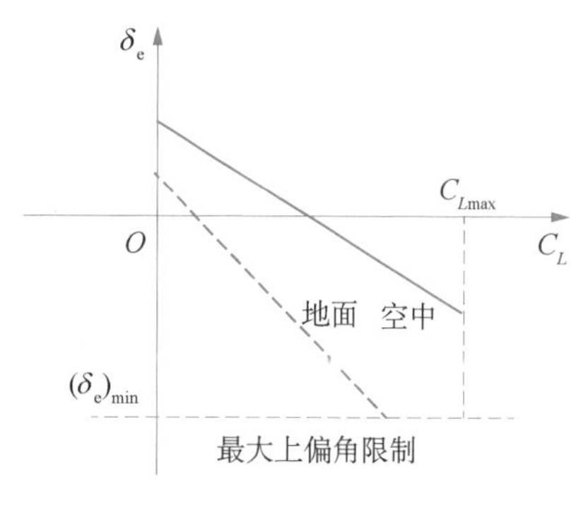

图 4-20 着陆时平衡曲线的变化

度变化。着陆时会有地面效应，这大大减少了尾翼区气流的下洗，使 ε_0，$\partial\varepsilon/\partial\alpha$ 大为减小，其减小数值超出放襟翼增加的值；同时加大了机翼和平尾的升力曲线斜率。着陆时平衡曲线的变化如图 4-20 所示。

此时，升降舵偏角为

$$\delta_e = -\frac{1}{C_{m\delta_e}}\left[(C_{m0,\ \mathrm{wbt}})_{\delta_e=0} + C_{mC_L}C_L\right] \tag{4-57}$$

式中，$C_{mC_L} = h - h_n$。

根据式(4.28)知焦点相对位置为

$$h_n = h_{nwb} + kV_H \frac{\partial\alpha}{\partial C_L}\left(\frac{\partial C_L}{\partial\alpha}\right)_t\left(1-\frac{\partial\varepsilon}{\partial\alpha}\right) = h_{nwb} + kV_H \frac{1}{a}a_t\left(1-\frac{\partial\varepsilon}{\partial\alpha}\right) \tag{4-58}$$

式中，$a = \dfrac{\partial C_L}{\partial\alpha}$ 为飞机机翼升力线斜率。

由于着陆时，放襟翼和地面效应使$\dfrac{1}{a}$减小，同时$\dfrac{\partial\varepsilon}{\partial\alpha}$减小很多，着陆低速大迎角飞行，焦点后移，导致 C_{mC_L} 负向增加，故着陆产生低头力矩，需升降舵上偏平衡。然而升降舵上偏除受结构限制外，其值太大容易引起气流分离而操纵失效，因此，实际设计时 δ_e 应留 3°～5°余量，升降舵最大偏角下可得重心的前限为

$$h = h_n - \frac{(C_{m0})_{\delta_e=0} + C_{m\delta_e}[\delta_{e\min} + (3\sim5)^\circ]}{C_{L\max}} \tag{4-59}$$

说明:着陆时力矩平衡不是重心唯一前限。

4.2 纵向曲线飞行中飞机的附加气动力矩及其平衡

飞机曲线飞行时，如俯冲、拉升，飞机上会产生附加力矩，如飞机以速度 V、迎角 α 和俯仰速率 q 飞行时，作用在飞机上的力和力矩包括两部分：①飞机以速度 V、迎角 α 做定常直线飞行的气动力和力矩；②飞机以等俯仰角速度 q 绕重心旋转，作用在飞机上的附加力和力矩，总的力和力矩为两者线性叠加。按符号规定，使飞行器抬头的 q 为正；反之则为负。若飞机以俯仰速率 q 绕重心旋转($q>0$)，运用相对运动概念，假设飞机不动而气流相对飞机增加了一个速度，如图 4-21 所示，使飞机各部件的局部迎角发生变化，重心前的迎角各点减小；重心后点的迎角增大，局部迎角的变化所产生的气动载荷对重心的力矩阻止飞机转动，这个力矩为飞机的纵向阻尼力矩。

产生阻尼力矩的主要部件是平尾，下面详细介绍。

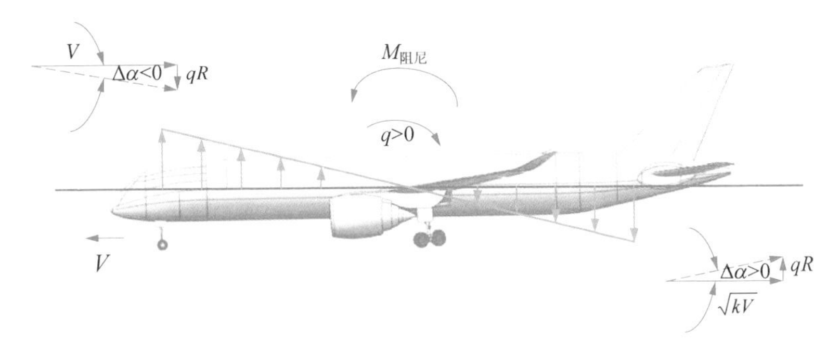

图 4-21　纵向阻尼力矩

4.2.1　平尾的阻尼力矩

由图 4-22 可知，飞机处于纵向曲线飞行时，飞行器以正 q 转动，平尾焦点处的附加速度为 $\Delta V = q l_t$，将其作为平尾处的平均附加速度，则平尾处的平均迎角增量可近似表示为

$$\Delta\alpha_t \approx \frac{\Delta V}{V_t} = \frac{q l_t}{\sqrt{k}V} \tag{4-60}$$

式中，$V_t = \sqrt{k}V$ 为平尾速度。

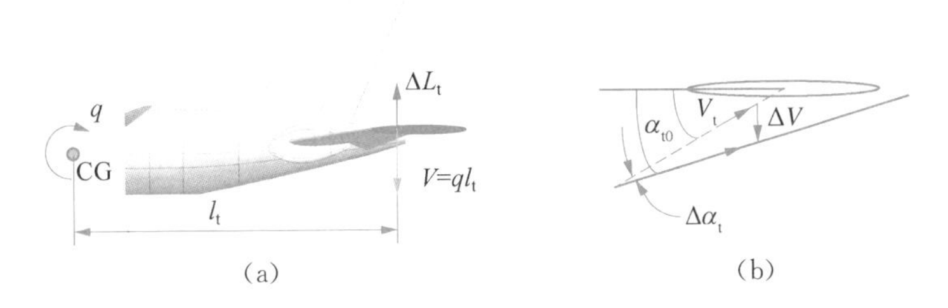

图 4-22　平尾气动力和力矩示意图

由此产生的平尾附加升力增量为

$$\Delta L_t = a_t \Delta\alpha_t \cdot S_t \frac{1}{2}\rho k V^2 \tag{4-61}$$

相应的对飞行器质心的纵向力矩为

$$\Delta M_t = -\Delta L_t \cdot l_t \tag{4-62}$$

则可得平尾的纵向力矩系数导数为

$$C_{m\,t} = -2\sqrt{k}V_H a_t \frac{l_t}{C_{Aw}}\left(\frac{qC_{Aw}}{2V}\right) \tag{4-63}$$

或

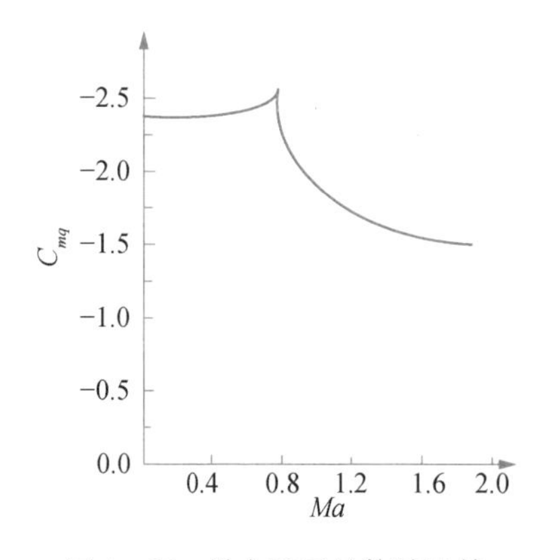

图 4-23　纵向阻尼导数随马赫数的变化

$$C_{m\mathrm{t}} = -2\sqrt{k}V_{\mathrm{H}}a_{\mathrm{t}}\frac{l_{\mathrm{t}}}{C_{\mathrm{Aw}}}\bar{q} \tag{4-64}$$

式中，V_{H} 为尾容。

俯仰速率无因次量

$$\bar{q} = \frac{qC_{\mathrm{Aw}}}{2V} \tag{4-65}$$

$$C_{mq,\mathrm{t}} = \frac{\partial C_{m\mathrm{t}}}{\partial \bar{q}} = -2\sqrt{k}V_{\mathrm{H}}a_{\mathrm{t}}\frac{l_{\mathrm{t}}}{C_{\mathrm{Aw}}} \tag{4-66}$$

式(4-66)可以看出 $C_{mq} < 0$，其有阻碍飞行器转动的作用，故称为纵向阻尼导数。

纵向阻尼导数受 Ma 影响，随 Ma 增大而下降，如图 4-23 所示。

由于全机的纵向阻尼力矩，主要由平尾产生，飞行器的翼身贡献较小。在近似计算中，常仅考虑平尾的阻尼力矩，在此基础上增加 10%～20%，以考虑机身影响。

4.2.2　下洗时差阻尼力矩

飞行中飞行器出现迎角变化 α 时(即存在迎角变化率$\dot{\alpha}$)，翼身组合体自由涡的变化要经过 $\tau = \frac{l_{\mathrm{t}}}{\sqrt{k}V}$ 时刻后才能影响平尾区的绕流，这就是所谓的洗流时差。而 α 变化引起的纵向力矩，称为洗流时差力矩。严格讲，此时飞行器是做非定常运动，其绕流情况与定常运动有显著不同，作用在飞行器上的气动力和力矩不仅决定于该时刻的运动参数，而且还决定于整个运动的历史过程。在工程上常采用所谓准定常假设，即认为非定常运动中，作用于飞行器上的气动力和力矩完全由当时当地的运动参数所确定(如速度、迎角、俯仰角速度)，而与它们的变化率无关，迎角变化率例外。按这种处理方法，$\dot{\alpha}$引起在平尾处的洗流时差效果应予以考虑，否则误差较大。

因为下洗流的存在，如图 4-24(a)所示，平尾的迎角为

$$\alpha_{\mathrm{t}} = \alpha + i_{\mathrm{t}} - \varepsilon + \eta_{\mathrm{e}}\delta_{\mathrm{e}} \tag{4-67}$$

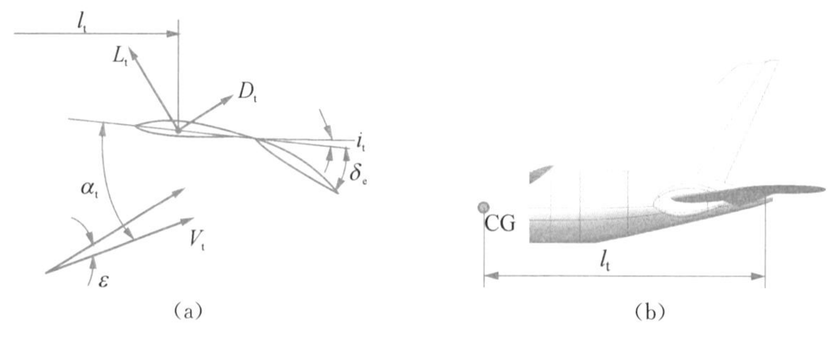

图 4-24　洗流时差产生的平尾迎角变化

式中，α 为机翼迎角，i_t 为平尾偏转角，ε 为下洗角。

考察飞机以 V 速度，俯仰角速度 $q=0$，迎角变化率为$\dot{\alpha}$飞行，则平尾 t_0 时刻的迎角为

$$(\alpha_t)_{t0} = (\alpha_0)_{t0} + i_t - (\varepsilon_0)_{t0-\tau} + \eta_e\delta_e \tag{4-68}$$

式中，$(\varepsilon_0)_{t0-\tau}$表示机翼迎角变化时，引起平尾下洗角变化需经历时间 τ。

而当气动力滞后 $\tau = \dfrac{l_t}{\sqrt{k}V}$，$\tau$ 后机翼迎角变化为

$$\Delta\alpha = \frac{d\alpha}{dt}\tau = \dot{\alpha}\frac{l_t}{\sqrt{k}V} \tag{4-69}$$

故应当按 $t_0-\tau$ 计算平尾区下洗角，而原来按“准定常假设”来计算下洗角，所以机翼迎角多算了 $\Delta\alpha$，为此应修正$(-\Delta\alpha)$对下洗角的影响：

$$\Delta\varepsilon = \frac{\partial\varepsilon}{\partial\alpha}\cdot(-\Delta\alpha) = -\frac{\partial\varepsilon}{\partial\alpha}\cdot\dot{\alpha}\frac{l_t}{\sqrt{k}V} \tag{4-70a}$$

引入无因次迎角变化率$\bar{\dot{\alpha}} = \dot{\alpha}\dfrac{C_{Aw}}{2V}$，

$$\Delta\varepsilon = -2\frac{\partial\varepsilon}{\partial\alpha}\cdot\frac{l_t}{C_{Aw}\sqrt{k}}\bar{\dot{\alpha}} \tag{4-70b}$$

所以洗流时差 $\Delta\varepsilon$ 在平尾产生的附加升力和绕飞机质心的附加纵向力矩分别为

$$\Delta L_t = -k\frac{1}{2}\rho V^2 S_t a_t \Delta\varepsilon = \sqrt{k}\rho V^2 S_t a_t \frac{\partial\varepsilon}{\partial\alpha}\frac{l_t}{C_{Aw}}\bar{\dot{\alpha}} \tag{4-71}$$

$$\Delta M_t = -\Delta L_t \cdot l_t \tag{4-72}$$

将纵向力矩化为无因次力矩系数形式，并分别对$\bar{\dot{\alpha}}$和$\bar{q}$求导得

$$\Delta C_{mt} = \frac{\Delta M_t}{\frac{1}{2}\rho V^2 S C_{Aw}} = -2\sqrt{k}V_H a_t \frac{\partial\varepsilon}{\partial\alpha}\frac{l_t}{C_{Aw}}\bar{\dot{\alpha}} \tag{4-73}$$

则有洗流时差力矩导数为

$$C_{m\dot{\alpha}} = \frac{\partial C_{mt}}{\partial\bar{\dot{\alpha}}} = -2\sqrt{k}V_H a_t \frac{\partial\varepsilon}{\partial\alpha}\frac{l_t}{C_{Aw}} \tag{4-74}$$

可改写为

$$C_{m\dot{\alpha}} = -2\sqrt{k}V_H a_t \frac{\partial\varepsilon}{\partial\alpha}\frac{l_t}{C_{Aw}} = \frac{\partial\varepsilon}{\partial\alpha}(C_{mq})_t \tag{4-75}$$

而

$$C_{mq,\mathrm{t}}=\frac{\partial C_{m\mathrm{t}}}{\partial \bar{q}}=-2\sqrt{k}V_{\mathrm{H}}a_{\mathrm{t}}\frac{l_{\mathrm{t}}}{C_{\mathrm{Aw}}} \tag{4-76}$$

式中，$\bar{q}$为俯仰速率无因次量，如式(4-65)。$C_{m\dot{\alpha}}$，C_{mq}受Ma变化的影响如图4-25所示，其一般为负值。

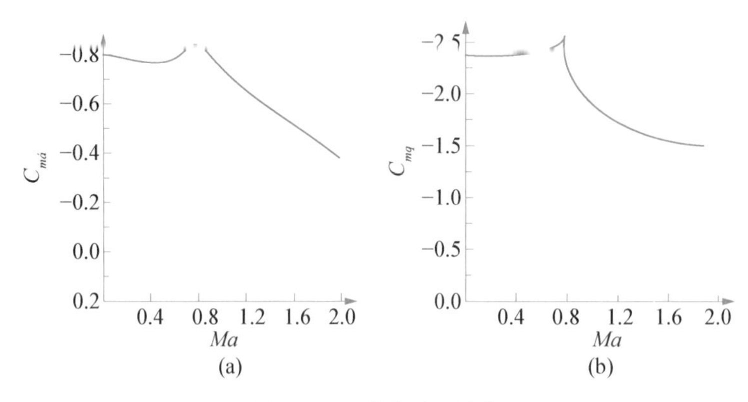

图4-25 洗流时差导数

由上述分析可知，飞机总的俯仰力矩系数如下：

定常直线飞行时，有

$$C_m=(C_{m0})_{\delta_{\mathrm{e}}=0}+C_{m\alpha}\alpha+C_{m\delta_{\mathrm{e}}}\delta_{\mathrm{e}} \tag{4-77}$$

式中，$C_{m\alpha}\alpha$ 代表$C_{mC_L}C_L$产生的俯仰力矩。

定常曲线飞行时，有

$$C_m=(C_{m0})_{\delta_{\mathrm{e}}=0}+C_{m\alpha}\alpha+C_{m\delta_{\mathrm{e}}}\delta_{\mathrm{e}}+C_{mq}\bar{q}+C_{m\dot{\alpha}}\bar{\dot{\alpha}} \tag{4-78}$$

4.2.3 拉升运动中的平衡问题

拉升运动作为一种典型的纵向曲线运动，可用来考察曲线飞行时飞机力矩平衡情况。所谓拉升运动，是指飞机在纵向对称平面内以等角速率Ω作定常曲线运动，即是对称平面内的圆周运动。

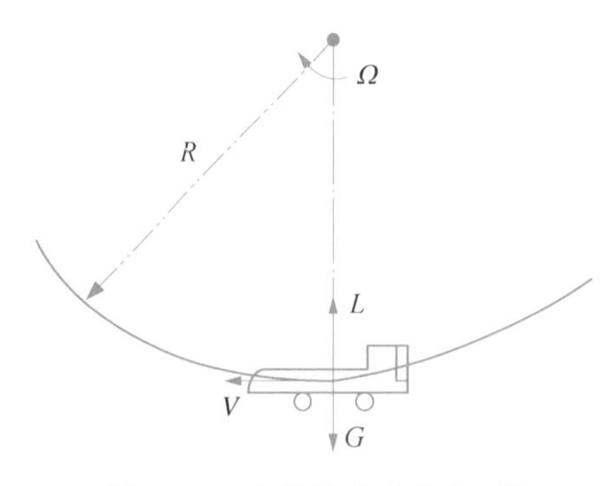

图4-26 飞机拉升运动动力学

显然这种运动只有在升力L与重力G共同作用下才能实现。拉升运动的切向力通过调节发动机推力来平衡，且不考虑飞行高度引起的空气密度的变化。若飞机原以速度V，迎角α作定常直线运动，为使轨迹上弯，拉升运动时需后拉杆以增大迎角产生向心力，迎角要相应增加$\Delta\alpha$；同时，为保持定常曲线运动飞行器拉升过程中俯仰角速度q必须与圆周运动角速度Ω相等。而$\Delta\alpha$和q

的大小均与法向过载增量 Δn_z 有关。按飞行器质心动力学关系可得

向心力为

$$\frac{G}{g}q^2R = L - G \tag{4-79}$$

运动学关系

$$V = qR \tag{4-80}$$

则有俯仰速率为

$$q = \frac{(n_z - 1)}{V}g \tag{4-81}$$

无因次化为

$$\bar{q} = \frac{qC_{\mathrm{Aw}}}{2V} = \frac{(n_z - 1)gC_{\mathrm{Aw}}}{2V^2} \tag{4-82}$$

拉升运动附加的气动力矩为形成向心力而加大迎角(ΔC_L)产生的力矩、旋转产生的阻尼力矩和升降舵偏转所产生的操纵力矩。即

$$\Delta C_m = C_{mC_L}\Delta C_L + C_{mq}\bar{q} + C_{m\delta_e}\Delta\delta_e \tag{4-83}$$

式中，$\Delta C_L = C_L - (C_L)_0$，$C_L$ 为拉升飞行中的升力系数，$(C_L)_0$ 为定常直线飞行中的升力系数。

由平衡时 $\Delta C_m = 0$，有

$$\Delta\delta_e = -\frac{1}{C_{m\delta_e}}(C_{mC_L}\Delta C_L + C_{mq}\bar{q}) \tag{4-84}$$

其中

$$\Delta C_L = C_L - (C_L)_0 = \left[\frac{C_L}{(C_L)_0} - 1\right](C_L)_0 = (n_z - 1)(C_L)_0 \tag{4-85}$$

由式(4-82)知无因次俯仰角速率为

$$\begin{aligned}\bar{q} = \frac{qC_{\mathrm{Aw}}}{2V} &= \frac{(n_z - 1)gC_{\mathrm{Aw}}}{2V^2} \\ &= \frac{(n_z - 1)\rho S(C_L)_0 C_{\mathrm{Aw}}}{4m}\end{aligned} \tag{4-86}$$

由式(4-84)～式(4-86)知法向过载 n_z 满足：

$$\frac{\Delta\delta_e}{n_z - 1} = -\frac{(C_L)_0}{C_{m\delta_e}}\left(C_{mC_L} + \frac{\rho SC_{\mathrm{Aw}}}{4m}C_{mq}\right) \tag{4-87}$$

令相对密度 $\mu = \dfrac{2m}{\rho SC_{\mathrm{Aw}}}$，则增加单位法向过载所需要的升降舵舵偏角为

$$\frac{\Delta\delta_e}{n_z - 1} = -\frac{(C_L)_0}{C_{m\delta_e}}\left(C_{mC_L} + \frac{1}{2\mu}C_{mq}\right) \tag{4-88}$$

为了符合操纵习惯，通常要求

$$\frac{\Delta\delta_e}{n_z-1}<0 \tag{4-89}$$

也就是拉杆（升降舵上偏）增加过载，且大小要适中：绝对值太大，反应不足，可能达不到最大过载；绝对值太小，反应灵敏，过载容易过大。

由式（4－88）～式（4－89），可知

$$\frac{\Delta\delta_e}{n_z-1}=-\frac{(C_L)_0}{C_{m\delta_e}}\left(C_{mC_L}+\frac{1}{2\mu}C_{mq}\right)<0 \tag{4-90}$$

即

$$C_{mC_L}+\frac{1}{2\mu}C_{mq}<0 \tag{4-91}$$

则有重心位置

$$h=h_m=h_n-\frac{1}{2\mu}C_{mq} \tag{4-92}$$

由 h_m 所确定的重心位置为机动点。

可知重心在机动点之前，正常操纵，拉杆增加过载；重心在机动点之后；反常操纵，拉杆减小过载，如图 4－27 所示。

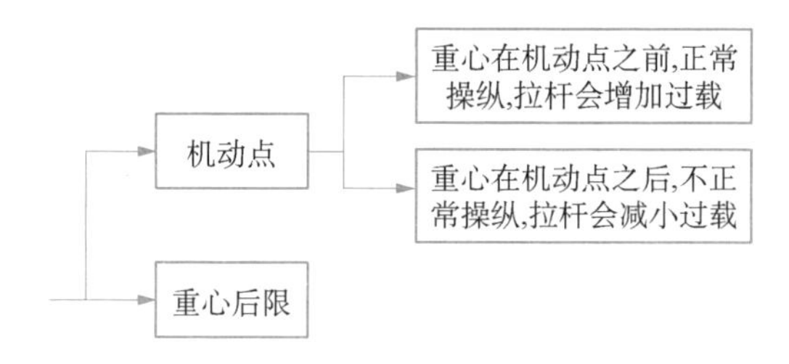

图 4－27 机动点位置特性

4.3 升降舵的铰链力矩和驾驶杆力

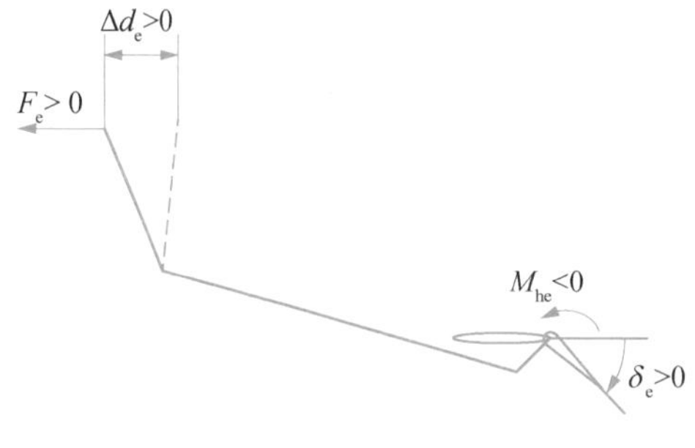

图 4－28 升降舵的铰链力矩

作用在升降舵（或全动平尾）上的气动力 R_e 对舵面转轴的力矩，称为升降舵铰链力矩，如图 4－28 所示，用 M_{he} 表示，$M_{he}=-R_e h_e$，h_e 为气动力 R_e 到舵铰链转轴的垂直距离。

在铰链力矩作用下，舵面将绕转轴转动，为了保持实现定常运动所需的舵面偏角，需通过驾驶员对驾驶杆施加一定杆力，来平衡舵面的铰链力矩。

铰链力矩平衡方程为

$$F_e \cdot \Delta d_e + M_{he} \cdot \frac{\Delta \delta_e}{57.3} = 0 \tag{4-93}$$

式中，F_e 为驾驶杆力，推力为正；Δd_e 为驾驶杆位移，向前为正；M_{he}为铰链力矩，抬头为正；δ_e 为舵面偏角，下偏为正。

4.3.1　压力分布与铰链力矩

根据式(4－93)，有

$$F_e = -\frac{M_{he} \cdot \Delta \delta_e}{57.3 \cdot \Delta d_e} = -KM_{he} \tag{4-94}$$

式中，$K = \dfrac{\Delta \delta_e}{57.3 \cdot \Delta d_e}$ 为驾驶杆位移传动比。

铰链力矩为　$$M_{he} = C_{he} k \frac{1}{2} \rho V^2 S_e c_e \tag{4-95a}$$

铰链力矩系数为　$$C_{he} = C_{he0} + C_{he\alpha} \alpha_t + C_{he\delta_e} \delta_e \tag{4-95b}$$

一般　$$C_{he0} = 0 \tag{4-95c}$$

式中，$C_{he\alpha} = \partial C_{he} / \partial \alpha_t$，$C_{he\delta_e} = \partial C_{he} / \partial \delta_e$。

那么

$$F_e = -Kk \frac{1}{2} \rho V^2 S_e c_e (C_{he\alpha} \alpha_t + C_{he\delta_e} \delta_e) \tag{4-96}$$

式中，舵面积为 S_e，阻滞系数为 k，参考长度为 c_e。压力分布与铰链力矩的关系如图 4－29 所示。

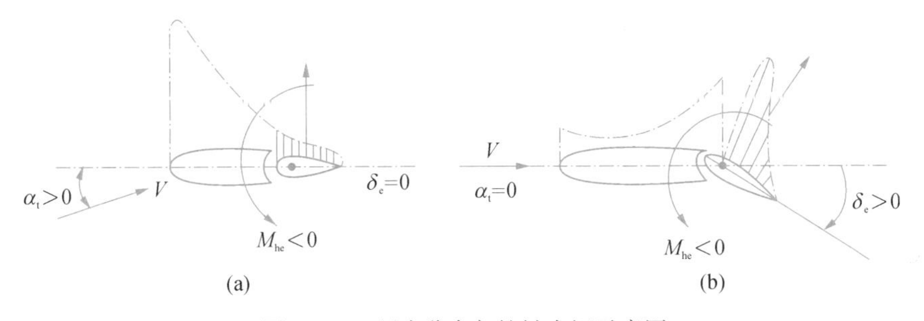

图 4－29　压力分布与铰链力矩示意图

4.3.2　定直平飞的平衡杆力

由式(4－96)得杆力

$$F_e = -Kk \frac{1}{2} \rho V^2 S_e c_e (C_{he\alpha} \alpha_t + C_{he\delta_e} \delta_e) \tag{4-97}$$

式中，

$$\alpha_t = \alpha_w + i_t - \varepsilon + \eta\delta_e,\ \alpha_w = \alpha_0 + \frac{1}{a}C_L$$

$$\delta_e = -\frac{1}{C_{m\delta_e}}[(C_{m0})_{\delta_e=0} + C_{mC_L}C_L] \text{或} \quad \delta_e = -\frac{1}{C_{m\delta_e}}\left[(C_{m0})_{\delta_e=0} + C_{mC_L}\frac{2G}{\rho S}\cdot\frac{1}{V^2}\right]$$

令 $A = (C_{m0})_{\delta_e=0} - \frac{C_{he\alpha}}{C_{he\delta_e}}C_{m\delta_e}(\alpha_w + i_t - \varepsilon_0)$，$B = C_{mC_L} - \frac{C_{he\alpha}}{C_{he\delta_e}}C_{m\delta_e}\frac{1}{a}\left(1 - \frac{\partial\varepsilon}{\partial\alpha}\right)$，

$F^x = Kk\frac{1}{2}\rho V^2 S_e c_e \frac{C_{he\delta_e}}{C_{m\delta_e}}$，$a$ 为机翼升力线斜率，则有

$$F_e = F^x(A + B\cdot C_L),\text{或}\ F_e = F^x\left(A + B\cdot\frac{2G}{\rho SV^2}\right) \tag{4-98}$$

为了进一步分析平衡杆力曲线影响因素，对式(4－98)进行变换处理。考察平衡曲线上杆力为零点，如图 4－30(b)所示，则根据式(4－98)，杆力平衡时有 $A_0 = -B_0\cdot C_L = -B_0\cdot\frac{G}{0.5\rho V_0^2 S}$，故$\frac{G}{S} = -\frac{A_0}{B_0}\cdot 0.5\rho V_0^2$，而平衡杆力曲线上杆力不为零的点，满足

$$F_e = Kk\frac{1}{2}\rho V^2 S_e c_e \frac{C_{he\delta_e}}{C_{m\delta_e}}\left(A + B\cdot\frac{2G}{\rho SV^2}\right) = KkS_e c_e\frac{G}{S}\frac{C_{he\delta_e}}{C_{m\delta_e}}B\left(1 + \frac{A}{B}\cdot\frac{\rho SV^2}{2G}\right) \tag{4-99}$$

则由式(4－98)及上述分析可知：

$$F_e = KkS_e c_e\frac{G}{S}\frac{C_{he\delta_e}}{C_{m\delta_e}}B\left(1 + \frac{A}{B}\cdot\frac{\rho V^2}{2}\frac{S}{G}\right) = KkS_e c_e\frac{C_{he\delta_e}}{C_{m\delta_e}}\frac{G}{S}B\left(1 - \frac{A}{B}\cdot\frac{\rho V^2}{2}\frac{B_0}{A_0\frac{\rho V_0^2}{2}}\right)$$

$$= F_1^x\cdot B\left(1 - \frac{A}{B}\cdot\frac{B_0}{A_0}\cdot\frac{V^2}{V_0^2}\right) \tag{4-100}$$

其中 $F_1^x = KkS_e c_e\frac{C_{he\delta_e}}{C_{m\delta_e}}\frac{G}{S}$，为驾驶杆力对重心位移的梯度。

若不考虑速度变化引起的 A, B 变化，即 $A = A_0$, $B = B_0$，则式(4－100)对速度导数为

$$\left(\frac{\partial F_e}{\partial V}\right)_{V=V_0} = -F_1^x\cdot B\left(\frac{2V}{V_0^2}\right)_{V=V_0} = -F_1^x\cdot B\frac{2}{V_0} \tag{4-101}$$

由于 $C_{he\delta_e} < 0$，$C_{m\delta_e} < 0$，当 $B < 0$ 时，则由 $F_1^x > 0$，知$\frac{\partial F_e}{\partial V} > 0$。

4.3.3 平衡杆力曲线

因为 $F_e = F^x(A + B\cdot C_L)$，则加速时要推杆(增加向前的杆力)，所以要求斜率

为负。如图 4-30(a)所示。

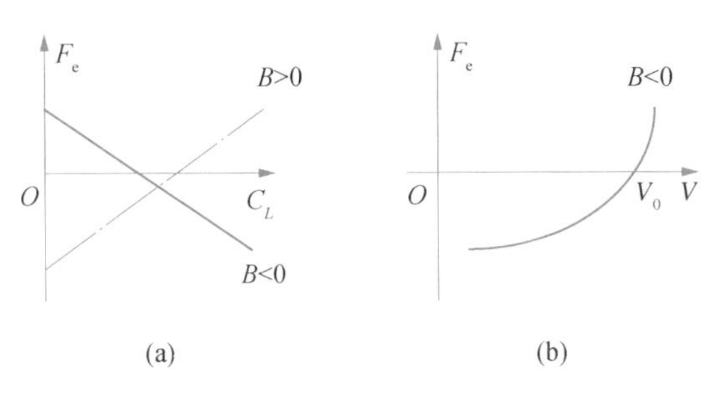

图 4-30　平衡杆力曲线

当$|B|$太小时，飞机过于灵敏，驾驶员操纵困难；当$|B|$太大时，飞机机动性差，驾驶员易疲劳。根据

$$F_e = F^x\left(A + B\cdot\frac{2G}{\rho SV^2}\right) \tag{4-102}$$

对于 $F_e\to V$ 平衡曲线，由于加速时要推杆（增加向前的杆力），所以要求斜率为正，如图 4-30(b) 所示，根据式(4-101)，可知需 $B<0$。

平衡杆力曲线的斜率大小，除了与 B 有关外，还与 F^x 有关，因此 B，F^x 选取要满足约束条件。

由前述的条件及推导可知

$$B = C_{mC_L} - \frac{C_{he\alpha}}{C_{he\delta_e}}C_{m\delta_e}\ \frac{1}{a}\left(1-\frac{\partial\varepsilon}{\partial\alpha}\right) < 0 \tag{4-103}$$

而 $C_{mC_L} = h - h_n$，则重心要求满足

$$h < h_n + \frac{C_{he\alpha}}{C_{he\delta_e}}C_{m\delta_e}\ \frac{1}{a}\left(1-\frac{\partial\varepsilon}{\partial\alpha}\right) \tag{4-104}$$

由 $B=0$ 确定的重心位置为松杆中性点。

可知，松杆中性点特性如下，当重心在松杆中性点之前，正常操纵，加速要求增加杆力；当重心在松杆中性点之后，反常操纵，加速要求减小杆力。

4.3.4　松杆问题

在可逆的操纵系统下，当驾驶员松杆时有如下关系：平衡时，力矩为零，即 $C_m=0$；松杆杆力为零，即 $F_e=0$；舵面松浮，铰链力矩为零，$C_{he}=0$。则松杆后当飞机受外界扰动，产生 $\Delta\alpha$ 迎角增量，相应平尾迎角增大 $\Delta\alpha_t$，这使得升降舵上的铰链力矩系数发生变化，为 $\Delta C_{he}=C_{he\alpha}\Delta\alpha_t$，由于松杆没有平衡此铰链力矩的驾驶杆力，因此在此铰链力矩作用下，舵面将扰铰链轴旋转，这种舵面随风飘动现象为“飘浮”，舵面应飘浮到新的使铰链力矩为零的平衡位置为止，此时舵面漂浮角 $\Delta\delta_{ef}$确定如下：

$$\Delta C_{he} = C_{he\alpha}\Delta\alpha_t + C_{he\delta_e}\Delta\delta_{ef} = 0 \tag{4-105}$$

其中迎角增大引起的平尾迎角增加为 $\Delta\alpha_{\mathrm{t}}=\frac{1}{a}\left(1-\frac{\partial\varepsilon}{\partial\alpha}\right)\Delta C_L$，可得舵面漂浮角

$$\Delta\delta_{\mathrm{ef}}=-\frac{C_{\mathrm{he}\alpha}}{C_{\mathrm{he}\delta_{\mathrm{e}}}}\frac{1}{a}\left(1-\frac{\partial\varepsilon}{\partial\alpha}\right)\Delta C_L \tag{4-106}$$

由于飞机受扰动后，迎角增加和舵面漂浮产生的俯仰力矩系数变化为

$$\Delta C_{m_{\mathrm{f}}}=C_{mC_L}\Delta C_L+C_{m\delta_{\mathrm{e}}}\Delta\delta_{\mathrm{ef}} \tag{4-107}$$

式(4-106)代入式(4-107)，并在两端除以 ΔC_L，则有松杆静稳定导数

$$\left(\frac{\partial C_m}{\partial C_L}\right)_{\text{松杆}}=B=C_{mC_L}-\frac{C_{\mathrm{he}\alpha}}{C_{\mathrm{he}\delta_{\mathrm{e}}}}C_{m\delta_{\mathrm{e}}}\frac{1}{a}\left(1-\frac{\partial\varepsilon}{\partial\alpha}\right) \tag{4-108}$$

由于后一项为正，故飞机松杆重心后移，静稳定性小于握杆情况。

4.3.5 拉升运动的附加杆力

参考图 4-26，拉升运动中，总的杆力分为以下两种。

(1) 与拉升运动相同的速度和迎角作定直平飞时的平衡杆力：

$$F_{\mathrm{e}}=-Kk\frac{1}{2}\rho V^2S_{\mathrm{e}}C_{\mathrm{e}}(C_{\mathrm{he}\alpha}\alpha_{\mathrm{t}}+C_{\mathrm{he}\delta_{\mathrm{e}}}\delta_{\mathrm{e}}) \tag{4-109}$$

(2) 拉升运动的附加杆力：

$$\Delta F_{\mathrm{e}}=-Kk\frac{1}{2}\rho V^2S_{\mathrm{e}}C_{\mathrm{e}}(C_{\mathrm{he}\alpha}\Delta\alpha_{\mathrm{t}}+C_{\mathrm{he}\delta_{\mathrm{e}}}\Delta\delta_{\mathrm{e}}) \tag{4-110}$$

而由式(4-60)，式(4-83)，式(4-105)知，由于迎角增加和飞机俯仰角速度产生的平尾迎角增量为

$$\begin{aligned}\Delta\alpha_{\mathrm{t}}&=\frac{1}{a}\left(1-\frac{\partial\varepsilon}{\partial\alpha}\right)\Delta C_L+\frac{ql_{\mathrm{t}}}{\sqrt{k}V}\\&=\left[\frac{1}{a}\left(1-\frac{\partial\varepsilon}{\partial\alpha}\right)(C_L)_0+\frac{ql_{\mathrm{t}}}{\sqrt{k}V^2}\right](n_z-1)\end{aligned} \tag{4-111}$$

将式(4-86)代入式(4-111)可得

$$\Delta\alpha_{\mathrm{t}}=\left[\frac{1}{a}\left(1-\frac{\partial\varepsilon}{\partial\alpha}\right)+\frac{1}{\mu}\frac{l_{\mathrm{t}}}{\sqrt{k}C_{\mathrm{Aw}}}\right](n_z-1)(C_L)_0 \tag{4-112}$$

式中，$(C_L)_0=\frac{2G}{\rho SV^2}$，$\mu=\frac{2m}{\rho SC_{\mathrm{Aw}}}$。

将式(4-112)和拉升运动中升降舵偏角式(4-88) 代入式(4-110)，可得

$$\frac{\Delta F_{\mathrm{e}}}{n_z-1}=F^x\left(B+C\frac{1}{2\mu}\right) \tag{4-113}$$

式中，C 为纵向松杆阻尼导数：

$$C = C_{mq} - \frac{C_{he\alpha}}{C_{he\delta_e}} C_{m\delta_e} \frac{2l_t}{\sqrt{k}C_A} \tag{4-114}$$

$\dfrac{\Delta F_e}{n_z - 1}$ 为增加单位过载所需杆力，要求小于 0。而 $C_{he\delta_e} < 0$，$C_{m\delta_e} < 0$，根据式 (4-98) 有 $F^x > 0$，则

$$B + C\frac{1}{2\mu} < 0 \tag{4-115}$$

有松杆机动点对应的重心要求为

$$h < h_n + \frac{C_{he\alpha}}{C_{he\delta_e}} C_{m\delta_e} \frac{1}{a}\left(1 - \frac{\partial \varepsilon}{\partial \alpha}\right) - \frac{C}{2\mu} \tag{4-116}$$

由 $B + C/(2\mu) = 0$ 确定的重心位置

$$h = h_n + \frac{C_{he\alpha}}{C_{he\delta_e}} C_{m\delta_e} \frac{1}{a}\left(1 - \frac{\partial \varepsilon}{\partial \alpha}\right) - \frac{C}{2\mu} \tag{4-117}$$

该点称为松杆机动点。

减小铰链力矩的措施有：轴式补偿如图 4-31(a)所示；角式补偿如图 4-31(b)所示；内补偿如图 4-31(c)所示；调整片，如图 4-31(d)所示。

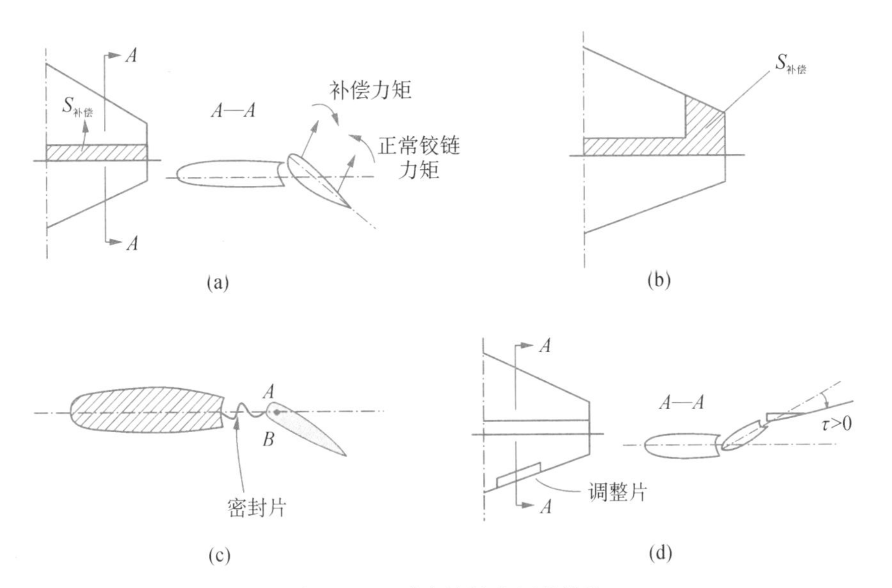

图 4-31　减小铰链力矩的措施

4.3.6　重心前后限

重心后限确定总结如表 4-1 所示。

表 4-1　重心后限的确定

重心后限	参数	影响	参数
焦点	h_n	静稳定性 平衡舵偏角	C_{mC_L}，$\frac{d\delta_e}{dC_L}$
握杆 机动点	$h_n-\frac{1}{2\mu}C$[illegible]	增加单位过载的舵偏角	$\frac{\Delta\delta_e}{n_z-1}$
松杆 中性点	$h_n+\frac{C_{he\alpha}}{C_{he\delta_e}}C_{m\delta_e}\frac{1}{a}\left(1-\frac{\partial\varepsilon}{\partial\alpha}\right)$	松杆静稳定性 平衡的杆力	B，$\frac{dF_e}{dV}$
松杆 机动点	$h_n+\frac{C_{he\alpha}}{C_{he\delta_e}}C_{m\delta_e}\frac{1}{a}\left(1-\frac{\partial\varepsilon}{\partial\alpha}\right)-\frac{C}{2\mu}$	增加单位过载的杆力	$\frac{\Delta F_e}{n_z-1}$

重心前限主要从两方面考虑：

(1) 升降舵的最大偏角受到飞机构造和气流分离条件的限制。当飞机重心前移时，纵向静稳定性增加，这将增大升降舵的偏角。这又和升降舵不能无限制的增加形成矛盾。

(2) 从保证飞机的良好操纵性考虑，要保证完成每一个飞行动作所要求的舵偏角和杆力大小要适中。

重心前限的确定有以下要求：①着陆时，除平衡纵向力矩外，升降舵还应留有3°～5°的余量；②起飞时升降舵偏角应保证飞机能在规定速度下抬起前轮；③战斗机平尾的最大偏角应使飞机达到规定的载荷；④着陆时平衡力矩所需的杆力不超过规定值；⑤定直飞行中，平衡力矩曲线的斜率不超过规定值；⑥定常曲线飞行中，$\Delta F_e/(n_z-1)$不超过规定值。

4.4　横侧向静稳定及力矩平衡

飞机横侧向运动包括：滚转运动、偏航运动和侧向滑动运动，其动力学如图 4-32(a)所示，其中 L_a、Y 分别为飞机升力和侧向力，G 为重力，飞机的侧向力是因为侧风等产生侧向速度 V_w 形成，同时会产生侧滑角 β_w(右侧滑为正)，如图 4-32(b)所示，图中，V_a，V_g 分别为空速和地速，侧滑角与偏航角及航迹方位角之间的关系如图 4-32(b)所示，即当滚转角为零时，有

$$\chi=\beta_w+\psi \tag{4-118}$$

根据牛顿定律和动量矩定理(详见第 5 章)，横侧向运动的动力学关系如下：

$$\begin{cases}F_y/m=a_y=\dot{v}+ur-wp\\ L=\dot{p}I_x-I_{xz}(\dot{r}+pq)-(I_y-I_z)qr\\ N=\dot{r}I_z-I_{xz}(\dot{p}-qr)-(I_x-I_y)pq\end{cases} \tag{4-119}$$

飞机横侧向稳定时，根据图 4-32(a)，有力平衡方程

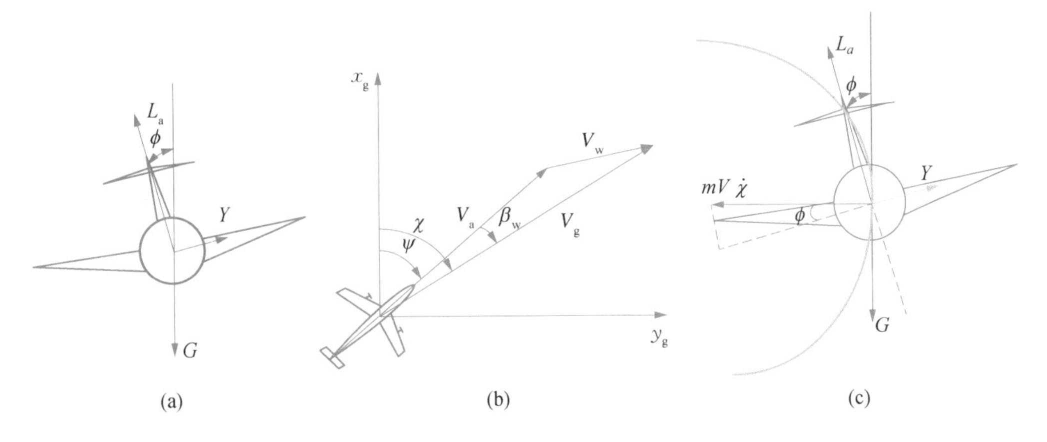

图 4-32　飞机横侧向运动几何

$$Y = G\sin\phi \tag{4-120}$$

$$L_a = G\cos\phi \tag{4-121}$$

当飞机以$\dot{\chi}$角速度迎面侧滑转弯时，如图 4-32(c)，侧滑转弯方程为

$$\begin{cases} L_a = mg\cos\phi - mV_0\dot{\chi}\sin\phi \\ Y = mg\sin\phi + mV_0\dot{\chi}\cos\phi \end{cases} \tag{4-122}$$

根据侧向力近似关系 $Y \approx Y_\beta \beta$，可得 $mV_0\dot{\chi}\cos\phi \approx Y_\beta\beta - mg\sin\phi$。

4.4.1　侧力和横侧向力矩

侧力：飞机总的空气动力沿气流坐标系 y 轴的分量为飞机受到的侧力 Y。定义侧力系数为

$$C_Y = \frac{Y}{\frac{1}{2}\rho V^2 S} \tag{4-123}$$

式中，Y 为受到的侧力，以向右为正方向，S 为机翼参考面积。侧力系数 C_Y 沿 Oy_b 轴为正方向。

滚转力矩：飞机绕机体坐标轴系 x 轴的力矩称为滚转力矩 L。定义滚转力矩系数为

$$C_l = \frac{L}{\frac{1}{2}\rho V^2 Sb} \tag{4-124}$$

式中，L 为滚转力矩，以向右滚转为正；S 和 b 为机翼参考面积和参考弦长。

偏航力矩：飞机绕机体坐标轴系 z 轴的力矩称为偏航力矩 N。定义偏航力矩系数为

$$C_n = \frac{N}{\frac{1}{2}\rho V^2 Sb} \tag{4-125}$$

式中，N 为偏航力矩，以向右偏航为正。一般将滚转力矩与偏航力矩统称为横侧向力矩。

4.4.2 横侧向静稳定性

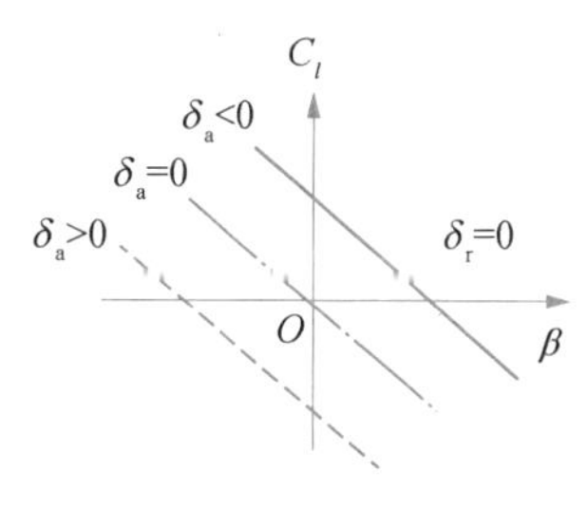

图4-33 横滚静稳定性导数

与纵向静稳定导数 C_{mC_L}，$C_{m\alpha}$ 类似，对横滚运动，定义横滚静稳定性导数 $C_{l\beta}$，描述飞机横滚静稳定特性，如图 6-33 所示直线斜率。

当飞机遇到侧滑时，如图 4-34(a)所示，β 较大，产生大的向右滚转力矩 L，使飞机向右倾斜飞行；飞机向右倾斜，产生侧力 $Y=L_a\sin\phi$，使飞机向右，航方向改变，β 随飞机向右移动而减小，如图 4-34(b)～图 4-34(c)所示，β 趋于零，飞机无滚转飞行。

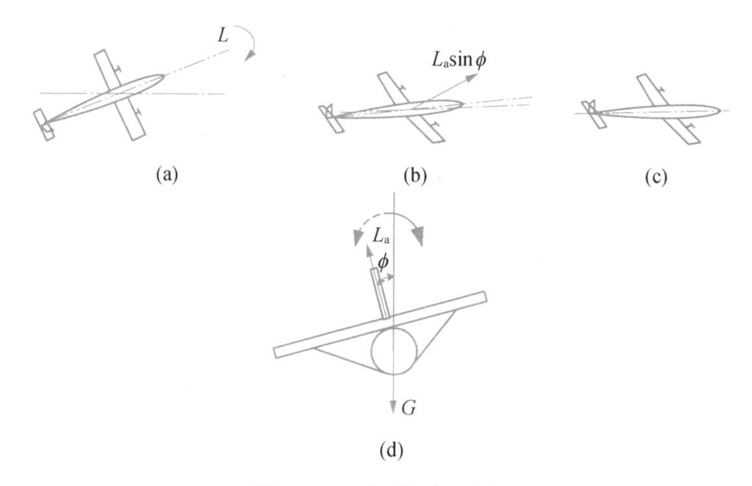

图 4-34 $C_{l\beta}$ 稳 定 过 程

具体流程如下：由于气流干扰使得飞机产生一正滚转角(右滚扰动)，如图 4-34(d)所示(前视图，虚箭头)。此时虽然姿态角变化并不会产生气动力(因为只有气流角才会产生气动力)，但是，由于滚转角 $\phi>0$，升力与重力将产生合力，使得飞机向中心侧滑，产生正侧滑角 $\beta>0$。当 $C_{l\beta}<0$ 时，如图 4-34(d) 所示，飞机产生负的滚转力矩，飞机向左滚，使正的滚转角逐渐恢复到零，飞机稳定；反之，当 $C_{l\beta}>0$ 时，飞机产生正的滚转力矩，飞机更加向右滚，流程图如图 4-35 所示。因此，当 $C_{l\beta}<0$ 时，

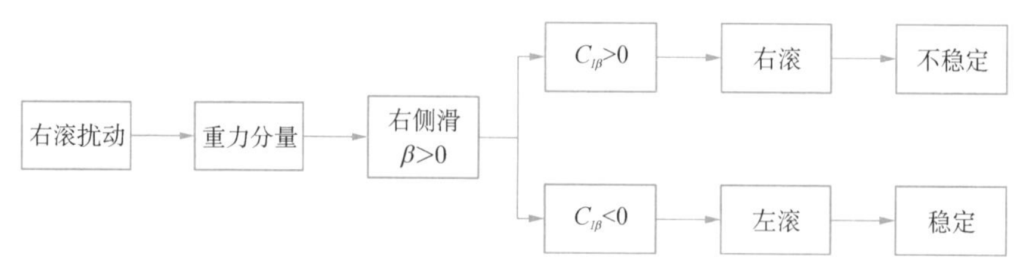

图 4-35 横滚静稳定分析

飞机具有横滚静稳定性；当 $C_{l\beta} > 0$ 时，飞机为横滚静不稳定的。

对于航向运动，定义航向静稳定性导数 $C_{n\beta}$，描述飞机航向静稳定特性，如图 4-36 所示直线斜率为 $C_{n\beta}$。

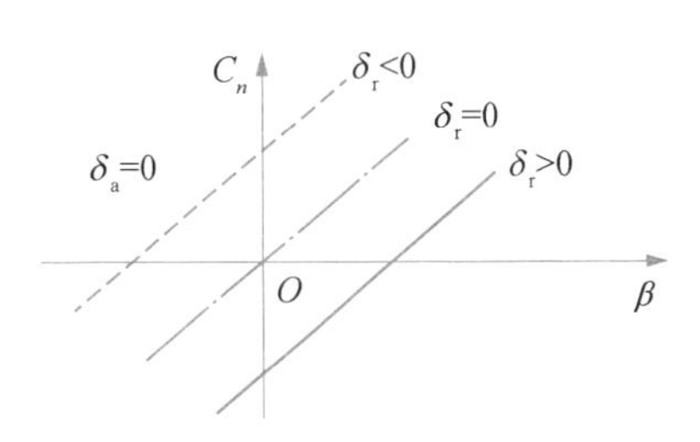

图 4-36　航向静稳定性导数

$C_{n\beta}$稳定航向过程如图 4-37 所示，当飞机遇到侧滑时，如图 4-37(a)所示，β 较大，大的偏航力矩 N 使飞机向右转弯飞行；β 随飞机侧向转弯减小，如图 4-37(b)所示，偏航力矩 N 减小；到图 4-37(c)所示，β 趋于零，偏航力矩为零，飞机无侧滑飞行。

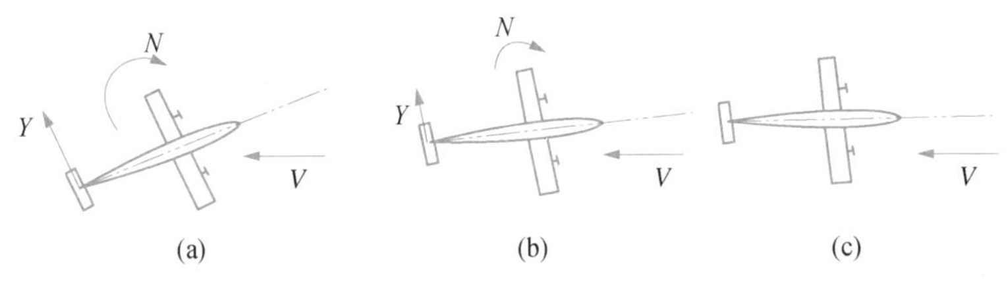

图 4-37　$C_{n\beta}$ 稳定过程

具体流程如下：假设飞机存在右侧滑运动，即 $\beta > 0$，如图 4-38(a)所示，此时飞机垂尾将产生一个负值侧力。由于垂尾在飞机重心后方，当航向静稳定性导数 $C_{n\beta} > 0$ 时，将产生正的偏航力矩，并使得侧滑角 β 逐渐减小。反之，当 $C_{n\beta} < 0$ 时，将产生负的偏航力矩，侧滑角 β 进一步增大。因此，当航向静稳定性导数 $C_{n\beta} > 0$ 时，飞机具有航向稳定性；当 $C_{n\beta} < 0$ 时，飞机则不具备航向静稳定性。

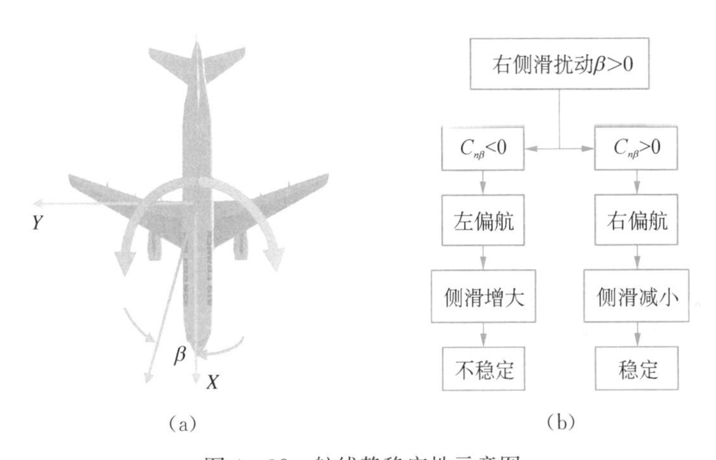

图 4-38　航线静稳定性示意图

需要注意的是，稳定的偏航力矩在使侧滑角减小(恢复)的同时，却使机头转到了新的方向。因此，这种稳定偏航力矩实质上只对速度轴线起稳定作用。所以，有时也将航向稳定性称为风标稳定性。

4.4.3 侧滑产生的侧力

飞机受到侧力作用会产生侧滑运动，侧力主要来自于机身和垂尾两个部分。

1）机身的侧力

如图 4-39 所示，当飞机发生右侧滑 ($\beta > 0$) 时，飞机机身的侧力为

$$Y_f = -a_f \beta S_f \frac{1}{2} \rho V^2 \tag{4-126}$$

式中，$a_f = \partial C_{Y_f} / \partial \beta$ 为机身侧力系数随侧滑角的变化率，S_f 为机身的参考面积，V 为飞机的前飞速度。

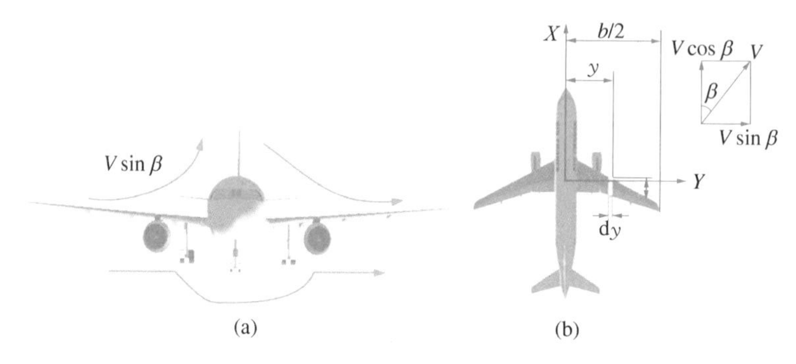

图 4-39 机身的侧力

由式(4-123)，式(4-126)可知飞机机身的侧力导数为

$$(C_{Y\beta})_f = -a_f S_f / S \tag{4-127}$$

式中，S 为机翼的参考面积。

2）垂尾的侧力

类似机身产生的侧力，当飞机发生右侧滑时，垂尾产生的侧力为

$$Y_v = -a_v \beta S_v k \frac{1}{2} \rho V^2 \tag{4-128}$$

式中，$a_v = \partial C_{Y_v} / \partial \beta$ 为垂尾侧力系数随侧滑角 β 的变化率，S_v 为垂尾的参考面积，k 为洗流对速度的阻滞系数。

由式(4-123)，式(4-128)可知垂尾的侧力导数为

$$(C_{Y\beta})_v = -a_v S_v k / S \tag{4-129}$$

综上所述，侧力合力导数为

$$C_{Y\beta} = (C_{Y\beta})_f + (C_{Y\beta})_v \tag{4-130}$$

侧力系数 $C_{Y\beta}$ 稳定飞行过程如图 4-40 所示，当飞机遇到侧滑时，如图 4-40(a)

所示，β 较大，使飞机侧向飞行；侧力 Y 作用下 β 随飞机侧向移动减小，如图 4－40(b)所示，同时侧向力 Y 减小，到如图 4－40(c)所示时，β 趋于零，侧向力为零，飞机无侧滑飞行。

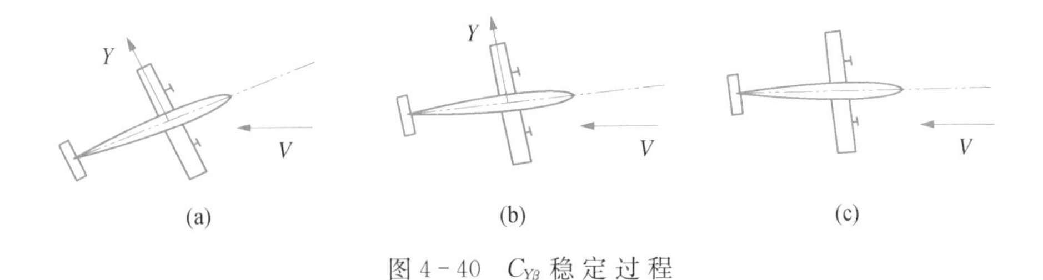

图 4－40　$C_{Y\beta}$ 稳定过程

4.4.4　影响滚转静稳定性导数的因素

飞机机翼的上反角、后掠角，机翼翼尖的形状，机翼与机身间的翼身干扰以及垂直尾翼的作用，都会影响飞机的滚转力矩，进而影响飞机的滚转稳定性，具体分析如下。

1) 机翼上反效应

飞机上(下)反角 Γ 是经翼根弦作一垂直于飞机对称面的平面，此平面与翼弦平面之间的夹角，如图 4－41(a)所示。翼弦平面在此平面之上称为上反角；反之，称为下反角。设有上反角 Γ 的机翼，其飞行速度为 V，并存在侧滑角 $\beta>0$。先将飞行速度 V 分解为 $V\sin\beta$ 和 $V\cos\beta$，再将 $V\sin\beta$ 沿翼弦平面及其垂直平面进行分解，如图 4－41(b)所示。对于右机翼而言，速度可以分解为 $V\sin\beta\sin\Gamma$ 和 $V\sin\beta\cos\Gamma$，即相当于右机翼的迎角有一增量：

$$\Delta\alpha_{\mathrm{r}}\approx\tan\Delta\alpha_{\mathrm{r}}=\frac{V\sin\beta\sin\Gamma}{V\cos\beta}\approx\beta\Gamma \tag{4-131}$$

同理，左机翼的迎角增量为

$$\Delta\alpha_{\mathrm{l}}\approx\tan\Delta\alpha_{\mathrm{l}}=-\frac{V\sin\beta\sin\Gamma}{V\cos\beta}\approx-\beta\Gamma \tag{4-132}$$

则左右机翼升力产生的滚转力矩增量分别为

$$\Delta L_{\mathrm{r}}=a\cdot\beta\Gamma\cdot\frac{1}{2}\rho V^{2}\cos^{2}\beta C\,\mathrm{d}y \tag{4-133}$$

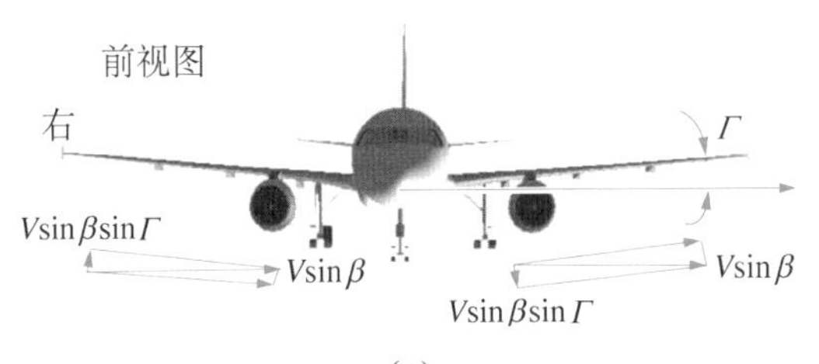

(a)

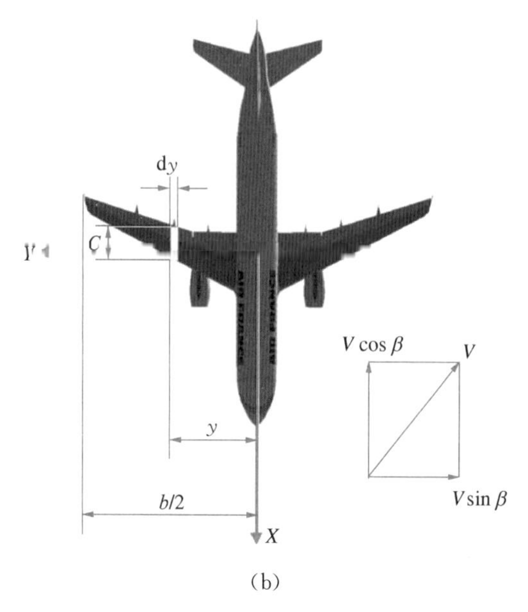

(b)

图 4-41 飞机上反效应

$$\Delta L_l = a \cdot (-\beta\Gamma) \cdot \frac{1}{2}\rho V^2 \cos^2\beta C \mathrm{d}y \tag{4-134}$$

式中，C 为剖面弦长，如图 4-41 所示，a 为机翼升力线斜率。

总滚转力矩增量为

$$\Delta L = \Delta L_l \cdot y - \Delta L_r \cdot y \tag{4-135}$$

式(4-135)积分并进行无量纲化(除去 $\bar{q}Sb$)后可得滚转力矩系数为

$$(C_l)_\Gamma = -2a \cdot \beta\Gamma \cdot \frac{1}{4}\int_0^{\frac{b}{2}} \frac{y \cdot C \cdot \mathrm{d}y}{\frac{b}{2} \cdot \frac{S_w}{2}} \tag{4-136}$$

即

$$(C_l)_\Gamma = -\frac{1}{2}a \cdot \beta\Gamma \cdot \bar{y} \tag{4-137}$$

式中，$\bar{y} = \int_0^{\frac{b}{2}} \frac{y \cdot C \cdot \mathrm{d}y}{\frac{b}{2} \cdot \frac{S_w}{2}}$。

当 $\Gamma > 0$，则 $(C_l)_\Gamma < 0$，使 C_l 负得更大，可见，机翼上反角起到了滚转静稳作用(称为上反效应)。

2) 机翼后掠角的影响

机翼后掠角的定义，$\Lambda_{1/4}$ 后掠角为 1/4 弦线点连成的直线与 Oy 轴的夹角。设有

后掠角 $\Lambda_{1/4}$ 的机翼，其飞行速度为 V，并存在侧滑角 $\beta > 0$，如图 4-42 所示。

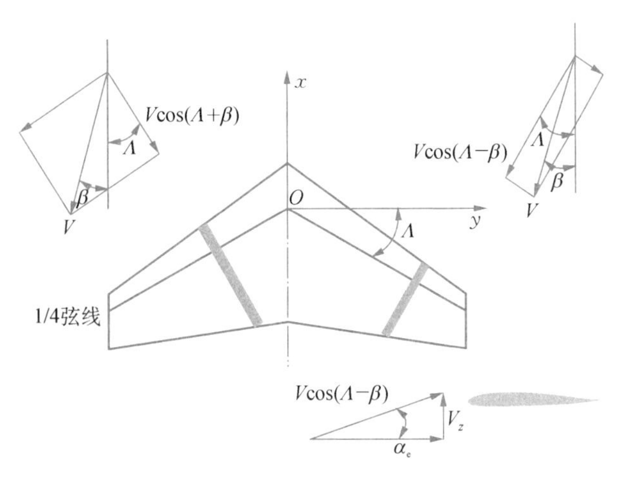

图 4-42　机翼后掠角 $\Lambda_{1/4}$的作用

对于右机翼，分解飞行速度 V 为平行于 1/4 弦线的分速 $V\sin(\Lambda_{1/4}-\beta)$ 和垂直于 1/4 弦线的分速 $V\cos(\Lambda_{1/4}-\beta)$；对于左机翼，则分解为平行于 1/4 弦线的分速 $V\sin(\Lambda_{1/4}+\beta)$ 和垂直于 1/4 弦线的分速 $V\cos(\Lambda_{1/4}+\beta)$。只有垂直于 1/4 弦线的分速才能产生升力，也将垂直于 1/4 弦线的分速称为有效速度。

则左右两侧机翼的迎角为

$$\alpha_{\mathrm{r}} = \arctan\frac{V_{\mathrm{n}}}{V_{\mathrm{r}}} \approx \frac{\alpha}{\cos(\Lambda_{1/4}-\beta)} \tag{4-138}$$

$$\alpha_{\mathrm{l}} = \arctan\frac{V_{\mathrm{n}}}{V_{\mathrm{l}}} \approx \frac{\alpha}{\cos(\Lambda_{1/4}+\beta)} \tag{4-139}$$

式中，$V_{\mathrm{n}} = V\cos\beta\sin\alpha \approx V\alpha$，为垂直于翼平面的速度分量。

由式(4-138)～式(4-139)可知左右机翼产生的升力是不同的，其升力差为

$$\begin{aligned}\Delta L &= \frac{1}{2}\rho\frac{C_{L\alpha}}{\cos\Lambda_{1/4}}(\alpha_{\mathrm{r}}V_{\mathrm{r}}^2-\alpha_{\mathrm{l}}V_{\mathrm{l}}^2)\frac{S_{\mathrm{w}}}{2}\\ &= \frac{1}{2}\rho V^2\frac{C_{L\alpha}}{\cos\Lambda_{1/4}}\alpha[\cos(\Lambda_{1/4}-\beta)-\cos(\Lambda_{1/4}+\beta)]\frac{S_{\mathrm{w}}}{2}\\ &= \frac{1}{2}\rho V^2 S_{\mathrm{w}}C_{L\alpha}\alpha\tan\Lambda_{1/4}\sin\beta\end{aligned} \tag{4-140}$$

升力差导致的横侧向力矩系数为

$$C_l = -\frac{Ly_{\mathrm{s,c}}}{\frac{1}{2}\rho V^2 Sb} = -\frac{1}{2}C_L\bar{y}\tan\Lambda_{1/4}\sin\beta$$

$$\approx -\frac{1}{2}C_L\bar{y}\tan\Lambda_{1/4}\beta \tag{4-141}$$

式中，$\bar{y}=\frac{y_{s,c}}{b/2}$，$y_{s,c}$ 近似为半机翼面积中心到对称面的距离，其值与机翼外形有关，升力系数 $C_L=C_{L\alpha}\alpha$。

进而有

$$(C_{l\beta})_{\Lambda}=-\frac{1}{2}C_L\bar{y}\tan\Lambda_{1/4} \tag{4-142}$$

所以，飞机在正迎角（$C_L>0$）下侧滑飞行时，对于后掠翼的飞机，其横滚静稳定性导数 $C_{l\beta}<0$，即后掠角产生横向静稳定性。对于前掠翼的情况也可以同样进行分析。

3）翼端作用

对于无后掠直角机翼，在一定迎角（$C_L\neq 0$）的情况下侧滑时，迎风一侧的侧缘起了“前缘”作用，整个机翼的自由涡顺气流方向偏斜，对机翼绕流的诱导作用，使机翼表面产生附加的压强分布，如图4－43所示。

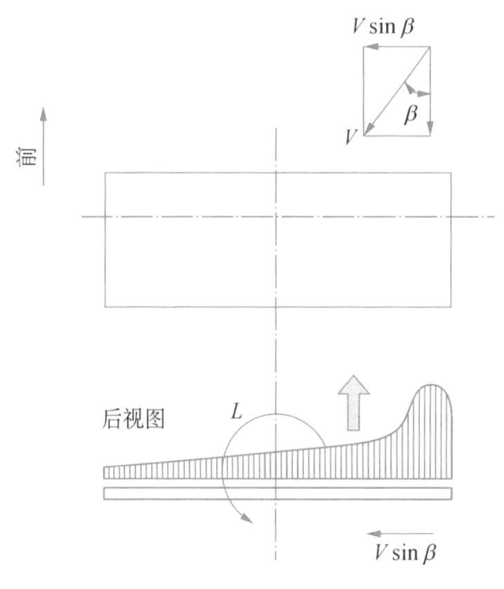

图4－43　翼端效应示意图

相对来流而言，迎风一侧半翼的升力和诱导阻力大于另一侧半翼，从而产生滚转力矩，记其滚转力矩稳定系数为$(C_{l\beta})_0$。对于后掠直边机翼，侧滑时其侧缘具有同样的“前缘”作用。若侧缘为曲线的机翼，翼端效应就大大减弱，可以忽略不计。

4）翼身干扰作用

在实际情况下，机翼总是和机身连接在一起的，这样会出现气动干扰作用，引起附加的气动力和力矩。这种干扰影响有时会比较显著，主要取决于机翼相对机身的位置。

如图4－44所示，当飞机发生右侧滑时，来流速度垂直于对称面的侧向分量为 $V\sin\beta$，由于机身的存在，当横向气流经过时，会导致机翼沿展向的局部迎角发生反对称变化。对于上单翼的情况[见图4－44(a)]，右半翼 $\Delta\alpha_r>0$，左半翼 $\Delta\alpha_l<0$，从而产生附加的负滚转力矩。而下单翼的情况[见图4－44(b)]，则正好相反。对于中单翼，基本无干扰。由以上分析可知，翼身干扰引起的滚转力矩的侧滑导数，上单翼时为$(C_{l\beta})_i<0$，下单翼时为$(C_{l\beta})_i>0$。典型上、下单翼飞机如图4－45所示。

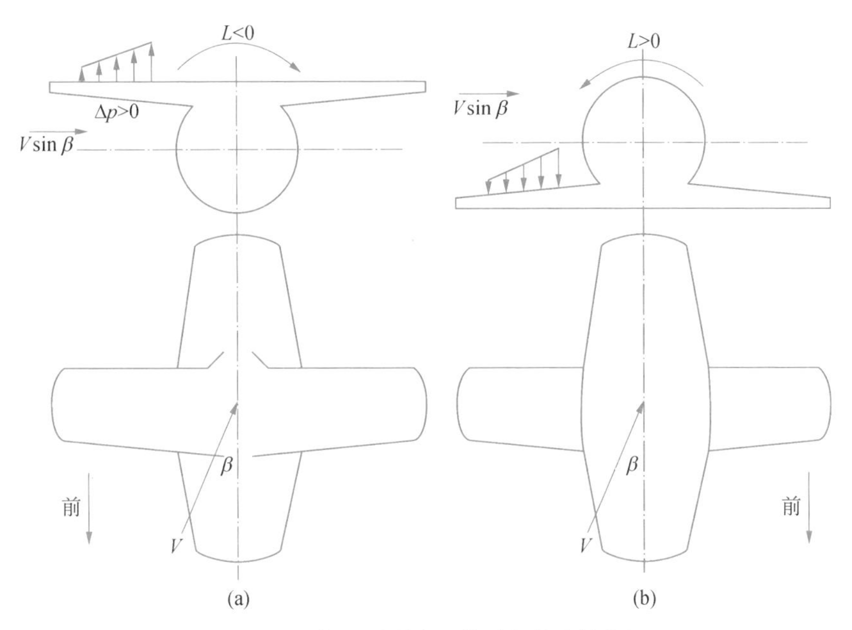

图 4-44　侧滑时翼身干扰引起的滚转力矩

图 4-45　上、下单翼飞机

(a) 上单翼 CN-235　(b) 下单翼 Ki-43

5) 垂直尾翼的影响

如图 4-46 所示,当飞机发生右侧滑时,垂尾处受到向右的气动力 Y_v 的作用,其大小为

$$Y_v = -a_v \beta S_v \frac{1}{2}\rho V^2 \tag{4-143}$$

式中,$a_v = \dfrac{\partial Y_v}{\partial \beta}$, S_v 为垂尾的参考面积。

则该气动力引起的滚转力矩稳定系数为

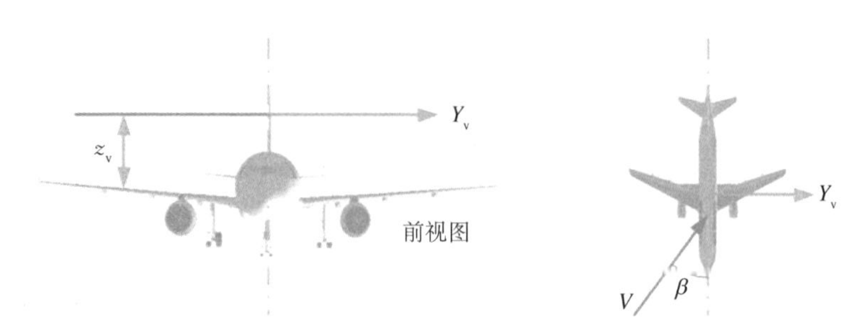

图 4-46 侧滑时垂尾产生的滚转力矩示意图

$$(C_{l\beta})_v = -a_v \frac{S_v}{S} z_v \tag{4-144}$$

式中，z_v 为垂尾面心到机翼平面的距离，S 为机翼参考面积。

由上式可知，垂尾的影响使得 $(C_{l\beta})_v < 0$，产生横滚静稳定。

由上述分析可知，飞机总的滚转稳定系数为

$$C_{l\beta} = (C_{l\beta})_O + (C_{l\beta})_\Gamma + (C_{l\beta})_\Lambda + (C_{l\beta})_i + (C_{l\beta})_v \tag{4-145}$$

式中，$(C_{l\beta})_v$ 为垂尾的影响，垂尾带来滚转静稳定；$(C_{l\beta})_i$ 为翼身干扰的影响，上单翼带来滚转静稳定；$(C_{l\beta})_\Lambda$ 为后掠角的影响，后掠角带来滚转静稳定；$(C_{l\beta})_\Gamma$ 为上反角的影响，上反角带来滚转静稳定；$(C_{l\beta})_O$ 为翼端作用影响，带来滚转静稳定。

4.4.5 影响航向稳定性导数的因素

下面讨论机翼上反角、后掠角和机身及垂尾对航向稳定性导数的影响。

1）机翼上反角的影响

上反角产生的偏航力矩如图 4-47(a)所示。与上反角对滚转力矩的影响的分析类似，当具有上反角机翼的飞机产生右侧滑运动时，左侧机翼迎角减小而右侧机翼迎角增大，进而导致左侧机翼的阻力减小而右侧机翼的阻力增大，使得这个飞机产生一右偏航力矩，故而飞机具有航向静稳定性，分析过程如图 4-47(b)所示。

2）机翼后掠角的影响

后掠角产生的偏航力矩如图 4-48 所示。与后掠角对滚转力矩的影响类似，当具有后掠机翼的飞机产生右侧滑运动时，左侧机翼的升力减小而右侧机翼的升力增大，进而导致左侧机翼的阻力减小而右侧机翼的阻力增大，使得这个飞机产生一右偏航力矩，故而飞机具有航向静稳定性，分析过程如图 4-49 所示。

3）机身与垂直尾翼的影响

由于侧滑角 β 所引起的偏航力矩主要由机身和垂尾产生，一般情况下，机身产生不稳定的偏航力矩，但与垂尾相比则较小。详细过程如下。

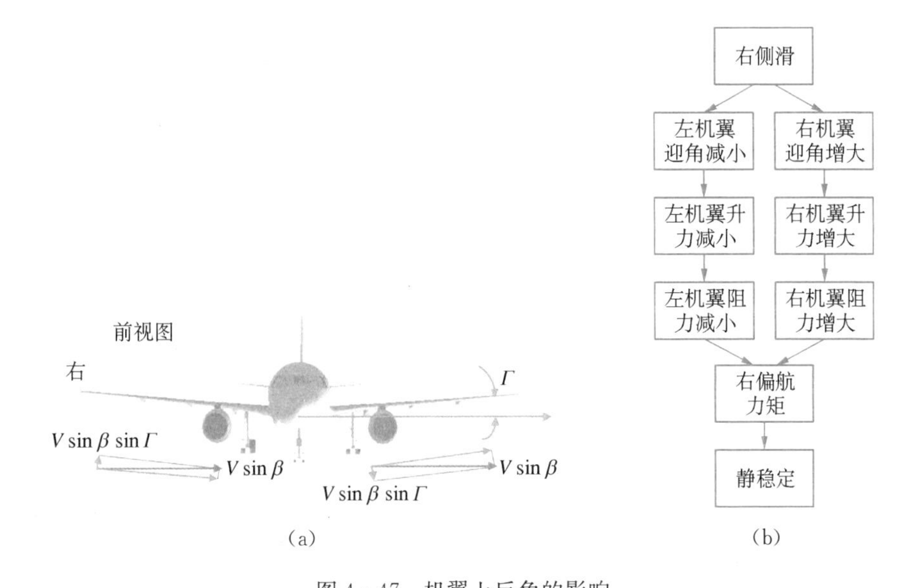

图 4－47　机翼上反角的影响

(a) 上反角产生的偏航力矩　(b) 机翼上反角对航向静稳定导数影响过程

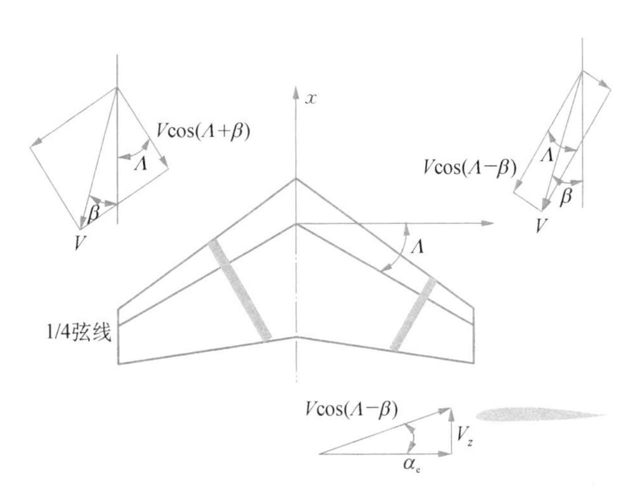

图 4－48　后掠角产生的偏航力矩

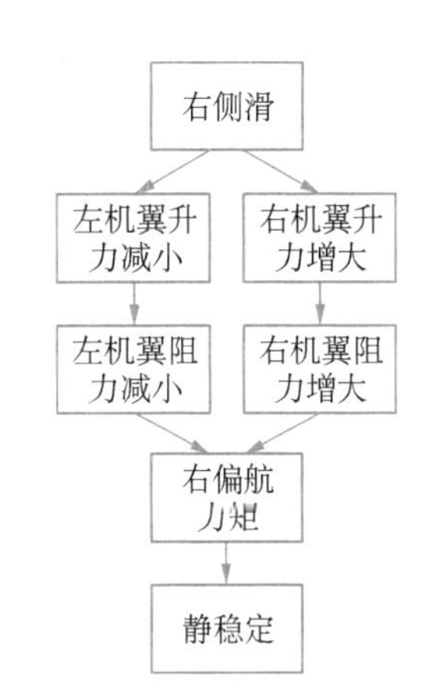

图 4－49　侧滑时机翼后掠角对航向静稳定导数影响过程

如图 4－50 所示，假设飞机存在右侧滑运动，即 $\beta > 0$，此时飞机垂尾将产生一个负值侧力。由于垂尾在飞机重心后方，所以产生一个正的偏航力矩，并使得侧滑角减小。而机身受到的负值侧力由于作用点一般在重心之前，所以产生的是负的偏航力矩，但由于力臂较短，所以与垂尾相比较而言较小。

综上所述，总的偏航力矩导数为

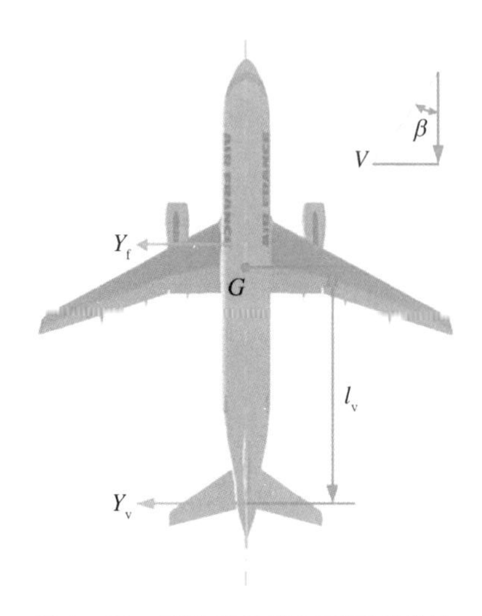

图 4-50 侧滑时机身和垂尾对偏航的影响

$$C_{n\beta}=(C_{n\beta})_w+(C_{n\beta})_f+(C_{n\beta})_v \tag{4-146}$$

式中，$(C_{n\beta})_v=kV_va_v$ 为垂尾的影响，垂尾带来航向静稳定；$(C_{n\beta})_f$ 为机身的影响，其带来航向静稳定不定；$(C_{n\beta})_w$ 为机翼的影响，后掠角和上反角带来航向静稳定。

4）马赫数对横航向静稳定性的影响

考虑空气压缩性时，在同一迎角下，不同 Ma 数的 C_L，$C_{L\alpha}$，a_v 不同，因而飞机的横航向稳定性也发生变化，具体跟飞机外形有关，如图 4-51 所示，为不同飞机 $C_{l\beta}$ 随 Ma 变化曲线，可见，Ma 增加，横向静稳定减小，但跨声速区会出现波折，甚至出现横向不稳定情形，它将引起副翼反操纵和蹬舵反倾斜现象。

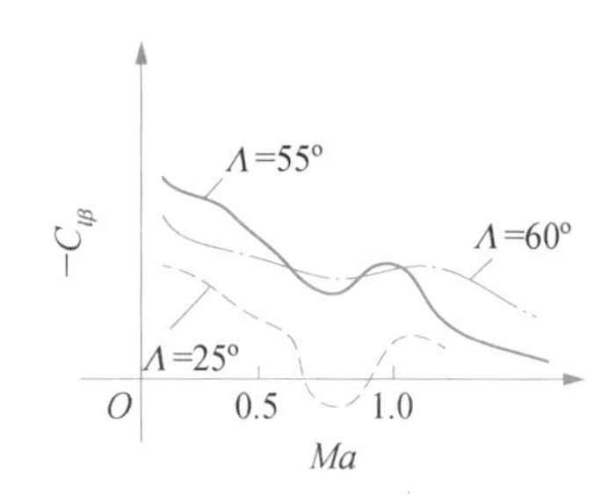

图 4-51 马赫数对横向静稳定性的影响

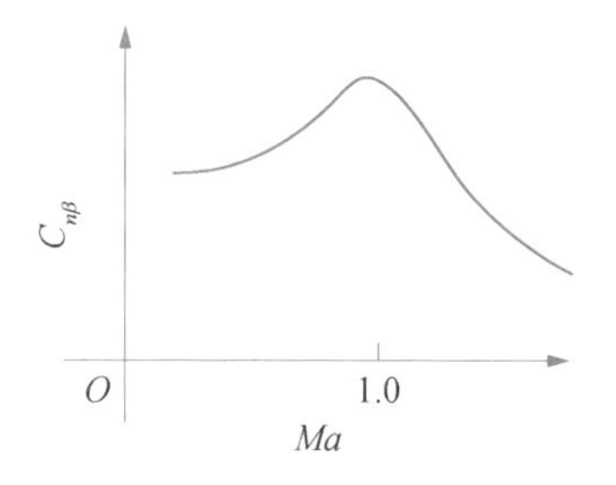

图 4-52 马赫数对航向静稳定性的影响

从式(4-146)可知，当空气压缩性压缩性影响 a_v 时，则航向静稳定性受影响，如图 4-52 所示，随 Ma 增加，超声速飞行航向静稳定减小。

4.4.6 副翼产生的横侧向力矩

副翼位于机翼后缘外侧，差动运动，偏角为 δ_a，右副翼后缘下偏为正(左副翼上偏)。副翼偏角 δ_a 引起的滚转力矩是最主要的力矩，是操纵力矩。副翼正偏时，右机翼升力增大，左机翼升力降低，成为力偶，力矩沿 Ox_b 轴方向，如图 4-53 所示。因此，

$$L(\delta_a)=\frac{1}{2}\rho V^2SbC_{l\delta_a}\delta_a \tag{4-147}$$

式中，$C_{l\delta_a}=\partial C_l/\partial\delta_a<0$ 为滚转操纵导数，$\delta_a=(\delta_1+\delta_2)/2$。

副翼偏转对滚转力矩曲线的影响如图 4-54 所示。

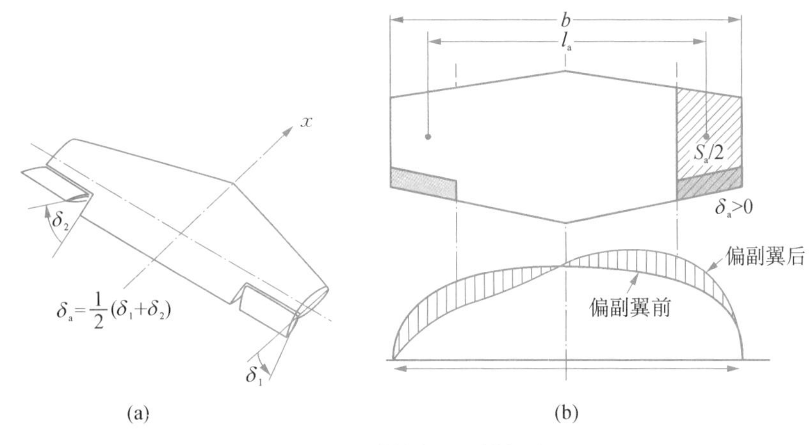

图 4－53　副翼产生的横侧力矩

(a) 副翼偏转　(b) 副翼偏转产生翼载变化

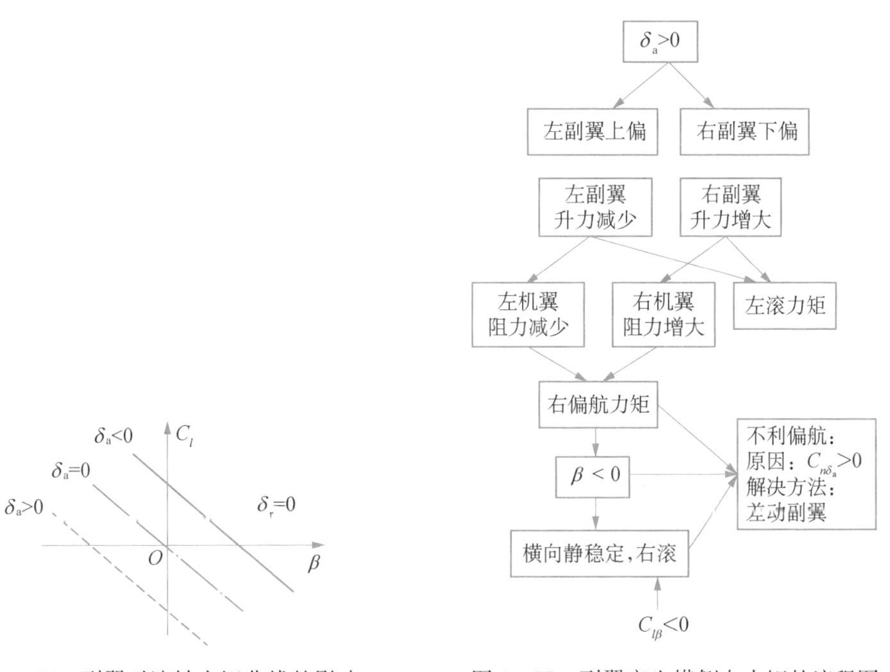

图 4－54　副翼对滚转力矩曲线的影响

图 4－55　副翼产生横侧向力矩的流程图

由于副翼上下偏转对机翼弯度影响不同，对 $\delta_a>0$，右副翼下偏转，弯度增大，升力增大，阻力也增大；左副翼上偏转，弯度减小，升力减小，阻力也减小；因此副翼正向偏转形成力矩沿 Oz_b 轴方向，属于正偏航力矩($C_{n\delta_a}>0$)。该力矩使机头右偏产生负侧滑，而由于飞机横向静稳定，$C_{l\beta}<0$，故此负侧滑将引起飞机产生向右滚转力矩，抵消部分右副翼下偏效果，对飞机转弯不利。副翼产生横侧向力矩的过程如图 4－55 所示。

一般地，为产生稳定的操纵交叉力矩，在副翼控制上采用下偏角小于上偏角的方法，从而达到产生负的偏航力矩的目的来消除不利偏航。

$$N(\delta_a) = \frac{1}{2}\rho V^2 SbC_{n\delta_a}\delta_a \tag{4-148}$$

式中，$C_{n\delta_a} = \frac{\partial C_n}{\partial \delta_a}$，称为副翼操纵交叉导数，符号根据具体情况决定。

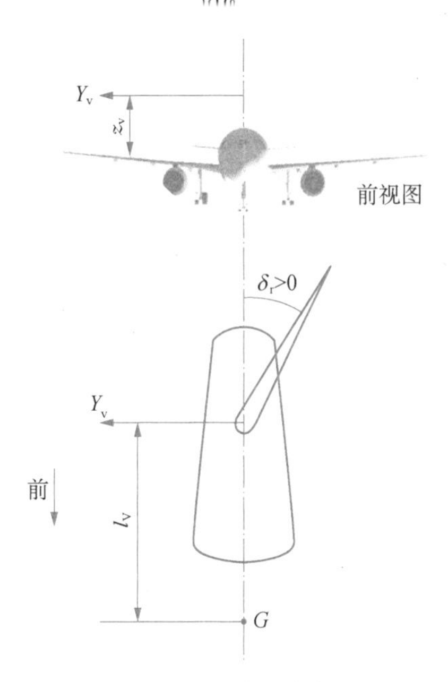

图 4-56 方向舵产生横侧向力矩

4.4.7 方向舵产生的横侧向力矩

方向舵位于垂直安定面后缘，由驾驶杆操纵。偏角为 δ_r，后缘左偏为正。方向舵正向偏转时，$\dot{\delta}_r$ 沿 Oz_b 轴方向，产生正侧力沿 Oy_b 轴方向，此力对 Ox_b 轴取力矩为正，对 Oz_b 轴取力矩为负，如图 4-56 所示，因此，有

$$L(\delta_r) = \frac{1}{2}\rho V^2 SbC_{l\delta_r}\delta_r \tag{4-149}$$

式中，$C_{l\delta_r} = \frac{\partial C_l}{\partial \delta_r} > 0$，称为方向舵操纵交叉导数。

$$N(\delta_r) = \frac{1}{2}\rho V^2 SbC_{n\delta_r}\delta_r$$

式中，$C_{n\delta_r} = \frac{\partial C_n}{\partial \delta_r} < 0$，称为航向操纵导数。

方向舵正偏时产生的力和方向舵对偏航力矩曲线的影响如图 4-36 所示，方向舵左偏，C_n 减小。因此横侧向力矩有如下结论：力和力矩与侧滑呈线性关系（在小迎角区）；滚转力矩和偏航力矩系数随着侧滑角的变化导数分别为横向和航向静稳定性导数；横向静稳定性由上反角、后掠角、垂尾等产生；航向静稳定性主要由垂直尾翼产生；偏转副翼主要产生滚转力矩，偏航力矩很小；偏转方向舵主要产生偏航力矩，也有滚转力矩。

4.5 定常直线侧滑飞行中飞机的侧力平衡和力矩平衡

4.5.1 定常侧滑的力与力矩平衡

当飞机做定常直线侧滑运动时，作用在飞机上的侧向力 Y，通过倾斜飞机，利用重力在机体轴 Oy 方向上的分量 $G\sin\phi$ 来平衡。侧滑引起的横航向力矩，可用偏转副翼和方向舵所产生的从总力矩来平衡，如图 4-57 所示。

于是有侧力平衡方程

$$Y_{\beta}\beta + Y_{\delta_r}\delta_r + G\cos\gamma\sin\phi = 0 \tag{4-150a}$$

根据图 4-57，在小倾斜角 ϕ 下，有 $L = G \cdot \cos\gamma\cos\phi$，$\sin\phi \approx \phi$，$\cos\phi \approx 1$，故有

$$Y_{\beta}\beta + Y_{\delta_r}\delta_r + L\phi = 0 \tag{4-150b}$$

飞机横侧向力平衡可用无量纲系数形式表示，表示为

$$C_{Y\beta}\beta + C_{Y\delta_r}\delta_r + C_L\phi = 0 \tag{4-151a}$$

运用类似方法可得滚转和偏航平衡力矩方程，

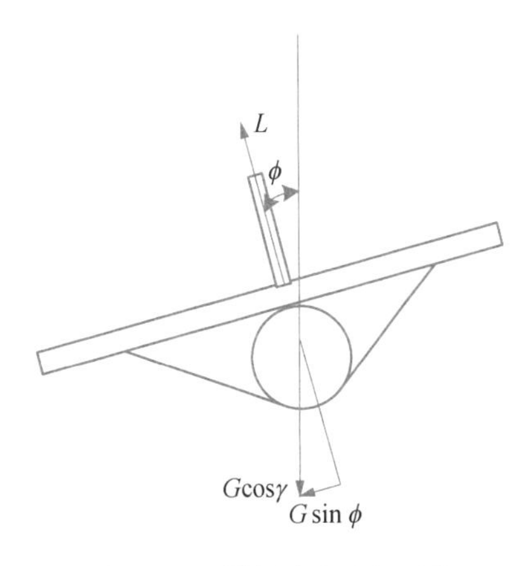

图 4-57　横侧力和力矩平衡

$$C_{l\beta}\beta + C_{l\delta_a}\delta_a + C_{l\delta_r}\delta_r = 0 \tag{4-151b}$$

$$C_{n\beta}\beta + C_{n\delta_a}\delta_a + C_{n\delta_r}\delta_r = 0 \tag{4-151c}$$

考虑到副翼偏转产生的偏航力矩 $N_{\delta_a}\delta_a$ 较小，可以忽略不计。上述平衡方程(4-151)简化为

$$\begin{cases} C_{Y\beta}\beta + C_{Y\delta_r}\delta_r + C_L\phi = 0 \\ C_{l\beta}\beta + C_{l\delta_a}\delta_a + C_{l\delta_r}\delta_r = 0 \\ C_{n\beta}\beta + C_{n\delta_r}\delta_r = 0 \end{cases} \tag{4-152}$$

在各气动导数为已知的情况下，上式包含四个未知数 β，ϕ，δ_a 和 δ_r。若给定侧滑角 β，则可求得

$$\begin{cases} \delta_a = -\dfrac{C_{l\beta}}{C_{l\delta_a}}\left(1 - \dfrac{C_{l\delta_r}C_{n\beta}}{C_{l\beta}C_{n\delta_r}}\right)\beta \\ \delta_r = -\dfrac{C_{n\beta}}{C_{n\delta_r}} \cdot \beta \\ \phi = -\dfrac{C_{Y\beta}}{C_L}\left(1 - \dfrac{C_{Y\delta_r}C_{n\beta}}{C_{Y\beta}C_{n\delta_r}}\right)\beta \end{cases} \tag{4-153}$$

可见，定常直线侧滑飞行中所需副翼和方向舵平衡偏角，以及飞机滚转角 ϕ 都与 β 成正比。将上式绘制成曲线 $\delta_a = f(\beta)$，$\delta_r = f(\beta)$，称之为横侧向操纵面偏角平衡曲线，其具体表达式为

$$\frac{\partial\delta_a}{\partial\beta} = -\frac{1}{C_{l\delta_a}}\left(C_{l\beta} - \frac{C_{l\delta_r}C_{n\beta}}{C_{n\delta_r}}\right) \tag{4-154}$$

$$\frac{\partial\delta_r}{\partial\beta} = -\frac{C_{n\beta}}{C_{n\delta_r}} \tag{4-155}$$

为了实现定常侧滑飞行，飞行品质规范中规定：蹬右方向舵应产生左侧滑；压左副翼杆应产生左侧滑，左滚转增加随之左侧滑增加等，即要求 $\frac{\partial\delta_a}{\partial\beta}<0$，$\frac{\partial\delta_r}{\partial\beta}>0$，由于 $C_{l\delta_a}<0$，$C_{n\delta_r}<0$，由式(4-154)～式(4-155)知要求 $C_{l\beta}-\frac{C_{l\delta_r}C_{n\beta}}{C_{n\delta_r}}<0$，即 $C_{l\beta}<\frac{C_{l\delta_r}C_{n\beta}}{C_{n\delta_r}}$；同时 $C_{n\beta}>0$。由此可见，根据静操纵性指标要求，飞行器应具有航向静稳定性，且横向静稳定性还要满足 $C_{l\beta}<\frac{C_{l\delta_r}C_{n\beta}}{C_{n\delta_r}}$ 的条件，即具有足够的上反效应。这便是航向静稳定性与静操纵性之间的内在联系。

为了试飞测试方便，定常直线横侧向静操纵指标常采用 $\frac{\partial\delta_a}{\partial\phi}<0$ 和 $\frac{\partial\delta_r}{\partial\phi}>0$ 来衡量。具体如下，根据式(4-152)～式(4-153)有

$$\delta_a=\frac{C_L}{C_{l\delta_a}}\cdot\frac{C_{l\beta}-C_{l\delta_r}\cdot\frac{C_{n\beta}}{C_{n\delta_r}}}{C_{Y\beta}-C_{Y\delta_r}\cdot\frac{C_{n\beta}}{C_{n\delta_r}}}\cdot\phi \tag{4-156}$$

$$\delta_r=\frac{C_L}{C_{n\delta_r}}\cdot\frac{C_{n\beta}}{C_{Y\beta}-C_{Y\delta_r}\cdot\frac{C_{n\beta}}{C_{n\delta_r}}}\cdot\phi \tag{4-157}$$

$$\beta=-\frac{C_L}{C_{Y\beta}-C_{Y\delta_r}\cdot\frac{C_{n\beta}}{C_{n\delta_r}}}\cdot\phi \tag{4-158}$$

对应的横侧向平衡曲线如图 4-58 所示。

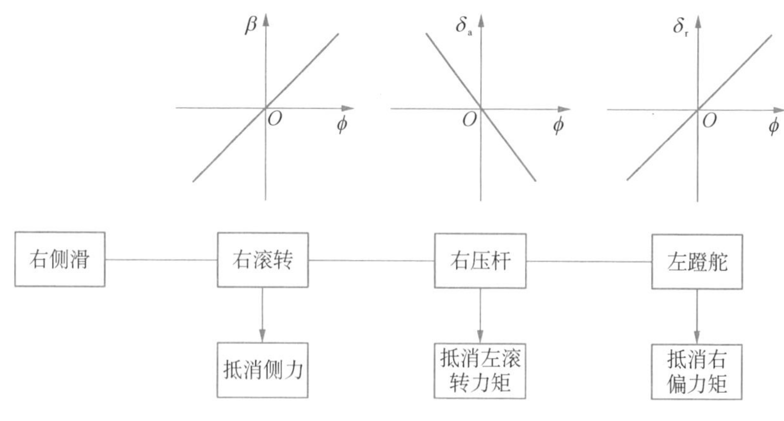

图 4-58　横侧向平衡曲线

根据图 4-58，飞机发生右侧滑时，要求飞机右倾斜(滚转)，右副翼上偏(右压杆)和方向舵左偏(左蹬舵)，来保持侧力平衡和横侧力矩平衡，从式(4-153)可知，

满足图 4－58 横侧向平衡曲线斜率要求，必须保证飞机具有横向和航向静稳定。

副翼反操纵：由上面的分析，定常直线侧滑飞行时，要求有

$$\frac{\partial \delta_{\mathrm{a}}}{\partial \beta}=-\frac{1}{C_{l\delta_{\mathrm{a}}}}\left(C_{l\beta}-\frac{C_{l\delta_{\mathrm{r}}}C_{n\beta}}{C_{n\delta_{\mathrm{r}}}}\right)<0 \tag{4-159}$$

由此可知，为满足右侧滑时配平，需要右压杆，右副翼上偏。而某些飞机跨声速或超声速区，横向静不稳定，如图 4－51 所示，$C_{l\beta}>0$ 或不能满足 $C_{l\beta}<\frac{C_{l\delta_{\mathrm{r}}}C_{n\beta}}{C_{n\delta_{\mathrm{r}}}}$，则当其右侧滑、右倾斜直线飞行时，由于侧滑将使飞机产生继续向右滚转力矩，故需要左压杆，即副翼反操纵。解决副翼操纵反效方法为利用内侧副翼或襟副翼补偿。

蹬舵反倾斜现象：正常工作情况下，蹬左舵，方向舵左偏，同时产生使飞机右滚的力矩（$C_{l\delta_{\mathrm{r}}}\cdot\delta_{\mathrm{r}}$）和使机头左偏的力矩（$C_{n\delta_{\mathrm{r}}}\cdot\delta_{\mathrm{r}}$），由于机头左偏，飞机进入右侧滑飞行，正常模式下由于横向静稳定性 $C_{l\beta}<0$，使飞机产生左滚力矩，此力矩大于偏转方向舵直接产生的右滚力矩，所以，蹬左舵飞机向左倾斜，如图 4－59～图 4－60 所示。

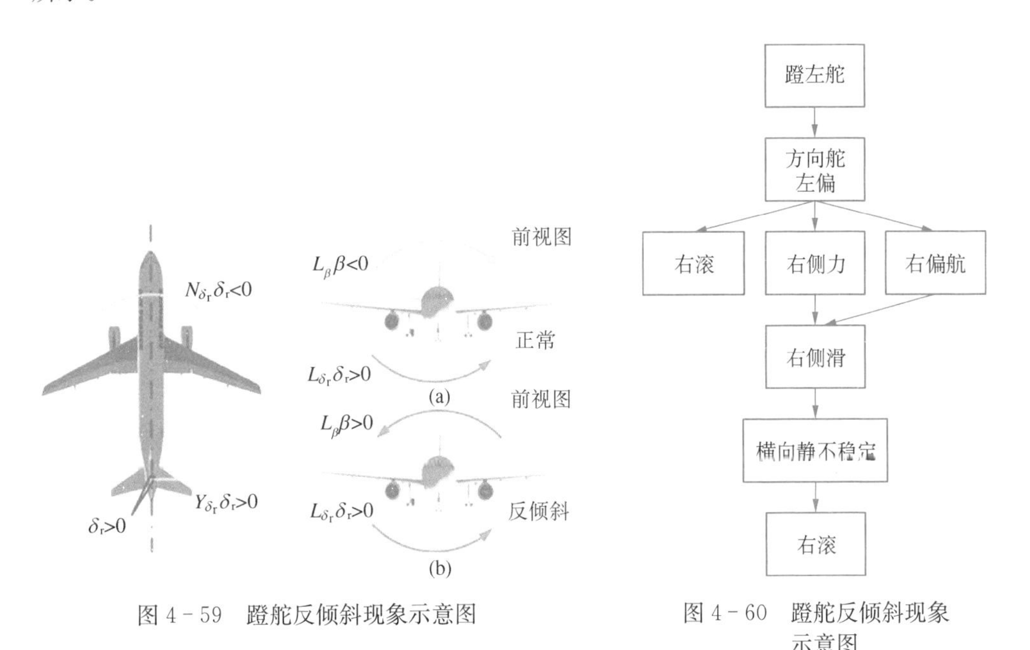

图 4－59　蹬舵反倾斜现象示意图

图 4－60　蹬舵反倾斜现象示意图

然而，考虑空气压缩性对横向静稳定性影响时，跨声速区可能遇到横向静稳定性不稳定情形，则左蹬舵使飞机进入右侧滑后，由于横向静不稳定性产生的力矩将使飞机右倾斜，称为蹬舵反倾斜，如图 4－59(b)所示。

4.5.2　不对称动力飞行

不对称动力飞行是指发动机飞机一侧发动机发生故障，造成推力左右不对称飞

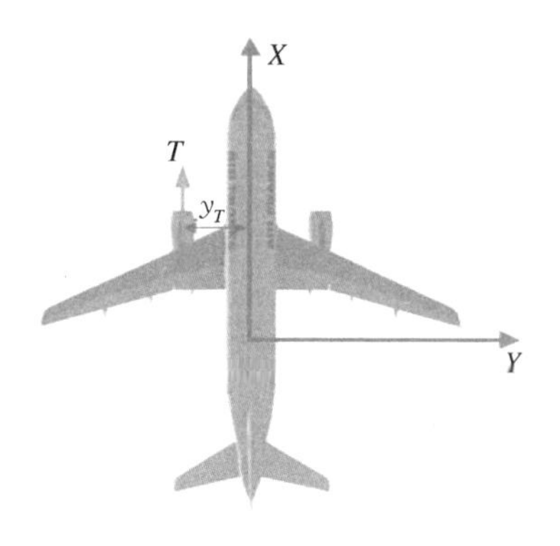

图 4-61 飞机不对称飞行受力

行，如图 4-61 所示。设计规范要求飞机应能做定常直线飞行。

不对称动力下的飞机横侧向平衡方程组可直接在对称条件方程中加进 $C_{n,T}$ 得出

$$\begin{cases} C_{Y\beta}\beta + C_{Y\delta_r}\delta_r + C_L\phi = 0 \\ C_{l\beta}\beta + C_{l\delta_a}\delta_a + C_{l\delta_r}\delta_r = 0 \\ C_{n\beta}\beta + C_{n\delta_r}\delta_r + C_{n,T} = 0 \end{cases} \tag{4-160}$$

式中，$C_{n,T} = \dfrac{\Delta N_T}{\bar{q}Sb} = \dfrac{Ty_T}{\bar{q}Sb} \approx \dfrac{1}{2}C_D\bar{y}_T$，$\bar{y}_T = \dfrac{2y_T}{b}$，$y_T$ 为左侧发动机推力到对称面的距离。

由式(4-160)可知，β，δ_a，δ_r 和 ϕ 四个变量中确定 β 和 ϕ 中的一个即可求解。

4.6 定常曲线飞行中飞机的侧力平衡和力矩平衡

4.6.1 阻尼力、阻尼力矩与交感力矩

在飞行器横侧向运动中，当出现绕机体轴 Ox_b 的滚转角速度 p 和绕机体轴 Oz_b 的偏航角速度 r 时，也会引起绕流不对称，产生左右不对称的气动力，即出现迎角、侧滑变化产生的升力、阻力及侧向力变化，从而形成附加的滚转阻尼力矩和偏航阻尼力矩，以及相应的滚转偏航交叉力矩。这些力矩的性质类似于存在俯仰角速度 q 引起的附加升力和阻尼力矩变化。为此由滚转角速度 p 引起的横向力矩成为横向阻尼力矩，它将阻止飞行器滚转；由偏航角速度 r 引起的偏航力矩称为航向阻尼力矩，阻止飞行器偏航转动。与此同时，由于横向和航向气动力交叉作用，滚转会引起偏航力矩，偏航会引起滚转力矩，这些相关力矩成为交感力矩。

上述力矩同样可以用无因次力矩系数表示成对角速度 $\bar{r}$ 和 $\bar{p}$ 的导数，其中 $\bar{p} = \dfrac{pb}{2V}$ 为无因次滚转角速度，$\bar{r} = \dfrac{rb}{2V}$ 为无因次偏航角速度。现将所有的横侧向导数总结如表 4-2～表 4-3 所示：

表 4-2 横侧向导数与飞机结构关系

符号	名称	正常值	机翼的贡献			机身	垂尾	某飞机参数
			后掠	上反	翼尖	上单翼		
$C_{l\beta}$	横向静稳定导数	−	增加	增加	增加	静稳定	静稳定	−0.00115
$C_{n\beta}$	航向静稳定导数	+	增加	增加		不定	静稳定	0.002479
$C_{Y\beta}$		−				增加	增加	−0.01425

表 4-3　横侧向导数参考值

符号	名称	正常值	某飞机参数	符号	名称	正常值	某飞机参数
$C_{l\delta_a}$	滚转操纵导数	−	−0.001096	C_{lp}	滚转阻尼导数	−	−0.182699
$C_{n\delta_a}$	副翼操纵交叉导数	+	0	C_{np}	航向交叉动导数	+	0.061831
$C_{l\delta_r}$	方向舵操纵交叉导数	+	0.000174	C_{lr}	横向交叉动导数	+	0.078902
$C_{n\delta_r}$	偏航操纵导数	−	−0.000838	C_{nr}	偏航阻尼导数	−	−0.534032

由上述分析及表 4-2 和表 4-3 可知，总的侧向合力方程可表示为

$$C_Y = C_{Y\beta}\beta + C_{Y\delta_a}\delta_a + C_{Y\delta_r}\delta_r + C_{Yp}\bar{p} + C_{Yr}\bar{r} \tag{4-161}$$

式中，$C_{Yp}p$ 为滚转角速度 p 产生在垂尾上的附加侧向力项(阻尼力)，一般滚转角速度侧力导数 $C_{Yp} = \dfrac{\partial C_Y}{\partial \bar{p}} < 0$，常规布局飞机该值较小可忽略，$C_{Yr}\bar{r}$ 为偏航角速度产生在垂尾上的附加侧向力项，常规布局飞机偏航角速度侧力导数 $C_{Yr} = \dfrac{\partial C_Y}{\partial \bar{r}}$ 较小可忽略。

而相应总的滚转合力矩方程可表示为

$$C_l = C_{l\beta}\beta + C_{l\delta_a}\delta_a + C_{l\delta_r}\delta_r + C_{lp}\bar{p} + C_{lr}\bar{r} \tag{4-162}$$

式中，机翼滚转阻尼导数 $C_{lp} = \dfrac{\partial C_l}{\partial \bar{p}}$，一般 $C_{lp} < 0$。滚转操纵导数 $C_{l\delta_a} = \dfrac{\partial C_l}{\partial C_{\delta_a}}$，当 $\delta_a > 0$，右机翼升力增大，左机翼升力减小，产生负滚转力矩 $L(\delta_a) < 0$，因此 $C_{l\delta_a} < 0$。机翼、垂尾横向交叉导数 $C_{lr} = \dfrac{\partial C_l}{\partial \bar{r}}$，一般小迎角时 $C_{lr} > 0$，中大迎角时 $C_{lr} < 0$。方向舵操纵交叉导数 $C_{l\delta_r} = \dfrac{\partial C_l}{\partial C_{\delta_r}}$，当方向舵 $\delta_r > 0$(舵左偏)，产生正滚转力矩 $L(\delta_r) > 0$，因此 $C_{l\delta_r} > 0$。

总的航向合力矩方程可表示为

$$C_n = C_{n\beta}\beta + C_{n\delta_a}\delta_a + C_{n\delta_r}\delta_r + C_{np}\bar{p} + C_{nr}\bar{r} \tag{4-163}$$

式中，机身、垂尾偏航阻尼导数 $C_{nr} = \dfrac{\partial C_n}{\partial \bar{r}}$，一般 $C_{nr} < 0$。偏航操纵导数 $C_{n\delta_r} = \dfrac{\partial C_n}{\partial C_{\delta_r}}$，当方向舵 $\delta_r > 0$(舵左偏)，产生负偏航力矩 $N(\delta_r) < 0$，因此 $C_{n\delta_r} < 0$。机翼、垂尾航向交叉导数 $C_{np} = \dfrac{\partial C_n}{\partial \bar{p}}$，一般 $C_{np} > 0$。副翼操纵交叉导数 $C_{n\delta_a} = \dfrac{\partial C_n}{\partial C_{\delta_a}}$，其符号根据正负力矩的定义而定。

4.6.2　定常曲线飞行的力矩平衡

在飞机做定常曲线飞行时，可将其受到的力矩分为两部分，一部分为其维持定常侧滑的力矩，即

$$\begin{cases} C_{Y\beta}\beta + C_{Y\delta_r}\delta_r + C_L\phi = 0 \\ C_{l\beta}\beta + C_{l\delta_a}\delta_a + C_{l\delta_r}\delta_r = 0 \\ C_{n\beta}\beta + C_{n\delta_r}\delta_r = 0 \end{cases} \tag{4-164}$$

和由旋转产生的力矩增量。故而，定常曲线飞行的力矩平衡方程为

$$\begin{cases} C_{lp} \cdot \bar{p} + C_{lr} \cdot \bar{r} + C_{l\delta_a} \cdot \Delta\delta_a + C_{l\delta_r} \cdot \Delta\delta_r = 0 \\ C_{np} \cdot \bar{p} + C_{nr} \cdot \bar{r} + C_{n\delta_r} \cdot \Delta\delta_r = 0 \\ C_{mq} \cdot \bar{q} + C_{m\delta_e} \cdot \Delta\delta_e = 0 \end{cases} \tag{4-165}$$

在各气动导数为已知的情况下，上式包含六个未知数 $\bar{p}$, $\bar{q}$, $\bar{r}$, $\Delta\delta_a$, $\Delta\delta_r$ 和 $\Delta\delta_e$。若给定侧滑角 $\bar{p}$, $\bar{q}$, $\bar{r}$，则可求得

$$\begin{cases} \Delta\delta_a = -\dfrac{1}{C_{l\delta_a}}(C_{lp} \cdot \bar{p} + C_{lr} \cdot \bar{r}) \\ \Delta\delta_r = -\dfrac{1}{C_{n\delta_r}}(C_{np} \cdot \bar{p} + C_{nr} \cdot \bar{r}) \\ \Delta\delta_e = -\dfrac{1}{C_{m\delta_e}}C_{mq} \cdot \bar{q} \end{cases} \tag{4-166}$$

4.6.3 稳定横滚运动

稳定横滚常用来衡量副翼的滚转操纵效率。当副翼突然偏转某一角度时，飞机将从零滚转速率开始加速滚转，如不考虑副翼偏转引起的侧滑和偏航运动，飞机将继续不停地加速滚转，直到因 p 产生的滚转阻尼力矩与副翼操纵力矩相平衡，飞机才以 p 等速稳定滚转。由此可见，稳定横滚运动实质上是限定 β 和 r 为零时的仅考虑滚转自由度的定常运动，是一种假想的机动动作。尽管如此，这种运动与副翼操纵的短时间内反应，还是接近的。

根据稳定横滚运动的含义，由式(4-165)可以写出滚转力矩的平衡方程，其系数形式为

$$C_{lp}\bar{p} + C_{l\delta_a} \cdot \Delta\delta_a = 0 \tag{4-167}$$

由此得

$$\bar{p} = -\frac{C_{l\delta}}{C_{lp}}\Delta\delta_a \tag{4-168}$$

4.6.4 正常盘旋运动的受力平衡

正常盘旋是飞行器的三个线速度和三个角速度分量均保持常值的机动飞行。当飞机以角速度 Ω 绕空间垂直轴做右正常盘旋时，Ω 在稳定轴系上的角速度分量为 $p=0$, $q=\Omega\sin\phi$, $r=\Omega\cos\phi$。飞行器做正常盘旋时的受力如图 4-62 所示。

由图 4-62 可知，飞机做正常盘旋时的机体轴系方程为

$$\begin{cases} T = D + mg\sin\gamma \approx D \\ mg\sin\phi = mV\Omega\cos\phi \\ L - mg\cos\phi = -mV\Omega\sin\phi \end{cases} \tag{4-169}$$

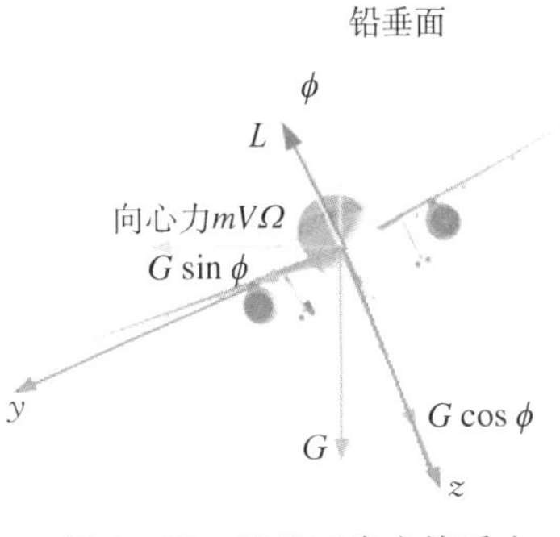

图 4-62　飞机正常盘旋受力

此外，由地面坐标系铅垂方向的力平衡，有

$$L\cos\phi - mg = 0 \tag{4-170}$$

又因飞机的法向过载方程为

$$n_z = \frac{L}{mg} = \frac{1}{\cos\phi} \tag{4-171}$$

由以上方程可得盘旋角速度

$$\Omega = \frac{g}{V}\tan\phi \tag{4-172}$$

通过上述分析可知，正常盘旋和定常拉升运动一样，常用来衡量飞行器的机动飞行性能。当飞行器在给定高度速度 V 和过载 n_z 作正常盘旋时，将出现绕机体轴的定常角速度分量，从而引起附加的气动力矩。为实现平衡，就需要相应地偏转多个操纵面。以保持右正常盘旋为例，这时需要：左压杆，使得 $\delta_a > 0$；右蹬舵，使得 $\delta_r < 0$；拉杆，使得 $\Delta\delta_e < 0$。而进入右盘旋状态则需在右压杆的同时拉杆。

4.6.5　定常飞行中副翼和方向舵的平衡杆力

由于驾驶员通过施加操纵力和移动操纵机构实现对飞机的横侧操纵，因而横侧向操纵力和位移特性，就成了驾驶员评价飞机横侧向操纵性的重要指标。

横侧向操纵力和位移的符号规定为：副翼左压杆，相应的驾驶员杆力 F_a 和杆位移 d_a 为正，右副翼下偏 δ_a 为正，如图 4-63 所示；蹬左脚蹬前蹬，相应的脚蹬力 F_r 和脚位移 d_r 为正，方向舵右偏 δ_r 为正，如图 4-64 所示。显然，横侧向操纵力是用来平衡副翼和方向舵舵面上的铰链力矩；而操纵机构位移和方向舵偏角保持确定的对应关系。

利用虚位移原理，在原操纵系统处于平衡状态的基础上，可建立横侧向操纵力与相应的铰链力矩的关系，对于副翼，为

$$F_a = -K_a \cdot M_{ha} = -K_a[(M_{ha})_r - (M_{ha})_l] \tag{4-173}$$

式中，M_{ha} 为副翼铰链力矩，右滚为正。因为左、右副翼偏角不同，产生的铰链力矩刚好相反，故式中出现左、右副翼铰链力矩之差。$K_a = \Delta\delta_a/\Delta d_a$ 称为副翼操纵系统传动比。

对于方向舵杆力为

$$F_r = -K_r \cdot M_{hr} \tag{4-174}$$

其中方向舵铰链力矩 $M_{hr} = \frac{1}{2}\rho V^2 k S_r c_r (C_{hr\delta_r}\delta_r + C_{hr\beta}\beta)$，右偏为正，式中 S_r 为方向舵

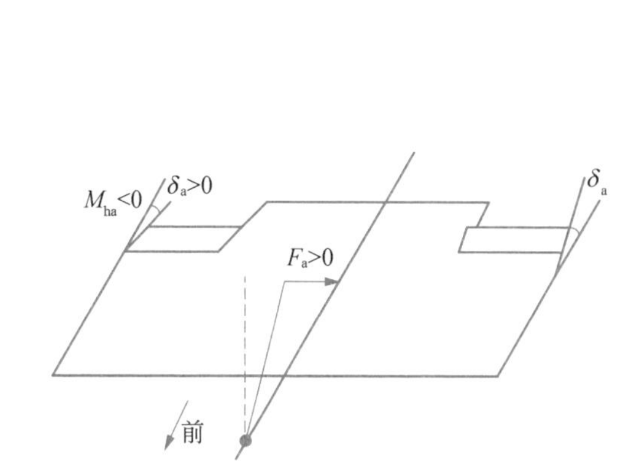

图 4-63　横向杆力和副翼铰链力矩平衡

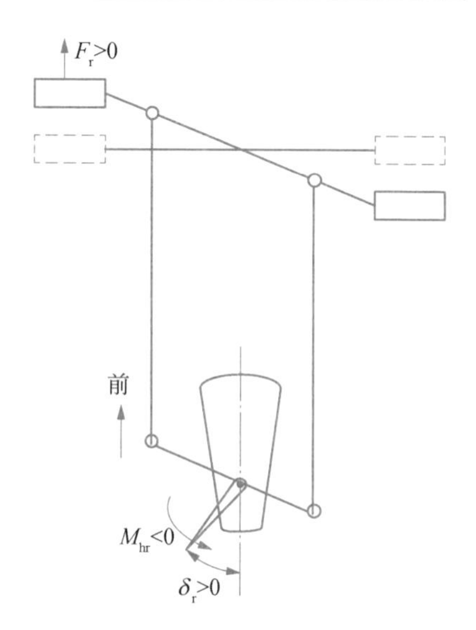

图 4-64　脚蹬力与方向舵铰链力矩平衡

铰链轴后的面积；c_r 为方向舵的几何平均弦长。$C_{hr\delta_r}=\dfrac{\partial C_{hr}}{\partial\delta_r}$ 和 $C_{hr\beta}=\dfrac{\partial C_{hr}}{\partial\beta}$ 分别为方向舵和侧滑角引起的铰链力矩导数。一般 $C_{hr\delta_r}<0$，$C_{hr\beta}>0$。$K_r=\Delta\delta_r/\Delta d_r$ 称为方向舵操纵系统传动比。

利用 $\dfrac{1}{2}\rho V^2=n_z\dfrac{G}{S}\dfrac{1}{C_L}$，则式(4-174)用过载表示为

$$F_r=-F^Z\frac{C_{n\delta_r}}{C_L}n_z\left(\delta_r+\frac{C_{hr\beta}}{C_{hr\delta_r}}\beta\right)\tag{4-175}$$

其中 $F^Z=KkS_rc_r\dfrac{C_{hr\delta_r}}{C_{n\delta_r}}\cdot\dfrac{G}{S}$。

练习题

4.1　什么是气动焦点？气动焦点、重心及飞机静稳定的关系如何？

4.2　静稳定和动稳定的含义是什么？两者有何差别，举例说明。

4.3　试解释平尾对飞机的作用，如果飞机采用无尾翼布局，如何保证飞机的稳定性？

4.4　说明机翼下洗流场对平尾力矩有何影响？

4.5　飞机重心的前限、后限位置受哪些因素限制？

4.6　说明航向静稳定导数和横滚静稳定导数对飞机稳定性的影响？

4.7　某飞行器的纵向特征方程如下：

$$\Delta=2401s^4+2161s^3+4645s^2-126s+9=0$$

(1) 判断系统稳定性？

(2) 通过简化方法求解短周期特征根?

(3) 求短周期频率 ω_n、阻尼比 ζ?

(4) 通过简化方法求解长周期特征根?

4.8　某飞机在 $Ma = 0.2$, $H = 0$(海平面) 做定直飞行,如图 4-65 所示,其运动参数为 $x_{CG} = 0.5\bar{c}$,机翼零升俯仰力矩 $M_{0,\text{ac},\text{w}} = -5000\,\text{ft} \cdot \text{lb}$,推力 $T = 3000\,\text{lb}$, $G = 12000\,\text{lb}$,机翼弦长 $\bar{c} = \bar{c}_w = 8\,\text{ft}$,翼展 $b = 30\,\text{ft}$,平尾弦长 $\bar{c}_t = 4\,\text{ft}$,零升俯仰力矩 $M_{0,t} = 0$,试计算:

(1) 机翼和平尾的升力,假设 L, L_t 作用于 1/4 弦长线上。

(2) 计算飞机的阻力。

(3) 假设飞机为平直机翼,计算飞机的总升力系数 C_L。

(4) 计算飞机的总俯仰力矩系数。

(5) 若机翼升力线斜率 $a_w = 0.065$, $\alpha_{0,w} = -2°$,参考面积 $S_w = 240\,\text{ft}^2$,平尾 $a_t = 0.05$, $\alpha_{0,w} = 0°$,参考面积 $S_t = 40\,\text{ft}^2$,试计算平尾的配平(力矩平衡)迎角和机翼的配平迎角(单位换算参考附录)。

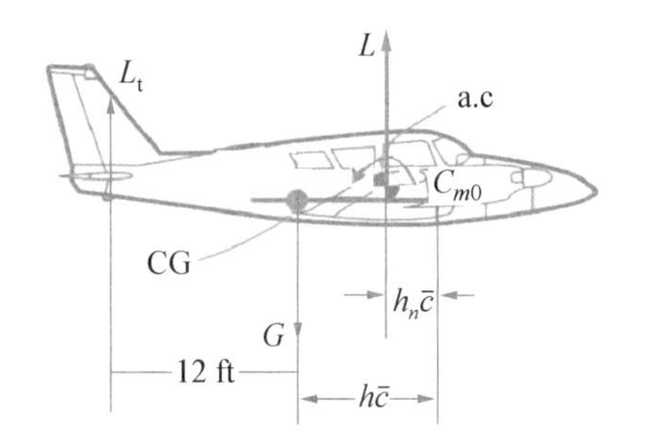

图 4-65　俯仰运动动力学

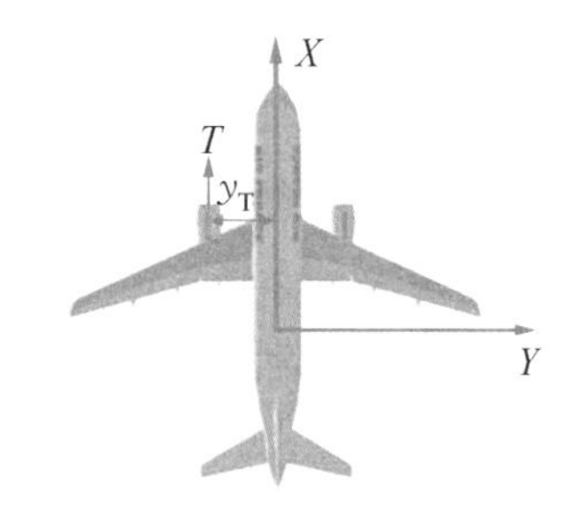

图 4-66　单发动机失效动力学

4.9　某飞机有两台发动机,每台推力为 10000 lb,发动机推力到对称面间距 $y_T = 5\,\text{ft}$,如图 4-66,机翼翼展 $b = 50\,\text{ft}$,机翼参考面积 $S = 300\,\text{ft}^2$, $C_{n\beta} = 0.002/°$, $C_{n\delta_r} = -0.0033$, $C_{n\delta_a} = 0$,飞机的动压 $\bar{q} = 100\,\text{lb/ft}^2$,当右侧发动机失效后,试问:

(1) 如果驾驶员不采取行动,飞机的侧滑角为多少? ($\beta = ?$)

(2) 为了使机头迎着风向,则飞行员如何打方向舵,方向舵偏转多少度?

(3) 如果方向舵的最大偏转角为 ±15°,则飞机以多大空速飞行时,飞行员将不可能使飞机不侧滑(保持 $\beta = 0$)?

参 考 文 献

[1] Perkins C D, Hage R E. Airplane performance stability and control [M]. Princeton: John Wiley & Sons, Inc., 1949.

[2] 高浩. 飞行动力学——飞机的操纵性与稳定性[M]. 西安:西北工业大学,2001.

第 5 章　刚体飞行器的运动方程

本章主要介绍现代飞机飞行动力学方程，假设飞机被视为刚体，从线运动和角运动两个角度，分析现代飞机的 6 自由度模型，运用小扰动理论及配平方法进行模型线性化。

5.1　飞机运动假设

对于地球，假设：忽略自转和公转；不考虑地球产生的科氏加速度；忽略地球曲率；不考虑平飞时产生的离心加速度；重力不随高度变化，重力加速度 g 不变；飞行条件限制为 $Ma < 3$, $H < 30\,\text{km}$。

对于飞机，假设：忽略发动机转子的陀螺效应；忽略弹性变形、操纵面移动；忽略喷流效应；忽略质量变化；飞机被视为刚体，质量为常量。

5.2　动力学方程的建立

将地轴系看成惯性轴系(忽略地球半径)，机体坐标轴系相对于地面坐标系存在平动和转动，而飞机相对于机体坐标系不存在平动和转动。根据第 3 章坐标变换知识，可知体轴系相对于地轴系的速度矢量为(u, v, w)。体轴系相对于地轴系的转动矢量为(ϕ, θ, ψ)。

5.2.1　质心动力学

根据牛顿第二定律，质点相对运动微分方程为

$$\boldsymbol{F} = m\boldsymbol{a} \tag{5-1}$$

式中，m 为飞行器质量，$\boldsymbol{a}$ 为飞行器加速度，$\boldsymbol{F}$ 为作用于质心处外力的合力矢量。

为了研究飞机质心动力学，考察图 5-1 某型飞机，取机身任一微元 $\mathrm{d}m$，其相对质心位置为 $\boldsymbol{r}$，速度为 $\boldsymbol{V}$，相对运动关系如图 5-1(b)所示。

由理论力学知识可知，绝对加速度=牵连加速度+相对加速度+科氏加速度，根据假设，忽略地球产生的科氏加速度，利用附录 B 矢量微分知识，则有

$$\boldsymbol{F}_{\mathrm{b}}/m = \dot{\boldsymbol{V}} = \dot{\boldsymbol{V}}_{\mathrm{b}}^{\mathrm{E}} + \boldsymbol{\Omega}_{\mathrm{b}} \times \boldsymbol{V}_{\mathrm{b}}^{\mathrm{E}} + \frac{\mathrm{d}\boldsymbol{\Omega}_{\mathrm{b}}}{\mathrm{d}t} \times \boldsymbol{r} + \boldsymbol{\Omega}_{\mathrm{b}} \times (\boldsymbol{\Omega}_{\mathrm{b}} \times \boldsymbol{r}) \tag{5-2}$$

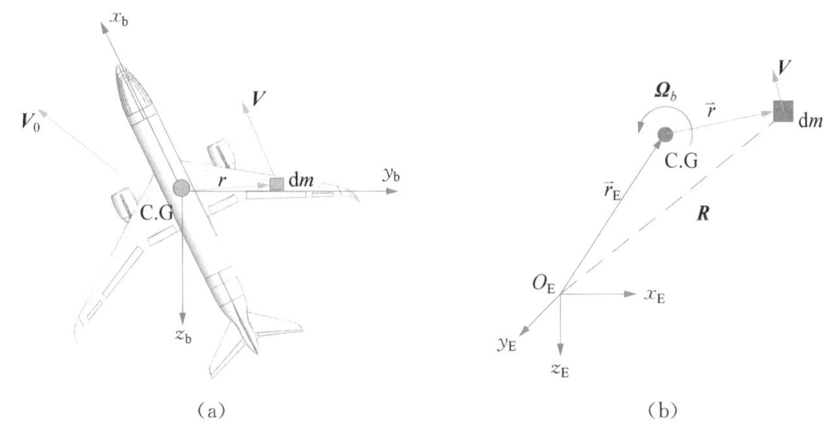

图 5 - 1　质心动力学相对运动关系

式中,$\boldsymbol{\Omega}_{\mathrm{b}}$ 为动坐标系(机体坐标轴系)相对于惯性坐标系的总角速度向量,$\boldsymbol{\Omega}_{\mathrm{b}} = p\boldsymbol{i} + q\boldsymbol{j} + r\boldsymbol{k}$,$\boldsymbol{V}_{\mathrm{b}}^{\mathrm{E}}$ 为动坐标系相对于惯性坐标系的速度向量,且有 $\boldsymbol{V}_{\mathrm{b}}^{\mathrm{E}} = \boldsymbol{V}_0 = u\boldsymbol{i} + v\boldsymbol{j} + w\boldsymbol{k}$,$\boldsymbol{\Omega}_{\mathrm{b}} \times \boldsymbol{V}_{\mathrm{b}}^{\mathrm{E}}$ 为科氏加速度,$\times$ 为向量积符号,F_{b} 为飞机所受外力合力。

说明:式(5 - 2)是在质点 dm 相对机体坐标系为固定情况下得到的。如果该假设不成立,例如考虑飞机的弹性变形,则要增加质点相对于机体轴的相对加速度以及相对速度和牵连角速度而合成产生的科氏加速度,这里不再讨论。对于质心动力学而言,相对加速度$\dfrac{\mathrm{d}\boldsymbol{\Omega}_{\mathrm{b}}}{\mathrm{d}t} \times \boldsymbol{r}$ 与牵连加速度 $\boldsymbol{\Omega}_{\mathrm{b}} \times (\boldsymbol{\Omega}_{\mathrm{b}} \times \boldsymbol{r})$ 之和为零。

根据相对运动关系,如图 5 - 1(b)所示,可知飞机微元 dm 的速度为

$$\boldsymbol{V} = \frac{\mathrm{d}\boldsymbol{R}}{\mathrm{d}t} = \dot{\boldsymbol{r}}_{\mathrm{E}} + \dot{\boldsymbol{r}} = \boldsymbol{V}_0 + \boldsymbol{\Omega}_{\mathrm{b}} \times \boldsymbol{r} \tag{5-3}$$

式中,$\boldsymbol{V}_0$ 是质心处惯性速度,根据附录 B 矢量积计算,有

$$\boldsymbol{\Omega}_{\mathrm{b}} \times \boldsymbol{r} = \begin{vmatrix} \boldsymbol{i} & \boldsymbol{j} & \boldsymbol{k} \\ p & q & r \\ x & y & z \end{vmatrix} = (zq - yr)\boldsymbol{i} + (xr - zp)\boldsymbol{j} + (yp - xq)\boldsymbol{k}$$

由式(5 - 2)可得飞行器在合外力 $\boldsymbol{F}$ 作用下的线运动方程组,即

$$\begin{cases} F_x/m = a_x = \dot{u} + wq - vr \\ F_y/m = a_y = \dot{v} + ur - wp \\ F_z/m = a_z = \dot{w} + vp - uq \end{cases} \tag{5-4}$$

式中,F_x, F_y, F_z 为作用在机体三轴上的合力,a_x, a_y, a_z 机体三轴上的加速度,u, v, w 分别为机体相对惯性系线速度,p, q, r 为机体相对惯性系角速度。

5.2.2　刚体转动动力学

由理论力学可知,描述刚体绕质心的转动运动,可用动量矩定理来表示,即

$$\frac{\mathrm{d}\boldsymbol{h}}{\mathrm{d}t}=\boldsymbol{M} \tag{5-5}$$

式中，$\boldsymbol{h}$ 为飞行器对坐标系原点的动量矩，$\boldsymbol{M}$ 为作用在飞行器上的合外力对机体轴系原点（重心）的力矩。

根据动量矩定义，刚体任意微元质量 $\mathrm{d}m$，对动坐标原点动量矩为

$$\boldsymbol{h}=\sum(\boldsymbol{r}\times\boldsymbol{V}_{\tan})\mathrm{d}m=\sum[\boldsymbol{r}\times(\boldsymbol{\Omega}_{\mathrm{b}}\times\boldsymbol{r})]\mathrm{d}m \tag{5-6}$$

式中，$\boldsymbol{r}$ 为微元质量 $\mathrm{d}m$ 对原点的向径，$\boldsymbol{V}_{\tan}$ 为质点 $\mathrm{d}m$ 的切向速度向量，根据附录 B 矢量积计算，有

$$\begin{aligned}\boldsymbol{r}\times(\boldsymbol{\Omega}_{\mathrm{b}}\times\boldsymbol{r})&=\begin{vmatrix}\boldsymbol{i}&\boldsymbol{j}&\boldsymbol{k}\\x&y&z\\(zq-yr)&(xr-zp)&(yp-xq)\end{vmatrix}\\&=[(y^2+z^2)p-xyq-xzr]\boldsymbol{i}+[(z^2+x^2)q-yzr-xyp]\boldsymbol{j}+\\&\quad[(x^2+y^2)r-xzp-yzq]\boldsymbol{k}\end{aligned} \tag{5-7}$$

动坐标系中的动量矩矢量导数为

$$\frac{\mathrm{d}\boldsymbol{h}}{\mathrm{d}t}=\frac{\delta\boldsymbol{h}}{\delta t}+\boldsymbol{\Omega}_{\mathrm{b}}\times\boldsymbol{h} \tag{5-8}$$

$\mathrm{d}m$ 点的速度为

$$\boldsymbol{V}=\boldsymbol{V}_0+\boldsymbol{\Omega}_{\mathrm{b}}\times\boldsymbol{r} \tag{5-9}$$

定义动量矩相对导数为 $\boldsymbol{\Omega}_{\mathrm{b}}=\boldsymbol{0}$ 时动量矩导数，即$\frac{\delta\boldsymbol{h}}{\delta t}$。

5.2.3 刚体转动动力学方程推导

将式（5-6）和式（5-9）分解到三个坐标轴上，有

$$\begin{cases}h_x=\sum[(y^2+z^2)p-xyq-xzr]\mathrm{d}m\\h_y=\sum[(z^2+x^2)q-yzr-xyp]\mathrm{d}m\\h_z=\sum[(x^2+y^2)r-xzp-yzq]\mathrm{d}m\end{cases} \tag{5-10}$$

$$\begin{cases}V_x=u+zq-yr\\V_y=v+xr-zp\\V_z=w+yp-xq\end{cases} \tag{5-11}$$

令 $I_x=\sum\mathrm{d}m\cdot(y^2+z^2)$，$I_y=\sum\mathrm{d}m\cdot(x^2+z^2)$ 和 $I_z=\sum\mathrm{d}m\cdot(x^2+y^2)$

为飞行器对机体轴 x 轴，y 轴和 z 轴的惯性矩，$I_{xy}=\sum \mathrm{d}m\cdot xy$，$I_{yz}=\sum \mathrm{d}m\cdot yz$ 和 $I_{zx}=\sum \mathrm{d}m\cdot xz$ 则分别为飞行器对 x 轴与 y 轴的惯性积，对 y 轴与 z 轴的惯性积和对 z 轴与 x 轴的惯性积。

则式(5-10)可改写为

$$\begin{cases} h_x = I_x p - I_{xy} q - I_{xz} r \\ h_y = I_y q - I_{yz} r - I_{xy} p \\ h_z = I_z r - I_{xz} p - I_{yz} q \end{cases} \tag{5-12}$$

若飞机对称面为 xOz 平面，有 $I_{xy}=I_{yz}=0$，则

$$\begin{cases} h_x = I_x p - I_{xz} r \\ h_y = I_y q \\ h_z = I_z r - I_{xz} p \end{cases} \tag{5-13}$$

根据附录B矢量积计算，有

$$\begin{aligned} \boldsymbol{\Omega}_{\mathrm{b}} \times \boldsymbol{h} &= \begin{vmatrix} \boldsymbol{i} & \boldsymbol{j} & \boldsymbol{k} \\ p & q & r \\ h_x & h_y & h_z \end{vmatrix} \\ &= h_z q\boldsymbol{i} + h_y p\boldsymbol{k} + h_x r\boldsymbol{j} - h_x q\boldsymbol{k} - h_y r\boldsymbol{i} - h_z p\boldsymbol{j} \end{aligned} \tag{5-14}$$

由式(5-7)和式(5-14)得

$$\begin{cases} L = \dfrac{\mathrm{d}h_x}{\mathrm{d}t} + h_z q - h_y r \\ M = \dfrac{\mathrm{d}h_y}{\mathrm{d}t} + h_x r - h_z p \\ N = \dfrac{\mathrm{d}h_z}{\mathrm{d}t} + h_y p - h_x q \end{cases} \tag{5-15}$$

式中，L，M，N 分别为外力矩 $\boldsymbol{M}$ 在机体轴上的投影。

将式(5-13)代入式(5-15)，从而得到在动坐标系(机体坐标轴系)中飞行器在外合力矩作用下的角运动方程组为

$$\begin{cases} L = \dot{p} I_x - I_{xz}(\dot{r} + pq) - (I_y - I_z) qr \\ M = \dot{q} I_y - I_{xz}(r^2 - p^2) - (I_z - I_x) rp \\ N = \dot{r} I_z - I_{xz}(\dot{p} - qr) - (I_x - I_y) pq \end{cases} \tag{5-16}$$

式(5-4)和式(5-16)为机体轴系下的动力学方程组。

与牛顿第二定律相应，欧拉第二定律是描述角运动的动力学规律，即物体角动量的变化等于作用在物体上的外力矩。

如图 5-2,根据动量矩定义式(5-6),可知对于某个质量单元 $m_i(\mathrm{d}m)$,有

$$\left.\frac{\mathrm{d}R_P}{\mathrm{d}t}\right|_I=\left.\frac{\mathrm{d}r_I}{\mathrm{d}t}\right|_I+\left.\frac{\mathrm{d}r}{\mathrm{d}t}\right|_I=\left.\frac{\mathrm{d}r_I}{\mathrm{d}t}\right|_I+\left.\frac{\mathrm{d}r}{\mathrm{d}t}\right|_\mathrm{b}+\boldsymbol{\Omega}_\mathrm{b}\times r \tag{5-17}$$

$$\left.\frac{\mathrm{d}h_i}{\mathrm{d}t}\right|_I=\left.\frac{\mathrm{d}(r_i\times m_i\dot{R}_{P,i})}{\mathrm{d}t}\right|_I=\left.\frac{\mathrm{d}r_i}{\mathrm{d}t}\right|_I\times m_i\dot{R}_{P,i}+r_i\times\left.\frac{\mathrm{d}(m_i\dot{R}_{P,i})}{\mathrm{d}t}\right|_I \tag{5-18}$$

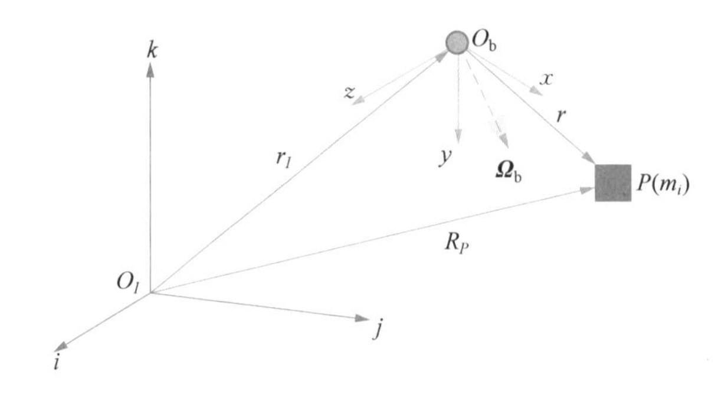

图 5-2　质心动力学相对转动关系

其中,下标 I 表示惯性坐标系,而

$$\sum_i\left.\frac{\mathrm{d}r_i}{\mathrm{d}t}\right|_I\times m_i\dot{R}_{P,i}=\sum_i\left(\left.\frac{\mathrm{d}r_i}{\mathrm{d}t}\right|_\mathrm{b}+\boldsymbol{\Omega}_\mathrm{b}\times r_i\right)\times m_i\left(\left.\frac{\mathrm{d}R_i}{\mathrm{d}t}\right|_I+\left.\frac{\mathrm{d}r_i}{\mathrm{d}t}\right|_\mathrm{b}+\boldsymbol{\Omega}_\mathrm{b}\times r_i\right), \tag{5-19}$$

对于刚体飞机 $\left.\frac{\mathrm{d}r_i}{\mathrm{d}t}\right|_\mathrm{b}=0$,机体坐标原点速度 $\mathbf{V}_0$,代入(5-19)可得

$$\sum_i\left.\frac{\mathrm{d}r_i}{\mathrm{d}t}\right|_I\times m_i\dot{R}_{P,i}=\sum_i(\boldsymbol{\Omega}_\mathrm{b}\times r_i)\times m_i(\mathbf{V}_0+\boldsymbol{\Omega}_\mathrm{b}\times r_i) \tag{5-20}$$

即

$$\sum_i\left.\frac{\mathrm{d}r_i}{\mathrm{d}t}\right|_I\times m_i\dot{R}_{P,i}=\sum_i m_i(\boldsymbol{\Omega}_\mathrm{b}\times r_i)\times\mathbf{V}_0+\sum_i m_i(\boldsymbol{\Omega}_\mathrm{b}\times r_i)\times(\boldsymbol{\Omega}_\mathrm{b}\times r_i) \tag{5-21}$$

又矢量叉乘本身为零,有 $(\boldsymbol{\Omega}_\mathrm{b}\times r_i)\times(\boldsymbol{\Omega}_\mathrm{b}\times r_i)=0$, 故

$$\sum_i\left.\frac{\mathrm{d}r_i}{\mathrm{d}t}\right|_I\times m_i\dot{R}_{P,i}=\boldsymbol{\Omega}_\mathrm{b}\times\sum_i(m_ir_i)\times\mathbf{V}_0 \tag{5-22}$$

由于质心在原点,而所有质量与到原点距离的乘积之和为零,因此, $\sum_i\left.\frac{\mathrm{d}r_i}{\mathrm{d}t}\right|_I\times m_i\dot{R}_{P,i}=0$, 故有

$$\left.\frac{\mathrm{d}h_i}{\mathrm{d}t}\right|_I = r_i \times \left.\frac{\mathrm{d}(m_i\dot{R}_{P,\,i})}{\mathrm{d}t}\right|_I \tag{5-23}$$

因此，可得角运动动力学(欧拉方程)，

$$M_{\mathrm{b}} = \left.\frac{\mathrm{d}\boldsymbol{h}_{\mathrm{E}}}{\mathrm{d}t}\right|_{\mathrm{E}}^{\mathrm{b}} = \left.\frac{\mathrm{d}\boldsymbol{h}_{\mathrm{E}}}{\mathrm{d}t}\right|_{\mathrm{b}}^{\mathrm{b}} + \boldsymbol{\Omega}_{\mathrm{b}} \times \boldsymbol{h}_{\mathrm{b}}^{\mathrm{E}} = I_{\mathrm{b}}^{\mathrm{E}} \left.\frac{\mathrm{d}\boldsymbol{\Omega}_{\mathrm{b}}}{\mathrm{d}t}\right|_{\mathrm{b}}^{\mathrm{b}} + \boldsymbol{\Omega}_{\mathrm{b}} \times (I_{\mathrm{b}}^{\mathrm{E}}\boldsymbol{\Omega}_{\mathrm{b}}) \tag{5-24}$$

即

$$\begin{bmatrix} L \\ M \\ N \end{bmatrix} = \begin{pmatrix} I_x & 0 & -I_{xz} \\ 0 & I_y & 0 \\ -I_{xz} & 0 & I_z \end{pmatrix} \begin{bmatrix} \dot{p} \\ \dot{q} \\ \dot{r} \end{bmatrix} + \begin{bmatrix} p \\ q \\ r \end{bmatrix} \times \left(\begin{pmatrix} I_x & 0 & -I_{xz} \\ 0 & I_y & 0 \\ -I_{xz} & 0 & I_z \end{pmatrix} \begin{bmatrix} p \\ q \\ r \end{bmatrix} \right) \tag{5-25}$$

而式(5－25)与式(5－16)等价。

5.3　运动学方程

5.3.1　运动学方程推导

在上面建立飞机的动力学方程时，主要研究了外合力和外合力矩对飞机运动的作用。下面将讨论动坐标系(机体坐标系)相对于静止坐标系(地面坐标系)的相对空间位置。

先讨论飞机绕质心的旋转运动，即角运动，包括滚转角运动、俯仰角运动和偏航角运动。也就是说需要确定三个姿态角的角速率与机体坐标轴系的三个角速度分量之间的关系。飞行器在空间的姿态是通过机体轴系相对地面轴系的三个欧拉角(ϕ, θ, ψ)来表示的，飞行过程中欧拉角将随时间变化。显然其变化规律与飞行器的旋转角速度(p, q, r)密切相关。可以通过找出它们之间的相互关系，得出描述飞行器姿态变化规律的方程，即绕质心转动的运动学方程。为此，先分析惯性坐标系转换到机体坐标系的关系，变换过程如图 5－3 所示。

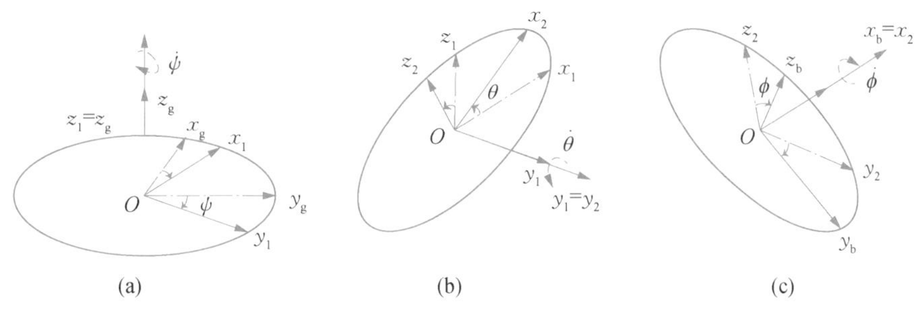

图 5－3　飞机坐标旋转关系

首先，坐标系 $Ox_{\mathrm{g}}y_{\mathrm{g}}$ 绕 Oz_{g} 旋转，转动角速率为 $\dot{\psi}$，如图 5－3(a)所示，则有角速

度 $\boldsymbol{\Omega}_1=\begin{bmatrix}0\\0\\\dot{\psi}\end{bmatrix}$；其次，针对 $\boldsymbol{\Omega}_1=\begin{bmatrix}0\\0\\\dot{\psi}\end{bmatrix}$，坐标系 Ox_1z_1 以角速率 $\dot{\theta}$ 绕 Oy_1 旋转，如图 5-3(b)所示，则有角速度

$$\boldsymbol{\Omega}_2=\begin{bmatrix}\cos\theta & 0 & -\sin\theta\\0 & 1 & 0\\\sin\theta & 0 & \cos\theta\end{bmatrix}\begin{bmatrix}0\\0\\\dot{\psi}\end{bmatrix}+\begin{bmatrix}0\\\dot{\theta}\\0\end{bmatrix}=\begin{bmatrix}-\dot{\psi}\sin\theta\\\dot{\theta}\\\dot{\psi}\cos\theta\end{bmatrix} \tag{5-26}$$

最后，针对 $\boldsymbol{\Omega}_2=\begin{bmatrix}-\dot{\psi}\sin\theta\\\dot{\theta}\\\dot{\psi}\cos\theta\end{bmatrix}$，坐标系 Oy_2z_2 以角速率为 $\dot{\phi}$，绕 Ox_2 旋转，如图 5-3(c)所示，此时旋转坐标系与机体坐标系两个坐标系重合，则有角速度运动关系为

$$\begin{bmatrix}p\\q\\r\end{bmatrix}=\begin{bmatrix}1 & 0 & 0\\0 & \cos\phi & \sin\phi\\0 & -\sin\phi & \cos\phi\end{bmatrix}\begin{bmatrix}-\dot{\psi}\sin\theta\\\dot{\theta}\\\dot{\psi}\cos\theta\end{bmatrix}+\begin{bmatrix}\dot{\phi}\\0\\0\end{bmatrix}=\begin{bmatrix}\dot{\phi}-\dot{\psi}\sin\theta\\\dot{\theta}\cos\phi+\dot{\psi}\cos\theta\sin\phi\\-\dot{\theta}\sin\phi+\dot{\psi}\cos\phi\cos\theta\end{bmatrix} \tag{5-27}$$

5.3.2 飞机运动学方程组

由式(5-27)，有

$$\begin{cases}p=\dot{\phi}-\dot{\psi}\sin\theta\\q=\dot{\theta}\cos\phi+\dot{\psi}\cos\theta\sin\phi\\r=-\dot{\theta}\sin\phi+\dot{\psi}\cos\phi\cos\theta\end{cases} \tag{5-28}$$

式(5-28)等价于

$$\begin{cases}\dot{\phi}=p+q\sin\phi\tan\theta+r\cos\phi\tan\theta\\\dot{\theta}=q\cos\phi-r\sin\phi\\\dot{\psi}=\dfrac{1}{\cos\theta}(q\sin\phi+r\cos\phi)\end{cases} \tag{5-29}$$

又由地面坐标系图 3-2 与机体坐标系图 3-1 之间的转换关系式，可知

$$\begin{bmatrix}\dot{x}_g\\\dot{y}_g\\\dot{z}_g\end{bmatrix}=\begin{bmatrix}\cos\theta\cos\psi & -\cos\phi\sin\psi+\sin\phi\sin\theta\cos\psi & \sin\phi\sin\psi+\cos\phi\sin\theta\cos\psi\\\cos\theta\sin\psi & \cos\phi\cos\psi+\sin\phi\sin\theta\sin\psi & -\sin\phi\cos\psi+\cos\phi\sin\theta\sin\psi\\-\sin\theta & \sin\phi\cos\theta & \cos\phi\cos\theta\end{bmatrix}\begin{bmatrix}u\\v\\w\end{bmatrix}。 \tag{5-30}$$

式(5－29)和式(5－30)共六个方程，为飞机运动学方程。

5.3.3　动力学方程组讨论

根据5.2节，5.3节有动力学方程和运动学方程组

$$\begin{cases}[\dot{p},\ \dot{q},\ \dot{r}]=f(L,\ M,\ N,\ p,\ q,\ r)\\ [\dot{u},\ \dot{v},\ \dot{w}]=f(F_x,\ F_y,\ F_z,\ p,\ q,\ r,\ u,\ v,\ w)\\ [\dot{\phi},\ \dot{\theta},\ \dot{\psi}]=f(p,\ q,\ r,\ \theta,\ \phi)\\ [\dot{x}_g,\ \dot{y}_g,\ \dot{z}_g]=f(u,\ v,\ w,\ \theta,\ \phi,\ \psi)\end{cases} \tag{5-31}$$

包含的参数有 F_x, F_y, F_z, L, M, N, u, v, w, p, q, r, x_g, y_g, z_g, θ, ϕ, ψ18个参数，共12个方程，考虑舵偏输入(δ_e, δ_a, δ_r, δ_p)，则补充力与力矩方程为

$$\begin{bmatrix}F_x & F_y & F_z\\ L & M & N\end{bmatrix}=f(u,\ v,\ w,\ p,\ q,\ r,\ \theta,\ \phi,\ z,\ \delta_e,\ \delta_a,\ \delta_r,\ \delta_p) \tag{5-32}$$

而式(5－31)中 x_g, y_g, ψ 通常与外力无关，略去这些参数及其相关方程(3个)，则包含的参数有 F_x, F_y, F_z, L, M, N, u, v, w, p, q, r, z_g, θ, ϕ , δ_e, δ_a, δ_r, δ_p，共19个参数，15个方程，故需补充4个方程才能求解。

为此，可以根据不同问题，进行分类求解：

(1) 握杆稳定性问题，给出舵面偏角：δ_e, δ_a, δ_r, δ_p，求解飞机受扰动后的运动规律。

(2) 松杆稳定性问题，给出操纵系统规律(建立舵偏角与参数之间的关系)，求解飞机受扰动后稳定性。

(3) 操纵响应问题，给出舵偏角随着时间变化的规律，求解运动参数随时间变化的规律。

(4) 飞行仿真，由上述反问题给出运动规律，求解舵面偏角。

5.4　飞机运动的纵横分离

5.4.1　纵横分离

一般飞机具有对称面(外形和质量左右对称)；考虑飞机基准运动，即作对称、定常直线平飞，此时运动平面、铅垂面 ($\phi=0$)、对称面重合($\beta=0$)。

对于基准运动有如下推论：

(1) 纵向气动力和力矩对横侧向运动参数在基准运动状态下的导数均为零，如

$$\left(\frac{\partial L}{\partial \beta}\right)_0,\ \left(\frac{\partial M}{\partial p}\right)_0,\ \cdots$$

(2) 横侧气动力和力矩对纵向参数在基准运动状态的导数均为零，如

$$\left(\frac{\partial Y}{\partial \alpha}\right)_0,\ \left(\frac{\partial N}{\partial q}\right)_0,\ \cdots$$

其中纵向运动参数：u, w, q, θ, γ, α, x_g, z_g, δ_e, δ_p, …；横侧向运动参数：v, p, r, ϕ, ψ, β, y_g, δ_a, δ_r, …。

5.4.2 纵向运动方程

在航迹坐标系（见图 3-4）下，有 $V_x = V$, $V_y = V_z = 0$，而从机体系到航迹坐标系变换矩阵为

$$\boldsymbol{L}_{kb} = \boldsymbol{L}_{ka}(\phi_a) \cdot \boldsymbol{L}_{ab}(\alpha, \beta) \tag{5-33}$$

式中，$\boldsymbol{L}_{ka}$ 为气流坐标系到航迹坐标系变换矩阵，$\boldsymbol{L}_{ab}$ 为机体坐标系到气流坐标系变换矩阵，分别为

$$\boldsymbol{L}_{ka}(\phi_a) = \begin{bmatrix} 1 & 0 & 0 \\ 0 & \cos\phi_a & \sin\phi_a \\ 0 & -\sin\phi_a & \cos\phi_a \end{bmatrix}, \boldsymbol{L}_{ab}(\alpha, \beta) = \begin{bmatrix} \cos\alpha\cos\beta & \sin\beta & \sin\alpha\cos\beta \\ -\cos\alpha\sin\beta & \cos\beta & -\sin\alpha\sin\beta \\ -\sin\alpha & 0 & \cos\alpha \end{bmatrix} \tag{5-34}$$

式中，ϕ_a 为速度滚转角，是飞机对称面 Ox_bz_b 与含总速度矢量 $\mathbf{V}$ 的铅垂面之间的夹角，下标 a 表示气流坐标系。

为了分析航迹坐标系下动力学，先计算航迹坐标系下合力，有

$$\begin{bmatrix} F_x \\ F_y \\ F_z \end{bmatrix}_k = \begin{bmatrix} F_{ax} \\ F_{ay} \\ F_{az} \end{bmatrix}_k + \begin{bmatrix} T_x \\ T_y \\ T_z \end{bmatrix}_k + \begin{bmatrix} G_x \\ G_y \\ G_z \end{bmatrix}_k \tag{5-35}$$

式中，F_a, T, G 分别为气动力、推力和重力。

又由飞机俯仰动力学，如图 5-4 所示，有推力

$$\begin{bmatrix} T_x \\ T_y \\ T_z \end{bmatrix}_b = \begin{bmatrix} T\cos\varphi_T \\ 0 \\ T\sin\varphi_T \end{bmatrix} \tag{5-36}$$

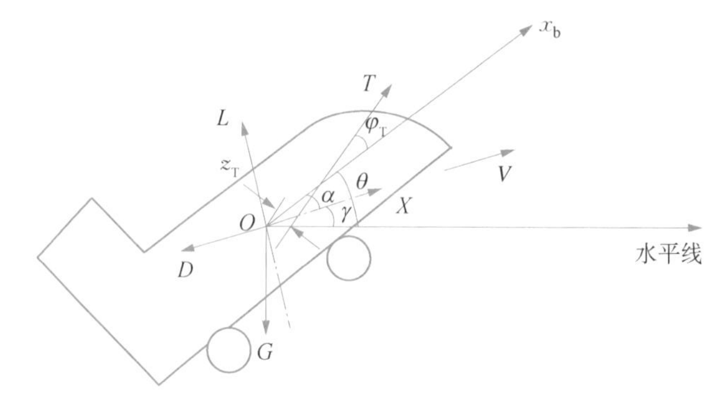

图 5-4　飞机纵向动力学

则航迹坐标系推力为

$$\begin{bmatrix} T_x \\ T_y \\ T_z \end{bmatrix}_{\mathrm{k}} = L_{\mathrm{kb}} \begin{bmatrix} T\cos\varphi_{\mathrm{T}} \\ 0 \\ T\sin\varphi_{\mathrm{T}} \end{bmatrix}_{\mathrm{b}} = \begin{bmatrix} T\cos(\alpha+\varphi_{\mathrm{T}})\cos\beta \\ T\sin(\alpha+\varphi_{\mathrm{T}})\sin\phi_{\mathrm{a}} - T\cos(\alpha+\varphi_{\mathrm{T}})\sin\beta\cos\phi_{\mathrm{a}} \\ T\sin(\alpha+\varphi_{\mathrm{T}})\cos\phi_{\mathrm{a}} - T\cos(\alpha+\varphi_{\mathrm{T}})\sin\beta\sin\phi_{\mathrm{a}} \end{bmatrix} \tag{5-37}$$

航迹坐标系下气动力为

$$\begin{bmatrix} F_{\mathrm{a}x} \\ F_{\mathrm{a}y} \\ F_{\mathrm{a}z} \end{bmatrix}_{\mathrm{k}} = L_{\mathrm{ka}} \begin{bmatrix} -D \\ Y \\ L \end{bmatrix}_{\mathrm{a}} = \begin{bmatrix} -D \\ Y\cos\phi_{\mathrm{a}} + L\sin\phi_{\mathrm{a}} \\ L\cos\phi_{\mathrm{a}} - Y\sin\phi_{\mathrm{a}} \end{bmatrix} \tag{5-38}$$

由气流坐标相对地面坐标变换角度关系为

$$\phi_{\mathrm{a}} = \mu,\ \psi_{\mathrm{a}} = \chi,\ \theta_{\mathrm{a}} = \gamma \tag{5-39}$$

式中,μ, χ, γ 分别为航迹速度滚转角、方位角和倾斜角。

根据牛顿第二定律 $F = ma$,并利用式(5-35)～式(5-39),可得航迹坐标系下动力学为

$$\begin{cases} m\dfrac{\mathrm{d}V}{\mathrm{d}t} = T\cos(\alpha+\varphi_{\mathrm{T}})\cos\beta - D - mg\sin\gamma \\ mV\cos\gamma\dfrac{\mathrm{d}\chi}{\mathrm{d}t} = T[\sin(\alpha+\varphi_{\mathrm{T}})\sin\mu - \cos(\alpha+\varphi_{\mathrm{T}})\sin\beta\cos\mu] + Y\cos\mu + L\sin\mu \\ mV\dfrac{\mathrm{d}\gamma}{\mathrm{d}t} = T[\sin(\alpha+\varphi_{\mathrm{T}})\cos\mu - \cos(\alpha+\varphi_{\mathrm{T}})\sin\beta\sin\mu] - Y\sin\mu + L\cos\mu - mg\cos\gamma \end{cases} \tag{5-40}$$

根据速度关系

$$\begin{bmatrix} V_x \\ V_y \\ V_z \end{bmatrix}_{\mathrm{g}} = L_{\mathrm{gk}} \begin{bmatrix} V \\ 0 \\ 0 \end{bmatrix} \tag{5-41}$$

其中 $\boldsymbol{L}_{\mathrm{gk}}$ 为航迹坐标系到地面坐标系变换矩阵,满足

$$\boldsymbol{L}_{\mathrm{gk}} = \begin{bmatrix} \cos\gamma\cos\chi \\ \cos\gamma\sin\chi \\ \sin\gamma \end{bmatrix} \tag{5-42}$$

式(5-42)代入式(5-41)得质心运动学方程

$$\begin{cases}\dfrac{\mathrm{d}x_g}{\mathrm{d}t}=V\cos\gamma\cos\chi\\\dfrac{\mathrm{d}y_g}{\mathrm{d}t}=V\cos\gamma\sin\chi\\\dfrac{\mathrm{d}z_g}{\mathrm{d}t}=V\sin\gamma\end{cases}\tag{5-43}$$

当飞机在铅垂平面运动时，有

$$\phi=\mu=0,\ \beta=0,\ \frac{\mathrm{d}\chi}{\mathrm{d}t}=0$$

$$\begin{cases}m\dfrac{\mathrm{d}V}{\mathrm{d}t}=T\cos(\alpha+\varphi_T)-D-mg\sin\gamma\\mV\dfrac{\mathrm{d}\gamma}{\mathrm{d}t}=T[\sin(\alpha+\varphi_T)]+L-mg\cos\gamma\end{cases}\tag{5-44}$$

当α不太大，则

$$\begin{cases}m\dfrac{\mathrm{d}V}{\mathrm{d}t}=T-D-mg\sin\gamma\\mV\dfrac{\mathrm{d}\gamma}{\mathrm{d}t}=L-mg\cos\gamma\end{cases}\tag{5-45}$$

若飞机在铅垂面内做非定常直线飞行，$\dfrac{\mathrm{d}\gamma}{\mathrm{d}t}=0$，有

$$\begin{cases}m\dfrac{\mathrm{d}V}{\mathrm{d}t}=T-D-mg\sin\gamma\\L=mg\cos\gamma\end{cases}\tag{5-46}$$

当作平飞加减速飞行，$\gamma=0$，有

$$\begin{cases}m\dfrac{\mathrm{d}V}{\mathrm{d}t}=T-D\\L=mg\end{cases}\tag{5-47}$$

当作等速平飞$\dfrac{\mathrm{d}V}{\mathrm{d}t}=0$，$\dfrac{\mathrm{d}\gamma}{\mathrm{d}t}=0$，且有

$$\begin{cases}T=D\\L=mg\end{cases}\tag{5-48}$$

相应运动学方程为

$$\begin{cases}\dfrac{\mathrm{d}x_g}{\mathrm{d}t}=V\cos\gamma\\\dfrac{\mathrm{d}z_g}{\mathrm{d}t}=V\sin\gamma\end{cases}\tag{5-49}$$

例5-1　考虑某飞机模型，其动力学关系如图5-5所示，假设飞机在某高度、速度下稳定巡航，其升力、重力、阻力、推力相互平衡，为了简化分析，假设飞机俯仰运动过程中速度不变。

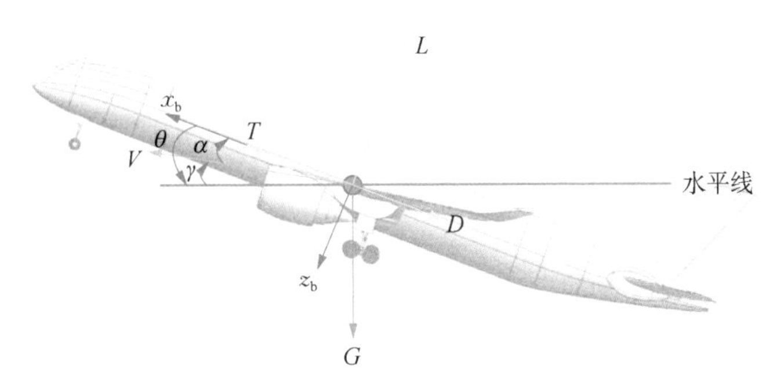

图5-5　飞机俯仰运动动力学

飞机俯仰动力学模型为

$$\begin{cases}\dot{\alpha}=\dfrac{2V_0\mu_0}{\bar{c}(1+\mu_0C_L)}\left(-(C_L+C_D)\alpha+\dfrac{1}{\mu_0-C_L}q-(C_L\sin\gamma)\theta+C_L\right)\\ \dot{q}=\dfrac{V_0\mu_0}{\bar{c}I_{yy}}\left[(C_m-\eta_0(C_L+C_D))\alpha+\left(C_m+\dfrac{C_m(1+\mu_0C_L)}{1+\mu_0C_L}\right)q+(\eta_0C_W\sin\gamma)\delta_e\right]\\ \dot{\theta}=\dfrac{2V_0}{\bar{c}}q\end{cases} \tag{5-50}$$

式中，$\mu_0=\dfrac{\rho S\bar{c}}{4m}$，$\eta_0=\dfrac{\mu_0C_m}{1+\mu_0C_L}$，$V_0$为配平速度，$C_L$，$C_D$，$C_W$，$C_m$分别为升力系数、阻力系数、重力系数及俯仰力矩系数，$\bar{c}$为平均气动弦长，γ为航迹倾角，ρ为大气密度，S为机翼参考面积。α，θ，q，δ_e分别为迎角、俯仰角、俯仰角速率及升降舵偏角。

代入气动参数，则式(5-50)改为

$$\begin{cases}\dot{\alpha}=-0.313\alpha+56.7q+0.232\delta_e\\ \dot{q}=-0.0139\alpha-0.426q+0.0203\delta_e\\ \dot{\theta}=56.7q\end{cases} \tag{5-51}$$

为了得到其传递函数模型，对模型(5-51)进行Laplace变换，考虑零初值条件下，有

$$\begin{cases}s\alpha(s)=-0.313\alpha(s)+56.7q(s)+0.232\delta_e(s)\\ sq(s)=-0.0139\alpha(s)-0.426q(s)+0.0203\delta_e(s)\\ s\theta(s)=56.7q(s)\end{cases} \tag{5-52}$$

可得升降舵输入俯仰输出传递函数为

$$\frac{\theta(s)}{\delta_e(s)}=\frac{1.151s+0.1774}{s^3+0.739s^2+0.921s} \tag{5-53}$$

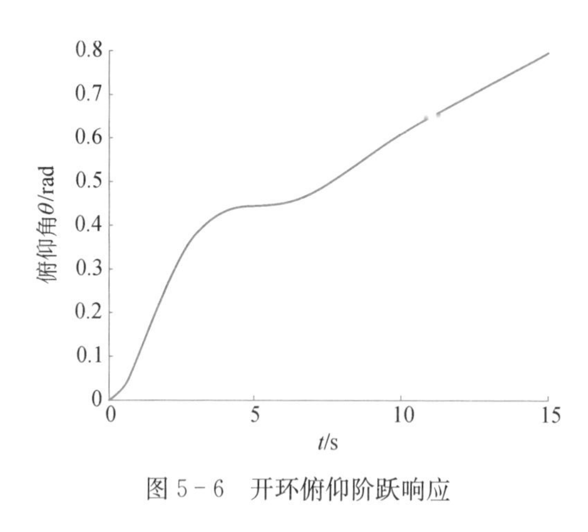

图 5-6 开环俯仰阶跃响应

考察 $\delta_e=0.2\,\text{rad}$ 输入下阶跃响应，如图 5-6 所示，扫描右侧二维码获取 Matlab 代码。可知系统开环不稳定，需要闭环调节。

5.4.3 横侧向运动

横侧向运动可认为在水平面内运动，而水平面运动条件为

$$\frac{d\gamma}{dt}=0,\ \gamma=0 \tag{5-54}$$

则水平面运动运动学方程为

$$\begin{cases}\dfrac{dx_g}{dt}=V\cos\chi\\ \dfrac{dy_g}{dt}=V\sin\chi\end{cases} \tag{5-55}$$

根据式(5-40)、式(5-54)，有水平面运动动力学方程为

$$\begin{cases}m\dfrac{dV}{dt}=T\cos(\alpha+\varphi_T)\cos\beta-D\\ mV\dfrac{d\chi}{dt}=T[\sin(\alpha+\varphi_T)\sin\mu-\cos(\alpha+\varphi_T)\sin\beta\cos\mu]+Y\cos\mu+L\sin\mu\\ T[\sin(\alpha+\varphi_T)\cos\mu+\cos(\alpha+\varphi_T)\sin\beta\sin\mu]+L\cos\mu=Y\sin\mu+mg\end{cases} \tag{5-56}$$

若飞机无侧滑盘旋，$\beta=0$，$Y=0$，有

$$\begin{cases}m\dfrac{dV}{dt}=T\cos(\alpha+\varphi_T)-D\\ mV\dfrac{d\chi}{dt}=T[\sin(\alpha+\varphi_T)\sin\mu]+L\sin\mu\\ T[\sin(\alpha+\varphi_T)\cos\mu]+L\cos\mu=mg\end{cases} \tag{5-57}$$

若飞机无侧滑等速盘旋，$\beta=0$，$\dfrac{dV}{dt}=0$，则有

$$\begin{cases} T\cos(\alpha+\varphi_T)=D \\ mV\dfrac{d\chi}{dt}=T[\sin(\alpha+\varphi_T)\sin\mu]+L\sin\mu \\ T[\sin(\alpha+\varphi_T)\cos\mu]+L\cos\mu=mg \end{cases} \tag{5-58}$$

当 α 不太大时，则有

$$\begin{cases} T=D \\ mV\dfrac{d\chi}{dt}=L\sin\mu \\ L\cos\mu=mg \end{cases} \tag{5-59}$$

当飞机无倾斜、带侧滑运动 $\mu=\phi_a=0$，则有

$$\begin{cases} m\dfrac{dV}{dt}=T\cos(\alpha+\varphi_T)\cos\beta-D \\ mV\dfrac{d\chi}{dt}=T[-\cos(\alpha+\varphi_T)\sin\beta\cos\mu]+Y \\ T[\sin(\alpha+\varphi_T)]+L=mg \end{cases} \tag{5-60}$$

5.4.4 飞行速度与机体速度转换关系

机体速度矢量为

$$\begin{bmatrix} V_x \\ V_y \\ V_z \end{bmatrix}_b=\begin{bmatrix} u \\ v \\ w \end{bmatrix}=\begin{bmatrix} V\cos\alpha\cos\beta \\ V\sin\beta \\ V\sin\alpha\cos\beta \end{bmatrix} \tag{5-61}$$

根据气流轴系和体轴系坐标变换有气动力 $[F_{ax}\quad F_{ay}\quad F_{az}]_b^T=\boldsymbol{L}_{ba}[-D\quad Y\quad L]^T$，则机体轴向合力为

$$\begin{bmatrix} F_x \\ F_y \\ F_z \end{bmatrix}_b=\begin{bmatrix} T \\ 0 \\ 0 \end{bmatrix}+\boldsymbol{L}_{ba}\begin{bmatrix} -D \\ Y \\ L \end{bmatrix} \tag{5-62}$$

由式(5-4)、式(5-62)可得机体系下动力学模型为

$$\begin{cases} F_x=m(\dot{u}+wq-vr)=T\cos\varphi_T-D\cos\alpha\cos\beta-Y\cos\alpha\sin\beta+L\sin\alpha-mg\sin\theta \\ F_y=m(\dot{v}+ur-wp)=-D\sin\beta+Y\cos\beta+mg\sin\phi\cos\theta \\ F_z=m(\dot{w}+vp-uq)=T\sin\varphi_T-D\sin\alpha\cos\beta-Y\sin\alpha\sin\beta+L\cos\alpha-mg\cos\phi\cos\theta \end{cases} \tag{5-63}$$

由式(5-61)知机体轴系加速度在气流轴系中表示为

$$\begin{cases}\dfrac{\mathrm{d}u}{\mathrm{d}t}=\dfrac{\mathrm{d}V}{\mathrm{d}t}\cos\alpha\cos\beta-\dfrac{\mathrm{d}\alpha}{\mathrm{d}t}V\sin\alpha\cos\beta-\dfrac{\mathrm{d}\beta}{\mathrm{d}t}V\sin\beta\cos\alpha\\ \dfrac{\mathrm{d}v}{\mathrm{d}t}=\dfrac{\mathrm{d}V}{\mathrm{d}t}\sin\beta+\dfrac{\mathrm{d}\beta}{\mathrm{d}t}V\cos\beta\\ \dfrac{\mathrm{d}w}{\mathrm{d}t}=\dfrac{\mathrm{d}V}{\mathrm{d}t}\sin\alpha\cos\beta+\dfrac{\mathrm{d}\alpha}{\mathrm{d}t}V\cos\alpha\cos\beta-\dfrac{\mathrm{d}\beta}{\mathrm{d}t}V\sin\beta\sin\alpha\end{cases}\tag{5-64}$$

5.4.5　稳定轴系质心动力学方程

由于稳定轴系受力分析方便，因此一般动力学常建立在稳定轴系，而机体轴系转动 α 角则变换到稳定轴系，稳定轴系转动 β 角则变换到气流轴系，详见 5.5。于是，根据式(5-63)，式(5-64)，有气流轴系中动力学关系为

$$\begin{aligned}\frac{\mathrm{d}V}{\mathrm{d}t}=&\left(\frac{T\cos\varphi_{\mathrm{T}}+F_{\mathrm{ax}}}{m}-g\sin\theta\right)\cos\alpha\cos\beta-\left(\frac{F_{\mathrm{ay}}}{m}+g\sin\phi\cos\theta\right)\sin\beta+\\&\left(\frac{T\sin\varphi_{\mathrm{T}}+F_{\mathrm{az}}}{m}-g\cos\phi\cos\theta\right)\sin\alpha\cos\beta\end{aligned}\tag{5-65}$$

$$\begin{aligned}\frac{\mathrm{d}\alpha}{\mathrm{d}t}=q+\frac{1}{\cos\beta}\Bigg[&\left(-\frac{T\cos\varphi_{\mathrm{T}}+F_{\mathrm{ax}}}{mV}+\frac{g}{V}\sin\theta-r\sin\beta\right)\sin\alpha+\\&\left(-\frac{T\sin\varphi_{\mathrm{T}}+F_{\mathrm{az}}}{m}+\frac{g}{V}\cos\phi\cos\theta-p\sin\beta\right)\cos\alpha\Bigg]\end{aligned}\tag{5-66}$$

$$\begin{aligned}\frac{\mathrm{d}\beta}{\mathrm{d}t}=&-\left[\left(\frac{T\sin\varphi_{\mathrm{T}}+F_{ax}}{mV}-\frac{g}{V}\sin\theta\right)\sin\beta+r\right]\cos\alpha+\left(\frac{F_{ay}}{mV}+\frac{g}{V}\sin\phi\cos\theta\right)\cos\beta+\\&\left[\left(\frac{T\sin\varphi_{\mathrm{T}}-F_{az}}{mV}-\frac{g}{V}\cos\phi\cos\theta\right)\sin\beta+p\right]\sin\alpha\end{aligned}\tag{5-67}$$

当 α，β 不大时

$$\begin{cases}u\approx V=\text{常数}\\ v\approx V\beta\\ w\approx V\alpha\end{cases}\tag{5-68}$$

有

$$\begin{cases}\dfrac{\mathrm{d}\alpha}{\mathrm{d}t}=q-p\sin\beta-\dfrac{T\sin\varphi_{\mathrm{T}}+F_{\mathrm{az}}}{m}+\dfrac{g}{V}\cos\phi\cos\theta\\ \dfrac{\mathrm{d}\beta}{\mathrm{d}t}=p\alpha-r+\left(\dfrac{F_{\mathrm{ay}}}{mV}+\dfrac{g}{V}\sin\phi\cos\theta\right)\end{cases}\tag{5-69}$$

5.5　小扰动线性化动力学方程

飞机的飞行运动分为基准运动和扰动运动，小扰动运动指的是扰动与基准运动

偏离甚小的运动。小扰动法的原理是：假设原始的基准运动遭到扰动的破坏，使系统的运动参数只发生很小的变化，也就是运动参数偏离基准状态的量为小量，可以略去二阶以上的运动参数变化量。具体描述如下。

任意参数

$$x = x_0 + \Delta x \tag{5-70}$$

式中，x_0 为平衡点，Δx 为小扰动量，下标 0 表示基准运动状态。

任意方程

$$f(x_1, x_2, \cdots, x_n) = 0 \tag{5-71}$$

基准运动

$$f(x_{10}, x_{20}, \cdots, x_{n0}) = 0 \tag{5-72}$$

扰动运动

$$f(x_{10} + \Delta x_1, x_2 + \Delta x_2, \cdots, x_n + \Delta x_n) = 0 \tag{5-73}$$

将式(5-71)在平衡点处展开为泰勒级数，并略去高阶项，有

$$f(x_{10}, x_{20}, \cdots, x_{n0}) + \left(\frac{\partial f}{\partial x_1}\right)_0 \Delta x_1 + \left(\frac{\partial f}{\partial x_2}\right)_0 \Delta x_2 + \cdots + \left(\frac{\partial f}{\partial x_n}\right)_0 \Delta x_n = 0 \tag{5-74}$$

将式(5-72)代入式(5-74)，可得

$$\left(\frac{\partial f}{\partial x_1}\right)_0 \Delta x_1 + \left(\frac{\partial f}{\partial x_2}\right)_0 \Delta x_2 + \cdots + \left(\frac{\partial f}{\partial x_n}\right)_0 \Delta x_n = 0 \tag{5-75}$$

$\left(\frac{\partial f}{\partial x_i}\right)_0$ 中的气动导数通常通过理论或试验得到，定常基准运动时其为常系数。

5.5.1 动力学方程组简化

基准状态(对称定直飞行)下横侧参数均为零，有

$$v_0 = p_0 = r_0 = \phi_0 = \psi_0 = \beta_0 = y_{g0} = \delta_{a0} = \delta_{r0} = 0 \tag{5-76}$$

基准状态下所有合力与力矩为零，有

$$F_{x0} = F_{y0} = F_{z0} = 0,\ L_0 = M_0 = N_0 = 0 \tag{5-77}$$

纵向力和力矩对横侧参数的导数在基准状态下均为零；横向力和力矩与纵向参数的导数在基准状态下不大，可以略去，则有

$$F_x = \Delta F_x,\ F_y = \Delta F_y,\ F_z = \Delta F_z,\ L = \Delta L,\ M = \Delta M,\ N = \Delta N \tag{5-78}$$

由

$$u = u_0 + \Delta u, \quad w = w_0 + \Delta w, \quad \theta = \theta_0 + \Delta\theta$$
$$v = \Delta v, \quad p = \Delta p, \quad q = \Delta q, \quad r = \Delta r$$
$$\psi = \Delta\psi, \quad \phi = \Delta\phi, \quad x_g = \Delta x_g, \quad y_g = \Delta y_g, \quad z_g = \Delta z_g \tag{5-79}$$

则由式(5-4)知动力学方程

$$F_x/m = \dot{u} + wq - vr \tag{5-80}$$

式(5-80)小扰动方程为

$$(F_{x0} + \Delta F_x)/m = \frac{\mathrm{d}(u_0 + \Delta u)}{\mathrm{d}t} + (w_0 + \Delta w)(q_0 + \Delta q) - (v_0 + \Delta v)(r_0 + \Delta r) \tag{5-81}$$

将式(5-77)～式(5-79)代入式(5-81),有

$$\Delta F_x/m = \frac{\mathrm{d}\Delta u}{\mathrm{d}t} + (w_0 + \Delta w)\Delta q - \Delta v \Delta r \tag{5-82}$$

忽略 $\Delta v \Delta r$ 等二阶小量,有

$$\Delta F_x/m = \frac{\mathrm{d}\Delta u}{\mathrm{d}t} + w_0 \Delta q \tag{5-83}$$

运用类似方法,可得小扰动动力学方程组

$$\begin{cases} \Delta F_x/m = \dfrac{\mathrm{d}\Delta u}{\mathrm{d}t} + w_0 \Delta q \\ \Delta F_y/m = \dfrac{\mathrm{d}\Delta v}{\mathrm{d}t} - w_0 \Delta p + u_0 \Delta r \\ \Delta F_z/m = \dfrac{\mathrm{d}\Delta w}{\mathrm{d}t} - u_0 \Delta q \end{cases} \tag{5-84}$$

$$\begin{cases} \Delta L = I_x \dfrac{\mathrm{d}\Delta p}{\mathrm{d}t} - I_{xz} \dfrac{\mathrm{d}\Delta r}{\mathrm{d}t} \\ \Delta M = I_y \dfrac{\mathrm{d}\Delta q}{\mathrm{d}t} \\ \Delta N = I_z \dfrac{\mathrm{d}\Delta r}{\mathrm{d}t} - I_{xz} \dfrac{\mathrm{d}\Delta p}{\mathrm{d}t} \end{cases} \tag{5-85}$$

由式(5-29)知运动学小扰动方程为

$$\begin{cases} \dfrac{\mathrm{d}\Delta\phi}{\mathrm{d}t} = \Delta p + \tan\theta_0 \Delta r \\ \dfrac{\mathrm{d}\Delta\theta}{\mathrm{d}r} = \Delta q \\ \dfrac{\mathrm{d}\Delta\psi}{\mathrm{d}t} = \dfrac{\Delta r}{\cos\theta_0} \end{cases} \tag{5-86}$$

$$\begin{cases}\dfrac{\mathrm{d}\Delta x_{\mathrm{g}}}{\mathrm{d}t}=\Delta u\cos\theta_0+\Delta w\sin\theta_0-(u_0\sin\theta_0-w_0\cos\theta_0)\Delta\theta\\ \dfrac{\mathrm{d}\Delta y_{\mathrm{g}}}{\mathrm{d}t}=\Delta v-w_0\Delta\phi+(u_0\cos\theta_0+w_0\cos\theta_0)\Delta\psi\\ \dfrac{\mathrm{d}\Delta z_{\mathrm{g}}}{\mathrm{d}t}=-\Delta u\sin\theta_0+\Delta w\cos\theta_0-(u_0\cos\theta_0+w_0\sin\theta_0)\Delta\theta\end{cases}\tag{5-87}$$

5.5.2　纵横分离的小扰动方程组

运用纵横分离原理，有下述动力学方程组。

纵向运动小扰动方程组为

$$\begin{cases}\Delta F_x/m=\dfrac{\mathrm{d}\Delta u}{\mathrm{d}t}+w_0\Delta q\\ \Delta F_z/m=\dfrac{\mathrm{d}\Delta w}{\mathrm{d}t}-u_0\Delta q\\ \Delta M=I_y\dfrac{\mathrm{d}\Delta q}{\mathrm{d}t}\end{cases}\tag{5-88}$$

横航向运动小扰动方程组为

$$\begin{cases}\Delta F_y/m=\dfrac{\mathrm{d}\Delta v}{\mathrm{d}t}-w_0\Delta p+u_0\Delta r\\ \Delta L=I_x\dfrac{\mathrm{d}\Delta p}{\mathrm{d}t}-I_{xz}\dfrac{\mathrm{d}\Delta r}{\mathrm{d}t}\\ \Delta N=I_z\dfrac{\mathrm{d}\Delta r}{\mathrm{d}t}-I_{xz}\dfrac{\mathrm{d}\Delta p}{\mathrm{d}t}\end{cases}\tag{5-89}$$

同时，有下列运动学方程组。

纵向运动小扰动运动学方程组为

$$\begin{cases}\dfrac{\mathrm{d}\Delta\theta}{\mathrm{d}t}=\Delta q\\ \dfrac{\mathrm{d}\Delta x_{\mathrm{g}}}{\mathrm{d}t}=\Delta u\cos\theta_0+\Delta w\sin\theta_0-(u_0\sin\theta_0+w_0\cos\theta_0)\Delta\theta\\ \dfrac{\mathrm{d}\Delta z_{\mathrm{g}}}{\mathrm{d}t}=-\Delta u\sin\theta_0+\Delta w\cos\theta_0-(u_0\cos\theta_0+w_0\sin\theta_0)\Delta\theta\end{cases}\tag{5-90}$$

横航向运动小扰动运动学方程组为

$$\begin{cases}\dfrac{\mathrm{d}\Delta\phi}{\mathrm{d}t}=\Delta p+\tan\theta_0\Delta r\\ \dfrac{\mathrm{d}\Delta\psi}{\mathrm{d}t}=\dfrac{\Delta r}{\cos\theta_0}\\ \dfrac{\mathrm{d}\Delta y_{\mathrm{g}}}{\mathrm{d}t}=\Delta v-w_0\Delta\phi+(u_0\cos\theta_0+w_0\cos\theta_0)\Delta\psi\end{cases}\tag{5-91}$$

运动学方程为非耦合方程。

5.5.3 稳定轴系的方程及其线性化

基准运动为对称定直飞行时，稳定坐标系轴和航迹坐标系轴重合，而由动力学小扰动方程(5-88)及运动方程(5-90)，可知纵向运动方程为

$$\begin{cases}\Delta F_x/m = \dfrac{\mathrm{d}\Delta u}{\mathrm{d}t} + w_0 \Delta q \\ \Delta F_z/m = \dfrac{\mathrm{d}\Delta w}{\mathrm{d}t} - u_0 \Delta q \\ \Delta M = I_y \dfrac{\mathrm{d}\Delta q}{\mathrm{d}t} \\ \dfrac{\mathrm{d}\Delta\theta}{\mathrm{d}t} = \Delta q\end{cases} \tag{5-92}$$

作用在飞机上的外力和外力矩表达式跟所选择的坐标系有关，这里按工程设计习惯方法，选择稳定轴系做参考系，根据图 5-4，稳定轴系中飞机受力为

$$\begin{cases}F_x = X - G\sin\gamma \\ F_z = Z - G\cos\gamma\end{cases},\ X = T\cos(\alpha + \varphi_{\mathrm{T}}) - D,\ Z = T\sin(\alpha + \varphi_{\mathrm{T}}) + L \tag{5-93}$$

注意：以后用的符号均指稳定性轴系下的符号，如 θ, q, u, w，稳定性轴系的方程与原来在体轴系下的不同。

5.5.4 力和力矩线性化

根据稳定性轴系的力方程(5-93)，有

$$\begin{cases}F_x = X - G\sin\gamma \\ F_z = Z - G\cos\gamma\end{cases} \tag{5-94}$$

运用小扰动假设，式(5-93)小扰动展开为

$$\begin{cases}\Delta F_x = \dfrac{\partial X}{\partial u}\Delta u + \dfrac{\partial X}{\partial w}\Delta w + \dfrac{\partial X}{\partial q}\Delta q - G\cos\gamma_0 \Delta\gamma \\ \Delta F_z = \dfrac{\partial Z}{\partial u}\Delta u + \dfrac{\partial Z}{\partial w}\Delta w + \dfrac{\partial Z}{\partial q}\Delta q + \dfrac{\partial Z}{\partial \delta_{\mathrm{e}}}\Delta\delta_{\mathrm{e}} + G\sin\gamma_0 \Delta\gamma\end{cases} \tag{5-95}$$

式中，q 引起气动力增量很小，可忽略。力和力矩导数为

$$\overline{X}_u = \frac{1}{m}\frac{\partial X}{\partial u},\ \overline{Z}_u = \frac{1}{m}\frac{\partial Z}{\partial u},\ \cdots \tag{5-96}$$

则有

$$\Delta F_x/m = \overline{X}_u \Delta u + X_w \Delta w - g\cos\gamma_0 \Delta\gamma \tag{5-97}$$

$$\Delta F_z/m = \bar{Z}_u \Delta u + Z_w \Delta w + u_0 \Delta q + Z_{\delta_e} \Delta \delta_e + g\sin\gamma_0 \Delta\gamma \tag{5-98}$$

及俯仰力矩方程

$$\Delta M_z / I_y = \bar{M}_u \Delta u + M_w \Delta w + M_q \Delta q + M_{\delta_e} \Delta \delta_e + M_{\dot{w}} \Delta \dot{w} \tag{5-99}$$

式中，$M_{\dot{w}} \Delta \dot{w}$为洗流时差修正项，若考虑发动机位置不通过重心，则 ΔM_z 中还应增加 $\Delta\delta_p$ 产生的俯仰力矩。

5.5.5　稳定轴系的纵向耦合方程

根据上述分析，飞机切向、法向、俯仰方程(耦合方程)组为

$$\begin{cases} \dfrac{d\Delta u}{dt} = \bar{X}_u \Delta u + X_w \Delta w - g\cos\gamma_0 (\Delta\theta - \Delta\alpha) \\ \dfrac{d\Delta w}{dt} = \bar{Z}_u \Delta u + Z_w \Delta w + u_0 \Delta q + g\sin\gamma_0 (\Delta\theta - \Delta\alpha) + Z_{\delta_e} \Delta\delta_e \\ \dfrac{d\Delta q}{dt} = \bar{M}_u \Delta u + M_w \Delta w + M_{\dot{w}} \dfrac{d\Delta w}{dt} + M_q \Delta q + M_{\delta_e} \Delta \delta_e \\ \dfrac{d\Delta\theta}{dt} = \Delta q \end{cases} \tag{5-100}$$

飞机非耦合方程组为

$$\begin{cases} \dfrac{d\Delta x_g}{dt} = \Delta u\cos\theta_0 + \Delta w\sin\theta_0 - (u_0 \sin\theta_0)\Delta\theta \\ \dfrac{d\Delta z_g}{dt} = -\Delta u\sin\theta_0 + \Delta w\cos\theta_0 - (u_0\cos\theta_0)\Delta\theta \end{cases} \tag{5-101}$$

为了进一步获取 $\bar{X}_u$，$\bar{Z}_u$，$\bar{M}_u$ 等气动参数，下面对气动力和力矩进行线性化。

5.5.6　气动力和力矩线性化

根据图 5-4 受力分析，由式(5-93)知飞机纵向运动受力与推力 T、升力 L、阻力 D 及俯仰力矩 M 有关，而这些力和力矩一般可描述为

$$T = T(V,\ \rho,\ \delta_p),\ L = L(V,\ \rho,\ \alpha,\ \delta_e),\ D = D(V,\ \rho,\ \alpha)$$
$$M^a = M^a(V,\ \rho,\ \alpha,\ \delta_e,\ \dot{\alpha},\ q) \tag{5-102a}$$

式中，M^a 为空气动力产生的力矩。

由于基准运动为等速直线平飞，则

$$T = T(V,\ \delta_p),\ L = L(V,\ \alpha,\ \delta_e),\ D = D(V,\ \alpha),\ M^a = M^a(V,\ \alpha,\ \delta_e,\ \dot{\alpha},\ q) \tag{5-102b}$$

式(5-102)对基准运动$(V_0,\ \alpha_0,\ \delta_{e0},\ \delta_{p0})$泰勒展开，并保留一阶小项，有

$$T = T_o + \left(\frac{\partial T}{\partial V}\right)_0 \Delta V + \left(\frac{\partial T}{\partial \delta_p}\right)_0 \Delta\delta_p = T_0 + T_V \Delta V + T_{\delta_p} \Delta\delta_p$$

$$L = L_0 + \left(\frac{\partial L}{\partial V}\right)_0 \Delta V + \left(\frac{\partial L}{\partial \alpha}\right)_0 \Delta\alpha + \left(\frac{\partial L}{\partial \delta_e}\right)_0 \Delta\delta_e = L_0 + L_V\Delta V + L_\alpha\Delta\alpha + L_{\delta_e}\Delta\delta_e$$

$$D = D_0 + \left(\frac{\partial D}{\partial V}\right)_0 \Delta V + \left(\frac{\partial D}{\partial \alpha}\right)_0 \Delta\alpha = D_0 + D_V\Delta V + D_\alpha\Delta\alpha$$

$$M^a = M_0^a + \left(\frac{\partial M^a}{\partial V}\right)_0 \Delta V + \left(\frac{\partial M^a}{\partial \alpha}\right)_0 \Delta\alpha + \left(\frac{\partial M^a}{\partial \delta_e}\right)_0 \Delta\delta_e + \left(\frac{\partial M^a}{\partial \dot{\alpha}}\right)_0 \Delta\dot{\alpha} + \left(\frac{\partial M^a}{\partial q}\right)_0 \Delta q \tag{5-103}$$

5.5.7　稳定轴系切向动力学方程线性化

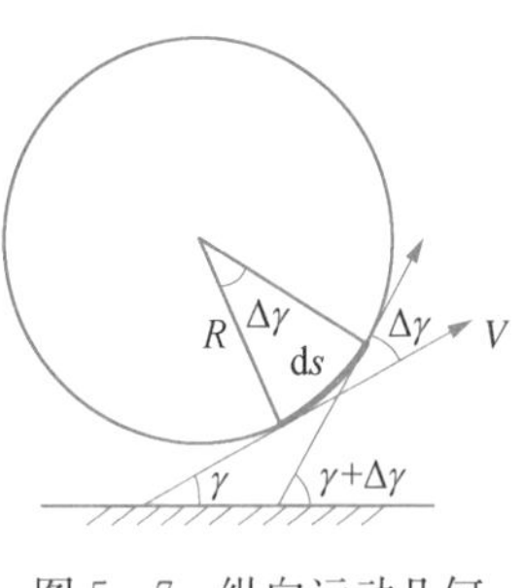

图 5-7　纵向运动几何关系

根据图 5-4，有切向力

$$F_x = T\cos(\alpha + \varphi_T) - D - G\sin\gamma \tag{5-104}$$

当 $\alpha + \varphi_T$ 较小时有 $\cos(\alpha + \varphi_T) \approx 1$，则切向加速度

$$\frac{F_x}{m} = \frac{dV}{dt} = \frac{d(V_0 + \Delta V)}{dt} = \frac{d\Delta V}{dt} \tag{5-105}$$

根据飞机纵向动力学图 5-4，有

$$T_0\cos(\alpha_0 + \varphi_T) = D_0$$

$$L_0 = -T_0\sin(\alpha_0 + \varphi_T) + mg\cos\gamma_0,\ \Delta\gamma = \Delta\theta - \Delta\alpha \tag{5-106}$$

由式(5-104)、式(5-105)知

$$\begin{aligned}\frac{d\Delta V}{dt} = &\frac{T_V\cos(\alpha_0 + \varphi_T) - D_V}{m}\Delta V - \frac{-T_0\sin(\alpha_0 + \varphi_T) + D_\alpha}{m}\Delta\alpha \\ &- g\cos\gamma_0\Delta\gamma + \frac{T_{\delta_p}\cos(\alpha_0 + \varphi_T)}{m}\Delta\delta_p\end{aligned} \tag{5-107}$$

即有

$$\begin{aligned}&\frac{d\Delta\overline{V}}{dt} + \frac{D_V - T_V\cos(\alpha_0 + \varphi_T)}{m}\Delta\overline{V} + \left(\frac{D_\alpha}{mV_0} - \frac{L_0}{mV_0}\right)\Delta\alpha + \frac{g}{V_0}\cos\gamma_0\Delta\theta \\ &= \frac{T_{\delta_p}\cos(\alpha_0 + \varphi_T)}{mV_0}\Delta\delta_p\end{aligned} \tag{5-108}$$

式中，$\Delta\overline{V} = \Delta V/V_0$，

$$D_V = \left(\frac{\partial D}{\partial V}\right)_0 = \frac{1}{V_0}\left(\frac{1}{2}\rho V_0^2\right)S[2(C_D)_0 + C_{Du}],\ L_0 = (C_L)_0\overline{q}S \approx mg\cos\gamma_0$$

$$(C_L)_0 = C_L(\alpha_0, V_0),\ D_\alpha = C_{D\alpha}\left(\frac{1}{2}\rho V_0^2\right)S,\ (C_D)_0 = C_D(\alpha_0, V_0)$$

$$C_{Du} = V_0(\partial C_D/\partial V)_0,\ C_{D\alpha} = \partial C_D/\partial\alpha$$

5.5.8　稳定轴系法向动力学方程线性化

根据图 5-4,有飞机所受法向力为

$$F_z = T\sin(\alpha + \varphi_T) + L - G\cos\gamma \tag{5-109}$$

根据图 5-7,法向动力学方程为

$$\frac{F_z}{m} = a_n = \frac{V^2}{R} = V\frac{V}{R} = V\frac{1}{R}\frac{\mathrm{d}s}{\mathrm{d}t} = V\frac{R}{R}\frac{\mathrm{d}\gamma}{\mathrm{d}t} = V\frac{\mathrm{d}\gamma}{\mathrm{d}t} \tag{5-110}$$

可得法向基准运动方程为

$$mV\frac{\mathrm{d}\gamma_0}{\mathrm{d}t} = T_0\sin(\alpha_0 + \varphi_T) + L_0 - G\cos\gamma_0 = 0 \tag{5-111}$$

而由小扰动理论知

$$V\frac{\mathrm{d}\gamma}{\mathrm{d}t} = (V_0 + \Delta V)\frac{\mathrm{d}(\gamma_0 + \Delta\gamma)}{\mathrm{d}t}$$

其中二阶小项 $\Delta V\dfrac{\mathrm{d}(\gamma_0 + \Delta\gamma)}{\mathrm{d}t}$ 省略。

由平衡运动条件

$$\gamma_0 = \text{const}, \quad \frac{\mathrm{d}\gamma_0}{\mathrm{d}t} = 0, \quad \Delta\gamma = \Delta\theta - \Delta\alpha \tag{5-112}$$

则有

$$V\frac{\mathrm{d}\gamma}{\mathrm{d}t} = V_0\frac{\mathrm{d}\Delta\gamma}{\mathrm{d}t} = V_0\frac{\mathrm{d}\Delta\theta}{\mathrm{d}t} - V_0\frac{\mathrm{d}\Delta\alpha}{\mathrm{d}t} \tag{5-113}$$

小扰动 $\Delta\gamma$ 作用下,法向运动扰动方程为

$$\begin{aligned} & m(V_0 + \Delta V)\frac{\mathrm{d}(\gamma_0 + \Delta\gamma)}{\mathrm{d}t} \\ & = (T_0 + \Delta T)\sin(\alpha_0 + \Delta\alpha + \varphi_T) + (L_0 + \Delta L) - G\cos\gamma_0 + G\sin\gamma_0 \cdot \Delta\gamma \end{aligned} \tag{5-114}$$

又 $L_0 = G\cos\gamma_0$, 去除基准运动,得

$$\begin{aligned} mV_0\frac{\mathrm{d}\Delta\theta}{\mathrm{d}t} - mV_0\frac{\mathrm{d}\Delta\alpha}{\mathrm{d}t} = & \{T_V[\sin(\alpha_0 + \varphi_T)] + L_V\}\Delta V + \{T_0[\cos(\alpha_0 + \varphi_T)] + L_\alpha\}\Delta\alpha \\ & + L_{\delta_e}\Delta\delta_e + G\sin\gamma_0\Delta\gamma - T_{\delta_p}\sin(\alpha_0 + \varphi_T)\Delta\delta_p \end{aligned} \tag{5-115}$$

其中 $L_\alpha = C_{L\alpha}\bar{q}S$, $L_V = \dfrac{1}{V_0}\bar{q}S(2(C_L)_0 + C_{Lu})$,

$$L_{\delta_e} = C_{L\delta_e}\bar{q}S,\ X_{D_0} = T_0[\cos(\alpha_0 + \varphi_T)],\ T_0[\cos(\alpha_0 + \varphi_T)]\Delta\alpha = G\sin\gamma_0\Delta\alpha$$

式中，$C_{Lu} = V_0(\partial C_L/\partial V)_0$。

由式(5-115)可得

$$\frac{d\Delta\alpha}{dt} + \left(\frac{X_{D_0} + L_\alpha}{mV_0} - \frac{g}{V_0}\sin\gamma_0\right)\Delta\alpha + \frac{T_V[\sin(\alpha_0 + \varphi_T)] + L_V}{m}\Delta\bar{V} - \frac{d\Delta\theta}{dt} + \frac{g}{V_0}\sin\gamma_0\Delta\theta$$
$$= -\frac{L_{\delta_e}}{mV_0}\Delta\delta_e - \frac{T_{\delta_p}\sin(\alpha_0 + \varphi_T)}{mV_0}\Delta\delta_p \tag{5-116}$$

5.5.9 俯仰运动动力学方程线性化

根据惯性定律，参考图 5-4 飞机受力情况，飞机俯仰运动动力学方程为

$$I_y\frac{dq}{dt} = M^a + Tz_T \tag{5-117}$$

式中，M^a 为除发动机外的俯仰合力矩，Tz_T 为发动机产生的俯仰力矩。

则由式(5-103)知式(5-117)小扰动线性化为

$$I_y\left(\frac{d^2\theta_0}{dt^2} + \frac{d^2\Delta\theta}{dt^2}\right)$$
$$= (M^a)_0 + M_V^a\Delta V + M_\alpha^a\Delta\alpha + M_{\dot{\alpha}}^a\Delta\dot{\alpha} + M_q^a\Delta q + M_{\delta_e}^a\Delta\delta_e + T_V z_T\Delta V + T_{\delta_p}z_T\Delta\delta_p \tag{5-118}$$

而对于基准运动，有

$$I_y\frac{d^2\theta_0}{dt^2} = (M^a)_0 = 0$$

故有

$$I_y\frac{d^2\Delta\theta}{dt^2} = M_V^a V_0\Delta\bar{V} + M_\alpha^a\Delta\alpha + M_{\dot{\alpha}}^a\Delta\dot{\alpha} + M_q^a\Delta q + T_V z_T V_0\Delta\bar{V} + M_{\delta_e}^a\Delta\delta_e + T_{\delta_p}z_T\Delta\delta_p \tag{5-119}$$

式中，$M_V^a = M_u^a + T_V z_T$，表示分别由速度和推力产生的俯仰力矩对速度 V 的偏导数，$M_\alpha^a = M_{\alpha 0}^a + T_\alpha z_T$，表示分别由迎角变化及推力产生的合俯仰力矩对 α 的偏导数。

纵向运动模型简化分析：

(1) 基准运动为水平直线飞行 $\gamma_0 = 0$，针对高度稳定性。

(2) 不计扰动运动中高度变化引起的力和力矩变化，高度变化独立求解，$X_H = Z_H = M_H^a = 0$。

(3) 扰动初始阶段，引起速度变化不大，忽略速度变化引起的力和力矩变化，

$X_V = Z_V = M_V^{a} = 0$。

5.5.10　稳定轴系的横航向耦合方程

基准运动为对称定直飞行，$v_0 = w_0 = 0, \Delta v = V_0 \Delta\beta$，根据式(5-89)得横侧向动力学

$$\Delta F_y / m = \frac{\mathrm{d}\Delta v}{\mathrm{d}t} - w_0 \Delta p + u_0 \Delta r \tag{5-120a}$$

$$\Delta L = I_x \frac{\mathrm{d}\Delta p}{\mathrm{d}t} - I_{xz} \frac{\mathrm{d}\Delta r}{\mathrm{d}t} \tag{5-120b}$$

$$\Delta N = I_z \frac{\mathrm{d}\Delta r}{\mathrm{d}t} - I_{xz} \frac{\mathrm{d}\Delta p}{\mathrm{d}t} \tag{5-120c}$$

而图 5-4 和图 5-8 所示是滚转运动的受力分析。

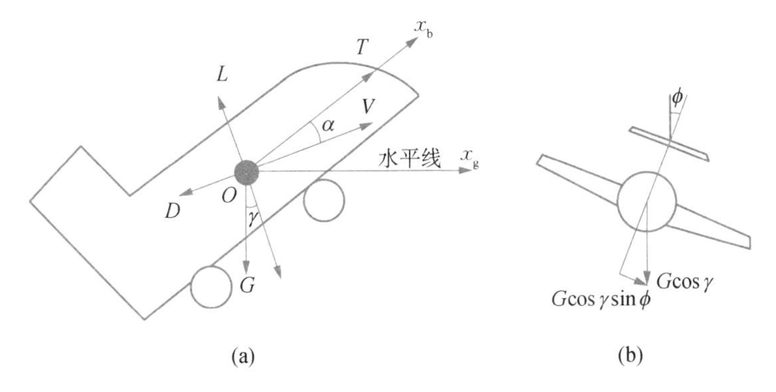

图 5-8　滚转受力分析

根据上述两图，有稳定轴系侧向合力为

$$F_y = Y + G\cos\gamma\sin\phi \tag{5-121}$$

其中由第 4 章知识知侧向力可描述为 $Y = Y(\beta, p, r, \phi, \delta_a, \delta_r)$。

则对各横侧向扰动变量求导得

$$\Delta F_y = Y_\beta \Delta\beta + Y_{\delta_r} \Delta\delta_r + G\cos\gamma_0 \Delta\phi \tag{5-122}$$

将(5-122)代入式(5-120a)，并在等式两边除以 mV_0，再注意到选择稳定轴系后 $w_0 = 0$，得

$$\frac{\mathrm{d}\Delta\beta}{\mathrm{d}t} = -\Delta r + Y'_\beta \Delta\beta + \frac{g}{V_0}\cos\gamma_0 \Delta\phi + Y'_{\delta_r}\Delta\delta_r \tag{5-123}$$

式中，
$$Y'_\beta = \frac{1}{mV_0} C_{Y\beta} \bar{q} S,\ Y'_{\delta_r} = \frac{1}{mV_0} C_{Y\delta_r} \bar{q} S$$

在对横侧向力矩小扰动处理时，首先对式(5－120b)、式(5－120c)进行处理。

先将方程(5－120b)两端乘以 I_z，方程(5－120c)两端乘以 I_{xz}，然后两式相加得

$$\Delta L' = I'_x \frac{\mathrm{d}\Delta p}{\mathrm{d}t} \tag{5-124a}$$

式中，$I'_x = \dfrac{I_x I_z - I_{xz}^2}{I_z}$，$\Delta L' = \Delta L + \dfrac{I_{xz}}{I_z}\Delta N$。

用类似的方法，可得

$$\Delta N' = I'_z \frac{\mathrm{d}\Delta r}{\mathrm{d}t} \tag{5-124b}$$

式中，$I'_z = \dfrac{I_x I_z - I_{xz}^2}{I_x}$，$\Delta N' = \Delta N + \dfrac{I_{xz}}{I_x}\Delta L$。

由第 4 章可知，气动力矩 L，N 可描述为 $L = L(\beta,\ p,\ r,\ \delta_{\mathrm{a}},\ \delta_{\mathrm{r}})$，$N = N(\beta,\ p,\ r,\ \delta_{\mathrm{a}},\ \delta_{\mathrm{r}})$，则有小扰动方程为

$$\frac{\mathrm{d}\Delta p}{\mathrm{d}t} = L_\beta \Delta\beta + L_{\mathrm{p}}\Delta p + L_{\mathrm{r}}\Delta r + L_{\delta_{\mathrm{a}}}\Delta\delta_{\mathrm{a}} + L_{\delta_{\mathrm{r}}}\Delta\delta_{\mathrm{r}} \tag{5-125}$$

$$\frac{\mathrm{d}\Delta r}{\mathrm{d}t} = N_\beta \Delta\beta + N_{\mathrm{p}}\Delta p + N_{\mathrm{r}}\Delta r + N_{\delta_{\mathrm{a}}}\Delta\delta_{\mathrm{a}} + N_{\delta_{\mathrm{r}}}\Delta\delta_{\mathrm{r}} \tag{5-126}$$

式中，

$$L_\beta = \frac{1}{I'_x}\frac{\partial L'}{\partial\beta} = \frac{1}{I'_x}\left(\frac{\partial L}{\partial\beta} + \frac{I_{xz}}{I_z}\frac{\partial N}{\partial\beta}\right),\ L_p = \frac{1}{I'_x}\frac{\partial L'}{\partial p} = \frac{1}{I'_x}\left(\frac{\partial L}{\partial p} + \frac{I_{xz}}{I_z}\frac{\partial N}{\partial p}\right),$$

$$L_{\mathrm{r}} = \frac{1}{I'_x}\frac{\partial L'}{\partial r} = \frac{1}{I'_x}\left(\frac{\partial L}{\partial r} + \frac{I_{xz}}{I_z}\frac{\partial N}{\partial r}\right),\ L_{\delta_{\mathrm{a}}} = \frac{1}{I'_x}\frac{\partial L'}{\partial\delta_{\mathrm{a}}} = \frac{1}{I'_x}\left(\frac{\partial L}{\partial\delta_{\mathrm{a}}} + \frac{I_{xz}}{I_z}\frac{\partial N}{\partial\delta_{\mathrm{a}}}\right),$$

$$L_{\delta_{\mathrm{r}}} = \frac{1}{I'_x}\frac{\partial L'}{\partial\delta_{\mathrm{r}}} = \frac{1}{I'_x}\left(\frac{\partial L}{\partial\delta_r} + \frac{I_{xz}}{I_z}\frac{\partial N}{\partial\delta_{\mathrm{r}}}\right),\ N_\beta = \frac{1}{I'_z}\frac{\partial N'}{\partial\beta} = \frac{1}{I'_z}\left(\frac{\partial N}{\partial\beta} + \frac{I_{xz}}{I_x}\frac{\partial L}{\partial\beta}\right),$$

$$N_{\mathrm{p}} = \frac{1}{I'_z}\frac{\partial N'}{\partial p} = \frac{1}{I'_z}\left(\frac{\partial N}{\partial p} + \frac{I_{xz}}{I_x}\frac{\partial L}{\partial p}\right),\ N_{\mathrm{r}} = \frac{1}{I'_z}\frac{\partial N'}{\partial r} = \frac{1}{I'_z}\left(\frac{\partial N}{\partial r} + \frac{I_{xz}}{I_x}\frac{\partial L}{\partial r}\right),$$

$$N_{\delta_{\mathrm{a}}} = \frac{1}{I'_z}\frac{\partial N'}{\partial\delta_{\mathrm{a}}} = \frac{1}{I'_z}\left(\frac{\partial N}{\partial\delta_{\mathrm{a}}} + \frac{I_{xz}}{I_x}\frac{\partial L}{\partial\delta_{\mathrm{a}}}\right),\ N_{\delta_{\mathrm{r}}} = \frac{1}{I'_z}\frac{\partial N'}{\partial\delta_{\mathrm{r}}} = \frac{1}{I'_z}\left(\frac{\partial N}{\partial\delta_{\mathrm{r}}} + \frac{I_{xz}}{I_x}\frac{\partial L}{\partial\delta_{\mathrm{r}}}\right);$$

而 $\dfrac{\partial L}{\partial\beta} = C_{l\beta}\bar{q}Sb$，$\dfrac{\partial L}{\partial p} = C_{lp}\bar{q}Sb^2/(2V_0)$，$\dfrac{\partial N}{\partial\beta} = C_{n\beta}\bar{q}Sb$，$\dfrac{\partial N}{\partial p} = C_{\mathrm{np}}\bar{q}Sb^2/(2V_0)$，$\dfrac{\partial L}{\partial r} = C_{lr}\bar{q}Sb^2/(2V_0)$，$\dfrac{\partial L}{\partial\delta_{\mathrm{a}}} = C_{l\delta_{\mathrm{a}}}\bar{q}Sb$，$\dfrac{\partial L}{\partial\delta_{\mathrm{r}}} = C_{l\delta_{\mathrm{r}}}\bar{q}Sb$，$\dfrac{\partial N}{\partial r} = C_{\mathrm{nr}}\bar{q}Sb^2/(2V_0)$，$\dfrac{\partial N}{\partial\delta_{\mathrm{a}}} = C_{n\delta_{\mathrm{a}}}\bar{q}Sb$，$\dfrac{\partial N}{\partial\delta_{\mathrm{r}}} = C_{n\delta_{\mathrm{r}}}\bar{q}Sb$。

由式(5－123)，式(5－125)～式(5－126)可得稳定轴系耦合方程

$$
\begin{cases}
\dfrac{\mathrm{d}\Delta\beta}{\mathrm{d}t}=-\Delta r+Y'_{\beta}\Delta\beta+\dfrac{g}{V_0}\cos\gamma_0\Delta\phi+Y'_{\delta_r}\Delta\delta_r \\
\dfrac{\mathrm{d}\Delta p}{\mathrm{d}t}=L_{\beta}\Delta\beta+L_p\Delta p+L_r\Delta r+L_{\delta_a}\Delta\delta_a+L_{\delta_r}\Delta\delta_r \\
\dfrac{\mathrm{d}\Delta r}{\mathrm{d}t}=N_{\beta}\Delta\beta+N_p\Delta p+N_r\Delta r+N_{\delta_a}\Delta\delta_a+N_{\delta_r}\Delta\delta_r \\
\dfrac{\mathrm{d}\Delta\phi}{\mathrm{d}t}=\Delta p+\tan\theta_0\Delta r
\end{cases}
\tag{5-127}
$$

由式(5－86)～式(5－87)得非耦合方程

$$
\begin{cases}
\dfrac{\mathrm{d}\Delta\psi}{\mathrm{d}t}=\dfrac{1}{\cos\theta_0}\Delta r \\
\dfrac{\mathrm{d}\Delta y_g}{\mathrm{d}t}\approx V_0\Delta\beta+V_0\cos\alpha_0\cos\theta_0\Delta\psi
\end{cases}
\tag{5-128}
$$

基准运动为

$$
\gamma_0=0 \tag{5-129}
$$

5.5.11　质心动力学方程线性化

根据式(5－108)、式(5－116)、式(5－119)可得纵向运动小扰动方程组为

$$
\begin{aligned}
&\frac{\mathrm{d}\Delta\overline{V}}{\mathrm{d}t}+\frac{D_V-T_V\cos(\alpha_0+\varphi_T)}{m}\Delta\overline{V}+\left(\frac{D_\alpha}{mV_0}-\frac{L_0}{mV_0}\right)\Delta\alpha+\frac{g}{V_0}\cos\gamma_0\Delta\theta \\
&=\frac{T_{\delta_p}\cos(\alpha_0+\varphi_T)}{mV_0}\Delta\delta_p
\end{aligned}
\tag{5-130}
$$

$$
\begin{aligned}
&\frac{\mathrm{d}\Delta\alpha}{\mathrm{d}t}+\left(\frac{X_{D_0}+L_\alpha}{mV_0}-\frac{g}{V_0}\sin\gamma_0\right)\Delta\alpha+\frac{T_V[\sin(\alpha_0+\varphi_T)]+L_V}{m}\Delta\overline{V}-\frac{\mathrm{d}\Delta\theta}{\mathrm{d}t}+\frac{g}{V_0}\sin\gamma_0\Delta\theta \\
&=-\frac{L_{\delta_e}}{mV_0}\Delta\delta_e-\frac{T_{\delta_p}\sin(\alpha_0+\varphi_T)}{mV_0}\Delta\delta_p
\end{aligned}
\tag{5-131}
$$

$$
\frac{\mathrm{d}^2\Delta\theta}{\mathrm{d}t^2}=\frac{M_V^a}{I_y}V_0\Delta\overline{V}+\frac{M_\alpha^a}{I_y}\Delta\alpha+\frac{M_{\delta_e}^a}{I_y}\Delta\delta_e+\frac{M_{\dot\alpha}^a}{I_y}\Delta\dot\alpha+\frac{M_q^a}{I_y}\Delta q+\frac{T_VV_0}{I_y}z_T\Delta\overline{V}+\frac{T_{\delta_p}}{I_y}z_T\Delta\delta_p
\tag{5-132}
$$

由式(5－86)知绕质心运动方程线性化为

$$
\begin{cases}
\dfrac{\mathrm{d}\Delta\phi}{\mathrm{d}t}=\Delta p+\tan\theta_0\Delta r \\
\dfrac{\mathrm{d}\Delta\theta}{\mathrm{d}t}=\Delta q \\
\dfrac{\mathrm{d}\Delta\psi}{\mathrm{d}t}=\dfrac{1}{\cos\theta_0}\Delta r
\end{cases}
\tag{5-133}
$$

5.5.12 质心运动方程的线性化

由式(5-87)知稳定轴系质心运动方程组为

$$\begin{cases}\dfrac{\mathrm{d}\Delta x_g}{\mathrm{d}t}=\Delta u\cos\theta_0+\Delta w\sin\theta_0-(u_0\sin\theta_0)\Delta\theta\\ \dfrac{\mathrm{d}\Delta y_g}{\mathrm{d}t}=\Delta v+(u_0\cos\theta_0)\Delta\psi\\ \dfrac{\mathrm{d}\Delta z_g}{\mathrm{d}t}=-\Delta u\sin\theta_0+\Delta w\cos\theta_0-(u_0\cos\theta_0)\Delta\theta\end{cases} \tag{5-134a}$$

而根据式(5-43),上式又可改写为

$$\begin{cases}\dfrac{\mathrm{d}\Delta x_g}{\mathrm{d}t}=\Delta V\cos\gamma_0-(V_0\sin\gamma_0)\Delta\gamma\\ \dfrac{\mathrm{d}\Delta y_g}{\mathrm{d}t}=V_0\cos\gamma_0\Delta\chi\\ \dfrac{\mathrm{d}\Delta z_g}{\mathrm{d}t}=-\Delta V\sin\gamma_0-(V_0\cos\gamma_0)\Delta\gamma\end{cases} \tag{5-134b}$$

在基准运动下 $\beta_0=\phi_0=\psi_0=\chi_0=\mu_0=0$,并将三角函数线性化展开为

$$\begin{cases}\sin\varepsilon=\sin\varepsilon_0+\cos\varepsilon_0\Delta\varepsilon\\ \cos\varepsilon=\cos\varepsilon_0-\sin\varepsilon_0\Delta\varepsilon\end{cases}$$

式中,$\varepsilon=\alpha,\ \theta,\ \gamma,\ \beta,\ \phi,\ \psi,\ \chi_0,\ \mu_0$,且忽略高阶小量,得几何关系的线性化为

$$\begin{cases}\Delta\gamma=\Delta\theta-\Delta\alpha\\ \Delta\chi=\Delta\psi+\dfrac{\Delta\beta}{\cos\gamma_0}-\dfrac{\sin\alpha_0}{\cos\gamma_0}\Delta\phi\\ \Delta\mu=\dfrac{\cos\alpha_0}{\cos\gamma_0}\sin\theta_0\Delta\beta+\dfrac{\cos\theta_0}{\cos\gamma_0}\Delta\phi\end{cases} \tag{5-135}$$

5.5.13 力和力矩导数

为了使方程书写更简洁,使用更方便,引入力和力矩导数。

对速度的导数

$$D_V=\left(\frac{\partial D}{\partial V}\right)_0=\frac{\partial}{\partial V}\left(\frac{1}{2}\rho V_0^2SC_D\right)_0=\rho V_0S\left(\frac{1}{2}C_{Du}+C_D\right)_0,\ C_{Du}=V\left(\frac{\partial C_D}{\partial V}\right)$$

$$M_V=\left(\frac{\partial M}{\partial V}\right)_0=\rho V_0S\bar{c}\left(\frac{1}{2}C_{mu}+C_m\right)_0,\ C_{mu}=V\left(\frac{\partial C_m}{\partial V}\right) \tag{5-136}$$

式中,下标0表示基准运动,以下同。

对高度的导数

$$D_H=\left(\frac{\partial D}{\partial H}\right)_0=0.5\rho V_0 S\,(C_D+C_{Du})_0 M_a\,\frac{kg}{2a_0}=0.5\rho V_0 S\,(C_D+C_{Du})_0\,\frac{g}{\rho_0 a^2},$$

$$M_H=\left(\frac{\partial M}{\partial H}\right)_0=0.5\rho V_0 S\bar{c}\,(C_D+C_{Du})_0 M_a\,\frac{kg}{2a_0}=0.5\rho V_0 S\bar{c}\,(C_D+C_{Du})_0\,\frac{g}{\rho_0 a^2},\tag{5-137}$$

式中,ρ_0,ρ_H 分别为基准大气密度,高度 H 处大气密度。

对角度的导数

$$D_\alpha=\left(\frac{\partial D}{\partial \alpha}\right)_0=\frac{\partial}{\partial \alpha}\left(\frac{1}{2}\rho V_0^2 S C_D\right)_0=(C_{D\alpha})_0\,\frac{1}{2}\rho V_0^2 S,\ C_{D\alpha}=\frac{\partial C_D}{\partial \alpha}$$

$$M_\alpha=\left(\frac{\partial M}{\partial \alpha}\right)_0=(C_{m\alpha})_0\,\frac{1}{2}\rho V_0^2 S\bar{c},\ C_{m\alpha}=\frac{\partial C_m}{\partial \alpha}\tag{5-138}$$

对角速度的导数

$$L_{\dot\alpha}=\left(\frac{\partial L}{\partial \dot\alpha}\right)_0=\frac{\partial}{\partial \dot\alpha}\left(\frac{1}{2}\rho V_0^2 S C_L\right)_0=C_{L\dot\alpha}\left(\frac{1}{2}\rho V_0^2 S\right),\ C_{L\dot\alpha}=\frac{\partial C_L}{\partial \dot\alpha}$$

$$M_q^{\mathrm{a}}=\left(\frac{\partial M}{\partial q}\right)_0=\left(\frac{\partial C_m}{\partial q}\right)_0\,\frac{1}{2}\rho V_0^2 S\bar{c}\tag{5-139}$$

5.5.14　飞机的运动配平

飞机运动方程的平衡点线性化,获得飞机在平衡点的状态方程是进行飞机控制律设计的前提。平衡点获取过程即配平,配平通过使飞机平飞时的力和力矩平衡,得到平衡点的迎角和舵偏角。飞机常见的稳态飞行状态有定直平飞(无滚转),偏航角速度恒定的转弯飞行,俯仰角速度恒定的稳态拉起,滚转角速度恒定的稳态滚转等。这里考虑飞机做定直平飞情况。

要保证飞机匀速直线平飞,则飞机所受到的合力和合力矩全为零。由于在此稳态状态下无滚转,即飞机无非对称运动(侧力、偏航力矩、滚转力矩为零),其侧滑角、副翼、方向舵偏角为零,忽略横侧向动力学方程 $\dot\beta$, $\dot p$, $\dot r$,有

$$h=h_0,\ V_0=\sqrt{u^2+w^2},\ u=\frac{V_0}{\sqrt{1+\tan^2\alpha}},\ \theta=\alpha,\ v=\beta=p=q=r=\phi=0。$$

只考虑纵向对称面的受力情况,其受力如图 5-4 所示,即飞机受重力 G、升力 L、阻力 D、发动机推力 T 以及俯仰合力矩 M。根据图 5-4,有力和力矩平衡方程

$$\begin{cases}T\cos(\alpha+\varphi_T)-D-mg\sin\gamma=0\\ T\sin(\alpha+\varphi_T)+L-G\cos\gamma=0\\ M=M^{\mathrm{a}}+Tz_T=0\end{cases}\tag{5-140}$$

式中,$D=\bar{q}SC_D=\bar{q}S(C_{D0}+C_{D\alpha}\alpha+C_{D\delta_e}\delta_e)$,$L=\bar{q}SC_L=\bar{q}S(C_{L0}+C_{L\alpha}\alpha+C_{L\delta_e}\delta_e)$,$M^{\mathrm{a}}=\bar{q}S\bar{c}C_m=\bar{q}S\bar{c}(C_{m0}+C_{m\dot\alpha}+C_{mq}q+C_{m\delta_e}\delta_e)$,$M^{\mathrm{a}}$ 为空气动力俯仰力矩。

由式(5-140)可知当飞机处于某一飞行状态(高度 h_0、速度 V_0 一定)时，飞机的纵向力和力矩大小与飞机迎角 α、升降舵偏 δ_e 和推力 T(或油门杆位置 δ_p)有关，因此，飞机配平问题可以描述为求解带约束(舵面偏转限制、迎角限制)的三个变量 α、δ_e 和 δ_p 值，使得飞机受到的合力和合力矩最小(趋于零)，即带约束的最小值问题，其优化代价函数一般可以表示为加速度的加权形式

$$J = w_1 \dot{V}_a^2 + w_2 \dot{\alpha}^2 + w_3 \dot{\beta}^2 + w_4 \dot{p}^2 + w_5 \dot{q}^2 + w_6 \dot{r}^2 \tag{5-141a}$$

对于纵向运动，代价函数为

$$J = w_1 \dot{V}_a^2 + w_2 \dot{\alpha}^2 + w_5 \dot{q}^2 \tag{5-141b}$$

或为

$$J = w_1 \dot{u}^2 + w_2 \dot{w}^2 + w_5 \dot{q}^2 \tag{5-141c}$$

式中，w_i 为加权矩阵参数或数值。

式(5-141c)中 $\dot{u}^2$，$\dot{w}^2$，$\dot{q}^2$ 为飞机的非线性纵向动力学微分方程，可根据式(5-4)、式(5-16)获得，而对于非线性微分方程 $\dot{x} = f(x)$，可以用 Runge-Kutta 法进行数值积分求解，过程如下：

$$x_{i+1} = x_i + \frac{1}{6}(a_i + 2b_i + 2c_i + d_i) \tag{5-142}$$

式中，$a_i = \Delta t \cdot f(x_i, t_i)$，$b_i = \Delta t \cdot f\left(x_i + \frac{a_i}{2}, t_i + \frac{\Delta t}{2}\right)$，$c_i = \Delta t \cdot f\left(x_i + \frac{b_i}{2}, t_i + \frac{\Delta t}{2}\right)$，$d_i = \Delta t \cdot f(x_i + c_i, t_{i+1})$，Matlab 代码如附录 F.4。

也可以调用 Matlab 数值积分函数 ode23()或 ode45()数值求解微分方程，于是定直平飞(配平)条件的获取即为解式(5-140)，可得

$$\alpha = \{[mg\cos\gamma - T\sin(\alpha + \varphi_T)]/\bar{q}S - C_{L0}\}/C_{L\alpha} \tag{5-143a}$$

$$T = (C_D\bar{q}S + mg\sin\gamma)/\cos(\alpha + \varphi_T) \tag{5-143b}$$

$$\delta_e = Tz_T/\bar{q}S\bar{c} - C_m/C_{m\delta_e} \tag{5-143c}$$

选择(或猜测)初始 α_0，T_0，δ_{e0}，航迹倾角 γ 为常值不变，根据式(5-143a)求解 α_1，将 α_1 代入式(5-143b)求解 T_1，将 T_1 代入式(5-143c)求解 δ_{e1}，重复上述 $\alpha \to T \to \delta_e$ 过程，直到参数和优化代价函数收敛。上述问题也可以采用 Matlab 优化函数 fmincon 或 trim 求解。

例 5-2　考察 Navion 飞机，其飞行条件为 $h = 0\,\text{ft}$，$Ma = 0.158$，$V_0 = 176\,\text{ft/s}$，$G = 2\,750\,\text{lbf}$，惯量为 $I_x = 1\,048\,\text{slug}$①$\text{ft}^2$，$I_y = 3\,000\,\text{slug ft}^2$，$I_z = 3\,530\,\text{slug ft}^2$，

① slug(斯勒格)，ft-lbf-s 制中的质量单位，1 slug = 32.174 lb = 14.594 kg。

$I_{xz}=0$，机翼参考面积 $S=184\,\text{ft}^2$，$\bar{c}=5.7\,\text{ft}$，$b=33.4\,\text{ft}$，纵向运动气动系数描述为

$$C_D=0.03+\frac{C_L^2}{\pi(3.51)},\ C_L=4.44\times(4.7/57.3+\alpha)+0.355\delta_e$$

$$C_m=-0.683\alpha-0.071\dot{\alpha}-0.161q-0.87\delta_e$$

根据飞机动力学模型式(5-4)和式(5-16)，则有机体轴系下纵向运动动力学方程为

$$\begin{cases}\dot{u}=-wq+(F_{A_x}+F_{T_x})/m-g\sin\theta\\ \dot{w}=uq+g\cos\theta+(F_{A_z}+F_{T_z})/m\\ \dot{q}=(M^a+Tz_T)/I_y\end{cases}\tag{5-144}$$

其中根据图 5-4，飞机在体轴系受力为 $F_{A_x}=-D\cos\alpha+L\sin\alpha$，$D=\bar{q}SC_D$，$F_{T_x}=T\cos\varphi_T$，$F_{A_z}=-D\sin\alpha-L\cos\alpha$，$L=\bar{q}SC_L$，$F_{T_z}=-T\sin\varphi_T$，$M^a=\bar{q}S\bar{c}C_m$，$z_T=0$，$\varphi_T=0$。

扫描右侧二维码获取 Matlab 代码。

获得平衡点后可对动力学方程线性化，一般数学上采用中间差分法来线性化。描述如下。考察非线性方程

$$\begin{aligned}\dot{\boldsymbol{x}}&=f(\boldsymbol{x},\boldsymbol{u})\\ \boldsymbol{y}&=g(\boldsymbol{x},\boldsymbol{u})\end{aligned}\tag{5-145}$$

在平衡点(x_0,u_0)处，运用中间差分法和泰勒展开法，可得小扰动线性化方程为

$$\begin{aligned}\dot{\boldsymbol{x}}&=\boldsymbol{Ax}+\boldsymbol{Bu}\\ \boldsymbol{y}&=\boldsymbol{Cx}+\boldsymbol{Du}\end{aligned}\tag{5-146}$$

其中 Jacobian 矩阵 $\boldsymbol{A}$，$\boldsymbol{B}$，$\boldsymbol{C}$，$\boldsymbol{D}$ 采用中间差分形式，求出每一个矩阵元素，即表示为

$$A_{ij}=\frac{f_i(x_0+\Delta x_j,u_0)-f_i(x_0-\Delta x_j,u_0)}{2\Delta x_j},$$

$$B_{ij}=\frac{f_i(x_0,u_0+\Delta u_j)-f_i(x_0,u_0-\Delta u_j)}{2\Delta u_j},$$

$$C_{ij}=\frac{g_i(x_0+\Delta x_j,u_0)-g_i(x_0-\Delta x_j,u_0)}{2\Delta x_j},$$

$$D_{ij}=\frac{g_i(x_0,u_0+\Delta u_j)-g_i(x_0,u_0-\Delta u_j)}{2\Delta u_j}。$$

$$f_i(x_0+\Delta x_j,u_0)=f_i(x_0,u_0)+\left.\frac{\partial f_i(x,u)}{\partial x}\right|_{(x_0,u_0)}\Delta x_j+O(\Delta x_j)$$

$\dfrac{\partial f_i(x,\ u)}{\partial x}=\dfrac{f_i(x+\Delta x_j,\ u)-f_i(x,\ u)}{\Delta x_j}+O(\Delta x_j)$ 为前向差分，$O(\Delta x_j)$ 为 Δx_j 的高阶小项；$\dfrac{\partial f'_i(x,\ u)}{\partial x}=\dfrac{f_i(x,\ u)-f_i(x-\Delta x_j,\ u)}{\Delta x_j}+O(\Delta x_j)$ 为后向差分。

Matlab 提供 linmod( )函数实现线性化，求解 Jacobian 矩阵。

例 5 - 3　某商用喷气飞机，如图 5 - 9 所示。

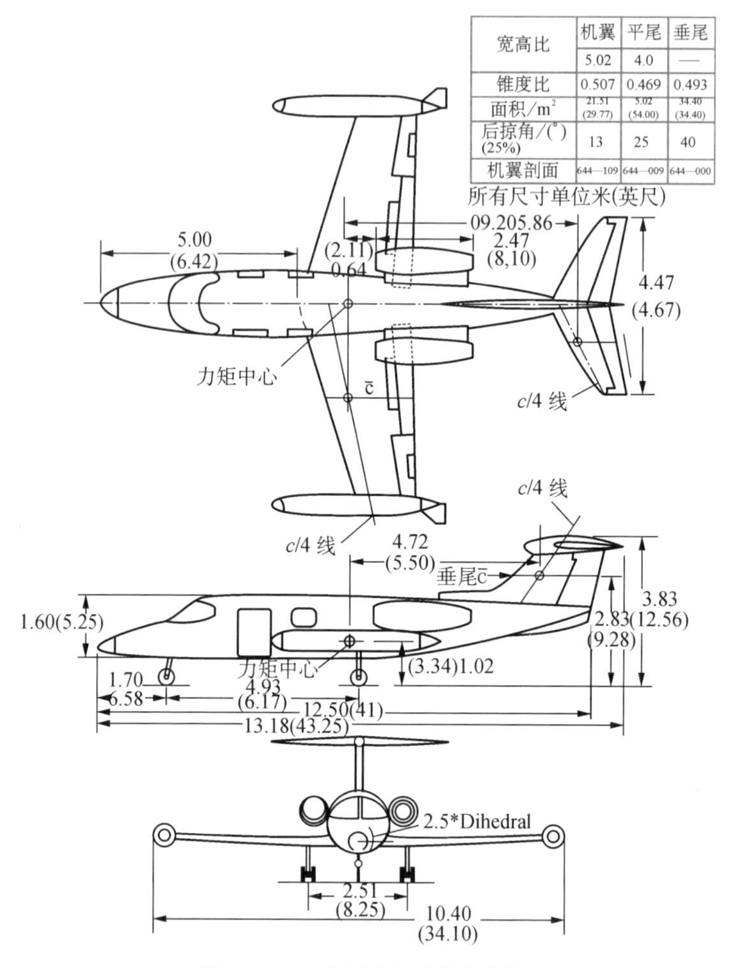

宽高比	机翼	平尾	垂尾
	5.02	4.0	—
锥度比	0.507	0.469	0.493
面积/m²	21.51 (29.77)	5.02 (54.00)	34.40 (34.40)
后掠角/(°) (25%)	13	25	40
机翼剖面	644—109	644—009	644—000

图 5 - 9　某商用喷气飞机几何图

飞机结构和几何参数(用伪代码描述参数)为

```
m      =  4536;        % Mass, kg
Ixx    =  35926.5;     % Roll Moment of Inertia, kg-m^2
Iyy    =  33940.7;     % Pitch Moment of Inertia, kg-m^2
Izz    =  67085.5;     % Yaw Moment of Inertia, kg-m^2
```

```
Ixz     = 3418.17;              % Nose-high(low) Product of Inertia, kg-m^2
c       = 2.14;                 % Mean Aerodynamic Chord, m
b       = 10.4;                 % Wing Span, m
S       = 21.5;                 % Reference Area, m^2
ARw     = 5.02;                 % Wing Aspect Ratio
taperw  = 0.507;                % Wing Taper Ratio
sweepw  = 13 * .01745329;       % Wing 1/4-chord sweep angle, rad
ARh     = 4;                    % Horizontal Tail Aspect Ratio
sweeph  = 25 * .01745329;       % Horiz Tail 1/4-chord sweep angle, rad
ARv     = 0.64;                 % Vertical Tail Aspect Ratio
sweepv  = 40 * .01745329;       % Vert Tail 1/4-chord sweep angle, rad
lvt     = 4.72;                 % Vert Tail Length, m
```

飞机飞行条件 h=3 050 m，V=150 m/s，α=4.1 deg，β=0，δstab=−1.96 deg，δp=0.1777(∗100 N)，飞机状态变量：

```
x = [ V * cos(alphar) * cos(betar)-windb(1) ;%ub, m/s
      V * sin(betar)-windb(2)               ;% vb, m/s
      V * sin(alphar) * cos(betar)-windb(3);%wb, m/s
      xe;                                   % North, m
      ye;                                   % East, m
      ze;                                   %Down, m
      p * .01745329;                        % rollrate, deg/s
      q * .01745329
      r * .01745329
      phir;                                 %roll angel, deg
      thetar
      psir];
```

控制输入：

```
u = [δe * .01745329;     % 升降舵,deg
     δa * .01745329;     % 副翼,deg
     δr * .01745329;     % 方向舵,deg
     δp;                 % 推力,100 N
     δAS * .01745329;    % 反对称扰流板角, deg
     δF * .01745329;     % 襟翼
     δS * .01745329];    % 安定面,deg
```

气动参数参考文献[1]，扫描二维码获取 Matlab 代码。

推力属性：

StaticThrust　=　26243.2；　　% 海平面静推力，单位：N

alphadeg　=　57.29578 * alphar；

Thrust　=　δp * StaticThrust * (airDens / 1.225)^0.7 * (1-exp((-x(6) - 17000) / 2000))；

　　% Thrust at Altitude，N

稳定平飞配平优化参数：δstab，δp，θ，初值[δStab，δp，θ]=[0.0369；0.1892；0.0986]

优化代价函数：$\min\left\{J,\ J=[\delta_{\mathrm{stab}}\quad \delta_{\mathrm{p}}\quad \theta]R\begin{bmatrix}\delta_{\mathrm{stab}}\\ \delta_{\mathrm{p}}\\ \theta\end{bmatrix}\right\},\ R=\begin{bmatrix}1 & 0 & 0\\ 0 & 1 & 0\\ 0 & 0 & 1\end{bmatrix}$，

方法：Nelder-Mead simplex direct search 单纯形法（即二次型函数优化）搜索，配平结果如图 5-10，优化参数为

OptParam = [-0.0093　　0.3221　　0.0173]′；

优化参数和代价函数变化过程如图 5-10 所示，最优代价函数为

J = 8.2947e-008

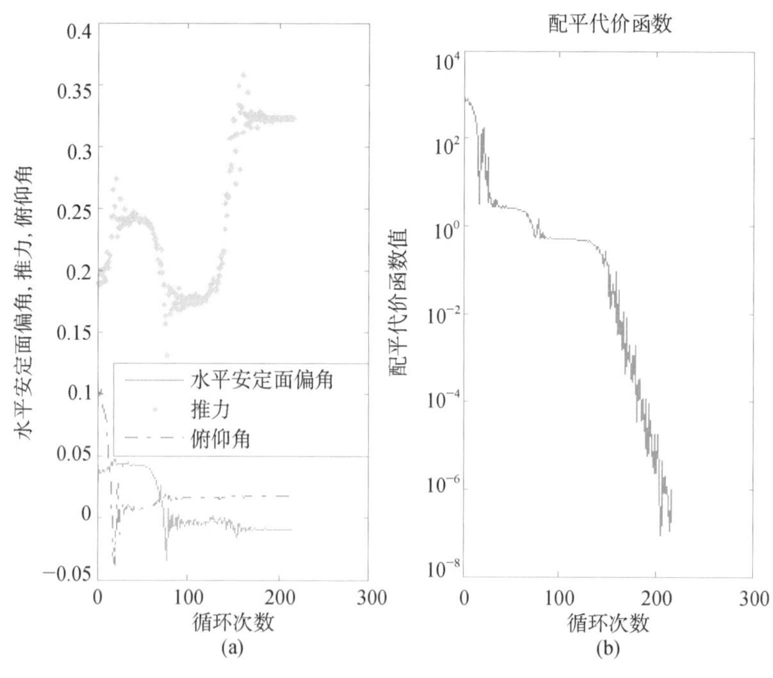

图 5-10　配平优化过程中控制输入及代价函数变化

(a) 配平参数　(b) 代价函数

相应配平参数为

x_{trim}=1. 0e+003 ＊[0. 15002503468563　0　0. 00259744986076　0
0　-3. 04800000000000　0　0　0　0　0. 00001731171321　0]′

u_{trim}=[0　0　0　0. 3221　0　0　-0. 0093]′。 (5-147)

例 5-4　考察例 5-3 模型，利用配平参数式(5-147)，根据式(5-146)进行线性化，可得线性化模型 $\dot{\boldsymbol{x}}=\boldsymbol{A}\boldsymbol{x}+\boldsymbol{B}\boldsymbol{u}$，飞机的状态变量 $\boldsymbol{x}=[u, v, w, x_e, y_e, z_e, p, q, r, \phi, \theta, \Psi]^T$ 和控制输入 $\boldsymbol{u}=[\delta_e, \delta_a, \delta_r, \delta_p, \delta_{AS}, \delta_F, \delta_S]^T$；

其中

$$\boldsymbol{A}=\begin{bmatrix}
-0.0210 & 0 & 0.0421 & 0 & 0 & -0.0000 & 0 & -2.6157 & 0 & 0 & -9.8052 & 0 \\
0 & -0.2313 & 0 & 0 & 0 & 0 & 2.5974 & 0 & -150.0250 & 9.8052 & 0 & 0 \\
-0.1017 & 0 & -1.9433 & 0 & 0 & -0.0010 & 0 & 148.4787 & 0 & 0 & -0.1698 & 0 \\
0.9999 & 0 & 0.0173 & 0 & 0 & 0 & 0 & 0 & 0 & 0 & -0.0000 & 0 \\
0 & 1.0000 & 0 & 0 & 0 & 0 & 0 & 0 & 0 & -2.5974 & 0 & 150.0475 \\
-0.0173 & 0 & 0.9999 & 0 & 0 & 0 & 0 & 0 & 0 & 0 & -150.0475 & 0 \\
0 & -0.0365 & 0 & 0 & 0 & 0 & -1.7351 & 0 & 0.1274 & 0 & 0 & 0 \\
0.0021 & 0 & -0.1191 & 0 & 0 & 0.0000 & -0.0000 & -1.9459 & 0.0000 & 0 & 0 & 0 \\
0 & 0.0253 & 0 & 0 & 0 & 0 & -0.0552 & 0 & -0.1263 & 0 & 0 & 0 \\
0 & 0 & 0 & 0 & 0 & 0 & 1.0000 & 0 & 0.0173 & 0 & 0 & 0 \\
0 & 0 & 0 & 0 & 0 & 0 & 0 & 1.0000 & 0 & 0 & 0 & 0 \\
0 & 0 & 0 & 0 & 0 & 0 & 0 & 0 & 1.0001 & 0 & 0 & 0
\end{bmatrix}$$

$$\boldsymbol{B}=\begin{bmatrix} -0.3498 & 0 & 0 & 4.6702 & 0 & 0 & -0.6543 \\ 0 & -0.3581 & 7.6272 & 0 & 1.3525 & 0 & 0 \\ -29.5922 & 0 & 0 & 0 & 0 & 0 & -55.3508 \\ 0 & 0 & 0 & 0 & 0 & 0 & 0 \\ 0 & 0 & 0 & 0 & 0 & 0 & 0 \\ 0 & 0 & 0 & 0 & 0 & 0 & 0 \\ 0 & 10.3902 & 0.5401 & 0 & -1.0416 & 0 & 0 \\ -20.2914 & 0 & 0 & 0 & 0 & 0 & -33.2530 \\ 0 & 0.5294 & -2.4020 & 0 & -0.3701 & 0 & 0 \\ 0 & 0 & 0 & 0 & 0 & 0 & 0 \\ 0 & 0 & 0 & 0 & 0 & 0 & 0 \\ 0 & 0 & 0 & 0 & 0 & 0 & 0 \end{bmatrix}$$

5.5.15 飞机线性状态方程分组

因为计算机上一般都有处理矩阵运算的程序，故将微分方程写成矩阵形式，不仅可使方程形式简洁清晰，而且便于用计算机求解。

1）纵向运动

根据式(5－130)～式(5－132)，有

$$\begin{cases} \dfrac{\mathrm{d}\Delta\overline{V}}{\mathrm{d}t}+\dfrac{(D_V-T_V\cos(\alpha+\varphi_{\mathrm{T}}))_0}{m}\Delta\overline{V}+\left(\dfrac{L-D_\alpha}{mV_0}\right)_0\Delta\alpha+\dfrac{g}{V_0}\cos\gamma_0\Delta\theta \\ \quad =\dfrac{(T_{\delta_{\mathrm{p}}}\cos(\alpha+\varphi_{\mathrm{T}}))_0}{mV_0}\Delta\delta_{\mathrm{p}} \\ \dfrac{\mathrm{d}\Delta\alpha}{\mathrm{d}t}+\left(\dfrac{X_{\mathrm{D}}+L_\alpha}{mV_0}-\dfrac{g}{V_0}\sin\gamma\right)_0\Delta\alpha+\dfrac{(L_{\mathrm{V}}+T_{\mathrm{V}}[\sin(\alpha+\varphi_{\mathrm{T}})])_0}{m}\Delta\overline{V}-\dfrac{\mathrm{d}\Delta\theta}{\mathrm{d}t} \\ \quad +\dfrac{g}{V_0}\sin\gamma_0\Delta\theta=-\dfrac{(L_{\delta_{\mathrm{e}}})_0}{mV_0}\Delta\delta_{\mathrm{e}}-\dfrac{(T_{\delta_{\mathrm{p}}})_0\sin(\alpha_0+\varphi_{\mathrm{T}})}{mV_0}\Delta\delta_{\mathrm{p}} \\ \dfrac{\mathrm{d}^2\Delta\theta}{\mathrm{d}t^2}=\dfrac{\mathrm{d}\Delta q}{\mathrm{d}t}=\dfrac{(M_V^{\mathrm{a}})_0V_0}{I_y}\Delta\overline{V}+\dfrac{(M_\alpha^{\mathrm{a}})_0}{I_y}\Delta\alpha+\dfrac{(M_{\delta_{\mathrm{e}}}^{\mathrm{a}})_0}{I_y}\Delta\delta_{\mathrm{e}}+\dfrac{(M_{\dot{\alpha}}^{\mathrm{a}})_0}{I_y}\Delta\dot{\alpha} \\ \quad +\dfrac{(M_q^{\mathrm{a}})_0}{I_y}\Delta q+\dfrac{(T_V)_0V_0}{I_y}z_T\Delta\overline{V}+\dfrac{(T_{\delta_{\mathrm{p}}})_0}{I_y}z_T\Delta\delta_{\mathrm{p}} \\ \dfrac{\mathrm{d}\Delta\theta}{\mathrm{d}t}=\Delta q \end{cases} \tag{5-148}$$

令 $X_u=\dfrac{-D_V}{m}$，$X_{Tu}=\dfrac{T_V}{m}$，$X_\alpha=-\dfrac{D_\alpha}{m}+\dfrac{L}{m}$，$X_{\delta_{\mathrm{p}}}=\dfrac{1}{m}\dfrac{\partial T}{\partial\delta_{\mathrm{p}}}$，$Z_u=-\dfrac{1}{m}\dfrac{\partial L}{\partial V}$，$Z_{Tu}=-\dfrac{T_V}{m}$，$Z_\alpha=-\dfrac{X_{D_0}+L_\alpha}{m}+g\sin\gamma_0$，$Z_{\delta_{\mathrm{p}}}=\dfrac{-T_{\delta_{\mathrm{p}}}\sin(\alpha_0+\varphi_{\mathrm{T}})}{m}$，$Z_{\delta_{\mathrm{e}}}=-\dfrac{1}{m}\dfrac{\partial L}{\partial\delta_{\mathrm{e}}}$，

$M_u=\dfrac{M_u^{\mathrm{a}}}{I_{y_s}}$, $M_{Tu}=\dfrac{T_V}{I_{y_s}}z_T$, $M_\alpha=\dfrac{M_{\alpha 0}^{\mathrm{a}}}{I_{y_s}}$, $M_q=\dfrac{M_q^{\mathrm{a}}}{I_{y_s}}$, $M_{\delta_e}=\dfrac{M_{\delta_e}^{\mathrm{a}}}{I_{y_s}}$, $M_{\delta_p}=\dfrac{M_{\delta_p}^{\mathrm{a}}}{I_{y_s}}$，式中 I_{y_s} 表示在稳定坐标系下的惯量，它与机体坐标系转动惯量关系为 $I_{y_s}=I_{y_b}$。

写成矩阵形式

$$\frac{\mathrm{d}}{\mathrm{d}t}\begin{bmatrix}\Delta V\\ V_0\Delta\alpha\\ \Delta q\\ \Delta\theta\end{bmatrix}=\begin{bmatrix}X_{Tu}\cos(\alpha_0+\varphi_T)+X_u & X_\alpha & 0 & -g\cos\gamma_0\\ Z_u+Z_{Tu}\sin(\alpha_0+\varphi_T) & Z_\alpha & V_0 & -g\sin\gamma_0\\ M_u+M_{Tu}+M_{\dot\alpha}\cdot(Z_u+Z_{Tu}\sin(\alpha_0+\varphi_T))/V_0 & M_\alpha+M_{\dot\alpha}\cdot Z_\alpha/V_0 & M_q+M_{\dot\alpha} & 0\\ 0 & 0 & 1 & 0\end{bmatrix}\begin{bmatrix}\Delta V\\ \Delta\alpha\\ \Delta q\\ \Delta\theta\end{bmatrix}+\begin{bmatrix}X_{\delta_p} & 0\\ Z_{\delta_p} & Z_{\delta_e}\\ \dfrac{T_{\delta_p}}{I_y}z_T+M_{\dot\alpha}\dfrac{Z_{\delta_p}}{V_0} & \dfrac{M_{\delta_e}^{\mathrm{a}}}{I_y}M_{\dot\alpha}\dfrac{Z_{\delta_p}}{V_0}\\ 0 & 0\end{bmatrix}\begin{bmatrix}\Delta\delta_p\\ \Delta\delta_e\end{bmatrix}\tag{5-149a}$$

当 α_0，φ_T 为小角度，有 $\cos(\alpha_0+\varphi_T)\approx 1$，$\sin(\alpha_0+\varphi_T)\approx 0$，式(5-149a) 改写为

$$\frac{\mathrm{d}}{\mathrm{d}t}\begin{bmatrix}\Delta V\\ V_0\Delta\alpha\\ \Delta q\\ \Delta\theta\end{bmatrix}=\begin{bmatrix}X_{Tu}+X_u & X_\alpha & 0 & -g\cos\gamma_0\\ Z_u & Z_\alpha & V_0 & -g\sin\gamma_0\\ M_u+M_{Tu}+M_{\dot\alpha}(Z_u/V_0) & M_\alpha+M_{\dot\alpha}\cdot Z_\alpha/V_0 & M_q+M_{\dot\alpha} & 0\\ 0 & 0 & 1 & 0\end{bmatrix}\begin{bmatrix}\Delta V\\ \Delta\alpha\\ \Delta q\\ \Delta\theta\end{bmatrix}+\begin{bmatrix}X_{\delta_p} & 0\\ 0 & Z_{\delta_e}\\ \dfrac{T_{\delta_p}}{I_y}+\dfrac{M_{\dot\alpha}Z_{\delta_p}}{V_0} & \dfrac{M_{\delta_e}^{\mathrm{a}}}{I_y}+M_{\dot\alpha}\dfrac{Z_{\delta_p}}{V_0}\\ 0 & 0\end{bmatrix}\begin{bmatrix}\Delta\delta_p\\ \Delta\delta_e\end{bmatrix}\tag{5-149b}$$

当 $\Delta\alpha$ 为小角度时，利用近似关系 $\sin\Delta\alpha=\Delta w/V_0\approx\Delta\alpha$，则式(5-149b)改写为

$$\begin{bmatrix}\Delta\dot u\\ (1-Z_{\dot w})\Delta\dot w\\ \Delta\dot q\\ \Delta\dot\theta\end{bmatrix}=\begin{bmatrix}\overline{X}_u & X_w & 0 & -g\cos\gamma_0\\ Z_u & Z_w & V_0+Z_q & -g\sin\gamma_0\\ \overline{M}_u+M_{\dot w}Z_u & M_w+M_{\dot w}Z_w & M_q+M_{\dot w}V_0 & 0\\ 0 & 0 & 1 & 0\end{bmatrix}\begin{bmatrix}\Delta u\\ \Delta w\\ \Delta q\\ \Delta\theta\end{bmatrix}+\begin{bmatrix}X_{\delta_p} & X_{\delta_e}\\ Z_{\delta_p} & Z_{\delta_e}\\ M_{\delta_p}+M_{\dot w}Z_{\delta_p} & M_{\delta_e}+M_{\dot w}Z_{\delta_e}\\ 0 & 0\end{bmatrix}\begin{bmatrix}\Delta\delta_p\\ \Delta\delta_e\end{bmatrix}\tag{5-149c}$$

式中，$X_w=-\dfrac{D_\alpha}{mV_0}+\dfrac{L}{mV_0}=\dfrac{-(C_{D\alpha}-C_L)\bar qS}{mV_0}$，$M_w=\dfrac{M_\alpha^{\mathrm{a}}}{I_yV_0}=C_{m\alpha}\dfrac{\bar qS\bar c}{I_yV_0}$

$$Z_w=\frac{-(C_{L\alpha}+2C_L)\bar qS}{mV_0}\approx-\frac{X_{D_0}+L_\alpha}{mV_0}+\frac{g\sin\gamma_0}{V_0}$$

$$Z_{\dot{w}} = -\frac{L_{\dot{\alpha}}}{mV_0} = -C_{L\dot{\alpha}}\frac{1}{2V_0^2}\frac{\bar{q}S\bar{c}}{m},\ Z_q = -C_{Lq}\frac{\bar{q}S}{m}\frac{\bar{c}}{2V_0},\ M_{\dot{w}} = -\frac{M_{\dot{\alpha}}^{a}}{I_yV_0} = -C_{m\dot{\alpha}}\frac{\bar{c}}{2V_0^2}\frac{\bar{q}S\bar{c}}{I_y}$$

$$I_y = I_{y_b} = I_{y_s}$$

且有 $X_\alpha = X_w V_0$, $Z_\alpha = Z_w V_0$, $Z_{\dot{\alpha}} = Z_{\dot{w}} V_0$, $M_\alpha = Z_w V_0$, $M_{\dot{\alpha}} = M_{\dot{w}} V_0$,其中 $Z_{\dot{w}}$, Z_q 对飞机响应影响一般很小,可忽略。

例 5－5　考察例 5－1 模型,

$$\begin{bmatrix}\dot{\alpha}\\ \dot{q}\\ \dot{\theta}\end{bmatrix} = \begin{bmatrix}-0.313 & 56.7 & 0\\ -0.0139 & 0 & 0\\ 0 & 56.7 & 0\end{bmatrix}\begin{bmatrix}\alpha\\ q\\ \theta\end{bmatrix} + \begin{bmatrix}0.232\\ 0.0203\\ 0\end{bmatrix}\delta_e \tag{5-150}$$

系统输出为俯仰角,即

$$y = \theta = \begin{bmatrix}0 & 0 & 1\end{bmatrix}\begin{bmatrix}\alpha\\ q\\ \theta\end{bmatrix} + [0]\delta_e \tag{5-151}$$

Matlab 代码：

```
de=0.2;
A=[-0.313 56.7 0;-0.0139 -0.426 0; 0 56.7 0];
B=[0.232; 0.0203; 0];
C=[0 0 1];
D=[0];
Pitch=ss(A, B, C, D);
```

例 5－6　考察例 5－4 模型,纵向运动模型为 $\dot{\boldsymbol{x}}_{\text{lon}} = \boldsymbol{A}_{\text{lon}}\boldsymbol{x}_{\text{lon}} + \boldsymbol{B}_{\text{lon}}\boldsymbol{u}_{\text{lon}}$,其中 $\boldsymbol{x}_{\text{lon}} = [u,\ w,\ q,\ \theta]^{\text{T}}$, $\boldsymbol{u}_{\text{lon}} = [\delta_e,\ \delta_p,\ \delta_{\text{falp}},\ \delta_{\text{Stab}}]^{\text{T}}$,

$$\boldsymbol{A}_{\text{lon}} = \begin{bmatrix}-0.0210 & 0.0421 & -2.6157 & -9.8052\\ -0.1017 & -1.9433 & 148.4787 & -0.1698\\ 0.0021 & -0.1191 & -1.9459 & 0\\ 0 & 0 & 1.0000 & 0\end{bmatrix}$$

$$\boldsymbol{B}_{\text{lon}} = \begin{bmatrix}-0.3498 & 4.6702 & 0 & -0.6543\\ -29.5922 & 0 & 0 & -55.3508\\ -20.2914 & 0 & 0 & -33.2530\\ 0 & 0 & 0 & 0\end{bmatrix}$$

在初始条件 $\boldsymbol{x}_0 = [150(\text{m/s}),\ 26(\text{m/s}),\ 0,\ 0]^{\text{T}}$, $h_0 = 3048\,\text{m}$,横侧向运动参数为零,系统状态输出响应如图 5－11～图 5－14 所示,相应控制输入如图 5－15 所示。可以看出,在初始输入下,飞机俯仰运动发生变化,并逐渐稳定,而飞行速度响应可以看出,前飞速度和法向速度也发生了振荡并逐渐稳定,飞机沿北向爬升,横侧向运动参数保持不变。

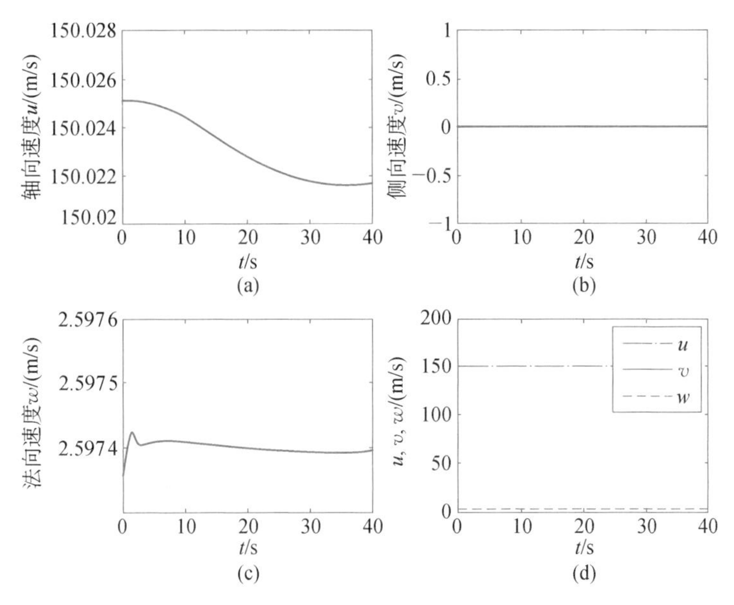

图 5-11　系统初始条件下线性运动速度开环响应

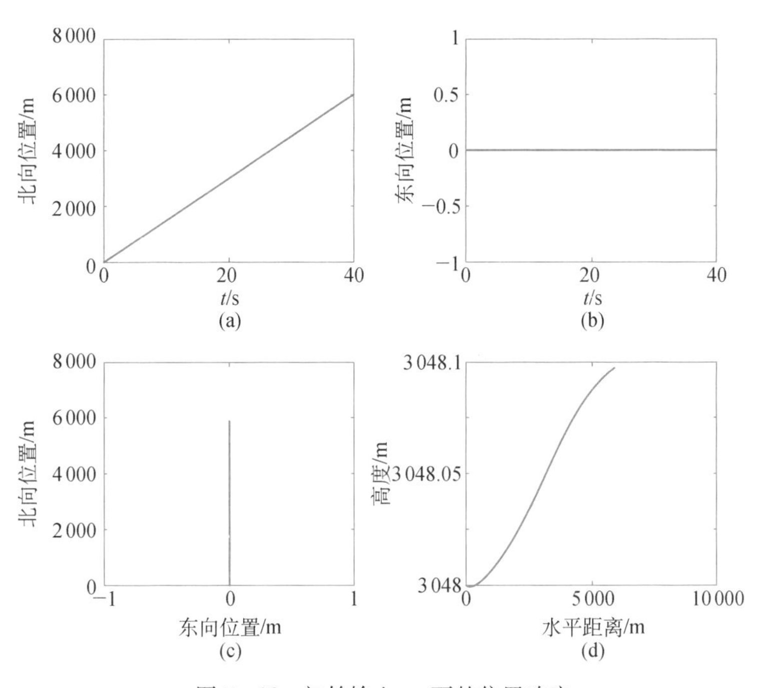

图 5-12　初始输入 x_0 下的位置响应

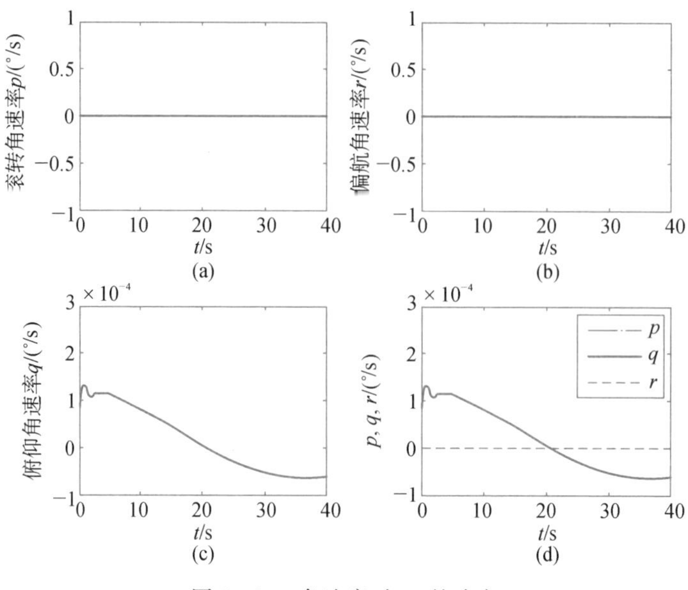

图 5-13　角速度对 x_0 的响应

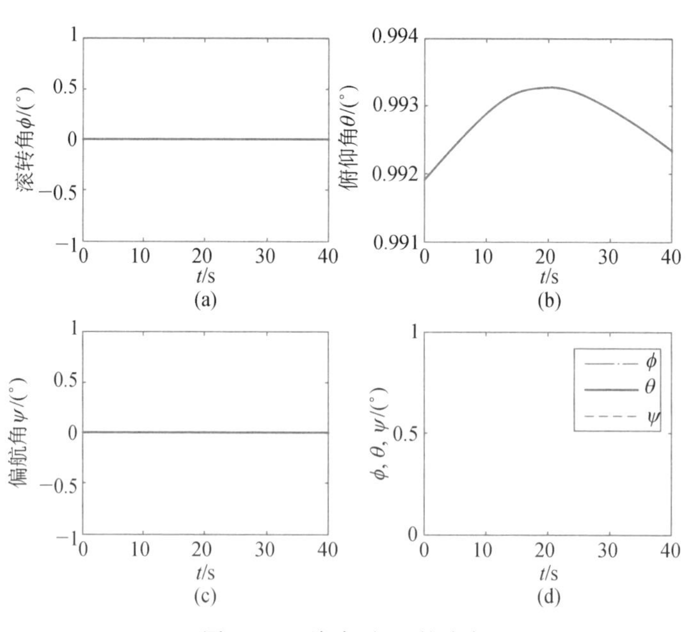

图 5-14　姿态对 x_0 的响应

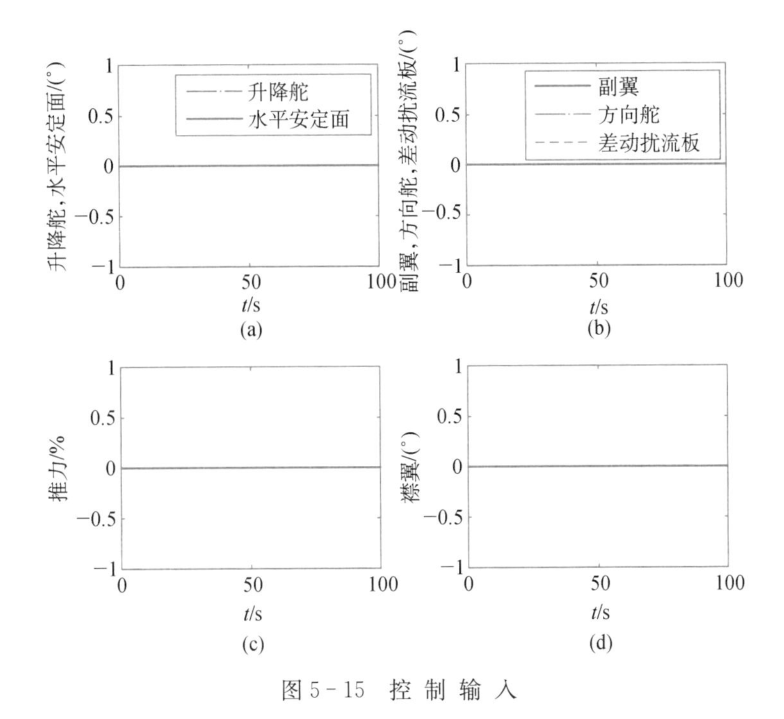

图5-15　控制输入

2）横侧向运动

根据5.5.11节式(5-123)、式(5-125)～式(5-126)，可知稳定轴系横侧向运动小扰动动力学方程为

$$\begin{cases}\dfrac{\mathrm{d}\Delta\beta}{\mathrm{d}t}=-\Delta r+Y'_{\beta}\Delta\beta+\dfrac{g}{V_0}\cos\gamma_0\Delta\phi+Y'_{\delta_r}\Delta\delta_r\\ \dfrac{\mathrm{d}\Delta p}{\mathrm{d}t}=L_{\beta}\Delta\beta+L_p\Delta p+L_r\Delta r+L_{\delta_a}\Delta\delta_a+L_{\delta_r}\Delta\delta_r\\ \dfrac{\mathrm{d}\Delta r}{\mathrm{d}t}=N_{\beta}\Delta\beta+N_p\Delta p+N_r\Delta r+N_{\delta_a}\Delta\delta_a+N_{\delta_r}\Delta\delta_r\\ \dfrac{\mathrm{d}\Delta\phi}{\mathrm{d}t}=\Delta p+\tan\theta_0\Delta r\end{cases}\tag{5-152}$$

非耦合小扰动方程为

$$\begin{aligned}\frac{\mathrm{d}\Delta\psi}{\mathrm{d}t}&=\frac{1}{\cos\theta_0}\Delta r\\ \frac{\mathrm{d}\Delta y_g}{\mathrm{d}t}&=V_0\beta+V_0\cos\theta_0\Delta\psi\end{aligned}\tag{5-153}$$

写成矩阵形式为

$$\frac{\mathrm{d}}{\mathrm{d}t}\begin{bmatrix}\Delta\beta\\\Delta p\\\Delta r\\\Delta\phi\end{bmatrix}=\begin{bmatrix}Y'_{\beta} & 0 & -1 & \dfrac{g}{V_0}\cos\gamma_0\\L_{\beta} & L_{\mathrm{p}} & L_{\mathrm{r}} & 0\\N_{\beta} & N_{\mathrm{p}} & N_{\mathrm{r}} & 0\\0 & 1 & \tan\theta_0 & 0\end{bmatrix}\begin{bmatrix}\Delta\beta\\\Delta p\\\Delta r\\\Delta\phi\end{bmatrix}+\begin{bmatrix}0 & Y'_{\delta_{\mathrm{r}}}\\L_{\delta_{\mathrm{a}}} & L_{\delta_{\mathrm{r}}}\\N_{\delta_{\mathrm{a}}} & N_{\delta_{\mathrm{r}}}\\0 & 0\end{bmatrix}\begin{bmatrix}\Delta\delta_{\mathrm{a}}\\\Delta\delta_{\mathrm{r}}\end{bmatrix}\tag{5-154a}$$

当 $\Delta\beta$ 小角度时，利用近似关系 $\sin\Delta\beta=\Delta v/V_0\approx\Delta\beta$，则式(5-154a)改写为

$$\begin{bmatrix}\Delta\dot{v}\\\Delta\dot{p}\\\Delta\dot{r}\\\Delta\dot{\phi}\end{bmatrix}=\begin{bmatrix}Y_{v} & Y_{\mathrm{p}} & Y_{\mathrm{r}}-V_0 & g\cos\gamma_0\\L_{v} & L_{\mathrm{p}} & L_{\mathrm{r}} & 0\\N_{v} & N_{\mathrm{p}} & N_{\mathrm{r}} & 0\\0 & 1 & \tan\theta_0 & 0\end{bmatrix}\begin{bmatrix}\Delta v\\\Delta p\\\Delta r\\\Delta\phi\end{bmatrix}+\begin{bmatrix}0 & Y_{\delta_{\mathrm{r}}}\\L_{\delta_{\mathrm{a}}} & L_{\delta_{\mathrm{r}}}\\N_{\delta_{\mathrm{a}}} & N_{\delta_{\mathrm{r}}}\\0 & 0\end{bmatrix}\begin{bmatrix}\Delta\delta_{\mathrm{a}}\\\Delta\delta_{\mathrm{r}}\end{bmatrix}\tag{5-154b}$$

式中，$Y_v=Y_{\beta}/V_0$，$L_v=L_{\beta}/V_0$，$N_v=N_{\beta}/V_0$；$Y_{\beta}=V_0Y'_{\beta}$，$Y_{\mathrm{p}}=V_0Y'_{\mathrm{p}}=C_{Y_{\mathrm{p}}}\bar{q}S$（一般 Y'_{p} 可近似为零），$Y_{\mathrm{r}}=V_0Y'_{\mathrm{r}}=C_{Y_r}\bar{q}S$，$Y_{\delta_{\mathrm{r}}}=V_0Y'_{\delta_{\mathrm{r}}}$。

例 5-7 考察例 5-4 模型，横侧向运动模型为 $\dot{\boldsymbol{x}}_{\mathrm{lat}}=\boldsymbol{A}_{\mathrm{lat}}\boldsymbol{x}_{\mathrm{lat}}+\boldsymbol{B}_{\mathrm{lat}}\boldsymbol{u}_{\mathrm{lat}}$，$\boldsymbol{x}_{\mathrm{lat}}=[v,\ p,\ r,\ \phi]^{\mathrm{T}}$，$\boldsymbol{u}_{\mathrm{lat}}=[\delta_{\mathrm{a}},\ \delta_{\mathrm{r}},\ \delta_{\mathrm{as}}]^{\mathrm{T}}$。

$$\boldsymbol{A}_{\mathrm{lat}}=\begin{bmatrix}-0.2313 & 2.5974 & -150.0250 & 9.8052\\-0.0365 & -1.7351 & 0.1274 & 0\\0.0253 & -0.0552 & -0.1263 & 0\\0 & 1.0000 & 0.0173 & 0\end{bmatrix}$$

$$\boldsymbol{B}_{\mathrm{lat}}=\begin{bmatrix}-0.3581 & 7.6272 & 1.3525\\10.3902 & 0.5401 & -1.0416\\0.5294 & -2.4020 & -0.3701\\0 & 0 & 0\end{bmatrix}$$

5.5.16 横侧向小扰动的简化形式

如果基准运动为水平直线飞行，考虑到滚转稳定自动器的作用，一般扰动中 $\Delta\phi$ 值较小，故可以略去重力影响，侧力方程可进一步简化。横侧向气动交联力矩系数相对较小，可近似不计，并可略去副翼偏转产生的偏航力矩，于是 $\gamma_0=0$，$\Delta\phi\approx0$，$L_{\mathrm{r}}=N_{\mathrm{p}}=N_{\delta_{\mathrm{a}}}=0$，则横侧扰动运动方程可以分离成如下偏航扰动运动方程和滚转扰动运动方程。

1）偏航扰动运动方程

$$\begin{aligned}&\frac{\mathrm{d}\Delta\chi}{\mathrm{d}t}=Y'_{\beta}\Delta\beta+Y'_{\delta_{\mathrm{r}}}\Delta\delta_{\mathrm{r}}\\&\frac{\mathrm{d}\Delta r}{\mathrm{d}t}=N_{\beta}\Delta\beta+N_{\mathrm{r}}\Delta r+N_{\dot{\beta}}\Delta\dot{\beta}+N_{\delta_{\mathrm{r}}}\Delta\delta_{\mathrm{r}}\\&\frac{\mathrm{d}\Delta\psi}{\mathrm{d}t}=\Delta r\\&\Delta\beta=\Delta\chi-\Delta\psi\end{aligned}\tag{5-155}$$

2）滚转扰动运动方程

$$\begin{cases} \dfrac{d\Delta p}{dt} = L_p \Delta p + L_{\delta_a} \Delta\delta_a + L_\beta \Delta\beta + L_{\delta_r} \Delta\delta_r \\ \dfrac{d\Delta\phi}{dt} = \Delta p \end{cases} \tag{5-156}$$

式中，$L_\beta \Delta\beta + L_{\delta_r} \Delta\delta_r$ 项，是偏航运动参数引起的滚转力矩。此时可认为它是已知函数，作为干扰处理。

5.5.17　风扰条件下飞机线性模型

根据第 3 章式(3－79)可知，飞机的地速为空速与风速之和，即

$$\boldsymbol{V}_k = \boldsymbol{V}_a + \boldsymbol{V}_w \tag{5-157}$$

其中 $\boldsymbol{V}_k$ 为地面坐标系中飞机速度。

可见，风速对飞机运动有影响。典型风有常值风、离散余弦突风、阵风及湍流等，而根据风速方向不同，可分为水平风 u_w、侧风 v_w 及垂直风 w_w，如图 5－16～图 5－18 所示。

1）水平风扰动下速度关系

如图 5－16 所示，则有

$$V_k \cos\gamma_k = u_w + V_a \cos\gamma_a \tag{5-158}$$

式中，$\gamma_k = \gamma$，γ_a 分别为地速、空速的航迹倾角。$V_a = V$，V_k 分别为空速、地速。当飞机平飞时，$\gamma_k = 0$，$\gamma_a = 0$，则有

$$V_a = V_k - u_w \tag{5-159}$$

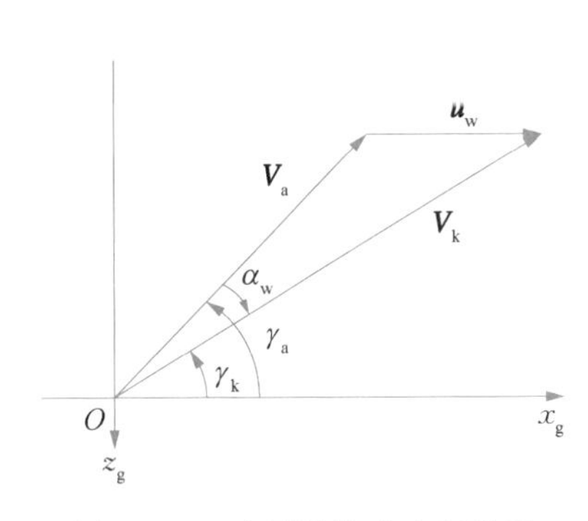

图 5－16　水平风扰动速度关系

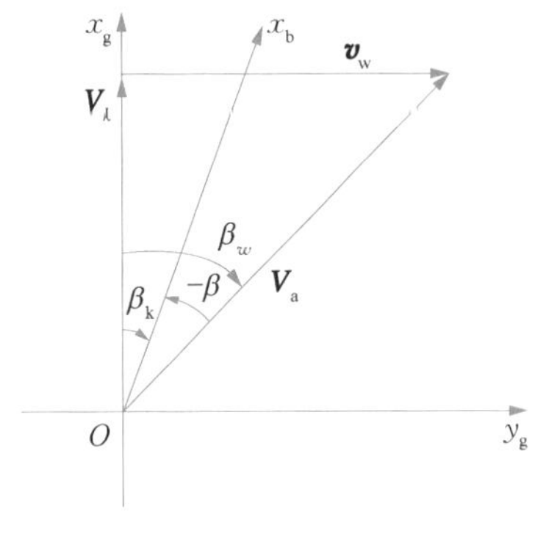

图 5－17　侧风扰动速度关系

2）侧风扰动下速度关系

如图 5－17 所示，$\boldsymbol{V}_a$，$\boldsymbol{V}_k$ 分别为飞机空速和地速，当侧风扰动风速远小于空速时，风扰产生的侧滑角为

$$\sin\beta_w = \frac{v_w}{V_a} \tag{5-160}$$

即

$$\beta_w \approx \frac{v_w}{V_a} \tag{5-161}$$

当飞机受侧风扰动瞬间，由于地速没有立即变化，故航迹方位角 χ 不会变化，则此时 $\beta = -\beta_w$，相当飞机侧滑角受扰动后，在航向静稳定性 $C_{n\beta}$ 作用下，飞机机体轴 Ox_b 迎着风转动，试图与 $\boldsymbol{V}_a$ 重合，来消除此扰动，转动过程中速度关系如图 5-17 所示，则有

$$-\beta + \beta_k = \beta_w \tag{5-162}$$

而根据角度关系，当滚转角为零时有 $\beta_k = \chi - \psi$，则侧风扰动下航迹方位角为

$$\chi = \psi + \beta + \beta_w \tag{5-163}$$

将式(5-161)代入式(5-162)可得

$$\beta = \beta_k - \frac{v_w}{V_a} \tag{5-164}$$

在风标稳定性作用下使飞机转动到 $\beta = 0$ 或 $\beta_k = \beta_w$。

3) 垂直风扰动下速度关系

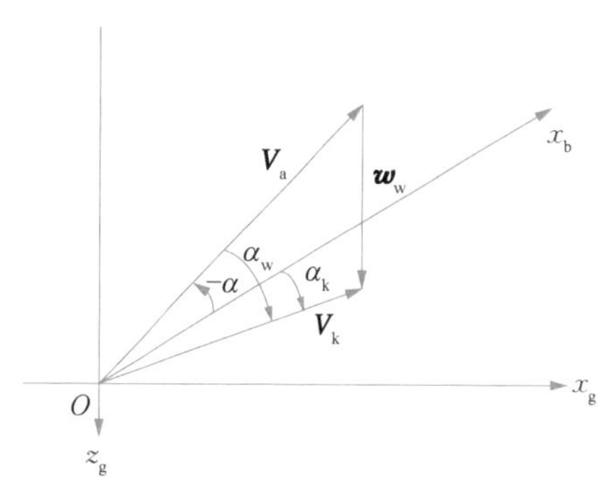

图 5-18 垂直风扰动速度关系

垂直风扰动下速度关系如图 5-18 所示，其中 α，α_k 分别为空速迎角、地速迎角，且满足 $\alpha = \alpha_a < 0$，$\alpha_k = \theta$。

当飞机无滚转时，航迹倾角为

$$\gamma = \theta - (\alpha + \alpha_w) \tag{5-165}$$

当飞机受垂直风扰动瞬间，由于地速没有立即变化，故 γ 不会变化，则此时 $\alpha = -\alpha_w$，相当飞机迎角受扰动后，在纵向静稳定性作用下，飞机机体轴 Ox_b 向上(迎着风)转动来消除此扰动，转动过程中速度关系如图 5-18 所示，则有

$$\alpha = \alpha_a = \alpha_k - \alpha_w \tag{5-166}$$

式中，垂直风产生的迎角 α_w 满足

$$\sin\alpha_w = \frac{w_w}{V_a}，即\ \alpha_w \approx \frac{w_w}{V_a} \tag{5-167}$$

而式(5-159)，式(5-164)，式(5-166)进行小扰动，有

$$\begin{cases}\Delta V = \Delta V_{\mathrm{k}} - u_{\mathrm{w}} \\ \Delta\alpha = \Delta\alpha_{\mathrm{k}} - w_{\mathrm{w}}/V_0 \\ \Delta\beta = \Delta\beta_{\mathrm{k}} - v_{\mathrm{w}}/V_0\end{cases} \tag{5-168}$$

对于飞机运动小扰动线性化，根据小扰动方程(5-149b)与式(5-152)可知，方程左边为惯性力和力矩，在有风条件下，其大小由航迹坐标系下的地速 ΔV_{k}，及航迹坐标系下地速对应的迎角 $\Delta\alpha_{\mathrm{k}}$，侧滑角 $\Delta\beta_{\mathrm{k}}$ 决定，而方程右边只与空速定义的迎角和侧滑角有关。即用式(5-168)代替原来方程(5-149b)与式(5-152)中的有关变量，则得风扰动下的小扰动线性方程。具体方法是用 $\Delta\dot{V}_{\mathrm{k}} = \dot{u}_{\mathrm{w}}$，$\Delta\dot{\alpha}_{\mathrm{k}} = \dot{w}_{\mathrm{w}}/V_0$，$\Delta\dot{\beta}_{\mathrm{k}} = \dot{v}_w/V_0$ 代替方程(5-149b) 与式(5-152) 左侧 $\Delta\dot{V}$，$\Delta\dot{\alpha}$，$\Delta\dot{\beta}$，用 $\Delta V_{\mathrm{k}} - u_{\mathrm{w}}$，$\Delta\alpha_{\mathrm{k}} - w_{\mathrm{w}}/V_0$，$\Delta\beta_{\mathrm{k}} - v_{\mathrm{w}}/V_0$ 代替 ΔV，$\Delta\alpha$，$\Delta\beta$。

根据上述分析，利用纵向小扰动方程(5-149b)，可得风扰动下纵向动力学与运动学方程如下：

$$\frac{\mathrm{d}}{\mathrm{d}t}\begin{bmatrix}\Delta V_{\mathrm{k}}\\ \Delta\alpha_{\mathrm{k}}\\ \Delta q\\ \Delta\theta\end{bmatrix} = \begin{bmatrix}X_{\mathrm{V}} & X_{\alpha} & 0 & -g\cos\gamma_0\\ Z_u/V_0 & Z_{\alpha}/V_0 & 1 & -g\sin\gamma_0/V_0\\ M_{\mathrm{V}} & M_{\alpha} & M_q & 0\\ 0 & 0 & 1 & 0\end{bmatrix}\begin{bmatrix}\Delta V_{\mathrm{k}}\\ \Delta\alpha_{\mathrm{k}}\\ \Delta q\\ \Delta\theta\end{bmatrix} +$$

$$\begin{bmatrix}X_{\delta_{\mathrm{p}}} & 0\\ 0 & Z_{\delta_{\mathrm{e}}}/V_0\\ M_{\delta_{\mathrm{p}}} & M_{\delta_{\mathrm{e}}}\\ 0 & 0\end{bmatrix}\begin{bmatrix}\Delta\delta_{\mathrm{p}}\\ \Delta\delta_{\mathrm{e}}\end{bmatrix} + \begin{bmatrix}-X_{\mathrm{V}} & -\dfrac{X_{\alpha}}{V_0}\\ -Z_u/V_0 & -\dfrac{Z_{\alpha}}{(V_0)^2}\\ -M_{\mathrm{V}} & -\dfrac{M_{\alpha}}{V_0}\\ 0 & 0\end{bmatrix}\begin{bmatrix}u_{\mathrm{w}}\\ w_{\mathrm{w}}\end{bmatrix} + \begin{bmatrix}1 & 0\\ 0 & \dfrac{1}{V_0}\\ 0 & 0\\ 0 & 0\end{bmatrix}\begin{bmatrix}\dot{u}_{\mathrm{w}}\\ \dot{w}_{\mathrm{w}}\end{bmatrix} \tag{5-169}$$

式中，$X_{\mathrm{V}} = X_{Tu} + X_u$，$M_{\mathrm{V}} = M_u + M_{Tu}$。

风扰动下纵向运动学方程为

$$\begin{cases}\Delta q = \Delta\dot{\theta}\\ \Delta u_{\mathrm{g}} = -V_0\sin\gamma_0\Delta\gamma + \cos\gamma_0\Delta V_{\mathrm{k}}\\ \Delta w_{\mathrm{g}} = -V_0\cos\gamma_0\Delta\gamma - \sin\gamma_0\Delta V_{\mathrm{k}}\end{cases} \tag{5-170}$$

风扰动下纵向运动几何关系为

$$\begin{cases}\Delta\alpha_{\mathrm{k}} = \Delta\theta - \Delta\gamma\\ \Delta\alpha = \Delta\alpha_{\mathrm{k}} - w_{\mathrm{w}}/V_0\end{cases} \tag{5-171}$$

根据横侧向小扰动方程(5-152)，可得风扰动下横侧向动力学与运动学方程如下：

$$\frac{\mathrm{d}}{\mathrm{d}t}\begin{bmatrix}\Delta\beta_k\\ \Delta p\\ \Delta r\\ \Delta\phi\end{bmatrix}=\begin{bmatrix}Y'_\beta & 0 & -1 & \frac{g}{V_0}\cos\gamma_0\\ L_\beta & L_p & L_r & 0\\ N_\beta & N_p & N_r & 0\\ 0 & 1 & \tan\theta_0 & 0\end{bmatrix}\begin{bmatrix}\Delta\beta\\ \Delta p\\ \Delta r\\ \Delta\phi\end{bmatrix}+\begin{bmatrix}0 & Y'_{\delta_r}\\ L_{\delta_a} & L_{\delta_r}\\ N_{\delta_a} & N_{\delta_r}\\ 0 & 0\end{bmatrix}\begin{bmatrix}\Delta\delta_a\\ \Delta\delta_r\end{bmatrix}+\begin{bmatrix}-\frac{Y'_\beta}{V_0}\\ -\frac{L_\beta}{V_0}\\ -\frac{N_\beta}{V_0}\\ 0\end{bmatrix}v_w+\begin{bmatrix}\frac{1}{V_0}\\ 0\\ 0\\ 0\end{bmatrix}\dot{v}_w \tag{5-172}$$

风扰动下横侧向运动学方程为

$$\begin{cases}\Delta\dot{\psi}=\Delta r/\cos\theta_0\\ \Delta v_g=V_0\cos\alpha_0\cos\theta_0\Delta\psi+V_0\Delta\beta\approx V_0\cos\gamma_0\Delta\chi\end{cases} \tag{5-173}$$

由式(5－135)知风扰动下横侧向运动几何关系为

$$\begin{cases}\Delta\beta_k=\sin\alpha_0\Delta\phi-\cos\gamma_0(\Delta\psi-\Delta\chi)\\ \Delta\mu=\frac{\cos\theta_0}{\cos\gamma_0}\Delta\phi-\sin\theta_0(\Delta\psi-\Delta\chi)\cdot\frac{\cos\alpha_0}{\cos\gamma_0}\\ \Delta\beta=\Delta\beta_k-v_w/V_0\end{cases} \tag{5-174}$$

例 5－8　考察例 5－4 飞机模型，受风速为 $\boldsymbol{V}_w=[u_w\quad v_w\quad w_w]^T=[20\quad 5\quad 10]^T$(m/s)(地面坐标系)常值扰动，根据例 5－6，可知其纵向运动模型为 $\dot{\boldsymbol{x}}_{lon}=\boldsymbol{A}_{lon}\boldsymbol{x}_{lon}+\boldsymbol{B}_{lon}\boldsymbol{u}_{lon}$，其中 $\boldsymbol{x}_{lon}=[V\quad\alpha\quad q\quad\theta]^T$，$\boldsymbol{u}_{lon}=[\delta_e\quad\delta_p]^T$，$\alpha_0=1.73\times10^{-5}(°)$，$V_0=150\,\mathrm{m/s}$，

$$\boldsymbol{A}_{lon}=\begin{bmatrix}-0.0352 & -14.2974V_0 & 8.0575 & -9.7920\\ -0.0016/V_0 & -1.9292 & 0.9882/V_0 & 0.0036/V_0\\ -0.0065 & -17.8409V_0 & -1.9459 & 0\\ 0 & 0 & 1 & 0\end{bmatrix}$$

$$\boldsymbol{B}_{lon}=\begin{bmatrix}-2.4747 & 4.6581\\ -0.1965/V_0 & -0.0022/V_0\\ -20.2914 & 0\\ 0 & 0\end{bmatrix}$$

若飞机操纵面固定(握杆)，则在风扰动条件下，有

$$\frac{\mathrm{d}}{\mathrm{d}t}\begin{bmatrix}\Delta V_{\mathrm{k}}\\ \Delta\alpha_{\mathrm{k}}\\ \Delta q\\ \Delta\theta\end{bmatrix}=\begin{bmatrix}-0.0352 & -14.2974V_0 & 8.0575 & -9.7920\\ -0.0016/V_0 & -1.9292 & 0.9882/V_0 & 0.0036/V_0\\ -0.0065 & -17.8409V_0 & -1.9459 & 0\\ 0 & 0 & 1 & 0\end{bmatrix}\begin{bmatrix}\Delta V_{\mathrm{k}}\\ \Delta\alpha_{\mathrm{k}}\\ \Delta q\\ \Delta\theta\end{bmatrix}+$$

$$\begin{bmatrix}0.0352 & 0.095316\\ 0.0016/V_0 & 0.012861\\ 0.0065 & 0.118939\\ 0 & 0\end{bmatrix}\begin{bmatrix}u_{\mathrm{w}}\\ w_{\mathrm{w}}\end{bmatrix}$$

风扰动下纵向运动学方程为

$$\begin{cases}\Delta q=\Delta\dot{\theta}\\ \Delta u_{\mathrm{g}}=\Delta V_{\mathrm{k}}\\ \Delta w_{\mathrm{g}}=-150\Delta\gamma\end{cases}$$

风扰动下纵向运动几何关系为

$$\begin{cases}\Delta\alpha_{\mathrm{k}}=\Delta\theta-\Delta\gamma\\ \Delta\alpha=\Delta\alpha_{\mathrm{k}}-w_{\mathrm{w}}/V_0=\Delta\alpha_{\mathrm{k}}-0.0666\end{cases}$$

根据例5-7,可知其横侧向运动模型为

$$\dot{\boldsymbol{x}}_{\mathrm{lat}}=\boldsymbol{A}_{\mathrm{lat}}\boldsymbol{x}_{\mathrm{lat}}+\boldsymbol{B}_{\mathrm{lat}}\boldsymbol{u}_{\mathrm{lat}}$$

其中 $\boldsymbol{x}_{\mathrm{lat}}=[\beta\quad p\quad r\quad \phi]^{\mathrm{T}}$, $\boldsymbol{u}_{\mathrm{lat}}=[\delta_{\mathrm{a}}\quad \delta_{\mathrm{r}}]^{\mathrm{T}}$, $V_0=150\,\mathrm{m/s}$,

$$\boldsymbol{A}_{\mathrm{lat}}=\begin{bmatrix}-0.2313 & -0.0546/V_0 & -0.9985/V_0 & 0.0652/V_0\\ -5.1942V_0 & -1.7216 & 0.2423 & 0\\ 4.1732V_0 & 0.0597 & -0.1398 & 0\\ 0 & 1.0012 & 0.0172 & 0\end{bmatrix}$$

$$\boldsymbol{B}_{\mathrm{lat}}=\begin{bmatrix}-0.0024/V_0 & 0.0508/V_0\\ 10.4013 & 0.3661\\ -0.2184 & -2.4346\\ 0 & 0\end{bmatrix}$$

若飞机操纵面固定(握杆),则在风扰动条件下,有动力学线性模型为

$$\frac{\mathrm{d}}{\mathrm{d}t}\begin{bmatrix}\Delta\beta_{\mathrm{k}}\\ \Delta p\\ \Delta r\\ \Delta\phi\end{bmatrix}=\begin{bmatrix}-0.2313 & -0.0546/V_0 & -0.9985/V_0 & 0.0652/V_0\\ -5.1942V_0 & -1.7216 & 0.2423 & 0\\ 4.1732V_0 & 0.0597 & -0.1398 & 0\\ 0 & 1.0012 & 0.0172 & 0\end{bmatrix}\begin{bmatrix}\Delta\beta\\ \Delta p\\ \Delta r\\ \Delta\phi\end{bmatrix}+$$

$$\begin{bmatrix} 0.00001028 \\ 5.1942 \\ -4.1732 \\ 0 \end{bmatrix} v_{\mathrm{w}}$$

又 $\theta_0 = \alpha_0 = 1.73 \times 10^{-5}(°)$，$\gamma_0 = 0$，$V_0 = 150\,\mathrm{m/s}$，可知风扰动下横侧向运动学方程为

$$\begin{cases} \Delta\dot{\psi} = 1.000\Delta r \\ \Delta v_{\mathrm{g}} = 150\Delta\chi \end{cases}$$

风扰动下横侧向运动几何关系为

$$\begin{cases} \Delta\beta_{\mathrm{k}} = 3.0194 \times 10^{-7}\Delta\phi - (\Delta\psi - \Delta\chi) \\ \Delta\mu \approx \Delta\phi \\ \Delta\beta = \Delta\beta_{\mathrm{k}} - V_{\mathrm{w}}/V_0 = \Delta\beta_{\mathrm{k}} - 0.033 \end{cases}$$

练习题

5.1 试根据牛顿定律，推导刚体质心动力学方程和转动动力学方程。

5.2 在什么条件下，机体角速度 p, q, r 与欧拉角速率 $\dot{\phi}$, $\dot{\theta}$, $\dot{\psi}$ 相等？

5.3 什么是飞机配平？试推导飞机纵向运动配平关系式。

5.4 什么是小扰动线性化方程？把飞机分成纵向和横侧向独立运动的条件是什么？

5.5 试推导飞机纵向运动小扰动线性化方程。

5.6 试推导飞机横侧向运动小扰动线性化方程。

5.7 T-37 飞机总重量 $G = 6600\,\mathrm{lbf}$，飞机的欧拉角为 $\phi = +10°$, $\theta = +10°$, $\psi = 90°$，试计算飞机在体轴系中的重量。

5.8 T-37 飞机飞行的欧拉角为 $\phi = 0°$, $\theta = +30°$, $\psi = 0°$，飞行员观测到飞机以下述常速度做常俯仰速率运动，即

$$\boldsymbol{\Omega}_{\mathrm{b}} = \begin{bmatrix} 0 \\ 0.1 \\ 0 \end{bmatrix}(\mathrm{rad/s}),\ \boldsymbol{V}_{\mathrm{b}}^{\mathrm{E}} = \begin{bmatrix} 200 \\ 0 \\ 0 \end{bmatrix}(\mathrm{ft/s})$$

问飞机在地面坐标系的加速度为多少？

5.9 已知函数 $f(x) = f(x_0) + f'(x_0)(x - x_0)$，且 $f(x) = -0.1x^4 - 0.15x^3 - 0.5x^2 - 0.25x + 1.2$，若 $x_0 = 1$, $x = 2$，试用一阶 Taylor 展开式近似估算 $f(x)$。

5.10 一架 F-4 飞机在 35000 ft 高度以 876 ft/s 速度巡航，此时空气密度为 $0.000739\,\mathrm{slug/ft^3}$，飞机参数为 $S = 503\,\mathrm{ft^2}$, $G = 39000\,\mathrm{lb}$, $(C_L)_0 = 0.26$, $(C_D)_0 = 0.03$, $(C_{Du})_0 = 0.027$，试计算：(1) 大导数 X_u；(2) 推导 $\partial F_x/\partial\alpha = (-C_{D_\alpha} + C_L)_0\,\bar{q}S$，并计算 $\partial F_x/\partial(u/V_0)$。

5.11　F-5A 飞机在飞行条件为 $Ma = 0.8$，$H = 30000\,\text{ft}$，动压 $\bar{q} = 282\,\text{psf}$，机翼参考面积 $S = 170\,\text{ft}^2$，重量 $G = 17000\,\text{lbs}$，空速 $V_0 = 796\,\text{fps}$，气动导数 $C_{L_\alpha} = 4.58/\text{rad}$，$C_{M_\alpha} = -1.40/\text{rad}$，$C_{m_0} = 0.0017$，$C_{L_{\delta_e}} = 0.444/\text{rad}$，$C_{M_{\delta_e}} = -0.7/\text{rad}$，$C_{L_{\alpha=\delta_e=i_t=0}} = 0$，$(C_D)_0 = 0.042$，若平尾 $i_t = 0$，且推力安装角 $\varphi_T = 0$，推力偏心距 $z_T = 0$。试计算(1)飞机的配平迎角和升降舵偏角；(2)飞机的配平推力。

参考文献

[1] Soderman P T, Aiken T N. Full-scale wind-tunnel tests of a small unpowered jet aircraft with a t-tail [M]. Washington D. C.: National Aeronautics and Space Administration, 1971.

第 6 章　飞机的运动稳定和控制

本章介绍飞机的纵向运动两个典型模态：短周期模态与长周期模态特征，横侧向运动三个典型模态：滚转模态、螺旋模态与荷兰滚模态，以及这些模态典型特征，并分析操纵控制对纵向运动、横侧向运动稳定性的影响。

6.1　定常线性常微分系统的稳定性

1）一元线性自由系统——齐次微分方程

对于一阶线性系统，其一般形式为

$$\frac{\mathrm{d}x}{\mathrm{d}t}+ax=0 \tag{6-1}$$

它的通解为 $x(t)=c\mathrm{e}^{\lambda t}=x(0)\mathrm{e}^{\lambda t}$，$\lambda=-a$。

显然，有

$$\begin{cases}\lambda<0,\ x(\infty)=0\\ \lambda=0,\ x(\infty)=x(0)\\ \lambda>0,\ x(\infty)=\infty\end{cases} \tag{6-2}$$

即 x 随时间的变化过程取决于特征根 λ，而 x 的终值取决于特征值的符号。

2）多元线性自由系统——齐次微分方程组

对于多元线性系统，其一般形式为

$$\begin{aligned}\dot{x}_1+a_{11}x_1+a_{12}x_2+\cdots+a_{1n}x_n&=0\\ \dot{x}_2+a_{21}x_1+a_{22}x_2+\cdots+a_{2n}x_n&=0\\ &\vdots\\ \dot{x}_n+a_{n1}x_1+a_{n2}x_2+\cdots+a_{nn}x_n&=0\end{aligned} \tag{6-3}$$

其通解的形式取决于其特征行列式

$$\begin{vmatrix} \lambda + a_{11} & a_{12} & \cdots & a_{1n} \\ a_{21} & \lambda + a_{22} & \cdots & a_{2n} \\ \vdots & \vdots & \ddots & \vdots \\ a_{n1} & a_{n2} & \cdots & \lambda + a_{nn} \end{vmatrix} = 0 \tag{6-4}$$

其无重根时的通解形式为

$$\begin{aligned} x_i(t) = {} & c_{i1} e^{\lambda_1 t} + c_{i2} e^{\lambda_2 t} + \cdots + c_{ir} e^{\lambda_r t} + A_{i1} e^{n_1 t} \sin(\omega_1 t + \varphi_{i1}) + \\ & A_{i2} e^{n_2 t} \sin(\omega_2 t + \varphi_{i2}) + \cdots + A_{is} e^{n_s t} \sin(\omega_s t + \varphi_{is}) \end{aligned} \tag{6-5}$$

式中，λ_1，λ_2，…，λ_r 为 r 个实根；$n_1 \pm j\omega_1$，$n_2 \pm j\omega_2$，…，$n_s \pm j\omega_s$ 为 s 对复根。

3）典型运动模态

每个实特征根或每对复根代表一种简单运动，称为典型模态。飞机总运动由各种典型模态叠加而成。

不同类型特征根对应的模态运动如下：

对于实特征根 λ_i：$x(t) = c e^{\lambda_i t}$，当 $\lambda_i < 0$，$\lambda_i = 0$ 和 $\lambda_i > 0$ 时，对应的模态特征图如图 6－1 所示。

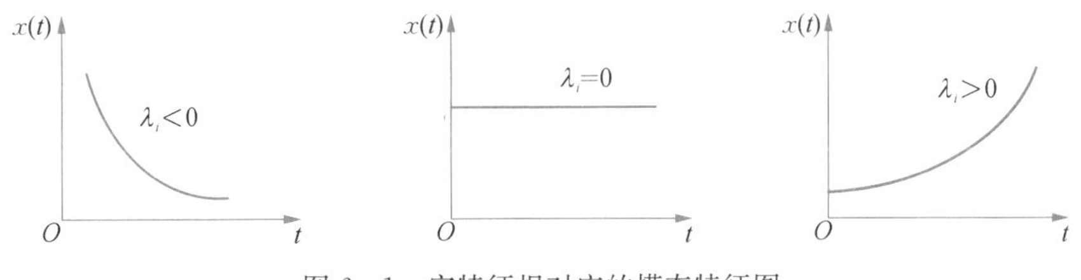

图 6－1　实特征根对应的模态特征图

对于复数值特征根 $\lambda = n_k \pm j\omega_k$，$x(t) = e^{n_k t} \sin(\omega_k t + \varphi_k)$，当 $n_k < 0$，$n_k = 0$ 和 $n_k > 0$ 时，对应的模态特征图分别如图 6－2 所示。

4）动稳定与静稳定

飞机运动稳定通常分为两种类型，即静稳定和动稳定。

静稳定性：指飞机平衡状态受到扰动，在扰动消失后，飞机本身具有恢复原平衡状态趋势的能力，即飞机对保持固有运动状态或抗外界扰动的能力。

动稳定性：指飞机的受扰运动在扰动源撤销后，飞行员不操作飞机，飞机能渐进地回到扰动前的运动状态。即飞机处于平衡状态作定常飞行，在受到扰动后偏离原始状态，在由此而产生的力和力矩作用下，所发生运动的性质，最终使飞机恢复到平衡点位置。

两者的区别是：静稳定性研究的仅是飞机受到扰动后初始反应的趋势，而动稳定性研究飞机受扰动后的全过程。典型运动模态如图 6－3 所示，典型模态动稳定与静稳定特性如表 6－1 所示。

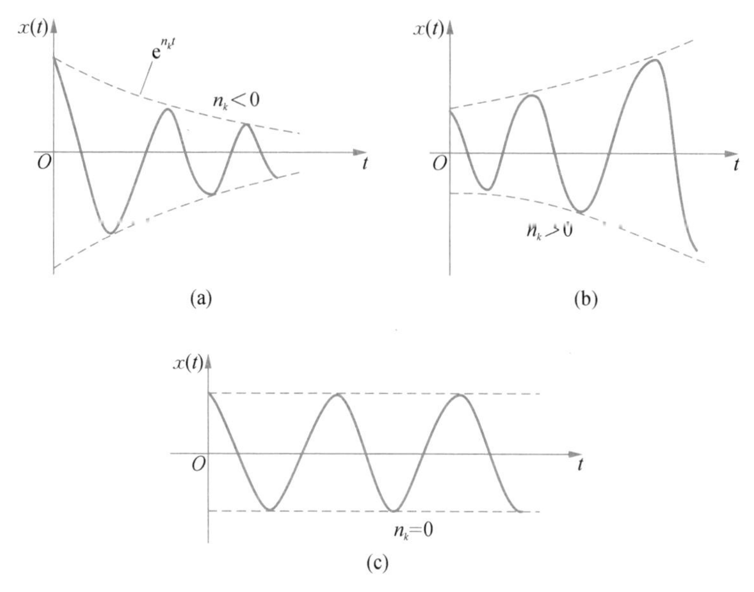

图 6-2 复数值特征根对应的模态特征图

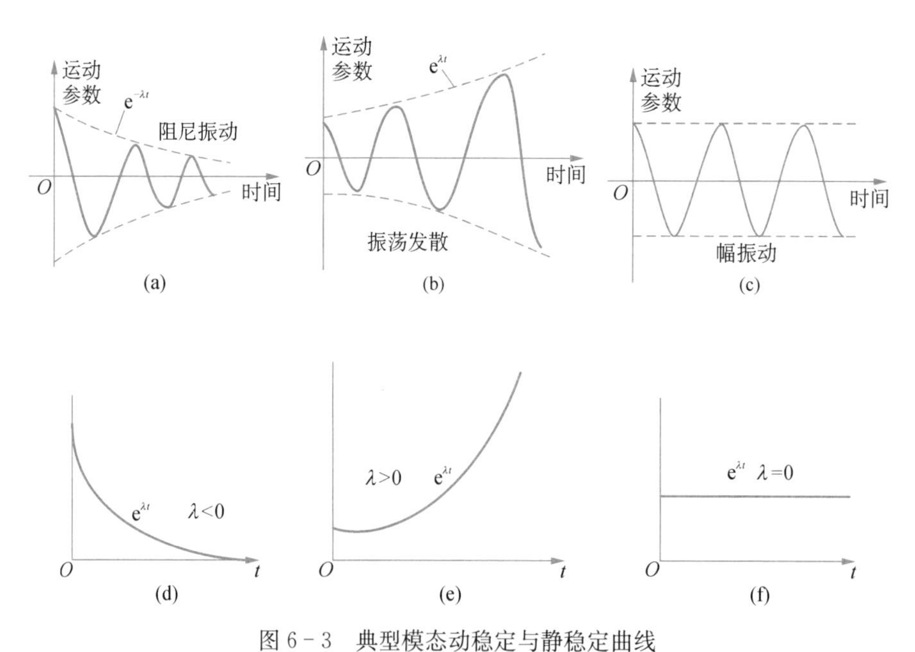

图 6-3 典型模态动稳定与静稳定曲线

(a) 阻尼振荡 (b) 偏离振荡 (c) 无阻尼振荡
(d) 指数衰减 (e) 指数发散 (f) 中立稳定

表 6-1　模态动稳定与静稳定特性

模态	对应图	静稳定	动稳定
阻尼振荡	(a)	是	是
偏离振荡	(b)	是	否
无阻尼振荡	(c)	是	否
指数衰减	(d)	是	是
指数发散	(e)	否	否
中立稳定	(f)	否	否

6.2　纵向运动模态与稳定性分析

对于飞机的稳定性和操纵性分析，一般可以不计高度变化对外力和外力矩的影响，根据第 5 章分析，可得纵向小扰动运动方程(5-148)，定义气动导数如表 6-2，则式(5-148)改写为

$$
\begin{cases}
\dfrac{\mathrm{d}\Delta V}{\mathrm{d}t} = [(X_u + X_{Tu}\cos(\alpha_0 + \varphi_{\mathrm{T}})]\Delta V + X_\alpha \Delta\alpha - \\
\qquad g\cos\gamma_0 \Delta\theta + X_{\delta_e}\Delta\delta_e + X_{\delta_p}\cos(\alpha_0 + \varphi_{\mathrm{T}})\Delta\delta_p \\
V_0 \dfrac{\mathrm{d}\Delta\alpha}{\mathrm{d}t} - V_0 \dfrac{\mathrm{d}\Delta\theta}{\mathrm{d}t} = -g\sin\gamma_0\Delta\theta + Z_\alpha\Delta\alpha + Z_{\dot\alpha}\Delta\dot\alpha + [Z_u - X_{Tu}\sin(\alpha_0 + \varphi_{\mathrm{T}})]\Delta V + \\
Z_q\Delta q + Z_{\delta_e}\Delta\delta_e - X_{\delta_p}\sin(\alpha_0 + \varphi_T)\Delta\delta_p \\
\dfrac{\mathrm{d}^2\Delta\theta}{\mathrm{d}t^2} = \dfrac{\mathrm{d}\Delta q}{\mathrm{d}t} \\
\qquad = (M_u + M_{Tu})\Delta V + (M_\alpha + M_{T\alpha})\Delta\alpha + M_{\dot\alpha}\Delta\dot\alpha + M_{\delta_e}\Delta\delta_e + M_{\delta_p}\Delta\delta_p + M_q\Delta q \\
\dfrac{\mathrm{d}\Delta\theta}{\mathrm{d}t} = \Delta q
\end{cases}
\tag{6-6}
$$

即

$$
\begin{bmatrix} 1 & 0 & 0 & 0 \\ 0 & (V_0 - Z_{\dot\alpha}) & 0 & 0 \\ 0 & -M_{\dot\alpha} & 1 & 0 \\ 0 & 0 & 0 & 1 \end{bmatrix}
\begin{bmatrix} \Delta\dot V \\ \Delta\dot\alpha \\ \Delta\dot q \\ \Delta\dot\theta \end{bmatrix}
$$

$$
= \begin{bmatrix} X_u + X_{Tu}\cos(\alpha_0 + \varphi_{\mathrm{T}}) & X_\alpha & 0 & -g\cos\gamma_0 \\ Z_u - X_{Tu}\sin(\alpha_0 + \varphi_{\mathrm{T}}) & Z_\alpha & V_0 + Z_q & -g\sin\gamma_0 \\ (M_u + M_{Tu}) & (M_\alpha + M_{T\alpha}) & M_q & 0 \\ 0 & 0 & 1 & 0 \end{bmatrix}
\begin{bmatrix} \Delta V \\ \Delta\alpha \\ \Delta q \\ \Delta\theta \end{bmatrix} +
$$

$$\begin{bmatrix} X_{\delta_e} & X_{\delta_p}\cos(\alpha_0+\varphi_T) \\ Z_{\delta_e} & -X_{\delta_p}\sin(\alpha_0+\varphi_T) \\ M_{\delta_e} & M_{\delta_p} \\ 0 & 0 \end{bmatrix}\begin{bmatrix} \Delta\delta_e \\ \Delta\delta_p \end{bmatrix} \tag{6-7}$$

当 α_0，φ_T 较小时，有 $\cos(\alpha_0+\varphi_T)\approx 1$，$\sin(\alpha_0+\varphi_T)\approx 0$，经过拉氏变换，可将原来微分方程转化为代数方程，当不施加操纵($\Delta\delta_e=0$，$\Delta\delta_p=0$)时，以上述方程组中的第一个方程为例，可得拉氏变换方程为

$$s\Delta V-\Delta V_0=(X_u+X_{Tu})\Delta V(s)+X_\alpha\Delta\alpha(s)-X_\theta\Delta\theta(s) \tag{6-8}$$

式中，$X_\theta=g\cos\gamma_0$。

考察飞机稳定性问题，讨论飞机受偏离平衡的初始扰动，但不施加操纵时，飞机的运动情况，相应的飞机运动模型可写成状态方程的形式，即有

$$\begin{bmatrix} s-(X_u+X_{Tu}) & -X_\alpha & 0 & g\cos\gamma_0 \\ -Z_u & s(V_0-Z_{\dot\alpha})-Z_\alpha & -(V_0+Z_q) & g\sin\gamma_0 \\ -(M_u+M_{Tu}) & -(M_{\dot\alpha}s+M_\alpha+M_{T\alpha}) & s-M_q & 0 \\ 0 & 0 & -1 & s \end{bmatrix}\cdot\begin{bmatrix} \Delta V(s) \\ \Delta\alpha(s) \\ \Delta q(s) \\ \Delta\theta(s) \end{bmatrix}$$

$$=\begin{bmatrix} \Delta V_0 \\ \Delta\alpha_0 \\ \Delta q_0-M_{\dot\alpha}\Delta\alpha_0 \\ \Delta\theta_0 \end{bmatrix} \tag{6-9}$$

式中，$\boldsymbol{x}_0=[\Delta V_0 \quad \Delta\alpha_0 \quad \Delta q_0 \quad \Delta\theta_0]^T$，表示飞机运动初始状态变量。

表 6-2 给出了纵向稳定性导数(气流坐标系)。

表 6-2　纵向稳定性导数

$X_u=\dfrac{-(D_V)_0}{m}=\dfrac{-(C_{Du}+2C_D)_0\bar{q}S}{mV_0}$, [1/s]	$C_{Du}=V\dfrac{\partial C_D}{\partial V}=Ma\dfrac{\partial C_D}{\partial Ma}$
$X_{Tu}=\dfrac{T_V}{m}=\dfrac{1}{m}\left(\dfrac{\partial T}{\partial V}\right)_0=\dfrac{(C_{TXu}+2C_{TX})_0\bar{q}S}{mV_0}$, [1/s]	—
$X_\alpha=-\dfrac{(D_\alpha-L)_0}{m}=\dfrac{-(C_{D\alpha}-C_L)_0\bar{q}S}{m}$, [m/(rad·s²)]	$C_{D\alpha}=\dfrac{\partial C_D}{\partial\alpha}$
$X_{\delta_e}=-\dfrac{1}{m}\left(\dfrac{\partial D}{\partial\delta_e}\right)_0=-\bar{q}S(C_{D\delta_e})_0/m$, [m/(rad·s²)]	$C_{D\delta_e}=\dfrac{\partial C_D}{\partial\delta_e}$
$X_{\delta_p}=\dfrac{1}{m}\left(\dfrac{\partial T}{\partial\delta_p}\right)_0=\bar{q}S(C_{T\delta_p})_0/m$, [m/(rad·s²)]	—

（续表）

$Z_u = -\frac{1}{m}\left(\frac{\partial L}{\partial V}\right)_0 = \frac{-(C_{Lu}+2C_L)_0\bar{q}S}{mV_0}$, [1/s]	$C_{Lu} = V\frac{\partial C_L}{\partial V} = Ma\frac{\partial C_L}{\partial Ma}$
$Z_\alpha = -\frac{(X_D+L_\alpha)_0}{m} + g\sin\gamma_0$, [m/(rad · s²)] $= (-T_0[\cos(\alpha_0+\varphi_T)] - (C_{L\alpha})_0\bar{q}S)/m + g\sin\gamma_0$	$C_{L\alpha} = \frac{\partial C_L}{\partial \alpha}$
$Z_{\dot{\alpha}} = -\frac{(L_{\dot{\alpha}})_0}{m} = -(C_{L\dot{\alpha}})_0\frac{1}{2V_0}\frac{\bar{q}S\bar{c}}{m}$, [m/(rad · s)]	$C_{L\dot{\alpha}} = \frac{2V}{\bar{c}}\frac{\partial C_L}{\partial \dot{\alpha}}$
$Z_q = -\frac{1}{m}\left(\frac{\partial L}{\partial q_w}\right)_0 = -(C_{Lq})_0\frac{1}{2mV_0}\bar{q}S\bar{c}$, [m/(rad · s)]	$C_{Lq} = \frac{2V}{\bar{c}}\frac{\partial C_L}{\partial q}$
$Z_{\delta_e} = -\frac{1}{m}\left(\frac{\partial L}{\partial \delta_e}\right)_0 = -(C_{L\delta_e})_0\bar{q}S/m$, [1/s]	$C_{L\delta_e} = \frac{\partial C_L}{\partial \delta_e}$
$M_u = \frac{M_u^a}{I_{y_s}} = \frac{\bar{q}S\bar{c}(2C_m+C_{mu})_0}{I_{y_s}V_0}$, [rad/(m · s)]	$C_{mu} = V\frac{\partial C_m}{\partial V} = Ma\frac{\partial C_m}{\partial Ma}$
$M_{Tu} = \frac{(T_V)_0}{I_{y_s}}z_T = \frac{\bar{q}S\bar{c}(2C_{m_T}+C_{m_{Tu}})_0}{I_{y_s}V_0}$, [rad/(m · s)]	—
$M_\alpha = \frac{(M_\alpha^a)_0}{I_{y_s}} = (C_{m\alpha})_0\frac{\bar{q}S\bar{c}}{I_{y_s}}$, [1/s²]	$C_{m\alpha} = \frac{\partial C_m}{\partial \alpha}$
$M_{T\alpha} = \frac{(T_\alpha)_0}{I_{y_s}}z_T = (C_{mT\alpha})_0\frac{\bar{q}S\bar{c}}{I_{y_s}}$, [1/s²]	$C_{mT\alpha} = \frac{\partial C_{mT}}{\partial \alpha}$
$M_{\dot{\alpha}} = \frac{(M_{\dot{\alpha}}^a)_0}{I_{y_s}} = (C_{m\dot{\alpha}})_0\frac{\bar{c}}{2V_0}\frac{\bar{q}S\bar{c}}{I_{y_s}}$, [1/s]	$C_{m\dot{\alpha}} = \frac{2V}{\bar{c}}\frac{\partial C_m}{\partial \dot{\alpha}}$
$M_q = \frac{(M_q^a)_0}{I_{y_s}} = (C_{mq})_0\frac{\bar{c}}{2V_0}\bar{q}S\bar{c}/I_{y_s}$, [1/s]	$C_{mq} = \frac{2V}{\bar{c}}\frac{\partial C_m}{\partial q}$
$M_{\delta_e} = \frac{(M_{\delta_e}^a)_0}{I_{y_s}} = (C_{m\delta_e})_0(\bar{q}S\bar{c})/I_{y_s}$, [1/s²]	$C_{m\delta_e} = \frac{\partial C_m}{\partial \delta_e}$
$M_{\delta_p} = \frac{(M_{\delta_p}^a)_0}{I_{y_s}} = \frac{z_T}{I_{y_s}} \cdot \left(\frac{\partial T}{\partial \delta_p}\right)_0$, [1/s²]	—
$Z_{\delta_p} = -\frac{1}{m}\left(\frac{\partial T}{\partial \delta_p}\right)_0$, [m/(rad · s²)]	—

其中下标 0 表示为基准运动下参数，$\bar{q} = \frac{1}{2}\rho V_0^2$，表示动压，$q_w$ 为气流坐标系下俯仰速率，通过机体坐标系 q 及坐标变换 $L_{ab}(\alpha, \beta)$ 获得，I_{y_s} 表示在稳定坐标系下的惯量。稳定坐标系转动惯量与机体坐标系转动惯量之间的关系如下：

$$\begin{Bmatrix} I_{x_s} \\ I_{z_s} \\ I_{xz_s} \end{Bmatrix} = \begin{bmatrix} \cos^2\alpha & \sin^2\alpha & -\sin 2\alpha \\ \sin^2\alpha & \cos^2\alpha & \sin 2\alpha \\ \dfrac{\sin 2\alpha}{2} & -\dfrac{\sin 2\alpha}{2} & \cos 2\alpha \end{bmatrix} \begin{Bmatrix} I_{x_b} \\ I_{z_b} \\ I_{xz_b} \end{Bmatrix},\ I_{y_s} = I_{y_b} \tag{6-10}$$

由式(6-9)状态方程,可以得到该方程的特征方程为

$$\Delta(s) = \begin{vmatrix} s-(X_u+X_{Tu}) & -X_\alpha & 0 & g\cos\gamma_0 \\ -Z_u & s(V_0-Z_{\dot\alpha})-Z_\alpha & -(V_0+Z_q) & g\sin\gamma_0 \\ -(M_u+M_{Tu}) & -(M_{\dot\alpha}s+M_\alpha+M_{T\alpha}) & s-M_q & 0 \\ 0 & 0 & -1 & s \end{vmatrix} = 0 \tag{6-11}$$

消去第四行,式(6-11)可改写为

$$\Delta(s) = \begin{vmatrix} s-X_u-X_{Tu} & -X_\alpha & g\cos\gamma_0 \\ -Z_u & s(V_0-Z_{\dot\alpha})-Z_\alpha & -(Z_q+V_0)s+g\sin\gamma_0 \\ -(M_u+M_{Tu}) & -(M_{\dot\alpha}s+M_\alpha+M_{T\alpha}) & s^2-M_q s \end{vmatrix} = 0 \tag{6-12}$$

或简写为

$$\Delta(s) = a_0 s^4 + a_1 s^3 + a_2 s^2 + a_3 s + a_4 \tag{6-13}$$

式中,a_0, a_1, a_2, a_3, a_4 为式(6-12)特征多项式系数。

解特征方程:

$$\Delta(s) = 0 \tag{6-14}$$

可得相应特征根:λ_1, λ_2, λ_3, λ_4。

对于解方程(6-9),可利用线性代数中的克莱姆法则求解出各个变量,方法如下:

将式(6-9)第1列替换为右端项,可得

$$N_1(s) = \begin{vmatrix} \Delta V_0 & -X_\alpha & 0 & g\cos\gamma_0 \\ \Delta\alpha_0 & s(V_0-Z_{\dot\alpha})-Z_\alpha & -(V_0+Z_q) & g\sin\gamma_0 \\ \Delta q_0 - M_{\dot\alpha}\Delta\alpha_0 & -(M_{\dot\alpha}s+M_\alpha+M_{T\alpha}) & s-M_q & 0 \\ \Delta\theta_0 & 0 & -1 & s \end{vmatrix} \tag{6-15}$$

同理可以求解出 $N_2(s)$, $N_3(s)$, $N_4(s)$,则由克莱姆法则可得

$$\Delta V(s) = \frac{N_1(s)}{\Delta(s)},\ \Delta\alpha(s) = \frac{N_2(s)}{\Delta(s)},\ \Delta q(s) = \frac{N_3(s)}{\Delta(s)},\ \Delta\theta(s) = \frac{N_4(s)}{\Delta(s)} \tag{6-16}$$

经过反拉氏变换可得

$$\Delta V(t)=\sum_{i=1}^{4}\frac{N_1(s)(s-\lambda_i)}{\Delta(s)}\bigg|_{s=\lambda_i}\cdot \mathrm{e}^{\lambda_i t} \tag{6-17}$$

式中，λ_i 特征根，可能为实数或复数。

对于实根 λ_i，式(6-17)化简可得

$$\Delta V(t)=a_1\mathrm{e}^{\lambda_1 t}+a_2\mathrm{e}^{\lambda_2 t}+\cdots+a_n\mathrm{e}^{\lambda_n t}\ (n=4) \tag{6-18}$$

式中，a_i 为式(6-17)对应 λ_i 的幅值。

运动稳定性判定法则。系统的特征方程为

$$\Delta(\lambda)=a_0\lambda^4+a_1\lambda^3+a_2\lambda^2+a_3\lambda^1+a_4 \tag{6-19}$$

为了解此方程对应的原微分系统的稳定性，则可根据特征方程系数来判断系统稳定性，该方法称为劳斯-霍尔维茨判据(Routh-Hurwitz 定理)。

霍尔维茨判据如下，对于具有如下形式的特征方程

$$\Delta(\lambda)=a_0\lambda^n+a_1\lambda^{n-1}+a_2\lambda^{n-2}+\cdots+a_{n-1}\lambda^1+a_n \tag{6-20}$$

可写出如图 6-4 的 Routh-Hurwitz 判据，根据式(6-22)判据矩阵知，方程(6-20)根具有负实部的充要条件是

$$a_0>0,\ \Delta_1=a_1>1,\ \Delta_2=\begin{vmatrix}a_1 & a_0\\ a_3 & a_2\end{vmatrix}>0,\ \cdots,\ \Delta_n>0 \tag{6-21}$$

式中，$\Delta_i(i=1,2,\cdots,n)$ 为 i 阶子行列式。

$$\begin{array}{c|cccccccc|}
\Delta_1 & a_1 & a_0 & 0 & 0 & 0 & 0 & \cdots & 0\\
\Delta_2 & a_3 & a_2 & a_1 & a_0 & 0 & 0 & \cdots & 0\\
\Delta_3 & a_5 & a_4 & a_3 & a_2 & a_1 & a_0 & \cdots & 0\\
 & a_7 & a_6 & a_5 & a_4 & a_3 & a_2 & \cdots & 0\\
\vdots & \cdots & \cdots & \cdots & \cdots & \cdots & \cdots & \cdots & \cdots\\
 & \cdots & \cdots & \cdots & \cdots & \cdots & \cdots & \cdots & \cdots\\
\Delta_n & 0 & \cdots & 0 & 0 & 0 & a_n & a_{n-1} & a_{n-2}\\
 & 0 & \cdots & 0 & 0 & 0 & 0 & 0 & a_n
\end{array} \tag{6-22}$$

图 6-4　Routh-Hurwitz 判据矩阵

为了分析方便，这里对霍尔维茨判据进行简化，由于飞机纵向或横向运动一般为 4 阶，其判据矩阵为

$$\begin{vmatrix} a_1 & a_0 & 0 & 0 \\ a_3 & a_2 & a_1 & a_0 \\ 0 & a_4 & a_3 & a_2 \\ 0 & 0 & 0 & a_4 \end{vmatrix} \tag{6-23}$$

相应特征方程为四次方程

$$\Delta(\lambda) = a_0\lambda^4 + a_1\lambda^3 + a_2\lambda^2 + a_3\lambda^1 + a_4 \tag{6-24}$$

根据上述式(6-22)的充要条件,可以得到

$$a_0 > 0,\ \Delta_1 = a_1 > 1,\ \Delta_2 = \begin{vmatrix} a_1 & a_0 \\ a_3 & a_2 \end{vmatrix} = a_1a_2 - a_0a_3 > 0 \tag{6-25}$$

$$\Delta_3 = \begin{vmatrix} a_1 & a_0 & 0 \\ a_3 & a_2 & a_1 \\ 0 & a_4 & a_3 \end{vmatrix} = a_1a_2a_3 - a_1^2a_4 - a_0a_3^2 > 0,\ \Delta_4 = \Delta_3a_4 > 0 \tag{6-26}$$

则方程(6-24) $\Delta(\lambda) = 0$ 稳定(根具有负实部)的充要条件等价于

$$\begin{cases} a_0,\ a_1,\ a_2,\ a_3,\ a_4 > 0 \\ R = \Delta_3 = a_1a_2a_3 - a_1^2a_4 - a_0a_3^2 > 0 \end{cases} \tag{6-27}$$

并且,若 $a_4 = 0$,式(6-24)其他条件均满足,则对应有一个特征根为零根;若 $R = 0$,其他条件均满足,则对应有一对特征根为纯虚根。

根据前述分析,每一个实特征根或每一对共轭复根都代表了一个基本模态运动。其中实特征根代表了非周期的指数型运动,而共轭复根代表了周期振荡运动。视特征根的实部符号情况,每一个模态运动或为发散的,或为收敛的,不发散也不收敛时,则处于临界稳定状态。

当特征根为实根时,模态运动

$$\Delta x(t) = a_1 e^{\lambda_1 t} + a_2 e^{\lambda_2 t} + \cdots + a_n e^{\lambda_n t} \tag{6-28}$$

视实部正负情况,实根的扰动特性如图6-5所示。

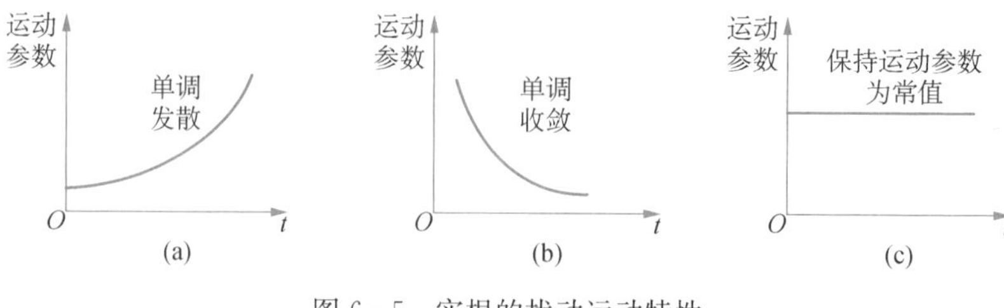

图6-5　实根的扰动运动特性

(a) $\lambda_n > 0$　(b) $\lambda_n < 0$　(c) $\lambda_n = 0$

当特征根为复根时

$$\Delta x(t) = a_1 e^{\lambda_1 t} + a_2 e^{\lambda_2 t} + \cdots + a_n e^{\lambda_n t},\ \lambda_{1,2} = n \pm i\omega \tag{6-29}$$

$$a_1 e^{\lambda_1 t} + a_2 e^{\lambda_2 t} = a_1 e^{(n+i\omega)t} + a_2 e^{(n-i\omega)t} = e^{nt}[(a_1 + a_2)\cos\omega t + (a_1 - a_2)i\sin\omega t]$$
$$= 2e^{nt}(a\cos\omega t - b\sin\omega t) = 2\sqrt{a^2+b^2}\,e^{nt}\cos(\omega t + \varphi) \tag{6-30}$$

式中，$\cos\varphi = \dfrac{a}{\sqrt{a^2+b^2}}$，　$\sin\varphi = \dfrac{b}{\sqrt{a^2+b^2}}$，　$e^{i\theta} = \cos\theta + i\sin\theta$。

由于解 $x(t)$ 为实数，$a_1 - a_2$ 为纯虚数，$a_1 + a_2$ 为实数，因此 λ_1，λ_2 共轭。

视实部正负情况，共轭复根的扰动特性如图 6-6 所示。

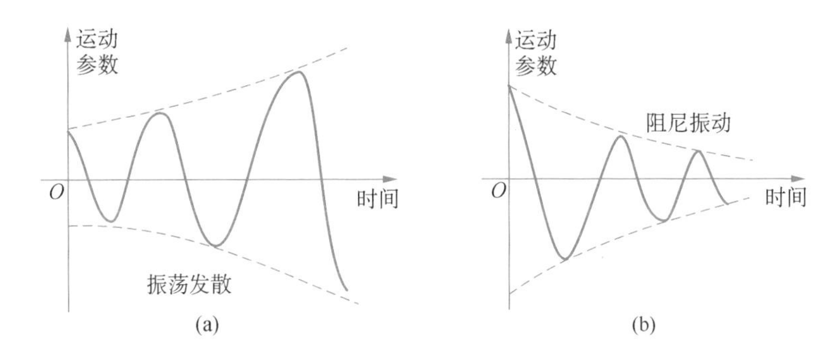

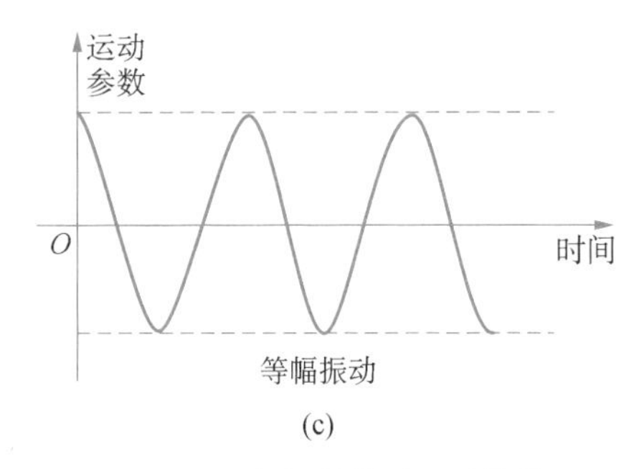

图 6-6　复根的扰动运动特性

(a) $\mathrm{Re}(\lambda_n) > 0$　(b) $\mathrm{Re}(\lambda_n) < 0$　(c) $\mathrm{Re}(\lambda_n) = 0$

1）模态运动参数

单调模态的特征参数：

半衰期 $T_{1/2}$：阻尼振荡振幅包线或单调衰减运动幅度减至初始一半所需时间称为半衰期，半衰期表示为

$$T_{1/2} = \frac{\ln 2}{|\lambda|} = \frac{0.693}{|\lambda|} \tag{6-31}$$

倍增时 T_2：发散振荡振幅包线或单调发散运动幅度增至初始两倍所需时间称为倍

增时，倍增时表示为

$$T_2 = \frac{\ln 2}{|\lambda|} = \frac{0.693}{|\lambda|} \tag{6-32}$$

振荡模态的特征参数，$x(t) = 2\sqrt{a^2 + b^2}\,\mathrm{e}^{nt}\cos(\omega t + \varphi)$，特征根 $\lambda_{1,2} = n \pm \mathrm{i}\omega$，倍增、半衰时为

$$T_{1/2} = T_2 = \frac{\ln 2}{|n|} = \frac{0.693}{|n|} \tag{6-33}$$

模态周期：$T = \frac{2\pi}{\omega}$，频率：$N = \frac{1}{T} = \frac{\omega}{2\pi}$，单位：Hz，阻尼 $n = -\zeta\omega_{\mathrm{n}}$，阻尼频率为 $\omega = \omega_{\mathrm{n}}\sqrt{1-\zeta^2}$，相对阻尼比：$\zeta = \sqrt{\frac{n^2}{n^2 + \omega^2}}$，无阻尼频率：$\omega_{\mathrm{n}} = \sqrt{n^2 + \omega^2}$。

2）根轨迹分析

根轨迹是指某系统参数变化时，特征根在复平面上的轨迹。对于典型的二阶环节 $G(s) = \omega_{\mathrm{n}}^2/(s^2 + 2\omega_{\mathrm{n}}\zeta s + \omega_{\mathrm{n}}^2)$，特征方程为

$$s^2 + 2\omega_{\mathrm{n}}\zeta s + \omega_{\mathrm{n}}^2 = 0 \tag{6-34}$$

其特征根为

$$\lambda = -\omega_{\mathrm{n}}\zeta \pm \mathrm{j}\omega_{\mathrm{n}}\sqrt{1-\zeta^2} \tag{6-35}$$

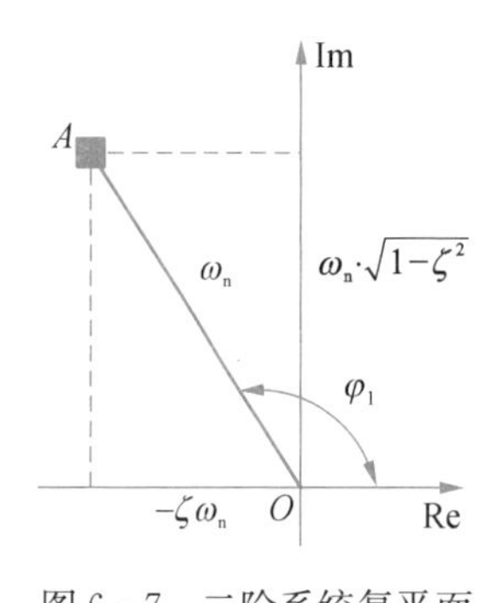

图 6-7 二阶系统复平面特性

其复平面特性如图 6-7 所示，矢径为 ω_{n}，矢径越长，频率越高，$\zeta = -\cos\varphi_1$，φ_1 越大，阻尼比越大。

从图 6-7 可知，每一对共轭复根表示一个振荡模态；每一个实根对应着一个非周期（单调）模态；虚轴上的特征根，$\zeta = 0$，为等幅振荡模态；左半平面的根对应着收敛的模态，右半平面对应着发散模态。

3）模态矢量图

对于每一种模态，各变量之间的相对大小及其相位关系取决于相应的特征矢量。对于一对共轭复根 $\lambda = n \pm \mathrm{i}\omega$，特征矢量为

$$V(\tau) = A\mathrm{e}^{n\tau}\cos(\omega\tau + \varphi) \tag{6-36}$$

式中，A 和 φ 与模态无关，n 与 ω 属于模态特性。

对应于共轭特征根中虚部为 $+\mathrm{j}\omega$ 的一支，随时间的推移，特征矢量在复平面上将以角速度 ω 逆时针旋转，同时呈指数规律收缩或扩张（取决于特征根实部），如图 6-8 所示；另一支与此共轭，随时间推移在复平面上角速度 ω 顺时针旋转。此两支的合成形成了完整

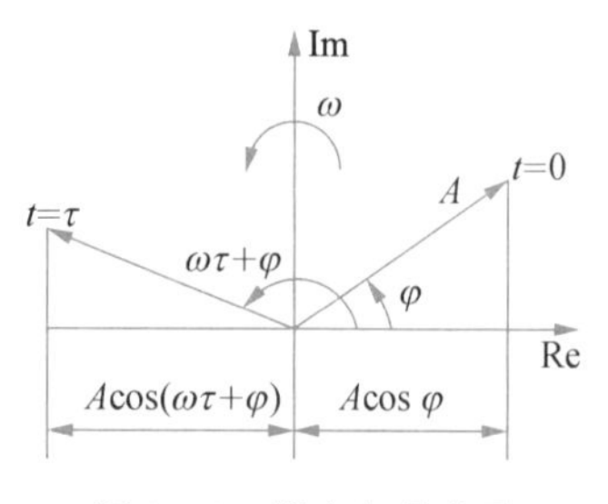

图 6-8 模态矢量表示

的振荡模态。

对于纵向运动系统，若其传递函数为

$$\Delta V(s)=\frac{N_1(s)}{\Delta(s)},\ \Delta\alpha(s)=\frac{N_2(s)}{\Delta(s)}$$

$$\Delta q(s)=\frac{N_3(s)}{\Delta(s)},\ \Delta\theta(s)=\frac{N_4(s)}{\Delta(s)} \tag{6-37a}$$

则同一模态下，可以通过特征矢量来得到各变量之间的相对大小和相位关系，对于模态根为 λ_i，有

$$\Delta V(t)=\sum_{i=1}^{4}\left.\frac{N_1(s)(s-\lambda_i)}{\Delta(s)}\right|_{s=\lambda_i}\cdot e^{\lambda_i t}=\sum_{i=1}^{4}C_{i1}\cdot e^{\lambda_i t}$$

$$\Delta\alpha(t)=\sum_{i=1}^{4}\left.\frac{N_2(s)(s-\lambda_i)}{\Delta(s)}\right|_{s=\lambda_i}\cdot e^{\lambda_i t}=\sum_{i=1}^{4}C_{i2}\cdot e^{\lambda_i t}$$

$$\Delta q(t)=\sum_{i=1}^{4}\left.\frac{N_3(s)(s-\lambda_i)}{\Delta(s)}\right|_{s=\lambda_i}\cdot e^{\lambda_i t}=\sum_{i=1}^{4}C_{i3}\cdot e^{\lambda_i t}$$

$$\Delta\theta(t)=\sum_{i=1}^{4}\left.\frac{N_4(s)(s-\lambda_i)}{\Delta(s)}\right|_{s=\lambda_i}\cdot e^{\lambda_i t}=\sum_{i=1}^{4}C_{i4}\cdot e^{\lambda_i t} \tag{6-37b}$$

式中，$C_{ij}=\left.\frac{N_j(s)(s-\lambda_i)}{\Delta(s)}\right|_{s=\lambda_i}$，$(j=1,\ 2,\ 3,\ 4)$。

此模态的不同参数比值为

$$\begin{aligned}\Delta V:\Delta\alpha:\Delta\theta&=C_{i1}:C_{i2}:C_{i4}=f_{k1}(\lambda_i):f_{k2}(\lambda_i):f_{k4}(\lambda_i)\\&=A_{i1}e^{i\varphi_{i1}}:A_{i2}e^{i\varphi_{i2}}:A_{i4}e^{i\varphi_{i4}}\\&=\frac{A_{i1}}{A_{i4}}e^{i(\varphi_{i1}-\varphi_{i4})}:\frac{A_{i2}}{A_{i4}}e^{i(\varphi_{i2}-\varphi_{i4})}:1\end{aligned} \tag{6-38}$$

式中，f_{kj} 表示特征矩阵[$\Delta(s)$左侧矩阵]的 k 行第 j 元素的代数余子式，并对任意 k 行均成立，i 表示第 i 个模态，代数子式 $f_{kj}(\lambda_i)$ 若为复数形式，即 $f_{kj}(\lambda_i)=a_{ji}+ib_{ji}$，$(j=1,\ 2,\ 3)$，则 $A_{ij}=\sqrt{a_{ji}^2+b_{ji}^2}$，$\tan\varphi_{ij}=b_{ji}/a_{ji}$。

根据特征多项式(6-12)，即

$$\Delta(s)=\begin{vmatrix}(s-X_u-X_{Tu}) & -X_\alpha & g\cos\gamma_0\\ -Z_u & s(V_0-Z_{\dot\alpha})-Z_\alpha & -(Z_q+V_0)s+g\sin\gamma_0\\ -(M_u+M_{Tu}) & -(M_{\dot\alpha}s+M_\alpha+M_{T\alpha}) & s^2-M_q s\end{vmatrix}=0 \tag{6-39}$$

则有相应第 3 行代数余子式为

$$f_{31}(s)=\begin{vmatrix}-X_\alpha & g\cos\gamma_0\\ s(V_0-Z_{\dot\alpha})-Z_\alpha & -(Z_q+V_0)s+g\sin\gamma_0\end{vmatrix}$$

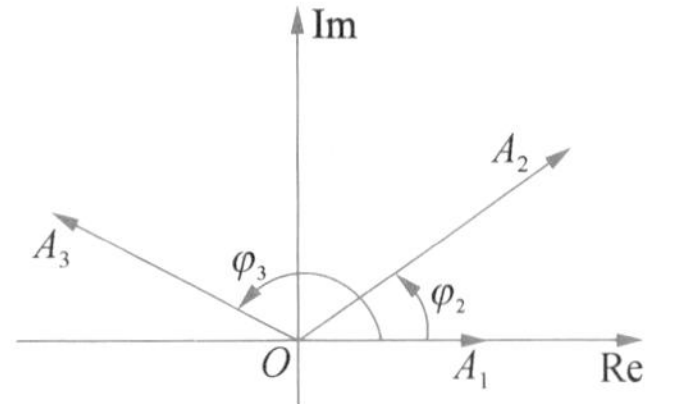

图6-9 同一模态的不同参数的幅值比与相位差

$$f_{32}(s) = -\begin{vmatrix} (s - X_u - X_{Tu}) & g\cos\gamma_0 \\ -Z_u & -(Z_q + V_0)s + g\sin\gamma_0 \end{vmatrix}$$

$$f_{33}(s) = \begin{vmatrix} (s - X_u - X_{Tu}) & X_\alpha \\ -Z_u & s(V_0 - Z_{\dot{\alpha}}) - Z_\alpha \end{vmatrix}$$

(6-40)

模态参数关系如图6-9所示，反映了同一模态的不同参数的幅值比与相位差。

6.2.1 纵向小扰动的两种典型运动模态

1) 纵向运动特征方程

根据式(6-1)，有

$$\Delta = \begin{vmatrix} s - (X_V + X_{TV}) & -X_\alpha & 0 & g\cos\gamma_0 \\ -Z_V & s(V_0 - Z_{\dot{\alpha}}) - Z_\alpha & -(V_0 + Z_q) & g\sin\gamma_0 \\ -(M_V + M_{TV}) & -(M_{\dot{\alpha}}s + M_\alpha + M_{T\alpha}) & s - M_q & 0 \\ 0 & 0 & -1 & s \end{vmatrix} = 0$$

(6-41)

下面举例分析其特征根属性。

例6-1 某飞机 $H = 11\,000\,\text{m}$，以 $Ma = 0.9(V_0 = 266\,\text{m/s})$ 作定常水平直线飞行，其状态变量为 $\boldsymbol{x} = [\Delta\bar{V} \quad \Delta\alpha \quad \Delta\theta]^{\mathrm{T}}$，拉氏变换为

$$\mathscr{L}\left(\begin{bmatrix} \Delta\bar{V}(t) \\ \Delta\alpha(t) \\ \Delta\theta(t) \end{bmatrix}\right) = \begin{bmatrix} \Delta\bar{V}(s) \\ \Delta\alpha(s) \\ \Delta\theta(s) \end{bmatrix}$$

则由式(6-9)可得无操纵输入下飞机纵向运动方程

$$\begin{bmatrix} s + 0.016\,605 & 0.005\,7 & 0.036\,9 \\ 0.105 & s + 0.585 & -s \\ 0.898 & 0.248s + 8.574 & s^2 + 0.627s \end{bmatrix} \begin{bmatrix} \Delta\bar{V} \\ \Delta\alpha \\ \Delta\theta \end{bmatrix} = \begin{bmatrix} 0 \\ 1 \\ 0.248 \end{bmatrix} \Delta\alpha(0)$$

(6-42)

其初始条件为 $t = 0$，$\Delta\alpha(0) = \Delta\alpha_0$，$\Delta\bar{V}(0) = \Delta\theta(0) = \Delta\dot{\theta}(0) = 0$。特征方程为

$$\begin{aligned} \Delta(s) &= s^4 + 1.476\,605s^3 + 8.964\,439\,8s^2 + 0.110\,792\,718s + 0.013\,835\,286 \\ &= (s^2 + 1.464\,472\,4s + 8.945\,129\,3)(s^2 + 0.012\,132\,602s + 0.001\,546\,684\,4) \end{aligned}$$

根据罗斯-霍尔维茨判据 $R = \Delta_3 = a_1a_2a_3 - a_1^2a_4 - a_0a_3^2 \approx 1.424\,1 > 0$，且系数 a_0，a_1，a_2，a_3，a_4 都大于零，可知系统稳定。扫描右侧二维码获取代码及结果展示。

一般飞机的纵向运动特征多项式具有两个二次因式之积的形式，两个二次因式分别代表长周期模态和短周期模态。通常长周期模态对应一对较小的共轭复根，具有振动周期长、衰减较慢的特点；而短周期模态对应一对较大的共轭复根，具有振动周期短、衰减较快的特点。

表 6－3 列出了上述特征方程 $\Delta(s)=0$ 对应的长、短周期模态特征值，以及模态参数。

表 6－3　长、短周期模态特征值及模态参数

	长周期模态(phugoid mode)	短周期模态(short period mode)
特征值	$\lambda_{ph}=-0.0061\pm0.0389i$	$\lambda_{sp}=-0.7322\pm2.8998i$
周期	$T=160\,s$	$T=2.1008\,s$
半衰期	$T_{1/2}=113.6\,s$	$T_{1/2}=0.9465\,s$
频率	$N=0.0063\,Hz$	$N=0.4760\,Hz$
无阻尼自然震荡角频率	$\omega_{nph}=0.0393$	$\omega_{nsp}=2.9908$
阻尼比	$\zeta_{ph}=0.1552$	$\zeta_{sp}=0.2448$

2）模态矢量图

利用式(6－38)，可得短周期模态 λ_{sp} 对应的模态参数比值：$\Delta\overline{V}:\Delta\alpha:\Delta\theta=0.0662e^{77.08°i}:1.0269e^{10.68°i}:1$；长周期模态 λ_{ph} 对应的模态参数比值：$\Delta\overline{V}:\Delta\alpha:\Delta\theta=3.8335e^{60.353°i}:0.0891e^{240.23°i}:1$。

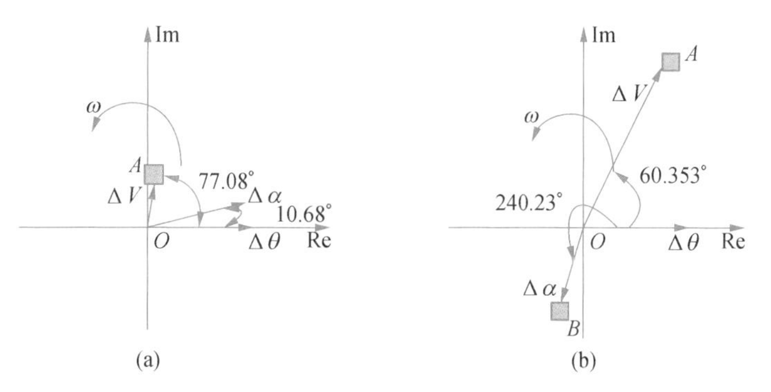

图 6－10　纵向运动模态矢量图

(a) 短周期　(b) 长周期

考察系统(6－42)的开环响应，输入 $\Delta\alpha_0=2°$ 初值信号，则系统的输出 $\boldsymbol{y}=[\Delta\overline{V}(t)\quad\Delta\alpha(t)\quad\Delta\theta(t)\quad\Delta q(t)]^{T}$ 运动响应如图 6－11 所示。

3）纵向运动模态物理成因

从上述模态矢量图 6－10 不难发现，迎角与俯仰角近似等比例变化，速度变化很小，因此短周期运动中主要的变化是飞行姿态的变化，变化轨迹如图 6－12(a)所示。由于飞行器本身是静稳定的，俯仰静稳定导数 $C_{m_\alpha}<0$，阻尼力矩 M_q，$M_{\dot\alpha}$ 比较

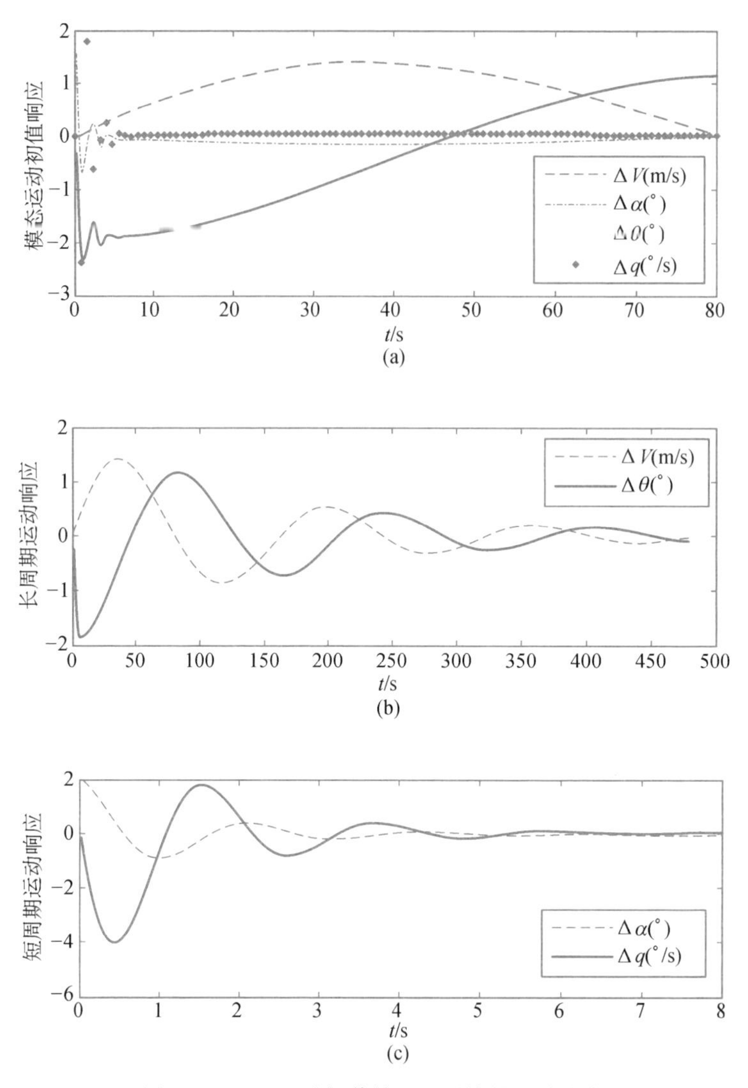

图 6-11 $\alpha=2^{\circ}$ 初值输入下系统的运动响应

大，飞机受扰动后由于迅速被阻尼，飞行轨迹偏离直线情况很小，其运动特点为绕俯仰轴迅速转动，其物理成因框图如图 6-12(c)所示。

长周期运动中，速度与俯仰角成等比例变化，迎角变化很小，因此其主要是反映飞行器速度以及航迹的变化，运动轨迹如图 6-12(b)所示。当短周期运动结束时，会导致飞机俯仰角有一定变化，若此时有正的俯仰角[见图 6-12(b)]，在不平衡力扰动下升力逐渐增加，使飞机产生不大的向上法向加速度 a_{n}，航迹上弯，则航迹角 $\Delta\gamma=\Delta\theta-\Delta\alpha\approx\Delta\theta$ 也为正值，表明飞机上升。此时，飞机重力对飞机速度发生十分明显的作用(切向分量为 $G\sin\Delta\gamma$)，飞机速度开始减小，俯仰力矩减小，飞机慢慢低头，航迹角正向减小，航迹下偏，当 $L<G$ 时，航迹向下弯曲。随后，重力对飞机的作

用又使速度开始增大，飞机轨迹也出现相应变化，如图 6－12(b)所示。可见飞机的运动轨迹以水平线为中心上下浮沉运动，飞机 X 轴保持与轨迹相切（迎角变化很小），在轨迹最低点速度最大，在轨迹最高点速度最小。

长周期运动物理成因是受扰动后飞机的速度变化，必然导致飞机升阻特性的变化。由于没有操纵作用，依靠飞机自身的稳定力矩（$X_u V$）使得飞机恢复到平衡位置的能力非常有限，持续时间必然很长。如果飞机自身没有很强的平衡恢复能力，则会导致强烈的振荡，稳定性品质变差。其物理成因方块图如 6－12(c)所示。

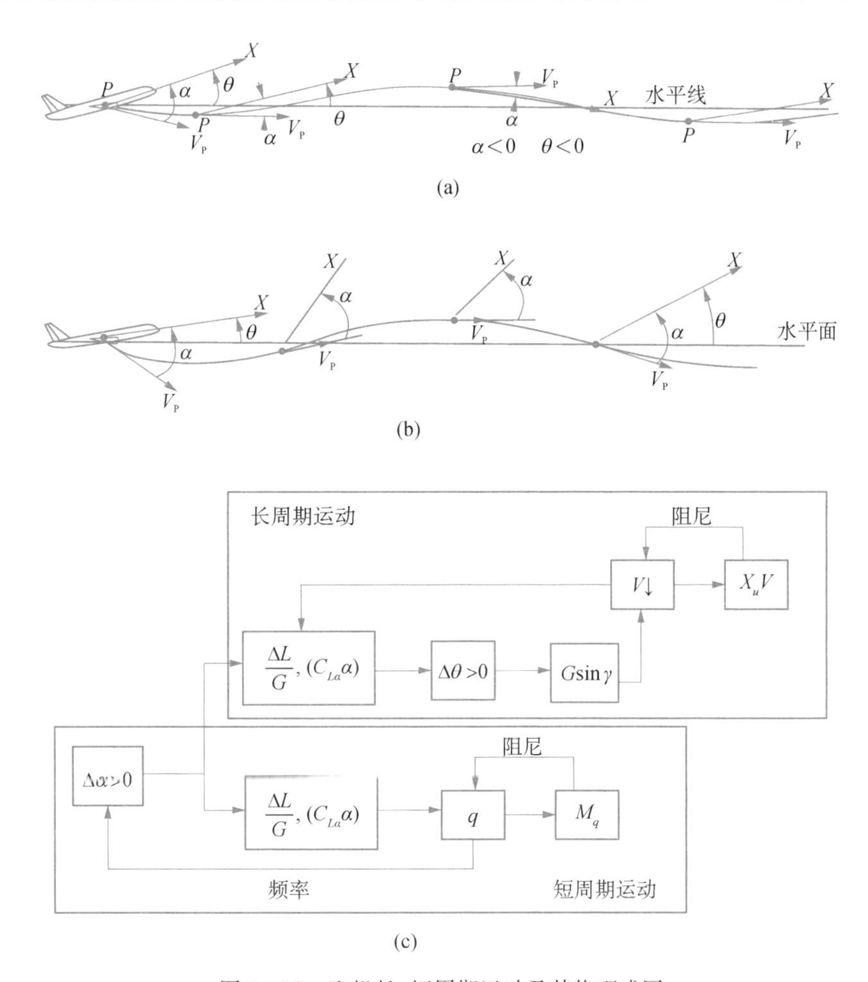

图 6－12　飞机长、短周期运动及其物理成因

(a) 短周期运动　(b) 长周期运动　(c) 纵向运动物理成因

4) 短周期模态的求解

短周期模态主要发生在干扰消失后的最初阶段，表现为迎角和俯仰角速度的周期性迅速变化，而飞行速度则基本保持不变。因此在研究短周期问题时，忽略速度变化，则由动力学方程(6－7)可得

$$\begin{bmatrix} (s-X_u-X_{Tu}) & -X_\alpha & g\cos\gamma_0 \\ -Z_u & s(V_0-Z_{\dot{\alpha}})-Z_\alpha & -(Z_q+V_0)s+g\sin\gamma_0 \\ -(M_u+M_{Tu}) & -(M_{\dot{\alpha}}s+M_\alpha+M_{T\alpha}) & s^2-M_qs \end{bmatrix}\begin{bmatrix}\Delta V(s)\\ \Delta\alpha(s)\\ \Delta\theta(s)\end{bmatrix} = \begin{bmatrix}X_{\delta_e}\\ Z_{\delta_e}\\ M_{\delta_e}\end{bmatrix}\delta_e(s) \tag{6-43}$$

利用 $Z_{\dot{\alpha}}=Z_q=M_T=0$ 及航迹倾斜角 $\gamma_0=0$，简化为

$$\begin{bmatrix} sV_0-Z_\alpha & -sV_0 \\ -(M_\alpha+M_{\dot{\alpha}}s) & (-M_qs+s^2) \end{bmatrix}\begin{bmatrix}\Delta\alpha(s)\\ \Delta\theta(s)\end{bmatrix}=\begin{bmatrix}Z_{\delta_e}\\ M_{\delta_e}\end{bmatrix}\delta_e(s) \tag{6-44}$$

则特征方程为

$$\Delta(s)=\begin{vmatrix} sV_0-Z_\alpha & -sV_0 \\ -(M_\alpha+M_{\dot{\alpha}}s) & (-M_qs+s^2) \end{vmatrix}=0 \tag{6-45}$$

即

$$\Delta(s)=sV_0\cdot[s^2-(Z_\alpha/V_0+M_q+M_{\dot{\alpha}})s+(Z_\alpha M_q/V_0-M_\alpha)] \tag{6-46}$$

将方程改写为标准的二阶系统的形式可得

$$\Delta(s)=s^2+2\zeta_{sp}\omega_{nsp}s+\omega_{nsp}^2 \tag{6-47}$$

式中，

$$\omega_{nsp}=\sqrt{Z_\alpha M_q/V_0-M_\alpha},\ \zeta_{sp}=-\frac{Z_\alpha/V_0+M_q+M_{\dot{\alpha}}}{2\sqrt{Z_\alpha M_q/V_0-M_\alpha}} \tag{6-48}$$

而由 $|\Delta(s)|=0$ 得特征根为

$$\lambda_{1,2}=n\pm i\omega \tag{6-49}$$

式中，

$$n=-\zeta_{sp}\omega_{nsp},\ \omega=\omega_{nsp}\sqrt{1-\zeta_{sp}^2} \tag{6-50}$$

5）长周期的简化求解

对于长周期运动，可以认为短周期运动基本结束，俯仰运动处于平衡状态，可以舍去，由动力学方程(6-43)，可得

$$\begin{bmatrix} (s-X_u-X_{Tu}) & g\cos\gamma_0 \\ -Z_u & -(Z_q+V_0)s+g\sin\gamma_0 \end{bmatrix}\begin{bmatrix}\Delta V(s)\\ \Delta\theta(s)\end{bmatrix}=\begin{bmatrix}X_{\delta_e}\\ Z_{\delta_e}\end{bmatrix}\delta_e(s) \tag{6-51}$$

迎角变化近似为零：$\Delta\alpha = \dfrac{\Delta w}{u_0} = 0$，即 $\Delta w = 0$，由此可以得到 $X_{\delta_e} = Z_q = 0$，及 $\gamma_0 = 0$，简化后的长周期模态的特征方程如下：

$$\begin{bmatrix} (s - X_u - X_{Tu}) & g \\ -Z_u & -V_0 s \end{bmatrix} \begin{bmatrix} \Delta V(s) \\ \Delta\theta(s) \end{bmatrix} = \begin{bmatrix} 0 \\ Z_{\delta_e} \end{bmatrix} \delta_e(s) \tag{6-52}$$

则特征方程为

$$(s - X_u - X_{Tu})(-V_0 s) + Z_u g = 0 \tag{6-53}$$

即

$$-V_0\left[s^2 - (X_u + X_{Tu})s - \frac{Z_u}{V_0}g\right] = 0 \tag{6-54}$$

可知阻尼主要取决于 X_u，即速度变化对切向力的影响；频率主要取决于 Z_u，即速度变化对法向力的影响。

改写为标准形式

$$\Delta(s) = s^2 + 2\zeta_{\mathrm{ph}}\omega_{\mathrm{nph}} s + \omega_{\mathrm{nph}}^2 = 0 \tag{6-55}$$

其中

$$\omega_{\mathrm{nph}} = \sqrt{-\frac{Z_u}{V_0}g} = \sqrt{-\frac{g}{V_0}\left\{\frac{-\bar{q}S[C_{Lu} + 2(C_L)_0]}{mV_0}\right\}} \tag{6-56}$$

式中，$(C_L)_0 = mg/\bar{q}S$，$C_{Lu} = MaC_{LMa}$，$C_{LMa} \ll (C_L)_0$，则

$$\omega_{\mathrm{nph}} \approx \sqrt{\frac{2}{V_0^2}g^2} = \sqrt{2}\,\frac{g}{V_0} \tag{6-57}$$

而

$$\zeta_{\mathrm{ph}} = \frac{-(X_u + X_{Tu})}{2\omega_{\mathrm{nph}}} \approx \frac{2(C_D)_0}{2\sqrt{2}(C_L)_0} = \frac{(C_D)_0}{\sqrt{2}(C_L)_0} \tag{6-58}$$

式中，$X_u = \dfrac{[C_{Du} + 2(C_D)_0]\bar{q}S}{mV_0}$，$X_{Tu} = \dfrac{(C_{TXu} + 2C_{TX})_0\bar{q}S}{mV_0}$，当低速飞行时 C_{Du} 为零，而飞机无动力滑翔时 $(C_{TXu} + 2C_{TX})_0$ 为零。

例 6-2　考察 Lear 喷气飞机在 $H=40\,000\,\mathrm{ft}$，$Ma=0.7$ 飞行条件的纵向运动，其升降舵输入系统传递函数为

$$\frac{\Delta V(s)}{\delta_e(s)} = \frac{6.312s^2 - 4\,927s - 4\,302}{675.9s^4 + 1\,371s^3 + 5\,459s^2 + 86.31s + 44.78}$$

$$\frac{\Delta\alpha(s)}{\delta_e(s)} = \frac{0.746s^3 + 208.3s^2 + 2.665s + 1.39}{675.9s^4 + 1\,371s^3 + 5\,459s^2 + 86.31s + 44.78}$$

$$\frac{\Delta\theta(s)}{\delta_e(s)}=\frac{208.1s^2+136.9s+2.380}{675.9s^4+1371s^3+5459s^2+86.31s+44.78}$$

系统特征方程：

$$\Delta(s)=675.9s^4+1371s^3+5459s^2+86.31s+44.78=0$$

系统长短周期特性为

$|\Delta(s)|=0$,则 $\lambda_{1,2}=-1.008\pm i(2.651)$；$\lambda_{3,4}=-0.0069\pm i(0.0905)$

于是

$$\omega_{nsp}=\sqrt{(-\zeta\omega_n)^2_{sp}+\omega^2_{D_{sp}}}=\sqrt{(-1.008)^2+(2.651)^2}=2.836\,\text{rad/s}$$

$$\zeta_{sp}=\frac{\zeta_{sp}\omega_{nsp}}{\omega_{nsp}}=\frac{1.008}{2.836}=0.355，\tau_{sp}=\frac{1}{\zeta_{sp}\omega_{nsp}}=\frac{1}{1.008}=0.992\,\text{s}$$

$$\omega_{nph}=0.091\,\text{rad/s}，\zeta_{ph}=0.076，\tau_{ph}=144.93\,\text{s}$$

通过简化方法,有短周期根很大,因此保留高次项,得

$$\Delta(s)=(675.9s^2+1371s+5459)s^2=0，\lambda_{sp}=-1.014\pm i(2.6548)$$

长周期根很小,因此略去其高次项,得

$$\Delta(s)=5459s^2+86.31s+44.78=0，\lambda_{ph}=-0.0079\pm i(0.09022)$$

对于未作近似处理的原方程求解出的长、短周期的特征值为

$$\lambda_{sp}=-1.008\pm i(2.651)；\lambda_{ph}=-0.0069\pm i(0.0905)$$

比较可以发现近似后的结果与未近似得到的结果基本一致。

6.2.2 飞机的纵向操纵运动

对于不需要精确控制飞机的飞行速度、姿态和航迹的飞行状态,驾驶员一般通过操纵油门杆和改变操纵面的偏度来改变飞机的运动参数,此时运动参数的变化不立即反馈给驾驶员进而影响驾驶员的操纵,这种情况不形成封闭回路称为开环系统。飞机的操纵运动如图 6-13 所示。

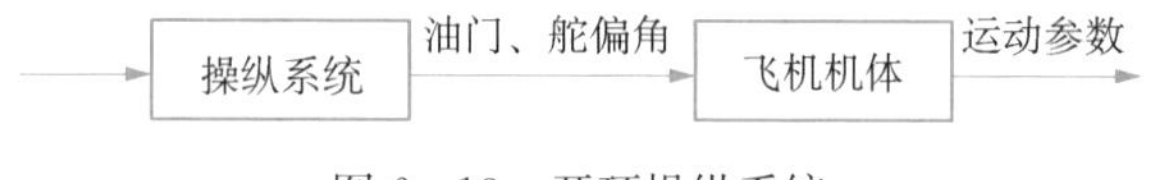

图 6-13 开环操纵系统

闭环操纵如图 6-14 所示,包含反馈回路,将飞机运动参数反馈给飞行员,以便调整操纵。

例如,某飞机俯仰闭环控制如图 6-15 所示,包含内回路俯仰阻尼控制,外回路指令跟踪反馈。

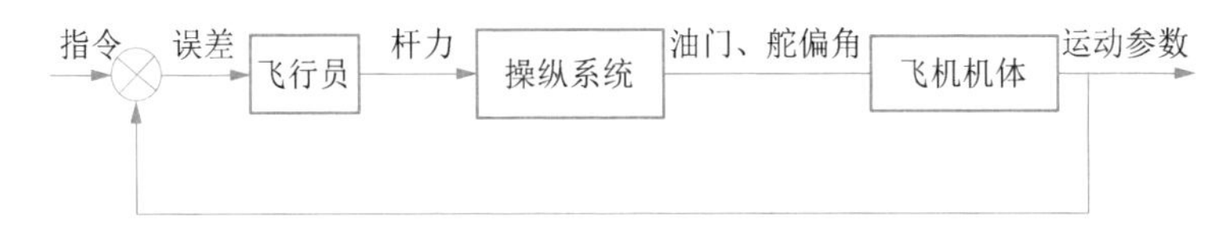

图 6-14　闭环操纵系统

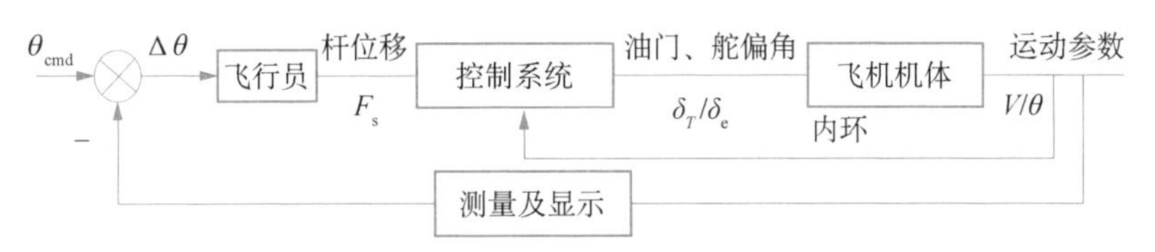

图 6-15　闭环俯仰操纵系统

典型操纵输入形式有阶跃型、谐波型和脉冲型，如图 6-16 所示。

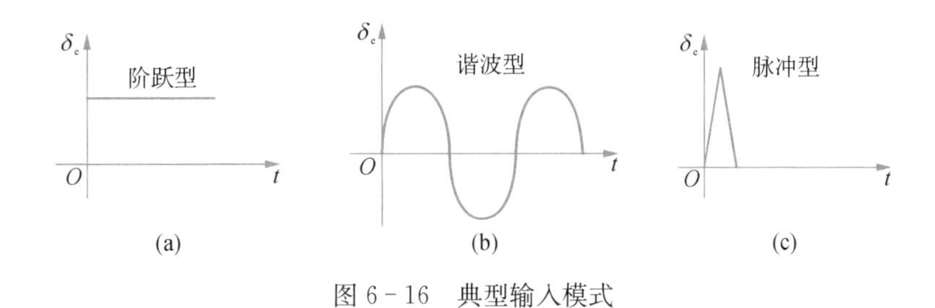

图 6-16　典型输入模式

操纵响应的求解，考虑纵向动力学模型(6-43)，有

$$\begin{bmatrix} (s-X_u-X_{Tu}) & -X_\alpha & g\cos\gamma_0 \\ -Z_u & s(V_0-Z_{\dot\alpha})-Z_\alpha & -(Z_q+V_0)s+g\sin\gamma_0 \\ -(M_u+M_{Tu}) & -(M_{\dot\alpha}s+M_\alpha+M_{T\alpha}) & s^2-M_q s \end{bmatrix} \begin{bmatrix} \dfrac{\Delta V(s)}{\delta_e(s)} \\ \dfrac{\Delta\alpha(s)}{\delta_e(s)} \\ \dfrac{\Delta\theta(s)}{\delta_e(s)} \end{bmatrix}$$

$$= \begin{bmatrix} X_{\delta_e} \\ Z_{\delta_e} \\ M_{\delta_e} \end{bmatrix} \tag{6-59}$$

则有短周期运动

$$\begin{bmatrix} sV_0-Z_\alpha & -sV_0 \\ -(M_\alpha+M_{\dot\alpha}s) & (-M_q s+s^2) \end{bmatrix} \begin{bmatrix} \dfrac{\Delta\alpha(s)}{\delta_e(s)} \\ \dfrac{\Delta\theta(s)}{\delta_e(s)} \end{bmatrix} = \begin{bmatrix} Z_{\delta_e} \\ M_{\delta_e} \end{bmatrix} \tag{6-60}$$

可得

$$
\begin{aligned}
\frac{\Delta\alpha(s)}{\delta_e(s)} &= \frac{\begin{vmatrix} Z_{\delta_e} & -sV_0 \\ M_{\delta_e} & (-M_q s+s^2) \end{vmatrix}}{\begin{vmatrix} sV_0-Z_\alpha & -sV_0 \\ -(M_\alpha+M_{\dot{\alpha}}s) & (-M_q s+s^2) \end{vmatrix}} \\
&= \frac{Z_{\delta_e}s-M_q Z_{\delta_e}+M_{\delta_e}V_0}{V_0[s^2-(Z_\alpha/V_0+M_q+M_{\dot{\alpha}})s+(Z_\alpha M_q/V_0-M_\alpha)]} \\
&= \frac{A_\alpha\left(s+\dfrac{1}{T_\alpha}\right)}{s^2+2\zeta_{sp}\omega_{nsp}s+\omega_{nsp}^2} = \frac{K_\alpha(T_\alpha s+1)}{s^2+2\zeta_{sp}\omega_{nsp}s+\omega_{nsp}^2}
\end{aligned}
\tag{6-61}
$$

式中，$K_\alpha = M_{\delta_e} - M_q Z_{\delta_e}/V_0$，$T_\alpha = \dfrac{Z_{\delta_e}}{-M_q Z_{\delta_e}+M_{\delta_e}V_0}$，$A_\alpha = K_\alpha T_\alpha$。

$$
\begin{aligned}
\frac{\Delta\theta(s)}{\delta_e(s)} &= \frac{\begin{vmatrix} sV_0-Z_\alpha & Z_{\delta_e} \\ -(M_\alpha+M_{\dot{\alpha}}s) & M_{\delta_e} \end{vmatrix}}{\begin{vmatrix} sV_0-Z_\alpha & -sV_0 \\ -(M_\alpha+M_{\dot{\alpha}}s) & (-M_q s+s^2) \end{vmatrix}} \\
&= \frac{(M_{\delta_e}V_0+M_{\dot{\alpha}}Z_{\delta_e})s+(M_\alpha Z_{\delta_e}s-Z_\alpha M_{\delta_e})}{sV_0[s^2-(Z_\alpha/V_0+M_q+M_{\dot{\alpha}})s+(Z_\alpha M_q/V_0-M_\alpha)]} \\
&= \frac{A_\theta\left(s+\dfrac{1}{T_\theta}\right)}{s(s^2+2\zeta_{sp}\omega_{nsp}s+\omega_{nsp}^2)} = \frac{K_\theta(T_\theta s+1)}{s(s^2+2\zeta_{sp}\omega_{nsp}s+\omega_{nsp}^2)}
\end{aligned}
\tag{6-62}
$$

式中，$K_\theta = \dfrac{1/V_0}{M_\alpha Z_{\delta_e}-Z_\alpha M_{\delta_e}}$，$T_\theta = \dfrac{M_{\delta_e}V_0+M_{\dot{\alpha}}Z_{\delta_e}}{M_\alpha Z_{\delta_e}-Z_\alpha M_{\delta_e}}$，$A_\theta = K_\theta T_\theta$，式(6－61)，式(6－62)表示升降舵输入，迎角、俯仰角输出的传递函数，即常系数线性系统，在零初始条件下，传递函数为输出量拉氏变换与输入量拉氏变换之比。

由式(6－61)，式(6－62)可知，短周期运动无阻尼频率为

$$\omega_{nsp} = \sqrt{Z_\alpha M_q/V_0 - M_\alpha} \tag{6-63}$$

由 $T_0\cos(\alpha_0+\varphi_T) = mg\sin\gamma_0$，并代入表 6－2 参数，可得

$$\omega_{nsp}^2 = -\frac{1}{I_y}\frac{1}{2}\rho V_0^2 SC_{Aw}C_{L\alpha}\left(C_{mC_L}+\frac{1}{2\mu}C_{mq}\right) \tag{6-64}$$

式中，$\mu = \dfrac{2m}{\rho SC_{Aw}}$，$C_{mC_L} = C_{m\alpha}/C_{L\alpha}$。

一般 ω_{nsp} 由握杆机动点决定，以 $C_{m\alpha}$ 或 C_{mC_L} 为主恢复力，则有

$$\omega_{nsp} = \sqrt{Z_\alpha M_q/V_0 - M_\alpha} \approx \sqrt{-M_\alpha} = \sqrt{\frac{-C_{m\alpha}\bar{q}SC_{Aw}}{I_y}} \tag{6-65}$$

短周期运动阻尼为

$$n = -\zeta\omega_n = \frac{Z_\alpha/V_0 + M_q + M_{\dot{\alpha}}}{2} = \frac{1}{m}\frac{1}{4}\rho V_0 S\left[C_{L\alpha} - \frac{1}{2}\frac{mC_{Aw}^2}{I_y}(C_{mq} + C_{m\dot{\alpha}})\right] \tag{6-66}$$

可知短周期运动阻尼主要与俯仰阻尼系数和洗流时差相关。

升降舵阶跃输入的操纵响应，有

$$\Delta\delta_e(t) = \begin{cases} 0, & t < 0 \\ (\Delta\delta_e)_0, & t \geqslant 0 \end{cases} \tag{6-67}$$

$$\Delta\delta_e(s) = \frac{1}{s}(\Delta\delta_e)_0 \tag{6-68}$$

$$\frac{\Delta\alpha(s)}{(\Delta\delta_e(s))_0} = \frac{\Delta_\alpha(s)}{\Delta_{sp}(s)}\frac{1}{s} \tag{6-69}$$

式中，$\Delta_\alpha(s) = a_0^\alpha s + a_1^\alpha$，$a_0^\alpha = Z_{\delta_e}/V_0$，$a_1^\alpha = -M_q Z_{\delta_e}/V_0 + M_{\delta_e}$，$\Delta_{sp}(s) = s + a_1^{sp}s + a_2^{sp}$，$a_1^{sp} = -Z_\alpha/V_0 + M_q + M_{\dot{\alpha}}$，$a_2^{sp} = Z_\alpha M_q/V_0 - M_\alpha$。

则

$$\frac{\Delta\alpha(s)}{(\Delta\delta_e)_0} = \frac{\Delta_\alpha(s)}{\Delta_{sp}(s)}\frac{1}{s} \tag{6-70}$$

升降舵阶跃输入的操纵响应为

$$\frac{\Delta\alpha(s)}{(\Delta\delta_e)_0} = \frac{\Delta_\alpha(s)}{\Delta_{sp}(s)}\frac{1}{s} = \frac{\Delta_\alpha(s)}{(s-\lambda_1)(s-\lambda_2)s} \tag{6-71}$$

用海塞维(Heaviside)法展开：

$$\begin{aligned}\frac{\Delta\alpha(t)}{(\Delta\delta_e)_0} &= \left.\frac{\Delta_\alpha(s)}{(s-\lambda_1)(s-\lambda_2)}\right|_{s=0} e^0 + \left.\frac{\Delta_\alpha(s)}{(s-\lambda_2)s}\right|_{s=\lambda_1} e^{\lambda_1 t} + \left.\frac{\Delta_\alpha(s)}{(s-\lambda_1)s}\right|_{s=\lambda_2} e^{\lambda_2 t} \\ &= \frac{a_1^\alpha}{a_2^{sp}} + \left.\frac{\Delta_\alpha(s)}{(s-\lambda_2)s}\right|_{s=\lambda_1} e^{\lambda_1 t} + \left.\frac{\Delta_\alpha(s)}{(s-\lambda_1)s}\right|_{s=\lambda_2} e^{\lambda_2 t}\end{aligned} \tag{6-72}$$

当 $t = \infty$，系统输出稳定值：

$$\frac{\Delta\alpha(t)}{(\Delta\delta_e)_0} = \frac{a_1^\alpha}{a_2^{sp}} \tag{6-73}$$

单位阶跃输入的稳定值或增益为

$$K_\alpha = \frac{a_1^\alpha}{a_2^{sp}} \tag{6-74}$$

运用类似方法，可得俯仰运动响应参数。

例 6-3　考察例 6-2，在升降舵输入阶跃输入条件，其输出响应如下。从图 6-17～图 6-19 所示，可见飞机的 $\Delta V/\delta_e$ 短周期响应中速度变化相对较小；$\Delta\alpha/\delta_e$ 在长周期运动中变化较小。由于开环阻尼比较小，响应振荡，引入 q 反馈可以改善系统阻尼特性。升降舵输入系统输出传递函数 Bode 图如 6-20 所示。

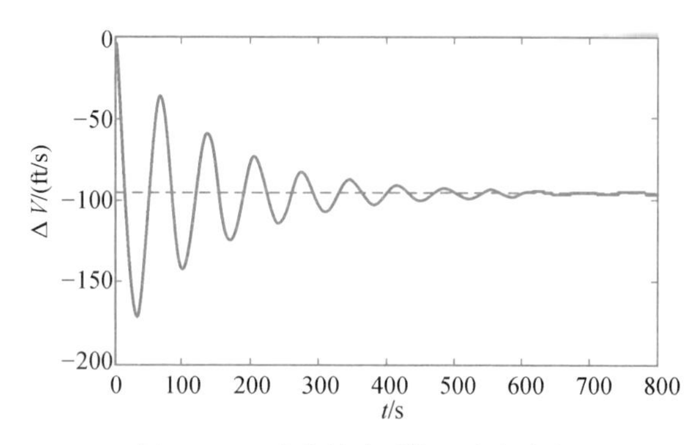

图 6-17　升降舵阶跃输入速度响应

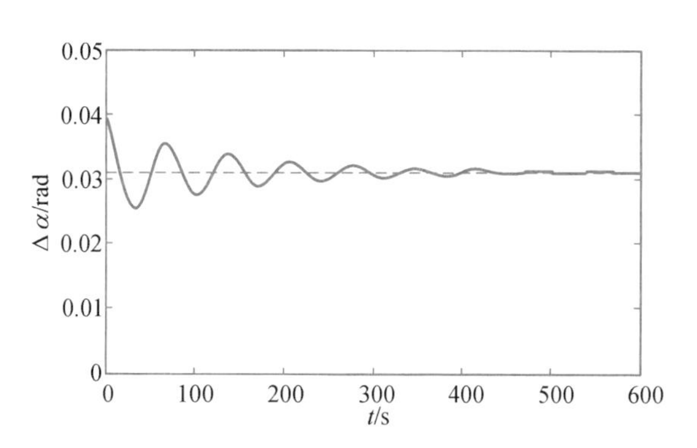

图 6-18　升降舵阶跃输入迎角响应

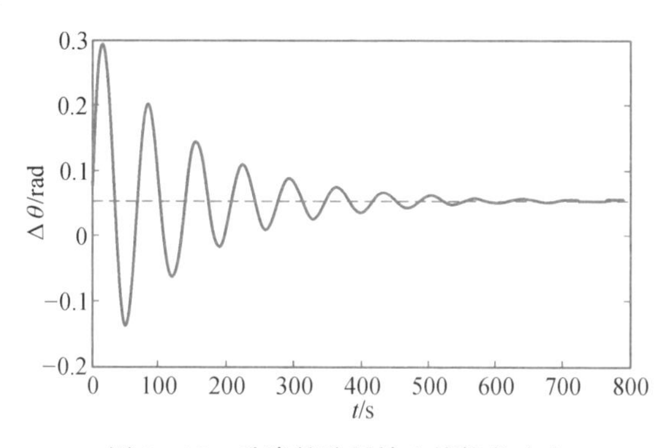

图 6-19　升降舵阶跃输入俯仰角响应

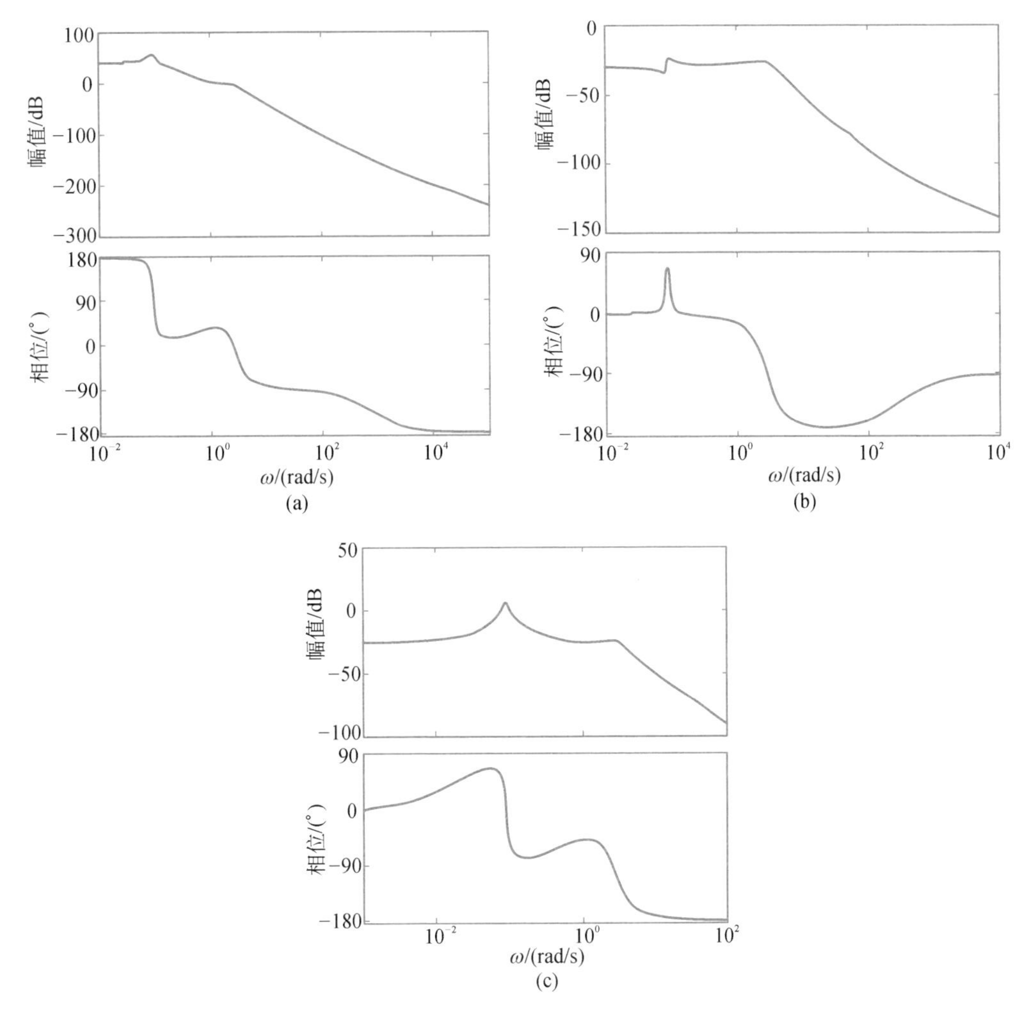

图 6-20　升降舵输入系统输出相应传递函数 Bode 图

(a) $\frac{\Delta u(s)}{\delta_e(s)}$ Bode 图　(b) $\frac{\Delta \alpha(s)}{\delta_e(s)}$ Bode 图　(c) $\frac{\Delta \theta(s)}{\delta_e(s)}$ Bode 图

从图 6-20 可知，纵向运动长周期频率约 0.09 rad/s，短周期频率约 2.8 rad/s，也可看出各自相应的幅值裕度和相位裕度。

另外，纵向运动常见问题是高空飞行阻尼不足，高速飞行频率过大，低速飞行频率过低。

6.2.3　飞行条件和气动参数对纵向动稳定性的影响

根据式(6-64)，式(6-66)，可知短周期模态的频率以及阻尼比表达式：

$$\omega_{\mathrm{nsp}}^2 = -\frac{1}{I_y}\bar{q}S\bar{c}C_{L\alpha}\left(C_{mC_L}+\frac{1}{2\mu}C_{mq}\right) \tag{6-75}$$

$$\zeta_{\mathrm{sp}}\omega_{\mathrm{nsp}} = -\frac{1}{2m}\bar{q}S\left(C_{L\alpha}-\frac{m\bar{c}^2}{2I_y}(C_{mq}+C_{m\dot{\alpha}})\right) \tag{6-76}$$

当飞行条件高度以及飞行马赫数变化时，会引起飞机各项导数的变化，高度的变化同时也会引起空气密度的变化。图 6-21 给出了气动导数 $C_{m\dot{\alpha}}$，C_{mq} 随马赫数的变化情况。

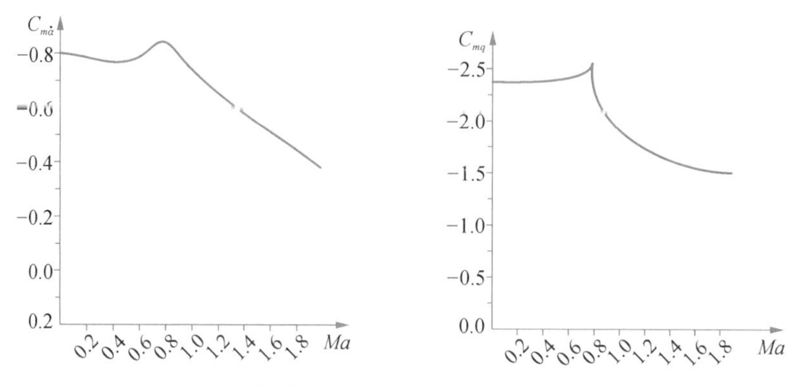

图 6-21　气动导数 $C_{m\dot{\alpha}}$，C_{mq} 随马赫数的变化曲线

考察短周期频率的变化，结合图 6-21 以及短周期频率的表达式不难发现，同一高度下短周期频率 ω_{nsp} 随 Ma 增加而增加，此外高度增加气动导数会降低，对于频率的影响如图 6-22(b)所示。短周期阻尼的变化，用同样的方法可以发现：短周期阻尼比 ζ_{sp} 随高度增加而降低，图 6-22 给出了某架超声速战斗机的具体特性。

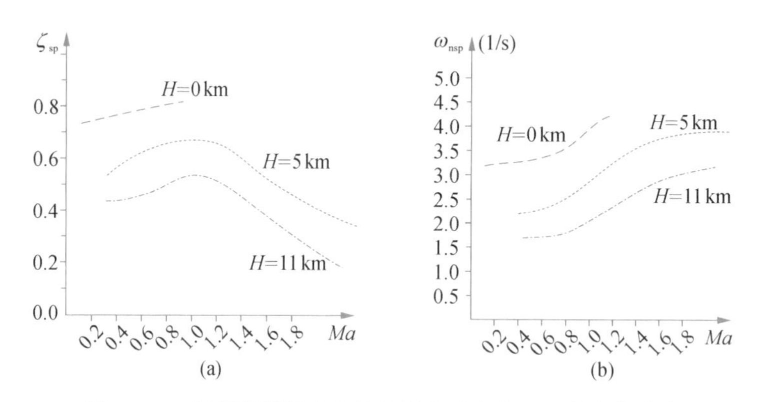

图 6-22　短周期阻尼比和特征频率随高度、Ma 数变化曲线

现代战斗机高空阻尼不足，需要使用阻尼器增加阻尼；即战斗机高空、高速时频率不足，通常使用增稳器增加频率 ω_{nsp}。

6.3　横侧向运动模态与稳定性分析

6.3.1　横侧小扰动方程

对于飞机的稳定性和操纵性，根据第 5 章式(5-154)分析，可知横侧向小扰动运动方程为

$$\frac{\mathrm{d}}{\mathrm{d}t}\begin{bmatrix}\Delta v\\ \Delta p\\ \Delta r\\ \Delta\phi\end{bmatrix}=\begin{bmatrix}Y_v & 0 & -(V_0-Y_r) & g\cos\gamma_0\\ L_v & L_p & L_r & 0\\ N_v & N_p & N_r & 0\\ 0 & 1 & \tan\theta_0 & 0\end{bmatrix}\begin{bmatrix}\Delta v\\ \Delta p\\ \Delta r\\ \Delta\phi\end{bmatrix}+\begin{bmatrix}0 & Y_{\delta_r}\\ L_{\delta_a} & L_{\delta_r}\\ N_{\delta_a} & N_{\delta_r}\\ 0 & 0\end{bmatrix}\begin{bmatrix}\Delta\delta_a\\ \Delta\delta_r\end{bmatrix} \tag{6-77}$$

式中,Y_i, L_i, N_i 为横侧向运动气动导数,参考式(5-123),式(5-125),式(5-126),$i=v$, p, r, δ_a, δ_r。

运用变换关系:

$$\Delta\beta=\arctan\frac{\Delta v}{V_0}\approx\frac{\Delta v}{V_0} \tag{6-78}$$

参考式(5-154a),则模型式(6-77)等价于

$$\frac{\mathrm{d}}{\mathrm{d}t}\begin{bmatrix}\Delta\beta\\ \Delta p\\ \Delta r\\ \Delta\phi\end{bmatrix}=\begin{bmatrix}\frac{Y_\beta}{V_0} & 0 & -\left(1-\frac{Y_r}{V_0}\right) & \frac{g}{V_0}\cos\gamma_0\\ L_\beta & L_p & L_r & 0\\ N_\beta & N_p & N_r & 0\\ 0 & 1 & \tan\theta_0 & 0\end{bmatrix}\begin{bmatrix}\Delta\beta\\ \Delta p\\ \Delta r\\ \Delta\phi\end{bmatrix}+\begin{bmatrix}0 & \frac{Y_{\delta_r}}{V_0}\\ L_{\delta_a} & L_{\delta_r}\\ N_{\delta_a} & N_{\delta_r}\\ 0 & 0\end{bmatrix}\begin{bmatrix}\Delta\delta_a\\ \Delta\delta_r\end{bmatrix} \tag{6-79}$$

式中,$Y_\beta=V_0Y_v$, $L_\beta=V_0L_v$, $N_\beta=V_0N_v$。

根据式(5-123),式(5-125),式(5-126),则横侧向运动气动大导数如表6-4所示。

表6-4 横侧向运动气动导数表

$Y_\beta=\frac{1}{m}\left(\frac{\partial Y}{\partial\beta}-D\right)_0=\frac{\bar{q}S(C_{Y\beta})_0}{m}[\mathrm{m\cdot s^{-2}}]$	$L_\beta=\frac{(L_\beta^a)_0}{I_{x_s}}=\frac{\bar{q}Sb}{I'_x}\left(C_{l\beta}+\frac{I_{xz}}{I_z}C_{n\beta}\right)_0[\mathrm{s^{-2}}]$
$N_\beta=\frac{(N_\beta^a)_0}{I_{z_s}}=\frac{\bar{q}Sb}{I'_z}\left(C_{n\beta}+\frac{I_{xz}}{I_x}C_{l\beta}\right)_0[s^{-2}]$	$Y_p=\frac{1}{m}\left(\frac{\partial Y}{\partial p_w}\right)_0=\frac{\bar{q}Sb(C_{Yp})_0}{2mV_0}[\mathrm{m/s}]$
$L_p=\frac{(L_{p_w}^a)_0}{I_{x_s}}=\frac{\bar{q}Sb^2}{2I'_xV_0}\left(C_{lp}+\frac{I_{xz}}{I_z}C_{np}\right)_0[\mathrm{s^{-1}}]$	$N_p=\frac{(N_{p_w}^a)_0}{I_{z_s}}=\frac{\bar{q}Sb^2}{2I'_zV_0}\left(C_{np}+\frac{I_{xz}}{I_x}C_{lp}\right)_0[\mathrm{s^{-1}}]$
$Y_r=\frac{1}{m}\left(\frac{\partial Y}{\partial r_w}\right)_0=\frac{\bar{q}Sb^2(C_{Yr})_0}{2mV_0}[\mathrm{m\cdot s^{-1}}]$	$L_r=\frac{(L_{rw}^a)_0}{I_{x_s}}=\frac{\bar{q}Sb^2}{2I'_xV_0}\left(C_{lr}+\frac{I_{xz}}{I_z}C_{nr}\right)_0[\mathrm{s^{-1}}]$
$N_r=\frac{(N_{r_w}^a)_0}{I_{z_s}}=\frac{\bar{q}Sb^2}{2I'_zV_0}\left(C_{nr}+\frac{I_{xz}}{I_x}C_{lr}\right)_0[\mathrm{s^{-1}}]$	$Y_{\delta_r}=\frac{1}{m}\left(\frac{\partial Y}{\partial\delta_r}\right)_0=\frac{\bar{q}S(C_{Y\delta_r})_0}{m}[\mathrm{s^{-1}}]$
$L_{\delta_r}=\frac{(L_{\delta_r}^a)_0}{I_{x_s}}=\frac{\bar{q}Sb}{I'_x}\left(C_{l\delta_r}+\frac{I_{xz}}{I_z}C_{n\delta_r}\right)_0[\mathrm{s^{-2}}]$	$N_{\delta_r}=\frac{(N_{\delta_r}^a)_0}{I_{z_s}}=\frac{\bar{q}Sb^2}{I'_z}\left(C_{n\delta_r}+\frac{I_{xz}}{I_x}C_{l\delta_r}\right)_0[\mathrm{s^{-2}}]$

（续表）

$Y_{\delta_a}=\frac{1}{m}\left(\frac{\partial Y}{\partial \delta_a}\right)_0=\frac{\bar{q}S(C_{Y\delta_a})_0}{m}[\mathrm{m}\cdot \mathrm{s}^{-2}]$	$L_{\delta_a}=\frac{(L^{a}_{\delta_a})_0}{I_{x_s}}=\frac{\bar{q}Sb}{I'_x}\left(C_{l\delta_a}+\frac{I_{xz}}{I_z}C_{n\delta_a}\right)_0[\mathrm{s}^{-2}]$
$N_{\delta_a}=\frac{(N^{a}_{\delta_a})_0}{I_{z_s}}=\frac{\bar{q}Sb}{I'_z}\left(C_{n\delta_a}+\frac{I_{xz}}{I_x}C_{l\delta_a}\right)_0[s^{-2}]$	

其中下标 0 表示基准运动参数，p_w，r_w 为气流坐标系下滚转角速率和偏航角速率，求解方法同 q_w，横侧向运动相应小导数如表 6-5 所示。

表 6-5　横侧向运动小导数

$C_{Y\beta}=\frac{\partial C_Y}{\partial \beta}$	$C_{l\beta}=\frac{\partial C_l}{\partial \beta}$	$C_{n\beta}=\frac{\partial C_n}{\partial \beta}$
$C_{Yp}=\frac{V}{b/2}\frac{\partial C_Y}{\partial p}$	$C_{lp}=\frac{V}{b/2}\frac{\partial C_l}{\partial p}$	$C_{np}=\frac{V}{b/2}\frac{\partial C_n}{\partial p}$
$C_{Yr}=\frac{V}{b/2}\frac{\partial C_Y}{\partial r}$	$C_{lr}=\frac{V}{b/2}\frac{\partial C_l}{\partial \mathrm{r}}$	$C_{nr}=\frac{V}{b/2}\frac{\partial C_n}{\partial r}$
$C_{Y\delta_r}=\frac{\partial C_Y}{\partial \delta_r}$	$C_{l\delta_r}=\frac{\partial C_l}{\partial \delta_r}$	$C_{n\delta_r}=\frac{\partial C_n}{\partial \delta_r}$
$C_{Y\delta_a}=\frac{\partial C_Y}{\partial \delta_a}$	$C_{l\delta_a}=\frac{\partial C_l}{\partial \delta_a}$	$C_{n\delta_a}=\frac{\partial C_n}{\partial \delta_a}$

而 $I'_x=\frac{I_xI_z-I_{xz}^2}{I_z}$，$I'_z=\frac{I_xI_z-I_{xz}^2}{I_x}$。

说明：由于表 6-4 中 I_{x_s}，I_{z_s} 不易直接处理，为了计算方便，引入 I'_x，I'_z，即用 I_x，I_z，I_{xz} 来描述横侧向小扰动动力学，详细过程如式(5-124)所示，以便进行后续雅可比矩阵计算。

令 $Y'_r=\frac{Y_r}{V_0}$，$Y'_\beta=\frac{Y_\beta}{V_0}$，$Y'_p=\frac{Y_p}{V_0}$，而 $\tan\theta_0\approx 0$，特征多项式为

$$\Delta(s)=\begin{vmatrix} s-Y'_\beta & 0 & (1-Y'_r) & -g\cos\gamma_0/V_0 \\ -L_\beta & s-L_p & -L_r & 0 \\ -N_\beta & -N_p & s-N_r & 0 \\ 0 & -1 & 0 & s \end{vmatrix} \tag{6-80}$$

即

$$\Delta(s)=a_0s^4+a_1s^3+a_2s^2+a_3s+a_4=0 \tag{6-81}$$

式中，$a_0=1$，$a_1=-(Y'_\beta+L_p+N_r)$

$a_2=(1-Y'_r)N_\beta+Y'_\beta(L_p+N_r)+(N_rL_p-N_pL_r)$

$a_3=-Y'_\beta(N_rL_p-N_pL_r)+(Y'_r-1)L_pN_\beta+N_pL_\beta-gL_\beta$

$a_4=(N_rL_\beta-N_\beta L_r)g/V_0$

例 6-4　考察某通用航空飞机，飞行条件为 $H=0$，$Ma=0.158$，$V=176\,\mathrm{ft/s}$，其状态方程为

$$\begin{bmatrix}\Delta\dot{\beta}\\ \Delta\dot{p}\\ \Delta\dot{r}\\ \Delta\dot{\phi}\end{bmatrix}=\begin{bmatrix}-0.254 & 0 & -1.0 & 0.182\\ -16.02 & -8.40 & 2.19 & 0\\ 4.488 & -0.350 & -0.760 & 0\\ 0 & 1 & 0 & 0\end{bmatrix}\begin{bmatrix}\Delta\beta\\ \Delta p\\ \Delta r\\ \Delta\phi\end{bmatrix}\tag{6-82}$$

相应侧向气动导数为

$Y_v=-0.254\,\mathrm{s}^{-1}$，$L_v=-0.091(\mathrm{ft}\cdot\mathrm{s})^{-1}$，$Y_\beta=-45.72\,\mathrm{ft}\cdot\mathrm{s}^{-2}$，$Y'_\beta=-0.2598\,\mathrm{ft}\cdot\mathrm{s}^{-2}$，$L_\beta=-16.02\,\mathrm{s}^{-2}$，$Y_\mathrm{p}=0$，$Y_r=0$，$L_\mathrm{p}=-8.4\,\mathrm{s}^{-1}$，$L_\mathrm{r}=2.19\,\mathrm{s}^{-1}$，$N_v=0.025(\mathrm{ft}\cdot\mathrm{s})^{-1}$，$N_\beta=4.49\,\mathrm{s}^{-2}$，$N_\mathrm{p}=-0.35\,\mathrm{s}^{-1}$，$N_\mathrm{r}=-0.76\,\mathrm{s}^{-1}$，求其特征根，并分析系统运动特性。

解：系统特征方程为

$$\Delta(s)=s^4+9.417s^3+13.982s^2+48.102s+0.4205=0\tag{6-83}$$

则有

$$R=a_1a_2a_3-a_0a_3^2=6333.517-2313.802=4019.714>0\tag{6-84}$$

$a_i>0$，故系统稳定。

(1) 滚转收敛模态（roll subsidence mode），横侧向特征根 $\lambda_\mathrm{R}=-8.4328$，$T_{1/2}=0.08215$，由式(6-80)可得代数余子式：

$$f_{21}(s)=-\begin{vmatrix}0 & (1-Y'_\mathrm{r}) & -g\\ -N_\mathrm{p} & s-N_\mathrm{r} & 0\\ -1 & 0 & s\end{vmatrix},\ f_{22}(s)=\begin{vmatrix}s-Y'_\beta & (1-Y'_\mathrm{r}) & -g\\ -N_\beta & s-N_\mathrm{r} & 0\\ 0 & 0 & s\end{vmatrix}\tag{6-85}$$

$$f_{23}(s)=-\begin{vmatrix}s-Y'_\beta & 0 & -g\\ -N_\beta & -N_\mathrm{p} & 0\\ 0 & -1 & s\end{vmatrix},\ f_{24}(s)=\begin{vmatrix}s-Y'_\beta & 0 & (1-Y'_\mathrm{r})\\ -N_\beta & -N_\mathrm{p} & s-N_\mathrm{r}\\ 0 & -1 & 0\end{vmatrix}\tag{6-86}$$

相应滚转模态 λ_R 下参数比为

$$\begin{aligned}\Delta\beta:\Delta p:\Delta r:\Delta\phi&=f_{21}(\lambda_\mathrm{R}):f_{22}(\lambda_\mathrm{R}):f_{23}(\lambda_\mathrm{R}):f_{24}(\lambda_\mathrm{R})\\ &=78.22:(-566.67):19.92:67.199\\ &=0.1380:(-1):0.035:0.118\end{aligned}\tag{6-87}$$

可见滚转收敛模态衰减快，以滚转运动为主。

(2) 螺旋模态(spiral mode),

$$\lambda_S = -0.0089,\ T_{1/2} = 77.865\,\mathrm{s} \tag{6-88}$$

$$\begin{aligned}\Delta\beta : \Delta p : \Delta r : \Delta\phi &= f_{21}(\lambda_S) : f_{22}(\lambda_S) : f_{23}(\lambda_S) : f_{24}(\lambda_S) \\ &= (-7.365) : (-0.0416) : (-44.047) : 4.67\end{aligned} \tag{6-89}$$

可知螺旋模态为持续的滚转和偏航。

(3) 荷兰滚模态(Dutch roll mode),$\lambda_D = -0.4862 \pm 2.3336\mathrm{i}$,$T = 1.3462\,\mathrm{s}$,$T_{1/2} = 1.4253\,\mathrm{s}$,$N = 0.7428\,\mathrm{Hz}$,$\omega_{nD} = 2.17\,\mathrm{rad/s}$,$\zeta = 0.254$。

可见荷兰滚模态,周期短/频率高、阻尼中等。

6.3.2 横侧扰动运动的典型模态分析

横侧向运动模态主要是滚转收敛模态、螺旋模态和荷兰滚模态,下面详细分析其物理成因。

1) 模态物理成因

(1) 滚转收敛模态。飞机受到扰动引起 Δp,如图 6-23(a)所示,正常迎角下飞行具有较大的滚转阻尼($C_{lp}\cdot\Delta p$),而绕 Ox_b 轴的惯性矩 I_x 在三个自由度中最小,因此,扰动引起 Δp 很快被衰减,随着时间增加,$\dot{\phi}_{ss}$ 逐渐稳定,如图 6-23(b)所示。大展弦比飞机一般满足此要求,然而小展弦比(或三角翼)超声速飞机高空飞行时滚转阻尼过小,需要横向阻尼器补偿。

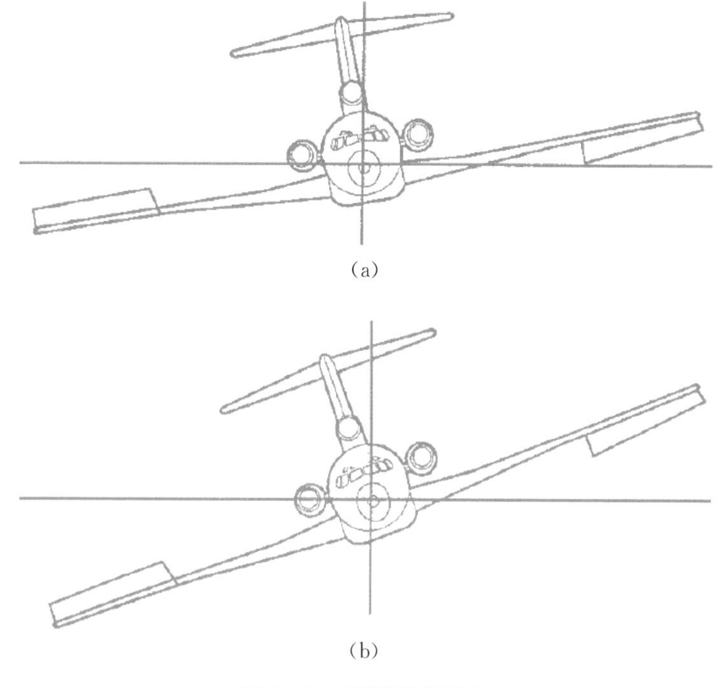

图 6-23 滚转模态运动

(2) 螺旋模态，如图 6-24 所示。飞机开始定直平飞，受到 $\Delta\phi$ 外扰动，升力和重力合力使飞机侧滑，产生 $\Delta\beta>0$，而 $|N_\beta|$ 远大于 $|L_\beta|$，航向力矩使飞机显著右偏，而较小的 $L_\beta\cdot\Delta\beta$ 力矩仅使飞机略有左滚，如果左滚趋势很弱，而被扰动中交感力矩 $L_r\cdot\Delta r$ 抵消，可能造成飞机右滚而加剧初始扰动 $\Delta\phi$，这时由于侧力不平衡，飞机继续侧滑，形成向心力 $L\sin\phi$ 增大，而 $L\cos\phi$ 不断减小，使升力小于重力 G，使飞机产生不断掉高度，旋转半径不断减小的螺旋轨迹运动。因此，螺旋模态是横向静稳定性过弱而偏航静稳定性较强而产生的。

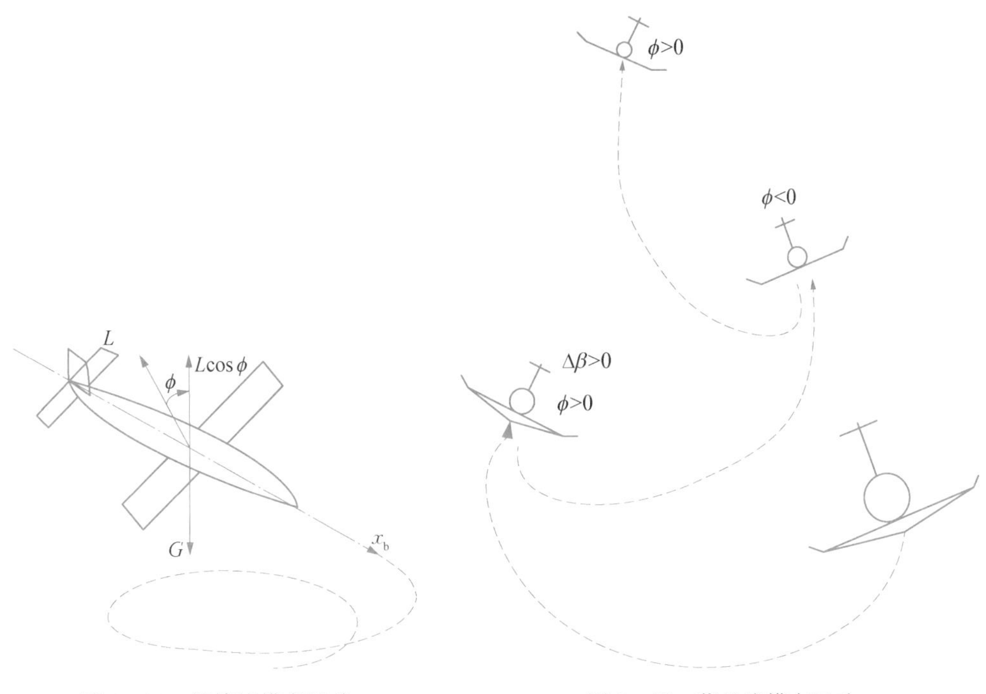

图 6-24　螺旋滚模态运动　　图 6-25　荷兰滚模态运动

(3) 荷兰滚模态，如图 6-25 所示。飞机受到 $\Delta\beta>0$ 初始扰动，由于横向静稳定性过强而偏航静稳定性较弱，较大的 $L_\beta\cdot\Delta\beta$ 滚转力矩使飞机显著左滚，而较小的 $N_\beta\cdot\Delta\beta$ 力矩仅仅使飞机略微右偏，左滚和右偏之后，由于侧力和力矩不平衡，使得飞机产生负的 β，造成飞机显著右滚而略向左偏，如此反复振荡，形成类似荷兰人“滑冰”动作，即荷兰滚。反复振荡过程中，飞机还受到 $L_p\cdot\Delta p$，$N_r\cdot\Delta r$ 阻尼作用，而交感力矩 $L_r\cdot\Delta r$ 和 $N_p\cdot\Delta p$ 可能会起阻尼作用，也可能会起激励作用，如果 $|N_\beta|\ll|L_\beta|$，可能会振荡发散或不满足驾驶员操纵要求，因此，荷兰滚模态产生原因是横向静稳定性过强而偏航静稳定性较弱。

横侧向运动模态其物理成因汇总如图 6-26 所示。

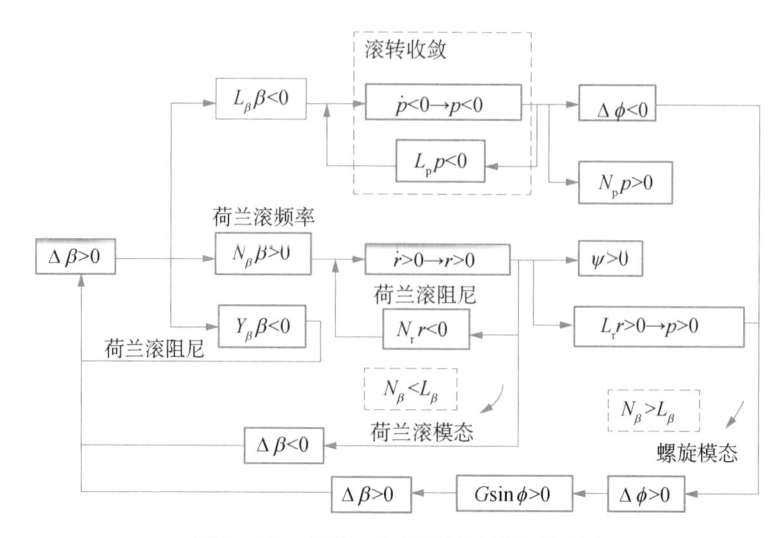

图 6-26 横侧向典型模态及其物理成因

2）模态的简化求解

（1）滚转收敛模态接近单自由度滚转：

为了分析方便，忽略 Y_r，$\gamma_0=0$，并消去状态变量 Δp，取状态变量 $x_{lat}=[\Delta\beta\quad\Delta\phi\quad\Delta r]^T$，由式(6-79)知特征多项式为

$$\Delta(s)=\begin{vmatrix} s-Y'_\beta & -\dfrac{g}{V_0} & 1 \\ -L_\beta & s^2-L_p s & -L_r \\ -N_\beta & -sN_p & s-N_r \end{vmatrix} \tag{6-90}$$

则 $s-L_p=0$，$\lambda_R=L_p$。

而滚转模态通常只考虑 $\Delta\phi$ 的运动，由 δ_a 产生滚转力矩，故式(6-79)简化为

$$(s^2-L_p s)\Delta\phi(s)=L_{\delta_a}\delta_a(s)$$

则有

$$\frac{\Delta\phi(s)}{\delta_a(s)}=\frac{L_{\delta_a}}{s(s-L_p)}$$

（2）螺旋模态的简化求解：

考察例 6-4，有

$$\Delta(s)=s^4+9.417s^3+13.982s^2+48.102s+0.4205=0 \tag{6-91}$$

螺旋模态根很小，因此略去高此项：

$$\Delta(s)=48.102s+0.4205=0 \tag{6-92}$$

简化值 $\lambda_S=-0.0087$，精确值 $\lambda_S=-0.0089$。

另一种简化求解方法，由式(6-90)知，只要去掉对角线上任一元素，则特征方程

$$\Delta(s)=0 \tag{6-93}$$

降为 2 阶，根据这一考虑，一些学者提出了一种近似方法，即将式(6-90)第一行第一列元素取零，余下的行列式对应的特征方程根为 λ_R，λ_S，根据此近似处理，可得特征方程为

$$s^2+\left[\frac{L_\beta}{N_\beta}\left(N_p-\frac{g}{V_0}\right)-L_p\right]s+\frac{g}{V_0}\left(\frac{L_\beta}{N_\beta}N_r-L_r\right)=0 \tag{6-94}$$

而
$$(s-\lambda_R)(s-\lambda_S)=s^2-(\lambda_R+\lambda_S)s+\lambda_R\lambda_S=0 \tag{6-95}$$

故有

$$\lambda_R+\lambda_S=L_p-\frac{L_\beta}{N_\beta}\left(N_p-\frac{g}{V_0}\right),\ \lambda_R\lambda_S=\frac{g}{V_0}\left(\frac{L_\beta}{N_\beta}N_r-L_r\right) \tag{6-96}$$

(3) 荷兰滚模态的简化求解方法：

$$\Delta(s)=\left\{s^2+\left[\frac{L_\beta}{N_\beta}\left(N_p-\frac{g}{V_0}\right)-L_p\right]s+\frac{g}{V_0}\left(\frac{L_\beta}{N_\beta}N_r-L_r\right)\right\}(s^2+2\zeta_D\omega_{nD}s+\omega_{nD}^2)=0 \tag{6-97}$$

式中，$s^2+\left[\frac{L_\beta}{N_\beta}\left(N_p-\frac{g}{V_0}\right)-L_p\right]s+\frac{g}{V_0}\left(\frac{L_\beta}{N_\beta}N_r-L_r\right)$对应滚转收敛模态和螺旋模态；$\Delta_{DR}(s)=s^2+2\zeta\omega_{nD}s+\omega_{nD}^2$ 对应荷兰滚模态特征多项式。

而特征方程

$$\Delta(s)=a_0s^4+a_1s^3+a_2s^2+a_3s+a_4=0 \tag{6-98}$$

式中，$a_0=1$，$a_1=-(Y'_\beta+L_p+N_r)$，$a_2=N_\beta+Y'_\beta(L_p+N_r)+(N_rL_p-N_pL_r)$，$a_3=Y'_\beta(N_pL_r-N_rL_p)+\left(N_pL_\beta-L_pN_\beta-\frac{g}{V_0}L_\beta\right)$，$a_4=\frac{g}{V_0}(L_\beta N_r-L_rN_\beta)$。

根据常数项 $a_4=\lambda_R\lambda_S\omega_{nD}^2$，可得：$\omega_{nD}^2\approx N_\beta$，根据三次项 $a_1=2\zeta_D\omega_{nD}-(\lambda_R+\lambda_S)$，可得

$$2\zeta\omega_{nD}\approx-(Y_\beta+N_r)-\frac{L_\beta}{N_\beta}\left(N_p-\frac{g}{V_0}\right) \tag{6-99}$$

6.3.3 气动参数的影响和稳定性边界的简略分析

讨论特征方程稳定性，考察式(6-98)，$a_4=0$ 为实根稳定性边界，对应螺旋模态临界稳定；$R=0$，复根稳定性边界，对应荷兰滚模态临界稳定。有

$$a_4=(N_\beta L_r-N_rL_\beta)g/V_0 \tag{6-100}$$

则

$$N_{r}L_{\beta}-N_{\beta}L_{r}=0 \tag{6-101}$$

即

$$N_{\beta}=L_{\beta}\frac{N_{r}}{L_{r}} \tag{6-102}$$

又 $R=0$，则 $L_{\beta}\approx f(N_{\beta})$，横侧稳定性边界图如图 6-27 所示。

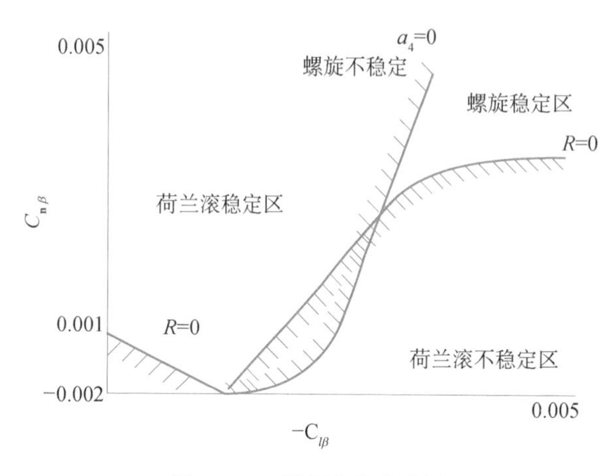

图 6-27 横侧向稳定边界

飞行参数对横侧模态特性的影响：对于滚转运动有

$$\lambda_{R}\approx L_{p},\quad L_{p}=C_{lp}\frac{0.5\rho V^{2}Sb}{\frac{b}{2V}} \tag{6-103}$$

可见飞行参数对 λ_{R} 有影响，而由于横航向气动导数多，关系复杂，因此螺旋模态、荷兰滚模态分析较难。

6.3.4 飞机的横侧向操纵运动

根据式(6-79)知横侧向状态方程

$$\begin{bmatrix} s-Y'_{\beta} & -g/V_{0} & 1 \\ -L_{\beta} & s^{2}-L_{p}s & -L_{r} \\ -N_{\beta} & -N_{p}s & s-N_{r} \end{bmatrix}\begin{bmatrix}\Delta\beta \\ \Delta\phi \\ \Delta r\end{bmatrix}=\begin{bmatrix} 0 & Y_{\delta_{r}}/V_{0} \\ L_{\delta_{a}} & L_{\delta_{r}} \\ N_{\delta_{a}} & L_{\delta_{r}} \end{bmatrix}\begin{bmatrix}\Delta\delta_{a} \\ \Delta\delta_{r}\end{bmatrix} \tag{6-104}$$

则有传递函数

$$\frac{\Delta\beta(s)}{\Delta\delta_{a}(s)},\ \frac{\Delta\phi(s)}{\Delta\delta_{a}(s)},\ \frac{\Delta\psi(s)}{\Delta\delta_{a}(s)},\text{或}\frac{\Delta r(s)}{\Delta\delta_{a}(s)}$$

$$\frac{\Delta\beta(s)}{\Delta\delta_{r}(s)},\ \frac{\Delta\phi(s)}{\Delta\delta_{r}(s)},\ \frac{\Delta\psi(s)}{\Delta\delta_{r}(s)},\text{或}\frac{\Delta r(s)}{\Delta\delta_{r}(s)}$$

写成通用形式为

$$\frac{\Delta\beta(s)}{\Delta\delta_a(s)}=\frac{a_0^\beta s^3+a_1^\beta s^2+a_2^\beta s+a_3^\beta}{(s-\lambda_R)(s-\lambda_S)(s^2+2\zeta_D\omega_{nD}s+\omega_{nD}^2)} \tag{6-105}$$

$$\frac{\Delta\phi(s)}{\Delta\delta_a(s)}=\frac{a_0^\phi s^2+a_1^\phi s+a_2^\phi}{(s-\lambda_R)(s-\lambda_S)(s^2+2\zeta_D\omega_{nD}s+\omega_{nD}^2)} \tag{6-106}$$

$$\frac{\Delta\psi(s)}{\Delta\delta_a(s)}=\frac{a_0^\psi s^3+a_1^\psi s^2+a_2^\psi s+a_3^\psi}{s(s-\lambda_R)(s-\lambda_S)(s^2+2\zeta_D\omega_{nD}s+\omega_{nD}^2)} \tag{6-107}$$

下面以副翼输入滚转输出为例，有

$$\frac{\Delta\phi(s)}{\Delta\delta_a(s)}=\frac{a_0^\phi s^2+a_1^\phi s+a_2^\phi}{(s-\lambda_R)(s-\lambda_S)(s^2+2\zeta_D\omega_{nD}s+\omega_{nD}^2)} \tag{6-108}$$

其中 $a_2^\phi=L_{\delta_a}(N_rY'_\beta+N_\beta)-N_{\delta_a}(L_\beta+L_rY'_\beta)$，$a_1^\phi=N_{\delta_a}L_r-L_{\delta_a}(Y'_\beta+N_r)$，$a_0^\phi=L_{\delta_a}$。

滚转角的阶跃反应

$$\frac{\Delta\phi(s)}{\Delta\delta_a(s)}=\frac{a_0^\phi}{(s-\lambda_R)(s-\lambda_S)}\frac{s^2+\dfrac{a_1^\phi}{a_0^\phi}s+\dfrac{a_2^\phi}{a_0^\phi}}{s^2+2\zeta_D\omega_{nD}s+\omega_{nD}^2} \tag{6-109}$$

由于

$$\frac{s^2+\dfrac{a_1^\phi}{a_0^\phi}s+\dfrac{a_2^\phi}{a_0^\phi}}{s^2+2\zeta_D\omega_{nD}s+\omega_{nD}^2}=\frac{s^2+2\zeta_\phi\omega_{n\phi}s+\omega_{n\phi}^2}{s^2+2\zeta_D\omega_{nD}s+\omega_{nD}^2} \tag{6-110}$$

则由式(6-99)，(6-108)可得

$$\begin{cases}2\zeta_\phi\omega_{n\phi}-2\zeta_D\omega_{nD}=\dfrac{N_{\delta_a}}{L_{\delta_a}}L_r+\dfrac{L_\beta}{N_\beta}\left(N_p-\dfrac{g}{V_0}\right)\\[2ex]\dfrac{\omega_{n\phi}^2}{\omega_{nD}^2}=1-\dfrac{L_\beta}{N_\beta}\cdot\dfrac{N_{\delta_a}}{L_{\delta_a}}+\dfrac{Y'_\beta}{N_\beta}\left(N_r-\dfrac{N_{\delta_a}}{L_{\delta_a}}L_r\right)\end{cases} \tag{6-111}$$

由于副翼偏转主要改变滚转角和滚转角速度，且当滚转角速度振荡幅值较小时，可在滚转角传递函数中近似 $2\zeta_\phi\omega_{n\phi}\approx2\zeta_D\omega_{nD}$，$\omega_{n\phi}^2\approx\omega_{nD}^2$。

又 $\lambda_S\approx0$，有

$$\frac{\Delta\phi(s)}{\Delta\delta_a(s)}=\frac{a_0^\phi}{(s-\lambda_R)s}=\frac{L_{\delta_a}}{(s-L_p)s} \tag{6-112}$$

故

$$\frac{\Delta p(s)}{\Delta\delta_a(s)}=\frac{L_{\delta_a}}{s-L_p}=\frac{K^p}{T_Rs+1}\text{，即}\frac{\Delta p(t)}{\Delta\delta_a}=K^p(1-e^{-\frac{1}{T_R}t}) \tag{6-113}$$

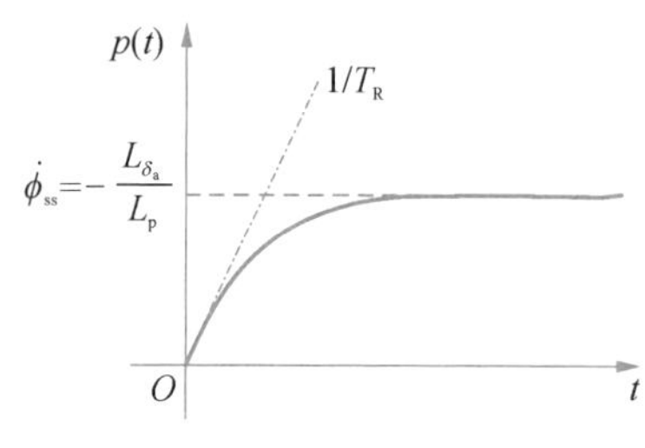

图 6-28　滚转模态阶跃响应特性

其中静增益 $K^p=\dot{\phi}_{ss}=-\frac{L_{\delta_a}}{L_p}$，时间常数 $T_R=-\frac{1}{L_p}$，该一阶系统的阶跃响应如图 6-28 所示。

例 6-5　参考例 6-2Lear 喷气飞机在 $H=40\,000\,\mathrm{ft}$，$Ma=0.7$ 飞行条件下，其横侧向运动传递函数为

$$\frac{\Delta\beta(s)}{\delta_a(s)}=\frac{4.184s^2+5.589s+0.363}{674.9s^4+421.2s^3+1808s^2+897.9s+0.903} \tag{6-114}$$

$$\frac{\Delta\phi(s)}{\delta_a(s)}=\frac{79.59s^2+14.24s+189.3}{674.9s^4+421.2s^3+1808s^2+897.9s+0.903} \tag{6-115}$$

$$\frac{\Delta\psi(s)}{\delta_a(s)}=\frac{-4.189s^3+2.150s^2-0.150s+8.991}{s(674.9s^4+421.2s^3+1808s^2+897.9s+0.903)} \tag{6-116}$$

$$\frac{\Delta\beta(s)}{\delta_r(s)}=\frac{0.185s^3+18.16s^2+8.285s-0.0933}{674.9s^4+421.2s^3+1808s^2+897.9s+0.903} \tag{6-117}$$

$$\frac{\Delta\phi(s)}{\delta_r(s)}=\frac{8.188s^2-2.045s-53.85}{674.9s^4+421.2s^3+1808s^2+897.9s+0.903} \tag{6-118}$$

$$\frac{\Delta\psi(s)}{\delta_r(s)}=\frac{-18.08s^3-8.921s^2-0.4481s+2.559}{s(674.9s^4+421.2s^3+1808s^2+897.9s+0.903)} \tag{6-119}$$

系统特征方程为

$$\Delta(s)=674.9s^4+421.2s^3+1808s^2+897.9s+0.903=0$$

则开环系统极点为

$$\lambda_S=-0.00101,\ \lambda_R=-0.507,\ \lambda_{DR}=-0.0580\pm1.617\mathrm{i}$$

相应模态参数为

$\tau_S=-1/\lambda_S=1/0.00101=991.8\,\mathrm{s}$，$\tau_R=-1/\lambda_R=1/0.507=1.972\,\mathrm{s}$，$\omega_{nDR}=1.618\,\mathrm{rad/s}$，$\omega_{dDR}=1.617\,\mathrm{rad/s}$，$\zeta_{DR}=0.036$，$\tau_{DR}=-1/(-\zeta_{DR}\omega_{nDR})=17.24\,\mathrm{s}$，$T_{DR}=2\pi/\omega_{dDR}=3.88\,\mathrm{s}$。

副翼阶跃输入条件下，系统输出响应如图 6-29～图 6-31 所示，代码扫描右侧二维码获取。

可见开环系统在副翼阶跃输入下，侧滑角和滚转角经一定时间后收敛，而偏航响应呈发散趋势，需要进行闭环控制。

方向舵阶跃输入条件下系统输出响应结果如图 6-32～图 6-34 所示。

可见开环系统在方向舵阶跃输入下，侧滑角和滚转角经一定时间后收敛，而偏航响应呈发散趋势。从图 6-29～图 6-34，可见飞机的开环阻尼比较小，响应振荡，引入 p，r 反馈可以改善横侧向系统阻尼特性。

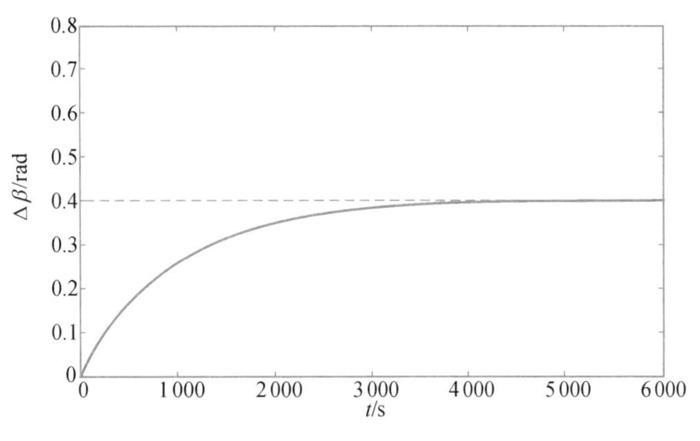

图 6 - 29　副翼阶跃输入侧滑角响应

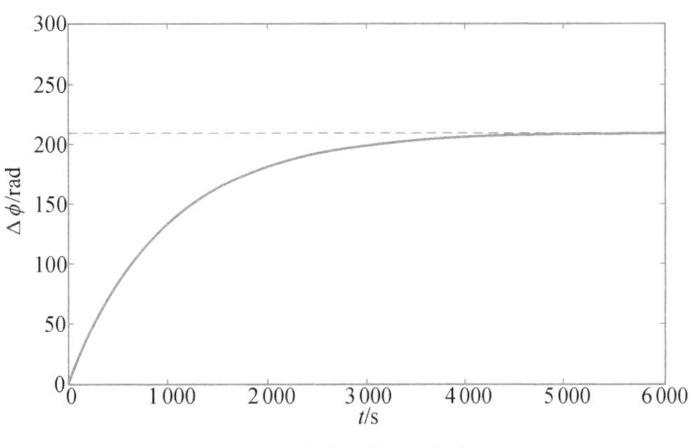

图 6 - 30　副翼阶跃输入滚转角响应

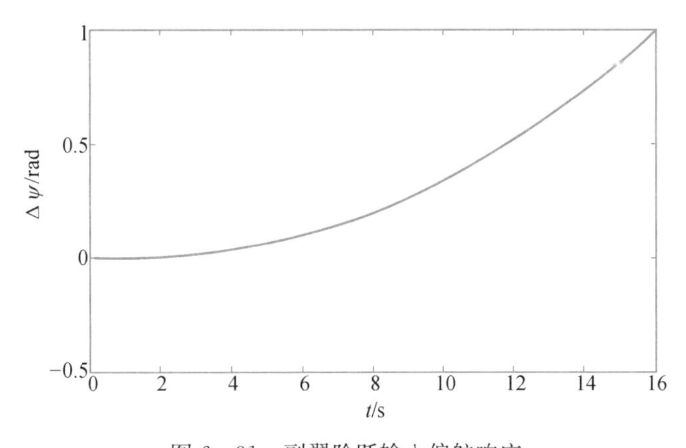

图 6 - 31　副翼阶跃输入偏航响应

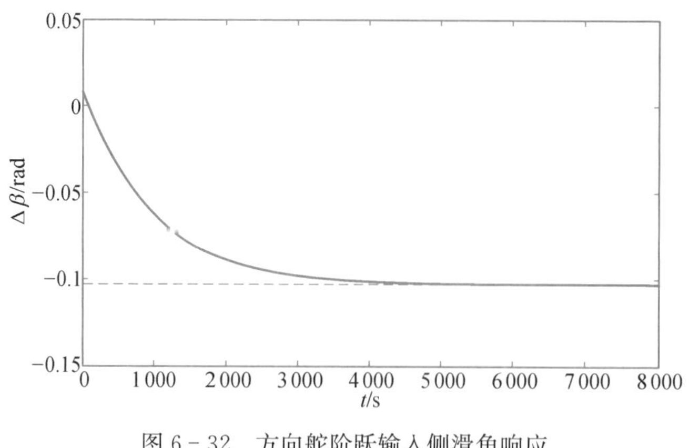

图 6-32 方向舵阶跃输入侧滑角响应

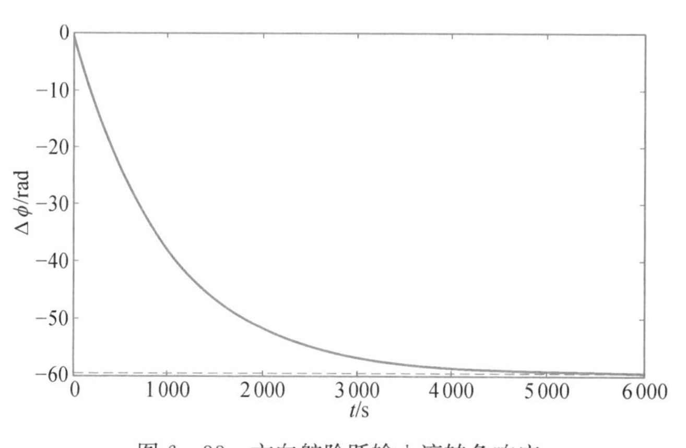

图 6-33 方向舵阶跃输入滚转角响应

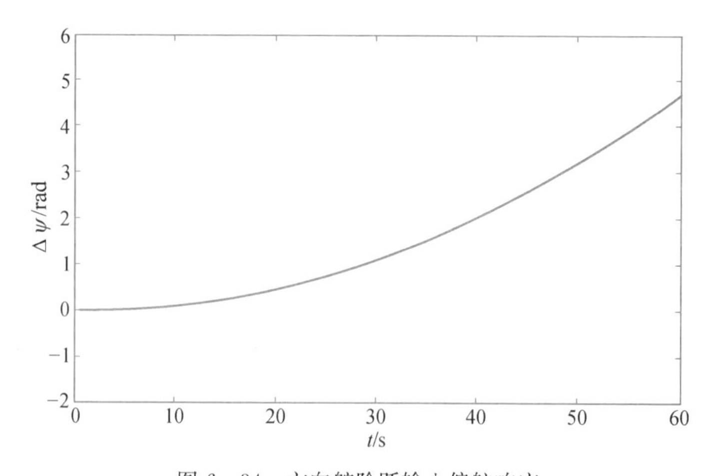

图 6-34 方向舵阶跃输入偏航响应

控制输入下频率响应(Bode 图)如图 6-35～图 6-36 所示。

从图 6-35～图 6-36 可知,横侧向运动荷兰滚模态特征频率为 1.61 rad/s。相应响应的模态幅值和相位参考图 6-36(a)。

另外,横向常见问题是高空飞行时,气动导数数值减小,因此,横向阻尼导数数值减小使滚转收敛模态半衰期加长。航向静稳定导数数值减小使荷兰滚频率降低,各导数数值减小使荷兰滚阻尼减小,半衰期加长。因此,高空飞行时飞机通常引入各种增稳系统。

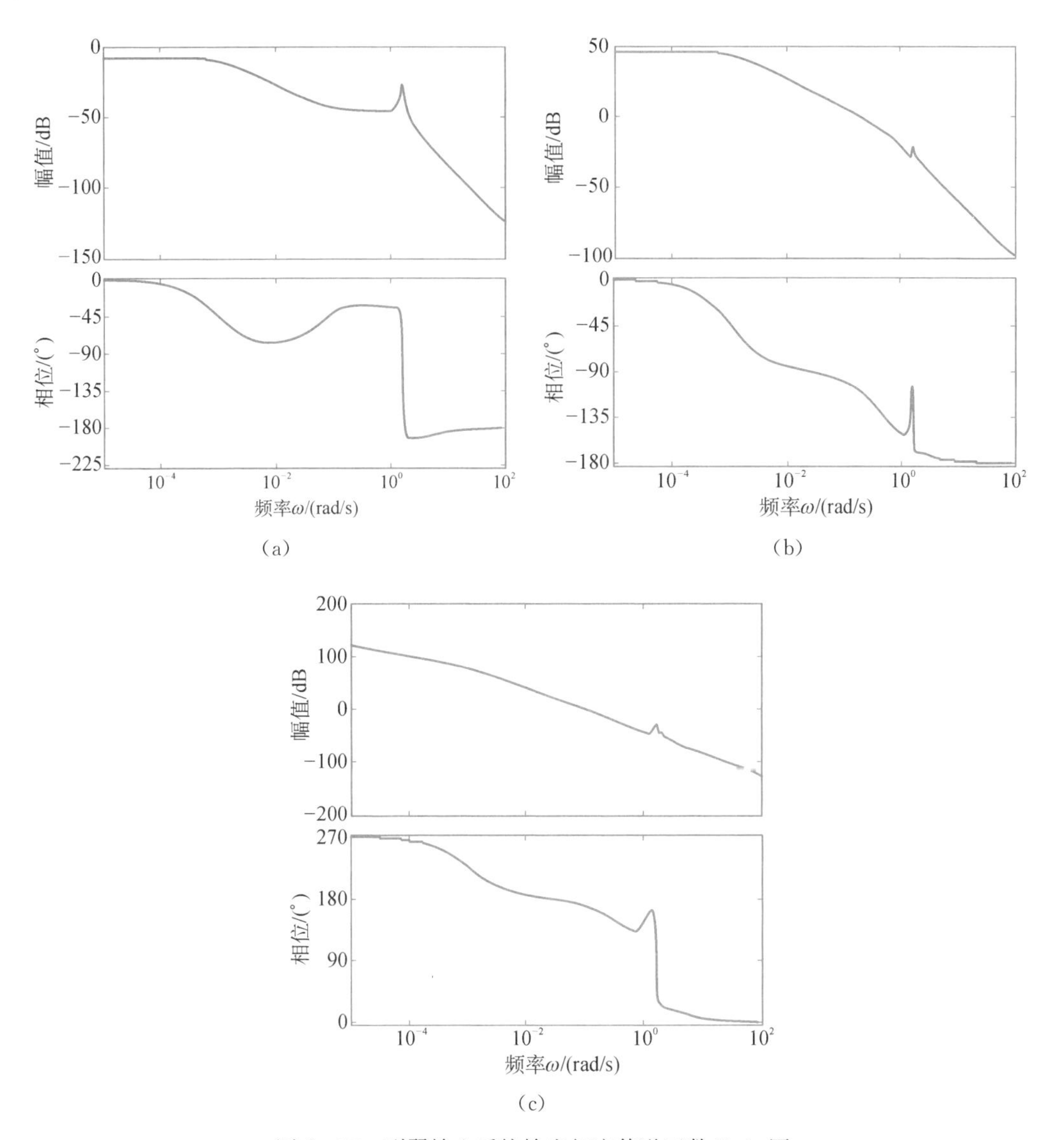

图 6-35　副翼输入系统输出相应传递函数 Bode 图

(a) $\frac{\Delta\beta(s)}{\delta_a(s)}$ Bode 图　(b) $\frac{\Delta\phi(s)}{\delta_a(s)}$ Bode 图　(c) $\frac{\Delta\psi(s)}{\delta_a(s)}$ Bode 图

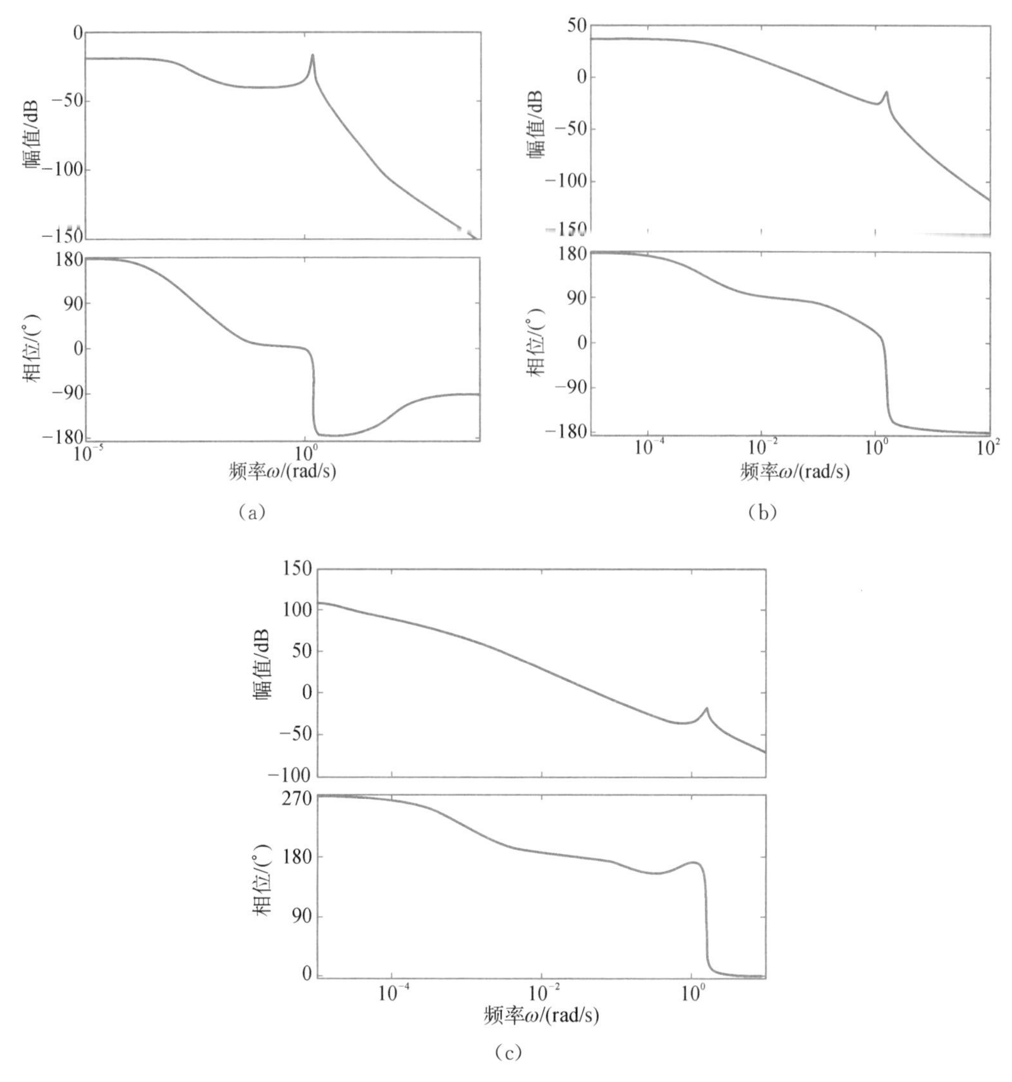

图 6-36 方向舵输入系统输出相应传递函数 Bode 图

(a) $\frac{\Delta\beta(s)}{\delta_r(s)}$Bode 图 (b) $\frac{\Delta\phi(s)}{\delta_r(s)}$Bode 图 (c) $\frac{\Delta\psi(s)}{\delta_r(s)}$Bode 图

6.3.5 纵横交感运动

当飞机做急滚等机动时会产生惯性交感力矩，为

$$M=\dot{q}I_y-I_{xz}(r^2-p^2)-(I_z-I_x)rp \tag{6-120}$$

$$N=\dot{r}I_z-I_{xz}(\dot{p}-qr)-(I_x-I_y)pq \tag{6-121}$$

惯性交感力矩会形成纵横交感运动，典型的有尾旋运动等，这些运动相对复杂，这里不再详细介绍。

练习题

6.1 某飞行器的纵向特征方程如下：

$$\Delta = 2401s^4 + 2161s^3 + 4645s^2 - 126s + 9 = 0$$

(1) 判断系统稳定性?

(2) 通过简化方法求解短周期特征根?

(3) 求短周期频率 ω_n、阻尼比 ζ?

(4) 通过简化方法求解长周期特征根?

6.2 考察麦道 DC-8 飞机，其在 33000 ft 高空以速度 $Ma = 0.84$ 做巡航飞行，飞机重量为 230000 lb，惯量 $I_x = 3.77 \times 10^6$，$I_y = 3.56 \times 10^6$，$I_z = 7.13 \times 10^6$，$I_{xz} = 45 \times 10^3$，重心位置 $X_{cg} = 0.15\bar{c}$，机翼参考面积 $S = 2600\,\text{ft}^2$，$b = 142.3\,\text{dt}$，$\bar{c} = 23\,\text{ft}$，飞机纵向动力学的雅可比矩阵，

$$\boldsymbol{A}_{\text{lon}} = \begin{bmatrix} -0.014 & 3.5432 & -32.2 & 0 \\ -0.0001 & -0.806 & 0 & 1 \\ 0 & 0 & 0 & 1 \\ -0.0007 & -8.8077 & 0 & -1.3442 \end{bmatrix}, \quad \boldsymbol{B}_{\text{lon}} = \begin{bmatrix} 0 \\ -0.042 \\ 0 \\ -4.5724 \end{bmatrix}$$

这里，系统的状态向量为 $\boldsymbol{x} = [\Delta V \quad \Delta\alpha \quad \Delta\theta \quad \Delta q]^{\text{T}}$，输出 $\boldsymbol{y} = \boldsymbol{x}$，单位：$[V(\text{fps}) \quad \alpha(\text{rad}) \quad \theta(\text{rad}) \quad q(\text{rad/s})]$，控制输入 $u = \delta_e(\text{rad})$，试求解：

(1) 系统的特征值和长短周期模态的特征参数，并对各个纵向运动模态的特性进行分析说明。

(2) 输入 $\delta_e = 0$，$\boldsymbol{x}_0 = [0 \quad 5° \quad 0 \quad 0]^{\text{T}}$ 的输出响应曲线。

(3) 绘制开环系统 Bode 图。

6.3 考察空客 A300 飞机，其飞行状态为速度 $V_0 = 264\,\text{m/s}$，高度 $H = 10000\,\text{m}$，推力 $T_0 = 85972\,\text{N}$，$\alpha_0 = 0°$，$\gamma_0 = 0°$，大气密度 $\rho = 0.4127\,\text{kg/m}^3$，做巡航飞行，其质量 $m = 130000\,\text{kg}$，重心位置 $25\%\bar{c}$，机翼参考面积 $S = 268\,\text{m}^2$，翼展 $b = 44.8\,\text{m}$，平均弦长 $\bar{c} = 6.6\,\text{m}$，转动惯量 $I_x = 6.011 \times 10^6\ \text{kg} \cdot \text{m}^2$，$I_y = 10.53 \times 10^6\ \text{kg} \cdot \text{m}^2$，$I_z = 15.73 \times 10^6\ \text{kg} \cdot \text{m}^2$，$I_{xz} = 0.33\,\text{kg} \cdot \text{m}^2$，最大推力 $T_{\max} = 320800\,\text{N}$，发动机安装位置 $z_T = 2.65\,\text{m}$，$\varphi_T = 2.17°$，重力加速度 $g = 9.776\,\text{m/s}^2$，飞机的纵向气动导数如下表所示。

$(C_L)_0 = 0.341$	$C_{L\alpha} = 6.22$	$C_{L\dot{\alpha}} = 1.55$	$C_{Lu} = 0.0484$	$C_{L\delta_e} = 0.194$
$(C_D)_0 = 0.023$	$C_{D\alpha} = 0.219$	$C_{Lq} = 3.80$	$C_{Du} = 0.0311$	$C_{D\delta_e} = 0.0068$
$(C_m)_0 = -0.0092$	$C_{m\alpha} = -1.081$	$C_{m\dot{\alpha}} = -17.30$	$C_{mq} = -35.44$	$C_{m\delta_e} = -0.771$
$C_{mu} = 0$	$\left(\dfrac{\partial T}{\partial V}\right)_0 \approx 0$	$\left(\dfrac{\partial T}{\partial \delta_p}\right)_0 \approx 85390$	—	—

(1) 试写出飞机基准运动的平衡方程。

(2) 试计算飞机的雅可比矩阵 $\boldsymbol{A}$, $\boldsymbol{B}$,并写出纵向运动状态方程。

(3) 分析纵向长短周期运动特征。

6.4 说明飞机长周期、短周期运动模态的物理成因、特点及近似处理方法。

6.5 考察例 5-3 模型,横侧向运动模型为 $\dot{\boldsymbol{x}}_{\text{lat}}=\boldsymbol{A}_{\text{lat}}\boldsymbol{x}_{\text{lat}}+\boldsymbol{B}_{\text{lat}}\boldsymbol{u}_{\text{lat}}$, $\boldsymbol{x}_{\text{lat}}=[v,\ p,\ r,\ \phi]^{\text{T}}$, $\boldsymbol{u}_{\text{lat}}=[\delta_{\text{a}}\ \delta_{\text{r}}\ \delta_{\text{as}}]^{\text{T}}$。

$$\boldsymbol{A}_{\text{lat}}=\begin{bmatrix}-0.2313 & 2.5974 & -150.0250 & 9.8052\\ -0.0365 & -1.7351 & 0.1274 & 0\\ 0.0253 & -0.0552 & -0.1263 & 0\\ 0 & 1.0000 & 0.0173 & 0\end{bmatrix}$$

$$\boldsymbol{B}_{\text{lat}}=\begin{bmatrix}-0.3581 & 7.6272 & 1.3525\\ 10.3902 & 0.5401 & -1.0416\\ 0.5294 & -2.4020 & -0.3701\\ 0 & 0 & 0\end{bmatrix}$$

(1) 计算飞机横侧向三个典型模态特征参数。

(2) 飞机在初始条件 $\boldsymbol{x}_{\text{lat}}=[0\quad 0\quad 0\quad 5°]^{\text{T}}$ 下所有状态的输出响应。

6.6 考察空客 A300 飞机,其飞行状态为速度 $\boldsymbol{V}_0=264\,\text{m/s}$,高度 $H=10000\,\text{m}$,推力 $T_0=85972\,\text{N}$, $\alpha_0=0°$, $\gamma_0=0°$,大气密度 $\rho=0.4127\,\text{kg/m}^3$,做巡航飞行,其质量 $m=130000\,\text{kg}$,重心位置 $25\%\bar{c}$,机翼参考面积 $S=268\,\text{m}^2$,翼展 $b=44.8\,\text{m}$,平均弦长 $\bar{c}=6.6\,\text{m}$,稳定轴中转动惯量 $I_{xs}=6.011\times10^6\ \text{kg}\cdot\text{m}^2$, $I_{ys}=10.53\times10^6\ \text{kg}\cdot\text{m}^2$, $I_{zs}=15.73\times10^6\ \text{kg}\cdot\text{m}^2$, $I_{xzs}=0.33\,\text{kg}\cdot\text{m}^2$,最大推力 $T_{\max}=320800\,\text{N}$,发动机安装位置 $z_{\text{T}}=2.65\,\text{m}$, $\varphi_{\text{T}}=2.17°$,重力加速度 $g=9.776\,\text{m/s}^2$,飞机的横侧向气动导数如下表所示。

$C_{Y\beta}=-1.149$	$C_{Yp}=-0.294$	$C_{Yr}=2.33$	$C_{Y\delta_{\text{a}}}=0.0$	$C_{Y\delta_{\text{r}}}=0.176$
$C_{l\beta}=-0.799$	$C_{lp}=-4.91$	$C_{lr}=1.7$	$C_{l\delta_{\text{a}}}=-0.0625$	$C_{l\delta_{\text{r}}}=0.0655$
$C_{n\beta}=0.808$	$C_{np}=-1.13$	$C_{nr}=-3.39$	$C_{n\delta_{\text{a}}}=-0.0285$	$C_{n\delta_{\text{r}}}=-0.3415$

(1) 试计算飞机的横侧向运动方程系数中各大导数。

(2) 写出雅可比矩阵 $\boldsymbol{A}_{\text{lat}}$, $\boldsymbol{B}_{\text{lat}}$,横侧向运动状态方程。

(3) 计算飞机横侧向三个典型模态特征参数。

(4) 假设 $u=[\delta_{\text{r}}]$,绘制开环系统 Bode 图。

(5) 绘制副翼单位阶跃输入下系统所有状态输出响应。

参考文献

[1] Perkins C D, Hage R E. Airplane performance stability and control [M]. Princeton: John Wiley & Sons, Inc., 1949.

[2] 高浩. 飞行动力学——飞机的操纵性与稳定性[M]. 西安:西北工业大学,2001.

[3] 张明廉. 飞行控制系统[M]. 北京:航空工业出版社. 1994.

第7章　古典飞行控制系统设计理论

本章首先介绍飞行控制系统设计任务和目标，飞行品质规范要求，然后详细介绍飞行控制系统的古典设计方法，如根轨迹法，频域法（Bode 图，Nyquist 图），SISO 系统的 PID 调节法等。

7.1　飞行控制系统的任务和设计目标

在民用航空领域，保证乘客的生命安全是民航客机设计中最为重要的指标，其次就是飞行的经济性、舒适性和稳定性等指标。在军用飞机领域，除了保证安全性目标以外，还要完成各种任务目标，比如超声速巡航、攻击等。为了完成现代飞机的各种任务，飞行控制系统的主要作用是：

(1) 改善飞行品质：

包含：①固有运动特性，如改善俯仰、滚转和偏航的固有阻尼特性等；②扰动特性，如改善飞机对扰动的响应特性。③操纵特性，如改善飞行器对操纵输入的响应特性。

(2) 协助航迹控制：

在空中飞行阶段，飞行员更需要飞行控制系统的支持。飞行控制系统不仅可以使飞行员进行精确的航迹控制，而且允许飞行员做出迅速变化的机动。

(3) 自动航迹控制：

自动航迹控制指飞机完全由飞行控制系统控制，例如自动着陆和自动飞行。

(4) 任务规划和飞行监控：

通常情况下，驾驶员应当对整个飞行过程进行有效的监控和规划。目前这项任务更多的是由飞行管理计算机来承担，飞行状态的监控可以归结为使用边界的控制，包括发动机最大工作状态（推力、涡轮前总温、转速等）、最大速度、最高高度、最大迎角和最大过载等。随着现代控制理论的迅速发展，现代飞行控制系统正在向着全自动无人驾驶的方向发展。

正是由于飞机控制系统具有上述作用，当驾驶员不能及时应对各种数据的观测和协调控制时，或者飞行员感到疲惫时，飞行控制系统能够协助飞行员完成复杂的任务。比如，在飞机出现故障时的着陆及障碍物的躲避，或者控制失效时的机动飞行。飞行控制系统也能完成重复性、经常性的机动飞行程序，比如长时间的巡航任务。有了飞行控制系统的帮助，飞行员就可以从复杂的操纵中解放出来，用以监控飞行的安全运行，当紧急状况时能做出正确的决策。

为了实现飞行控制系统的上述目标，飞行控制系统的设计应该遵循一些设计标准和规范，这些标准和规范主要对下面三方面提出了要求。

(1) 飞行品质要求：

飞行品质是对飞机本身来说，主要是飞机的稳定性和操纵性；飞行品质要求优先考虑飞行员对飞行能力和飞行安全性的期望；关心飞行品质特性和驾驶员操纵特性之间的联系，包括：飞行操纵影响因素。

(2) 飞行环境适应性要求：

飞机对飞行环境的适应性要求也就是说对飞行活动的适应性要求。

(3) 改善飞行性能要求：

例如应用主动控制技术可以增加战斗机的机动性能，从而改善飞行品质和飞行性能。常用主动控制技术如机动载荷控制和放宽静稳定性要求等。

随着现代飞机所执行的飞行任务越来越复杂，对飞机性能要求越来越高，因此，对飞行控制系统设计要求和标准也在不断完善和发展。

7.2　飞行品质规范

对于飞机的评价早期由飞行员给出，即飞机是否好操纵与稳定性好，飞行品质主要指操纵品质(handling quality)。评价飞行品质的标准称为飞行品质规范，是国家或者相关部门制定的法律性文件，规定系统总的性能要求和设计准则。近年来人们对飞行品质认识不断深入，更倾向于强调飞机的品质和特性与驾驶员操纵特性的联系，包括飞机的机动能力、操纵感觉、飞机响应特性等，因此，飞机的飞行品质是与飞行安全相关的，且涉及驾驶员在机动飞行过程中感受到的飞机是否容易驾驶的飞机特性。对飞行品质的评价，通过驾驶员执行各种飞行任务的感受和体会来主观评价，如“有效——精确跟踪轨迹”“安全——没有事故出现”“好飞——操纵省力(体力、脑力)”等。

对于飞行品质规范，早期适用于军用飞机，最早的军用飞行品质规范是美国于1907年发布的陆军通信规范，该规范主要要求：“飞机在飞行控制中始终处于完美的控制和平衡状态”。1943年，陆军航空兵发布AAF-C-1815飞行品质标准，对飞机的稳定性、操纵性和飞机动态响应提出了要求(依据飞行试验数据制订)；20世纪50年代中期，美国空军颁布了MIL-F-8785(ASG)，这是一部有人驾驶飞机的飞行品质规范。上述飞行品质的标准都是针对开环系统设计的，也只是飞行品质的鉴定标准而不是设计标准。20世纪60年代末，美国颁布了MIL-F-8785B，对基于人-机闭环特性进行了描述，同时不仅是鉴定标准，而且已经是设计标准；1980年，美国军标MIL-F-8785C发布，针对高阶系统的动态品质，提出“等效”飞机的概念和方法，同时给出有关大气扰动的定性要求；至今它仍是美国正式军用规范，也是世界各国所参考的主要飞行品质规范之一。

飞机的飞行品质是衡量飞机质量的重要组成部分。飞机没有良好的飞行品质，即使有良好的飞行性能，也无法充分地发挥出来。飞行品质涉及的主要内容包括：

(1) 飞行品质的等级：是对不同机种不同飞行阶段制订的最低条件，按照这些条件将飞机的飞行品质由好到差进行分级。

(2) 飞行品质要求：飞行品质要求主要包含纵向飞行品质要求和横侧向飞行品质要求，其中纵向飞行品质包括速度稳定性、纵向机动特性和纵向操纵特性；横侧向飞行品质则包括横侧向模态特性、横侧向动态和反应特性和滚转中的协调操纵等。

(3) 飞行品质规范：是由国家或相关部门统一制定的法律性文件，规定系统总的性能要求和设计准则。

(4) 驾驶员诱发振荡(pilot-induced oscillations)：驾驶员操纵引起的飞机持续的，或不可操纵的纵向或横向振荡。

7.2.1　飞行品质等级

早在20世纪60年代后期，美国空军就开始用库珀-哈珀(Cooper-Harper)方法评价飞机飞行品质的等级了。库珀-哈珀评价方法主要用于评价飞机驾驶难易程度及飞机操纵特性。该方法根据飞行员工作负荷与操纵质量，把飞机驾驶的难易程度分为10个等级，飞机驾驶员在驾驶飞机之后，根据自己的感觉，对照各种困难程度的定义，给出自己对这种飞机的评价。表7-1为Cooper-Harper的分级方法。

表7-1　Cooper-Harper等级

<table>
<tr><th>飞机特性</th><th>对飞行员的要求</th><th>飞行员评价尺度</th><th>等级</th></tr>
<tr><td>优异，非常理想</td><td>对期望的性能，无需飞行员补偿</td><td>1</td><td rowspan="3">1</td></tr>
<tr><td>很好，有微不足道的缺陷</td><td>对期望的性能，无需飞行员补偿</td><td>2</td></tr>
<tr><td>良，有微型不舒服的缺陷</td><td>对期望的性能，需要极少的补偿</td><td>3</td></tr>
<tr><td>较少但是令人讨厌</td><td>对期望的性能，飞行员要做出中等程度的补偿</td><td>4</td><td rowspan="3">2</td></tr>
<tr><td>比较不好</td><td>飞行员要做出相当大的补偿，才能得到适度的性能</td><td>5</td></tr>
<tr><td>非常不好，但可容忍</td><td>飞行员要做出广泛的补偿，才能得到适度的性能</td><td>6</td></tr>
<tr><td>有较大缺陷</td><td>要求飞行员给出最大容许补偿，但操纵不成问题</td><td>7</td><td rowspan="4">3</td></tr>
<tr><td>有较大缺陷</td><td>为了操纵，飞行员要给出相当大的补偿</td><td>8</td></tr>
<tr><td>有较大缺陷</td><td>为了保持操纵，需要飞行员做出极大的补偿</td><td>9</td></tr>
<tr><td>有重大缺陷</td><td>在飞行任务的某些作业中失败</td><td>10</td></tr>
</table>

从表 7－1 可以看出，飞机的飞行品质可分为三个等级，以此为参考，美国空军制定了 Mil－STD－8785C 飞行品质规范，下面将从三个方面介绍美国军标 Mil－STD－8785C 飞行品质等级。

1）军用飞机的种类

通常分为四类飞机：

（1）Ⅰ类：小型、轻型飞机，如教练机。

（2）Ⅱ类：中等质量、低至中等机动性飞机，如战斗轰炸机。

（3）Ⅲ类：大型、重型、低至中等机动性飞机，如重型轰炸机等。

（4）Ⅳ类：高机动性飞机，如歼击机等。

2）飞行阶段的种类

飞机飞行阶段分为三类，包括战斗阶段，航行阶段和起落阶段，如表 7－2 所示，具体描述如下，

（1）战斗阶段（A 类）——该阶段是需要高机动性、高跟踪精度、精确飞行轨迹控制的阶段，包括：空中格斗（CO），侦查（RC），对地攻击（GA），轰炸（WD），空中救援（AR），空中受油（RR），反潜侦查（AS），地形跟踪（TF），密集编队（FF）等。

（2）巡航阶段（B 类）——该阶段是平缓操作，精确飞行轨迹，无需精确跟踪的阶段，包括：上升（CL），巡航（CR），应急下降（ED），应急减速（DE），待机（LO），空投（AD），空中加油（RT）以及下降（D）等。

（3）起落阶段（C 类）——平缓操作，精确轨迹控制的阶段，包括：起飞（TO），进场（PA），复飞（WO），着陆（L）和弹射起飞（CT）等。

表 7－2　飞行阶段种类

飞行阶段	阶段种类	机动	跟踪
场域（如着陆）	C 起落	缓慢	精确
非场域（巡航或者空战）	B 巡航	缓慢	不精确
	A 战斗	急剧	精确

3）飞行品质的等级

等级 1：操纵品质明显适合完成飞行任务阶段。

等级 2：操纵品质适合于完成飞机任务阶段，但驾驶员工作负担有所增加或完成任务的效果欠佳，或两者兼而有之。

等级 3：操纵品质能满足安全操纵的要求，但驾驶员的工作负担过重或完成任务的效果不好，或两者兼而有之，如 A 种飞行阶段可能安全结束，B 和 C 飞机阶段能够完成。

飞行品质的等级决策过程如图 7－1 所示。

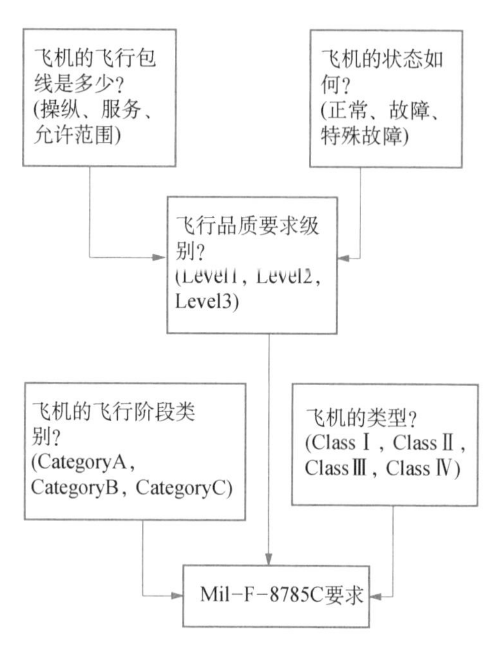

图 7-1　MIL-F-8785C 规范决策过程

7.2.2　飞行品质要求

7.2.2.1　纵向飞行品质要求

纵向飞行品质主要包含纵向静稳定性和纵向动稳定性。纵向静稳定性是指配平状态受到扰动恢复趋势的能力，主要包含纵向静稳定性、速度稳定性和飞行轨迹稳定性；纵向动稳定性是指飞机受扰在扰动消除后渐近地回到扰动前状态能力，主要包含短周期运动模态和长周期运动模态。

1）纵向静稳定性

（1）纵向静稳定性：

纵向静稳定性指纵向配平状态下受气流扰动后恢复平衡状态能力。纵向静稳定时，$C_{m\alpha}<0$。

（2）速度稳定性：

速度稳定性是指油门杆处于平衡位置，飞机水平飞行，当速度受到的扰动变化消失后飞机有恢复原速度的趋势。此时飞机做纵向长周期的振动运动，此过程中飞机迎角变化很小，主要反映在俯仰角和飞行速度的变化上，振动周期较长。在 MIL-F-8785C 中规定，飞机长周期俯仰响应应该满足下列要求：

等级 1：等效阻尼比 $\zeta_{ph}>0.04$。

等级 2：等效阻尼比 $\zeta_{ph}>0$。

等级 3：发散的倍幅时间 $T_2>55$ s。

（3）飞行轨迹稳定性：

飞机轨迹稳定性是指油门设置保持不变，通过对俯仰角控制，飞行航迹倾角随空速的变化是稳定的。飞机轨迹稳定性是衡量飞机轨迹稳定的指标，可表示为航迹倾角 γ 对空气速度 V 变化曲线的斜率。进场着陆飞行阶段，在最小使用速度 V_{0min} 处的局部斜率应为负值或小于下述正值：①等级 1：0.032 40°/(km/h)；②等级 2：0.081 0°/(km/h)；③等级 3：0.140°/(km/h)。

飞机的推力状态是以最小使用速度 V_{0min} 作为正常进场下滑轨迹时所要求的状态。航迹角对 V 曲线在 $V_{0min}-9.26$ km/h 处的斜率比 V_{0min} 处的斜率在正值方向不大于 0.026 9°/(km/h)。如图 7-2 所示，图中负斜率区是飞行轨迹的稳定区，随着航迹倾角减小，速度增加，驾驶员只需偏转升降舵即可控制速度。正斜率区是飞行轨迹的不稳定区，速度 V 随着航迹倾角减小而减小，只控制升降舵已无法调节好速度，还需控制发动机的油门来调速。

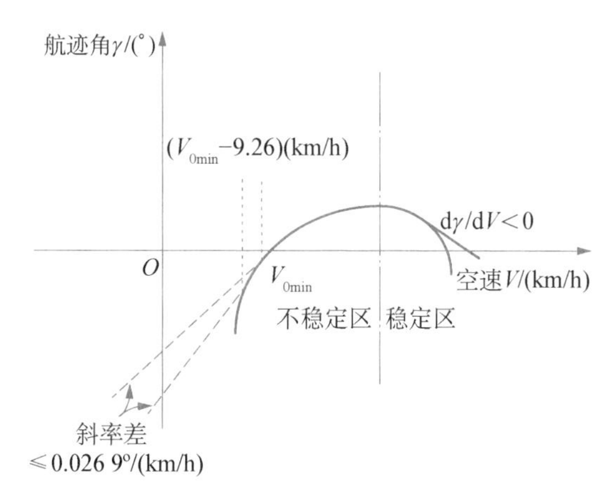

图 7-2　航迹倾角对空速变化曲线

2）纵向动稳定性

(1) 短周期阻尼比 ζ_{sp} 约束。

短周期阻尼比 ζ_{sp} 是描述飞机阻尼特性的重要参数，当短周期阻尼比 ζ_{sp} 过大的时候，飞机反应迟钝，操纵困难；当短周期阻尼比 ζ_{sp} 过小时，则飞机受扰过程中会出现振荡。表 7-3 所示是短周期阻尼比约束(针对等效系统)。

表 7-3　短周期阻尼比的约束

品质标准	飞行阶段 A、C		飞行阶段 B	
	ζ_{sp} 最小值	ζ_{sp} 最大值	ζ_{sp} 最小值	ζ_{sp} 最大值
等级 1	0.35	1.30	0.30	2.00
等级 2	0.25	2.00	0.20	2.00
等级 3	0.15	/	0.02	/

对于短周期运动阻尼比，按 MIL－F－8785C 中品质标准，定义为空中飞行阶段如图 7－3 所示，其中 CAP 为操纵期望参数，如式(7－1)。

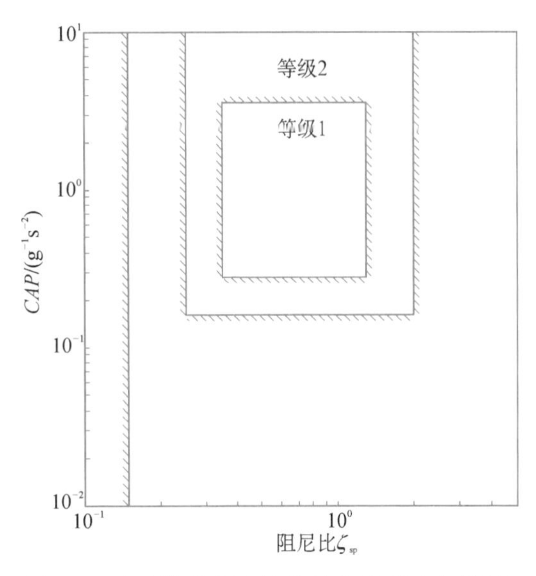

图 7－3 短周期阻尼比特性要求(A 种飞行阶段)

起飞着陆阶段短周期运动阻尼比要求如图 7－4 所示。

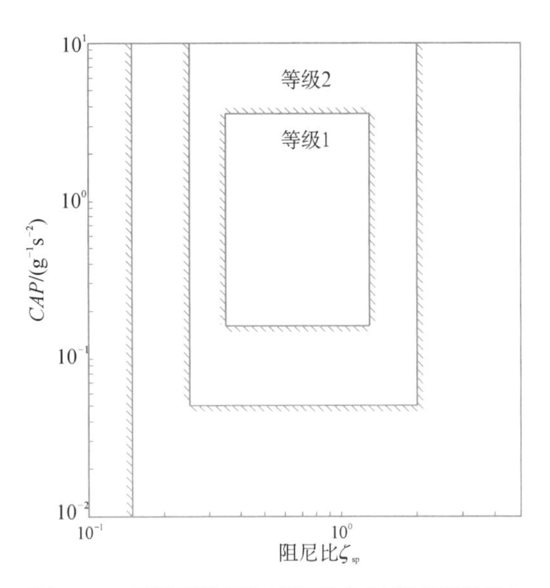

图 7－4 短周期阻尼比特性要求(C 种飞行阶段)

(2) 操纵期望参数。

操纵期望参数(control anticipation parameter, CAP)是指初始俯仰姿态变化与稳态飞行法向过载变化之比。操纵期望参数反映了短周期自然频率与过载灵敏度关系,也反映了驾驶员操纵反应的快慢程度。

$$CAP = \frac{(\ddot{\theta}/\delta_e)\mid_{t=0^+}}{(\Delta n_z/\delta_e)\mid_{t=\infty}} = \frac{\ddot{\theta}_0}{\Delta n_{z,\mathrm{ss}}} \approx \frac{(M_q Z_a/V_0 - M_a)}{Z_a/g} = \frac{\omega_{\mathrm{nsp}}^2}{n_z/\alpha} \tag{7-1}$$

而

$$CAP = \frac{\omega_{\mathrm{nsp}}^2}{n_z/\alpha} = \frac{\omega_{\mathrm{nsp}}^2}{\left(\frac{V}{g}\frac{1}{T_{\theta 2}}\right)} = \frac{gT_{\theta 2}\omega_{\mathrm{nsp}}^2}{V} \tag{7-2}$$

式中,$T_{\theta 2}$为飞机轨迹响应对应长周期的分子时间常数,在后续式(7-8)介绍。

从式(7-1)可知,该参数值应该在限定的范围,MIL-F-8785C 对 CAP 的等级规定如图 7-5(战斗阶段)、图 7-6(巡航阶段)、图 7-7(起飞着陆阶段)所示,其中斜线表示$\frac{\omega_{\mathrm{nsp}}^2}{n_z/\alpha}$斜率为常值。

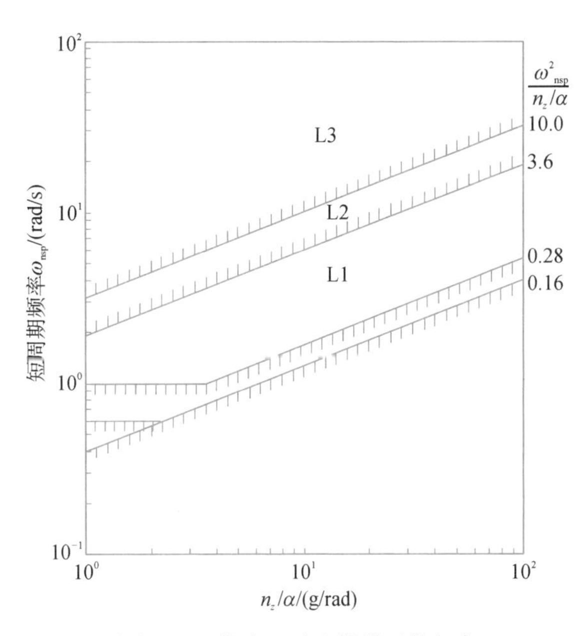

图 7-5 战斗 A 阶段操纵系数规定

(L1~L3 为等级 1~3)

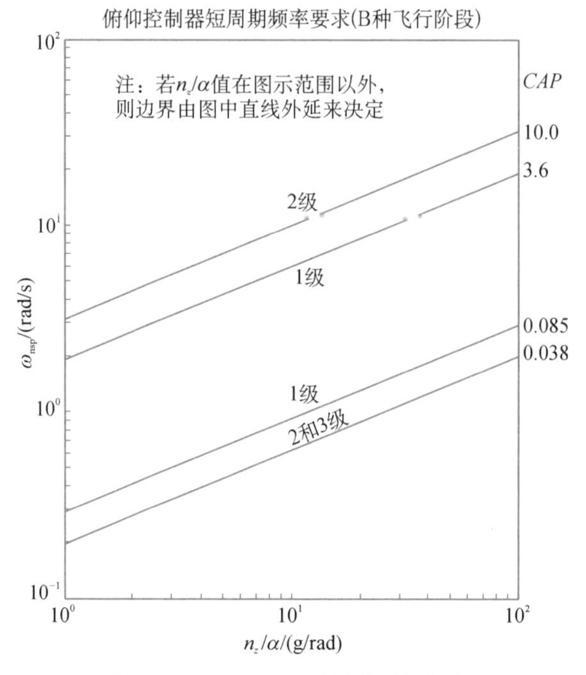

图 7-6 航行 B 阶段操纵系数规定

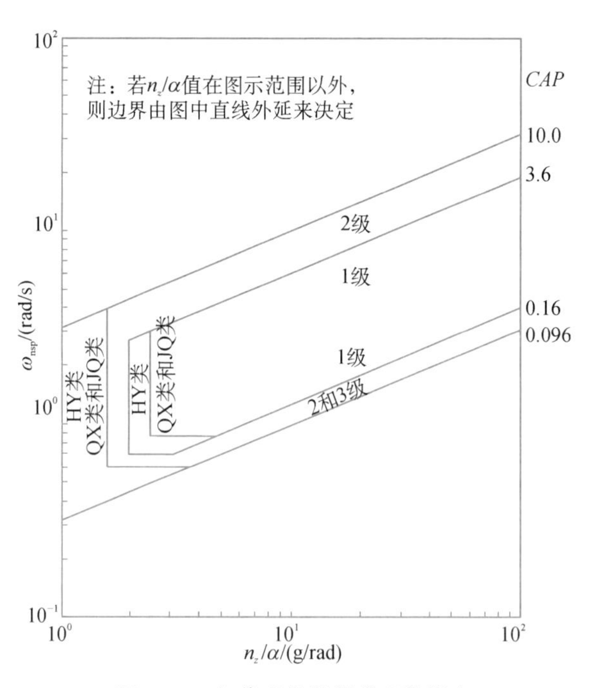

图 7-7 起落 C 阶段操纵系数规定

上述 CAP 对应值为低阶等效拟配系统值。

7.2.2.2　横侧向飞行品质要求

飞机横航向飞行品质主要有横航向静稳定性和横航向动稳定性。其中横航向静稳定性包括横向静稳定性和航向静稳定性，横向静稳定是指飞机具有保持机翼水平的趋势，横向静稳定时，$C_{l\beta} < 0$。航向静稳定是指在侧滑扰动下飞机具有恢复原平衡状态的趋势，航向静稳定时，$C_{n\beta} > 0$；横航向动稳定性主要有滚转收敛模态、螺旋模态和荷兰滚模态三个模态稳定性，在美军标 Mil－STD－1797 分别规定其品质要求。下面将从这三个方面分别介绍。

1）滚转模态

滚转收敛模态主要对滚转操纵时的滚转响应特性提出要求，滚转收敛模态，时间常数 $T_r = -1/\lambda_r$，低阶等效滚转模态时间常数 T_r 刻画了飞机的滚转阻尼特性，T_r 不能过小，要求 $1/T_r \leqslant 3$，否则飞机易发生过分的侧向突变和滚转棘齿现象，表现出小输入灵敏度高，大输入滚转效率不足，主要原因是高频段有过高的控制增益。滚转模态最大时间常数如表 7－4 所示。

表 7－4　滚转模态最大时间常数 T_r（单位：s）

飞行阶段	飞机类别	标准 1	标准 2
A，C	歼击机、轻小类	1.0	1.4
A，C	轰炸、运输机	1.4	3.0
B	全部	1.4	3.0

2）螺旋模态

螺旋模态是时间常数很大的缓慢收敛或发散过程，对飞行影响很小，MIL－F－8785C 规范中只规定了螺旋模态在不稳定情况下的最小倍幅时间，如表 7－5 所示。

表 7－5　最小螺旋模态倍幅时间 T_2（单位：s）

飞行阶段	1 级	2 级	3 级
A，C	≥12	≥8	≥4
B	≥20	≥12	≥4

3）荷兰滚模态

荷兰滚模态对荷兰滚无阻尼固有频率 ω_{nD} 和阻尼比 ζ_D 以及两者之积 $\omega_{nD}\zeta_D$ 都有最小值的要求，如表 7－6 所示。

表 7-6 荷兰滚模态无阻尼固有频率 ω_{nD} 和阻尼比 ζ_D 最小值

品质标准	飞行阶段	飞机类别	ζ_D	$\omega_{nD}\zeta_D$	ω_{nD}
标准 1	A	歼击机、轻小类	0.19	0.35	1.0
		轰炸机、运输机	0.19	0.35	0.5
	B	全部	0.08	0.15	0.5
	C	歼击机、轻小类	0.08	0.15	1.0
		轰炸机、运输机	0.08	0.10	0.5
标准 2	全部	全部	0.02	0.05	0.5

7.2.3 飞行品质的评价方法

从 20 世纪 40 年代开始，飞机的飞行品质研究得到了很大发展，评价方法也很多，如图 7-8 所示，包括：纵向运动准则，横侧向运动准则，而又包含时域准则与频域准则。这里主要介绍运用较多的 C^* 准则，及低阶等效拟配方法，其他准则参考文献[1]。

1) C^* 准则

C^* 准则是一种衡量飞机纵向运动特性的指标，由 Boeing 公司提出，其构型如图 7-9 所示，驾驶员的操纵用来控制法向过载和俯仰角速率两个运动参量。

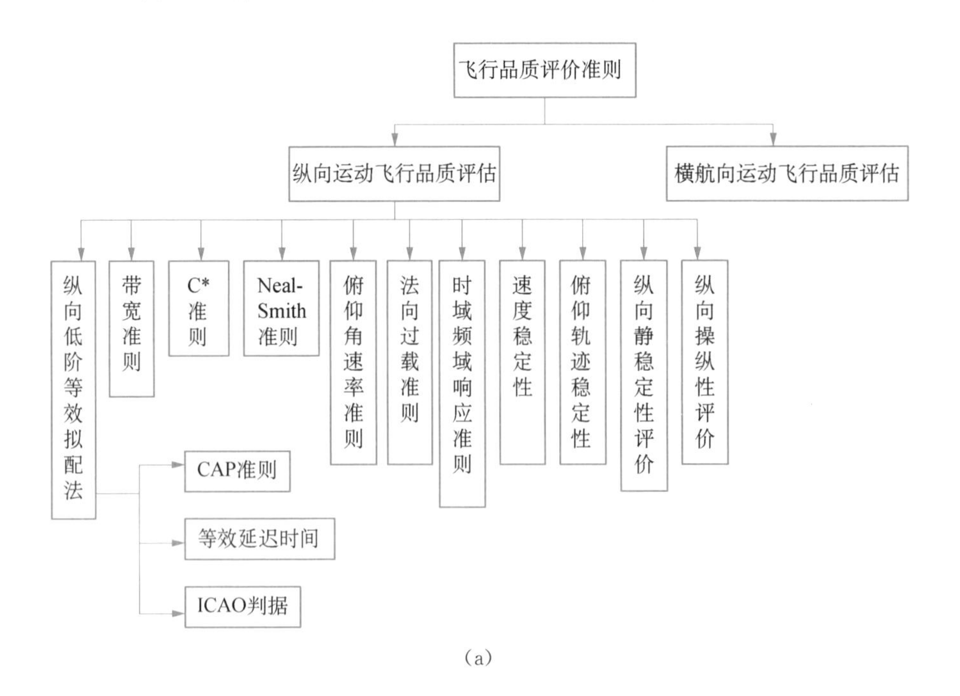

(a)

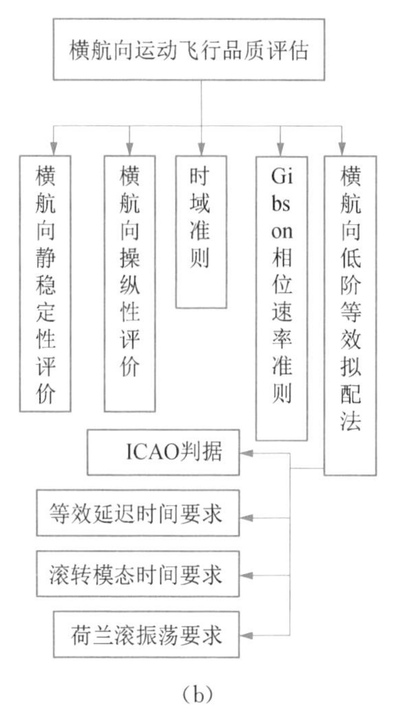

(b)

图 7－8　飞行品质评价准则

(a) 纵向运动准则　(b) 横侧向运动准则

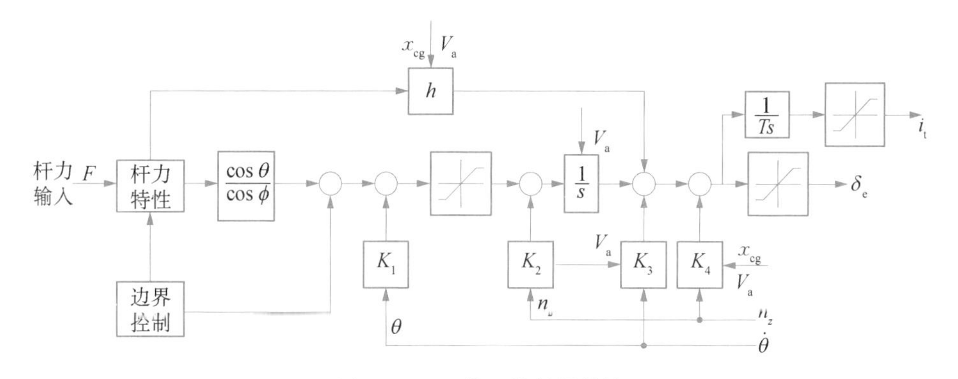

图 7－9　C* 构型控制器结构

图 7－9 中，$\dot{\theta}$ 是俯仰角速率，n_z 为法向过载。此种构型借助俯仰角速率反馈改善动态特性，提高短周期运动阻尼比；而法向过载反馈则有利于改善操纵性，提高短周期运动频率。在低速时，俯仰角速率占主导地位，而高速时则以法向过载为主。采用这两种控制信号的比例、积分反馈模式，不仅改善了短周期的运动品质，而且可以有效地分离长、短周期的运动频率，获得较高的控制精度。T 为积分时间常数，h 为操纵增益。

对于飞机低速飞行时，驾驶员主要感受俯仰角速率的响应；飞机高速飞行时，驾驶员主要感受法向过载的响应。所以定义 C* 响应为两者的混合响应，描述为

$$C^* = K_{nz}\Delta n_z + K_q\Delta q \tag{7-3}$$

式中，Δq 是俯仰角速率，Δn_z 为法向过载，K_{nz}，K_q 为权重系数，一般情况下 $K_{nz}=1$，$K_q = V_{co}/g$，V_{co} 为交叉速度。

则对于驾驶员来说，

$$C^* = \Delta n_{pilot} + \frac{V_{co}}{g}\Delta q \tag{7-4}$$

利用驾驶员处的法向过载 Δn_{pilot} 关系，有

$$\begin{aligned} C^* &= (l_{pilot}\Delta q + \Delta n_{c\cdot g}) + \frac{V_{co}}{g}\Delta q \\ &= \left[l_{pilot}\Delta q + \frac{V_{co}}{g}(\Delta q - \Delta a)\right] + \frac{V_{co}}{g}\Delta q \end{aligned} \tag{7-5}$$

式中，l_{pilot} 为驾驶员位置到重心的距离，V_{co} 为交叉速度，高速飞行时，n_z 起主导作用，在低速飞行时 q 起主导作用，显然存在一个速度，在此速度下驾驶员对法向过载 n_z 和俯仰角速率 q 的注意力相同，这个相同的速度就叫交叉速度，用 V_{co} 表示，其值随飞行状态、飞行任务不同而变化，一般推荐值为 120～130 m/s。

根据大量的地面试验和试飞结果，在 $n_z=1$ 输入下，确定 C^* 响应过程的包线如图 7-10 所示，其中，实线部分为空中机动部分的 C^* 上下界；虚线部分为飞机动力进近着陆的上下界，巡航时一般 $C^*=1$。这些包线不仅考虑了固有频率和阻尼比所描述的动态响应特性，而且也考虑了传递函数分子的动态特性、系统的高阶效应以及一定程度的非线性影响。

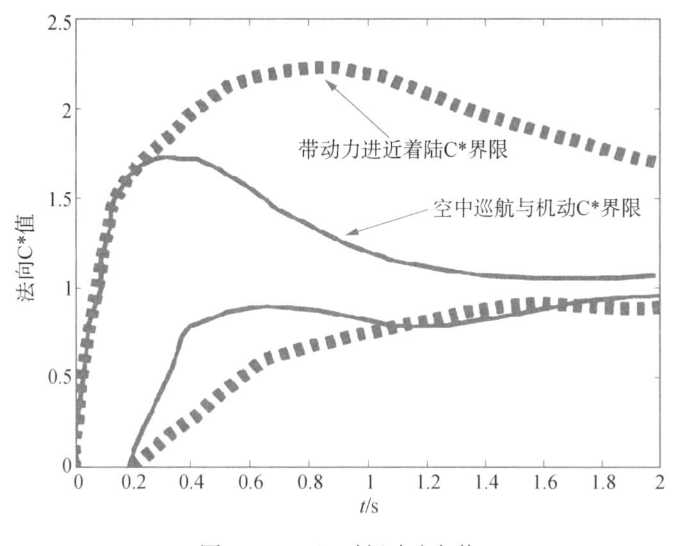

图 7-10 C^* 时间响应包络

作为 C^* 的一种改进形式，C^*U 准则运用于 B777 纵向俯仰飞行控制。其工作原理是：当飞机低速时，俯仰速率是操纵因子，驾驶员推拉杆控制飞机抬头、低头；当飞机高速时，载荷因子起主导作用，驾驶员推拉杆控制飞机产生过载；如果空速偏离参考配平速度，控制律特性使俯仰发生变化，使飞机回到参考空速上；如果空速加快，控制律使飞机上仰从而减慢飞机的速度。C^*U 控制律特性是 B777 独有，用俯仰控制律实现机动指令和速度稳定性，意味着除非驾驶员通过控制驾驶杆输入改变航路或者空速和启用速度稳定功能，否则已经确定的飞行航路保持不变；控制律只有在空速改变时需要调整，而飞机配置改变后不需调整。

2）D^* 准则

D^* 准则是评价飞机侧向飞行品质的时域性能指标

$$D^* = a_y + K_3\beta \tag{7-6}$$

式中，a_y 为侧向加速度，$K_3 = C_3\bar{q}_{co}$ 为侧滑增益系数，C_3 为转换系数，$\bar{q}_{co}$ 为交叉动压。

经验表明，侧向机动飞行中，驾驶员在低动压时主要感受飞机的侧滑，高动压时主要感受侧向加速度。过渡动压 $\bar{q}_{co}$ 使飞行员对侧滑和侧向加速度感受相同，该动压因飞行状态不同而不同，通常取 $\bar{q}_{co} = 1.7\,\text{kg/cm}^2$。

3）带宽准则

带宽准则利用俯仰角对俯仰操纵力输入的频域响应，计算频宽 ω_{BW}、时间延迟 τ_p 等参数，如图 7-11。

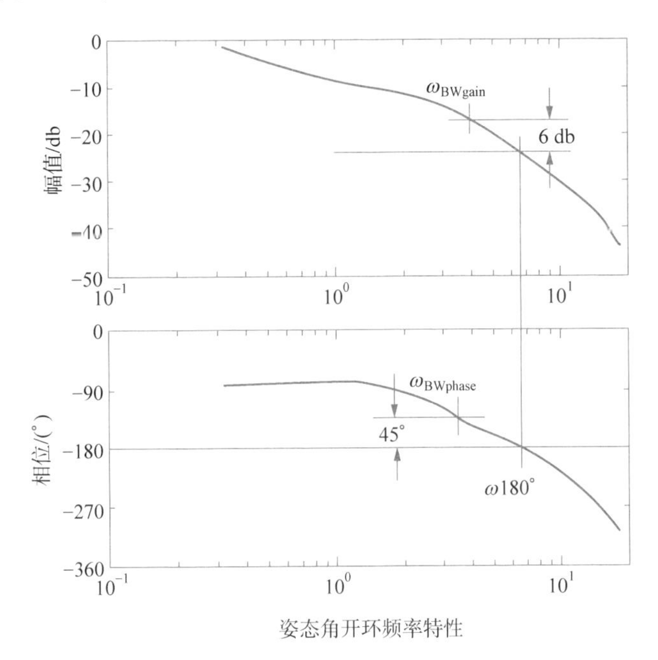

图 7-11　频宽 ω_{BW}、时间延迟 τ_p 计算示意图

其中，相位带宽 ω_{BWgain} 为(相位－135°)处的频率值；幅值带宽 $\omega_{BWphase}$ 为幅值是"(相位－180°)处的幅值＋6db"处的频率值；带宽 $\omega_{BW} = \min(\omega_{BWgain}, \omega_{BWphase})$；相位延迟 $\tau_p = -\dfrac{\phi_{2\omega180}+180}{57.3*2*\omega_{180}}$；式中 $\phi_{2\omega180}$ 为[(相位－180°)处的频率×2]处的相位值，ω_{180} 为(相位－180°)处的频率。频率单位为：rad/s。

带宽准则飞行品质等级评定方法是以频宽 ω_{BW}、时间延迟 τ_p 作为评定参数，空中飞行阶段按照图7－12进行评定，起飞着陆阶段按照图7－13进行评定。

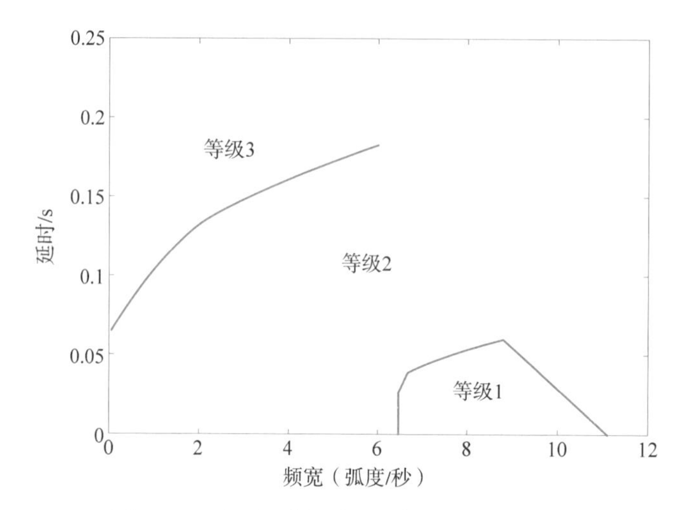

图7－12　频宽、时间延迟要求(A种飞行阶段)

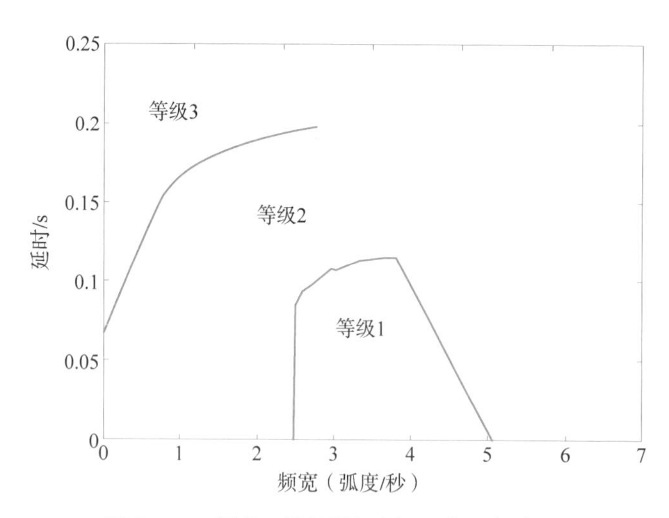

图7－13　频宽、时间延迟要求(C种飞行阶段)

4）等效系统法

由于飞机上广泛采用飞行控制系统并引入前馈、反馈补偿器，滤波器及结构变形等，描述飞机运动的动态方程其阶次可达50～70阶，其中很多附加模态不能与飞机的长短周期模态相区分，难以按照常规飞机的方法评价其飞行品质。最初为了使用常规飞机的飞行品质规范，期望从高阶系统的多个特征根中选择一对合适的短周期特征根。然而实际则很难选出，于是 MIL-STD-1797 建议采用等效系统进行处理。简单来说，高阶飞机的低阶等效系统是指，两个系统在相同的初始条件及外界激励下，在一定频域范围内或者时间段内，相应的输出量差值在某个指标意义下达到最小，则称该低阶系统为原高阶系统的等效系统。该系统通过时域或者频域拟合技术获得，常用频域拟合方法。

低频等效系统的频域拟配过程如图 7-14 所示，拟配原理就是把高阶系统的幅频和相频分别与低阶等效系统的幅频和相频进行比较，求其差并按照下式进行拟配，拟配代价函数为

$$J = \frac{20}{n}\sum_{i=1}^{20}\{[G_{\mathrm{HOS}}(i) - G_{\mathrm{LOS}}(i)]^2 + W[\Phi_{\mathrm{HOS}}(i) - \Phi_{\mathrm{LOS}}(i)]^2\} \tag{7-7}$$

式中，n 表示取多少个频点进行拟配，一般为每 10 倍频程取 10 个点，(0.1～10) rad/s 范围内取 20 个点，且是对数等间隔的；G_{HOS}，Φ_{HOS} 分别为高(低)阶系统在所选频值点处的幅值和相值；W 为加权值，一般 $W = 0.016 \sim 0.02$。

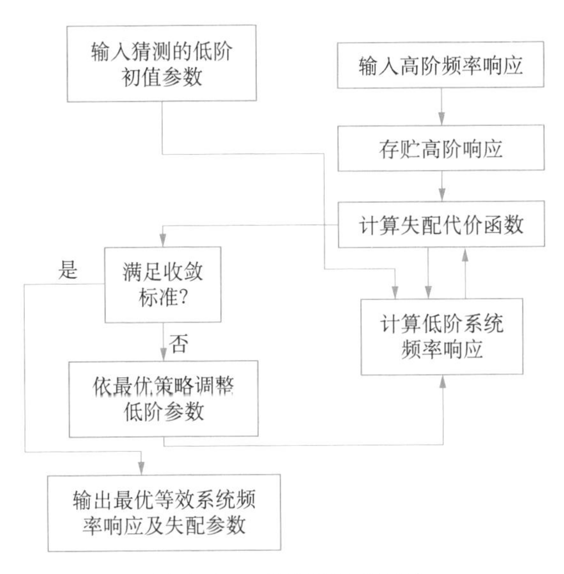

图 7-14　等效拟配流程图

一般低阶等效系统模型采用典型模态与时间延迟环节相乘的形式。对于飞机俯仰轴，其俯仰角速率和法向过载的低阶等效形式为

$$\frac{\dot{\theta}(s)}{F_{\mathrm{e}}(s)} = \frac{K_\theta\left(s+\frac{1}{T_{\theta1}}\right)\left(s+\frac{1}{T_{\theta2}}\right)}{(s^2+2\zeta_{\mathrm{sp}}\omega_{\mathrm{nsp}}s+\omega_{\mathrm{nsp}}^2)(s^2+2\zeta_{\mathrm{ph}}\omega_{\mathrm{nph}}s+\omega_{\mathrm{nph}}^2)}\mathrm{e}^{-\tau_\theta s} \tag{7-8}$$

$$\frac{n'_z(s)}{F_e(s)}=\frac{K_{n_z}\left(s+\frac{1}{T_{k1}}\right)}{(s^2+2\zeta_{sp}\omega_{nsp}s+\omega_{nsp}^2)(s^2+2\zeta_{ph}\omega_{nph}s+\omega_{nph}^2)}e^{-\tau_n s} \tag{7-9}$$

式中，K_θ，K_{n_z} 为增益；$\dot{\theta}$ 为俯仰角速率；F_e 为杆力输入；$T_{\theta1}$，$T_{\theta2}$，T_{k1} 分别对应长、短周期运动及过载的分子时间常数；ζ_{ph}，ζ_{sp}，ω_{nph}，ω_{nsp} 分别对应长短周期阻尼比和自然频率；n'_z 为飞机瞬时转动中心处的法向过载，τ_θ，τ_n 为俯仰与过载的时间延时。

将长、短周期模态分开，形成基本参数基：

$$\frac{\theta(s)}{F_e(s)}=\frac{K_\theta\left(s+\frac{1}{T_{\theta1}}\right)}{(s^2+2\zeta_{p}\omega_{nph}s+\omega_{nph}^2)} \tag{7-10}$$

$$\frac{q(s)}{F_e(s)}=\frac{K_q\left(s+\frac{1}{T_{\theta2}}\right)}{(s^2+2\zeta_{sp}\omega_{nsp}s+\omega_{nsp}^2)}e^{-\tau_\theta s} \tag{7-11}$$

$$\frac{n'_z(s)}{F_e(s)}=\frac{K_{n_z}}{s^2+2\zeta_{sp}\omega_{nsp}s+\omega_{nsp}^2}e^{-\tau_n s} \tag{7-12}$$

MIL－STD－1997 品质规范规定，在进行等效拟配时，要求对 q 和 n'_z 同时进行拟配，驾驶员输入可为杆力或杆位移。

例 7－1　某飞机纵向运动，其高阶系统的传递函数如下：

$$\frac{q(s)}{F_e(s)}=\frac{(2.68s^2+29.27s+24.60)\times10^6}{s^7+121.63s^6+7171.2s^5+158540s^4+2.17\times10^6s^3+1.48\times10^7s^2+6.06\times10^7s+8.55\times10^7} \tag{7-13}$$

$$\frac{n_z(s)}{F_e(s)}=\frac{(12247s^3+144400s^2-1.8042\times10^6s-2.02\times10^7}{s^7+121.63s^6+7171.2s^5+158540s^4+2.17\times10^6s^3+1.48\times10^7s^2+6.06\times10^7s+8.55\times10^7} \tag{7-14}$$

求此高阶系统的等效低阶系统。

解:第一步设初值：

根据式(7－11)和式(7－12)，假设其中未知参数的初值，如表 7－7 第一行，得

$$\frac{q(s)}{F_e(s)}=\frac{5.1633(s+1.1454)}{s^2+2*1.0781*5.8671s+5.8671^2}e^{-0.1469s} \tag{7-15}$$

$$\frac{n_z(s)}{F_e(s)}=\frac{-8.0336}{s^2+2*1.0781*5.8671s+5.8671^2}e^{-0.2063s} \tag{7-16}$$

第二步拟配参数迭代优化：

通过拟配参数迭代，使得失配系数 J 尽可能地小(表 7－7 为本例拟配过程中的

参数值)。

表7-7　拟配参数迭代优化

K_q	$1/T_\theta$	ζ_{sp}	ω_{nsp}	τ_θ	K_{nz}	τ_n	$J(K=0.0175)$
5.163300000000 00	1.145400000000 00	1.078100000000 00	5.857100000000 00	0.146900000000 00	−8.033600000000 00	0.206300000000 00	4.918825891263024×10²
6.512813655875 51	1.095207513286 38	0.900358112324 58	4.960993928861 53	0.166589920832 20	−5.748362407099 31	0.181454438507 57	11.52241865217166
6.511236946621 04	1.095320833498 95	0.900163890003 70	4.960603195715 75	0.166563403137 99	−5.747165900664 02	0.181439139537 47	11.52241415578057

由参数拟配迭代得到的参数代入原式中得到等效低阶系统的传递函数,图7-15为高阶、低阶系统幅相拟配误差曲线。Matlab仿真代码可扫描右侧二维码获取。参考文献[2],图7-15(a),图7-15(c)中,拟配误差上下界包络传递函数分别为

$$G_U(s)=\frac{3.16s^2+31.6s+22.79}{s^2+27.14s+1.84}$$

$$G_D(s)=\frac{0.0955s^2+9.92s+2.15}{s^2+11.6s+4.96}$$

图7-15(b),图7-15(d)中,拟配误差上下界包络传递函数分别为

$$G'_U(s)=\frac{68.89s^2+1100.12s-275.22}{s^2+39.94s+9.99}e^{0.0059s}$$

$$G'_D(s)=\frac{475.32s^2+184100s+29456.1}{s^2+11.66s+0.0389}e^{-0.0072s}$$

在拟配过程中,要注意两个问题。第一,合理选取初值可以加快拟配速度,并使结果合理(系统会有多个局部最小值点,不同初值的拟配结果会产生差异);第二,对

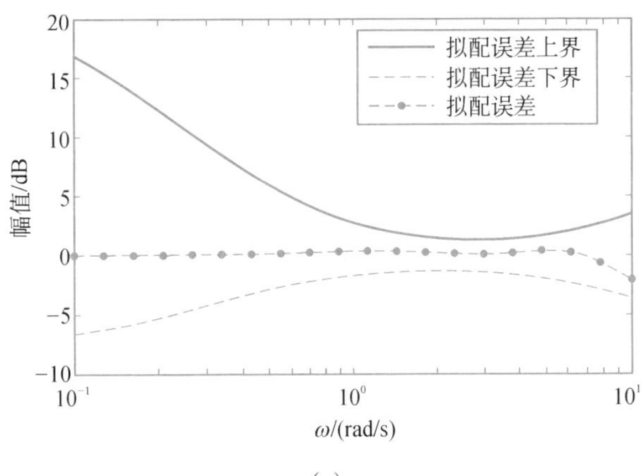

(a)

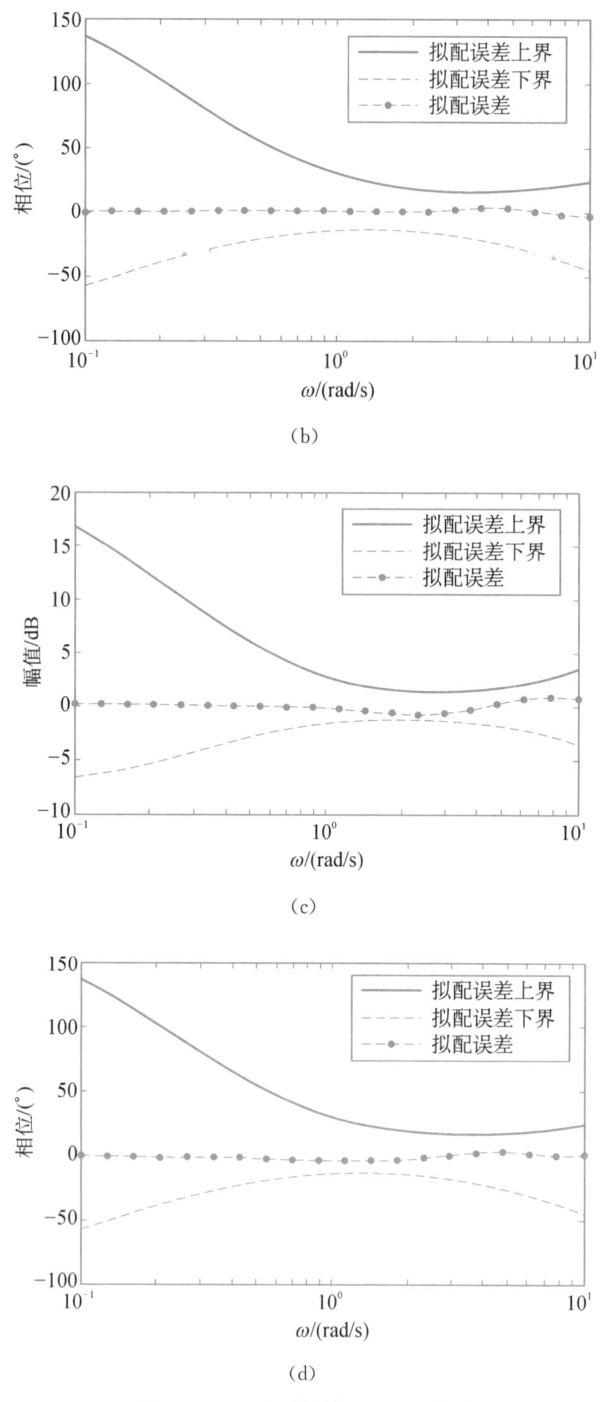

图 7-15 飞机等效拟配误差曲线

(a) 俯仰角速率幅频响应拟配误差曲线 (b) 俯仰角速率相频响应拟配误差曲线 (c) 法向过载幅频响应拟配误差曲线 (d) 法向过载相频响应拟配误差曲线

频率、阻尼等参数的取值进行限制，从而放宽对目标函数的限制。

7.3　古典飞行控制系统的设计方法

首先了解一下控制理论的发展概况，表 7－8 总结了 20 世纪控制理论发展概况。

表 7－8　20 世纪的控制理论发展

	控制理论		
	古典控制 1930—1960 年	最优控制 1960—1980 年	鲁棒控制 1980—至今
分析 (ananlysis)	Nyquist 图 Bode 图 根轨迹 幅值、相位裕度	状态空间法 可控性 可观性 随机过程	奇异值理论 μ 分析 谱分解
综合 (synthesis)	PID 控制器	状态反馈线性二次型调节器 LQR Kalman 滤波，预测控制 LQG 线性二次型高斯调节器控制	H_∞ 综合 μ 综合 LQG/LTR 回路传递恢复控制 Youla 参数化
系统描述	频域	时域	频域

控制理论的发展大体经历了 3 个发展阶段，1930—1960 年称为古典控制时期，期间 Nyquist 图、Bode 图、根轨迹开发成综合工具，以获得单输入、单输出(SISO)系统稳定性、鲁棒性等性能，系统描述主要是频域来刻画。1960—1980 年称为最优控制阶段。20 世纪 60 年代开始 Kalman 等人提出了可控性、可观性、最优滤波、最优状态反馈等概念，这些概念基于状态空间，用来描述微分方程，而不是传递函数，状态空间法描述可以获得使性能指标最优的控制，不仅适合于单输入、单输出系统，而且适合于多输入、多输出系统，Kalman 给出了 LQG(linear quadratic Gaussian)问题状态空间最优解，结果显示全状态反馈 LQ 具有很强的鲁棒性，提供 60°相位裕度，∞幅值裕度，且与加权矩阵无关。与之对偶的是最优观测器设计，特点相似。这些理论促进了时域描述发展。

然而，LQG 类实际系统只是描述系统平均性能，且通常稳定性低，与理论有矛盾。1979 年美国学者 Doyle 和 Stein 发现此问题，即使每个独立的控制器是最优的，也不能保证综合后系统性能最优。1981 年 Doyle 和 Stein 提出了奇异值描述灵敏度迹(trace)及有界范数不确定概念，表明多变量奇异值分析与古典尺度频率分析具有一定相似性，并开展 LQG/LTR(loop-transfer recovery)算法的研究，奇异值分析和综合成为 80 年代后鲁棒控制的代表，一直到今天很多学者都在研究。

在飞行控制系统设计中，古典飞行控制设计方法占了重要的位置。古典的飞行控制方法根据设计人员的经验设计，比较直观；设计者能看清系统性能的改善过程；现行的飞行品质、性能评价准则，也都是依据古典理论及概念提出的。古典飞行器控制方法，例如 Routh 稳定性标准、根轨迹、频域分析和时域分析，都很适合单输入/单输出线性系统的设计。应用这些古典设计方法，可以得到所期望的系统稳定性和时域响应。

用 Laplace 变换和频域建立系统模型

时域函数 $f(t)$的 Laplace 变换为

$$\mathscr{L}\{f(t)\} = F(s) = \int_0^{\infty} f(t)\mathrm{e}^{-st}\mathrm{d}t,\ R_{\mathrm{e}}(s) > 0 \tag{7-17}$$

拉氏变换本质是傅氏变换，即对 $f_0(t)u(t)\mathrm{e}^{-\beta t}$ 傅氏变换，有

$$G_\beta(\omega) = \int_{-\infty}^{+\infty} f_0(t)u(t)\mathrm{e}^{-\beta t}\mathrm{e}^{-\mathrm{j}\omega t}\mathrm{d}t = \int_0^{+\infty} f(t)\mathrm{e}^{-(\beta+\mathrm{j}\omega)t}\mathrm{d}t = \int_0^{+\infty} f(t)\mathrm{e}^{-st}\mathrm{d}t \tag{7-18}$$

拉式反变换为

$$f(t) = \mathscr{L}^{-1}[F(s)] \tag{7-19}$$

常用 Laplace 变换函数如表 7-9 所示。

表 7-9 常用 Laplace 变换函数

时域函数 $f(t)$	拉氏复频域函数 $F(s)$	时域函数 $f(t)$	拉氏复频域函数 $F(s)$
单位脉冲 $\delta(t)$，$\delta(t-T)$	$1,\ \mathrm{e}^{-sT}$	单位阶跃函数 $I(t)$	$1/s$
指数时延 e^{-at}	$\frac{1}{s+a}$	$\sin\omega t,\ \cos\omega t$	$\frac{\omega}{s^2+\omega^2},\ \frac{s}{s^2+\omega^2}$
$\frac{\mathrm{d}}{\mathrm{d}t}f(t)$	$sF(s)-f(0)$	$\frac{\mathrm{d}^2}{\mathrm{d}t^2}f(t)$	$s^2F(s)-sf(0)-f(0)$
$\mathrm{e}^{at}\sin\omega t$	$\frac{\omega}{(s-a)^2+\omega^2}$	$\mathrm{e}^{at}\cos\omega t$	$\frac{s-a}{(s-a)^2+\omega^2}$

例 7-2 考虑单自由度的弹簧振子系统(见图 7-16)。

由牛顿运动定律，得其动力学方程为

$$F_y = F - ky - f\dot{y} = m\ddot{y} \tag{7-20}$$

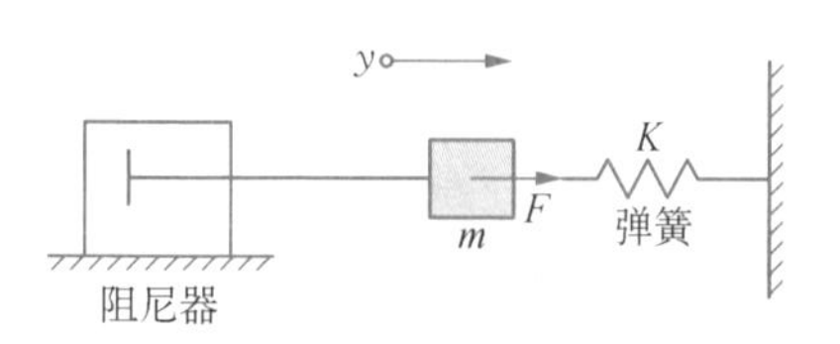

图 7-16 弹簧振子系统

式中，F 为外力，F_y 为 y 方向合外力，k 为弹簧刚度系数，f 为阻尼器系数。

$$\ddot{y} + \frac{f}{m}\dot{y} + \frac{k}{m}y = \frac{F(y)}{m} \tag{7-21}$$

这是一个线性系统，通过零初值拉氏变换，得

$$[s^2Y(s)-sy(0)-\dot{y}(0)]+\frac{f}{m}[sY(s)-y(0)]+\frac{k}{m}Y(s)=\frac{F(s)}{m} \quad (7-22)$$

代入零初值，即

$$\left(s^2+\frac{f}{m}s+\frac{k}{m}\right)\cdot Y(s)=\frac{F(s)}{m} \quad (7-23)$$

得其传递函数为

$$G(s)=\frac{F(s)}{Y(s)}=\frac{1}{s^2+\frac{f}{m}s+\frac{k}{m}}=\frac{1}{s^2+2\zeta\omega_n s+\omega_n^2} \quad (7-24)$$

式中，$\omega_n=\sqrt{\frac{k}{m}}$，$\zeta=\frac{f}{2\sqrt{mk}}$，$\omega_n$ 是弹簧振子的固有频率，ζ 是弹簧振子的阻尼比。弹簧振子震荡原因如图 7-17 所示。

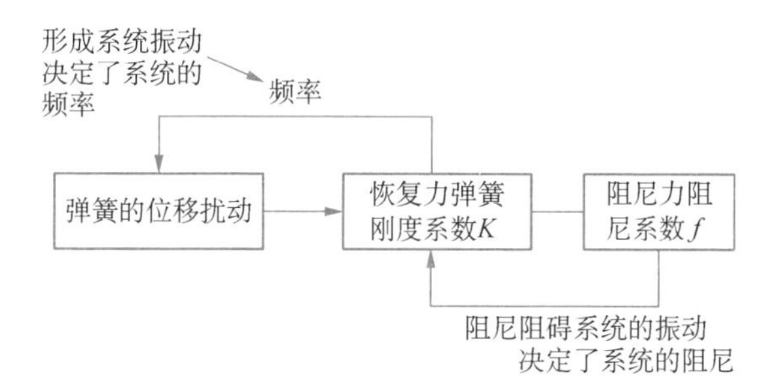

图 7-17　弹簧振子振荡原因

飞机各个模态的振动也都是由飞机的具体参数决定的，如表 7-10 所示。

表 7-10　飞机的振荡模态

振荡模态	频率的决定因素	阻尼的决定因素
弹簧振子	弹簧刚度系数	阻尼系数
短周期	纵向静稳定导数 M_α	纵向阻尼导数 M_q
长周期	以 Z_u 为主	以 X_u 为主
荷兰滚	航向静稳定性导数 N_β	偏航阻尼导数等 N_r，Y_β

如果系统的输入端和输出端之间不存在反馈回路，输出量对系统的控制作用没有影响，这样的系统称为开环系统，弹簧振子就是一个简单的开环系统。系统的输出端和输入端间存在反馈回路，即输出对控制量有直接影响的系统称为闭环系统，

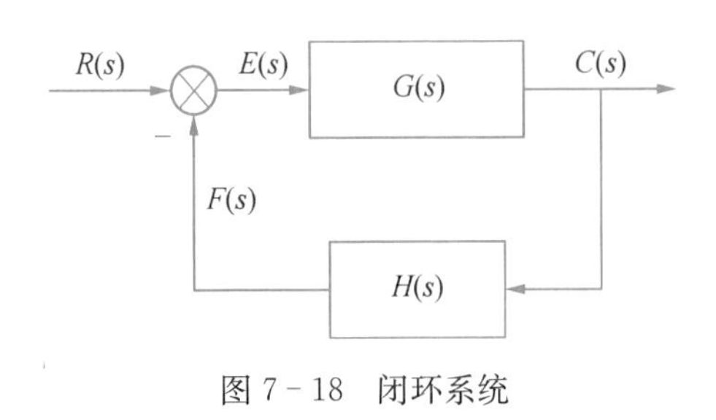

图 7-18 闭环系统

如图 7-18 所示。

图 7-18 中输入 $E(s)$ 到系统和输出 $C(s)$ 的传递函数

$$G(s)=\frac{C(s)}{E(s)} \tag{7-25}$$

输出 $C(s)$ 到反馈路径输出 $F(s)$ 的传递函数

$$H(s)=\frac{F(s)}{C(s)} \tag{7-26}$$

误差信号

$$E(s)=R(s)-F(s) \tag{7-27}$$

闭环系统总传递函数为

$$G_c(s)=\frac{C(s)}{R(s)}=\frac{G(s)}{1+G(s)H(s)} \tag{7-28}$$

式中，$s=\mathrm{j}w$，$\mathrm{j}=\sqrt{-1}$。

考虑闭环系统，如图 7-19 所示。

当 $K=1$，称为单位负反馈，这时的传递函数：

$$G_c(s)=\frac{G(s)}{1+G(s)} \tag{7-29}$$

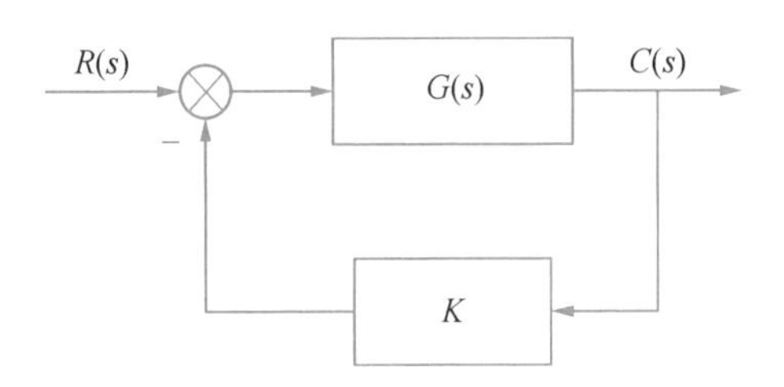

图 7-19 闭环系统

若 $G(S)=\dfrac{N(s)}{D(s)}$，则

$$G_c(s)=\frac{N(s)}{D(s)+N(s)} \tag{7-30}$$

对于反馈系数为 K 的负反馈：

$$G_c(s)=\frac{N(s)}{D(s)+KN(s)} \tag{7-31}$$

采用反馈控制不改变传递函数的分子多项式 $N(s)$，仅改变分母多项式(特征方程)；从物理角度讲，反馈控制改变了模态特性，而对模态比没有影响。就是说，加入反馈后飞机各运动参数之间的幅值比和相位差不变。

分析一个系统的稳定性，包括瞬态响应和稳态响应，其中动态分析法包括根轨迹分析法、时域分析法和频域分析法等；稳态分析法包括劳斯稳定判据、古尔维茨稳定判据和稳态误差公式等。下面将介绍几种常见的古典飞行控制系统的设计方法。

7.3.1　Routh 标准设计方法

Routh 标准设计方法就是根据劳斯-赫尔维茨稳定性判据来判断飞行控制系统的稳定性。劳斯-赫尔维茨稳定性判据分别由劳斯和赫尔维茨独立提出。该判据可以不求解系统特征方程的根，而直接由特征方程系数来判别系统是否满足稳定的充分必要条件。应用 Routh 判据判断系统的稳定性，首先要根据系统特征方程的系数，按照一定的规则构成 Routh 阵表，再按照 Routh 阵列第一列元素的符号来判断系统的稳定性。

若系统的特征方程为

$$\Delta(s) = a_0 s^n + a_1 s^{n-1} + \cdots + a_{n-1} s + a_n \tag{7-32}$$

则 Routh 阵列表如下：

$$\begin{array}{c|ccccc} s^n & a_0 & a_2 & a_4 & a_6 & \cdots \\ s^{n-1} & a_1 & a_3 & a_5 & a_7 & \cdots \\ s^{n-2} & b_1 & b_2 & b_3 & b_4 & \cdots \\ s^{n-3} & c_1 & c_2 & c_3 & c_4 & \cdots \\ s^{n-4} & d_1 & d_2 & d_3 & d_4 & \cdots \\ \vdots & \vdots & \vdots & \vdots & \vdots & \\ s^2 & e_1 & e_2 & & & \\ s^1 & f_1 & & & & \\ s^0 & g_1 & & & & \end{array} \tag{7-33}$$

式中，

$$b_1 = -\frac{\begin{vmatrix} a_0 & a_2 \\ a_1 & a_3 \end{vmatrix}}{a_1},\ b_2 = -\frac{\begin{vmatrix} a_0 & a_4 \\ a_1 & a_5 \end{vmatrix}}{a_1},\ b_3 = -\frac{\begin{vmatrix} a_0 & a_6 \\ a_1 & a_7 \end{vmatrix}}{a_1}$$

$$c_1 = -\frac{\begin{vmatrix} a_1 & a_3 \\ b_1 & b_2 \end{vmatrix}}{b_1},\ c_2 = -\frac{\begin{vmatrix} a_1 & a_5 \\ b_1 & b_3 \end{vmatrix}}{b_1},\ c_3 = -\frac{\begin{vmatrix} a_1 & a_7 \\ b_1 & b_4 \end{vmatrix}}{b_1}$$

$$d_1 = -\frac{\begin{vmatrix} b_1 & b_2 \\ c_1 & c_2 \end{vmatrix}}{c_1},\ d_2 = -\frac{\begin{vmatrix} b_1 & b_3 \\ c_1 & c_3 \end{vmatrix}}{c_1},\ d_3 = -\frac{\begin{vmatrix} b_1 & b_4 \\ c_1 & c_4 \end{vmatrix}}{c_1},\ \cdots$$

$$e_1 = \Delta_{n-2}/\Delta_{n-3}$$

$f_1 = \Delta_{n-1}/\Delta_{n-2}$，$g_1 = \Delta_n/\Delta_{n-1} = a_n$，$\Delta_i$ 参考图 6 - 4。

控制系统稳定的充分必要条件是 Routh 列表第一列元素不改变符号。如果该列元素改变符号，则系统不稳定，且改变符号的次数等于系统特征方程含正实部根的个数。

例7-3 设某系统的特征方程为

$$s^4 + 5s^3 + 5s^2 + 6s + 6 = 0 \tag{7-34}$$

试判断该系统的稳定性。

解:系统的 Routh 列表为

$$\begin{array}{c|ccc} s^4 & 1 & 5 & 6 \\ s^3 & 5 & 6 & 0 \\ s^2 & 3.8 & 6 & \\ s^1 & -\dfrac{36}{19} & 0 & \\ s^0 & 6 & & \end{array}$$

所得 Routh 列表第一列元素符号改变两次,所以系统不稳定,且特征方程有两个根在 s 平面的右半部分。

7.3.2 控制系统时域分析法

当飞行员考虑可接受的操纵品质时,飞机的动稳定特性要满足相应指标要求。飞机的动态过程的性能好坏是用瞬态响应指标来衡量的,通常用时间域瞬态响应的几个特征量来评价飞机的动态性能。这些指标主要有:上升时间 t_r、峰值时间 t_{max}、最大超调量 M_p 和调节时间 t_s 等。

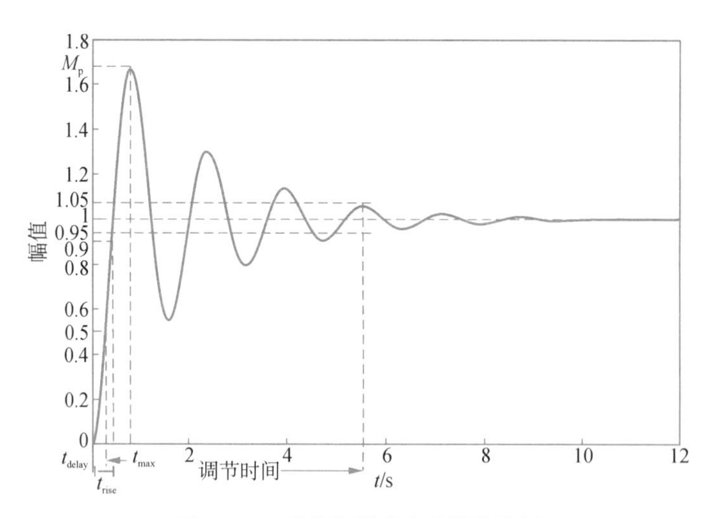

图 7-20 系统阶跃响应的性能指标

上升时间 t_r:对于超调系统,指响应曲线从 0 上升到稳态值的 100%所需要的时间。对于不超调的系统,则是响应曲线从稳态值的 10%上升到 90%所需要的时间。

峰值时间 t_{max}：响应曲线达到第一次峰值所需要的时间。

延迟时间 t_d：响应曲线第一次达到其终值一半所需要的时间。

最大超调量 M_p：响应曲线的最大值与稳态值之差。

调节时间 t_s：在响应取向的稳态值线上，用稳态值的 ±5% 作误差带，响应曲线达到并保持不超过这个误差带所需要的时间。

对于一般一阶系统

$$G_p(s) = \frac{K_p}{1 + sT} \tag{7-35}$$

在Ⅰ型控制器 $G_c(s)$ 下，闭环的控制系统为(二阶系统)，

$$G_{cl}(s) = \frac{C(s)}{R(s)} = \frac{G_p(s)G_c(s)}{1 + G_p(s)G_c(s)} = \frac{\omega_n^2}{s^2 + 2\zeta\omega_n s + \omega_n^2} \tag{7-36}$$

相应的指令单位阶跃响应为

$$y(t) = 1 - \frac{1}{\sqrt{1-\zeta^2}} e^{-\zeta\omega_n t} \sin(\omega_n t \sqrt{1-\zeta^2} + \varphi) \tag{7-37}$$

式中，$\varphi = \arctan \sqrt{1-\zeta^2}/\zeta$。

可用下面公式近似计算阶跃响应指标。

上升时间：

令 $y(t) = 1$，则须 $\omega_n t \sqrt{1-\zeta^2} + \varphi = k\pi$，$(k = 0, 1, \cdots)$，故

$$t_r = \frac{\pi - \varphi}{\omega_n \sqrt{1-\zeta^2}} \tag{7-38a}$$

可见频率 ω_n 越大，t_r 越小。

衰减率：

$$d = e^{\frac{-2\zeta\pi}{\sqrt{1-\zeta^2}}} \tag{7-38b}$$

相应阻尼振荡周期：

$$T_p = \frac{2\pi}{\omega_n \sqrt{1-\zeta^2}} \tag{7-38c}$$

延迟时间：

$$t_d \approx \frac{1 + 0.6\zeta + 0.15\zeta^2}{\omega_n} \tag{7-38d}$$

调节时间：

$$t_s \approx -\frac{\ln(p\sqrt{1-\zeta^2})}{\zeta\omega_n} \tag{7-38e}$$

式中，p 为输出响应与稳态值之比，例如 $p=5\%$，则 $t_{s_{5\%}} \approx \dfrac{3.5}{\zeta\omega_n}$。

超调量：

$$\%_{\substack{\max \\ \text{overshoot}}} = \frac{y(t_{\max})-y(\infty)}{y(\infty)} \times 100\%,\ M_p = (y(t_{\max})-y(\infty))/y(\infty) \approx e^{\frac{-\zeta\pi}{\sqrt{1-\zeta^2}}} = \sqrt{d} \tag{7-38f}$$

式中，$y(t_{\max}) = 1 + e^{\frac{-\zeta\pi}{\sqrt{1-\zeta^2}}}$，$y(\infty)=1$。可见，阻尼比 ζ 越大，M_p 越小。

相应峰值时间：

$$t_{\max} = \frac{\pi}{\omega_n\sqrt{1-\zeta^2}} = \frac{\pi}{\omega_D} \tag{7-38g}$$

例 7-4　某飞行控制系统如图 7-21 所示，求该系统的单位阶跃响应。

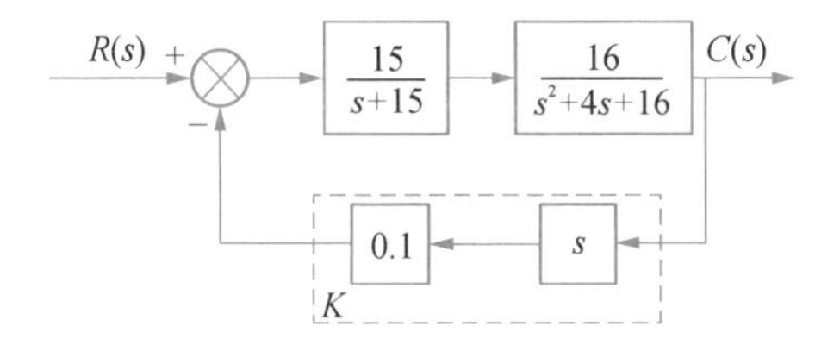

图 7-21　某飞行控制系统框图

解：由图 7-21 可得

$$G(s) = \frac{15}{s+15} \cdot \frac{16}{s^2+4s+16} \tag{7-39}$$

系统反馈为

$$K = 0.1s \tag{7-40}$$

得闭环传递函数

$$\begin{aligned} G_c(s) &= \frac{240}{s^3+19s^2+100s+240} \\ &= \frac{240}{(s+12.56)(s^2+6.44s+19.13)} \end{aligned} \tag{7-41}$$

则有系统开环、闭环特征参数为：$\omega_{no}=4$，$\zeta_o=0.5$，而 $\omega_{nc}=\sqrt{19.13}$，$\zeta_c=0.739$，系统开环、闭环阶跃响应如图 7-22、图 7-23 所示，可见闭环系统超调，阻尼等比开环性能要好。通过反馈，系统调节时间大大降低。Matlab 代码扫描右侧二维码获取。

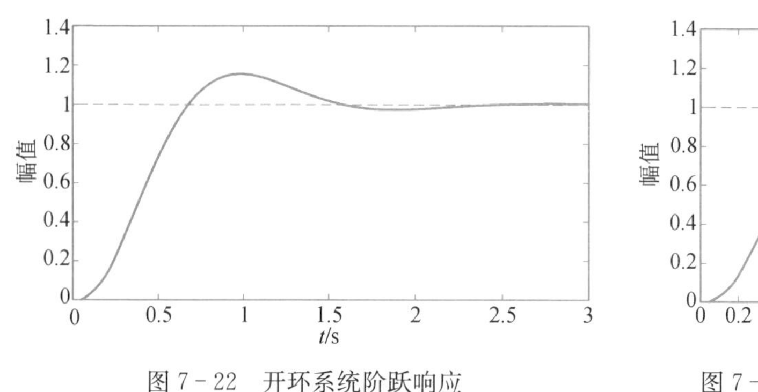

图 7-22　开环系统阶跃响应　　图 7-23　闭环系统阶跃响应

7.3.3　根轨迹技术

根轨迹就是当系统中某个(或几个)参数从 0 到$+\infty$连续变化时,系统闭环特征方程的根在根平面(s 平面)上连续移动而形成的轨迹。根轨迹上每一对共轭复根表示一个振荡模态,每一个实根对应一个非周期(单调)模态,左半平面的根对应收敛模态,右半平面对应发散模态。所以,通过根轨迹,可以直接由满足系统飞行品质要求的闭环特征根,来确定所对应的控制系统增益的值。

根轨迹被用来刻画控制系统增益改变对闭环极点位置影响,考虑闭环系统如图 7-25 所示,其开环传递函数

$$G(s)=\frac{K}{s(s^2+4s+8)} \tag{7-42}$$

式中,控制增益为 K。

反馈回路 $H(s)=1$,则闭环系统传递函数为

$$G_c(s)=\frac{K}{s^3+4s^2+8s+K} \tag{7-43}$$

取 $K=1$ 到 40,其闭环系统根轨迹如图 7-24 所示。

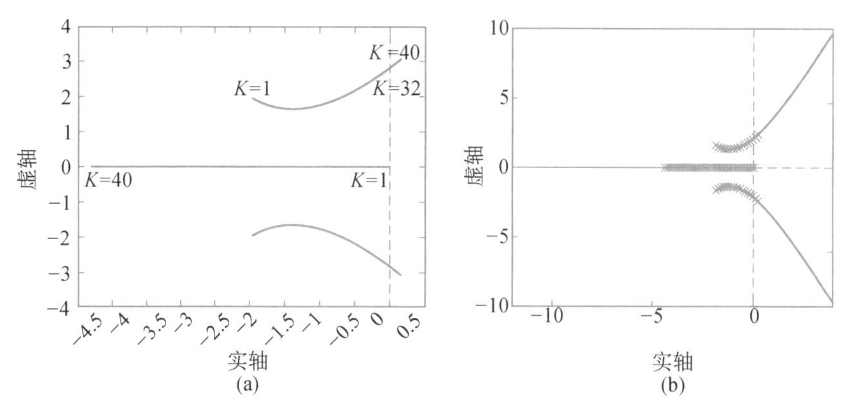

图 7-24　根 轨 迹 图

当 $K<32$ 时 Routh - Hurwitz 稳定，而 $K>32$ 出现复实根极点，系统变为不稳定。扫描右侧二维码，获取 Matlab 代码。根轨迹图绘制法则如表 7 - 11 所示。

表 7 - 11 根轨迹图绘制法则

序号	内容	法 则
1	根轨迹的起点和终点	根轨迹起始于开环极点(包括无限极点)，终止于开环零点
2	根轨迹的分支数、对称性和连续性	根轨迹的分支数等于开环极点数 $n(n>m)$，或开环零点数 $m(m>n)$，且根轨迹对称于实数轴
3	根轨迹的渐近线	$n-m$ 条渐近线，与实轴的交角和交点为 $\varphi_a=\dfrac{(2k+1)\pi}{n-m}(k=0, 1, \cdots, n-m-1)$，$\sigma_a=\dfrac{\sum_{i=1}^{n}p_i-\sum_{i=1}^{m}z_i}{n-m}$
4	根轨迹在实轴上的分布	实轴上某一区域，若其右方开环实数零，极点的个数之和为奇数，则该区域必是根轨迹
5	根轨迹的分离点和分离角	根轨迹在 s 平面某点相遇后又分开，这点就叫作分离点，其分离坐标为 $\sum_{j=1}^{m}\dfrac{1}{d-z_j}=\sum_{i=1}^{n}\dfrac{1}{d-p_i}$，分离角等于$(2k+1)\pi/l$
6	根轨迹的起始角与中终止角	起始角：$\theta_{pj}=(2k+1)\pi+\sum_{i=1}^{m}\angle(p_j-z_i)-\sum_{i=1, i\neq j}^{n}\angle(p_j-p_i)$ 终止角：$\varphi_{pj}=(2k+1)\pi+\sum_{i=1}^{n}\angle(z_j-p_i)-\sum_{i=1, i\neq j}^{m}\angle(z_j-z_i)$
7	根轨迹与虚轴的交点	根轨迹与虚轴交点的 K 值和 ω，可利用劳斯判据确定
8	根之和	$\sum_{i=1}^{n}s_i=\sum_{i=1}^{n}p_i$

绘制根轨迹 MATLAB 函数为rlocfind()，rlocus()。

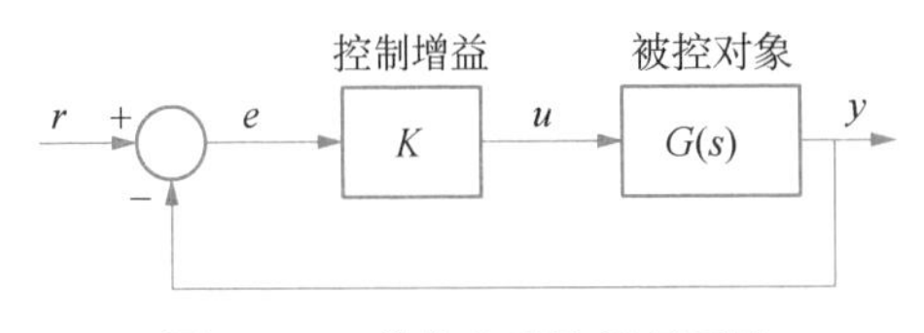

图 7 - 25 单位负反馈闭环系统

考察单位反馈的闭环系统(见图 7 - 25)：闭环传递函数为

$$\frac{Y(s)}{R(s)}=\frac{KG(s)}{1+KG(s)} \tag{7-44}$$

系统特征方程为

$$1+GH(s)=0 \tag{7-45}$$

式中，$H(s)$为反馈回路传递函数，此处 $H(s)=1$。

令 $G(s)=b(s)/a(s)$，其中 $a(s)$ 为 n 阶，$b(s)$ 为 m 阶，则闭环特征方程为

$$a(s)+Kb(s)=0 \tag{7-46}$$

$$\frac{a(s)}{K}+b(s)=0 \tag{7-47}$$

若 $K>0$，可知，

(1) 当 $K\to 0$，闭环系统极点为 $a(s)=0$，即系统开环 $G(s)$ 极点；

(2) 当 $K\to\infty$，闭环系统极点为 $b(s)=0$，即系统开环 $G(s)$ 零点。

当 $m<n$ 时则 $G(s)$ 具有无穷远零点，即 $\lim\limits_{s\to\infty}G(s)=0$，且无穷远处零点数为 $n-m$，极点与零点数之差，也是根轨迹到无穷远时的分支数。

例 7-5　已知单位反馈系统，如图 7-25 所示，系统开环传递函数为

$$G(s)=\frac{Y(s)}{U(s)}=\frac{s+7}{s(s+5)(s+15)(s+20)} \tag{7-48}$$

运用根轨迹设计反馈控制，使得系统输出响应满足超调<5%，上升时间小于 1s。

(1) 首先绘制比例反馈系统 Bode 图，Matlab 程序如右，请扫描二维码。

```
num=[1 7];
den=conv(conv([1 0], [1 5]), conv([1 15], [1 20]));
sys=tf(num, den); rlocus(sys)
axis([-22 3 -15 15])。
```

(2) 从根轨迹中选择 K 值：

图 7-26 根轨迹给出了比例反馈控制闭环系统所有极点位置，但不是所有点满足期望指标。为了确定可接受的根轨迹，用 Matlab 指令 sgrid(Zeta, Wn) 画出常值阻尼比和自然频率线。系统输出响应欲满足超调<5%，即要求阻尼比 $\zeta>=0.7$，上升时间<1s，即要求自然频率 $\omega_n>1.8$，$\omega_n>1.8$ 是根据经验公式 $\omega_n=1.8/t_r$ 获得，如果采用式(7-38a)，则 $\omega_n>3.3$。Matlab 代码为

```
zeta=0.7;
Wn=1.8;
sgrid(zeta, Wn)。
```

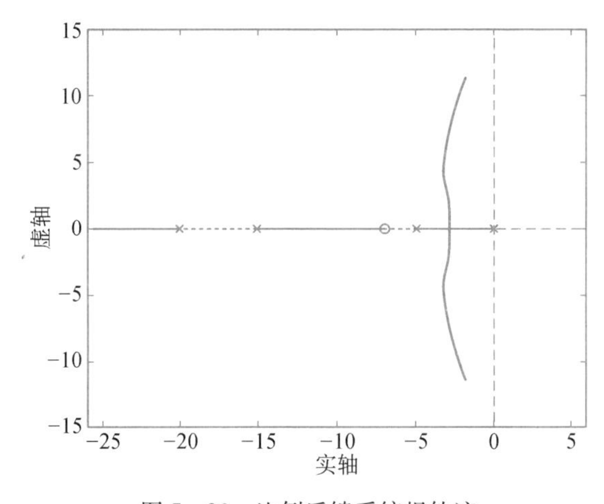

图 7-26　比例反馈系统根轨迹

$\zeta=0.7$ 对应复平面 $\varphi=45^{\circ}$ 虚线；中间扇形区极点满足 $\zeta>0.7$，扇形区外极点满足 $\zeta<0.7$，半圆上极点满足 $\omega_{n}=1.8$；半圆内极点 $\omega_{n}<1.8$，半圆外极点 $\omega_{n}>1.8$. 从而确定满足指标的根轨迹区域为半圆外，中间扇形区内与根轨迹相交线，如图 7-27 所示，此处闭环系统稳定，选择一点可获得相应比例增益 K，或运用 Matlab 指令 rlocfind() 选择期望极点位置，即[k, poles] = rlocfind(sys)。这里选择 $\lambda_{d}=-2.8983+1.3244i$，则有 $K=383.5077$，闭环系统极点与根轨迹如图 7-28 所示。

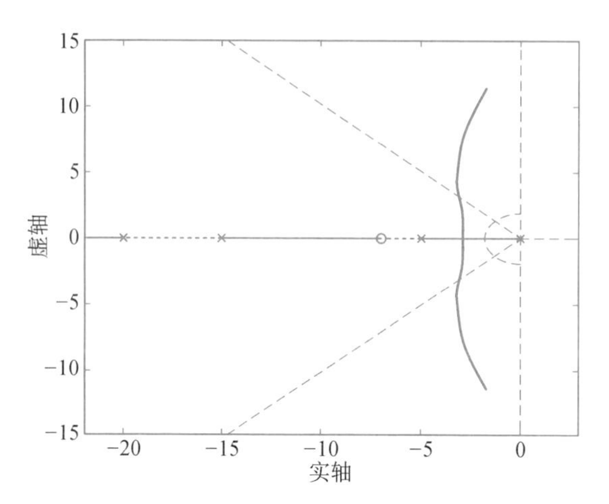

图 7-27　带常值阻尼比和自然频率线的根轨迹

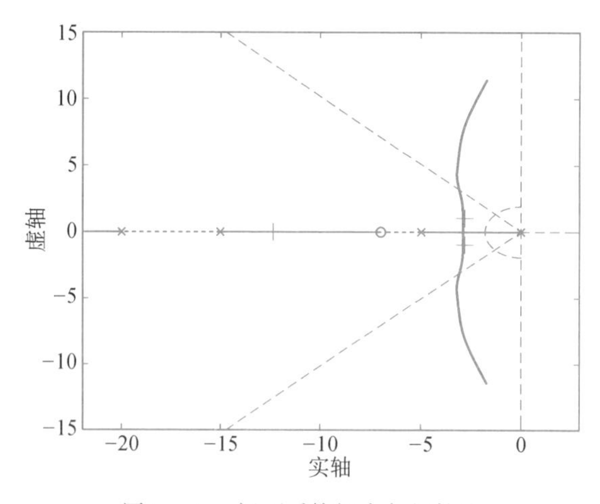

图 7-28　闭环系统极点与根轨迹

(3) 闭环系统响应：

闭环系统 $\dfrac{Y(s)}{R(s)}=\dfrac{KG(s)}{1+KG(s)}$，在 $K=383.5077$ 下系统的阶跃输出响应如图 7-29 所示，可知系统响应满足超调 $<5\%$ 与上升时间 $t_{s}<1\,\mathrm{s}$ 要求。

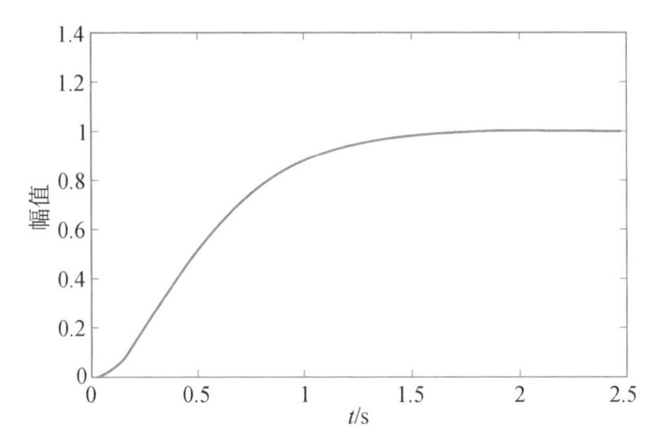

图7-29　单位反馈闭环系统的阶跃输出响应

Matlab 指令为 sys_cl=feedback(k* sys, 1); step(sys_cl)。

例7-6　考虑某喷气飞机，其带俯仰速率反馈的俯仰运动自动驾驶系统，如图7-30所示，绘制系统根轨迹图。扫描右侧二维码获取Matlab代码。

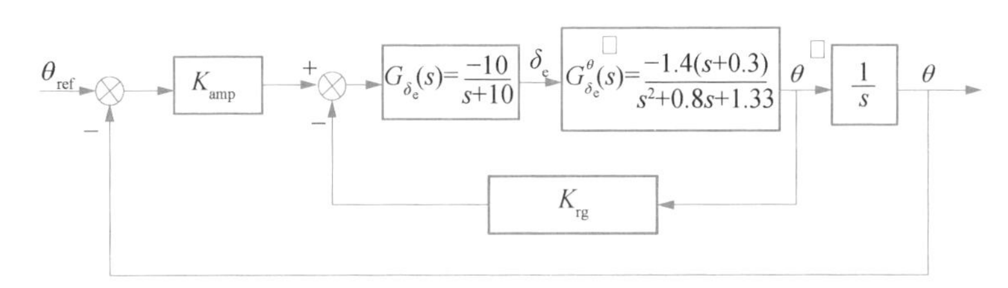

图7-30　带俯仰速率反馈的俯仰运动自动驾驶系统框图

解:从图7-30可知，飞机短周期运动传递函数为

$$G_{\delta_e}^{\dot{\theta}}(s)=\frac{-1.39(s+0.306)}{s^2+0.805s+1.325}$$

相应阻尼比为 $\zeta_{sp}=0.34$，内回路传递函数为 $\dot{\theta}(s)/e_\theta(s)$。

内回路开环传递函数为

$$G_{io}(s)=G_{\delta_e}(s)G_{\delta_e}^{\dot{\theta}}(s)=\frac{(-10)\times(-1.39)\times(s+0.306)}{(s+10)(s^2+0.805s+1.325)} \tag{7-49a}$$

内回路闭环特征方程为

$$1+G_{io}(s)H_{io}(s)=1+G_{\delta_e}(s)G_{\delta_e}^{\dot{\theta}}(s)K_{rg}=1+\frac{K_{rg}(-10)\times(-1.39)\times(s+0.306)}{(s+10)(s^2+0.805s+1.325)} \tag{7-49b}$$

外回路传递函数为 $\theta(s)/\theta_{ref}(s)$。外回路传递函数为

$$G_o(s)=K_{amp}G_{\delta_e}(s)G_{\delta_e}^{\dot{\theta}}(s)/(1+G_{\delta_e}(s)G_{\delta_e}^{\dot{\theta}}(s)K_{rg})s$$

$$= \frac{K_{\mathrm{amp}}(-10)\times(-1.39)\times(s+0.306)}{(s+10)(s^2+0.805s+1.325)s+K_{\mathrm{rg}}\times(10)\times(1.39)(s+0.306)s} \tag{7-50}$$

设速率陀螺增益 $K_{\mathrm{rg}}=0.058$，得特征参数为 $\lambda_{\mathrm{i1,2}}=-0.4025\pm1.0784\mathrm{i}$，$\lambda_{\mathrm{i3}}=-10$，$\lambda_{\mathrm{o1,2}}=-0.3736\pm1.0965\mathrm{i}$，$\lambda_{\mathrm{o3}}=-10.0579$，$z_{\mathrm{o1}}=-0.306$，$n=3$，$m=1$，

$$\sigma_{\mathrm{a}}=\left(\sum_{i=1}^{n}p_i-\sum_{i=1}^{m}z_i\right)\Big/(n-m)=\frac{10.0579-0.3736-0.3736-(-0.306)}{2}$$
$$=-5.2496,$$
$$\varphi_{\mathrm{a}}=\frac{(2k+1)\pi}{n-m}=\pm\frac{\pi}{2}(k=0);$$

则系统的根轨迹图如图 7-31(a)～(b)所示，当选择不同 K_{rg} 时，根轨迹不同，如图 7-31(c)～(d)所示。

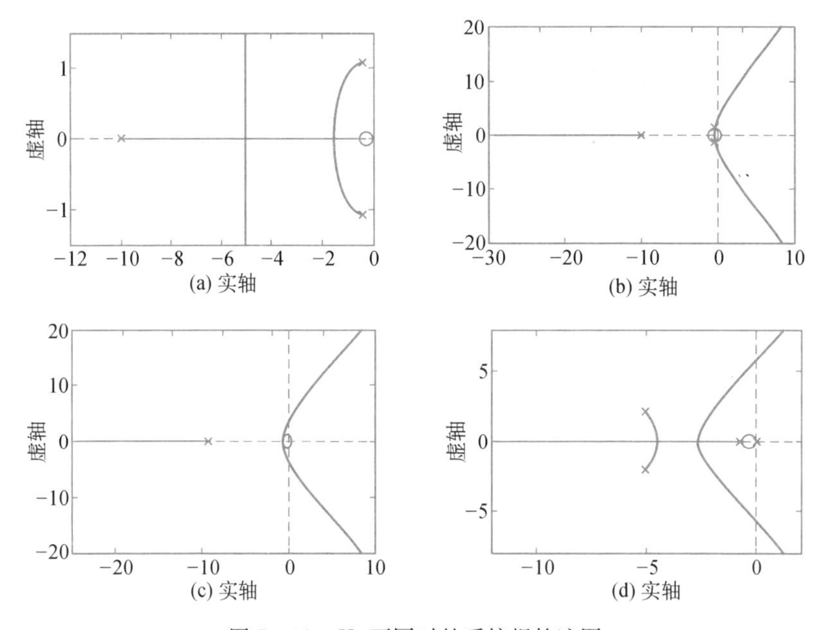

图 7-31 K_{rg} 不同时的系统根轨迹图

(a) 内回路根轨迹 (b) $K_{\mathrm{rg}}=0.058$ 外回路根轨迹

(c) $K_{\mathrm{rg}}=0.5$ 外回路根轨迹 (d) $K_{\mathrm{rg}}=2.0$ 外回路根轨迹

由图 7-31 可以看出，随着俯仰角速率调节系数 K_{rg} 的增加，俯仰系统阻尼不断增强，但俯仰角速率调节系数 K_{rg} 不能太大，太大会引起系统振荡。

7.3.4 频域法

频域响应法没有时域响应直观，然而实际生活中具有不可替代的作用，如来自物理数据的模型传递函数。系统的频率响应方法有两种，即 Bode 图法和 Nyquist 图法，两者差别在于描述信息的方式不同。

频率响应是指在正弦信号作用下，系统输入量的频率由 0 变化到∞时，稳态输入量与输出量的幅值比和相位差的变化规律，等于稳态输出量与输入量的复数比。频率响应输出可以用传递函数的幅值和相位来描述，若一个系统的传递函数为 $G(s)$，s 用 $\mathrm{j}\omega$ 代入，则

$$G(\mathrm{j}\omega)=\frac{x_{\mathrm{c}}}{x_{\mathrm{r}}}=|G(\mathrm{j}\omega)|\mathrm{e}^{-\mathrm{j}\angle G(\mathrm{j}\omega)} \tag{7-51}$$

当输入信号为正弦函数，

$$x_{\mathrm{r}}(t)=A\sin\omega t \tag{7-52}$$

经变换推导得

$$x_{\mathrm{c}}(t)=A|G(\mathrm{j}\omega)|\sin(\omega t+\angle G(\mathrm{j}\omega)) \tag{7-53}$$

由此可以看出，系统稳态输出量和输入量具有相同的频率，但是输出量的振幅和相位与输入量不同，且 $|G(\mathrm{j}\omega)|$ 为正弦输出对正弦输入的幅值比，$\angle G(\mathrm{j}\omega)$ 为正弦输出对正弦输入的相位移。

7.3.4.1　Bode 图分析

系统的对数频率特性可表示为

$$G(\mathrm{j}\omega)=|G(\mathrm{j}\omega)|\mathrm{e}^{\mathrm{j}\varphi(\omega)} \tag{7-54}$$

取自然对数得

$$\ln G(\mathrm{j}\omega)=\ln|G(\mathrm{j}\omega)|+\mathrm{j}\varphi(\omega) \tag{7-55}$$

用这种方法表示的频率特性包含两条曲线：一是 $G(\mathrm{j}\omega)$ 与 ω 之间的关系曲线，称为对数幅频特性；令一个是 $\varphi(\omega)$ 与 ω 之间的关系曲线，称为对数相频特性，两组曲线组成了伯德图(Bode)。

若系统由一系列串联而成，则对数频率特性曲线可以线件叠加

$$G(s)=G_1(s)G_2(s)\cdots \tag{7-56}$$

$$G(\mathrm{j}\omega)=A\mathrm{e}^{\mathrm{j}\omega}=A_1\mathrm{e}^{\mathrm{j}\omega_1}A_2\mathrm{e}^{\mathrm{j}\omega_2}\cdots \tag{7-57}$$

$$20\lg A=20\lg A_1+20\lg A_2+\cdots \tag{7-58}$$

$$\varphi=\varphi_1+\varphi_2+\cdots \tag{7-59}$$

线性系统可以分解为一阶、二阶环节和微分、积分、比例等环节的组合。因此，可以做出典型环节的曲线，再进行叠加，这是对数频率特性的主要优点。典型环节的对数频率特性如下所述。

1) 比例环节

比列环节的频率特性为

$$G(\mathrm{j}\omega) = K \tag{7-60}$$

2）一阶滞后环节（惯性环节）

$$G(\mathrm{j}\omega) = \frac{1}{\mathrm{j}T\omega + 1} \tag{7-61}$$

3）二阶振荡环节

$$G(\mathrm{j}\omega) = \frac{1}{T^2(\mathrm{j}\omega)^2 + 2T\zeta(\mathrm{j}\omega) + 1} \tag{7-62}$$

例 7-7 已知某系统开环传递函数为

$$G(s) = \frac{50}{s^3 + 9s^2 + 30s + 40} \tag{7-63}$$

试绘制其 Bode 图。

根据频率从 0→100 rad/s，$G(s)$输出响应 $G(\mathrm{j}\omega)$的幅值和相位，如图 7-32 所示。扫描右侧二维码，获取 Matlab 代码。

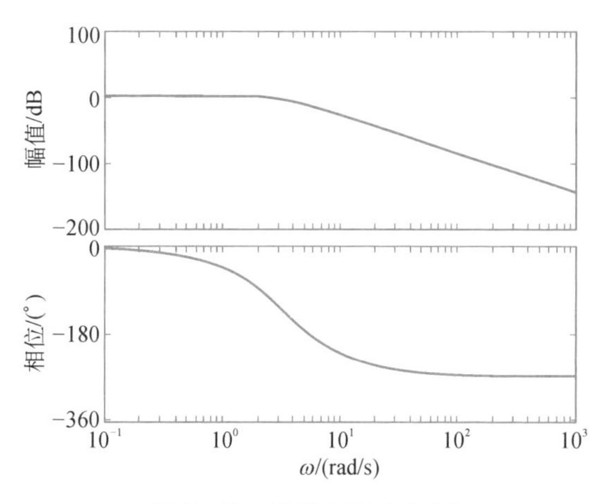

图 7-32 系统开环 Bode 图

图 7-32 中幅值单位为分贝（dB），即 20lg（$|G(\mathrm{j}\omega)|$），注意当幅值为 1 时对应 0 分贝；相位单位为度。

在设计控制系统的时候，需要一个量来确定系统的稳定程度，稳态裕量就是一个表示系统稳定程度的量。稳态裕度包括相位裕量和幅值裕量。

相位裕量 γ 指在幅值交界频率或截止频率（crossover frequence）ω_c 上，使系统达到临界稳定状态所需要的附加相位滞后量，即

$$\gamma = \varphi(\omega_c) + 180° \tag{7-64}$$

当 γ 为正值时，系统稳定；γ 为负值时系统不稳定，如图 7-33 所示。对于二阶系统，

一般 $\omega_c=\omega_n\sqrt{\sqrt{1-4\zeta^4}-2\zeta^2}$，相角裕量 $\gamma=\mathrm{arctg}(\zeta/\sqrt{\sqrt{1+4\zeta^4}-2\zeta^2})$。

幅值裕度指在相位交界频率 ω_g 上，幅相曲线上（或 Bode 图中）相角为 $-180°$ 时对应幅值的倒数，即

$$K_g=\frac{1}{|G(\mathrm{j}\omega_g)|} \tag{7-65}$$

Bode 图中当相位在 $-180°$，$G(\mathrm{j}\omega)$ 对应的幅值为 0 dB 以下时，系统为稳定。在 Bode 图上，对于稳定系统（a）和不稳定系统（b）的相位裕量和幅值裕量，如图 7-33 所示。

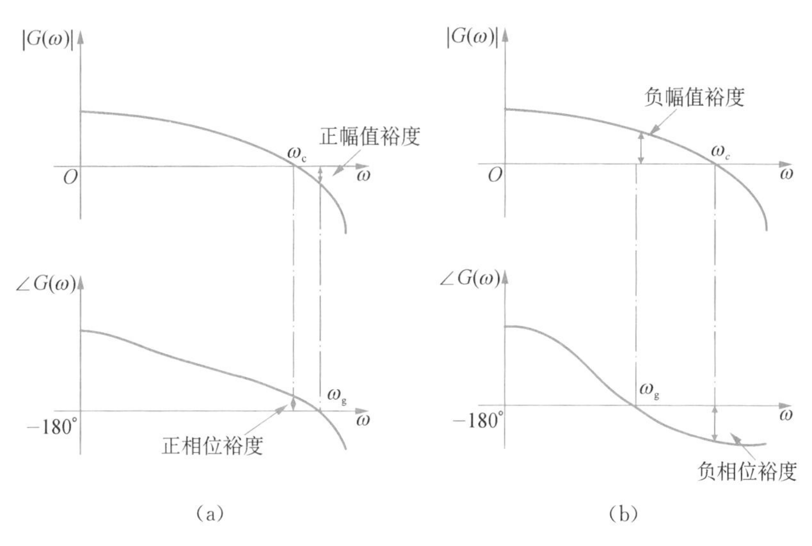

图 7-33　系统的相位裕量和幅值裕量

相位裕量和幅值裕量的大小应该适当，即需使系统具有足够的稳定性，又要使系统具有满意的响应的速度。增加系统增益仅改变系统幅值，而相位不变。指令 margin(sys) 函数提供系统的幅值裕度、相位裕度，截止频率的幅值、相位。对于例 7-7 系统，其幅频参数如图 7-34 所示。

系统带宽频率（the bandwidth frequency，ω_{bw}），指闭环幅值响应为 -3 dB 对应的频率。借助频率响应，可以从开环响应预测系统闭环性能。例如上述例 7-4 系统，其可以用一个二阶系统来近似，假设开环相位响应在 $-135°\sim-225°$，则系统带宽频率等于开环幅值响应在 $-6\sim-7.5$ dB 对应的频率。一般二阶系统带宽频率 $\omega_{bw}=\omega_n\sqrt{1-2\zeta^2+\sqrt{2-4\zeta^2+4\zeta^4}}$。

为了使系统具有较高的稳定裕度，希望开环对数幅频特性在截止频率 ω_c 处的斜率为 -20 dB/dec，但从系统要求具有较强的从噪声中识别信号的能力考虑，却又希望 ω_c 处的斜率小于 -40 dB/dec。由于不同开环系统 ω_c 对应于不同的闭环系统带宽频率 ω_{bw}，因此在系统设计时，必须选择切合实际的系统带宽。下面举例说明带

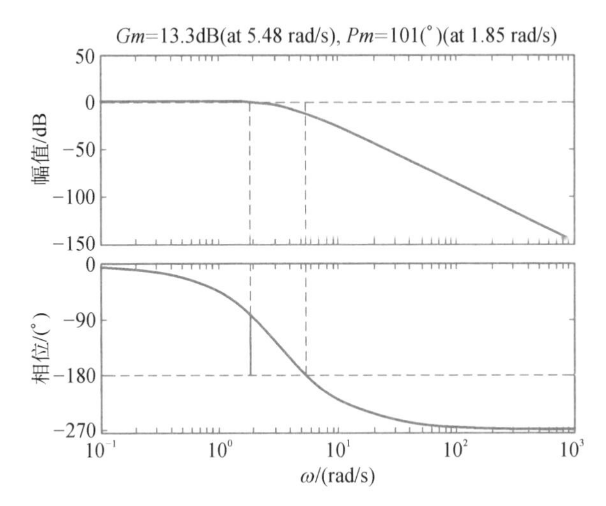

图 7-34 幅值裕度、相位裕度,截止频率的幅值、相位

宽频率 ω_{bw} 的价值,可以发现当输入频率低于 ω_{bw},则系统跟踪性能很好,而当输入频率高于 ω_{bw},输出响应幅值将以 0.707 尺度衰减或增强。

例 7-8 考虑闭环传递函数

$$G_c(s) = \frac{1}{s^2 + 0.5s + 1} \tag{7-66}$$

利用 Bode 图,找出其带宽频率。

闭环传递函数带宽频率为对应于增益为 −3 dB 的频率,从图 7-35(a)中可以看出,$\omega_{bw} = 1.4\,\text{rad/s}$。当系统输入 $r(t)$ 频率为 0.3 rad/s 时,则可预测输出响应幅值相当,相位滞后几度,当正弦输入频率小于 ω_{bw},可得系统稳态的状态响应,如图 7-35[b(Ⅰ)]所示,图中虚线曲线跟踪输入实线,跟踪效果良好,只是有些滞后。当输入

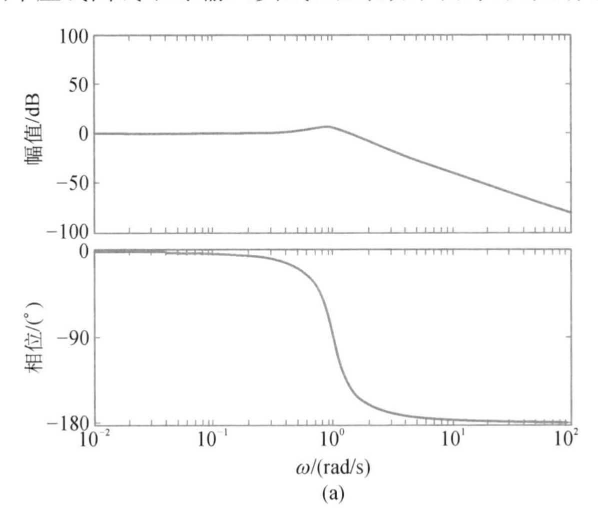

(a)

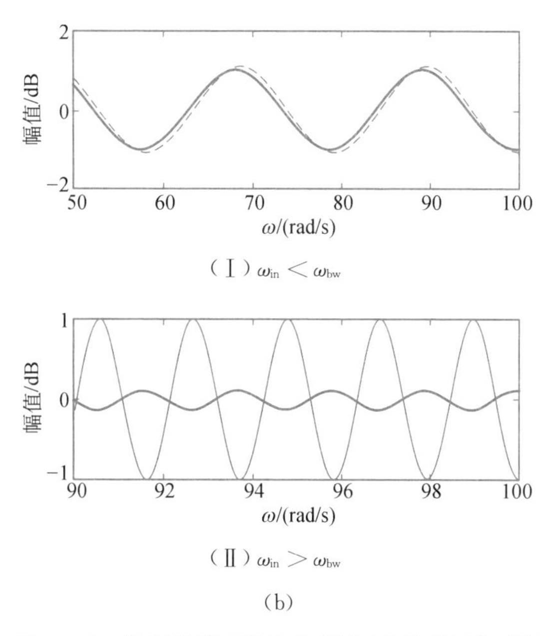

（Ⅰ）$\omega_{in} < \omega_{bw}$

（Ⅱ）$\omega_{in} > \omega_{bw}$

(b)

图 7－35　闭环传递函数 Bode 图(a)和带宽频率对输出响应影响(b)

频率为 3 rad/s 时，输出响应幅值为－20 dB(即输入的 1/10)，相位差－180°。故当设置输入高于带宽频率时，系统响应如图 7－35[b(Ⅱ)]，可见系统响应幅值为输入的 1/10，相位能同步跟踪，只是相差 180°。

对于闭环系统，借助 Bode 图设计，可使系统稳定，即当幅值截止频率小于相位截止频率时，闭环系统稳定。

对于单位反馈控制系统，如图 7－25 所示，系统开环传递函数为

$$G(s) = \frac{K}{(s+15)(s^2+4s+16)} \tag{7-67}$$

当 $K = 400$ 和 $K = 2000$ 时，观察系统的相位裕量和增益裕量变化。系统 Bode 图如图 7－36 所示。由图可以看出，当 K 由 400 增加到 2000 时，相频特性不变，幅频特性向上平移。

当 $K = 400$ 时，由图 7－36 可得到系统的稳定性裕量为

$$\gamma = 39.3°,\ K_g = 9.58\,\text{dB}$$

幅值/dB
sys_k400
sys_k2000

(a)

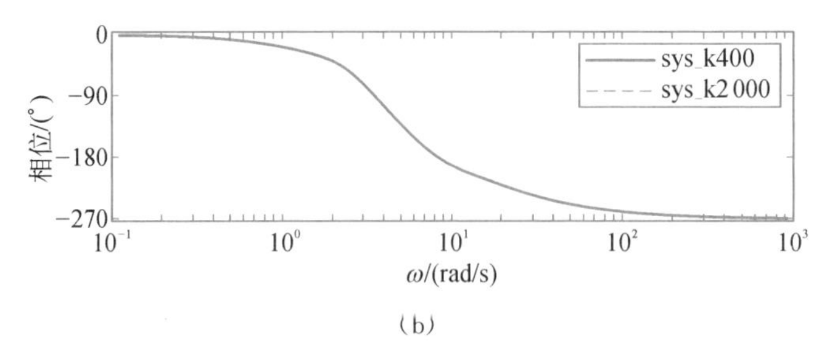

(b)

图 7-36 系统 Bode 图

当 $K = 2000$ 时，由图 7-36 可得到系统的稳定系裕量为

$$\gamma = -12.3°, \ K_g = -4.4\,\mathrm{dB}$$

由上可知，当 $K = 2000$ 时，系统具有负相位裕量和负幅值裕度，系统在闭环状态下是不稳定的。因此，为了使系统稳定并且满足所要求的稳定性裕量，可以降低系统开环增益 K，但随着增益 K 的减小，系统的稳态误差将增大。扫描二维码获取 Matlab 代码。

下面以 DC-8 飞机俯仰运动为例，运用 Bode 图频域设计方法，设计俯仰控制系统。

例 7-9 考察 DC-8 飞机，飞行条件为 $H = 10000\,\mathrm{m}$，$Ma = 0.84$ 高空巡航，其俯仰控制系统如图 7-37 所示。

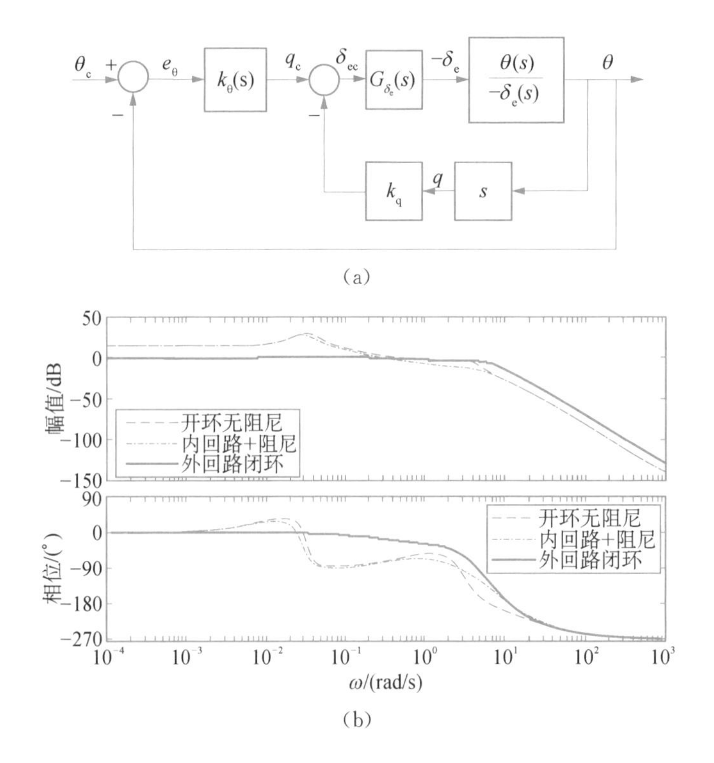

(b)

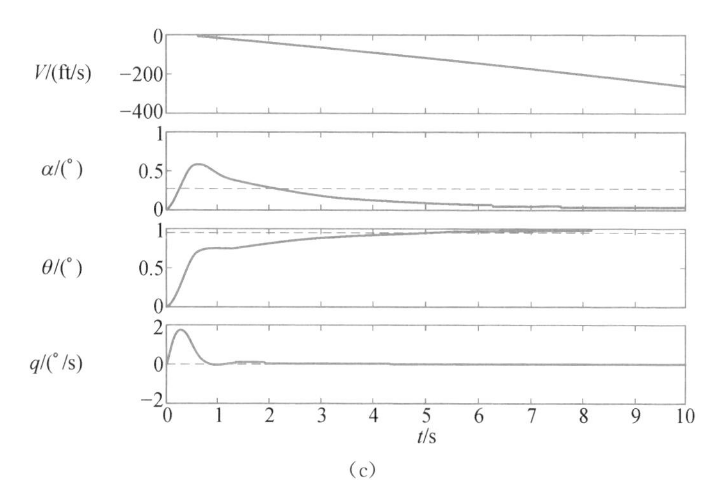

(c)

图 7 - 37　DC - 8 飞机俯仰控制系统(a)和俯仰运动 Bode 图特性(b)和俯仰阶跃指令输入跟踪响应(c)

图 7 - 37 中，俯仰传递函数为

$$\frac{\theta(s)}{-\delta_e(s)}=\frac{4.57(s+0.0144)(s+0.7247)}{(s^2+0.01174s+0.0005933)(s^2+2.153s+9.896)}\text{rad/rad} \tag{7-68}$$

作动器传递函数

$$G_{\delta_e}(s)=\frac{-\delta_e(s)}{\delta_{ec}(s)}=\frac{-1}{T_a s+1} \tag{7-69}$$

式中，$T_a=0.05\,\text{s}$，表示升降舵时延时间。

设计要求：俯仰运动短周期阻尼比 $0.35\leqslant\zeta_{sp}\leqslant1.3$，$\omega_{sp}\geqslant5\,\text{rad/s}$。

解：根据 $\dfrac{\theta(s)}{-\delta_e(s)}$，可知系统开环纵向运动模态参数为

$$\omega_{sp}=3.15\,\text{rad/s},\ \zeta_{sp}=0.342,\ \omega_{ph}=.0243\,\text{rad/s},\ \zeta_{ph}=.241$$

选取俯仰速率反馈增稳控制，$k_q=1$，则内回路闭环特性为

特征值	阻尼比	$\omega/(\text{rad/s})$
$-6.12\times10^{-3}+2.71\times10^{-2}\text{i}$	2.20×10	2.78×10^{-2}
$-6.12\times10^{-3}-2.71\times10^{-2}\text{i}$	2.20×10	2.78×10^{-2}
-3.10	1.00	3.10
-7.20	1.00	7.20
-1.19×10^{1}	1.00	1.19×10^{1}

可知短周期变为两个实根，阻尼比 $\zeta_{sp}=1$。满足期望性能要求。而 $\lambda=-11.9$ 为升降舵闭环极点。

外回路控制参数 k_θ 的选择根据 Bode 图特性，如图 7-37(b)所示，从 Bode 图曲线可看出，调整 k_θ 使截止频率 ω_c 在 0.06～1.0 rad/s，可使 ω_c 处斜率为 −20 dB/dec，且反馈回路鲁棒相位裕度至少 90°，然而 $\omega_c < 1$ rad/s 会使系统响应速度慢，达不到控制要求，为此须提高 k_θ 使 ω_c 增到 1～2 rad/s，以提高响应速度。于是让 Bode 图幅频曲线下移使截止频率 $\omega_c = 2$ rad/s，对应幅值 $k_\theta \approx 10$ dB，考察频率 $\omega = 2$ rad/s，得幅值裕度 −29.3 dB，($\omega_g = 11.4$ rad/s)，相位裕度 180° − 78.6° = 101.4° > 90°，满足性能要求，因此，选择俯仰控制频率 $\omega_c = 2$ rad/s，重新代入闭环系统，由相应幅值放大倍数 = 10.7 dB 确定 $k_\theta = 3.42$，则外回路闭环特性为

特征值	阻尼比	ω/(rad/s)
-1.54×10^{-2}	1.00	1.54×10^{-2}
-4.36×10^{-1}	1.00	4.36×10^{-1}
$-3.34+4.83i$	5.69×10^{-1}	5.87
$-3.34-4.83i$	5.69×10^{-1}	5.87
-1.50×10^{1}	1.00	1.50×10^{1}

可知俯仰运动闭环系统短周期阻尼比 $\zeta_{sp} = 0.569$，频率 $\omega_{sp} = 5.87$ rad/s，满足设计要求。

在阶跃输入 θ_c 下，系统输出响应如图 7-37(c)所示，Matlab 代码扫描右侧二维码获取。

7.3.4.2 Nyquist 图分析

频域分析的另一种方法是 Nyquist 图分析法。Nyquist 曲线可以通过观察开环特性来预测闭环系统稳定性能。Nyquist 标准不同于 Bode 图设计方法只能处理开环稳定系统，Nyquist 标准既可以处理开环稳定系统，也可以处理开环不稳定系统，因此当 Bode 图无法处理时，可以用 Nyquist 曲线来确定闭环系统稳定性。对于开环传递函数 $G(s)$，Nyquist 图 $G(j\omega)$ 随角频率 ω（含右半复平面）变化的曲线。Nyquist 图分析法思想来自柯西标准。

柯西(Cauchy)标准：闭环剖面通过复函数 $G(s)$ 映射，$G(s)$ 绕原点次数等于 $G(s)$ 频率剖面上零点数减去极点数，如果它们与绕原点的方向一致则为正，反向则为负。

考虑单位负反馈闭环系统

$$G_c(s) = \frac{G(s)}{G(s)+1} \tag{7-70}$$

当 $1+G(s)$ 绕原点时，则 $G(s)$ 绕 (−1, 0) 点。考察闭环系统极点或 $1+G(s)$ 的零点，是否在右复半平面，则可判断系统是否稳定，如图 7-38 所示。因此，Nyquist 曲线绕 (−1, 0) 点是很重要的，有时由于标准 Nyquist 曲线很难看出是否绕 (−1, 0) 点，于是有时利用对数 Nyquist 图来观测，Matlab 指令函数为 lnyquist(　)。

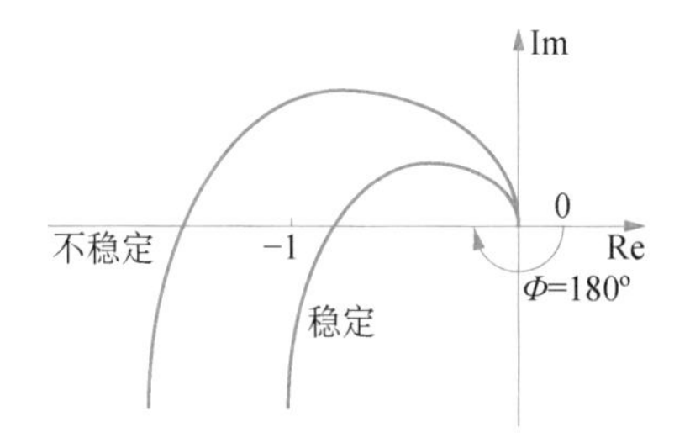

图 7－38　系统 Nyquist 图与稳定

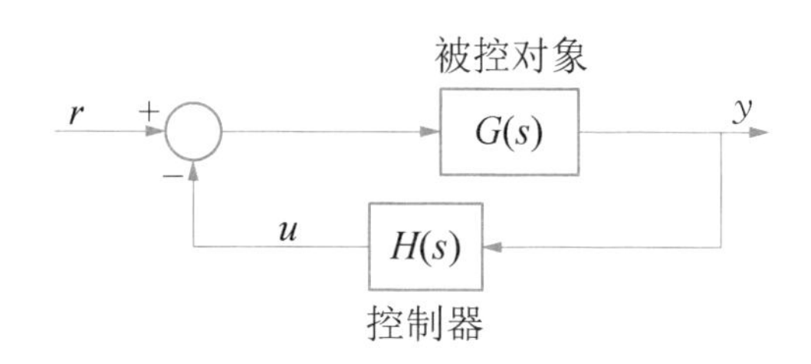

图 7－39　负反馈系统框图

闭环系统稳定性分析：

考虑负反馈系统(见图 7－39)。

根据柯西标准，有

$$N = Z - P \tag{7-71}$$

式中，N 为$G(s)H(s)$绕$(-1,\ 0)$点的次数。闭环、开环系统零极点关系为 $1+G(s)H(s)$零点成为闭环传递函数极点；则有 Nyquist 标准为

$$Z = P + N \tag{7-72}$$

如果 $Z=P+N$ 是非零正数，则闭环系统不稳定。其中 P 为开环传递函数$G(s)H(s)$的不稳定极点数，N 为 Nyquist 图绕$(-1,\ 0)$的次数，顺时针绕$(-1,\ 0)$点为正数，逆时针则为负数。Z 为闭环系统右半平面(正实部)极点数。

参考图 7－38，可知闭环系统(见图 7－39)对应 Nyquist 图，当相位在$-180°$，$G(\mathrm{j}\omega)H(\mathrm{j}\omega)$对应的幅值$|G(\mathrm{j}\omega)H(\mathrm{j}\omega)|<1$ 时，则系统为稳定，即系统传递函数不包含实轴$(-1,\ 0)$点。

例 7－10　利用 Nyquist 图设计单位反馈系统(见图 7－25)控制增益使闭环稳定，其中

$$G(s) = \frac{s^2 + 10s + 24}{s^2 - 8s + 15} \tag{7-73}$$

解：由于系统有稳定性要求，故增益 K 变化范围有限制。首先找出开环系统正实极点数，利用 roots([1　−8　15])指令得系统有 2 个开环正极点，因此，开环系统不稳定，为了使闭环系统稳定，根据 $Z=0$，需 $N=-2$，Nyquist 图需要 2 个绕$(-1,\ 0)$点的逆时针圈，使 $Z=P+N=0$，即如果绕圈小于 2 或非逆时针绕圈，则系统不稳定。观测 $K=1$ 单位负反馈系统的 Nyquist 图，如图 7－40(a)所示。

有 2 个绕$(-1,\ 0)$点的逆时针圈，因此，当增益 $K=1$ 时系统是稳定的。当 $K=20$ 时，nyquist 曲线(nyquist(20 * sys))如图 7－40(b) 所示，从图 7－40 可知，当 K 增大($K>1$) 系统稳定；而当 K 减小($K<0.8$) 系统变为不稳定，如图 7－40(c) 所示。

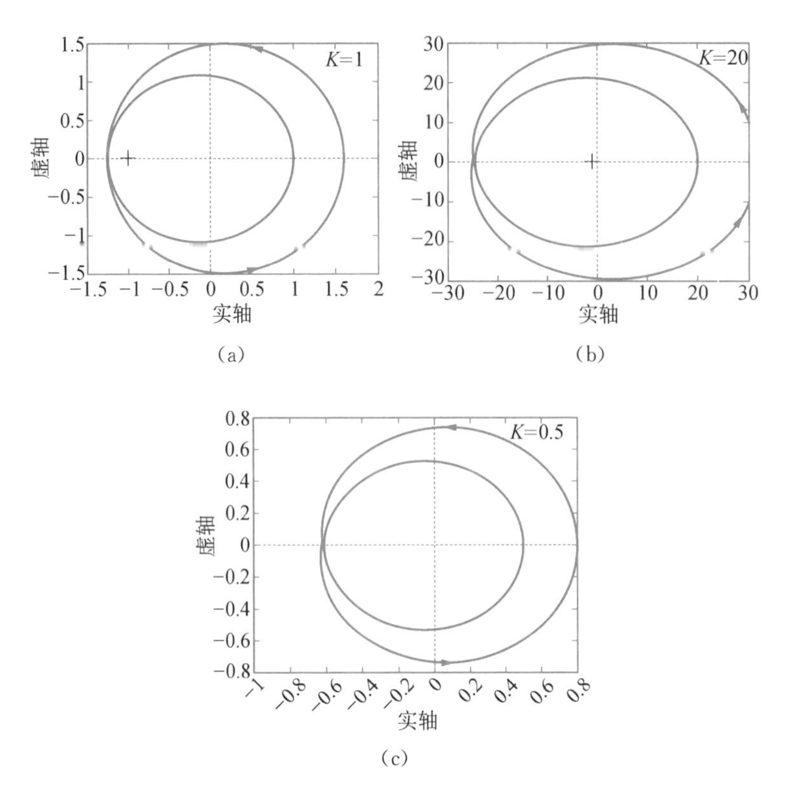

图 7-40 单位反馈系统 Nyquist 图

扫描右侧二维码获取 Matlab 代码。

幅值裕度:定义为相位移动 180°使得系统不稳定时开环系统幅值变化量。例如下述系统,Nyquist 图没有绕(−1, 0)点,考察系统稳定性,有

$$G(s)=\frac{50}{s^3+9s^2+30s+40} \tag{7-74}$$

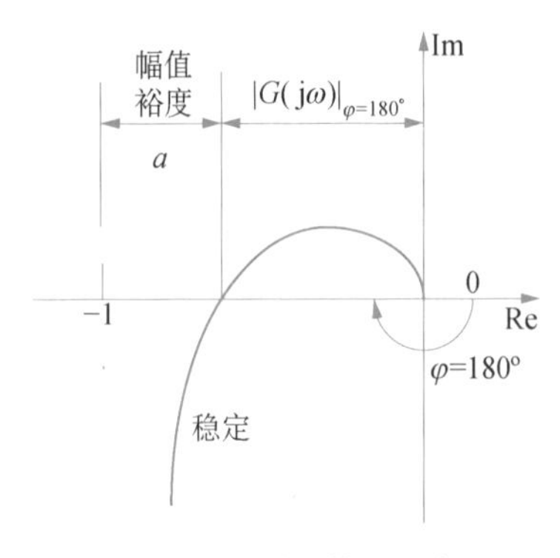

图 7-41 幅 值 裕 度

观测其特征根,发现没有开环极点在右半平面,因此,如果 Nyquist 图没有绕(−1, 0)点,就没有闭环极点在右半平面。如何度量幅值变化多少,系统变为不稳定?如图 7-41 所示。

当幅值增大到某边界,系统变为不稳定,即介于$-1/a$ 的负实轴区域(定义为 180°相位平移处,Nyquist 图与实轴相交),−1 表示闭环临界稳定前幅值可增加的最大量。如果幅值为 a, Nyquist 图将与(−1, 0)相交:

$$G(j\omega) = \frac{-1}{a} \tag{7-75}$$

$$aG(j\omega) = -1 \tag{7-76}$$

故幅值裕度为 a 个单位,转换为 dB 单位为 $GM = 20\lg(a)\text{dB}$。

考察开环传递函数式(7-74),求其稳定的增益裕度,系统 Nyquist 图如图 7-42(a)所示。

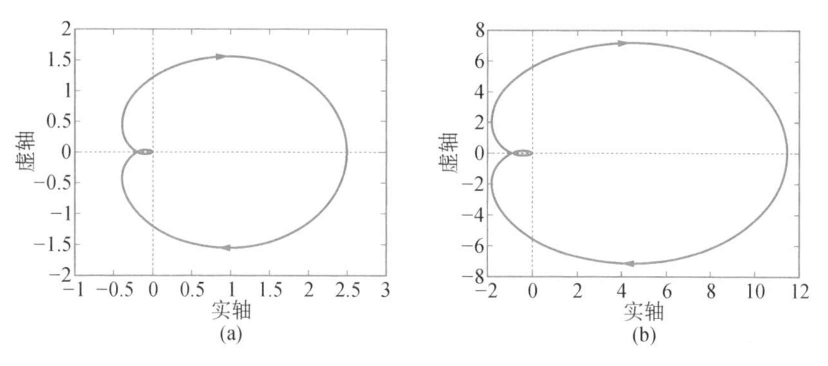

图 7-42 系统 Nyquist 图

为了找到幅值裕度 a,先找出相位平移 180°点,即意味着传递函数在此点是实数(无虚部),由于分子是实数,观察分母,当 $s = j\omega$,分母有虚部的是 s 的奇次方,因此 $G(j\omega)$为实数。

$$-j\omega^3 + 30j\omega = 0 \tag{7-77}$$

即 $\omega = 0$(Nyquist 图中最右侧点)或 $\omega = \text{sqrt}(30)$,用指令 polyval() 可得该点处 $G(j\omega) = -0.2174$ 值,为 $-0.2174 + 0i$,发现 180 相位移动出现在点 $-0.2174 + 0i$ 处,该点处原来被定义为$(-1/a, 0)$,因此幅值裕度为 a 有

$$\frac{-1}{a} = -0.2174$$

即 $a = 4.6$,写成 dB 单位形式有

$$GM = 20\lg(4.6) = 13.26\,\text{dB}$$

得幅值裕度,利用 $a = 4.6$ 缩放原 Nyquist 图,如图 7-42(b)所示,曲线显示正好经过$(-1, 0)$点。

Matlab 代码扫描右侧二维码获取。

相位裕度:定义为单位幅值使闭环系统不稳定时开环相位平移的变化量,如图7-43 所示。

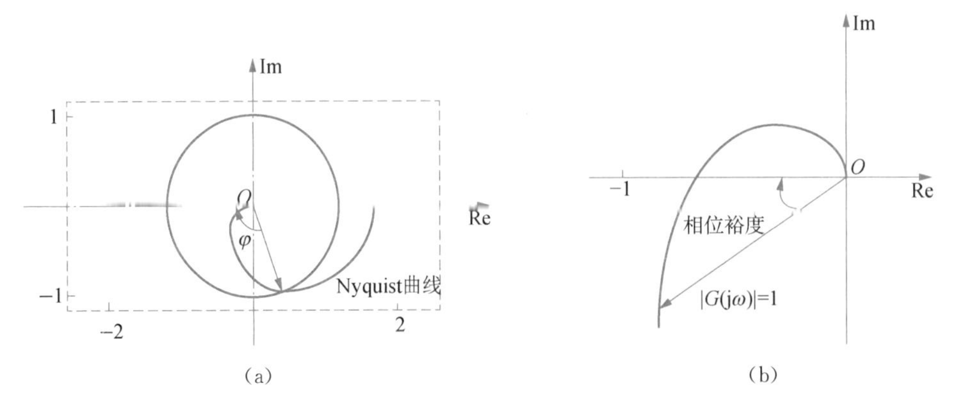

图 7-43 系统相位裕度示意图

根据前面的例子，如果 Nyquist 图绕(−1, 0)点，特殊闭环系统会不稳定，如果 Nyquist 图相位被平移 φ 角，曲线将与负实轴(−1, 0)相交，使闭环系统有裕度的稳定，因此使闭环系统有裕度稳定的角度称为相位裕度。为了找到测量裕度角的起点，画一单位圆，找出 Nyquist 图中幅值为 1(增益为 0 dB)点，相位平移从此点到 180°角点为相位裕度，如图 7-43(a)所示。

例 7-11 考虑例 5-1 中飞机俯仰控制系统，其传递函数为

$$\frac{\theta(s)}{\delta_e(s)}=\frac{1.151s+0.1774}{s^3+0.739s^2+0.921s} \tag{7-78}$$

输入升降舵 $\delta_e=0.2\,\text{rad}(11^\circ)$，设计控制器使得输出响应 $\theta(t)$ 满足：①超调<10%；②上升时间<5 s；③调节时间<10 s；④稳态误差<2%。

解：首先开环系统阶跃响应如图 7-44 所示。

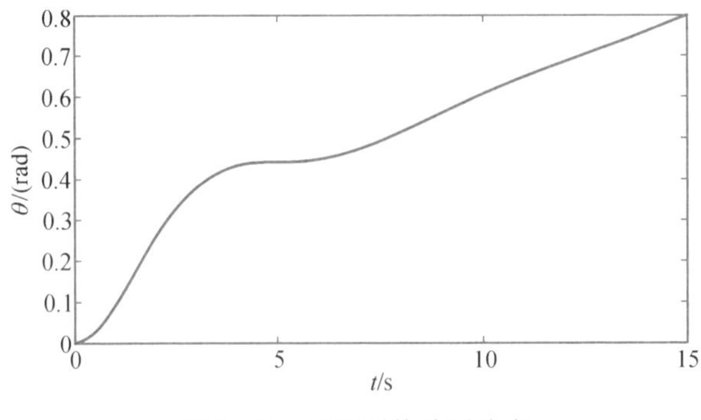

图 7-44 开环系统阶跃响应

从图 7-44 可知，开环系统不稳定，需要设计反馈控制使闭环系统满足期望性能。这里利用频域法设计。考虑单位反馈控制系统，如图 7-45 所示，$C(s)=1$。

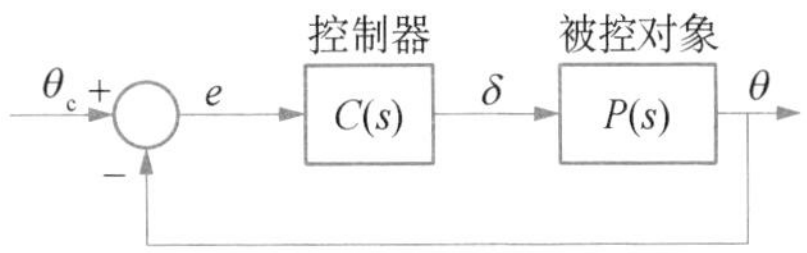

图 7-45　单位反馈控制系统

选择控制器 $C(s)=1$，系统闭环传递函数为

$$\frac{\theta(s)}{\theta_c(s)}=\frac{1.151s+0.1774}{s^3+0.739s^2+2.072s+0.1774} \tag{7-79}$$

闭环俯仰控制系统 Bode 图如图 7-46 所示。

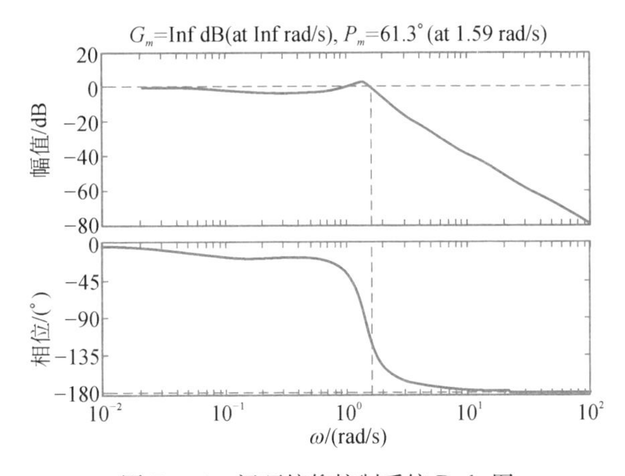

图 7-46　闭环俯仰控制系统 Bode 图

可知闭环系统稳定，相位裕度为 61.3°、幅值裕度为∞。但不满足期望性能要求。系统阶跃响应如图 7-47 所示。

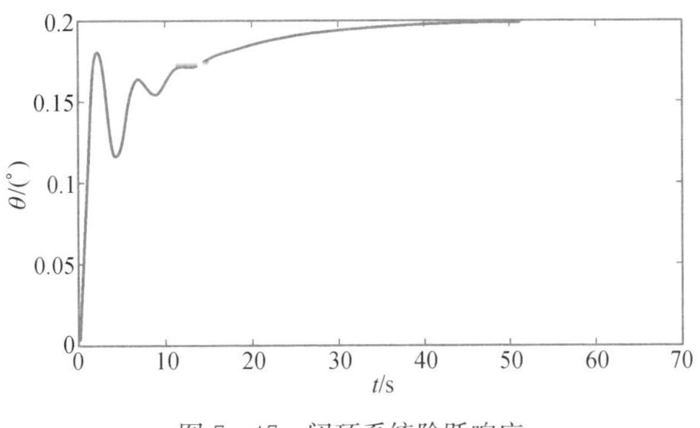

图 7-47　闭环系统阶跃响应

从图 7-47 可知闭环系统暂态响应较差，上升时间 $t_r=1.75\,\mathrm{s}$，调节时间 $t_s=35.1\,\mathrm{s}$，太长，超调大，下面通过引入超前补偿器改善响应。

(1) 超前补偿器。

超前补偿器是加一个正相位到系统,提高系统的相位裕度,进而提高系统阻尼,系统随着阻尼提高,调节时间下降,典型一阶超前补偿器传递函数为

$$G_{\mathrm{Lead}}(s)=K_{\mathrm{Lead}}\frac{T_{\mathrm{Lead}}s+1}{\alpha_{\mathrm{Lead}}T_{\mathrm{Lead}}s+1},\ (\alpha_{\mathrm{Lead}}<1) \tag{7-80a}$$

式中,分度系数 $\alpha_{\mathrm{Lead}}<1$,时间常数 T_{Lead} 及 K_{Lead} 为设计参数,一般 $K_{\mathrm{Lead}}=1/\alpha_{\mathrm{Lead}}$。超前补偿器另一种形式为

$$G_{\mathrm{Lead}}(s)=K_{\mathrm{Lead}}\left[\frac{\alpha_{\mathrm{Lead}}T_{\mathrm{Lead}}s+1}{T_{\mathrm{Lead}}s+1}\right] \tag{7-80b}$$

则此时 $\alpha_{\mathrm{Lead}}>1$。

K_{Lead}使闭环系统满足稳态误差要求,系统为Ⅰ-型系统(含积分),由于系响应稳态误差为零,但响应速度太慢,即速度误差常数 K_{v} 太小,因此,选择 $K_{\mathrm{Lead}}>1$,使幅值曲线上移。反复尝试后取 $K_{\mathrm{Lead}}=10$。

从图 7-48Bode 图可知,当仅有超前比例增益,如 $K_{\mathrm{Lead}}=10$ 时,系统的幅值提高了,截止频率也提高了,但是系统相位裕度下降了,进而使阶跃响应的超调提高,如图 7-49 所示,因此,还需增加前置补偿器来增加阻尼,减小响应的超调。

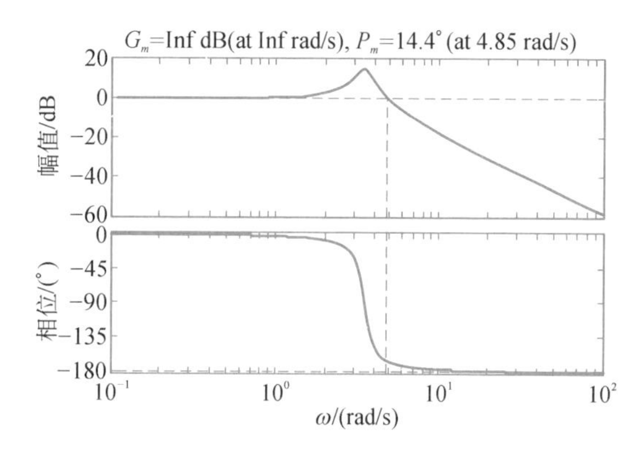

图 7-48　带前置补偿的闭环俯仰系统 Bode 图

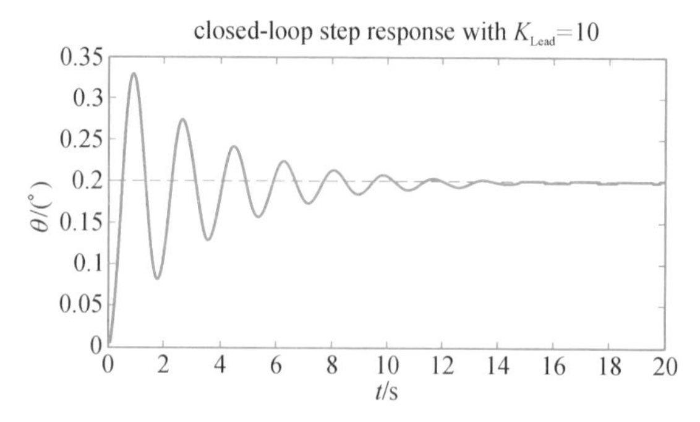

图 7-49　带前置补偿的闭环俯仰系统阶跃响应

根据设计要求，系统自然频率 $\omega_n > 0.9$，阻尼比 $\zeta > 0.52$，而根据式(7-38a)有上升时间

$$t_r = \frac{\pi - \varphi}{\omega_n \sqrt{1-\zeta^2}} \approx \frac{2.08}{BW} \tag{7-81}$$

式中，t_r 为上升时间，$\varphi = \arctan(\sqrt{1-\zeta^2}/\zeta)$，$\omega_n$ 为自然频率，BW 为带宽频率，此处 $BW \approx 1.33\omega_n$。

由式(7-81)可知带宽频率 $BW > 0.9$(因 $\omega_n > 0.9$)，再利用阻尼比 $\zeta = PM(°)/100°$ 关系，有相位裕度 $PM > 52°$。根据此要求选择 $BW = 1\,\text{rad/s}$，$PM = 80°$。

再考虑参数 α_{Lead}，α_{Lead} 定义为零点与极点之间的阻尼比。零点与极点间隔越大，相位提升越大，加入单个零-极点对的最大相位为 90°，补偿器增加的最大超前角 φ_m 可描述为 α_{Lead} 的函数：

$$\sin\varphi_m = \frac{\alpha_{\text{Lead}} - 1}{\alpha_{\text{Lead}} + 1} \tag{7-82}$$

式中，φ_m 为补偿器增加的最大超前角，α_{Lead} 为式(7-80)中分度系数。

当系统阻尼比 $\zeta < 0.6$ 或 0.7，上述关系近似为

$$\zeta = PM(°)/100° \tag{7-83}$$

式中，ζ 为阻尼比，PM 为相位裕度。

但俯仰控制系统并非标准二阶系统，设计要求超调<10%，即阻尼比约为 $\zeta >$ 0.59，则相位裕度要求>59°，而原系统相位约 10.4°，故前置补偿器提升相位约为 50°，考虑到相位超前会使截止频率提高，该点处相位会滞后，故再增加 5°提升，共提升 55°，有

$$\alpha_{\text{Lead}} = \frac{1 - \sin 55°}{1 + \sin 55°} \approx 0.1 \tag{7-84}$$

超前补偿器幅值增大为

$$20\lg\left(\frac{1}{\sqrt{\alpha_{\text{Lead}}}}\right) = 20\lg\left(\frac{1}{\sqrt{0.1}}\right) \approx 10\,\text{dB} \tag{7-85}$$

从 Bode 图 7-48 可知，对应于 $-10\,\text{dB}$ 幅值的无阻尼系统频率 $\omega_n = 6.1\,\text{rad/s}$。因此，幅值截止频率应从 3.49 rad/s 移到 6.1 rad/s。利用下述最大超前角频率关系

$$\omega_m = \frac{1}{T\sqrt{\alpha_{\text{Lead}}}} \tag{7-86}$$

则

$$T_{\text{Lead}}=\frac{1}{6.1\times\sqrt{0.1}}\approx 0.52$$

于是根据 $K_{\text{Lead}}=10$，$\alpha_{\text{Lead}}=0.1$，$T_{\text{Lead}}=0.52$，则系统 Bode 图如图 7－50 所示。

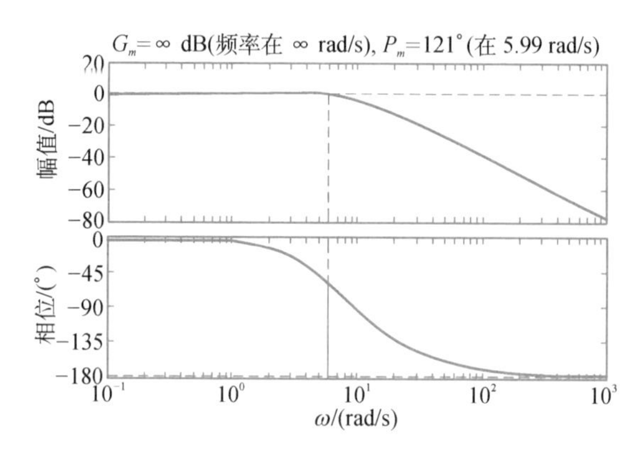

图 7－50 改进后带前置补偿的闭环俯仰系统 Bode 图

系统阶跃响应如图 7－51 所示。

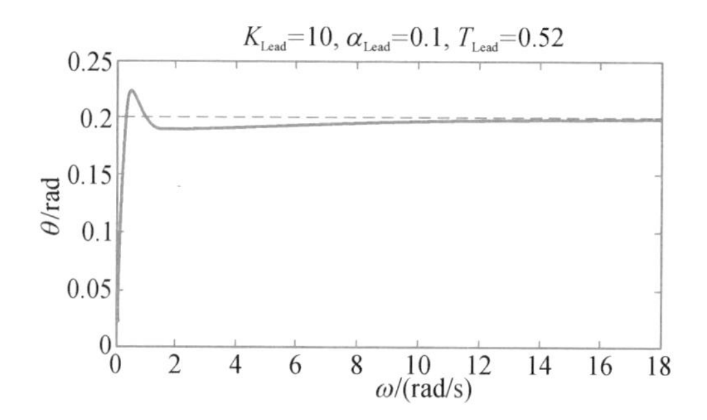

图 7－51 改进后带前置补偿的闭环俯仰系统阶跃响应

可以看出，设计控制器为 $C(s)=10\dfrac{0.55s+1}{0.022s+1}$ 时，可以满足性能要求。

（2）滞后补偿器。

如果前置补偿效果不理想，如采用式(7－80b)形式调节前置补偿器设计为

$$G_{\text{Lead}}(s)=0.05\frac{0.5s+1}{0.0025s+1} \tag{7-87}$$

则系统 Bode 图如图 7－52 所示。

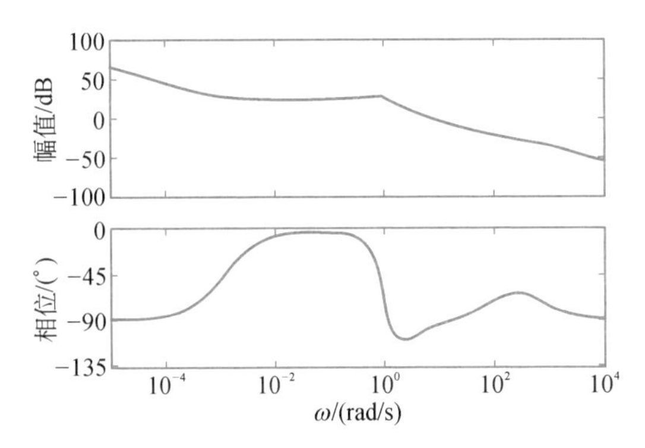

图 7-52　带前置补偿 $G_{\mathrm{Lead}}(s)$ 的闭环俯仰系统 Bode 图

系统阶跃响应如图 7-53 所示。

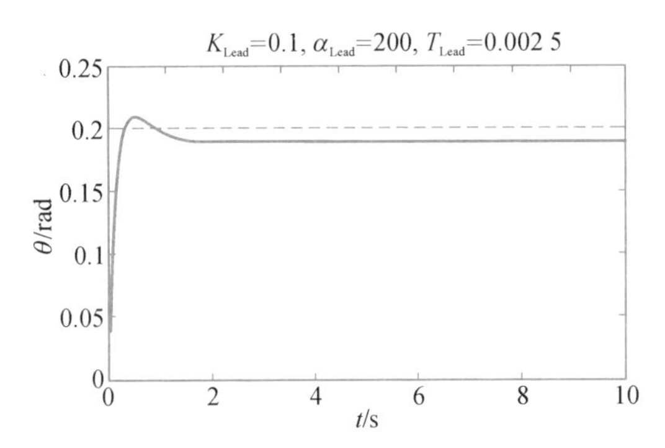

图 7-53　带前置补偿 $G_{\mathrm{Lead}}(s)$ 的闭环俯仰系统阶跃响应

可知尽管系统相位裕度和带宽频率提高，系统上升时间、超调和调节时间得到了改善；但仍有稳态误差，所以引入滞后补偿器。

滞后补偿器作用是增加低频增益，同时保持带宽频率不变，以减小稳态误差，且因带宽频率不变，维持期望的上升时间。典型一阶滞后控制器传递函数为

$$G_{\mathrm{Lag}}(s)=K_{\mathrm{Lag}}\frac{T_{\mathrm{Lag}}s+1}{\alpha_{\mathrm{Lag}}T_{\mathrm{Lag}}s+1}\quad(\alpha_{\mathrm{Lag}}>1)\tag{7-88a}$$

滞后补偿器另一种形式为

$$G_{\mathrm{Lag}}(s)=\frac{K_{\mathrm{Lag}}}{\alpha_{\mathrm{Lag}}}\cdot\frac{\alpha_{\mathrm{Lag}}T_{\mathrm{Lag}}s+1}{T_{\mathrm{Lag}}s+1}\tag{7-88b}$$

式中，$\alpha_{\mathrm{Lag}}<1$，此时 $\sin\varphi_{\mathrm{m}}=\dfrac{1-\alpha_{\mathrm{Lag}}}{1+\alpha_{\mathrm{Lag}}}$。

综合前述前置补偿，有超前-滞后补偿器构型为

$$G_{\mathrm{LL}}(s)=K_{\mathrm{LL}}\frac{(s+1/T_1)}{(s+1/(\alpha T_1))}\cdot\frac{(s+1/T_2)}{(s+\alpha/T_2)}\quad(\alpha>1,\ T_1>T_2)\tag{7-89a}$$

式中，$\dfrac{(s+1/T_1)}{(s+1/(\alpha T_1))}$为滞后部分，$\dfrac{(s+1/T_2)}{(s+\alpha/T_2)}$为超前部分。

又因为系统稳态误差随尺度 α_{Lag} 而下降，从阶跃响应结果看，稳态误差约 10%，因此选择 $\alpha_{\text{Lag}}=10$，而 T_{Lag} 设计时要满足 $T_{\text{Lag}}<\alpha_{\text{Lag}}T_{\text{Lag}}$，使系统暂态响应不剧烈变化。

经过反复尝试，最终选择 $a_{\text{Lag}}=10$，$T_{\text{Lag}}=2$，及 $K_{\text{Lag}}=15$，滞后补偿器为

$$G_{\text{Lag}}(s)=15\times\left(\frac{2s+1}{20s+1}\right)$$

带超前-滞后补偿器的闭环系统 Bode 图如图 7-54(a)所示。

带超前-滞后补偿器的闭环系统阶跃响应如图 7-54(b)所示。

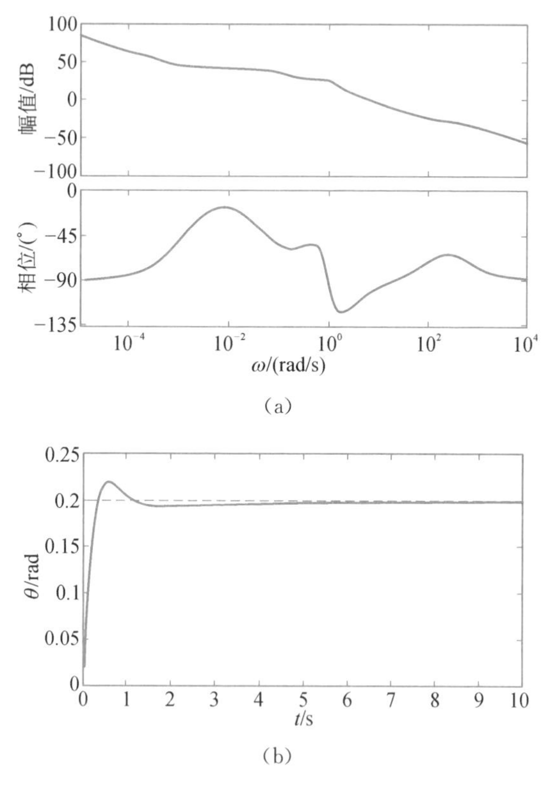

图 7-54 带超前-滞后补偿器的闭环俯仰系统 Bode 图(a)和带超前-滞后补偿器的闭环俯仰系统阶跃响应(b)

从图 7-54(b)可知，系统低频增益增大，带宽频率不变，也就是系统稳态误差下降，但上升时间不变，阶跃响应表明系统满足期望性能要求。扫描右侧二维码获取 Matlab 代码。

结论：引入超前-滞后补偿环节，使系统根轨迹向左平移，提高了系统阻尼比，固有频率 ω_n；提高了系统低频增益，从而降低了系统稳态误差 e_{ss}。

设计流程：

(1) 设计滞后补偿，由式(7-89a)，有 $z=-1/T_1$，$p=-1/(\alpha T_1)$，零极点接近于 α，α 为期望的附加增益，典型值如 $\alpha=10$。

(2) 设计超前补偿，由式(7-89a)，反复寻找零点位置 $z=-1/T_2$ 直到暂态响应满足要求，相应极点为 $p=-\alpha/T_2$，如 $\alpha=10$。

对于频率响应，根据式(7-89a)，即

$$G_{LL}(s)=K_{LL}\frac{(s-z_1)}{(s-p_1)}\cdot\frac{(s-z_2)}{(s-p_2)} \tag{7-89b}$$

有零极点频率顺序为 $\omega_{p_1}<\omega_{z_1}<\omega_{z_2}<\omega_{p_2}$，其 Bode 图如图 7-55 所示。

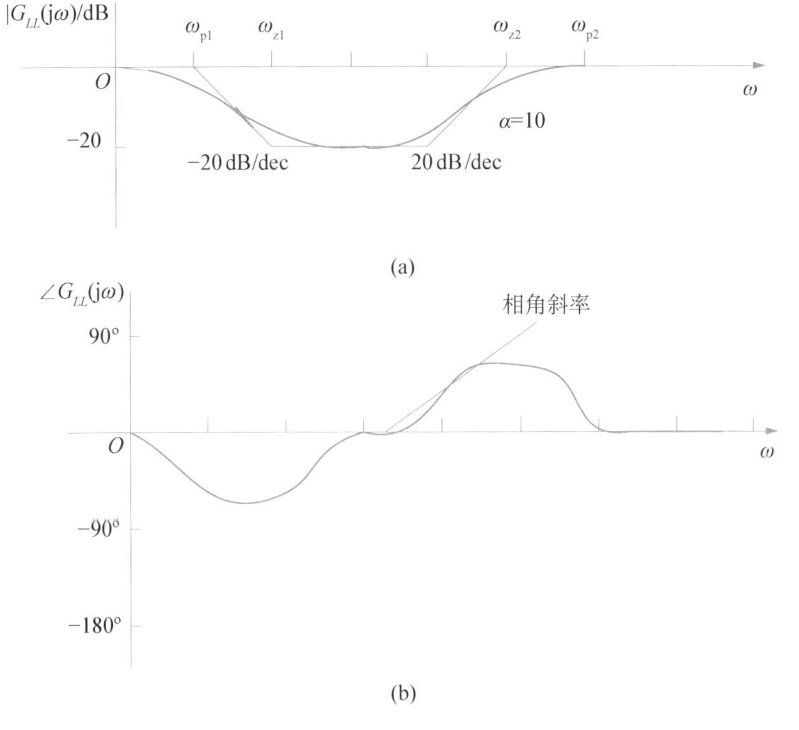

图 7-55　超前-滞后补偿零极点频率特定

将上述补偿器 $G_{LL}(s)$ 与对象 $G(s)$ 串联形成期望的系统；而将 $|K_{LL}|$ 引入控制系统来提高系统要求的截止频率，如前所述。

从上述分析可知，引入超前、滞后补偿实际是改变系统零极点来调节系统性能。系统零极点对系统响应的影响如下。

考察系统

$$G(s) = \frac{zs + 1}{s^2 + s + 1}$$

式中，z 为变量，反映零点变化，令 $z = [0, 0.26, 0.61, 1.43, 3.33]$。

在不同 $z(i)$ 条件下，系统阶跃响应如图 7 - 56(a)所示。

从图 7 - 56(a)可知，随着 z 增大，系统阶跃响应超调 M_p 增大，上升时间 t_r 下降，即响应速度提高同时超调增大。

不同 $z(i)$ 条件系统 Bode 图如图 7 - 56(b)所示。

从图 7 - 56(b)可知，随着 z 增大，系统带宽频率 BW 增大，幅值裕度 M_γ 增大。

再考察系统

$$G(s) = \frac{1}{(ps + 1)(s^2 + s + 1)}$$

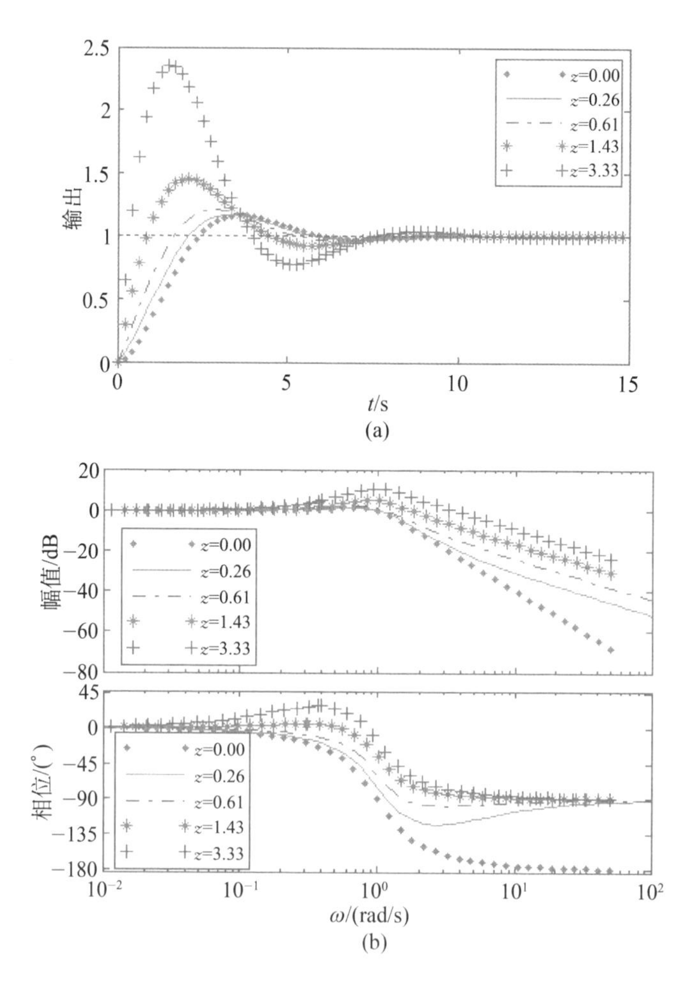

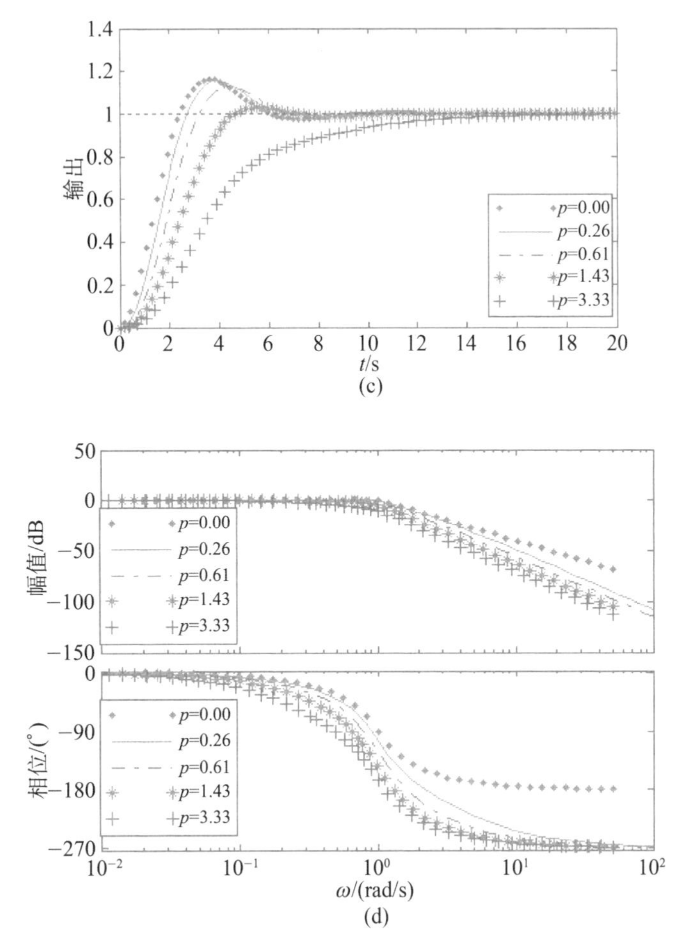

图 7-56　不同 $z(i)$ 条件下系统阶跃响应(a)和不同 $z(i)$ 条件下系统 Bode 图(b)及不同 $p(i)$ 条件下系统阶跃响应(c)和不同 $p(i)$ 条件下系统 Bode 图(d)

式中，p 为变量，反映极点变化，令 $p=[0,\ 0.26,\ 0.61,\ 1.43,\ 3.33]$。

则在不同 $p(i)$ 条件下，系统阶跃响应如图 7-56(c)所示。从图 7-56(c)可知，随着 p 增大，系统阶跃响应超调 M_p 下降，上升时间 t_r 增大，即响应速度降低同时超调下降。

在不同 $p(i)$ 条件下，系统 Bode 图如图 7-56(d)所示。从图 7-56(d)可知，随着 p 增大，系统带宽频率 BW 降低，幅值裕度 M_γ 降低。扫描右侧二维码可获取相应 Matlab 代码。

下面再以增稳系统为例，采用传统反馈控制设计方法，进行控制设计。

7.4　增稳控制系统设计

7.4.1　纵向运动增稳控制

飞机纵向运动中常见问题有:随着飞行高度的增加,空气密度减小,从而导致飞机自身的阻尼不足;高速飞行时静稳定性高而在低速飞行时静稳定性不足;战斗机进行放宽静稳定性后,纵向静稳定性不足,甚至出现短周期模态发散。为了解决这些问题早在 20 世纪 50 年代,一些运输机和轰炸机上已经安装阻尼器和增稳系统来增加飞机的稳定性。增稳控制一般采用反馈控制实现,图 7-57(a)是飞机纵向反馈控制的示意图。

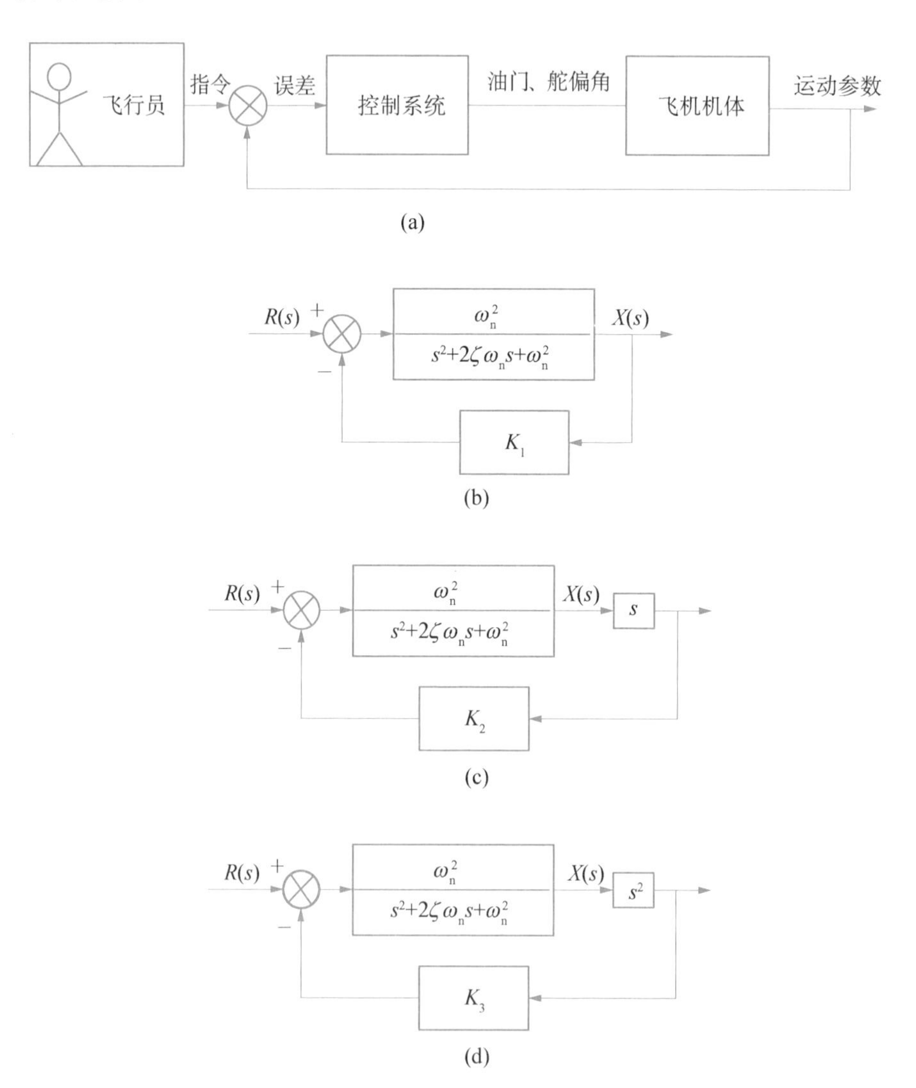

图 7-57　纵向反馈控制(a)和位置反馈(b)及速度反馈(c)和加速度反馈(d)

纵向反馈一般有俯仰角反馈、俯仰角速率反馈、速度反馈和迎角反馈，纵向运动参数及其控制面如表 7 - 12 所示。

表 7 - 12　纵向运动参数及控制面

运动参数	符号	测量仪器	控制面	符号
俯仰角	θ	三自由度陀螺	升降舵偏角	δ_e
俯仰角速度	q	二自由度陀螺	升降舵偏角	δ_e
飞行速度	u	空速管	油门	δ_p
迎角	α	风标	鸭翼偏角	δ_c

纵向运动的参数有俯仰角 θ、俯仰角速率 q、飞行速度 V 和迎角 α，由纵向运动的传递函数可以得各个参数和升降舵偏角 δ_e 的传递函数。如速度传递函数为

$$G_{V\delta_e}(s)=\frac{V(s)}{\delta_e(s)}=\frac{A_u\left(s+\dfrac{1}{T_{u1}}\right)\left(s+\dfrac{1}{T_{u2}}\right)}{(s^2+2\zeta_{sp}\omega_{nsp}s+\omega_{nsp}^2)(s^2+2\zeta_{ph}\omega_{nph}s+\omega_{nph}^2)} \quad (7-90)$$

式中，ζ_{sp} 为短周期阻尼比，ω_{nsp} 为短周期频率，ζ_{ph} 为长周期阻尼比，ω_{nph} 为长周期频率，A_u，T_{u1}，T_{u2} 分别为放大倍数和速度时间常数。

可见，无论长周期模态运动还是短周期模态运动，都可以用二阶惯性环节来描述。因此，在进行增稳控制之前，首先探讨一下二阶系统的闭环特性。对于二阶系统

$$G(s)=\frac{X(s)}{R(s)}=\frac{\omega_n^2}{s^2+2\zeta\omega_n s+\omega_n^2} \quad (7-91a)$$

相应零初值条件下的微分方程为

$$\ddot{x}+2\zeta\omega_n\dot{x}+\omega_n^2x=\omega_n^2r(t) \quad (7-91b)$$

其位置反馈如图 7 - 57(b)所示。则有闭环微分方程为

$$\ddot{x}+2\zeta\omega_n\dot{x}+\omega_n^2x=\omega_n^2(r(t)-K_1x) \quad (7-92a)$$

式(7 - 92a)进行拉氏变换，则闭环系统传递函数为

$$\frac{X(s)}{R(s)}=\frac{\omega_n^2}{s^2+2\zeta\omega_n s+\omega_n^2(1+K_1)} \quad (7-92b)$$

可见，位置反馈使系统特征频率增加，$\omega_{nc}=\omega_n\sqrt{1+K_1}$，同时阻尼比降低，$\zeta_c=\dfrac{\zeta}{\sqrt{1+K_1}}$，而时间常数 $1/(\omega_n\zeta)$ 不变。

再考察速度反馈，如图 7 - 57(c)所示。则有闭环微分方程为

$$\ddot{x}+2\zeta\omega_n\dot{x}+\omega_n^2x=\omega_n^2(r(t)-K_2\dot{x}) \quad (7-93a)$$

进行拉氏变换，则闭环系统传递函数为

$$\frac{X(s)}{R(s)}=\frac{\omega_{\mathrm{n}}^{2}}{s^{2}+(2\zeta\omega_{\mathrm{n}}+K_{2}\omega_{\mathrm{n}}^{2})s+\omega_{\mathrm{n}}^{2}} \tag{7-93b}$$

可见速度反馈使系统特征频率不变，$\omega_{\mathrm{nc}}=\omega_{\mathrm{n}}$，同时阻尼比增加，$\zeta_{\mathrm{c}}=\dfrac{2\zeta+K_{1}\omega_{\mathrm{n}}}{2}$。

最后，考察加速度反馈，如图 7－57(d)所示。则有闭环微分方程为

$$\ddot{x}+2\zeta\omega_{\mathrm{n}}\dot{x}+\omega_{\mathrm{n}}^{2}x=\omega_{\mathrm{n}}^{2}(r(t)-K_{3}\ddot{x}) \tag{7-94a}$$

进行拉氏变换，则闭环系统传递函数为

$$\frac{X(s)}{R(s)}=\frac{\omega_{\mathrm{n}}^{2}}{(1+K_{3}\omega_{\mathrm{n}}^{2})s^{2}+2\zeta\omega_{\mathrm{n}}s+\omega_{\mathrm{n}}^{2}} \tag{7-94b}$$

位置反馈使系统特征频率降低，$\omega_{\mathrm{nc}}=\omega_{\mathrm{n}}/\sqrt{1+K_{3}\omega_{\mathrm{n}}^{2}}$，同时阻尼比降低，$\zeta_{\mathrm{c}}=\dfrac{\zeta}{\sqrt{1+K_{3}\omega_{\mathrm{n}}^{2}}}$。

利用上述反馈原理，下面分析飞机的增稳控制系统。

1）俯仰角反馈

俯仰角反馈示意图如 7－58(a)所示。

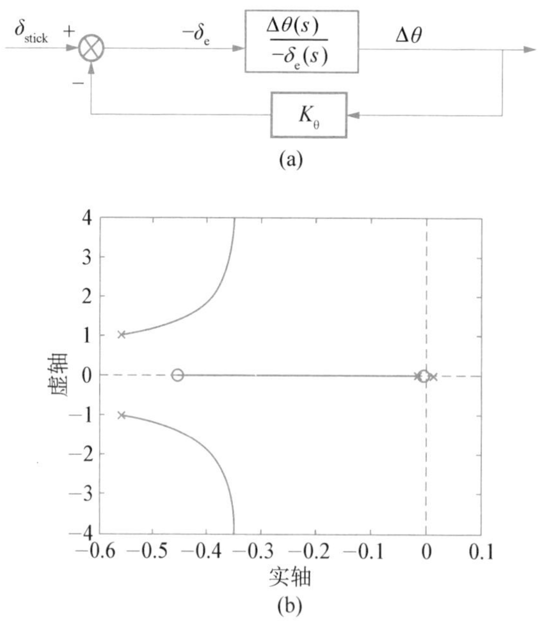

图 7－58　俯仰角反馈(a)和俯仰角反馈下$\theta(s)/(-\delta_{\mathrm{e}}(s))=-N(s)/D(s)$根轨迹图(b)

而根据式(6-6),有纵向运动动力学

$$\begin{bmatrix} s-X_u-X_{Tu} & -X_\alpha & g\cos\gamma_0 \\ -Z_u & s(V_0-Z_{\dot\alpha})-Z_\alpha & -(Z_q+V_0)s+g\sin\gamma_0 \\ -(M_u+M_{Tu}) & -(M_{\dot\alpha}s+M_\alpha+M_{T\alpha}) & s^2-M_qs \end{bmatrix}\cdot\begin{bmatrix}\Delta V(s)\\ \Delta\alpha(s)\\ \Delta\theta(s)\end{bmatrix}$$

$$=\begin{bmatrix} -X_{\delta_e} & X_{\delta_p}\cos(\alpha_0+\varphi_T) \\ -Z_{\delta_e} & -X_{\delta_p}\sin(\alpha_0+\varphi_T) \\ -M_{\delta_e} & M_{\delta_p} \end{bmatrix}\begin{bmatrix}-\delta_e\\ \delta_p\end{bmatrix} \tag{7-95}$$

式中,选择输入为$-\delta_e$是因为驾驶杆输入δ_{stick}与δ_e反向。
俯仰角反馈控制律为

$$-\delta_e=\delta_{stick}-K_\theta\Delta\theta(s) \tag{7-96}$$

将式(7-96)代入式(7-95)有

$$\begin{bmatrix} s-X_u-X_{Tu} & -X_\alpha & g\cos\gamma_0-(K_\theta X_{\delta_e})s \\ -Z_u & s(V_0-Z_{\dot\alpha})-Z_\alpha & -(Z_q+V_0)s+g\sin\gamma_0-K_\theta Z_{\delta_e} \\ -(M_u+M_{Tu}) & -(M_{\dot\alpha}s+M_\alpha+M_{T\alpha}) & s^2-(M_q)s-K_\theta M_{\delta_e} \end{bmatrix}\cdot\begin{bmatrix}\Delta V(s)\\ \Delta\alpha(s)\\ \Delta\theta(s)\end{bmatrix}$$

$$=\begin{bmatrix} X_{\delta_e} & X_{\delta_p}\cos(\alpha_0+\varphi_T) \\ Z_{\delta_e} & -X_{\delta_p}\sin(\alpha_0+\varphi_T) \\ M_{\delta_e} & M_{\delta_p} \end{bmatrix}\begin{bmatrix}-\delta_{stick}\\ \delta_p\end{bmatrix} \tag{7-97}$$

可知俯仰角反馈,通过改变系统$\Delta X_\theta=K_\theta X_{\delta_e}$,$\Delta Z_\theta=K_\theta Z_{\delta_e}$,$\Delta M_\theta=K_\theta M_{\delta_e}$导数,实现了闭环极点位置改变,即改变了系统稳定性能。

而根据位置反馈特点,俯仰角位置反馈闭环系统,其特征方程为$s^2+2\zeta\omega_n s+\omega_n^2(1+K_\theta)=0$,与开环特征方程$D(s)=s^4+a_1s^3+a_2s^2+a_3s+a_4=0$相比,俯仰角反馈使系统特征频率增加,$\omega_{nc}=\omega_n\sqrt{1+K_\theta}$,同时阻尼比降低,$\zeta_c=\dfrac{\zeta}{\sqrt{1+K_\theta}}$,而时间常数$1/(\omega_n\zeta)$不变。

例7-12 若系统俯仰角开环传递函数为

$$G_{-\delta_e}^{\theta}(s)=\frac{-N(s)}{D(s)}=-\frac{-3.2711s^2-1.5s-0.0049}{s^4+1.1124s^3+1.3452s^2-0.004s-0.0002}$$

根据图7-58(a),则整个俯仰角反馈系统的闭环传递函数为

$$G_{\delta_e c}^{\theta}(s)=\frac{-N(s)}{D(s)-K_\theta N(s)}$$

$$=\frac{-(-3.2711s^2-1.5s-0.0049)}{s^4+1.1124s^3+1.3452s^2-0.004s-0.0002-K_\theta(-3.2711s^2-1.5s-0.0049)},$$

整个俯仰角反馈控制系统随反馈系数 K_θ 变化的根轨迹如图 7-58(b)所示。扫描二维码获取 Matlab 代码。

由图可知，当 K_θ 等于 0.5 时，系统长周期的两个特征根分别为 $\lambda_{ph_1}=-0.00031$，$\lambda_{ph_2}=-0.268$，而原开环系统 $\lambda_{oph_1}=0.0137$，$\lambda_{oph_2}=-0.0108$，则使长周期模态阻尼比从 −1 改为 +1，短周期模态阻尼比从 0.48 降为 0.254，所以通过改变俯仰角反馈系数，可以改变系统的长周期运动阻尼比，从而改善系统长周期运动的响应特性，同时也使短周期阻尼变差。

2）俯仰角速率反馈

根据式(6-46)，有短周期运动阻尼

$$2\zeta_{sp}\omega_{nsp}\approx-(Z_\alpha/V_0+M_q+M_{\dot{\alpha}}) \tag{7-98}$$

则短周期运动阻尼或阻尼力矩可以通过增大 M_q 而提高，即可以通过俯仰速率提供附加的俯仰力矩，故可以利用俯仰速率反馈，如图 7-59，实现俯仰增稳，改善俯仰阻尼力矩，即俯仰阻尼器。

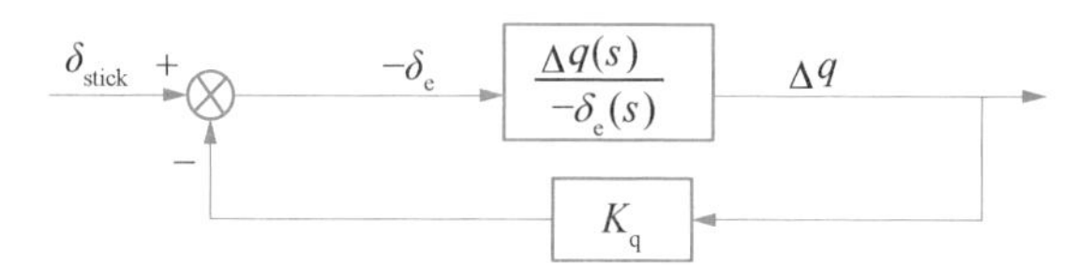

图 7-59　俯仰角速率反馈

升降航到俯仰角速率的传递函数为

$$G_{q\delta_e}(s)=\frac{\Delta q(s)}{\delta_e(s)}=\frac{s\Delta\theta(s)}{\delta_e(s)}=sG_{\theta\delta_e}(s) \tag{7-99}$$

俯仰角速率反馈示意图如图 7-59 所示。

而根据式(6-6)，有纵向运动动力学式(7-95)，俯仰速率反馈控制律为 $-\delta_e=\delta_{stick}-K_q\Delta\dot{\theta}(s)$，则式(7-95)改为

$$\begin{bmatrix} s-X_u-X_{Tu} & -X_\alpha & -(K_qX_{\delta_e})s+g\cos\gamma_0 \\ -Z_u & s(V_0-Z_{\dot{\alpha}})-Z_\alpha & -(Z_q+K_qZ_{\delta_e}+V_0)s+g\sin\gamma_0 \\ -(M_u+M_{Tu}) & -(M_{\dot{\alpha}}s+M_\alpha+M_{T\alpha}) & s^2-(M_q+K_qM_{\delta_e})s \end{bmatrix}\cdot\begin{bmatrix}\Delta V(s)\\ \Delta\alpha(s)\\ \Delta\theta(s)\end{bmatrix}$$

$$=\begin{bmatrix} X_{\delta_e} & X_{\delta_p}\cos(\alpha_0+\varphi_T) \\ Z_{\delta_e} & -X_{\delta_p}\sin(\alpha_0+\varphi_T) \\ M_{\delta_e} & M_{\delta_p} \end{bmatrix}\begin{bmatrix}-\delta_{stick}\\ \delta_p\end{bmatrix} \tag{7-100}$$

可知俯仰速率反馈提高了系统 X_q，Z_q，M_q 导数，实现了俯仰增稳。再根据速度反

馈特点，可知在角速率反馈下，俯仰系统闭环特征方程为 $s^2+(2\zeta_{sp}\omega_{nsp}+K_q\omega_{nsp}^2)s+\omega_{nsp}^2=0$，特征参数

$$\omega_{nc}=\omega_{nsp},\ \zeta_c=\frac{2\zeta_{sp}+K_q\omega_{nsp}}{2} \tag{7-101}$$

与俯仰角反馈相比，俯仰角速率反馈可以改善短周期阻尼，同时有对长周期影响较小。

例 7 - 13 若系统俯仰角速率开环传递函数为

$$-\frac{\Delta q(s)}{\delta_e(s)}=-\frac{N(s)}{D(s)}=-\frac{-3.2711s^3-1.5s^2-0.0049s}{s^4+1.1124s^3+1.3452s^2-0.004s-0.0002}$$

则俯仰角速率反馈的闭环传递函数为

$$\begin{aligned}G_{\delta_e}^{q}(s)&=\frac{-N(s)}{D(s)-K_qN(s)}\\&=\frac{-(-3.2711s^3-1.5s^2-0.0049s)}{s^4+1.1124s^3+1.3452s^2-0.004s-0.0002-K_q(-3.2711s^3-1.5s^2-0.0049s)}\end{aligned}$$

其特征方程为 $1-K_q\dfrac{N(s)}{D(s)}=0$，俯仰角速率反馈控制系统随反馈系数 K_q 变化的根轨迹如图 7 - 60 所示。

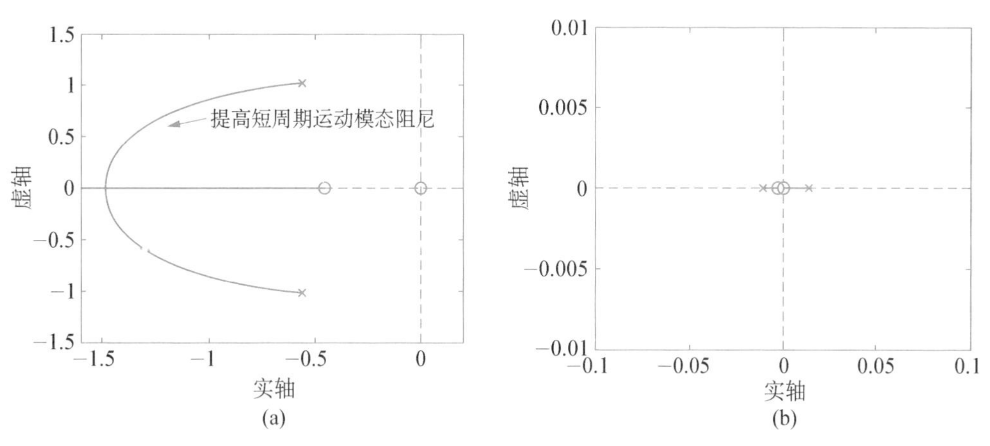

图 7 - 60 俯仰角速率反馈下 $\Delta q(s)/[-\delta_e(s)]=-N(s)/D(s)$ 根轨迹图

(a) 全局图 (b) 局部放大图

由图 7 - 60 可以看出通过改变俯仰角速率反馈系数，可以改变系统的短周期阻尼比，从而改善系统短周期的响应特性，同时对长周期阻尼影响较小。

3) 速度反馈

速度传递函数

$$G_{V\delta_e}(s)=\frac{\Delta V(s)}{\delta_e(s)}=\frac{A_u\left(s+\dfrac{1}{T_{u1}}\right)\left(s+\dfrac{1}{T_{u2}}\right)}{\Delta(s)} \tag{7-102}$$

式中，$\Delta(s)$为特征多项式，见式(7-90)。

速度反馈示意图如图7-61所示。

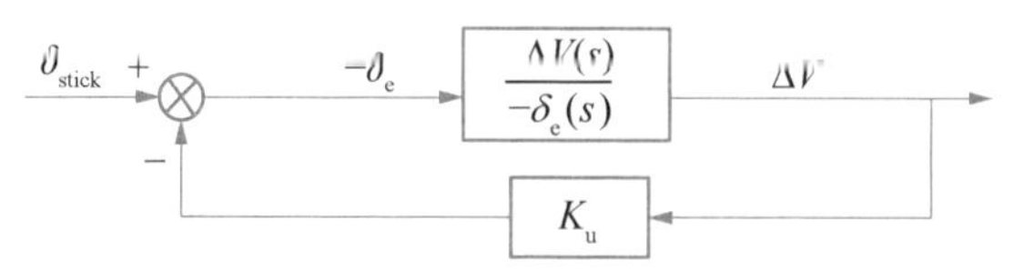

图7-61　速度反馈系统

根据图7-61，参考俯仰角速度反馈，可见，采用速度反馈可以改变特征方程X_u，Z_u，M_u导数三个系数，从而改变系统的长周期特性。速度反馈的效果可以改善长周期模态特性，增加阻尼比，同时对短周期阻尼影响不大，但当反馈系数过大时，短周期模态特性恶化，频率下降。

4）迎角反馈

根据式(6-46)，有短周期运动频率$\omega_{nsp}^2=(Z_\alpha M_q/V_0-M_\alpha)$，则短周期运动频率可以通过增大$M_\alpha$而提高，即通过迎角反馈，可以提高短周期运动的频率。

迎角传递函数

$$G_{\alpha\delta_e}(s)=\frac{\Delta\alpha(s)}{\delta_e(s)}=\frac{A_\alpha\left(s+\dfrac{1}{T_\alpha}\right)(s^2+2\zeta_\alpha\omega_\alpha s+\omega_\alpha^2)}{(s^2+2\zeta_{sp}\omega_{nsp}s+\omega_{nsp}^2)(s^2+2\zeta_{ph}\omega_{nph}s+\omega_{nph}^2)} \tag{7-103}$$

迎角反馈示意图如图7-62所示。

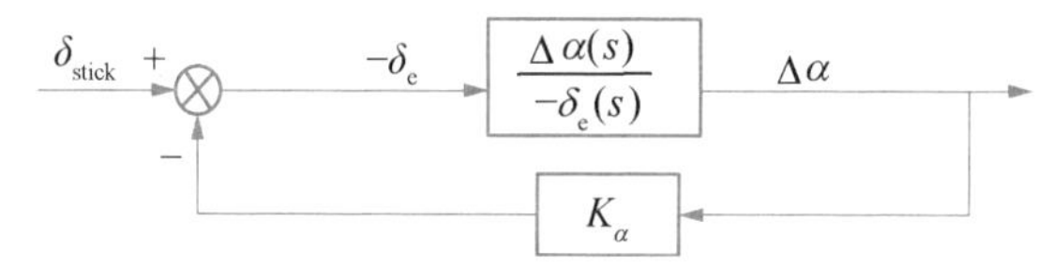

图7-62　迎角反馈系统

根据式(7-95)，迎角反馈后有

$$\begin{bmatrix} s-X_u-X_{Tu} & -(X_\alpha+K_\alpha X_{\delta_e}) & g\cos\gamma_0 \\ -Z_u & s(V_0-Z_{\dot\alpha})-(Z_\alpha+K_\alpha Z_{\delta_e}) & -(Z_q+V_0)s+g\sin\gamma_0 \\ -(M_u+M_{Tu}) & -(M_{\dot\alpha}s+M_\alpha+K_\alpha M_{\delta_e}+M_{T\alpha}) & s^2-M_q s \end{bmatrix}\cdot\begin{bmatrix}\Delta V(s)\\ \Delta\alpha(s)\\ \Delta\theta(s)\end{bmatrix}$$

$$=\begin{bmatrix} X_{\delta_e} & X_{\delta_p}\cos(\alpha_0+\varphi_T) \\ Z_{\delta_e} & -X_{\delta_p}\sin(\alpha_0+\varphi_T) \\ M_{\delta_e} & M_{\delta_p} \end{bmatrix}\begin{bmatrix}-\delta_{stick}\\ \delta_p\end{bmatrix} \tag{7-104}$$

可知迎角反馈提高了系统 X_α, Z_α, M_α 导数,实现了俯仰增稳。可见,采用迎角反馈可以改变特征方程 X_α, Z_α, M_α 三个系数,增加了系统的纵向静稳定性,对长周期模态特性影响较小;迎角反馈增加短周期模态频率,同时减小了短周期的阻尼比,具体如表 7 - 13 所示。

表 7 - 13　迎角反馈与俯仰角反馈的比较

迎角反馈	俯仰角反馈
改善短周期模态特性	通过俯仰角和仰角速率反馈也可以改善短周期模态特性
对长周期模态特性影响较小	可以改善长周期模态的特性
飞机的反应与迎角相对应	飞机的反应与俯仰角相对应

例 7 - 14　考察 F - 16 飞机,其飞行状态: $H = 6\,000$ m, $Ma = 1$, $V_t = 316.3661$ m/s,配平迎角 $\alpha = 0.0037$ rad, $\beta = 2.6523 \times 10^9$ rad,控制输入 $\delta_e = -1.9362°$, $\delta_a = -2.9478 \times 10^{8}°$, $\delta_r = 4.0851 \times 10^{7}°$, $\delta_p = 0.4880$,范围:0 ~ 1。系统状态变量为 $\boldsymbol{x}_{\text{lon}} = [V\ \alpha\ \theta\ q]^{\text{T}}$,控制输入为 $\boldsymbol{u}_{\text{lon}} = \delta_e$,系统模型为

$$\dot{\boldsymbol{x}}_{\text{lon}} = \boldsymbol{A}\boldsymbol{x}_{\text{lon}} + \boldsymbol{B}\boldsymbol{u}_{\text{lon}}$$

其中$\boldsymbol{A}=\begin{bmatrix} -0.0116 & 152.5623 & -31.6936 & 0.4329 \\ -0.0001 & -1.3741 & 0.0000 & 0.9504 \\ 0 & 0 & 0 & 1.0000 \\ 0.0000 & -13.1586 & 0 & -1.8655 \end{bmatrix}$,

$\boldsymbol{B}=[0.5040\quad -0.0024\quad 0\quad -0.4385]^{\text{T}}$,设计要求:俯仰运动控制系统,如图 7 - 63(a)所示。

使系统短周期阻尼比 $0.35 \leqslant \zeta_{sp} \leqslant 1.3$,频率 $\omega_{sp} \approx V_{eq}(\text{ft/s})/100$,其中 V_{eq} 为等效空速,并满足指令俯仰跟踪品质。

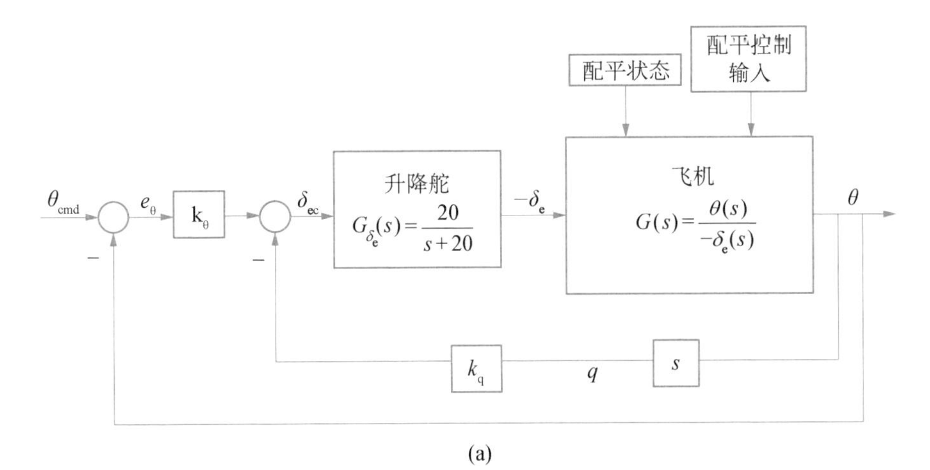

(a)

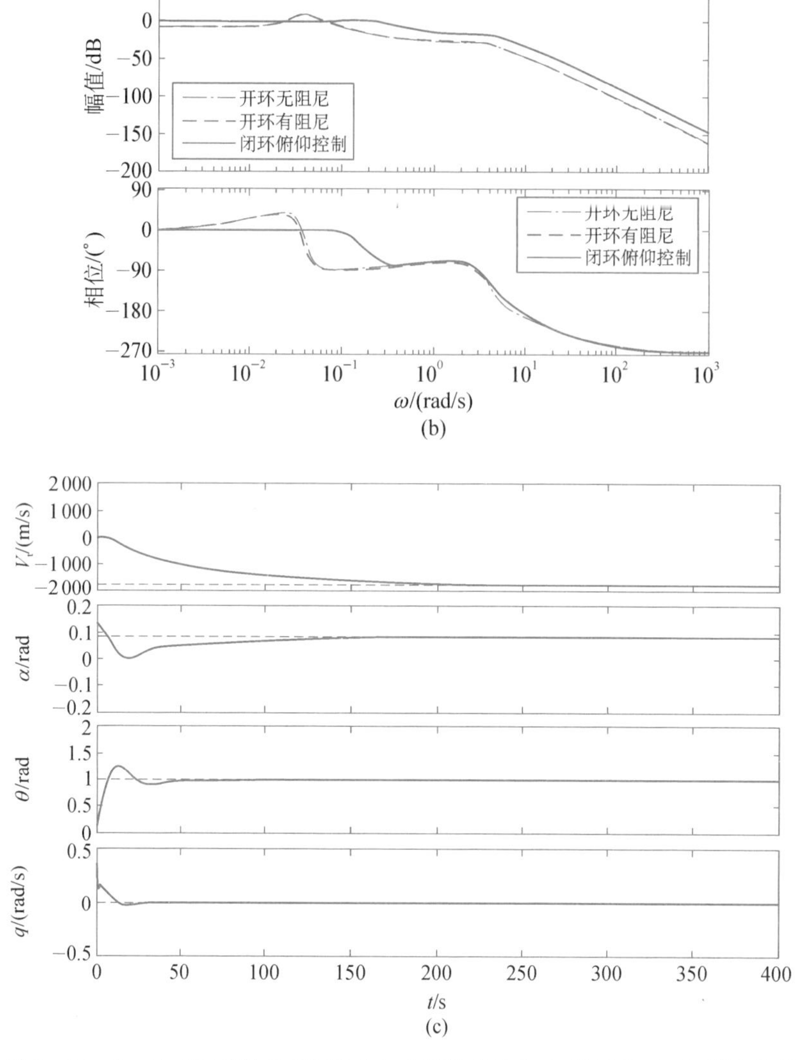

图 7-63　F-16 飞机俯仰控制系统(a)和俯仰运动 Bode 图特性(b)和俯仰阶跃指令输入跟踪响应(c)

解:纵向运动开环特性为

特征值	阻尼比	ω/(rad/s)
$-6.16\times10^{-3}+4.02\times10^{-2}i$	1.52×10^{-1}	4.06×10^{-2}
$-6.16\times10^{-3}-4.02\times10^{-2}i$	1.52×10^{-1}	4.06×10^{-2}
$-1.62+3.53i$	4.17×10^{-1}	3.88
$-1.62-3.53i$	4.17×10^{-1}	3.88

选取俯仰速率反馈增稳控制，$k_q=12$，则闭环特性为

特征值	阻尼比	$\omega/(\mathrm{rad/s})$
$-6.95\times10^{-3}+3.30\times10^{-2}\mathrm{i}$	2.06×10^{-1}	3.37×10^{-2}
$-6.95\times10^{-3}-3.30\times10^{-2}\mathrm{i}$	2.06×10^{-1}	3.37×10^{-2}
-4.13	1.00	4.13
$-9.56+3.86\mathrm{i}$	9.27×10^{-1}	1.03×10
$-9.56-3.86\mathrm{i}$	9.27×10^{-1}	1.03×10

可知:短周期阻尼比 $\zeta_{sp}=0.927$，$\omega_{sp}\approx V_{eq}(\mathrm{ft/s})/100=10.3$,对于实际增稳系统来说,通常 $\omega_{sp}=1\sim5\,\mathrm{rad/s}$,因此,最终选择 $k_q=2.5$，则闭环特性为

特征值	阻尼比	$\omega/(\mathrm{rad/s})$
$-6.37\times10^{-3}+3.83\times10^{-2}\mathrm{i}$	1.64×10^{-1}	3.88×10^{-2}
$-6.37\times10^{-3}-3.83\times10^{-2}\mathrm{i}$	1.64×10^{-1}	3.88×10^{-2}
$-2.24+3.54\mathrm{i}$	5.35×10^{-1}	4.20
$-2.24-3.54\mathrm{i}$	5.35×10^{-1}	4.20
-1.87×10	1.00	1.87×10

可知:短周期阻尼比 $\zeta_{sp}=0.535$，$\omega_{sp}\approx4.2$,满足期望性能要求。而 $\lambda=-18.7$ 为升降舵闭环极点。外回路控制参数 k_θ 根据 Bode 图特性,如图 7-63(b) 所示,考察频率 $\omega=1.5\,\mathrm{rad/s}$,得幅值裕度 $29.7\,\mathrm{dB}>20\,\mathrm{dB}$,相位裕度 $180-66=114°$,因此选择俯仰控制频率 $\omega_c=1.5\,\mathrm{rad/s}$,由相应幅值放大倍数 $=15.1\,\mathrm{dB}$ 确定 $k_\theta=5.6$。

$\theta_{cmd}=1\,\mathrm{rad}$ 阶跃指令输入条件下飞机的输出响应如图 7-63(c)所示,可知闭环系统可以满足指令俯仰跟踪要求。扫描右侧二维码,获取 Matlab 代码。

7.4.2　横侧向运动增稳控制

从第 6 章可知,飞机横侧向运动中常见问题有:随着飞行高度的增加,空气密度减小,从而导致气动导数数值减小,因此,横向阻尼导数数值减小使滚转收敛模态半衰期加长。航向静稳定导数数值减小使荷兰滚频率降低,同时,各导数数值减小使荷兰滚阻尼减小,半衰期加长。因此,高空飞行时飞机需引入横侧向增稳系统。

1) 偏航角速率反馈

根据式(6-79),有横侧向动力学

$$\begin{bmatrix} V_0 s-Y_\beta & -Y_p s-g\cos\gamma_0 & V_0-Y_r \\ -L_\beta & s^2-L_p s & -L_r \\ -N_\beta & -N_p s & s-N_r \end{bmatrix}\begin{bmatrix}\Delta\beta(s)\\ \Delta\phi(s)\\ \Delta r(s)\end{bmatrix}=\begin{bmatrix}0 & Y_{\delta_r}\\ L_{\delta_a} & L_{\delta_r}\\ N_{\delta_a} & N_{\delta_r}\end{bmatrix}\begin{bmatrix}\delta_a\\ \delta_r\end{bmatrix}\tag{7-105}$$

偏航速率反馈控制律为

$$-\delta_r=\delta_{pedal}-K_r\Delta r(s)$$

其反馈结构图如图 7-64 所示。

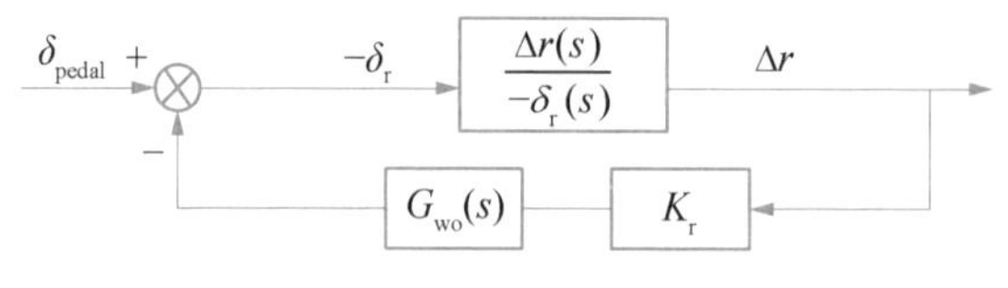

图 7-64 偏航阻尼器

式中,$G_{wo}(s)$为洗出网络,一般为高通滤波器,这里简化为常值 $G_{wo}(s)=1$,则式(7-105)改为

$$\begin{bmatrix} V_0 s - Y_\beta & -Y_p s - g\cos\gamma_0 & V_0 - (Y_r + K_r Y_{\delta_r}) \\ -L_\beta & s^2 - L_p s & -(L_r + K_r L_{\delta_r}) \\ -N_\beta & -N_p s & s - (N_r + K_r N_{\delta_r}) \end{bmatrix} \begin{bmatrix} \Delta\beta(s) \\ \Delta\phi(s) \\ \Delta r(s) \end{bmatrix} = \begin{bmatrix} 0 & Y_{\delta_r} \\ L_{\delta_a} & L_{\delta_r} \\ N_{\delta_a} & N_{\delta_r} \end{bmatrix} \begin{bmatrix} \delta_a \\ -\delta_{pedal} \end{bmatrix} \tag{7-106}$$

可知,偏航角速率反馈,增加了稳定导数 Y_r, L_r, N_r,即提高了偏航阻尼。

2) 滚转角速率反馈

滚转角速率反馈结构如图 7-65 所示。

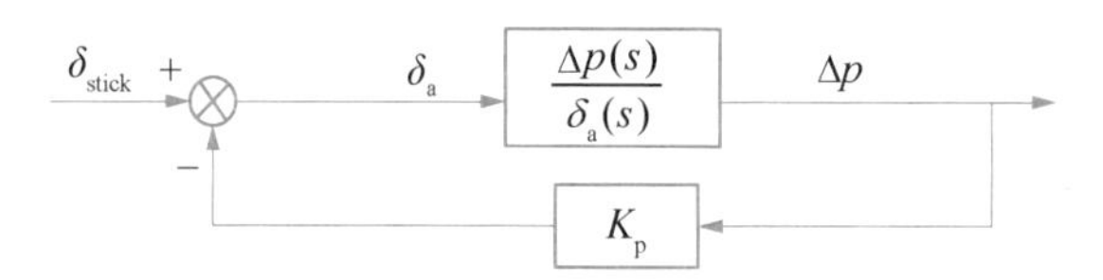

图 7-65 滚转阻尼器

滚转速率反馈控制律为

$$\delta_a = \delta_{stick} - K_p \Delta p(s)$$

则式(7-105)改为

$$\begin{bmatrix} V_0 s - Y_\beta & -(Y_p - K_p Y_{\delta_a})s - g\cos\gamma_0 & V_0 - Y_r \\ -L_\beta & s^2 - (L_p - K_p L_{\delta_a})s & -L_r \\ -N_\beta & -(N_p - K_p N_{\delta_a})s & s - N_r \end{bmatrix} \begin{bmatrix} \Delta\beta(s) \\ \Delta\phi(s) \\ \Delta r(s) \end{bmatrix} = \begin{bmatrix} 0 & Y_{\delta_r} \\ L_{\delta_a} & L_{\delta_r} \\ N_{\delta_a} & N_{\delta_r} \end{bmatrix} \begin{bmatrix} \delta_{stick} \\ \delta_r \end{bmatrix} \tag{7-107}$$

式中,$L_p < 0$,而 $L_{\delta_a} > 0$,反馈使得 L_p 负得更大。又由式(6-113) 有 $L_p \approx -1/T_R$,因此滚转阻尼器可以减小滚转模态时间常数。

7.5　PID 控制

7.5.1　PID 控制设计

考察单位负反馈系统，如图 7－66 所示，若系统可控，需设计控制器使闭环系统满足期望性能要求。

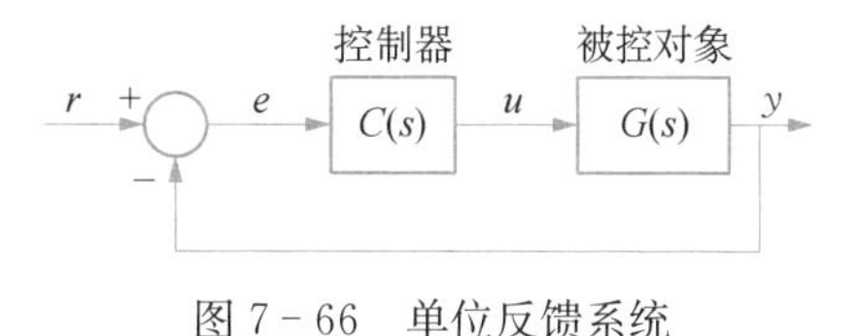

图 7－66　单位反馈系统

这里 $C(s)$ 选择为 PID 控制，一般 PID 控制器形式为

$$u = K_{\mathrm{p}} e + K_{\mathrm{i}} \int e \mathrm{d}t + K_{\mathrm{d}} \frac{\mathrm{d}e}{\mathrm{d}t} \tag{7-108}$$

式中，K_{p} 为比例（proportional）增益，K_{i} 为积分（integral）增益，K_{d} 为微分（derivative）增益。

PID 控制特点：比例控制器（K_{p}）作用是减小上升时间，减小跟踪误差，但永远不会消除稳态误差 $e(\infty)$。积分控制器（K_{i}）作用是消除稳态误差，但会使暂态响应变差. 微分控制器（K_{d}）会提高系统稳定性，降低超调，改善过渡过程。PID 控制作用总结如表 7－14 所示。

表 7－14　PID 控制器作用表

闭环响应	上升时间	超调	调节时间	稳态误差
K_{p}	下降	上升	变化很小	下降
K_{i}	下降	上升	上升	消除
K_{d}	变化很小	下降	下降	变化很小

实际运用中三个参数是相互依赖的，需要综合考虑。

例 7－15　以弹簧-质量-阻尼系统为对象，如图 7－67 所示。

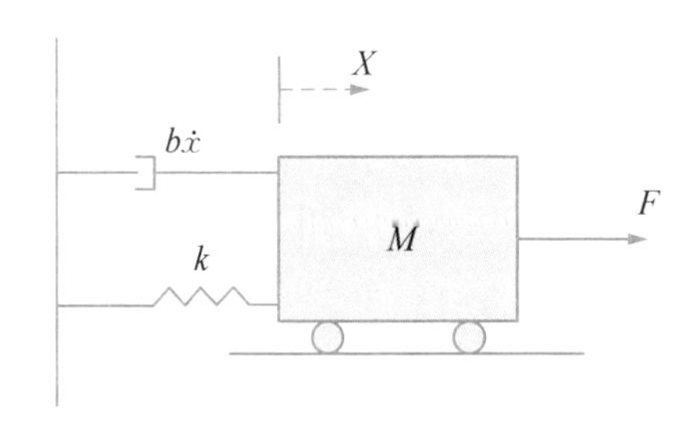

图 7－67　弹簧阻尼系统

已知 $M = 1\,\mathrm{kg}$，$b = 10\,\mathrm{N \cdot s/m}$，$k = 20\,\mathrm{N/m}$，$F(s) = 1$。系统模型为

$$M\ddot{x} + b\dot{x} + kx = F \tag{7-109a}$$

模型 Laplace 变换为

$$Ms^2 X(s) + bsX(s) + kX(s) = F(s) \tag{7-109b}$$

输入力 F 到输出位移 X 传递函数为

$$\frac{X(s)}{F(s)} = \frac{1}{Ms^2 + bs + k} \tag{7-109c}$$

代入 $M = 1\,\mathrm{kg}$，$b = 10\,\mathrm{N \cdot s/m}$，$k = 20\,\mathrm{N/m}$，$F(s) = 1$，上式有

$$\frac{X(s)}{F(s)}=\frac{1}{s^2+10s+20}$$

设计 PID 控制器，使闭环系统满足：①上升时间快；②最小超调；③无稳态误差。

系统开环阶跃响应如图 7-68 所示。

可知系统稳态误差为 1−0.05 = 0.95，上升时间近 1s，调节时间约 1.5s。为了达到设计目的，需要进行控制器设计。

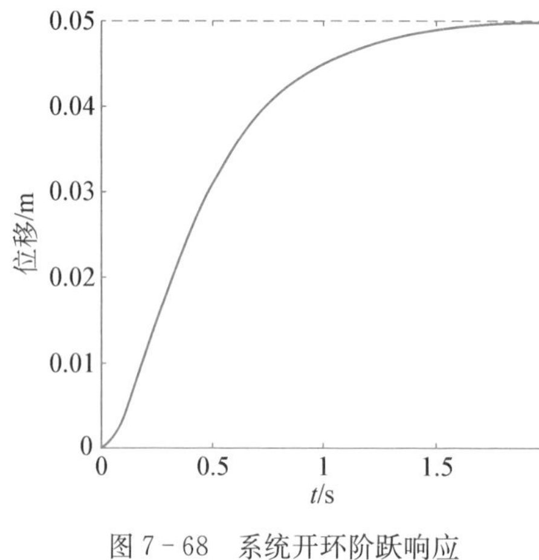

图 7-68 系统开环阶跃响应

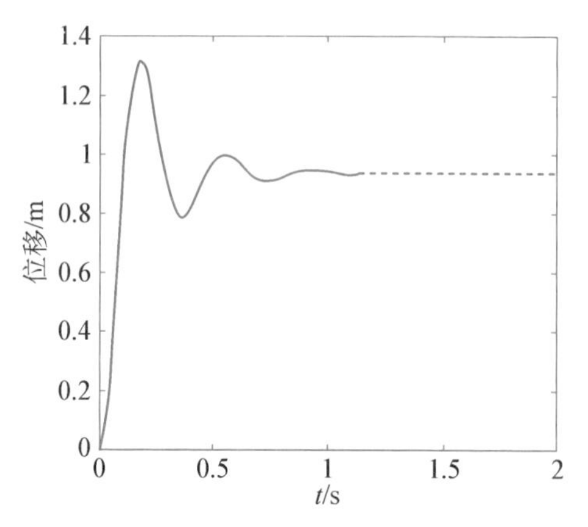

图 7-69 比例控制闭环系统阶跃响应

$K_p=300$

1）采用比例控制器(K_p)

根据图 7-66，引入比例控制闭环传递函数为

$$\frac{X(s)}{F(s)}=\frac{K_p}{s^2+10s+(20+K_p)}$$

选择 $K_p=300$，得闭环响应如图 7-69 所示，从图 7-69 可知，比例控制降低了稳态误差和上升时间，提高了超调，调节时间稍降。

2）采用比例-微分控制

微分控制(K_d)可以降低超调和过渡时间。根据图 7-66，PD 控制闭环系统传递函数为

$$\frac{X(s)}{F(s)}=\frac{K_d s+K_p}{s^2+(10+K_d)s+(20+K_p)}$$

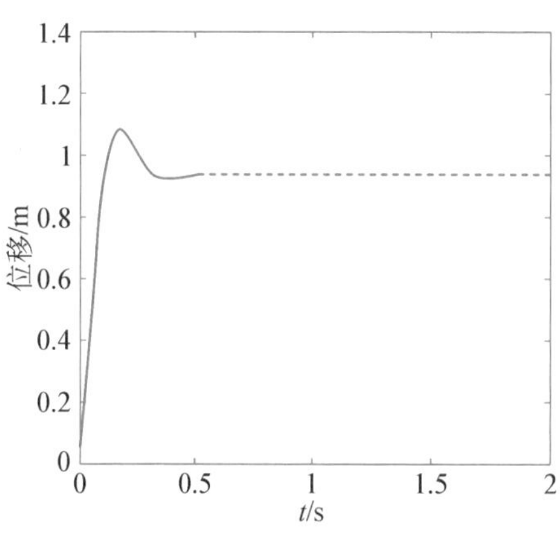

图 7-70 PD 控制阶跃响应

$K_p=300$，$K_d=10$

选择 $K_p=300$，$K_d=10$，则闭环系统响应如图 7-70 所示，可见，微分控制降低了超调和调节时间，但对上升时间和稳态误差

作用很小。

3）采用比例积分控制

积分(K_i)控制作用降低上升时间,提高超调和调节时间,消除稳态误差。对于弹簧系统,采用 PI 控制的闭环传递函数为

$$\frac{X(s)}{F(s)}=\frac{K_p s+K_i}{s^3+10s^2+(20+K_p)s+K_i}$$

选择 $K_p=30$, $K_i=70$。系统闭环响应如图 7－71 所示,这里降低 K_p 增益是因为积分控制也可减小上升时间,提高超调,两者作用相同。从响应曲线可以看出,积分控制消除了稳态误差。

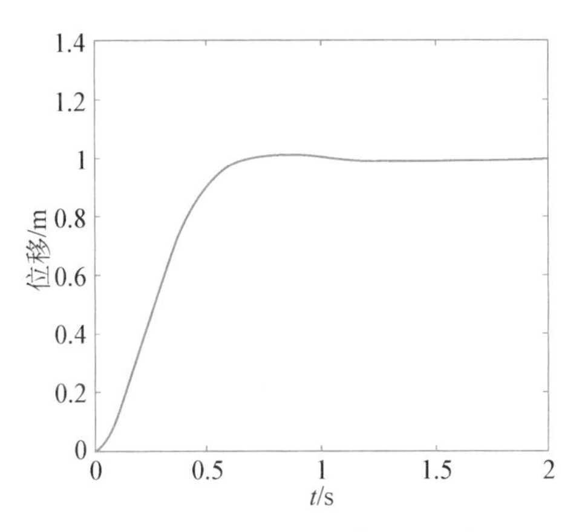

图 7－71　PI 控制系统阶跃响应

$K_p=30$, $K_i=70$

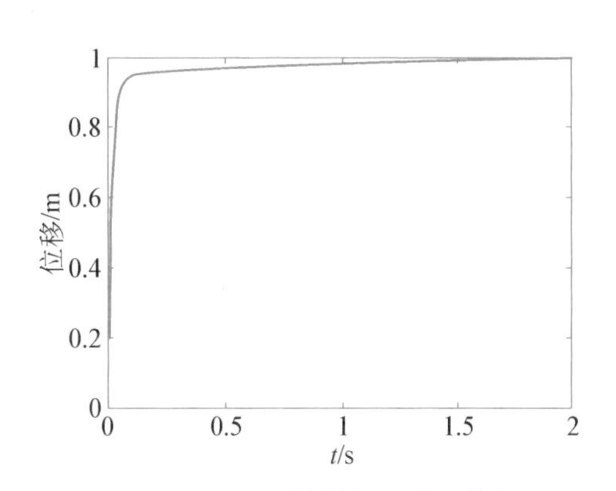

图 7－72　PID 控制闭环阶跃响应

$K_p=350$, $K_i=300$, $K_d=5500$

4）采用比例-积分-微分控制,则系统闭环传递函数为

$$\frac{X(s)}{F(s)}=\frac{K_d s^2+K_p s+K_i}{s^3+(10+K_d)s^2+(20+K_p)s+K_i}$$

通过反复尝试,选择 $K_p=350$, $K_i=300$, $K_d=50$,以满足期望响应要求。PID 控制闭环阶跃响应如图 7－72 所示。可见,闭环系统没有超调,快速上升,无稳态静差。

Matlab 代码扫描右侧二维码获取。

PID 控制调节过程：

(1) 给出开环响应,确定需要改善目标。

(2) 增加比例控制,改善上升时间。

(3) 增加微分控制,改善超调。

(4) 增加积分控制,消除稳态误差。

(5) 根据表 7-14，逐个调节 K_p，K_i，与 K_d，直到满足期望性能。

7.5.2 Ziegler-Nichols 规则调节 PID 控制器

PID 控制的关键是参数整定。1942 年 Ziegler 和 Nichols 针对一阶惯性环节含纯延迟的对象，提出 PID 控制器参数整定的 Ziegler-Nichols 规则，同年，Ziegler 又根据对象频域响应曲线上的信息，提出了 PID 控制器参数整定的临界振荡法，下面做详细介绍。

考察单位反馈系统，如图 7-73 所示。

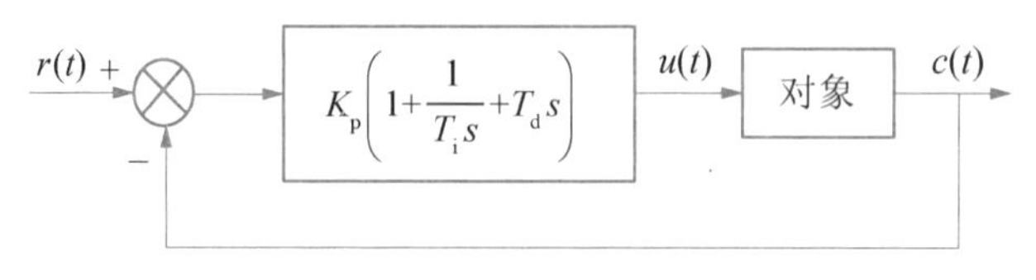

图 7-73 单位反馈系统

1) 方法一

Ziegler-Nichols 规则是基于系统的开环响应，一般系统开环阶跃响应为如图 7-74(b)的 S 形曲线。

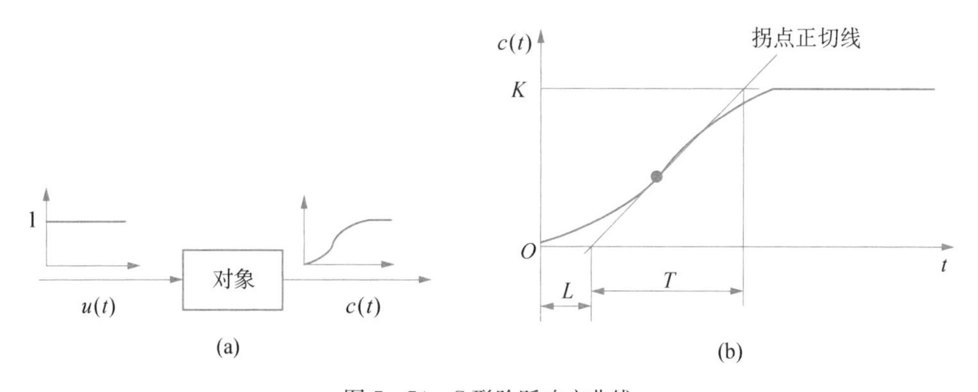

图 7-74 S 形阶跃响应曲线

图 7-74(b)中 K 为稳态增益，L 为时延，T 为响应时间常数或周期，拐点正切线为阶跃响应斜率最大线。则系统的传递函数描述为一阶传递函数：

$$\frac{C(s)}{U(s)}=\frac{Ke^{-Ls}}{Ts+1} \tag{7-110}$$

于是，有基于开环阶跃响应的 Ziegler-Nichols 调节规则，PID 控制器参数如表 7-15 所示。

表 7-15　PID Ziegler-Nichols 调节规则

控制器类型	K_p	T_i	T_d
P	T/L	∞	0
PI	$0.9T/L$	$L/0.3$	0
PID	$1.2T/L$	$2L$	$0.5L$

根据 PID Ziegler-Nichols 调节规则表 7-15，则有 PID 控制器为

$$\begin{aligned} G_c(s) &= K_p\left(1+\frac{1}{T_i s}+T_d s\right) \\ &= 1.2\,\frac{T}{L}\left(1+\frac{1}{2Ls}+0.5Ls\right) \\ &= 0.6T\,\frac{\left(s+\dfrac{1}{L}\right)^2}{s} \end{aligned} \tag{7-111}$$

PID 控制器有一个极点在原点，两个零点，在 $z=-1/L$。可见 Ziegler-Nichols 调节规则是根据开环响应参数 L 和 T 来设计的，而这两个参数由开环系统决定，如果在基于 Ziegler-Nichols 规则的 PID 控制器下，系统闭环响应仍不满足要求，则可根据闭环响应超调和调节时间，适当调整参数 L 和 T，使闭环系统达到期望要求。

2）方法二

首先令 $T_i=\infty$，$T_d=0$，仅仅利用比例控制，如图 7-75 所示，增大增益 K_p 从零到 K_{cr}，此时发现系统输出 $c(t)$ 开始持续振荡，如图 7-76 所示，（如果增大增益 K_p 输出不能持续振荡，则该方法不能用），这样关键增益 K_{cr} 和相应周期 P_{cr} 便可通过实验获得，基于关键增益 K_{cr} 与关键周期 P_{cr} 的 Ziegler-Nichols 调节规则如表 7-16 所示。

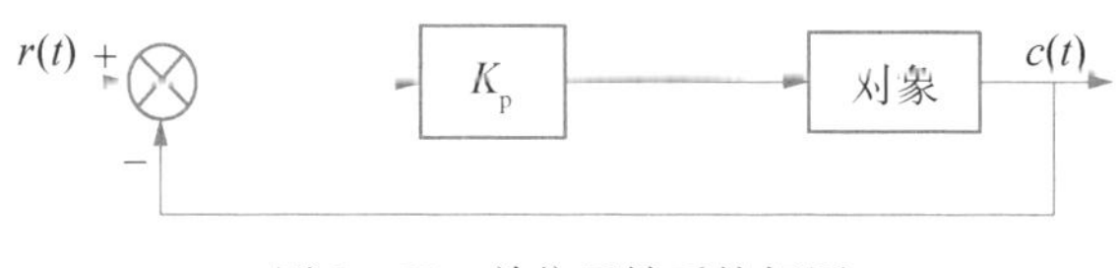

图 7-75　单位反馈系统框图

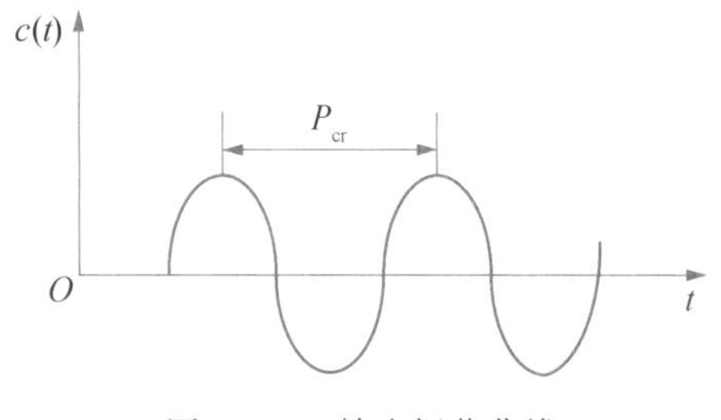

图 7-76　输出振荡曲线

表 7-16 基于关键增益 K_{cr} 与关键周期 P_{cr} 的 Ziegler-Nichols 调节规则

控制器类型	K_p	T_i	T_d
P	$0.5K_{cr}$	∞	0
PI	$0.45K_{cr}$	$(1/1.2)P_{cr}$	0
PID	$0.6K_{cr}$	$0.5P_{cr}$	$0.125P_{cr}$

可得相应 PID 控制器为

$$\begin{aligned} G_c(s) &= K_p\left(1+\frac{1}{T_i s}+T_d s\right) \\ &= 0.6K_{cr}\left(1+\frac{1}{0.5P_{cr}s}+0.125P_{cr}s\right) \\ &= 0.075K_{cr}P_{cr}\frac{\left(s+\frac{4}{P_{cr}}\right)^2}{s} \end{aligned} \tag{7-112}$$

故 PID 控制器有一个极点在原点，两个零点在 $z=-4/P_{cr}$。

当系统模型已知时，可以通过根轨迹方法获得增益 K_{cr} 及相应阻尼频率 ω_{cr}（根轨迹与虚轴交点），则有 $P_{cr}=2\pi/\omega_{cr}$。

例 7-16 考虑 PID 控制系统，如图 7-77 所示。

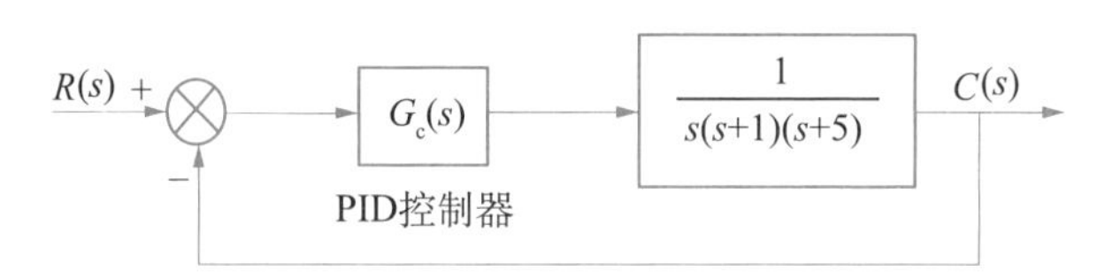

图 7-77 单位反馈 PID 控制系统

PID 控制器传递函数为

$$G_c(s)=K_p\left(1+\frac{1}{T_i s}+T_d s\right) \tag{7-113}$$

运用 Ziegler-Nichols 调节规则设计 PID 参数，然后获得闭环系统单步阶跃响应曲线，看系统响应最大超调是否逼近 25%，当最大超调超出 40%以上时，调整参数使超调降低到约 25%或更低。由于系统存在积分环节，用第二种方法 Ziegler-Nichols 调节规则，令 $T_i=\infty$，$T_d=0$，则闭环传递函数为

$$\frac{C(s)}{R(s)}=\frac{K_p}{s(s+1)(s+5)+K_p} \tag{7-114}$$

式中，K_p 使系统有裕度稳定（marginally stable），并发生持续振荡，K_p 可以通过 Routh 稳定判据获得，考虑其特征方程为

$$s^3+6s^2+5s+K_p=0 \tag{7-115}$$

对应 Routh 表

$$\begin{array}{lll} s & 1 & 5 \\ s & 6 & K_p \\ s & \dfrac{30-K_p}{6} & \\ s & K_p & \end{array} \tag{7-116}$$

根据 Routh 表第一列，可知当 $K_p = 30$，则系统会持续振荡，故根据 $K_p = K_{cr}$，知关键增益 $K_{cr} = 30$，闭环系统特征方程为

$$s^3 + 6s^2 + 5s + 30 = 0 \tag{7-117}$$

令 $s = j\omega$，可得

$$(j\omega)^3 + 6(j\omega)^2 + 5(j\omega) + 30 = 0 \tag{7-118}$$

即

$$6(5-\omega)^2 + j\omega(5-\omega^2) = 0 \tag{7-119}$$

可得系统振荡频率为

$$\omega = \sqrt{5}$$

相应关键周期

$$P_{cr} = \frac{2\pi}{\omega} = 2.8099$$

查表 7-16，可得

$$K_p = 0.6 \cdot K_{cr} = 18,\ T_i = 0.5 \cdot P_{cr} = 1.405,\ T_d = 0.125 \cdot P_{cr} = 0.35124$$

相应 PID 控制器为

$$\begin{aligned} G_c(s) &= K_p\left(1 + \frac{1}{T_i s} + T_d s\right) \\ &= 18\left(1 + \frac{1}{1.405s} + 0.35124s\right) \\ &= \frac{6.3223(s+1.4235)^2}{s} \end{aligned} \tag{7-120}$$

控制器极点在原点，零点为 $z_{1,2} = -1.4235$，则闭环系统为

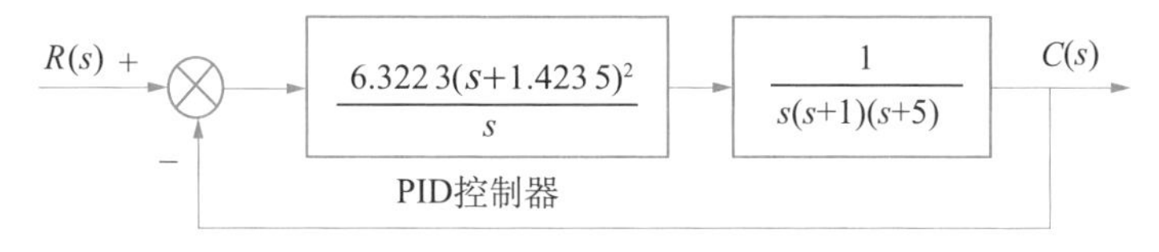

图 7-78　Ziegler-Nichols 调节 PID 控制系统

闭环系统传递函数为

$$\frac{C(s)}{R(s)}=\frac{6.3223s^2+18s+12.811}{s^4+6s^3+11.3223s^2+18s+12.811} \tag{7-121}$$

闭环系统单位阶跃响应如图 7-79 所示。

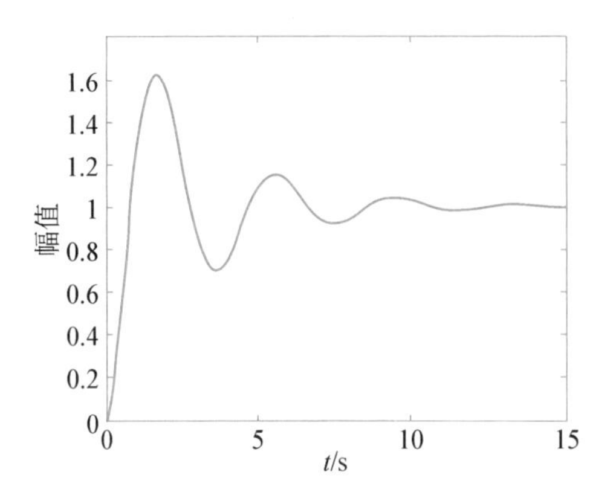

图 7-79 Ziegler-Nichols 调节 PID 控制系统阶跃响应

可知阶跃响应最大超调达 62%,超出期望要求,需要调节 PID 参数。首先改变控制器零点,令 $z_{1,2}=-0.65$, K_p 不变, 则 PID 控制器为

$$G_c(s)=K_p\left(1+\frac{1}{T_i s}+T_d s\right)=18\left(1+\frac{1}{3.077s}+0.7692s\right)=\frac{13.846(s+0.65)^2}{s} \tag{7-122}$$

闭环系统单位阶跃响应如图 7-80 所示。

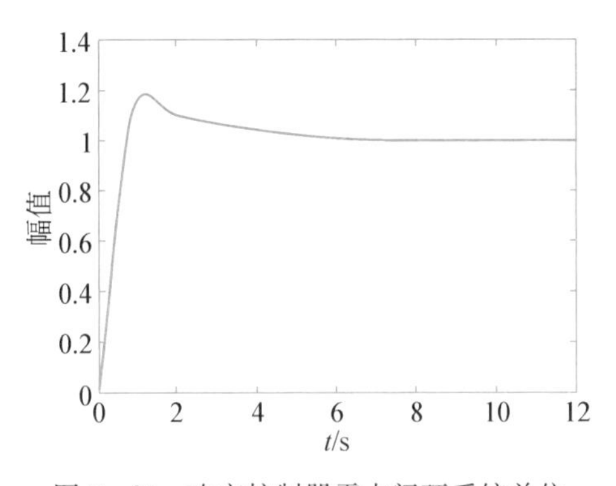

图 7-80 改变控制器零点闭环系统单位阶跃响应

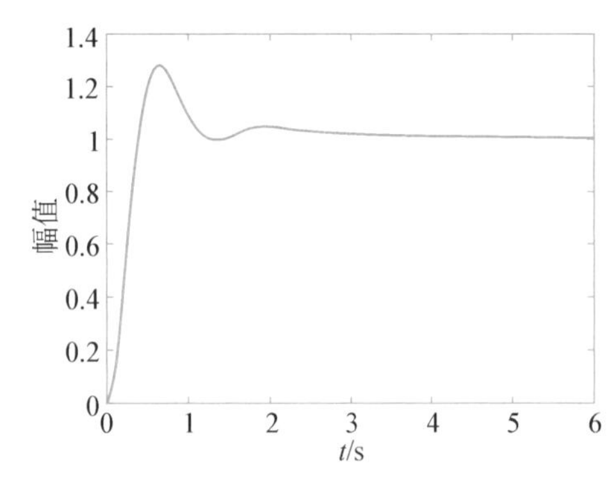

图 7-81 K_p 增大闭环系统单位阶跃响应

可知阶跃响应最大超调约 18%。如果比例增益 K_p 增大到 39.42,零点位置为 $z_{1,2}=-0.65$, 不改变,控制器为

$$G_c(s)=K_p\left(1+\frac{1}{T_i s}+T_d s\right)=39.42\left(1+\frac{1}{3.077s}+0.7692s\right)=\frac{30.222(s+0.65)^2}{s} \tag{7-123}$$

闭环系统单位阶跃响应如图 7－81 所示。

由图 7－81 可知阶跃响应速度提高，相应最大超调上升到约 28%，仍满足期望特性要求，因此选择 PID 参数为 $K_p=39.42$，$T_i=3.077$，$T_d=0.7962$。与 Ziegler-Nichols 调节参数相比，后者约为 Ziegler-Nichols 参数的 2 倍。Ziegler-Nichols 调节零点为 $z_{1,2}=-1.4235$，而现在零点位置为 $z_{1,2}=-0.65$，相应 PID 系统根轨迹如图 7－82 所示。

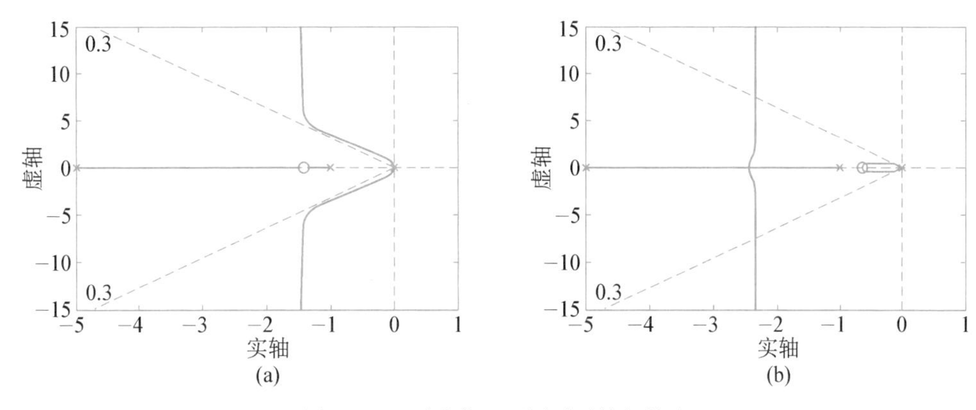

图 7－82　零点位置不同时系统根轨迹

(a) $z_{1,2}=-1.4235$ 系统根轨迹　(b) $z_{1,2}=-0.65$ 系统根轨迹

从图 7－82(a)可知，随着 K_p 增大，响应速度增大，但超调影响变化不大，因为根轨迹渐近线为 $\zeta=0.3$，增大 K_p 闭环主导极点的阻尼比变化不大。然而当改变零点位置时，会使超调变化很大，因为闭环主导极点的阻尼比变化很大，从图 7－82(b)可知，根轨迹构型变化了，即构型变化改变了闭环主导极点的阻尼比，当 $K_p=30.322$ 时，闭环主导极点位置 $\lambda_c=-2.35\pm j4.82$，两个附加闭环极点靠近零点 $z=-0.65$，因此形成零、极点对消，主导极点确定了响应特性，其阶跃响应最大超调约为 6%；当 $K_p=13.846$ 时，闭环极点 $\lambda_c=-2.35\pm j2.62$ 不是唯一的主导极点，两个靠近零点 $z=-0.65$ 的附加闭环极点对响应有很大影响，阶跃响应最大超调约为 18%，超出了唯一主导极点的情况。为了获得更好的响应特性，减小超调，提高调节时间，可以不断地尝试调整 K_p 和零点位置。Matlab 代码扫描右侧二维码获取。

PID 调参规律总结如下：

比例项输出：只要存在偏差，就有控制输出。偏差大，控制输出也大；偏差为零，控制输出也为零。微分项输出：偏差有变化，就有控制输出。偏差变化大，控制输出大；偏差不变化，控制输出为零。积分项输出：有控制误差，就有控制输出。误差大，

控制输出也大；误差为零时，控制输出不为零。

飞行控制系统在工作的过程中，如果被控制参数出现偏差，比例控制项首先输出与偏差值成正比的控制量来减小偏差。在比例系数恒定的情况下，偏差越大，输出的控制量也越大。在偏差恒定的情况下，比例系数大，输出的控制量也大。纯比例(P)控制方式，适用于控制对象响应快、被控量允许有误差的系统，例如飞机的俯仰、滚转和偏航角速率增稳控制系统。

对于控制对象响应快、参数变化范围小、被控量不允许有误差的系统，例如精度要求严格的迎角和倾斜角姿态控制系统，由于纯比例的控制会产生控制误差，为了消除控制误差，就必须采用比例＋积分(PI)控制方式。

比例＋积分控制的特点：比例作用结束后只要系统还存在控制误差，积分项就会输出积分系数倒数($1/k_i$)与累积误差乘积的控制量来消除误差；误差为零时，积分作用停止，但已输出的控制量不回零。在误差相同的情况下，积分系数大(积分系数倒数 $1/k_i$ 小)，消除误差的控制量输出时间长；积分系数小，消除误差的控制量输出时间短。由于积分的控制作用相当滞后，因此不能单独使用积分控制项。

对于参数变化范围大且不允许存在误差的控制对象，例如速度、高度、转弯速率和航向控制系统，如果使用比例＋积分的控制方式，由于积分作用的延缓和负相位保持特性，将会使控制作用不及时，且超调量和振荡周期都比较大。在这种情况下，一般采用比例＋积分＋微分(PID)控制方式。比例＋积分＋微分控制的特点：在系统参数出现偏差后，微分项首先输出一个与偏差变化速度成正比的控制量来抑制偏差的变化。偏差的变化速度大，微分项输出的控制量就大；偏差的变化速度为零时，微分项的控制量输出也为零。

微分项的控制作用是针对偏差的变化速度，而不是针对偏差的大小。微分项的控制作用能够在偏差值变的过大之前，提前进行早期的有效控制，也就是阻尼作用。微分作用对于控制响应比较慢的系统，例如油门控制高度系统几乎没有任何效果。因为在油门开度变化后，高度偏差的改变速度几乎为零，所以微分控制不起作用，这就是油门控制回路没有微分控制项的原因。

如果控制对象响应慢而参数变化范围大，单级 PID 控制回路无法满足要求时，就需要采用复杂的串级控制回路，例如航向/转弯速率控制回路、航向/倾斜角控制回路、高度/迎角控制回路和速度/迎角控制回路等。串级 PID 控制回路的外回路，其主要任务是准确保持被控量符合要求(例如航向、高度、速度)，而内回路的主要任务是控制动作快，迅速消除与外回路输入的设定值之间产生的偏差(例如转弯速率偏差、倾斜角偏差和迎角偏差)，从而使主被控量符合要求(例如航向、高度、速度)。

练习题

7.1 纵向和横侧向飞行品质主要考虑哪些问题

7.2 什么是系统等效拟配？等效系统如何求取？使用时注意什么问题？

7.3　参考例 7-1，某飞机纵向运动，其高阶系统的传递函数如下：

$$\frac{q(s)}{F_e(s)}=\frac{(2.68s^2+29.27s+24.60)\times 10^6}{s^7+121.63s^6+7171.2s^5+158540s^4+2.17\times 10^6 s^3+1.48\times 10^7 s^2+6.06\times 10^7 s+8.55\times 10^7}$$

试用单指标等效拟配方法，计算其低阶等效系统，并绘制其拟配曲线。

7.4　已知某飞机飞行速度 $V_0=256\,\mathrm{m/s}$，飞行高度 $H=5000\,\mathrm{m}$，其纵向短周期运动模型为

$$\begin{bmatrix}\Delta\dot{\alpha}(t)\\ \Delta\dot{q}(t)\end{bmatrix}=\begin{bmatrix}-0.846 & 1.0\\ -2.5013 & -1.3351\end{bmatrix}\begin{bmatrix}\Delta\alpha(t)\\ \Delta q(t)\end{bmatrix}+\begin{bmatrix}-0.0818\\ -6.639\end{bmatrix}\delta_e(t)$$

试运用式(7-1)，式(7-2)，计算系统的 CAP 值。

7.5　纵向短周期模态的常用品质评价方法有哪些？

7.6　某双回路系统，设计控制增益，使内回路闭环极点为 $\lambda_i=-3$，并绘制下述双回路系统的根轨迹，写出内回路闭环传递函数及外回路开环传递函数。

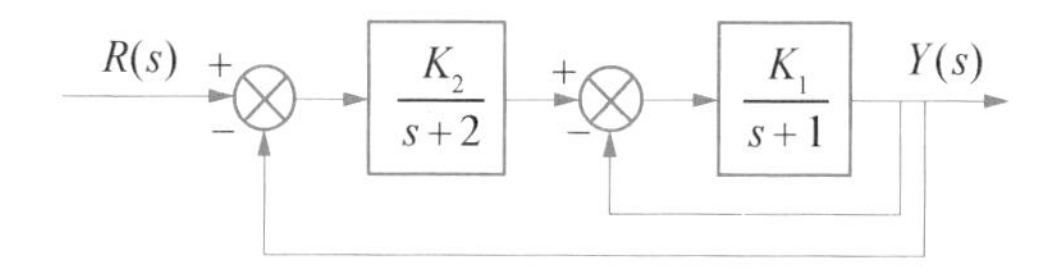

7.7　已知某系统

$$\frac{Y(s)}{U(s)}=\frac{1}{ms+b}$$

其中 $m=1000$，$b=50$，$U(s)=10$，$Y(s)$速度输出。试运用频域法设计控制器

$U_c(s)$ → 控制器 → $U(s)$ → 对象 → $Y(s)$

使得闭环系统满足：(1)输出响应上升时间$<5\,\mathrm{s}$；(2)超调$<10\%$；(3)稳态误差$<2\%$。

7.8　针对俯仰系统

$$\begin{bmatrix}\Delta\dot{\alpha}(t)\\ \Delta\dot{q}(t)\end{bmatrix}=\begin{bmatrix}-0.846 & 1.0\\ -2.5013 & -1.3351\end{bmatrix}\begin{bmatrix}\Delta\alpha(t)\\ \Delta q(t)\end{bmatrix}+\begin{bmatrix}-0.0818\\ -6.639\end{bmatrix}\delta_e(t)$$

试运用频域法设计俯仰跟踪控制律跟踪俯仰角 $\theta_{cmd}=0.2\,\mathrm{rad}$，使闭环系统满足：(1)输出响应上升时间$<5\,\mathrm{s}$；(2)稳态误差$<2\%$。

7.9　绘制系统 $G(s)=\dfrac{s+2}{s^2}$ 的 Nyquist 曲线。

7.10　试举例说明超前-滞后补偿器的作用和功能。

7.11 假设控制系统

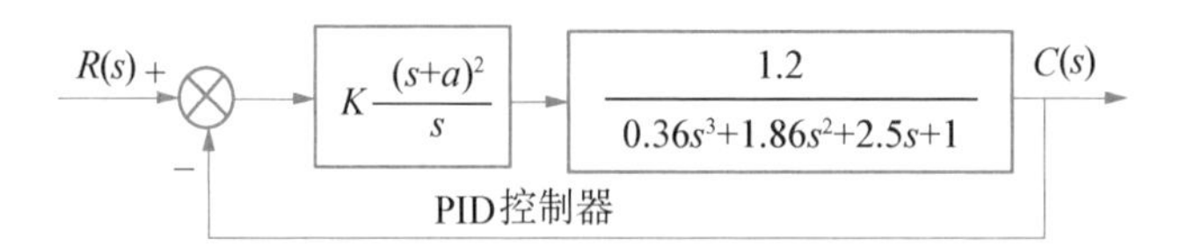

运用 Ziegler-Nichols 调节规则，设计控制器，满足：

(1) 超调<10%；(2) $2 \leqslant K \leqslant 3$；(3) $0.5 \leqslant a \leqslant 1.5$。

参考文献

[1] Ogata K. Modern control engineering[M]. Upper Saddle River: Prentice Hall Pub, 2002.

[2] Hodgkinson J. Aircraft handling qualities [M]. Boston: Blackwell Science Inc, 2001.

第8章 现代飞行控制系统设计理论

现代控制理论给飞行控制创造了很好的发展条件，无论线性系统的特征结构配置，线性二次型最优控制，鲁棒控制，还是非线性系统的反馈线性化，神经网络及自适应控制等，都能在现代飞行控制中得到很好的运用。本章以典型的极点配置、特征结构配置方法，最优控制方法，鲁棒伺服跟踪控制，以及基于观测器的 Linear Quadratic Gaussian/Loop Transfer Recovery (LQG/LTR)等方法，进行现代飞行控制律设计。最后以俯仰控制系统设计为例进行设计举例。

经典控制回路调参方法又称为“试凑法”，使用经典控制方法设计控制系统取决于设计者的水平和经验。经典控制方法适用于线性定常系统，基本上只限于单输入单输出(Single Input Single Output, SISO)系统，对于多输入多输出(Multiple Input Multiple Output, MIMO)系统难以处理和协调。而现代飞行控制系统基于状态空间的分析方法，通过研究输入对系统状态的作用、系统状态对输出的影响来研究整个系统的特性，这为我们研究系统的特性提供了颇为有用的工具和手段。

小黑板

诺伯特·维纳(Norbert Wiener)，美国著名数学家，创建控制论科学，是随机过程和噪声研究的先驱，提出了“控制论”一词。同时在早年与中国诸多学者，如李郁荣、顾毓琇、华罗庚结为好友。他所著的《控制论》引发了一场科学和技术的革命。为了解决防空火力控制和雷达噪声滤波问题，维纳提出了维纳滤波方法，在动态数据处理(如气象、水文、地震勘探)等领域具有广泛的应用价值。

诺伯特·维纳
(1894—1964)

8.1 状态空间法

8.1.1 状态空间表示

状态是指系统过去、现在和将来的状态，而状态变量是指足以完全表征系统运动的最小个数的一组变量。以状态变量为分量组成的向量，称为状态变量。以状态变量 x_1，x_2，…，x_n 为组成的 n 维(正交)空间，称为状态空间。任意状态可用状态空间的一个点来表示。状态空间方程包括状态方程和输出方程两部分，构成对系统状态的完整的描述。一般表示为

$$\begin{cases}\dot{\boldsymbol{X}}(t)=\boldsymbol{AX}(t)+\boldsymbol{BU}(t)\\ \boldsymbol{Y}(t)=\boldsymbol{CX}(t)+\boldsymbol{DU}(t)\end{cases} \tag{8-1}$$

式中，$\boldsymbol{X}$ 为状态变量，$\boldsymbol{X}\in\mathbf{R}^n$，$\boldsymbol{U}$ 为控制输入，$\boldsymbol{U}\in\mathbf{R}^m$，$\boldsymbol{Y}$ 为系统输出，$\boldsymbol{Y}\in\mathbf{R}^l$，$\boldsymbol{A}$ 为 $n\times n$ 阶矩阵，$\boldsymbol{B}$ 为 $n\times m$ 阶矩阵，$\boldsymbol{C}$ 为 $l\times n$ 阶矩阵，$\boldsymbol{D}$ 为 $l\times m$ 阶矩阵。根据式(8-1)的状态空间表达式，可画出系统方框图如图 8-1 所示。

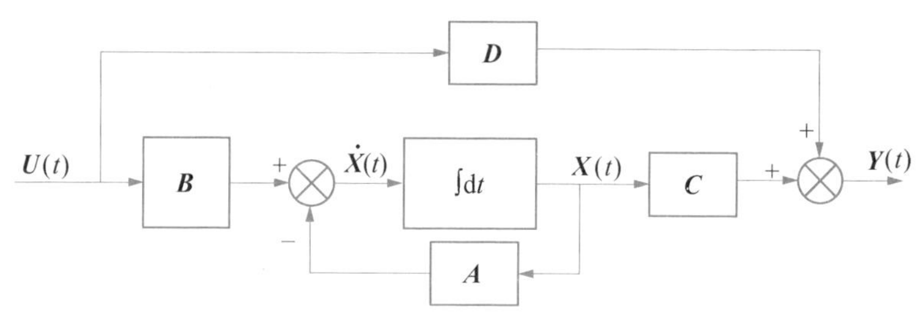

图 8-1 系统方框图

8.1.2 系统能控性

针对线性定常系统的动态方程 $\dot{\boldsymbol{X}}=\boldsymbol{AX}+\boldsymbol{BU}$，如果在规定的有限时间内，通过输入控制量 $\boldsymbol{U}$ 能将系统从任意初始状态转移到任意期望状态上去，则此系统的该状态是能控的。如果系统的所有状态都是能控的，则称此系统是能控的。

系统的状态方程(8-1)，其完全能控的充分必要条件是能控判别矩阵

$$\boldsymbol{M}=[\boldsymbol{B}\quad \boldsymbol{AB}\quad \boldsymbol{A}^2\boldsymbol{B}\quad \cdots\quad \boldsymbol{A}^{n-1}] \tag{8-2}$$

为满秩，即 $\text{rank}(\boldsymbol{M})=n$。

8.1.3 普通状态方程变换为可控标准型

SISO 被控系统可以用状态方程来描述

$$\begin{cases}\dot{\boldsymbol{X}}=\boldsymbol{AX}+\boldsymbol{BU}\\ \boldsymbol{Y}=\boldsymbol{CX}\end{cases} \tag{8-3}$$

设 $\boldsymbol{Q}$ 矩阵为非奇异矩阵，$\boldsymbol{P}=\boldsymbol{Q}^{-1}$，设 $\overline{\boldsymbol{X}}=\boldsymbol{P}\boldsymbol{X}$，则

$$\boldsymbol{X}=\boldsymbol{P}^{-1}\overline{\boldsymbol{X}} \tag{8-4}$$

将式(8-4)代入状态方程得

$$\begin{cases}\dot{\overline{\boldsymbol{X}}}=\boldsymbol{PAP}^{-1}\overline{\boldsymbol{X}}+\boldsymbol{PBU}\\ \boldsymbol{Y}=\boldsymbol{CP}^{-1}\boldsymbol{X}\end{cases} \tag{8-5}$$

当

$$\boldsymbol{PAP}^{-1}=\overline{\boldsymbol{A}}=\begin{bmatrix}0 & 1 & 0 & \cdots & 0\\ 0 & 0 & 1 & \cdots & 0\\ & & \vdots & & \\ -a_0 & -a_1 & -a_2 & \cdots & -a_{n-1}\end{bmatrix},\ \boldsymbol{PB}=\overline{\boldsymbol{B}}=\begin{bmatrix}0\\ \vdots\\ 0\\ 1\end{bmatrix}$$

$$\boldsymbol{CP}^{-1}=\overline{\boldsymbol{C}}=[\beta_0\quad \beta_1\quad \cdots\quad \beta_{n-1}] \tag{8-6}$$

则式(8-5)为能控标准型，式中变换矩阵 $\boldsymbol{Q}=\boldsymbol{P}^{-1}$，满足

$$\boldsymbol{Q}=[\boldsymbol{q}_1\quad \boldsymbol{q}_2\quad \cdots\quad \boldsymbol{q}_n] \tag{8-7}$$

式中，

$$\begin{aligned}
\boldsymbol{q}_n &= \boldsymbol{B}\\
\boldsymbol{q}_{n-1} &= \boldsymbol{AB}+a_{n-1}\cdot\boldsymbol{B}\\
\boldsymbol{q}_{n-2} &= \boldsymbol{A}^2\boldsymbol{B}+a_{n-1}\boldsymbol{AB}+a_{n-2}\boldsymbol{B}\\
&\vdots\\
\boldsymbol{q}_1 &= \boldsymbol{A}^{n-1}\boldsymbol{B}+a_{n-1}\boldsymbol{A}^{n-2}\boldsymbol{B}+\cdots+a_1\boldsymbol{B}
\end{aligned}$$

8.1.4　系统能观性

针对线性定常系统表达式(8-1)，如果在规定的时间内，通过输出值就能唯一确定在初始时刻的任意初始状态，则称该系统的此状态是能观的，如果系统的所有的状态都是能观的，则称此系统完全能观。

考察系统

$$\begin{cases}\dot{\boldsymbol{X}}=\boldsymbol{AX}+\boldsymbol{BU}\\ \boldsymbol{Y}=\boldsymbol{CX}\end{cases} \tag{8-8}$$

其完全能观的充分必要条件是能控判别矩阵

$$\boldsymbol{N}=\begin{bmatrix}\boldsymbol{C}\\ \boldsymbol{CA}\\ \boldsymbol{CA}^2\\ \vdots\\ \boldsymbol{CA}^{n-1}\end{bmatrix} \tag{8-9}$$

为满秩，即 $\mathrm{rank}(\boldsymbol{N}) = n$。

下面举例来说明状态空间描述的应用。

例 8－1　给出图 8－2 系统的状态空间描述。

解　由图 8－2 可以得到物体 m 的力学方程：

$$m\frac{\mathrm{d}^2x}{\mathrm{d}t^2} + b\frac{\mathrm{d}x}{\mathrm{d}t} + kx = u(t) \tag{8-10}$$

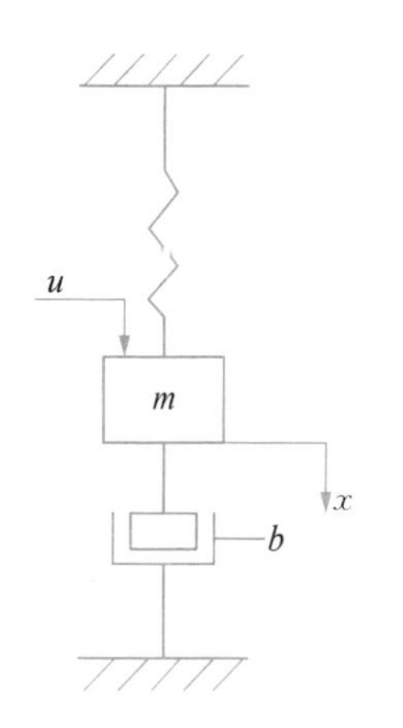

图 8－2　弹簧-阻尼系统

选择状态变量

$$x_1(t) = x(t),\ x_2(t) = \dot{x}(t) \tag{8-11}$$

则该系统的运动方程变为

$$\begin{cases} \dot{x}_1 = x_2 \\ \dot{x}_2 = -\dfrac{k}{m}x_1 - \dfrac{b}{m}x_2 + \dfrac{1}{m}u \end{cases} \tag{8-12}$$

则状态空间方程为

$$\begin{bmatrix} \dot{x}_1 \\ \dot{x}_2 \end{bmatrix} = \begin{bmatrix} 0 & 1 \\ -\dfrac{k}{m} & -\dfrac{b}{m} \end{bmatrix} \begin{bmatrix} x_1 \\ x_2 \end{bmatrix} + \begin{bmatrix} 0 \\ \dfrac{1}{m} \end{bmatrix} u \tag{8-13}$$

$$y = \begin{bmatrix} 1 & 0 \end{bmatrix} \begin{bmatrix} x_1 \\ x_2 \end{bmatrix} \tag{8-14}$$

例 8－2　如图 8－3 所示，考察某导弹偏航控制系统，已知总长 $L = 2\mathrm{m}$，$l = 1\mathrm{m}$，$m = 600\mathrm{kg}$，在初始时刻其航向为 ψ_0，设计控制器，使导弹沿期望的航向 ψ_d 飞行，且闭环系统极点为闭环极点为 $\lambda_\mathrm{c} = -0.5 \cdot (1 \pm \mathrm{i})$。

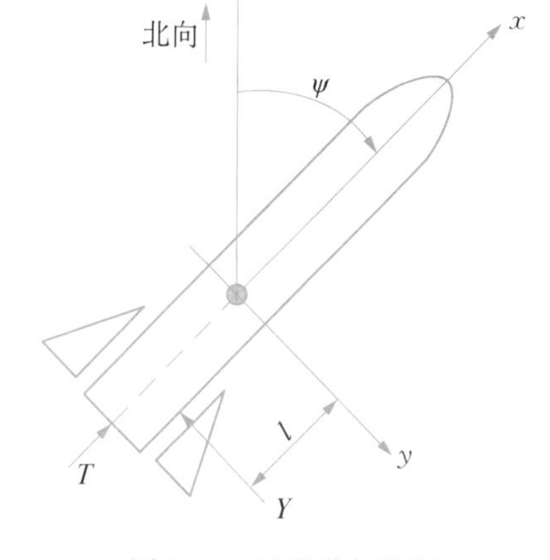

图 8－3　导弹偏航控制

解：首先建立导弹横侧向动力学模型，

$$\Sigma M_\mathrm{G} = Yl = J\ddot{\psi} \tag{8-15}$$

进行拉氏变换

$$Yl = J(s^2\psi - s\psi_0) \tag{8-16}$$

即

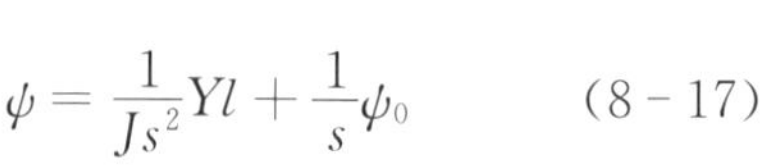

$$\psi = \frac{1}{Js^2}Yl + \frac{1}{s}\psi_0 \tag{8-17}$$

(1) 首先采用比例控制方法设计偏航控制器，如图 8－4 所示。

即控制力

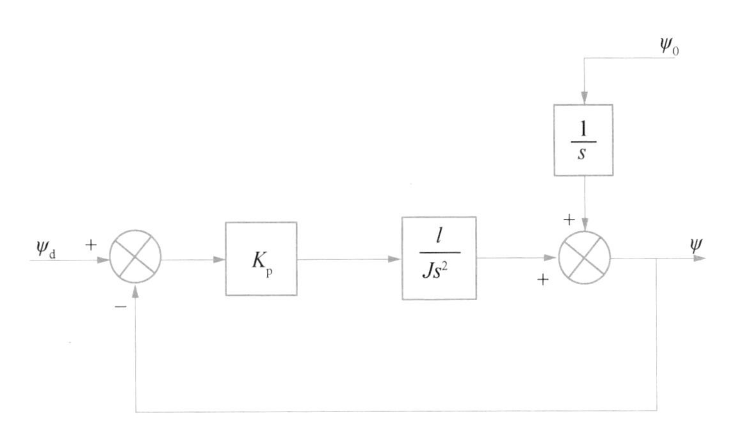

图 8-4　基于比例控制的偏航控制器

$$u = Y = K_p(\psi_d - \psi) \tag{8-18}$$

式(8-18)代入到式(8-17)得

$$\psi = \frac{1}{Js^2} \cdot K_p l(\psi_d - \psi) + \frac{1}{s}\psi_0 \tag{8-19}$$

又由图 8-4 知闭环特征方程为

$$1 + GH(s) = 1 + \frac{K_p l}{Js^2} = 0 \tag{8-20}$$

相应极点为

$$\lambda = \pm \mathrm{i}\sqrt{\frac{K_p l}{J}} \tag{8-21}$$

可知，比例控制会出现无阻尼振荡响应。

(2) 采用 PD 控制改进系统阻尼特性。

PD 控制器结构如图 8-5 所示。

则有开环传递函数为

$$GH(s) = \frac{(K_p + K_d s)l}{Js^2} = \frac{K_d l(K_p/K_d + s)}{Js^2} \tag{8-22}$$

闭环特征方程为

$$1 + GH = 1 + \frac{(K_p + K_d s)l}{Js^2} = 0 \tag{8-23}$$

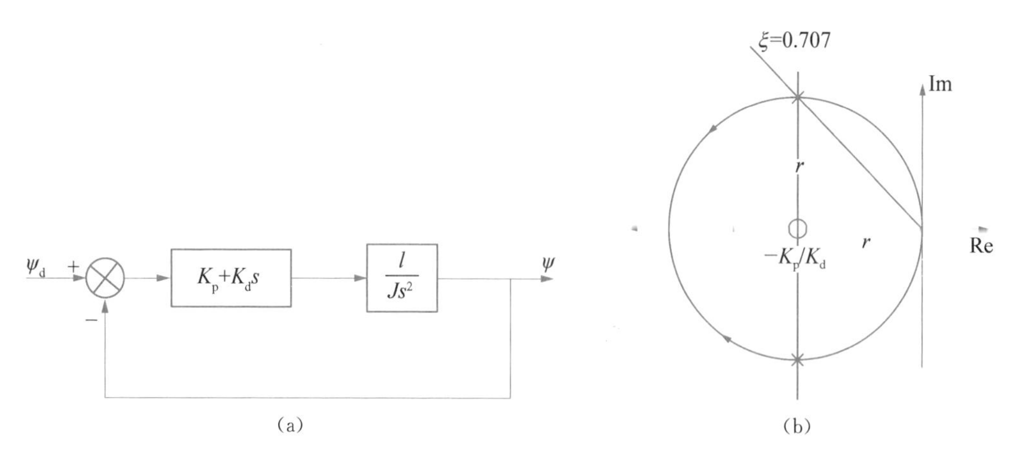

图 8-5 基于比例-微分控制的偏航控制器

(a) 结构图 (b) 根轨迹

即

$$Js^2 + K_d ls + K_p l = 0 \tag{8-24}$$

而 $J = \frac{1}{12}mL^2 = \frac{1}{12} \times 600\,\text{kg} \times (2\,\text{m})^2 = 200\,\text{kg}\cdot\text{m}^2$,闭环极点为 $\lambda_c = -0.5\cdot(1 \pm \text{i})$,则特征方程为 $200s^2 + 200s + 100 = 0$,故得 $\zeta = 0.707$。

由图 8-5(b)根轨迹知衰减时间常数(阻尼) $\tau_s = 0.5(s) = K_p/K_d$ (8-25)

则由式(8-24)知闭环阻尼满足

$$\frac{K_d l}{J} = \frac{2K_p}{K_d} \tag{8-26}$$

则 $K_p = 100$, $K_d = 200$。

(3) 采用状态空间控制器设计。

定义状态变量 $x_1 = \psi$, $x_2 = \dot{\psi}$, 则

$$\dot{x}_1 = x_2,\ \dot{x}_2 = \frac{l}{J}u \tag{8-27}$$

得状态方程

$$\begin{bmatrix}\dot{x}_1\\ \dot{x}_2\end{bmatrix} = \begin{bmatrix}0 & 1\\ 0 & 0\end{bmatrix}\begin{bmatrix}x_1\\ x_2\end{bmatrix} + \begin{bmatrix}0\\ \frac{l}{J}\end{bmatrix}u \tag{8-28a}$$

即

$$\begin{bmatrix} \dot{x}_1 \\ \dot{x}_2 \end{bmatrix} = \begin{bmatrix} 0 & 1 \\ 0 & 0 \end{bmatrix} \begin{bmatrix} x_1 \\ x_2 \end{bmatrix} + \begin{bmatrix} 0 \\ \dfrac{1}{200} \end{bmatrix} u \tag{8-28b}$$

系统的状态方程为能控标准型，所以系统完全能控。故可以进行状态反馈的任意极点配置。

状态反馈后系统的特征方程

$$|s\boldsymbol{I} - \boldsymbol{A} + \boldsymbol{BK}| = s^2 + \frac{K_2}{200}s + \frac{K_1}{200} \tag{8-29}$$

根据 $\lambda_{1,2} = -0.5(1 \pm \mathrm{i})$，可得

$$\boldsymbol{K} = \begin{bmatrix} K_1 \\ K_2 \end{bmatrix} = [100 \quad 200]^{\mathrm{T}}$$

状态反馈图如图 8-6(a)所示，可以进一步变换为如 8-6(b)所示，即 PD 控制形式。

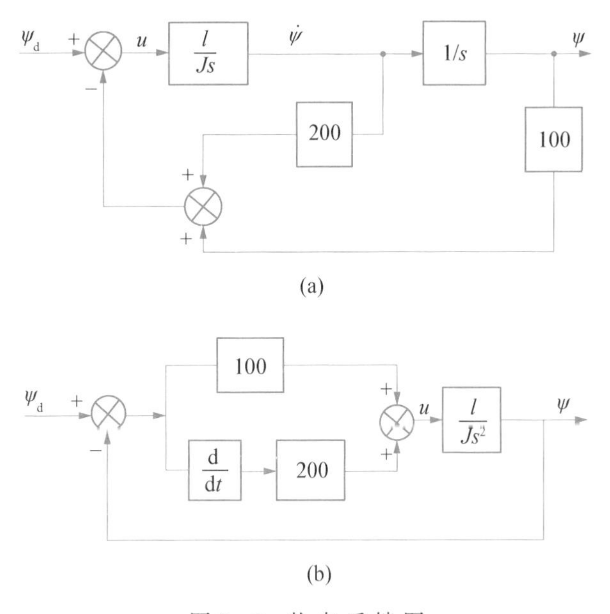

图 8-6　状态反馈图

8.2　状态反馈极点配置法

反馈是控制系统的重要结构特征。在经典的控制理论中，最典型的控制系统就是输出反馈。在现代控制理论中，由于用系统的内部状态变量来描述系统的动态行为，因此，状态反馈理论上能使系统获得更好的性能。

1）状态反馈控制系统结构图

假设系统为可控标准型如式(8－30)，则状态反馈控制系统结构如图8－7所示，

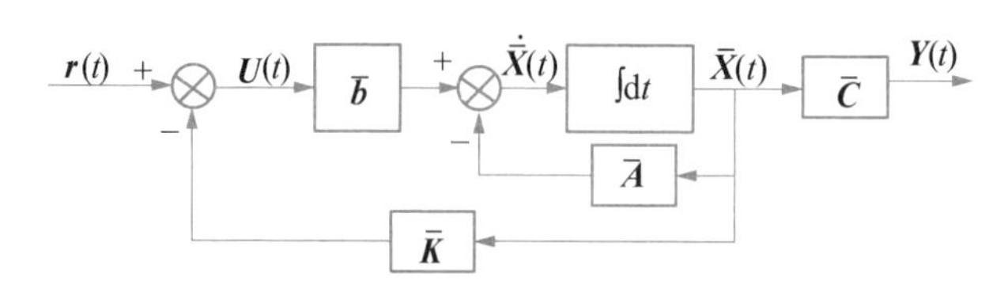

图8－7 状态反馈图

2）状态反馈控制系统的数学描述

考察可控标准型系统

$$\begin{cases}\dot{\bar{\boldsymbol{X}}}=\bar{\boldsymbol{A}}\bar{\boldsymbol{X}}+\bar{\boldsymbol{b}}\boldsymbol{U}\\ \boldsymbol{Y}=\bar{\boldsymbol{C}}\bar{\boldsymbol{X}}\end{cases} \tag{8-30}$$

其控制输入

$$\boldsymbol{U}=\boldsymbol{r}-\bar{\boldsymbol{K}}\bar{\boldsymbol{X}} \tag{8-31a}$$

式中，$\bar{\boldsymbol{K}}$为可控标准型反馈增益。设$\bar{\boldsymbol{K}}=\boldsymbol{K}\boldsymbol{P}^{-1}$，则

$$\boldsymbol{U}=\boldsymbol{r}-\boldsymbol{K}\boldsymbol{P}^{-1}\bar{\boldsymbol{X}} \tag{8-31b}$$

可得闭环系统的状态方程为

$$\begin{cases}\dot{\bar{\boldsymbol{X}}}=(\bar{\boldsymbol{A}}-\bar{\boldsymbol{b}}\bar{\boldsymbol{K}})\bar{\boldsymbol{X}}+\bar{\boldsymbol{b}}\boldsymbol{r}\\ \boldsymbol{Y}=\bar{\boldsymbol{C}}\bar{\boldsymbol{X}}\end{cases} \tag{8-32}$$

设$\tilde{\boldsymbol{A}}=\bar{\boldsymbol{A}}-\bar{\boldsymbol{b}}\bar{\boldsymbol{K}}$，则由式(8－32)得闭环系统

$$\begin{cases}\dot{\bar{\boldsymbol{X}}}=\tilde{\boldsymbol{A}}\bar{\boldsymbol{X}}+\bar{\boldsymbol{b}}\boldsymbol{r}\\ \boldsymbol{Y}=\bar{\boldsymbol{C}}\bar{\boldsymbol{X}}\end{cases} \tag{8-33}$$

式中，

$$\tilde{\boldsymbol{A}}=\bar{\boldsymbol{A}}-\boldsymbol{b}\bar{\boldsymbol{K}}=\begin{bmatrix}0 & 1 & 0 & \cdots & 0\\ 0 & 0 & 1 & \cdots & 0\\ & & \vdots & & \\ -a_0 & -a_1 & -a_2 & \cdots & -a_{n-1}\end{bmatrix}-\begin{bmatrix}0\\ 0\\ \vdots\\ 1\end{bmatrix}\begin{bmatrix}\bar{k}_1 & \bar{k}_2 & \cdots & \bar{k}_n\end{bmatrix}$$

$$=\begin{bmatrix}0 & 1 & 0 & \cdots & 0\\ 0 & 0 & 1 & \cdots & 0\\ & & \vdots & & \\ -a_0 & -a_1 & -a_2 & \cdots & -a_{n-1}\end{bmatrix}-\begin{bmatrix}0 & 0 & 0 & \cdots & 0\\ 0 & 0 & 0 & \cdots & 0\\ & & \vdots & & \\ \bar{k}_1 & \bar{k}_2 & \bar{k}_3 & \cdots & \bar{k}_n\end{bmatrix}$$

$$
= \begin{bmatrix} 0 & 1 & 0 & \cdots & 0 \\ 0 & 0 & 1 & \cdots & 0 \\ & & \vdots & & \\ -(a_0+\bar{k}_1) & -(a_1+\bar{k}_2) & -(a_2+\bar{k}_3) & \cdots & -(a_{n-1}+\bar{k}_n) \end{bmatrix}
$$

3）状态反馈下的极点配置

极点配置问题首先要解决在什么条件下才有可能进行极点配置。采用状态反馈实现任意配置闭环系统极点的充要条件是：系统完全能控。下面介绍可控标准型下的状态反馈极点配置。

原闭环系统(8－33)的特征方程为

$$D(s)=s^n+(a_{n-1}+\bar{k}_n)s^{n-1}+\cdots+(a_1+\bar{k}_2)s+(a_0+\bar{k}_1) \quad (8-34)$$

期望系统的闭环特征方程为

$$D^*(s)=s^n+a_{n-1}^*s^{n-1}+\cdots+a_1^*s+a_0^* \quad (8-35)$$

则有关系

$$a_0^*=a_0+\bar{k},\ a_1^*=a_1+\bar{k},\ a_2^*=a_2+\bar{k}_3,\ a_n^*=a_{n-1}+\bar{k}_n \quad (8-36)$$

即

$$\bar{k}=a_0^*-a_0,\ \bar{k}_2=a_1^*-a_1,\ \bar{k}_3=a_2^*-a_2,\ \bar{k}_n=a_n^*-a_{n-1} \quad (8-37)$$

则此能控标准型的状态反馈增益矩阵为

$$\bar{\boldsymbol{K}}=[\bar{k}_1\quad \bar{k}_2\quad \bar{k}_3\quad \cdots\quad \bar{k}_n] \quad (8-38)$$

代入 $\boldsymbol{K}=\bar{\boldsymbol{K}}\boldsymbol{P}$，$\boldsymbol{P}$ 如式(8－4)，即可求出反馈增益矩阵 $\boldsymbol{K}$。

用状态反馈实现极点配置的步骤如下：

(1) 根据系统的性能指标，确定期望的闭环控制。

系统的特征方程

$$D^*(s)=s^n+a_{n-1}^*s^{n-1}+\cdots+a_1^*s+a_0^* \quad (8-39)$$

(2) 原控制系统的特征方程

$$D(s)=s^n+a_{n-1}s^{n-1}+\cdots+a_1s+a_0 \quad (8-40)$$

(3) 求可控标准型下的反馈增益矩阵

$$\bar{\boldsymbol{K}}=[a_0^*-a_0\quad a_1^*-a\quad \cdots\quad a_n^*-a_{n-1}] \quad (8-41)$$

(4) 求 $\boldsymbol{Q}$：

$$\boldsymbol{Q}=[\boldsymbol{q}_1\quad \boldsymbol{q}_2\quad \cdots\quad \boldsymbol{q}_n] \quad (8-42)$$

(5) 由 $\boldsymbol{P}=\boldsymbol{Q}^{-1}$,求反馈增益矩阵

$$\boldsymbol{K}=\overline{\boldsymbol{K}}\boldsymbol{P} \tag{8-43}$$

例 8-3 某航向控制系统的状态方程为

$$\begin{aligned}\dot{\boldsymbol{X}}&=\boldsymbol{AX}+\boldsymbol{BU}\\ \boldsymbol{Y}&=\boldsymbol{CX}\end{aligned} \tag{8-44}$$

式中,$\boldsymbol{X}=[\psi \quad \beta \quad r]^{\mathrm{T}}$,$\boldsymbol{U}=\delta_{\mathrm{r}}$,

$$\boldsymbol{A}=\begin{bmatrix}0 & 0 & 1\\ 0 & -1.35 & 0.22\\ 0 & 11.74 & -5.38\end{bmatrix},\ \boldsymbol{B}=\begin{bmatrix}0\\ 0.11\\ 1.88\end{bmatrix},\ \boldsymbol{C}=[1 \quad 0 \quad 0]$$

试确定方程状态反馈增益 $\boldsymbol{K}$,使系统闭环特征方程为

$$D^{*}(s)=s^{3}+11s^{2}+36s+36 \tag{8-45}$$

解:(1) 期望系统的闭环特征方程为

$$D^{*}(s)=s^{n}+a_{n-1}^{*}s^{n-1}+\cdots+a_{1}^{*}s+a_{0}^{*}=s^{3}+11s^{2}+36s+36 \tag{8-46}$$

则

$$a_{2}^{*}=11,\ a_{1}^{*}=36,\ a_{0}^{*}=36 \tag{8-47}$$

(2) 原系统的闭环特征方程为

$$D(s)=|s\boldsymbol{I}-\boldsymbol{A}|=\begin{vmatrix}s & 0 & -1\\ 0 & s+1.35 & -0.22\\ 0 & -11.74 & s+5.38\end{vmatrix}=s^{3}+6.73s^{2}+4.67s=0 \tag{8-48}$$

则

$$a_{2}=6.73,\ a_{1}=4.67,\ a_{0}=0 \tag{8-49}$$

(3) 求可控标准型下的反馈增益矩阵为

$$\overline{\boldsymbol{K}}=[a_{0}^{*}-a_{0} \quad a_{1}^{*}-a_{1} \quad a_{n}^{*}-a_{n-1}]=[36 \quad 31.74 \quad 4.27] \tag{8-50}$$

(4) 求普通状态方程和可控标准型方程之间的转换矩阵为

$$\boldsymbol{Q}=[\boldsymbol{q}_{1} \quad \boldsymbol{q}_{2} \quad \cdots \quad \boldsymbol{q}_{n}] \tag{8-51}$$

式中,

$$q_1 = A^2 b + a_2 A b + a_1 b = \begin{bmatrix} 3.87 \\ 0 \\ 0.01 \end{bmatrix}$$

$$q_2 = Ab + a_2 b = \begin{bmatrix} 0 & 0 & 1 \\ 0 & -1.35 & 0.22 \\ 0 & 11.74 & -5.38 \end{bmatrix} \begin{bmatrix} 0 \\ 0.11 \\ 1.88 \end{bmatrix} + 6.73 \begin{bmatrix} 0 \\ 0.11 \\ 1.88 \end{bmatrix} = \begin{bmatrix} 1.88 \\ 1.03 \\ 3.87 \end{bmatrix}$$

$$q_3 = b = \begin{bmatrix} 0 \\ 0.11 \\ 1.88 \end{bmatrix}$$

(5) 求转换矩阵 Q 的逆矩阵 P 为

$$P = Q^{-1} = \begin{bmatrix} 0.25 & -0.61 & 0.04 \\ 0 & 1.26 & -0.08 \\ 0 & -2.59 & 0.69 \end{bmatrix} \tag{8-52}$$

(6) 求状态反馈增益矩阵 K 为

$$K = \overline{K}P = [9.29 \quad 6.37 \quad 1.88] \tag{8-53}$$

例 8-4　考虑磁悬球系统，如图 8-8 所示。其系统动力学描述为

$$m\frac{\mathrm{d}^2 h}{\mathrm{d}t^2} = mg - \frac{Ki^2}{h} \tag{8-54}$$

$$V = L\frac{\mathrm{d}i}{\mathrm{d}t} + iR \tag{8-55}$$

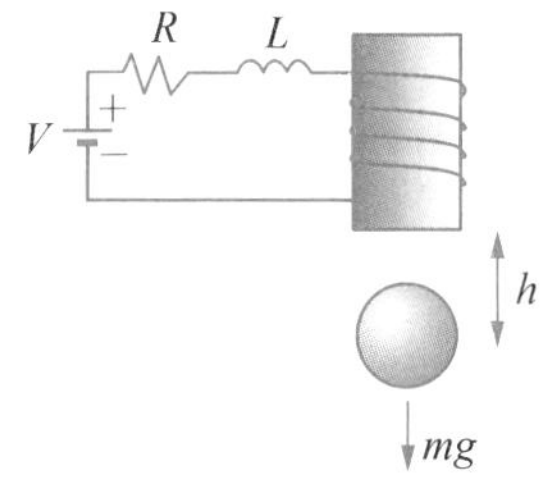

图 8-8　磁悬球系统

式中，h 为球的垂直位置，i 为电磁圈的电流，V 为电源电压，m 为球质量，g 是重力加速度，L, R 分别为电感和电阻，K 为球所受电磁力系数。选择 $m = 0.05\,\mathrm{kg}$, $K = 0.0001$, $L = 0.01\,\mathrm{H}$, $R = 1\,\Omega$, $g = 9.81\,\mathrm{m/s^2}$。系统在平衡点(球悬浮在半空中) $h = Ki^2/\mathrm{mg}$(平衡点处 $\mathrm{d}h/\mathrm{d}t = 0$)。在 $h = 0.01\,\mathrm{m}$ 处线性化动力学方程(此处标称电流为 7 A)，可得系统

$$\dot{x} = Ax + Bu \tag{8-56}$$

$$y = Cx + Du \tag{8-57}$$

式中，$x = [\Delta h \quad \Delta\dot{h} \quad \Delta i]^{\mathrm{T}}$ 为状态变量，u 是输入电压 ΔV，y 为输出 Δh，

$$A = \begin{bmatrix} 0 & 1 & 0 \\ 980 & 0 & -2.8 \\ 0 & 0 & -100 \end{bmatrix},\ B = \begin{bmatrix} 0 \\ 0 \\ 100 \end{bmatrix},\ C = [1 \quad 0 \quad 0],\ D = 0$$

根据 $\Delta(s)=|s\boldsymbol{I}-\boldsymbol{A}|=0$，开环系统极点为

$$\lambda_1=31.3050,\ \lambda_2=-31.3050,\ \lambda_3=-100.0000$$

可知复平面右半平面有一极点，系统不稳定。系统在初值 $\boldsymbol{x}_0=[0.005,\ 0,\ 0]^{\mathrm{T}}$ 下的响应如图 8-9 所示。可知系统响应是发散的。

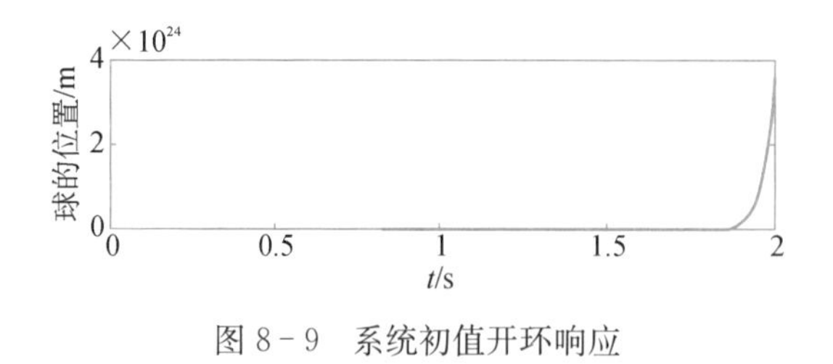

图 8-9　系统初值开环响应

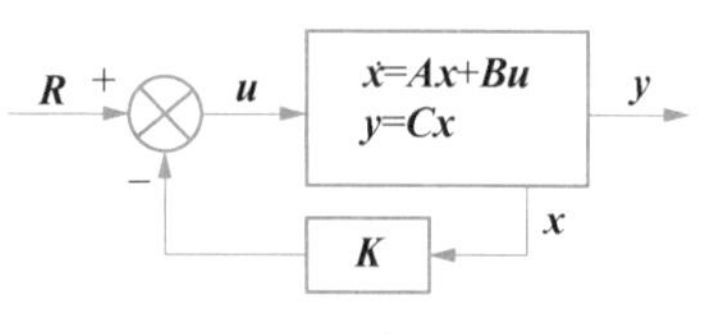

图 8-10　状态反馈控制

试运用极点配置设计控制器，如图 8-10 所示，使闭环系统稳定。

控制器设计指标为：调节时间 $t_s<0.5\ \mathrm{s}$，超调 $<5\%$，可得两个期望极点 $\lambda_{1,2}=-10\pm10\mathrm{i}$，(此时 $\zeta=0.7$，$\varphi=45°$，阻尼 $n=10>3.5/t_s=3.5/0.5$)。第三个极点开始设置在 $\lambda_3=-50$，并根据系统闭环特性调节 λ_3。运用极点配置可得 $K=[-280.71\ -7.79\ -0.30]$，系统闭环响应如图 8-11(a) 所示，可看出系统输出响应超调较大，如果移动极点位置，$\lambda_{1,2}=-20\pm20\mathrm{i}$，$\lambda_3=-100$，则系统输出响应如图 8-11(b)所示，系统超调得到了改善，响应速度变快。

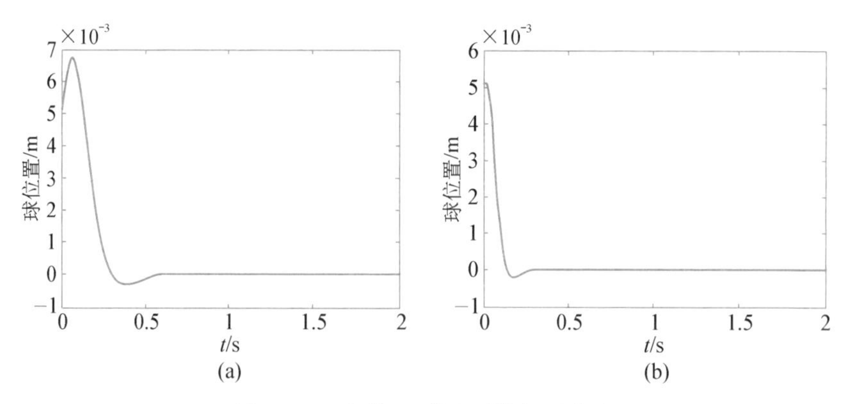

图 8-11　初值 x_0 输入系统闭环响应

说明：当期望极点相同时，用 acker 函数进行极点配置，即 K＝acker(A, B, [p1 p2 p3])，place() 无法实现。

当考虑参考输入 R 时，若 R 为小的阶跃输入，系统输出响应如图 8-12(a)所示，可以看出，系统输出不仅不能跟踪输入 R，而且方向相反。原因是输出反馈

Kx 与输入 R 很难相等。为了解决此匹配问题，在前向通道中引入尺度因子 $\overline{N}$，如图 8－13 所示。

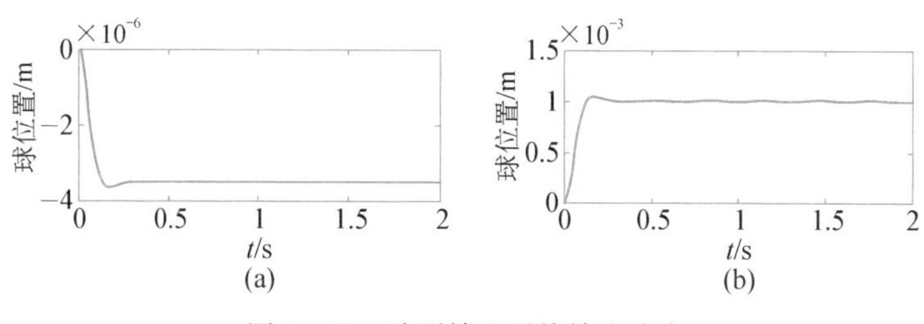

图 8－12　阶跃输入系统输出响应

(a) 无尺度因子 $\overline{N}$　(b) 有尺度因子 $\overline{N}$

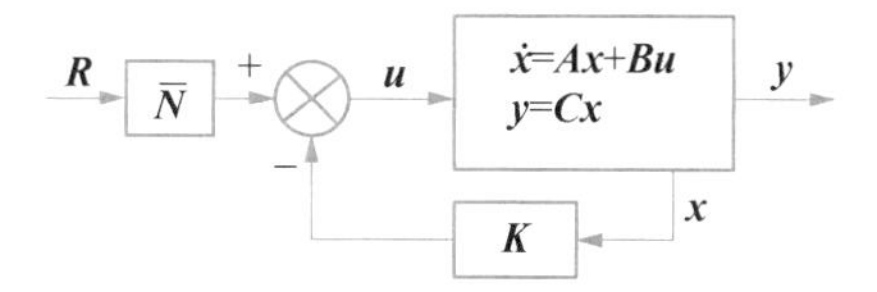

图 8－13　带尺度因子的跟踪系统

$\overline{N}=-[C(A-BK)^{-1}B]^{-1}$，(详见式(8－161))，可以用 Matlab 函数 rscale()获得，即 Nbar＝rscale(sys, K)。如图 8－12(b)所示，可以看出，带前馈尺度因子的 $\overline{N}$ 阶跃响应，能够很好地跟踪输入指令。Matlab 代码扫描右侧二维码获取。

8.3　特征结构配置法

特征结构配置法开始于 20 世纪 60 年代，研究闭环系统的内部结构。系统的特征结构包括：系统的特征值、系统特征值的重数和系统矩阵的特征向量和广义特征向量。一般线性系统的时域响应取决于四个方面：系统的特征值、特征向量、初始条件和外作用。而系统的特征值决定响应的衰减或发散特性；系统的特征向量决定响应的形状；系统的初始条件决定其自由响应。

对于线性系统，有

$$\begin{cases}\dot{\boldsymbol{x}}=\boldsymbol{A}\boldsymbol{x}+\boldsymbol{B}\boldsymbol{u}\\ \boldsymbol{y}=\boldsymbol{C}\boldsymbol{x}\end{cases}\tag{8-58}$$

式中，$x\in\mathbf{R}^n$，$u\in\mathbf{R}^m$，$y\in\mathbf{R}^r$。

令 $\boldsymbol{x}=\boldsymbol{T}\boldsymbol{z}$，则有

$$\dot{\boldsymbol{z}}=\overline{\boldsymbol{A}}\boldsymbol{z},\ \boldsymbol{z}_0=\boldsymbol{T}^{-1}\boldsymbol{x}_0\tag{8-59}$$

如果 $\boldsymbol{A}\boldsymbol{v}_i=\lambda_i\boldsymbol{v}_i$，则 $\boldsymbol{v}_i$ 就叫作 $\boldsymbol{A}$ 的特征向量，λ_i 就叫作 $\boldsymbol{A}$ 的特征值。其中 $\boldsymbol{A}$，λ_i 和 $\boldsymbol{v}_i$ 满足

$$\boldsymbol{T}^{-1}\boldsymbol{A}\boldsymbol{T}=\overline{\boldsymbol{A}}=\mathrm{diag}[\lambda_1,\ \lambda_2,\ \cdots,\ \lambda_n] \tag{8-60}$$

式中，$\boldsymbol{T}=[\nu_1,\ \nu_2,\ \cdots,\ \nu_n]$，$\mathrm{diag}[\lambda_i]$ 为以 λ_i 为对角元素的对角阵。

特征结构配置问题：假设 $\mathrm{rank}\{\boldsymbol{B}\}=m$，$\mathrm{rank}\{\boldsymbol{C}\}=r$，给定期望的特征值 $\{\lambda_i^{\mathrm{d}}\}$ 和相应的期望特征向量 $\{\boldsymbol{v}_i^{\mathrm{d}}\}$，$i=1,\ 2,\ \cdots,\ r$，寻找反馈增益 $\boldsymbol{K}\in\mathbf{R}^{m\times r}$，使得状态反馈闭环特征矩阵 $(\boldsymbol{A}-\boldsymbol{B}\boldsymbol{K})$ 或输出反馈闭环特征矩阵 $(\boldsymbol{A}-\boldsymbol{B}\boldsymbol{K}\boldsymbol{C})$ 的特征值包含 $\{\lambda_i^{\mathrm{d}}\}$，相应特征向量逼近期望向量 $\{\boldsymbol{v}_i^{\mathrm{d}}\}$。

（1）采用状态反馈配置。

$$\boldsymbol{u}=-\boldsymbol{K}\boldsymbol{x} \tag{8-61}$$

则有闭环系统

$$\dot{\boldsymbol{x}}=(\boldsymbol{A}-\boldsymbol{B}\boldsymbol{K})\boldsymbol{x}=\boldsymbol{G}\boldsymbol{x} \tag{8-62}$$

特征向量满足

$$\boldsymbol{G}\boldsymbol{v}_i=\lambda_i\boldsymbol{v}_i \tag{8-63}$$

相应状态为

$$\boldsymbol{x}(t)=\sum_{i=1}^{n}\alpha_i\mathrm{e}^{\lambda_i t}\boldsymbol{v}_i \tag{8-64}$$

其中 α_i 为对应特征向量 $\boldsymbol{v}_i$ 的系数。

（2）采用输出反馈配置。

$$\boldsymbol{u}=-\boldsymbol{K}\boldsymbol{y}=-\boldsymbol{K}\boldsymbol{C}\boldsymbol{x} \tag{8-65}$$

则有闭环系统

$$\dot{\boldsymbol{x}}=(\boldsymbol{A}-\boldsymbol{B}\boldsymbol{K}\boldsymbol{C})\boldsymbol{x}=\boldsymbol{G}\boldsymbol{x} \tag{8-66}$$

下面以常用的输出反馈为例，进行特征结构配置，设计过程如下，

对于一个期望特征值/特征向量对，λ_i^{d} 和 $\boldsymbol{v}_i^{\mathrm{d}}$ 满足

$$(\boldsymbol{A}-\boldsymbol{B}\boldsymbol{K}\boldsymbol{C})\boldsymbol{v}_i^{\mathrm{d}}=\boldsymbol{G}\boldsymbol{v}_i^{\mathrm{d}}=\lambda_i^{\mathrm{d}}\boldsymbol{v}_i^{\mathrm{d}} \tag{8-67}$$

或

$$\boldsymbol{v}_i^{\mathrm{d}}=-(\lambda_i^{\mathrm{d}}\boldsymbol{I}-\boldsymbol{A})^{-1}\boldsymbol{B}\boldsymbol{K}\boldsymbol{C}\boldsymbol{v}_i^{\mathrm{d}} \tag{8-68}$$

定义 m 维矢量 $\boldsymbol{m}_i$ 为

$$\boldsymbol{m}_i=-\boldsymbol{B}\boldsymbol{K}\boldsymbol{C}\boldsymbol{v}_i^{\mathrm{d}} \tag{8-69}$$

则有

$$\boldsymbol{v}_i^{\mathrm{d}}=(\lambda_i^{\mathrm{d}}\boldsymbol{I}-\boldsymbol{A})^{-1}\boldsymbol{m}_i \tag{8-70}$$

可知特征向量 $\boldsymbol{v}_i^{\mathrm{d}}$ 为$(\lambda_i^{\mathrm{d}}\boldsymbol{I}-\boldsymbol{A})\boldsymbol{B}$的列组成的子空间产生，这个子空间维数为 m，且独立于控制变量，因此，控制变量数目决定了包含可达特征向量子空间的维数，子空间的方向由开环参数 $\boldsymbol{A}$, $\boldsymbol{B}$ 和期望闭环极点 λ_i^{d} 决定。

假设期望特征向量结构为 $\boldsymbol{v}_i^{\mathrm{d}}=[\nu_{i1}\quad \times\quad \times\quad \times\quad \times\quad \nu_{ij}\quad \times\quad \times\quad \times\quad \nu_{in}]^{\mathrm{T}}$，其中×表示不限定量，其他为限定量，定义重新排序算子

$$\{\boldsymbol{v}_i^{\mathrm{d}}\}^{R_i}=\begin{bmatrix}\boldsymbol{l}_i^{\mathrm{d}}\\ \boldsymbol{d}_i^{\mathrm{d}}\end{bmatrix}\tag{8-71}$$

式中，$\boldsymbol{l}_i^{\mathrm{d}}$ 为 $\boldsymbol{v}_i^{\mathrm{d}}$ 中元素限定矢量，$\boldsymbol{d}_i^{\mathrm{d}}$ 为 $\boldsymbol{v}_i^{\mathrm{d}}$ 中元素不限定矢量。

计算可达的特征向量 $\boldsymbol{v}_i^{a}$。

定义矩阵

$$\boldsymbol{L}_i=(\lambda_i\boldsymbol{I}-\boldsymbol{A})^{-1}\boldsymbol{B}\tag{8-72}$$

因此，可达的特征向量必须在子空间内，即

$$\boldsymbol{v}_i^{a}=\boldsymbol{L}_i\boldsymbol{z}_i\tag{8-73}$$

根据式(8-71)进行重新排序，有

$$\{\boldsymbol{L}_i\}^{R_i}=\begin{bmatrix}\overline{\boldsymbol{L}}_i\\ \boldsymbol{D}_i\end{bmatrix}\tag{8-74}$$

z_i 的选择满足下式最小化要求：

$$J=\|\boldsymbol{l}_i^{\mathrm{d}}-\boldsymbol{l}_i^{a}\|^2=\|\boldsymbol{l}_i^{\mathrm{d}}-\overline{\boldsymbol{L}}_i\boldsymbol{z}_i\|^2\tag{8-75}$$

令式(8-75)为零，得

$$\boldsymbol{z}_i=(\overline{\boldsymbol{L}}_i^{\mathrm{T}}\overline{\boldsymbol{L}}_i)^{-1}\overline{\boldsymbol{L}}_i^{\mathrm{T}}\boldsymbol{l}_i^{\mathrm{d}}\tag{8-76}$$

式(8-76)代入式(8-73)得可达特征向量为

$$\boldsymbol{v}_i^{a}=\boldsymbol{L}_i(\overline{\boldsymbol{L}}_i^{\mathrm{T}}\overline{\boldsymbol{L}}_i)^{-1}\overline{\boldsymbol{L}}_i^{\mathrm{T}}\boldsymbol{l}_i^{\mathrm{d}}\tag{8-77}$$

可见，可达特征向量 $\boldsymbol{v}_i^{a}$ 是 $\boldsymbol{v}_i^{\mathrm{d}}$ 在由$(\lambda_i\boldsymbol{I}-\boldsymbol{A})^{-1}\boldsymbol{B}$列组成子空间上的投影。

反馈增益 K 的求取则由系统式(8-58)的变换系统式(8-59)获得，变换系统矩阵为

$$\overline{\boldsymbol{A}}=\boldsymbol{T}^{-1}\boldsymbol{A}\boldsymbol{T},\ \overline{\boldsymbol{B}}=\boldsymbol{T}^{-1}\boldsymbol{B}=\begin{bmatrix}I_m\\ 0\end{bmatrix},\ \overline{\boldsymbol{C}}=\boldsymbol{C}\boldsymbol{T}\tag{8-78}$$

变换系统与原系统的关系为

$$\boldsymbol{x}=\boldsymbol{T}\boldsymbol{z}=\boldsymbol{T}\overline{\boldsymbol{x}},\ \lambda_i^{\mathrm{d}}=\overline{\lambda}_i,\ \boldsymbol{v}_i^{a}=\boldsymbol{T}\overline{\boldsymbol{v}}_i^{a}\tag{8-79}$$

参考式(8-78)将 $\bar{\boldsymbol{v}}_i^a$ 与 $\bar{\boldsymbol{A}}$ 分区为

$$\bar{\boldsymbol{v}}_i^a=\begin{bmatrix}\bar{s}_i\\ \hline \bar{w}_i\end{bmatrix},\ \bar{\boldsymbol{A}}=\begin{bmatrix}\bar{A}_1\\ \hline \bar{A}_2\end{bmatrix} \tag{8-80}$$

式中,$\bar{s}_i\in\mathbf{R}^m$,$\bar{A}_1\in\mathbf{R}^{n\times m}$。

则反馈增益为

$$\boldsymbol{K}=(\bar{\boldsymbol{S}}-\bar{\boldsymbol{A}}_1\bar{\boldsymbol{V}})(\bar{\boldsymbol{C}}\bar{\boldsymbol{V}})^{-1} \tag{8-81}$$

式中,$\bar{\boldsymbol{S}}=[\lambda_1^{\mathrm{d}}\bar{s}_1\quad \lambda_2^{\mathrm{d}}\bar{s}_2\quad \cdots\quad \lambda_r^{\mathrm{d}}\bar{s}_r]$,$\bar{\boldsymbol{V}}=[\bar{\nu}_1^a\quad \bar{\nu}_2^a\quad \cdots\quad \bar{\nu}_r^a]$。

例 8-5 考虑 AFTI/F-16 飞机纵向运动,其飞行状态为在高度 $H=3000\,\mathrm{ft}$,以 $Ma=0.6$ 巡航飞行,状态方程为

$$\begin{cases}\dot{\boldsymbol{x}}_{\mathrm{lon}}=\boldsymbol{A}\boldsymbol{x}_{\mathrm{lon}}+\boldsymbol{B}\boldsymbol{u}_{\mathrm{lon}}\\ \boldsymbol{y}=\boldsymbol{C}\boldsymbol{x}_{\mathrm{lon}}\end{cases} \tag{8-82}$$

式中,状态参量 $\boldsymbol{x}_{\mathrm{lon}}=[\alpha\quad q\quad \gamma\quad \delta_{\mathrm{e}}\quad \delta_{\mathrm{f}}]^{\mathrm{T}}$,表示飞机迎角、俯仰速率、航迹倾角、升降舵偏和襟翼舵偏;$\boldsymbol{u}_{\mathrm{lon}}=\begin{bmatrix}\delta_{\mathrm{e_c}}\\ \delta_{f_{\mathrm{c}}}\end{bmatrix}$表示升降舵和襟翼指令;$\boldsymbol{y}=[q\quad n_{zp}\quad \gamma\quad \delta_{\mathrm{e}}\quad \delta_{\mathrm{f}}]^{\mathrm{T}}$ 表示飞机俯仰速率、法向过载、航迹倾角、升降舵偏和襟翼舵偏,单位:n_z[g],q[rad/s],其他为[rad]。

$$\boldsymbol{A}=\begin{bmatrix}-1.341 & 0.9933 & 0 & -0.1689 & -0.2518\\ 43.223 & -0.8693 & 0 & -17.251 & -1.5766\\ 1.342 & 0.0067 & 0 & 0.1689 & 0.2518\\ 0 & 0 & 0 & -20 & 0\\ 0 & 0 & 0 & 0 & -20\end{bmatrix},\ \boldsymbol{B}=\begin{bmatrix}0 & 0\\ 0 & 0\\ 0 & 0\\ 20 & 0\\ 0 & 20\end{bmatrix}$$

$$\boldsymbol{C}=\begin{bmatrix}0 & 1 & 0 & 0 & 0\\ 47.76 & -0.268 & 0 & -4.56 & 4.45\\ 0 & 0 & 1 & 0 & 0\\ 0 & 0 & 0 & 1 & 0\\ 0 & 0 & 0 & 0 & 1\end{bmatrix}$$

且执行机构传递函数为

$$\frac{\delta}{u}=\frac{20}{s+20} \tag{8-83}$$

航迹倾角近似为

$$\gamma\approx\dot{h}/V_{\mathrm{t}} \tag{8-84}$$

试进行特征结构配置，设计目标系统输出跟踪指令 $\boldsymbol{u}_{c}=\begin{bmatrix}\theta_{c}\\ \gamma_{c}\end{bmatrix}$。

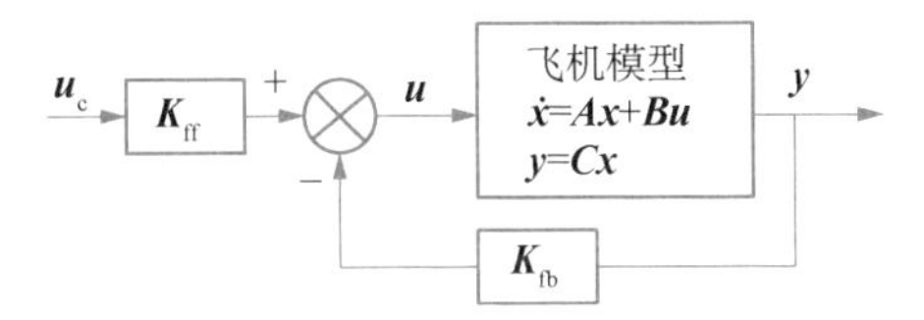

图 8 - 14　F - 16 飞机纵向运动指令跟踪系统框图

解：系统(8 - 82)开环极点为

$\lambda_{o1}=5.452$，$\lambda_{o2}=-7.662$，可知短周期模态不稳定，$\lambda_{o3}=0.0$，对应俯仰姿态，$\lambda_{o4}=-20$，$\lambda_{o5}=-20$，对应作动器极点。

配置目标满足期望特性：①短周期满足 MIL - 8785 一级飞行品质，$\zeta_{sp}=0.8$，$\omega_{nsp}=7\,\mathrm{rad/s}$；② 闭环航迹倾角衰减时间常数为 1，即极点 $s=-1$；③作动器极点在 −20 附近；特征向量选择满足长、短周期运动解耦性条件，则选择期望特征值和特征向量为

$$\begin{aligned}\lambda_{c1,2}&=-5.6\pm i4.2\\ \lambda_{c3}&=-1.0\\ \lambda_{c4}&=-19.0\\ \lambda_{c5}&=-19.5\end{aligned}\quad,\begin{bmatrix}-1\\1\\0\\\times\\\times\end{bmatrix}\pm\begin{bmatrix}1\\-1\\0\\\times\\\times\end{bmatrix}i;\begin{bmatrix}\times\\0\\1\\\times\\\times\end{bmatrix};\begin{bmatrix}\times\\\times\\\times\\1\\0\end{bmatrix};\begin{bmatrix}\times\\\times\\\times\\0\\1\end{bmatrix}\quad\begin{matrix}\alpha\\q\\\gamma\\\delta_{e}\\\delta_{f}\end{matrix}\tag{8-85}$$

指令跟踪控制器设计为前馈加反馈形式，如图 8 - 14 所示，则控制器为

$$\boldsymbol{u}=\begin{bmatrix}K_{ff,11}&K_{ff,12}\\K_{ff,21}&K_{ff,22}\end{bmatrix}\begin{bmatrix}\theta_{c}\\\gamma_{c}\end{bmatrix}-K_{fb}y\tag{8-86}$$

对于系统(8 - 82)，$\mathrm{Rank}(B)=2$，$m=2$，代入 λ_{ci} 计算可达的特征向量子空间

$$\boldsymbol{L}_{i}=(\lambda_{i}^{d}\boldsymbol{I}-\mathbf{A})^{-1}\boldsymbol{B}\tag{8-87}$$

根据式(8 - 74)和期望特征向量(8 - 85)计算 $\overline{\boldsymbol{L}}_{i}$，并根据式(8 - 76)、式(8 - 77)计算 $\boldsymbol{v}_{i}^{a}$，得可达到的特征向量

$$\boldsymbol{v}_{1,2}^{a}=\begin{bmatrix}-1\\1.401\\0.000\\-5.3172\\8.8589\end{bmatrix}+i\begin{bmatrix}1.000\\-9.801\\0.000\\-0.0639\\-5.026\end{bmatrix},\ \boldsymbol{v}_{3}^{a}=\begin{bmatrix}-0.999\\0.000\\1.000\\-2.798\\3.223\end{bmatrix}$$

$$\boldsymbol{v}_4^a = \begin{bmatrix} -0.0508 \\ 1.0725 \\ -0.0057 \\ 1 \\ 0 \end{bmatrix}, \ \boldsymbol{v}_5^a = \begin{bmatrix} 0.0106 \\ 0.0601 \\ -0.0137 \\ 0 \\ 1 \end{bmatrix}$$

进行相似变换，先对 $\boldsymbol{D}$ 阵奇异值分解.

$$\boldsymbol{B} = \boldsymbol{U\Sigma V}^{\mathrm{T}} \tag{8-88}$$

式中，

$$\boldsymbol{U} = \begin{bmatrix} 0 & 0 & 0 & -1 & 0 \\ 0 & 0 & 0 & 0 & -1 \\ 0 & 0 & 1 & 0 & 0 \\ -1 & 0 & 0 & 0 & 0 \\ 0 & -1 & 0 & 0 & 0 \end{bmatrix}, \ \boldsymbol{\Sigma} = \begin{bmatrix} 20 & 0 \\ 0 & 20 \\ 0 & 0 \\ 0 & 0 \\ 0 & 0 \end{bmatrix}, \ \boldsymbol{V} = \begin{bmatrix} -1 & 0 \\ 0 & -1 \end{bmatrix}$$

将 $\boldsymbol{B}$ 的左奇异向量的最后 $n-m$ 列增加到矩阵 $\boldsymbol{B}$ 上，构成变换矩阵 $\boldsymbol{T}$

$$\boldsymbol{T} = [\boldsymbol{B} \quad \boldsymbol{U}_{m+1} \quad \cdots \quad \boldsymbol{U}_n] = \begin{bmatrix} 0 & 0 & 0 & -1 & 0 \\ 0 & 0 & 0 & 0 & -1 \\ 0 & 0 & 1 & 0 & 0 \\ 20 & 0 & 0 & 0 & 0 \\ 0 & 20 & 0 & 0 & 0 \end{bmatrix} \tag{8-89}$$

易知 $\boldsymbol{T}\begin{bmatrix} \boldsymbol{I}_m \\ 0 \end{bmatrix} = \boldsymbol{B}$，变换后的状态空间矩阵

$$\bar{\boldsymbol{A}} = \boldsymbol{T}^{-1}\boldsymbol{AT}, \ \bar{\boldsymbol{B}} = \boldsymbol{T}^{-1}\boldsymbol{B} = \begin{bmatrix} \boldsymbol{I}_m \\ \hline 0 \end{bmatrix}, \ \bar{\boldsymbol{C}} = \boldsymbol{CT} \tag{8-90}$$

变换后的可达向量

$$\bar{\boldsymbol{v}}_i^a = \boldsymbol{T}^{-1}\boldsymbol{v}_i^a \tag{8-91}$$

根据式(8-80)计算 S，并利用式(8-81)得到输出反馈增益：

$$\boldsymbol{K}_{\mathrm{fb}} = \begin{bmatrix} 0.6781 & 0.1233 & 2.5204 & 0.2337 & -0.6153 \\ 0.2593 & -0.0688 & -1.6057 & -0.7872 & 0.3271 \\ q & n_z & \gamma & \delta_{\mathrm{e}} & \delta_{\mathrm{f}} \end{bmatrix} \tag{8-92}$$

根据上述尺度因子 rscale()方法，前馈增益为

$$\boldsymbol{K}_{\mathrm{ff}} = (\boldsymbol{\Omega}_{22} - \boldsymbol{K}_{\mathrm{fb}}\boldsymbol{C\Omega}_{12}) \tag{8-93}$$

式中，$\boldsymbol{\Omega}=\begin{bmatrix}\boldsymbol{\Omega}_{11} & \boldsymbol{\Omega}_{12}\\ \boldsymbol{\Omega}_{21} & \boldsymbol{\Omega}_{22}\end{bmatrix}=\begin{bmatrix}\boldsymbol{A} & \boldsymbol{B}\\ \boldsymbol{H} & \boldsymbol{0}\end{bmatrix}^{-1}$。

根据指令跟踪要求 θ_c，γ_c，即有 $\boldsymbol{H}=\begin{bmatrix}1 & 0 & 1 & 0 & 0\\ 0 & 0 & 1 & 0 & 0\end{bmatrix}$，于是将参数矩阵 $\boldsymbol{A}$，$\boldsymbol{B}$，$\boldsymbol{H}$ 代入式(8-93)有

$$\boldsymbol{K}_{ff}=\begin{bmatrix}-2.1501 & -0.373\\ -2.5162 & 4.1220\end{bmatrix}$$

系统仿真模型如图 8-15 所示。

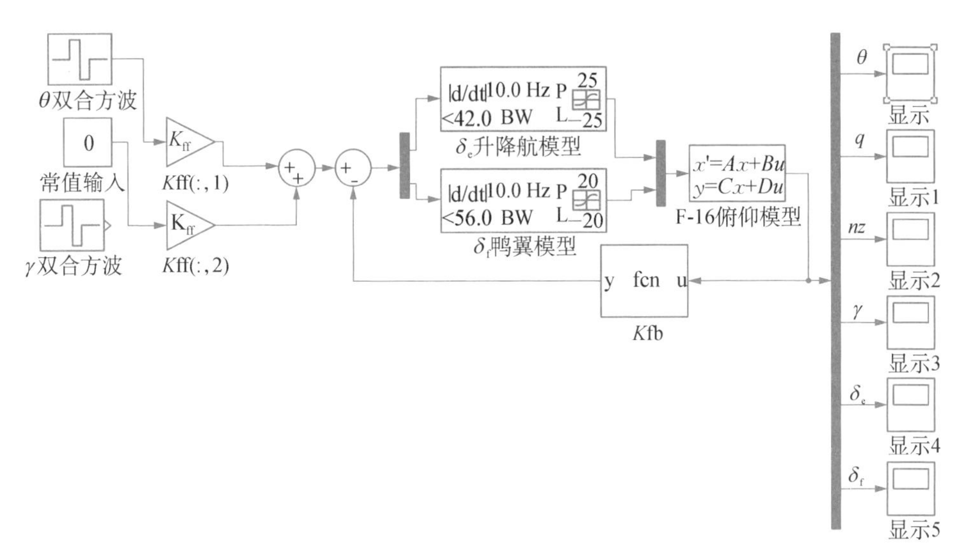

图 8-15　指令跟踪仿真系统框图

采用双边方波输入，输出相应如下。

(1) 幅值为1的方波俯仰角 θ_c 指令跟踪如图 8-16～图 8-17 所示。

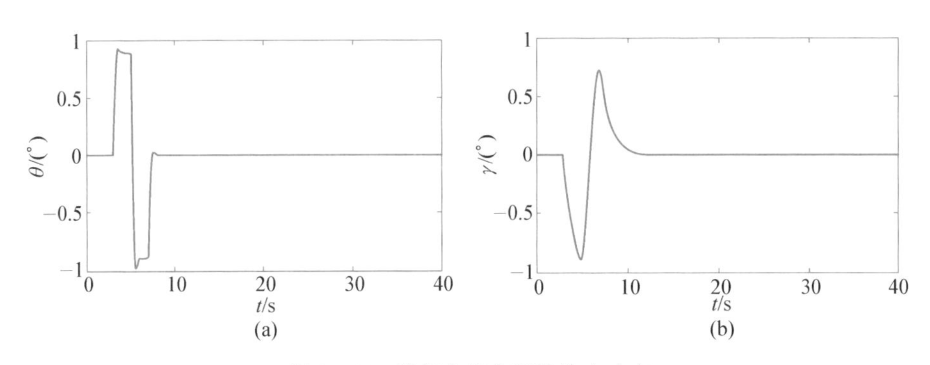

图 8-16　俯仰角指令跟踪输出响应

(a) $\theta/(^\circ)$　(b) $\gamma/(^\circ)$

控制输入：

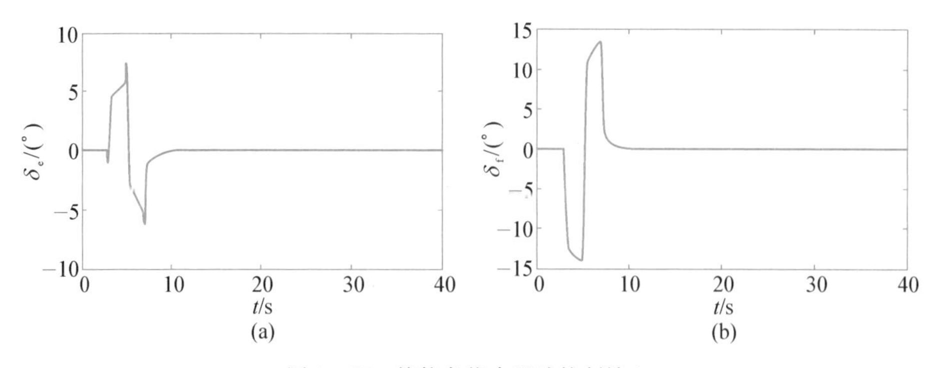

图 8 - 17　俯仰角指令跟踪控制输入

(a) δ_e/(°)　(b) δ_f/(°)

(2) 幅值为 1 的方波航迹倾角 γ_c 指令跟踪响应如图 8 - 18～图 8 - 19 所示。

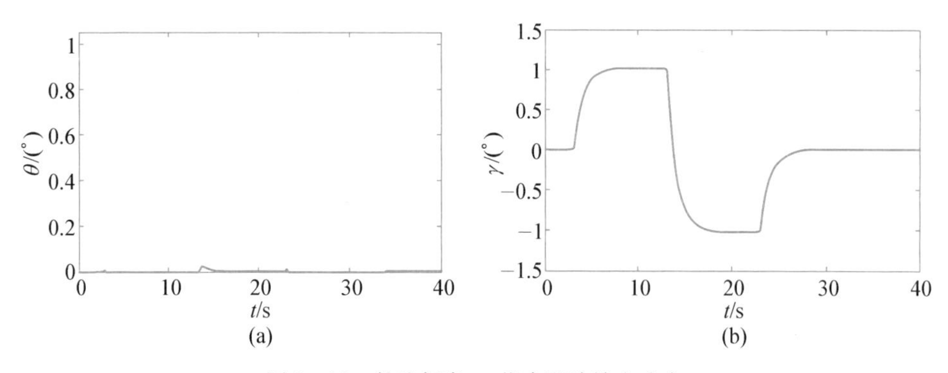

图 8 - 18　航迹倾角 γ_c 指令跟踪输出响应

(a) θ/(°)　(b) γ/(°)

控制输入：

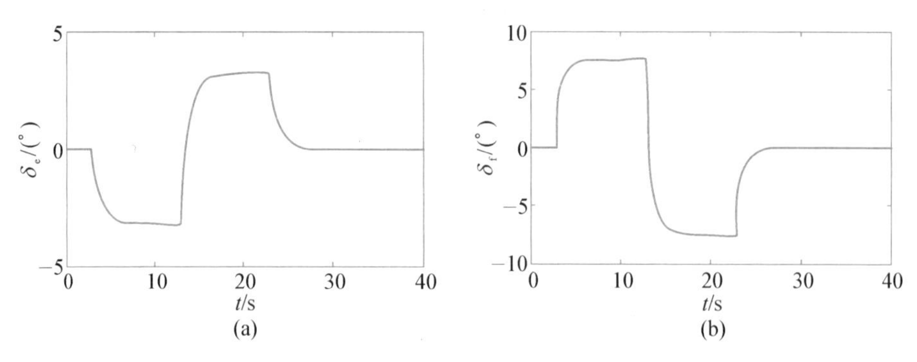

图 8 - 19　航迹倾角 γ_c 指令跟踪控制输入

(a) δ_e/(°)　(b) δ_f/(°)

从图 8－16～图 8－19 可以看出，当俯仰角指令跟踪时，航迹倾角几乎为零；而当航迹倾角 γ_c 指令跟踪时，俯仰角输出接近零，实现了两者的解耦控制，同时指令跟踪满足期望的特性。扫描右侧二维码获取 Matlab 代码。

注意：上述反馈增益 K_{fb} 是在最小方差意义下配置 r 个极点及其相应特征结构；如果需要配置特征值数目增大，则需要增加更多相互独立的传感器，以提高 rank($\boldsymbol{C}$)秩；如果要改善特征结构量，则需增加控制变量参与系统控制，以提高 rank($\boldsymbol{B}$)秩。

横侧向特征向量选取可以参考如下，其状态方程为

$$\begin{cases} \dot{\boldsymbol{x}}_{lat} = \boldsymbol{A}\boldsymbol{x}_{lat} + \boldsymbol{B}\boldsymbol{u}_{lat} \\ \boldsymbol{y} = \boldsymbol{C}\boldsymbol{x}_{lat} \end{cases} \tag{8-94}$$

式中，状态变量为 $\boldsymbol{x}_{lat} = [\beta \quad \phi \quad p \quad r]^T$，分别表示侧滑角、滚转角、滚转速率、偏航速率；控制输入为 $\boldsymbol{u}_{lat} = [\delta_r \quad \delta_a]^T$，表示方向舵、副翼。为实现滚转或倾斜运动与荷兰滚运动解耦，用下式表示特征向量：

$$\boldsymbol{v}^d = [\phi \quad r \quad p \quad \beta \quad \delta_r \quad \delta_a]^T \tag{8-95}$$

根据式(8－95)可选不同期望的特征向量的解为

$$\boldsymbol{v}_{DR}^d = \begin{bmatrix} 0 \\ 1 \\ 0 \\ \times \\ \times \\ \times \end{bmatrix} \pm i \begin{bmatrix} 0 \\ \times \\ 0 \\ 1 \\ \times \\ \times \end{bmatrix}, \ \boldsymbol{v}_{roll}^d = \begin{bmatrix} \times \\ 0 \\ 1 \\ 0 \\ \times \\ \times \end{bmatrix}, \ \boldsymbol{v}_s^d = \begin{bmatrix} 1 \\ \times \\ \times \\ 0 \\ \times \\ \times \end{bmatrix}, \ \boldsymbol{v}_{\delta_r}^d = \begin{bmatrix} \times \\ \times \\ \times \\ \times \\ 1 \\ 0 \end{bmatrix}, \ \boldsymbol{v}_{\delta_a}^d = \begin{bmatrix} \times \\ \times \\ \times \\ \times \\ 0 \\ 1 \end{bmatrix}$$

式中，×表示不定值。参考纵向运动，可以进行特征结构配置。

8.4　线性二次型最优控制法

最优控制理论是现代控制中的一个重要分支。最优控制在现代飞行控制系统中已经得到了很好的应用。基本思想是找到最优控制规律，满足一定条件，使某项性能指标达到最优。最优控制涉及线性系统、非线性系统，时变系统、时不变系统等。最优控制探讨的问题有：最优调节器，最优跟踪器，最优动态规划，最优控制分配，最优控制重构等。涉及的知识有复变函数、微分方程与偏微分方程、变分法、Riccati 方程、Lyapunov 稳定性、状态反馈、输出反馈等。下面首先介绍最优控制基本理论极小值原理。

8.4.1　极小值原理

极小值原理由前苏联学者庞特里亚金于 1956 年提出，其在最优控制中占有重

要地位。它是变分法的推广，具体如下。

考察系统的状态方程为

$$\dot{\boldsymbol{x}}(t)=f[\boldsymbol{x}(t),\ \boldsymbol{u}(t),\ t] \tag{8-96}$$

边界条件为：

始端 t_0 固定，$x(t_0)=x_0$ 为固定值；终端 t_f 自由，$\psi(x_f,\ t_f)=0$ 终端受约束。性能指标为

$$J=\varphi[\boldsymbol{x}(t_f),\ t_f]+\int_{t_0}^{t_f}L[\boldsymbol{x}(t),\ \boldsymbol{u}(t),\ t]\mathrm{d}t \tag{8-97}$$

上述指标可以是最短时间性能指标，即

$$J=t_f \tag{8-98}$$

也可以是最优跟踪性能指标，即

$$J=\int_{t_0}^{t_f}[\boldsymbol{x}_d-\boldsymbol{x}]^{\mathrm{T}}\boldsymbol{Q}[\boldsymbol{x}_d-\boldsymbol{x}]\mathrm{d}t \tag{8-99}$$

式中，$\boldsymbol{x}$ 跟踪期望值 $\boldsymbol{x}_d$，$\boldsymbol{Q}$ 为加权矩阵。

在 $[t_0,\ t_f]$ 上求使得 $J_{\min}$ 的最优控制函数 $u^*(t)$，必须满足的条件如下：

(1) 若有最优控制 $u^*(t)$ 存在，则必须存在一个协态变量 $\boldsymbol{\lambda}^*(t)$ 和状态变量 $\boldsymbol{x}^*(t)$，它们满足下式及边界条件：

$$\begin{cases}\dot{\boldsymbol{x}}(t)=\dfrac{\partial H}{\partial\boldsymbol{\lambda}(t)}=f[\boldsymbol{x}(t),\ \boldsymbol{u}(t),\ t]\\ \dot{\boldsymbol{\lambda}}(t)=-\dfrac{\partial H}{\partial\boldsymbol{x}(t)}\end{cases} \tag{8-100}$$

式中，H 为构造的 Hamilton 函数，即

$$H(\boldsymbol{x}(t),\ \boldsymbol{u}(t),\ \boldsymbol{\lambda}(t),\ t)=L[\boldsymbol{x}(t),\ \boldsymbol{u}(t),\ t]+\boldsymbol{\lambda}(t)^{\mathrm{T}}f[\boldsymbol{x}(t),\ \boldsymbol{u}(t),\ t] \tag{8-101}$$

式中，$\boldsymbol{\lambda}(t)$ 为 Lagrange 乘子，为待定的向量。$L(\cdot)$，$f(\cdot)$ 同式(8-97)，式(8-96)。

边界条件根据给定情况不同而具有不同的形式，当始端固定和末端时间自由时，则边界条件为

$$\begin{cases}x(t_0)=x_0\\ \lambda(t_f)=\dfrac{\partial(\varphi)}{\partial x(t_f)}\end{cases} \tag{8-102}$$

(2) 在最优轨迹曲线上，最优控制 $u^*(t)$ 使 H 函数处处为极小，则有

$$H = [\boldsymbol{x}^*(t), \boldsymbol{u}^*(t), \boldsymbol{\lambda}^*(t), t] = \min_u H = [\boldsymbol{x}^*(t), \boldsymbol{u}^*(t), \boldsymbol{\lambda}^*(t), t] \tag{8-103}$$

利用上述最小值原理,可进行最优控制器设计,下面介绍几种典型的最优控制器设计。

8.4.2 线性二次型调节器

对于线性二次型调节器(linear quadratic regulator, LQR)的设计,考察线性定常系统

$$\begin{cases} \dot{\boldsymbol{x}} = \boldsymbol{Ax} + \boldsymbol{Bu} \\ \boldsymbol{y} = \boldsymbol{Cx} \end{cases} \tag{8-104}$$

状态反馈控制律为

$$\boldsymbol{u} = -\boldsymbol{Kx} \tag{8-105}$$

闭环系统为

$$\dot{\boldsymbol{x}}(t) = \boldsymbol{A}_c \boldsymbol{x}(t) \tag{8-106}$$

式中,$\boldsymbol{A}_c = (\boldsymbol{A} - \boldsymbol{BK})$。

最优性能的指标为

$$J = \frac{1}{2}\boldsymbol{x}^T(t_f)\boldsymbol{Px}(t_f) + \frac{1}{2}\int_0^\infty (\boldsymbol{x}^T\boldsymbol{Qx} + \boldsymbol{u}^T\boldsymbol{Ru})\mathrm{d}t \tag{8-107}$$

式中 $\boldsymbol{P}$, $\boldsymbol{Q}$, $\boldsymbol{R}$ 为加权矩阵。

可构造 Hamilton 函数

$$\boldsymbol{H}(\boldsymbol{x}, \boldsymbol{u}, \boldsymbol{\lambda}_H, t) = \frac{1}{2}\boldsymbol{x}^T\boldsymbol{Qx} + \frac{1}{2}\boldsymbol{u}^T\boldsymbol{Ru} + \boldsymbol{\lambda}_H^T[\boldsymbol{Ax}(t) + \boldsymbol{Bu}(t)] \tag{8-108}$$

式中,$\boldsymbol{\lambda}_H$ 为 Lagrange 乘子。

根据最小值原理,可以得到

$$\dot{\boldsymbol{x}} = \frac{\partial \boldsymbol{H}}{\partial \boldsymbol{\lambda}_H} = \boldsymbol{Ax}(t) + \boldsymbol{Bu}(t) \tag{8-109}$$

$$\dot{\boldsymbol{\lambda}}_H = -\frac{\partial \boldsymbol{H}}{\partial \boldsymbol{x}} = -\boldsymbol{Qx} - \boldsymbol{A}^T\boldsymbol{\lambda}_H(t) \tag{8-110}$$

式(8-109),式(8-110)称为正则方程。再由极值条件(控制无约束)有

$$\frac{\partial H}{\partial u} = \boldsymbol{Ru}(t) + \boldsymbol{B}^T\boldsymbol{\lambda}_H(t) = 0 \tag{8-111}$$

终端横截条件为

$$\boldsymbol{\lambda}_H(t_f)=\frac{\partial}{\partial \boldsymbol{x}(t_f)}\left(\frac{1}{2}\boldsymbol{x}^T(t_f)\boldsymbol{P}\boldsymbol{x}(t_f)\right)=\boldsymbol{P}\boldsymbol{x}(t_f) \tag{8-112}$$

式(8-111)可以推导出

$$\boldsymbol{u}(t)=-\boldsymbol{R}^{-1}\boldsymbol{B}^T\boldsymbol{\lambda}_H(t) \tag{8-113}$$

将式(8-112)代入式(8-113)得

$$\boldsymbol{u}(t_f)=-\boldsymbol{K}\boldsymbol{x}=-\boldsymbol{R}^{-1}\boldsymbol{B}^T\boldsymbol{P}\boldsymbol{x}(t_f) \tag{8-114}$$

式中，$\boldsymbol{K}=\boldsymbol{R}^{-1}\boldsymbol{B}^T\boldsymbol{P}$。

为了寻找 $\boldsymbol{P}$,可以通过 Riccati 方程来求解。首先假设存在非负定对称矩阵 $\boldsymbol{P}$，构造 Lyapunov 函数 $V(x)=\boldsymbol{x}^T\boldsymbol{P}\boldsymbol{x}\geqslant 0$，如果满足 $\dot{V}(x)=\frac{\mathrm{d}(\boldsymbol{x}^T\boldsymbol{P}\boldsymbol{x})}{\mathrm{d}t}\leqslant 0$，由 Lyapunov稳定性理论知闭环系统(8-106)是渐近稳定的。根据被积函数(8-107)和 Lyapunov 函数 $V(x)$ 性质,并利用 $\boldsymbol{u}(t)=-\boldsymbol{K}\boldsymbol{x}$，有

$$\frac{\mathrm{d}}{\mathrm{d}t}(\boldsymbol{x}^T\boldsymbol{P}\boldsymbol{x})=-(\boldsymbol{x}^T Q\boldsymbol{x}+\boldsymbol{u}^T\boldsymbol{R}\boldsymbol{u})=-\boldsymbol{x}^T(Q+\boldsymbol{K}^T\boldsymbol{R}\boldsymbol{K})\boldsymbol{x} \tag{8-115}$$

而由闭环系统(8-106)可知

$$\frac{\mathrm{d}}{\mathrm{d}t}(\boldsymbol{x}^T\boldsymbol{P}\boldsymbol{x})=\dot{\boldsymbol{x}}^T\boldsymbol{P}\boldsymbol{x}+\boldsymbol{x}^T\boldsymbol{P}\dot{\boldsymbol{x}}=\boldsymbol{x}^T(\boldsymbol{A}_c^T\boldsymbol{P}+\boldsymbol{P}\boldsymbol{A}_c)\boldsymbol{x} \tag{8-116}$$

则由式(8-115),式(8-116)知

$$\boldsymbol{A}_c^T\boldsymbol{P}+\boldsymbol{P}\boldsymbol{A}_c+\boldsymbol{Q}+\boldsymbol{K}^T\boldsymbol{R}\boldsymbol{K}=\boldsymbol{0} \tag{8-117}$$

代入 $\boldsymbol{A}_c=(\boldsymbol{A}-\boldsymbol{B}\boldsymbol{K})$ 和 $\boldsymbol{K}=\boldsymbol{R}^{-1}\boldsymbol{B}^T P$ 到式(8-117)，有

$$(\boldsymbol{A}-\boldsymbol{B}\boldsymbol{R}^{-1}\boldsymbol{B}^T\boldsymbol{P})^T\boldsymbol{P}+\boldsymbol{P}(\boldsymbol{A}-\boldsymbol{B}\boldsymbol{R}^{-1}\boldsymbol{B}^T\boldsymbol{P})+\boldsymbol{Q}+(\boldsymbol{R}^{-1}\boldsymbol{B}^T\boldsymbol{P})^T\boldsymbol{R}(\boldsymbol{R}^{-1}\boldsymbol{B}^T\boldsymbol{P})=\boldsymbol{0} \tag{8-118}$$

简化后得到代数 Riccati 方程(algebraic Riccati equation)

$$\boldsymbol{A}^T\boldsymbol{P}+\boldsymbol{P}\boldsymbol{A}-\boldsymbol{P}\boldsymbol{B}\boldsymbol{R}^{-1}\boldsymbol{B}^T\boldsymbol{P}+\boldsymbol{Q}=\boldsymbol{0} \tag{8-119}$$

相应系统的最优控制为

$$\boldsymbol{u}(t)=-\boldsymbol{R}^{-1}\boldsymbol{B}^T\boldsymbol{P}\boldsymbol{x}(t) \tag{8-120}$$

及最优指标为

$$J_{\min}=\frac{1}{2}\boldsymbol{x}^T(0)\boldsymbol{P}\boldsymbol{x}(0) \tag{8-121}$$

例 8-6 给定系统模型

$$\frac{y(s)}{x(s)}=\frac{1}{(s+1)(s+2)} \tag{8-122}$$

目标函数为

$$J=\frac{1}{2}\int_{0}^{\infty}[10x^{2}+0.1u^{2}]\mathrm{d}t \tag{8-123}$$

试求系统的最优控制。

解: 根据式(8-122),令 $x_1=y$, $x_2=\dot{y}$, $u=x$,则系统可改写成状态空间形式

$$\begin{pmatrix}\dot{x}_1\\ \dot{x}_2\end{pmatrix}=\begin{bmatrix}-2 & 1\\ 0 & -1\end{bmatrix}\begin{pmatrix}x_1\\ x_2\end{pmatrix}+\begin{bmatrix}0\\ 1\end{bmatrix}u \tag{8-124}$$

$$\boldsymbol{y}=[1\quad 0]\boldsymbol{x} \tag{8-125}$$

式中,状态 $\boldsymbol{X}=\begin{pmatrix}x_1\\ x_2\end{pmatrix}$,由上式得 $\boldsymbol{A}=\begin{bmatrix}-2 & 1\\ 0 & -1\end{bmatrix}$, $\boldsymbol{B}=\begin{bmatrix}0\\ 1\end{bmatrix}$,而根据式(8-123),可知 $Q=\mathrm{diag}([10,\ 10])$, $R=0.1$,则有 Riccati 方程(8-119)为

$$\begin{bmatrix}-2 & 1\\ 0 & -1\end{bmatrix}^{\mathrm{T}}\boldsymbol{P}+\boldsymbol{P}\begin{bmatrix}-2 & 1\\ 0 & -1\end{bmatrix}-\boldsymbol{P}\begin{bmatrix}0\\ 1\end{bmatrix}\cdot 0.1^{-1}\cdot\begin{bmatrix}0\\ 1\end{bmatrix}^{\mathrm{T}}\boldsymbol{P}+10=0 \tag{8-126}$$

得

$$\boldsymbol{P}=\begin{bmatrix}2.4036 & 0.1963\\ 0.1963 & 0.9243\end{bmatrix}$$

根据 $\boldsymbol{K}=\boldsymbol{R}^{-1}\boldsymbol{B}^{\mathrm{T}}\boldsymbol{P}$ 得控制增益

$$\boldsymbol{K}=[1.9632\quad 9.2434]$$

从而得反馈控制 $\boldsymbol{u}=-\boldsymbol{Kx}$。

8.4.3 加权矩阵 Q, R 对控制性能的影响

考察研究对象

$$\dot{x}=\boldsymbol{Ax}+\boldsymbol{Bu} \tag{8-127}$$

其中 $x(0)=x_0$, $x\in\mathbf{R}^{n}$, $u\in\mathbf{R}^{m}$。

状态反馈控制

$$u=-Kx=-\boldsymbol{R}^{-1}\boldsymbol{B}^{\mathrm{T}}Px \tag{8-128}$$

最优控制优化目标为

$$J=\boldsymbol{x}^{\mathrm{T}}(t_{\mathrm{f}})\boldsymbol{Q}_{\mathrm{f}}\boldsymbol{x}(t_{\mathrm{f}})+\frac{1}{2}\int_{0}^{\infty}[\boldsymbol{x}^{\mathrm{T}}\boldsymbol{Qx}+\boldsymbol{u}^{\mathrm{T}}\boldsymbol{Ru}]\mathrm{d}t \tag{8-129}$$

式中,

$\boldsymbol{Q}_{\mathrm{f}}$, $\boldsymbol{Q}$, $\boldsymbol{R}$ 为加权矩阵,$\boldsymbol{Q} \in \mathbf{R}^{n\times m}$, $Q \geqslant 0$, $\boldsymbol{R} \in \mathbf{R}^{m\times m}$, $\boldsymbol{R} > \mathbf{0}$,

$$\boldsymbol{Q} = \begin{bmatrix} q_1 & 0 & \cdots & 0 \\ 0 & q_2 & \cdots & 0 \\ \vdots & \vdots & \ddots & \vdots \\ 0 & 0 & \cdots & q_m \end{bmatrix}, \boldsymbol{R} = \begin{bmatrix} r_1 & 0 & \cdots & 0 \\ 0 & r_2 & \cdots & 0 \\ \vdots & \vdots & \ddots & \vdots \\ 0 & 0 & \cdots & r_m \end{bmatrix} \tag{8-130}$$

系统最优解存在的条件为

$$\{\boldsymbol{A}, \boldsymbol{B}\} \text{ 可控}; \{\boldsymbol{A}, \boldsymbol{Q}^{1/2}\} \text{ 可观} \tag{8-131}$$

即

$$\operatorname{rank}[\boldsymbol{B} \quad \boldsymbol{AB} \quad \cdots \quad \boldsymbol{A}^{n-1}\boldsymbol{B}] = n, \operatorname{rank}\begin{bmatrix} \boldsymbol{Q}^{1/2} \\ \boldsymbol{Q}^{1/2}\boldsymbol{A} \\ \vdots \\ \boldsymbol{Q}^{1/2}\boldsymbol{A}^{n-1} \end{bmatrix} = n \tag{8-132}$$

系统代数 Riccati 方程(ARE)为

$$\boldsymbol{A}^{\mathrm{T}}\boldsymbol{P} + \boldsymbol{PA} - \boldsymbol{PBR}^{-1}\boldsymbol{B}^{\mathrm{T}}\boldsymbol{P} + \boldsymbol{Q} = \mathbf{0} \tag{8-133}$$

相应闭环系统为

$$\dot{\boldsymbol{x}} = (\boldsymbol{A} - \boldsymbol{R}^{-1}\boldsymbol{B}^{\mathrm{T}}\boldsymbol{P})\boldsymbol{x} \tag{8-134}$$

目标函数最优值为

$$J = \boldsymbol{x}^{\mathrm{T}}(0)\boldsymbol{Q}_{\mathrm{f}}\boldsymbol{x}(0) \tag{8-135}$$

例 8-7 考察系统

$$\dot{\boldsymbol{x}} = \boldsymbol{x} + \boldsymbol{u} \tag{8-136}$$

优化目标函数为

$$J = \frac{1}{2}\int_0^{\infty}[\boldsymbol{x}^2 + r\boldsymbol{u}^2]\mathrm{d}t \quad (Q = 1, R = r > 0) \tag{8-137}$$

则其代数 Riccati 方程为

$$P + P - \frac{1}{r}P^2 + 1 = 0 \tag{8-138}$$

得

$$P_{1,2} = r \pm \sqrt{r^2 + r} \tag{8-139}$$

由于 $P > 0$,则

$$P = r + \sqrt{r^2 + r} \tag{8-140}$$

$$u = -\boldsymbol{R}^{-1}\boldsymbol{B}^{\mathrm{T}}Px = -\frac{1}{r}(r + \sqrt{r^2 + r})x \tag{8-141}$$

当 $r > 0$ 时，闭环系统稳定，有

$$\dot{x} = x - \frac{1}{r}(r + \sqrt{r^2 + r})x = -\sqrt{1 + \frac{1}{r}}x \tag{8-142}$$

$x_0 = 1$，取 $r = 0.01,\ 0.1,\ 1,\ 10$，观测系统响应如图 8-20、图 8-21 所示，可见，在 $\boldsymbol{Q}$ 不变条件下，加权矩阵 $\boldsymbol{R}$ 越大，则 x 响应慢，u 变小。扫描右侧二维码获取 Matlab 代码。

例 8-8　考察系统

$$\begin{cases} \dot{x}_1 = x_2 \\ \dot{x}_2 = u \end{cases} \tag{8-143}$$

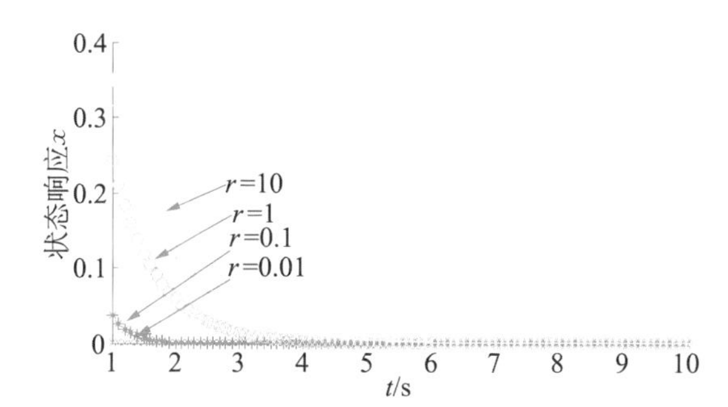

图 8-20　加权矩阵 $\boldsymbol{R}$ 对系统状态 x 响应的影响

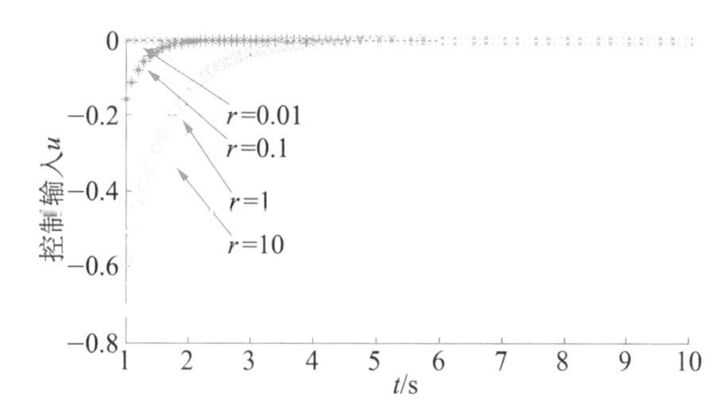

图 8-21　加权矩阵 $\boldsymbol{R}$ 对系统控制输入 u 响应的影响

其中 $\boldsymbol{A} = \begin{bmatrix} 0 & 1 \\ 0 & 0 \end{bmatrix}$，$\boldsymbol{B} = \begin{bmatrix} 0 \\ 1 \end{bmatrix}$。

目标函数为

$$J = \frac{1}{2}\int_0^{\infty}(x_1^2 + qx_2^2 + u^2)\mathrm{d}t \tag{8-144}$$

$$\operatorname{rank}[\boldsymbol{B}\quad \boldsymbol{AB}]=\operatorname{rank}\begin{bmatrix}0 & 1\\ 1 & 0\end{bmatrix}=2,\ \boldsymbol{\Xi}=\begin{bmatrix}\boldsymbol{Q}^{1/2}\\ \boldsymbol{Q}^{1/2}\boldsymbol{A}\end{bmatrix}=\begin{bmatrix}1 & 0\\ 0 & \sqrt{q}\\ 0 & 1\\ 0 & 0\end{bmatrix},\text{得 } \operatorname{rank}(\boldsymbol{\Xi})=2 \tag{8-145}$$

可知,系统可控。

令 $\boldsymbol{P}=\begin{bmatrix}p_{11} & p_{12}\\ p_{12} & p_{22}\end{bmatrix}$, 则代数 Riccati 方程(ARE)为

$$\begin{aligned}&\begin{bmatrix}0 & 0\\ 1 & 0\end{bmatrix}\begin{bmatrix}p_{11} & p_{12}\\ p_{12} & p_{22}\end{bmatrix}+\begin{bmatrix}p_{11} & p_{12}\\ p_{12} & p_{22}\end{bmatrix}\begin{bmatrix}0 & 1\\ 0 & 0\end{bmatrix}-\\ &\begin{bmatrix}p_{11} & p_{12}\\ p_{12} & p_{22}\end{bmatrix}\begin{bmatrix}0\\ 1\end{bmatrix}\cdot 1\cdot[0\quad 1]\begin{bmatrix}p_{11} & p_{12}\\ p_{12} & p_{22}\end{bmatrix}+\begin{bmatrix}1 & 0\\ 0 & q\end{bmatrix}=0\end{aligned} \tag{8-146}$$

因为 $P>0$, 则由式(8-146)得

$$\begin{cases}p_{12}^2=1,\\ -p_{11}+p_{12}p_{22}=0\\ -2p_{12}+p_{22}^2=q\end{cases} \tag{8-147}$$

即

$$p_{12}=1,\ p_{11}=\sqrt{2+q},\ p_{22}=\sqrt{2+q} \tag{8-148}$$

控制输入为

$$\boldsymbol{u}=-\boldsymbol{R}^{-1}\boldsymbol{B}^{\mathrm{T}}\boldsymbol{P}\boldsymbol{x}=-1\cdot[0\quad 1]\cdot\begin{bmatrix}\sqrt{2+q} & 1\\ 1 & \sqrt{2+q}\end{bmatrix}\boldsymbol{x}=-[1\quad \sqrt{2+q}]\begin{bmatrix}x_1\\ x_2\end{bmatrix} \tag{8-149}$$

代入式(8-134)得闭环系统为

$$\begin{aligned}\dot{\boldsymbol{x}}&=\begin{bmatrix}0 & 1\\ 0 & 0\end{bmatrix}\boldsymbol{x}+\begin{bmatrix}0\\ 1\end{bmatrix}\boldsymbol{u}=(\boldsymbol{A}-\boldsymbol{BK})\boldsymbol{x}\\ &=\left(\begin{bmatrix}0 & 1\\ 0 & 0\end{bmatrix}-\begin{bmatrix}0\\ 1\end{bmatrix}[1\quad \sqrt{2+q}]\right)\boldsymbol{x}=\begin{bmatrix}0 & 1\\ -1 & -\sqrt{2+q}\end{bmatrix}\boldsymbol{x}\end{aligned} \tag{8-150}$$

特征方程为

$$\left|s\boldsymbol{I}-\begin{bmatrix}0 & 1\\ -1 & -\sqrt{2+q}\end{bmatrix}\right|=0,\text{即 } s(s+\sqrt{2+q})+1=0 \tag{8-151}$$

特征根为

$$
\begin{cases}
\lambda_{1,2}=-\dfrac{\sqrt{2+q}\pm \mathrm{i}\sqrt{2-q}}{2} & (0\leqslant q\leqslant 2)\\
\lambda_{1,2}=-\dfrac{\sqrt{2+q}\pm \sqrt{q-2}}{2} & (q>2)
\end{cases} \tag{8-152}
$$

不同 Q 对系统响应影响如图 8-22～图 8-24 所示。扫描右侧二维码获取 Matlab 代码。

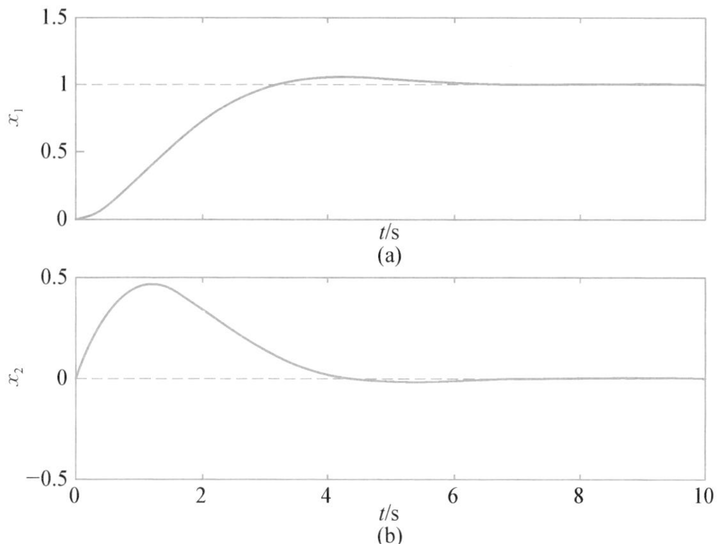

图 8-22　阶跃输入 u 条件下状态 x_1，x_2 的响应（$q=0.0$）

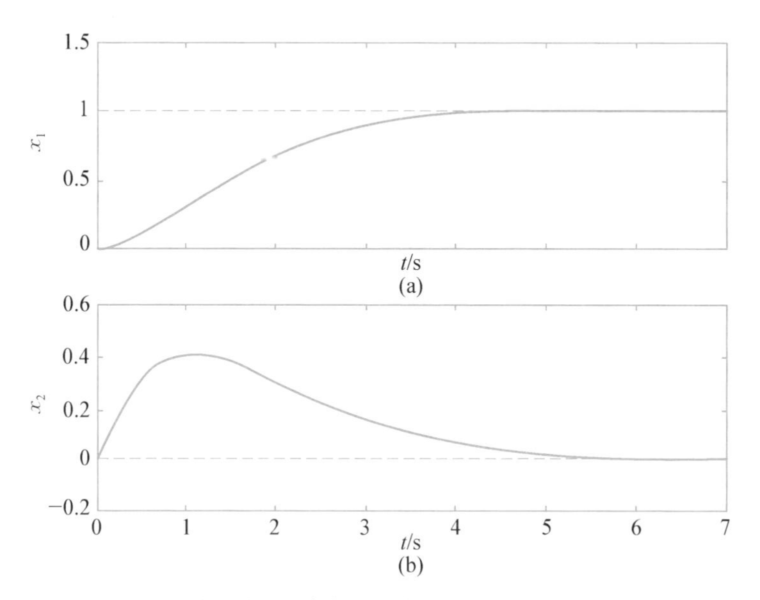

图 8-23　阶跃输入 u 条件下状态 x_1，x_2 的响应（$q=1.0$）

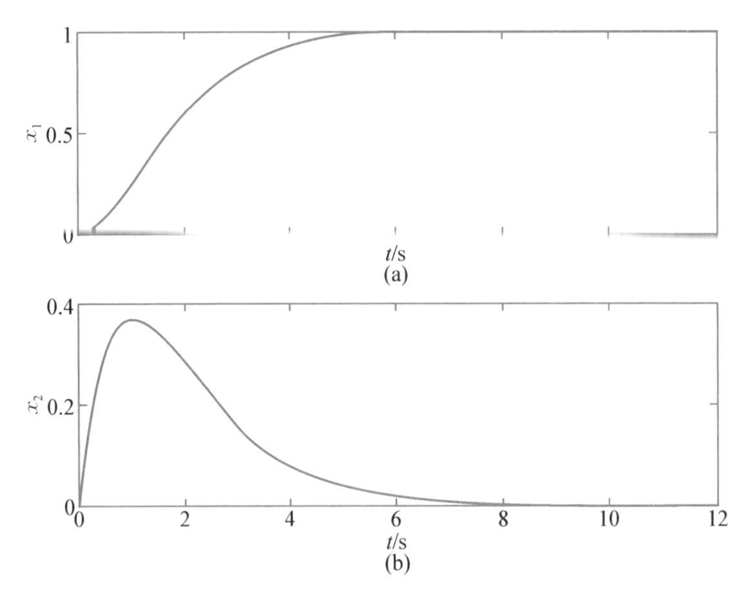

图 8-24 阶跃输入 u 条件下状态 x_1，x_2 的响应（$q=2.0$）

可得结论如下：

(1) 加权矩阵 $\boldsymbol{R}$ 不变，$\boldsymbol{q}$ 越大，$|\boldsymbol{x}_2|$ 变小，但响应时间变长，极点由一对复根变为两个实根。

(2) $\boldsymbol{Q}$，$\boldsymbol{R}$ 选取方法：

对于目标函数 $J=\boldsymbol{x}^{\mathrm{T}}(t_{\mathrm{f}})\boldsymbol{Q}_{\mathrm{f}}\boldsymbol{x}(t_{\mathrm{f}})+\dfrac{1}{2}\displaystyle\int_0^{\infty}[\boldsymbol{x}^{\mathrm{T}}\boldsymbol{Q}\boldsymbol{x}+\boldsymbol{u}^{\mathrm{T}}\boldsymbol{R}\boldsymbol{u}]\mathrm{d}t$

a. $\boldsymbol{Q}$ 越大，$|\boldsymbol{x}|$ 幅值越小；$\boldsymbol{Q}^{-1}=\boldsymbol{x}$ 可接受的最大衰减 / 收敛时间。

b. $\boldsymbol{R}$ 越大，$|\boldsymbol{u}|$ 幅值越小；$\boldsymbol{R}^{-1}=\boldsymbol{u}$ 可接受的最大衰减 / 收敛时间。

c. $\boldsymbol{Q}_{\mathrm{f}}^{-1}=x^2(t_{\mathrm{f}})$ 最大可接受的值。

d. 期望 x_1 为 1 个单位，x_2 为 3 个单位，u_1 为 2 个单位，u_2 为 4 个单位，则可选 $\boldsymbol{Q}=[1\ 0;\ 0\ 1/9]$，$\boldsymbol{R}=[1/4\ 0;\ 0\ 1/16]$。

8.4.4 非零指令点的渐近跟踪控制

对于线性可控系统

$$\dot{\boldsymbol{x}}=\boldsymbol{A}\boldsymbol{x}+\boldsymbol{B}\boldsymbol{u} \tag{8-153}$$

$$\boldsymbol{y}=\boldsymbol{C}\boldsymbol{x} \tag{8-154}$$

$$\boldsymbol{z}=\boldsymbol{H}\boldsymbol{x} \tag{8-155}$$

式中，状态 $\boldsymbol{x}\in\mathbf{R}^n$，测量输出 $\boldsymbol{y}\in\mathbf{R}^p$，控制输入 $\boldsymbol{u}\in\mathbf{R}^m$，控制输出 $\boldsymbol{z}\in\mathbf{R}^l$。

非零指令(nonzero set point)跟踪：

固定的 l 维矢量 $\boldsymbol{z}_{\mathrm{s}}$ 对于 n 维数常矢量 $\boldsymbol{x}_{\mathrm{s}}$ 和常输入矢量 $\boldsymbol{u}_{\mathrm{s}}$ 满足

$$(\text{Ⅰ})\ \boldsymbol{A}\boldsymbol{x}_{\mathrm{s}}+\boldsymbol{B}\boldsymbol{u}_{\mathrm{s}}=0;\ (\text{Ⅱ})\ \boldsymbol{z}_{\mathrm{s}}=\boldsymbol{H}\boldsymbol{x}_{\mathrm{s}} \tag{8-156}$$

则非零矢量 $\boldsymbol{z}_{\mathrm{s}}$ 为非零指令。当 $l=m$，输入输出数相同时，则对于给定的 $\boldsymbol{z}_{\mathrm{s}}$，条件(Ⅰ)、(Ⅱ)组成$(n+m)$个含未知变量$(\boldsymbol{x}_{\mathrm{s}},\ \boldsymbol{u}_{\mathrm{s}})$的线性代数方程。

假设 $l=m$，非零指令 $r_{\mathrm{d}}(r_{\mathrm{d}}\in\mathbf{R}^{m})$，对于系统(8-153)～式(8-155)，寻找控制律使得：① 闭环系统稳定；② 控制输出 z 渐近跟踪 r_{d}(即$\lim\limits_{t\to\infty}z(t)=r_{\mathrm{d}}$)。

1) 静状态反馈控制

选择控制律为 $\boldsymbol{u}=-\boldsymbol{K}_{x}\boldsymbol{x}(t)+\boldsymbol{K}_{r}\boldsymbol{r}_{\mathrm{d}},\ \boldsymbol{K}_{x}\in\mathbf{R}^{m\times n},\ \boldsymbol{K}_{r}\in\mathbf{R}^{m\times m}$　(8-157)

则闭环系统为

$$\dot{\boldsymbol{x}}=(\boldsymbol{A}-\boldsymbol{B}\boldsymbol{K}_{x})\boldsymbol{x}+\boldsymbol{B}\boldsymbol{K}_{r}\boldsymbol{r}_{\mathrm{d}} \tag{8-158}$$

闭环系统稳态时，$\boldsymbol{A}-\boldsymbol{B}\boldsymbol{K}_{x}$ 稳定，$\boldsymbol{B}\boldsymbol{K}_{r}\boldsymbol{r}_{\mathrm{d}}$ 为常值，$\boldsymbol{x}_{\mathrm{ss}}$ 为常值，则 $\dot{\boldsymbol{x}}_{\mathrm{ss}}=0$，且有

$$(\boldsymbol{A}-\boldsymbol{B}\boldsymbol{K}_{x})\boldsymbol{x}_{\mathrm{ss}}+\boldsymbol{B}\boldsymbol{K}_{r}\boldsymbol{r}_{\mathrm{d}}=0 \tag{8-159}$$

$$\boldsymbol{x}_{\mathrm{ss}}=-(\boldsymbol{A}-\boldsymbol{B}\boldsymbol{K}_{x})^{-1}\boldsymbol{B}\boldsymbol{K}_{r}\boldsymbol{r}_{\mathrm{d}} \tag{8-160}$$

其中，当 $\boldsymbol{A}-\boldsymbol{B}\boldsymbol{K}_{x}$ 稳定，则$(\boldsymbol{A}-\boldsymbol{B}\boldsymbol{K}_{x})^{-1}$ 存在。

如果要求稳态输出 $\boldsymbol{z}_{\mathrm{ss}}=\boldsymbol{H}\boldsymbol{x}_{\mathrm{ss}}=\boldsymbol{r}_{\mathrm{d}}$，则由式(8-160)知

$$-\boldsymbol{H}(\boldsymbol{A}-\boldsymbol{B}\boldsymbol{K}_{x})^{-1}\boldsymbol{B}\boldsymbol{K}_{r}\boldsymbol{r}_{\mathrm{d}}=r_{\mathrm{d}} \tag{8-161}$$

若$[\boldsymbol{H}(\boldsymbol{A}-\boldsymbol{B}\boldsymbol{K}_{x})^{-1}\boldsymbol{B}]^{-1}$ 存在，令 $\boldsymbol{K}_{r}=-[\boldsymbol{H}(\boldsymbol{A}-\boldsymbol{B}\boldsymbol{K}_{x})^{-1}\boldsymbol{B}]^{-1}$，则式(8-161)成立，故 $\boldsymbol{z}_{\mathrm{ss}}=\boldsymbol{H}\boldsymbol{x}_{\mathrm{ss}}=\boldsymbol{r}_{\mathrm{d}}$。

因此，对于非零指令点跟踪问题，当 $l=m,\ r_{\mathrm{d}}\in\mathbf{R}^{m}$，系统渐近跟踪控制律为 $\boldsymbol{u}=-\boldsymbol{K}_{x}\boldsymbol{x}(t)+\boldsymbol{K}_{r}\boldsymbol{r}_{\mathrm{d}}$，其中 $\boldsymbol{K}_{x}\in\mathbf{R}^{m\times n}$ 使得闭环系统稳定，且如果 $\det(\boldsymbol{H}\boldsymbol{A}^{-1}\boldsymbol{B})\neq 0$，$\boldsymbol{K}_{r}=-[\boldsymbol{H}(\boldsymbol{A}-\boldsymbol{B}\boldsymbol{K}_{x})^{-1}\boldsymbol{B}]^{-1}$ 能精确跟踪非零指令点。

例 8-9　某飞机俯仰运动控制模型如下：

$$\begin{bmatrix}\dot{\alpha}\\ \dot{q}\\ \dot{\theta}\end{bmatrix}=\begin{bmatrix}-0.313 & 56.7 & 0\\ -0.0139 & -0.426 & 0\\ 0 & 56.7 & 0\end{bmatrix}\begin{bmatrix}\alpha\\ q\\ \theta\end{bmatrix}+\begin{bmatrix}0.232\\ 0.0203\\ 0\end{bmatrix}\delta_{\mathrm{e}} \tag{8-162}$$

$$y=\theta=\begin{bmatrix}0 & 0 & 1\end{bmatrix}\begin{bmatrix}\alpha\\ q\\ \theta\end{bmatrix}+[0]\delta_{\mathrm{e}} \tag{8-163}$$

设计反馈控制器 $\delta_{\mathrm{e}}=0.2\,\mathrm{rad}$ 条件下输出 θ 满足：① 超调 $\leqslant 10\%$；② 上升时间 $<5\,\mathrm{s}$；③ 调节时间 $<10\,\mathrm{s}$；④ 稳态误差 $<2\%$。

解：判别系统是否可控可观测。

$$C_T=[\boldsymbol{B}\quad \boldsymbol{AB}\quad \cdots\quad \boldsymbol{A}^{n-1}\boldsymbol{B}],\ \mathrm{rank}(C_T)=n,\ \boldsymbol{O}_T=\begin{bmatrix}\boldsymbol{C}\\ \boldsymbol{CA}\\ \vdots\\ \boldsymbol{CA}^{n-1}\end{bmatrix},\ \mathrm{rank}(\boldsymbol{O}_T)=n,\ x\in\mathbf{R}^n$$

可知其可控、可观矩阵秩为 3。结论:系统完全可控、可观测。

采用 Linear Quadratic Regulator (LQR)状态反馈控制，令加权矩阵 $\boldsymbol{Q}=\boldsymbol{C}^{\mathrm{T}}\boldsymbol{C}$，$R=1$，可得反馈增益$\boldsymbol{K}=[-0.6435\quad 169.6950\quad 7.0711]$,相应闭环响应如图 8-25 所示。

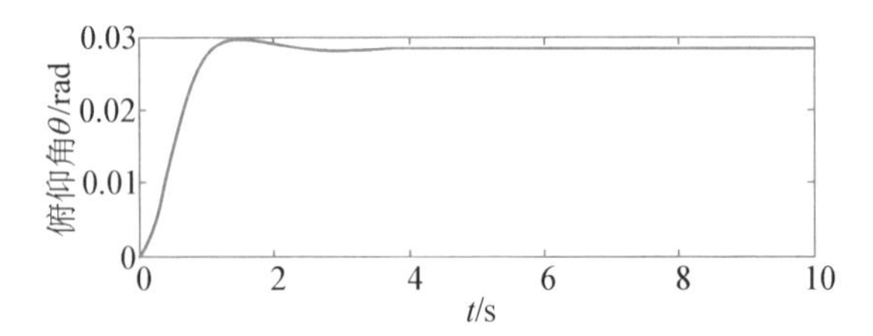

图 8-25 基于 LQR 的闭环俯仰响应

从图 8-25 可知,输出 θ 满足期望的指标①～③,但稳态误差较大,可以通过引入前馈 $\overline{N}$ 来减小。带前馈的系统结构图如图 8-26 所示,由式(8-161)可得 $\overline{N}=7.0711$,则系统阶跃响应如图 8-27 所示。扫描右侧二维码获取 Matlab 代码。

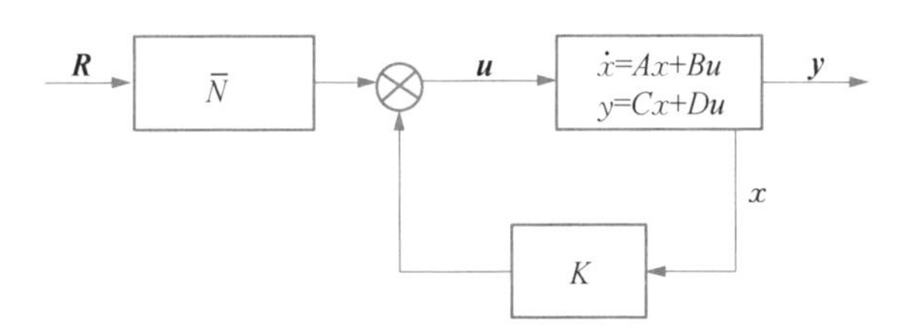

图 8-26 带前馈的 LQR 控制闭环系统

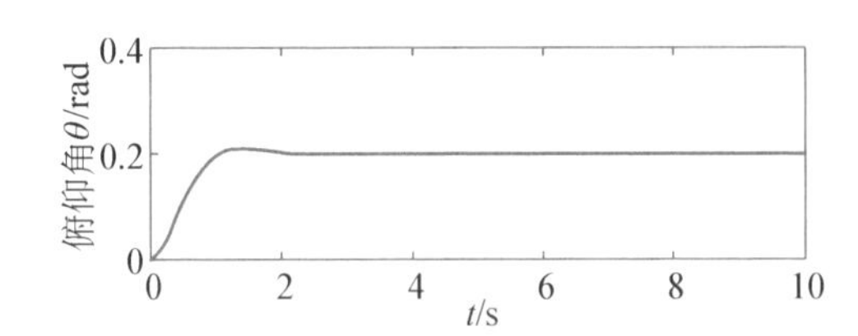

图 8-27 基于 LQR 和前馈的闭环系统俯仰响应

2) 鲁棒伺服跟踪控制(比例-积分跟踪设计)

对于非零指令点跟踪问题,还可以用动态控制器设计实现,下面详细描述。对

于线性可控系统

$$\dot{\boldsymbol{x}} = \boldsymbol{A}\boldsymbol{x} + \boldsymbol{B}\boldsymbol{u} + \boldsymbol{E}\boldsymbol{w} \tag{8-164}$$

$$\boldsymbol{z} = \boldsymbol{H}\boldsymbol{x} + \boldsymbol{G}\boldsymbol{u} + \boldsymbol{F}\boldsymbol{w} \tag{8-165}$$

其中状态 $\boldsymbol{x} \in \mathbf{R}^n$，控制输入 $\boldsymbol{u} \in \mathbf{R}^m$，控制输出 $\boldsymbol{z} \in \mathbf{R}^l$，常值未知干扰 $\boldsymbol{w} \in \mathbf{R}^q$。

给定非零常值指令 $\boldsymbol{r}_{\mathrm{d}} \in \mathbf{R}^l$，设计动态控制器，

$$\begin{aligned}\dot{\boldsymbol{x}}_{\mathrm{c}} &= \boldsymbol{A}_{\mathrm{c}}\boldsymbol{x}_{\mathrm{c}} + \boldsymbol{B}_{\mathrm{c}}(\boldsymbol{r}_{\mathrm{d}} - \boldsymbol{z}) \\ &= \boldsymbol{r}_{\mathrm{d}} - \boldsymbol{z}\end{aligned} \tag{8-166}$$

式中 $x_{\mathrm{c}} \in \mathbf{R}^l$，$\boldsymbol{A}_{\mathrm{c}} = \boldsymbol{0}$，$\boldsymbol{B}_{\mathrm{c}} = \boldsymbol{I}_{l\times l}$，$\boldsymbol{I}$ 为单位阵。

动态控制器满足目标：①闭环系统稳定；②在未知常值扰动 w 下，跟踪误差 $\boldsymbol{e} = \boldsymbol{r}_{\mathrm{d}} - \boldsymbol{z}$ 趋于零；③当系统动力学参数不确定时闭环系统是鲁棒的，能够渐近跟踪 $\boldsymbol{r}_{\mathrm{d}}$，并抗干扰 $\boldsymbol{w}$。

由式(8-165)，式(8-166)知，动态控制器可改写为标准形式

$$\dot{\boldsymbol{x}}_{\mathrm{c}} = -\boldsymbol{H}\boldsymbol{x} - \boldsymbol{G}\boldsymbol{u} - \boldsymbol{F}\boldsymbol{w} + \boldsymbol{r}_{\mathrm{d}} \tag{8-167}$$

式(8-164)，式(8-167)增广为如下系统：

$$\begin{bmatrix}\dot{\boldsymbol{x}} \\ \dot{\boldsymbol{x}}_{\mathrm{c}}\end{bmatrix} = \begin{bmatrix}\boldsymbol{A} & 0 \\ -\boldsymbol{H} & 0\end{bmatrix}\begin{bmatrix}\boldsymbol{x} \\ \boldsymbol{x}_{\mathrm{c}}\end{bmatrix} + \begin{bmatrix}\boldsymbol{B} \\ -\boldsymbol{G}\end{bmatrix}\boldsymbol{u} + \begin{bmatrix}\boldsymbol{E} \\ -\boldsymbol{F}\end{bmatrix}\boldsymbol{w} + \begin{bmatrix}0 \\ \boldsymbol{I}\end{bmatrix}\boldsymbol{r}_{\mathrm{d}} \tag{8-168}$$

设计状态反馈控制律为

$$\boldsymbol{u} = -\begin{bmatrix}\boldsymbol{K}_x & \boldsymbol{K}_{\mathrm{c}}\end{bmatrix}\begin{bmatrix}\boldsymbol{x} \\ \boldsymbol{x}_{\mathrm{c}}\end{bmatrix} = -\boldsymbol{K}_x\boldsymbol{x}(t) - \boldsymbol{K}_{\mathrm{c}}\boldsymbol{x}_{\mathrm{c}} \tag{8-169}$$

从动态控制器可知，$\dot{\boldsymbol{x}}_{\mathrm{c}} = \boldsymbol{r}_{\mathrm{d}} - \boldsymbol{z}$，$\boldsymbol{x}_{\mathrm{c}} = \int_0^t (\boldsymbol{r}_{\mathrm{d}} - \boldsymbol{z}(\tau))\mathrm{d}\tau$，则反馈控制律为

$$\boldsymbol{u} = -\boldsymbol{K}_x\boldsymbol{x}(t) - \boldsymbol{K}_{\mathrm{c}}\boldsymbol{x}_{\mathrm{c}} = -\boldsymbol{K}_x\boldsymbol{x}(t) - \boldsymbol{K}_{\mathrm{c}}\int_0^t [\boldsymbol{r}_{\mathrm{d}} - \boldsymbol{z}(\tau)]\mathrm{d}\tau \tag{8-170}$$

为比例-积分控制器，其中 K_x，K_{c} 可以通过 LQR 方法获取。

对于比例-积分控制器，有如下结论：

(1) 当 $\operatorname{rank}\begin{bmatrix}\boldsymbol{A} & \boldsymbol{B} \\ -\boldsymbol{H} & -\boldsymbol{G}\end{bmatrix}_{(n+l)\times(n+m)} = n+l$ 满秩时，增广系统稳定。

(2) 当 $\operatorname{rank}\begin{bmatrix}\boldsymbol{A} & \boldsymbol{B} \\ -\boldsymbol{H} & -\boldsymbol{G}\end{bmatrix}_{(n+l)\times(n+m)} = n+l$，反馈增益$[\boldsymbol{K}_x \quad \boldsymbol{K}_{\mathrm{c}}]$总能被找到，使闭环系统稳定。

(3) 对于任意稳定的控制律 $\boldsymbol{u} = -\boldsymbol{K}_x\boldsymbol{x}(t) - \boldsymbol{K}_{\mathrm{c}}\boldsymbol{x}_{\mathrm{c}}$，动态控制器目标①～③总能实现。

说明：对于时变指令 $\boldsymbol{r}_{\mathrm{d}}(t)$ 和时变未知扰动 $\boldsymbol{w}(t)$，动态控制器仍可应用，只不过控制器结构更复杂。

例 8-10 考察例 8-6 系统，

$$\begin{pmatrix}\dot{x}_1\\ \dot{x}_2\end{pmatrix}=\begin{bmatrix}-2 & 1\\ 0 & -1\end{bmatrix}\begin{pmatrix}x_1\\ x_2\end{pmatrix}+\begin{bmatrix}0\\ 1\end{bmatrix}\boldsymbol{u} \tag{8-171}$$

$$\boldsymbol{y}=\begin{bmatrix}1 & 0\end{bmatrix}\boldsymbol{x} \tag{8-172}$$

代入系数矩阵到式(8-132)可知，系统可控、可观测。令 $z=y$，非零指令点 $r=y_{\mathrm{s}}=$ const，则

$$\dot{x}_{\mathrm{c}}=y_{\mathrm{s}}-y=r-x_1 \tag{8-173}$$

故有

$$\boldsymbol{H}=\begin{bmatrix}1 & 0\end{bmatrix},\ \boldsymbol{G}=\boldsymbol{0}$$

检测

$$\operatorname{rank}\begin{bmatrix}\boldsymbol{A} & \boldsymbol{B}\\ -\boldsymbol{H} & -\boldsymbol{G}\end{bmatrix}=\operatorname{rank}\begin{pmatrix}-2 & 1 & 0\\ 0 & -1 & 1\\ -1 & 0 & 0\end{pmatrix}=3 \tag{8-174}$$

考虑稳态精度要求，引入状态 x 积分 x_{c}，则系统模型为

$$\begin{bmatrix}\dot{x}_1\\ \dot{x}_2\\ \dot{x}_{\mathrm{c}}\end{bmatrix}=\begin{bmatrix}-2 & 1 & 0\\ 0 & -1 & 0\\ -1 & 0 & 0\end{bmatrix}\begin{bmatrix}x_1\\ x_2\\ x_{\mathrm{c}}\end{bmatrix}+\begin{bmatrix}0\\ 1\\ 0\end{bmatrix}u+\begin{bmatrix}0\\ 0\\ 1\end{bmatrix}r \tag{8-175}$$

采用 LQR 设计，目标函数为

$$J=\frac{1}{2}\int_0^{\infty}\left[10x_{\mathrm{c}}^2+0.1u^2\right]\mathrm{d}t \tag{8-176}$$

有 $\boldsymbol{Q}=\operatorname{diag}([0\quad 0\quad 10])$，$R=0.1$，可得 $\{\boldsymbol{A},\ \boldsymbol{Q}^{1/2}\}$ 可观测；运用 LQR 求解 $\boldsymbol{P}$，利用 $\boldsymbol{K}=\boldsymbol{R}^{-1}\boldsymbol{B}^{\mathrm{T}}\boldsymbol{P}$，
得到

$$\boldsymbol{K}=\begin{bmatrix}4.1480 & 2.0480 & -10.00\end{bmatrix} \tag{8-177}$$

相应

$$u=-\boldsymbol{K}_x\boldsymbol{x}(t)-\boldsymbol{K}_{\mathrm{c}}\boldsymbol{x}_{\mathrm{c}} \tag{8-178}$$

式中，$\boldsymbol{K}_x=\begin{bmatrix}4.1480 & 2.0489\end{bmatrix}$，$\boldsymbol{K}_{\mathrm{c}}=-10$。

闭环系统结构框图如图 8-28 所示。

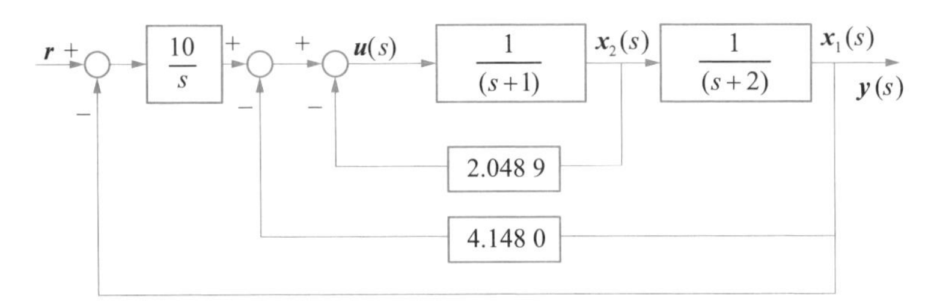

图 8-28　闭环系统结构框图

得闭环系统传递函数为

$$\frac{y(s)}{r(s)}=\frac{y(s)}{y_s(s)}=\frac{10}{s^3+5.049s^2+10.25s+10} \tag{8-179}$$

阶跃指令输入闭环系统响应如图 8-29 所示，可以看出输出响应满足期望的控制要求。扫描右侧二维码获取 Matlab 代码。

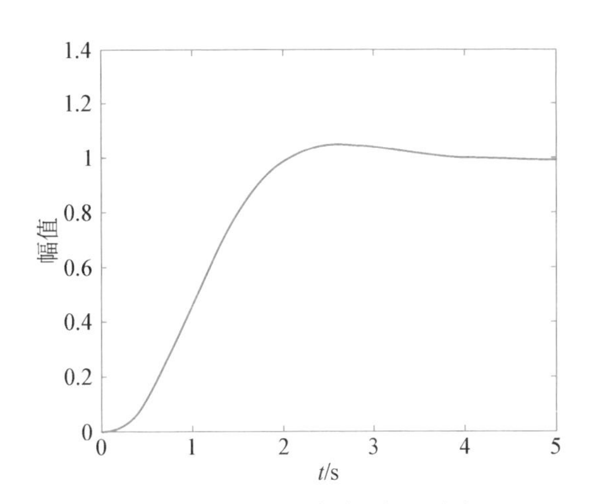

图 8-29　阶跃指令输入闭环响应

8.4.5　输出调节器(LQRY)

输出调节器是以系统输出作为目标函数，进行系统输出量的优化调节，其输出量可以是部分状态变量，也可以是系统跟踪误差等，LQRY 控制器设计过程如下。

考察系统

$$\begin{cases}\dot{\boldsymbol{x}}=\boldsymbol{A}\boldsymbol{x}+\boldsymbol{B}\boldsymbol{u}\\ \boldsymbol{y}=\boldsymbol{C}\boldsymbol{x}\end{cases} \tag{8-180}$$

式中，x 为状态变量，u 为控制输入，y 为系统输出。

LQRY 目标函数为

$$J=\frac{1}{2}\int_0^{\infty}[(\boldsymbol{y}^{\mathrm{T}}\boldsymbol{Q}\boldsymbol{y})+\boldsymbol{u}^{\mathrm{T}}\boldsymbol{R}\boldsymbol{u}]\mathrm{d}t \tag{8-181}$$

可见目标函数以输出 $\boldsymbol{y}$ 形式表示出。

采用状态反馈控制为

$$\boldsymbol{u}(t)=-\boldsymbol{K}\boldsymbol{x}=-\boldsymbol{R}^{-1}\boldsymbol{B}^{\mathrm{T}}\boldsymbol{P}\boldsymbol{x}(t) \tag{8-182}$$

则相应代数 Riccati 方程(ARE)为

$$-\boldsymbol{P}\boldsymbol{A}-\boldsymbol{A}^{\mathrm{T}}\boldsymbol{P}+\boldsymbol{P}\boldsymbol{B}\boldsymbol{R}^{-1}\boldsymbol{B}^{\mathrm{T}}\boldsymbol{P}-\boldsymbol{C}^{\mathrm{T}}\boldsymbol{Q}\boldsymbol{C}=0 \tag{8-183}$$

求取 $\boldsymbol{P}$,然后代入控制器式(8-182)。注意与 LQR 的代数 Riccati 方程(8-119)的差别,相应最优指标为

$$J^{*}=\frac{1}{2}\boldsymbol{x}^{\mathrm{T}}(0)\boldsymbol{P}\boldsymbol{x}(0) \tag{8-184}$$

8.4.6 线性二次型高斯调节器

线性二次型高斯调节器(linear quadratic Gauss regulator, LQG)主要针对系统存在高斯白噪声情况,这种白噪声可以是状态白噪声,如飞机随机机动过程,也可以是测量噪声,如传感器测量时引入的噪声,这样系统变为随机系统,进行二次型优化控制设计时就需要运用 LQG 方法。具体设计过程如下。

系统模型

$$\begin{cases}\dot{\boldsymbol{x}}=\boldsymbol{A}\boldsymbol{x}+\boldsymbol{B}\boldsymbol{u}+\boldsymbol{\Gamma}\boldsymbol{w}\\ \boldsymbol{y}=\boldsymbol{C}\boldsymbol{x}+\boldsymbol{v}\end{cases} \tag{8-185}$$

式中,w, v 分别为均值为零,强度为 W, V 的互不相关高斯白噪声过程,即 $E[w(t)]=0$, $\mathrm{cov}[w(t), w(t+\tau)]=W\delta(\tau)$, $\delta(\tau)=\begin{cases}0 & \tau=0\\ \infty & \tau\neq 0\end{cases}$, $\int_{-\infty}^{\infty}\delta(\tau)\mathrm{d}\tau=1$, $\mathrm{cov}[w(t), v(t)]=0$,且 w, v 与初始状态 $x(0)$ 互不相关。

LQG 目标函数为

$$J=E\left\{\int_{0}^{\infty}\begin{bmatrix}\boldsymbol{x}^{\mathrm{T}}(t) & \boldsymbol{u}^{\mathrm{T}}(t)\end{bmatrix}\begin{bmatrix}\boldsymbol{Q} & \boldsymbol{N}\\ \boldsymbol{N}^{\mathrm{T}} & \boldsymbol{R}\end{bmatrix}\begin{bmatrix}x(t)\\ u(t)\end{bmatrix}\mathrm{d}t\right\} \tag{8-186}$$

式中,$\boldsymbol{Q}$, $\boldsymbol{N}$, $\boldsymbol{R}$ 为加权矩阵。

采用状态反馈控制为

$$\boldsymbol{u}(t)=-\boldsymbol{R}^{-1}\boldsymbol{B}^{\mathrm{T}}\boldsymbol{P}\boldsymbol{x}(t) \tag{8-187}$$

根据随机过程理论可知,状态 x 的方差满足如下代数 Riccati 方程(ARE):

$$-\boldsymbol{P}\boldsymbol{A}-\boldsymbol{A}^{\mathrm{T}}\boldsymbol{P}+\boldsymbol{P}\boldsymbol{B}\boldsymbol{R}^{-1}\boldsymbol{B}^{\mathrm{T}}\boldsymbol{P}-\boldsymbol{\Gamma}\boldsymbol{W}\boldsymbol{\Gamma}^{\mathrm{T}}=0 \tag{8-188}$$

求取 $\boldsymbol{P}$,然后代入控制器式(8-187),得到相应最优控制。

8.5　观测器与滤波器设计

当系统只有部分状态可测量时，如果想用状态反馈，就需要估计未测量的状态，这就需要设计状态观测器。如图 8 - 30 所示，考察线性时不变系统

$$\begin{cases}\dot{\boldsymbol{x}} = \boldsymbol{A}\boldsymbol{x} + \boldsymbol{B}\boldsymbol{u} \\ \boldsymbol{y} = \boldsymbol{C}\boldsymbol{x}\end{cases} \tag{8-189}$$

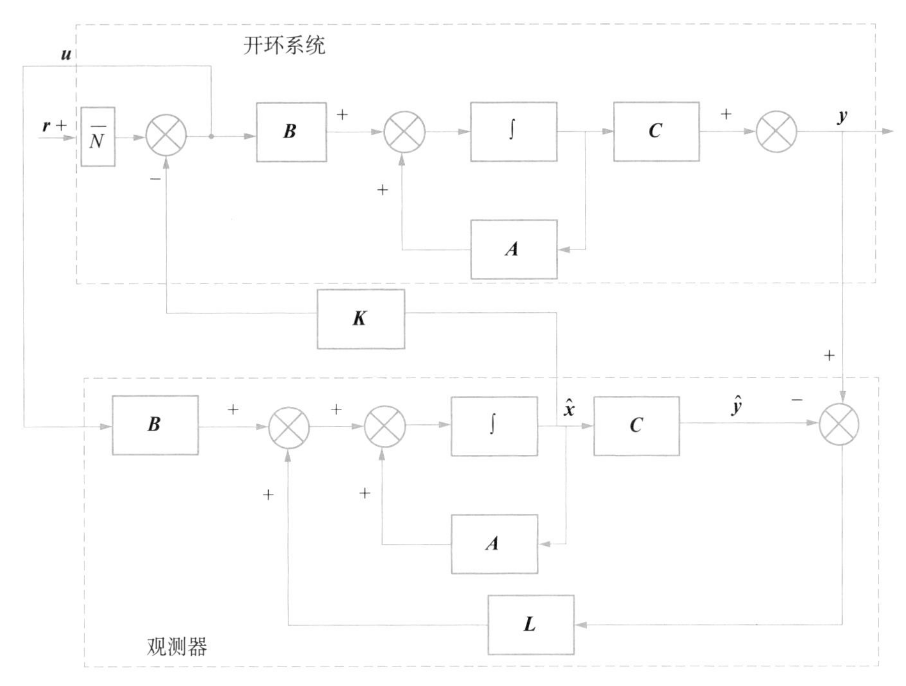

图 8 - 30　带状态观测器的反馈控制系统

其一步稳态观测器为

$$\dot{\hat{\boldsymbol{x}}} = \boldsymbol{A}\hat{\boldsymbol{x}} + \boldsymbol{B}\boldsymbol{u} + \boldsymbol{L}(\boldsymbol{y} - \hat{\boldsymbol{y}}) \tag{8-190}$$

$$\hat{\boldsymbol{y}} = \boldsymbol{C}\hat{\boldsymbol{x}} \tag{8-191}$$

式中，$\hat{\boldsymbol{x}}$ 为状态 x 估计值，$\hat{\boldsymbol{y}}$ 为 y 的估计值，$\boldsymbol{L}$ 为观测器增益。
选择控制器为

$$\boldsymbol{u} = -\boldsymbol{K}\hat{\boldsymbol{x}} + \bar{\boldsymbol{N}}\boldsymbol{r} \tag{8-192}$$

式中，$\boldsymbol{K}$ 为反馈增益，$\boldsymbol{r}$ 为参考输入，如图 8 - 30 所示，$\bar{\boldsymbol{N}}$ 为前馈增益，可保证跟踪性能。

从图 8 - 30 可以看出，观测器构型与原系统相似，相同的输入与相近的微分方程，多余项是实际量测输出与估计输出 $\hat{\boldsymbol{y}}$ 偏差，这要求估计状态 $\hat{\boldsymbol{x}}$ 逼近实际系统状

态 $\boldsymbol{x}$，观测器的误差动力学为

$$\dot{\boldsymbol{x}}-\dot{\hat{\boldsymbol{x}}}=\boldsymbol{A}(x-\hat{x})-\boldsymbol{L}(Cx-\boldsymbol{C}\hat{x}) \tag{8-193}$$

定义估计误差 $\boldsymbol{e}=\boldsymbol{x}-\hat{\boldsymbol{x}}$，则误差动力学为

$$\dot{\boldsymbol{e}}(t)=(\boldsymbol{A}-\boldsymbol{LC})\boldsymbol{e}(t) \tag{8-194}$$

这样，观测器增益 $\boldsymbol{L}$ 可以通过误差动力学极点 $\lambda\{\boldsymbol{A}-\boldsymbol{LC}\}$ 来获取。为此需要选择期望的极点 $\lambda\{\boldsymbol{A}-\boldsymbol{LC}\}$，通常要求观测器响应快于原系统响应 5 倍以上，依据此确定期望极点。

例 8-11　考察例 8-4 中磁悬球系统，可设置期望观测器极点为

$$\lambda_{o1}=-100,\ \lambda_{o2}=-101,\ \lambda_{o3}=-102 \tag{8-195}$$

利用可控、可观之间的对偶关系，将 $\boldsymbol{B}$ 矩阵代替为 $\boldsymbol{C}$ 矩阵，极点配置函数改写为

$$L=\text{place}(\boldsymbol{A}^{\mathrm{T}},\ \boldsymbol{C}^{\mathrm{T}},\ [\lambda_{o1},\ \lambda_{o2},\ \lambda_{o3}]^{\mathrm{T}}) \tag{8-196}$$

得 $\boldsymbol{L}=[203\quad 11282\quad 0]^{\mathrm{T}}$。

定义估计误差：$\boldsymbol{e}(t)=\boldsymbol{x}(t)-\hat{\boldsymbol{x}}(t)$，利用状态反馈 $\boldsymbol{u}=-\boldsymbol{K}\hat{\boldsymbol{x}}$，则有误差动力学增广系统

$$\begin{bmatrix}\dot{\boldsymbol{x}}\\ \dot{\boldsymbol{e}}\end{bmatrix}=\begin{bmatrix}\boldsymbol{A}-\boldsymbol{BK} & \boldsymbol{0}\\ \boldsymbol{0} & \boldsymbol{A}-\boldsymbol{LC}\end{bmatrix}\begin{bmatrix}\boldsymbol{x}\\ \boldsymbol{e}\end{bmatrix}+\begin{bmatrix}\boldsymbol{B}\bar{\boldsymbol{N}}\\ \boldsymbol{0}\end{bmatrix}\boldsymbol{R} \tag{8-197}$$

$$\boldsymbol{y}=[\boldsymbol{C}\quad \boldsymbol{0}]\begin{bmatrix}\boldsymbol{x}\\ \boldsymbol{e}\end{bmatrix} \tag{8-198}$$

则系统初值响应如图 8-31～图 8-32 所示。

图 8-32 中，图(a)实线为球位置 Δh 响应，实点线为估计状态 $\Delta\hat{h}$；图(b)实线为球速度 $\Delta\dot{h}$ 响应，点线为球速度估计 $\Delta\dot{\hat{h}}$响应；图(c)实线为球电流 Δi 响应，点线为球电流估计 $\Delta\hat{i}$ 响应。扫描右侧二维码获取 Matlab 代码。

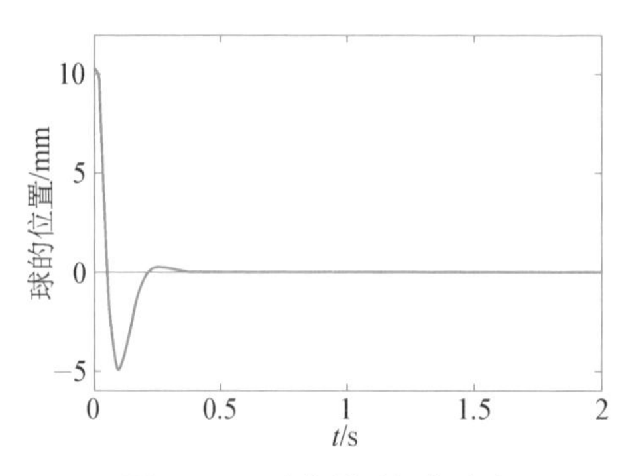

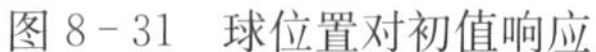
图 8-31　球位置对初值响应

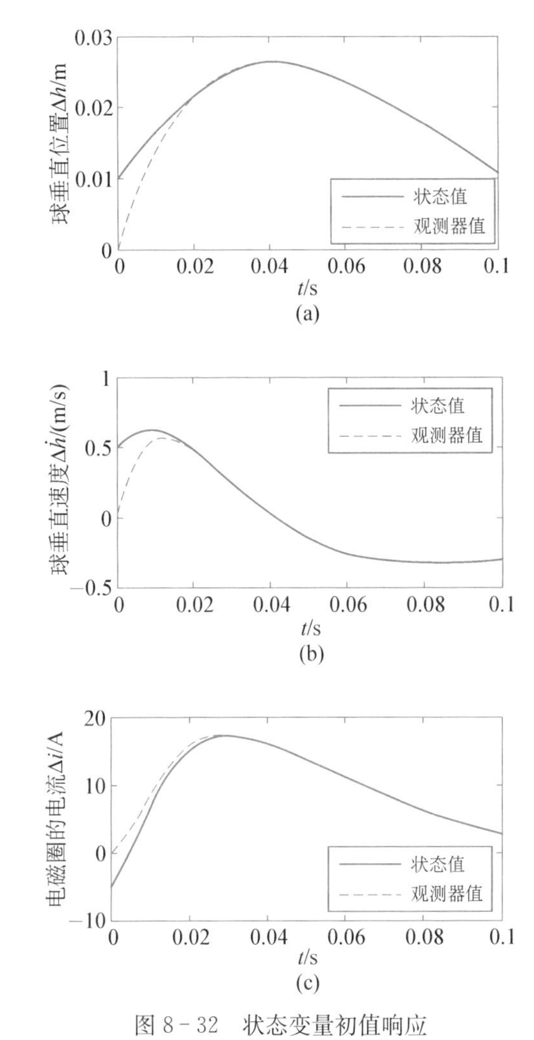

图 8 - 32　状态变量初值响应

(a) 球垂直位置变化　(b) 球垂直速度变化　(c) 电磁线圈电流

可以看出观测器可以快速估计状态，并跟踪其到稳态。

当系统存在状态噪声与量测噪声时，也需要设计滤波器，剔除这些噪声。考虑线性时不变系统

$$\begin{cases} \dot{\boldsymbol{x}} = \boldsymbol{A}\boldsymbol{x} + \boldsymbol{B}\boldsymbol{u} + \boldsymbol{\Gamma}\boldsymbol{w} \\ \boldsymbol{y} = \boldsymbol{C}\boldsymbol{x} + \boldsymbol{v} \end{cases} \tag{8-199}$$

式中，$\boldsymbol{w}$, $\boldsymbol{v}$ 分别为均值为零、强度为 $\boldsymbol{W}$, $\boldsymbol{V}$ 的互不相关高斯白噪声过程。

其稳态观测器设计为

$$\begin{cases}\dot{\hat{\boldsymbol{x}}}(t)=\boldsymbol{A}\hat{\boldsymbol{x}}(t)+\boldsymbol{B}\boldsymbol{u}(t)+\boldsymbol{L}(\boldsymbol{y}_{\mathrm{m}}(t)-\boldsymbol{C}\hat{\boldsymbol{x}}(t))\\ \boldsymbol{y}_{\mathrm{m}}(t)=\boldsymbol{C}\boldsymbol{x}(t)+\boldsymbol{v}(t)\end{cases}\tag{8-200}$$

定义估计误差：$\boldsymbol{e}(t)=\boldsymbol{x}(t)-\hat{\boldsymbol{x}}(t)$，则有误差动力学增广系统

$$\begin{bmatrix}\dot{\boldsymbol{x}}\\ \dot{\boldsymbol{e}}\end{bmatrix}=\begin{bmatrix}\boldsymbol{A} & \boldsymbol{0}\\ \boldsymbol{0} & \boldsymbol{A}-\boldsymbol{L}\boldsymbol{C}\end{bmatrix}\begin{bmatrix}\boldsymbol{x}\\ \boldsymbol{e}\end{bmatrix}+\begin{bmatrix}\boldsymbol{B}\\ \boldsymbol{0}\end{bmatrix}\boldsymbol{u}+\begin{bmatrix}\boldsymbol{\Gamma} & \boldsymbol{0}\\ \boldsymbol{\Gamma} & \boldsymbol{L}\end{bmatrix}\begin{bmatrix}\boldsymbol{w}\\ \boldsymbol{v}\end{bmatrix}\tag{8-201}$$

运用极点配置与 LQR 设计，获取滤波增益 L。

通过观测器可以实现部分状态未知的状态反馈，但这会使系统稳定性变差，为此，1979 年加州工学院的 J. C. Doyle 与 Stein 提出了 LQG/LTR 设计方法。考虑 LQG/LTR(Loop Transfer Recovery，回路传递复现)设计，如图 8-33 所示，其中，LTR 利用反复调节 Kalman 滤波器方法来恢复系统由状态反馈转为输出反馈的过程中失去的鲁棒性能。这个过程需通过设计滤波器极点与被控对象的零点对消，而其余的极点远离原点来实现，因此，该方法适用于最小相位系统。

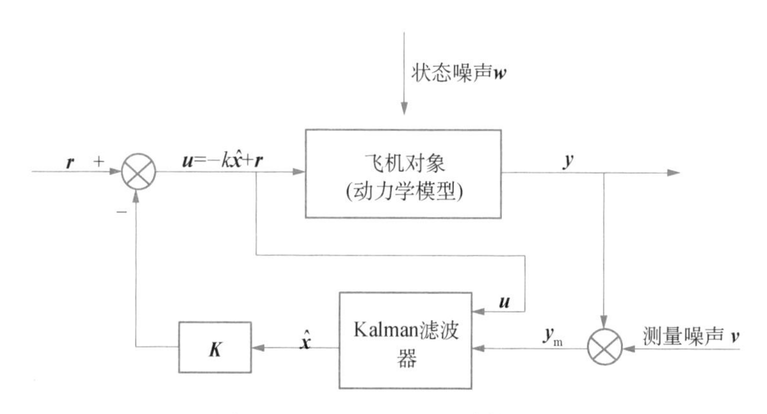

图 8-33 LQG/LTR 设计结构图

可见，该方法是基于分离原理，包含设计一个全状态反馈控制器，一个观测器来提取供反馈所需的状态估计，最终得到了一个与经典控制方法相似的动态补偿器。

当不考虑指令输入 $\boldsymbol{r}$ 时，其动力学模型为

$$\begin{cases}\dot{\boldsymbol{x}}=\boldsymbol{A}\boldsymbol{x}+\boldsymbol{B}\boldsymbol{u}+\boldsymbol{\Gamma}\boldsymbol{w}\\ \boldsymbol{y}_{\mathrm{m}}=\boldsymbol{C}\boldsymbol{x}+\boldsymbol{v}\end{cases}\tag{8-202}$$

其中，对象传递函数 $\boldsymbol{\Phi}(s)\boldsymbol{B}=(s\boldsymbol{I}-\boldsymbol{A})^{-1}\boldsymbol{B}$。

设计稳态 Kalman 滤波器为

$$\begin{aligned}\dot{\hat{\boldsymbol{x}}}&=\boldsymbol{A}\hat{\boldsymbol{x}}+\boldsymbol{B}\boldsymbol{u}+\boldsymbol{L}(\boldsymbol{y}_{\mathrm{m}}-\boldsymbol{C}\hat{\boldsymbol{x}})\\ &=[\boldsymbol{A}-\boldsymbol{L}\boldsymbol{C}-\boldsymbol{B}\boldsymbol{K}]\hat{\boldsymbol{x}}+\boldsymbol{L}\boldsymbol{y}_{\mathrm{m}}\end{aligned}\tag{8-203}$$

控制器为

$$u = -K\hat{x}$$

由图 8-33 知闭环系统调节器为

$$\begin{aligned} U(s) &= -K[sI-(A-LC)]^{-1}BU(s) - K[sI-(A-LC)]^{-1}LY(s) \\ &= -H_u(s)U(s) - H_y(s)Y(s) \end{aligned} \tag{8-204a}$$

记观测器的预解矩阵为 $\Phi_o(s) = [sI-(A-LC)]^{-1}$，则 $H_u = K\Phi_o B$，$H_y = K\Phi_o L$。

又由式(8-204a)知，$(I+H_u)U(s) = -H_y Y(s)$，可得

$$U(s) = -(I+H_u)^{-1}H_y Y(s) = -K(s)Y(s)$$

而由矩阵逆引理可知

$$(A+BCD)^{-1} = A^{-1} - A^{-1}B(DA^{-1}B+C^{-1})DA^{-1}$$

故有

$$\begin{aligned} (I+H_u)^{-1}K &= [I+K(sI-(A-LC))^{-1}B]^{-1}K \\ &= [I-K(sI-(A-BK-LC))^{-1}B]K \\ &= K(sI-(A-BK-LC))^{-1}[(sI-(A-BK-LC))-BK] \\ &= K(sI-(A-BK-LC))^{-1}\Phi_o^{-1} \end{aligned} \tag{8-204b}$$

记 $\Phi_r = (sI-(A-BK-LC))^{-1}$，为调节器预解矩阵，则有调节器回路增益 $K(s) = (I+H_u)^{-1}K\Phi_o L = K(sI-(A-BK-LC))^{-1} \cdot L \equiv K\Phi_r L$，由此得到调节器闭环回路增益为

$$L_r(s) = K(s)G(s) \equiv K\Phi_r L \cdot C\Phi B$$

闭环增益 $L_r(s)$ 应逼近状态反馈的闭环增益 $L_s(s) = K\Phi B$，以满足系统鲁棒性要求。当考虑指令输入 r 时，其动力学模型为

$$\begin{cases} \dot{x} = Ax + Bu + Gr + \Gamma w \\ y_m = Cx + v \end{cases} \tag{8-205}$$

稳态 Kalman 滤波器为

$$\begin{cases} \dot{\hat{x}} = A\hat{x} + Bu + L(y_m - C\hat{x}) \\ \quad = [A-LC-BK]\hat{x} + Ly_m + Br \\ u = -K\hat{x} + r \end{cases} \tag{8-206}$$

求解过程与无 r 时相似。考虑输出端鲁棒性回路增益恢复，则有 LQG/LTR 算法如下：

(1) 选定 Q_n, R_n,设计一增益为 L 的 Kalman 滤波器。由对偶原理的滤波增益 $L_k = \boldsymbol{C\Phi L}$,则调节器相对输出回路增益为

$$\boldsymbol{L}_r^o(s) = \boldsymbol{K}(s)\boldsymbol{G}(s) \equiv \boldsymbol{K\Phi}_r\boldsymbol{L} \cdot \boldsymbol{C\Phi B}$$

然后设计一个使 $\boldsymbol{L}_r^o(s)$趋近于 $\boldsymbol{C\Phi L}$ 的状态反馈增益 $\boldsymbol{K}$,而 $\boldsymbol{K}$ 可根据鲁棒性能要求,合理选择 $\boldsymbol{Q}$, $\boldsymbol{R}$,并通过 lqry 求取,根据模型(8-202),求取滤波增益 $\boldsymbol{L}$, $\boldsymbol{K}$。其中 $\boldsymbol{Q} = \rho\boldsymbol{Q}_0 + \boldsymbol{C}^T\boldsymbol{C}$, 调节 ρ 值使 $\rho \to 0$,则 $\boldsymbol{K} \to \frac{1}{\rho}\boldsymbol{R}^{1/2}\,\overline{\boldsymbol{U}}\boldsymbol{C}$, 可满足回路恢复性能,$\overline{\boldsymbol{U}}$ 为酉矩阵。

Matlab 函数:[kest L P] = kalman(Plant, Qn, Rn)

[K, S, e] = lqry(sys, Q, R)

(2) 采用增广法,对式(8-202)和式(8-203)进行增广,再运用步骤(1)方法,设计反馈增益 K(当 r 为常值时,可以先不考虑)。增广系统为

$$\begin{cases} \begin{bmatrix} \dot{\boldsymbol{x}} \\ \dot{\hat{\boldsymbol{x}}} \end{bmatrix} = \begin{bmatrix} \boldsymbol{A} & \boldsymbol{0} \\ \boldsymbol{0} & \boldsymbol{A}-\boldsymbol{LC} \end{bmatrix}\begin{bmatrix} \boldsymbol{x} \\ \hat{\boldsymbol{x}} \end{bmatrix} + \begin{bmatrix} \boldsymbol{B} & \boldsymbol{0} \\ \boldsymbol{0} & \boldsymbol{L} \end{bmatrix}\begin{bmatrix} \boldsymbol{u} \\ \boldsymbol{y}_m \end{bmatrix}\boldsymbol{u} + \begin{bmatrix} \boldsymbol{G} \\ \boldsymbol{0} \end{bmatrix}\boldsymbol{r} + \begin{bmatrix} \boldsymbol{\Gamma} \\ \boldsymbol{0} \end{bmatrix}\boldsymbol{w} \\ \bar{\boldsymbol{y}} = \begin{bmatrix} \boldsymbol{y}_m \\ \boldsymbol{u} \end{bmatrix} = \begin{bmatrix} \boldsymbol{C} & \boldsymbol{0} \\ \boldsymbol{0} & -\boldsymbol{K} \end{bmatrix}\begin{bmatrix} \boldsymbol{x} \\ \hat{\boldsymbol{x}} \end{bmatrix} + \begin{bmatrix} 0 \\ 1 \end{bmatrix}\boldsymbol{r} + \begin{bmatrix} 1 \\ 0 \end{bmatrix}\boldsymbol{v} \end{cases} \tag{8-207}$$

例 8-12 考察 B747 飞机俯仰控制,其飞行条件 $Ma = 0.8$, $H = 40\,\text{kft}$, $V_0 = 221\,\text{m/s}$, $\boldsymbol{x} = [u \quad w \quad q \quad \theta]^T$, $\boldsymbol{u} = [\delta_e \quad \delta_t]^T$, $\boldsymbol{y} = [q \quad \theta]^T$,飞行动力学如式(8-205)所示,其中:

$$\boldsymbol{A} = \begin{bmatrix} -0.021 & 0.122 & 0 & -0.322 \\ -0.209 & -0.530 & 2.21 & 0 \\ 0.017 & -0.164 & -.412 & 0 \\ 0 & 0 & 1.0000 & 0 \end{bmatrix}$$

$$\boldsymbol{B} = \begin{bmatrix} 0.010 & 1 \\ -0.064 & -0.044 \\ -0.378 & 0.544 \\ 0 & 0 \end{bmatrix}$$

$$\boldsymbol{C} = \begin{bmatrix} 0 & 0 & 1 & 0 \\ 0 & 0 & 0 & 1 \end{bmatrix}$$

$$\boldsymbol{D} = \begin{bmatrix} 0 & 0 \\ 0 & 0 \end{bmatrix}$$

$\boldsymbol{G} = [0 \quad 0 \quad 0 \quad 0]^T$; $\boldsymbol{\Gamma} = [1 \quad 1 \quad 1 \quad 1]^T$; $\boldsymbol{w}$, $\boldsymbol{v}$ 为均值为零、强度分别为 $\boldsymbol{Q}_n = 0.01 \cdot \text{eye}(2)$, $\boldsymbol{R}_n = 0.001 \cdot \text{eye}(2)$互不相关的高斯白噪声。

试运用 LQG/LTR 方法,设计闭环控制系统。

解：S1 = ctrb(A, B)；

f = rank(S1)；%f = 4　系统可控；

sys = ss(A, B, C, D)；

Q_n = 0.01 * eye(2)；

R_n = 0.001 * eye(2)；

系统 sys 中加入输入干扰，即将控制输入 u 和干扰输入 d 分开

Plant = sys(:, [1 2 1 2])

得

Plant_A = A, Plant_B = [B B], Plant_C = C, Plant_D = [D D]

运用稳态 Kalman 滤波，求滤波增益 L

[kest L P] = kalman (Plant, Q_n, R_n)

L = [2.5779　1.2138;　0.8127　0.9090;
　1.6168　0.5129;　0.5129　0.8733]

运用输出二次型调节器 LQRY，求反馈增益 K

选择 Q = eye(2)；R = 0.1 * [eye(2)]；

[K, S, e] = lqry(sys, Q, R)；

K = [−0.0022　0.1102　−2.0834　−1.7872;
　0.0442　−0.1737　3.0474　2.6084],

对原系统(8－202)(8－203)进行增广：rlqg = lqgreg(kest, K)；
构造闭环反馈系统：cloop = feedback(sys, rlqg, +1)。

当 $\boldsymbol{Q}$, R 选择不合适时，可运用 $\boldsymbol{Q}=\rho\boldsymbol{Q}_0+\boldsymbol{C}^{\mathrm{T}}\boldsymbol{C}$，重新选择，直至满足要求。

可得开环系统及基于 LQG/LTR 反馈的闭环系统，在升降舵、油门阶跃输入下系统输出响应如图 8－34～图 8－35 所示。闭环最小实现系统阶跃响应如图 8－36－

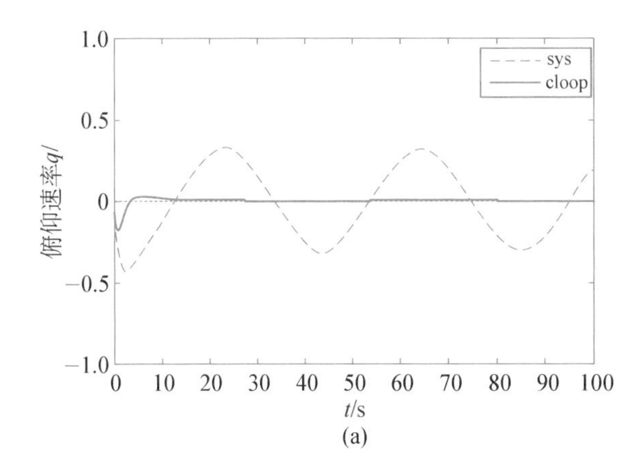

(a)

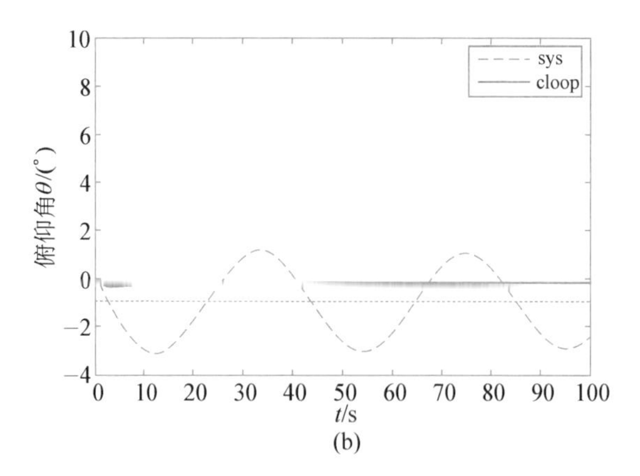

图 8－34 升降舵阶跃输入下系统开环、闭环响应

(a) 俯仰角速率输出 (b) 俯仰角输出

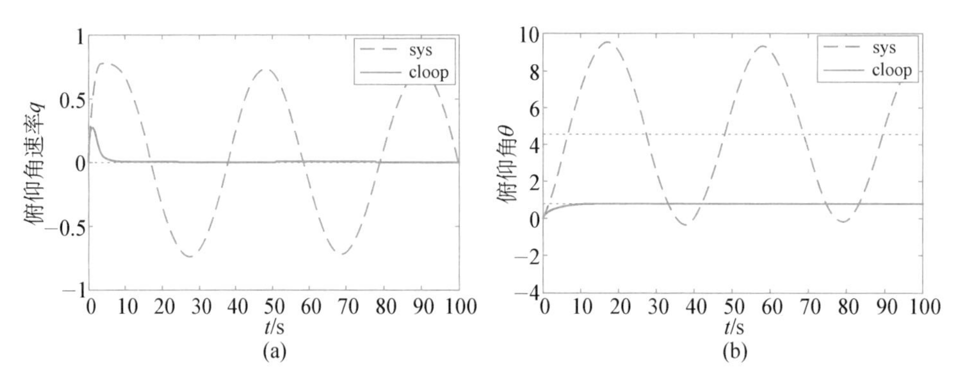

图 8－35 油门阶跃输入下系统开环、闭环响应

(a) 俯仰角速率输出 (b) 俯仰角输出

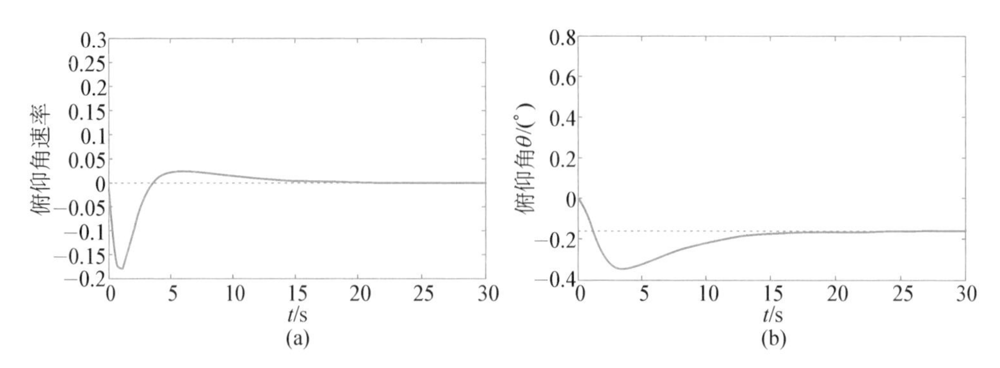

图 8－36 升降舵阶跃输入下闭环最小实现系统响应

(a) 俯仰角速率输出 (b) 俯仰角输出

图 8-37 所示。图中虚线对应(sys)为开环系统,实践对应(cloop)为闭环系统。可知闭环系统具有很强的抗干扰能力,而开环系统在大阶跃扰动下则产生振荡。

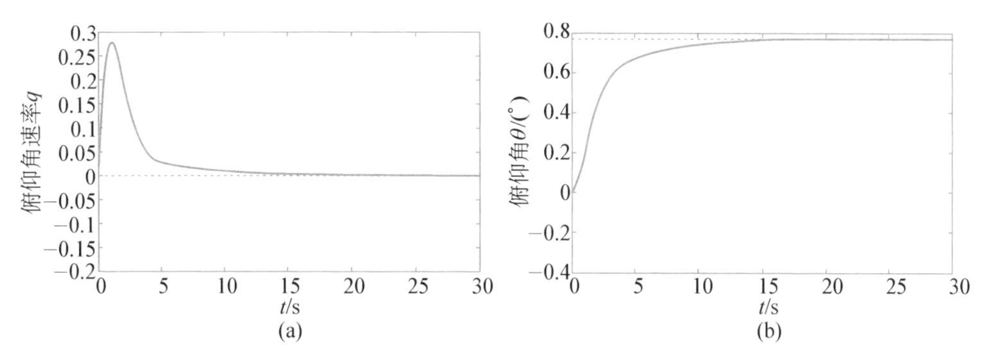

图 8-37　油门阶跃输入下闭环最小实现系统响应

(a) 俯仰角速率输出　(b) 俯仰角输出

扫描右侧二维码获取 Matlab 代码。

练习题

8.1　简述极点配置与特征结构配置之间的差异。

8.2　已知 B747-200 飞机,其在高度 7000m,速度为 241m/s,质量 $m=300000\text{kg}$,初始油门 $0.6T_{\text{nmax}}=43398\text{N}$,进行巡航,考察其纵向运动,动力学模型为

$$\dot{\boldsymbol{x}}=\boldsymbol{A}\boldsymbol{x}+\boldsymbol{B}\boldsymbol{u}$$

其中 $\boldsymbol{x}=[V\quad\alpha\quad\theta\quad q]^{\mathrm{T}}$, $\boldsymbol{u}=[\delta_{\mathrm{e}}\quad T]^{\mathrm{T}}$,单位:$V$(m/s), α(rad), θ(rad), q(rad/s), δ_{e}(rad), T(N/mg),

$$\boldsymbol{A}=\begin{bmatrix}-0.0055 & 6.0078 & -9.7850 & -0.0839\\ -0.0004 & -0.5151 & 0 & 1.0019\\ 0 & 0 & 0 & 1.0000\\ -0.0005 & -1.2025 & 0 & -0.7284\end{bmatrix}$$

$$\boldsymbol{B}=\begin{bmatrix}0 & 9.7993\\ -0.0454 & -0.0026\\ 0 & 0\\ -2.3594 & 0.0615\end{bmatrix}$$

试运用极点方法使系统闭环极点配置在

$$\lambda_{\mathrm{ph}}=-0.1510\pm0.2020\mathrm{i},\ \lambda_{\mathrm{sp}}=-0.4760\pm1.2700\mathrm{i}$$

8.3　针对 8.2 的 B747 飞机,考虑俯仰角速率指令 $q_{\mathrm{cmd}}=5°$,试运用 LQR 方法设计指令点跟踪控制器,使闭环跟踪系统稳态跟踪。

8.4 针对8.2的B747飞机，考察其横侧向运动，动力学模型为

$$\begin{cases} \dot{\boldsymbol{x}} = \boldsymbol{A}\boldsymbol{x} + B\boldsymbol{u} + \boldsymbol{G}r + \boldsymbol{\Gamma}\boldsymbol{w} \\ \boldsymbol{y}_{\mathrm{m}} = \boldsymbol{C}\boldsymbol{x} + \boldsymbol{v} \end{cases}$$

其中 $\boldsymbol{x} = [\beta \quad \varphi \quad p \quad r]^{\mathrm{T}}$，$\boldsymbol{u} = [\delta_{\mathrm{a}} \quad \delta_{\mathrm{r}}]^{\mathrm{T}}$，$\boldsymbol{y} = [p; \varphi]$，单位：$\beta$(rad)，$\varphi$(rad)，$p$(rad/s)，$r$(rad/s)，$\delta_{\mathrm{a}}$(rad)，$\delta_{\mathrm{r}}$(rad)，

$$\boldsymbol{A} = \begin{bmatrix} -0.1036 & 0.0392 & 0.0137 & -0.9959 \\ 0 & 0 & 1 & 0.0141 \\ -3.7475 & 0 & -0.8489 & 0.3321 \\ 1.4283 & -0.0023 & -0.0244 & -0.1563 \end{bmatrix}$$

$$B = \begin{bmatrix} 0 & 0.0027 \\ 0 & 0 \\ 0.2546 & 0.0448 \\ 0.0109 & -0.2066 \end{bmatrix}$$

$\boldsymbol{C}=\begin{bmatrix} 0 & 0 & 1 & 0 \\ 0 & 1 & 0 & 0 \end{bmatrix}$，$\boldsymbol{D}=\begin{bmatrix} 0 & 0 \\ 0 & 0 \end{bmatrix}$，$\boldsymbol{G}=[0; 0; 0; 0]$；$\boldsymbol{\Gamma}=[1; 1; 1; 1]$；$\boldsymbol{w}$，$\boldsymbol{v}$ 为均值为零、强度分别为 $Q_{\mathrm{n}}=0.01\ \mathrm{eye}(2)$，$R_{\mathrm{n}}=0.001\ \mathrm{eye}(2)$ 互不相关的高斯白噪声。试运用LQG/LTR设计，设计闭环控制系统。

参考文献

[1] Bryson A E. Dynamic optimization [M]. Addison Wesley: Stanford University, 1999.
[2] Bryson A E. Applied optimal control: optimization, estimation and control [M]. London; New York: Routledge, 2018.
[3] Hull D G. Optimal control theory for applications[M]. Berlin: Springer Science & Business Media, 2013.
[4] Lewis F L, Vrabie D, Syrmos V L. Optimal control [M]. New York: John Wiley & Sons, 2012.
[5] Andry A N, Shapiro E Y, Chung J C. Eigenstructure assignment for linear systems [J]. IEEE transactions on aerospace and electronic systems, Vol. AES-19, Sept 1983:711 - 729.

第9章　纵向运动自动飞行控制系统设计

本章主要介绍常用飞行控制系统,包括:阻尼器、增稳器和控制增稳。并详细介绍纵向自动飞行控制中姿态控制(俯仰运动)、位置控制(速度、高度),以及自动着陆(波束导引、拉平)等典型模式控制律设计,通过典型案例对前述章节内容加以运用与推广。

9.1　典型飞行控制系统组成

典型的飞行控制系统结构一般如图9-1所示,包括:操纵输入,控制器,舵回路,操纵面,飞机,传感器等环节,通常由三个反馈回路构成,即舵回路、稳定回路和控制回路(制导回路)。从控制回路角度来看,飞行控制系统可分为舵回路、稳定回路和控制回路(制导回路),如图9-2所示。下面分别介绍。

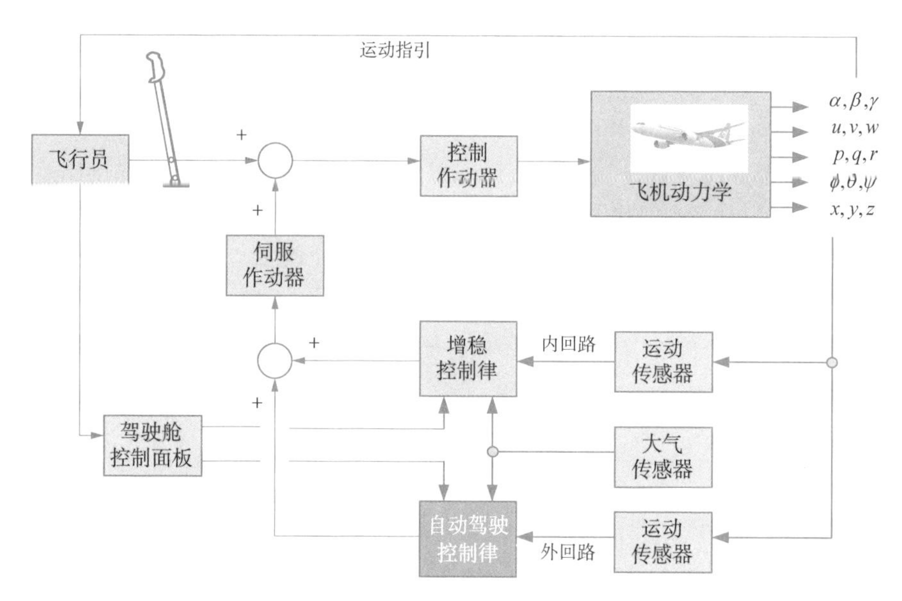

图9-1　典型飞行控制系统方框图

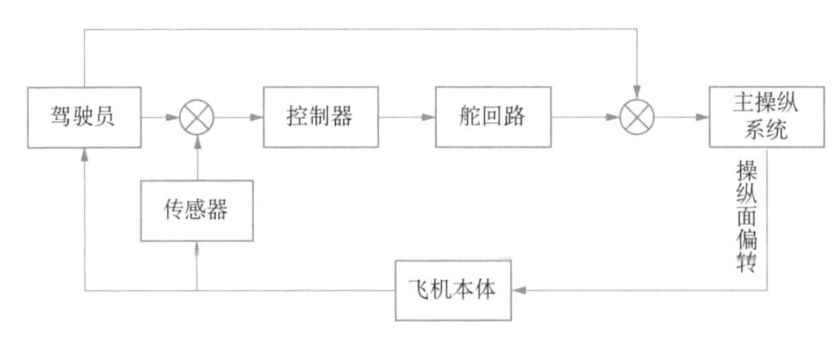

图 9-2 典型飞行控制系统方框图

舵回路就是为了改善舵机的性能以满足飞行控制系统的要求，通常将舵机的输出信号反馈到输入端形成负反馈回路的随动系统。舵回路一般包括：舵机、反馈部件和放大器。典型舵回路的方框图如图 9-3 所示。

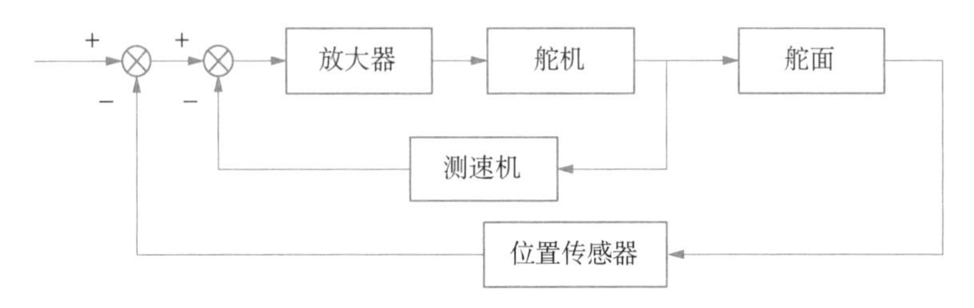

图 9-3 舵回路方框图

在图 9-3 所示的舵回路中存在着两个负反馈回路。舵机角速率反馈：由测速机测量出舵机输出的角速率信号，反馈到放大器来增大舵回路的阻尼，改善舵回路的动态性能；舵机位置反馈：由传感器测量的舵机输出的角位置信号，反馈到舵回路的输入端，使控制信号与舵机输出信号形成比例关系（或其他函数关系），精确舵面控制，详细分析可参考第 2 章内容。

如果测量部件测量的是飞机的飞行姿态信息，则姿态测量部件和舵回路就构成了自动驾驶仪；自动驾驶仪和被控对象（飞机）又构成了稳定回路，主要起稳定和控制飞机姿态的作用。典型稳定回路的方框图如图 9-4 所示。

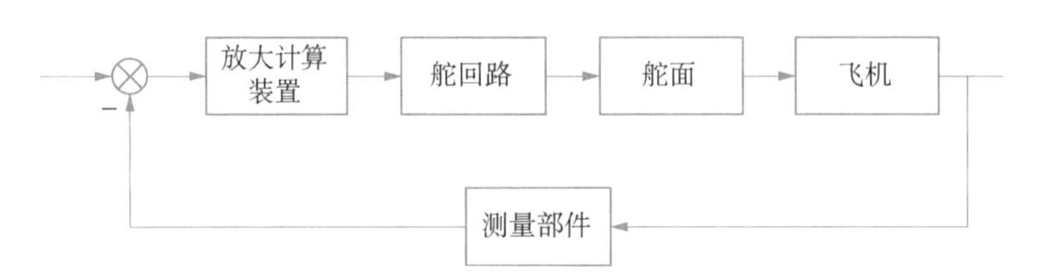

图 9-4 稳定回路方框图

由稳定回路和飞机重心位置测量部件以及描述飞机空间位置几何关系运动学环节构成了控制回路，主要起稳定和控制飞机的运动轨迹作用。典型飞行控制系统的回路构成关系如图 9－5 所示。

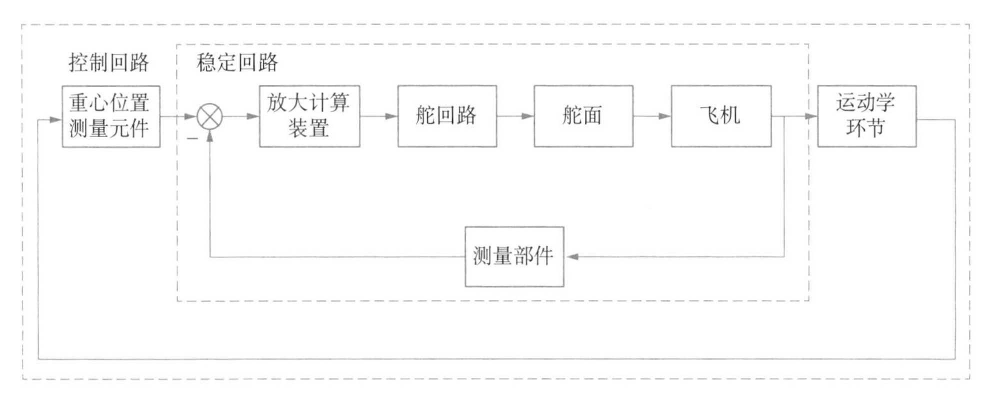

图 9－5　典型飞行控制系统的回路构成关系

因为控制(制导)回路是在稳定回路的基础上构成的,也就是说,是在飞机的角运动稳定与控制回路的基础上构成的,所以,具有图 9－5 结构的飞行控制系统是通过控制飞机的角运动改变飞机重心的运动(即飞行轨迹)的。这种通过姿态的变化控制飞行轨迹的方式,是目前大多数大气层飞行器控制飞行轨迹的主要方式。

飞机上常使用的控制系统分类如下。根据飞行控制系统的功能和作用,基本飞行控制系统包括内回路反馈控制的阻尼器(damper)、增稳器(stability augmentation system)和控制增稳器(control SAS),外回路反馈控制的自动驾驶仪(automatic pilot)和自动着陆系统(automatic landing system)。自动驾驶仪系统上常用控制模式如表 9－1 所示。

表 9－1　自动驾驶仪系统常用控制模式

序号	控制模式	
	纵向	横侧向
1	俯仰姿态保持	倾斜角保持
2	航迹角选择/保持	航向角保持/截获
3	马赫数选择/保持	飞向基准线
4	高度捕获/保持	与纵向运动控制器共同完成自动进近
5	垂直导航	水平导航
6	垂直速度选择/保持	
7	目标高度选择(高度预选)	
8	进近——下滑	
9	起飞、复飞	
10	自动着陆——拉平、着陆滑跑	

图 9－6 为安装在 DHC－2 Beaver 小型飞机上的 KFC－300 自动驾驶仪模式选择面板。

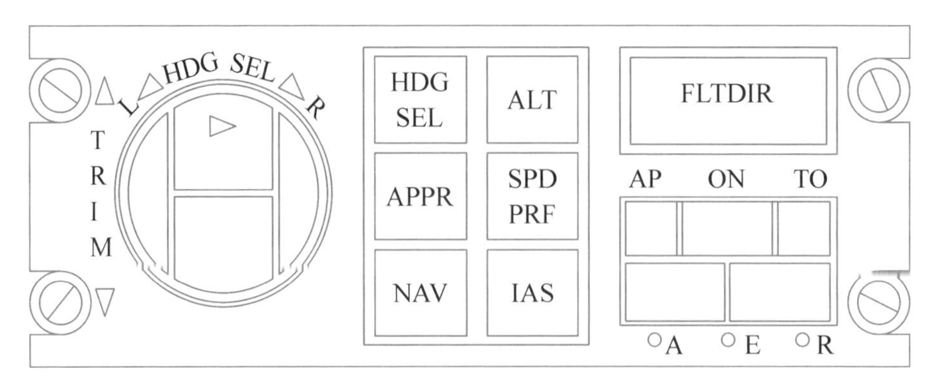

图 9-6 King KFC-300 自动驾驶仪模式选择面板

其指示面板按键包括:航向模式(FLT DIR),偏航阻尼(yaw damp),自动驾驶(AUTOPILOT),指示空速保持(IAS HOLD),导航告警(NAV ARM),航向选择(HDG SEL),速度模式(SPD PRF),高度告警(ALT ARM),导航进近着陆(NAV CPLD),进近告警(APPR ARM),垂直导航(V NAV),高度保持(ALT HOLD),方位截获(REV LOC, APPR CPLD),下滑进近着陆(GS CPLD),复飞(GO AROUND)等。

图 9-7 为 Century 自动驾驶仪(适用小型飞机)及空客 A340 地面仿真飞行控制时模式面板。面板功能基本相似,即纵向、横侧向自动模式,起飞、着陆模式等,并

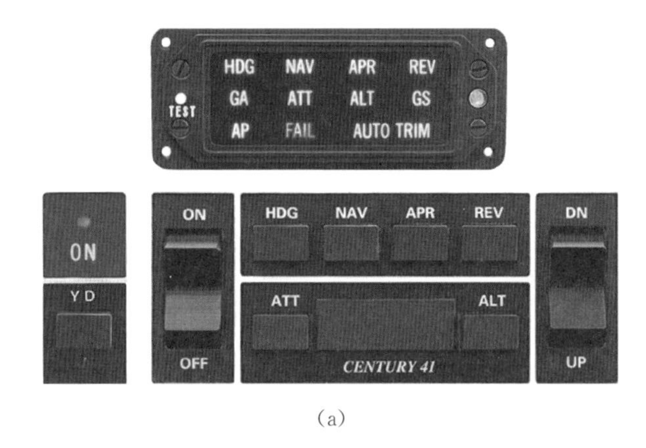

(a)

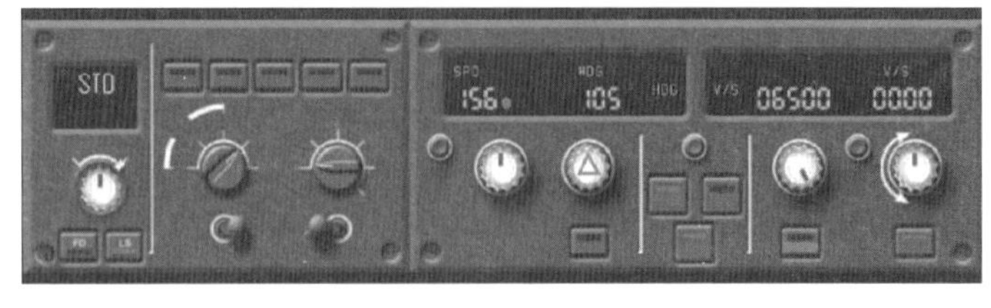

(b)

图 9-7 自动驾驶模式面板

(a) Century 41 自动驾驶模式面板 (b) 空客 A340 仿真自动驾驶模式面板

逐步向标准化方向发展。

飞机自动控制系统设计的一般步骤：①根据设计任务书，确定控制系统的性能指标；②选择系统方案、设计控制规律；③确定所采用的技术；④软硬件与结构设计；⑤硬件的工程实现；⑥仿真实验；⑦空中飞行试验。

9.2　纵向运动自动控制系统设计

纵向运动自动控制包含内回路姿态稳定、外回路位置、速度控制。内回路的主要功能是给外回路自动驾驶模态提供姿态保持服务。主要类型有阻尼器(damper)、增稳系统(stability augmentation system)，即为可以改善飞机本体稳定性的飞行控制装置。另外还有控制增稳器(control SAS)和电传系统(fly-by-wire)等。

现代飞机对所执行任务要求越来越高，使得飞行速度和高度的变化范围不断地增大，如图 9－8 所示，飞机的性能也急剧变坏。例如，随着飞行高度的增加，空气越来越稀薄，从而导致飞机自身的阻尼力矩也越来越小。于是飞机自身角运动的阻尼将下降，机头出现摆动现象，使得驾驶员难以准确地操纵飞机完成飞行任务。为改善飞机的角运动性能，仅靠气动布局和结构设计已经不能满足实现大包线飞行的要求。于是 20 世纪 50 年代前后，工程人员在运输机和轰炸机上便安装了简单的飞行控制系统，例如，阻尼器和增稳系统。

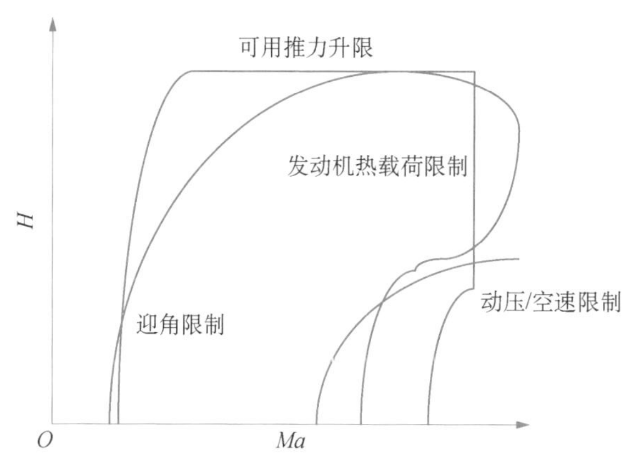

图 9－8　飞行包线示意图

阻尼器和增稳系统在飞机起飞时就已经接入，不像自动驾驶仪那样，需要首先建立基准工作状态。这种增稳系统与驾驶员共同操纵飞机的方式是有人驾驶情况下的自动控制问题。

由第 4 章理论可知，为了改善飞机角运动的阻尼特性，直接引入姿态角速率，形成反馈回路，可以调节飞机角运动的阻尼比，抑制振荡，稳定飞机的角速率，从而改善飞机的运动品质。

由于飞机的姿态运动可以分解为绕三个机体轴的角运动，因此以姿态角变化率为被控变量的阻尼器也相应地有俯仰阻尼器、滚转阻尼器和偏航阻尼器。而稳定器则是通过迎角、侧滑角反馈改善系统的稳定性，如表 9-2 所示。

表 9-2 常见的增稳器及阻尼器

	目的	导数	反馈信号	操纵舵面
俯仰阻尼器	改善短周期阻尼	M_q	俯仰角速率	平尾
纵向稳定器	改善短周期频率	M_α	迎角/法向载荷	平尾
滚转阻尼器	改善滚转收敛模态时间常数	L_p	滚转角速率	副翼
偏航阻尼器	改善荷兰滚模态阻尼	N_r	偏航角速率	方向舵
航向稳定器	改善荷兰滚模态频率	N_β	侧滑角	方向舵

典型的飞机阻尼器系统组成，如图 9-9 所示，包括操纵杆，角速度传感器、计算装置、伺服机构、液压传动机构及舵面。

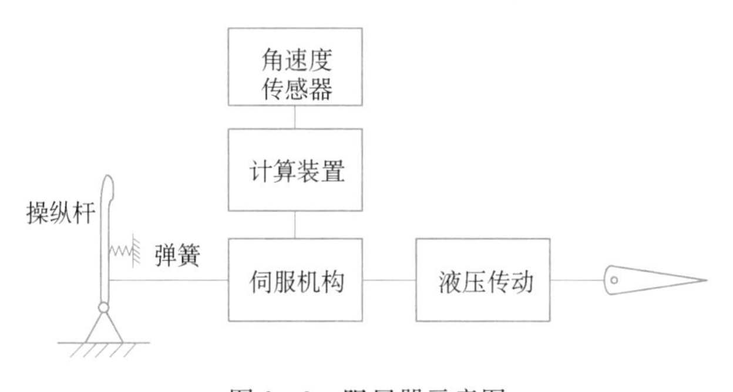

图 9-9 阻尼器示意图

阻尼器与飞机构成回路，称为飞机-阻尼系统，简称阻尼系统，其中阻尼器控制系统由角速率陀螺、放大器和舵回路组成，如图 9-10 所示。

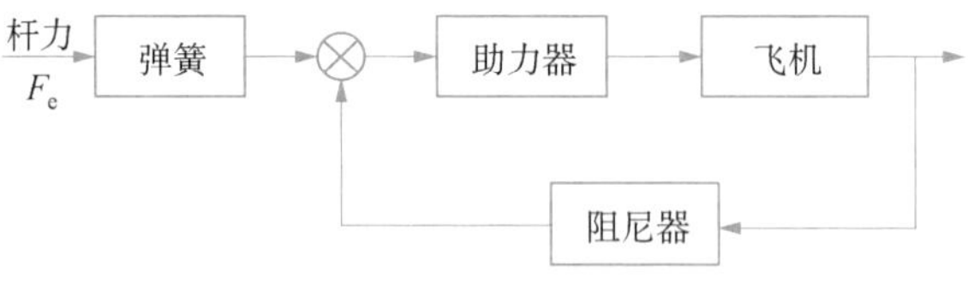

图 9-10 阻尼系统方框图

9.2.1 俯仰阻尼器

俯仰阻尼器，如图 9-11 所示，主要作用和功能是用来改善飞机的纵向短周期运动的阻尼特性。俯仰阻尼器的工作原理是通过俯仰角速率反馈，调节角运动阻尼比，从而改善飞行品质。

为了分析方便，这里将纵向短周期运动的阻尼比进行必要的简化处理，根据式

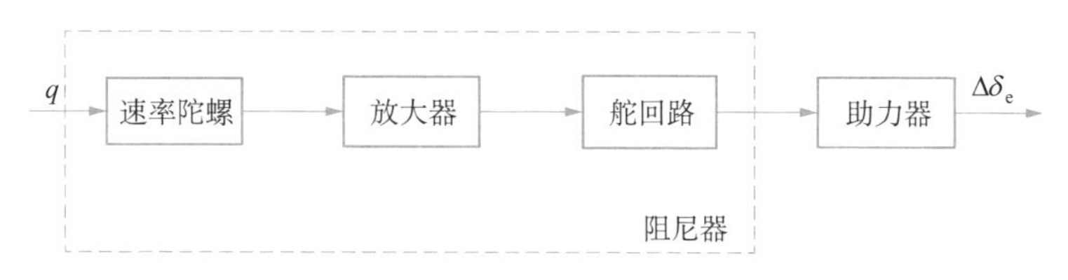

图 9-11　阻尼器方框图

(6-48)，忽略 $M_{\dot{\alpha}}$，Z_α 的影响，有

$$\zeta_{sp}=-\frac{Z_\alpha+V(M_q+M_{\dot{\alpha}})}{2\sqrt{V(M_qZ_\alpha-M_\alpha V)}}\approx-\frac{M_q}{2\sqrt{-M_\alpha}} \tag{9-1}$$

由式(9-1)可知，纵向短周期运动的阻尼比主要取决于 M_q，而 M_q 的值又正是反映飞机自身俯仰阻尼力矩的值。因此，通过反馈俯仰角的变化率(经平尾或升降舵)，来增大俯仰阻尼力矩，是提高飞机的纵向短周期运动阻尼比的有效途径。

基于上述分析，升降舵偏角应与俯仰角的变化率成比例。考虑到速率陀螺测量的信号为俯仰角速度 Δq，并且当 $\phi=0$ 时，由式(5-20)有关系式 $\dot{\theta}=q\cos\phi-r\sin\phi\approx q$ 成立，因此，俯仰阻尼器的控制律又通常写成

$$\delta_e=L_q q=L_{\dot{\theta}}\Delta\dot{\theta} \tag{9-2}$$

由式(9-2)可见，升降舵面所产生的力矩实际上等效于俯仰阻尼力矩，因此增大了飞机的阻尼比。下面还将做进一步性能分析。

1）俯仰阻尼器的性能分析

当系统无阻尼器时，俯仰操纵如图 9-12 所示。

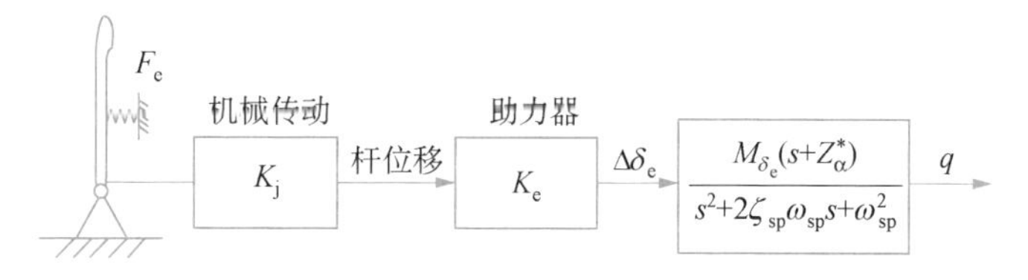

图 9-12　无阻尼器俯仰操纵系统

图中 K_j 为机械传动比(人感装置弹簧刚度的倒数)；K_e 为助力器传递系数；F_e 为杆力。无阻尼器时的传递函数为

$$\frac{q(s)}{F_e(s)}=\frac{K_jK_eM_{\delta_e}(s+Z_\alpha^*)}{s^2+2\zeta_{sp}\omega_{sp}s+\omega_{sp}^2} \tag{9-3}$$

式中，

$$Z_\alpha^*=-Z_\alpha/V \tag{9-4}$$

令 $s=0$,则由式(9-3)知无阻尼器时系统的静态增益(表征静操纵性)为 $K_{d0}=K_j K_e M_{\delta_e} Z_\alpha^* / \omega_{sp}^2$。

当系统有阻尼器时,俯仰阻尼结构如图 9-13 所示。

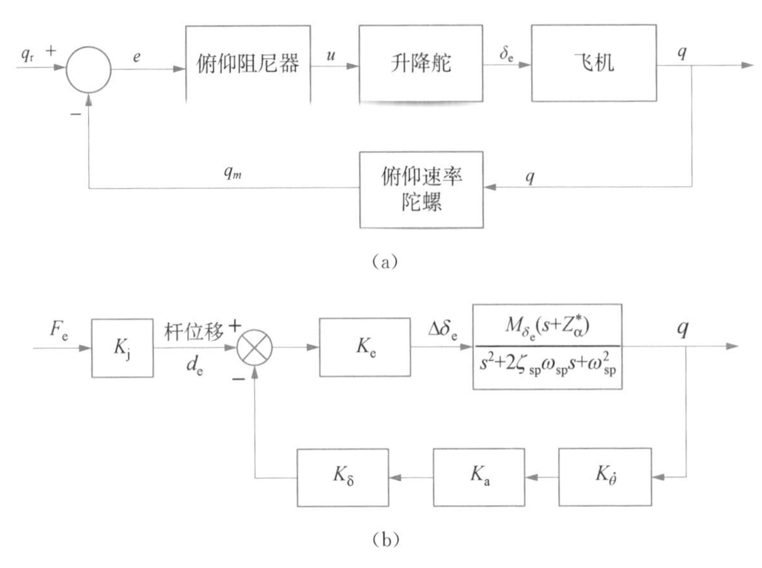

图 9-13　飞机俯仰阻尼结构方框图

(a) 控制回路　(b) 阻尼器结构

图中 $K_{\dot\theta}$ 为俯仰角速率陀螺传递系数;K_a 为放大器放大系数;K_δ 为舵机传递系数。

由图 9-13 知有阻尼器时闭环传递函数为

$$\frac{q(s)}{F_e(s)}=\frac{K_j K_e M_{\delta_e}(s+Z_\alpha^*)}{s^2+2\zeta_{de}\omega_{de}s+(\omega_{sp}^2+L_{\dot\theta}M_{\delta_e}Z_\alpha^*)}=\frac{K_j K_e M_{\delta_e}(s+Z_\alpha^*)}{s^2+2\zeta_{de}\omega_{de}s+\omega_{de}^2} \tag{9-5}$$

则相应的有阻尼器时系统的静态增益(表征静操纵性)为 $K_{de}=\dfrac{K_j K_e M_{\delta_e} Z_\alpha^*}{\omega_{sp}^2+L_{\dot\theta}M_{\delta_e}Z_\alpha^*}$,固有频率为 $\omega_{de}=\sqrt{\omega_{sp}^2+L_{\dot\theta}M_{\delta_e}Z_\alpha^*}$,阻尼比为 $\zeta_{de}=\dfrac{\zeta_{sp}+L_{\dot\theta}M_{\delta_e}T_{sp}/2}{\sqrt{1+L_{\dot\theta}M_{\delta_e}Z_\alpha^* T_{sp}^2}}$,式中 $L_{\dot\theta}=K_{\dot\theta}K_a K_\delta K_e$ 为角速率到舵偏角的传动比。

通过比较有/无阻尼器时系统的传递函数,可以得到下列结论:当选择阻尼器的控制律增益 $L_{\dot\theta}$,可增大阻尼比 ζ_{de},改善飞机的阻尼特性。增加阻尼器后可使飞机的固有频率 ω_{de}略有增加,但与其对阻尼比 ζ_{de}的影响比较要小。

有/无阻尼器时系统的静态增益之比为 $\dfrac{K_{d0}}{K_{de}}=1+\dfrac{L_{\dot\theta}M_{\delta_e}Z_\alpha^*}{\omega_{sp}^2}$。表明增加阻尼器

后，系统的静操纵性减小了 $\frac{L_{\dot{\theta}} M_{\delta_e} Z_\alpha^*}{\omega_{sp}^2}$ 倍，且静操纵性的减小幅度与阻尼器的控制律增益 $L_{\dot{\theta}}$ 成正比关系。因此，系统的静操纵性 K_{de} 是随着阻尼比 ζ_{de} 增大(即控制律增益 $L_{\dot{\theta}}$ 的增大)而减小的，即以牺牲了静操纵性而换来阻尼比的改善。

例如某飞机飞行条件 $Ma = 1.5$，$h = 15\,\text{km}$，其俯仰阻尼特性如表 9-3 所示。

表 9-3　某飞机阻尼特性

	无阻尼器	有阻尼器
静操纵系数/(rad/s)	0.163	0.14
阻尼比 ζ	0.094	0.7
固有频率 ω_n/(rad/s)	4.895	5.1
静操纵性增益 K_{de}		0.56

2) 俯仰阻尼器问题讨论

采用式(9-2)的俯仰阻尼器，下面几个问题需要讨论。

(1) 当飞机进行水平转弯飞行时，俯仰阻尼器将产生附加舵偏角问题。

利用坐标变换容易得到姿态角速率($\dot{\phi}$, $\dot{\theta}$, $\dot{\psi}$)与机体轴角速度(p, q, r)之间的关系，即

$$\begin{cases} p = \dot{\phi} - \dot{\psi}\sin\theta \\ q = \dot{\theta}\cos\phi + \dot{\psi}\cos\theta\sin\phi \\ r = -\dot{\theta}\sin\phi + \dot{\psi}\cos\phi\cos\theta \end{cases} \tag{9-6}$$

当飞机做稳定的水平盘旋或转弯飞行时，由于存在着俯仰角速度增量 Δq，如图 9-13，图 9-14(a)，(b)所示。

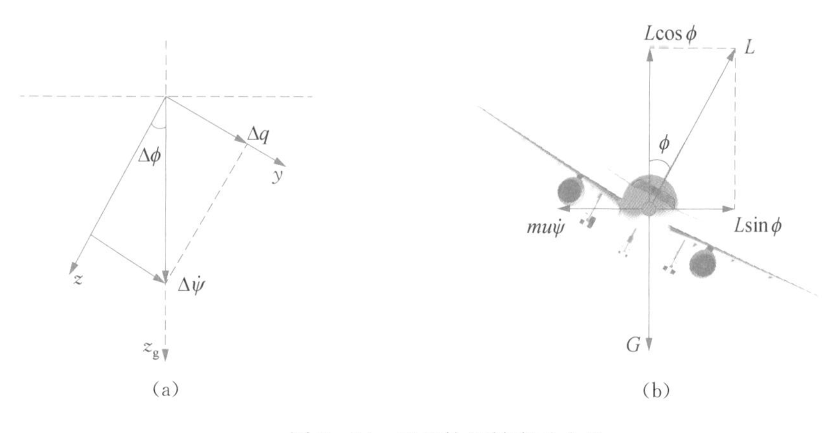

图 9-14　飞机协调转弯动力学

(a) 协调转弯角度关系　(b) 协调转弯受力图

从式(9-6)可以得到 $\Delta\theta$ 较小时,俯仰角速度增量的近似关系,即

$$\Delta q \approx \Delta\dot{\psi}\sin\Delta\phi \tag{9-7}$$

速率陀螺会感受到这个俯仰角速度增量 Δq,并依据控制律式(9-2)使阻尼器产生恒定的附加舵偏角 $\Delta\delta_e = L_{\dot{\theta}}\Delta q = L_{\dot{\theta}}\Delta\dot{\psi}\sin\Delta\phi$。由于俯仰阻尼器所产生的负反馈信号将使得俯仰角速度减小,那么飞行员就需要通过适当地操纵升降舵,来对此附加的舵偏角 $\Delta\delta_e$ 加以补偿。此外,由于俯仰阻尼器的舵机通常是串联连接的,并且俯仰阻尼器的控制权限一般都很小(约 $\pm1^\circ$),如果所产生的附加舵偏角超出俯仰阻尼器的控制权限,那么将导致俯仰阻尼器改善飞机阻尼特性的正常功能失效,甚至造成严重的飞行事故。

为了解决附加舵偏角问题,可以从俯仰角速度增量 Δq 的信号特性考虑。因为水平转弯飞行时所产生的俯仰角速度增量 Δq 是一种低频信号,那么可以应用配平舵机并加入洗出网络(即高通滤波器)滤掉速率陀螺输出信号的稳态分量,就可以使稳定水平盘旋或转弯飞行时所产生的 Δq 值不会影响俯仰阻尼器工作。引入洗出网络的俯仰阻尼器结构如图 9-15 所示,其控制律为

$$\Delta\delta_e = L_{\dot{\theta}}\frac{\tau s}{\tau s + 1}\Delta\dot{\theta} \tag{9-8}$$

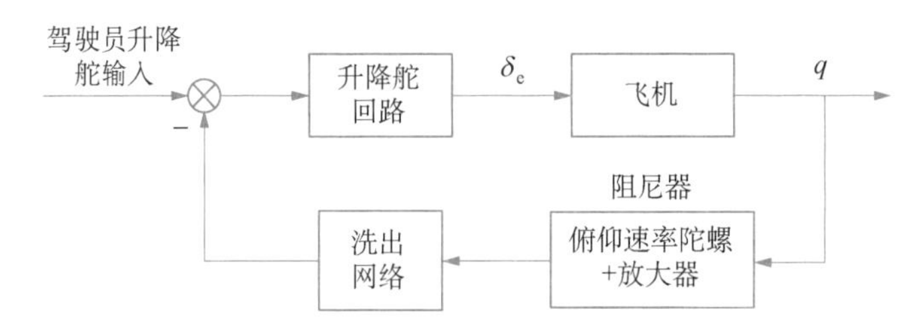

图 9-15 带洗出网络的俯仰阻尼系统

例 9-1 某飞机带洗出网络的俯仰阻尼系统,如图 9-16 所示。

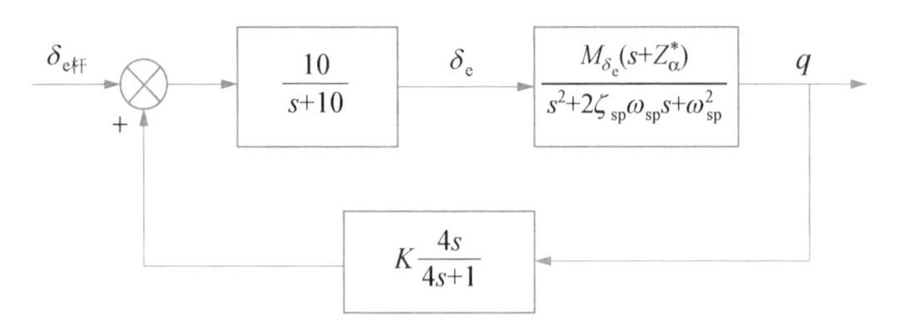

图 9-16 带洗出网络的俯仰阻尼框图

其中 $G_{wo}(s) = K\frac{4s}{4s+1}$ 为洗出网络,K 为放大倍数,升降舵传递函数 $G_{\delta_e}(s) = \frac{10}{s+10}$。

（2）高度和速度的影响。

由图 9－13 知飞机-阻尼器回路开环传递函数为

$$G_{q\delta_e}(s)=\frac{M_{\delta_e}(s+Z_\alpha^*)}{s^2+2\zeta_{sp}\omega_{sp}s+\omega_{sp}^2} \tag{9-9}$$

由于飞机纵向短周期运动的固有频率 ω_{sp} 和阻尼比 ζ_{sp} 将随飞行的速度和高度发生变化，而作为俯仰阻尼器的增益 $L_{\dot\theta}$ 如果设计为常值，对于大飞行包线情况下改善飞机阻尼特性会很难满足。根据传递函数式(9－5)的阻尼比 $\zeta_{de}=\dfrac{\zeta_{sp}+L_{\dot\theta}M_{\delta_e}T_{sp}/2}{\sqrt{1+L_{\dot\theta}M_{\delta_e}Z_\alpha^*T_{sp}^2}}$，可见，由于 $Z_\alpha^*=\dfrac{\bar qS}{mV_0}(C_D-C_{L\alpha})=-\dfrac{Z_\alpha}{V_0}$ 和 $M_{\delta_e}=\dfrac{\bar qSC_A}{I_{y_s}}C_{m\delta_e}$，均与动压密切相关，换句话说，它们是随着飞行高度和空速变化的。因此，阻尼器的增益 $L_{\dot\theta}$，应随飞行状态变化而进行相应的调整。通常采用调参的方法来解决，调参规律的一般形式为 $L_{\dot\theta}=f(\bar q)$，（且 $K_jK_e=1$）。

（3）惯性对阻尼器系统的影响。

参考图 9－12，当考虑舵回路和助力器的惯性时，其控制规律为

$$\delta_e=G_e(s)G_\delta(s)L_{\dot\theta}\Delta\dot\theta \tag{9-10}$$

其中 $G_e(s)$，$G_\delta(s)$分别为助力器、升降舵传递函数。

在式(9－10)中，舵回路的传递函数（振荡环节）和助力器传递函数分别为

$$G_e(s)=\frac{1}{s/\omega_e+1} \tag{9-11}$$

$$G_\delta(s)=\frac{1}{\left(\dfrac{s}{\omega_\delta}\right)^2+2\zeta_\delta\left(\dfrac{s}{\omega_\delta}\right)+1} \tag{9-12}$$

式中，ω_δ，ζ_δ 分别为舵回路的固有频率和阻尼比，ω_e 为连接频率。

根据图 9－13 所示，考虑舵回路和助力器惯性作用时，飞机-阻尼器系统的开环传递函数为

$$G(s)=\frac{L_{\dot\theta}M_{\delta_e}(s+Z_\alpha^*)}{\left(\dfrac{s}{\omega_e}+1\right)\left(\left(\dfrac{s}{\omega_\delta}\right)^2+2\zeta_\delta\left(\dfrac{s}{\omega_\delta}\right)+1\right)(s^2+2\zeta_{sp}\omega_{sp}s+\omega_{sp}^2)} \tag{9-13}$$

式中，$L_{\dot\theta}$ 为开环增益。

根据式(9－13)，可以通过其对数幅频 $|G(\omega)|$ 和相频 $\varphi(\omega)$ 特性曲线来分析，即利用舵回路和助力器传递函数的相应惯性参数，对飞机-阻尼器系统的影响进行分析，如图 9－17 所示，为俯仰速率在无阻尼、有阻尼器下的阶跃响应曲线。扫描右侧二维码获取 Matlab 代码。

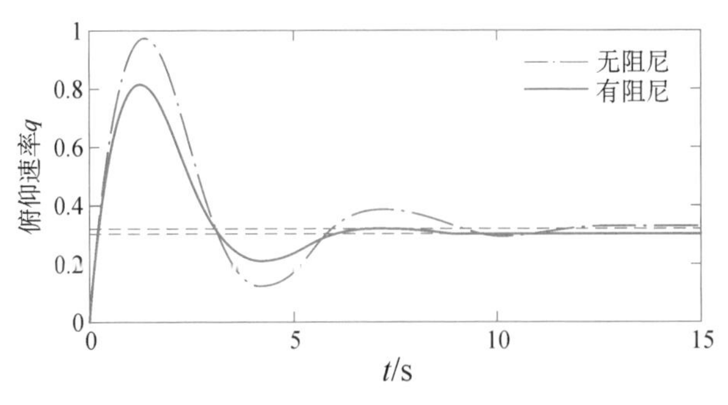

图 9-17 飞机的短周期运动过程

由图 9-17 可知,无论阻尼器权限如何,与无阻尼飞机相比,$q(t)$的振荡性都有很大改善。阻尼器即使是全权限,$q(t)$的超调量也很大。只有增大阻尼比使 $\zeta_{de}>1$ 才能减小 $q(t)$的超调。但这会使 $\alpha(t)$的调节时间延长,响应变慢,太小阻尼器不起作用,故 $L_{\dot{\theta}}$不能取得太大。

由自动控制原理可知,惯性环节 $G_e(s)$及振荡环节 $G_\delta(s)$对系统对数频率特性的影响取决于其连接频率 ω_e 和舵固有频率 ω_δ 与系统截止频率 ω_c 的关系。如果连接频率 ω_e 和固有频率 ω_δ 都比系统截止频率 ω_c 大 3~5 倍以上,那么,惯性环节 $G_e(s)$ 及振荡环节 $G_\delta(s)$对系统开环幅频特性的影响很小,只会产生一定的相位差。因此,当已知 ω_δ, ω_e, ω_c 和 ζ_δ,则可计算出 $G_e(s)$和 $G_\delta(s)$在 ω_c 处所产生的相位差。

(4) 串联舵机控制权限的影响。

由于俯仰阻尼器的控制权限一般很小(约$\pm1^\circ$),因此在分析飞机-阻尼器系统时,应考虑串联舵机控制权限(即非线性因素)的影响。当考虑舵回路和助力器的惯性因素以及阻尼器的不灵敏区时,俯仰阻尼器的控制规律为

$$\Delta\delta_e = f(D) = \begin{cases} 0, & 当\ |D| < \varepsilon \\ D - \varepsilon \operatorname{sign} D, & 当\ \varepsilon \leqslant |D| \leqslant \sigma^\circ + \varepsilon \\ \operatorname{sign} D, & 当\ |D| > \sigma^\circ + \varepsilon \end{cases} \tag{9-14}$$

式中,$D = G_e(s)G_\delta(s)L_{\dot{\theta}}\Delta\dot{\theta}$, $G_e(s)$ 和 $G_\delta(s)$ 分别是助力器和舵回路的传递函数。σ° 和 ε°分别为俯仰阻尼器的控制权限和由于间隙等非线性因素所造成的不灵敏区(约为 0.1°~0.2°)。

再考虑到驾驶员的操纵,则俯仰阻尼器的控制规律为

$$\delta_e = f(D) - G_e(s)K_j F_e \tag{9-15}$$

这样,联立俯仰阻尼器的控制规律式(9-2)与飞机的传递函数 $G_{q\delta_e}(s)$,采用数值求解的方法,就可以对考虑非线性因素的飞机-阻尼器系统的特性进行分析。无论俯仰阻尼器的控制权限多大,一般具有阻尼器的飞机-阻尼器系统的俯仰角速度和迎角响应都会有改善,只不过俯仰角速度的超调量相对要大一些。

9.2.2　增稳系统与控制增稳

采用阻尼器可以提高飞机阻尼比，但是，阻尼器对固有频率的影响不大。现代飞机往往在大迎角状态下飞行，而纵向静稳定性导数 $C_{m\alpha}=\dfrac{\partial C_m}{\partial \alpha}$ 又随着迎角的增大而增大，甚至变为正值，使得飞机的纵向静稳定性变差。

由于纵向力矩系数 C_m 是迎角和马赫数的函数，即 $C_m = C_m(\alpha,\ Ma)$，则纵向力矩系数 C_m 的变化梯度为

$$\mathrm{d}C_m = \frac{\partial C_m}{\partial Ma}\mathrm{d}Ma + \frac{\partial C_m}{\partial \alpha}\mathrm{d}\alpha \tag{9-16}$$

式(9-16)右端第一项反映了马赫数对纵向力矩系数 C_m 变化梯度的影响，第二项反映了迎角的影响。偏导数 $C_{m\alpha}=\dfrac{\partial C_m}{\partial \alpha}$ 表示了飞行速度不变情况下，迎角变化引起的俯仰力矩变化，进而决定纵向静稳定性的关系，也称为定速静稳定性，详见第 4 章。

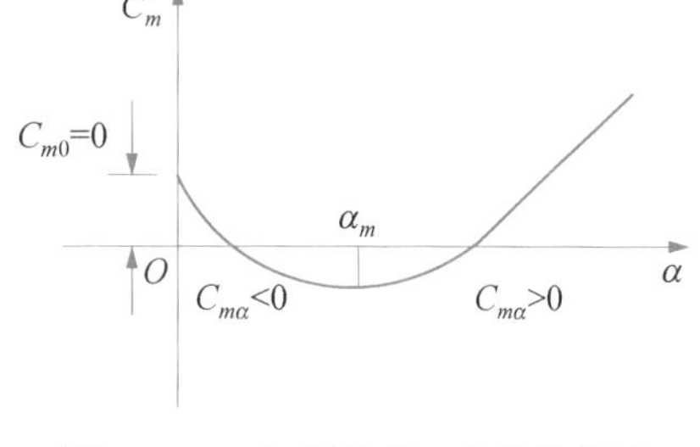

图 9-18　C_m 随迎角 α 变化的曲线

C_m 随迎角 α 变化曲线如图 9-18 所示，若 $C_{m\alpha}<0$，则当 $\Delta\alpha$ 增大时，产生低头力矩，使飞机纵向运动恢复稳定。反之，若 $\alpha>\alpha_m$，则飞机纵向不稳定，飞机难以操纵，必须应用增稳系统，来改善飞机的静稳定性和动稳定性。

9.2.2.1　俯仰增稳系统

1) 引用迎角信号的增稳系统

引用迎角信号的增稳系统见图 9-19。

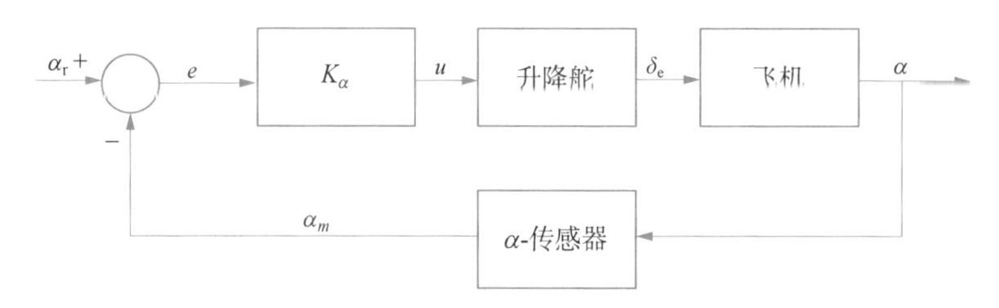

图 9-19　迎角反馈增稳系统

由迎角的传递函数式(6-61)可以写出飞机迎角短周期运动方程为

$$\begin{aligned}&\{V_0\cdot[s^2-(Z_\alpha/V_0+M_q+M_{\dot\alpha})s+(Z_\alpha M_q/V_0-M_\alpha)]\}\Delta\alpha(s)\\&=(Z_{\delta_e}s-M_qZ_{\delta_e}+M_{\delta_e}V_0)\Delta\delta_e(s)\end{aligned}\tag{9-17}$$

考虑到在方程等号右端项 Z_{δ_e} 和 $M_qZ_{\delta_e}$ 与 M_{δ_e} 相比，在通常情况下很小，可忽略，则有

$$[s^2-(Z_\alpha/V_0+M_q+M_{\dot{\alpha}})s+(Z_\alpha M_q/V_0-M_\alpha)]\Delta\alpha(s)=M_{\delta_e}\Delta\delta_e(s) \tag{9-18}$$

或者简写为

$$(s^2+C_1s+C_2)\Delta\alpha=M_{\delta_e}\Delta\delta_e \tag{9-19}$$

则纵向短周期运动模态的稳定性条件是特征根满足 $\mathrm{Re}\lambda_{sp_{1,2}}<0$，$\omega_{nsp}>0$，则由式(9-18)知须

$$Z_\alpha M_q>V_0M_\alpha \tag{9-20}$$

可见，由于在通常情况下导数 M_q 和 Z_α 均为负值，所以只要满足 $M_\alpha<0$(即 $C_{m\alpha}<0$)，则纵向短周期运动模态就是稳定的。由于在 $M_qZ_\alpha<V_0M_\alpha$ 条件下，即 $C_2<0$ 时，迎角运动的特征根中有一正根，系统纵向不稳定，为了使系统变为稳定，引入迎角反馈信号。

若在控制律中加上关于迎角的反馈信号

$$\Delta\delta_e=L_\alpha\Delta\alpha+L_e\Delta F_e \tag{9-21}$$

式中，ΔF_e 为驾驶杆指令，L_α，L_e 分别为迎角与驾驶杆力增益。

此时飞机迎角短周期运动方程变为

$$[s^2+C_1s+(C_2-M_{\delta_e}L_\alpha)]\Delta\alpha=M_{\delta_e}L_e\Delta F_e \tag{9-22}$$

只要适当调整 L_α。使 $C_2-M_{\delta_e}L_\alpha>0$ 成立，则飞机就由纵向不稳定变为稳定。系统振荡频率则由飞机的固有频率 $\omega_d=\sqrt{C_2}$ 增加到 $\omega_n=\sqrt{C_2-M_{\delta_e}L_\alpha}>\omega_d$。由 $C_1=2\zeta_d\omega_n$，因此，当 ω_n 增大，则 ζ_d 将减小。

2）引用过载信号的增稳系统

引用过载信号的增稳系统如图 9-20。

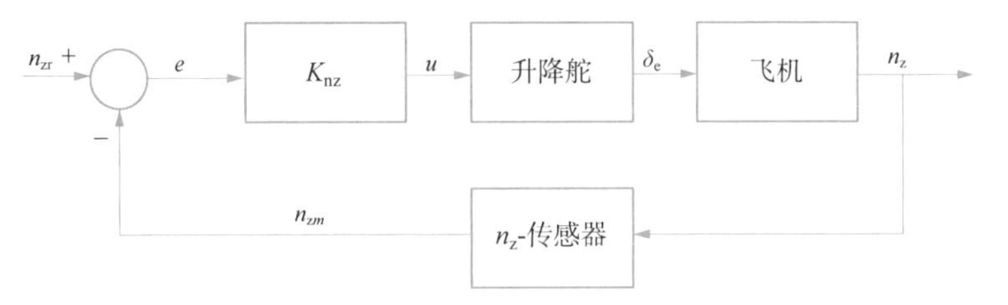

图 9-20 过载反馈增稳系统

由于法向过载增量与迎角增量的关系近似为

$$\Delta n_z\approx\frac{\bar{q}SC_{L\alpha}}{G}\Delta\alpha\approx-\frac{Z_\alpha}{g}\Delta\alpha \tag{9-23}$$

由式(9-19),式(9-23)知飞机的法向过载运动方程为

$$(s^2+C_1s+C_2)\Delta n_z=-n_n\Delta\delta_e \tag{9-24}$$

式中,$n_n\approx\dfrac{Z_\alpha}{g}M_{\delta_e}$。

将式(9-21)迎角 $\Delta\alpha$ 反馈改为过载 Δn_z 反馈,即

$$\Delta\delta_e=L_n\Delta n_z+L_e\Delta F_e \tag{9-25}$$

式中,L_n 为过载增益。

则飞机的法向过载运动方程可改写为

$$[s^2+C_1s+(C_2+n_nL_n)]\Delta n_z=-n_nL_e\Delta F_e \tag{9-26}$$

可见,也可以通过调整 L_n 使得 $C_2+n_nL_n>0$,从而使飞机变为纵向静稳定。

因此,无论采用迎角信号或过载信号,合理选择 L_α 和 L_n,都能改善飞机静稳定性;相应的增稳系统振荡频率由飞机固有频率 $\omega_d=\sqrt{C_2}$ 增加到 $\omega_n=\sqrt{C_2-M_{\delta_e}L_\alpha}$。而根据 $C_1=2\zeta_d\omega_n$,增稳系统由于 ω_n 增大,所以 ζ_d 将减小,从而使得飞机的阻尼特性变坏,即产生“固有频率与阻尼比不能兼顾”现象。

例 9-2　考虑静不稳定飞机,其重心位置 $X_{cg}=0.4\bar{c}$,俯仰增稳系统采用迎角反馈,如图 9-21 所示。

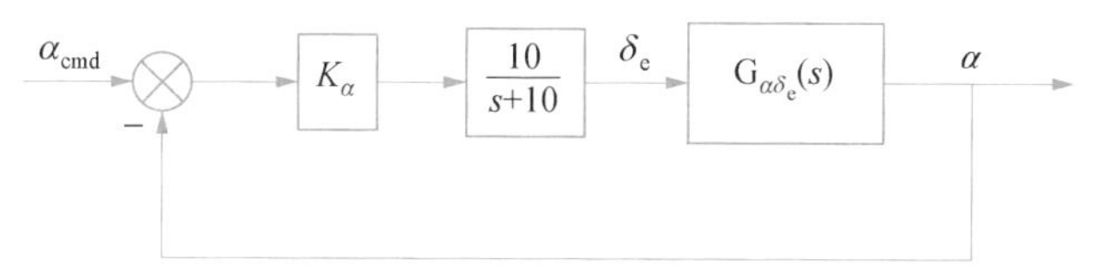

图 9-21　飞机俯仰增稳系统

图 9-21 中:

$$G_{\alpha\delta_e}(s)=\frac{-0.235(s+316)[(s-0.0002)^2+0.061^2]}{(s-0.575)(s+6.54)[(s+0.005)^2+0.093^2]} \tag{9-27a}$$

此时,法向过载传递函数为

$$G_{n_z\delta_e}(s)=\frac{-0.235s(s-0.0006)[(s+30.3)(s-30.2)]}{(s-0.575)(s+6.54)[(s+0.005)^2+0.093^2]} \tag{9-27b}$$

可知开环系统极点为 $\lambda_1=0.575$,$\lambda_2=-6.54$,$\lambda_{3,4}=-0.005\pm0.093\mathrm{i}$,系统静不安定,短周期运动模态极点退化为一个正实根和一个负实根,选择 $K_\alpha=0.35$,则闭环短周期模态 $\lambda_{csp}=-9.38\pm4.40\mathrm{i}$,特征参数为 $\zeta_{sp}=0.905$,$\omega_{sp}=10.4$,而长周期模态 $\lambda_{3,4}=-5.1\times10^{-5}\pm0.066\mathrm{i}$,可见,增稳器对长周期影响小,对短周期影响是使一对实根变为复根。纵向稳定器的根轨迹如图 9-22(a) 所示。扫描右侧二维码获取 Matlab 代码。

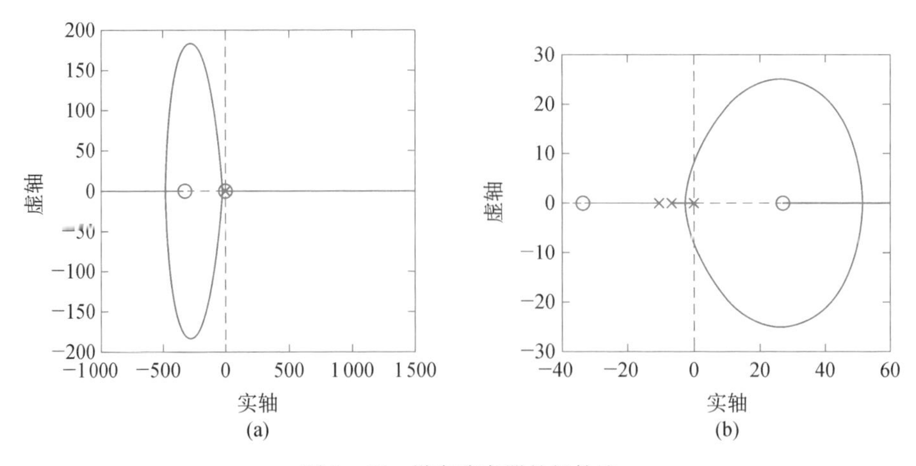

图 9-22 纵向稳定器的根轨迹

(a) 迎角反馈 (b) 过载反馈

当采用法向过载反馈时，根据 $n_z=(\dot{w}-Vq)/g=-\frac{V\dot{\gamma}}{g}$，有

$$\frac{n_z(s)}{\delta_e(s)}=\frac{sV}{g}\left(\frac{\alpha(s)}{\delta_e(s)}-\frac{\theta(s)}{\delta_e(s)}\right) \tag{9-28}$$

则短周期近似的法向过载传递函数为

$$G_{n_z\delta_e}(s)=\frac{-6.86(s^2+5.62s-909)}{s^2+6.0s-3.76} \tag{9-29}$$

当选择过载反馈，$K_{nz}=0.004$，闭环短周期特征参数为：$\zeta_{sp}=0.366$，$\omega_{sp}=4.08$，法向过载反馈的纵向稳定器根轨迹如图 9-22(b)所示。因此，纵向稳定器采用迎角(法向过载)反馈，通过平尾(升降舵)偏转，改善短周期频率；且对于放宽静稳定性的飞机能够实现稳定补偿控制。

3) 纵向比例/积分式增稳系统

为解决固有频率与阻尼比不能兼顾的问题，在控制律中应当包含迎角(过载)和角速度两种信号，迎角反馈改善固有频率，而角速度反馈改善阻尼比，这里给出两种典型的控制律形式：纵向比例式增稳系统控制律和纵向积分式增稳系统控制律，具体如下：

①纵向比例式增稳系统控制律为

$$\Delta\delta_e=L_q\Delta q+L_n\Delta n_z+L_e\Delta F_e \tag{9-30a}$$

②纵向积分式增稳系统控制律为

$$\delta_e=L_q\Delta q+L_n\Delta n_z+\int_0^t(L_q\Delta q+L_n\Delta n_z+L_e\Delta F_e)\,dt \tag{9-30b}$$

下面以纵向比例式增稳系统控制律式(9－30a)为例来分析。

由式(6－61)和式(6－62),有

$$\frac{\Delta\alpha(s)}{\Delta q(s)}=\frac{Z_{\delta_e}s-M_qZ_{\delta_e}+M_{\delta_e}V_0}{(M_{\delta_e}V_0+M_{\dot{\alpha}}Z_{\delta_e})s+(M_\alpha Z_{\delta_e}s-Z_\alpha M_{\delta_e})}\approx\frac{M_{\delta_e}V_0}{M_{\delta_e}V_0s-Z_\alpha M_{\delta_e}} \tag{9-31}$$

再根据式(9－23),式(9－31),可以得到俯仰角速度 Δq 与过载 Δn_z 的近似关系式如下:

$$\Delta q\approx\frac{g}{V_0}\left[\frac{1}{Z_\alpha^*}s+1\right]\Delta n_z \tag{9-32}$$

将纵向比例式增稳系统控制律式(9－30a)和式(9－32)代入式(9－24),可以得到飞机-增稳系统的过载运动方程为

$$\left[s^2+(C_1+\frac{gn_n}{V_0Z_\alpha^*}L_q)s+(C_2+\frac{g}{V_0}n_nL_q+n_nL_n)\right]\Delta n_z=-n_nL_e\Delta F_e \tag{9-33}$$

稳态时 $s=0$,有

$$C_n=\frac{\Delta n_z(\infty)}{\Delta F_e}=\frac{-L_e}{\dfrac{C_2}{n_n}+\dfrac{g}{V_0}L_q+L_n} \tag{9-34}$$

可见,适当选取 L_n, L_q 可使系统的固有频率和阻尼比同时满足。

当采用比例-积分式增稳时,其系统结构如图 9－23 所示。

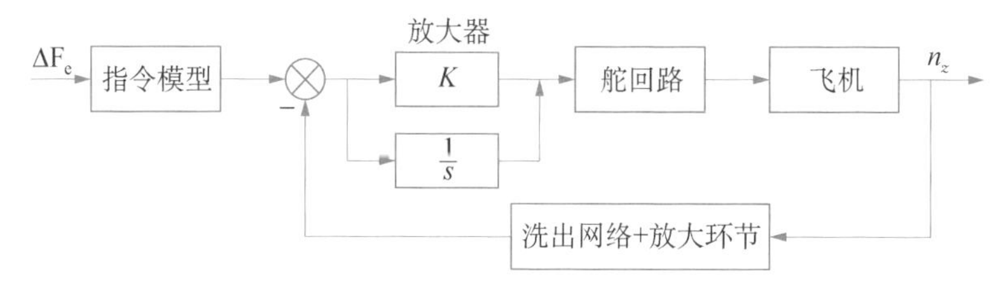

图 9－23　积分式/比例式过载指令控制增稳器

积分式过载指令控制增稳器的特点是:全权限,杆对应于过载,杆舵不一致。具有无静差、中性速度稳定性等特性。这里不再详述。

9.2.2.2　控制增稳器

通过 9.2.1、9.2.2.1 节关于阻尼器和增稳系统的介绍,可知:

(1) 阻尼器和增稳系统能提高飞机的阻尼比和固有频率,但却牺牲了操纵性。

(2) 阻尼器和增稳系统无法解决非线性操纵指令问题,即要求飞机大机动具有较高的操纵灵敏度,而做小机动飞行时,则要求有较小的操纵灵敏度。

因此，对于单独阻尼器和增稳系统而言，很难解决上述两个问题。为了找到既不牺牲操纵性来提高飞机的阻尼比和固有频率，又能解决非线性操纵指令问题的方法，在阻尼器和增稳系统的基础上，就出现了兼顾上述两方面要求的控制增稳系统（control augmentation system，CAS）。

9.2.2.2.1　控制增稳系统的构成与工作原理

下面以俯仰控制增稳系统为例，分析控制增稳系统的构成与工作原理。俯仰控制增稳系统结构如图 9－24 所示，俯仰速率 q 和过载 n_z 经放大和滤波处理，反馈给控制器，实现增稳。其中 $G_h(s)$，$G_f(s)$ 分别为洗出网络和滤波器，k_a 为放大增益，k_y^q，$k_y^{n_z}$ 为俯仰与过载控制增益。

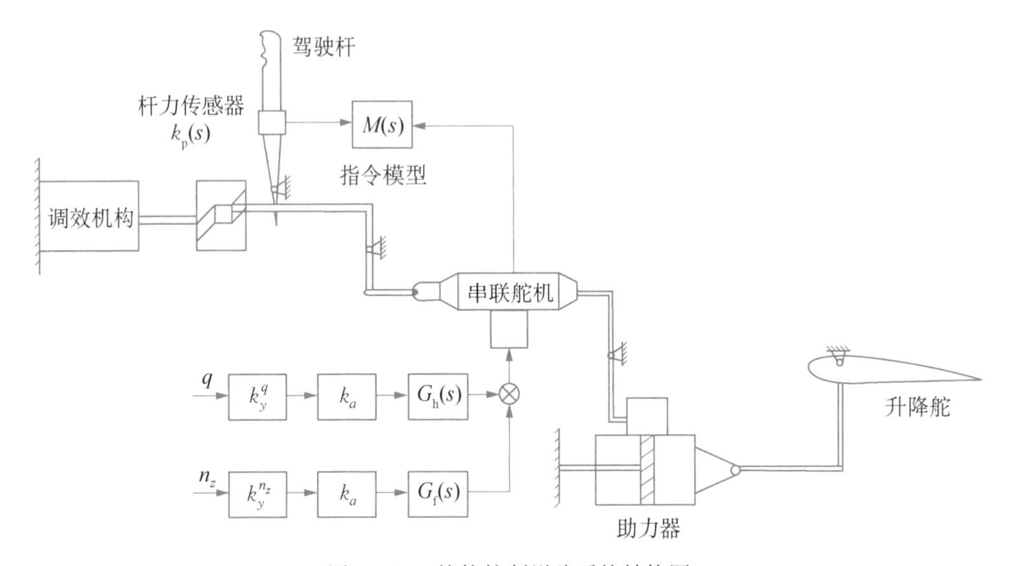

图 9－24　俯仰控制增稳系统结构图

俯仰控制增稳系统功能框图如图 9－25 所示，可知系统主要包括三部分：①机械通道，②前馈电气通道，含：杆力传感器 $k_p(s)$ 和指令模型 $M(s)$，以及③增稳反馈回路。其简化方框图如图 9－26 所示。

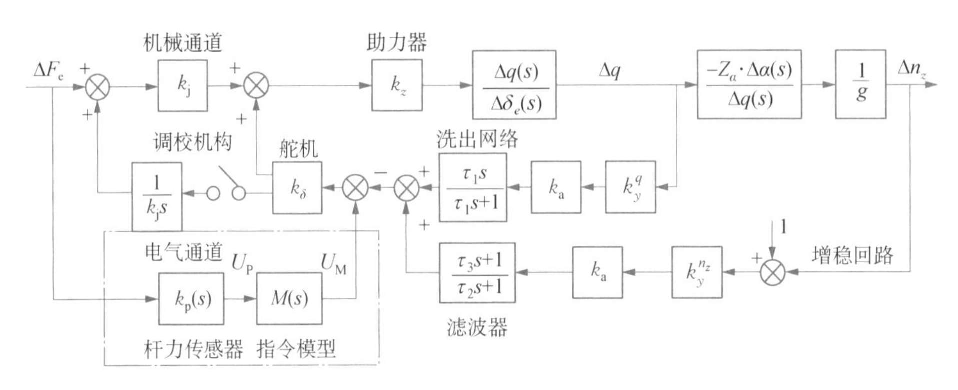

图 9－25　俯仰控制增稳系统方框图

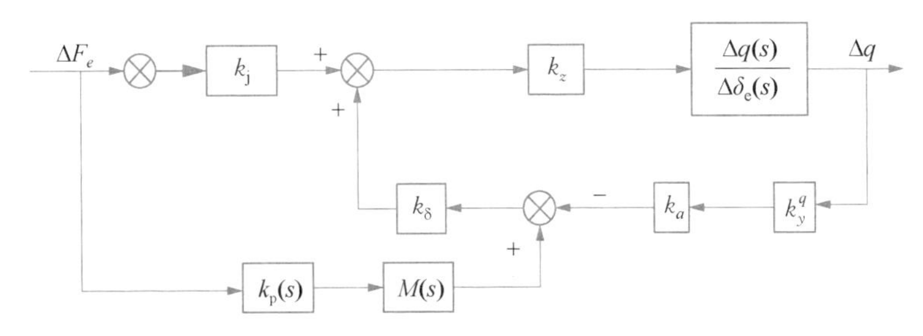

图 9-26　俯仰控制增稳系统简化方框图

俯仰控制增稳系统的工作原理:①驾驶员的操纵信号经由不可逆助力操纵系统构成的机械通道使升降舵面偏转 $\Delta\delta_M$;②驾驶员的操纵信号同时又经前馈电气通道,由杆力传感器 $k_p(s)$ 产生电压指令信号,通过指令模型 $M(s)$ 形成满足操纵要求的电信号,再与增稳回路的反馈信号综合后使升降舵面偏转动 $\Delta\delta_E$;③因为机械通道与前馈电气通道产生的操纵信号是同号的,所以总的升降舵面偏转应为 $\Delta\delta_e = \Delta\delta_M + \Delta\delta_E$。可见,前馈电气通道可以使驾驶员的操纵量增强。

由于电气通道是采用前馈形式,因此可以使系统的开环增益取得很高,又不会减小系统的闭环增益而降低静操纵性,这是俯仰控制增稳系统的显著特点之一。利用这一特点可以通过提高前馈电气通道的增益,以补偿由于增稳反馈回路的增益 k_a, k_δ 取很大时,所造成系统的闭环增益减小问题,从而改善系统的静操纵特性。

9.2.2.2.2　俯仰控制增稳系统的控制律

1) 不考虑清洗网络和对重力的补偿以及调效机构的影响

由图 9-25 可得俯仰增稳系统控制律

$$\Delta\delta_e = -K_y^q\Delta q - K_y^{n_z}\Delta n_z + k_z k_p k_\delta M(s)\Delta F_e + k_z k_j \Delta F_e \tag{9-35}$$

即

$$\Delta\delta_e = -K_y^q\Delta q - K_y^{n_z}\Delta n_z + k_z[k_p k_\delta M(s) + k_j]\Delta F_e \tag{9-36}$$

式中, $K_y^q = k_y^q k_a k_\delta k_z$, $K_y^{n_z} = k_y^{n_z} k_a k_\delta k_z$。

可见,当无操纵信号 ΔF_e 时,此控制增稳系统只起增稳的作用。由于增稳系统的权限较小的缘故,所以此种控制律不具有自动配平功能,仍需要驾驶员利用调效机构消除杆力实现配平。

2) 带有调效机构的控制律

如果增加调效机构后(见图 9-25),当不平衡的纵向力矩导致 Δq 和 Δn_z 出现时,传感器会感受到 Δq 和 Δn_z 信号,将通过增稳反馈回路使舵机动作而引起升降舵面偏转;当舵面转到增稳回路的规定权限时,开关将接通调效机构,这相当于有杆力作用于机械通道,使舵机起到传动杆的作用,将使得舵面继续偏转,产生足够的纵向平衡力矩,直到使 Δq 和 Δn_z 信号消失为止,实现了自动配平功能,因此,调效机构使比例式控制律变为等效的比例加积分控制律,这显示了它的重要作用。

由上述分析，根据图 9－25，可得带有调效机构的控制律，即

$$\begin{aligned}\Delta\delta_{\mathrm{e}} = & -K_y^q\Delta q - K_y^{n_z}\Delta n_z + k_z k_p M(s) k_\delta \Delta F_{\mathrm{e}} + k_z k_j \Delta F_{\mathrm{e}} \\ & -\int (K_y^q \Delta q + K_y^{n_z}\Delta n_z)\mathrm{d}t + k_\delta k_z \int k_p M(s)\Delta F_{\mathrm{e}}\mathrm{d}t\end{aligned} \tag{9-37}$$

比较式(9－36)和式(9－37)，可见，带有调效机构的控制律[式(9－37)]就是将增稳反馈回路的信号和前馈电气通道的信号经积分环节后，施加到机械通道，进而来实现自动配平功能。

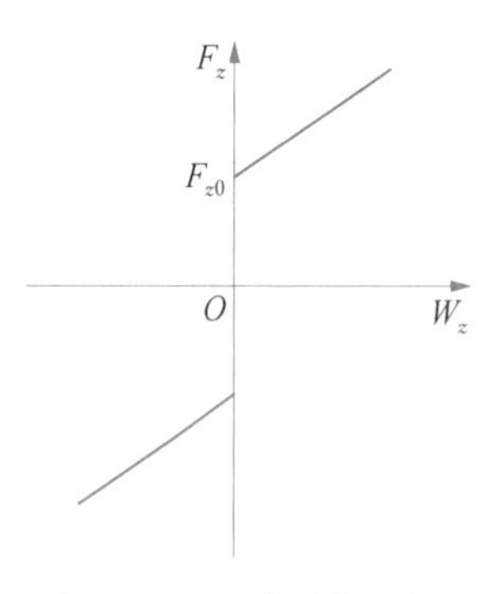

图 9－27 人感预载非线性性能

3）具有预载的人工感觉装置特性

当采用舵机人工操纵系统并联方式时，舵机动作会带动驾驶杆，而舵机不动作时驾驶杆又不容易拉动。若采用串联舵机方式，当舵机拉杆锁住时，舵机只起普通传动杆的作用。当有信号转入时，舵机的拉杆伸长或缩短，仍然有力反传到驾驶杆，这就是所谓的“力反传问题”。

解决“力反传”缺陷的方法，是使人工感觉装置具有预载非线性特性。只要推动阀芯的力小于 F_{z0}，反传力就不会影响到驾驶杆，如图 9－27 所示。

4）人工操纵系统与串联舵机的控制权限问题

①操纵权限是指所能操纵舵面行程的大小；②人工操纵系统的权限是指最大舵偏量减去舵机拉杆最大位移所对应的舵偏量；③串联舵机的权限是指舵机拉杆达到最大位移时所对应的舵偏量。一般串联舵机的权限为全权限的 1/10～1/3。例如，某飞机水平安定面的最大、最小偏角分别为＋13°和－27°，而串联舵机的控制权限仅为±1°。因此，对于比例加积分控制律利用舵机进行配平，应当有较大的控制权限。

再考虑控制增稳系统对飞机稳定性和操纵品质的影响。

(1) 对杆力灵敏度 $M_{F_{\mathrm{e}}}$ 的影响。

杆力灵敏度定义为：$M_{F_{\mathrm{e}}} = \left.\dfrac{\Delta\ddot{\theta}}{\Delta F_{\mathrm{e}}}\right|_{t\to 0^+}$。根据第七章飞行品质要求知，杆力灵敏度 $M_{F_{\mathrm{e}}}$ 是一个衡量飞机操纵性的指标，是评价飞机对操纵指令的初始反应性能。

根据式(6－44)，可知，

$$G_{\delta_{\mathrm{e}}}^q(s) = \frac{\Delta\dot{\theta}(s)}{\Delta\delta_{\mathrm{e}}(s)} = \frac{M_{\delta_{\mathrm{e}}}(s - Z_\alpha/V_0)}{[s^2 - (Z_\alpha/V_0 + M_q + M_{\dot{\alpha}})s + (Z_\alpha M_q/V_0 - M_\alpha)]} \tag{9-38a}$$

知 $\zeta_{\mathrm{sp}} = -\dfrac{Z_\alpha + V_0(M_q + M_{\dot{\alpha}})}{2\sqrt{V(M_q Z_\alpha - M_\alpha V_0)}} = \dfrac{Z_\alpha^* - (M_q + M_{\dot{\alpha}})}{2\sqrt{-M_q Z_\alpha^* - M_\alpha}}$，$\omega_{\mathrm{nsp}} = \sqrt{-M_q Z_\alpha^* - M_\alpha}$，$Z_\alpha^* = -Z_\alpha/V_0$。

再根据俯仰增稳回路简化方块图 9－26 所示，可知杆力灵敏度为

$$M_{F_e}=\left.\frac{\Delta\ddot{\theta}}{\Delta F_e}\right|_{t\to0^+}=\left.\frac{\Delta\dot{q}}{\Delta F_e}\right|_{t\to0^+}$$
$$=[k_j+k_pk_\delta M(s)]k_z\bar{G}(s)s\,|_{s\to\infty} \tag{9-38b}$$

式中，$\bar{G}(s)=G^q_{\delta_e}(s)/(1+L^q_yG^q_{\delta_e}(s))$，$L^q_y=k^q_yk_ak_\delta k_z$。

由式(9-38b)知，一般控制增稳系统的杆力灵敏度 M_{F_e}，要比普通增稳系统(无前馈电气通道，即 $M(s)=k_M=0$)的大。

(2) 改善操纵系统的杆力特性。

定义杆力梯度(或称为单位过载杆力)为 $F^{n_z}_e=\left.\frac{\Delta F_e}{\Delta n_z}\right|_{t\to\infty}$，它是衡量飞机产生单位过载所需施加的操纵杆力的指标。

忽略校正网络环节，可得 $G^{n_z}_q(s)=\frac{V_0Z^*_\alpha}{57.3g(s+Z^*_\alpha)}$，则机械通道的杆力特性如下：当断开增稳控制系统的舵机输出端，且电气通道断开，仅剩机械通道，其传递函数为

$$\frac{\Delta n_z(s)}{\Delta F_e(s)}=\frac{k_jk_zM_{\delta_e}VZ^*_\alpha}{57.3g(s^2+2\zeta_{sp}\omega_{nsp}s+\omega^2_{nsp})} \tag{9-39a}$$

由式(9-39a)知俯仰增稳系统杆力梯度可以简化为

$$F^{n_z}_e=\left.\frac{\Delta F_e}{\Delta n_z}\right|_{s\to0}=\frac{57.3g\omega^2_{nsp}}{k_jk_zM_{\delta_e}VZ^*_\alpha}=-\frac{57.3\omega^2_{nsp}}{k_jk_z\dfrac{Z_\alpha}{g}M_{\delta_e}} \tag{9-39b}$$

由式(9-39b)可见，不可逆助力操纵系统的杆力梯度是与纵向的量纲导数 Z_α 和 M_{δ_e}，以及飞机的短周期固有频率 ω_{nsp} 有关。即机械通道的杆力梯度是与纵向的量纲导数 Z_α 和 M_{δ_e}，以及飞机的短周期固有频率 ω_{nsp} 有关。

对于控制增稳系统(含增稳系统及电气前馈通道)，如图 9-25 所示，其杆力梯度为

$$F^{n_z}_e=\left.\frac{\Delta F_e(s)}{\Delta n_z(s)}\right|_{s\to0}\approx\frac{k_\delta k^{n_z}_yk_a}{k_\delta k_pk_M+k_j}\left(1+\frac{k^q_y}{k^{n_z}_y}\frac{57.3g}{V}\right) \tag{9-39c}$$

与机械通道的杆力梯度式(9-39b)相比较，可见控制增稳系统的杆力梯度仅是飞行速度 V 的函数。因此，控制增稳系统的杆力梯度仅与飞行速度 V 有关，但与飞机的短周期固有频率 ω_{nsp} 无关。

(3) 控制增稳系统与增稳系统的两种杆力梯度比较。

令控制增稳系统的杆力梯度式(9-39c)中的 $k_M=0$，便可直接得到增稳系统的杆力梯度为

$$F^{n_z}_{e0}=\frac{k_\delta k^{n_z}_yk_a}{k_j}\left(1+\frac{k^q_y}{k^{n_z}_y}\frac{57.3g}{V}\right) \tag{9-40}$$

将式(9-40)除以式(9-39c),可得增稳系统与控制增稳系统的杆力梯度之比为

$$\frac{F_{e\delta}^{n_z}}{F_{e}^{n_z}} = 1 + \frac{k_p k_M k_\delta}{k_j} \tag{9-41}$$

可见,控制增稳系统的杆力梯度比增稳系统降低了 $k_p k_M k_\delta / k_j$ 倍,从而补偿了由于引入增稳系统而增大杆力梯度的缺点,改善了杆力梯度的特性。这一优点是由于采用前馈电气通道 $k_p k_M$ 的结果。

9.2.2.2.3 指令模型的形式

为解决增稳器对操纵性的负面影响,在增稳器基础上加入前向通道;同时,通常加入指令模型 $M(s)$,以改善飞机机动时灵敏度要求。因为飞机实现大机动飞行时,驾驶员要求有较高的灵敏度,小机动飞行时要求较低的灵敏度。能满足这种要求的典型指令模型有下列两种形式:

1) 非线性指令模型

如果只考虑操纵指令信号,则根据俯仰控制增稳系统方框图 9-25,可得助力器输入端的总位移

$$\Delta d_e = [k_j + k_p M(s) k_\delta] \Delta F_e \tag{9-42}$$

在一般情况下 $k_p M(s) k_\delta >> k_j$,所以式(9-42)可简化为

$$\Delta d_e \approx k_p M(s) k_\delta \Delta F_e \tag{9-43}$$

如果假定指令模型为 $M(s) = k_M$,则由式(9-43)可以得到操纵指令信号的表达式为

$$\Delta F_e = \frac{\Delta d_e}{k_p k_M k_\delta} \tag{9-44}$$

根据杆力灵敏度的定义和式(9-44),可以得到杆力灵敏度 M_{F_e} 改写为

$$M_{F_e} = \frac{\Delta \dot{q}\mid_{t\to 0^+}}{\Delta F_e} = \frac{k_p k_M k_\delta \Delta \dot{q}\mid_{t\to 0^+}}{\Delta d_e} \tag{9-45}$$

由杆力灵敏度 M_{F_e} 式(9-45)可见,如果 k_M 的值越大,则杆力灵敏度 M_{F_e} 就越大,反之,则越小。依据式(9-45),可以设计出非线性的指令模型。

可见,当大杆力 $(U_p > U_a)$ 时,U_a 为中间杆力过渡阈值,指令模型为大增益 k_M,则相应地杆力灵敏度 M_{F_e} 就大,即飞机对操纵指令具有较高的灵敏度;当使用小杆力操纵 $(U_p < U_a)$ 时,指令模型为小增益 k_M,相应的为较小的杆力灵敏度 M_{F_e}。这样就可以满足大机动飞行时有较高的灵敏度,小机动飞行时要有较低灵敏度的操纵要求。

2) 滞后网络指令模型

采用滞后网络也可以实现非线性的指令模型,满足大机动飞行时有较高的灵

敏度，小机动飞行时要有较低灵敏度的操纵要求。滞后网络指令模型的传递函数为

$$M(s)=\frac{k_{\mathrm{M}}}{\tau_{\mathrm{M}}s+1} \tag{9-46}$$

式中，τ_{M} 为指令模型时间常数。

可知 $s\ll 1/\tau_{\mathrm{M}}$，$M(s)=k_{\mathrm{M}}$；$s\gg 1/\tau_{\mathrm{M}}$，$M(s)=0$。根据传递函数式(9-46)画出其幅频特性，如图 9-28 所示。由幅频特性可知，幅值 $M(\mathrm{j}\omega)$ 具有低频幅值大而高频幅值小的特性，正好符合大机动飞行时动作慢、频率低，需要较高的灵敏度；小机动飞行时动作快、频率高，需要较低灵敏度的操纵要求。

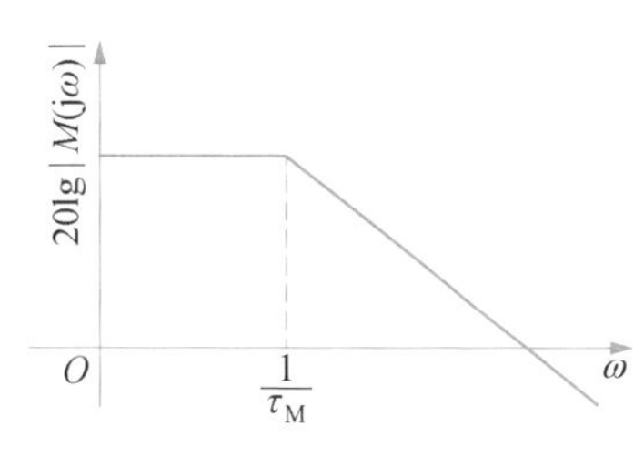

图 9-28　俯仰控制增稳系统方框图

将幅值 $M(\mathrm{j}\omega)$ 代替式(9-45)的 k_{M}，则杆力灵敏度 $M_{F_{\mathrm{e}}}$ 可改为

$$M_{F_{\mathrm{e}}}=\frac{k_{\mathrm{p}}k_{\delta}\mid M(\mathrm{j}\omega)\mid \Delta\dot{q}\mid_{t\to 0^{+}}}{\Delta d_{\mathrm{e}}} \tag{9-47}$$

由式(9-47)和图 9-28 可知，当驾驶员采用大杆力作大机动飞行时，由于杆力的信号变化比小机动时要缓慢得多，正好处于低频段 $\omega<1/\tau_{\mathrm{M}}$，幅值 $M(\mathrm{j}\omega)$ 较大，则相应的杆力灵敏度 $M_{F_{\mathrm{e}}}$ 就大，飞机对操纵指令的灵敏度较高；反之，当驾驶员采用小杆力作小机动飞行时，由于杆力的变化是高频信号，处于高频段 $\omega>1/\tau_{\mathrm{M}}$，幅值 $M(\mathrm{j}\omega)$ 衰减较大，则相应的杆力灵敏度 $M_{F_{\mathrm{e}}}$ 就小，飞机对驾驶员的操纵指令的灵敏度较低。

对于杆力灵敏度和杆力梯度，可用 CAP 指标了统一刻画，根据第 7 章式(7-1)可知，

$$CAP=\frac{(\theta/\delta_{\mathrm{e}})\mid_{t=0^{+}}}{(\Delta n_{z}/\delta_{\mathrm{e}})\mid_{t=\infty}}\approx\frac{\omega_{n_{\mathrm{sp}}}^{2}}{n_{z}/\alpha}$$

依据杆力灵敏度 $M_{F_{\mathrm{e}}}$ 和杆力梯度 $F_{\mathrm{e}}^{n_z}$ 定义，可知

$$CAP=M_{F_{\mathrm{e}}}\cdot F_{\mathrm{e}}^{n_z}$$

根据上述分析，可知指令模型参数 k_{M}，k_{p} 选择是依据飞行品质中 CAP 要求获得，而参数 τ_{M} 选择依据杆力梯度 $F_{\mathrm{e}}^{n_z}$ 的相频特性来获取。

9.2.3　俯仰控制系统设计

9.2.3.1　姿态控制系统的构成与工作原理

首先分析讨论自动驾驶仪(autopilot)在姿态控制过程中的工作方式。自动驾驶控制规律是描述自动驾驶仪如何驾驶飞机的控制过程，即自动驾驶仪本身的方

程。根据其输入与输出之间的关系，分为比例式自动驾驶仪、积分式自动驾驶仪和比例-积分式自动驾驶仪三种形式。

1）比例式自动驾驶仪

（1）比例式驾驶仪控制规律。

一般纵向自动驾驶仪系统结构如图 9－29 所示，由垂直陀螺和舵回路及飞机系统构成。比例式自动驾驶仪（有差式）是指舵面偏转角与自动驾驶仪输入信号之间成比例关系。

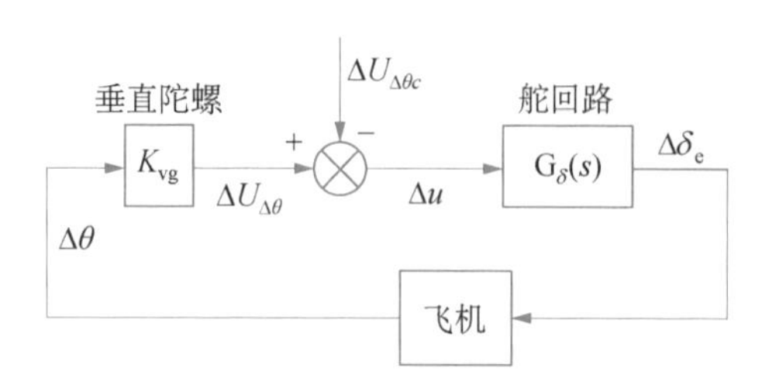

图 9－29 俯仰角控制系统原理方框图

若不计舵回路的惯性，舵回路的传递函数可简化为 K_δ，这样自动驾驶仪的控制律为

$$\Delta\delta_e = K_\delta(\Delta U_{\Delta\theta} - \Delta U_{\Delta\theta_c}) = K_\delta K_{vg}\left(\Delta\theta - \frac{\Delta U_{\Delta\theta_c}}{K_{vg}}\right) = K_\delta K_{vg}(\Delta\theta - \Delta\theta_c) \tag{9-48}$$

将自动驾驶仪控制律式（9－48）简写成下面的形式，即

$$\Delta\delta_e = L_\theta(\Delta\theta - \Delta\theta_c) \tag{9-49}$$

式中，$L_\theta = K_\delta K_{vg} > 0$，$\Delta\theta_c = \Delta U_{\Delta\theta_c}/K_{vg}$。

根据式（9－49），垂直陀螺以及舵回路构成了比例式控制律的姿态角自动控制器，如图 9－30 所示。

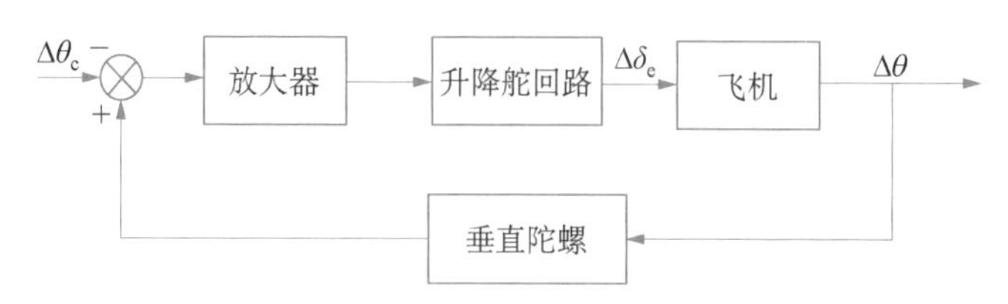

图 9－30 俯仰角控制系统方框图

（2）工作原理。

纵向自动驾驶仪的基本功能之一，就是能将飞机保持在给定的参考姿态 $\Delta\theta_c$，此参考姿态是由驾驶员根据某种飞行状态（如平飞，爬升，下滑）的需要而建立的，控制

系统接通后就希望保持在给定的参考姿态，工作在保持姿态的飞行控制系统又称为姿态角控制系统。

自动驾驶仪系统的工作原理：当飞机在进行等速水平直线飞行状态时，受到气流干扰后，出现俯仰角偏差 $\Delta\theta=\theta-\theta_0>0$，假定初始俯仰角 $\theta_0=0$，则垂直陀螺仪侧出俯仰角偏差 $\Delta\theta$ 后，输出电压信号 $K_{vg}\Delta\theta$。外加的控制信号 $\Delta U_{\Delta\theta_c}$，则经过信号综合与舵回路后，按照控制规律式(9－49)驱动升降舵向下偏转 $\Delta\delta_e=K_\delta K_{vg}\Delta\theta>0$，使飞机产生低头力矩，减小俯仰角偏差 $\Delta\theta$，最后实现姿态保持的功能。

如果突然操纵飞机到新的姿态，则自动驾驶仪的姿态保持功能自动解除，垂直陀螺仪具有自动同步装置，使 $\Delta\theta_c$ 与新的姿态值同步，当驾驶员重新接通姿态保持模态的功能时，驾驶仪将保持于新的姿态。

(3) 存在常值干扰力矩 M_f 时，比例式自动驾驶仪的静差问题。

当有常值干扰力矩 M_f 存在时，飞机稳定后必然有一个 $\Delta\delta_e$ 抵消常值干扰力矩 M_f 的影响，即其力矩平衡条件为

$$M(\Delta\delta_e)+M_f=0 \tag{9-50}$$

式中，$M(\Delta\delta_e)=\bar{q}S\bar{c}C_{m\delta_e}\Delta\delta_e$，将其代入力矩平衡条件式(9－50)后，可以得到抵消常值干扰力矩 M_f 的升降舵偏转角

$$\Delta\delta_e=-\frac{M_f}{\bar{q}S\bar{c}C_{m\delta_e}} \tag{9-51}$$

将控制律 $\Delta\delta_e=L_\theta(\Delta\theta-\Delta\theta_c)$ 代入式(9－51)后，得

$$\Delta\theta=\Delta\theta_c-\frac{M_f}{\bar{q}S\bar{c}C_{m\delta_e}L_\theta} \tag{9-52}$$

由式(9－52)可以求出俯仰角误差(静差)为

$$\Delta\theta-\Delta\theta_c=-\frac{M_f}{\bar{q}S\bar{c}C_{m\delta_e}L_\theta} \tag{9-53}$$

由比例式自动驾驶仪的俯仰角静差如式(9－53)，可以得到如下的结论：

a. 常值干扰力矩 M_f 将引起俯仰角静差，此静差与常值干扰力矩 M_f 同极性且成正比，并与反馈增益 L_θ 成反比。

b. 增大反馈增益 L_θ 可减小俯仰角的静差。但是，过大的反馈增益 L_θ 会导致升降舵偏角 $\Delta\delta_e$ 过大，易引发振荡。

(4) 一阶微分信号在比例式控制律中的作用。

为了克服 L_θ 引起的振荡缺陷，自然会在控制律中引入俯仰角速率 $\Delta\dot{\theta}$ 反馈对飞机的振荡运动增加阻尼，则自动驾驶仪的控制律为

$$\Delta\delta_e=L_\theta\Delta\theta+L_{\dot{\theta}}\Delta\dot{\theta} \tag{9-54}$$

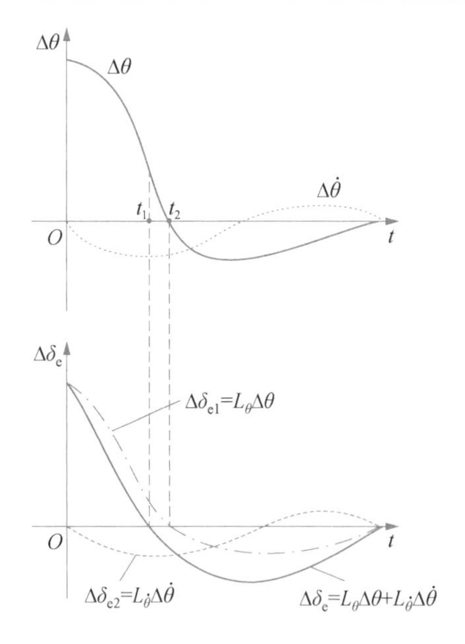

图 9-31 一阶微分信号的阻尼效果

式中,反馈增益 $L_\theta>0$, $L_{\dot{\theta}}>0$。

引入俯仰角速率 $\Delta\dot{\theta}$ 对飞机振荡运动增加阻尼的作用如图 9-31 所示。升降舵偏角由正值逐渐减小,使飞机低头的力矩值也逐渐减小,俯仰角也随之逐渐减小。由于 $\Delta\delta_{e2}=L_{\dot{\theta}}\Delta\dot{\theta}$ 的引入,使得 $\Delta\delta_e=\Delta\delta_{e1}+\Delta\delta_{e2}$ 的相位超前于角位移信号 $\Delta\theta$,提前在 t_1 时已变号为负值,产生抬头力矩,阻止飞机继续俯冲,此谓人工阻尼 $\Delta\dot{\theta}$ 所产生提前相位的作用,称为提前反舵。

为了进一步加深对一阶微分信号在比例式控制律中作用的理解,下面以纵向短周期运动方程为例,加以分析。

由状态方程式可以得到(6-62),对应的俯仰运动传递函数为

$$\frac{\Delta\dot{\theta}}{\Delta\delta_e}=\frac{(M_{\delta_e}V_0+M_{\dot{\alpha}}Z_{\delta_e})s+(M_\alpha Z_{\delta_e}s-Z_\alpha M_{\delta_e})}{V_0\cdot[s^2-(Z_\alpha/V_0+M_q+M_{\dot{\alpha}})s+(Z_\alpha M_q/V_0-M_\alpha)]}\tag{9-55}$$

而 $Z_{\delta_e}=0$,则

$$\frac{\Delta\dot{\theta}}{\Delta\delta_e}=\frac{M_{\delta_e}(s-Z_\alpha/V_0)}{s^2-(Z_\alpha/V_0+M_{\dot{\alpha}}+M_q)s+Z_\alpha M_q/V_0-M_\alpha}=\frac{M_{\delta_e}(s+Z_\alpha^*)}{s^2+C_{1d}s+C_{2d}}\tag{9-56}$$

式中, $Z_\alpha^*=-Z_\alpha/V_0$, $C_{1d}=-(Z_\alpha/V_0+M_{\dot{\alpha}}+M_q)$, $C_{2d}=Z_\alpha M_q/V_0-M_\alpha$。

如果考虑到有俯仰角指令输入 $\Delta\theta_c$,则自动驾驶仪控制律式(9-54)可写成

$$\Delta\delta_e=L_\theta(\Delta\theta-\Delta\theta_c)+L_{\dot{\theta}}\Delta\dot{\theta}\tag{9-57}$$

由纵向短周期运动的传递函数式(9-56)并结合自动驾驶仪控制律式(9-57),便可得到相对应的飞机-自动驾驶仪系统的方框图,如图 9-32 所示。

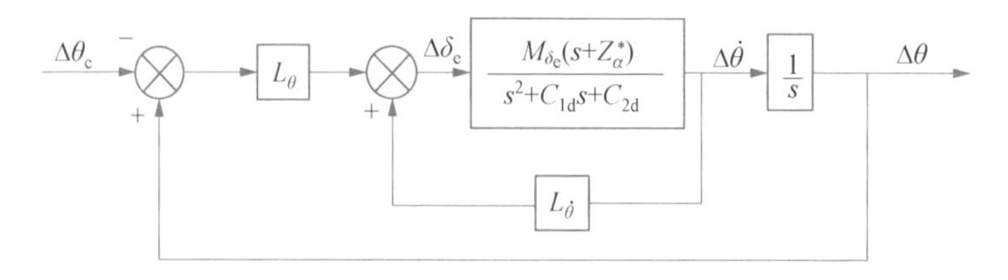

图 9-32 飞机-驾驶仪系统方框图

2）积分式自动驾驶仪

上面讨论的比例式自动驾驶仪是一种具有硬反馈舵回路形式的自动驾驶仪，在常值干扰力矩 M_f 作用下存在着角位移静差问题。为了平衡掉常值干扰力矩，操纵舵需要相应地偏转一个恒定偏角 $\Delta\delta_e$ 来产生操纵力矩。如果要消除这种角位移静差，可以采用速度反馈（即软反馈）舵回路形式的自动驾驶仪，如图 9－33(a)所示。

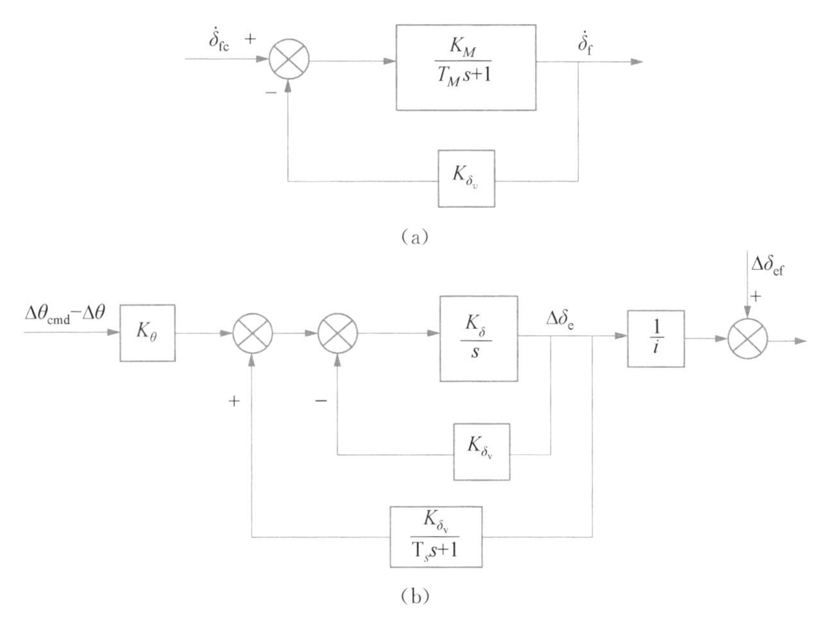

图 9－33　比例-积分自动驾驶仪舵回路

(a) 带速度反馈的舵回路　(b) 均衡反馈舵回路

带速度反馈舵回路闭环传递函数为

$$G_{\delta_v}(s)=\frac{G_\delta(s)}{1+G_\delta(s)\cdot K_{\delta_v}}=\frac{k_{\delta_v}}{T_{\delta_v}s+1} \tag{9-58}$$

式中，开环舵传递函数 $G_\delta(s)=\frac{K_M}{1+T_M s}$，$k_{\delta_v}$ 软反馈舵回路增益，$k_{\delta_v}=\frac{K_M}{1+K_M K_{\delta_v}}$，$T_{\delta_v}=\frac{T_M}{1+K_M K_{\delta_v}}$，为闭环时间常数。而采用比例反馈有

$$\Delta\dot{\delta}_e=L_\theta\Delta\theta \tag{9-59}$$

其中 L_θ 为单位俯仰角偏转所产生的升降舵偏转角速率。

积分式控制规律：如果舵面偏转角与自动驾驶仪输入信号之间成积分关系，或舵面偏转角速度与自动驾驶仪输入信号之间成比例关系，则构成积分式自动驾驶仪（无差式）。利用式(9－59)积分并令 $\Delta\theta_0=0$，可得稳态控制律

$$\Delta\delta_e(t)=L_\theta\int_0^t\Delta\theta(\tau)\mathrm{d}\tau \tag{9-60}$$

为了改善俯仰运动特性，实现“提前反舵”，需要引入俯仰角加速度信号，其控制律为

$$\Delta\dot{\delta}_e = L_\theta \Delta\theta + L_{\dot{\theta}} \Delta\dot{\theta} + L_{\ddot{\theta}} \Delta\ddot{\theta} \tag{9-61}$$

即

$$\Delta\delta_e(t) = L_\theta \int_0^t [\Delta\theta(\tau) - \Delta\theta_{cmd}] d\tau + L_{\dot{\theta}} \Delta\theta + L_{\ddot{\theta}} \Delta\dot{\theta} \tag{9-62}$$

于是引入俯仰角加速度信号反馈的控制系统如图 9-34 所示。

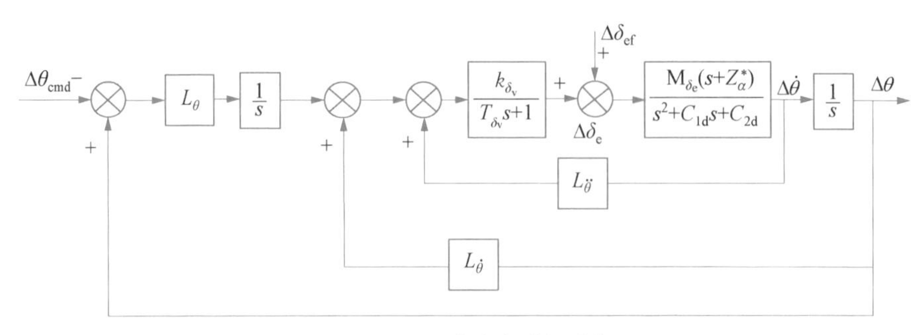

图 9-34　积分式自动驾驶仪

由于 $\Delta\ddot{\theta}$ 很难获得，积分式自动驾驶仪在实际使用中很少。随着高精度自动着陆控制的要求，目前采用比例-积分式自动驾驶仪（即均衡反馈式自动驾驶仪）得到了重视。

比例-积分式自动驾驶仪是在舵机硬反馈 K_{δ_v} 基础上，加一个大时间常数 T_s 的惯性环节，如图 9-33(b)所示，图中 T_s 为几秒～十几秒，相对舵回路时间常数 T_δ（一般零点几秒）很大，因此可以把 T_s 看出一个开关，在稳态时接通，形成正反馈与硬负反馈相互抵消，使得舵回路传递函数为积分环节$\frac{K_\delta}{s}$，从而消除误差。图中 $1/i$ 为传动比，$\Delta\delta_{ef}$是外界扰动力矩 M_f 产生的舵偏量。相应舵回路传递函数形式可参考式(2-45)。

根据式(9-62)知，其相应的比例-积分式自动驾驶仪控制律为

$$\Delta\delta_e(t) = \frac{L_\theta}{T_s} \int_0^t (\Delta\theta(\tau) - \Delta\theta_{cmd}) d\tau + L_\theta \Delta\theta + L_{\dot{\theta}} \Delta\dot{\theta} \tag{9-63}$$

式中，$\frac{1}{T_s}$很小，只有在稳态时积分作用才明显。

9.2.3.2　飞机纵向姿态稳定与控制

1）初始俯仰角偏差的修正

下面以自动驾驶仪控制律 $\Delta\delta_e = L_\theta(\Delta\theta - \Delta\theta_c) + L_{\dot{\theta}}\Delta\dot{\theta}$ 为例，来分析自动驾驶仪的工作过程以及与迎角 α 的关系。

(1) 稳定过程。

假设飞机受扰后出现俯仰角偏差 $\Delta\theta_0 > 0$，由于控制增益 $L_\theta > 0$，则由控制律

可知升降偏角 $\Delta\delta_e = L_\theta \Delta\theta_0 > 0$，即升降舵下偏，将产生低头力矩，飞机绕 Oy_b 轴向下转动，使得 $\Delta\theta_0$ 减小，同时会出现俯仰角速度 $\Delta q = \Delta\dot{\theta} < 0$，并且其值也会随着俯仰角 $\Delta\theta$ 逐渐减小而负向增大。

由于刚打破平衡后，在低头力矩的作用下，飞机的 Ox_b 轴总是先于空速向量发生转动，因而产生迎角 $\Delta\alpha < 0$。由于迎角负向增大，使空速向量向下偏转加快，又从而减缓迎角负向增加的速度，当迎角达到最大值 $\Delta\alpha_m$，飞机的 Ox_b 轴与空速向量转动的速度相同时，负迎角不再增加。由于负值分量的舵偏角 $\Delta\delta_e = L_{\dot{\theta}} \Delta q < 0$ 逐渐增大，当正负两部分的舵偏角抵消后，由负值分量的舵偏角占主导，则总舵偏角逐渐变为负值，由此产生抬头力矩，使得飞机产生抬头运动，从而减缓飞机 Ox_b 轴转动速度，最后使俯仰角的偏差 $\Delta\theta$ 趋于零，如图 9－35 所示。

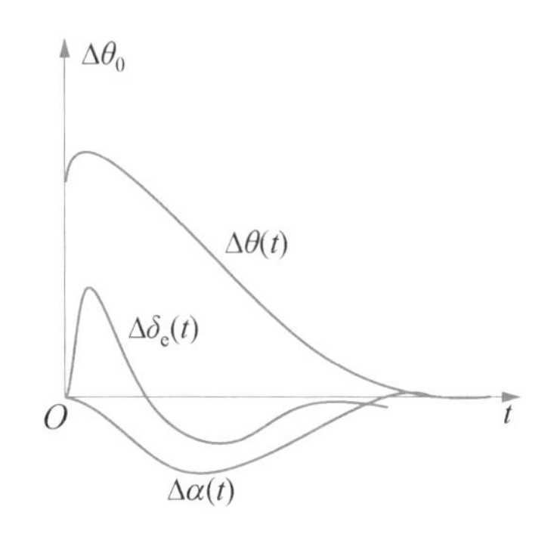

图 9－35　修正初始俯仰角偏差过程图

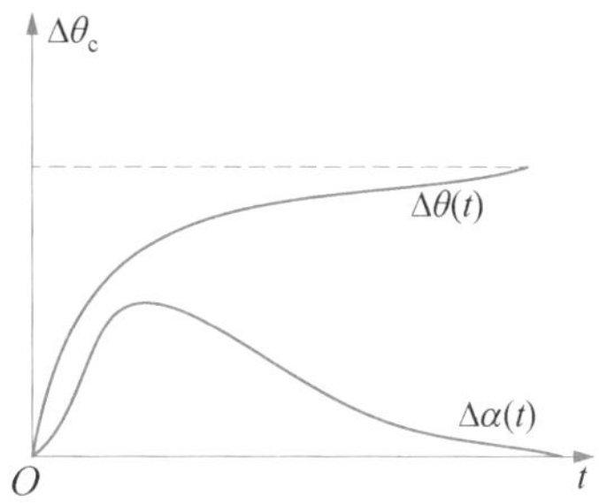

图 9－36　比例式驾驶仪对俯仰角控制的过程

(2) 控制过程。

首先，由控制律产生舵偏角 $\Delta\delta_e = -L_\theta \Delta\theta_c < 0$，升降舵上偏，产生抬头力矩，飞机绕 Ox_b 轴向上转动，$\Delta\theta$ 增加，同时出现 $\Delta q = \Delta\dot{\theta} > 0$，$\Delta\alpha > 0$，产主正值分量的舵偏角 $\Delta\delta_e = L_{\dot{\theta}} \Delta q > 0$，其余的过程与稳定过程类似，如图 9－36 所示。

由上述分析可知：

a. 俯仰角控制过程的快慢与最大迎角增量 $\Delta\alpha_m$（即与法向过载增量 Δn_z 有关），在 $\Delta\theta_c$ 值一定时，$\Delta\alpha_m$ 值越大，$\Delta\theta(t)$ 过程越快；

b. 迎角增量 $\Delta\alpha$ 与法向过载增量 Δn_z 的关系如下：

$$\Delta n_z = \frac{\bar{q} S C_{L\alpha}}{G} \Delta\alpha \approx \frac{V Z_\alpha^*}{g} \Delta\alpha = -\frac{Z_\alpha}{g} \Delta\alpha \tag{9-64}$$

由迎角增量 $\Delta\alpha$ 与法向过载增量 Δn_z 的关系式(9－64)可知，最大迎角增量 $\Delta\alpha_m$ 越大，法向过载增量 Δn_z 也越大。如果法向过载增量过大，会使得机上乘员感到很不舒适，但是如果法向过载增量过小，则会使俯仰角控制的过渡过程又太长，而一般又不希望此过程太长。因此，为了避免在俯仰角控制过程中出现过大的迎角增量，这种控制律的俯仰角控制指令 $\Delta\theta_c$ 不能太大（一般选择 $4^\circ \sim 5^\circ$ 左右）。如果需要控

制的俯仰角比较大，则需对此控制律进行修改，以适应大俯仰角的控制规律。例如，某型运输机的大俯仰角度的控制律可改为

$$\Delta\delta_e = L_\theta(\Delta\theta - \Delta\theta_c t) + L_{\dot{\theta}}\Delta\dot{\theta} - \Delta\dot{\theta}_c \tag{9-65}$$

可见，在此控制律中俯仰角控制指令 $\Delta\theta_c$ 是随着时间增大逐渐加入的，以避免在俯仰角控制过程中出现过大的迎角增量 $\Delta\alpha_m$ 和法向过载增量 Δn_z。

2）初始迎角 $\Delta\alpha_0 \neq 0$ 时的系统运动特性

采用比例驾驶仪控制律 $\Delta\delta_e = L_\theta(\Delta\theta - \Delta\theta_c) + L_{\dot{\theta}}\Delta\dot{\theta}$，当 $\Delta\alpha_0 > 0$，且 $\Delta\theta_0 = \Delta\delta_{e0} = 0$，在纵向静稳定力矩作用下，飞机低头，迎角减小；同时由于 $\Delta\alpha_0 > 0$ 使得空速向上转动，升力下降，故迎角急剧降低，同时出现 $\Delta\theta < 0$ 及 $\Delta\dot{\theta} < 0$，根据比例驾驶仪控制律可知 $\Delta\delta_e < 0$，升降舵上偏，产生抬头力矩，阻止飞机低头运动。抬头力矩随着下俯角增大而增大；低头力矩随着迎角减小而减小，当两力矩平衡后系统稳定，俯仰角和迎角为零。

3）干扰力矩的影响

飞机飞行过程中，由于重心位置的改变，或者重量的改变，会产生干扰力矩 M_f，干扰力矩需要自动驾驶仪产生舵偏，形成平衡力矩 $M_c = M^{\alpha}_{\delta_e}\delta_e$，其中 $M^{\alpha}_{\delta_e} = I_y M_{\delta_e} = C_{m\delta_e}\bar{q}S\bar{c}$，$\delta_e = L_\theta\Delta\theta_s$，$\Delta\theta_s$ 是因重量变化驾驶仪感知到的俯仰角变化。根据力矩平衡 $M_c + M_f = 0$，可得

$$\Delta\theta_s = -\frac{M_f}{I_y M_{\delta_e} L_\theta} \tag{9-66}$$

式中，$M_f = \Delta G \cdot \Delta x_{cg}$。

根据第 4 章纵向静稳定导数与纵向静稳定度关系，有

$$C_{m\alpha} = -C_{L\alpha}(x_{ac} - x_{cg})/\bar{c} = -C_{L\alpha}(\bar{x}_{ac} - \bar{x}_{cg}) \tag{9-67}$$

则气动中心到重心距离

$$\Delta x_{cg} = -\frac{C_{m\alpha}\bar{c}}{C_{L\alpha}} \tag{9-68}$$

可知重量变化 ΔG 减小，使迎角降低，则纵向静稳定力矩增量 $M^{\alpha}_{\alpha}\Delta\alpha = C_{m\alpha}\bar{q}S\bar{c}\Delta\alpha$ 与迎角变化引起的升力变化所产生的俯仰力矩增量 $M_f = -\Delta L \cdot \Delta x_{cg} = -C_{L\alpha}\bar{q}S\bar{c}\Delta\alpha \cdot \Delta x_{cg}$ 平衡，式中 $\Delta x_{cg} = \bar{x}_{ac} - \bar{x}_{cg}$。

由式(9-66)，式(9-68)及 M_f 知俯仰角静差为

$$\Delta\theta_s = \frac{1}{I_y M_{\delta_e} L_\theta}\frac{C_{m\alpha}\bar{c}}{C_{L\alpha}} \cdot \Delta G \tag{9-69}$$

可知对于静稳定飞机有 $C_{m\alpha} < 0$，$M_{\delta_e} < 0$，$C_{L\alpha} > 0$，则 $\Delta\theta_s$ 与重量变化 ΔG 成正比，而与 L_θ 成反比。

由于 $\alpha_0=0$，$\theta_0=\gamma_0$，则重心变化产生的干扰力矩为

$$M_f = G \cdot \cos\theta_0 \Delta x_{cg} = G \cdot \cos\theta_0 \Delta \bar{x}_{cg} \bar{c} \tag{9-70}$$

将式(9-70)代入式(9-66)，有

$$\Delta\theta_s = -\frac{G \cdot \cos\theta_0 \Delta \bar{x}_{cg} \bar{c}}{I_y M_{\delta_e} L_\theta} \tag{9-71}$$

而 $M_{\delta_e} = \frac{1}{I_y}\frac{\partial M}{\partial \delta_e} = \frac{\bar{q}S\bar{c}}{I_y} C_{m\delta_e}$，$G = L = \bar{q}S\bar{c}C_L$，$\cos\theta_0 \approx 1$，因此

$$\Delta\theta_s = -\frac{C_L \Delta \bar{x}_{cg}}{C_{m\delta_e} L_\theta} \tag{9-72}$$

式中，静稳定飞机 $C_{m\delta_e} < 0$，$C_L > 0$，可知重心后移 $\Delta \bar{x}_{cg} > 0$，$\Delta\theta_s > 0$ 飞机抬头；反之重心前移飞机低头。

9.2.3.3　俯仰控制系统设计实例

通常俯仰角姿态控制系统包括内回路俯仰角速度反馈，外回路的俯仰角指令的跟踪，如图 9-37 所示。

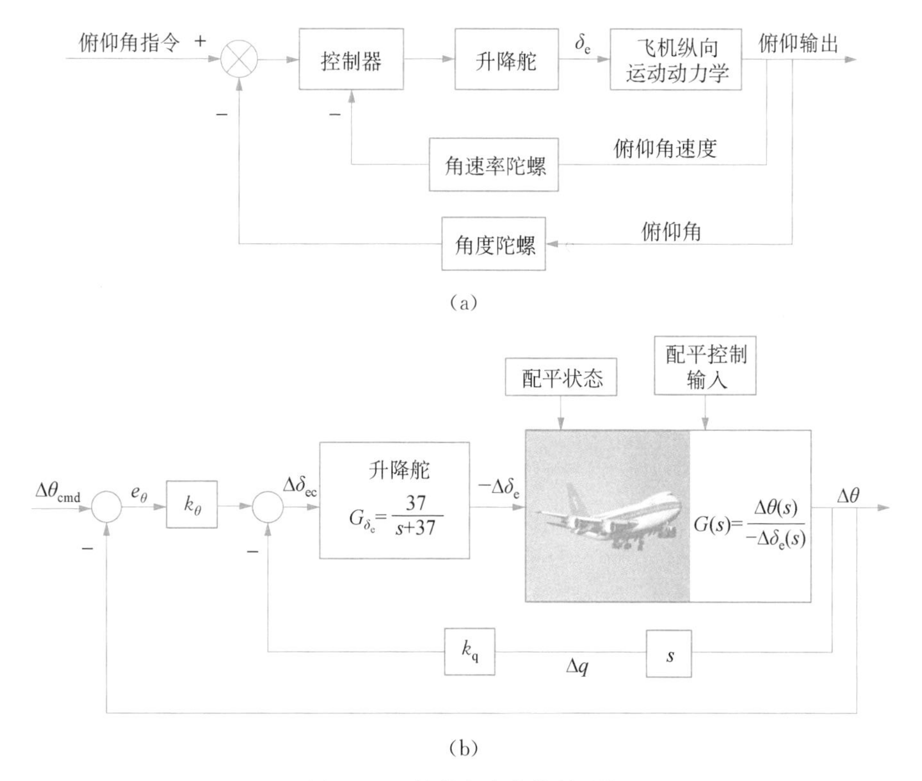

图 9-37　俯仰角姿态控制系统

(a) 结构图　(b) 设计方框图

详细设计如下。

例 9-3 B747 俯仰角姿态控制系统设计：

(1) 俯仰角速度回路设计。

以 B747-200 飞机为例，其在高度 7000 m，速度为 241 m/s，质量 $m = 300\,000\,\mathrm{kg}$，初始油门 $0.6T_{\max} = 43\,398\,\mathrm{N}$，进行巡航，考察其纵向运动，动力学模型为

$$\dot{\boldsymbol{x}} = \boldsymbol{A}\boldsymbol{x} + \boldsymbol{B}\boldsymbol{u} \tag{9-73}$$

式中，$\boldsymbol{x} = [\Delta V \quad \Delta\alpha \quad \Delta\theta \quad \Delta q]^{\mathrm{T}}$，$\boldsymbol{u} = [\Delta\delta_{\mathrm{e}} \quad \Delta T]^{\mathrm{T}}$，单位：$\Delta V$(m/s)，$\Delta\alpha$(rad)，$\Delta\theta$(rad)，$\Delta q$(rad/s)，$\Delta\delta_{\mathrm{e}}$(rad)，$\Delta T$(N/mg)，

$$\boldsymbol{A} = \begin{bmatrix} -0.0055 & 6.0078 & -9.7850 & -0.0839 \\ -0.0004 & -0.5151 & 0 & 1.0019 \\ 0 & 0 & 0 & 1.0000 \\ -0.0005 & -1.2025 & 0 & -0.7284 \end{bmatrix}, \quad \boldsymbol{B} = \begin{bmatrix} 0 & 9.7993 \\ -0.0454 & -0.0026 \\ 0 & 0 \\ -2.3594 & 0.0615 \end{bmatrix},$$

短周期运动模型为

$$\begin{aligned} \frac{\Delta q(s)}{\Delta\delta_{\mathrm{e}}(s)} &= \frac{-M_{\delta_{\mathrm{e}}}s + (M_{\alpha}Z_{\delta_{\mathrm{e}}} - M_{\delta_{\mathrm{e}}}Z_{\alpha})}{s^2 + (Z_{\alpha} + M_q)s + (Z_{\alpha}M_q + M_{\alpha})} \\ &= \frac{-2.3594s(s + 0.4871)(s + 0.01037)}{(s^2 + 0.004333s + 0.001382)(s^2 + 1.245s + 1.582)} \\ &\approx \frac{-2.3594(s + 0.4871)}{s^2 + 1.245s + 1.582} \ (\mathrm{rad/s})/(\mathrm{rad}) \end{aligned} \tag{9-74}$$

升降舵与推力环节分别描述为

$$\frac{\Delta\delta_{\mathrm{e}}}{\Delta\delta_{\mathrm{ec}}} = \frac{a}{\tau s + 1} = \frac{37}{s + 37}(\mathrm{rad/V}), \quad \frac{\Delta T}{\Delta T_{\mathrm{c}}} = \frac{0.5}{s + 0.5}(\mathrm{N/mg\ /V}) \tag{9-75}$$

参考图 9-37，引入作动器(升降舵与推力)环节，系统的根轨迹将发生变化，图 9-38(a)、(b)、(c)分别为升降舵时间常数 $\tau = 0$，$\tau = 0.05$，$\tau = 0.01$ 时的根轨迹。

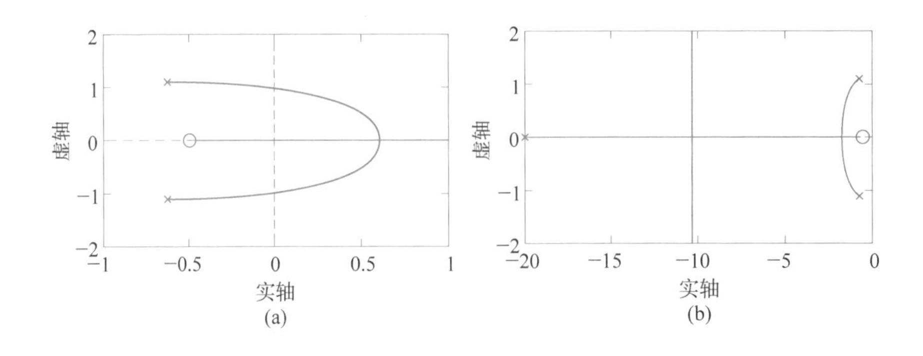

(a) (b)

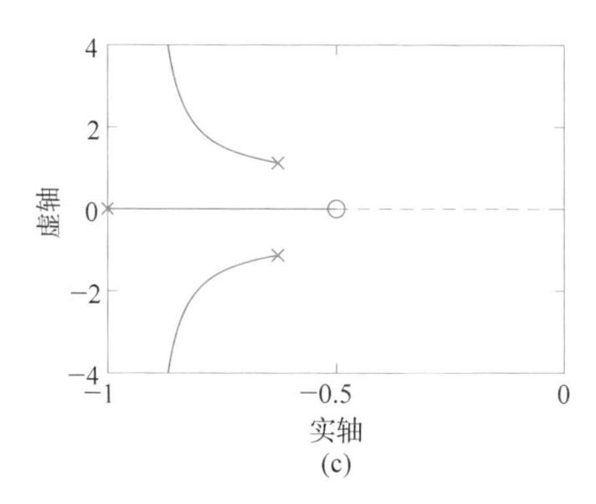

(c)

图 9-38　升降舵时间常数对俯仰运动根轨迹的影响

(a) 时间常数 $\tau=0$　(b) 时间常数 $\tau=0.05$　(c) 时间常数 $\tau=0.01$

从图 9-38 可知,时间常数 τ 越小,对系统根轨迹的影响也越小。此处选择 $\tau=1/37(\mathrm{s})$, $a=1$。

当角速率反馈增益 k_q 变化时,俯仰角速度回路的形成闭环根轨迹,如图 9-39 所示。

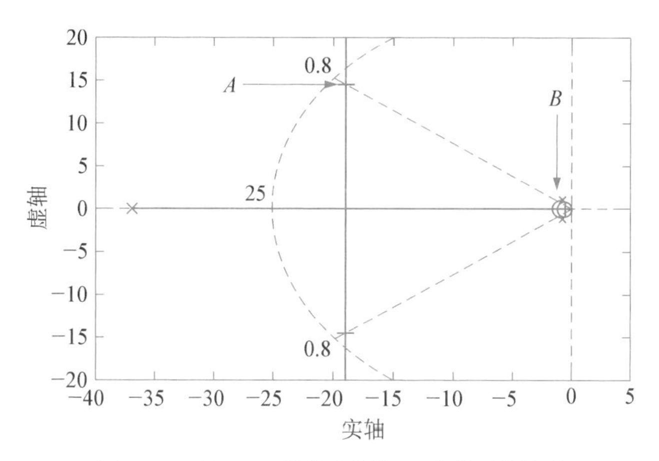

图 9-39　B-747 巡航飞行中 k_q 变化时根轨迹

由第 7 章增稳控制理论知,角速率反馈增益 k_q 的选择不仅影响内回路阻尼特性,也会影响外回路特性,如果选择 k_q 为等阻尼比 $\zeta=0.7$ 与根轨迹相交点处增益,那么在设计俯仰角反馈时,会发现由于开环特征根位于等阻尼比 $\zeta=0.7$ 斜线上,因而随着俯仰角反馈增益 k_θ 变化时,外回路闭环特征根的根轨迹很难再穿越阻尼比为 0.7 的等阻尼比线,即俯仰角控制回路的阻尼比只能 $\zeta<0.7$,而且随着 k_θ 增大,根轨迹将趋向右半复平面使系统不稳定,这对俯仰角反馈增益设计不利的。因此,选择 k_q 时,设计为过阻尼系统,即阻尼比选择为 0.7~1 之间。这里选择 $\zeta=0.80$,如图 9-39 所示。由于升降舵环节的存在,内回路根轨迹与等阻尼比线 $\zeta=0.80$ 相交于 A, B 两点。选择 A 点,则考虑了舵机特性,选择 B 点,其闭环极点与开环极点

相近，舵机影响较小。相应闭环特性如表 9-4 所示。

表 9-4 内回路闭环特性

	A 点	B 点
增益 k_q	6.0352	0.4439
闭环特征参数	$\lambda_{c\,sp1,2}=-18.8344\pm 14.0737i$	$\lambda_{csp\,1,2}=-1.1725\pm 0.8866i$
	$\lambda_{c\,3}=-0.5712$	$\lambda_{c\,3}=-35.8985$
	$\lambda_{cph\,4,5}=-0.0045\pm 0.0154i$	$\lambda_{cph\,4,5}=-0.0027\pm 0.0322i$
	$\lambda_{c\,6}=-37.0$	$\lambda_{c\,6}=-37.0$

从表 9-4 可看出，选择 A 点 k_q 增益较大，闭环共轭复根离虚轴较远，但有一靠近原点的负实根；选择 B 边，k_q 增益较小，闭环主导极点 $\lambda_{c\,1,2}$ 与飞机短周期自然极点 $\lambda_{o\,1,2}=-0.6225\pm 1.0929i$ 较接近，且绝对值较大的 $\lambda_{c\,3}$ 代表了舵机特性，该极点对系统影响较小。因此，A 点大共轭复根使飞机周期振荡运动很快收敛，而小实根使飞机短周期运动趋向于单调指数衰减运动；B 点飞机运动与无阻尼运动相似，只是短周期运动加快了。

（2）俯仰角回路设计。

参考图 9-37 俯仰角控制回路框图，可看出不同反馈增益 k_q 导致不同的 k_θ，如表 9-4 和表 9-5 所示，选择 A 点，$k_q=6.0352$，俯仰角控制回路短周期特征根离虚轴较远，该回路响应速度快。选择 B 点，$k_q=0.4439$，俯仰角控制回路短周期特征根离虚轴较近，该回路响应速度慢。选择 A 点内回路阻尼比增大，将使外回路根轨迹与等阻尼比线相交的设计点阻尼比增大，这增加了系统鲁棒性，但也会因为增益太大，容易造成系统不稳定，工程上一般选择小增益 $k_q=0.4439$（B 点），尽管有些保守，但可防止实际飞机动力学不确定和模型误差等带来的系统不稳定问题。

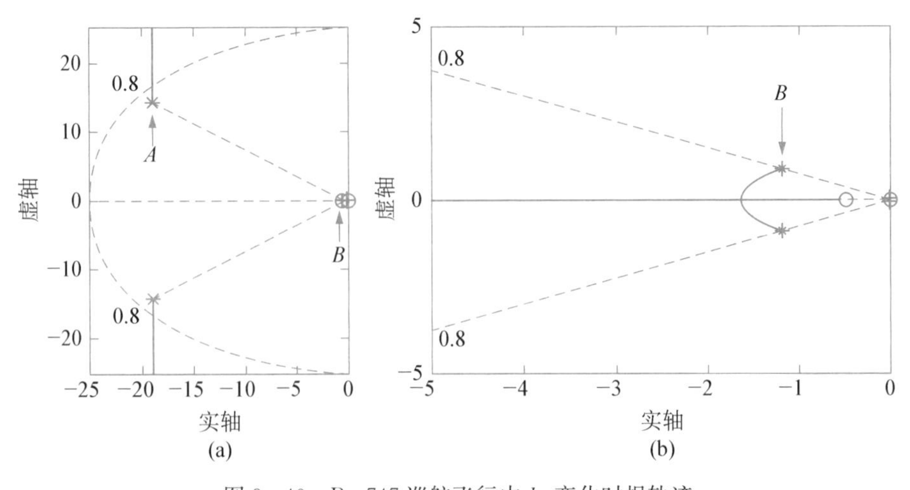

图 9-40 B-747 巡航飞行中 k_θ 变化时根轨迹

表 9-5 外回路闭环特性

	A 点	B 点
增益 k_θ	0.0105	0.0868
闭环特征参数（无补偿器）	$\lambda_{csp\,1,2}=-18.8336+14.0725\,i$	$\lambda_{csp\,1,2}=-1.1466\pm0.9742i$
	$\lambda_{c\,3}=-0.5714$	$\lambda_{c\,3}=-35.9047$
	$\lambda_{cph\,4,5}=-0.0052+0.0156i$	$\lambda_{cph\,4,5}=-0.0256\pm0.0285i$
	$\lambda_{c\,6}=-37.0$	$\lambda_{c\,6}=-37.0$
闭环特征参数（含超前补偿器 $H_{comp}=\frac{s+0.2}{s}$）	$\lambda_{csp\,1,2}=-18.8336+14.0725i$	$\lambda_{csp\,1,2}=-1.1417+0.9633i$
	$\lambda_{c\,3}=-0.5713$	$\lambda_{c\,3}=-35.9047$
	$\lambda_{cph\,4,5}=-0.0024+0.0228i$	$\lambda_{cph\,4,5}=-0.0259+0.0982i$
	$\lambda_{c\,6}=-37.0$	$\lambda_{c\,6}=-37.0$
	$\lambda_{c\,7}=-0.0056$	$\lambda_{c7}=-0.0093$

图 9-41，图 9-43～图 9-45 为 A，B 增益时俯仰角控制回路的阶跃响应。当选择 A 点时，升降舵阶跃输入响应如下。

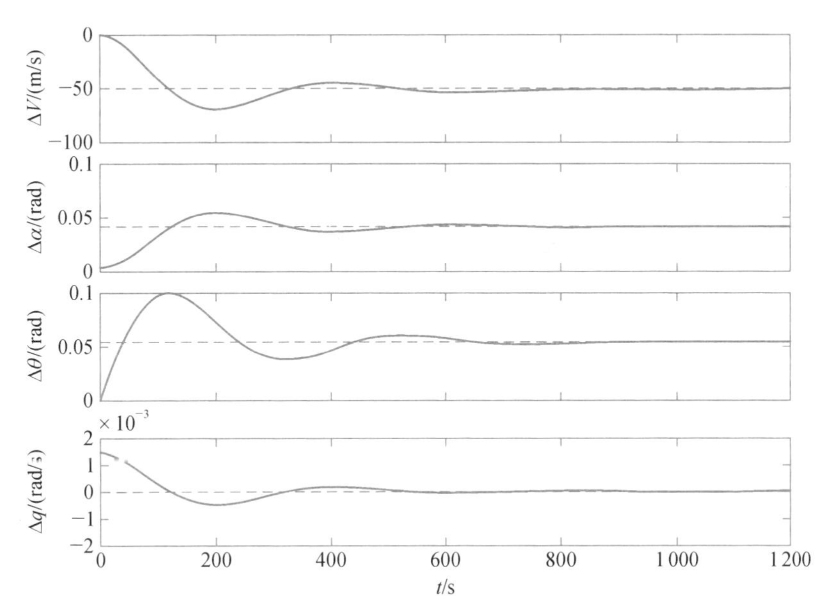

图 9-41 无补偿器升降舵输入系统阶跃响应

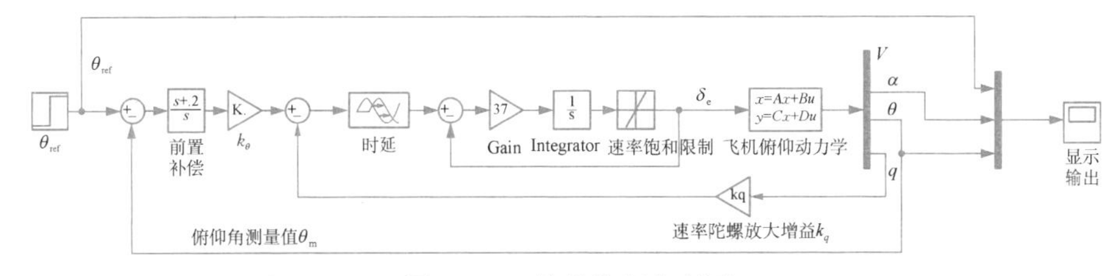

图 9-42 俯仰控制仿真图

可以看出，系统不能正确跟踪阶跃输入 $\Delta\theta_{\text{cmd}}$，有静差，为此引入比例积分(proportional integral, PI)补偿环节 $H_{\text{comp}}(s)=\dfrac{s+0.2}{s}$，如图 9-42 所示。则有 PI 补偿器升降舵阶跃输入响应如图 9-43 所示。

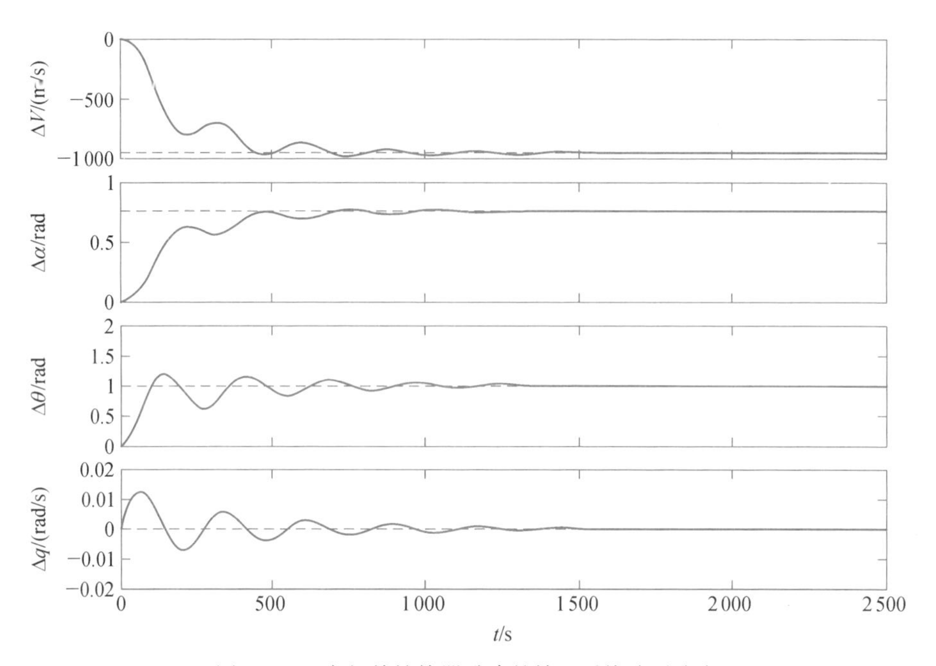

图 9-43 有超前补偿器升降舵输入系统阶跃响应

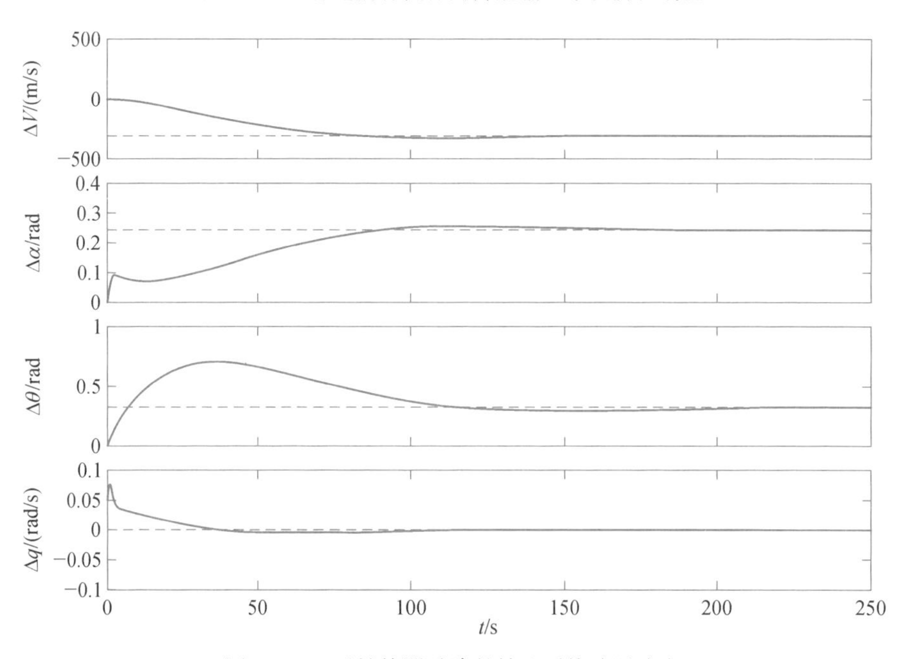

图 9-44 无补偿器升降舵输入系统阶跃响应

可以看出，系统超调降低，跟踪精度提高，俯仰角满足跟踪性能要求。注意速度输出为负值，是因为对象传递函数为 $G_{V\delta_e}(s)=-\dfrac{V(s)}{\delta_e(s)}$ 引入负号产生，速度稳定值达 1000m/s，如图 9-43 所示，是因为输入升降舵值较大 $\delta_e = 1\text{rad} = 57.3°$，实际飞行中 $-23.0° \leqslant \delta_e \leqslant +17°$（下偏为正），且升降舵长时间偏转引起外回路速度下降，因此实际飞行控制中需要速度同时调节。

当选择 B 点时，系统阶跃响应如图 9-44，图 9-45 所示。跟踪性能与 A 点相似，这里不再详述。扫描右侧二维码获取 Matlab 代码。

下面再以印尼航空公司生产的 CN250-100 小型运输机为例，如图 9-46 所示，设计俯仰保持控制。

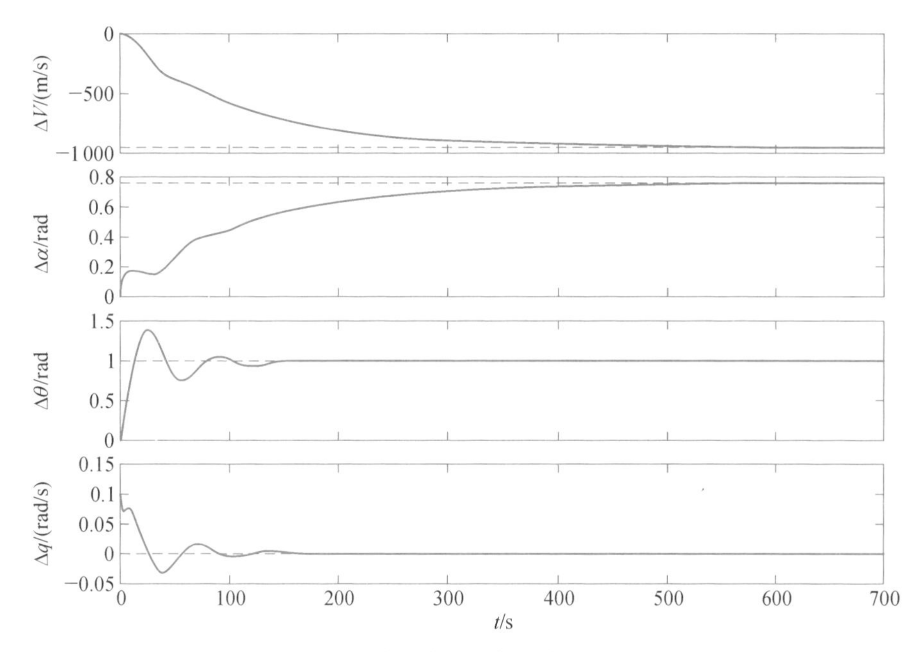

图 9-45　有超前补偿器升降舵输入系统阶跃响应

图 9-46　CN250-100 小型运输机

例 9-4 CN250 俯仰保持控制系统设计。CN250 俯仰控制系统与 B747 类似，如图 9-47 所示。

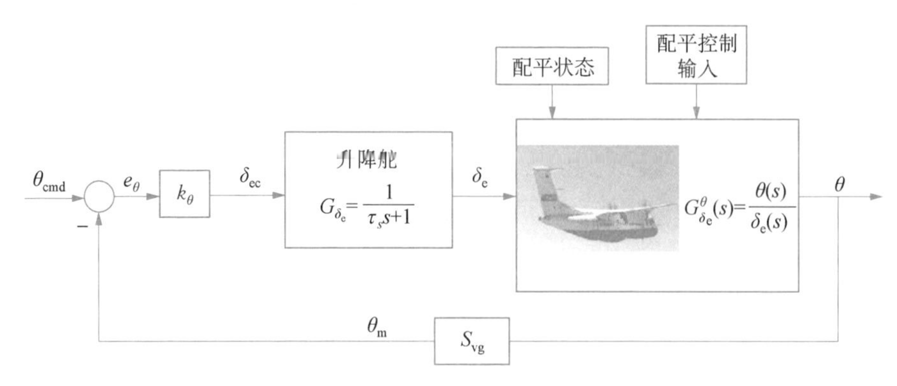

图 9-47 CN235-100 俯仰控制系统框图

其中 S_{vg} 为垂直陀螺传感器(sensor of vertical gyro)，θ_m 为传感器测量到的俯仰角。

升降舵为一阶惯性环节，有

$$G_{\delta_e}(s)=\frac{1}{\tau_s s+1} \tag{9-76}$$

式中，τ_s 为误差控制信号 e_θ 的传输时延常数。

令升降舵到俯仰角的传递函数为 $G_{\delta_e}^{\theta}(s)=\frac{N_{\delta_e}^{\theta}(s)}{\Delta_{olon}(s)}$，俯仰控制系统开环特征多项式为 $\Delta_{olon}(s)$，则有闭环俯仰保持系统特征多项式为

$$\Delta_{clon}(s)=\Delta_{olon}(s)+k_{\theta\delta_e}\cdot\frac{N_{\delta_e}^{\theta}(s)}{\tau_s s+1} \tag{9-77}$$

式中，伺服增益 $k_{\theta\delta_e}=S_{vg}k_\theta$。

可知俯仰控制增益 k_θ 的选择实际是选择合适的伺服增益 $k_{\theta\delta_e}$ 以满足俯仰保持要求，于是闭环特征方程可写为

$$1+k_{\theta\delta_e}\cdot\frac{N_{\delta_e}^{\theta}(s)}{\Delta_{olon}(s)(\tau_s s+1)}=0 \tag{9-78}$$

即

$$1+k_{\theta\delta_e}\cdot\bar{G}_{\alpha}^{\theta}(s)=0 \tag{9-79}$$

式中，$\bar{G}_{\alpha}^{\theta}(s)=\frac{N_{\delta_e}^{\theta}(s)}{\Delta_{olon}(s)(\tau_s s+1)}$。

考察 N250-100 飞机在飞行高度 $h=15000\,\text{ft}$，速度 $V=250\,\text{kn}$(1 n mile/h = 1.852 km/h)，其纵向运动开环传递函数为 $G_{\delta_e}^{x_{lon}}(s)=\frac{N_{\delta_e}^{x_{lon}}(s)}{\Delta_{olon}(s)}$，其中 $\boldsymbol{x}_{lon}=$

$[V\quad \alpha\quad \theta\quad q]^{\mathrm{T}}$，皆为小扰动量，为方便描述，省去前面 Δ 符号。

$$N_{\delta_e}^{V}(s)=S_{V\delta_e}\left(\frac{s}{37.6823}-1\right)\left(\frac{s}{4.2634}+1\right)$$

$$N_{\delta_e}^{\alpha}(s)=S_{\alpha\delta_e}\left(\frac{s}{91.1168}+1\right)\left(\frac{s}{0.009+0.0831\mathrm{i}}+1\right)\left(\frac{s}{0.009-0.0831\mathrm{i}}+1\right)$$

$$N_{\delta_e}^{\theta}(s)=S_{\theta\delta_e}\left(\frac{s}{1.2860}+1\right)\left(\frac{s}{0.0222}+1\right)$$

$$N_{\delta_e}^{q}(s)=sN_{\delta_e}^{\theta}(s)$$

式中，

$$S_{V\delta_e}=3598.817,\ S_{\alpha\delta_e}=-1.992,\ S_{\theta\delta_e}=-8.1443$$

开环系统特征多项式为

$$\Delta_{\mathrm{olon}}(s)=s^4+3.3115s^3+8.1448s^2+0.1604s+0.0544$$

开环极点为

$$\lambda_{1,2}=-1.6472\pm 2.317\mathrm{i},\ \lambda_{3,4}=-0.0085\pm 0.0824\mathrm{i}$$

对于垂直陀螺传感器由于采用激光陀螺，感知响应假设时间很短，传递函数为常数，即为 $S_{\mathrm{vg}}=1$，作动器伺服时延常数 $\tau_s=0.1\mathrm{s}$，则根据俯仰姿态保持系统特征方程(9-79)，有闭环特征方程为

$$1+\bar{k}_{\theta\delta_e}\cdot G_{\mathrm{ol}}^{\theta}(s)=0 \tag{9-80}$$

式中，$\bar{k}_{\theta\delta_e}=S_{\mathrm{vg}}k_\theta S_{\theta\delta_e}=-8.1443k_\theta$，即正增益 $k_\theta>0$，则反馈增益 $\bar{k}_{\theta\delta_e}<0$。

相应俯仰运动开环传递函数为

$$G_{\mathrm{ol}}^{\theta}(s)=\frac{\left(S_{\theta\delta_e}\cdot\frac{s}{1.2860}+1\right)\left(\frac{s}{0.0222}+1\right)}{\left(\frac{s}{\lambda_1}+1\right)\left(\frac{s}{\lambda_2}+1\right)\left(\frac{s}{\lambda_3}+1\right)\left(\frac{s}{\lambda_4}+1\right)(\tau_s s+1)}$$
$$=\frac{158.0409(s+1.286)(s+0.0222)}{(s+10)(s^2+0.01705s+0.006855)(s^2+3.294s+8.082)}$$

开环系统根轨迹如图 9-48 所示。

从开环系统根轨迹可知，负反馈增益 $\bar{k}_{\theta\delta_e}$ 会使俯仰系统自然频率增大，阻尼比下降，但 $\zeta\geqslant 0.35$ 可以满足一般俯仰飞行品质要求，而 $\bar{k}_{\theta\delta_e}$ 负值绝对值越大，其长周期模态阻尼越大，长周期逐渐分解为两个子模态，系统呈现过阻尼，有利于俯仰保持，此时速度容易保持。利用根轨迹方法，使闭环俯仰振荡阻尼比 $\zeta=0.35$，得相应 $k_\theta=0.2885$，如图 9-49 闭环极点为

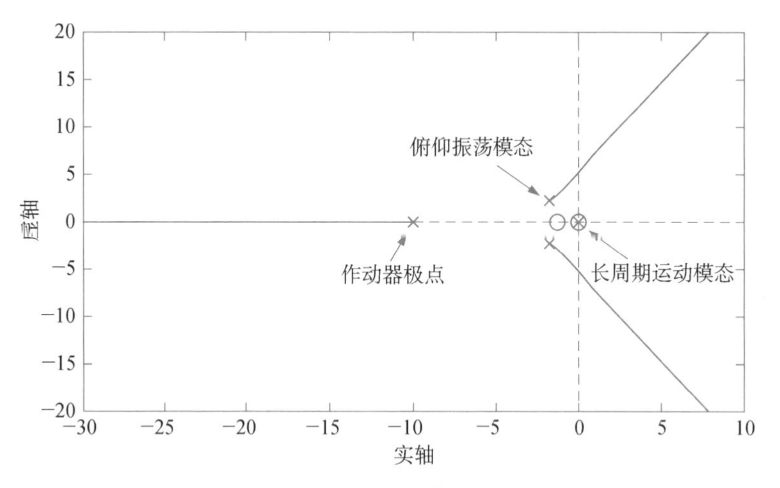

图 9－48　开环系统根轨迹

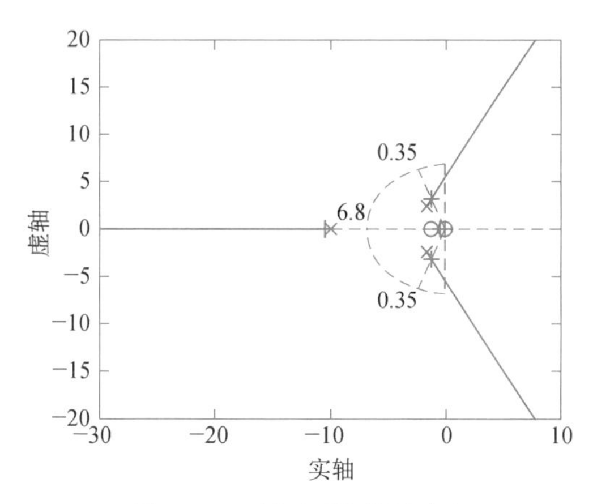

图 9－49　闭环系统增益选取

$$\lambda_{1,2}=-1.1344\pm 2.9999\mathrm{i},\ \lambda_3=-0.5308,\lambda_4=-0.0324,\ \lambda_{act}=-10.4795 \tag{9-81}$$

输入 $\theta_{cmd}=5^{\circ}$ 俯仰指令，则开环系统和闭环系统响应如图 9－50 和图 9－51 所示。

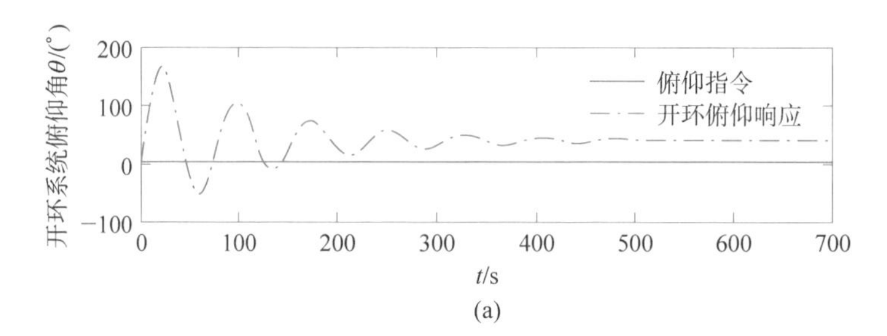

(a)

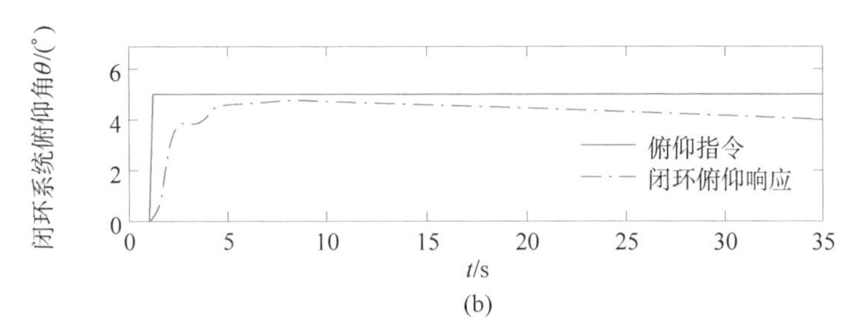

图 9-50 5°俯仰指令输入系统输出响应

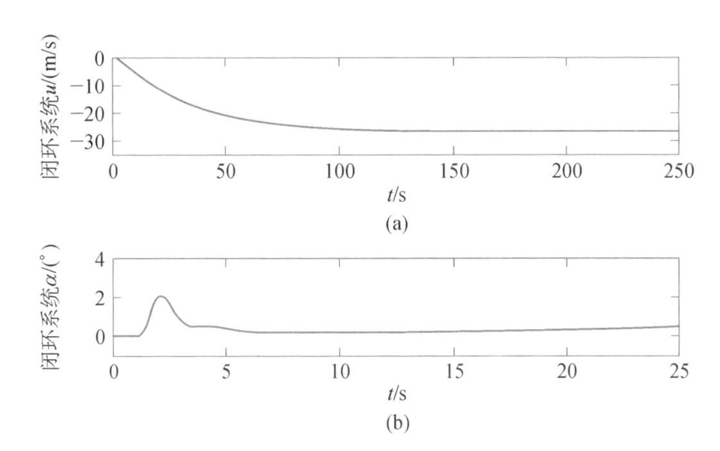

图 9-51 5°俯仰指令输入系统输出响应

从图 9-50 可以看出，开环系统振荡过渡时间长，超调大，闭环稳定快，超调小，速度约－35 kn、迎角增加 0.5°，θ 跟踪响应满足性能要求。但闭环系统仍然振荡厉害，需要增加增稳系统解决。

N250 俯仰增稳控制系统与 B747 类似，如图 9-52 所示，包括内回路俯仰阻尼器，外回路俯仰角控制。

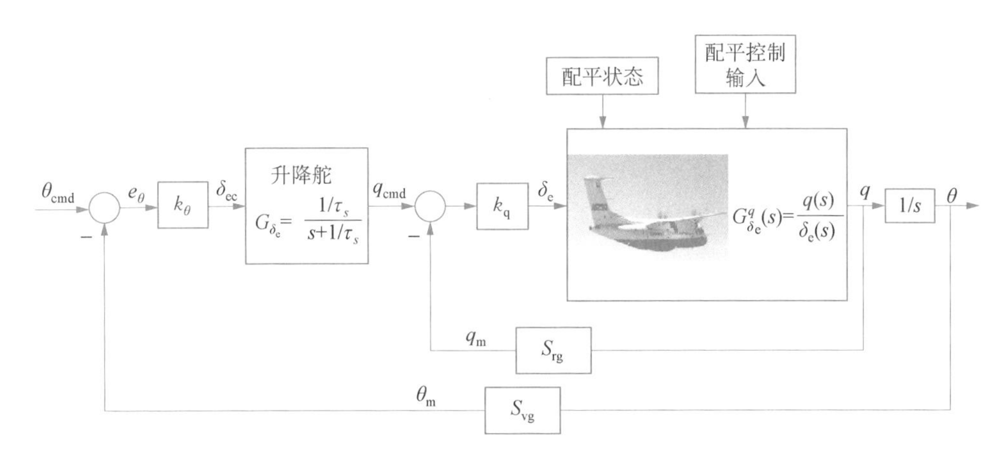

图 9-52 CN235-100 俯仰增稳控制系统框图

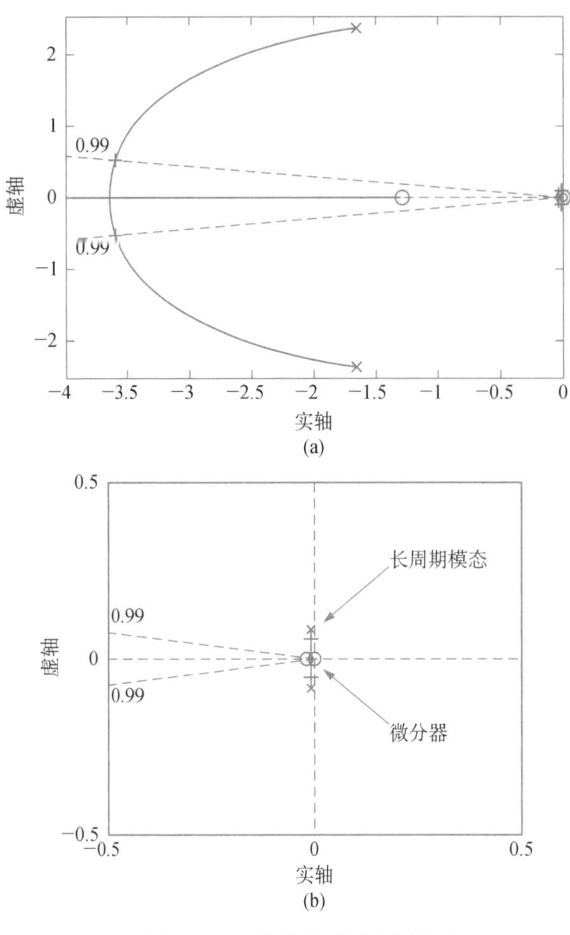

图 9-53　俯仰阻尼回路根轨迹

(a) 根轨迹(全局图)　(b) 长周期模态(局部图)

图中 S_{rg}，S_{vg}分为角速率陀螺和垂直陀螺传感器(sensor of rate gyro)，皆取值为 1。q_{m}、θ_{m}为传感器测量到的俯仰速率、俯仰角。

俯仰阻尼器内回路描述为

$$\frac{q(s)}{q_{\mathrm{cmd}}(s)}=\frac{N_i^q(s)}{\Delta_i(s,K_s)} \tag{9-82}$$

式中，$N_i^q(s)=k_q s N_{\delta_{\mathrm{e}}}^{\theta}(s)$，$\Delta_i(s,K_s)=\Delta_{\mathrm{olon}}(s,K_s)+k_q S_{\mathrm{rg}} s N_{\delta_{\mathrm{e}}}^{\theta}(s)$，则俯仰阻尼回路特征多项式方程为

$$1+k_q\cdot\frac{sS_{\mathrm{rg}}N_{\delta_{\mathrm{e}}}^{\theta}(s)}{\Delta_{\mathrm{olon}}(s,K_s)}=0 \tag{9-83}$$

其根轨迹如图 9-53 所示。

如图 9-53(a)所示，选择最大阻尼比 $\zeta_{\mathrm{ph}}=0.99$，则相应反馈增益 $k_{\mathrm{q}}=-0.2432$，阻尼回路闭环极点为

$$\lambda_{i1,2}=-3.5657\pm0.5627\mathrm{i},\ \lambda_{i3,4}=-0.0092\pm0.0645\mathrm{i}$$

内回路特征多项式为 $\Delta_i(s,K_s)=s^4+7.1497s^3+13.1661s^2+0.2792s+0.0544$，再考虑外回路俯仰控制设计，其特征多项式方程为

$$1+k_\theta k_q\cdot\frac{\dfrac{1}{\tau_s}\cdot sN_{\delta_{\mathrm{e}}}^{\theta}(s)}{\left(s+\dfrac{1}{\tau_s}\right)\cdot\Delta_i(s,K_s)}=0 \tag{9-84}$$

运用根轨迹设计方法，选择俯仰阻尼比 $\zeta_{\mathrm{sp}}=0.933$，则有 $k_\theta=-1.5616$，相应闭环极点为

$$\lambda_{\mathrm{o}1,2}=-3.3549\pm1.3043\mathrm{i},\ \lambda_{\mathrm{o}3,4}=-0.0796\pm0.0307\mathrm{i},\ \lambda_{\mathrm{o}5}=-10.2807$$

外回路特征多项式为

$$\Delta_o(s,\ K_{\theta q}) = \left(s + \frac{1}{\tau_s}\right) \cdot \Delta_i(s,\ K_s) + K_{\theta q} \cdot sN_{\delta_e}^{\theta}(s) \tag{9-85}$$

式中，$K_{\theta q} = k_\theta k_q / \tau_s$。

运用反拉氏变换，系统输出为

$$\theta(t) = \mathscr{L}_a^{-1}\left(\frac{K_{\theta q} \cdot N_{\delta_e}^{\theta}(s)}{\Delta_o(s,\ K_{\theta q})}\right)\theta_{\mathrm{cmd}}(t) \tag{9-86}$$

根据上述分析，建立俯仰阻尼仿真系统，如图 9-54 所示。

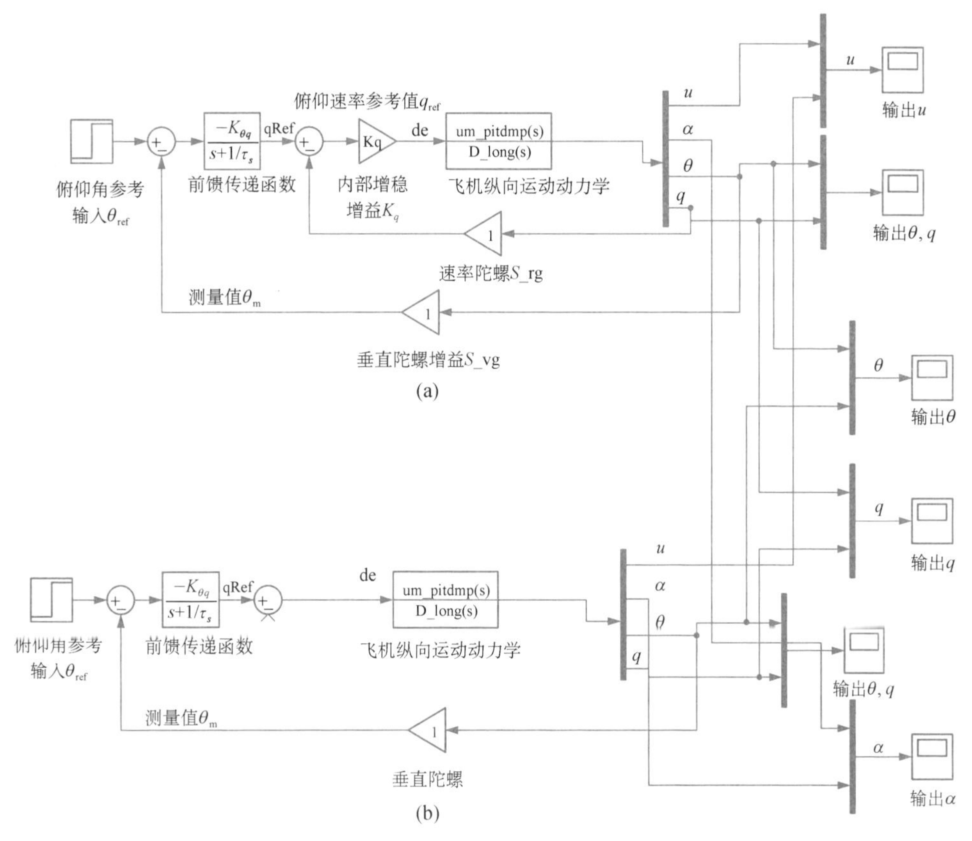

图 9-54　俯仰控制仿真系统

(a) 有阻尼　(b) 无阻尼

仿真可得俯仰阻尼系统的阶跃响应如图 9-55 所示。

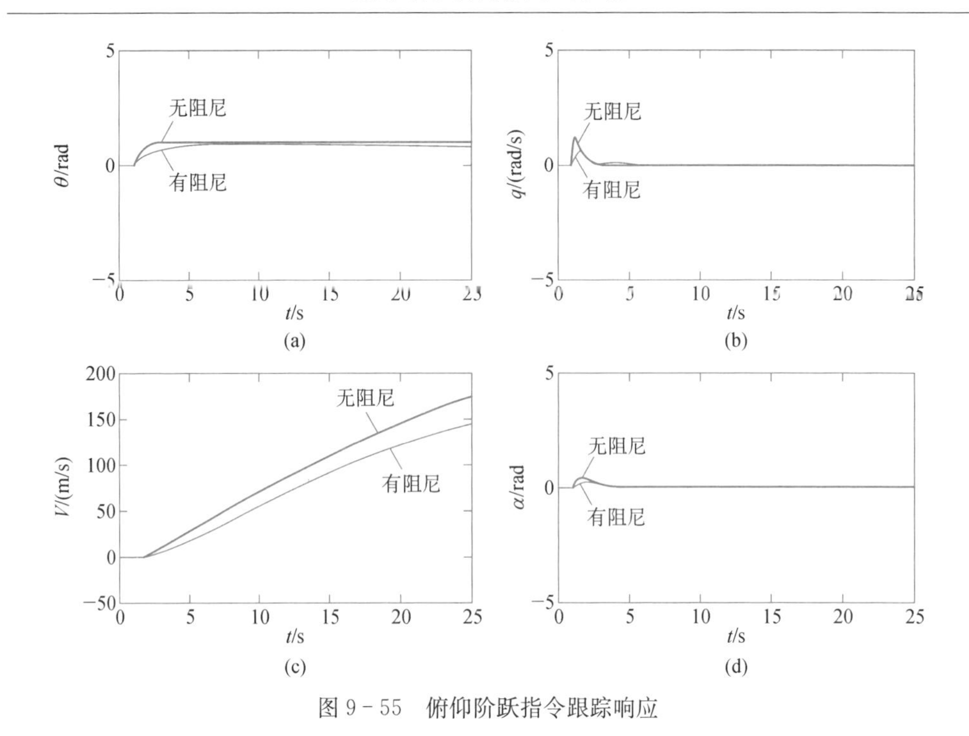

图 9-55　俯仰阶跃指令跟踪响应

(a) 俯仰角响应　(b) 俯仰角速率响应　(c) 速度响应　(d) 迎角响应

扫描右侧二维码获取 Matlab 代码。

通过上述案例,可得如表 9-6 所示的结论。

表 9-6　不同反馈对纵向稳定的性能作用

目的	反馈量	副作用	稳定导数
提高俯仰阻尼	俯仰角速率 q	俯仰自然频率稍上升	C_{mq}
提高长周期阻尼	俯仰角 θ 飞行速度 V	俯仰阻尼会下降	C_{mu}
提高俯仰自然频率	迎角反馈 α 过载反馈 n_z		$C_{m\alpha}$

9.2.4　外回路自动驾驶/导航控制

飞机的位置控制是在姿态控制的基础上实现的,一般是姿态控制回路的外回路实现,如图 9-56 所示。纵向运动外回路控制主要包括:高度控制、速度控制与自动

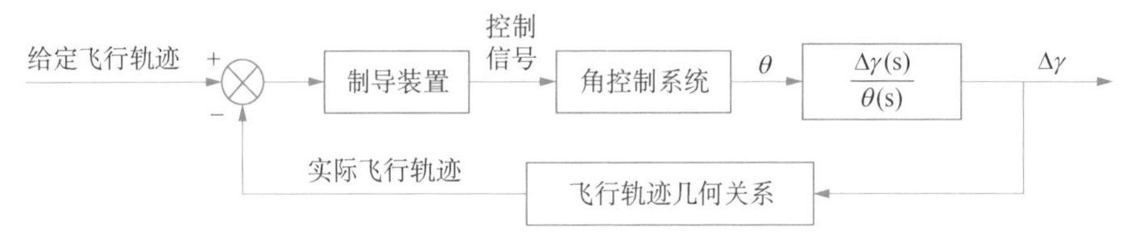

图 9-56　纵向轨迹控制系统

油门，另外在起飞、着陆阶段下滑波束导引与拉平。下面逐一介绍。

9.2.4.1　高度保持指令控制

飞行高度的稳定与控制在飞机编队、巡航、进场着陆、地形跟随以及舰载机着舰等飞行中具有重要作用。

1）工作原理

由于角稳定系统在常值干扰力矩（例如，垂直风等）的干扰下，存在姿态角的静差，因而导致高度飘移，所以不能直接应用于飞行高度的稳定与控制系统中。因此，在飞行高度的稳定与控制系统中需要直接测量飞行高度，使用高度传感器，来测量高度，根据高度差的信息直接控制飞机的飞行姿态，从而改变航迹倾角，以实现对飞行高度的闭环稳定与控制。

高度保持系统是中远程运输机的基本系统，由驾驶员选择维持某个巡航高度，以减轻驾驶员工作负荷。其基本原理是通过反馈输入高度与实际量测高度差调节升降舵，使飞机保持在预定高度。测量高度方式有皮托管（Pitot）测量静压高度、无线电测量高度及GPS高度信息等。对于外回路高度控制，采用内回路俯仰稳定，外回路高度调节来实现。其系统反馈控制方框图如图9－57所示。

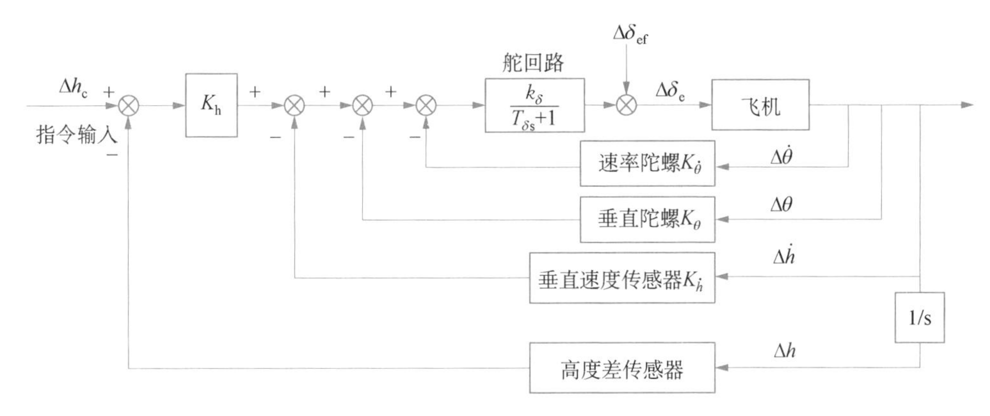

图9－57　高度指令系统反馈控制方框图

飞机的高度控制与其爬升速度相关，如图9－58所示。

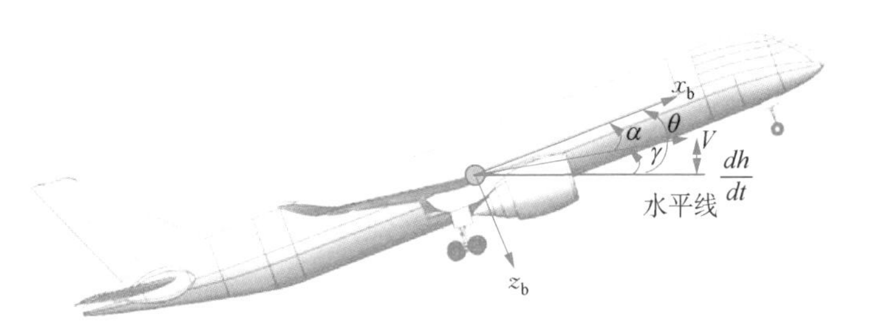

图9－58　飞机垂直上升运动图

如果不考虑外干扰所产生的升降舵偏角$\Delta\delta_{ef}$，且采用简化的舵回路传递函数K_δ，则由图9－57，可写出高度稳定和控制系统的控制律为

$$\Delta\delta_e = K_z^\theta\Delta\theta + K_z^{\dot\theta}\Delta\dot\theta + K_z^h(\Delta h - \Delta h_c) + K_z^{\dot h}\Delta\dot h \tag{9-87}$$

式中，$K_z^{\theta}=-K_{\delta}K_{\theta}$，$K_z^{\dot{\theta}}=-K_{\delta}K_{\dot{\theta}}$，$K_z^{h}=-K_{\delta}K_{\mathrm{h}}$，$K_z^{\dot{h}}=-K_{\delta}K_{\dot{\mathrm{h}}}$，$\Delta q=\Delta\dot{\theta}$。

可见，控制律式(9－87)主要是在俯仰角 θ 稳定回路的基础上构成的，为了避免在给定高度 Δh_c 上下出现振荡，应当引入高度差的一阶微分信号 $\Delta\dot{h}$，以改善高度稳定系统的阻尼特性。

2）高度稳定系统结构图的建立

根据图 9－58 可知运动学方程 $\dot{h}=V\sin\gamma$，利用多变量函数的泰勒(Taylor)公式将其进行线性化处理

$$\dot{h}=V_0\sin\gamma_0+V_0\cos\gamma_0\Delta\gamma+\sin\gamma_0\Delta V=\dot{h}_0+\Delta\dot{h}_{\Delta\gamma}+\Delta\dot{h}_{\Delta V} \qquad (9-88)$$

式中，$\dfrac{\mathrm{d}h}{\mathrm{d}t}$为爬升速度，$\dot{h}_0$ 为起始高度变化率，$\Delta\dot{h}_{\Delta\gamma}$ 为航迹倾角 $\Delta\gamma$ 引起的高度变化率，$\Delta\dot{h}_{\Delta V}$ 为速度 ΔV 引起的高度变化率。下标 0 表示配平值。

由方程式(9－88)可画出定高系统的运动学环节，如图 9－59 所示。

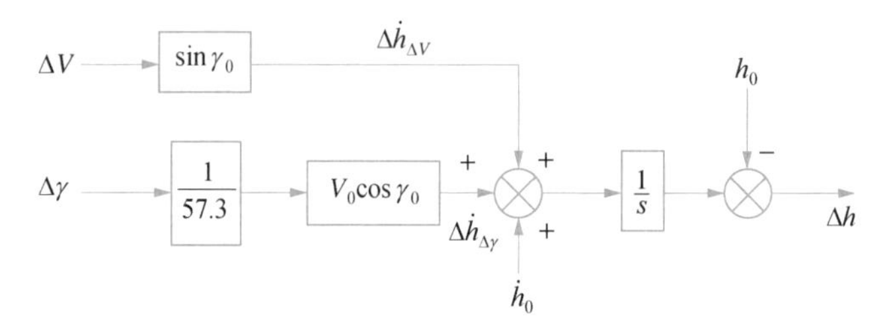

图 9－59　定高系统的运动环节方框图

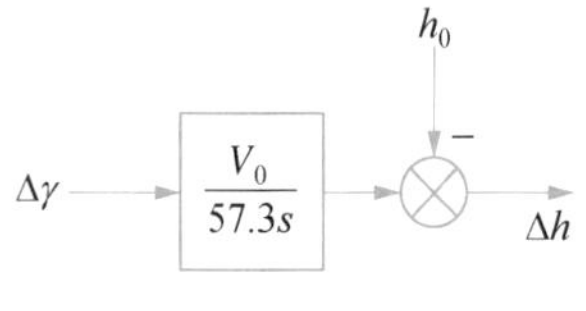

图 9－60　简化的定高系统的运动环节方框图

在通常情况下，驾驶员是在平飞时才接通定高系统。如果飞机在给定高度上平飞，然后接通定高系统时，即初始航迹倾角 $\gamma_0=0$ 和初始升降速度 $\dot{h}_0=0$，$\Delta h_0=0$，则上述定高系统的运动学环节可简化如图 9－60 所示。

基于图 9－60 所示的定高系统运动学环节，可以建立起飞行高度稳定和控制系统，结构图如图 9－61 所示。

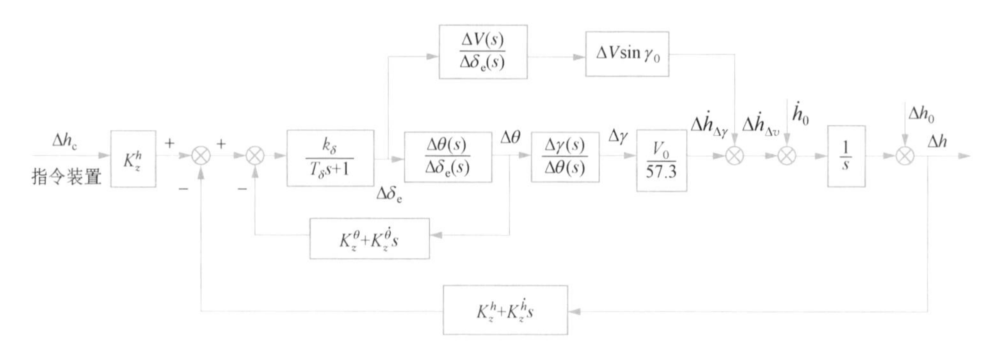

图 9－61　高度指令控制系统方框图

根据传递函数式以及俯仰角与航迹倾角的关系式，形成定高系统运动学环节的输入信号 ΔV 和 $\Delta\gamma$。然后测量高度差 Δh，按照控制律式(9-87)构成闭环反馈系统。如果飞机不具有动力补偿的速度稳定系统，即不能保证速度增量 ΔV 所引起的高度变化率为零（$\Delta\dot{h}_{\Delta V} \neq 0$），则必须考虑长周期模态 ΔV 对高度稳定的影响。

与高度指令相关的控制形式如图 9-62 所示。

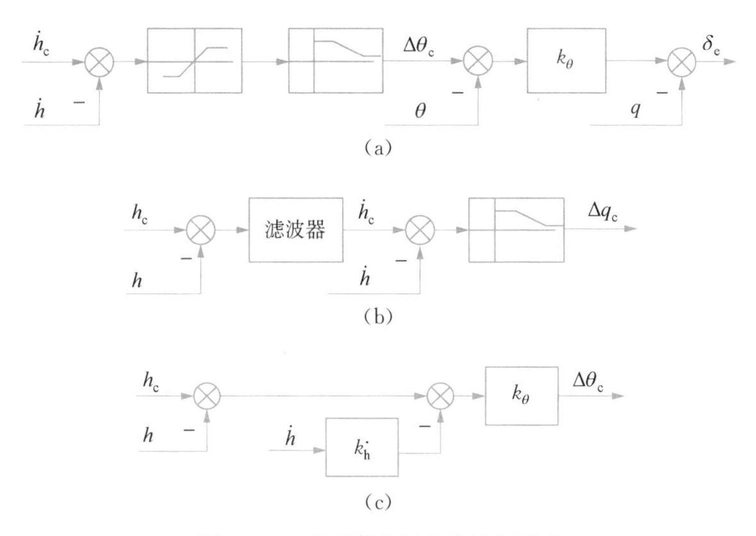

图 9-62　高度指令相关的控制形式

(a) 垂直速度控制　(b) 等高度控制　(c) 高度预置控制

下面以 CN235-100 为例设计高度保持控制系统。

例 9-5　CN235-100 高度保持控制系统如图 9-63 所示。

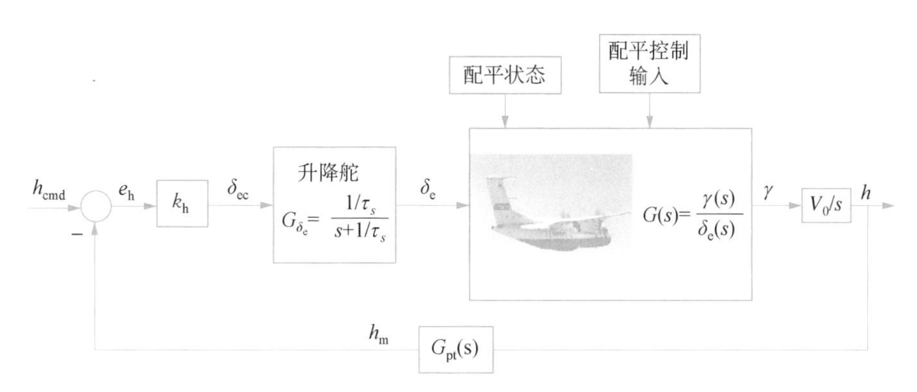

图 9-63　CN235-100 高度保持控制系统框图

图 9-63 中 k_h 高度控制增益，$G_{pt}(s) = \dfrac{1/\tau_{ps}}{s + 1/\tau_{ps}}$ 为测高传感器静压管传递函数，$\tau_{ps} = 0.2\,s$。

而根据图 9-58，可知

$$
\begin{aligned}
\frac{h(s)}{\delta_e(s)} &= \frac{V_0}{s}[\theta(s)-\alpha(s)]/\delta_e(s) \\
&= \frac{V_0}{s}\left[\frac{\theta(s)}{\delta_e(s)}-\frac{\alpha(s)}{\delta_e(s)}\right] \\
&= \frac{V_0}{s}\left[\frac{N_{\delta_e}^{\theta}(s)-N_{\delta_e}^{\alpha}(s)}{\Delta_{lon}(s)}\right] \\
&= \frac{V_0}{s}\frac{N_{\delta_e}^{h}(s)}{\Delta_{olon}(s)} = G_{h\delta_e}(s)
\end{aligned} \tag{9-89}
$$

闭环传递函数为

$$
\frac{h(s)}{h_{cmd}(s)} = \frac{N_{cl}^{h}(s)}{\Delta_{cl}(s)} \tag{9-90}
$$

式中，

$$
N_{cl}^{h}(s) = k_h G_{\delta_e}(s) G_{h\delta_e}(s) = k_h \cdot \frac{1/\tau_s \cdot V_0 N_{\delta_e}^{h}(s)}{s(s+1/\tau_s)\Delta_{olon}(s)} \tag{9-91}
$$

$$
\Delta_{cl}(s) = 1+\frac{k_h}{\tau_{ps}} \cdot \frac{1/\tau_s \cdot V_0 N_{\delta_e}^{h}(s)}{s(s+1/\tau_s)(s+1/\tau_{ps})\Delta_{olon}(s)} \tag{9-92}
$$

在飞行条件 $V=250\,\text{kn}(1\,\text{kn}=1.852\,\text{km/h})$，$h=15000\,\text{ft}$ 时，有

$$
N_{\delta_e}^{h}(s) = S_{h\delta_e}\left(\frac{s}{10.8454}-1\right)\left(\frac{s}{10.8389}+1\right)\left(\frac{s}{0.0167}+1\right),\ S_{h\delta_e}=-0.1230 \tag{9-93}
$$

令分母多项式 $\Delta_h(s)$ 为

$$
\begin{aligned}
\Delta_h(s) &= s(s+1/\tau_s)(s+1/\tau_{ps})\Delta_{olon}(s) \\
&= s(s^6+18.3115s^5+107.8173s^4+287.9074s^3 \\
&\quad +409.7014s^2+8.8510s+2.7700)
\end{aligned} \tag{9-94}
$$

系统开环根轨迹如图 9-64 所示。

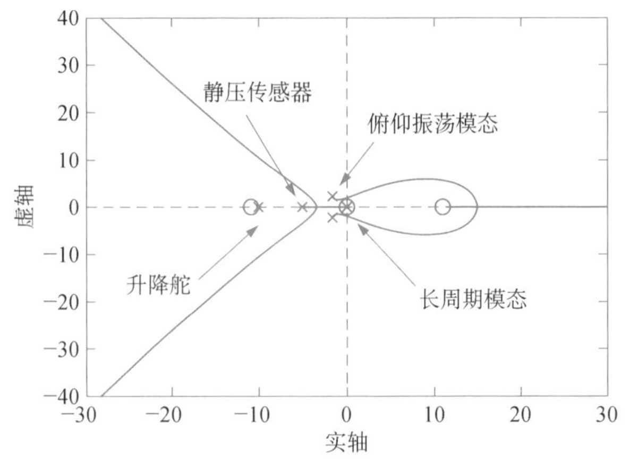

图 9-64 开环根轨迹

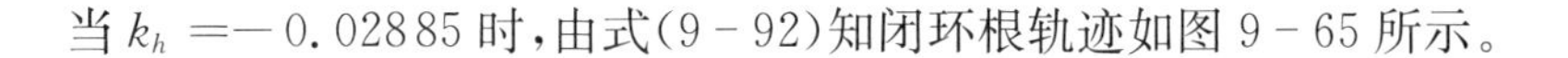

当 $k_h=-0.02885$ 时，由式(9-92)知闭环根轨迹如图 9-65 所示。

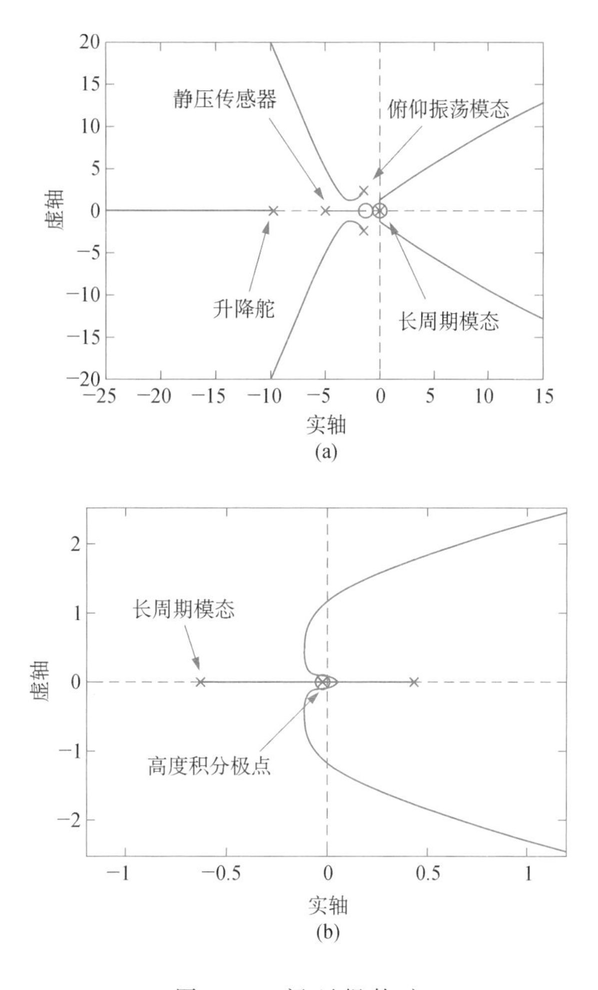

图 9-65　闭环根轨迹

(a) 全局图　(b) 局部放大图

从根轨迹图 9-65 可知，当 $k_h<0$，系统很快导致长周期运动模态不稳定，俯仰振荡模态阻尼比没有得到很大改善；当 $k_h>0$，由于 $\dot{h}$ 的积分导致根轨迹进入右半平面，系统不稳定。因此，直接进行高度反馈 ($h\rightarrow\delta_e$)，难以保持高度控制。故需要采取其他控制策略，实现长周期模态不稳定被推迟，俯仰振荡阻尼比提高。这些控制策略主要包括：①通过俯仰姿态反馈(θ 反馈)；②增加前置补偿器 $G_c(s)$。

下面针对情形①详细讨论，考虑俯仰内回路情形，如图 9-66 所示。

根据俯仰回路控制极点[见式(9-81)]，可得闭环内回路特征多项式为

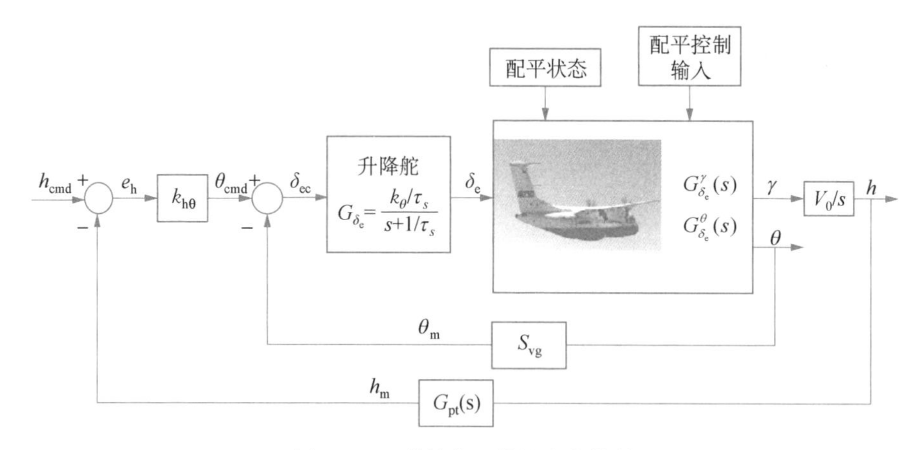

图 9-66 带俯仰反馈的高度控制

$$\Delta_{cl_i}(s, k_\theta^*) = s^5 + 13.3115s^4 + 41.2589s^3 + 127.2032s^2 + 61.3065s + 1.8557$$

由例 9-4 知，在反馈 θ 下选择 $k_\theta = 0.2885$，可得相应的 δ_e 输入 γ 输出的传递函数分子多项式为

$$\begin{aligned} N_{\delta_e}^{h^*}(s) &= \frac{k_\theta}{\tau_s}(N_{\delta_e}^{\theta}(s) - N_{\delta_e}^{\alpha}(s)) \\ &= -9.1s^3 - 9.1s^2 + 1075.1s + 17.7 \end{aligned}$$

而外回路闭环传递函数

$$\begin{aligned} G_{cl_o}(s) = \frac{h(s)}{h_{cmd}} &= \frac{k_{h\theta} \cdot \dfrac{N_{\delta_e}^{h^*}(s)}{\Delta_{cl_i}(s, k_\theta^*)} \cdot \dfrac{V_0}{s}}{1 + G_{pt}(s)\left(k_{h\theta} \cdot \dfrac{N_{\delta_e}^{h^*}(s)}{\Delta_{cl_i}(s, k_\theta^*)} \cdot \dfrac{V_0}{s}\right)} \\ &= \frac{k_{h\theta}\tau_{ps}(s + 1/\tau_{ps})V_0 N_{\delta_e}^{h^*}(s)}{\tau_{ps}s(s + 1/\tau_{ps})\Delta_{cl_i}(s) + k_{h\theta}V_0 N_{\delta_e}^{h^*}(s)} \end{aligned} \tag{9-95}$$

式中，$k_{h\theta} = k_h k_\theta$。

得外回路闭环特征方程为

$$1 + \frac{k_{h\theta}}{\tau_{ps}} \cdot \frac{V_0 N_{\delta_e}^{h^*}(s)}{s(s + 1/\tau_{ps})\Delta_{cl_i}(s, k_\theta)} = 0 \tag{9-96}$$

闭环系统根轨迹如图 9-67 所示。

通过选择 $k_{h\theta} = 0.02$，可得系统闭环极点：

$$\lambda_1 = -1.58 \times 10^{-2},\ \lambda_{2,3} = -2.18 \times 10^{-1} \pm 3.97 \times 10^{-1}\mathrm{i}$$
$$\lambda_{4,5} = -1.18 \pm 3.00\mathrm{i},\ \lambda_6 = -5.03,\ \lambda_7 = -1.05 \times 10^{-1}$$

此时俯仰振荡阻尼比为 0.365，频率为 3.22 rad/s，长周期阻尼比 0.481，频率

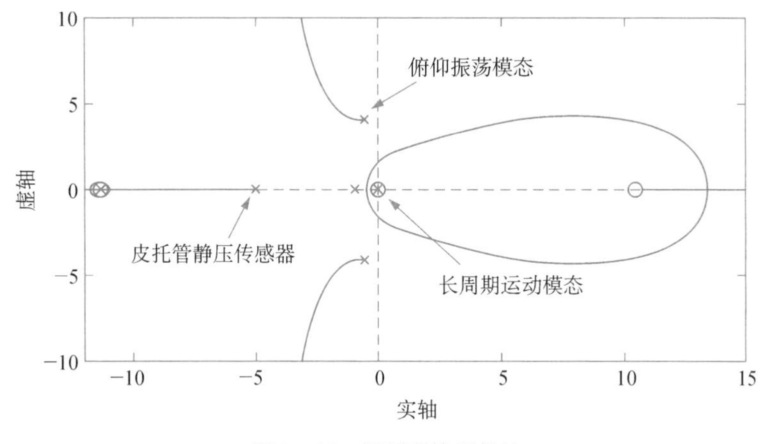

图 9-67　闭环系统根轨迹

为 0.453 rad/s。跟踪 $h_{cmd}=1$ 指令阶跃响应如图 9-68 和图 9-69 所示。

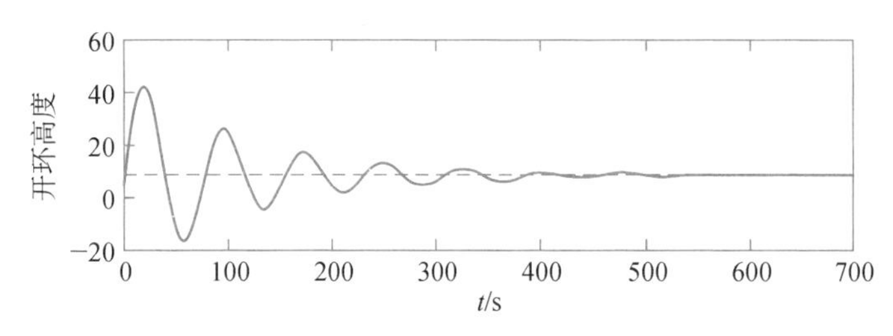

图 9-68　高度控制开环阶跃响应

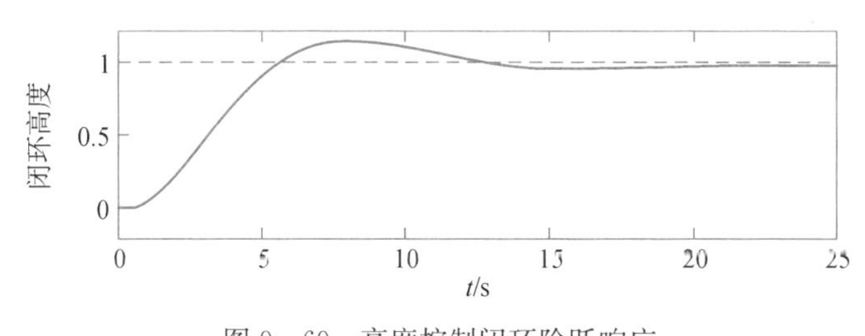

图 9-69　高度控制闭环阶跃响应

从响应图可以看出，通过引入俯仰内回路，提高了系统阻尼特性，调节时间减少，超调减小，且能正确跟踪输入指令，跟踪误差变小。补偿器方法高度控制在俯仰阻尼器中已经描述，这里不再详述。扫描右侧二维码获取 Matlab 代码。

上述方法是从传统根轨迹角度设计高度控制系统，下面以二次型调节器为基础，设计现代飞行控制律。

例 9-6　以北美航空的小型 Navion 飞机为例，设计高度控制系统，系统方框图如图 9-70 所示。

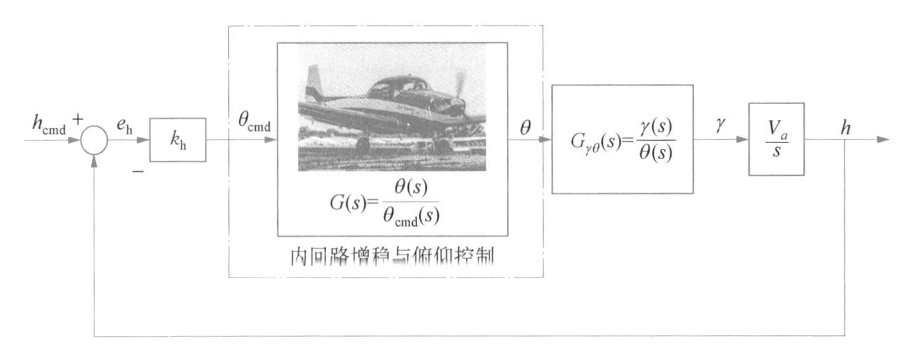

图 9-70 高度指令控制结构图

图 9-70 中虚线部分为内回路俯仰增稳与控制，经高度运动环节，到外回路高度反馈控制。

采用第 8 章 LQR 方法，设计高度控制系统，考虑 Navion 飞机纵向增稳控制，飞行条件是海平面 $H=0\,\text{ft}$，$V=176\,\text{ft/s}$，其纵向动力学为

$$\dot{\boldsymbol{x}}=\boldsymbol{A}\boldsymbol{x}+\boldsymbol{B}\boldsymbol{u} \tag{9-97}$$

式中，$\boldsymbol{x}=[u_b \quad w_b \quad q \quad \theta]^T$，$\boldsymbol{u}=[\delta_e \quad \delta_t]^T$，单位：$u_b$，$w_b$(ft/s)，$\theta$(厘弧度，1crad = 0.01 rad)，$q$(crad/s)，$\delta_e$(crad)，$\delta_t$(ft/s^2)。

$$\boldsymbol{A}=\begin{bmatrix}-0.045 & 0.036 & 0 & -0.322\\ -0.37 & -2.02 & 1.76 & 0\\ 0.191 & -3.96 & -2.98 & 0\\ 0 & 0 & 1 & 0\end{bmatrix},\ \boldsymbol{B}=\begin{bmatrix}0 & 1\\ -0.282 & 0\\ -11.0 & 0\\ 0 & 0\end{bmatrix}$$

垂直速度

$$\dot{h}\approx -w_b+1.76\theta(\text{ft/s}) \tag{9-98}$$

(1) 爬升速度、空速保持控制：

令控制输出

$$\boldsymbol{y}=\begin{pmatrix}\dot{h}\\ u_b\end{pmatrix}=\begin{pmatrix}-w_b+1.76\theta\\ u_b\end{pmatrix}=\begin{bmatrix}0 & -1 & 0 & 1.76\\ 1 & 0 & 0 & 0\end{bmatrix}x=Cx \tag{9-99}$$

式中，u_b，w_b 为机体轴系 Ox_b，Oz_b 轴向速度。

定义二次型目标函数

$$J=\frac{1}{2}\int_0^t (q_1 u_b{}^2+q_2(-w_b+1.76\theta)^2+r_1\delta_e^2+r_2\delta_t^2) \tag{9-100}$$

选择 $q_1=q_2=1$，$r_1=1$，假设 1 个 crad(厘弧度)单位 δ_e 与 $\sqrt{r_2}$ 个 ft/s^2 单位的 δ_t 对应 1 个 ft/s 单位 u_b 和 1 个 ft/s 单位 $\dot{h}$，升降舵权限为 10 crad，而 δ_t 权限为 5 ft/s^2，因

此 $r_2=\left(\frac{10}{5}\right)^2=4$，利用 LQRY 解得

$$\boldsymbol{K}=\begin{bmatrix}0.1348 & 0.4909 & -0.2233 & -1.7678\\ 0.4566 & -0.0071 & -0.0029 & -0.0109\end{bmatrix}$$

控制律为 $\boldsymbol{u}=-\boldsymbol{Kx}$，令初值 $\boldsymbol{x}(0)=[-0.0415\quad -0.3228\quad 0.0725\quad 0.9428]^{\mathrm{T}}$，其输出响应如图 9-71～图 9-73 所示，图中最差初始条件指 $\boldsymbol{x}_0$ 使得目标函数 $J=\int_0^{\infty}\boldsymbol{y}^{\mathrm{T}}\boldsymbol{Q}\boldsymbol{y}\,\mathrm{d}t$ 最大，且 $\boldsymbol{x}_0^{\mathrm{T}}\boldsymbol{x}_0=1$，相应闭环极点为 $\lambda_{1,2}=-2.4277\pm 3.0527i$，$\lambda_3=-2.4663$，$\lambda_4=-0.5381$，可见闭环系统能快速阻尼初始扰动使系统稳定。

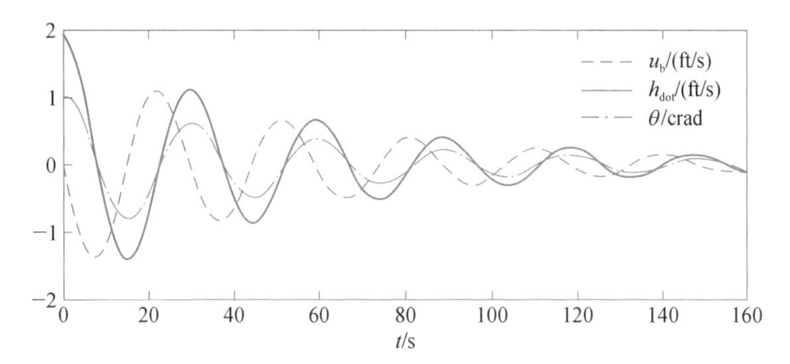

图 9-71　Navion 最差初始条件(单位矢量)输入条件下开环响应

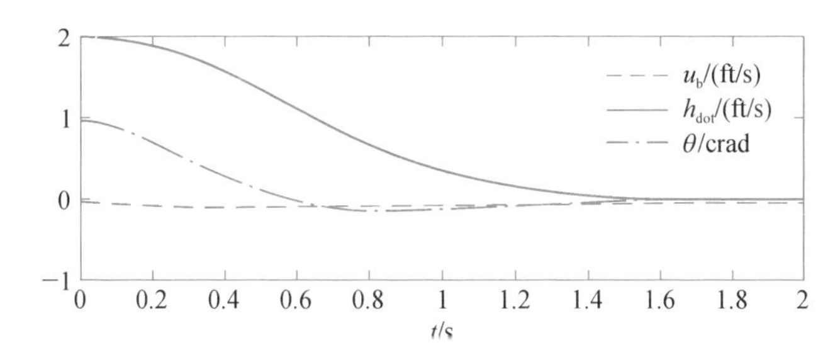

图 9-72　Navion 最差初始条件(单位矢量)输入条件下垂直速度跟踪/空速保持控制模式响应

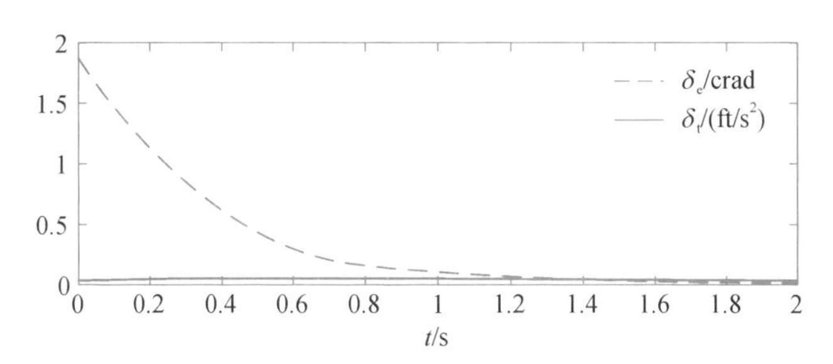

图 9-73　Navion 最差初始条件(单位矢量)输入条件下垂直速度跟踪/空速保持控制模式控制输入

(2) 垂直速度跟踪/空速保持控制。

令 $\dot{h}_s = \text{const}$ 为期望的垂直速度，则非零指令点跟踪控制律为

$$\boldsymbol{u} = -\boldsymbol{K}_x\boldsymbol{x} + \boldsymbol{K}_\text{r} \cdot \begin{bmatrix} \dot{h}_\text{cmd} \\ u_\text{cmd} \end{bmatrix},\ \boldsymbol{u}_\text{cmd} = 0 \tag{9-101}$$

式中，$\boldsymbol{K}_x$ 由上述 LQR 求出，$\boldsymbol{K}_\text{r}$ 则根据

$$\boldsymbol{K}_\text{r} = -[\boldsymbol{C}(\boldsymbol{A} - \boldsymbol{B}\boldsymbol{K}_x)^{-1}\boldsymbol{B}]^{-1} \tag{9-102}$$

获得相应控制律

$$\begin{aligned} \boldsymbol{u} &= -\boldsymbol{K}_x\boldsymbol{x} + \boldsymbol{K}_\text{r}\begin{bmatrix} \dot{h}_\text{cmd} \\ u_\text{cmd} \end{bmatrix} \\ &= \begin{bmatrix} -0.1348 & -0.4909 & 0.2233 & 1.7678 \\ -0.4566 & 0.0071 & 0.0029 & 0.0109 \end{bmatrix} x + \begin{bmatrix} -1.004 & 0.3229 \\ 0.1768 & 0.4755 \end{bmatrix} \begin{bmatrix} \dot{h}_\text{cmd} \\ u_\text{cmd} \end{bmatrix} \end{aligned} \tag{9-103}$$

说明：当采用比例-积分(PI)控制律时，垂直速度控制输入则为

$$\boldsymbol{u}_1 = -\boldsymbol{K}_{x1}\boldsymbol{x} + \boldsymbol{K}_\text{pr} \cdot (\dot{h} - \dot{h}_\text{cmd}) + K_{ir}\int_0^t [\dot{h}(\tau) - \dot{h}_\text{cmd}]\text{d}\tau$$

则闭环系统对指令输入 $\dot{h}_\text{cmd} = 10\ \text{ft/s}$，$x(0) = 0$ 的响应如图 9-74 和图 9-75 所示。

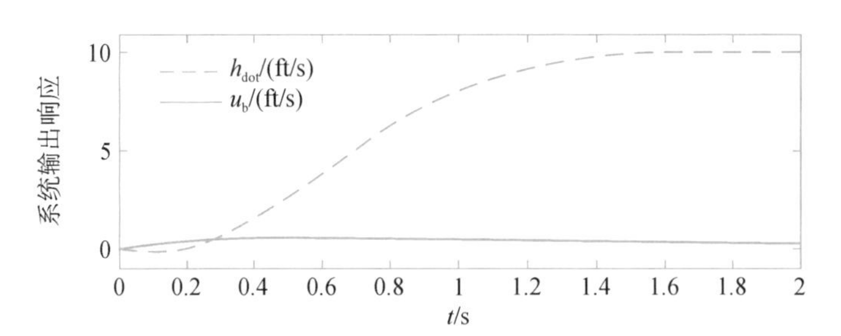

图 9-74 $\dot{h}_\text{cmd} = 10\ \text{ft/s}$，$u_\text{cmd} = 0$ 条件下 Navion 输出响应

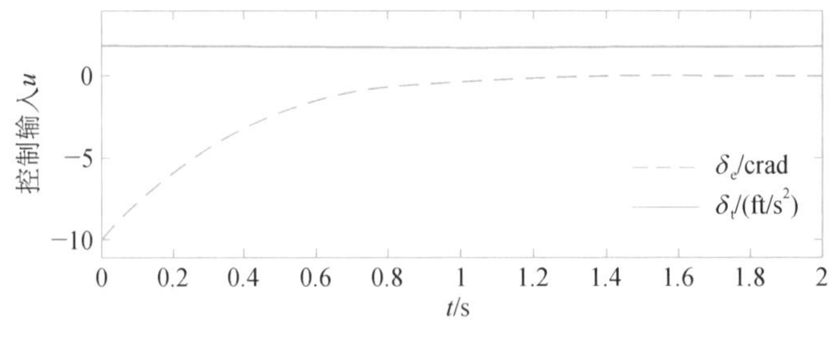

图 9-75 $\dot{h}_\text{cmd} = 10\ \text{ft/s}$，$u_\text{cmd} = 0$ 条件下 Navion 控制输入

（3）高度/空速保持控制。

状态变量 $\boldsymbol{x}=[u_b \quad w_b \quad q \quad \theta \quad h]^T$，控制变量 $\boldsymbol{y}=\begin{bmatrix}u_b\\h\end{bmatrix}=\begin{bmatrix}1&0&0&0&0\\0&0&0&0&1\end{bmatrix}\boldsymbol{x}$

高度保持跟踪目标函数

$$J=\frac{1}{2}\int_0^{\infty}[q_1 u_b{}^2+q_2h^2+r_1\delta_e^2+r_2\delta_t^2]\mathrm{d}t \tag{9-104}$$

假设要求如果有 1 ft/s 速度 u_b 与 4 ft 高度的变化，则需用 1 个单位(crad)的 δ_e 与 1/3 单位(ft/s^2)δ_t 控制输入。故选择

$$q_1=1,\ q_2=(1/4)^2,\ r_1=1,\ r_2=\left(\frac{1}{1/3}\right)^2=9 \tag{9-105}$$

运用 LQR 方法，得状态反馈 $\boldsymbol{u}=-\boldsymbol{Kx}$，反馈增益

$$\boldsymbol{K}=\begin{bmatrix}0.2541 & 0.2855 & -0.1226 & -0.9452 & -0.2303\\0.2910 & -0.0105 & -0.0023 & 0.006 & 0.0324\end{bmatrix}$$

闭环系统极点为

$$\lambda_{1,2}=-2.4996\pm2.5951\mathrm{i},\ \lambda_{3,4}=-0.6675\pm0.6647\mathrm{i},\ \lambda_5=-0.27$$

考虑初始条件

$$\boldsymbol{x}_0=[0.99 \quad -0.046 \quad -0.004 \quad 0.051 \quad 0.123]^T$$

初始条件下系统响应如图 9-76～图 9-77 所示。

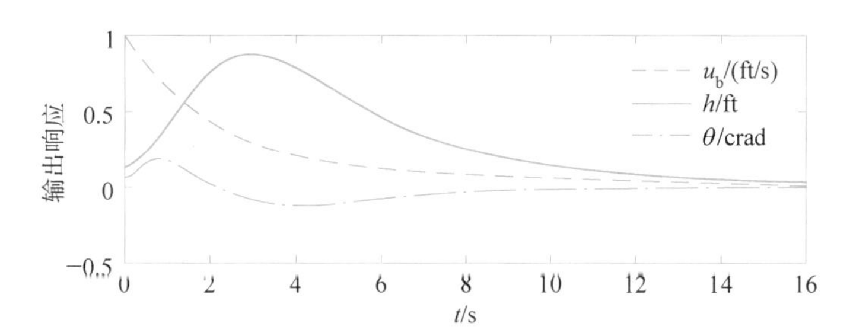

图 9-76　Navion 最差初始条件(单位矢量)输入条件下高度/速度增稳系统响应

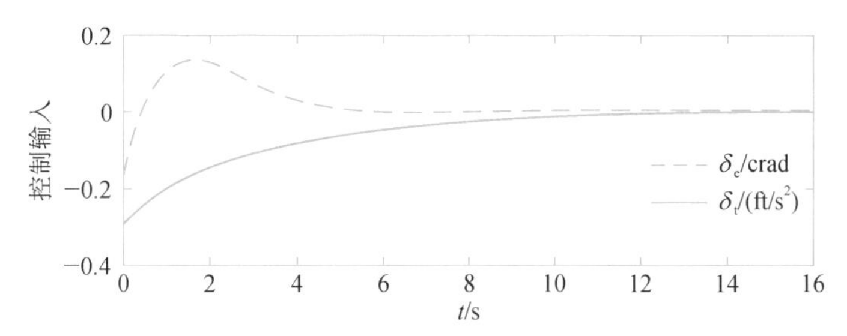

图 9-77　Navion 最差初始条件(单位矢量)输入条件下高度/速度增稳控制输入

(4) 高度指令跟踪/空速保持。

采用非零指令点控制律

$$\boldsymbol{u}=-\boldsymbol{K}_x\boldsymbol{x}+\boldsymbol{K}_r\begin{bmatrix}h_{cmd}\\u_{cmd}\end{bmatrix},\ u_{cmd}=0 \tag{9-106}$$

即

$$\begin{aligned}\boldsymbol{u}&=-\boldsymbol{K}_x\boldsymbol{x}+\boldsymbol{K}_r\begin{bmatrix}h_{cmd}\\u_{cmd}\end{bmatrix}\\&=\begin{bmatrix}-0.2541 & -0.2855 & 0.1226 & 0.9452 & 0.2303\\-0.2910 & 0.0105 & 0.0023 & -0.006 & -0.0324\end{bmatrix}\boldsymbol{x}\\&\quad+\begin{bmatrix}0.3909 & -0.2303\\0.3086 & 0.0324\end{bmatrix}\begin{bmatrix}h_{cmd}\\u_{cmd}\end{bmatrix}\end{aligned} \tag{9-107}$$

则闭环系统对指令输入 $h_{cmd}=10\,\text{ft}$ 的响应如图 9-78 和图 9-79 所示。

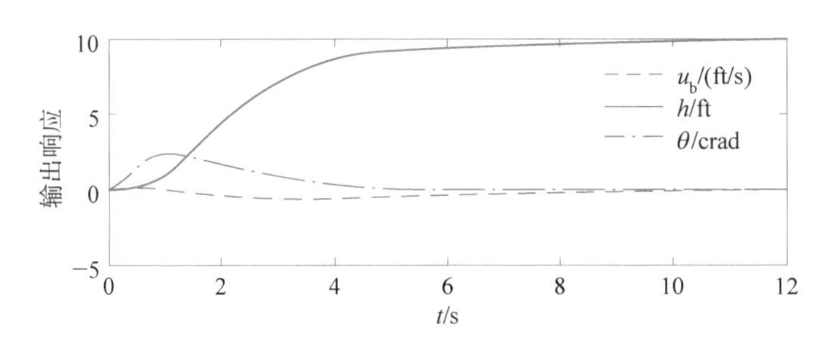

图 9-78 $h_{cmd}=10\,\text{ft}$, $u_{cmd}=0$ 条件下 Navion 输出响应

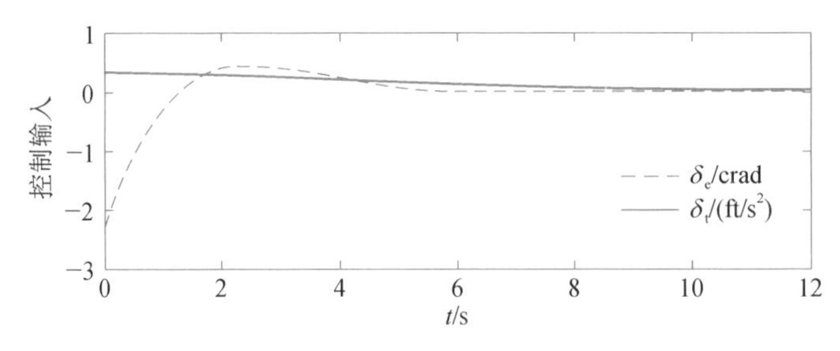

图 9-79 $h_{cmd}=10\,\text{ft}$, $u_{cmd}=0$ 条件下 Navion 输出响应

扫描右侧二维码获取 Matlab 代码。

9.2.4.2 速度保持控制

对于空速控制，一般低速飞行时，采用速度保持控制；高速(高亚声速或跨声速)飞行时，采用马赫数保持控制模式。

9.2.4.2.1　速度自动控制的原因

1）对速度实现自动控制的必要性

早期飞机，由于飞行速度不大，速度稳定储备很大，加上对速度控制精度要求不高，所以没有速度自动控制系统，但随着现代高速飞机出现和机场吞吐量（单位时间内起飞与着陆的飞机架次）增大，特别是自动着陆技术的发展，对速度控制要求越来越高。为此需增加速度自控制系统。由于超声速飞机的发展，使速度稳定性大大下降，不少飞机都具有负自平衡性（或零自平衡性），使速度不能保持稳定工作。速度控制是航迹控制的必要前提，前面所讲的轨迹控制均是速度不变前提下讨论的，如果速度不控，那么控制航迹通常是不可能的。飞机进入跨声速飞行时，速度稳定性常有变化，这是由于焦点后移所至，为保证跨声速飞行时速度的稳定性，也要建立速度自动控制系统。

2）速度保持控制系统能保证飞机在低动压平飞时，仍具有速度稳定性

（1）为了讨论方便，给出飞机纵向运动方程式（6－7），重写如下：

$$\begin{bmatrix} 1 & 0 & 0 & 0 \\ 0 & (V_0 - Z_{\dot{\alpha}}) & 0 & 0 \\ 0 & -M_{\dot{\alpha}} & 1 & 0 \\ 0 & 0 & 0 & 1 \end{bmatrix} \begin{bmatrix} \Delta\dot{V} \\ \Delta\dot{\alpha} \\ \Delta\dot{q} \\ \Delta\dot{\theta} \end{bmatrix}$$

$$= \begin{bmatrix} X_u + X_{Tu}\cos(\alpha_0 + \varphi_T) & X_\alpha & 0 & -g\cos\gamma_0 \\ Z_u - X_{Tu}\sin(\alpha_0 + \varphi_T) & Z_\alpha & V_0 + Z_q & -g\sin\gamma_0 \\ (M_u + M_{Tu}) & (M_\alpha + M_{T\alpha}) & M_q & 0 \\ 0 & 0 & 1 & 0 \end{bmatrix} \begin{bmatrix} \Delta V \\ \Delta\alpha \\ \Delta q \\ \Delta\theta \end{bmatrix} +$$

$$\begin{bmatrix} X_{\delta_e} & X_{\delta_p}\cos(\alpha_0 + \varphi_T) \\ Z_{\delta_e} & -X_{\delta_p}\sin(\alpha_0 + \varphi_T) \\ M_{\delta_e} & M_{\delta_p} \\ 0 & 0 \end{bmatrix} \begin{bmatrix} \Delta\delta_e \\ \Delta\delta_p \end{bmatrix} \tag{9-108}$$

若不计油门变化和升降舵面偏转产生的法向力，即 $Z_{\delta_p} = Z_{\delta_e} = 0$，及近似处理 $(V_0 - Z_{\dot{\alpha}}) \approx V_0 + Z_q \approx V_0$，且选择基准运动条件 α_0 较小，$\gamma_0 = 0$，则由式（9－108）的第二个方程可以得到纵向运动方程的法向力方程为

$$-Z_u\Delta V + (V_0 s - Z_\alpha)\Delta\alpha - V_0 s\Delta\theta = 0 \tag{9-109}$$

将 $\Delta\theta = \Delta\gamma + \Delta\alpha$ 代入后，则式（9－109）改写为

$$\Delta\dot{\gamma} = \frac{Z_u}{V_0}\Delta V - \frac{Z_\alpha}{V_0}\Delta\alpha \tag{9-110}$$

如果飞机保持平飞，有 $\Delta\gamma = \Delta\dot{\gamma} = 0$，则

$$\Delta\alpha = -\frac{Z_u}{Z_\alpha}\Delta V \tag{9-111}$$

式(9－111)说明在平飞 $\Delta\gamma = \Delta\dot{\gamma} = 0$ 的条件下，迎角增量 $\Delta\alpha$ 与速度增量 ΔV 的关系。而在通常情况下，由于 Z_u 和 Z_α 均为负值，故当 ΔV 增大时，迎角将减小。因此，如果要增加速度，又要保持飞行航迹不变化，则必须减小迎角 $\Delta\alpha$。在不改变推力的情况下，减小迎角将会使飞行速度增大。

(2) 利用 $\Delta\alpha = -\frac{Z_u}{Z_\alpha}\Delta V$ 的关系式，推导影响速度稳定性的条件：

若不计升降舵面偏转产生的切向力，即 $X_{\delta_e} = 0$，以及选择基准运动条件 α_0 较小，$\gamma_0 = 0$，且飞机平飞 $\Delta\theta = \Delta\alpha$，此时由式(9－108)的第一个方程同样可以得到纵向运动的切向力方程为

$$\Delta\dot{V} - (X_u + X_{Tu}\cos\varphi_T)\Delta V + (g - X_\alpha)\Delta\alpha = X_{\delta_p}\Delta\delta_p \tag{9-112}$$

令 $X_V = X_u + X_{Tu}\cos\varphi_T$，$\overline{X}_\alpha = g - X_\alpha$，并将 $\Delta\alpha = -\frac{Z_u}{Z_\alpha}\Delta V$ 代入式(9－112)后，速度增量的一阶微分方程为

$$\Delta\dot{V} + (X_V - \frac{Z_u}{Z_\alpha}\overline{X}_\alpha)\Delta V = X_{\delta_p}\Delta\delta_p \tag{9-113}$$

a. 借助于数学概念分析。

对于一阶微分方程 $\dot{x} + ax = b$，其解为

$$x(t) = \frac{b}{a} + Ce^{-at} \tag{9-114}$$

如果 $a > 0$，则 $x(t)$很快衰减，稳定解为 $x(\infty) = \frac{b}{a}$；如果 $a < 0$，则 $x(t)$发散。所以，在速度增量的一阶微分方程(9－113)中，当 $X_V - \frac{Z_u}{Z_\alpha}\overline{X}_\alpha \leqslant 0$，会出现速度不稳定；反之，$X_V - \frac{Z_u}{Z_\alpha}\overline{X}_\alpha > 0$，飞行速度是稳定的，或者代入小导数，写成量纲-导数的形式为

$$(C_D + C_{L\alpha})\left(2C_D + C_{Du} - \frac{mV_0}{\bar{q}S}\right) + (C_L - C_{D\alpha})(2C_L + C_{Lu}) > 0 \tag{9-115}$$

b. 借助于信号反馈结构分析。

由速度增量的一阶微分方程，以及飞行速度的稳定性关系图 9－80 可以看出，两个反馈通道，其中一个是负反馈回路，一个为正反馈回路。当在负反馈回路的信号为主导情况下，满足稳定性条件 $X_V - \frac{Z_u}{Z_\alpha}\overline{X}_\alpha > 0$，即系统具有速度的稳定性；反

之，当正反馈回路的信号为主导时，则不满足稳定性条件，即 $X_V - \frac{Z_u}{Z_\alpha}\overline{X}_\alpha \leqslant 0$，这样系统将出现速度不稳定的运动。

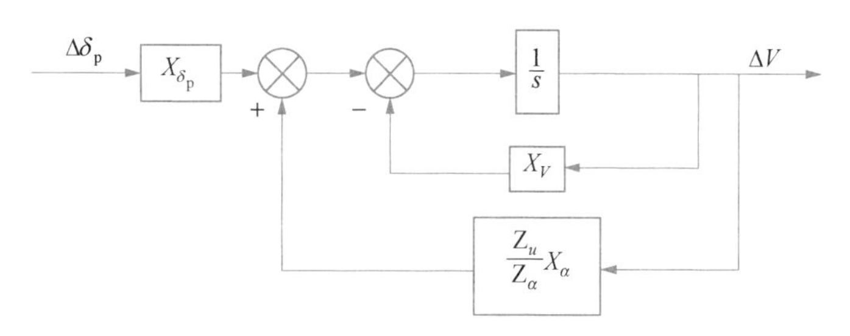

图 9－80　飞行速度的稳定性关系图

由此可见，当飞机在低动压飞行时，由于反映机动性能的参数 $Z_\alpha = -\frac{\overline{q}S}{m}(C_D + C_{L\alpha})$ 通常要比 $Z_u = -\frac{\overline{q}S}{mV_0}(2C_L + V_0 C_{Lu})$ 减小得多，则正反馈通道的权重就增大，出现速度不稳定的可能性就越大。

3）航迹控制必须保证飞行速度的保持与控制

正如关系式 $\dot{h} = V\sin\gamma \approx V\gamma$，飞行速度的保持与控制跟高度的稳定与控制之间存在着耦合关系，即如果通过控制角运动来控制航迹，则需要保证飞行速度的稳定。这就是为什么在讨论高度稳定系统时，要强调“速度稳定保持作用”的原因。

4）当进行跨声速飞行时能够保持速度稳定

正如在第六章讨论量纲——导数 C_{mu} 时所指出的那样，如果 C_{mu} 为正值，则随着飞行速度增加，飞机将趋于上仰，结果使得阻力和沿着 x 轴的重力分量增大，从而导致飞机的速度下降，因此这是一个稳定的过程。由于进入跨声速飞行时，气动焦点会随着亚声速马赫数的增加而后移，结果会产生使飞机低头的趋势，此时的 C_{mu} 可能成为负值，即使得 M_V 变为负值。由于当 $M_V < 0$ 时，随着速度增加会产生低头力矩，使得飞机进行俯冲飞行，导致速度越来越大，因此会是一个不稳定的速度过程。对于飞机而言，由于跨声速阻力的急剧增加，或者随着马赫数增加导致控制效率下降，也会引起在临界马赫数附近的自动俯冲趋势效应。

9.2.4.2.2　速度保持与控制系统的构成与工作原理

飞机纵向运动的控制量一般有两个，即升降舵和油门杆。升降舵的偏转可导致俯仰角和空速的显著变化。而油门杆的变化可使得俯仰角和航迹倾角显著变化，但空速却变化不大。如果升降舵和油门杆同时变化可使俯仰角与空速均能显著变化。

速度控制的两种常用方案：

1）通过升降舵偏转改变俯仰角，从而实现速度控制

通过升降舵偏转改变俯仰角，从而实现控制速度的方法，其实质是调整重力在飞行速度方向上的投影来控制速度。采用空速传感器与俯仰角自动控制系统构成

内回路的联接，以实现飞机的重力在飞行速度方向上投影的变化。如图 9 - 81 所示。

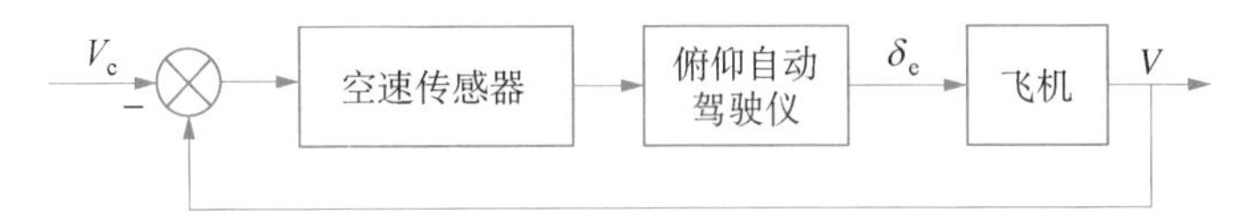

图 9 - 81 通过控制升降舵而改变俯仰角以控制速度的方案

如果将图 9 - 81 中的空速传感器换成马赫数传感器，就可以实现马赫数的自动控制。在这个方案中，由于油门杆固定不变，只是通过升降舵来控制飞行速度，因此，飞行速度的调节范围是受限制的。

2）自动油门系统

自动油门系统就是通过控制油门的大小，改变发动机推力，从而实现控制速度的目的。如图 9 - 82 所示。在图 9 - 82 中自动驾驶仪有两种工作方式，一种是工作在高度 h 稳定状态；另一种是工作在俯仰姿态 θ 稳定状态。

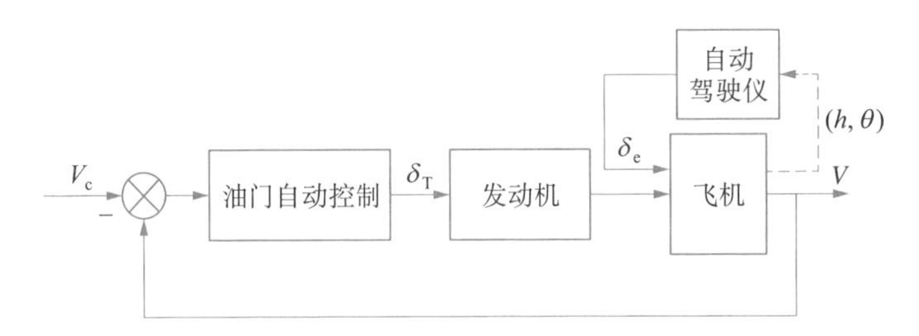

图 9 - 82 通过控制油门而改变发动机推力以控制速度的方案

因为自动驾驶仪有着两种不同方式的工作状态，因此这两种控制速度的方案存在着下列的差异：

（1）如果自动驾驶仪工作在高度保持状态，空速向量处于水平方向，则重力在切向上的投影为零。如果增加油门，则发动机的推力增量将全部反映在增加空速上。

（2）如果自动驾驶仪工作在俯仰角保持状态，则控制油门产生的发动机推力的变化，只有一部分反映在空速中。因为当飞机无滚转角飞行时，俯仰角与迎角和航迹倾角满足关系式 $\Delta\theta = \Delta\gamma + \Delta\alpha$，所以除反映在空速变化中的发动机推力之外，其余部分的发动机推力只引起了迎角和航迹倾角的变化和高度的变化。

3）适用于速度控制系统的飞机近似方程

（1）单独操纵升降舵或油门。

如果自动油门系统与俯仰角自动控制系统独立使用时，即单独操纵升降舵或油门的情况。选择基准运动条件 α_0 较小，$\gamma_0 = 0$ 以及忽略 φ_T 和 $M_{T\alpha}$，采用相应的近似处理后，由方程组(9 - 108)可以得到飞机纵向运动方程为

$$\begin{cases}(s-X_V)\Delta V-X_\alpha\Delta\alpha+g\Delta\theta=X_{\delta_p}\Delta\delta_p\\-Z_u\Delta V+(V_0s-Z_\alpha)\Delta\alpha-V_0s\Delta\theta=Z_{\delta_e}\Delta\delta_e\\-M_V\Delta V-(M_{\dot\alpha}s+M_\alpha)\Delta\alpha+(s-M_q)s\Delta\theta=M_{\delta_p}\Delta\delta_p+M_{\delta_e}\Delta\delta_e\end{cases}\tag{9-116}$$

式中，$M_V=M_u+M_{Tu}$，$X_V=X_u+X_{Tu}$ 。

从方程的数学处理来看，第三式中 $M_{\dot\alpha}$，M_q，M_{δ_p} 均为小量，二阶小量之积及二阶微分量均可不计，于是第三个纵向力矩方程可简化为 $-M_V\Delta V-M_\alpha\Delta\alpha=M_{\delta_e}\Delta\delta_e$。简化后的飞机纵向运动方程为

$$\begin{cases}(s-X_V)\Delta V-X_\alpha\Delta\alpha+g\Delta\theta=X_{\delta_p}\Delta\delta_p\\-Z_u\Delta V+(V_0s-Z_\alpha)\Delta\alpha-V_0s\Delta\theta=Z_{\delta_e}\Delta\delta_e\\-M_V\Delta V-M_\alpha\Delta\alpha=M_{\delta_e}\Delta\delta_e\end{cases}\tag{9-117}$$

(2) 同时操作升降舵和油门杆。

当俯仰角自动控制系统和自动油门系统同时存在时，如果油门变化引起的俯仰角变化，会很快地被稳定回原值，则可认为俯仰角的变化基本上不会影响速度的动态响应。此情况下假设：① $\Delta\theta=\Delta\dot\theta=0$；②不计俯仰角的过渡过程，可以忽略俯仰角 $\Delta\theta$ 这个状态变量。于是成为两自由度纵向运动方程，且纵向力矩方程就可忽略不考虑。

$$\begin{cases}(s-X_V)\Delta V-X_\alpha\Delta\alpha=\bar{X}_{\delta_p}\Delta\delta_p\\-Z_u\Delta V+(V_0s-Z_\alpha)\Delta\alpha=Z_{\delta_e}\Delta\delta_e\end{cases}\tag{9-118}$$

但如果控制律是比例式硬反馈俯仰角自动驾驶仪，因为俯仰角稳态静差 $\Delta\theta_s$ 的存在，所以需要采用全量的纵向运动方程。

下面以 N250－100 飞机为例，设计空速保持系统。

例 9－7　空速保持系统结构如图 9－83 所示，包括：皮托管动压传感器测量空速，控制计算机比较输入输出空速误差 e_u，发动机推进控制系统给出油门杆位移 δ_{th}，并传给发动机，产生推力偏移 δ_p，飞机受到推力偏移 δ_p 后速度 $u(t)$改变，并被测

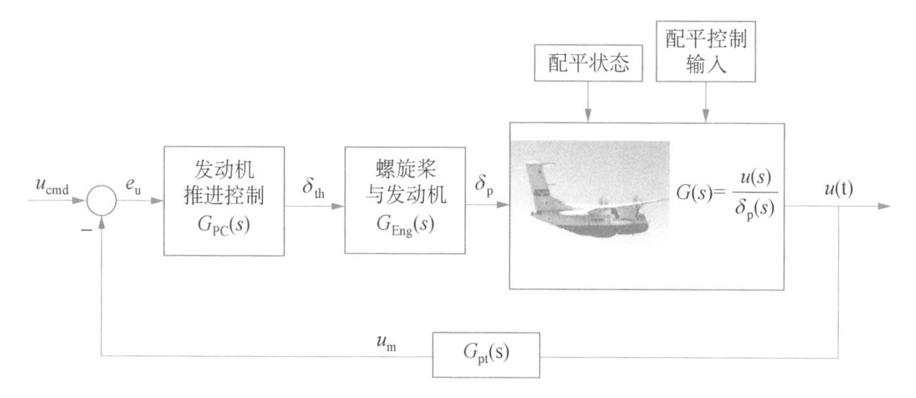

图 9－83　速度指令跟踪与保持控制

量反馈 u_m,形成闭环。

皮托管动压传感器环节为

$$G_{pt}(s) = \frac{1/\tau_{ps}}{s + 1/\tau_{ps}} \tag{9-119}$$

其中 $\tau_{pt} = 0.2\,s$ 。

N250－100 飞机采用全权限数字发动机控制技术(the Full Authority Digital Engine Control, FADEC),其推进控制环节为

$$G_{pc}(s) = k_{pc}\frac{1/\tau_{pc}}{s + 1/\tau_{pc}} \tag{9-120}$$

其中 $\tau_{pc} = 0.1333\,s$ 。

为了产生推力,N250－100 飞机采用先进的 6 片螺旋桨,产生相当快的推力响应,其发动机环节描述为

$$G_{ENG}(s) = k_e\frac{1/\tau_e}{s + 1/\tau_e} \tag{9-121}$$

其中 $\tau_e = 1\,s$ 。

N250－100 飞机在飞行高度 $h = 15\,000$ ft, 速度 $V = 250$ kn(1 kn = 1.852 km/h), 其纵向运动推力控制输入开环传递函数分子多项式为

$$N_{\delta_p}^{u}(s) = S_{u\delta_p}\left(\frac{s}{0.3519}+1\right)\left(\frac{s}{0.8248+0.809i}+1\right)\left(\frac{s}{0.8248-0.809i}+1\right) \tag{9-122}$$

$$N_{\delta_p}^{\alpha}(s) = S_{\alpha\delta_p}\left(\frac{s}{0.0342+0.1992i}+1\right)\left(\frac{s}{0.0342-0.1992i}+1\right) \tag{9-123}$$

$$N_{\delta_p}^{\theta}(s) = S_{\theta\delta_p}\left(\frac{s}{0.9093}+1\right)\left(\frac{s}{0.0706}+1\right) \tag{9-124}$$

$$N_{\delta_p}^{q}(s) = sN_{\delta_p}^{\theta}(s) \tag{9-125}$$

其中

$$S_{u\delta_p} = 25.9337,\ S_{\alpha\delta_p} = -0.1276,\ S_{\theta\delta_p} = 0.1912$$

开环系统特征多项式为

$$\Delta_{olon}(s) = \frac{s^4}{0.0588} + \frac{s^3}{0.02876} + \frac{s^2}{0.03296} + \frac{s}{0.6164} + 1 \tag{9-126}$$

开环系统极点为

$$\lambda_{o1,2} = -1.0147 \pm 0.8304i \quad \lambda_{o3,4} = -0.0076 \pm 0.1848i$$

根据图 9-83,可得系统特征方程

$$1 + k_{u\delta_p} G_{ol}(s) = 0 \tag{9-127}$$

式中，

$$k_{u\delta_p} = k_{pc} k_e S_{u\delta_p}$$

$$G_{ol}(s) = \frac{\left(\frac{s}{0.3519}+1\right)\left(\frac{s}{0.8348+0.809i}+1\right)\left(\frac{s}{0.8348-0.809i}+1\right)}{\left(\frac{s}{5}+1\right)\left(\frac{s}{7.5}+1\right)(s+1)\left(\frac{s}{\lambda_{01}}+1\right)\left(\frac{s}{\lambda_{02}}+1\right)\left(\frac{s}{\lambda_{03}}+1\right)\left(\frac{s}{\lambda_{04}}+1\right)} \tag{9-128}$$

当速度控制系统增益 $k_u = k_{pc} k_e$ 变化时,速度保持系统的根轨迹如图 9-84 所示。

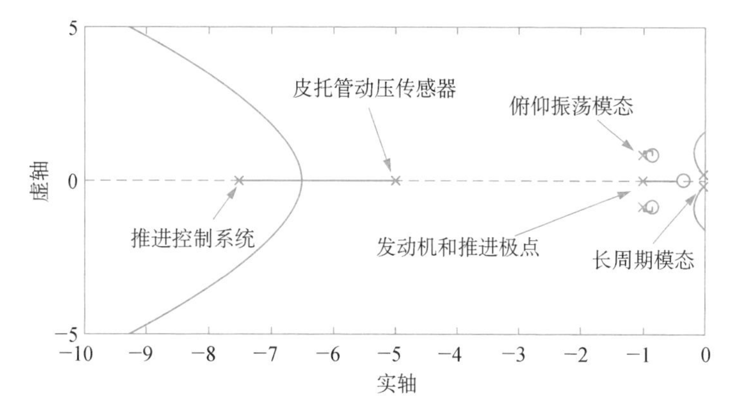

图 9-84　速度保持控制系统根轨迹图

从图 9-84 根轨迹图可知,俯仰振荡模态根不变,因为其受 $N^{u}_{\delta_p}(s) = 0$ 的两个复零点约束,但长周期模态阻尼比达到临界稳定前的最大值。

为了得到期望的性能,如图 9-85 所示,选择长周期(速度)最大阻尼比 $\zeta_u = 0.09$, 则得 $k_u = 18.3647$, 相应闭环极点为

$$\lambda_{1,2} = -6.6169 \pm 0.8626i \quad \lambda_{3,4} = -0.1316 \pm 1.2503i$$
$$\lambda_{5,6} = -0.8202 \pm 0.9035i \quad \lambda_7 = -0.4075$$

输入 $u_{cmd} = 1$ 条件下,闭环跟踪响应如图 9-86～图 9-87 所示,从图 9-86可知闭环响应比开环响应速度提高了约 10 倍,同时,发动机和推进系统响应越快,长周期模态阻尼比越高,因此速度保持控制响应越快。扫描右侧二维码获取 Matlab 代码。

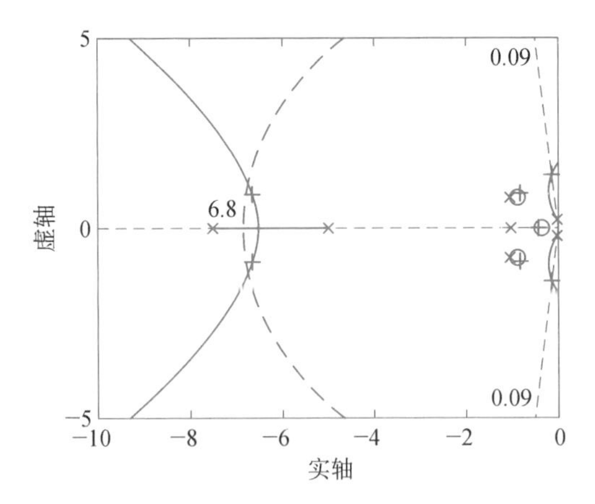

图 9-85 速度保持控制系统增益 k_u 的选取

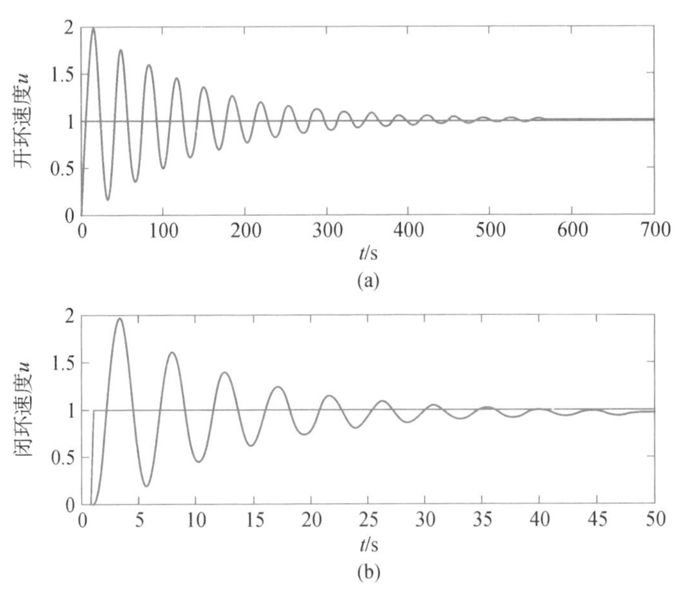

图 9-86 速度保持控制系统指令跟踪响应

(a) 开环系统 (b) 闭环系统

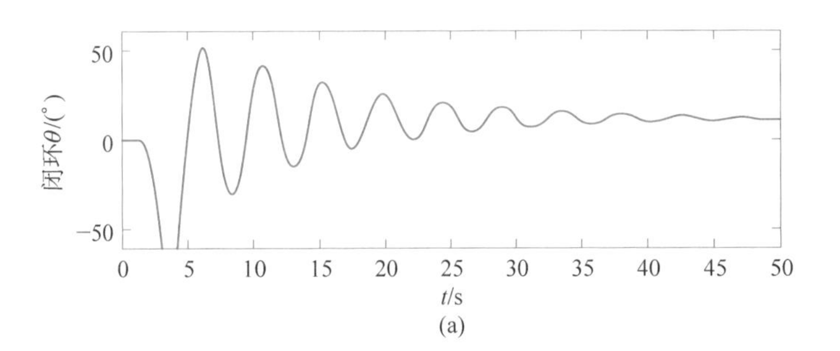

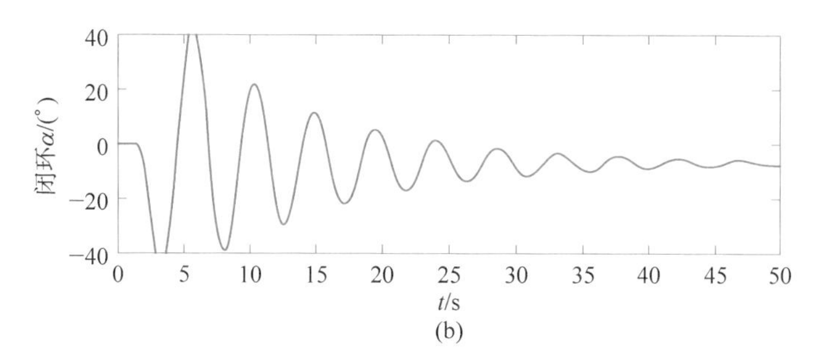

图 9-87　速度保持控制系统指令跟踪闭环 θ, α 输出响应

(a) θ 输出　(b) α 输出

9.2.4.3　自动着陆控制系统

自动着陆是一种控制系统，即它能在恶劣气候、无目视基准条件下，自动导引飞机，安全正确地在跑道降落。这个系统的出现，使飞机实现了全天候飞行。全天候着陆技术开始于 20 世纪 50 年代，首先在英国得到发展，其后美国、法国也相继开展这项研究。国内相对较晚，从 80 年代开始得到重视。自动着陆的相关技术很多，包括：仪表着陆系统(instrument landing system, ILS)，微波着陆系统，以及关于 GPS 区域导航的自动着陆技术，基于视觉导航的着陆技术等，其中 ILS 技术是最早被国际民航组织(ICAO)采用的技术，并作为标准的进场和着陆设备。目前仪表着陆系统的引导质量、可靠性和完好性已经达到Ⅲ级自动着陆的水平。1978 年，美国和澳大利亚的采用时基扫描波束(TRSB)技术的成熟，相关导航设备被国际民航组织作为新的进场和着陆的标准设备，这就是微波着陆系统(microwave landing system, MLS)。而 90 年代美国研制的基于 GPS 区域导航着陆系统(WAAS)也被定为新的进场和着陆标准。但限于技术条件，国内机场尚未具备这项功能，期待早日实现北斗区域导航系统能在国内机场完成自动着陆技术。

下面以使用最广泛的仪表着陆系统为例，用“下滑波束导引系统”“自动拉平着陆系统”及“侧向波束导引系统”，分别对飞机进场着陆的各个阶段，进行分析和介绍。

9.2.4.3.1　下滑波束导引系统

发展于 20 世纪 60 年代初，其工作原理是为了实现全天候飞行，保证能在恶劣气象、无目视基准的条件下实现自动着陆。下滑波束导引系统是现代高性能的飞机必不可少的机载系统。

1) 下滑波束导引工作原理

(1) 着陆过程一般包括定高、下滑、拉平、保持(飘落)和滑跑五个阶段，如图 9-88 所示，典型的着陆过程和参考数据为：

a. 定高阶段：飞机在着陆前，先在 300～500 m 的高度上作定高飞行。

b. 下滑阶段：当截获下滑波束线后，按一定的下滑坡度下滑；此时速度较高，是失速速度的 1.3 倍，大多数民航机下滑速度保持为 70～85 m/s，航迹倾斜角 $\gamma=-2.5^\circ$ ～

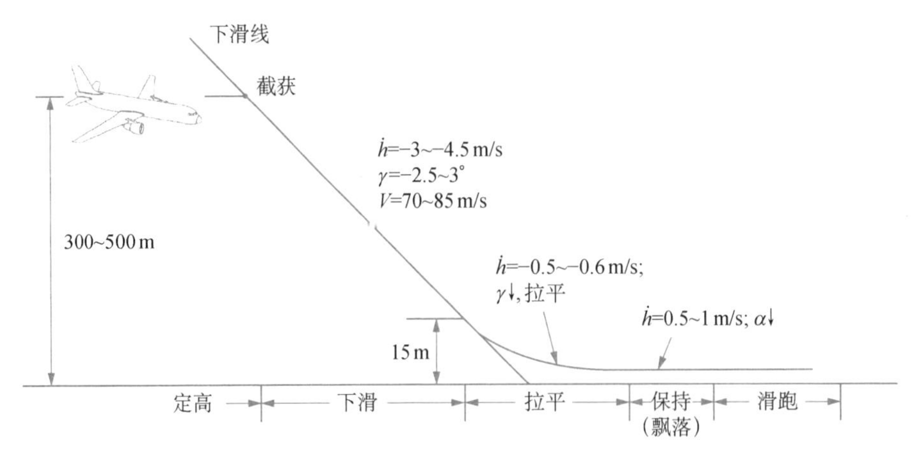

图 9-88 飞机着陆过程和要求

$-3.5°$，垂直速度 $\dot{h}=-3.5\sim-4.5\,\mathrm{m/s}$。

c. 拉平阶段：大约在飞机离地 15 m 左右，飞机的垂直下降速度减小，接地时大约有 $\dot{h}=-0.5\sim-0.6\,\mathrm{m/s}$，且航迹倾斜角 γ 减小，使飞机沿曲线拉起，称为拉平阶段。

d. 保持(飘落)阶段：大约飞机离地 0.5～1.0 m 时，进一步减小速度，且使 V 方向与地面平行(即 $\gamma\to0$)；此时逐渐加大 α 角，保持 V 方向与地平面平行；当速度达到降落速度时，减小 α，由于 $G>L$(升力)，飞机以指数曲线轨迹落地称为飘落。

e. 滑跑阶段：当飞机与地面接触后，在跑道上滑跑，此时常采用轮子刹车或发动机反推力措施，来减小滑跑距离。

(2) 实现下滑波束导引的地面设备和机载设备。

a. 地面设备：无线电信标台(包括航向信标台和下滑信标台以及内、中、外指点信标台)，信标台的机场配置如图 9-89 所示。

b. 机载设备：下滑波束导引系统(包括下滑耦合器和俯仰角位移控制系统)。

仪表着陆飞行辅助设备包括机载设备和地面设备，机载设备含无线电接收设备的下滑波束导引系统。地面设备主要有：下滑信标台(GS)：提供下滑基准；航向信标台(LOC)：提供航向(侧向)着陆基准；外、中、近三个指点信标台：指示飞机进入跑道入口精确距离和时间。

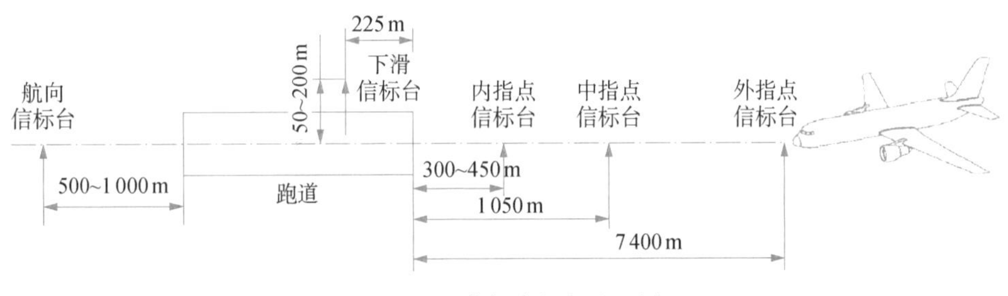

图 9-89 信标台机场配置图

(3) 下滑信标台的工作原理。

下滑信标台安装在地面，给飞机提供下滑基准，如图9-90所示。下滑信标台向飞机着陆方向连续发射两个频率的无线电调幅波(90 Hz和150 Hz)，其载波频率范围一般为329.3～335 MHz，由90 Hz的大波瓣下沿与150 Hz最下面一个波瓣互相重叠，形成等信号线——即下滑波束中心线。下滑波束中心线仰角一般为2°～4°，在此下滑线下方150 Hz调幅信号强于90 Hz的信号，而此线上方则是90 Hz信号较强。

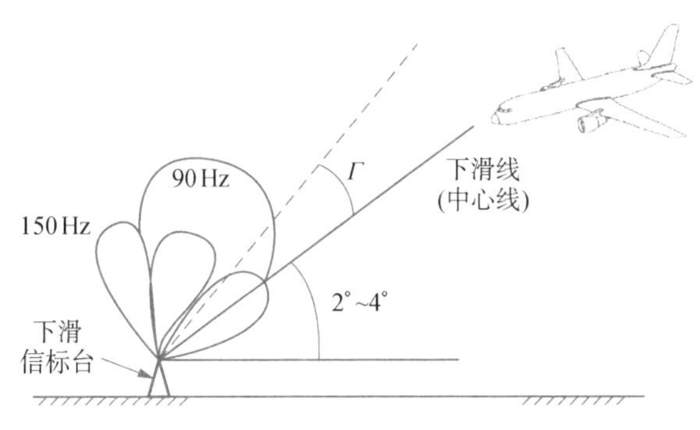

图9-90　下滑信标台提供下滑基准

2) 建立下滑波束导引系统结构图

与高度稳定系统的分析方法类似，首先需要建立下滑波束导引运动学环节，建立航迹倾角 $\Delta\gamma$ 与轨迹运动变量之间的关系，即建立航迹倾角 $\Delta\gamma$ 到波束偏差角 Γ 之间的关系，其几何关系如图9-91所示。

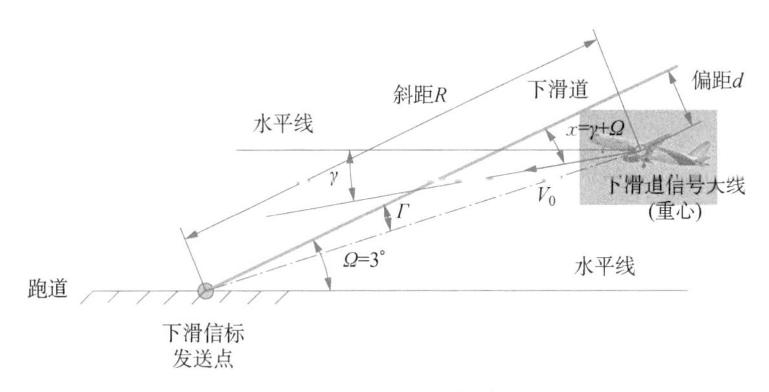

图9-91　下滑时的几何关系图

设飞机下滑时的飞行速度为 V_0，假定飞机具有速度自动稳定系统，即认为 V_0 为常值，下滑线迎角 Ω 为0，偏离波束中心线距离为 d，并规定在波束中心线上方飞行时 $d>0$，而在波束中心线下方飞行时 $d<0$。飞行速度 V_0 与波束中心线的夹角 $x=\Omega+\gamma$，因为此时的航迹倾角 γ 为负值，故可写成

$$x = \Omega + \gamma \tag{9-129}$$

又存在关系式

$$\sin x = \frac{\dot{d}}{V_0} \tag{9-130}$$

将式(9-129)代入上式后，有

$$\dot{d} = V_0 \sin[\Omega + \gamma_0 + \Delta\gamma(t)] \tag{9-131}$$

当初始航迹倾角 $\gamma_0 = -\Omega$ 时，则 $\dot{d} = 0$，即按下滑线下滑。如果速度向量 V_0 偏离初始航迹倾角 γ_0 产生 $\Delta\gamma$ 时，则根据式(9-131)，有 d 与速度 V_0 以及航迹倾斜角 γ 关系为

$$\dot{d} = V_0 \sin[\Omega + \gamma_0 + \Delta\gamma(t)] \approx \frac{V_0}{57.3}[\Omega + \gamma_0 + \Delta\gamma(t)] \tag{9-132}$$

根据波束偏差角 Γ 存在的关系式 $\tan\Gamma = \dfrac{d}{R}$，则可得到下列简化公式

$$\Gamma = \frac{57.3}{R} d(s) \tag{9-133}$$

由上述式(9-132)和式(9-133)可以画出下滑波束导引运动学环节，如图 9-92 所示。

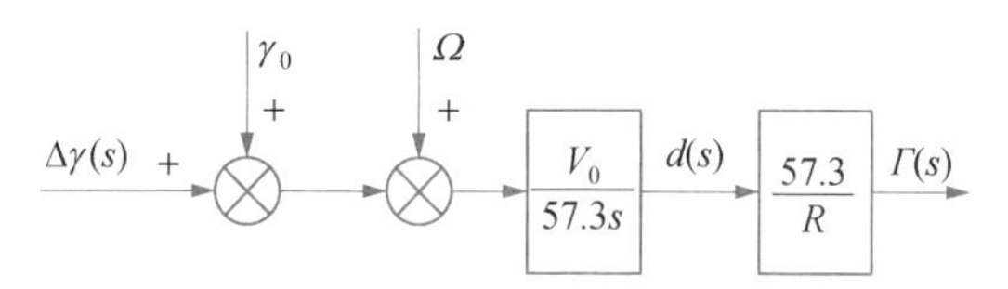

图 9-92　下滑波束导引运动学环节方框图

下滑波束导引控制系统如图 9-93，其包含内部俯仰自动控制及外回路波束偏角 Γ 的控制。

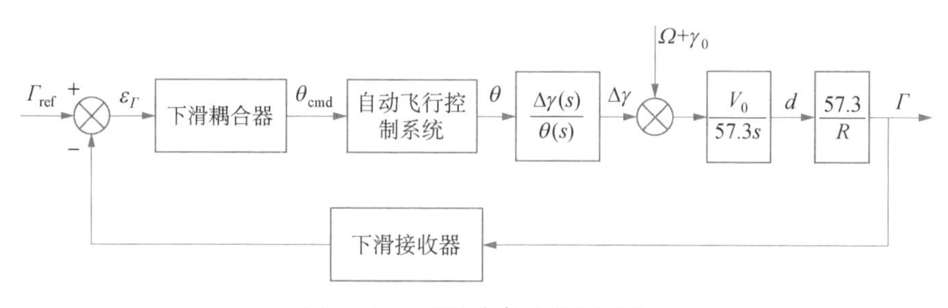

图 9-93　下滑波束导引方框图

下滑过程中用到高度截获，其模型可以设计为如图 9-94 所示的形式。

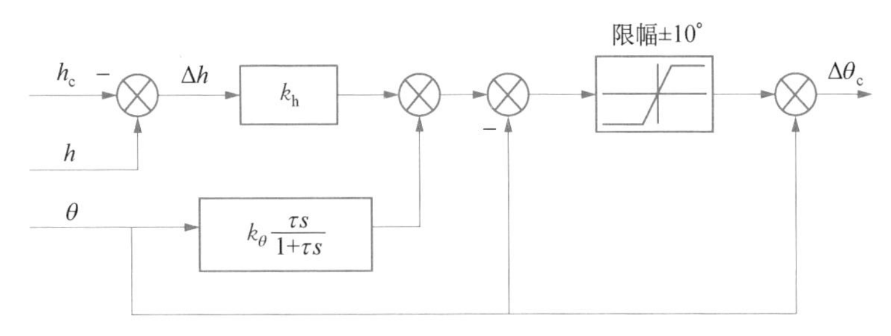

图 9－94　高度截获结构模型

例 9－8　某型四发、喷气运输机下滑控制，飞行进近速度 $V_0=280\,\text{ft/s}$，飞行高度为海平面，飞机参数如下，$m=5800\,\text{slugs}$($1\,\text{slug}=14.594\,\text{kg}$)，$S=2400\,\text{ft}^2$，$c=20.2\,\text{ft}$，$b=130\,\text{ft}$，$I_x=1.95\times10^6\,\text{slug}\cdot\text{ft}^2$，$I_y=2.62\times10^6\,\text{slug}\cdot\text{ft}^2$，$I_z=4.2\times10^6\,\text{slug}\cdot\text{ft}^2$，$I_{xz}=0$，其纵向运动动力学模型为

$$(7.4s+0.15)\Delta V(s)-0.25\Delta\alpha(s)+0.85\Delta\theta(s)=C_{xT}\delta_p(s)$$
$$1.7\Delta V(s)+(7.4s+4.5)\Delta\alpha(s)-7.4s\Delta\theta(s)=-0.24\delta_e(s)$$
$$(0.118s+0.619)\Delta\alpha(s)+(0.59s^2+0.41s)\Delta\theta(s)=-0.71\delta_e(s)$$

$C_{xT}=\dfrac{\partial T}{\partial\delta_p}\dfrac{1}{Sq}$，升降舵传递函数为 $G_{\delta_e}(s)=\dfrac{10}{s+10}$，试计算其下滑轨迹，并进行仿真。

解:根据波束偏差角设计要求，建立波束偏差角反馈闭环控制系统如图 9－95 所示。

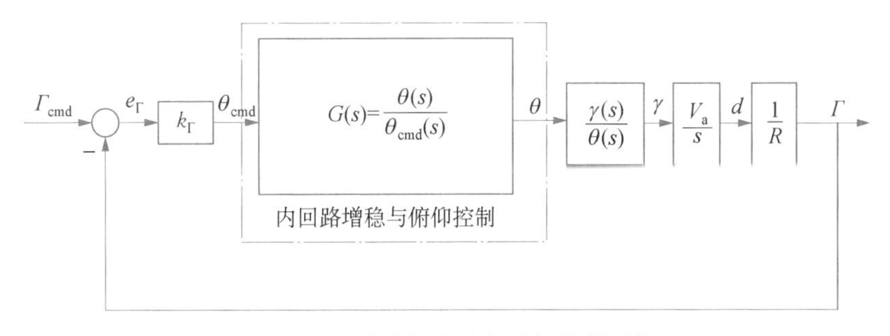

图 9－95　着陆纵向路径导航控制系统

图 9－95 中内回路为俯仰控制回路，外回路为波束偏差角 Γ 跟踪，考虑到控制精度要求，采用下滑耦合器，如图 9－96 所示，耦合器为 $K_\Gamma=10K_c\cdot\left(1+\dfrac{0.1}{s}\right)\left(\dfrac{s+0.5}{s+5}\right)$。

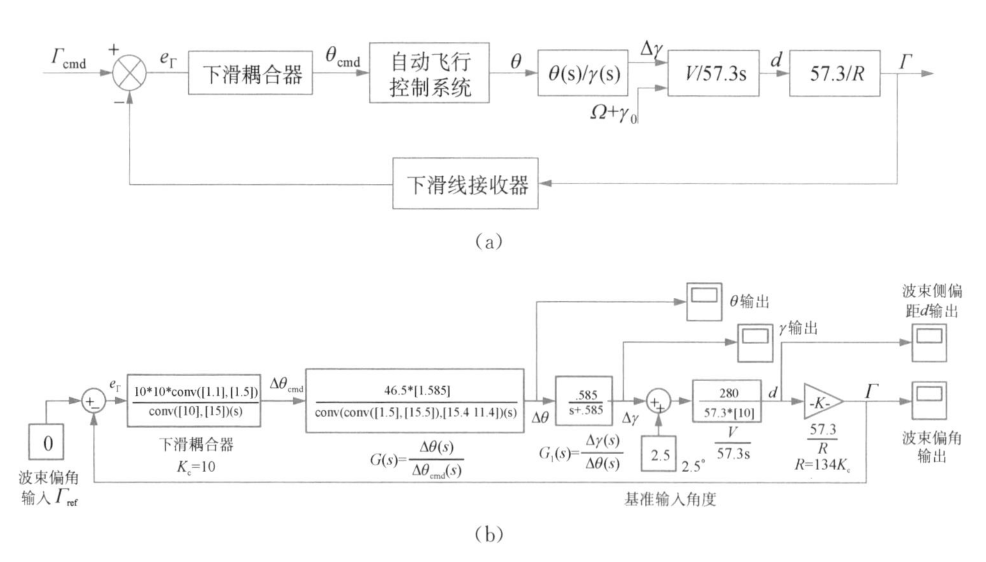

图 9-96 带下滑耦合器的下滑跟踪

(a) 结构方块图 (b) Simulink 结构图

首先进行内回路俯仰控制，根据纵向运动动力学有 $G^{\dot{\theta}}_{-\delta_e}(s) = -\dfrac{1.2(s+0.585)}{s+1.5s+1.47}$，而 $G_{\delta_e}(s) = \dfrac{10}{s+10}$，参考例 9-3，选择 $k_q = 2.5\ \text{volt/rad/s}$，$k_\theta = 3.88$，则有闭环俯仰控制系统阻尼比为 $\zeta_{sp} = 0.8$，内回路俯仰跟踪模型为

$$\frac{\Delta\theta(s)}{\Delta\theta_{cmd}(s)} = \frac{46.5(s+0.585)}{(s+0.5)(s+5.5)(s^2+5.4s+11.4)}$$

又

$$\frac{\Delta\alpha(s)}{\Delta\delta_e(s)} = \frac{-0.0332(s+36.7)}{s^2+1.5s+1.47}$$

$$\frac{\Delta\theta(s)}{\Delta\delta_e(s)} = \frac{-1.2(s+0.585)}{s(s^2+1.5s+1.47)}$$

$$\frac{\Delta\gamma(s)}{\Delta\theta(s)} = 1-\frac{\Delta\alpha(s)}{\Delta\theta(s)}$$

$$\frac{\Delta\alpha(s)}{\Delta\theta(s)} = \frac{\Delta\alpha(s)}{\Delta\delta_e(s)}\cdot\frac{\Delta\delta_e(s)}{\Delta\theta(s)} = \frac{0.0276s(s+36.7)}{s+0.585}$$

则有

$$\frac{\gamma(s)}{\theta(s)} = -\frac{0.0276(s+4.85)(s-4.35)}{s+0.585}$$

忽略分子多项式中 s 项 $(s=0)$，得其简化模型为

$$\frac{\gamma(s)}{\theta(s)}=\frac{0.585}{s+0.585}$$

则有波束偏差角控制系统闭环传递函数为

$$\frac{\Gamma(s)}{\Gamma_{\mathrm{cmd}}(s)}=\frac{G_{\Gamma}(s)}{1+G_{\Gamma}(s)}$$

其中 $G_{\Gamma}(s)=-\dfrac{3600K_{\mathrm{c}}(s+0.1)(s+4.85)(s-4.35)}{Rs^{2}(s+5)(s+5.5)(s^{2}+5.4s+11.4)}$。

可见波束偏差角控制系统增益是随到波束站点距离 R 而变化的，且随距离减小稳定性降低，故最短距离确定了跟踪系统的稳定性。令 $K_{\Gamma_1}=\dfrac{3600K_{\mathrm{c}}}{R}$，则波束偏差角控制系统根轨迹如图 9-97 所示，为了保证系统稳定操作，取虚轴点为临界控制增益点，此时 $K_{\Gamma_1}\approx 27$，则 $R=134K_{\mathrm{c}}$，当 $K_{\mathrm{c}}=10$，系统稳定的最短下滑距离 $R=1340\,\mathrm{ft}$。因此飞机初始离波束站点 1 400 ft，高度 $h=100\,\mathrm{ft}$，下滑则可以满足要求。

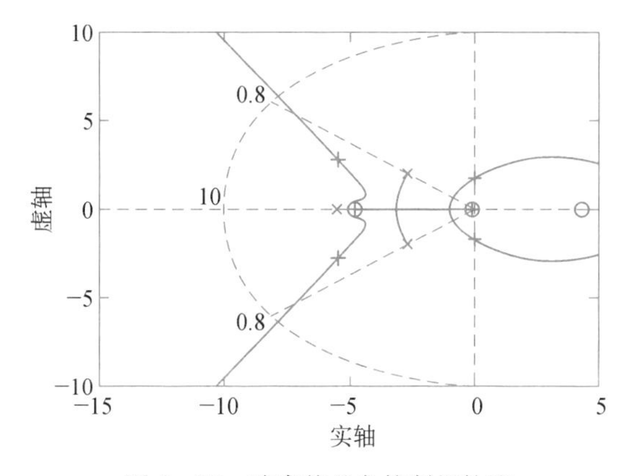

图 9-97　波束偏差角控制根轨迹

下滑耦合器 K_{Γ} 选择 $K_{\mathrm{c}}=10°/(°)$，分别取 $\Gamma_{\mathrm{cmd}}=0$，$R=134\times K_{\mathrm{c}}(\mathrm{ft})$，波束偏差角跟踪如图 9-98 所示。

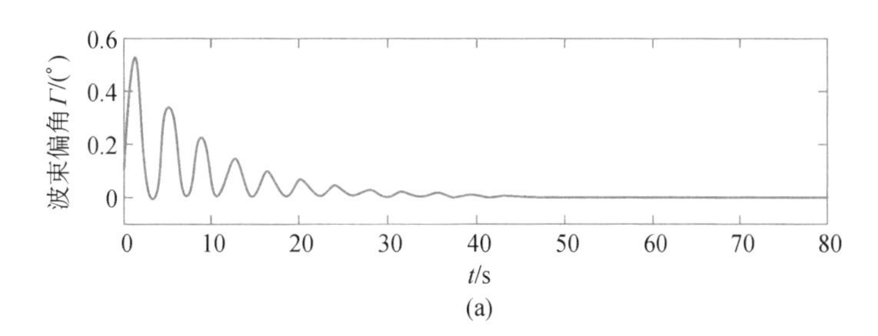

(a)

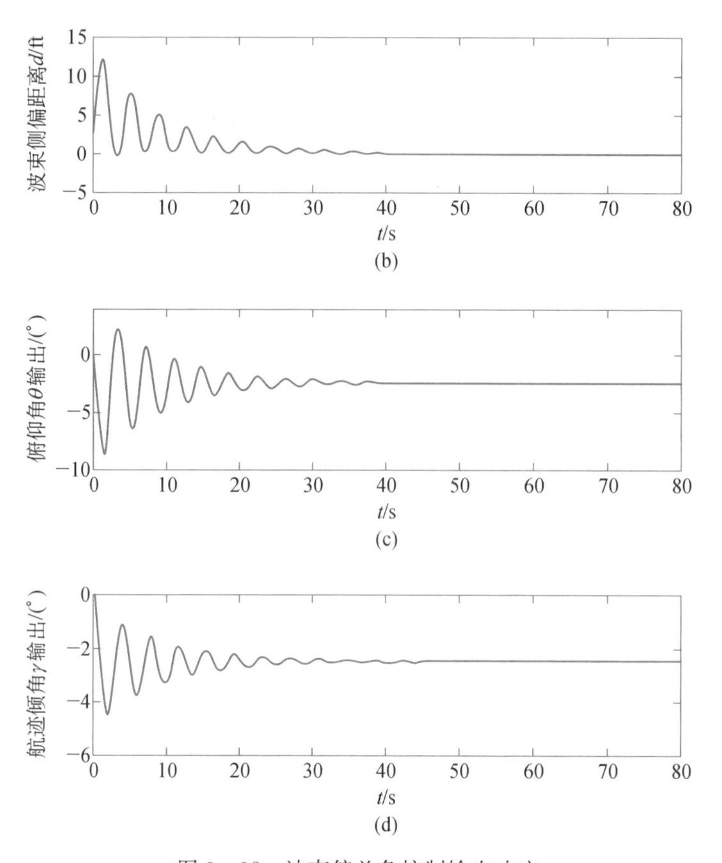

图 9-98 波束偏差角控制输出响应

(a) Γ 输出响应 (b) 侧偏距离 d 输出响应
(c) 俯仰角 θ 输出响应 (d) 航迹倾角 γ 输出响应

可见,波束偏差角不仅随偏离波束中心线距离 d 改变,而且随波束天线到飞机距离 R 改变而改变。要使 Γ 稳定,下滑耦合器应当随着 R 的变化而调整,这样才能满足飞机着陆自适应调节要求。扫描右侧二维码获取 Matlab 代码。

自动着陆还受机场气象条件的制约,通常根据跑道等能见度划分为三个等级,具体如下:

一般自动着陆分为三个等级级,即等级Ⅰ,Ⅱ,Ⅲ,如图 9-99 所示,而最高级Ⅲ又可细分为Ⅲa,Ⅲb,Ⅲc。这个等级是按能见度条件分类的[包括垂直方向上指允许的最小云雾底部的高度;称为决断高度(DH),水平距离是飞机对跑道能见的距离(RVR)]。

等级Ⅰ:飞机对跑道能见的距离 RVR 为 2 600 ft(800 m)以上,决断高度在触地点以上 200 ft。

等级Ⅱ:飞机对跑道能见的距离 RVR 为 1 200 ft(400 m)以上,决断高度在触地

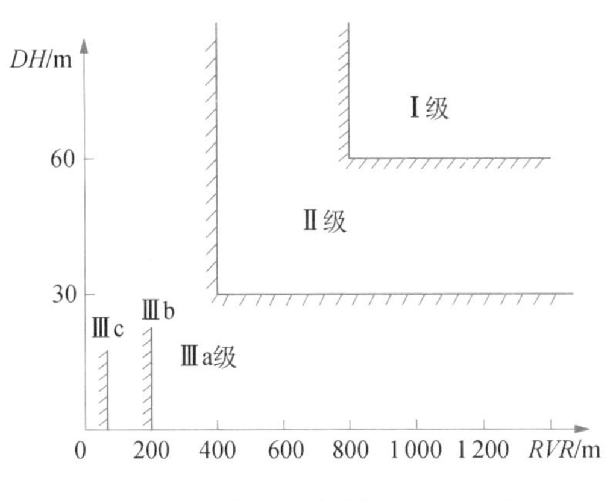

图 9－99　自动着陆等级Ⅰ，Ⅱ，Ⅲ

点以上 100 ft。

等级Ⅲ：

等级Ⅲa：飞机对跑道能见的距离 RVR 为 700 ft(200 m)以上，决断高度在触地点以上 0 ft。

等级Ⅲb：飞机对跑道能见的距离 RVR 为 150 ft(80 m)以上，决断高度在触地点以上 0 ft。

等级Ⅲc：飞机对跑道能见的距离 RVR 为 0 ft(0 m)以上，决断高度在触地点以上 0 ft。

实现Ⅲ级着陆，则必须有自动拉平系统。

9.2.4.3.2　自动拉平系统

飞机在垂直平面内，从下滑过渡到实际着陆点的纵向轨迹为拉平轨迹，如图 9－100所示。如果飞机实现Ⅰ，Ⅱ级着陆，则拉平轨迹是由飞行员手操纵形成的，即飞机下滑到离地约 15 m 时，飞行员操纵飞机减小航迹倾斜角 γ，使 $\dot{h}$ 进一步减小，飞机是曲线轨迹进入拉平阶段，当离地约到 $h=0.5\sim1.0$ m，提高迎角 α 使空速向量与地平面平行，这是保持段。然后减小 α 角，使重力 $G>L$(升力)，飞机飘落，滑跑。

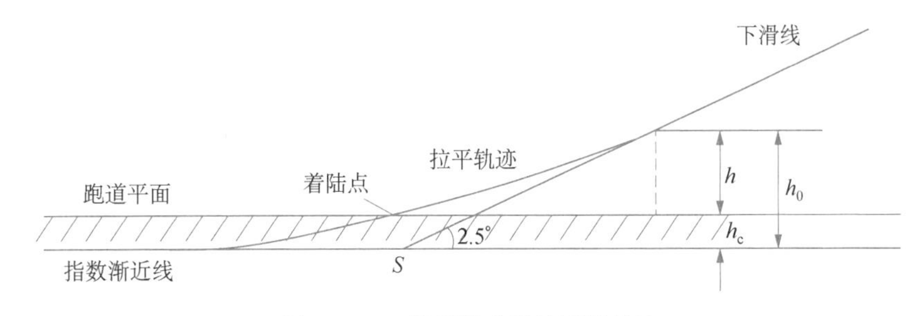

图 9－100　按指数曲线拉平的轨迹

如果飞机实现Ⅲ级着陆，则拉平阶段也是靠自控系统操纵形成。所以设计自动拉平系统应包括两个内容：其一是形成拉平轨迹，其二是构成使飞机完成拉平轨迹飞行的自控系统。

1）拉平轨迹

拉平轨迹是指由下滑过渡到着陆点的运动轨迹。为了使下降速度能够随高度降低而成比例减小，在理想情况下，当下降速度为零时，高度也恰好为零，即满足下列齐次微分方程

$$\dot{h}(t)=-Ch(t)=-\frac{1}{\tau}h(t) \tag{9-134}$$

式中，τ 为时间常数，C 为系数$\frac{1}{\tau}$。

或者

$$h(t)=-\tau\dot{h} \tag{9-135}$$

上述微分方程的解为

$$h(t)=h_0 e^{-\frac{1}{\tau}t} \tag{9-136}$$

但是，如果按照式(9-136)来设计拉平轨迹，则只有当拉平时间无限长 $t\to\infty$ 时，才能使得飞机的起落架触地滑跑 $h(\infty)\to 0$。也就是说，需要无限长的跑道，才能使飞机以零下降速度触地滑跑。这显然是不实际的。飞机在实际降落飞行过程中，如果在容许接地速度 $\dot{h}_1$ 内飞机的安全是可以保证的，因此，可以将齐次微分方程式(9-134)改写为非齐次微分方程，即

$$\dot{h}(t)=-\frac{1}{\tau}h(t)+\dot{h}_1 \tag{9-137}$$

其解为

$$h(t)=h_0 e^{-\frac{t}{\tau}}+\tau\dot{h}_1 \tag{9-138}$$

令 $h(t_1)=0$，则拉平飞行的时间为

$$t_1=\tau\ln\left(\frac{-h_0}{\tau\dot{h}_1}\right) \tag{9-139}$$

如果假设拉平飞行的距离为 $l=V_0t_1\cos\gamma=V_0t_1$，则

$$h(l)=h_0 e^{-\frac{l}{\tau V_0}} \tag{9-140}$$

$$l=-\tau V_0\ln\left(\frac{h}{h_0}\right)=\tau V_0\ln\left(\frac{h_0}{h}\right)=\tau V_0\ln\left(-\frac{h_0}{\tau\dot{h}_1}\right) \tag{9-141}$$

按照拉平飞行距离公式(9-141)，如果给定起始拉平高度 h_0、容许接地速度 $\dot{h}_1$

和飞行速度 V_0 以及时间常数 τ，那么飞机在拉平飞行段的飞行距离 l 就可以计算出来，并可以作为选择降落跑道的参考因素。

2）自动拉平系统的组成

根据式(9-137)，借助关系式 $\dot{h}_c=-h/\tau+\dot{h}_1$ 来构成拉平耦合器，只要自动拉平系统能够保证实际的下降速度 $\dot{h}$ 准确地跟踪给定的下降过程 $\dot{h}_c$，便可实现自动拉平飞行。利用在本章讨论过的飞机纵向姿态控制系统和下滑波束导引运动学环节可以组成自动拉平系统，结构图如图 9-101 所示，图中，$G_1(s)=\theta(s)/\dot{h}(s)$，$G_2(s)=\gamma(s)/\theta(s)$。

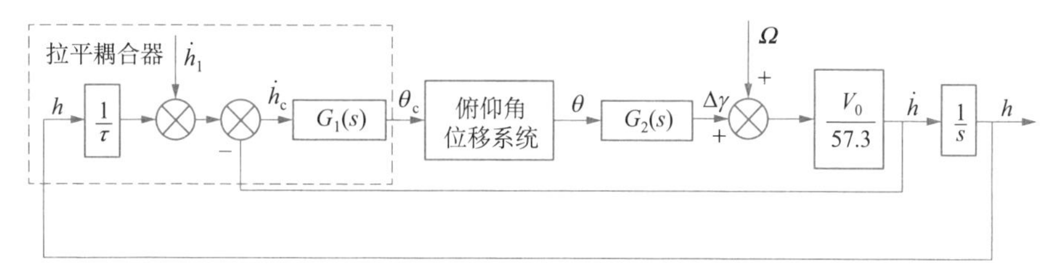

图 9-101　自动拉平系统的结构图

例 9-9　以 B747 飞机为例，拉平控制如图 9-102 所示。

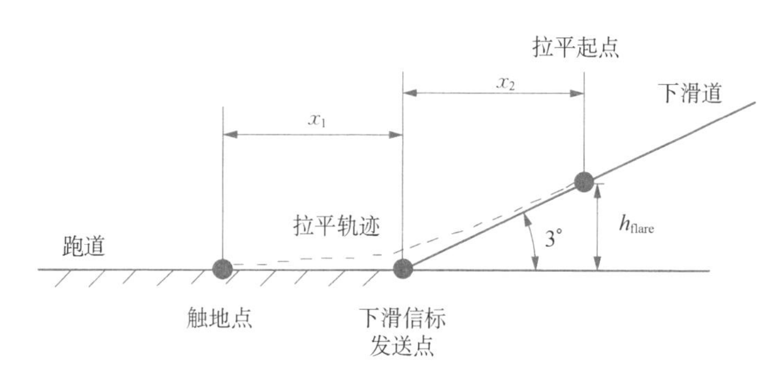

图 9-102　B747 拉平控制示意图

其中飞行进近速度 $V_0=221\,\mathrm{ft/s}(0.198\,Ma)$，飞行高度为海平面，迎角 $\alpha=8.5°$，$x_1=1100\,\mathrm{ft}$，$t=4\tau$ s，其着陆气动参数如表 9-7 所示，试计算其拉平轨迹，并进行仿真。

表 9-7　B747 着陆气动参数

参数名称	参考值	参数名称	参考值
高度 h	0 ft	Ma	0.198
重量 G	564000.0 lb	过载 nz	1.0 g
机翼参考面积 S	5500.00 ft^2	动压 $\bar{q}$	58.03 psf①

(续表)

参数名称	参考值	参数名称	参考值
俯仰角 θ	8.5°	$X_u = \dfrac{-[C_{Du}+2(C_D)_0]\bar{q}S}{mV_0}$	$-0.0433(\mathrm{ft/s^2})/(\mathrm{ft/s})$
弦长 $\bar{c}$	27.3 ft	$X_{Tu} = \dfrac{[C_{TXu}+2(C_{TX})_0]\bar{q}S}{mV_0}$	$-0.0022(\mathrm{ft/s^2})/(\mathrm{ft/s})$
I_y	30 500 000 slug② · ft²	$X_\alpha = \dfrac{-[C_{D\alpha}-(C_L)_0]\bar{q}S}{m}$	$11.4708\,\mathrm{ft/s^2/rad}$
$(C_m)_0$	0.0000	$Z_u = \dfrac{-[C_{Lu}+2(C_L)_0]\bar{q}S}{mV_0}$	$-0.0433\,\mathrm{ft/s^2/(ft/s)}$
$C_{m\alpha}$	0.0710	$Z_\alpha = \dfrac{-[C_{L\alpha}+(C_D)_0]\bar{q}S}{m}$	$-0.0022\,\mathrm{ft/s^2/rad}$
C_{mu}	−1.4500 1/rad	$Z_{\dot{\alpha}} = -C_{L\dot{\alpha}}\dfrac{1}{2V_0}\dfrac{\bar{q}S\bar{c}}{m}$	$11.4708(\mathrm{ft/s^2})/(\mathrm{rad/s})$
$C_{m\dot{\alpha}}$	−3.3000 1/rad	$Z_q = -C_{Lq}\dfrac{1}{2mV_0}\bar{q}S\bar{c}$	$-6.3546(\mathrm{ft/s^2})/(\mathrm{rad/s})$
C_{mq}	−21.4000 1/rad	$M_u = \dfrac{\bar{q}S\bar{c}[2(C_m)_0+C_{mu}]}{I_yV_0}$	$0.0001(\mathrm{rad/s^2})/(\mathrm{ft/s})$
$(C_{mT})_0$	0.0000	$M_{Tu} = \dfrac{\bar{q}S\bar{c}[2(C_{mT})_0+C_{mTu}]}{I_yV_0}$	$0.0000(\mathrm{rad/s^2})/(\mathrm{ft/s})$
C_{mTu}	0.0000	$M_\alpha = C_{m\alpha}\dfrac{\bar{q}S\bar{c}}{I_y}$	$-0.4142(\mathrm{rad/s^2})/(\mathrm{rad})$
$C_{mT\alpha}$	0.0000	$M_{T\alpha} = C_{mT\alpha}\dfrac{\bar{q}S\bar{c}}{I_y}$	$0.0000(\mathrm{rad/s^2})/(\mathrm{rad})$
$(C_L)_0$	1.7600	$M_{\dot{\alpha}} = C_{m\dot{\alpha}}\dfrac{\bar{c}}{2V_0}\dfrac{\bar{q}S\bar{c}}{I_y}$	$-0.0582(\mathrm{rad/s^2})/(\mathrm{rad/s})$
$C_{L\alpha}$	−0.2200	$M_q = C_{mq}\dfrac{\bar{c}}{2V_0}\bar{q}S\bar{c}/I_y$	$-0.3777(\mathrm{rad/s^2})/(\mathrm{rad/s})$
C_{Lu}	5.670 1/rad	$\omega_{n,sp}$	0.7704 rad/s
$C_{L\dot{\alpha}}$	6.700 1/rad	ζ_{sp}	0.6172
C_{Lq}	5.6500 1/rad	$\omega_{n,ph}$	0.1677 rad/s
$(C_D)_0$	0.2630	ζ_{ph}	0.0015
$C_{D\alpha}$	1.1300 1/rad	$X_{\delta_e} = -\bar{q}SC_{D\delta_e}/m$	0.0000 ft/s²/rad
C_{Du}	0.0000	$Z_{\delta_e} = -C_{L\delta_e}\bar{q}S/m$	−6.5547 ft/s²
$(C_{TX})_0$	0.2630	$M_{\delta_e} = C_{m\delta_e}(\bar{q}S\bar{c})/I_y$	−0.4000 1/s²
C_{TXu}	−0.5523		
$C_{L\delta_e}$	0.3600 1/rad		
$C_{D\delta_e}$	0.0000 1/rad		
$C_{m\delta_e}$	−1.4000 1/rad		

① 磅力每平方英尺。1 psf = 1 lbf/ft² = 4.78803 × 10Pa。

② 斯特格。1 slug = 14.594 kg 。

解：

$$\dot{h}_c = -\frac{h}{\tau} + \dot{h}_1 \tag{9-142}$$

暂不考虑 $\dot{h}_1$，则方程(9-142)解为

$$h(t) = h_{\text{flare}} e^{-\frac{t}{\tau}} \tag{9-143}$$

对式(9-143)微分

$$\dot{h} = -\frac{h_{\text{flare}}}{\tau} e^{-\frac{t}{\tau}} \approx -\frac{h}{\tau} \tag{9-144}$$

而根据 Γ 三角关系，有

$$\dot{h}_{\text{flare}} = -\frac{2.5}{57.3} V_0 = -\frac{2.5}{57.3} \cdot 221\,\text{ft/s} = -9.64\,\text{ft/s} = -\frac{h_{\text{flare}}}{\tau} \tag{9-145}$$

根据拉平时间 $t = 4\tau$，得

$$x_1 + x_2 = 1100 + x_2 = 4\tau V_0 = 884\tau \tag{9-146}$$

故

$$x_2 = 884\tau - 1100 = -\frac{h_{\text{flare}}}{\tan 2.5^\circ} \tag{9-147}$$

根据式(9-145)和式(9-147)可得

$$\tau = 1.66\,\text{s},\ h_{\text{flare}} = 16\,\text{ft},\ \dot{h} = -\frac{h}{\tau} = -0.6h \tag{9-148}$$

且 $\dot{h} \approx V_0 \gamma$，有关系

$$\frac{\dot{h}(s)}{\theta(s)} = \frac{\gamma(s)}{\theta(s)} \cdot \frac{V_0}{57.3} \tag{9-149}$$

又根据表 9-7 有 B747 飞机飞行进近速度 $V_0 = 221\,\text{ft/s}(0.198Ma)$，飞行高度为海平面时纵向运动传递函数为

$$\begin{aligned}\frac{\alpha(s)}{\delta_e(s)} &= \frac{-6.5547s^3 - 88.6136s^2 - 2.1170s - 3.3932}{228.5107s^4 + 217.2212s^3 + 141.9559s^2 + 6.0431s + 3.8151} \\ &= \frac{-6.5547(s + 13.4979)(s^2 + 0.0211s + 0.0384)}{228.5107(s^2 + 0.9511s + 0.5936)(s^2 - 0.0005s + 0.0281)}\end{aligned}$$

$$\begin{aligned}\frac{\theta(s)}{\delta_e(s)} &= \frac{-91.01s^2 - 44.6s - 3.097}{228.5107s^4 + 217.2212s^3 + 141.9559s^2 + 6.0431s + 3.8151} \\ &= \frac{-91.0137(s + 0.4067)(s + 0.0837)}{228.5107(s^2 + 0.9511s + 0.5936)(s^2 - 0.0005s + 0.0281)}\end{aligned}$$

则式(9－149)改写为

$$\frac{\dot{h}(s)}{\theta(s)}=\frac{221}{57.3}\cdot\frac{6.555s^3-2.4s^2-42.5s+0.296}{-91.01s^2-44.6s-3.097}\tag{9-150}$$

根据上述分析，进行拉平轨迹控制仿真，建立仿真系统如图 9－103 所示。

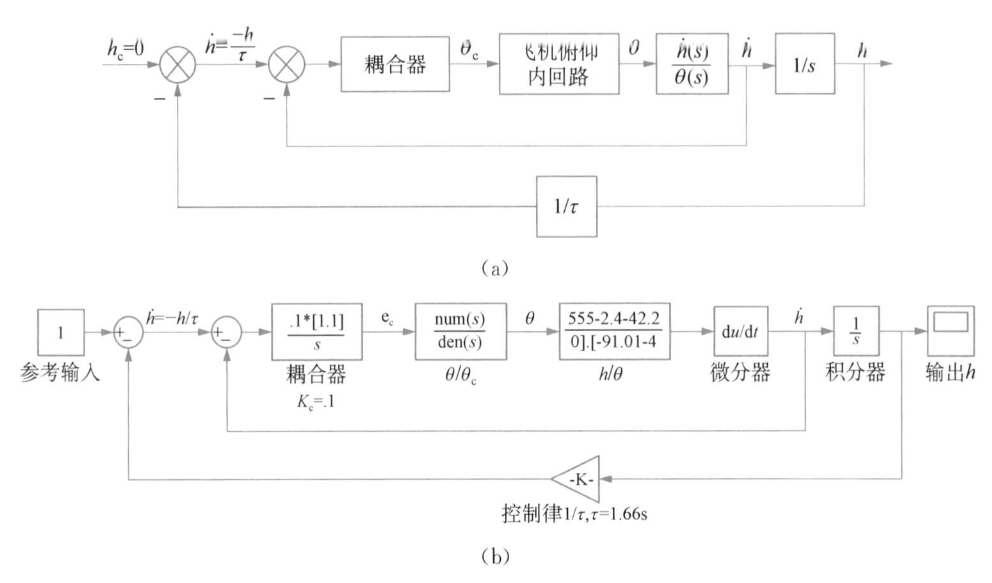

图 9－103　拉平控制结构图

(a) 拉平控制律　(b) 仿真图

其中耦合器为 $K_c\cdot(1+0.1/s)$，取拉平反馈

$$\dot{h}=-h/\tau=-h/1.66\tag{9-151}$$

输入阶跃指令 h 下，采用不同耦合器增益 K_c 可得系统输出响应如图 9－104 所示。

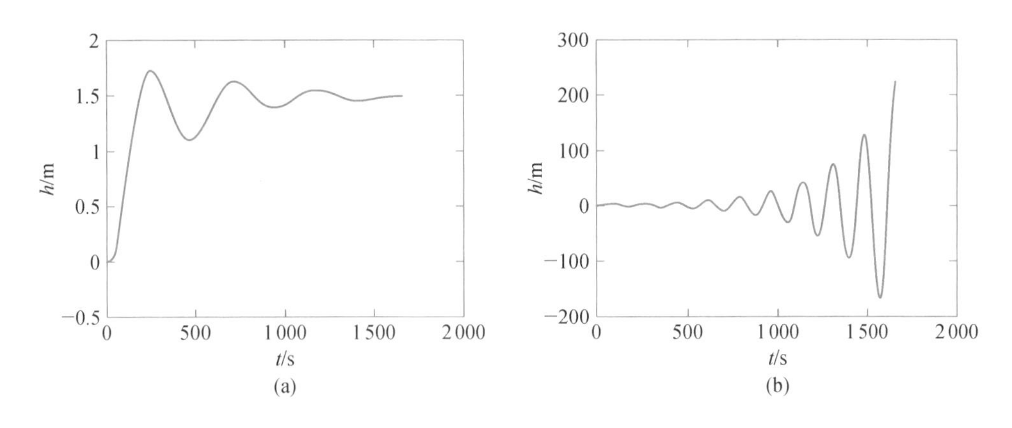

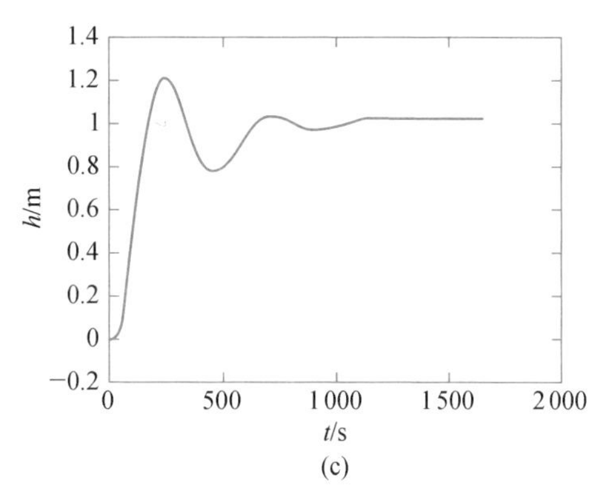

(c)

图 9-104　拉平耦合器对下滑高度控制影响

(a) 拉平耦合器 $K_c = 0.1$　(b) $K_c = 1.0$　(c) 耦合器为 $0.1 \cdot (1 + 0.021/s)$

可见，K_c 对拉平轨迹稳定有较大影响。扫描右侧二维码获取 Matlab 代码。

练习题

9.1　分析说明阻尼器、增稳系统和控制增稳系统以及自动驾驶仪各自的工作原理和特点，并画出结构图。

9.2　假定某飞行器的传递函数为

$$\frac{\Delta\theta(s)}{\Delta\delta_e(s)} = \frac{M\delta_e(s + Z_\alpha^*)}{s(s^2 + 2\zeta_{sp}\omega_{sp}s + \omega_{sp})}$$

舵回路的传递函数为

$$\frac{\Delta\delta_e(s)}{\Delta u_e(s)} = \frac{1}{T_\delta s + 1}$$

如果采用下列控制规律

$$\Delta\delta_e = L_\theta(\Delta\theta - \Delta\theta_c) + L_{\dot{\theta}}\Delta\dot{\theta}$$

(1) 画出其相应的结构图，并标出干扰力矩 M_f。

(2) 分析说明舵回路时间常数 T_δ 对系统阻尼特性的影响，应该有怎样的限制？(讨论 $T_\delta = 0$ 和 $T_\delta \neq 0$ 两种情况)

9.3　试推导定高系统运动学环节，并画出其结构框图。

9.4　考察空客 A300 飞机，其飞行状态为速度 $V_0 = 130\text{m/s}$，高度 $H = 4000\text{m}$，飞机纵向动力学的雅可比矩阵为

$$\boldsymbol{A}_{lon} = \begin{bmatrix} -0.0124 & 5.8880 & -9.794 & 0 \\ -0.0013 & -0.6764 & 0 & 1 \\ 0 & 0 & 0 & 1 \\ 0.0045 & -2.2432 & 0 & -1.0129 \end{bmatrix}$$

$$\boldsymbol{B}_{\text{lon}} = \begin{bmatrix} 0 & 0.019445 \\ -0.0837 & 0 \\ 0 & 0 \\ -3.3225 & 0 \end{bmatrix}$$

这里,系统的状态向量为 $\boldsymbol{x}=[\Delta V \quad \Delta\alpha \quad \Delta\theta \quad \Delta q]^{\text{T}}$,输出 $\boldsymbol{y}=\boldsymbol{x}$,控制输入 $\boldsymbol{u}=[\delta_{\text{e}} \quad \delta_{\text{p}}]^{\text{T}}$ 。单位 V(m/s),α(rad),θ(rad),q(rad/s),δ_{e}(rad),δ_{p}(°),试运用根轨迹法设计:

(1) 飞机俯仰跟踪系统,使闭环系统短周期模态阻尼比 $\zeta_{\text{sp}}=0.7$,$\omega_{\text{n, sp}}=3.65\,\text{rad/s}$ 。

(2) 飞机高度保持系统,使闭环系统主导极点阻尼比 $\zeta_{\text{h}}>0.6$。

9.5 考察空客 A300 飞机,其飞行状态为速度 $V_0=130\,\text{m/s}$,高度 $H=4000\,\text{m}$,飞机纵向动力学的雅可比矩阵为

$$\boldsymbol{A}_{\text{lon}} = \begin{bmatrix} -0.0124 & 5.8880 & -9.794 & 0 \\ -0.0013 & -0.6764 & 0 & 1 \\ 0 & 0 & 0 & 1 \\ 0.0045 & -2.2432 & 0 & -1.0129 \end{bmatrix}$$

$$\boldsymbol{B}_{\text{lon}} = \begin{bmatrix} 0 & 0.019445 \\ -0.0837 & 0 \\ 0 & 0 \\ -3.3225 & 0 \end{bmatrix}$$

这里,系统的状态向量为 $\boldsymbol{x}=[\Delta V \quad \Delta\alpha \quad \Delta\theta \quad \Delta q]^{\text{T}}$,输出 $\boldsymbol{y}=\boldsymbol{x}$,控制输入 $\boldsymbol{u}=[\delta_{\text{e}} \quad \delta_{\text{p}}]^{\text{T}}$,单位 V(m/s),α(rad),θ(rad),q(rad/s),δ_{e}(rad),δ_{p}(°),试运用 LQR 方法设计飞机空速保持系统,进行仿真并分析性能。

9.6 考察麦道 DC-8 飞机,其在 0 ft 高空以速度 $Ma=0.219$ 做进近飞行,飞机重量为 190000 lbs,惯量 $I_x=3.09\times10^6$,$I_y=2.94\times10^6$,$I_z=5.28\times10^6$,$I_{xz}=28\times10^3$,单位:slug·ft²,重心位置 $X_{\text{cg}}=0.15\bar{c}$,机翼参考面积 $S=2600\,\text{ft}^2$,$b=142.3\,\text{ft}$,$\bar{c}=23\,\text{ft}$,飞机纵向动力学的雅可比矩阵为

$$\boldsymbol{A}_{\text{lon}} = \begin{bmatrix} -0.0291 & 15.3476 & -32.2 & 0 \\ -0.0001 & -0.6277 & 0 & 1 \\ 0 & 0 & 0 & 1 \\ 0.0003 & -1.9592 & 0 & -1.053 \end{bmatrix},\ \boldsymbol{B}_{\text{lon}} = \begin{bmatrix} 0 \\ -0.0418 \\ 0 \\ -1.3391 \end{bmatrix}$$

这里,系统的状态向量为 $\boldsymbol{x}=[\Delta V \quad \Delta\alpha \quad \Delta\theta \quad \Delta q]^{\text{T}}$,输出 $\boldsymbol{y}=\boldsymbol{x}$,单位:$V$(fps),$\alpha$(rad),$\theta$(rad),$q$(rad/s),控制输入 $\boldsymbol{u}=\delta_{\text{e}}$(rad),试运用经典控制方法设计飞机波束偏差角控制系统,并运用 Simulink 仿真,分析其性能。

参考文献

[1] Roskam J. Airplane flight dynamics and automatic flight controls [M]. Lawrence: DAR corporation, 1998.

[2] 吴森堂,费玉华. 飞行控制系统[M]. 北京:北京航空航天大学出版社,2005.

[3] Jenie S D, Budiyono A. Automatic Flight Control System-Classical approach and modern control perspective [M]. Bandung: Bandung Institute of Technology, 2006.

[4] Blakelock J H. Automatic Control of Aircraft and Missiles [M]. New York: John Wiley & Sons, 1965.

第10章 横侧向运动自动飞行控制系统设计

本章介绍横侧向运动飞行控制系统，主要类型有滚转阻尼器、偏航阻尼器、横向增稳系统。横侧向自动控制系统包含内回路姿态控制(滚转、偏航运动)、外回路位置控制(航向、侧向偏离控制)，以及自动着陆(侧向波束导引、VOR导航)等，通过典型案例对所述内容加以运用与推广。

小黑板

李雅普诺夫(A. M. Lyapunov)，俄国著名的数学家。1892年，他在莫斯科大学获得博士学位，论文题目为：*The general problem of the stability of motion*。1901年，他当选为俄国科学院院士。其一生贡献主要在于创建动态系统的稳定性理论，包括构建李雅普诺夫函数，稳定函数，第二李雅普诺夫稳定法及稳定理论中的李雅普诺夫矢量函数与非线性分析。

李雅普诺夫
(1857—1918)

10.1 横侧向阻尼器

10.1.1 滚转阻尼器

飞机不仅俯仰通道有阻尼器，在其他两个通道也有阻尼装备。例如：对于小展弦比的飞机在超声速或大迎角飞行时，滚转阻尼力矩显著减小，滚转角速度过大，驾驶员难以操纵，所以可安装倾斜(滚转)阻尼器(roll damper)，以增大阻尼。

1) 滚转阻尼器的设计

滚转阻尼器主要作用是用来改善飞机阻尼器系统的滚转阻尼特性，当飞机有滚转速率 p 时，速率陀螺测出，经传动比自动调节器给出当时飞行状态下的指令信号

$k_p \cdot p$，此信号经放大器进行功率放大后，送至副翼舵机中，再传至助力器，使副翼偏转 δ_a，产生阻止 p 变化的阻尼力矩。驾驶杆给出的操纵信号也传到副翼舵机，与指令信号复合，推动助力器滑阀的移动。

将以副翼 $\Delta\delta_a$ 为输入，滚转角速度 Δp 为输出的传递函数式(6－113)写成滚转运动简化方程如下：

$$(s - L_p)\Delta p = L_{\delta_a}\Delta\delta_a \tag{10-1}$$

$$\frac{\Delta p(s)}{\Delta\delta_a(s)} = \frac{L_{\delta_a}}{s - L_p} = \frac{K^p}{T_R s + 1} \tag{10-2}$$

式中，$K^p = -\dfrac{L_{\delta_a}}{L_p} = \dfrac{C_{l\delta_a}}{C_p}\dfrac{2V_0}{b}$，$T_R = -\dfrac{1}{L_p}$。

当副翼 $\Delta\delta_a$ 为常值输入时，求解方程式(10－1)，得到滚转角速度 Δp 的稳态解为

$$\Delta p_s = -\frac{L_{\delta_a}}{L_p}\Delta\delta_a \tag{10-3}$$

根据表 6－4 的导数定义，$L_p = \dfrac{L^a_{p_w}}{I_{x_s}} = \dfrac{\bar{q}Sb^2 C_{lp}}{2I'_x V_0}$，$L_{\delta_a} = \dfrac{L^a_{\delta_a}}{I_{x_s}} = \dfrac{\bar{q}SbC_{l\delta_a}}{I'_x}$，(暂不考虑偏航交叉导数 $C_{n\delta_a}$ 和 C_{np} 的影响)，则滚转角速度 Δp 的稳态解式(10－3)可以写成

$$\Delta p = -\frac{2V_0}{b}\cdot\frac{C_{l\delta_a}}{C_{lp}}\Delta\delta_a \tag{10-4}$$

由滚转角速度 Δp 的稳态解式(10－4)可见，对于具有小展弦比机翼的飞机而言，随着飞行速度增加或进行大迎角飞行时滚转角速度 Δp 会变得很大。因此会使飞机的操纵变困难，所以需要通过引入滚转阻尼器来增大飞机的滚转阻尼，来改善飞机的操纵特性。

图 10－1 为滚转阻尼器结构方块图。

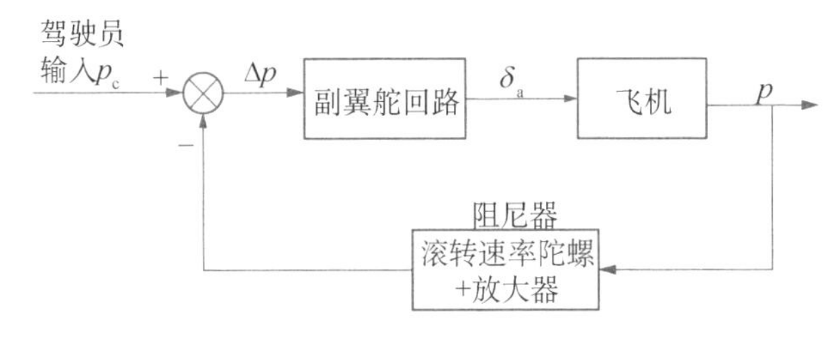

图 10－1　滚转阻尼器

当考虑助力器等环节时，其结构如图 10－2 所示。

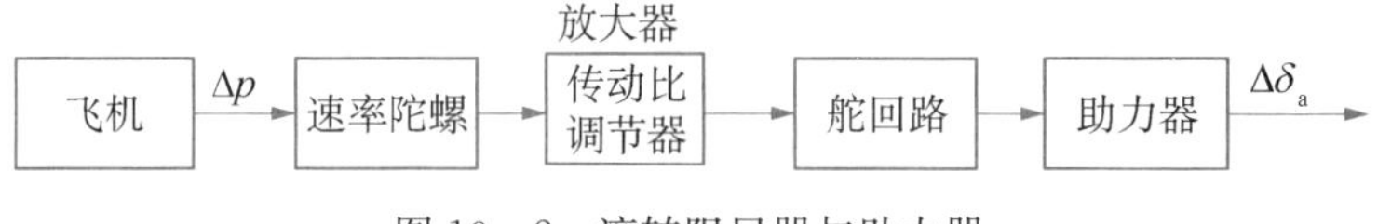

图 10-2 滚转阻尼器与助力器

副翼舵回路选择为二阶振荡环节，即

$$G_{\delta_a}(s)=\frac{1}{(s/\omega_\delta)^2+2\zeta_\delta(s/\omega_\delta)+1} \tag{10-5}$$

将助力器近似为一阶惯性环节，即

$$G_e(s)=\frac{1}{s/\omega_e+1} \tag{10-6}$$

如果不考虑滚转速率陀螺的惯性及舵回路不灵敏区的影响，且若副翼偏角权限 $|\Delta\delta_a|\leqslant 3^\circ$ 时，可得下列两种情况的滚转阻尼器的控制规律。

如果不考虑副翼杆操纵 ΔF_a，阻尼器控制律为

$$\Delta\delta_a=G_eG_{\delta_a}k_p\Delta p=\frac{1}{\dfrac{s}{\omega_e}+1}\cdot\frac{1}{\left(\dfrac{s}{\omega_\delta}\right)^2+2\zeta_\delta\left(\dfrac{s}{\omega_\delta}\right)+1}\cdot k_p\Delta p \tag{10-7}$$

式中，k_p 为副翼偏角对滚转角速度的控制增益。

考虑副翼杆操纵 ΔF_a，阻尼器控制律为

$$\Delta\delta_a=\frac{1}{(s/\omega_e)+1}\cdot\left(\frac{k_p\Delta p}{(s/\omega_\delta)^2+2\zeta_\delta(s/\omega_\delta)+1}+i_a\Delta F_a\right) \tag{10-8}$$

式中，i_a 为副翼偏角对驾驶杆横向偏移的传动比。

考虑到串联舵机权限的非线性特征，则控制律为

$$\Delta\delta_a=F(X)+G_e(s)i_a\Delta F_a \tag{10-9}$$

式中，$F(X)=\begin{cases}X & |X|<3^\circ\\ 3^\circ\mathrm{sgn}X & |X|\geqslant 3^\circ\end{cases}$，$X=G_e(s)G_\delta(s)k_p\Delta p$，一般增益 k_p 需要根据动压进行调节，$k_p=f(\bar{q})$。

2）偏航与滚转运动耦合的影响分析

由式(6-106)知飞机横侧运动传递函数式可改写为

$$\frac{p(s)}{\delta_a(s)}=\frac{s\cdot\phi(s)}{\delta_a(s)}=\frac{sA_\phi(s^2+2\zeta_p\omega_{np}s+\omega_{np}^2)}{(s-\lambda_R)(s-\lambda_S)(s^2+2\zeta_D\omega_{nD}s+\omega_{nD}^2)} \tag{10-10}$$

式中，λ_S 为描述螺旋运动的根，λ_R 为描述滚转衰减运动的根，ζ_D 和 ω_{nD} 分别为荷兰滚运动的阻尼比与固有频率，ζ_p 和 ω_{np} 分别为对应于传递函数零点模态的阻尼比与固有频率。

由于飞行状态不同，飞机的传递函数零极点分布也不同，ω_{np}/ω_{nD}的比值不同，偏航对滚转运动的影响也不同。联立飞机横侧运动传递函数和阻尼控制律，可以画出略去助力器和舵回路惯性特性后的飞机—滚转阻尼器系统随 k_p 变化过程的根轨迹，如图 10－3 所示。

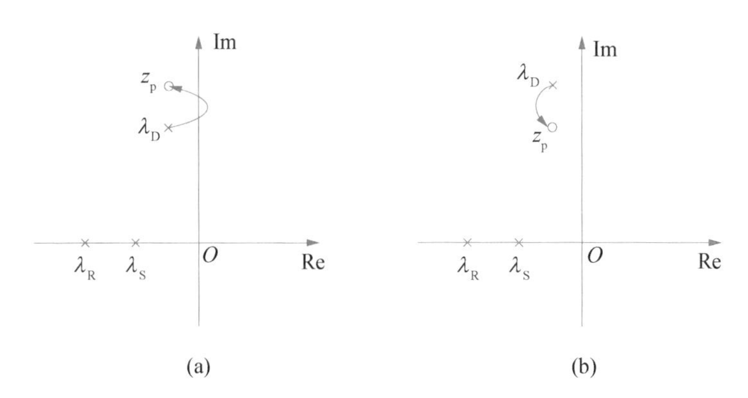

图 10－3　飞机-滚转阻尼器系统随 k_p 变化过程的根轨迹

(a) $\omega_{np}>\omega_{nD}$　(b) $\omega_{np}<\omega_{nD}$

图 10－3 中，z_p，λ_D 为式(10－10)中的零点和荷兰滚极点。由图 10－3 可知，在分析和设计滚转阻尼器系统时，应注意下列几个方面的问题：

(1) 当 $\omega_{np}>\omega_{nD}$，且 ω_{np}和 ω_{nD}大小相当时，极点和零点很接近就构成了复偶极子，从复极点 λ_D 出发的根轨迹沿着右弯弧线趋向复零点 z_p。ω_{np}/ω_{nD}的值越大，稳定储备就越小。通常情况下，当 $\omega_{np}>\omega_{nD}>|\lambda_R|$ 时，根轨迹进入 s 右半平面，系统不稳定，就必须考虑复偶极子对于飞机—滚转阻尼器系统的影响。

(2) 当 $\omega_{np}<\omega_{nD}$ 时，也构成偶极子，从复极点 λ_D 出发的根轨迹沿着左弯弧线趋向复零点 z_p。通过合理选取 k_p 可以使得复根的阻尼比大于原飞机的阻尼比 ζ_D，即飞机-阻尼系统的荷兰滚运动要比原飞机衰减得更快，因此在这种情况下，可不必考虑偏航与滚转运动耦合的影响。

(3) 在设计滚转阻尼器的增益 k_p 时，考虑到偏航与滚转运动耦合的影响，一般先假定偏航阻尼器的参数已定，联立求解偏航阻尼器和飞机侧向运动方程组，得到滚转运动的传递函数$\dfrac{\Delta p(s)}{\Delta\delta_a(s)}$，并选定较为合适的滚转阻尼器增益 k_p 的值，然后再修改偏航阻尼器的参数。经过反复设计后，可以确定合适的偏航阻尼器和滚转阻尼器的参数。

可见，滚转阻尼器利用滚转角速率反馈来改善滚转收敛模态时间常数。

例 10－1　考察 B747 滚转阻尼器与其有关滚转角控制，如图 10－4 所示。

飞机飞行条件与例 9－3 俯仰阻尼器相同，其横侧向动力学方程为

$$\dot{\boldsymbol{x}}_{lat}=\boldsymbol{A}\boldsymbol{x}_{lat}+\boldsymbol{B}\boldsymbol{u}_{lat}\tag{10-11}$$

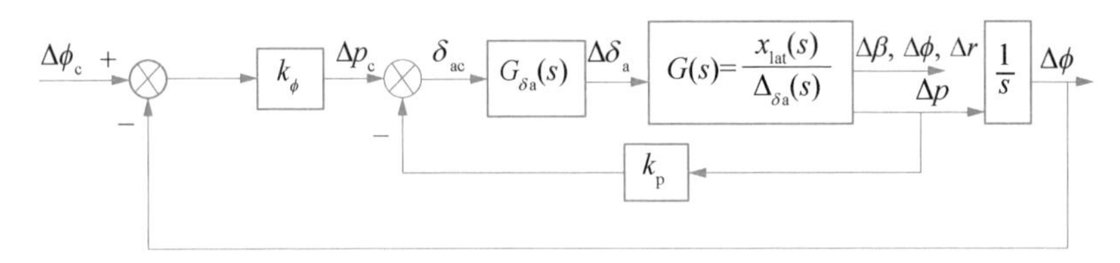

图 10-4　B747 滚转阻尼控制系统方框图

式中，$\boldsymbol{x}_{lat}=[\Delta\beta \quad \Delta\phi \quad \Delta p \quad \Delta r]^T$，$\boldsymbol{u}_{lat}=[\Delta\delta_a \quad \Delta\delta_r]^T$，单位：$\Delta\beta$（rad），$\Delta\phi$（rad），$\Delta p$(rad/s)，$\Delta r$(rad/s)，$\Delta\delta_a$(rad)，$\Delta\delta_r$(rad)，

$$\boldsymbol{A}=\begin{bmatrix}-0.1016 & 0.0406 & 0.0200 & -0.9958\\ 0 & 0 & 1.0 & 0.0203\\ -3.4882 & 0 & -0.8243 & 0.3219\\ 1.2877 & -0.0021 & -0.0259 & -0.1539\end{bmatrix},\ \boldsymbol{B}=\begin{bmatrix}0 & 0.0031\\ 0 & 0\\ 0.2399 & 0.0525\\ 0.0130 & -0.2112\end{bmatrix}$$

滚转运动模型简化为

$$G_{\delta_a}^{p}(s)=\frac{\Delta p(s)}{\Delta\delta_a(s)}=\frac{N_{\delta_a}^{p}(s)}{\Delta_{lat}(s)} \tag{10-12}$$

式中，$N_{\delta_a}^{p}(s)=0.2399s^3+0.06548s^2+0.357s-0.0002909$

$\Delta_{lat}(s)=s^4+1.08s^3+1.587s^2+1.304s+0.01139$

副翼舵回路为二阶振荡环节

$$\begin{aligned}G_{\delta a}(s)&=\frac{1}{(s/\omega_\delta)^2+2\zeta_\delta(s/\omega_\delta)+1}=\frac{1}{D_{act}(s)}\\&=\frac{1}{0.00198s^2+0.143s+1}\end{aligned} \tag{10-13}$$

可得图 10-4 中，滚转角速度内回路开环传递函数为

$$G_{\delta a}^{x_{lat}}(s)=\frac{N_{\delta_a}^{x_{lat}}(s)}{\Delta_{olat}(s)}\cdot\frac{1}{D_{act}(s)} \tag{10-14}$$

式中，$N_{\delta a}^{x_{lat}}(s)$即飞机对象传递函数分子式，包括 $N_{\delta a}^{\beta}(s)$，$N_{\delta a}^{\phi}(s)$，$N_{\delta a}^{p}(s)$，$N_{\delta a}^{r}(s)$。

内回路闭环传递函数为 $G_{cl_i}(s)=\dfrac{x_{lat}(s)}{\Delta p_c(s)}$，有

$$x_{lat}(s)=\frac{N_{\delta_a}^{x_{lat}}(s)}{\Delta_{cl_i}(s,\ k_p)}\Delta p_c \tag{10-15}$$

式中，$\Delta_{cl_i}(s,\ k_p)=\Delta_{olat}(s,\ k_p)D_{act}(s)+k_p sN_{\delta a}^{\phi}(s)$，表示滚转内回路闭环特征多项式。

则内回路闭环特征方程为

$$\bar{\Delta}_{\mathrm{cl}_i}(s)=1+k_{\mathrm{p}}\frac{sN_{\delta_{\mathrm{a}}}^{\phi}(s)}{\Delta_{\mathrm{olat}}(s,k_{\mathrm{p}})D_{\mathrm{act}}(s)}=0 \tag{10-16}$$

选择内回路闭环阻尼比 $\zeta_{\mathrm{R}_i}=0.8$，则根据根轨迹图 10-5，可得 $k_{\mathrm{p}}=10.8376$。

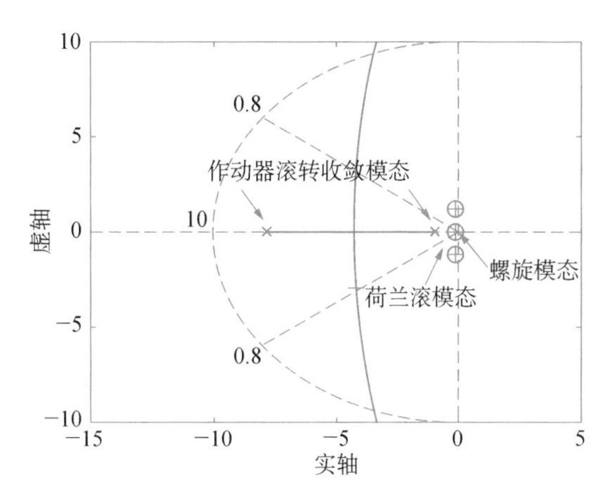

图 10-5　滚转阻尼器内回路根轨迹

内回路闭环极点为

$$\lambda_{\mathrm{c}1}=-64.7384,\ \lambda_{\mathrm{c}2,3}=4.1660\pm3.0723\mathrm{i}$$
$$\lambda_{\mathrm{c}4,5}=-0.1147\pm1.2216\mathrm{i},\ \lambda_{\mathrm{c}6}=-0.0022$$

再考虑外回路滚转角控制设计，根据图 10-4，其特征多项式方程为

$$1+k_{\phi}\cdot\frac{sN_{\delta_{\mathrm{a}}}^{\phi}(s)}{\Delta_{\mathrm{cl}_i}(s,k_{\mathrm{p}})}\cdot\frac{1}{s}=0 \tag{10-17}$$

运用根轨迹设计方法，如图 10-6 所示，选择闭环滚转阻尼比 $\zeta_{\mathrm{R}_0}=0.7$，则有

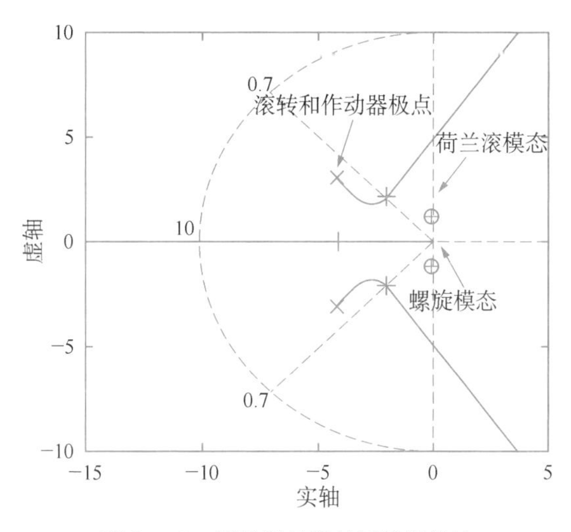

图 10-6　滚转阻尼器外回路根轨迹

$k_\phi = 20.06$，相应外回路闭环极点为

$$\lambda_{c1} = -64.7322,\ \lambda_{c2,3} = -2.0976 \pm 2.1118\text{i}$$
$$\lambda_{c4,5} = -0.1371 \pm 1.2338\text{i},\ \lambda_{c6} = -4.1005$$

外回路特征多项式为

$$\Delta_{\text{cl}_o}(s, K_{\phi p}) = \Delta_{\text{cl}_i}(s, k_p) + k_\phi \cdot sN_{\delta_a}^{\phi}(s) \tag{10-18}$$

式中，

$$\Delta_{\text{cl}_o}(s, k_p) = 0.0020s^6 + 0.1451s^5 + 1.1576s^4 + 3.9407s^3 + 7.3390s^2 + 6.5427s + 7.2186$$

运用反拉氏变换，系统输出为

$$x(t) = \mathscr{L}_a^{-1}\left(\frac{k_\phi \cdot N_{\delta_a}^{x}(s)}{\Delta_{\text{cl}_o}(s, K_{\phi p})}\right)\phi_{\text{cmd}}(t) \tag{10-19}$$

系统在 ϕ_{cmd} 阶跃指令输入条件下的输出响应如图 10-7 所示，可见滚转角跟踪响应满足期望性能要求。扫描右侧二维码获取 Matlab 代码。

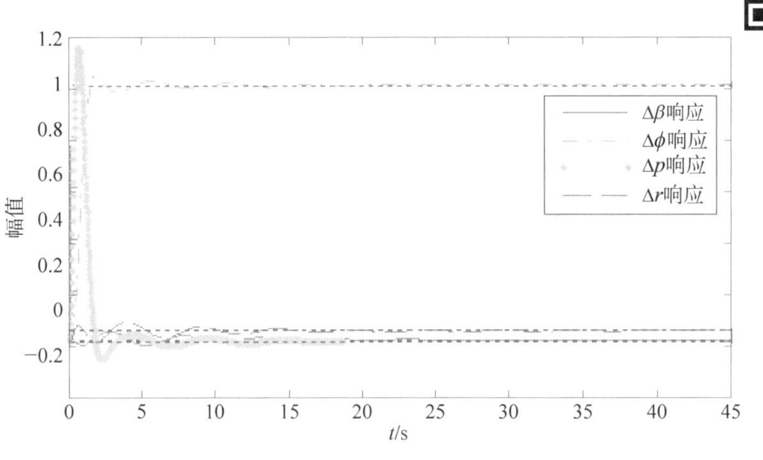

图 10-7 滚转阻尼器 ϕ_{cmd} 阶跃指令输入响应

10.1.2 偏航阻尼器

(1) 偏航阻尼器(yaw damper)的主要作用是改善飞机的荷兰滚振荡阻尼特性，目的是通过偏航阻尼器补偿荷兰滚模态的阻尼(因高空或进场着陆出现的阻尼不足)。

回顾荷兰滚运动，当横滚静稳定性导数 $C_{l\beta} < 0$ 时，飞机具有横滚静态稳定性，即具有自动纠正滚转角偏差的特性。如果飞机的偏航稳定性较差，那么伴随着侧滑角 β 的正负振荡，在横滚静稳定性导数 $C_{l\beta}$ 的作用下，飞机会产生类似于荷兰人滑冰动作的左右偏航与滚转的耦合运动。虽然依靠修改飞机气动外形，如加大垂尾面积等手段；也可提高荷兰滚振荡阻尼，但是这样将会使得飞机的阻力和结构重量增加，

且会加剧飞机对侧风的反应，降低了飞机的整体性能。因此，不通过修改气动外形，而是在航向飞行操纵系统中加入偏航阻尼器。这是改善飞机荷兰滚振荡阻尼特性的一种有效方法。

采用与俯仰阻尼器相同的分析方法，分析偏航阻尼器对稳态转弯飞行的影响，及偏航阻尼器增益的调参问题。

根据特征行列式(6-80)和式(6-79)矩阵 $\boldsymbol{B}$，可以写出飞机偏航力矩方程为

$$-N_{\beta}\Delta\beta - N_{p}\Delta p + (s - N_{r})\Delta r = N_{\delta_r}\Delta\delta_r \tag{10-20}$$

依据偏航力矩方程式(10-20)，可以画出其相应的结构图，如图 10-8 所示。图中 k_r 为偏航阻尼器的控制律增益。

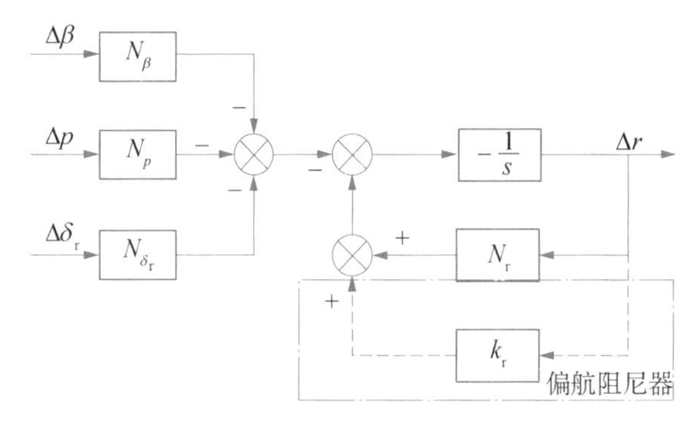

图 10-8　偏航力矩方程结构图

由图 10-8 可知，偏航阻尼器的引入使得偏航角速度 Δr 的总反馈系数为 $N_r + k_r$，增大了荷兰滚的阻尼，偏航阻尼器正是感受飞机的偏航角速度 Δr 并产生正比于 Δr 的方向舵偏角 $\Delta\delta_r$ 构成反馈，提高荷兰滚的阻尼。

(2) 偏航阻尼器的控制律。

由关系式(9-6)可知，$r = -\dot{\theta}\sin\phi + \dot{\psi}\cos\phi\cos\theta$，当飞机进行水平飞行时，满足条件 $\theta = \phi = 0$，因此有 $r = \dot{\psi}$，控制律为 $\Delta\delta_r = k_r\Delta r$。

为了消除协调转弯时的稳态值 r，使 $r(s) \to 0$，引入洗出网络 $G_{wo}(s) = \dfrac{\tau s}{\tau s + 1}$，则偏航阻尼器控制律为

$$\delta_r = k_r \cdot \frac{\tau s}{\tau s + 1} \cdot r \tag{10-21}$$

例如，某飞机偏航阻尼器控制回路如图 10-9 所示，包括：作动器 $G_{act}(s) = \dfrac{1/\tau_a}{s + 1/\tau_a}$，$\tau_a = 0.1$，飞机偏航动力学 $G_{r\delta_r}(s)$，洗出网络 $G_{wo}(s) = \dfrac{4s}{4s+1}$，陀

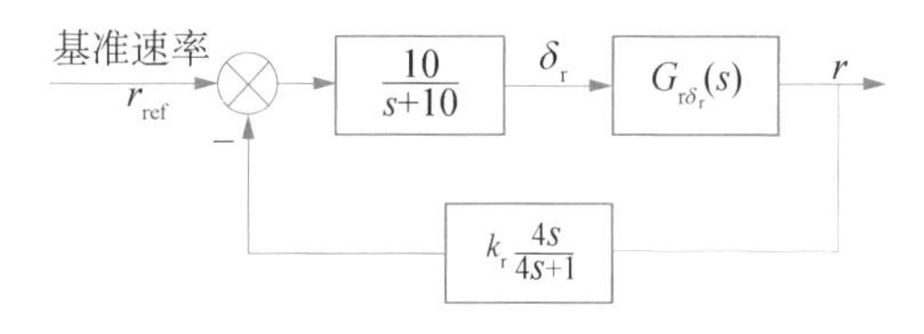

图 10-9　偏航阻尼器控制律

螺仪测量装置等。

例 10－2 设计 CN235－100 飞机偏航阻尼器控制系统。

解：飞机偏航阻尼器控制系统如图 10－10 所示。

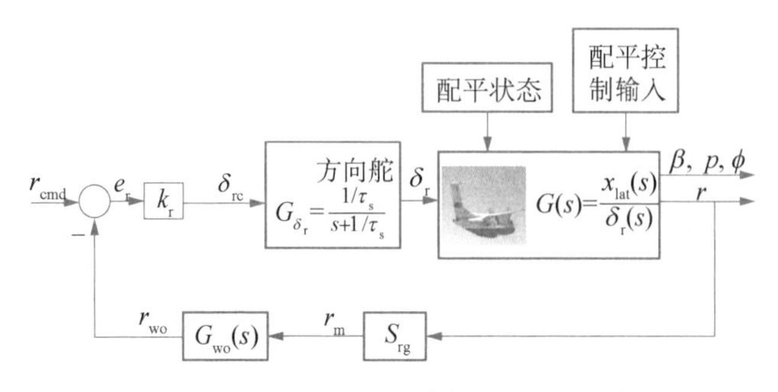

图 10－10 CN235－100 偏航阻尼器系统框图

飞机横侧向运动系统模型描述为

$$G(s)=\frac{N_{\delta_r}^{x_{lat}}(s)}{\Delta_{olat}(s)} \tag{10-22}$$

式中，$\boldsymbol{x}_{lat}=[\beta \quad \phi \quad p \quad r]^T$。

考察 N250－100PA2 飞机在飞行条件为 $h=15000\,\text{ft}$，速度为 180 kn，考虑方向舵输入，其横侧向运动开环传递函数分子多项式为

$$N_{\delta_r}^{\beta}(s)=S_{\beta\delta_r}\cdot\left(\frac{s}{0.0193}-1\right)\cdot\left(\frac{s}{1.8834}+1\right)\cdot\left(\frac{s}{38.6989}+1\right) \tag{10-23}$$

$$N_{\delta_r}^{\varphi}(s)=S_{\phi\delta_r}\cdot\left(\frac{s}{4.3266}-1\right)\cdot\left(\frac{s}{2.6781}+1\right) \tag{10-24}$$

$$N_{\delta_r}^{r}(s)=S_{r\delta_r}\cdot\left(\frac{s}{1.8552}+1\right)\cdot\left(\frac{s}{0.0781+0.3926i}+1\right)\cdot\left(\frac{s}{0.0781-0.3926i}+1\right) \tag{10-25}$$

$$N_{\delta_r}^{p}(s)=sN_{\delta_r}^{\phi}(s) \tag{10-26}$$

式中，$S_{\beta\delta_r}=-2.44906$，$S_{\phi\delta_r}=-235.6588$，$S_{r\delta_r}=19.560105$，$S_{rg}=1$。

式(10－22)传递函数的特征多项式为

$$\Delta_{olat}(s)=\frac{s^4}{0.0381}+\frac{s^3}{0.01706}+\frac{s^2}{0.01544}+\frac{s}{0.01004}+1$$

定义洗出网络来消除静态参数，相应传递函数为

$$G_{wo}(s)=\frac{N_{wo}(s)}{D_{wo}(s)}=k_{wo}\frac{s/\tau_{wo}}{s+1/\tau_{wo}}=\frac{r_{wo}(s)}{r_m(s)} \tag{10-27}$$

式中，$\tau_{wo}=4$，$D_{wo}(s)=s+1/\tau_{wo}$，$N_{wo}(s)=k_{wo}s/\tau_{wo}$。

可见，洗出网络通过引入超前-滞后补偿项，使得稳态条件下 $r_{wo}(s) \rightarrow 0$。

方向舵为一阶惯性环节，有

$$G_{act}(s) = \frac{1/\tau_s}{s + 1/\tau_s} = \frac{1}{\tau_s} \cdot \frac{1}{D_{act}(s)} = \frac{\delta_r(s)}{e_r(s)} \tag{10-28}$$

式中，$\tau_s = 0.1$，$D_{act}(s) = s + 1/\tau_s$。

根据图 10-10，可知偏航阻尼器特征多项式为

$$\Delta_{cl}(s) = D_{act}(s) D_{wo}(s) \Delta_{olat}(s) + k_{r\delta_r} N_{\delta_r}^{r}(s) N_{wo}(s) \tag{10-29}$$

式中，$k_{r\delta_r} = \dfrac{k_r k_{wo} S_{rg}}{\tau_s \tau_{wo}}$。

故偏航阻尼器闭环特征方程为

$$1 + k_{r\delta_r} \frac{N_{\delta_r}^{r}(s) N_{wo}(s)}{D_{act}(s) D_{wo}(s) \Delta_{olat}(s)} = 0 \tag{10-30}$$

根据式(10-23)～式(10-26)可得开环系统特征多项式为

$$\Delta_{olat}(s) = \frac{s^4}{0.0381} + \frac{s^3}{0.01706} + \frac{s^2}{0.01544} + \frac{s}{0.01004} + 1 \tag{10-31}$$

开环特征根为

$\lambda_1 = -1.96$（滚转模态），$\lambda_1 = -0.0101$（螺旋模态），$\lambda_{3,4} = -0.133 \pm 1.38i$（荷兰滚模态），$\omega_{nDR} = 1.39\ \text{rad/s}$，$\zeta_{DR} = 0.096$。

(1) 当不考虑洗出网络，只有阻尼器时，其根轨迹如图 10-11(a)所示，选择期望荷兰滚阻尼比 $\zeta_{DR} = 0.43$，可得 $k_{r\delta_r} = 3.8664$，即 $k_\psi = 0.3866$，闭环系统特征参数为

$$\lambda_1 = -8.9054,\ \lambda_2 = -0.0847,\ \lambda_3 = -2.0363,\ \lambda_{4,5} = -0.6035 \pm 1.3268i,$$
$$\omega_{nDR} = 1.46\ \text{rad/s},\ \zeta_{DR} = 0.414$$

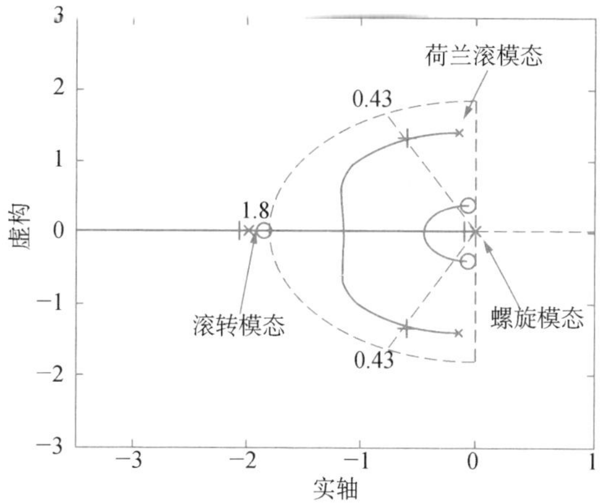

(a)

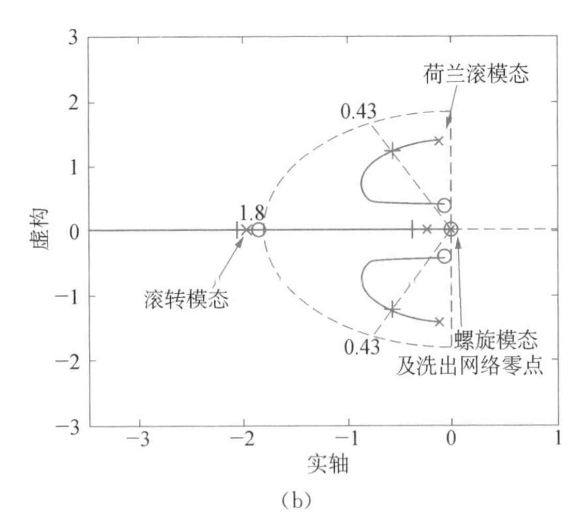

图 10－11 偏航阻尼器系统根轨迹

(a) 无洗出网络 (b) 含洗出网络

偏航阻尼器闭环特征多项式为

$$\Delta_{cl}(k_{r\delta_r},\ s) = 26.25s^5 + 321.1s^4 + 905.3s^3 + 1259s^2 + 1112s + 85.63$$

(2) 带洗出网络的偏航阻尼器，偏航阻尼器系统根轨迹如图 10－11(b)所示，选择期望荷兰滚阻尼比 $\zeta_{DR} = 0.43$，可得 $k_{r\delta_r} = 15.2203$，即 $k_r = 6.0881$，代入式(10－29)相应闭环极点为 $\lambda_1 = -8.8896$，$\lambda_2 = -0.0077$，$\lambda_3 = -0.3647$，$\lambda_4 = -2.0544$，$\lambda_{5,6} = -0.5834 \pm 1.2294\mathrm{i}$，$\omega_{nDR} = 1.36\,\mathrm{rad/s}$，$\zeta_{DR} = 0.429$。

偏航阻尼器闭环特征多项式为

$$\Delta_{cl}(k_{r\delta_r},\ s) = 26.25s^6 + 327.6s^5 + 981.6s^4 + 1414s^3 + 1297s^2 + 333.7s + 2.5 \tag{10-32}$$

可见，引入阻尼器后荷兰滚阻尼比由 $\zeta_{DR} = 0.096$ 增加到 $\zeta_{DR} = 0.414$，带洗出网络时增加到 $\zeta_{DR} = 0.429$，因此，偏航阻尼器有利于荷兰滚增稳。

运用反拉氏变换，有系统输出为

$$\beta(t) = \mathscr{L}_a^{-1}\left(k_{r\delta_r}\frac{N_{wo}(s)N_{\delta_r}^{\beta}(s)}{\Delta_{cl}(s,\ k_{r\delta_r})}r_{ref}\right) \tag{10-33}$$

$$p(t) = \mathscr{L}_a^{-1}\left(k_{r\delta_r}\frac{N_{wo}(s)N_{\delta_r}^{p}(s)}{\Delta_{cl}(s,\ k_{r\delta_r})}r_{ref}\right) \tag{10-34}$$

$$\phi(t) = \mathscr{L}_a^{-1}\left(k_{r\delta_r}\frac{N_{wo}(s)N_{\delta_r}^{\phi}(s)}{\Delta_{cl}(s,\ k_{r\delta_r})}r_{ref}\right) \tag{10-35}$$

$$\psi(t) = \mathscr{L}_a^{-1}\left(\frac{r(s)}{s}\right) = \mathscr{L}_a^{-1}\left(k_{r\delta_r}\frac{N_{wo}(s)N_{\delta_r}^{r}(s)}{s\,\Delta_{cl}(s,\ k_{r\delta_r})}r_{ref}\right) \tag{10-36}$$

则有偏航阻尼器系统在输入偏航速率 $r_{\mathrm{ref}}=1\,\mathrm{rad/s}$ 阶跃指令下输出响应如图 10 - 12 所示。

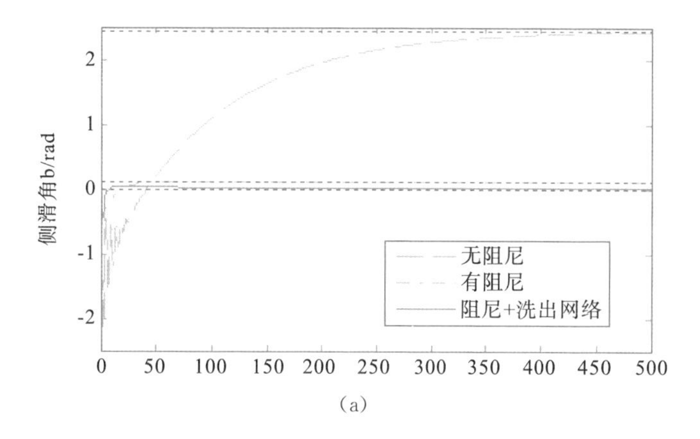

(a)

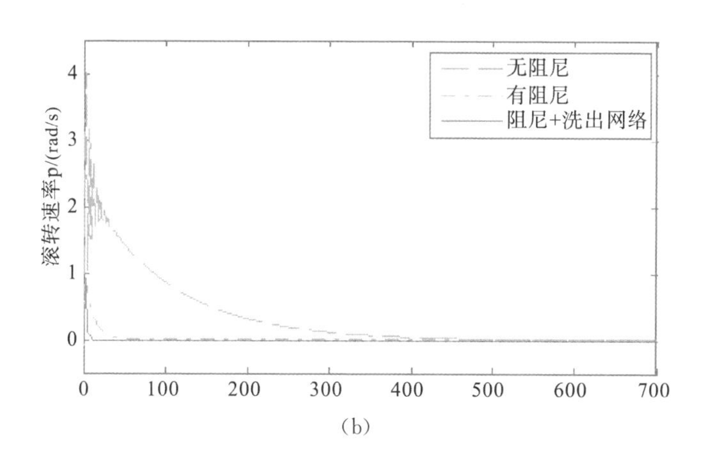

(b)

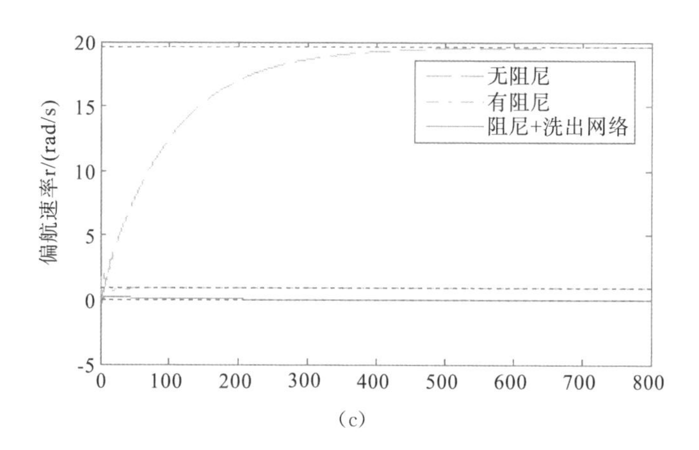

(c)

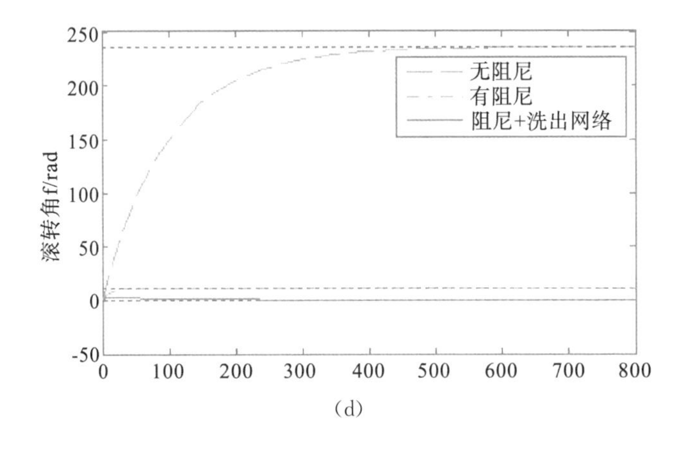

(d)

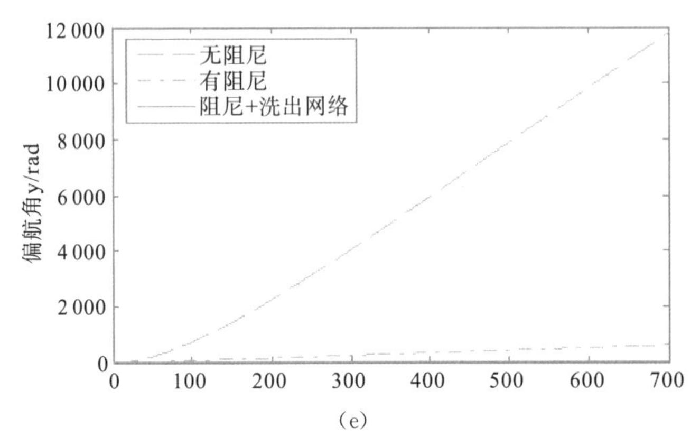

(e)

图 10-12　阶跃输入 $r_{ref}=1$ 偏航阻尼器系统输出响应

(a) 侧滑角阶跃响应　(b) 滚转速率阶跃响应　(c) 偏航速率阶跃响应
(d) 滚转角阶跃响应　(e) 偏航角阶跃响应

从图 10-12 知,偏航速率在阻尼条件下的响应稳定在 1 rad/s,无阻尼时过渡时间长,且稳态误差大,对于偏航角响应,无阻尼时则很快发散,阻尼条件下则缓慢增长,其他响应都呈稳定趋势。扫描右侧二维码获取 Matlab 代码。

10.2　横侧向增稳与控制增稳系统

10.2.1　偏航增稳系统

现代飞机一般具有细长机身,小面积立尾的气动外形使得航向静稳定性不足。经常处于侧滑状态。因此,容易造成乘坐品质较差,阻力急剧增大问题。

由于侧滑角 β 所引起的偏航力矩 $N_A(\beta)$ 主要由机身和垂尾产生,垂尾的稳定性作用因超声速飞行时的气动特性改变而下降,考虑到机身受力弹性弯曲等原因,飞行 Ma 数很大时,航向可能不稳定,因此,要限制最大 Ma 数。

航向稳定性与纵向稳定性在原理上是相同的，$C_{m\alpha} < 0$ 是稳定的，而 $C_{n\beta} = \dfrac{\partial C_n}{\partial \beta} > 0$ 稳定，这是由于机体坐标轴系和气流坐标轴系的定义以及飞机的气动布局所致。

1）增大航向稳定力矩方法

因为当 $C_{n\beta} > 0$ 时，飞机航向稳定。而 $C_{n\beta}$ 正比于 N_β，所以当航向稳定力矩导数 N_β 增大时，则 $C_{n\beta}$ 增大。

根据式(10－20)可知偏航力矩方程，若将方向舵偏角分为两部分 $\Delta\delta_r = \Delta\delta_{r1} + \Delta\delta_{r2}$，且 $\Delta\delta_{r2} = k_\beta \Delta\beta$，其中 k_β 是 $\Delta\beta$ 到方向舵 δ_r 的控制增益。

则方程(10－20)可改写成

$$-(N_\beta + k_\beta N_{\delta_r})\Delta\beta - N_p \Delta p + (s - N_r)\Delta r = N_{\delta_r} \Delta\delta_{r1} \tag{10-37}$$

因此，只要合理选取 k_β，使 $k_\beta N_{\delta_r} > 0$，即满足 $N_\beta + k_\beta N_{\delta_r} > N_\beta$，从而增大了航向静稳定力矩，即增加了航向静稳定性。

通常航向稳定器控制回路如图 10－13 所示，通过侧滑角或侧向过载反馈，改善荷兰滚模态频率。侧滑角可以使荷兰滚稳定性改变，但不改善阻尼，因此须加阻尼器。

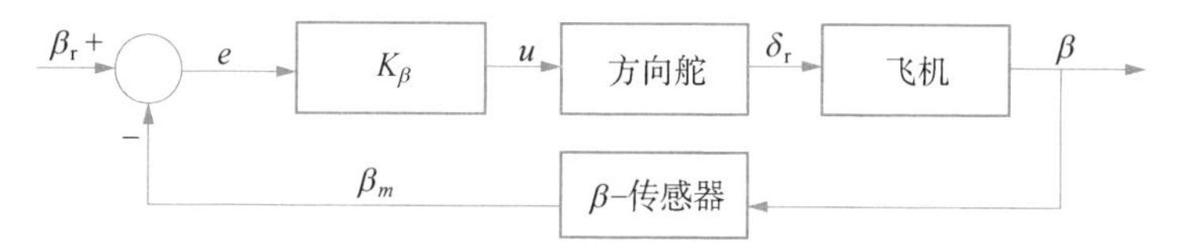

图 10－13　航向稳定器控制回路

2）增加荷兰滚阻尼方法

引入航向角速度 Δr 信号后，可以提高荷兰滚阻尼，见图 10－14。

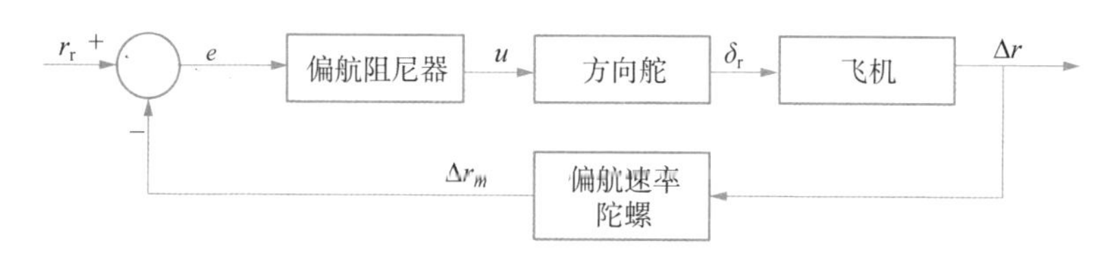

图 10－14　航向角速度反馈增稳

典型的偏航增稳系统的控制律为

$$\Delta\delta_r = k_r \Delta r + k_\beta \Delta\beta + i_r \Delta F_r \tag{10-38}$$

式中，i_r 是脚蹬到方向舵的传动比，ΔF_r 是脚蹬操纵力，k_r 是偏航角速度的控制增益。

由式(6－79)和特征行列式(6－80)可以得到简化后以方向舵偏转增量 $\Delta\delta_r$ 为控制输入，偏航角速度增量 Δr 为输出的动力学模型

$$\begin{bmatrix} s - Y'_\beta & 1 \\ -N_\beta & s - N_r \end{bmatrix} \begin{bmatrix} \Delta\beta \\ \Delta r \end{bmatrix} = \begin{bmatrix} Y_{\delta_r}/V_0 \\ N_{\delta_r} \end{bmatrix} \Delta\delta_r \tag{10-39}$$

忽略 Y_{δ_r} 影响，相应传递函数为

$$\frac{\Delta r(s)}{\Delta \delta_r(s)}=\frac{N_{\delta_r}\left(s-\frac{Y_\beta}{V_0}\right)}{s^2-\left(N_r+\frac{Y_\beta}{V_0}\right)s+\left(N_\beta+\frac{Y_\beta N_r}{V_0}\right)} \tag{10-40}$$

或者写成

$$(s^2+C_1 s+C_2)\Delta r=N_{\delta_r}\left(s-\frac{Y_\beta}{V_0}\right)\Delta\delta_r \tag{10-41}$$

式中，$C_1=-\left(N_r+\frac{Y_\beta}{V_0}\right)$，$C_2=\left(N_\beta+\frac{Y_\beta N_r}{V_0}\right)$。

如果不考虑惯性和非线性因素的影响，那么将控制律式(10-38)与飞机运动方程式(10-41)联立后，并利用近似公式 $\left(s-\frac{Y_\beta}{V_0}\right)\Delta\beta+\Delta r=0$，则有

$$\left[s^2+(C_1-N_{\delta_r}k_r)s+C_2+N_{\delta_r}\left(\frac{Y_\beta k_r}{V_0}+k_\beta\right)\right]\Delta r=N_{\delta_r}i_r\left(s-\frac{Y_\beta}{V_0}\right)\Delta F_r \tag{10-42}$$

这样，飞机-增稳系统的固有频率增加到 $\omega_r=\sqrt{C_2+N_{\delta_r}\left(\frac{Y_\beta k_r}{V_0}+k_\beta\right)}>\sqrt{C_2}$，相应的阻尼比也增加到 $\zeta_r=\frac{C_1-N_{\delta_r}k_r}{2\omega_r}$。由此可见，如果合理选择 k_r 和 k_β，可以改善原来飞机的阻尼比与固有频率。

10.2.2　横侧增稳系统

工作原理及控制律如下，由于滚转和偏航的耦合关系，因而产生了横侧增稳系统。下面以某型超声速歼击机的横侧增稳系统为例，如图 10-15 所示，分析横侧增稳系统的工作原理和特点。

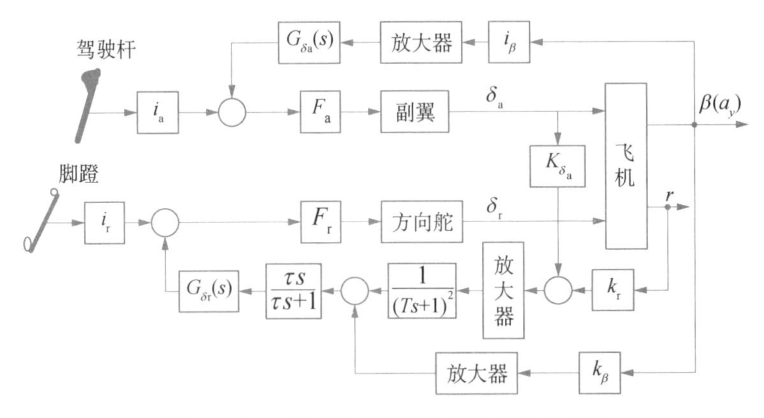

图 10-15　某型飞机横侧向增稳系统方框图

图中，i_a，i_r 为副翼驾驶杆与脚蹬传动比，F_a，F_r 为副翼、脚蹬操纵量。

由图 10－15 可见，航向通道是在航向增稳系统基础上添加副翼交联信号 $K_{\delta_a}\Delta\delta_a$ 构成的。滚转通道的反馈信号不是滚转角速度 Δp，而是侧滑角 $\Delta\beta$（实际是侧向加速度 Δa_y）。

由前面的分析可知：当 $C_{m\alpha}<0$ 飞机具有纵向静稳定性（飞机重心位置在全机焦点之前）；横侧向类似，当 $C_{l\beta}<0$ 时，飞机其有横滚静稳定性（飞机有自动纠正滚转角的特性），而当 $C_{n\beta}>0$ 时，飞机具有航向静稳定性。

现代飞机普遍采用大长细比、三角翼和大后掠角等气动布局，因此飞机的上反效应很大，也就是说横滚静稳定导数 $C_{l\beta}$ 的绝对值很大，航向静稳定导数 $C_{n\beta}$ 的值又太小，因而飞机的滚摆比 $K=\left|\dfrac{p_{\max}}{r_{\max}}\right|$ 很大。由于横滚静稳定导数 $C_{l\beta}$ 绝对值太大，而航向静稳定导数 $C_{n\beta}$ 的值又较小，滚转阻尼有余而航向阻尼不足，因此会产生较严重的荷兰滚振荡运动。

基于上述分析可知，为了改善飞机的荷兰滚振荡运动，就需要减小横滚静稳定导数 $C_{l\beta}$ 的绝对值。因此，在副翼的控制律中需要适当地引入侧滑角 $\Delta\beta$ 的正反馈信号（即增益 $-i_\beta>0$）。当 $\Delta\beta$ 越大时，副翼偏转 $\Delta\delta_a$ 越大，而由副翼产生的滚转力矩会减小横滚静稳定力矩，从而减小横滚静稳定导数 $C_{l\beta}$ 的绝对值，实现利用 $\Delta\beta$ 来控制副翼偏转，改善荷兰滚振荡运动的目的。但是如果将横滚静稳定导数 $C_{l\beta}$ 的绝对值减得过小，又会导致螺旋不稳定运动，因此应合理地设计控制律增益 i_β。其相应的横侧增稳系统的控制律为

$$\delta_r=\left[\frac{\tau s}{\tau s+1}(k_r r+K_{\delta_a}\delta_a)-k_\beta\beta\right]\frac{1}{(Ts+1)^2} \tag{10-43}$$

$$\delta_a=-i_\beta\beta \tag{10-44}$$

式中，k_r，K_{δ_a} 和 k_β 分别为速率陀螺、副翼和侧向加速度计到方向舵的传动比，i_β 为侧向加速度计到副翼的传动比，$\tau s/(\tau s+1)$ 为高通滤波器，$1/(Ts+1)^2$ 为低通滤波器。

分析横侧增稳系统的控制律式(10－43)～式(10－44)，有以下特点：

(1) 方向舵控制律中引入偏航角速度 Δr 的负反馈，增大了荷兰滚的阻尼比 ζ_D，即实现了偏航阻尼器的功能，从而改善了高空飞行时的航向阻尼和荷兰滚阻尼性能。

(2) 高空中以小 Ma 数飞行时，飞机的滚转机动性较差。引入与副翼偏转同极性的“正反馈”比例信号 $K_{\delta_a}\Delta\delta_a$（即设计增益 $K_{\delta_a}>0$），可以减小侧滑角，以实现自动协调转弯，达到改善飞行品质的目的。

(3) 由于在高空中以大 Ma 飞行时飞机的固有频率较低，飞机受扰后恢复到平衡状态的速度较慢，尤其在大迎角飞行情况下，进行滚转和平衡状态恢复运动时均

会产生较大的侧滑角 $\Delta\beta$，大的侧滑角 $\Delta\beta$ 可能导致侧向过载超过垂尾强度的容许极限。

在方向舵的控制律中引入侧滑角 $\Delta\beta$ 的负反馈，就是为了提高航向静稳定导数 $C_{n\beta}$，以增大航向运动的固有频率，起到偏航增稳系统的作用，以提高飞机对航向的恢复速度。

(4) 高通滤波器 $\tau s/(\tau s+1)$（即洗出网络）是为滤掉驾驶员的副翼操纵信号耦合引起稳定的方向舵的信号输出，以避免产生不希望的偏航运动，提高飞机的转弯机动性。

(5) 引入低通滤波器 $1/(Ts+1)^2$ 是为了解决在高空飞行时由于舵面效应降低，方向舵易产生高频自振现象，经机体耦合后使传感器感受到高频振动信号，从而导致振荡加剧的问题。

增稳系统的缺陷：增稳系统的功能虽比阻尼器完善，但对操纵性影响较大，在使阻尼比、固有频率和静稳定性提高的同时，却减小了系统的传递增益，降低了飞机对操纵指令的响应，是以牺牲操纵性为代价的。

10.2.3　横航向控制增稳系统

横航向控制增稳系统的基本结构由横向滚转阻尼器和航向阻尼稳定器组成，其基本原理前面已经讲述。对于现代飞机横航向控制增稳系统，需要给出横向和航向通道的协调方案。下面以 F-8C 飞机为例，描述其协调方案中副翼通道和方向舵通道的工作原理。

1) 协调方案中滚转运动副翼通道工作原理

副翼通道操纵控制信号关系如图 10-16 所示。

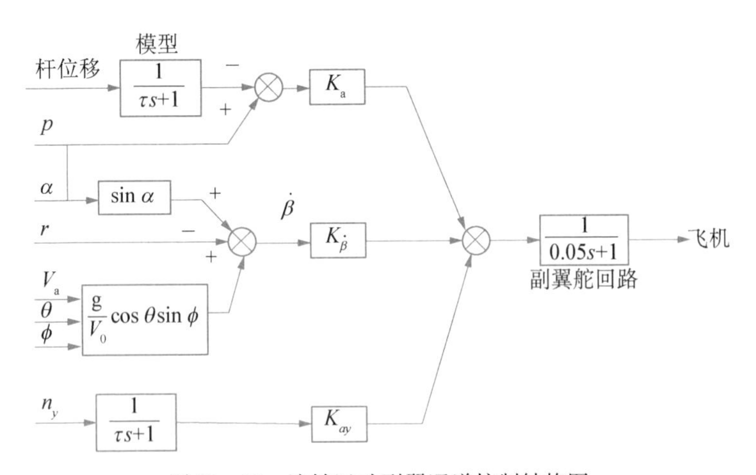

图 10-16　滚转运动副翼通道控制结构图

从图 10-16 可知，副翼杆指令经指令模型后，与滚转速率反馈信号综合输入舵回路，表明该通道采用滚转角速度指令式增稳，形成滚转阻尼器，使飞机获得横向操

纵为角速度操纵的特点。此外副翼通道还包括计算机得到的侧滑角速度，以消除侧滑影响，其中侧滑速率为

$$\dot{\beta}=p\alpha-r+\frac{g}{V_0}\cos\theta\sin\phi \tag{10-45}$$

而通过低通滤波器得到的侧向加速度信号反馈，以增加横向静稳定性，改善 $C_{l\beta}$，如图 10-16 所示。

2）协调方案中横航向增稳中方向舵通道工作原理

方向舵通道操纵控制信号关系如图 10-17 所示。

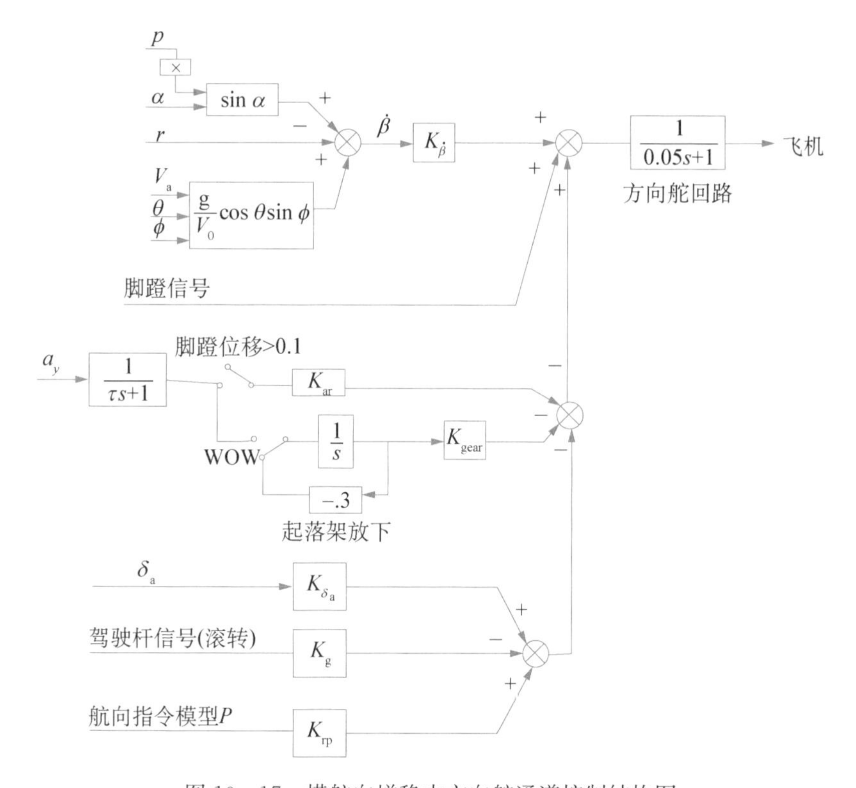

图 10-17　横航向增稳中方向舵通道控制结构图

图中，WOW 为轮载信号。从图 10-17 可知，脚蹬指令经与侧向加速度 a_y 反馈信号综合后输入方向舵，表明方向舵通道为侧向加速度指令式增稳，形成航向稳定器，这里选择侧向加速度作为反馈信号是因为它比侧滑角容易测量且具有侧滑角反馈相同的功效。为了保证协调转弯，在方向舵通道也引入了式(10-45)的侧滑角速度信号消除侧滑，以及副翼操纵信号，形成副翼方向舵交联，图中 K_{ar}，K_{rp}和 K_g 分别为交联增益，航向模型增益及驾驶杆滚转位移增益。

不同反馈信号对横侧向运动稳定性影响如表 10-1 所示。

表 10-1　反馈量与横侧向增稳之间关系

	目的	反馈量	副作用	被改善稳定导数
1	提高荷兰滚阻尼(偏航阻尼器)	$r\rightarrow\delta_r$ $\beta\rightarrow\delta_r$	螺旋模态也被镇定	C_{nr}
2	降低滚转收敛时间响应(滚转阻尼器)	$p\rightarrow\delta_a$	螺旋模态稳定,副翼使荷兰滚保持	C_{lp}
3	稳定螺旋模态	$\phi\rightarrow\delta_a$ $r\rightarrow\delta_a$ $\beta\rightarrow\delta_a$	荷兰滚响应时间上升 荷兰滚响应时间下降 荷兰滚不稳定 荷兰滚不稳定,滚转响应时间稍降	
4	提供方向舵协同转弯	$\beta\rightarrow\delta_r$ $n_y\rightarrow\delta_r$	螺旋模态稳定,荷兰滚频率上升	
5	减小反向偏航	$\delta_a\rightarrow\delta_r$ (副翼方向舵交联)		$C_{n\beta}$

10.3　横侧向自动控制

10.3.1　横侧向姿态稳定与控制

飞机横侧向姿态的稳定和控制指保证高精度的偏航角 ψ 和滚转角 ϕ 的稳定与控制,以实现期望的转弯飞行。

1) 横侧向姿态的稳定和控制的基本方式

对于常规布局的飞机而言,横侧向姿态的稳定与控制一般是通过操纵方向舵和副翼来实现。根据飞机的横侧向运动的特点,飞机横侧向控制的基本方式有以下三种:

(1) 通过方向舵实现水平转弯的侧向驾驶仪。

水平转弯侧向驾驶仪是由垂直陀螺测量飞机的滚转角,将此信号加入副翼通道构成滚转稳定回路,使飞机机翼保持水平,由航向陀螺测量飞机纵轴相对于设定的航向 ψ_c 的偏离值,将其加入方向舵通道构成航向稳定和控制回路,保持设定的航向,如图 10-18 所示。

其相应的控制律为

$$\begin{cases}\delta_a = k_{\dot{\phi}}\dot{\phi} + k_{\phi}\phi \\ \delta_r = k_{\dot{\psi}}\dot{\psi} + k_{\psi}(\psi - \psi_c)\end{cases} \tag{10-46}$$

由式(10-46)的结构可知,这种驾驶仪所涉及的 δ_a, δ_r 两通道是各自独立的,因此对于控制律的设计较方便,但此种水平转弯方式存在较大的侧滑角,空速与纵轴的协调性差,使乘员不舒适,且转弯半径较大。所以仅适合于修正小的航向偏差。

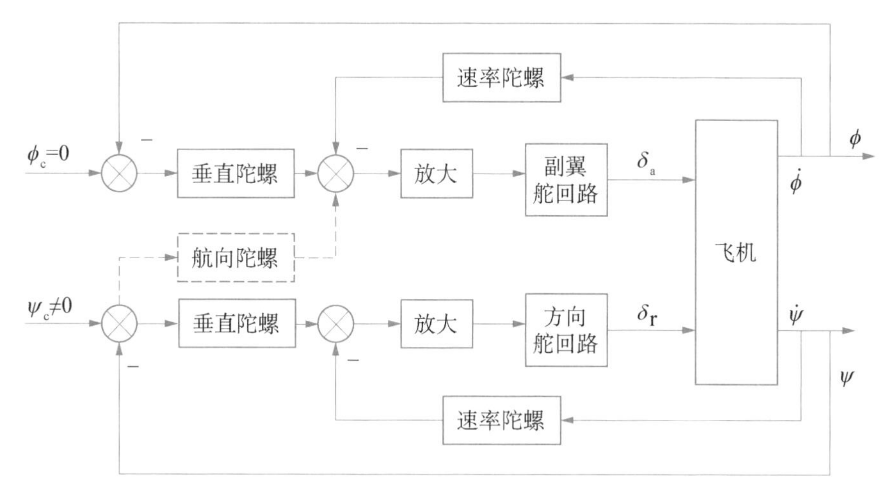

图 10－18　水平转弯自动驾驶仪原理结构图

(2) 通过副翼修正航向而用方向舵削弱荷兰滚的控制。

将式(10－46)自动驾驶仪控制律修改为

$$\begin{cases}\delta_a = k_{\dot{\phi}}\dot{\phi} + k_{\phi}\phi + k_{\psi_a}(\psi - \psi_c)\\ \delta_r = k_{\dot{\psi}}\dot{\psi} + k_{\psi}(\psi - \psi_c)\end{cases} \tag{10-47}$$

式中，k_{ψ_a} 为航向误差产生的副翼偏角。

考察图 10－18 中的虚线部分，这样，假如飞机纵轴偏离给定航向 ψ_c，使得 $\psi - \psi_c > 0$，机头偏离给定航向的右侧，根据控制律 $\delta_a = k_{\psi}(\psi - \psi_c) > 0$，驾驶仪将操纵副翼正向差动，飞机向左滚转，出现滚转角 $\phi < 0$，由此产生的升力的水平分量将使空速向量也向左转。因滚转角 $\phi < 0$ 与 $\psi - \psi_c > 0$ 反号，随着滚转角 ϕ 逐渐增大，副翼的正向差动偏角将越来越小，当达到新的平衡时，副翼恢复到初始位置。

在上述动态过程中，当飞机向左滚转，产生负的滚转角时，产生的升力水平分量将使空速向量先于机体轴向左转动，从而出现负的侧滑角 $\beta < 0$，由此产生的航向稳定力矩将使机体轴跟随空速向量转动。如果航向稳定性差，则会出现较大的侧滑角，这是不希望出现的。随着航向偏差逐渐减小，$\psi - \psi_c \to 0$，滚转角信号占据优势，副翼开始反向偏转，使得滚转角和偏航角偏差越来越小，最后恢复到零状态。

2) 等滚转角的侧向转弯控制

飞机进入转弯过程中，容易侧滑角偏大，引起不舒适感觉的侧向加速度，为了克服侧滑角的出现，必须研究侧向转弯过程中的协调控制问题。

(1) 协调转弯。

空速向量与纵轴 Ox_b 不能重合协调转动是产生侧滑角的根本原因，侧滑角使得飞行阻力增大，乘坐品质变差，不利于机动，因此，需要协调转弯(coordinated-turn)。协调转弯指水平面内连续改变飞行方向，保证滚转和偏航耦合最小，即 $\beta = 0$，并保持飞行高度的机动动作。

要实现协调转弯,应满足的条件为:

a. 稳态的滚转角 $\phi(\infty)$ = 常数;

b. 稳态的偏航角角速度 $r(\infty)$ = 常数;

c. 稳态的升降速度 $w(\infty)=0$;

d. 稳态的侧滑角 $\beta(\infty)=0$。

通常协调转弯的形式有:

a. 当飞机做协调转弯飞行时,速度向量 V 与飞机对称平面间夹角为零($\beta=0$),并以相同的偏航角速率绕地轴的垂直轴 Oz_b 转动;

b. 由于飞机重心处的侧向加速度正比于侧滑角,故当协调转弯飞行时,侧向加速度 $a_y=0$;

c. 做协调转弯飞行时,在垂直方向上的升力分量与重力平衡,水平方向的升力分量与离心力平衡。

为了便于分析,假设俯仰角 $\theta=0$,这样当进行协调转弯飞行时,飞机在水平和垂直方向的受力分析如图 10-19 所示。

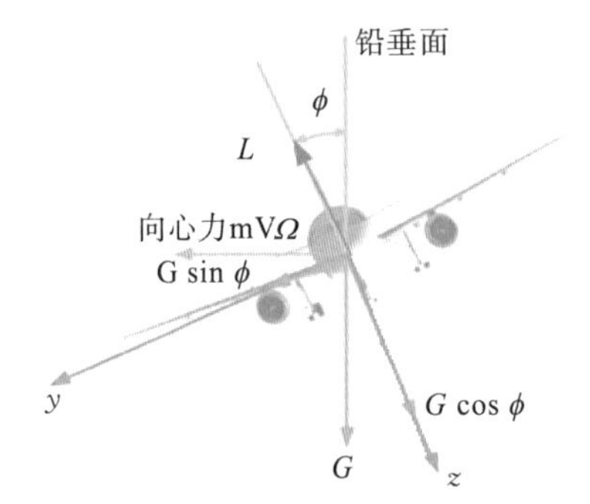

图 10-19 协调转弯飞行动力学

根据图 10-19,可得水平和垂直方向的力平衡方程为

$$\begin{cases} L\cos\phi = mg \\ L\sin\phi = mV\dot{\psi} \end{cases} \tag{10-48}$$

式中,L 为升力,V 为空速。

由式(10-48)可得协调转弯关系式为

$$\dot{\psi}=\frac{g}{V}\tan\phi \tag{10-49}$$

(2) 协调转弯飞行时自动驾驶仪的控制规律。

协调转弯飞行控制系统框图见图 10-20。

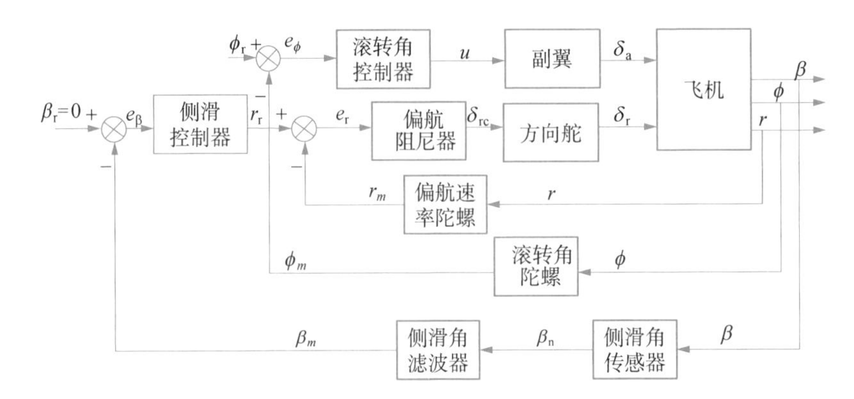

图 10-20 飞机协同转弯控制框图

将设定的滚转角 ϕ_c 和偏航角速率 $\dot{\psi}_c$ 控制信号分别加入自动驾驶仪控制律的滚转与航向两个通道中，同时在航向通道中引入侧滑角 β 信号，使方向舵的偏转不仅取决于偏航角偏差 $\psi-\psi_c$ 和偏航角速率 $\dot{\psi}$，而且也与侧滑角 β 的积分信号有关，以便减小侧滑角 β，由此形成以下的控制规律

$$\begin{cases}\Delta\dot{\delta}_a = k_{\ddot{\phi}}\ddot{\phi} + k_{\dot{\phi}}\dot{\phi} + k_{\phi}(\phi - \phi_c) \\ \Delta\dot{\delta}_r = k_{\ddot{\psi}}\ddot{\psi} + k_{\dot{\psi}}(\dot{\psi} - \dot{\psi}_c) - k_{\beta}\beta\end{cases} \tag{10-50}$$

式中，ϕ_c 和 $\dot{\psi}_c$ 分别为给定的滚转角和偏航角速率控制信号，且满足协调转弯式 $\dot{\psi}_c = \dfrac{g}{V}\tan\phi_c$。

例 10-3　考察 N250-100 PA2 飞机飞行条件为 $h=15000\,\mathrm{ft}$，速度为 180 kn，设计 CN235-100 飞机滚转姿态指令控制系统。

解：如图 10-21 所示，滚转保持控制系统包括：飞机对象，滚转陀螺 $G_{rg}(s)=S_{rg}$，并运用比较器获得跟踪误差，自动驾驶计算机计算控制律并输出给伺服作动与控制系统。

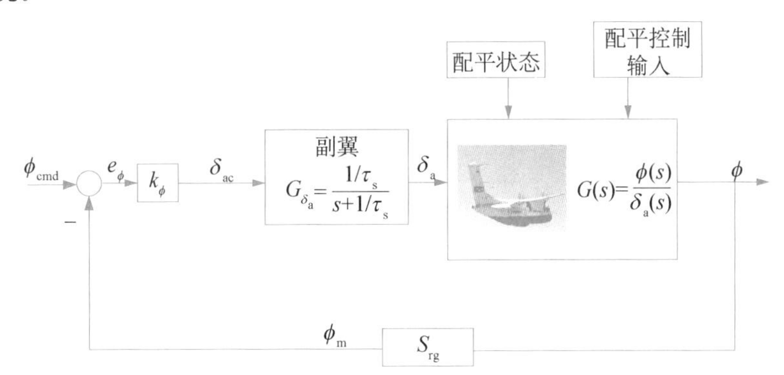

图 10-21　CN235-100 滚转保持控制系统框图

图 10-21 中 S_{rg} 为滚转角陀螺传感器(Sensor of vertical gyro)，ϕ_m 为传感器测量到的滚转角。

副翼作动器传递函数为

$$G_{\delta_a}(s) = \frac{1/\tau_s}{s + 1/\tau_s} \tag{10-51}$$

滚转保持闭环系统特征多项式为

$$\Delta_{cl_i}(s) = \Delta_{olat}(s) + k_{\phi\delta_a}\frac{N^{\phi}_{\delta_a}(s)}{s + 1/\tau_s} \tag{10-52}$$

式中，$k_{\phi\delta_a} = k_\phi S_{rg}/\tau_s$。

滚转保持系统闭环特征方程为

$$1 + k_{\phi\delta_a}G_{ol}(s) = 0 \tag{10-53}$$

其中

$$G_{\mathrm{ol}}(s)=\frac{N_{\delta_{\mathrm{a}}}^{\phi}(s)}{(s+1/\tau_{\mathrm{s}})\Delta_{\mathrm{olat}}(s)} \tag{10-54}$$

考察 N250－100 PA2 飞机在飞行条件为 $h=15000\,\mathrm{ft}$，速度为 180 kn，当副翼输入，其横侧向运动开环传递函数分子多项式为

$$N_{\delta_{\mathrm{a}}}^{\beta}(s)=S_{\beta\delta_{\mathrm{a}}}\left(\frac{s}{0.1232}+1\right)\left(\frac{s}{7.7628+14.9198\mathrm{i}}+1\right)\left(\frac{s}{7.7628-14.9198\mathrm{i}}+1\right) \tag{10-55}$$

$$N_{\delta_{\mathrm{a}}}^{\phi}(s)=S_{\phi\delta_{\mathrm{a}}}\left(\frac{s}{0.2278+1.2565\mathrm{i}}+1\right)\left(\frac{s}{0.2278-1.2565\mathrm{i}}+1\right) \tag{10-56}$$

$$N_{\delta_{\mathrm{a}}}^{\mathrm{r}}(s)=S_{r\delta_{\mathrm{a}}}\left(\frac{s}{0.6081}+1\right)\left(\frac{s}{0.8112+1.2543\mathrm{i}}-1\right)\left(\frac{s}{0.8112-1.2543\mathrm{i}}-1\right) \tag{10-57}$$

$$N_{\delta_{\mathrm{a}}}^{p}(s)=sN_{\delta_{\mathrm{a}}}^{\phi}(s) \tag{10-58}$$

式中，

$$S_{\beta\delta_{\mathrm{a}}}=3.01743,\ S_{\phi\delta_{\mathrm{a}}}=176.40281,\ S_{r\delta_{\mathrm{a}}}=14.54464$$

特征多项式为

$$\Delta_{\mathrm{olat}}(s)=\frac{s^4}{0.0381}+\frac{s^3}{0.01706}+\frac{s^2}{0.01544}+\frac{s}{0.01004}+1 \tag{10-59}$$

开环极点为

$$\lambda_1=-1.9577,\text{滚转模态};\lambda_2=-0.0101,\text{螺旋模态}$$

$$\lambda_{3,4}=-0.1325\pm1.3817\mathrm{i},\text{荷兰滚模态},\omega_{n_{\mathrm{DR}}}=1.39\,\mathrm{rad/s},\ \zeta_{\mathrm{DR}}=0.0955$$

滚转保持系统根轨迹如图 10－22 所示。

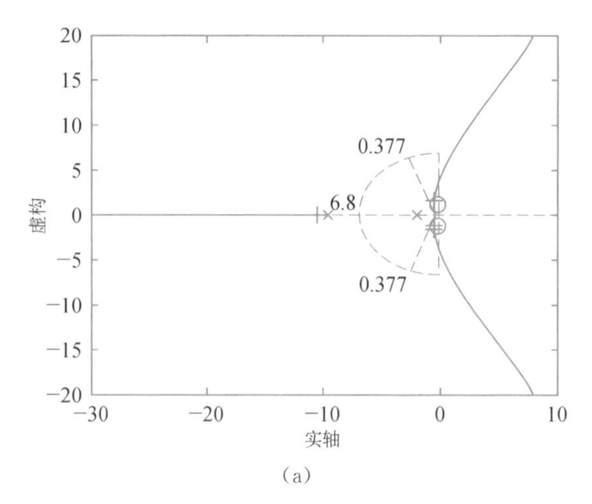

(a)

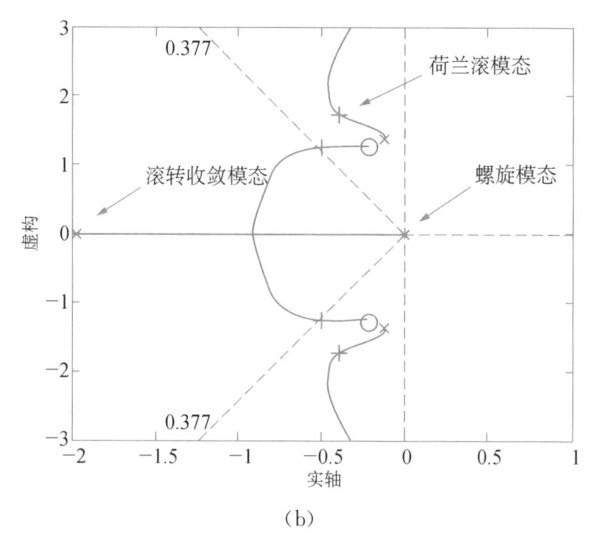

(b)

图 10－22　滚转保持系统根轨迹

(a) 全部图　(b)滚转保持系统根轨迹

选择阻尼比为 $\zeta_{DR}=0.377$，得 $k_{\phi\delta_a}=8.9375$，即 $k_\phi=0.9601$，闭环极点为

$$\lambda_{1,2}=-0.509\pm1.25i,\ \lambda_{3,4}=-0.402\pm1.73i,\ \lambda_5=-10.4$$

闭环特征多项式为

$$\Delta_{cl_i}(s)=26.2s^5+321.1s^4+650.9s^3+1714.1s^2+1437.5s+1586.6 \tag{10-60}$$

运用反拉氏变换

$$\phi(t)=\mathscr{L}_a^{-1}\left(\frac{k_{\phi\delta_a}N_{\delta_a}^{\phi}}{\Delta_{cl_i}(s,\ k_{\phi\delta_a})}\right) \tag{10-61}$$

可得滚转保持闭环系统脉冲响应如图 10－23 所示。扫描右侧二维码获取 Matlab 代码。可见滚转响应阻尼较大，但超调也较大，这与 τ_s 的

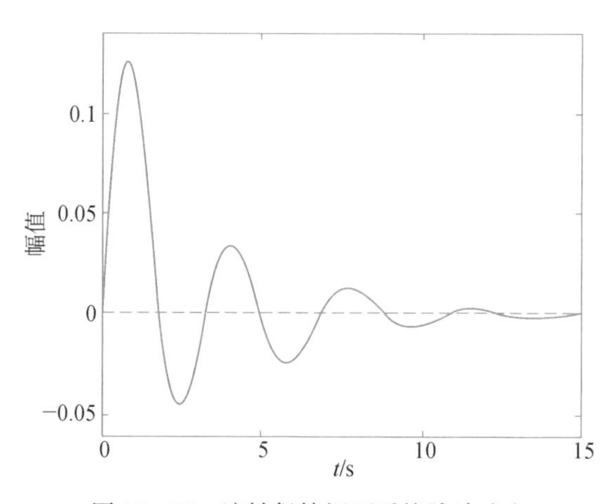

图 10－23　滚转保持闭环系统脉冲响应

值有关，τ_s 越大，阻尼会减小，但超调会降低。

例 10-4 考虑 B747 飞机横侧向增稳控制系统，其飞行条件是 $H = 40\,000\,\text{ft}$，$V = 774\,\text{ft/s}$，$Ma = 0.8$，其横侧向动力学方程为

$$\dot{\boldsymbol{x}} = \boldsymbol{A}\boldsymbol{x} + \boldsymbol{B}\boldsymbol{u} \tag{10-62}$$

式中，$\boldsymbol{x} = [v \quad r \quad p \quad \phi]^{\mathrm{T}}$，$\boldsymbol{u} = [\delta_a \quad \delta_r]^{\mathrm{T}}$，单位：$v$ (ft/s)，ϕ (crad)，p(crad/s)，r(crad/s)，δ_a(crad)，δ_r(crad)；

$$\boldsymbol{A} = \begin{bmatrix} -0.0558 & -7.74 & 0 & 0.322 \\ 0.0773 & -0.115 & -0.0318 & 0 \\ -0.394 & 0.388 & -0.465 & 0 \\ 0 & 0 & 1 & 0 \end{bmatrix}, \boldsymbol{B} = \begin{bmatrix} 0 & 0.0564 \\ 0.00775 & -0.475 \\ 0.143 & 0.153 \\ 0 & 0 \end{bmatrix}$$

惯性坐标系中，侧向位移 y 有

$$\dot{y} \approx v + 7.74 \cdot \psi(\text{ft}) \tag{10-63}$$

侧向加速度

$$a_y \approx -0.0558v + 0.0564\delta_r(\text{ft/s}) \tag{10-64}$$

下面进行倾斜角/侧向力增稳系统设计，通常飞机协调转弯希望倾斜时侧向力为零(无侧滑)，即设计一个机翼平飞控制系统。若目标函数为

$$J = \frac{1}{2}\int_0^{\infty} [q_1\phi^2 + q_2 a_y^2 + \delta_a^2 + \delta_r^2]\mathrm{d}t \tag{10-65}$$

系统状态矩阵 $\boldsymbol{A}$，$\boldsymbol{B}$ 如式(10-62)所示，$\boldsymbol{C} = [0\ 0\ 0\ 1;\ -0.0558\ 0\ 0\ 0]$，$\boldsymbol{D} = [0\ 0;\ 0\ 0.0564]$；选择 $q_1 = 1$，$q_2 = 8^2 = 64$，可运用 Matlab LQR 进行设计。

说明：当 $a_y = -0.0558v + 0.0564\delta_r$ 代入目标函数中，此时目标函数 J 中会出现差积项 $v\delta_r$，相应目标函数可以改写为

$$J = \int_0^{\infty} (\boldsymbol{x}^{\mathrm{T}}\boldsymbol{Q}\boldsymbol{x} + 2\boldsymbol{x}^{\mathrm{T}}\boldsymbol{N}\boldsymbol{u} + \boldsymbol{u}^{\mathrm{T}}\boldsymbol{R}\boldsymbol{u})\mathrm{d}t \tag{10-66}$$

式中，$N \in \mathbf{R}^{n\times m}$ (Matlab 调用函数：K = lqr(A, B, C′ * Q * C, D′ * Q * D + R, C′ * Q * D))。

运用 LQR 设计方法解代数 Riccati 方程，可得反馈增益为

$$\boldsymbol{K} = \begin{bmatrix} -0.1372 & 0.6309 & 0.4281 & 0.3418 \\ 0.6124 & -5.2420 & -1.1214 & -0.6537 \end{bmatrix} \tag{10-67}$$

相应闭环极点为

$$\lambda_{1,2} = -0.6505 \pm 0.9194\mathrm{i}，新模态\ \lambda_{3,4} = -0.8769 \pm 0.4756\mathrm{i}$$

在初值 $\boldsymbol{x}_0=[-0.1511\quad 0.9204\quad 0.2939\quad 0.2088]^{\mathrm{T}}$ 下系统的输出响应如图 10-24～图 10-25 所示。

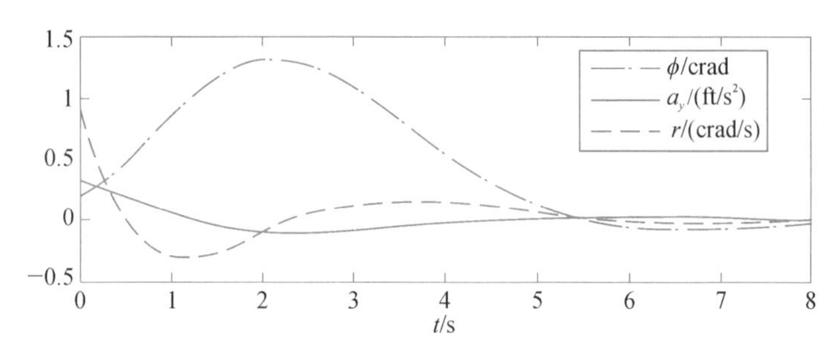

图 10-24　B747 最差初始条件(单位矢量)输入条件下系统响应

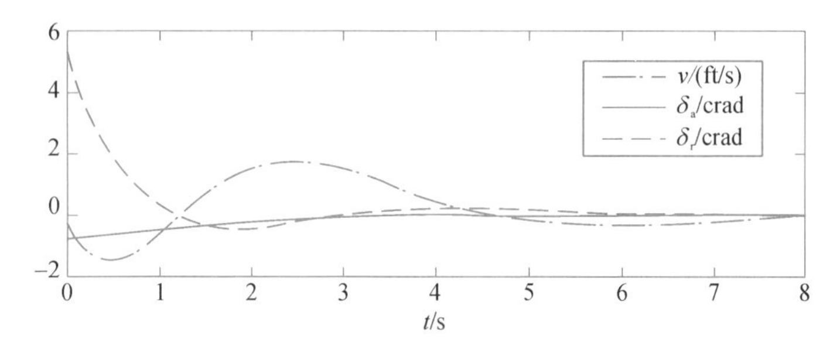

图 10-25　B747 最差初始条件(单位矢量)输入条件下控制输入

考虑航向指令跟踪,其控制律为

$$\boldsymbol{u}=-\boldsymbol{K}_x\boldsymbol{x}+\boldsymbol{K}_{\mathrm{r}}\begin{bmatrix}\phi_{\mathrm{cmd}}\\ a_{\mathrm{ycmd}}\end{bmatrix}$$

式中,$\boldsymbol{K}_x=\boldsymbol{K}$, $\boldsymbol{K}_{\mathrm{r}}=-[\boldsymbol{C}(\boldsymbol{A}-\boldsymbol{B}\boldsymbol{K}_x)^{-1}\boldsymbol{B}]^{-1}=\begin{bmatrix}0.2678 & -43.1868\\ -0.8830 & -15.1992\end{bmatrix}$。

当输入指令为 $\phi_{\mathrm{cmd}}=10\,\mathrm{crad}$, $a_y=0$ 时,相应输出跟踪响应如图 10-26～图 10-27 所示,可见系统能精确跟踪 ϕ_{cmd} 指令。扫描右侧二维码获取 Matlab 代码。

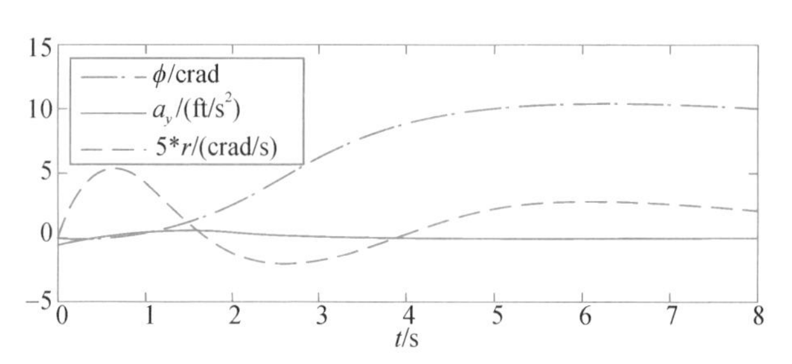

图 10-26　$\phi_{\mathrm{cmd}}=10\,\mathrm{crad}$, $a_y=0$ 条件下 B747 输出响应

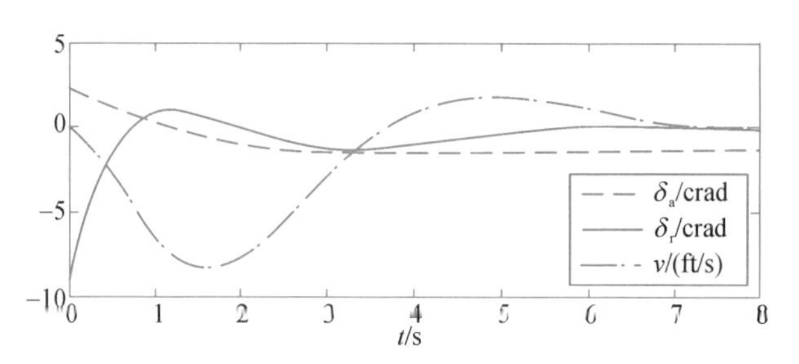

图 10-27 $\phi_{cmd}=10\,\text{crad}$，$a_y=0$ 条件下 B747 响应控制输入

10.3.2 航向指令跟踪控制

通常横航向自动控制有:保持滚转角或机翼水平模式,保持航向模式、甚高频全方位导航模式(VOR)。对于航向控制系统,其基本框图如图 10-28 所示。

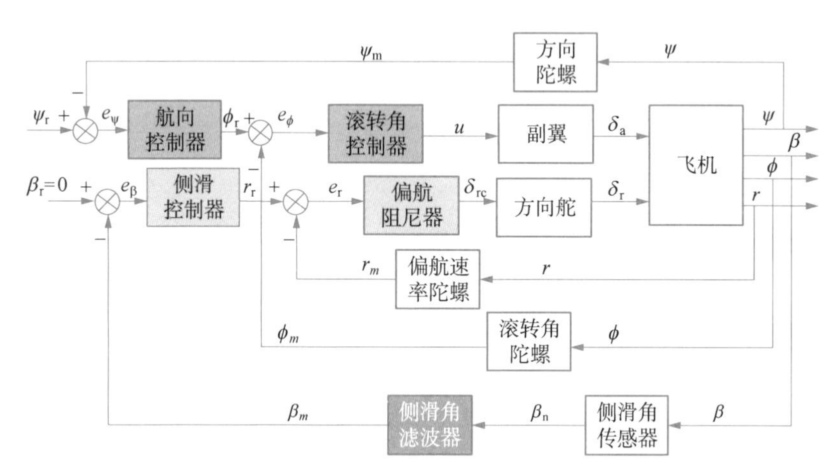

图 10-28 航向控制系统基本框图

从图 10-28 可知,航向控制系统中飞机为受控对象,航向陀螺是一个二自由度陀螺仪,作为测量元件,用以敏感飞机纵轴相对于设定航向的偏离 ψ,并产生相应的控制信号 u,加到舵机上,舵机推动直舵偏转,从而操纵飞机运动。

航向控制系统为负反馈控制系统,控制规律为 $\delta_r=-k_r(\psi_c-\psi)$。

对于航向指令跟踪,根据关系 $\dot{\psi}=\dfrac{g\tan\phi}{V_0}\approx\dfrac{g\phi}{V_0}$,故保持航向模式一般都以保持滚转角模式作为内回路,外回路航向调节控制。

例 10-5 设计 CN235-100 飞机航向指令控制系统。

解:航向指令控制系统如图 10-29 所示。

图中 S_{rg} 为滚转角陀螺传感器(sensor of vertical gyro),ϕ_m 为传感器测量到的滚转角,G_{hg} 为航向陀螺。

内回路为滚转控制回路,则有

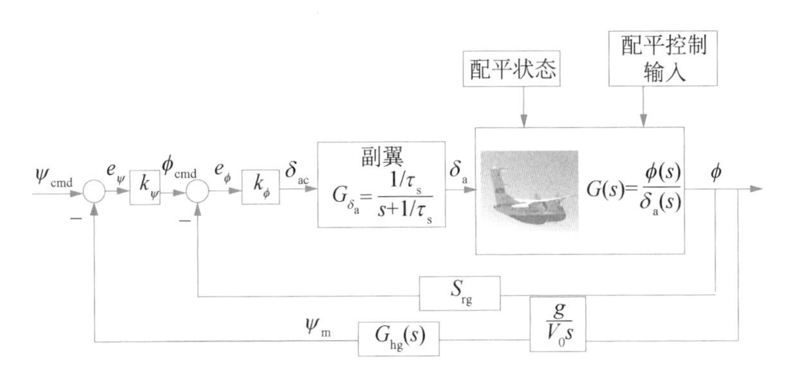

图 10－29　CN235－100 航向保持控制系统框图

$$\frac{\boldsymbol{x}_{lat}(s)}{\phi_{cmd}(s)}=\frac{k_{\phi\delta_a}\boldsymbol{N}_{\delta_a}^{x_{lat}}(s)}{\boldsymbol{\Delta}_{cl_i}(s,\ k_{\phi\delta_a})}=\boldsymbol{G}_{cl_i}(s,\ k_{\phi\delta_a}) \tag{10-68}$$

式中，$\boldsymbol{x}_{lat}=[\beta\quad p\quad r\quad \phi]^T$，

$$\boldsymbol{\Delta}_{cl_i}(s)=\boldsymbol{\Delta}_{olat}(s)+k_{\phi\delta_a}\frac{\boldsymbol{N}_{\delta_a}^{x}(s)}{s+\dfrac{1}{\tau_s}} \tag{10-69}$$

外回路传递函数为

$$\frac{\psi(s)}{\psi_{cmd}(s)}=G_{cl_o}(s,\ k_{\psi\delta_a})=\frac{k_{\psi\delta_a}N_{\delta_a}^{\phi}(s)}{S_{hg}\Delta_{cl_o}(s,\ k_{\psi\delta_a})} \tag{10-70}$$

式中，$k_{\psi\delta_a}=k_\psi S_{hg}k_{\phi\delta_a}\dfrac{g}{V_0}$，$S_{hg}=1$。

航向保持系统特征多项式为

$$\Delta_{cl_o}(s,\ k_{\psi\delta_a})=s\Delta_{cl_i}(s,\ k_{\psi\delta_a})+k_{\psi\delta_a}N_{\delta_a}^{\phi}(s) \tag{10-71}$$

航向保持系统特征方程为

$$1+k_{\psi\delta_a}\frac{N_{\delta_a}^{\phi}(s)}{\Delta_{cl_i}(s,\ k_{\psi\delta_a})}=0 \tag{10-72}$$

式中，代入式(10－55)～式(10－58)参数，结合滚转保持控制反馈增益 $k_{\phi\delta_a}=8.9375$，可得航向保持系统根轨迹如图 10－30 所示。

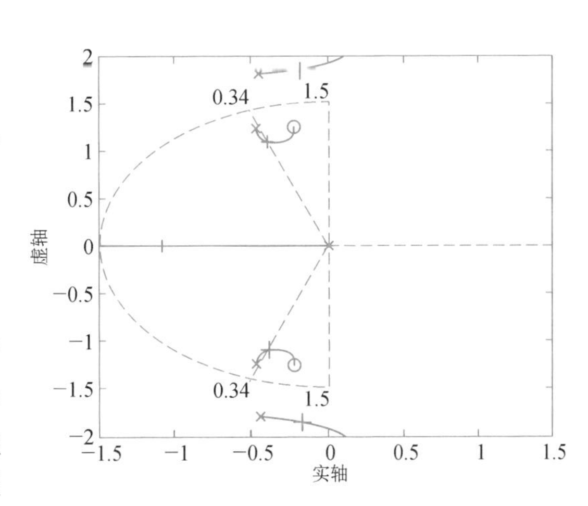

图 10－30　航向保持系统根轨迹

选择荷兰滚阻尼比 $\zeta_{DR}=0.34$，则有 $k_{\psi\delta_a}=4.9414$，闭环极点为

$$\lambda_{c1}=-10.4182,\ \lambda_{c2,3}=-0.1829\pm 1.8662i$$
$$\lambda_{c3,4}=-0.3813\pm 1.0838i,\ \lambda_{c5}=-0.6868$$

运用反拉氏变换可得系统输出

$$\psi(t)=\mathscr{L}_a^{-1}\left(\frac{k_{\psi\vartheta_a}}{S_{hg}}\frac{N_{\vartheta_a}^{\phi}(s)}{\Delta_{cl_o}(s,\ k_{\psi\delta_a})}\psi_c\right) \tag{10-73}$$

$$\phi(t)=\mathscr{L}_a^{-1}\left(\frac{sV}{g}\psi(s)\right) \tag{10-74}$$

当选择不同作动器时间常数 τ_s 时，荷兰滚阻尼比不一样，$\tau_s=0.2$，增益 $k_{\psi\delta_a}=1.8277$ 较小，而 $\tau_s=0.1$，增益 $k_{\psi\delta_a}=4.9414$ 较大，航向保持系统输出脉冲响应如图 10-31 所示，可见航向控制能保持航向角，且 τ_s 越大，超调越小，阻尼越小。扫描右侧二维码获取 Matlab 代码。

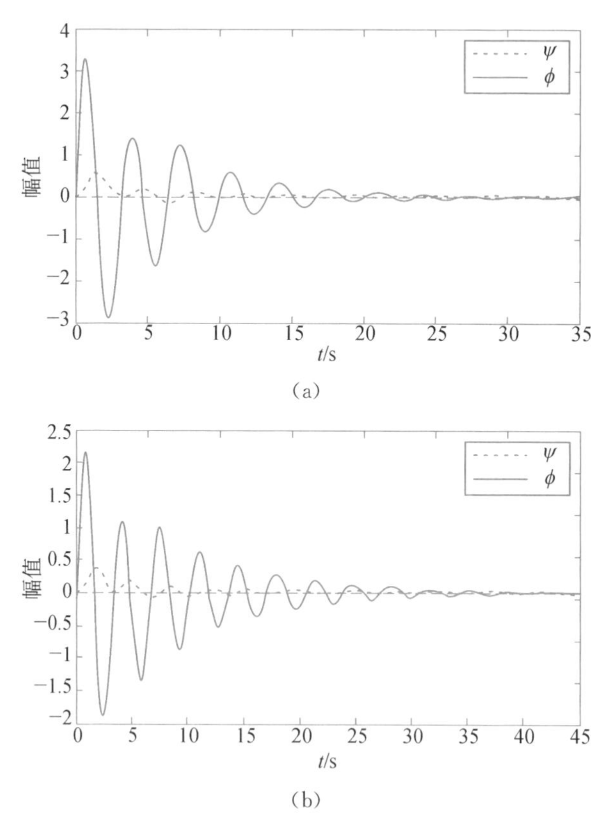

(a)

(b)

图 10-31　航向保持系统不同 τ_s 条件下，系统输出 ψ, ϕ 脉冲响应

(a) $\tau_s=0.1$　(b) $\tau_s=0.2$

下面再运用线性二次型控制设计方法，设计 B747 飞机航向控制系统。

例 10-6　考察例 10-4 B747 飞机，飞行条件是 $H=40\,000\,\text{ft}$，$V=774\,\text{ft/s}$，$Ma=0.8$，其横侧向动力学方程如例 10-4，试设计 B747 航向保持控制系统。

解：B747 航向保持控制系统结构如图 10-32 所示。

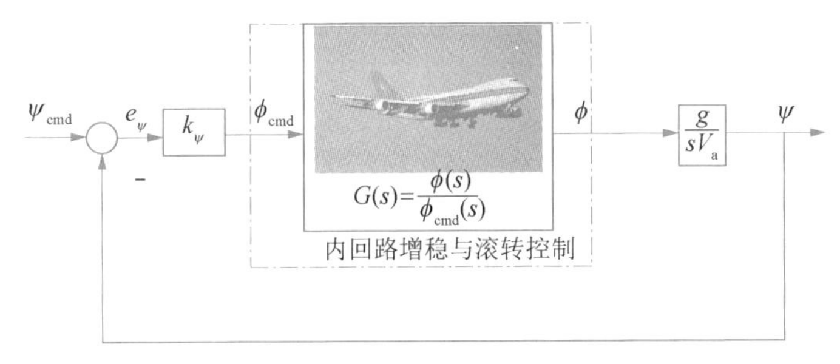

图 10-32　航向指令跟踪控制律

状态方程如式(10-62)，式中 $\boldsymbol{x}=[v\quad r\quad p\quad \phi\quad \psi]^{\mathrm{T}}$，$\boldsymbol{u}=[\delta_a\quad \delta_r]^{\mathrm{T}}$，单位：$v$(ft/s)，$\phi$(crad)，$p$(crad/s)，$r$(crad/s)，$\delta_a$(crad)，$\delta_r$(crad)。

$$\boldsymbol{A}=\begin{bmatrix}-0.0558 & -7.74 & 0 & 0.322 & 0\\ 0.0773 & -0.115 & -0.0318 & 0 & 0\\ -0.394 & 0.388 & -0.465 & 0 & 0\\ 0 & 0 & 1 & 0 & 0\\ 0 & 1 & 0 & 0 & 0\end{bmatrix},\ \boldsymbol{B}=\begin{bmatrix}0 & 0.0564\\ 0.00775 & -0.475\\ 0.143 & 0.153\\ 0 & 0\\ 0 & 0\end{bmatrix}$$

运用状态反馈控制

$$\boldsymbol{u}=-\boldsymbol{K}\boldsymbol{x}\tag{10-75}$$

系统输出 $\boldsymbol{y}=[\psi\quad a_y]^{\mathrm{T}}$，而由式(10-64)有

$$\begin{aligned}\boldsymbol{y}&=\begin{bmatrix}0 & 0 & 0 & 0 & 1\\ -0.0588 & 0 & 0 & 0 & 0\end{bmatrix}\boldsymbol{x}+\begin{bmatrix}0 & 0\\ 0 & 0.0564\end{bmatrix}\boldsymbol{u}\\ &=\boldsymbol{C}\boldsymbol{x}+\boldsymbol{D}\boldsymbol{u}\end{aligned}$$

航向保持二次型优化目标函数为

$$J=\int_0^{\infty}((\boldsymbol{C}\boldsymbol{x})^{\mathrm{T}}\boldsymbol{Q}(\boldsymbol{C}\boldsymbol{x})+\boldsymbol{u}^{\mathrm{T}}\boldsymbol{R}\boldsymbol{u})\mathrm{d}t=\int_0^{\infty}(\psi^2+3a_y^2+\delta_a^2+\delta_r^2)\mathrm{d}t\tag{10-76}$$

说明：当 $a_y=-0.0558v+0.0564\delta_r$ 代入目标函数中，此时目标函数 J 中会出现差积项 $v\delta_r$，参考例 10-4，修改相应目标函数。

又系统状态矩阵 $\boldsymbol{A}$，$\boldsymbol{B}$ 如式(10-75)，

$$\boldsymbol{Q}=\begin{bmatrix}1 & 0\\ 0 & 3\end{bmatrix},\ \boldsymbol{R}=\begin{bmatrix}1 & 0\\ 0 & 1\end{bmatrix}$$

运用 LQR 设计方法解代数 RIccati 方程

$$A^{\mathrm{T}}P + PA - PBR^{-1}B^{\mathrm{T}}P + CQC^{\mathrm{T}} = 0 \tag{10-77}$$

可得解为

$$K = \begin{bmatrix} -0.0018 & 0.1095 & 0.0317 & 0.0210 & 0.0805 \\ 0.0175 & -2.1523 & -2.107 & -0.1286 & -0.9920 \end{bmatrix}$$

相应闭环极点为

$$\lambda_{1,2} = -0.3075 \pm 0.8642\mathrm{j}, \text{荷兰滚模态}$$
$$\lambda_{3,4} = -0.1658 \pm 0.2651\mathrm{j},\ \lambda_5 = -0.6857, \text{滚转收敛模态}$$

在初值 $\boldsymbol{x}_0 = [0.037\quad 0.648\quad 0.091\quad 0.079\quad 0.751]^{\mathrm{T}}$ 下系统的输出响应如图 10-33～图 10-34 所示。

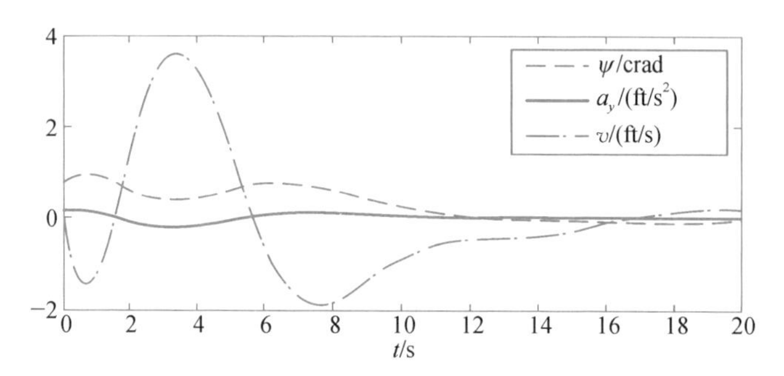

图 10-33 B747 最差初始条件(单位矢量)输入条件下系统输出响应

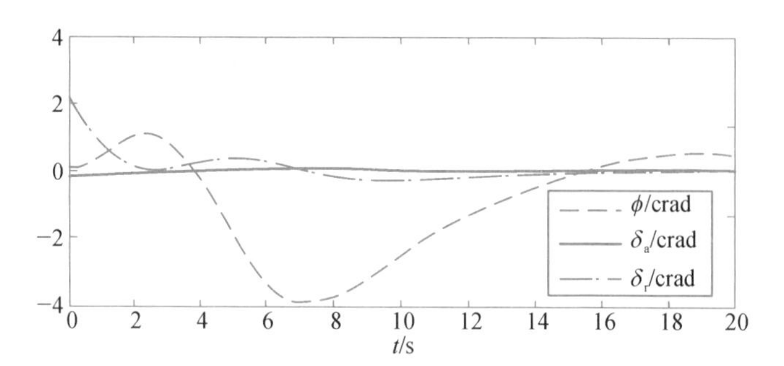

图 10-34 B747 最差初始条件(单位矢量)输入条件下控制输入

考虑航向指令跟踪,采用第 8 章非零指令点跟踪控制律为

$$\boldsymbol{u} = -\boldsymbol{K}_x\boldsymbol{x} + \boldsymbol{K}_{\mathrm{r}}\begin{bmatrix} \psi_{\mathrm{cmd}} \\ a_{y\mathrm{cmd}} \end{bmatrix}$$

式中,$a_{y\mathrm{cmd}} = 0$, $\boldsymbol{K}_x = \boldsymbol{K}$, $\boldsymbol{K}_{\mathrm{r}} = -[\boldsymbol{C}(\boldsymbol{A} - \boldsymbol{B}\boldsymbol{K}_x)^{-1}\boldsymbol{B}]^{-1} = \begin{bmatrix} 0.0805 & -45.4828 \\ -0.9920 & -3.6549 \end{bmatrix}$。

输入 $\psi_{cmd}=10\,\text{crad}$，相应输出跟踪响应如图 10-35～图 10-36 所示，可见控制系统能精确跟踪 ψ_{cmd} 指令。扫描右侧二维码获取 Matlab 代码。

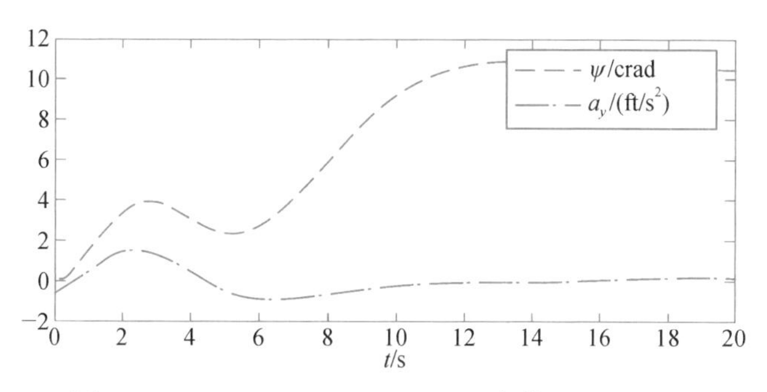

图 10-35　$\psi_{cmd}=10\,\text{crad}$，$a_y=0$ 条件下 B747 响应

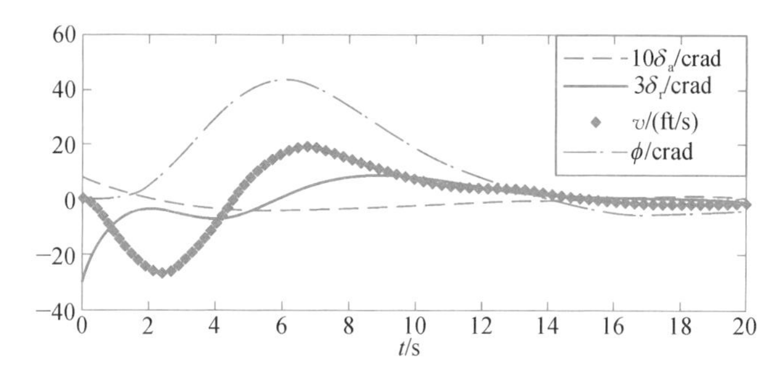

图 10-36　$\psi_{cmd}=10\,\text{crad}$，$a_y=0$ 条件下 B747 响应控制输入

10.3.3　侧向偏离自动控制

对于侧向偏离控制系统，通常以滚转角和偏航角控制系统作为内回路，一般采用飞机倾斜转弯方式来修正和控制侧向偏离。对于侧向轨迹控制系统而言，航向和滚转两个通道的协调控制方法与侧向角运动的控制方法是一致的。在一般情况下，侧向偏离控制是由飞机倾斜转弯（bank to-turn，BTT）来实现的，即以副翼和方向舵来实现侧向偏离控制的。

1）飞机侧向偏离运动方程的简化

首先，对飞机的线性方程进行简化，以便于侧向偏离控制系统的设计。

（1）飞机横侧向运动线性化的力和力矩方程，由式(6-79)知

$$\begin{cases}\left(s-\dfrac{Y_\beta}{V_0}\right)\beta-\dfrac{g\cos\gamma_0}{V_0}\phi-\dfrac{Y_p}{V_0}p+r=\dfrac{Y_{\delta_r}}{V_0}\delta_r\\-L_\beta\beta+(s-L_p)p-L_r r=L_{\delta_a}\delta_a+L_{\delta_r}\delta_r\\-N_\beta\beta-N_p p+(s-N_r)r=N_{\delta_r}\delta_r\\-\dfrac{\sin\theta_0}{\cos\theta_0}r+s\phi-p=0\end{cases}\tag{10-78}$$

式中，β, ϕ, p, r, δ_a, δ_r 皆为小扰动量。

一般情况下，滚转比偏航要快得多，且做近似分析时，可不考虑两个力矩方程，只利用侧力方程来分析：

$$\left(s-\frac{Y_\beta}{V_0}\right)\beta-\frac{\cos\gamma_0}{V_0}\left(Y_p s\frac{1}{\cos\gamma_0}+g\right)\phi+r=\frac{Y_{\delta_r}}{V_0}\delta_r \tag{10-79}$$

一般 Y_p 较小可忽略，又考虑协调转弯时 $\beta\approx 0$，有 $\dot{\phi}\approx 0$，则侧力方程(10-79)可改写为

$$-\frac{\cos\gamma_0}{V_0}g\phi+r=\frac{Y_{\delta_r}}{V_0}\delta_r \tag{10-80}$$

由式(5-19)知于 $r=-\dot{\theta}\sin\phi+\dot{\psi}\cos\theta\cos\phi$，当进行协调转弯飞行时 θ, ϕ 较小，因此有 $r\approx\dot{\psi}$，这样式(10-80)可写成

$$-\frac{\cos\gamma_0}{V_0}g\phi+\dot{\psi}=\frac{Y_{\delta_r}}{V}\delta_r \tag{10-81}$$

将协调转弯公式 $\dot{\psi}=\frac{g}{V_0}\tan\phi\approx\frac{g}{V_0}\phi$ 代入式(10-81)得

$$(1-\cos\gamma_0)\dot{\psi}=(1-\cos\gamma_0)\frac{g}{V_0}\phi=\frac{Y_{\delta_r}}{V_0}\delta_r \tag{10-82}$$

令 $Y_{\dot{\psi}}=V_0(1-\cos\gamma_0)$，则

$$Y_{\dot{\psi}}\dot{\psi}=Y_{\delta_r}\delta_r \tag{10-83}$$

(2) 由导航方程组(5-21)可以得到零初始状态情况下的侧向偏离方程：

$$\frac{\mathrm{d}y}{\mathrm{d}t}=u\cos\theta\sin\psi+v(\sin\phi\sin\theta\sin\psi+\cos\phi\cos\psi)+w(\cos\phi\sin\theta\sin\psi-\sin\phi\cos\psi) \tag{10-84}$$

当处于小扰动飞行状态时，则所有的角偏离量均为小量，于是有

$$\begin{aligned}u&=V_0\cos\beta\approx V_0\\ v&=V_0\sin\beta\approx V_0\beta\\ w&=-V_0\cos\beta\sin\alpha\approx -V_0\alpha\end{aligned} \tag{10-85}$$

由于进行协调转弯飞行时，侧滑角 $\beta\approx 0$，忽略二阶以上的小量后，上述侧向偏离方程(10-84)可简化为

$$\dot{y}=\frac{V_0}{57.3}(\beta+\psi)=\frac{V_0}{57.3}\psi \tag{10-86}$$

因此，近似线性化侧向偏离方程为

$$\begin{cases} Y_{\dot{\psi}}\dot{\psi} = Y_{\delta_r}\delta_r \\ \dot{y} = \dfrac{V_0}{57.3}\psi \end{cases} \tag{10-87}$$

或写成

$$\begin{bmatrix} \dot{\psi} \\ \dot{y} \end{bmatrix} = \begin{bmatrix} 0 & 0 \\ \dfrac{V_0}{57.3} & 0 \end{bmatrix} \begin{bmatrix} \psi \\ y \end{bmatrix} + \begin{bmatrix} \dfrac{Y_{\delta_r}}{Y_{\dot{\psi}}} \\ 0 \end{bmatrix} \delta_r \tag{10-88}$$

2）侧向偏离的控制规律

采用如下形式的侧向偏离的控制规律

$$\begin{cases} \delta_a = k_\phi \phi + k_{\dot{\phi}}\dot{\phi} + k_{\psi_a}(\psi - \psi_c) + k_y(y - y_c) \\ \delta_r = k_{\dot{\psi}}\dot{\psi} + k_\psi \psi \end{cases} \tag{10-89}$$

控制律式(10－89)的特点是在滚转角与偏航角控制律的基础上，增加了侧向偏离的信息，就构成了侧向偏离轨迹的控制规律。在图 10－37 中直观地示意出飞机侧向偏离的自动修正过程。可以看出，飞机在修正侧向偏离过程中各个阶段所对应的偏航和滚转姿态的变化情况。

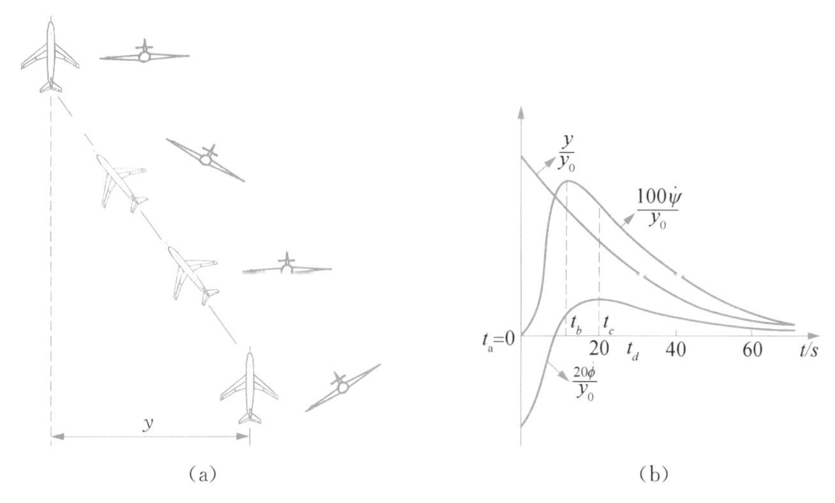

图 10－37　侧向偏离修正过程

典型的飞机仪表自动着陆系统除了包括下滑波束自动控制系统和自动拉平着陆系统外，还包括侧向波束自动控制系统。与下滑波束自动控制系统是在飞行高度自动控制系统基础上构成的相似，侧向波束自动控制系统也是在侧向偏离自动控制系统基础上建立的，如图 10－38 所示，包含：内回路滚转控制、外回路航向控制及侧向偏距控制等，这里不再详述。

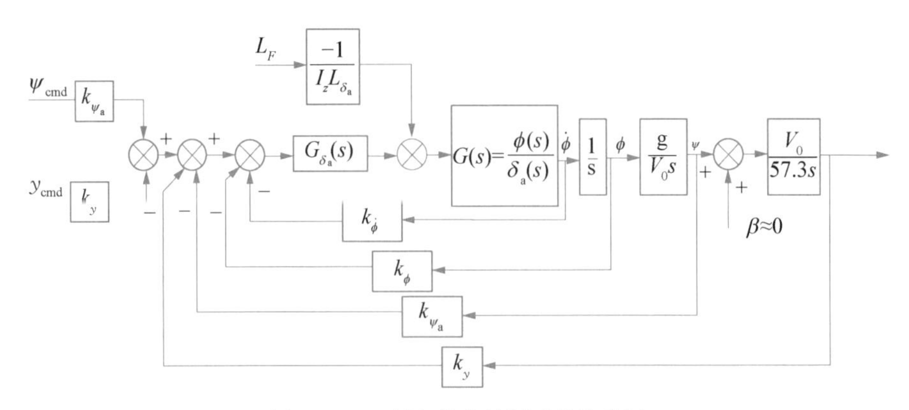

图 10-38 侧向偏离控制系统结构图

例 10-7 考察例 10-4 B747 飞机，飞行条件是 $H=40\,000\,\mathrm{ft}$，$V=774\,\mathrm{ft/s}$，$Ma=0.8$，其横侧向动力学方程如例 10-4，定义状态 $\boldsymbol{x}=[v \quad r \quad p \quad \phi \quad \psi \quad y]^{\mathrm{T}}$，控制输入 $\boldsymbol{u}=[\delta_a \quad \delta_r]^{\mathrm{T}}$，单位：$v$(ft/s)，$\varphi$(crad)，$p$(crad/s)，$r$(crad/s)，$y$(ft)，$\delta_a$(crad)，$\delta_r$(crad)，状态方程为

$$\dot{\boldsymbol{x}}=\boldsymbol{A}\boldsymbol{x}+\boldsymbol{B}\boldsymbol{u} \tag{10-90}$$

式中，

$$\boldsymbol{A}=\begin{bmatrix}-0.0558 & -7.74 & 0 & 0.322 & 0 & 0\\ 0.0773 & -0.115 & -0.0318 & 0 & 0 & 0\\ -0.394 & 0.388 & -0.465 & 0 & 0 & 0\\ 0 & 0 & 1 & 0 & 0 & 0\\ 0 & 1 & 0 & 0 & 0 & 0\\ 1 & 0 & 0 & 0 & 7.74 & 0\end{bmatrix},\ \boldsymbol{B}=\begin{bmatrix}0 & 0.0564\\ 0.00775 & -0.475\\ 0.143 & 0.153\\ 0 & 0\\ 0 & 0\\ 0 & 0\end{bmatrix}$$

设计外回路侧向跟踪控制，侧向保持跟踪目标函数

$$J=\frac{1}{2}\int_0^{\infty}\left[\frac{1}{10^2}y^2+100a_y^2+\delta_a^2+\delta_r^2\right]\mathrm{d}t \tag{10-91}$$

即要求如果有 10 ft 侧向位移误差与 0.1 ft/s^2 的侧向加速度，则用 1 crad 的 δ_a 与 δ_r 控制输入。

运用 LQR 方法，得状态反馈增益

$$\boldsymbol{K}=\begin{bmatrix}0.1093 & 0.5895 & 0.3322 & 0.2585 & 1.8214 & 0.0321\\ -0.0462 & -5.3919 & -0.8911 & -0.6139 & -5.0267 & -0.0825\end{bmatrix} \tag{10-92}$$

闭环系统极点为 $\lambda=-0.9334\pm0.7968i$，$\lambda=-0.1562\pm0.3075i$，$\lambda=-0.4829$，$\lambda=-0.4480$；考虑初始条件，$\boldsymbol{x}_0=[0.082\quad 0.202\quad 0.115\quad 0.106\quad 0.963\quad 0.022]^{\mathrm{T}}$，初始条件下系统响应如图 10 - 39～图 10 - 40 所示。

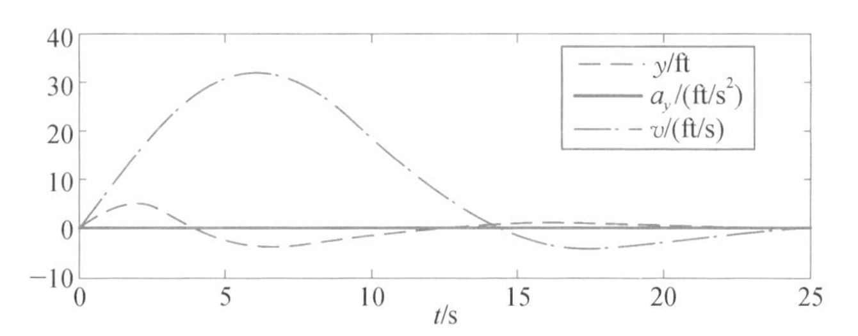

图 10 - 39　B747 侧向增稳系统对最差单位初始条件的响应

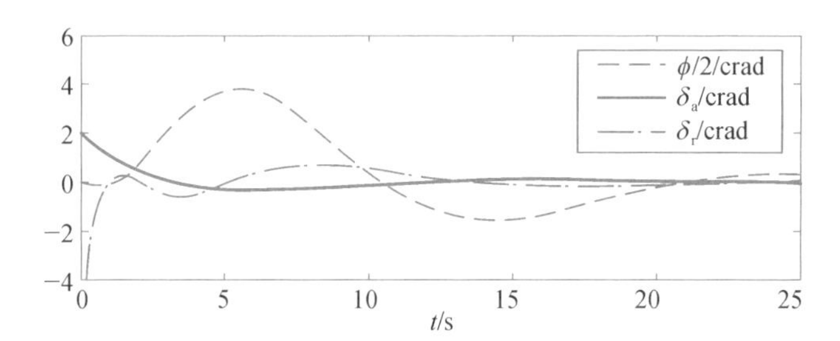

图 10 - 40　B747 侧向增稳系统对最差单位初始条件的响应控制输入

考虑侧向位移输入，采用第 8 章非零指令点跟踪控制律

$$\boldsymbol{u}=-\boldsymbol{K}_x\boldsymbol{x}+\boldsymbol{K}_{\mathrm{r}}\cdot\begin{bmatrix}y_{\mathrm{cmd}}\\a_{y_{\mathrm{cmd}}}\end{bmatrix}\tag{10-93}$$

式中，$\boldsymbol{K}_{\mathrm{r}}=\begin{bmatrix}0.0321 & -43.8410\\0.0825 & -12.9555\end{bmatrix}$，$\boldsymbol{K}_x=\boldsymbol{K}$，则闭环系统对指令输入 $y_{\mathrm{cmd}}=100\,\mathrm{ft}$，$a_{y_{\mathrm{cmd}}}=0$ 的响应如图 10 - 41 和图 10 - 42 所示，可见侧向保持控制系统能精确跟踪侧向偏移。扫描右侧二维码获取 Matlab 代码。

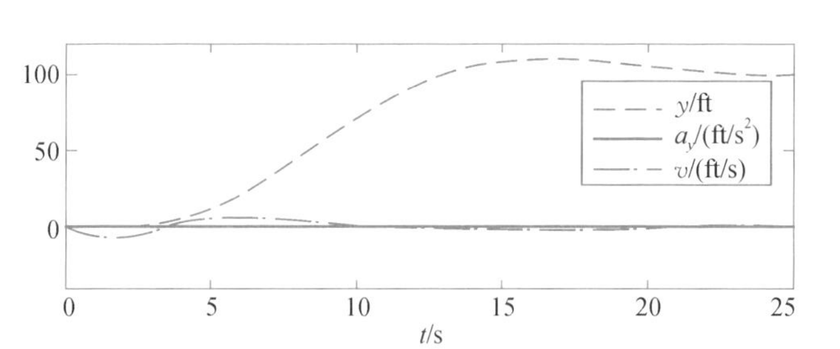

图 10 - 41　B747 侧向增稳系统对侧向位移输入 $y_{\mathrm{cmd}}=100\,\mathrm{ft}$ 的响应

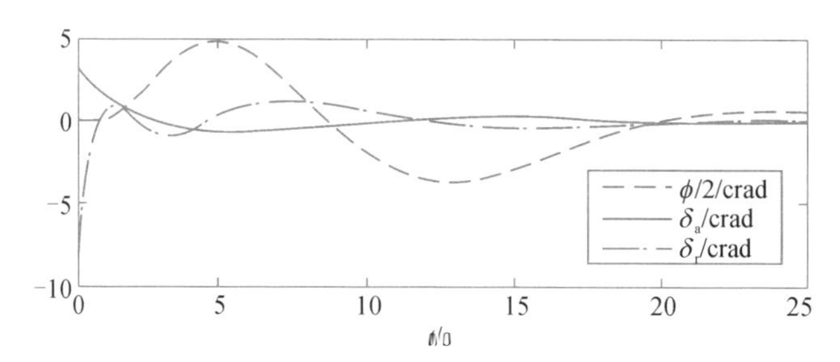

图 10-42 B747 侧向增稳系统指令跟踪控制输入

消除侧向偏离控制的方法：

(1) 引入 ψ 的稳态信号消除器，即用 $\dfrac{\psi\tau s}{\tau s+1}$ 代替 ψ 信号。

(2) 用时延滚转信号 $\dfrac{\phi}{\tau s+1}$ 代替 ψ 信号。

(3) 直接用 $\dot{y}$ 信号代替 ψ 信号。

10.3.4 侧向导引自动着陆系统

10.3.4.1 航向波束导引系统

实现自动着陆的仪表着陆系统，除了纵向包括下滑波束导引系统，拉平自动控制系统外，还有航向波束导引系统，使飞机对准跑道。下面作详细介绍。

航向波束自动控制系统是通过耦合器将飞机偏离航向信标台发射的无线电波束等强度线的信号变为滚转控制指令，输给驾驶仪侧向通道，操纵副翼偏转改变航迹方位角 χ，修正飞机水平航迹。

航向波束偏差角 λ 与侧向运动参数几何关系：

如图 10-43 所示，侧向运动参数有：侧向偏离距离 y，倾斜角 ϕ，航向偏差角 $\Delta\psi$。V 与纵轴间夹间(对称面夹角)为 β，V 在地平面上的投影与应飞航线夹角为 χ

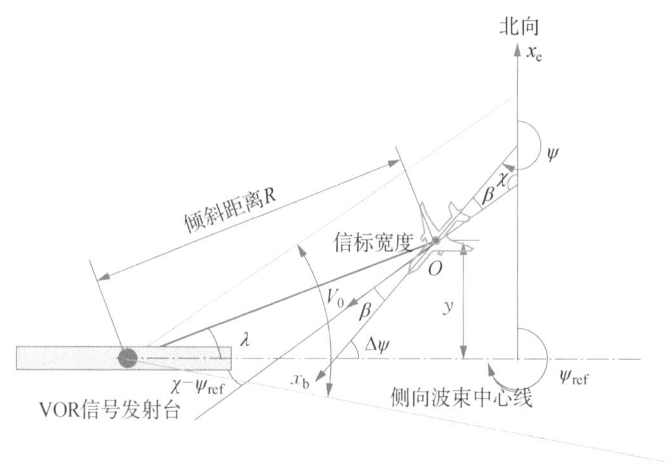

(a) $\beta\neq0$

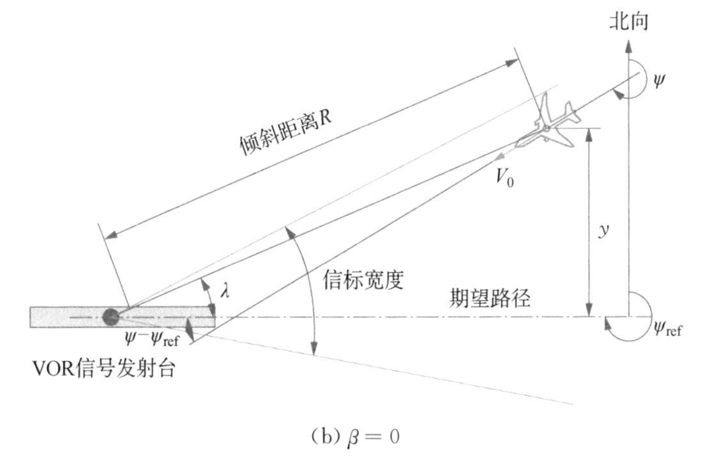

(b) $\beta = 0$

图 10-43　航向波束偏差角与侧向参数几何关系

(航迹方位角),OX 在水平投影与应飞航线夹角为 ψ。

根据图 10-43,有几何关系:

$$\psi = \Delta\psi + \psi_0 = \chi + \beta \tag{10-94}$$

$$\Delta\psi - \beta = \chi - \psi_0 \tag{10-95}$$

则侧向偏离速度满足:

$$\dot{y} = \dot{d} = -V_0 \sin(\chi - \psi_0) = -V_0(\Delta\psi - \beta)/57.3 \tag{10-96}$$

航向波束偏差角

$$\lambda = \arcsin^{-1}\frac{y}{R} \approx 57.3\frac{y}{R} \tag{10-97}$$

则

$$\frac{\mathrm{d}\lambda}{\mathrm{d}t} = \frac{57.3\left(R\dfrac{\mathrm{d}y}{\mathrm{d}t} - y\dfrac{\mathrm{d}R}{\mathrm{d}t}\right)}{R^2} = -\frac{V_0(\Delta\psi - \beta)}{R} - \frac{\lambda}{R}\frac{\mathrm{d}R}{\mathrm{d}t} \approx -\frac{V_0(\Delta\psi - \beta)}{R} \tag{10-98}$$

而 $\beta = 0$, $\lambda \ll R$,

$$\lambda(s) = -\frac{V_0 \Delta\psi(s)}{Rs} \tag{10-99}$$

由侧向协调运动可知 $\dot{\beta} \approx 0$, 由式(10-94)知

$$\dot{\psi} = \dot{\chi} + \dot{\beta} \approx \dot{\chi} \tag{10-100}$$

又侧向力方程为

$$\left(s-\frac{Y_\beta}{V_0}\right)\beta-\frac{g\cos\gamma_0}{V_0}\phi-\frac{Y_p}{V_0}p+r=-\frac{Y_{\delta_r}}{V_0}\delta_r \tag{10-101}$$

所以有

$$(s+Y'_\beta)\beta-\frac{g}{V_0}\phi+r=-Y'_{\delta_r}\delta_r \tag{10-102}$$

$$\dot{\chi}=\dot{\psi}=r=\frac{g}{V_0}\phi \tag{10-103}$$

又 $\Delta\psi=\chi-\psi_0+\beta$，由式(10-99)，式(10-103)可画出航向导引运动学环节，如图10-44所示。

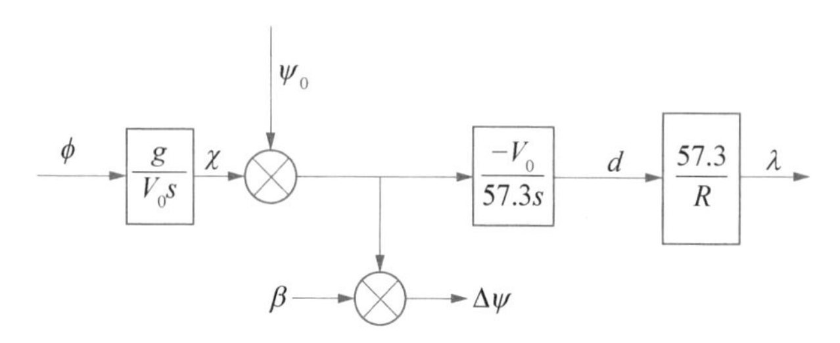

图 10-44 简化的航向波束控制系统

飞机航向波束导引控制系统如图 10-45 所示。

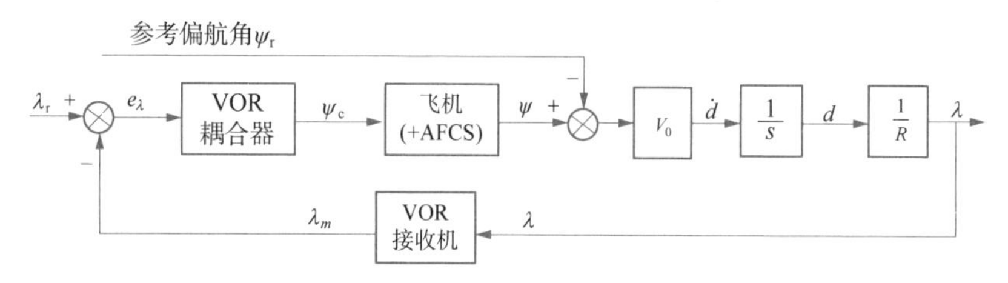

图 10-45 航向波束控制系统

方位偏差耦合器的传递函数 $G(s)=K_c(1+0.1/s)$，其中自动飞行控制为内回路的航向保持系统，其结构如图 10-46 所示，航向保持系统内回路采用滚转控制，

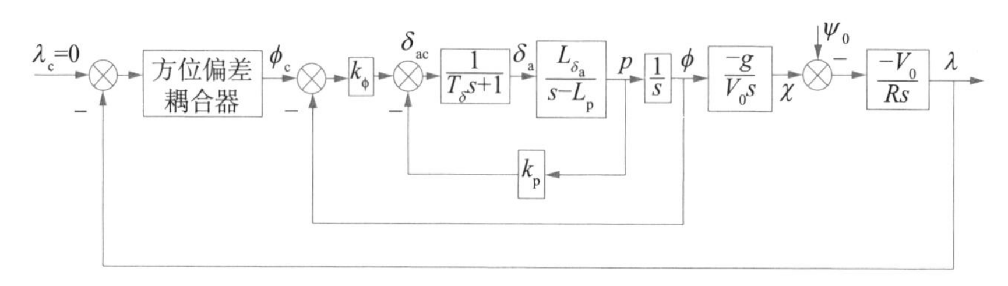

图 10-46 航向波束导引系统方框图

以稳定姿态。从自动着陆过程中航向波束控制要求看，滚转角在整个过程中不应有很大变化。随着距离 R 减小，航向波束导引控制系统逐渐变为不稳定，系统开始进入不稳定区，可以通过引入补偿器 $G_L(s)=\dfrac{1+\alpha\tau s}{1+\tau s}$ 来改善此不稳定。

10.3.4.2　*VOR* 导航控制系统设计

保持航向模式仅允许飞行员保持给定的航向。为了使飞机飞向地球上某固定的基准点，还要求飞机对任意侧风情况进行补偿，要完成此任务，可以用波束跟踪系统来完成，在大多自动驾驶仪中，采用甚高频全方位导航模式。飞机甚高频全方位 VOR 导航模式控制系统如图 10－47 所示，可知，飞机飞行轨迹与截获并保持的、从甚高频全方位导航的地面发射台或航向信标台发射的波束中心线有关，VOR 保持目的是使侧向波束偏差角 λ 消除，使飞机沿着期望的方位或相应的偏航角着陆。横航向波束截获并保持的模式称为甚高频全方位导航模式或波束导引模式，甚高频全方位导航与航向信标台的区别在于发射的波束不同，典型的航向信标台波束宽度为 2.5°，而典型的甚高频全方位导航束宽度为 10°左右。

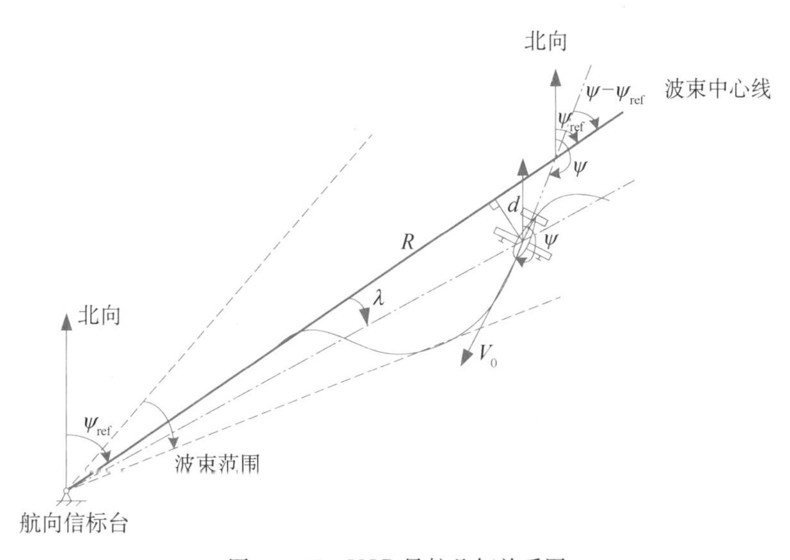

图 10－47　VOR 导航几何关系图

VOR 保持控制系统结构框图如图 10－48 所示。

VOR 保持控制系统由三个回路来实现：最内回路为滚转自动控制系统；中间回路为偏航控制系统，以跟踪参考偏航角 ψ_{ref}；最外回路为波束偏差角 λ 跟踪系统，以消除波束偏差角，其中引入了侧向波束导引方位耦合器 $G_{cop}(s)$，来消除方位波束偏差。

根据航向波束导引几何关系

$$\tan\lambda=\frac{d}{R} \tag{10-104}$$

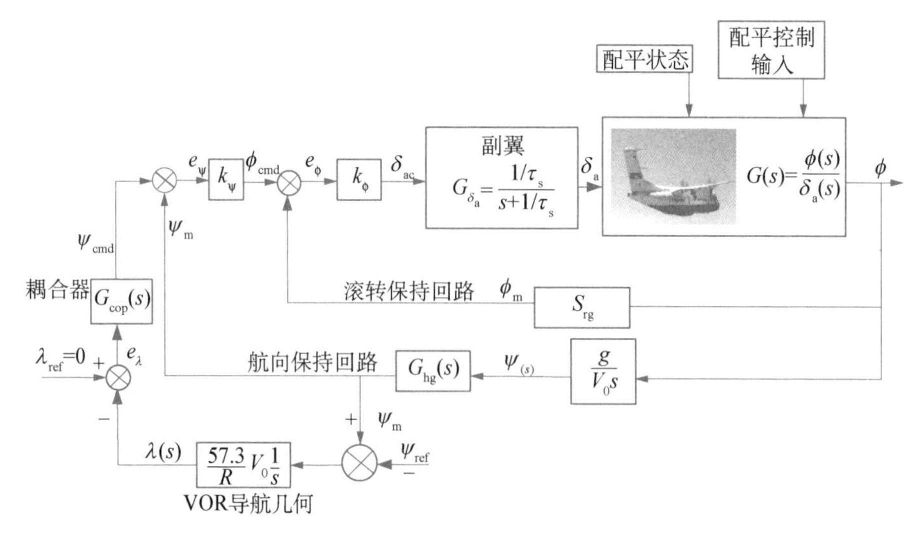

图 10-48 CN235-100 侧向波束导引系统 VOR 控制框图

当 λ 很小时，则

$$\lambda(s)=\frac{57.3d(s)}{R} \tag{10-105}$$

又侧向偏差速度满足

$$\dot{d}(t)=V_0\sin(\psi-\psi_{ref}) \tag{10-106}$$

简化为

$$\dot{d}(t)\approx V_0(\psi-\psi_{ref}) \tag{10-107}$$

式中，V_0 为飞机速度。

即

$$sd(s)=V_0[\psi(s)-\psi_{ref}] \tag{10-108}$$

将式(10-108)代入式(10-105)有

$$\lambda(s)=\frac{57.3d(s)}{R}=\frac{57.3}{R}V_0\frac{(\psi(s)-\psi_{ref})}{s} \tag{10-109}$$

式中，$e_\psi(s)=\psi(s)-\psi_{ref}(s)$。

而由图 10-48 知

$$\lambda(s)=G_{nav}(s)e_\psi(s) \tag{10-110}$$

式中，

$$G_{nav}(s)=57.3\frac{V_0}{R}\frac{1}{s} \tag{10-111}$$

且侧偏导航方位耦合器为

$$\psi_{\mathrm{cmd}}(s) = G_{\mathrm{cop}}(s)e_{\lambda}(s) \tag{10-112}$$

式中，

$$G_{\mathrm{cop}}(s) = K_{\mathrm{c}}\frac{s+0.1}{s} \tag{10-113}$$

其中 $e_{\lambda}(s) = \lambda_{\mathrm{ref}} - \lambda(s)$。

例 10-8　设计 CN235-100 飞机甚高频全方位 VOR 导航模式控制系统。

解： VOR 保持控制如图 10-48 所示。

根据航向保持系统有

$$\psi(s) = G_{\mathrm{cl_o}}(s, k_{\psi\delta_{\mathrm{a}}})\psi_{\mathrm{cmd}}(s) \tag{10-114}$$

$$G_{\mathrm{cl_o}}(s, k_{\varphi\delta_{\mathrm{a}}}) = \frac{k_{\psi\delta_{\mathrm{a}}}N_{\delta_{\mathrm{a}}}^{\phi}(s)}{S_{hg}\Delta_{\mathrm{cl_o}}(s, k_{\psi\delta_{\mathrm{a}}})} \tag{10-115}$$

再根据航向波束导引系统图 10-49，可知波束偏角 $\lambda(s)$ 与偏航角输入 ψ_{ref} 之间的关系。

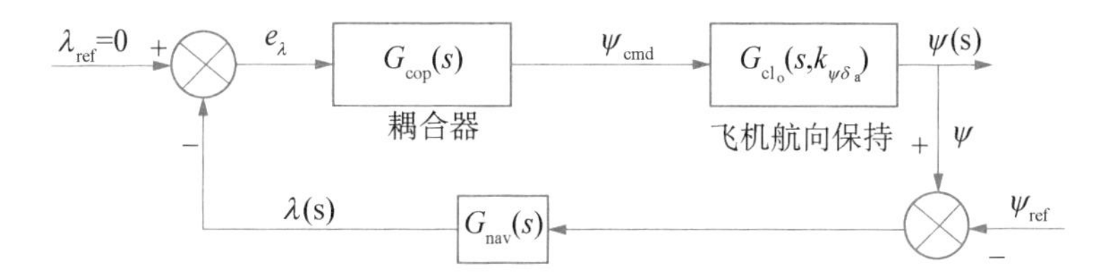

图 10-49　波束偏角 $\lambda(s)$ 与偏航角输入 ψ_{ref} 之间的关系

从图 10-49 可知

$$\frac{\lambda(s)}{\psi_{\mathrm{ref}}(s)} = \frac{N_{\psi_{\mathrm{r}}}^{\lambda}(s)}{\Delta_{\mathrm{nav}}(s)} \tag{10-116}$$

式中，$N_{\psi_{\mathrm{r}}}^{\lambda}(s) = 57.3\frac{V_0}{R}s\Delta_{\mathrm{cl_o}}(s, k_{\psi\delta_{\mathrm{a}}})$，$\Delta_{\mathrm{nav}}(s) = s^2\Delta_{\mathrm{cl_o}}(s, k_{\psi\delta_{\mathrm{a}}}) - k_{\lambda}(s+0.1)$，$k_{\lambda} = 57.3\frac{V_0}{R}\frac{k_{\psi\delta_{\mathrm{a}}}}{S_{\mathrm{hg}}}K_{\mathrm{c}}$。

则 VOR 导航系统 $\dfrac{\lambda(s)}{\psi_{\mathrm{ref}}(s)}$ 的特征方程为

$$1 - k_{\lambda}\frac{(s+0.1)N_{\delta_{\mathrm{a}}}^{\phi}(s)}{s^2\Delta_{\mathrm{cl_o}}(s, k_{\psi\delta_{\mathrm{a}}})} = 0 \tag{10-117}$$

代入 CN235-100 参数式(10-55)～式(10-58)，选择荷兰滚阻尼比 $\zeta_{\mathrm{D}} = 0.3$，则有 $k_{\lambda} = -1.5349$，再结合航向保持系统，其 $k_{\varphi\delta_{\mathrm{a}}} = 8.9375$，$k_{\psi\delta_{\mathrm{a}}} = 4.9414$，及式(10-117)，可得 VOR 导航系统根轨迹如图 10-50 所示。

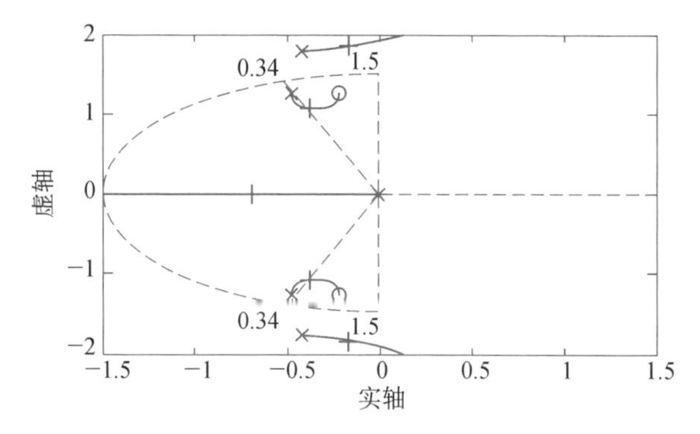

图 10-50 VOR 导航侧向偏差角/偏航角：$\lambda(s)/\psi_{ref}(s)$根轨迹

根据 $\Delta_{nav}(s)=s^2\Delta_{cl_o}(s, k_{\psi\delta_a})-k_\lambda(s+0.1)$，可得 VOR 导航闭环系统特征多项式为

$$\Delta_{nav}(s, k_\lambda)=26.2s^8+321.1s^7+650.9s^6+1785.9s^5+2004.7s^4+2113.2s^3+963.9s^2+278.3s+27.1 \tag{10-118}$$

相应 VOR 导航闭环系统相应极点为

$$\lambda_{c1}=-10.4187,\ \lambda_{c2,3}=-0.1763+1.8299i,\ \lambda_{c4,5}=-0.4283+1.0393i,\ \lambda_{c6,7}=-0.2241+0.3119i,\ \lambda_{c8}=-0.1572$$

利用反拉氏变换

$$\frac{\lambda(t)}{57.3\dfrac{V_0}{R}}=\mathscr{L}_a^{-1}\left(\frac{s\Delta_{cl_o}(s, k_{\psi\delta_a})}{\Delta_{ng}(s, k_{\lambda\delta_a})}\psi_{ref}\right) \tag{10-119}$$

可得 VOR 导航系统侧向偏差角 $\lambda(t)$的输出响应如图 10-51 所示，可见满足波束偏差响应要求。扫描右侧二维码获取 Matlab 代码。

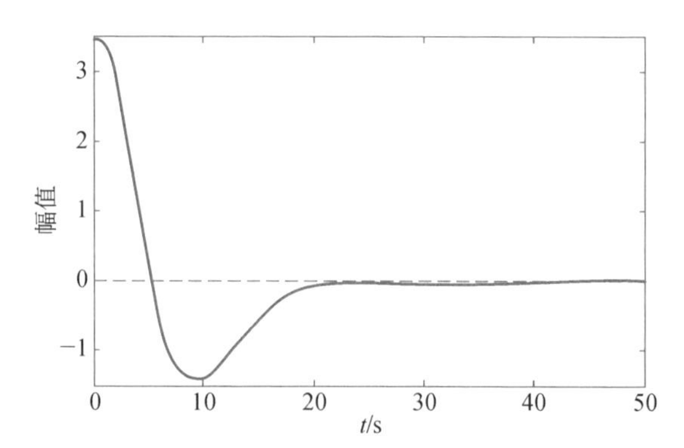

图 10-51 VOR 保持系统侧向偏差角 $\lambda(t)$在 ψ_{ref}脉冲输入下的响应

练习题

10.1　分析说明协调转弯的条件，并推导协调转弯公式。

10.2　已知某商用飞机采用偏航角速率反馈来构成偏航阻尼器，其方向舵到偏航角速率传递函数为

$$G_{r\delta_r}(s)=\frac{47.5(1.1s+1)\left(\dfrac{s^2}{0.29}-0.94s+1\right)}{(-250s+1)(1.2s+1)\left(\dfrac{s^2}{1.21}+0.0051s+1\right)}$$

(1) 运用根轨迹方法试设计偏航阻尼器，绘制系统根轨迹，并给出三个横侧向运动模态；

(2) 系统舵回路参数分别为

$$G_{act,1}(s)=\frac{10}{s+10},\ G_{act,2}(s)=\frac{5}{s+5}$$

请分析不同舵回路对偏航阻尼器的影响。

(3) 如果反馈带洗出网路，其参数分别为

$$G_{wo,1}(s)=\frac{4s}{4s+1},\ G_{wo,2}(s)=\frac{s}{s+1}$$

请分析不同洗出网路参数的影响。

10.3　考察 B747 飞机横侧向运动，飞行条件同题 8.2，其动力学模型为

$$\dot{\boldsymbol{x}}=\boldsymbol{A}\boldsymbol{x}+\boldsymbol{B}\boldsymbol{u}$$

式中，$\boldsymbol{x}=[\beta\quad\phi\quad p\quad r]^{\mathrm{T}}$，$\boldsymbol{u}=[\delta_a\quad\delta_r]^{\mathrm{T}}$，单位：$\beta$(rad)，$\phi$(rad)，$p$(rad/s)，$r$(rad/s)，$\delta_a$(rad)，$\delta_r$(rad)。

$$\boldsymbol{A}=\begin{bmatrix}-0.1036 & 0.0392 & 0.0187 & -0.9959\\ 0 & 0 & 1 & 0.0141\\ -3.7475 & 0 & -0.8489 & 0.3321\\ 1.4283 & -0.0023 & -0.0244 & -0.1563\end{bmatrix}$$

$$\boldsymbol{B}=\begin{bmatrix}0 & 0.0027\\ 0 & 0\\ 0.2546 & 0.0448\\ 0.0109 & -0.2066\end{bmatrix}$$

初始侧偏距 $y=500\,\mathrm{m}$，设计侧向偏离控制系统，使侧向偏距 $y=0$，并进行仿真，分析性能。

10.4　考察麦道 DC-8 飞机，其在 0 ft 高空以速度 $Ma=0.219$ 做进近飞行，飞机重

量为 190000 lb,惯量 $I_x = 3.09 \times 10^6$, $I_y = 2.94 \times 10^6$, $I_z = 5.28 \times 10^6$, $I_{xz} = 28 \times 10^3$, 单位:slug • ft^2,重心位置 $X_{cg} = 0.15\bar{c}$, 机翼参考面积 $S = 2600\,\text{ft}^2$, $b = 142.3\,\text{dt}$, $\bar{c} = 23\,\text{ft}$, 飞机横侧向动力学的雅可比矩阵为

$$\boldsymbol{A}_{\text{lat}} = \begin{bmatrix} -0.1113 & 0.1320 & 0 & -1 \\ 0 & 0 & 1 & 0 \\ -1.328 & 0 & 0.951 & 0.609 \\ 0.7570 & 0 & -0.124 & -0.265 \end{bmatrix}$$

$$\boldsymbol{B}_{\text{lat}} = \begin{bmatrix} 0 & 0.0238 \\ 0 & 0 \\ 0.7260 & 0.1813 \\ -0.0532 & -0.3890 \end{bmatrix}$$

这里,系统的状态向量为 $\boldsymbol{x} = [\Delta\beta \quad \Delta\phi \quad \Delta p \quad \Delta r]^{\text{T}}$, 输出 $\boldsymbol{y} = \boldsymbol{x}$, 单位: β(rad), p(rad/s), r(rad/s), ϕ(rad),控制输入 $\boldsymbol{u} = [\Delta\delta_{\text{a}}\ \Delta\delta_{\text{r}}]^{\text{T}}$(rad), 试运用经典控制方法设计飞机侧向波束导引系统,并运用进行仿真并分析性能。

参考文献

[1] 吴森堂,费玉华. 飞行控制系统[M]. 北京:北京航空航天大学出版社,2005.

[2] Jenie S D, Budiyono A. Automatic Flight Control System-Classical approach and modern control perspective [M]. Bandung: Bandung Institute of Technology, 2006.

[3] Brockhaus R. Flugregelung [M]. Berlin: Springer-Verlag, 2013.

[4] Bryson A E. Control of spacecraft and aircraft [M]. New Jersey: Princeton university press, 1994.

附　　录

A　缩写符号

NASA　美国航空航天委员会
NACA　美国国家航空委员会
JPA　喷气推进实验室
GARTEUR　欧洲航空研究和技术组织

B　矢量代数

B.1　矢量描述

$$\boldsymbol{A} = A_x\boldsymbol{i} + A_y\boldsymbol{j} + A_z\boldsymbol{k}$$

式中，$\boldsymbol{i}$，$\boldsymbol{j}$，$\boldsymbol{k}$ 分别为沿 x，y，z 方向的单位矢量。

B.2　矢量点积

$\boldsymbol{A}$，$\boldsymbol{B}$ 两个矢量的点积为

$$C = \boldsymbol{A} \cdot \boldsymbol{B}$$

式中，C 为常量，大小为 $C = AB\cos\theta$，θ 为 $\boldsymbol{A}$，$\boldsymbol{B}$ 两个矢量的夹角。

当 $\theta = 0$ 时，有 $\boldsymbol{A} \cdot \boldsymbol{B} = AB$；当 $\theta = \pi/2$ 时，有 $\boldsymbol{A} \cdot \boldsymbol{B} = 0$；当 $\theta = \pi$ 时，有 $\boldsymbol{A} \cdot \boldsymbol{B} = -AB$，故对直角坐标轴，有

$$\boldsymbol{i} \cdot \boldsymbol{j} = \boldsymbol{j} \cdot \boldsymbol{k} = \boldsymbol{k} \cdot \boldsymbol{i} = 0,\ \boldsymbol{i} \cdot \boldsymbol{i} = \boldsymbol{j} \cdot \boldsymbol{j} = \boldsymbol{k} \cdot \boldsymbol{k} = 1$$

B.3　矢量叉乘

$\boldsymbol{A}$，$\boldsymbol{B}$ 两个矢量的叉乘为

$$\boldsymbol{C} = \boldsymbol{A} \times \boldsymbol{B}$$

式中，矢量 $\boldsymbol{C}$ 数值 为 $C = AB\sin\theta$，方向垂直 $\boldsymbol{A}$，$\boldsymbol{B}$ 两个矢量所在平面，而由右手法则确定。则有

当 $\theta = 0$ 或 $\theta = \pi$ 时，$\boldsymbol{A} \times \boldsymbol{B} = 0$；当 $\theta = \pi/2$ 时，有 $C = AB$，且

$$\boldsymbol{A}\times\boldsymbol{B}=-\boldsymbol{B}\times\boldsymbol{A},\ \boldsymbol{A}\times\boldsymbol{A}=0,\ \boldsymbol{i}\times\boldsymbol{j}=\boldsymbol{k}$$
$$\boldsymbol{j}\times\boldsymbol{k}=\boldsymbol{i},\ \boldsymbol{k}\times\boldsymbol{i}=\boldsymbol{j},\ \boldsymbol{i}\times\boldsymbol{i}=\boldsymbol{j}\times\boldsymbol{j}=\boldsymbol{k}\times\boldsymbol{k}=0$$

$$\boldsymbol{A}\times\boldsymbol{B}=\begin{vmatrix}\boldsymbol{i} & \boldsymbol{j} & \boldsymbol{k}\\ A_x & A_y & A_z\\ B_x & B_y & B_z\end{vmatrix}$$

B.4 矢量混合运算

$$\boldsymbol{A}\times(\boldsymbol{B}\times\boldsymbol{C})=\boldsymbol{B}(\boldsymbol{A}\cdot\boldsymbol{C})-\boldsymbol{C}(\boldsymbol{A}\cdot\boldsymbol{B})$$

矢量导数

$$\begin{aligned}\frac{\mathrm{d}\boldsymbol{A}}{\mathrm{d}t}&=\frac{\mathrm{d}}{\mathrm{d}t}(A_x\boldsymbol{i}+A_y\boldsymbol{j}+A_z\boldsymbol{k})\\&=\left(\frac{\mathrm{d}A_x}{\mathrm{d}t}\boldsymbol{i}+\frac{\mathrm{d}A_y}{\mathrm{d}t}\boldsymbol{j}+\frac{\mathrm{d}A_z}{\mathrm{d}t}\boldsymbol{k}\right)+\left(A_y\frac{\mathrm{d}\boldsymbol{j}}{\mathrm{d}t}+A_x\frac{\mathrm{d}\boldsymbol{i}}{\mathrm{d}t}+A_z\frac{\mathrm{d}\boldsymbol{k}}{\mathrm{d}t}\right)\end{aligned}$$

当坐标轴不旋转，则 $\frac{\mathrm{d}\boldsymbol{i}}{\mathrm{d}t}=\frac{\mathrm{d}\boldsymbol{j}}{\mathrm{d}t}=\frac{\mathrm{d}\boldsymbol{k}}{\mathrm{d}t}=0$。如果坐标轴以角速度 $\boldsymbol{\Omega}$ 旋转，则单位矢量 $\boldsymbol{i}$，$\boldsymbol{j}$，$\boldsymbol{k}$ 的速矢端线是绕 $\boldsymbol{\Omega}$ 旋转轴的一个圆。由矢量导数关系有

$$\frac{\mathrm{d}\boldsymbol{i}}{\mathrm{d}t}=\boldsymbol{\Omega}\times\boldsymbol{i},\ \frac{\mathrm{d}\boldsymbol{j}}{\mathrm{d}t}=\boldsymbol{\Omega}\times\boldsymbol{j},\ \frac{\mathrm{d}\boldsymbol{k}}{\mathrm{d}t}=\boldsymbol{\Omega}\times\boldsymbol{k}$$

则

$$\frac{\mathrm{d}\boldsymbol{A}}{\mathrm{d}t}=\frac{\delta A}{\mathrm{d}t}+\boldsymbol{\Omega}\times\boldsymbol{A}$$

式中，$\frac{\delta A}{\mathrm{d}t}=\frac{\mathrm{d}A_x}{\mathrm{d}t}\boldsymbol{i}+\frac{\mathrm{d}A_y}{\mathrm{d}t}\boldsymbol{j}+\frac{\mathrm{d}A_z}{\mathrm{d}t}\boldsymbol{k}$，为坐标轴不旋转时矢量 $\boldsymbol{A}$ 对时间的导数，或称局部导数。

C 矩阵代数

C.1 基本运算

$$\boldsymbol{A}\in\mathbf{R}^{n\times n},\ \boldsymbol{A}\cdot\boldsymbol{B}\neq\boldsymbol{B}\cdot\boldsymbol{A},\ (\boldsymbol{AB})^{\mathrm{T}}=\boldsymbol{B}^{\mathrm{T}}\boldsymbol{A}^{\mathrm{T}},\ (\boldsymbol{ABC})^{\mathrm{T}}=\boldsymbol{C}^{\mathrm{T}}\boldsymbol{B}^{\mathrm{T}}\boldsymbol{A}^{\mathrm{T}}$$

$$(\boldsymbol{AB})^{-1}=\boldsymbol{B}^{-1}\boldsymbol{A}^{-1},\ \boldsymbol{A}^{-1}\boldsymbol{A}=\boldsymbol{AA}^{-1}=\boldsymbol{I}，\text{其中 }\boldsymbol{I}\text{ 为单位阵}$$

C.2 Kronecker 积

$$\boldsymbol{A}=[a_{ij}]\in\mathbf{R}^{m\times n},\ \boldsymbol{B}=[b_{ij}]\in\mathbf{R}^{p\times q},\ \boldsymbol{A}\otimes\boldsymbol{B}=[a_{ij}B]\in\mathbf{R}^{mp\times nq}$$

C.3 λ_i 为 $\boldsymbol{A}$ 的特征值，且对应特征向量为 $\boldsymbol{v}_i$，则 $1/\lambda_i$ 为 $\boldsymbol{A}^{-1}$ 的特征值，且对应特征向量相同，即

$$Av_i = \lambda_i v_i,\ \lambda_i^{-1} v_i = A^{-1} v_i$$

C.4 梯度关系

$$\frac{\partial}{\partial \boldsymbol{x}}(\boldsymbol{y}^{\mathrm{T}}\boldsymbol{x}) = \frac{\partial}{\partial \boldsymbol{x}}(\boldsymbol{x}^{\mathrm{T}}\boldsymbol{y}) = \boldsymbol{y}$$

$$\frac{\partial}{\partial \boldsymbol{x}}(\boldsymbol{y}^{\mathrm{T}}\boldsymbol{A}\boldsymbol{x}) = \frac{\partial}{\partial \boldsymbol{x}}(\boldsymbol{x}^{\mathrm{T}}\boldsymbol{A}\boldsymbol{y}) = \boldsymbol{A}^{\mathrm{T}}\boldsymbol{y}$$

$$\frac{\partial}{\partial \boldsymbol{x}}[\boldsymbol{y}^{\mathrm{T}}\boldsymbol{f}(\boldsymbol{x})] = \frac{\partial}{\partial \boldsymbol{x}}[\boldsymbol{f}^{\mathrm{T}}(\boldsymbol{x})\boldsymbol{y}] = \boldsymbol{f}_x^{\mathrm{T}}\boldsymbol{y}$$

$$\frac{\partial}{\partial \boldsymbol{x}}(\boldsymbol{x}^{\mathrm{T}}\boldsymbol{A}\boldsymbol{x}) = \boldsymbol{A}\boldsymbol{x} + \boldsymbol{A}^{\mathrm{T}}\boldsymbol{x}$$

$$\frac{\partial}{\partial \boldsymbol{A}}[\mathrm{trace}(\boldsymbol{A})] = \boldsymbol{I}$$

$$\frac{\partial}{\partial \boldsymbol{A}}[\mathrm{trace}(\boldsymbol{B}\boldsymbol{A}\boldsymbol{D})] = \boldsymbol{B}^{\mathrm{T}}\boldsymbol{D}^{\mathrm{T}}$$

$$\frac{\partial}{\partial \boldsymbol{A}}(\boldsymbol{B}\boldsymbol{A}\boldsymbol{D}) = |\boldsymbol{B}\boldsymbol{A}\boldsymbol{D}|\boldsymbol{A}^{-\mathrm{T}}$$

D 单位换算

D.1 长度单位

1 ft = 0.3048 m，1 in = 0.0254 m，1 ft = 12 in，

1 mi = 1.609 km，

1 n mile = 1.8520 km。

D.2 速度单位

1 ft/s = 1.097 km/h

= 0.5921 n mile/h(kn) = 0.6818 mi/h，

1 kn(1 knot) = 1.852 km/h = 0.5154 m/s

= 1.689 ft/s = 1.151 mi/h，

1 mi/h = 1.609 km/h

= 1.467 ft/s = 0.8686 kn。

D.3 气压单位

1 lbf/ft^2(psf) = 47.84 N/m^2

= 0.006944 lbf/in^2(psi)。

D.4 温度单位

℃ = (5/9)·(℉ − 32)，

K = ℃ + 273.16，

℉ = 9/5(℃) + 32，

°R = ℉ + 459.67。

D.5 频率、角速度单位

$1\,\text{rad/s} = 57.296°/\text{s}$

$= 0.1592\,\text{r/s} = 9.549\,\text{r/min}$。

D.6 重力单位

$1\,\text{lbf} = 4.44830\,\text{N}$，

$1\,\text{slug} = 14.594\,\text{kg}$。

E 典型飞机气动数据表

E.1 DC-8 飞机

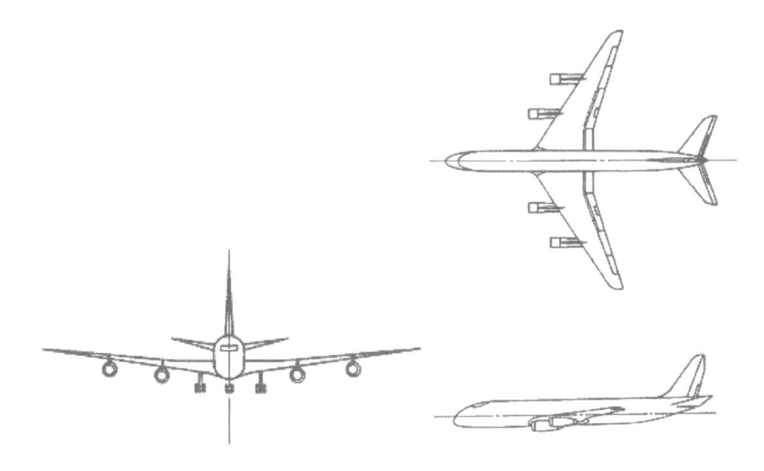

飞行条件按三种状态：渐近着陆、等待飞行、巡航，DC-8 几何参数如表 E-1 所示。

表 E-1 DC-8 几何参数

飞行条件	渐近着陆	等待飞行	巡航
高度 h/ft	0	15000	33000
马赫数 Ma	0.219	0.443	0.84
重力/lbf	190000	190000	230000
惯量 I_x/slug* · ft²	3.09×10^6	3.11×10^6	3.77×10^6
惯量 I_y/slug* · ft²	2.94×10^6	2.94×10^6	3.56×10^6
惯量 I_z/slug · ft²	5.58×10^6	5.58×10^6	7.13×10^6
惯性积 I_{xz}/slug · ft²	2.8×10^4	-6.45×10^4	4.5×10^4
$X_{cg}/\bar{c}$	0.15	0.15	0.15

* 1 slug = 32.174 lb = 14.594 kg。

其中机翼参考面积 $S = 2600\,\text{ft}^2$，$b = 142.3\,\text{ft}$，$\bar{c} = 23\,\text{ft}$，惯量为稳定轴系中的值。

稳定轴系下气动参数如下：

纵向运动小导数如表 E-2 所示。

表 E-2　DC-8 纵向运动小导数

	飞行条件				飞行条件		
	1	2	3		1	2	3
h/ft	0	15000	33000	h/ft	0	15000	33000
Ma	0.219	0.443	0.84	Ma	0.219	0.443	0.84
$(C_L)_0$	0.98	0.42	0.308	C_{Du}	0.0044238	0.0009303	0.08442
$(C_D)_0$	0.1095	0.0224	0.0188	$C_{D\delta_e}$	0	0	0
$C_{L\alpha}/\text{rad}^{-1}$	4.810	4.876	6.744	$C_{m\alpha}/\text{rad}^{-1}$	−1.478	−1.501	−2.017
$C_{L\dot{\alpha}}/\text{s}$	0	0	0	$C_{m\dot{\alpha}}/\text{s}$	−0.1814	−0.1007	−0.0924
C_{Lu}	0.00438	0.021264	0	C_{mu}	−0.001314	−0.00886	−0.1428
$C_{L\delta_e}/\text{rad}^{-1}$	0.328	0.328	0.352	C_{mq}/s^2	−0.5485	−0.2971	−0.2037
$C_{D\alpha}/\text{rad}^{-1}$	0.487	0.212	0.272	$C_{m\delta_e}/\text{rad}^{-1}$	−0.9354	−0.9715	−1.0120

其中 $C_{Lu}=Ma\cdot C_{LMa}$，$C_{Du}=Ma\cdot C_{DMa}$，$C_{mu}=Ma\cdot C_{mMa}$。

横侧向运动小导数如表 E-3 所示。

表 E-3　DC-8 横侧向运动小导数

	飞行条件				飞行条件		
	1	2	3		1	2	3
h/ft	0	15000	33000	h/ft	0	15000	33000
Ma_∞	0.218	0.443	0.84	Ma_∞	0.219	0.443	0.84
$C_{Y\beta}/\text{rad}^{-1}$	−0.8727	−0.6532	−0.7277	$C_{l\delta_a}/\text{rad}^{-1}$	0.0860	0.0831	0.0797
$C_{Y\delta_a}/\text{rad}^{-1}$	0	0	0	$C_{l\delta_r}/\text{rad}^{-1}$	0.0219	0.0192	0.0211
$C_{Y\delta_r}/\text{rad}^{-1}$	0.1865	0.1865	0.1865	$C_{n\beta}/\text{rad}^{-1}$	0.1633	0.1232	0.1547
$C_{l\beta}/\text{rad}^{-1}$	−0.1582	−0.1375	−0.1673	C_{np}/s	−0.0255	−0.0047	−0.0009
C_{lp}/s	−0.1125	−0.0632	−0.0445	C_{nr}/s	−0.0573	−0.0245	−0.0164
C_{lr}/s	0.0725	0.0201	0.0127	$C_{n\delta_a}/\text{rad}^{-1}$	−0.0106	−0.0035	−0.0037
				$C_{n\delta_r}/\text{rad}^{-1}$	−0.0834	−0.0834	−0.0834

纵向运动大导数如表 E-4 所示。

表 E-4　DC-8 纵向运动大导数

	1	2	3
h/ft	0	15000	33000
Ma_∞	0.218	0.443	0.84
X_u+X_{Tu}	−0.0291	−0.00714	−0.014
X_α	15.316	15.029	3.544
X_{δ_e}	0	0	0
Z_u+Z_{Tu}	−0.2506	−0.1329	−0.0735
Z_α	−152.845	−353.959	−664.305

（续表）

	1	2	3
$Z_{\dot{\alpha}}$	0	0	0
Z_{δ_e}	−10.19	−23.7	−34.6
M_u+M_{Tu}	−0.0000077	−0.000063	−0.000786
M_α	−2.1185	−5.0097	−9.1486
$M_{\dot{\alpha}}$	−0.2601	−0.3371	−0.4203
M_q	−0.7924	−0.991	−0.924
M_{δ_e}	−1.35	−3.24	−4.59

横侧向运动大导数如表 E-5 所示。

表 E-5　DC-8 横侧向运动大导数

	1	2	3
h/ft	0	15000	33000
Ma_∞	0.219	0.443	0.84
V_0/(ft/s)	243.5	468.2	824.2
Y_β/(1/s)	−27.102	−47.195	−71.541
Y_{δ_a}/[(1/s)/rad]	0	0	0
Y_{δ_r}/[(1/s)/rad]	5.795	13.484	18.297
L_β/(1/s²)	−1.328	−2.71	−4.41
L_p/(1/s²)	−0.951	−1.232	−1.181
L_r/(1/s)	0.609	0.397	0.334
L_{δ_a}/(1/s²)	0.726	1.62	2.11
L_{δ_r}/(1/s²)	0.1813	0.392	0.549
N_β/(1/s²)	0.757	1.301	2.14
N_p/(1/s)	−0.124	−0.0346	−0.0204
N_r/(1/s)	−0.265	−0.257	−0.228
N_{δ_a}/(1/s²)	−0.0532	−0.0188	−0.0652
N_{δ_r}/(1/s²)	−0.389	−0.864	−1.164

其中 $Y_\beta=V_0\cdot Y_v$。
（数据源自：Gary L T，Aircraft stability and control data，NASA CR-96008，1969）

E.2　A-300 飞机

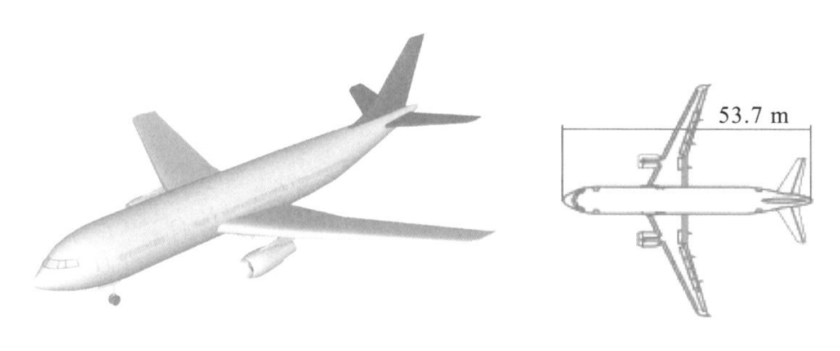

A300 飞机几何参数如下(见表 E-6):

$S=260\,\mathrm{m}^2$, $\bar{c}=6.60\,\mathrm{m}$, $b/2=22.40\,\mathrm{m}$, $m=130\,000\,\mathrm{kg}$,

$I_x=6.011\times10^6$, $I_y=10.53\times10^6$, $I_z=15.73\times10^6$, $I_{xz}=0.330\times10^6$,单位:$\mathrm{kg\cdot m^2}$,

$T_{\max}=452\,000\,\mathrm{N}$, $z_T=2.65\,\mathrm{m}$, $\varphi_T=2.17°$,

表 E-6　A-300 飞机飞行条件

飞行条件	渐近着陆	等待飞行	巡航
高度 h/m	600	3000	10000
马赫数 Ma_∞	0.228	0.400	0.881
空速 V_0/(m/s)	77	131.5	264
密度/(kg/m^3)	1.156	0.9091	0.4127
航迹倾角 γ_0/(°)	−3.0	0	0
配平迎角 α_0/(°)	7.84	4.0	0
配平水平安定面 δ_{stab}/(°)	0	—	—
推力 T/N	79033	75677	85972

A-300 稳定轴系气动参数如下:

纵向运动小导数如表 E-7 所示。

表 E-7　A-300 飞机纵向运动小导数

	飞行条件				飞行条件		
	1	2	3		1	2	3
高度 h/m	600	3000	10000	h/m	600	3000	10000
马赫数 Ma_∞	0.228	0.400	0.881	Ma_∞	0.228	0.400	0.881
$(C_L)_0$	1.417	0.621	0.341	C_{DMa}	3.0698	—	0.0353
$(C_D)_0$	0.163	0.0369	0.023	$C_{D\delta_e}$	0.0623	0.0253	0.0068
$(C_m)_0$	−0.0356	−0.0149	−0.0092	$C_{m\alpha}$/rad^{-1}	1.203	0.717	−1.081
$C_{L\alpha}$/rad^{-1}	5.66	4.72	6.22	$C_{m\dot{\alpha}}$/s	−10.42	−10.50	−17.3
$C_{L\dot{\alpha}}$/s	1.00	1.10	1.55	C_{mMa}	0.4937	0	0
C_{Lq}	3.20	3.50	3.80	C_{mq}/s	−27.22	−27.06	−35.44
C_{LMa}	0.7166	—	0.055	$C_{m\delta_e}$/rad^{-1}	−1.688	−1.541	−0.771
$C_{L\delta_e}$/rad^{-1}	0.433	0.395	0.194	$\left(\frac{\partial T}{\partial V}\right)_0$	0	0	0
$C_{D\alpha}$/rad^{-1}	0.814	0.302	0.219	$\left(\frac{\partial T}{\partial \delta_p}\right)_0$	80261.8	—	85930

横侧向运动小导数如表 E-8 所示。

表 E-8 A-300 飞机横侧向运动小导数

	飞行条件				飞行条件		
	1	2	3		1	2	3
高度 h/m	600	3000	10000	h/m	600	3000	10000
马赫数 Ma_∞	0.228	0.400	0.881	Ma_∞	0.228	0.400	0.881
$C_{Y\beta}/\text{rad}^{-1}$	−1.090	−1.034	−1.149	$C_{l\delta_a}/\text{rad}^{-1}$	−0.1315	−0.1165	−0.0625
C_{Yp}/rad^{-1}	2.349	0.624	−0.294	$C_{l\delta_r}/\text{rad}^{-1}$	0.0473	0.070	0.0655
C_{Yr}/rad^{-1}	2.23	2.23	2.33	$C_{n\beta}/\text{rad}^{-1}$	0.5315	0.554	0.808
$C_{Y\delta_a}/\text{rad}^{-1}$	0	0	0	C_{np}/s	−3.18	−1.44	−1.13
$C_{Y\delta_r}/\text{rad}^{-1}$	0.253	0.230	0.176	C_{nr}/s	−3.855	−3.18	−3.39
$C_{l\beta}/\text{rad}^{-1}$	−0.716	−0.625	−0.799	$C_{n\delta_a}/\text{rad}^{-1}$	−0.0255	−0.0245	−0.0285
C_{lp}/s	−4.54	−4.21	−4.91	$C_{n\delta_r}/\text{rad}^{-1}$	−0.477	0.4415	−0.3415
C_{lr}/s	4.695	2.06	1.7				

纵向运动大导数如表 E-9 所示。

表 E-9 A-300 飞机纵向运动大导数

	1	2	3
高度 h/m	600	3000	10000
马赫数 Ma_∞	0.228	0.400	0.881
X_u+X_{Tu}/[1/s]	−0.0406	−0.0157	−0.0084
X_α/[m/(rad·s^2)]	4.09	5.8880	3.4722
X_{δ_e}	−0.4267	−0.3977	−0.1956
X_{δ_p}/[m/(rad·s^2)]	0.608	0.582	0.661
Z_u+Z_{Tu}/[rad/m]	$-0.0033V_0$	$-0.0011V_0$	$-0.0003V_0$
Z_α/[m/(rad·s^2)]	$-0.514V_0$	$-0.566V_0$	$-0.6807V_0$
$Z_{\dot\alpha}$	0	0	0
Z_{δ_e}/[1/s]	$-0.0386V_0$	$-0.0473V_0$	$-0.02121V_0$
Z_{δ_p}/[m/s^2]	−0.1073	0	0
M_u+M_{Tu}/[rad/(m·s)]	0.0003	0	0
M_α/[1/s^2]	−0.544	−0.766	−2.189
$M_{\dot\alpha}$/[1/s]	−0.402	−0.532	−0.531
M_q/[1/s]	−0.901	−1.207	−1.5453
M_{δ_e}/[1/s]	−0.933	−1.958	−1.795
M_{δ_p}/[rad/s^2]	0.020	0.019	0.022

横侧向运动大导数如表 E-10 所示。

表 E-10 A-300 飞机横侧向运动大导数

	1	2	3
高度 h/m	600	3000	10000
马赫数 Ma_∞	0.228	0.400	0.881
Y'_β/[1/s]	−0.097	−0.124	−0.125
Y'_p/[m/s]	0.0608	0.0127	−0.0027
Y'_r/[m/s]	0.0577	0.0454	0.0215
Y'_{δ_a}	0	0	0
Y'_{δ_r}/[1/s]	0.0225	0.0275	0.0191
L_β/[1/ms]	−4.83	−9.71	−22.80
L_p/[1/m]	−8.65	−10.86	−11.57
L_r/[1/m]	9.23	5.53	4.19
L_{δ_a}/[1/ms]	−0.872	−1.766	−1.731
L_{δ_r}/[1/ms]	0.381	1.209	2.028
N_β/[1/ms]	1.45	3.43	9.08
N_p/[1/ms]	−2.17	−1.202	−0.777
N_r/[1/m]	−3.04	−3.27	−3.16
N_{δ_a}/[1/ms]	−0.047	−0.104	−0.266
N_{δ_r}/[1/ms]	−1.218	−2.59	−3.68

(数据源自:Rudolf B., Wolfgang A., Robert L., Flugregelung, Springer, Berlin, 2011)

E.3 B-747 飞机

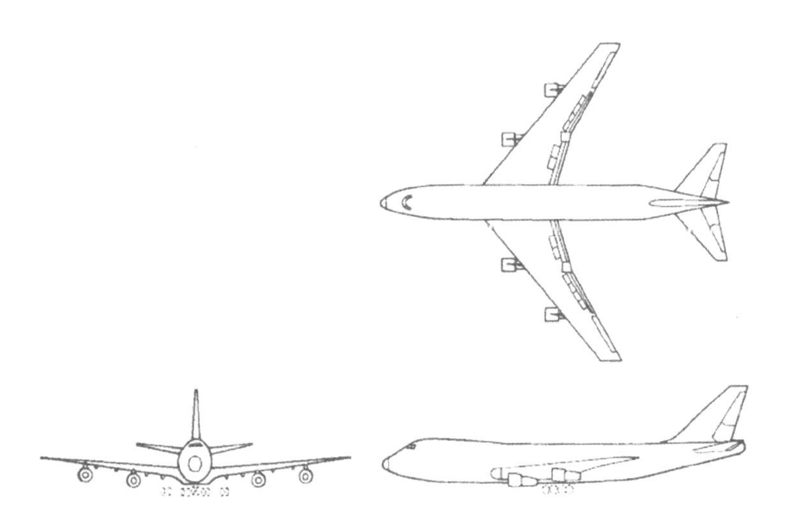

飞行条件按四种状态:着陆,动力渐近,巡航 1、巡航 2。

B747-100/200 几何参数如表 E-11 所示。

表 E-11 B-747 几何参数

飞行条件	着陆	动力渐近	巡航 1	巡航 2
高度 h/ft	0	0	20000	40000
马赫数 Ma_{∞}	0.219(131)	0.249	0.70	0.8
空速 V_0/(ft/s)	221	278	725	774
重量/lb	564000	564000	636600	636600
惯量 I_x/(slug·ft²)	13.7×10^6	13.7×10^6	18.2×10^6	18.2×10^6
惯量 I_y(slug·ft²)	30.5×10^6	30.5×10^6	33.1×10^6	33.1×10^6
惯量 I_z(slug·ft²)	43.1×10^6	43.1×10^6	49.7×10^6	49.7×10^6
惯性积 I_{xz}(slug·ft²)	0.825×10^6	0.825×10^6	0.97×10^6	0.97×10^6
$X_{cg}/\bar{c}$	0.25	0.25	0.25	0.25

其中 $S=5500\,\text{ft}^2$，$b=195.68\,\text{ft}$，$\bar{c}=27.31\,\text{ft}$，$z_T=10\,\text{ft}$，到驾驶员的距离分别为 $L_{xp}=86\,\text{ft}$，$L_{zp}=-10\,\text{ft}$，$\varphi_T=2.5°$，惯量为机体轴系值。

机体轴系气动参数如下：

纵向运动小导数如表 E-12 所示。

表 E-12 B-747 纵向运动小导数

	飞行条件 1	2	3	4		飞行条件 1	2	3	4
h/ft	0	0	20000	40000	h/ft	0	0	20000	40000
Ma_{∞}	0.198	0.249	0.7	0.8	Ma_{∞}	0.198	0.249	0.7	0.88
α_0/(°)	8.5	5.7	1.7	4.5	$C_{D\alpha}$/rad^{-1}	1.13	0.66	0.14	0.43
δ_s/(°)	−6.3	−2.1	—	—	C_{DMa}	0.000	0.000	0.0000	0.025
$(C_L)_0$	1.76	1.11	0.42	0.75	$C_{D\delta_e}$	0	0	0	0
$(C_D)_0$	0.263	0.102	0.025	0.0525	$C_{m\alpha}$/rad^{-1}	−1.45	−1.26	−0.900	−1.020
$C_{L\alpha}$/rad^{-1}	5.67	5.7	4.5	4.9	$C_{m\dot{\alpha}}$/s	−3.3	−3.2	−4.2	−6.0
$C_{L\dot{\alpha}}$/rad^{-1}	−6.7	−6.7	−6.32	−5.84	C_{mMa}	0.36	0.27	0.00	−0.150
C_{LMa}	−1.1	−0.81	0.2	0.1	C_{mq}/s	−21.4	−20.8	−20.00	−24.00
$C_{L\delta_e}$/rad^{-1}	0.356	0.338	0.315	0.370	$C_{m\delta_e}$/rad^{-1}	−1.4	−1.34	−1.240	−1.450

其中 $C_{Lu}=C_{LMa}/V_0$，$C_{Du}=C_{DMa}/V_0$，$C_{mu}=C_{mMa}/V_0$。

横侧向运动小导数如表 E-13 所示。

表 E-13 B-747 横侧向运动小导数

	飞行条件 1	2	3	4		飞行条件 1	2	3	4
h/ft	0	0	20000	40000	h/ft	0	0	20000	40000
Ma_{∞}	0.198	0.249	0.7	0.8	Ma_{∞}	0.198	0.249	0.7	0.8
$C_{Y\beta}$/rad^{-1}	−1.08	−0.96	−0.85	−0.87	$C_{l\delta_a}$/rad^{-1}	0.053	0.0461	0.012	0.0137

（续表）

	飞行条件					飞行条件			
	1	2	3	4		1	2	3	4
$C_{Y\delta_a}$/rad^{-1}	0	0	0	0	$C_{l\delta_r}$/rad^{-1}	0.000	0.007	0.01	0.0070
$C_{Y\delta_r}$/rad^{-1}	0.179	0.175	0.11	0.125	$C_{n\beta}$/rad^{-1}	0.184	0.15	0.17	0.20
$C_{l\beta}$/rad^{-1}	−0.281	−0.221	−0.160	−0.275	C_{np}/s	−0.222	−0.121	−0.0157	−0.043
C_{lp}/s	−0.502	−0.45	−0.32	−0.33	C_{nr}/s	−0.36	−0.30	−0.275	−0.325
C_{lr}/s	0.195	0.101	0.125	0.305	$C_{n\delta_a}$/rad^{-1}	0.0083	0.0064	0.0018	0.0002
					$C_{n\delta_r}$/rad^{-1}	−0.112	−0.109	−0.10	−0.127

纵向运动大导数如表 E－14 所示。

表 E－14　B－747 纵向运动大导数

	飞行条件			
	1	2	3	4
h/ft	0	0	20000	40000
Ma_∞	0.198	0.249	0.7	0.8
X_u+X_{Tu}	−0.0209	−0.0108	−0.0048	−0.00276
X_w	0.112	0.106	0.0596	0.0389
X_{δ_e}	0.959	0.971	0.9783	1.440
X_{δ_p}	0.570×10^{-4}	0.570×10^{-4}	0.505×10^{-4}	0.505×10^{-4}
Z_u+Z_{Tu}	−0.202	−0.150	−0.1221	−0.0650
Z_w	−0.512	−0.613	−0.5603	−0.317
Z_q	−6.22	−7.58	−8.76	−5.16
$Z_{\dot{w}}$	0.0334	0.0338	0.0171	0.00666
Z_{δ_e}	−6.42	−9.73	−27.433	−17.9
Z_{δ_p}	0.249×10^{-5}	-0.249×10^{-5}	-0.220×10^{-5}	-0.220×10^{-5}
M_u+M_{Tu}	0.000117	0.000118	0.5566×10^{-5}	0.000193
M_w	−0.00177	−0.00193	−0.0019	−0.00105
$M_{\dot{w}}$	−0.000246	−0.000240	-1.6474×10^{-4}	−0.000116
M_q	−0.357	−0.473	−0.5691	−0.339
M_{δ_e}	−0.378	−0.574	−1.75	−1.16
M_{δ_p}	0.310×10^{-6}	0.310×10^{-6}	0.302×10^{-6}	0.302×10^{-6}

横侧向运动大导数如表 E－15 所示。

表 E-15 B-747 横侧向运动大导数

	飞行条件			
	1	2	3	4
h/ft	0	0	20000	40000
Ma_∞	0.198	0.249	0.7	0.8
Y_v	−0.89	−0.0977	−0.1126	−0.0558
Y_β	−19.7	−27.8	−88.9636	−43.2
Y_{δ_a}	0	0	0	0
Y_{δ_r}	0.148	0.0182	0.0159	0.00729
L_β	−1.33	−1.63	−3.0530	−3.05
L_p	−0.975	−1.1	−0.8591	−0.465
L_r	0.327	0.198	0.3291	0.388
L_{δ_a}	0.227	0.318	0.2354	0.143
L_{δ_r}	0.636	0.110	0.2555	0.153
N_β	0.168	0.247	1.155	0.598
N_p	−0.166	−0.125	−0.0338	−0.0316
N_r	−0.217	−0.229	−0.201	−0.115
N_{δ_a}	0.0264	0.03	0.0156	0.00775
N_{δ_r}	−0.151	−0.233	−0.7197	−0.475

说明：飞行条件 3 为插值获取数据，原始文献未给出。
（数据源自：Robert K H，Wayne F J，Aircraft handling quality data，NASA CR—2144，1972）

F 常用的 Matlab 函数

飞行动力学分析与控制律设计中，通常需要一些设计工具，Matlab 作为一种工程应用软件，提供了很好的设计平台，这里列举一些常用的 Matlab 函数。

F.1 矩阵代数

对于线性系统的飞机对象，常用矩阵描述其状态转移，如一个 2×2 矩阵 A，可以表示为

```
A = [1.0 2.0; 3.0 4.0]; < CR >
    disp(A) < CR >
    1.0   2.0
    3.0   4.0
```

A 矩阵的逆阵 Ainv(A^{-1})表示为

```
Ainv = inv(A); < CR >
disp (Ainv) < CR >
    - 2.0000 1.0000
    1.5000   - 0.5000
```

A 矩阵的转置 Atrans 表示为

Atrans = A′;

对角矩阵 A

A = diag([1, 2]); < CR >

disp(A) < CR >

1 0

0 2

A 矩阵的对角元素和

A = [1.0 2.0; 3.0 4.0]; < CR >

Asum = trace(A); < CR >

disp(Asum) < CR >

3

F.2　古典控制常用函数

(1) 线性系统 $\dot{\boldsymbol{x}} = \boldsymbol{Ax} + \boldsymbol{Bu}$, $\boldsymbol{A} \in \mathbf{R}^{n \times n}$,其特征多项式为 $|\lambda \boldsymbol{I} - \boldsymbol{A}|$,特征多项式系数按降阶次序排列(用代码表示)。

A = [1.0 2.0; 3.0 4.0]; < CR >

P = poly(A); < CR >

P < CR >

ans =

1.0000　−5.0000　−2.0000

特征多项式的根为系统矩阵 A 的特征根,表示为

R = roots(P); < CR >

R =

5.3723

−0.3723

特征根 R 的阻尼比 Z 和无阻尼振荡频率 ω_n 函数 damp()

[ωn, Z] = damp(R); < CR >

特征矩阵 A 的对角特征值矩阵 D 和对应特征向量矩阵 V

A = [1.0 2.0; 3.0 4.0]; < CR >

[V, D] = eig(A) ; < CR >

V =

−0.8246　−0.4160

0.5658　−0.9094

D =

−0.3723　0

0　5.3723

特征向量矩阵 V 第一列相位与幅值为

MAG = abs(V(:, 1));

PHASE = angle(V(:, 1)); %unit:rad

(2) 线性系统

$$\begin{cases} \dot{\boldsymbol{x}} = \boldsymbol{A}\boldsymbol{x} + \boldsymbol{B}\boldsymbol{u} \\ \boldsymbol{y} = \boldsymbol{C}\boldsymbol{x} + \boldsymbol{D}\boldsymbol{u} \end{cases} \tag{F-1}$$

对应传递函数 $\boldsymbol{G}(s) = \boldsymbol{C}[s\boldsymbol{I} - \boldsymbol{A}]^{-1}\boldsymbol{B} + \boldsymbol{D} = \dfrac{\mathrm{Num}(s)}{\mathrm{Den}(s)}$

从状态模型转化为传递函数模型

[Num, Den] = ss2tf(A, B, C, D, IU)

IU 表示第 I 个控制输入的传递函数。

传递函数的幅值 Mag 和相角 Phase 通过 BODE 图获取，

[Mag, Phase, w] = bode(Num, Den, w)

或

[Mag, Phase, w] = bode(A, B, C, D, IU, w)

其中 w 表示频率范围。

系统的根轨迹表示为

rlocus(Num, Den)

传递函数表示成零(Z)-极点(P)形式，

[Z P K] = ss2zp(A, B, C, D)

其中 K 为传递函数的比例系数。

当作动器与飞机对象串联时，

→ [作动器] → [飞机对象] →

作动器模型为

SysAct = ss(Aa, Ba, Ca, Da)

飞机对象模型为

SysPlant = ss(Ap, Bp, Cp, Dp)

两个系统串联表示

SysAug = series(SysAct, SysPlant)

[a, b, c, d] = ssdata(SysAug)

两个传递函数相乘积

```
[num1 den1] = ss2tf(Aa, Ba, Ca, Da)
[num2  den2] = ss2tf(Ap, Bp, Cp, Dp)
[num, den] = [conv(num1, num2), conv(den1, den2)]
```

连续系统与离散系统模型转化

```
SysPlantDisc = c2d(SysPlant, Ts)
```

其中 Ts 为离散采样时间，如取 1sec 或 0.125sec；

```
SysPlantCont = d2c(SysPlantDisc)
```

(3) 系统仿真

产生时间序列从 0～100 秒，步长 0.1 秒，

t = 0.0 : 0.1 : 100.0,

初值 x_0 输入响应

[y, x, t] = intial(A, B, C, D, x0, t),

系统线性仿真

[y, x, t] = lsim(A, B, C, D, u, t),

系统输出响应

脉冲输入

[y, x, t] = impulse(A, B, C, D, iu, t),

阶跃输入

[y, x, t] = step(A, B, C, D, iu, t)。

F.3　现代控制函数

(1) 考虑线性系统

$$\begin{cases} \dot{\boldsymbol{x}}(t) = \boldsymbol{A}\boldsymbol{x}(t) + \boldsymbol{B}\boldsymbol{u}(t) \\ \boldsymbol{y}(t) = \boldsymbol{C}\boldsymbol{x}(t) \end{cases} \tag{F-2}$$

用代码判断系统是否可控，

f = rank(ctrb(A, B)); % 如果 f = rank(A) 则可控;

判断系统是否可观，

f = rank(obsv(A, C)); % 如果 f = rank(A) 则可观;

线性系统(F-2)，欲通过状态反馈 K，使极点配置到复平面期望的位置 R，对于单输入单输出系统(SISO)

K = acker(A, B, R),

对于多输入多输出系统(MIMO)

K = place(A, B, R),

(2) 线性二次型控制器设计

线性系统(F-2)，在状态反馈 $\boldsymbol{u}=-\boldsymbol{K}\boldsymbol{x}$ 下，满足二次型目标函数

$$J=\frac{1}{2}\int_{0}^{\infty}(\boldsymbol{x}^{\mathrm{T}}\boldsymbol{Q}\boldsymbol{x}+\boldsymbol{u}^{\mathrm{T}}\boldsymbol{R}\boldsymbol{u}+2\boldsymbol{x}^{\mathrm{T}}\boldsymbol{N}\boldsymbol{u})\mathrm{d}t$$

有　　[K P E] = lqr(A, B, Q, R, N)

当使用输出调节器，在状态反馈 $\boldsymbol{u}=-\boldsymbol{K}\boldsymbol{x}$ 下满足二次型目标函数

$$J=\frac{1}{2}\int_{0}^{\infty}(\boldsymbol{y}^{\mathrm{T}}\boldsymbol{Q}\boldsymbol{y}+\boldsymbol{u}^{\mathrm{T}}\boldsymbol{R}\boldsymbol{u}+2\boldsymbol{y}^{\mathrm{T}}\boldsymbol{N}\boldsymbol{u})\mathrm{d}t$$

有　　[K P E] = lqry(A, B, C, D, Q, R, N)

代数 Riccati 方程

$$\boldsymbol{A}^{\mathrm{T}}\boldsymbol{P}+\boldsymbol{P}\boldsymbol{A}-\boldsymbol{P}\boldsymbol{B}\boldsymbol{R}^{-1}\boldsymbol{B}^{\mathrm{T}}\boldsymbol{P}+\boldsymbol{Q}=\boldsymbol{0}$$

求解反馈增益 $G=\boldsymbol{R}^{-1}\boldsymbol{B}^{\mathrm{T}}\boldsymbol{P}$，

用代码：　　[P, E, G] = care(A, B, Q, R, 0, I)

其中 P 代数 Riccati 方程正定对称解，E 为闭环特征值向量，I 为单位矩阵。

Lyapunov 方程

$$\boldsymbol{A}^{\mathrm{T}}\boldsymbol{P}+\boldsymbol{P}\boldsymbol{A}+\boldsymbol{Q}=\boldsymbol{0}$$

用代码求解，

P = lyap(A, B, Q)

(3) 反馈系统

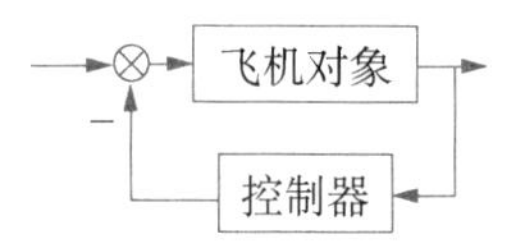

控制器模型为

SysAct = ss(Aa, Ba, Ca, Da)

飞机对象为

SysPlant = ss(Ap, Bp, Cp, Dp)

系统负反馈表示为

Sysfeed = feedback(SysPlant, SysAct, −1)

当采用正反馈时则表示为

Sysfeed = feedback(SysPlant, SysAct, +1)

（4）Kalman 滤波，考虑线性时不变系统

$$\begin{cases}\dot{\boldsymbol{x}} = \boldsymbol{Ax} + \boldsymbol{\Gamma w} \\ \boldsymbol{y} = \boldsymbol{Cx} + \boldsymbol{v}\end{cases}$$

其中，状态噪声 $\boldsymbol{w}$、量测噪声 $\boldsymbol{v}$ 均为零均值，方差分别为 $\boldsymbol{Q}$, $\boldsymbol{R}$ 的互不相关的高斯白噪声，定义系统一步稳态 Kalman 滤波为

$$\dot{\hat{\boldsymbol{x}}} = \boldsymbol{A}\hat{\boldsymbol{x}} + \boldsymbol{L}(\boldsymbol{y}_m - \boldsymbol{C}\hat{\boldsymbol{x}})$$

其中，$\hat{x}$, y_m, L 分别为滤波状态，量测输入和滤波增益。

滤波增益满足

$$\boldsymbol{L} = \boldsymbol{PC}^{\mathrm{T}}\boldsymbol{R}^{-1}$$

可通过以下代数 Riccati 方程求得。

$$\boldsymbol{AP} + \boldsymbol{PA}^{\mathrm{T}} - \boldsymbol{PC}^{\mathrm{T}}\boldsymbol{R}^{-1}\boldsymbol{CP} + \boldsymbol{\Gamma Q \Gamma}^{\mathrm{T}} = \boldsymbol{0}$$

Matlab 函数：

```
[KEST L P] = kalman(sys, Q, R)
```

F.4　微积分函数

（1）微分方程

$$\dot{\boldsymbol{x}} = f(\boldsymbol{x}, \boldsymbol{u}, \boldsymbol{t})$$

其中 $\boldsymbol{x}$ 为飞机状态变量，$\boldsymbol{u}$ 为控制输入，$\boldsymbol{t}$ 为时间变量。

用代码先列出对象的微分方程函数

```
Function xdot = dynamics(t, x, u)
alpha = x(1);
q = x(2);
de = u;
xdot(1) = a11 *  alpha + a12 * q + b1 * de;
xdot(2) = a21 * alpha + a22 * q + b2 * de;
xdot = xdot'; % write into column vector
```

然后调用上述微分方程

```
t0 = 0.0;
tf = 100;
x0 = [.1; .1];
u0 = 0.01;
[t, x] = ode45('dynamics',[t0, tf], x0, u0);
```

(2) 龙格库塔积分算法

```
function[t, x] = runkut(f, ts, t, x, u)
```

若调动 dynamics,则 runkut()需增加输入 u。

```
xp = feval(f, t, x);
x1 = x+.5 * ts * xp;
t = t+.5 * ts;
xp1 = feval(f, t, x1);
xp = xp + 2 * xp1;
x1 = x1 + ts * xp1;
t = t+.5 * ts;
xp1 = feval(f, t, x1);
x = x+ ts * (xp + xp1)/6。
```

索　引

T

F

G

H

J

K

L

M

N

P

Q

R

S

T

W

X

Y